U0156556

生物安全
原理与实践 第5版

Biological Safety
PRINCIPLES AND PRACTICES

主　编　【美】道恩·P. 伍利（Dawn P. Wooley）
　　　　【美】凯伦·B . 拜尔斯（Karen B . Byers）
主　译　武桂珍

清華大學出版社
北　京

图书在版编目（CIP）数据

生物安全：原理与实践：第5版 /（美）道恩·P. 伍利 (Dawn P. Wooley)，（美）凯伦·B. 拜尔斯 (Karen B. Byers) 主编；武桂珍主译. — 北京：清华大学出版社，2023.12

书名原文：Biological Safety: Principles and Practices, 5th Edition

ISBN 978-7-302-64329-6

Ⅰ. ①生… Ⅱ. ①道… ②凯… ③武… Ⅲ. ①生物工程—安全科学 Ⅳ. ① Q81

中国国家版本馆 CIP 数据核字（2023）第 142658 号

责任编辑：辛瑞瑞 孙 宇
封面设计：钟 达
责任校对：李建庄
责任印制：宋 林

出版发行：清华大学出版社
网 址：https://www.tup.com.cn，https://www.wqxuetang.com
地 址：北京清华大学学研大厦 A 座　　邮 编：100084
社 总 机：010-83470000　　邮 购：010-62786544
投稿与读者服务：010-62776969，c-service@tup.tsinghua.edu.cn
质量反馈：010-62772015，zhiliang@tup.tsinghua.edu.cn
印 装 者：三河市龙大印装有限公司
经 销：全国新华书店
开 本：210mm × 285mm　　印 张：49.5　　字 数：1294 千字
版 次：2023 年 12 月第 1 版　　印 次：2023 年 12 月第 1 次印刷
定 价：538.00 元

产品编号：100675-01

主译简介

武桂珍　研究员

数十年致力于生物安全和重大传染病防控研究，是我国实验室生物安全技术体系的主要策划和创建者，强力支撑新冠病毒感染等重大疫情高效应对，为维护国家安全做出重大贡献。现任中国疾控中心生物安全首席专家、亚太生物安全协会主席（首位中国籍）、中国医学科学院学部委员、中华预防医学会生物安全分会主任委员、中国女医师协会公共卫生专业委员会主任委员。主持制/修订10部国家生物安全技术标准与行业规范，主持国家863计划、重点研发计划等12项重大科研项目，以通讯（含共同）作者在*Nature*、*Science*、*Cell*、*The New England Journal of Medicine*、*Lancet*等期刊发表论文86篇。创编国内首部生物安全专业杂志*Biosafety and Health*，主编17部生物安全专著。以重要合作者获国家科技进步特等奖1项、省部级科技奖8项。获全国抗击新冠疫情先进个人、全国三八红旗手标兵、全国创新争先奖章等荣誉。

译者名单

主　译　武桂珍

译　者（按姓氏笔画排序）

万方浩（中国农业科学院植物保护研究所）
马学军（中国疾病预防控制中心病毒病预防控制所）
王　荣（中国合格评定国家认可委员会）
毕振强（山东省疾病预防控制中心）
任丽丽（中国医学科学院病原生物学研究所）
刘　军（中国疾病预防控制中心病毒病预防控制所）
刘培培（中国疾病预防控制中心病毒病预防控制所）
刘亚宁（中国疾病预防控制中心病毒病预防控制所）
刘起勇（中国疾病预防控制中心传染病预防控制所）
刘维达（中国医学科学院皮肤病医院）
关武祥（中国科学院武汉分院）
祁建城（军事科学院系统工程研究院）
孙岩松（军事医学科学院微生物流行病研究所）
孙承业（中国疾病预防控制中心职业卫生与中毒控制所）
李振军（中国疾病预防控制中心传染病预防控制所）
杨宏亮（美国休斯顿卫理公会医院研究所）
肖东楼（中华预防医学会）
肖海华（中国科学院化学研究所）
吴东来（中国农业科学院哈尔滨兽医研究所）
吴忠道（中山大学中山医学院）

宋　娟（中国疾病预防控制中心病毒病预防控制所）
张　勇（中国疾病预防控制中心病毒病预防控制所）
张小山（中国疾病预防控制中心病毒病预防控制所）
张卫文（天津大学）
武桂珍（中国疾病预防控制中心病毒病预防控制所）
周为民（中国疾病预防控制中心病毒病预防控制所）
周冬生（军事医学科学院微生物流行病研究所）
赵东明（中国农业科学院哈尔滨兽医研究所）
赵赤鸿（中国疾病预防控制中心）
段李平（中国疾病预防控制中心寄生虫病预防控制所）
侯雪新（中国疾病预防控制中心传染病预防控制所）
姜孟楠（中国疾病预防控制中心）
秦　川（中国医学科学院医学实验动物研究所）
秦　堃（中国疾病预防控制中心病毒病预防控制所）
高荣保（中国疾病预防控制中心病毒病预防控制所）
黄保英（中国疾病预防控制中心病毒病预防控制所）
曹玉玺（中国疾病预防控制中心病毒病预防控制所）
曹存巍（广西医科大学第一附属医院）
曹建平（中国疾病预防控制中心寄生虫病预防控制所）
梁　磊（中国建筑科学研究院）
梁米芳（中国疾病预防控制中心病毒病预防控制所）
韩　俊（中国疾病预防控制中心病毒病预防控制所）
蒋　涛（中国疾病预防控制中心病毒病预防控制所）
雷雯雯（中国疾病预防控制中心病毒病预防控制所）
照日格图（首都医科大学附属北京儿童医院期刊中心）
谭文杰（中国疾病预防控制中心病毒病预防控制所）
魏　强（中国疾病预防控制中心）

原著序言

1997年10月29日，一名从事非人类灵长类动物研究的工作人员在例行年度体检之前，将猕猴从运输笼转移到挤压笼。其中一只猕猴变得焦躁不安，当它跳起来时，它的尾巴把笼子底部的材料弹到了研究人员的脸上和眼睛上。1997年12月10日，伊丽莎白·贝丝·格里芬，那位活泼而有才华的22岁工作人员，最终死于这件平常的小事。

贝丝的死亡是由于眼睛接触了猴疱疹B型病毒（马卡辛疱疹病毒1型）。她的这起病例是已知的第一个不是被咬伤或抓伤而是其他原因导致的暴露。美国艾格尼丝·斯科特学院的毕业生，一名舞蹈演员——贝丝，死于一种脑炎疾病，这种疾病先使她从颈部以下瘫痪，最后导致她死亡。

贝丝的死亡引起了美国媒体的关注。这是一个网络新闻杂志的专题报道。这一事件引起了国际研究界的关注。全世界——尤其是研究界都想知道这样的事情怎么会发生，可以做些什么来确保它不再发生。

许多措施本来可以提前做到，这将意味着这个故事将永远不会发生。贝丝的暴露是职业健康应对措施的系统性失效且卫生保健系统存在缺陷。她本可以采取一些方法，比如在处理猴子的时候戴上护目镜，或者在接触后5 min内使用附近的洗眼器。一系列紧急反应措施本可以在她的事件发生后快速反应，提供一个简单的暴露后预防处理。这些行动和其他作为机构安全文化的元素——预防、检测和响应——可能会改变这一切结果。

贝丝去世两年后，她的家人成立了一个非营利基金会，以提高与非人类灵长类动物工作的人的安全和职业健康意识。在灵长类动物兽医协会（APV）、美国实验动物科学协会（AALAS）和美国实验动物医学会（ACLAM）等组织的合作下，对暴露过程和反应进行了许多改变。许多在非人类灵长类动物研究环境中工作的人开始携带卡片，这些卡片很快就被贴上了“贝丝卡片”的标签，通知医务人员，如果此人表现出某些病毒症状，首先，而不是最后，要采取具体措施来排除B病毒暴露。

2003年，世界陷入了一种叫作SARS（严重急性呼吸综合征）的疾病的暴发。正像贝丝的死亡是一个非人类灵长类动物工作者的安全意识成型的关键点，SARS的暴发和当时扩大范围的实验室检测以及识别新传染病也成为全球生物安全进步的巨大台阶。

2001年的美国炭疽邮件（Amerithrax）事件已经引起了国际社会对特定的生物制剂工作中使用的特别关注。生物安全和生物安保的概念虽然比所有这些事件早了几十年，但社会从未如此全面地关注生物暴露的潜在风险。

在那些我们已经合作过的团体的鼓励下，伊丽莎白·贝丝·格里芬研究基金会向美国生物安全协会发出“不再发生Beth Griffin悲剧”的信息，以协助强调对生物制剂工作者日常面临的暴露风险的认识和应对。在他们以及世界各地越来越多的类似专业组织的帮助下，生物安全成为进行安全和负责任的科学研究的首要问题。全球各地已经做了很多工作来提高对活动操作手册的认识、研究和应用，这些操作手册既能降低暴露风险，又能提高一旦发生暴露时的应对有效性。你正在读这本关于生物安全和生物安保的书，这一事实本身就足以证明这一点。

优秀的科学是安全的科学。没有什么比曝光出拙劣问题或为了完成某件事而在安全上偷工减料，对于一个研究机构的声誉或公众对科学价值看法损害更严重的。生物风险与许多其他风险非常不同，因为它们往往有潜伏期而不是立即显现，不像化学或辐射风险那样能被即时检测，因为生物表现可能很容易被延迟，而且往往被误诊。结合这些问题，许多生物制剂具有高度传染性，往往是致命的，并且面临风险的不仅仅是实验室工作人员。

每当有人做任何将个人置于风险之外的事情时，都需要警惕、注意。从事生物研究需要你谨慎行事并遵守协议，这不仅是为了你的安全，也是为了你周围的社区和世界的安全。这不是一个选项或过分要求，这是一种必须的行为。每一种风险，不管它看起来有多小，都必须被考虑、评估和适当减轻。安全和安保的技术和你研究中使用的技术一样重要。

在了解生物安全和生物安保的技术细节之前，请记住这些基本知识。

1. 每一个以任何身份从事生物制剂工作的人都应该与他们的私人医生讨论他们的工作。你很可能是马群中的那匹斑马。

2. 虽然需要对高风险病原给予更多的关注，但大多数实验室获得性感染(LAIS)都是在使用被认为是低风险的病原时发生的。大部分实验室获得性感染引起的死亡是由生物安全二级病原造成的，而非三级或四级病原。

3. 从没有损害的小问题中学习。鼓励对“几乎发生了”事件进行非惩罚性的沟通，“几乎发生了”的事件很可能会再次发生，所以要从中吸取教训。

4. 服从不是安全研究的主要目标。这不是安全研究的目的。

5. 形成一种生物安全和生物安保的工作模式。营造一种最自然的安全事情的文化氛围。

6. 与您所在机构的生物安全人员密切联系，向他们学习。

7. 如果你认为有更安全的方法，不要只是想想而已。通过研究证明它，演示它，并与生物安全委员会分享你所学到的。

无论你是谁，都不要让伊丽莎白·贝丝·格里芬的悲剧发生。

我们坚持托马斯赫胥黎在马里兰州巴尔的摩市约翰·霍普金斯大学开幕式上所说的话。赫胥黎在讲话中指出：“生命的终点不是知识，而是行动。”代表伊丽莎白·贝丝·格里芬研究基金会和我们在世界各地的合作伙伴，我们鼓励你不只是学习这本书的材料，还要采取行动改进，并将其增加到你的整个科学生涯的知识体系中。

伊丽莎白·贝丝·格里芬基金会
卡里尔·P. 格里芬　总裁兼创始人
詹姆斯·韦尔奇　执行董事

原著前言

我们怀着极大的荣誉感和崇敬之情，从我们尊敬的同事黛安·O. 弗莱明和黛布拉·L. 亨特手中接过编辑这本书的接力棒。我们希望《生物安全：原理与实践》（第5版）仍然是生物安全领域的主要著作。我们感谢为这一版作出贡献的作者。这本书不仅对生物安全专业人员，而且对在研究实验室、医疗设施和工业环境中使用或围绕潜在生物危险材料工作的学生、职员、教师和临床医生来说，都是宝贵的资源。那些监督生物安全或实验室工作人员也将受益于这本书。

我们决定保持总体结构类似于上一个版本，增加了八部分新内容：分子生物（molecular agents）、节肢动物载体生物遏制、航空生物学、培训方案、兽医、温室生物安全、实地研究和临床实验室。在此版本中，生物安全操作不是单独的一章；这些概念已被纳入相关章节。同样，关于“朊病毒”（Prion）的内容也被纳入了关于分子生物的新章节中。最后一节的标题已从“特殊考虑”改为“特殊环境”，并将一些章节移出本节，以便继续侧重于生物安全实践中遇到的独特环境。由于监管指导方针总是在变化，我们希望读者能不断获得最新的信息。通过尽量减少对其他章节的引用，各章变得更加流畅和独立。

这一版的两位编辑都是注册的生物安全专业人士，但他们通过不同的途径进入生物安全领域，使他们对这个主题有了互补的观点。道恩在哈佛读研究生时，她正在研究新发现的艾滋病病毒，因此她对生物安全产生了浓厚的兴趣。为了保护自己和周围的人免受这些新出现的病原体的伤害，道恩对生物安全领域产生了热爱，这种热爱一直持续到今天。凯伦在哈佛研究实验室从事麻疹研究时，对生物安全产生了浓厚的兴趣。她被任命为机构生物安全委员会成员，这激励她成为一名生物安全专业人员。非常感谢Lynn Harding的指导以及美国生物安全协会（ABSA）同事提供的专业发展和领导能力提升的机会。

美国生物安全协会ABSA、美国微生物学学会（ASM）、美国公共卫生协会（APHL）、临床和实验室标准协会（CLSI）和美国实验动物科学协会（AALAS）等专业组织在促进基于证据的生物安全实践的发展和实施方面发挥了关键作用。

ASM出版社高级编辑格雷戈里·W. 佩恩（Gregory W. Payne）在推动本书的更新方面发挥了重要作用，他提供了急需的指导和灵感。我们感谢埃莉·泰普和劳伦·卢蒂（Ellie Tupper和Lauren Luethy）为这本书的制作提供了专家协助。

我们希望我们的读者喜欢这本书，因为我们感谢有机会为您和其他生物安全委员会工作。注意安全！

道恩·P. 伍利

凯伦·B. 拜尔斯

译著序言

欢迎您阅读《生物安全：原理与实践（第5版）》。此前，本书经过多位在该领域具有丰富经验和专业知识的专家团队的精心翻译，已经被译成多种语言，成为了在全球范围内广受欢迎的生物安全教材。中文版本的出版发行必将让本书在全球更广的区域进行传播，促进生物安全专业知识的分享和普及。

在这个全球化、信息化的时代，生物安全已经成为全球性的议题，其涉及人类、动物和植物的健康与安全，以及环境的保护和可持续发展。因此，对于生物学、医学、农业、环保等相关领域的工作者而言，掌握生物安全的基本知识和实践技能至关重要。

《生物安全：原理与实践（第5版）》旨在为读者提供生物安全方面的系统和全面的生物安全知识。本书不仅介绍了生物安全的基本概念、法规和标准，还从实践角度出发，阐述了实验室、动物和农业生物安全的实践技能和应对策略。通过阅读本书，读者将深入了解生物安全的基本原理和实践技能，从而更好地应对现实中的生物安全挑战。

第5版在内容和结构上都进行了全面的更新和改进，反映了生物安全领域的最新进展和发展趋势。本书新增了关于新兴技术和实践应用的章节，涵盖了病毒、细菌、寄生虫等微生物的生物安全问题，同时也涉及生物多样性、生态系统和环境安全等方面的内容。此外，本书还通过大量的案例分析和实践经验，为读者提供了具体的操作方法和技巧，以帮助读者更好地掌握生物安全的知识和技能。

作为本书中文版本的译者，我们深感责任重大。译者团队由多位在该领域具有丰富经验和专业知识的专家组成。在翻译过程中，我们尽可能忠实地再现原文的意思，同时注重语言的流畅性和可读性。希望通过我们的努力，能够深入了解生物安全的基本原理和实践技能，为生物学、医学、农业、环保等相关领域的发展和人类社会的进步做出贡献，让更多的读者受益。我们相信，这本书将为读者提供宝贵的帮助和指导，成为生物安全领域的经典参考书籍。

最后，我们要感谢本书的作者团队和出版社给予我们这次翻译的机会，也要感谢身边亲友的支持和鼓励。希望读者能够认真阅读这本书，掌握生物安全的基本知识和实践技能，为人类的健康与安全、环境的保护和可持续发展做出贡献。

武桂珍

2023年9月

目 录

1

人类微生物群和微生物毒力因子

PAUL A. GRANATO

“20世纪90年代，人们重新认识到人类仍陷于与细菌和病毒性入侵者的达尔文式斗争之中。”尽管这是由诺贝尔奖获得者乔舒亚・莱德伯格在讨论20世纪90年代初发生的获得性免疫缺陷综合征（AIDS）和耐多药结核分枝杆菌流行时引用的未注明出处的引语，但该评论同样适用于自19世纪80年代后期病菌学说创立以来发生的几乎所有感染性疾病。进入21世纪后，尽管现代医学不断进步，以及新疫苗和抗感染药物不断发展，但是人类仍然继续着与微生物入侵者的达尔文式的生存斗争。

微生物群与人类微生物组计划

人类正常菌群是由人体内共栖、共生和致病微生物组成的生态群落，维持着动态平衡，在整个生命周期中与人类共存。2001年，Lederberg创造了“微生物群”一词[1]，用来描述这些可以通过培养获得的微生物群落。随后，在2008年，美国国立卫生研究院资助了人类微生物组计划（human microbiome project，HMP），该计划旨在使用非培养的方法研究人类微生物组的变化及其与健康和疾病的关系[2]。HMP利用基于遗传学的分子分析方法，如宏基因组学和基因组测序，来描述体内某个部位存在的所有微生物的特征，甚至包括那些无法培养的微生物。因此，通过使用宏基因组学和全基因组序列测定，并进行遗传学分析，HMP使人们对那些存在于身体特定部位的微生物有了更为全面的了解。其中宏基因组学主要是针对特定微生物群落，而全基因组测序主要是针对特定微生物群落的个体微生物进行研究。

HMP研究表明，即使是健康的个体，在身体不同部位（如皮肤、口腔、肠道和阴道）的微生物也存在显著差异[3]。尽管饮食、环境、宿主遗传和早期生物暴露都与此相关，但这种多样性的原因仍未得到很好的解释。通过这些研究，一些研究者得出人类微生物组可能在糖尿病、类风湿性关节炎、肌营养不良症、多发性硬化症、纤维肌痛和某些癌症等自身免疫性疾病中发挥作用的结论[4]。也有研究者提出，肠道中特定的微生物群可能与常见的肥胖症有关[5-7]。还有研究表明，人体内的部分微生物可以影响大脑中神经递质的产生，从而可能缓解精神分裂症、抑郁症、双相情感障碍和其他神经化学性失衡[8]。

宿主与寄生物的动态关系

宿主与寄生物之间关系始终处于持续的变化状态，保持一种动态平衡。只有两者和平共处，方能维护机体的健康。只有当人类保持有效的宿主防御机制并且不暴露于任何特定的感染性微生物时，这种平衡才可以得到最好的维持。维持这种平衡以及人类的健康依赖于宿主3种主要防御机制的有效运行：①完整的皮肤和黏膜；②主要由网状内皮系统（reticuloendothelial system，RES）组成的吞噬细胞功能群；③产生体液免疫应答的能力。其中的任何一个或几个或所有这些宿主防御机制的缺陷都会打破这种平衡，使之有利于寄生物，而增加宿主发生感染性疾病的风险。例如，由于事故、创伤、手术或热损伤导致的皮肤或黏膜的破损可能成为微生物侵入机体的门户。此外，由于淋巴瘤或白血病导致RES不能有效地吞噬微生物，以及由于浆细胞缺陷或暴露于免疫抑制剂（即药物、辐射等）而不能产生有效的抗体，也可能诱发感染。通过使用抗微生物药物和（或）疫苗治疗和预防疾病，可以使有利于微生物的平衡向有利于宿主的方向发展。不幸的是，由于这些药物或选择性压力对微生物的生存产生不利影响，可能迫使微生物获得新的机制以适应新情况，发生平衡的逆转，从而引起人类疾病或微生物对抗微生物药物产生更大的耐药性。

微生物世界由细菌、真菌、病毒和原虫组成，代表着数十万个已知物种。然而，其中绝大多数与人类没有任何关系，因为它们不能在人体内生存，无法导致疾病。相比之下，那些与人类相关的微生物，数量较为有限，不到1000种，是本章讨论的重点。

人类与微生物之间的关系复杂多样，能够引起疾病的微生物侵入机体的过程被称为感染，出现症状的感染被称为感染性疾病。相比之下，微生物在身体特定部位的持续存在（如本章后续部分所讨论的正常微生物群）通常被称为定植，而不是感染。重要的是，感染或定植不一定会导致感染性疾病的发生。宿主如果有足够的防御能力，感染后致病微生物可以长期存在，而身体没有任何症状或体征。这样的感染者被称为无症状携带者，或者仅仅是无症状或亚临床感染的携带者。这些无症状携带者是重要的感染来源，可将病原体传播给易感者，使之感染发病。

微生物的感染力或致病能力取决于宿主的易感性，而宿主的易感性存在显著的物种差异。例如，狗不会得麻疹，人不会得犬瘟热。因此，“致病性”这一术语被定义为微生物引起疾病的能力，必须根据所感染的宿主物种进行界定。通常将不会在健康人体中引起疾病的微生物称为腐生菌、共生菌或非致病菌。

近年来，越来越多的感染性疾病是由所谓非致病的微生物引起的。这些情况往往发生于因外伤、遗传缺陷、基础疾病或免疫抑制治疗等造成的体表/黏膜屏障、细胞或免疫系统受到损伤的患者。只有在宿主免疫功能受损或当皮肤、黏膜表面或屏障受破坏时才会致病的微生物被称为条件致病病原体。这些条件致病病原体通常为腐生菌，在宿主防御机制功能完善时很少引起疾病。

致病性指微生物引起疾病的能力，而毒力是致病性的一种定量指标。毒力因子指能够使微生物侵入宿主体内并增强其致病性的各种要素。毒力一般不是由某个单独的因素决定的，而是取决于病原体、宿主及其相互作用等多个因素。病原微生物的毒力一般包括两个方面：①侵袭性，即在组织中附着、繁殖和传播的能力；②毒性，即产生对人体细胞有害物质的能力。在同一种病原微生物中，可存在高毒株、中毒株和无毒株。

引起人类感染性疾病的微生物主要有两种来源或渠道：一种是从体外获得微生物，称为外源性感染；另一种是由生活在人体某些部位的微生物引起疾病，称为内源性感染。大多数外源性感染是通过直接接触、接触有感染性微生物的呼吸道分泌物的气溶胶、摄入污染的食品或饮料或间接接触被污染的物体（通常称为污染物）获得的。一些外源性感染可通过昆虫或动物叮咬时刺伤皮肤获得，也可通过职业暴露于锐器而获得。内源性感染比外源性感染更常见，从身体不同部位（称为正常共生菌群）的微生物获得，这些微生物可以进入健康个体无菌的部位而引起感染。

正常微生物群

术语“正常菌群”“正常共生菌群”“固有菌群”和“微生物群”通常是同义词，用于描述在健康个体的特定解剖部位经常发现的微生物，而术语“微生物组”则指其基因组。从每个个体刚出生开始，这种微生物群与其皮肤和黏膜密切相伴，直至死亡，并代表着一个极其庞大且多样化的微生物种群。健康的成年人由大约10万亿个细胞组成，携带着至少100万亿个微生物[9]。微生物群占人体总质量的1%～3%[10]，估计其重量高达3磅或1400 g。其组成和数量在不同的解剖部位有所不同，不同的年龄也会有所不同。这些微生物群所包含的微生物，其形态学、生理学和遗传学特性允许它们能够在身体特定部位进行定植和繁殖，与其他定植生物体共存，并抑制竞争性入侵者。因此，每一个存在正常菌群的解剖学部位都为独特的微生物生态系统的形成提供了特定的生态环境。

身体不同部位的局部生理和环境条件决定了该部位正常微生物群的性质和组成，这些条件有时非常复杂，可因部位的不同而不同，有时也随年龄而发生变化。这些局部条件包括微生物生长所需的营养物质的数量和类型、pH、氧化还原电位以及对局部抗菌物质（如胆汁、溶菌酶或短链脂肪酸）的抗性等。此外，许多细菌对所黏附和繁殖上皮细胞类型具有特殊的偏好。这种黏附是通过细菌菌毛、纤毛或其他表面成分完成的，使其附着在某些上皮细胞表面的特定受体位点上。通过这种黏附机制，微生物可以生长和繁殖，同时避免被表面液体的冲刷和蠕动作用清除。各种微生物的相互作用决定了它们在微生物群中所占的比例，这种相互作用包括对营养物质的竞争，以及生态系统中其他微生物代谢产物［如过氧化氢、抗生素和（或）细菌素的产生］对生长的抑制。

正常的微生物群在健康和疾病中起着重要作用。例如，在健康方面，肠道正常菌群参与人体营养和代谢，某些肠道细菌合成并分泌维生素K，然后被肠道吸收供人体使用。此外，某些关键化合物的代谢是通过肝脏分泌到肠道，再从肠道吸收后进入肝脏，形成肠肝循环。这种代谢方式对类固醇和胆盐的代谢尤为重要。这些物质以葡糖醛酸盐或硫酸盐结合物的形式通过胆汁排出，但不能以这种形式再吸收。肠道正常菌群的某些菌可产生葡糖醛酸酶和硫酸盐酶，可以解离这些化合物，从而被重新吸收利用[11，12]。正常微生物群的另一益处是对免疫系统的抗原刺激。虽然抗原暴露后刺激机体产生的各种免疫球蛋白的浓度较低，却对宿主的抵抗力起着重要作用。例如，针对抗原刺激而产生的不同种类的免疫球蛋白A（IgA）抗体是通过黏膜分泌的，虽然这些免疫球蛋白的作用尚不清楚，但是它们可能通过干扰正常菌群中某些菌在深层组织的定植而有助于宿主的防御。

正常微生物群最重要的一个作用是预防潜在微生物病原体暴露后引起的感染性疾病。正常的共生菌群具有在皮肤和黏膜上优先定植的优势，许多共生微生物会黏附于上皮细胞的结合位点，从而防止潜在微生物病原体附着在该受体位点上。正如本章后面所讨论的，某些不能黏附于特定上皮细胞受体的病原体则不能引起人类疾病。此外，一些共生微生物能够产生抗生素、细菌素或其他对致病性微生物具有抑制或杀灭作用的物质。正常菌群具有黏附于上皮细胞受体结合位点并产生抗菌物质的能力，在暴露于潜在的微生物病原体后，对维持宿主的健康起着重要作用。

正常的微生物菌群虽然对维持人类健康很重要，却也是人类感染性疾病的一种重要因素。由于大量种类众多的微生物作为正常菌群定植在人体内，为了在宿主和微生物关系的动态变化中维持机体的健康，三种主要的宿主防御机制（完整的皮肤和黏膜、RES和免疫系统）应保持有效运行。在正常菌群进入身体正常无菌的部位，或在一种或多种宿主防御机制失能的情况下，会出现由一种或多种微生物引起的感染并引发疾病。

这些内源性感染比外源性感染发生得更为频繁。一般而言，在医生接触到的病例中，由正常微生物群引起的感染比外部获得的感染要多[13]。正是由于这些原因，临床医生和临床微生物学家必须了解在不同解剖部位作为正常菌群存在的各种微生物。

在医学中，人们常说，“常见的事会经常发生”。了解特定解剖部位的正常微生物群，常有助于预测引起邻近组织发生内源性感染可能的病原体。因此，以下内容将对不同解剖部位的正常微生物菌群进行回顾。由于正常微生物群可能会随着宿主年龄的不同而有所变化，因此，本章内容还涉及健康新生儿和成人中的正常菌群，因为他们的微生物生态系统可能存在一定差异。

皮肤

人类皮肤是一个复杂的微生物生态系统。健康胎儿在子宫内是无菌的，直到胎膜破裂。在婴儿产出过程中和出生后，其皮肤暴露于母亲的生殖道菌群、母亲和照顾婴儿的其他人的皮肤菌群，以及婴儿与环境直接接触所获得的各种微生物中。在婴儿出生后的最初几天，其皮肤微生物菌群的性质往往反映出在没有其他竞争者的情况下能在特定部位生长的微生物的暴露机会。随后，婴儿暴露于各种各样的人类环境微生物中，最适合在特定皮肤部位生存的微生物将占主导地位，并作为皮肤菌群的一部分。此后，婴儿的正常菌群与成年人相似。

皮肤的pH通常约为5.6，这一因素本身就可抑制许多微生物在皮肤上生长和繁殖。尽管如此，皮肤还是为各种微环境提供了极好的例证。有些皮肤部位是潮湿的，如趾蹼和会阴；而有些部位是相对干燥的，如前臂；面部、头皮、上胸部和背部的皮脂腺可产生大量的脂质，而其他部位，如腋窝，则由顶质分泌腺分泌出特殊的分泌物。外分泌腺，也被称为局质分泌腺或汗腺，几乎在身体所有解剖部位的皮肤中都存在。这些腺体产生一种透明、无味的分泌物，其主要由水和盐组成，在暴露于高温或运动后产生。由于这些微环境的差异，以下三个区域的皮肤菌群的数量差异很大：①腋窝、会阴和趾蹼；②手、脸和躯干；③手臂和腿[14]。这些部位菌群数量上的差异是由于皮肤表面温度和水分含量的差异，以及皮肤表面不同浓度的脂质而造成的，脂质可能对皮肤这些部位的不同微生物群具有抑制或杀灭作用[15]。

尽管皮肤的主要微生物群的数量会因微环境的影响而有所变化，但其主要构成包括不同属的细菌和马拉色菌属的亲脂性酵母菌。非亲脂性酵母菌，如念珠菌，也主要在皮肤上生长和繁殖[14]。其他种类细菌在皮肤上较为少见，如溶血性链球菌（特别是儿童）、非典型分枝杆菌和芽孢杆菌等。

皮肤的主要栖居细菌是凝固酶阴性葡萄球菌、微球菌、腐生棒状杆菌（类白喉）和丙酸杆菌。其中，对痤疮丙酸杆菌的研究最多，因为它与寻常痤疮有关。新生儿的皮肤上会短暂地出现痤疮杆菌，但真正的定植开始于性成熟前的1～3年，数量从不足10 CFU/cm^{2}上升到约10^6 CFU/cm^2，主要分布在面部和前胸部[16]。各种凝固酶阴性葡萄球菌是皮肤的正常栖居菌群，包括表皮葡萄球菌、头状葡萄球菌、沃氏葡萄球菌、人葡萄球菌、溶血性葡萄球菌、路邓葡萄球菌和耳葡萄球菌[17-20]。其中一些葡萄球菌在某些解剖部位表现出生态位偏好。例如，头状葡萄球菌和耳葡萄球菌分别表现出对头部和外耳道的偏好，而人葡萄球菌和溶血性葡萄球菌主要分布在有大量顶质分泌腺的区域，如腋窝和阴部[17]。金黄色葡萄球菌主要栖居在约30%健康人的外鼻孔、约15%健康人的会阴、约5%健康人的腋窝，以及约2%健康人的趾蹼中[14]。微球菌，尤其是藤黄微球菌，也可在皮肤上出现，特别是在妇女和儿童中可能大量存在。不动杆菌主要存在于约25%人群的腋窝、趾蹼、腹股沟和肘前窝的皮肤上。而其他革兰氏阴性杆菌很少出现在皮肤上，其中包括趾蹼中的变形杆菌和假单胞菌、手部的肠杆菌和克雷伯杆菌。腐生分枝杆菌偶尔会出现在外耳道、生殖器和腋窝部位的皮肤上，而溶血性链球菌倾向于在儿童的皮肤上定植，而非成年人[14]。

皮肤主要的真菌菌群是马拉色菌，为一种酵母菌。皮肤真菌可以在没有疾病的状态下出现在皮肤上，但尚不清楚它们是正常菌群的一部分还是一过性定植。马拉色菌的携带率在成年人中可达100%，但由于在实验室中难以培养这些亲脂性酵母菌，因此无法准确确定其携带率[14]。

皮肤菌群成员既以微菌落的形式存在于皮肤表面，也存在于毛囊和皮脂腺的导管中[14]。沃尔夫等[21]认为马拉色菌存在于导管开口附近，葡萄球菌存在于导管下方，而丙酸杆菌存在于皮脂腺附近。然而，最近一项研究[22]表明，这三种微生物更均衡地分布在整个毛囊中。一般情况下，毛囊中的多数菌与皮脂一起分泌到皮肤表面，但葡萄球菌也存在于表面的微菌落中。这些微菌落大小各异，在面部等部位的微菌落（每个微菌落10^3～10^4 CFU）比手臂上的（每个微菌落10～10^2 CFU）更大一些。

清洗皮肤可以使微生物数量减少90%，但微生物在8 h内又可恢复至正常数量[23]。不清洗也不会导致皮肤上的细菌数量增加更多，通常情况下，有10^3～10^4 CFU/cm^2。然而，在更为潮湿的部位，如腹股沟和腋窝，细菌计数可能会增加到10^6 CFU/cm^2。少量细菌可从皮肤扩散到环境中，但某些情况下，在30 min的运动中可能会流失多达10^6 CFU。皮肤上出现的许多脂肪酸可能是抑制其他菌类定植的细菌产物。毛发的菌群与皮肤的菌群相似[24]。

眼部

眼部的正常微生物群包括皮肤上发现的许多细菌。然而，眼睑的机械作用和含有溶菌酶的眼分泌物的冲洗作用限制了眼部的细菌数量。眼部的主要正常菌群包括凝固酶阴性葡萄球菌、类白喉杆菌，以及不常见的腐生奈瑟菌和草绿色链球菌。

耳部

外耳菌群与皮肤相似，以凝固酶阴性葡萄球菌和棒状杆菌为主。较少出现的是芽孢杆菌、微球菌以及奈瑟菌和分枝杆菌的腐生种群。耳道正常菌群中的真菌包括曲霉属、链格孢霉属、青霉属和念珠菌属。

呼吸道

鼻孔

在正常呼吸过程中，许多种微生物通过鼻孔被吸入上呼吸道。其中包括气溶胶化的正常土壤栖居菌（normal soil inhabitant），以及致病性和潜在致病性细菌、真菌和病毒。其中的一些微生物会被鼻孔中的鼻毛过滤掉，而另一些微生物则可能落在鼻腔湿润的表面，通过打喷嚏或擤鼻涕将其排出。一般来说，在健康状态下，这些空气中的微生物只在鼻部一过性定植，并不作为寄居共生菌群

的一部分。

外鼻孔外1 cm处是一层鳞状上皮，其正常菌群与皮肤菌群相似，但金黄色葡萄球菌例外，其可作为某些人外鼻孔正常菌群的主要部分。社区中25% ~ 30%的健康成年人的前鼻孔中均携带金黄色葡萄球菌，15%是永久性的，其余15%是一过性的[25]。

鼻咽部

出生后不久，婴儿就暴露于与其密切接触者的呼吸道微生物气溶胶中，微生物便开始在鼻咽部定植。婴儿鼻咽部的正常菌群在几个月内便可以形成，并且终生保持不变。鼻咽部的菌群与口腔的菌群相似（见下文），鼻咽部是携带潜在致病细菌的场所，如脑膜炎奈瑟菌、卡他布兰汉菌、肺炎链球菌、金黄色葡萄球菌和流感嗜血杆菌等[25]。

喉部以下的呼吸道受到会厌和柱状上皮纤毛层蠕动的保护。因此，气管和较大的支气管中只有短暂吸入的微生物。鼻旁窦通常是无菌的，并与中耳一起受到咽鼓管上皮细胞的保护。

消化道

口腔

当婴儿出生后暴露于环境中的微生物时，口腔细菌的定植立即开始，并且在出生后的最初6 ~ 10 h内数量迅速增加[26]。在最初的几天里，有几种菌一过性地出现，其中许多不适合口腔环境。在此期间，口腔黏膜迎来第一批细菌永久性定植，这些菌主要来源于母亲及其他婴儿接触者的口腔[26，27]。儿童通过不断与家庭成员直接和间接接触（如通过勺子和奶瓶）以及细菌的空气传播暴露于口腔细菌中。在生命的最初几年里，随着对生长条件的适应，正常菌群逐渐建立起来。这种菌群的演替是由相关的环境变化引起的，如牙齿萌出或饮食变化，也与微生物之间的相互作用变化有关，例如，最初的定植菌降低了组织的氧化还原电位或为其他菌提供了生长因子。

在生命的最初几个月，口腔微生物群主要栖居于舌部，并以链球菌为主，还有少量其他菌属，如奈瑟菌、韦荣球菌、乳酸菌和念珠菌。从婴儿出生的第一天起，唾液链球菌就可定期从婴儿口腔里分离出来，而且其细菌素的类型通常与母亲的相同[28]。血链球菌在牙齿萌出后很快就开始在牙齿上定植[29]，而变形链球菌需在数年内完成定植，速度要慢得多，从牙槽和牙缝开始，逐渐扩散到牙齿的近端和四周[30]。变形链球菌和乳酸菌的定植与龋齿有关[29，31]。事实上，婴儿母亲的龋齿预防措施可以抑制或延缓这两种菌的定植[32]。龋齿是由于这些细菌产生的生物膜附着在牙齿表面所致。生物膜及其与细菌毒力的关系将在本章的毒力因子和机制部分讨论。

当新生的牙齿上形成牙菌斑时，口腔菌群变得更加复杂，以厌氧菌为主。对4 ~ 7岁儿童的研究表明，其牙龈菌斑的菌群与成人相似，显微镜下可直接观察到相同动力的杆菌和螺旋体，并且通过培养技术也能发现相同的放线菌属、拟杆菌、二氧化碳嗜纤维菌、艾肯菌等[33-36]。然而，在对7 ~ 19岁儿童的研究中发现，一些菌群的分布及其构成似乎随年龄和激素水平的不同而有所不同，普雷沃菌属和螺旋体在青春期前后增加，而内氏放线菌和二氧化碳嗜纤维菌属则随着儿童年龄的增长而减少。

在健康成人中，口腔定植菌群由200多种革兰氏阳性和革兰氏阴性细菌以及几种不同种类的支原体、酵母菌和原虫组成。根据生物化学和生理学特征，只有大约100种口腔细菌具有已知的属名[37]。随着牙齿的萌出和牙龈缝隙的发育，厌氧菌逐渐成为口腔的主要菌群。细菌的浓度从唾液中的大约10^8 CFU/mL到牙齿周围牙龈缝隙中的10^{12} CFU/mL不等，厌氧菌的数量比需氧菌至少高出100倍。

口腔中有几个不同的部位适合细菌定植、生长，每个部位都有其独特的环境和生态系统，栖居着不同种属的菌群，各自具有不同的特征。作为菌群的一部分，每一种菌都发挥着一定的功能。在腭、牙龈、嘴唇、脸颊和口腔底部的黏膜、舌乳头和牙齿的表面，以及相关的牙菌斑、牙龈袋等部位，均可发现一些主要的菌群生态系统。为了能够留在口腔中，细菌必须黏附在口腔表面，以免被吞咽时的唾液清除，并能在每个部位的不同条件下生长。这些部位可以容纳非常多而复杂的细菌群落。关于详细和全面的信息，读者可以参阅泰拉德（Theilade）的综述[37]。

一般来说，链球菌构成口腔内表面菌群的30%～60%，在牙齿和牙斑上发现的主要是草绿色链球菌组，包括唾液链球菌、变异链球菌、血链球菌和温和链球菌。业已证明，这些菌能与黏膜细胞或牙釉质特异性地结合，牙齿上形成的菌斑中除了放线菌、韦荣球菌和类杆菌外，链球菌的含量多达10^{11} CFU/g。牙龈缝隙中氧浓度小于0.5%，存在大量的厌氧菌，如产黑色素普氏菌、密螺旋体、梭杆菌、梭状芽孢杆菌、丙酸杆菌和消化链球菌。这些菌中有许多是专性厌氧菌，在较高的氧浓度下无法生存，致病性的以色列放线菌自然栖居于牙齿缝隙。在真菌中，10%～15%的个体携带念珠菌和地丝菌[37]。

食管

对食管中正常微生物群的研究很少。从本质上讲，食管是食物从口腔到胃的通道，每天大约吞咽1.5 L唾液[38, 39]。尽管大部分唾液是随着食物的刺激而生成的，但据估计，唾液分泌的静息速率约为20 mL/h[38]。此外，含有鼻部位微生物群的鼻腔分泌物也可能被吞咽，从而将葡萄球菌等耐盐微生物引入食管。因此，在食管中能发现口腔和鼻腔中的正常微生物群，但不确定这些微生物是一过性定植还是代表已建立的微生物群。

胃

食管、口腔和鼻腔的正常微生物群，以及食物和饮料中摄取的微生物，都被吞入胃中。然而，绝大多数微生物在暴露于胃酸（pH 1.8～2.5）后被杀灭[40]。健康人胃中的细菌浓度通常较低，低于10^3 CFU/mL，主要由相对耐酸的细菌组成，如螺杆菌、链球菌、葡萄球菌、乳酸杆菌、真菌，甚至更少量的消化链球菌、梭杆菌和拟杆菌等[41-43]。胃中的细菌主要是革兰氏阳性菌，而几乎没有肠杆菌科以及类杆菌和梭状芽孢杆菌。

食物的缓冲作用，或患病或手术引起的低氯症[40]，或使用奥美拉唑等质子泵抑制剂类药物，可使胃内的酸碱度发生改变。此时，胃菌群可能变得更为复杂。在新生儿中，胃分泌很少的胃酸，直到出生后15～20天胃酸分泌率才能达到最佳状态[41]。因此，在生命的最初几天，胃还不能发挥肠道定植的杀菌屏障的作用。

肠道

出生后不久粪便菌群即形成[44]。早期菌群的形成取决于许多因素，包括分娩方式、新生儿的胎龄以及婴儿喂养的方式（母乳喂养还是人工喂养）。

产道分娩后，在新生儿的肠道首先定植的是来自母亲产道菌群的兼性菌，主要是大肠埃希菌和链球菌[44]。剖宫产的婴儿，肠胃首先定植的是大肠埃希菌以外的其他肠杆菌科的菌，其成分与产房的环境菌群相似[45]。厌氧菌出现在出生后第一周或第二周内，人工喂养的婴儿比母乳喂养的更均衡和更快地获得厌氧菌。几乎100%的足月、产道分娩、人工喂养的婴儿在出生后的第一周内有厌氧菌群定植，以脆弱类杆菌为主，而同样方式分娩但母乳喂养的婴儿，只有59%有厌氧菌，且不到10%有脆弱拟杆菌[46]。母乳喂养的婴儿结肠内双歧杆菌占显著优势，其数量超过肠杆菌科

100～1000倍[47]。

与添加铁等营养素的婴儿配方奶粉相比，母乳或牛奶中的营养素成分可能会影响肠道菌群的性质。铁营养素的存在似乎刺激肠杆菌科、梭状芽孢杆菌属和拟杆菌属组成的复杂菌群。低铁的母乳或牛奶会伴随简单菌群，主要由双歧杆菌和乳酸杆菌组成[48，49]。母乳喂养的婴儿，双歧杆菌的数量在出生后的前几周开始增加，直到断奶期才成为粪便菌群中稳定存在的主要成分[50，51]。母乳喂养是否促进革兰氏阳性杆菌在粪便中形成优势地位尚不清楚，但毫无疑问，母乳在营养和免疫中发挥重要作用。

添加辅食使肠道菌群的组成发生显著变化，导致大肠埃希菌、链球菌、梭状芽孢杆菌、拟杆菌和消化链球菌的数量增加。断奶后，形成更稳定的成年菌群，其中拟杆菌数量等于或超过双歧杆菌，大肠埃希菌和梭状芽孢杆菌数量减少[16]。

成人粪便微生物群的组成，在不同个体间差异较大。但就个体而言，粪便菌群的成分似乎不会随时间的推移而发生很大的变化[41，43，52]。结肠微生物群中大多数是细菌，占粪便干重的60%[53]。有300[54]～1000种[55]不同的细菌存在于肠道中，大多数在500种左右[56-58]。然而，99%的肠道细菌可能只属于其中的30～40种[59]。真菌和原虫也构成肠道菌群的一部分，但对它们的活性知之甚少。

小肠中细菌数量和种类取决于小肠蠕动的快慢。当出现肠淤滞时，小肠内可能含有大量的复杂菌群。通常情况下，小肠的快速蠕动足以在菌群增殖前将其输送到回肠的远端和结肠。因此，在十二指肠、空肠和回肠起始部分的细菌的种类和数量，与其在胃中的类似，平均含量约10^3 CFU/mL[60-63]。厌氧菌的数量略多于兼性菌，也有链球菌、乳酸杆菌、酵母菌和葡萄球菌。

随着接近回盲瓣，革兰氏阴性菌的数量和种类开始增加[34，42，64]。大肠菌群始终持续稳定地存在，革兰氏阳性和革兰氏阴性厌氧菌（如双歧杆菌、梭菌、拟杆菌和梭杆菌）的平均数量急剧上升至10^5～10^6 CFU/mL。一旦穿过回肠瓣膜，成人结肠中的菌群又会急剧增加。在这里，细菌的数量达到最高值，占粪便干重的近1/3，粪便中含菌量高达10^{11}～10^{12} CFU/g[65]，大约是人体细胞总数的10倍[66，67]。

在结肠菌群中，98%以上的是专性厌氧菌，厌氧菌的数量超过需氧菌的1000～10000倍。结肠内粪便中的主要菌属的含量如下：拟杆菌10^{10}～10^{11} CFU/g，双歧杆菌10^{10}～10^{11} CFU/g，真细菌10^{10} CFU/g，乳酸杆菌10^7～10^8 CFU/g，大肠埃希菌10^6～10^8 CFU/g，需氧和厌氧链球菌10^7～10^8 CFU/g，梭状芽孢杆菌10^6 CFU/g，酵母菌数量不定[24]。因此，超过90%的粪便菌群由拟杆菌和双歧杆菌组成。对结肠菌群的深入研究表明，平均每个健康成人中，仅已知的细菌就有200多种。

肠道菌群的益处

肠道菌群对宿主维持健康和生命有许多重要作用。如果没有肠道菌群，人体将无法利用一些未消化的碳水化合物，因为有些肠道菌群含有人体细胞缺乏的酶来水解某些多糖[55]。此外，细菌可以分解碳水化合物，产生乙酸、丙酸和丁酸，这些物质可以为宿主细胞提供能量和营养[58，59]。肠道细菌也有助于吸收膳食中的钙、镁和铁等矿物质[54]，还可以增强脂类[55]的吸收和储存，产生必要的维生素（如维生素K）被肠道吸收利用。

肠道正常菌群通过竞争性排斥（通常称为“屏障效应”）阻止有害细菌在肠道内定居，从而起到防御感染的作用。一些有害的菌类，如艰难梭菌，其过度繁殖可导致伪膜性结肠炎，但由于来自有益肠道菌群的竞争，使其不能过度生长。这些菌群黏附在肠黏膜内层，从而防止潜在致病菌的附着和过度繁殖[54]。肠道菌群在建立系统免疫[54，56，57]、预防过敏[68]和炎症性肠病，如克罗恩病（Crohn disease）[69]等方面，也发挥着重要作用。

泌尿生殖道

尿道

不管男性还是女性的尿道，仅在尿口1～2 cm处有正常菌群，其余部分的尿道在健康状态下是无菌的。尿道口的菌群由肠杆菌科的菌组成，以大肠埃希菌为主，也可以发现乳酸杆菌、类白喉、α溶血性链球菌和非溶血性链球菌、肠球菌、凝固酶阴性葡萄球菌、消化链球菌和拟杆菌。此外，在健康状态下，从该解剖部位也能查到人型支原体、解脲支原体、耻垢分枝杆菌和念珠菌[25]。

阴道

阴道内的正常菌群随着不同年龄激素水平的变化而发生变化[70]。新生儿的外阴部在出生时是无菌的，但在出生后24 h，便有丰富多样的腐生菌群定植，如类白喉、微球菌和非溶血性链球菌。2～3天后，来自母体的雌激素诱导阴道上皮中糖原沉积，有利于乳酸杆菌的生长。乳酸杆菌分解糖原而产生酸，从而降低阴道pH。此时形成的菌群，与女性青春期的类似。

由乳酸杆菌产生的乳酸导致的pH降低，可以阻止潜在的阴道病原菌的生长，如阴道加德纳菌、动弯杆菌、淋病奈瑟菌和金黄色葡萄球菌，是青春期女性的一个重要宿主防御机制[71-74]。此外，乳酸杆菌紧密地黏附在阴道上皮的受体部位，有助于防止潜在致病菌的定植，从而减少感染的可能性[75]。此外，高达98%的乳酸杆菌也可产生过氧化氢，能灭活人类免疫缺陷病毒1型（HIV-1）、单纯疱疹病毒2型、阴道毛滴虫、阴道加德纳菌和大肠埃希菌[76，77]。总地来说，乳酸杆菌产生乳酸和过氧化氢是预防许多阴道感染的重要宿主防御机制。

当来自母体的雌激素被排出之后，上皮细胞糖原消失，导致作为阴道菌群主要成分的乳酸杆菌减少，并使pH上升到中性或弱碱性水平。此时，正常菌群是混合的、非特异性的，相对较少，并含有源自皮肤和结肠的微生物。在青春期，糖原重新出现在阴道上皮细胞中，并建立起成年期的微生物群。青春期女性阴道的主要菌群由厌氧菌组成，在阴道分泌物中的浓度为10^7～10^9 CFU/mL，数量是需氧菌的100倍。有代表性的主要菌类包括乳酸杆菌、类白喉杆菌、微球菌、凝固酶阴性葡萄球菌、粪肠球菌、微嗜酸性和厌氧链球菌、支原体、解脲支原体和酵母菌。妊娠期间，厌氧菌群显著减少，而需氧乳酸杆菌的数量增加了10倍[78，79]。

关于绝经后妇女的阴道菌群的研究很少。通常从这类健康女性中很难获得样本，因为她们很少去看医生，除非有一些妇科疾病，而且此时阴道分泌物的量大大减少，采样也很困难。然而，至少有一份报告[80]显示，绝经后妇女阴道菌群中乳酸杆菌显著减少，这是雌激素水平降低而导致阴道黏膜中糖原减少的缘故。

毒力因子与致病机制

宿主和寄生物之间一系列复杂的、不断变化的相互作用，决定了感染的开始、发展和结局，这种相互作用可能因微生物的不同而异。一般来说，人类能够通过有效的自身防御机制来抵抗感染。当自身防御机制缺陷或暴露于一种毒力较强的微生物时，就可能导致感染性疾病的发生。微生物的毒力因子可分为三大类：①促进宿主表面定植的物质；②逃避宿主免疫系统并促进入侵组织的物质；③产生毒素导致人体组织损伤的物质。致病微生物可能有其中一种或全部的毒力因子。

促进定植的毒力因子

黏附性

大多数感染是从微生物吸附或黏附在宿主组织上开始的，随后进行繁殖和定植。这种附着可能是非特异性的，也可能是特异性的，这取决于微生物的表面结构和宿主细胞特异性受体之间相互作用。这种黏附现象在口腔、小肠和膀胱尤为重要，因为这些部位黏膜表面经常被体液冲刷，只有黏附在黏膜表面的微生物才能在该部位定植。

细菌通过菌毛和（或）黏附素黏附在宿主的组织表面。菌毛或菌伞呈棒状结构，主要是由被称为菌毛素的单个蛋白质亚单位有序排列组成。菌毛尖端通过附着在宿主细胞表面的受体分子（由糖蛋白或糖脂的碳水化合物残基组成）实现细菌黏附。菌毛与宿主靶细胞的结合可能具有非常高的特异性，表现为某些细菌感染时对特定组织的亲嗜性。细菌菌毛很容易断裂和丢失，必须不断再生。至少对某些细菌来说，菌毛替换的一个重要功能是为细菌提供一种逃避宿主免疫反应的方法。与菌毛顶端结合的宿主抗体，在物理上阻止了菌毛与宿主细胞的结合。有些细菌可以通过生长不同抗原类型的菌毛来逃避这种免疫防御，从而使宿主的免疫反应失效。例如，淋病奈瑟菌可以产生超过50种类型的菌毛，这使得宿主几乎不可能产生阻止定植的抗体反应[81]。

细菌黏附也可以通过细菌的黏附素（adhesin）来完成。黏附素是菌体细胞的表面结构，能与宿主细胞表面的互补受体结合，并借此来完成黏附。黏附素是一种蛋白质，也被称为菌毛黏附素。在菌毛最初结合后，可进一步促进细菌与宿主细胞的紧密结合。细菌黏附于宿主细胞的机制决定了其进入宿主细胞，并启动一系列病理生理过程的能力。在这方面，肠致病性大肠埃希菌（EPEC）就是一个很好的例子。EPEC完成初始黏附后，诱导细胞内Ca^{2+}水平升高，激活肌动蛋白切割酶和蛋白激酶，导致空泡形成和微绒毛断裂。然后，EPEC能够以更紧密的方式附着在上皮细胞上，从而最大限度地激活蛋白激酶。这会导致细胞骨架发生重构，细胞膜对离子的通透性发生改变。离子通透性的改变导致离子分泌增加，吸收减少，引起分泌性腹泻，这是EPEC感染的标志。已经发现，大多数EPEC菌株都含有一个大质粒，该质粒编码具有黏附特性的蛋白[82]。

生物膜

当微生物不可逆地黏附在附着面时会形成生物膜，产生有助于黏附的细胞外聚合物，并作为一种结构基质。这种附着面可以是活组织，如牙齿或黏膜细胞，也可以是无生命的物质，如植入体内的留置医疗器具。大多数生物膜是由细菌产生的，但真菌，特别是酵母菌，也能形成生物膜。生物膜是微生物在有生命的组织或无生命的物体表面产生的复杂的胞外聚合物，具有化学异质性和结构多样性。在人体组织中，细菌或酵母的第一层或基础层直接附着在宿主细胞的表面，而菌体的其他层则通过多糖基质附着在细胞的基础层上。在阴道、口腔和肠道中已经检测到生物膜，事实上，栖居在这些部位的菌群可能是构成生物膜的一部分。这些密集的菌群层可能有助于解释为何这些部位具有保护宿主的屏障功能。然而，生物膜的形成也可能是疾病的前奏。例如，牙菌斑是一种已知可引起疾病的生物膜，如龋齿和牙龈炎；铜绿假单胞菌也已被证明可在囊性纤维化患者的肺部形成致病性生物膜。

生物膜也可能在植入人体的或反复接触人体组织的异物上形成。生物膜几乎可以在任何植入体内的医疗器具上形成，如中心静脉导管和无针连接器、气管内插管、子宫内装置、机械心脏瓣膜、起搏器、假体关节和导尿管。的确，在使用这种留置医疗器具的患者中，医院获得性感染通常发生在这些器具表面形成生物膜之后。生物膜中的菌被嵌入细胞外聚合物基质中，这使得它们对抗生素产生很高的耐药性。因此，感染此类疾病的患者总是需要外科手术替换假体或移除导管或中心静脉管，因为这些感染的抗菌治疗是难以奏效的。在植入式塑料和不锈钢器具上生成的生物膜，是另一个出于善意进行治疗而引发病症的反面例子，这些医疗活动持续为细菌制造出新的生存环境，使其成为人类感染的原因。

铁的获取机制

一旦一种细菌附着在身体的某个部位，它就需要铁才能维持生长和繁殖。虽然人体含有丰富的铁，但体内大多数的铁是细菌无法利用的。因为乳铁蛋白、转铁蛋白、铁蛋白和血红素结合了大部分铁，致使可用铁的浓度特别低，而剩余的游离铁远远低于支持细菌生长所需的水平[81]。因此，细菌已经进化出许多从其环境中获取铁的机制[83]。细菌产生铁载体，以非常高的亲和力螯合铁，并与转铁蛋白和乳铁蛋白进行有效竞争，以调动铁为其增殖所利用。此外，一些细菌可以不需要产生铁载体，而直接利用宿主的铁复合物。例如，奈瑟菌属具有特异的转铁蛋白受体，能去除细胞表面转铁蛋白中的铁；鼠疫耶尔森菌可以利用血红素作为铁的唯一来源；创伤弧菌可以利用血红蛋白-肝球蛋白复合物中的铁；流感嗜血杆菌可以利用血红蛋白、血红蛋白-肝球蛋白、血红素-血红素结合蛋白和血红素-白蛋白复合物作为铁的来源。另外获取铁的机制是产生溶血素，它能释放细胞内与血红素和血红蛋白结合的铁。

动力

在口腔、胃和小肠等部位黏膜的表面，由于经常性体液冲刷，可以阻止微生物的定植。在其他部位黏膜表面，如结肠或阴道黏膜表面，是相对静止的区域。在这两种情况下，与无动力的细菌相比，有动力的菌能够定向移动到黏膜表面，与宿主表面接触的机会更大。虽然鞭毛或趋化性引起的动力作为细菌毒力因子可能性很高，但只在少数细菌（如幽门螺杆菌和霍乱弧菌）中，动力被证明是一个重要的毒力因子[81]。

逃避宿主免疫系统的毒力因子

荚膜

荚膜是一种松散的、相对非结构化的聚合物网，覆盖在菌体的表面。大多数研究得比较透彻的荚膜都是由多糖组成的，但荚膜也可以由蛋白质或蛋白质-碳水化合物混合物组成。荚膜作为细菌毒力因子的作用，是保护微生物免受补体激活和吞噬细胞介导的破坏。虽然宿主通常会产生针对细菌荚膜的抗体，但有些细菌可以通过产生类似于宿主多糖的荚膜来破坏这种反应。

新型隐球菌是一种有荚膜的致病真菌，其逃避宿主免疫的机制是使其表面无法被吞噬细胞所识别。虽然新型隐球菌的荚膜是一种潜在的补体旁路途径的激活剂，但是在隐球菌败血症中，荚膜多糖大量激活的补体可能会导致血清补体成分的明显消耗并伴随血清调理能力的丧失。荚膜的其他免疫抑制作用包括下调细胞因子分泌、抑制白细胞聚集、诱导抑制性T细胞和抑制因子、抑制抗原呈递和抑制淋巴细胞增殖。

IgA蛋白酶

黏膜的表面有一种分泌型IgA抗体，该抗体可以阻止细菌在上皮细胞的黏附和生长，存在于黏膜表面和（或）引起疾病的某些细菌，能够通过产生使IgA抗体失活的IgA蛋白酶逃避分泌型抗体作用。IgA蛋白酶的毒力作用尚不清楚，其重要性也存在争议；然而，这些酶非同寻常的特异性表明其在黏膜表面的定植中起到一定的作用[81]。能够产生IgA蛋白酶的病原菌包括流感嗜血杆菌、肺炎链球菌、脑膜炎奈瑟菌和淋病奈瑟菌。

细胞内滞留

侵入性微生物穿透解剖学屏障，或进入细胞，或穿过细胞在体内播散。为了在这些条件下生存，某些微生物已经进化出了特殊的毒力因子，使它们能够逃避或破坏宿主吞噬细胞的活性。这样的抗吞噬策略可以防止吞噬细胞迁移到微生物生长的部位，或者限制它们的吞噬作用。某些微生物能够产生毒性蛋白质，一旦遇到吞噬细胞就会将其杀死，还有一些微生物则进化出能够在被多形核细胞、单核细胞或巨噬细胞吞噬后存活的能力。被吞噬后能够存活的策略包括在吞噬体与溶酶体融合之前从吞噬体中逃逸，防止吞噬体–溶酶体融合，或者在融合后酶解吞噬溶酶体膜并逃逸。刚地弓形虫（*Toxoplasma gondii*）是一个成功的细胞内寄生的典型例子。进入细胞后，刚地弓形虫定居在一个吞噬溶酶体液泡内，这种液泡不与细胞内包括溶酶体在内的其他细胞器融合。刚地弓形虫在这个液泡中能否存活，取决于是否维持适当的酸碱度，排出溶酶体成分，以及激活在液泡中获得营养所必需的特定机制[84]。

血清抗性

对于穿过黏膜或皮肤屏障进入细胞外环境中生存的病原体来说，想要存活就必须抵御补体的裂解作用。血清对革兰氏阴性菌的裂解作用是由补体介导的，可由经典或替代途径激活。补体的主要靶点之一是革兰氏阴性菌的脂多糖（lipopolysaccharide，LPS）。一些病原体被称为有“血清抗性”，并已进化出防御机制，包括：①不结合和激活补体；②激活补体系统的表面分子脱落；③在形成C5b-C9复合体之前阻断补体级联反应；④增强非溶解复合物的形成。许多能够引起全身感染的微生物，如沙门菌和大肠埃希菌的某些菌株，都具有血清抗性，表明这种特性非常重要。

毒素

某些微生物在生长过程中产生的毒素可能会改变人类细胞的正常代谢，有时对宿主产生有害的作用。一般来说，毒素与细菌性疾病有关，但也可能在真菌、原虫和蠕虫引起的疾病中发挥重要作用。细菌毒素主要有两种类型：外毒素和内毒素。外毒素通常是不耐热的蛋白质，一般被分泌到周围的介质或组织中。然而，也有些外毒素与细菌表面结合，在细胞死亡和裂解时释放出来。相反，内毒素是革兰氏阴性细菌外膜的脂多糖。

外毒素

多种微生物都可以产生外毒素，包括革兰氏阳性菌和革兰氏阴性菌，并可通过多种机制引起疾病：①外毒素可在食物中产生，并可与食物一起被人食入。这些外毒素导致的疾病通常是自限性的，因为细菌不滞留体内，没有持续的毒素来源；②在伤口或组织中生长的细菌可能产生外毒素，对宿主周围组织造成损害，从而导致感染的播散；③细菌可能在伤口或黏膜表面定植，产生外毒素，进入血流，并影响远端的器官和组织。攻击各种不同类型细胞的毒素称为细胞毒素，而攻击特定类型细胞的毒素则按受影响的细胞或器官命名，如神经毒素、白细胞毒素或肝毒素等。外毒素也可以按致病细菌或与所致疾病命名，如霍乱毒素、志贺毒素、白喉毒素和破伤风毒素等。外毒素也可以根据其活性来命名，如腺苷酸环化酶和卵磷脂酶，而有些毒素则简单地以字母命名，如铜绿假单胞菌外毒素A。

根据文献综述[85, 86]，已知的细菌外毒素按其作用机制可分为五大类：损害细胞膜、抑制蛋白质合成、激活第二信使途径、抑制神经递质的释放和激活宿主免疫反应。一些外毒素也被称为A-B毒素，因为完整的毒素是由宿主细胞受体结合部分（B部分或结合部分）和介导其毒性的酶活性的部分（A部分或活性部分）组成。A-B毒素有两种结构类型。一种比较简单，是由二硫键连接的单一蛋白质组成。另一种A-B毒素稍微复杂一些，B部分由多个亚单位组成，但仍通过二硫键与A部分相连。当B部分与宿主细胞表面特定的分子结合并将A部分转运到宿主细胞内时，二硫键发生断裂。因此，毒素分子的B部分决定了其宿主细胞特异性。例如，如果B部分仅仅与神经元表面的细胞受体特异性结合，则毒素将是一种特定的神经毒素。一般来说，如果没有细胞受体特异性，这些毒素进入细胞内，则可以杀死许多类型的细胞。一旦进入宿主细胞，由于A部分的酶活性被激活，就可以发挥其毒性作用。大多数外毒素的A部分通过控制cAMP的蛋白的核糖基化影响宿主细胞中的环磷酸腺苷（cAMP）水平，造成离子流失，导致组织中的水分流入肠腔，引起腹泻。其他毒素的A部分可切断宿主细胞核糖体RNA（rRNA），从而阻止蛋白质合成，白喉毒素[85, 86]就属于这种情况。

另一些外毒素称为破膜毒素，通过破坏宿主细胞质膜的完整性来裂解宿主细胞。破膜毒素也有两种类型。一种是利用胆固醇作为受体，将自身插入宿主细胞膜，形成通道或孔，使细胞质内容物外漏，并使水进入。另一种破膜毒素由磷脂酶组成。这些酶能去除细胞膜磷脂头部的带电基团，降低细胞膜稳定性，从而引起细胞裂解。这些酶也因此被称为细胞毒素。

一些细菌外毒素通过直接作用于免疫系统的T细胞和抗原呈递细胞（antigen-presenting cell，APC），发挥超抗原的作用。毒素破坏这些细胞的免疫功能可导致严重的人类疾病。致热毒素超抗原是这类毒素的一个大家族，其重要的生物学活性包括强力刺激免疫细胞系统、致热性和增强内毒素性休克。细菌外毒素作为超抗原的例子还有葡萄球菌外毒素和链球菌外毒素，相关文献也进行了详细阐述[85-87]。

一般来说，细菌超抗原发挥作用的机制，是在巨噬细胞或其他APC细胞的主要组织相容性复合体（main histocompatibility complex，MHC）Ⅱ类分子和与该分子相互作用的受体或T细胞之间形成桥梁。通常，APC通过将蛋白质抗原切割成肽，然后将切割后的肽以MHCⅡ类分子复合物的形式送至APC细胞的表面，从而完成抗原呈递作用。只有少数辅助性T细胞具有识别这种特殊MHC-肽复合物的受体，因此只有少数T细胞会受到刺激。这种T细胞被刺激后产生的细胞因子，如白细胞介素-2（IL-2），刺激T细胞增殖和T细胞与B细胞的相互作用，导致B细胞产生抗体。超抗原的产生并非通过APC细胞内部的蛋白水解消化来完成，而是直接结合到APC表面的MHCⅡ类分子上。这个过程不是特异性的，因此许多APC细胞将超抗原分子结合到自身的表面。超抗原不加区分地结合T细胞，从而形成比正常情况下更多的APC-辅助T细胞对。因此，与对普通抗原的正常反应（APC使万分之一的T细胞得到刺激）不同，超抗原的桥接作用刺激多达1/5的T细胞。这种超抗原的作用会导致过量的IL-2的释放，从而产生恶心、呕吐、发热和虚弱的症状。过量的IL-2产生也会导致其他细胞因子的过度产生，从而导致休克[85]。

关于外毒素的生物学和病理生理学的知识，我们已经介绍了很多。希望获得更多详细信息的读者，可参阅以下优秀的参考文献和书籍[86, 88-90]。

内毒素

内毒素是革兰氏阴性菌外膜的脂多糖，其毒性的脂质部分（脂质A）被包埋在外膜内，核心抗原从细菌表面向外延伸。内毒素对热稳定，可被甲醛灭活，比许多外毒素毒性相对要低。脂质A通过与血浆蛋白结合，然后与单核细胞、巨噬细胞和其他宿主细胞上的受体相互作用，在菌体裂解时发挥其作用，从而刺激其产生细胞因子，并激活补体和凝血级联反应。引起宿主体温升高，血压降低，血管壁受损，发生弥散性血管内凝血，以及肺、肾和脑等重要器官的血流减少，导致器官衰竭。凝血级联的激活导致凝血成分不足，引起出血和进一步的器官损伤。超抗原还可以通过与内毒素协同作用，进一步增加炎性细胞因子的释放，而这些细胞因子对免疫系统细胞往往是致死性的，从而大大提高宿主对内毒素休克的易感性[87]。

水解酶

许多致病微生物产生细胞外酶，如透明质酸酶、蛋白酶、DNA酶、胶原酶、弹性蛋白酶和磷脂酶，它们能够水解宿主组织并破坏细胞结构。虽然这些酶通常不被认为是典型的外毒素，但能像外毒素一样有效地破坏宿主细胞，并且常常足以引发临床疾病。例如，曲霉属真菌能分泌不同类型的蛋白酶，作为毒力因子发挥作用，破坏宿主细胞的结构屏障，从而促进入侵组织的过程[91]。再如，透明质酸酶和明胶酶，长期以来被认为与产毒肠球菌的毒力有关。产透明质酸酶的肠球菌能破坏上皮细胞间的黏合物质[92]，被认为是引起牙周病的原因。在对其他微生物研究报告中，透明质酸酶被认为是十二指肠钩虫皮肤幼虫移行症的扩散因子[93]，以及苍白密螺旋体（梅毒螺旋体）传播的重要因素[94]。

结论

随着健康和疾病之间平衡的改变，宿主–寄生物之间关系在整个生命过程中都处于一种不断变化的状态。乔舒亚·莱德伯格的话在今天继续引起共鸣，与20世纪90年代一样中肯。因为，今天我们人类仍然处于与细菌和病毒性入侵者的达尔文式的生存斗争之中。

原著参考文献

[1] Lederberg J, McCray AT. 2001. ‘Ome sweet ’omics—a genealogical treasury of words. Scientist 15:8.
[2] The NIH NMP Working Group; Peterson J et al. 2009. The NIH human microbiome project. Genome Res 19:2317–2323.
[3] NIH/National Human Genome Research Institute. 2012. Human microbiome project: diversity of human microbes greater than previously predicted. Science Daily https://www.science daily.com/releases/2010/05/100520141214.htm.
[4] Wu S, Rhee K-J, Albesiano E, Rabizadeh S, Wu X, Yen H-R, Huso DL, Brancati FL, Wick E, McAllister F, Housseau F, Pardoll DM, Sears CL. 2009. A human colonic commensal promotes colon tumorigenesis via activation of T helper type 17 T cell responses. Nat Med 15:1016–1022.
[5] Ridaura VK, Faith JJ, Rey FE, Cheng J, Duncan AE, Kau AL, Griffin NW, Lombard V, Henrissat B, Bain JR, Muehlbauer MJ, Ilkayeva O, Semenkovich CF, Funai K, Hayashi DK, Lyle BJ, Martini MC, Ursell LK, Clemente JC, Van Treuren W, Walters WA, Knight R, Newgard CB, Heath AC, Gordon JI. 2013. Gut microbiota from twins discordant for obesity modulate metabolism in mice. Science 341:1241214.
[6] Turnbaugh PJ, Ley RE, Mahowald MA, Magrini V, Mardis ER, Gordon JI. 2006. An obesity-associated gut microbiome with increased capacity for energy harvest. Nature 444:1027–1031.
[7] Turnbaugh PJ, Hamady M, Yatsunenko T, Cantarel BL, Duncan A, Ley RE, Sogin ML, Jones WJ, Roe BA, Affourtit JP, Egholm M, Henrissat B, Heath AC, Knight R, Gordon JI. 2009. A core gut microbiome in obese and lean twins. Nature 457:480–484.

[8] Bravo JA, Forsythe P, Chew MV, Escaravage E, Savignac HM, Dinan TG, Bienenstock J, Cryan JF. 2011. Ingestion of Lactobacillus strain regulates emotional behavior and central GABA receptor expression in a mouse via the vagus nerve. Proc Natl Acad Sci USA 108:16050–16055.

[9] Davis CP. 1996. Normal flora, p 113–119. In Baron S (ed), Medical Microbiology, 4th ed. The University of Texas Medical Branch at Galveston, Galveston, TX.

[10] National Human Genome Research Institute (NHGRI). 2012. NIH human microbiome project defines normal bacterial makeup of the body. National Institutes of Health. https://www.nih.gov /news-events/news-releases/nih-human-microbiome-project-defines-normal-bacterial-makeup-body.

[11] Bokkenheuser VD, Winter J. 1983. Biotransformation of steroids, p 215. In Hentges DJ (ed), Human Intestinal Microflora in Health and Disease. Academic Press, New York.

[12] Wilson KH. 1999. The gastrointestinal biota, p 629. In Yamada T, Alpers DH, Laine L, Owyang C, Powell DW (ed), Textbook of Gastroenterology, 3rd ed. Lippincott Williams & Wilkins, Baltimore, MD.

[13] Eisenstein BI, Schaechter M. 1993. Normal microbial flora, p 212. In Schaechter M, Medoff G, Eisenstein BI (ed), Mechanisms of Microbial Disease, 2nd ed. Williams and Wilkins, Baltimore, MD.

[14] Noble WC. 1990. Factors controlling the microflora of the skin, p 131–153. In Hill MJ, Marsh PD (ed), Human Microbial Ecology. CRC Press, Inc, Boca Raton, FL.

[15] McGinley KJ, Webster GF, Ruggieri MR, Leyden JJ. 1980. Regional variations in density of cutaneous propionibacteria: correlation of Propionibacterium acnes populations with sebaceous secretion. J Clin Microbiol 12:672–675.

[16] Mevissen-Verhage EA, Marcelis JH, de Vos MN, Harmsenvan Amerongen WC, Verhoef J. 1987. Bifidobacterium, Bacteroides, and Clostridium spp. in fecal samples from breast-fed and bottle-fed infants with and without iron supplement. J Clin Microbiol 25:285–289.

[17] Kloos WE. 1986. Ecology of human skin, p 37–50. In Maardh PA, Schleifer KH (ed), Coagulase-Negative Staphylococci. Almyqvist & Wiksell International, Stockholm, Sweden.

[18] Kloos WE. 1997. Taxonomy and systematics of staphylococci indigenous to humans, p 113–137. In Crossley KB, Archer GL (ed), The Staphylococci in Human Disease. Churchill Livingstone, New York.

[19] Kloos WE. 1998. Staphylococcus, p 577–632. In Collier L, Balows A, Sussman M (ed), Topley & Wilson's Microbiology and Microbial Infections, 9th ed, vol 2. Edward Arnold, London.

[20] Kloos WE, Schleifer KH, Gotz F. 1991. The genus Staphylococcus, p 1369–1420. In Balows A, Truper HG, Dworkin M, Harder W, Schleifer KH (ed), The Prokaryotes, 2nd ed. Springer-Verlag, New York.

[21] Wolff HH, Plewig G, Januschke E. 1976. Ultrastruktur der Mikroflora in Follikeln und Komedonen. [Ultrastructure and microflora in follicles and comedones.] Hautarzt 27:432–440.

[22] Leeming JP, Holland KT, Cunliffe WJ. 1984. The microbial ecology of pilosebaceous units isolated from human skin. J Gen Microbiol 130:803–807.

[23] Evans CA. 1976. The microbial ecology of human skin, p 121–128. In Stiles HM, Loesche WJ, O'Brien TC (ed), Microbial Aspects of Dental Caries, vol. 1 (special supplement to Microbiology Abstracts—Bacteriology). Information Retrievable, Inc., New York.

[24] Gallis HA. 1988. Normal flora and opportunistic infections, p 339. In Joklik WK, Willett HP, Amos DB, Wilfert CM (ed), Zinsser Microbiology, 19th ed. Appleton & Lange, Norwalk, CT.

[25] Sherris JC. 1984. Normal microbial flora, p 50–58. In Sherris JC, Ryan KJ, Ray CG, Plorde JJ, Corey L, Spizizen J (ed), Medical Microbiology: an Introduction to Infectious Diseases. Elsevier Science Publishing, New York.

[26] Socransky SS, Manganiello SD. 1971. The oral microbiota of man from birth to senility. J Periodontol 42:485–496.

[27] Tannock GW, Fuller R, Smith SL, Hall MA. 1990. Plasmid profiling of members of the family Enterobacteriaceae, lactobacilli, and bifidobacteria to study the transmission of bacteria from mother to infant. J Clin Microbiol 28:1225–1228.

[28] Tagg JR, Pybus V, Phillips LV, Fiddes TM. 1983. Application of inhibitor typing in a study of the transmission and retention in the human mouth of the bacterium Streptococcus salivarius. Arch Oral Biol 28:911–915.

[29] Carlsson J, Grahnén H, Jonsson G. 1975. Lactobacilli and streptococci in the mouth of children. Caries Res 9:333–339. 30. Ikeda T, Sandham HJ. 1971. Prevalence of Streptococcus mutans on various tooth surfaces in Negro children. Arch Oral Biol 16:1237–1240.

[31] Ikeda T, Sandham HJ, Bradley EL Jr. 1973. Changes in Streptococcus mutans and lactobacilli in plaque in relation to the initiation of dental caries in Negro children. Arch Oral Biol 18: 555–566.

[32] Köhler B, Andréen I, Jonsson B. 1984. The effect of cariespreventive measures in mothers on dental caries and the oral presence of the bacteria Streptococcus mutans and lactobacilli in their children. Arch Oral Biol 29:879–883.

[33] Delaney JE, Ratzan SK, Kornman KS. 1986. Subgingival microbiota associated with puberty: studies of pre-, circum-, and postpubertal

human females. Pediatr Dent 8:268–275.

[34] Frisken KW, Tagg JR, Laws AJ, Orr MB. 1987. Suspected periodontopathic microorganisms and their oral habitats in young children. Oral Microbiol Immunol 2:60–64.

[35] Moore LVH, Moore WE, Cato EP, Smibert RM, Burmeister JA, Best AM, Ranney RR. 1987. Bacteriology of human gingivitis. J Dent Res 66:989–995.

[36] Wojcicki CJ, Harper DS, Robinson PJ. 1987. Differences in periodontal disease-associated microorganisms of subgingival plaque in prepubertal, pubertal and postpubertal children. J Periodontol 58:219–223.

[37] Theilade E. 1990. Factors controlling the microflora of the healthy mouth, p 1–54. In Hill MJ, Marsh PD (ed), Human Microbial Ecology. CRC Press, Inc, Boca Raton, FL.

[38] Bartholomew B, Hill MJ. 1984. The pharmacology of dietary nitrate and the origin of urinary nitrate. Food Chem Toxicol 22:789–795.

[39] Parsons DS. 1971. Salt transport. J Clin Pathol 24(Suppl. 5): 90–98.

[40] Drasar BS, Shiner M, McLeod GM. 1969. Studies on the intestinal flora. I. The bacterial flora of the gastrointestinal tract in healthy and achlorhydric persons. Gastroenterology 56:71–79.

[41] Gorbach SL. 1971. Intestinal microflora. Gastroenterology 60: 1110–1129.

[42] Gorbach SL, Nahas L, Lerner PI, Weinstein L. 1967a. Studies of intestinal microflora. I. Effects of diet, age, and periodic sampling on numbers of fecal microorganisms in man. Gastroenterology 53:845–855.

[43] Gorbach SL, Plaut AG, Nahas L, Weinstein L, Spanknebel G, Levitan R. 1967b. Studies of intestinal microflora. II. Microorganisms of the small intestine and their relations to oral and fecal flora. Gastroenterology 53:856–867.

[44] Roberts AK. 1988. The development of the infant faecal flora. Ph.D. thesis. Council for National Academic Awards.

[45] Neut C, Bezirtzoglou E, Romand C, Beeren H, Delcroix M, Noel AM. 1987. Bacterial colonization of the large intestine in newborns delivered by caesarian section. Zentralbl Bakteriol. Hyg A 266:330–337.

[46] Keusch GT, Gorbach SL. 1995. Enteric microbial ecology and infection, p 1115–1130. In Haubrich WS, Schaffner F, Berk JE (ed), Gastroenterology, 5th ed. W. B. Saunders Co, Philadelphia.

[47] Benno Y, Sawada K, Mitsuoka T. 1984. The intestinal microflora of infants: composition of fecal flora in breast-fed and bottle-fed infants. Microbiol Immunol 28:975–986.

[48] Hall MA, Cole CB, Smith SL, Fuller R, Rolles CJ. 1990. Factors influencing the presence of faecal lactobacilli in early infancy. Arch Dis Child 65:185–188.

[49] Smith HW, Crabb WE. 1961. The faecal bacterial flora of animals and man: its development in the young. J Pathol Bacteriol 82:53–66.

[50] Mata LJ, Urrutia JJ. 1971. Intestinal colonization of breast-fed children in a rural area of low socioeconomic level. Ann N Y Acad Sci 176:93–109.

[51] Mitsuoka T, Kaneuchi C. 1977. Ecology of the bifidobacteria. Am J Clin Nutr 30:1799–1810.

[52] Donaldson RM Jr. 1964. Normal bacterial populations of the intestine and their relationship to intestinal function. N Engl J Med 270:938–945, 994–1001, 1050–1056.

[53] Stephen AM, Cummings JH. 1980. The microbial contribution to human faecal mass. J Med Microbiol 13:45–56.

[54] Guarner F, Malagelada JR. 2003. Gut flora in health and disease. Lancet 361:512–519.

[55] Sears CL. 2005. A dynamic partnership: celebrating our gut flora. Anaerobe 11:247–251.

[56] Steinhoff U. 2005. Who controls the crowd? New findings and old questions about the intestinal microflora. Immunol Lett 99: 12–16.

[57] O'Hara AM, Shanahan F. 2006. The gut flora as a forgotten organ. EMBO Rep 7:688–693.

[58] Gibson GR. 2004. Fibre and effects on probiotics (the prebiotic concept). Clin Nutr Suppl 1:25–31.

[59] Beaugerie L, Petit J-C. 2004. Antibiotic-associated diarrhoea. Best Pract Res Clin Gastroenterol 18:337–352.

[60] Cregan J, Hayward NJ. 1953. The bacterial content of the healthy small intestine. BMJ 1:1356–1359.

[61] Finegold SM, Sutter VL, Mathison GE. 1983. Normal indigenous intestinal flora, p 3–31. In Hentges DJ (ed), Human Intestinal Microflora in Health and Disease. Academic Press, New York.

[62] Justesen T, Nielsen OH, Jacobsen IE, Lave J, Rasmussen SN. 1984. The normal cultivable microflora in upper jejunal fluid in healthy adults. Scand J Gastroenterol 19:279–282.

[63] Plaut AG, Gorbach SL, Nahas L, Weinstein L, Spanknebel G, Levitan R. 1967. Studies of intestinal microflora. 3. The microbial flora of human small intestinal mucosa and fluids. Gastroenterology 53:868–873.

[64] Simon GL, Gorbach SL. 1984. Intestinal flora in health and disease. Gastroenterology 86:174–193.

[65] MacNeal WJ, Latzer LL, Kerr JE. 1909. The fecal bacteria of healthy men. I. Introduction and direct quantitative observations. J Infect Dis 6:123–169.

[66] Birkbeck J. 1999. Colon cancer: the potential involvement of the normal flora, p 262–294. In Tannock GW (ed), Medical Importance of the Normal Flora. Kluwer Academic Publishers, London.
[67] Shanahan F. 2002. The host-microbe interface within the gut. Best Pract Res Clin Gastroenterol 16:915–931.
[68] Björkstén B, Sepp E, Julge K, Voor T, Mikelsaar M. 2001. Allergy development and the intestinal microflora during the first year of life. J Allergy Clin Immunol 108:516–520.
[69] Guarner F, Malagelada J-R. 2003. Role of bacteria in experimental colitis. Best Pract Res Clin Gastroenterol 17:793–804.
[70] Ison CA. 1990. Factors affecting the microflora of the lower genital tract of healthy women, p 111–130. In Hill MJ, Marsh PD (ed), Human Microbial Ecology. CRC Press, Inc, Boca Raton, FL.
[71] Graver MA, Wade JJ. 2011. The role of acidification in the inhibition of Neisseria gonorrhoeae by vaginal lactobacilli during anaerobic growth. Ann Clin Microbiol Antimicrob 10:8.
[72] Matu MN, Orinda GO, Njagi ENM, Cohen CR, Bukusi EA. 2010. In vitro inhibitory activity of human vaginal lactobacilli against pathogenic bacteria associated with bacterial vaginosis in Kenyan women. Anaerobe 16:210–215.
[73] Skarin A, Sylwan J. 1986. Vaginal lactobacilli inhibiting growth of Gardnerella vaginalis, Mobiluncus and other bacterial species cultured from vaginal content of women with bacterial vaginosis. Acta Pathol Microbiol Immunol Scand [B] 948:399–403.
[74] Strus M, Malinowska M, Heczko PB. 2002. In vitro antagonistic effect of Lactobacillus on organisms associated with bacterial vaginosis. J Reprod Med 47:41–46.
[75] Boris S, Barbés C. 2000. Role played by lactobacilli in controlling the population of vaginal pathogens. Microbes Infect 2:543–546.
[76] O'Hanlon DE, Moench TR, Cone RA. 2011. In vaginal fluid, bacteria associated with bacterial vaginosis can be suppressed with lactic acid but not hydrogen peroxide. BMC Infect Dis 11:200.
[77] Baeten JM, Hassan WM, Chohan V, Richardson BA, Mandaliya K, Ndinya-Achola JO, Jaoko W, McClelland RS. 2009. Prospective study of correlates of vaginal Lactobacillus colonisation among high-risk HIV-1 seronegative women. Sex Transm Infect 85:348–353.
[78] Goplerud CP, Ohm MJ, Galask RP. 1976. Aerobic and anaerobic flora of the cervix during pregnancy and the puerperium. Am J Obstet Gynecol 126:858–868.
[79] Lindner JGEM, Plantema FHF, Hoogkamp-Korstanje JAA. 1978. Quantitative studies of the vaginal flora of healthy women and of obstetric and gynaecological patients. J Med Microbiol 11:233–241.
[80] Cruikshank R, Sharman A. 1934. The biology of the vagina in the human subject. II. The bacterial flora and secretion of the vagina at various age periods and their relation to glycogen in the vaginal epithelium. J Obstet Gynaecol Br Emp 32:208–226.
[81] Salyers AA, Whitt DD. 1994. Virulence factors that promote colonization, p 30–46. In Salyers AA, Whitt DD (ed), Bacterial Pathogenesis: a Molecular Approach. ASM Press, Washington, DC.
[82] Baldini MM, Kaper JB, Levine MM, Candy DCA, Moon HW. 1983. Plasmid-mediated adhesion in enteropathogenic Escherichia coli. J Pediatr Gastroenterol Nutr 2:534–538.
[83] Litwin CM, Calderwood SB. 1993. Role of iron in regulation of virulence genes. Clin Microbiol Rev 6:137–149.
[84] Schaechter M, Eisenstein BI. 1993. Genetics of bacteria, p 57–76. In Schaechter M, Medoff G, Eisenstein BI (ed), Mechanisms of Microbial Disease, 2nd ed. Williams & Wilkins, Baltimore, MD.
[85] Salyers AA, Whitt DD. 1994. Virulence factors that damage the host, p 47–60. In Salyers AA, Whitt DD (ed), Bacterial Pathogenesis: a Molecular Approach. ASM Press, Washington, DC.
[86] Schmitt CK, Meysick KC, O'Brien AD. 1999. Bacterial toxins: friends or foes? Emerg Infect Dis 5:224–234.
[87] Kotb M. 1995. Bacterial pyrogenic exotoxins as superantigens. Clin Microbiol Rev 8:411–426.
[88] Brogden KA, Roth JA, Stanton TB, Bolin CA, Minion FC, Wannemuehler MJ (ed). 2000. Virulence Mechanisms of Bacterial Pathogens. ASM Press, Washington, DC.
[89] Cossart P, Boquet P, Normark S, Rappuoli R (ed). 2000. Cellular Microbiology. ASM Press, Washington, DC.
[90] Salyers AA, Whitt DD (ed). 1994. Bacterial Pathogenesis: a Molecular Approach. ASM Press, Washington, DC.
[91] Kothary MH, Chase T Jr, Macmillan JD. 1984. Correlation of elastase production by some strains of Aspergillus fumigatus with ability to cause pulmonary invasive aspergillosis in mice. Infect Immun 43:320–325.
[92] Rosan B, Williams NB. 1964. Hyaluronidase production by oral enterococci. Arch Oral Biol 9:291–298.
[93] Hotez PJ, Narasimhan S, Haggerty J, Milstone L, Bhopale V, Schad GA, Richards FF. 1992. Hyaluronidase from infective Ancylostoma hookworm larvae and its possible function as a virulence factor in tissue invasion and in cutaneous larva migrans. Infect Immun 60:1018–1023.
[94] Fitzgerald TJ, Repesh LA. 1987. The hyaluronidase associated with Treponema pallidum facilitates treponemal dissemination. Infect Immun 55:1023–1028.

2

实验动物固有人兽共患病原体

LON V. KENDALL

实验动物在推动生物医学研究方面发挥了重要作用，并将在阐明发病机制、探索新疗法的有效性和安全性等方面继续发挥作用。实验动物的健康状况不仅对研究结果的有效性和真实性有直接影响，而且与从业人员的健康和安全直接相关。规范的实验室应该建立良好的动物饲养及安全管理规范，以保护实验动物及人员的健康和安全。

人兽共患病原体的操作

生物安全（biosecurity）与生物防护（biocontainment）

生物安全，是指在维护实验动物健康状态时，为检测、预防、控制以及消除实验室动物中偶然发生的风险，而采取的有针对性的保障措施[1]，不同于对管制病原所采取的防止病原体和毒素的丢失、盗窃、误用、转移或蓄意泄漏的生物安全措施[2]。生物防护是指主动采取的控制和防止人员和环境暴露于生物危害因子的措施，通常包括4个主要控制点：设施设备的工程控制、个人防护设备（PPE）、标准操作程序（SOP）和管理控制[2]。在这种情况下，生物危害因子通常是明确的，例如鼠疫耶尔森菌（*Yersinia pestis*）培养物，或是感染了类鼻疽伯克霍尔德菌（*Burkholderia pseudomallei*）的动物模型。动物设施中的另一个常见术语是“屏障”（barrier），其设计通常是为了防止有害病原体侵入动物设施，以保持动物处于无病原体状态[3]。生物安全、生物防护或屏障在不同实际操作情况下是同义词，只是使用的目的不同。例如，在一般动物屏障设施内的工作人员通常穿着个人防护服，如实验室隔离服、手套、隔离帽（hair net）、呼吸面罩和鞋套，以降低对工作人员带来的污染风险。生物防护中所穿戴的个人防护服也具有防止动物源病原体感染人员的功能。作为《微生物和生物医学实验室生物安全》第5版（BMBL-5）中规定的一般原则，动物实验的操作应该在生物安全2级（BSL-2）水平运行，包括SOP的使用、对人员培训、使用PPE、通过笼具更换设备（case change station）减少气溶胶产生，以及保持生物安全的卫生与环境管理措施，避免人员接触过敏原、保持动物的健康等。维持生物安全所采取的措施与生物防护类似，也都能保护人员免受实验动物携带的潜在人兽共患病病原体的危害。

人兽共患病的潜在风险

人兽共患病是在脊椎动物和人类之间自然传播的疾病。接触实验动物对实验室人员有固有的风险，因为人兽共患病原体可以通过皮肤接触、吸入、食入或眼睛暴露而传播[4, 5]。在接触实验动物的工作中，虽然最常见的职业危害是暴露于过敏原，并且累计高达44%的从业人员对动物皮屑、毛发、唾液、尿液、血清、垫料或其他过敏原产生显著的变态反应[6]，但也存在其他危害的可能性，如暴露于人兽共患病。在过去的几十年里，许多机构已经采取了多项措施来降低人兽共患病的潜在风险。随着实验动物产业和科学的发展，实验室动物携带的病原体不断减少。在美国，大多数动物研究机构根据动物的种属、来源和健康状况，评估其潜在风险，并将实验动物分为不同的风险等级。

人兽共患病的源头最可能来源于第一代野生捕获的动物，非人灵长类动物（NHP）由于其与人类进化关系密切，且有共同的疾病，而受到特别的重视[7]。就其潜在的危害等级而言，排在野生捕获的动物之后的，是那些随机来源或已知来源但没有在适当的兽医监护下在受控、疾病有限的环境中饲养的动物。对野生捕获的动物以及随机来源的动物，都必须考虑到它们的来源，以及通过与当地其他动物种群或同种动物的接触而暴露于地方性人兽共患病的风险。涉及这些动物的研究项目，需要制订切实的计划，开展人兽共患病的检测、诊断、治疗、控制和预防等。在野生哺乳动物、鸟类或其新鲜尸体被应用于科学研究或教学之前，我们有特别的职责进行人兽共患病危害的调查。

生物医学研究和教学中使用的大多数啮齿动物都是来自供应商按生物安全要求生产的无病原体的实验动物。潜在的人兽共患病危害与多种实验动物有关，但由于越来越多的实验动物经过多代培育，不断进行改良，实际上人兽共患病的传播并不常见。这类实验动物的潜在危害总体上减小了，但也有一些例外。在美国，用于研究的大多数小型实验动物，如小鼠、大鼠和家兔等，都是在严格控制的环境中商业化生产的，且有严格的兽医保健计划的监管。在这样的环境中，由于扩展了疾病监测和病原消除工作，这些动物很少或不携带其野生同类携带的病原体。

对实验动物须定期进行可能的病原因子的筛查，包括潜在的人兽共患病原体（表2-1）。许多大型动物，如猫、犬和雪貂，需在专用设施中生产，通过严格的生物安全控制以尽量减少其群体中携带的病原。然而，仍然有一些物种，特别是较大的动物，如非人灵长类动物、野生捕获动物和大型家畜，仍具有最大的感染风险[8, 9]。许多机构对动物进行预筛选，以控制人兽共患性疾病。例如，使用绵羊和山羊模型的机构要求在运送之前对动物是否携带贝纳柯克斯体（*Coxiella burnetii*）进行频繁的预筛，以排除阳性动物。随着生物安全措施的实施、无菌动物的使用，以及病原体的预先筛选，操作人员在与实验动物接触时感染人兽共患病的风险会很低。然而，自然界存在的病原体仍然可以通过研究人员、饲养人员、新引进的动物、昆虫和害虫等带入动物设施。

感染表明了机体内存在微生物，这些微生物可能是致病的病原体、机会感染病原体或与宿主共生的微生物。然而，感染并不是疾病的同义词。看似正常健康的动物，体内可能存在微生物，尽管表面上无明显改变，但很可能影响动物的功能，实际上可能使它们不适合作为研究对象[10]。表2-1[11]列出了感染实验室啮齿动物较常见的病原体。这些病原体通常只会导致亚临床疾病，但会对用此类动物研究的结果产生显著的负面影响。表2-1中所列的微生物都不被认为是人兽共患病原体，读者可参考更有权威性的实验动物疾病的相关文献以获取更多信息[10, 12]。

表 2-1　常用实验动物自然携带的病原体[a]

种类	病原体	种类	病原体
猫	猫衣原体	狗	支气管败血波氏杆菌
	皮肤癣菌[b]		犬布鲁菌
	肠道蠕虫		空肠弯曲杆菌[b]
	跳蚤		皮肤癣菌[b]
	猫杯状病毒		厚皮马拉色菌[b]
	猫冠状病毒		小隐孢子虫
	猫疱疹病毒		肠线虫
	猫免疫缺陷病毒		犬恶丝虫
	猫白血病病毒		肠原虫
	猫细小病毒		犬腺病毒
			犬冠状病毒
			犬瘟热病毒
			副流感病毒 2 型
			犬细小病毒
小鼠和大鼠	纤毛相关呼吸道（CAR）杆菌	非人类灵长类	弯曲杆菌属[b]
	啮齿柠檬酸杆菌		福氏志贺菌[b]
	梭状杆菌		肺炎链球菌
	库氏棒杆菌		结肠小袋纤毛虫[b]
	牛棒杆菌		溶组织阿米巴[b]
	螺杆菌		肠线虫
	肺炎克雷伯菌		疱疹病毒（B 病毒）[b]
	肺支原体		呼吸道合胞病毒[b]
	嗜肺巴斯德菌		轮状病毒
	铜绿假单胞菌		猴出血热病毒
	肠沙门菌		猴免疫缺陷病毒
	金黄色葡萄球菌		猴逆转录病毒 D 型
	肺炎链球菌		猴 T 细胞白血病病毒
	卡氏肺孢子虫病		
	螨病		
	肠原虫		
	蛲虫		
	腺病毒		
	巨细胞病毒		
	鼠痘病毒		
	细小病毒（MVM、MPV、RPV、H-1、KRV）		
	淋巴细胞脉络丛脑膜炎病毒		
	冠状病毒（MHV、RCV）		
	轮状病毒		
	呼肠孤病毒Ⅲ型		
	仙台病毒		
	Theiler 鼠脑脊髓炎病毒		

续表

种类	病原体	种类	病原体
猪	胸膜肺炎放线杆菌	家兔	支气管败血波氏杆菌
	支气管败血波氏杆菌		纤毛相关呼吸道杆菌
	产气荚膜梭菌C型		梭状杆菌
	猪红斑丹毒丝菌		螺状梭菌
	副猪嗜血杆菌		土拉热弗朗西斯菌
	胞内劳森菌		单核细胞增生李斯特菌
	钩端螺旋体		多杀巴斯德菌
	猪肺炎支原体		金黄色葡萄球菌
	多杀巴斯德菌[b]		兔梅毒密螺旋体
	猪链球菌[b]		皮肤癣菌
	肠道蠕虫		副食小肠杆菌
	肠道原虫		小隐孢子虫
	脑心肌炎病毒		兔脑炎微孢子虫
	血凝性脑脊髓炎病毒		肝球虫病
	猪圆环病毒		肠球虫病
	猪肠道病毒		肠蠕虫
	猪细小病毒		腺病毒
	猪轮状病毒		棉尾兔乳头状瘤病毒
	猪疱疹病毒，伪狂犬病		兔细小病毒
	猪流感病毒		黏液瘤病毒
	可传播性胃肠炎病毒		兔肠道冠状病毒
	猪呼吸道病毒		兔出血病病毒
			兔口腔乳头状瘤病毒
			轮状病毒

a 改编自参考文献[10]和[12]。b.潜在的人兽共患病。

职业获得性感染

许多在实验动物中发现的人兽共患病原体是不需报告的，这使得评估暴露风险变得困难。美国疾病预防控制中心（美国CDC）列出了62种国家法定传染病，其中只有11种被确定为是可能从实验动物获得的人兽共患病（表2-2）[13, 14]。人兽共患病原体的成功传播需要3个关键要素：病原体传染源、易感宿主和传播途径[15]。除受感染的动物宿主外，在受感染动物栖居的环境中也可能存在人兽共患病原体，可能来自受污染的墙壁、地板、笼具、垫料、设备、日常用品、饲料和水。应慎重考虑如何将对这些动物及其栖居环境的暴露的风险降至最低。

表 2-2 美国疾病预防控制中心确定的法定人兽共患传染病（62 种法定传染病中 11 种为人兽共患病）[a]

炭疽病	Q热
布鲁菌病	狂犬病
隐孢子虫病	沙门菌病
贾第虫病	志贺菌病（细菌性痢疾）
汉坦病毒肺综合征	结核病
鹦鹉热	

a 摘自美国CDC[13]。

宿主易感性可受多种因素的影响，包括是否接种疫苗、是否有基础疾病、是否存在免疫抑制以及是否妊娠等，但任何一种情况都不能成为不从事实验动物工作的理由，因为通常有足够的办法可

以进行控制。

人兽共患病原体的传播途径有3种可能的方式。第一种是接触传播，通过饮食摄入、皮肤或经皮或黏膜暴露；第二种是气溶胶传播，病原通过空气传播，沉积在黏膜或呼吸道内；第三种是通过媒介传播，这种传播一般不太可能发生在通常不存在自然疾病媒介的实验室环境中。

在实验动物和兽医环境中人兽共患病的流行情况难以估计，因为许多病例是没有报告的。然而，还是有人做了一些调查以了解这种感染的患病率[4，5]。最近的一项关于实验动物从业者中人兽共患病的全国性调查是在2004年进行的[4]。在1367份有效问卷中，23人报告了在过去5年内发生28例人兽共患病感染病例。统计学分析表明，高危从业人员人兽共患病的发病率约为每万人每年45例。最常见的人兽共患病原体是皮肤真菌（癣病，28例中有9例）。下列病原体感染均不超过2例：贝纳柯克斯体（*Coxiella burnetii*）、贾第鞭毛虫、巴斯德菌（*Pasteurella* spp.）、分枝杆菌、艰难梭菌（*Clostridium difficile*）、猫抓病（cat scratch disease）、体外寄生虫、流感病毒、鼻病毒、猴泡沫病毒和B疱疹病毒。实验室啮齿动物是人兽共患病最常见的来源（17%），其次是狗、猫和非人灵长类动物（各14%）。传染途径为皮肤接触（39%）、动物咬伤（18%）、吸入（14%）以及其他途径，如溅到黏膜（7%）、注射器误伤（4%）和其他方式（11%）。

2011年，临床兽医助手和实验动物饲养人员的非致命职业伤害率为3.66%，其中有1.13%与动物或昆虫相关，然而没有确诊的人兽共患传染病发生[16]。2012年，俄勒冈州对兽医进行的一项调查，报告了几种人兽共患病，包括皮肤癣菌（54%）、贾第鞭毛虫（13%）、猫抓病（15%）、隐孢子虫病（7%），其他病原体的感染率低于5%，包括螨虫、蛔虫、弯曲杆菌病、李斯特菌病、沙门菌病、钩端螺旋体病、巴斯德菌病、兔热病、鹦鹉热、布鲁菌病、Q热立克次氏体（Q热）、结核、弓形虫病和组织胞浆菌病。在这项调查中，病原体来自各种动物，其中猫占55%以上，其次是牛（13%）和狗（11%），最后是鸟类、马、小反刍动物以及其他动物[5]。这些数据是兽医既往职业生涯中发生的暴露情况。实验动物中人兽共患病的发病率似乎很低，与从业人员的发病率相似。1986年对医院工作人员进行的一项调查显示，有3.5‰全职工作人员发生感染，而1995年对英国医院进行的一项调查显示，感染率为18/（100 000人·年）[17，18]。尽管在实验室环境中获得的人兽共患病发病率很低，但规范操作对进一步降低风险很重要，尤其是在涉及大型动物时。美国国家公共卫生兽医协会（National Association of State Public Health Veterinarians）公布了一份人兽共患病兽医标准预防措施纲要[15]，其中强调了感染控制措施的重要性，要求尽量减少暴露于传染性材料。其中许多做法很适合应用于实验室环境，并且符合BMBL中提出的动物生物安全2级（animal biosafety level 2，ABSL-2）防护的要求。

降低人兽共患病风险

减少暴露的标准预防措施包括个人卫生、穿戴防护服和防止与动物有关的伤害[15]。大多数实验动物设施是按BMBL规定的ABSL-2水平防护进行的[2]。这些防护措施包括使用专用PPE，通常以实验室防护服和手套作为最低标准。手套为皮肤提供了基本的保护层，当接触到动物、动物的体液和笼具时应戴手套。在接触不同动物群时，或交替进行清洁和污染的操作时，都要更换手套。摘手套后，应使用抗菌肥皂和水彻底清洗双手，清除病原体并降低其复制能力。之后可以再使用含60%～95%乙醇的消毒液。每次接触完动物，以及摘下手套后，都应执行此操作。建议同时穿戴长袖防护服与手套，如实验室防护服或专用于动物护理的套袖。这将降低前臂被咬伤或抓伤的风险。当使用长袖防护服时，袖口最好系紧，防止较小的啮齿动物钻入。

无论何时，只要有可能发生感染材料溅洒，都应使用面部防护物品，以防止眼、鼻和口腔黏膜的暴露。外科口罩可能对黏膜暴露提供一些保护，但它们不能对颗粒性抗原（如病毒和细菌）提供足够的呼吸保护。经美国国家职业安全与健康研究所（NIOSH）认证的呼吸器通常用于实验动物设施，以减少对呼吸道病原体的接触。在动物设施内佩戴的N95呼吸器需取得许可，应进行医学清理消毒，并做恰当的适配，以取得最佳效果。为了在动物实验室达到生物安全或生物防护的目的，也可将鞋、鞋套和头罩的佩戴作为标准操作，以进一步降低疾病传播的风险[15]。

应采取预防措施防止动物造成的伤害[15]。工作人员在进行动物实验时应采用适当的措施，尽量减少动物的压力，从而减少其抓咬的欲望。采取物理方法约束动物、戴防咬手套以及适应和训练动物都可以减少动物造成伤害的可能。在实验动物设施中操作ABSL-3级病原感染的啮齿动物时，安全的做法是在更换笼具时使用钳子或镊子转移小鼠。将镊子或钳子浸入消毒剂中消毒后，夹住小鼠的尾部，并转入新笼中。这样能在很大程度上消除动物饲养人员在更换笼具时被鼠咬的风险。对于较大的物种，可以进行动物训练，或采用安抚措施，这对非人灵长类动物、狗、猫和其他较大型动物尤其有用。

环境感染控制是另外需要考虑的降低人兽共患病病原体暴露的关键因素，常规清洁和消毒是实验动物设施中生物安全和生物防护的常规做法。应根据病原体的不同选择所用的消毒剂，按说明书使用，保持适当的作用时间。实验动物设施中最常用的消毒剂是季铵盐类、过氧化氢和含氯化合物。动物饲养设施使用的材料应无孔、易于清洁消毒，而且应有通风设计，通常每小时换气10 ~ 15次。这样可以减少室内的污染物（过敏原、气味、病原体）。实验动物设施内禁止饮食，但应设置专门的人员休息室，用于工作人员休息、饮食以及储存食品。

实验动物设施应有功能完善的职业健康计划，还应有识别从业人员的风险，并明确降低风险的方法。当操作已知病原体，特别是人兽共患病原体时，风险评估应考虑多种变量。如病原体的生物学特性、剂量–反应关系、毒力、传染性、流行性、感染性、传播途径，以及病原体在环境中的稳定性及其对消毒的敏感性，还应考虑感染疾病的预防或治疗措施[7, 9]。健康档案和体检是该计划的关键组成部分。根据风险评估，可能需要建议从业人员接种疫苗。应按照职业安全与健康管理局（OSHA）的要求，管理和记录职业暴露情况。这为管理层提供了一个极好的方法，帮助识别需要改进的薄弱环节，以防止可能的暴露。感染控制计划的关键是从业人员的培训和教育。从业人员需要接受适当的教育和培训，了解日常如何管理动物，了解与动物接触的风险，并采取减少风险的措施以保护自己。除了环境设施和准入管理外，还可以通过适当的个人防护服和设备、动物操作技术和洗手等措施来减少在实验室环境中病原体暴露的风险。

尽管在当前的动物研究中很少遇到人兽共患病原体，但仍有一些特定的病原体存在。如果在管理程序、设施设计和设备方面出现缺陷，将导致人兽共患病原体重新被带入实验室环境，如猕猴疱疹病毒（B病毒）、小反刍动物中的伯氏考克斯体（Q热）和家猫中的猫抓热病。淋巴细胞脉络丛脑膜炎是一种病毒性人兽共患病，通过被污染的肿瘤和其他细胞系污染以及野生动物侵入而带入健康的动物种系[9]。目前，很多用于研究的实验动物都是昂贵、敏感且通常不可替代的转基因小鼠，一旦发生类似的种系污染，产生的影响可能是毁灭性的。即使有最好的兽医定期检测慢性、亚临床或潜伏感染，消除动物的人兽共患病感染仍然十分困难。各机构需要建立健全实验室安全、职业健康、研究、兽医和设施管理的专业团队，以最佳方案降低实验动物设施中病原体感染的风险。

当接触实验室染毒的动物时［这些通常是为研究疾病发病机制和（或）探索新疗法或预防措施

而建立的有传染性的动物模型］，人员获得人兽共患病的风险较高，应按照BMBL中规定的措施进行处理。

与常用实验动物相关的人兽共患病

本部分重点介绍普通实验动物中可能对从业人员造成职业危害的人兽共患病。表2-3列举了更全面的病原体名录及其储存宿主，旨在让动物设施内工作的人员，包括开展临床及其他研究人员和生物安全人员，了解与实验动物相关的潜在的人兽共患病原体。本文所提供的人兽共患病的信息主要源自相关文献[2, 8, 14, 19-21]，并在每种病的开头都提供了所引用的另外一些参考文献。这些信息是按病原体类别（原生动物、细菌、病毒、真菌和寄生虫）整理的，内容包括病原体来源、发病率（如有）、传播方式、临床症状、诊断和预防。了解这些常见的人兽共患病原在动物宿主中如何存在，以及如何传播给人，能够使生物安全专业人员更好地进行风险评估，以减少暴露。

表 2-3　人兽共患病病原体及其储存宿主[2]

病原	宿主	病原	病毒
病毒	V，B，H	细菌	C、S、D、F、B、R、N
东方马脑炎	V，H	弯曲杆菌属	D，F，Rb
西方马脑炎	V，H，R	二氧化碳嗜纤维菌	乙
委内瑞拉马脑炎	V，N，B	衣原体属	C、S、G、P、H、D、F、N
基孔肯亚病	V，B，P，H		
日本脑炎病毒	V，N		
登革热病毒	V，N	梭菌属	C、S、G、P、D、F、N
黄热病病毒	V，B，H	大肠埃希菌	P、火鸡、鱼
西尼罗病毒	V，H	红斑丹毒丝菌	C、H、S、G、R、F
圣路易斯脑炎病毒	V，Rb	伯克霍尔德杆菌属	R，P，D，C
拉克罗斯病毒	V、R、S、G、C	钩端螺旋体属	C，S，G
裂谷热病毒	R	李斯特菌属	N，C，P
汉坦病毒	GP	结核分枝杆菌复合体	鱼类，两栖类
淋巴细胞脉络丛脑膜炎病毒	R	非结核分枝杆菌属	B、F、D、RB、R、S、C、GP
			V，R，F
拉沙热病毒	n	巴斯德菌属	大鼠
马尔堡病毒	nV，H，C，P	鼠疫耶尔森菌	S，G，C，F
埃博拉病毒	乙	念珠状链杆菌	C、P、N、R、RPT、家禽
狂犬病	H，蝙蝠	伯内特考克斯体	
水疱性口炎病毒	蝙蝠	沙门菌属	
新城疫病毒	p，b，FT		
亨德拉病毒	磷		磷
尼帕病毒	N，Pd	猪链球菌	Rb，f
流感	Pd	耶尔森菌属	p，d，f，n
猪瘟病猪水疱病	C，S，G	幽门螺杆菌	p，c，d，f
疱疹B病毒	G		
猴痘			
痘病毒			
羊痘			
朊病毒	C、S、G、CD	真菌	P、F、D、家禽、H、RB、GP、R
		微孢子虫	
		发癣菌属	R、GP、RB、D、F、H
		卡氏肺孢子虫	R、N、P、S、G、D
		申克孢子丝菌	f，d

续表

病原	宿主
原虫	
溶组织阿米巴	n，d，r
结肠小袋虫	P、N、RB、R
隐孢子虫	C、S、G、R、GP
贾第鞭毛虫	C、S、G、D、R、F
利什曼原虫	V，R，D
比氏肠胞微孢子虫	P，N
脑原虫属	P、C、D、B、RB、R
多孢微孢子虫	鱼
布氏锥虫	V、P、C、D、S、N
刚地弓形虫	F，P，Rb
螨虫	
唇裂属	D，F，Rb
肺刺螨属	n
疥螨属	D、F、H、C、P
细菌	C、S、G、H、P、D、F
炭疽杆菌	
巴尔通体	
布鲁菌	S，G，P，D

病原	病毒
寄生虫	
华支睾吸虫	F，D，Rat
分支双腔吸虫	V，Rb，C
肝片形吸虫	V，C，S
布氏姜片虫	V，P
巴斯基筋膜虫	V，F
猫后睾吸虫	V，D，F，P
卫氏肺吸虫	V，N，R，P
曼氏血吸虫	D，F，R
多房棘球绦虫	D，S，P
细粒棘球绦虫	R
矮小啮齿绦虫	C
无钩绦虫	磷
有钩绦虫 Capillaria aerophila	D、C
钩虫属	V、N
犬恶丝虫	V，D
颚口动物	D，F
犬弓蛔线虫	D，F
浣熊拜林蛔线虫原发性食管	D，F
巴氏蛔虫	n
结节线虫属	D，F，N
类圆线虫属	

B鸟；C牛；D狗；F猫；Ft雪雕；G山羊；Gp豚鼠；H马；N非人类灵长目；P猪；Rb家兔；S绵羊；V昆虫载体
修订自参考文献[14]、[19]和[82]。

原虫性疾病

阿米巴病

阿米巴病[14, 19, 20]是由原虫寄生虫溶组织内阿米巴引起的人类肠道疾病。非人灵长类动物，如猕猴、狒狒和松鼠猴，是实验动物中主要的感染对象。这种原虫可以在无症状的非人灵长类动物中存在，也可以导致严重的出血或卡他性腹泻。非人灵长类动物中溶组织性阿米巴病的发生率可达30%。主要是通过摄入感染动物粪便中的阿米巴包囊，经粪口途径传播。受感染动物的粪便中排出的包囊，可在外环境中可生存12天，水中生存30天。通过对粪便显微镜检查或用硫酸锌进行粪便漂浮法检测，可以鉴别出该原虫的包囊。需要准确识别包囊，防止与非致病性阿米巴混淆。感染动物可以用甲硝唑等抗原虫药进行治疗，在氯含量达溶质浓度为百万分之十（10 ppm）时可杀灭水中的阿米巴包囊。

人是溶组织内阿米巴的自然宿主，可能是非人灵长类动物的感染来源。人类自然感染的阿米巴病主要发生在热带和亚热带地区，估计占世界人口的10%。感染发生在暴露后2～6周，可能无临床症状，或导致腹泻和腹痛。患有阿米巴痢疾的人可能会自然康复，或出现反复的腹泻。溶组织内阿米巴可引起肝炎伴有脓肿形成，脓肿破裂可导致阿米巴播散到肺、皮肤或腹腔。阿米巴病可以通过粪便检查做出诊断，并可以用甲硝唑、巴龙霉素或二氯沙奈（diloxanide furoate）治疗。在实验动物设施和ABSL-2实验室中，适当的卫生管理和个人卫生措施可防止此病传播。

小袋纤毛虫病

小袋纤毛虫病（balantidiasis）[14, 19, 20, 22]是由大型有纤毛的原虫结肠小袋纤毛虫（*Balantidium coli*）引起的。最常见于猪，发病率为40%～80%，也可见于非人灵长类动物，发病率可达60%。传播主要是通过摄入滋养体或包囊。猪通常是亚临床感染，而其他动物，如非人灵长类动物，可能是亚临床感染，也可能引发腹泻或痢疾。通过粪便浮集或湿片镜检鉴定滋养体，可对感染动物做出诊断。滋养体呈椭圆形，上面覆盖着纤毛和两个独立的细胞核。水源也可能受到污染，但是，常规氯化物消毒似乎不能有效杀死包囊。

人类感染小袋纤毛虫属在世界各地都有发生，但在温带或暖温带气候中更为普遍，在亚洲和南美洲的几个国家呈地方性流行。大多数人似乎对感染有抵抗力，并且通常表现为亚临床感染，这取决于宿主的其他危险因素。急性疾病可引起溃疡性结肠炎，伴有腹泻、腹痛、急腹症、恶心和呕吐。粪便检查可以做出诊断。无症状携带者和临床患者可以用四环素、甲硝唑或碘喹啉进行治疗。实验室环境中的卫生管理、个人卫生措施和ABSL-2管理措施可防止此病传播。

隐孢子虫病

隐孢子虫病[14, 19, 20, 23-25]由球虫类原虫隐孢子虫的许多种引起。在150多种不同种类的动物中，发现了13种以上的已命名隐孢子虫，以及一种类似小隐孢子虫的寄生虫。小隐孢子虫是最重要的人类病原体和最常见的人兽共患病病原体。其他感染人类的隐孢子虫还包括贝氏隐孢子虫（*C. baileyi*）、猫隐孢子虫（*C. felis*）、火鸡隐孢子虫（*C. meleagridis*）和犬来源的一种未鉴定的隐孢子虫。隐孢子虫属的其他宿主包括野生哺乳动物、雪貂、豚鼠、非人灵长类动物、爬行动物和鱼类。虽然存在一些宿主特异性，但有交叉感染的可能。小隐孢子虫主要感染牛，也感染猪、绵羊和山羊。据估计，美国90%的牛奶场都存在这种原虫，并且高达50%的奶牛牛犊粪便中可排出虫卵。

隐孢子虫病通过粪口途径传播给人，并引起新生动物的临床疾病，导致水样腹泻。小隐孢子虫通常感染8～15天龄的奶牛牛犊，成年动物感染通常无症状。卵囊可在环境中存活达140天，对许多常见消毒剂（包括氯、碘附和甲醛）具有抵抗力；然而，过氧化氢和氢氧化铵可将传染性降低至1/1000。隐孢子虫病可通过粪便湿片镜检识别卵囊做出诊断，可用市售的试剂检测抗原，并可通过小肠组织学检查或分子诊断进行鉴定。这种疾病通常是自限性的，必要时给予支持性治疗，动物可以用甲硝唑、巴龙霉素或阿奇霉素等驱虫。

隐孢子虫病在全世界范围内的人类中发生，通常与受污染的食物和水有关。人类半数感染剂量是50～100个卵囊，潜伏期从4～28天不等；许多接触新生牛犊的从业人员感染后出现临床症状，也有暴露于非人灵长类动物和猫后感染的报告。在实验动物设施中，这种情况很可能发生在笼具清洁过程中，因意外吸入粪便气溶胶而感染。1～9岁和30～39岁的人相对易感，并发生临床疾病。在美国，隐孢子虫感染在北部各州（威斯康星州、明尼苏达州、北达科他州、南达科他州）更为常见，6—10月发病率升高。小隐孢子虫感染小肠并引起水样腹泻，伴有腹痛、恶心、厌食、发热和体重减轻。如果不进行干预，这种疾病会在1～2周自愈。免疫功能受损的个体病情更为严重。通过粪便检查、抗原检测、组织学和分子诊断，均可以对人隐孢子虫病进行诊断。支持治疗适用于免疫功能正常的个体，免疫功能低下的个体需增加抗感染治疗。动物实验室适当的环境卫生和个人卫生管理对于预防感染很重要。ABSL-2操作要求增加面罩或口罩，以尽量减少黏膜暴露，防止传播。

弓形虫病

弓形虫病[14, 19, 20, 26]是由一种细胞内寄生球虫类原虫引起的，分布在世界各地，在大多数温血动物中都有发现。猫是弓形虫明确的宿主，也是实验动物中的主要宿主，虽然其他动物如鼠、犬、绵羊、猪和鸡都可以作为其中间宿主。猫之间会相互感染，也可通过食入中间宿主而感染。据估计，30%～80%的猫抗刚地弓形虫的血清抗体呈阳性，表明接触过该病原。在猫肠道内可产生有传染性的卵囊，通常无症状，但能维持该原虫的生活周期。中间宿主感染会产生有传染性的组织包囊，被食用后会传播该病原。罕见的临床症状主要包括眼葡萄膜炎、神经系统症状、呕吐、腹泻、呼吸困难和厌食。猫在感染后1～2周在粪便中排出卵囊，卵囊排出可能是间歇性的。弓形虫卵囊需要1～5天的时间才能形成有传染性的孢子。实验性感染的动物可产生传染性的裂殖子，这可能是实验室人员暴露的来源。弓形虫的卵囊在外界环境中非常稳定，可能会维持传染性数月至数年。因此，及时清除猫粪可大大降低暴露于刚地弓形虫的风险。弓形虫病的诊断方法包括：在粪便检查时鉴定卵囊，从房水中分离出速殖子，或进行血清学检测［酶联免疫吸附试验（ELISA）、免疫荧光试验（IFA）］。被感染的猫可以用乙胺嘧啶和磺胺类药物治疗。

弓形虫在人体内的暴露是很常见的，大约1/3的世界人口体内有弓形虫抗体。血清流行病学调查显示，美国弓形体抗体阳性率为35%，非洲和南美的流行率高达75%。人体感染的主要途径是通过食用含包囊的肉类，这在实验室是不可能发生的，但可能通过接触猫粪便而感染。人感染后有10～25天的潜伏期，80%～90%的感染者无症状。发病后的症状可包括淋巴结肿大、发热、头痛、不适，以及罕见的脑病、脉络膜视网膜炎、肺炎和心肌炎。大多数症状在免疫能力强的个体中会在数周内消失，免疫功能低下者可能会发生更严重的疾病，包括脑炎和脉络膜视网膜炎。孕妇感染会产生严重后果，包括流产、死胎和早产。先天性感染可表现为小头畸形、脑积水、脉络膜视网膜炎和肝脾大。刚地弓形虫感染主要进行血清学诊断。人感染后可以用乙胺嘧啶、磺胺嘧啶治疗。所有的猫都应该被认为是刚地弓形虫的携带者，在感染的卵囊孢子形成之前，每天清除猫粪便可以最大限度地减少在实验室的传播。良好实验室环境卫生、个人卫生管理、每天清除猫粪便以及ABSL-2管理措施可防止传播。

贾第虫病

贾第虫病[14, 19, 20, 26]是由有鞭毛的原虫蓝氏贾第鞭毛虫引起的，也被称为肠贾第鞭毛虫或十二指肠贾第鞭毛虫。许多家养宠物和实验动物可能是贾第鞭毛虫的宿主，包括猫、狗、非人灵长类动物、猪和小型反刍动物。狗和猫贾第鞭毛虫的发病率为2%～15%，猪和反刍动物贾第鞭毛虫的发病率为9%～39%。贾第鞭毛虫是否是一种人兽共患病原体还存在争议。从历史上看，贾第鞭毛虫是根据寄主来源分类的，但最近的研究证实贾第鞭毛虫的某些种类缺乏宿主的特异性，已经鉴定出能感染多个宿主的不同基因型。例如，基因型A可以感染人、牲畜、猫、狗、河狸、豚鼠和狐猴，而基因型B可以感染人、狐猴、毛丝鼠、狗、河狸和大鼠。被感染动物可能无症状或出现腹泻、腹胀、腹部绞痛、厌食、恶心和体重减轻。通过摄入粪便中排泄的传染性包囊而传播。贾第鞭毛虫可通过粪便湿片镜检发现滋养体或包囊进行诊断，但由于包囊是间歇性排出的，应至少连续3天采集粪便样本进行检测。感染动物可以用甲硝唑治疗。

2006—2008年有19000例人贾第鞭毛虫病例，以10岁以下的儿童和35～44岁的成人居多。人的主要感染来源是受污染的水。贾第鞭毛虫的潜伏期是7～10天，人感染后的临床体征和动物的相似。包囊可在外界环境中存活数月，但对20%普通漂白剂和季铵类消毒剂敏感。此外，包囊对干燥敏感。适当的实验室环境卫生、个人卫生和ABSL-2管理措施能防止传播。

细菌性疾病

布鲁菌病

布鲁菌病[14，19，20，27-31]是由一种小的革兰氏阴性球杆菌引起的。有4种布鲁菌可能与实验室感染有关：流产布鲁菌、犬布鲁菌、猪布鲁菌和马耳他布鲁菌（*B. melitensis*）。每个菌种都有特定的宿主亲嗜性。犬是犬布鲁菌的宿主，牛是流产布鲁菌的宿主，猪是猪布鲁菌的宿主，绵羊和山羊是马耳他布鲁菌的宿主。由于州–联邦布鲁菌病根除合作计划的实施，在美国农业和畜牧业生产中牛和猪布鲁菌病的发病率非常低，除了大黄石地区（流产布鲁菌）和得克萨斯州（猪布鲁菌）以外，其他州被认为无布鲁菌病。然而，野生反刍动物和野猪仍然是布鲁菌的储存宿主，可以感染家畜。马耳他布鲁菌被认为是一种外来病原，除墨西哥–得克萨斯州边境外，在美国不存在。犬布鲁菌是实验动物工作人员可能暴露的最重要的布鲁菌。犬食用或暴露于受感染的家畜胎盘或胚胎后感染，狗也可能感染流产布鲁菌和猪布鲁菌。在犬类繁殖种群中，犬布鲁菌病的发病率为1%～8%。感染动物的明显临床体征主要与生殖系统有关，包括不孕、流产和阴道分泌物增多，雄性则表现为睾丸炎、前列腺炎和附睾炎。犬感染后也可能出现其他全身症状，如淋巴结肿大、关节炎、眼底葡萄膜炎和椎间盘脊椎炎。这种疾病通过繁殖或经口鼻接触含有大量的病原体（10^{10} CFU/mL）阴道分泌物、胎盘或胚胎而在动物间传播，也可通过受感染动物的乳汁和尿液传播。动物在暴露后1～4周发生感染，并可持续数年。实验动物中更常见的感染来源是实验室染毒的啮齿动物。布鲁菌病可用选择性培养基进行细菌培养、分子生物学检测或血清学检测来诊断，快速凝集试验最敏感。感染的动物可以用四环素、氟喹诺酮和氨基糖苷类抗生素治疗。美国农业部（USDA）批准的疫苗可用于牛布鲁菌病的预防，但没有可用于狗的疫苗。

人类布鲁菌病是一种世界性疾病，与动物疾病密切相关，每年报告的病例超过500 000例。2009年，美国报告的病例刚刚超过100例。布鲁菌是较常见的实验室获得性感染之一，尽管很少与感染动物的传播有关。研究人员可通过黏膜、皮肤损伤以及气溶胶吸入，或直接接触受感染的胎盘或胚胎等材料而感染。感染剂量为10～100个活菌。人的潜伏期可为1周～3个月。无论是哪个菌种，临床表现都基本相似，较严重的疾病发生在毒力较强的马耳他布鲁菌，其次是猪布鲁菌、流产布鲁菌，而犬布鲁菌毒性最小。感染者可能出现头痛、背痛、抑郁、淋巴结肿大、肝脾大、恶心、呕吐、关节痛、肺炎、葡萄膜炎和泌尿生殖道感染的症状。可通过感染组织或血液细菌培养确定诊断。血清学检测可用于诊断，但不具有种特异性，与许多细菌病原发生交叉反应。可用多西环素和链霉素连续6周进行治疗。建立无布鲁菌病的畜群以及ABSL-2管理措施可防止其传播。对已知的受感染动物应采取ABSL-3防护措施。

弯曲菌病

弯曲菌属是一种微需氧的革兰氏阴性杆菌，是动物腹泻较常见的原因之一[14，19，20，32，33]。引起人兽共患病的最常见原因是空肠弯曲杆菌和结肠弯曲杆菌，已从狗、猫、雪貂、豚鼠、地鼠、非人灵长类动物、家畜和数种鸟类中分离出这两种菌。幼犬和猫可能携带乌普萨拉弯曲菌（*C. upsaliensis*），引起人类感染。年幼的动物更容易受到感染，且很容易排出病原体，从而成为人类感染的来源。受感染的动物通常是无症状的携带者。幼年动物可能会出现由水样或黏液样出血性腹泻、呕吐和厌食等临床表现。弯曲杆菌通过受污染的饲料或水经粪口途径传播，也可经直接接触受感染的动物而感染。选择性培养基和微需氧条件下进行粪便培养可以确诊，也可以用暗视野显微镜对新鲜粪便样本观测进行

初步诊断。红霉素的抗菌治疗可能会减少临床症状，但因动物体内病原菌并不能清除而可能成为带菌者。

弯曲菌腹泻是全球人类腹泻的首要原因，估计发病率为（45 ~ 870）/100 000。尽管所有人都易感，但在5岁以下的儿童中更为普遍，其次是青年人。与宿主动物接触的人员感染风险增加。人的感染通过受污染的肉类或饮用水经粪口途径传播，感染剂量小于500个菌。在实验室环境中，暴露于受污染的排泄物会导致感染。免疫抑制者、年轻的男性更易受感染。潜伏期为3 ~ 5天，感染者出现急性肠炎，伴有发热、头痛、恶心和寒战。腹泻的特点是水性腹泻，有腐败的气味，含有胆汁、血液、黏液和（或）脓液。0.1%的病例可发生全身感染，且预后不良。在弯曲菌中，引起全身性疾病最常的是胎儿弯曲菌（*C. fetus*）。可通过选择性培养基在42℃条件下进行粪便培养确诊，分子生物学和血清学方法也可用于诊断。治疗包括液体和电解质补充和红霉素、多西环素、环丙沙星等抗菌治疗。良好的个人卫生、经常洗手、良好的环境卫生和ABSL-2防护措施能防止感染的传播。

二氧化碳嗜纤维菌病（capnocytophagosis）

二氧化碳嗜纤维菌病[14, 19, 20, 34, 35]是由狗咬二氧化碳嗜纤维菌和犬咬二氧化碳嗜纤维菌引起的。该属还有另外8种其他的同属病原体，但只有狗咬二氧化碳嗜纤维菌病能引起人类的严重疾病。该菌是一种共生的革兰氏阴性杆菌，存在猫、犬口腔中，携带率为16% ~ 18%。猫和犬感染后带菌，通常没有临床体征，除非被另一只动物咬伤而感染。该病诊断困难而且周期长，需要2 ~ 7天才能在血琼脂上长出可见菌落。营养丰富的培养基可以促进细菌生长，加快鉴定，也可用分子生物学方法鉴定。这种疾病主要通过狗和猫咬伤以及舔舐伤口传播。潜伏期为1 ~ 8天。感染后最初的表现为局部炎症，接着是蜂窝织炎、疼痛、出现化脓性分泌物和淋巴结肿大。败血症可表现为发热、肌痛、恶心和头痛，病死率可达30%。人感染后可以用阿莫西林–克拉维酸进行抗菌治疗。动物咬伤很常见，占所有急诊室就诊的1%。适当的圈养方法和对猫、狗攻击性的识别和控制可以最大限度地减少被咬的机会。勤洗手、良好的个人卫生、环境卫生和ABSL-2管理措施将防止传播。

猫抓病

巴尔通体是一种弯曲的革兰氏阴性小杆菌，有9种或亚种被认为引起人兽共患病，最重要的是汉赛巴尔通体（*Bartonella henselae*），并被认为是猫抓病的病原体[14, 19, 20, 36, 37]。该属的其他巴尔通体会感染啮齿类动物，但考虑到许多实验用啮齿动物为SPF级别，在研究机构中不太可能发生巴尔通体感染。巴尔通体通过节肢动物媒介在猫之间传播，包括最常见的猫跳蚤和不常见的蜱。在美国，猫巴尔通体菌血症发生率为5% ~ 40%，在其他国家也有类似的发现。猫菌血症可能长达2年，感染的猫可能持续无症状。如果出现临床症状，也可能是一过性的，不易被研究人员发现。这些症状包括感染部位的小脓肿、短暂发热、嗜睡、淋巴结肿大、肌痛，以及较不常见的不育和心内膜炎。由于菌血症的发作和消退，给诊断带来很大困难。最终诊断是基于对血样的细菌培养或分子诊断。需要长时间使用恩诺沙星、多西环素、利福平或阿奇霉素进行抗生素治疗，才能从宿主体内清除该菌。预防猫感染的主要措施旨在控制跳蚤等媒介生物。

美国每年约有25 000例人巴尔通体感染病例，90%以上的病例有猫抓伤或咬伤的病史。据相关研究，受感染的跳蚤干燥粪便在抓伤时会通过猫爪传染给人。感染部位最初表现为红斑丘疹，1 ~ 2周出现局部淋巴肿大，6周后消退。体质虚弱的人可能出现全身性疾病并伴有发热，偶尔会发展为全身性淋巴结肿大、脑炎、骨髓炎、关节炎、肝炎、肺炎和失明，免疫缺陷患者有患细菌性血管瘤和细菌性盆腔炎的风险，这是更严重的疾病表现。诊断依据为病史、临床体征以及生物体的培养或分子鉴定。患者可以用阿奇霉素、多西环素或环丙沙星进行治疗。从研究设施中消除媒介生物，有效圈养动物，尽量减少外伤，可大大降低研究人员患病的风险。经常洗手、良好的个人卫生、环境卫生和ABSL-2管理措施将防止传播。

衣原体病

衣原体是一种小的专性细胞内寄生的革兰氏阴性球杆菌。衣原体科分为衣原体和嗜性衣原体两个属。3种嗜性衣原体［鹦鹉热衣原体（鸟类）、流产衣原体（反刍动物）和猫衣原体（猫）］是最常见的人兽共患衣原体[14, 19, 20, 38, 39]。鹦鹉热衣原体在世界范围内分布，在鹦鹉和鸽子中感染率高。鸟类可能有潜伏感染，间歇性排菌，这通常与应激状态有关。最常见的临床表现是厌食、腹泻、呼吸窘迫、鼻窦炎、结膜炎和黄色粪便。流产衣原体感染可导致地方性绵羊流产，估计有8%的羊被感染。猫衣原体引起猫结膜炎。可以通过血清学分析、分子诊断和组织学检查来进行诊断。衣原体需要细胞或鸡胚培养。四环素是治疗受感染动物的首选药物。衣原体对常见消毒剂敏感，包括季铵类化合物和漂白剂。

鹦鹉热衣原体是最重要的动物源性的衣原体，可传染给人。由于诊断困难，人鹦鹉热的发病率可能被低估。然而，1996—2001年，美国报告鹦鹉热病例165例，英国报告了1620例。潜伏期一般为7～21天，最长可长达3个月。人通常通过吸入受感染鸟类的干燥粪便或呼吸道分泌物而感染。人感染后症状多种多样，从亚临床感染到轻微的呼吸道感染，甚至严重的非典型肺炎伴高热、头痛和多器官衰竭均可能出现。轻症病例可能持续7～10天，重症病例可能持续3～7周。一般通过血清学检测（补体结合、酶联免疫吸附试验）或分子生物学方法进行诊断。多西环素或四环素是治疗的首选。从无衣原体的鸟群中获得实验用鸟类可以降低风险。勤洗手、良好的个人卫生、环境卫生和ABSL-2防护措施通常足以防止传播。然而，在涉及产生气溶胶的操作时需采取ABSL-3级防护措施。

类丹毒

红斑丹毒丝菌是一种革兰氏阳性、无动力、不形成孢子的细菌[14, 19, 20, 40, 41]。主要宿主是猪，但其他动物，包括绵羊、家兔、家禽和鱼类等，也可以携带此菌。据估计，30%～50%的健康猪扁桃体和淋巴组织中携带有红斑丹毒丝菌。猪类丹毒表现为急性、亚急性或慢性感染。急性感染可导致败血症和猝死，亚急性感染的特点是“钻石样”皮肤损伤，一般可缓解而没有其他后遗症，但也可能进展到皮肤坏死。慢性感染可表现为关节炎和心内膜炎。猪可通过粪便、尿液、唾液和鼻腔分泌物排菌，从而污染垫料和饲料。这种细菌在环境中可存活1～5个月，可通过培养而确诊，也可以通过分子生物学方法和血清学检测进行诊断。青霉素治疗有效，有一种可用于猪和火鸡的商品化的疫苗。

人的红斑丹毒丝菌感染并不常见。接触受污染的材料或带菌动物时，细菌可通过小伤口渗入皮肤。潜伏期为2～7天，临床上分为局限型和弥散型两种。局限型较为常见，表现为局部皮肤鲜红色–紫色病变，随后发展为水疱，最后干燥、脱落。弥漫型以广泛的红斑、淋巴结炎、关节痛和肌痛为特征，也可能发生心内膜炎。诊断以病史和培养为基础，对青霉素敏感。接种疫苗对预防人类疾病尚无定论。经常洗手、良好的个人卫生、环境卫生和ABSL-2级防护措施能防止传播。

钩端螺旋体病

钩端螺旋体是末端钩状的革兰氏阴性螺旋菌，根据流行病学标准可分为不同的血清型[14, 19, 20, 42-46]。主要血清型及其宿主有包括黄疸出血型钩端螺旋体（宿主为大鼠和犬）、波摩那钩端螺旋体和布拉迪斯拉发钩端螺旋体（宿主为猪）、哈德焦钩端螺旋体（宿主为牛）、犬钩端螺旋体（宿主为犬）和巴伦钩端螺旋体（宿主为大鼠和小鼠）。由于啮齿类实验动物多为SPF级的无菌动物，钩端螺旋体感染非常罕见。最近报告的实验动物钩端螺旋体感染发生在20世纪80年代，野生啮齿类动物中发病率较高，常被用作实验动物。底特律一项对野生大鼠的调查显示，钩端螺旋体阳性率高达90%。钩端螺旋体病在具有适当卫生措施的现代猪舍中相对少见。据报道，奶牛的发病率高达59%，狗的发病率相对较低，2000—2006年发生约230例。动物感染螺旋体后的临床表现因血清型和宿主的不同而存在差异。一般来说，小鼠和大鼠感染后无症状，而狗可能会有发热、血尿和肝肾疾病，家畜会出现不育。螺旋体存在于肾小管，带菌动物经尿液排出该病原。

诊断可通过血清学检测结果（抗体反应增加）、暗场显微镜检查尿液（螺旋体）或分子分析进行。由于病原间歇排出，可能需要连续7天采集多个尿液样本，选择半固体培养基培养来鉴定菌落。对牛和犬进行有计划的疫苗接种有助于控制该病。用青霉素、四环素和阿奇霉素进行抗菌治疗可以消除犬的钩端螺旋体血症。

钩端螺旋体病可能是世界上最常见和分布最广泛的人兽共患病，在亚洲、印度和拉丁美洲发病率高达100/100 000，北美的发病率正在上升。传播主要通过皮肤擦伤和黏膜直接接触受感染的尿液或组织。潜伏期为5～14天，发病后通常经过两个阶段的临床过程。第一阶段发生在感染后4～7天，表现为突然发热、头痛、不适、结膜充血、咳嗽和出血，也可能出现肝脾大、腹痛、黄疸、恶心和腹泻，早期抗体反应在3～5天内使症状缓解。第二阶段发生在50%的病例中，螺旋体从尿液中排出，并出现新的症状，包括黄疸、肾衰竭、贫血、出血、肺炎、心肌炎、脑膜炎、虹膜睫状体炎和肝衰竭。严重病例的病死率为5%～40%。该疾病的诊断依据包括接触史、显微镜检查、分子生物学检测或血液、脑脊液（CSF）、尿液或活检组织培养等实验室检查。青霉素和多西环素是治疗钩端螺旋体感染的首选抗生素。美国于2013年将钩端螺旋体病恢复为法定报告疾病。经常洗手、保持良好的个人卫生、环境卫生和ABSL-2级防护措施能防止该病原传播。

分枝杆菌疾病

分枝杆菌感染[14, 19, 20, 47-53]是由分枝杆菌引起的，这种菌无动力，无芽孢，耐酸，细胞壁厚而富含脂质。分枝杆菌属可根据培养、生化和分子特性进行鉴定分类。有些分枝杆菌可以感染动物。结核分枝杆菌是一大类，包括结核分枝杆菌、牛分枝杆菌、非洲分枝杆菌（*M. africanum*）、田鼠分枝杆菌（*M. microti*）、山羊分枝杆菌（*M. caprae*）和鳍足类分枝杆菌（*M. pinnipedii*）。这些细菌的宿主包括非人灵长类动物、牛、田鼠、猪和海豹。1990—1993年，进口非人灵长类动物中分枝杆菌病的发病率约为1%。与之类似，在屠宰时被确认牛分枝杆菌病的百分比和野生种群中的流行率均小于1%。引起分枝杆菌病的其他病原包括鸟类的鸟-胞内分枝杆菌复合群（*M. avium-intracellulare*）和其他非典型的分枝杆菌，包括两栖动物、鱼类和爬行动物的海分枝杆菌（*M. Marinum*）、偶发分枝杆菌（*M. Fortuitum*）和龟分枝杆菌（*M. Chelonae*）。动物分枝杆菌病可由受污染的土壤或水或与受感染动物直接接触传播。非人灵长类动物可通过受污染的土壤和水或其他受感染的动物感染。分枝杆菌病临床表现多样，可从无症状携带者到重症疾病等不同表现，这取决于分枝杆菌的种类和宿主的免疫状态。在严重情况下，动物可能表现为肺部疾病、厌食症、慢性体重减轻或淋巴结病。特定器官如胃肠道或中枢神经系统感染也可导致腹泻或神经症状等临床征象。皮肤损伤常见于非典型分枝杆菌感染。在无症状的动物中，最常见的诊断方法是皮内结核菌素皮肤试验。皮肤试验阳性动物可能需要进一步的胸片评估。血清学检测可用于非人灵长类动物，如γ-干

扰素（PRIMAGAN）试验。抗酸染色阳性是该病原鉴定诊断的标志。分子诊断技术和组织病理分析技术也用于该病的诊断。分枝杆菌生长缓慢，在固体培养基上培养3周才形成菌落。感染分枝杆菌的动物必须从实验动物种群中剔除。

结核病在世界各地都有发生，估计全球有1/3的人感染。牛和非人灵长类动物是牛分枝杆菌和结核分枝杆菌的主要感染来源。感染其他分枝杆菌通常是通过受污染的土壤和水。由于被感染的动物难以发现，实验室获得性感染偶有发生。分枝杆菌主要通过气溶胶途径感染人，潜伏期4～6周。与动物相似，结核病可能没有症状，只有通过阳性皮肤试验发现。肺部病变可能在感染后几年发生，并引起血性咳嗽。肺外疾病几乎可见于任何器官，包括淋巴结、胸膜、泌尿生殖道、骨骼系统、脑膜和中枢神经系统。若不进行治疗，进行性肺结核5年内的病死率达50%。尽管目前还没有关于两栖动物或鱼类直接向人类传播分枝杆菌的报道，但受分枝杆菌污染的水很可能通过接触皮肤伤口或擦伤而引起感染。非典型分枝杆菌感染，如海分枝杆菌，特别是水源性的感染，最常见的是通过皮肤损伤。擦伤部位的感染可导致皮肤上形成肉芽肿或溃疡，通常会自行消退。分枝杆菌病可根据临床症状、痰或活检标本的抗酸杆菌的鉴定、结核菌素皮肤试验、细菌培养、血清学和分子生物学检测进行诊断。结核类分枝杆菌感染者需要接受长期（6～12个月）抗结核治疗，包括利福平、异烟肼和吡嗪酰胺。分枝杆菌的细胞壁成分使其对碱和洗涤剂具有抗性，但对酚类化合物和过氧化氢消毒剂敏感。预防措施包括人员教育、定期对动物管理人员和群体动物（尤其是非人灵长类动物）进行检测，以及隔离和（或）清除感染动物。作为一般规则，ABSL-2防护措施可以减少暴露。已知阳性非人灵长类动物应在ABSL-3设施饲养，并采取适当的人员呼吸保护措施，以防止气溶胶暴露。

多杀巴斯德菌病

多杀巴斯德菌是一种革兰氏阴性杆菌，是巴斯德菌的一种，也是引起人类人兽共患病的最重要的一种巴士杆菌[14, 19, 20]。犬、猫和家兔是主要储存宿主，尽管鸟类和啮齿动物也可能是携带者。大约75%的猫和55%的狗在鼻咽部携带这种菌，高达90%的健康家兔也可能带菌。多杀巴斯德菌被认为是实验室小鼠和大鼠的一种机会性病原体，许多供应商已采取措施将该菌从动物种群中清除。尽管如此，有些动物仍然可能是携带者。该病通常无症状，严重病例表现为呼吸道感染、鼻炎、耳炎、皮下和内脏脓肿以及生殖道感染。家兔巴斯德菌病很受重视，许多供应商提供无巴斯德菌的家兔。巴斯德菌可引起猪萎缩性鼻炎。可以通过在血琼脂上培养病变材料来确诊。抗菌治疗可以缓解病情和减轻临床症状，但很容易复发，特别是在家兔中。

多杀巴斯德菌主要通过咬伤创口传播给人。犬咬伤伤口的多杀巴斯德菌分离率为20%～50%，猫咬伤伤口的多杀巴斯德菌分离率达到75%，潜伏期为2～14天，轻症病例可能发生局部炎症和蜂窝织炎，而严重病例可能发生淋巴结病、骨髓炎、心肌炎和肺炎。常规培养方法很容易鉴别巴氏杆菌，也可用分子生物学方法诊断。青霉素、多西环素或阿莫西林克拉维酸是治疗巴氏杆菌病的首选药物。采取恰当的控制措施减少动物对人员的咬伤可大大降低感染风险。经常洗手、保持良好的个人卫生、环境卫生和ABSL-2防护措施能防止传播。

鼠咬热

念珠状链杆菌（*Streptobacillus moniliformis*）和鼠咬热螺旋体（*Spirillum minus*，即小螺菌）是引起鼠咬热的两种细菌[14, 19, 20, 54, 55]。前者是一种棒状革兰氏阴性杆菌，后者是一种革兰氏阴性螺旋菌。这两种菌都存在于啮齿动物的上呼吸道和口腔中（主要是大鼠）。鼠咬热螺旋体能从雪貂、猪、狗、猫和非人灵长类动物中分离出。对野生啮齿动物的调查表明，念珠状链杆菌的检出率为50%～100%，而鼠咬热螺旋体检出率为0%～25%。感染后通常无症状，但在豚鼠感染后却可发病，引起淋巴结炎，也可引起非人灵长类动物的心内膜炎和关节炎。鼠咬热螺旋体在体外不生长，需要分子生物学检测进行诊断。念珠状链杆菌是一种兼性厌氧菌，在人工培养基上生长缓慢。啮齿动物感染后无症状，所以不需要治疗。虽然市售啮齿类实验动物通常没有这种病原体，但实验动物可能会被进入设施的野生啮齿动物或受污染的饲料或垫料感染。

人鼠咬热的发病率尚不清楚，因为该病不是法定报告疾病，但大鼠咬伤占所有需要治疗的动物咬伤的1%。1980年的一份报告显示有40000人被大鼠咬伤，其中2%导致感染。不断有关于实验室获得性感染和作为宠物饲养的啮齿动物感染的报告。人主要通过大鼠咬伤而感染。鼠咬热螺旋体感染的潜伏期为2～3周，而念珠状链杆菌的潜伏期为3～5天。这两种疾病都出现发热、寒战、肌痛和皮疹，几天内就会消退。念珠状链杆菌感染病例中50%可发生关节炎。较严重的病例有淋巴结炎、咽喉痛、心内膜炎、肺炎、肝炎和脑膜炎，如果不进行治疗，病死率可达10%。这两种病原体都对青霉素和四环素敏感。减少动物对人员的咬伤会大大降低感染风险。经常洗手、良好的个人和环境卫生及ABSL-2防护措施能防止传播。

Q热

Q热由贝纳柯克斯体（*Coxiella burnetii*）引起，该病原体普遍存在，形态多样，专性细胞内寄生[14, 19, 20, 56-63]。贝纳柯克斯体在世界范围内分布，并感染各种动物，且有两个明确的感染圈，一个在家畜中，另一个则是在蜱类中的自然感染。该病原的储存宿主包括许多野生动物和家畜；然而，反刍类家畜是人感染的最常见来源。宠物狗、猫可能是城市人口感染的潜在来源。血清学调查显示，山羊的血清阳性率为41%，绵羊为16%，牛为4%，犬和猫的血清阳性率高达20%。该病原体导致受感染动物流产和死胎，并持续排菌，但无其他方面的症状。动物可通过奶、尿液和粪便排菌，分娩排出物中细菌量更可高达10^9 CFU/g。动物因蜱虫叮咬、食入或吸入受污染的奶、尿液或胎盘而感染。诊断主要基于对Ⅰ期和Ⅱ期抗原分别进行血清学评价，以区分慢性和急性感染。细菌可以通过细胞培养、分子分析或用涂片Gimenez染色法鉴定。四环素是治疗动物感染的首选抗生素。贝纳柯克斯体在环境中非常稳定，可以存活一年，能抵抗常规化学消毒，包括漂白剂、酚类化合物、甲醛和季铵类化合物。

Q热在世界各地均有分布。在美国，2005—2010年，每年有110～170个报告病例，血清阳性率为3%。受污染的产后组织、体液等材料干燥后可形成气溶胶，人通过吸入含菌的气溶胶而感染。少到10个菌体就能引起人类感染。尽管有报告称在实验室环境中感染了Q热，但在农场工作的人员面临更大的风险。人的感染可有3种临床表现，第一种是亚临床感染，仅发生血清阳转；第二种是急性Q热，以发热为特征，伴有肝炎和肺炎临床表现，暴露后2～3周发病，经过1～2周的病程后可自行消退，孕妇感染可导致早产、死产或流产；第三种是慢性Q热，主要表现为心内膜炎，主要发生于患有瓣膜疾病的人。血清学检测恢复期血清Ⅱ型抗原抗体滴度比急期性升高4倍，可以确诊，也可以通过血液白细胞层贝纳柯克斯体培养进行诊断。由于畜群中血清抗体阳性率较高，因此很难获得未感染Q热的反刍动物进行实验研究。从源头对动物进预检，并尽量减少使用怀胎的动物，可显著减少暴露。然而在使用反刍动物时应始终小心谨慎。良好的个人卫生、经常洗手、良好的环境卫生和ABSL-2防护措施能防止传播。呼吸道保护可作为额外的个人保护设施有效减少气溶胶暴露。对动物进行染毒实验，必须在ABSL-3条件下进行。一款Q热疫苗在澳大利亚已获得许可，美国陆军传染病医学研究所（USAMRIID）的专用免疫项目也可提供一种疫苗，供高危人员使用。

沙门菌病

沙门菌种是有鞭毛、无芽孢的革兰氏阴性杆菌，有2400多个血清型[14，19，20，64-69]。最常见的致病血清型是肠炎沙门菌和鼠伤寒沙门菌。沙门菌的宿主范围很广。研究用啮齿动物大多数是无病原体的，对研究人员不构成显著的风险。但是，这些动物可能会被污染的饲料或其他环境因素感染。健康犬和猫肠道内沙门菌比较少见，携带率为2%～6%。由于沙门菌是非人灵长类动物腹泻的较常见原因之一，从事非人灵长类动物相关工作时感染风险会增加。猪沙门菌病的发生率为3%，但也可能高达33%。养牛场的牛沙门菌病的发病率低于1%。鸟类中沙门菌阳性的比例为5%～100%，94%的爬行动物携带沙门菌。该病可表现为自限性腹泻、严重出血性胃肠炎、呕吐和嗜睡，也可能发生败血症，导致肝和脾脓肿。动物宿主也可以是无症状携带者，通过粪口途径传播。沙门菌病的诊断可以通过选择性培养基对粪便或血液进行细菌培养或分子诊断。患病动物通常采用支持疗法治疗。抗生素的使用尚有争议，可能会导致传染期延长。对家禽和家畜可进行疫苗接种，以加强疾病预防和管理。

沙门菌在全世界范围内分布，人通常通过摄入受污染的食物或水感染，但也可能与带菌动物直接接触感染。在美国，鼠伤寒沙门菌是沙门菌病最常见的致病原因，其次是肠炎沙门菌。大多数人感染后有12～48 h的短暂潜伏期，但也有些需要5天才发病。感染需要较大的病原量（10^3～10^5 CFU/mL）。急性发病的特点是突然出现恶心、呕吐和水样腹泻症状，症状在2～5天消失。也会发生复杂的全身感染，导致败血症、关节炎、骨髓炎、脑膜炎和心内膜炎。诊断以选择性富集培养基为基础，在发病后的最初几个小时内采样检测阳性率最高。对感染者的治疗通常是支持性治疗，重症病例需要抗生素治疗，包括环丙沙星和阿莫西林。实验室环境中的预防取决于对受感染动物的快速识别及其治疗或清除。良好的个人卫生、经常洗手、良好的环境卫生和ABSL-2级防护措施能防止传播。

志贺菌病（细菌性痢疾）

志贺菌属是革兰氏阴性菌，为兼性厌氧、无芽孢的杆状细菌[14，19，20，70]。人类是志贺菌的主要储存宿主，可以感染灵长类动物，受感染的灵长类动物反过来又可以感染其他灵长类动物和人类。灵长类动物可携带痢疾志贺菌（*S. dysenteriae*）、福氏志贺菌（*S. flexneri*）和宋氏志贺菌（*S. sonnei*）。动物感染可能无症状，或有出血性腹泻、牙龈炎、流产和囊性（air sac）感染。志贺菌是灵长类动物中最常见的腹泻原因之一，传播方式以直接或间接的粪口途径为主，苍蝇可以携带该菌，可能起到媒介的作用。与沙门菌的诊断类似，志贺菌也可以通过选择性培养基培养做出诊断。治疗通常包括支持疗法和抗生素治疗。据报道，灵长类动物志贺菌的携带状态可以通过特异性抗生素治疗而消除，从而降低人兽共患病的可能性。

志贺菌是人类腹泻的常见原因，发病率为30/100 000，儿童更易感染。10～100个细菌就能在人体内引起疾病，其特征是急性腹泻，伴有发热、恶心和腹部绞痛。病程持续4～5天，可以用甲氧苄啶等磺胺类抗菌药治疗。良好的个人卫生、经常洗手、良好的环境卫生和ABSL-2级防护措施可防止传播。

病毒性疾病

疱疹病毒

已在灵长类动物和其他实验动物中发现了几种不同的疱疹病毒，然而其中的大多数局限于宿主动物，没有感染人类的报告。例如，灵长类动物可能感染α疱疹病毒［如猴水痘病毒（simian varicella virus）］、β-疱疹病毒［如猕猴巨细胞病毒（Rhesus cytomegalovirus）］和γ-疱疹病毒［如恒河猴棒状病毒（Rhesus macaque rhadinovirus）］。然而，玛卡因疱疹病毒（猴B病毒）可感染人类，并可导致死亡。

猴疱疹病毒（B 病毒）

猴疱疹病毒（以前称为猴疱疹病毒1型、疱疹病毒B等）是一种通常在灵长类动物猕猴中存在的α疱疹病毒[14, 19, 20, 71-74]。圈养和野生猕猴的感染率可以达到100%，大约2%可随时排出病毒。猴疱疹病毒在其自然宿主中通常无症状，或可能导致轻度临床疾病，其特征是舌或唇部出现小泡或溃疡，可在1～2周内消退。这种病毒潜伏于感觉神经节中，并可在一定刺激因素下（如繁殖季节的到来、环境变换或免疫抑制）再次活化。猕猴之间的传播是通过与结膜、生殖器和黏膜的接触进行的。可以通过病毒分离、血清学检测或分子检测来做出诊断。猕猴感染后不必治疗，因为病变在1～2周就会自行消退。

B病毒通过直接接触唾液、泪液、生殖道分泌物或受感染猴子的抓伤而传播给人，也可通过接触受污染的针头、细胞培养物和受污染的笼具等而间接传播给人。暴露48 h后可出现早期局部体征，感染部位和淋巴结处出现红斑、溃疡和疼痛。全身症状在1～3周出现，表现为感觉异常、肌肉无力、结膜炎和吞咽困难。有些可发展为脑炎、发热，并伴有上行性麻痹，随后出现呼吸麻痹。90%的人类B病毒感染者发生脑炎，如果得不到适当治疗，75%的感染者可致命。有1例人与人之间的传播的报道，发生在一对夫妇之间，妻子在用氢化可的松乳膏为丈夫治疗B病毒引起的病变时被感染。自1933年首次发现该病毒以来，已有40～50例病例记录在案。近年来，研究人员实验室感染B病毒似乎很罕见，这可能是在猕猴饲养或实验设施中都加强了个人防护（防护服）使用的缘故。

B病毒感染可以通过病毒分离、血清学或分子检测方法做出诊断。接触后，暴露部位应立即用适当的消毒剂（如氯己定或聚维酮碘）清洁消毒至少15 min。黏膜暴露后应使用无菌生理盐水或清水冲洗15 min。建议在暴露后使用抗病毒药物（如阿昔洛韦或更昔洛韦）进行预防性治疗，直到动物的感染状态得到确认。研究人员一直在培育无B病毒的猕猴种群，虽然有失败者，但也有成功的。因此，获得无B病毒的动物是可能的。然而，考虑到B病毒诊断困难，在对任何种类的猕猴进行实验时都应小心。ABSL-2级防护再加上眼罩或面罩对皮肤黏膜的保护，可以将暴露减小到最低限度。使用猕猴的机构应制订暴露后处置计划，以减轻暴露的风险。培养B病毒或使用活病毒培养物时，应在ABSL-3实验室条件进行，而对猕猴或其他动物进行染毒实验时应在ABSL-4实验室条件下操作。

汉坦病毒

汉坦病毒属于布尼亚病毒科，分布于世界各地[14, 19, 20, 75-77]。虽然大多数布尼亚病毒科是通过特定的中间宿主传播的，但啮齿类动物携带的许多汉坦病毒可能会感染人类，包括可导致肾综合征出血热（HFRS）的汉坦病毒（Hantaan virus）、汉城病毒（Seoul virus）、普马拉病毒（Puumala virus）和多布拉伐病毒（Dobrava virus）等汉坦病毒，以及可导致汉坦病毒肺综合征（HPS）的辛诺柏病毒（Sin Nombre virus）、安第斯病毒（Andes virus）、纽约病毒（New York virus）等。汉坦病毒可通过直接接触啮齿动物宿主传播，主要的储存宿主是野生啮齿动物，包括姬鼠属（*Apodemus*）、棕背鼠平属（*Clethrionomys*）、鼷鼠属（*Mus*）、大鼠属（*Rattus*）、松

田鼠属（*Pitymys*）、田鼠属（*Microtus*）、白足鼠（*Peromyscus*）棉鼠属（*Sigmodon*）和禾鼠属（*Oryzomys*）的鼠种。野生啮齿动物血清流行率高达45%，估计25%的野生啮齿动物可能感染汉坦病毒。在天然宿主中，汉坦病毒引起亚临床感染，血清学和分子生物学检测可用于诊断。

每年发生HFRS约200 000例，自1993年发现HPS以来约有300例病例报告。亚洲实验室获得性感染的发生率较高。在美国，除实验性染毒感染大鼠以外没有实验室大鼠感染该病的报告。病毒主要通过吸入感染性气溶胶而传播，被感染的动物可通过尿液、唾液、粪便和呼吸道分泌物排出大量病原。潜伏期为1～4周，早期临床表现为突然发热、不适、肌痛、恶心、呕吐和头痛。HFRS可出现血小板减少症，伴有出血性结膜炎、肠出血和血尿。由于肺部毛细血管渗漏，可导致呼吸衰竭。HFRS的病死率达15%，HPS的病死率高于40%。诊断主要基于临床症状、血清学和分子生物学检测。早期使用抗病毒药物（利巴韦林）治疗可以缩短感染病程，需要进行对症治疗以维持正常的肾脏和呼吸功能。在实验室环境中，控制野生啮齿动物流入对于减少对无病原体实验动物的感染至关重要。考虑到大多数实验室动物没有感染汉坦病毒，ABSL-2级预防措施就能够满足安全要求。在实验性感染的啮齿动物中，如果已知它们不再排出病毒，ABSL-2级预防措施也能满足安全要求。但是，在处理来自潜在感染啮齿动物的样本时，应采取ABSL-3级预防措施；在处理慢性感染的啮齿动物时，必须采取ABSL-4级预防措施。

淋巴细胞脉络丛脑膜炎

淋巴细胞脉络丛脑膜炎病毒（LCMV）是沙粒病毒科的一员，对啮齿类动物[14, 19, 20]有嗜性。家鼠是该病毒的天然宿主，而实验小鼠和仓鼠是实验环境中最重要的LCMV来源。病毒在动物的子宫内传播，多导致亚临床感染，可伴有慢性病毒血症和病毒尿症。实验动物主要是通过接种受污染的肿瘤细胞系而感染。通过病毒分离、分子诊断和血清学检测可进行诊断。

人LCMV感染呈全球性分布，血清阳性率为2%～10%。通过注射、吸入或黏膜污染传播给人。人暴露后1～3周，出现流感样综合征。部分患者病情较重，以斑丘疹样皮疹、淋巴结病和脑膜炎为特征，但死亡病例很少。妊娠期LCMV感染可导致眼睛异常、大头畸形和小头畸形。利巴韦林抗病毒治疗对其他沙粒病毒感染的治疗是有益的，但治疗LCMV感染的作用尚缺乏充分的证据。支持性治疗是必要的。控制外来野生啮齿动物流入动物设施对于减少实验啮齿动物的污染至关重要，进行动物模型研究时对细胞系进行病毒筛选也是必需的风险控制手段。ABSL-2级防护措施和操作可使病原暴露最小化。考虑到气溶胶传播的可能性，当已知病毒存在并且有可能产生气溶胶时，应采用ABSL-3级防护。

羊痘（羊传染性口疮）

羊传染性口疮病毒是一种在绵羊、山羊和野生有蹄类动物[14, 19, 20, 78, 79]中发现的副痘病毒，在美国和世界各地的许多绵羊和山羊群中流行。这种疾病影响所有年龄段的动物，但在年幼的动物中最常见，临床症状也最严重。该病的特征是口唇、鼻孔、黏膜和泌尿生殖道口等部位有增生性脓疱。一次感染并不能产生免疫而防止再次感染。通过直接接触和飞沫传播。这种病毒能在环境中存活长达12年之久。

人与患病的绵羊或山羊接触，会通过皮肤伤口感染，典型病变中病毒颗粒含量高，容易引起传染。人感染后的潜伏期为3～7天，病变通常发生在手、手臂或面部。病变与绵羊的病变相似，形成斑丘疹或脓疱，逐渐进展为中央有脐凹的增生性结节。病变持续3～6周，之后自动消退，留下很小的瘢痕。重症病例少见，可发展为淋巴结病或全身性病变。依据病史和特征性病变可进行诊断，

分子诊断可用于辅助诊断。在从事绵羊和山羊的实验操作时采取ABSL-2级防护措施，包括使用手套，足以最大限度地减少感染。

痘病毒

有两种灵长类动物痘病毒可能导致人患病，尽管这些痘病毒感染很少在现代实验室环境中发生[14, 19, 20, 79-81]。

猴痘病毒是一种能感染灵长类动物的正痘病毒，主要分离于源自非洲的动物，以松鼠和其他啮齿动物为主要宿主。近30年来，实验室灵长类动物感染猴痘病毒的报告非常罕见，且大多发生在1990年之前。该病通过皮肤接种或吸入而感染，潜伏期为12天。灵长类动物在感染4～5天后，出现发热，随后皮肤出疹，通常发生在四肢、躯干部、面部、口唇和口腔。该病在动物群中传播速度快，发病率高。人感染后出现发热、虚弱和虚脱，随后出现斑丘疹性皮疹和淋巴结肿大。通常是自限性的，并且病变可以消退。对患者可采取包括抗病毒药物在内的支持治疗。目前还没有从实验室灵长类动物传染给研究人员的猴痘病例报告。

2003年，美国首次报告猴痘暴发，其来源可追溯到一只进口的冈比亚大袋鼠，这只受感染大袋鼠感染了一家草原土拨鼠（prairie dog）供应商。随后有71人感染，其中26%的患者住院治疗。诊断可根据临床病史、特征性病变和感染皮肤的组织学检测进行，也可以通过血清学检测和病毒分离进行诊断。猴痘与天花类似，天花疫苗接种为人提供保护性免疫，并已被用于灵长类动物；然而，天花根除后，接种疫苗的人数量逐年减少。

特纳河痘（Tanapox）病毒是亚塔痘病毒属（*Yatapoxvirus*）的病毒，主要感染非洲叶猴属等灵长类动物和美国圈养的猕猴。在灵长类动物和人中，该病的特征是眼睑、面部、身体或生殖器等部位的有界限的、隆起的红色病变。人感染后也可能会有发热、头痛和虚弱等症状。感染可通过与灵长类动物直接接触迅速传播，人通过皮肤伤口暴露于病毒。病变可在4～5周自行恢复。在实验用灵长类动物中，痘病毒病并不常见，采取ABSL-2级防护措施可以减少感染机会。

狂犬病

狂犬病是由弹状病毒引起的，有广泛的宿主，包括犬、猫、臭鼬、浣熊和蝙蝠等小型哺乳动物[14, 19, 20]。野生捕捉的啮齿动物和家兔可能携带狂犬病病毒，当被带入实验室（或在野外研究）时可对研究人员造成危险。在美国，野生动物占狂犬病动物的90%以上。病毒传播主要来自狂犬病动物的咬伤，但携带病毒的唾液可通过皮肤伤口或黏膜传播。受感染的动物表现出行为改变，更具有攻击性，在出现瘫痪等临床体征后4～10天死亡。由于对狂犬病没有治疗方法，受感染的动物应该被处以安乐死。

在美国，每年发生约100例人狂犬病例，但在亚洲和非洲每年超过30 000例。美国的死亡病例已降至每年1～2例。在暴露后如果不接种疫苗或采取暴露后治疗，1/5的人发生狂犬病。潜伏期从10天～3个月不等，最初症状发生在感染后2～4天，包括恶心、呕吐、头痛、感觉异常和咬伤部位疼痛。该病可发展为躁动、多涎、吞咽困难、愤怒、失眠、抽搐、痉挛、肌肉颤搐和恐水，头部和四肢肌肉可能出现弛缓性瘫痪。狂犬病的病死率几乎为100%，多数病例因心肺功能衰竭而死亡。

诊断依据的是临床表现和暴露史。确诊要根据在脑组织切片发现内氏小体（Negri body）。在患者临死前角膜压片和活检标本中也能检出内氏小体，病毒培养和分子诊断也可用于确诊。在高危人群中接种人用狂犬病疫苗进行预防，并在研究中使用免疫的或无病原体的动物，能减少实验室的暴露风险。实验用犬和猫通常需要接种狂犬病疫苗或来自封闭的种群，以尽可能减少其暴露于狂犬病病毒的可能性。疑似患狂犬病的动物一旦出现临床症状，应进行隔离和安乐死。ABSL-2及预防措施和操作能使暴露最小化。

真菌感染

皮肤真菌病

人和动物中有许多皮肤真菌可以导致皮肤癣[14, 19, 20]，包括犬小孢子菌（*Microsporumcanis*）、须毛癣菌（*Trichophyton mentagrophytes*）和疣状毛癣菌（*Trichophyton verrucosum*）。犬小孢子菌在犬、猫和灵长类动物中普遍存在，鼠和兔子中普遍存在须毛癣菌，牲畜中普遍存在疣状毛癣菌。不同地域的猫和犬中，犬小孢子菌的携带率为2%～15%，1981年的一项实验室啮齿动物调查发现，小鼠、大鼠、豚鼠和兔子的亚临床感染发病率为1%～5%。皮肤癣菌通过直接接触感染性病变或污染物而传播。潜伏期数天至数周，最常见的临床表现是脱发、脱毛和瘙痒结痂。人会在头部或皮肤上形成癣样损伤。诊断可以通过对病变受累区域进行伍德灯（Wood's lamp，黑光灯）检查，头发上的氢氧化钾（KOH）制剂可以显示真菌成分。可使用皮肤癣菌试验培养基进行真菌培养，孵育时间5～21天。皮肤真菌病通常是自限性的，受感染的动物和人可以用抗真菌药，如酮康唑或灰黄霉素，进行局部和全身治疗。ABSL-2级防护措施能使暴露降至最低限度。

寄生虫感染

有许多动物携带蠕虫寄生虫，感染后可导致人兽共患病[14, 19, 20]。然而，在实验室环境中发生感染的可能性非常小。这是由于动物的健康状况、对动物采取的常规预防措施以及环境卫生措施，已使蠕虫卵孵化成幼虫可能性降至最低。值得关注的有两种蠕虫——矮小啮齿绦虫（*Rodentolepis nana*）和类圆线虫（*Strongyloides*）。矮小啮齿绦虫（曾称为缩小膜壳绦虫）是啮齿动物的一种绦虫寄生虫，生活史简单。这种绦虫存在于啮齿动物的小肠内，通常为亚临床感染，但可能导致嵌塞（impaction）。潜伏期14～16天，自发再感染很常见。人通过摄入虫卵而受到感染。矮小啮齿绦虫是唯一不需要中间宿主的人类绦虫，严重感染可导致腹痛和腹泻。诊断的依据是粪便悬浮法检出虫卵。吡喹酮可以用来治疗矮小啮齿绦虫感染。

类圆线虫是一种能直接感染人类的线虫寄生虫，通常感染犬、猫和灵长类动物，可表现为亚临床感染，或导致动物小肠结肠炎。人的感染是经皮暴露丝状幼虫而引起的，通常是轻度亚临床感染，而重症病例可能出现腹痛、腹泻、荨麻疹和体重减轻。使用Baermann粪便悬浮技术可进行诊断。可使用苯咪唑类、噻苯达唑、阿苯达唑和依维菌素等抗寄生虫药治疗。

动物可以携带许多外寄生虫，能引起潜在的人兽共患病。与蠕虫防控相似，动物良好健康水平、预防性的健康管理、严格的卫生措施和害虫控制，可使实验室环境中感染这些病原的风险大大降低。从皮肤或头发样本或从垫料中直接检出或通过显微镜检查到虫体，即可做出诊断。ABSL-2级标准操作规范和防护措施足以控制肠道内寄生虫的风险，并减少对体外寄生虫的暴露。

结论

在现代实验动物设施中发生人兽共患病是很不常见的事件。加强个人防护服的使用是保证生物安全最有效方法。严格的卫生管理措施、选择健康状况良好的动物，可大大减少人员对人兽共患病的暴露。本章简要概述了从事常用实验动物工作时可能遇到的人兽共患病。然而，开展人兽共患病原体实验室感染动物模型研究时，感染风险较大。了解病原的风险、生活周期、疾病传播途径，以及适当的生物安全防护会进一步降低人员感染的风险。

原著参考文献

[1] Lipman NS. 2009. Rodent facilities and caging systems, p 265– 288. In Hessler JR, Lehner NDM (ed), Planning and Designing Research Animal Facilities. Academic Press, Burlington, MA.

[2] Center for Disease Control and Prevention and National Institutes of Health. 2007. Biosafety in Microbiological and Biomedical Laboratories, 5th ed. HHS Publication no. (CDC) 21-112. http://www.cdc.gov/biosafety/publications/bmbl5/BMBL.pdf.

[3] Hessler JR. Barrier housing for rodents, p 335–346. In Hessler JR, Lehner NDM (ed), Planning and Designing Research Animal Facilities. Academic Press, Burlington, MA.

[4] Weigler BJ, Di Giacomo RF, Alexander S. 2005. A national survey of laboratory animal workers concerning occupational risks for zoonotic diseases. Comp Med 55:183–191.

[5] Jackson J, Villarroel A. 2012. A survey of the risk of zoonoses for veterinarians. Zoonoses Public Health 59:193–201.

[6] Jeal H, Jones M. 2010. Allergy to rodents: an update. Clin Exp Allergy 40:1593–1601.

[7] National Research Council. 2003. Occupational Health and Safety in the Care and Use of Nonhuman Primates. National Academy Press, Washington, DC.

[8] Fox JG, Newcomer CE, Rozmiarek H. 2002. Selected zoonoses, p 1059–1106. In Fox JG, Anderson LC, Loew FM, Quimby FW (ed), Laboratory Animal Medicine, 2nd ed. Academic Press, Burlington, MA.

[9] National Research Council. 1997. Zoonoses, p 106–122. In Occupational Health and Safety in the Care and Use of Research Animals. National Academy Press, Washington, DC.

[10] Baker DG. 2003. Natural Pathogens of Laboratory Animals: Their Effects on Research. ASM Press, Washington, DC.

[11] Carty AJ. 2008. Opportunistic infections of mice and rats: jacoby and Lindsey revisited. ILAR J 49:272–276.

[12] Percy DH, Barthold SW. 2007. Pathology of Laboratory Rodents and Rabbits, 3rd ed. Blackwell Publishing, Ames, IA.

[13] Center for Disease Control and Prevention. 2012. 2012 Nationally notifiable diseases and conditions and current case definitions. Atlanta, GA. Available at http://www.cdc.gov/mmwr /preview/mmwrhtml/mm6153a1.htm. Accessed September 30, 2015.

[14] Hankenson FC, Johnston NA, Weigler BJ, Di Giacomo RF. 2003. Zoonoses of occupational health importance in contemporary laboratory animal research. Comp Med 53:579–601.

[15] Scheftel JM, Elchos BL, Cherry B, DeBess EE, Hopkins SG, Levine JF, Williams CJ, Bell MR, Dvorak GD, Funk RH, Just SD, Samples OM, Schaefer EC, Silvia CA, National Association of State Public Health Veterinarians (NASPVH). 2010. Compendium of veterinary standard precautions for zoonotic disease prevention in veterinary personnel: National Association of State Public Health Veterinarians Veterinary Infection Control Committee 2010. J Am Vet Med Assoc 237:1403–1422.

[16] Bureau of Labor Statistics. United States Department of Labor. 2013. Nonfatal cases involving days away from work: selected characteristics. Available at: www.bls.gov. Accessed July 3, 2013.

[17] Miller JM, Astles R, Baszler T, Chapin K, Carey R, Garcia L, Gray L, Larone D, Pentella M, Pollock A, Shapiro DS, Weirich E, Wiedbrauk D, Biosafety Blue Ribbon Panel, Centers for Disease Control and Prevention (CDC). 2012. Guidelines for safe work practices in human and animal medical diagnostic laboratories. MMWR Suppl 61(Suppl):1–102.

[18] Walker D, Campbell D. 1999. A survey of infections in United Kingdom laboratories, 1994–1995. J Clin Pathol 52:415–418.

[19] Krauss H, Weber A, Appel M, Enders B, Isenberg HD, Schiefer HG, Slenczka W, Von Graevenitz A, Zahner H. 2003. Zoonoses Infectious Diseases Transmissible from Animals to Humans, 3rd ed. ASM Press, Washington, DC.

[20] Newcomer CE. 2000. Zoonoses, p 121–150. In Fleming DO, Hung DL (ed), Biological Safety Principles and Practice, 3rd ed. ASM Press, Washington, DC.

[21] Hawker J, Begg N, Blair I, Reintjes R, Weinberg J, Ekdahl K. 2012. Communicable Disease Control and Health Protection Handbook, 3rd ed. Wiley-Blackwell, West Sussex, UK.

[22] Schuster FL, Ramirez-Avila L. 2008. Current world status of Balantidium coli. Clin Microbiol Rev 21:626–638.

[23] Hlavsa MC, Watson JC, Beach MJ. 2005. Cryptosporidiosis surveillance—United States 1999–2002. MMWR Surveill Summ 54(SS01):1–8.

[24] Ramirez NE, Ward LA, Sreevatsan S. 2004. A review of the biology and epidemiology of cryptosporidiosis in humans and animals. Microbes Infect 6:773–785.

[25] Weir SC, Pokorny NJ, Carreno RA, Trevors JT, Lee H. 2002. Efficacy of common laboratory disinfectants on the infectivity of

Cryptosporidium parvum oocysts in cell culture. Appl Environ Microbiol 68:2576–2579.
[26] Esch KJ, Petersen CA. 2013. Transmission and epidemiology of zoonotic protozoal diseases of companion animals. Clin Microbiol Rev 26:58–85.
[27] Atluri VL, Xavier MN, de Jong MF, den Hartigh AB, Tsolis RM. 2011. Interactions of the human pathogenic Brucella species with their hosts. Annu Rev Microbiol 65:523–541.
[28] Greene CE, Carmichael LE. 2006. Canine brucellosis, p 369– 381. In Greene CE (ed), Infectious Diseases of the Dog and Cat, 3rd ed. Elsevier, St. Louis, MO.
[29] Seleem MN, Boyle SM, Sriranganathan N. 2010. Brucellosis: a re-emerging zoonosis. Vet Microbiol 140:392–398.
[30] Traxler RM, Lehman MW, Bosserman EA, Guerra MA, Smith TL. 2013. A literature review of laboratory-acquired brucellosis. J Clin Microbiol 51:3055–3062.
[31] United States Department of Agriculture. 2011. National Brucellosis Slaughter Surveillance Plan. June 30, 2011. http://www. aphis.usda. gov/animal_health/animal_diseases/brucellosis /downloads/nat_bruc_slaughter_surv_plan.pdf. Accessed July 29, 2013.
[32] Fox JG. 2006. Enteric bacterial infections, p 339–343. In Greene CE (ed), Infectious Diseases of the Dog and Cat, 3rd ed. Elsevier, St. Louis, MO.
[33] Moore JE, Corcoran D, Dooley JSG, Fanning S, Lucey B, Matsuda M, McDowell DA, Mégraud F, Millar BC, O'Mahony R, O'Riordan L, O'Rourke M, Rao JR, Rooney PJ, Sails A, Whyte P. 2005. Campylobacter. Vet Res 36:351–382.
[34] Gaastra W, Lipman LJA. 2010. Capnocytophaga canimorsus. Vet Microbiol 140:339–346.
[35] Oehler RL, Velez AP, Mizrachi M, Lamarche J, Gompf S. 2009. Bite-related and septic syndromes caused by cats and dogs. Lancet Infect Dis 9:439–447.
[36] Chomel BB, Kasten RW. 2010. Bartonellosis, an increasingly recognized zoonosis. J Appl Microbiol 109:743–750.
[37] Guptill-Yoran L. 2006. Feline bartonellosis, p 511–518. In Greene CE (ed), Infectious Diseases of the Dog and Cat, 3rd ed. Elsevier, St. Louis, MO.
[38] Longbottom D, Coulter LJ. 2003. Animal chlamydioses and zoonotic implications. J Comp Pathol 128:217–244.
[39] Rohde G, Straube E, Essig A, Reinhold P, Sachse K. 2010. Chlamydial zoonoses. Dtsch Arztebl Int 107:174–180.
[40] Veraldi S, Girgenti V, Dassoni F, Gianotti R. 2009. Erysipeloid: a review. Clin Exp Dermatol 34:859–862.
[41] Wang Q, Chang BJ, Riley TV. 2010. Erysipelothrix rhusiopathiae. Vet Microbiol 140:405–417.
[42] Evangelista KV, Coburn J. 2010. Leptospira as an emerging pathogen: a review of its biology, pathogenesis and host immune responses. Future Microbiol 5:1413–1425.
[43] Goldstein RE. 2010. Canine leptospirosis. Vet Clin North Am Small Anim Pract 40:1091–1101.
[44] Greene CE, Sykes JE, Brown CA, Hartmann K. 2006. Leptospirosis, p 402–417. In Greene CE (ed), Infectious Diseases of the Dog and Cat, 3rd ed. Elsevier, St. Louis, MO.
[45] Guerra MA. 2009. Leptospirosis. J Am Vet Med Assoc 234:472– 478, 430.
[46] Hartskeerl RA, Collares-Pereira M, Ellis WA. 2011. Emergence, control and re-emerging leptospirosis: dynamics of infection in the changing world. Clin Microbiol Infect 17:494–501.
[47] Centers for Disease Control and Prevention (CDC). 1993. Tuberculosis in imported nonhuman primates—United States, June 1990-May 1993. MMWR Morb Mortal Wkly Rep 42:572–576.
[48] Garcia MA, Yee J, Bouley DM, Moorhead R, Lerche NW. 2004. Diagnosis of tuberculosis in macaques, using whole-blood in vitro interferon-gamma (PRIMAGAM) testing. Comp Med 54: 86–92.
[49] Nahid P, Menzies D. 2012. Update in tuberculosis and nontuberculous mycobacterial disease 2011. Am J Respir Crit Care Med 185:1266–1270.
[50] O'Brien DJ, Schmitt SM, Berry DE, Fitzgerald SD, Vanneste JR, Lyon TJ, Magsig D, Fierke JS, Cooley TM, Zwick LS, Thomsen BV. 2004. Estimating the true prevalence of Mycobacterium bovis in hunter-harvested white-tailed deer in Michigan. J Wildl Dis 40:42–52.
[51] Saggesse MD (ed.). 2012. Mycobacteriosis. Vet Clin North Am 42:1–131.
[52] Sakamoto K. 2012. The pathology of Mycobacterium tuberculosis infection. Vet Pathol 49:423–439.
[53] United States Department of Agriculture. 2009. Bovine tuberculosis, infected cattle detected at slaughter and number of affected cattle herds, United States, 2003–2009. Available at http://www.aphis.usda.gov/animal_health/animal_diseases/tuberculo sis/downloads/tb_erad.pdf. Accessed August 7, 2013.
[54] Elliott SP. 2007. Rat bite fever and Streptobacillus moniliformis. Clin Microbiol Rev 20:13–22.
[55] Gaastra W, Boot R, Ho HTK, Lipman LJA. 2009. Rat bite fever. Vet Microbiol 133:211–228.
[56] Angelakis E, Raoult D. 2010. Q fever. Vet Microbiol 140:297–309.

[57] Anderson A, Bijlmer H, Fournier PE, Graves S, Hartzell J, Kersh GJ, Limonard G, Marrie TJ, Massung RF, McQuiston JH, Nicholson WL, Paddock CD, Sexton DJ, Center for Disease Control and Prevention. 2013b. Diagnosis and management of Q fever—United States, Recommendations from CDC and the Q fever working group. MMWR Recomm Rep 62(RR-03):1–30.

[58] Delsing CE, Warris A, Bleeker-Rovers CP. 2012. Q fever: still more queries than answers. Adv Exp Med Biol 719:133–143.

[59] Fournier PE, Marrie TJ, Raoult D. 1998. Diagnosis of Q fever. J Clin Microbiol 36:1823–1834.

[60] Georgiev M, Afonso A, Neubauer H, Needham H, Thiery R, Rodolakis A, Roest H, Stark K, Stegeman J, Vellema P, van der Hoek W, More S. 2013. Q fever in humans and farm animals in four European countries, 1982 to 2010. Euro Surveill 18:20407. http://www.eurosurveillance.org/ViewArticle.Aspx? Article ID=20407. Accessed August 2, 2013.

[61] Greene CE, Breitschwerdt EB. 2006. Rocky Mountain spotted fever, murine typhuslike disease, rickettsialpox, typhus, and Q fever, p 243–245. In Greene CE (ed), Infectious Diseases of the Dog and Cat, 3rd ed. Elsevier, St. Louis, MO.

[62] Maurin M, Raoult D. 1999. Q fever. Clin Microbiol Rev 12: 518–553.

[63] McQuiston JH, Childs JE. 2002. Q fever in humans and animals in the United States. Vector Borne Zoonotic Dis 2:179–191.

[64] Foley, S.L., A.M. Lynne, R. Nayak. 2008. Salmonella challenges: prevalence in swine and poultry and potential pathogenicity of such isolates. J Anim Sci 86(E Suppl):E149–E162.

[65] Marks SL, Rankin SC, Byrne BA, Weese JS. 2011. Enteropathogenic bacteria in dogs and cats: diagnosis, epidemiology, treatment, and control. J Vet Intern Med 25:1195–1208.

[66] Rhoades JR, Duffy G, Koutsoumanis K. 2009. Prevalence and concentration of verocytotoxigenic Escherichia coli, Salmonella enterica and Listeria monocytogenes in the beef production chain: a review. Food Microbiol 26:357–376.

[67] Salmonellosis. http://www.compliance.iastate.edu/ibc/guide /zoonoticfactsheets/Salmonellosis.pdf. Accessed September 9, 2013.

[68] Stevens MP, Humphrey TJ, Maskell DJ. 2009. Molecular insights into farm animal and zoonotic Salmonella infections. Philos Trans R Soc Lond B Biol Sci 364:2709–2723.

[69] Weese JS. 2011. Bacterial enteritis in dogs and cats: diagnosis, therapy, and zoonotic potential. Vet Clin North Am Small Anim Pract 41:287–309.

[70] Burgos-Rodriguez AG. 2011. Zoonotic diseases of primates. Vet Clin North Am Exot Anim Pract 14:557–575, viii.

[71] Centers for Disease Control and Prevention (CDC). 1998. Fatal Cercopithecine herpesvirus 1 (B virus) infection following a mucocutaneous exposure and interim recommendations for worker protection. MMWR Morb Mortal Wkly Rep 47:1073– 1076, 1083.

[72] Cohen JI, Davenport DS, Stewart JA, Deitchman S, Hilliard JK, Chapman LE, B Virus Working Group. 2002. Recommendations for prevention of and therapy for exposure to B virus (cercopithecine herpesvirus 1). Clin Infect Dis 35:1191–1203.

[73] Elmore D, Eberle R. 2008. Monkey B virus (Cercopithecine herpesvirus 1). Comp Med 58:11–21.

[74] Estep, R.D., I. Messaoudi, S.W. Wong. 2010. Simian herpesviruses and their risk to humans. Vaccine 28S2:B78–B84.

[75] Krüger DH, Schönrich G, Klempa B. 2011. Human pathogenic hantaviruses and prevention of infection. Hum Vaccin 7: 685–693.

[76] Mir MA. 2010. Hantaviruses. Clin Lab Med 30:67–91.

[77] Simmons JH, Riley LK. 2002. Hantaviruses: an overview. Comp Med 52:97–110.

[78] Haig DM, Mercer AA. 1998. Ovine diseases. Orf. Vet Res 29:311–326.

[79] Lewis-Jones S. 2004. Zoonotic poxvirus infections in humans. Curr Opin Infect Dis 17:81–89.

[80] Centers for Disease Control and Prevention (CDC). 2003. Multistate outbreak of monkeypox—Illinois, Indiana, and Wisconsin, 2003. MMWR Morb Mortal Wkly Rep 52:537–540.

[81] Essbauer S, Pfeffer M, Meyer H. 2010. Zoonotic poxviruses. Vet Microbiol 140:229–236.

[82] Center for Disease Control and Prevention. 2013a. http://www.cdc.gov/. Accessed July 30, 2013.

3

对人类健康具有重要意义的植物病原体和植物相关微生物的生物安全考虑

ANNE K. VIDAVER, SUE A. TOLIN, PATRICIA LAMBRECHT

可跨界感染的病原微生物现在得到更普遍的重视[1, 2]。越来越多的微生物，甚至某一微生物的相同的菌/毒株，既可以定植和（或）感染植物，又可以定植和（或）感染人类。有跨界宿主（可跨界寄生）的病原微生物可能由于某些原因而被忽视。分类名称的改变会导致错误的鉴定。此外，相同的微生物也可能被命名为不同的名称。[2, 3]无法识别非传统致病微生物的主要原因可能是，某些植物病原体可以在人类四肢以及身体表面的温度（可能低至33.2℃）条件下生长。但对此认识却非常有限。大多数真菌在37℃或低于此温度的热耐受性很强[5]。与人类疾病相关的真菌被推测是来自无症状或患病的植物[6]，而哺乳动物固有的温度防御系统是对抗大多数真菌[5]和细菌的一种有效的非特异性防御。关于跨界微生物的分类，Hubalek[7]提出，人类新发传染病可以分为人类之间可传播的疾病（anthroponoses，人源性人兽共患病）、从动物传染给人类的传染病（zoonoses，人兽共患病），以及从环境中传染给人类的疾病（sapronoses，腐生病）。请注意，这里的术语“sapronoses”是指那些具有环境储存宿主（environmental reservoir）（有机物、土壤和植物）的疾病，而在其他专著中一般将sapronoses明确定义为来源仅为非生物底物（非生物环境）的疾病。Hubalek[7]并未专门阐述植物来源的人类疾病，但术语“植物病”（phytonoses）已经被美国疾病预防控制中心在报告中使用（R. V. Tauxe，个人通讯），尽管“植物病”与Hubalek的分类系统[7]一致。

许多涉及植物病原体和相关微生物实验方法的教科书和操作手册没有提供任何关于其对人类健康存在潜在风险的警告或叙述[8-21]，只在一份操作手册中有一页的风险描述[22]。在医学教科书中，除了将跨界植物病原体或植物相关微生物作为过敏原外，没有任何有关潜在职业暴露风险的警示性描述[23, 24]。为查阅关于植物疾病的文献及其相关联的期刊，读者可以参阅《植物病理学》这本教科书。本章的目标是从已发表的文献中筛选出相关信息，将植物疾病中的微生物与临床和其他医学报告联系起来，表明植物病不局限于常见的能污染食品的人类病原体。

植物、动物和人类病原体之间在基因序列和功能方面的共性已不再让人感到意外[1, 2, 25-31]。此外，一些植物相关的微生物虽然可以预防植物疾病，但会导致人类过敏或引发疾病。美国环境保护署（Environmental Protection Agency，EPA）对此类微生物制剂的商业化进行了规范以应对环境风险，但并未针对人类健康风险进行管控。因此，对实验室和在其他限制使用条件下人类暴露于植物相关微生物（包括病毒）的安全性问题进行评估是明智的。根据本书的目的，我们将重点介绍在样本检查、培养、植物接种和诊断的过程中暴露于已知的可影响人类健康的植物病原体的风险，以及如何减轻暴露的风险。

细菌和真菌都能产生的一定数量的效应因子，被认为是其致病因子[1，2]。同样的基因在植物和人类中的表达程度尚不清楚。对于细菌而言，植物、动物或人类病原体之间的最明显的共性是Ⅲ型分泌途径[1，25，32，33]和假单胞菌中的毒力因子[29，30，31]。大多数情况下，共同的毒力或致病性因子仍有待发现。就真菌而言，在结构、形态、生化特性和遗传水平上都具有很多共性[2，24，34，35]。

一些植物病毒的基因序列与其他病毒具有很高的同源性，可将其分类为更高的分类单元，即人或动物的小核糖核酸病毒目（Picornavirales）和单股负链RNA病毒目（Mononegavirales），包括弹状病毒科（Rhabdoviridae）、布尼亚病毒科（Bunyaviridae）和呼肠孤病毒科（Reoviridae）等病毒[36]。鉴于病毒基因组较小以及功能的相似性和特征基因的独特性，这些病毒和其他病毒的密切关系并不让人感到意外[37，38]。

微生物引起的人类新发或再发传染病是由许多因素造成的[39，40]。例如，在人类，洋葱伯克霍尔德菌（*Burkholderia cepacia*）和铜绿假单胞菌（*Pseudomonas aeruginosa*）都已成为囊性纤维化的重要病原体；它们也是非囊性纤维化患者感染的罕见原因[41，42]。新发现的真菌病原体和以前罕见的人类真菌疾病（mycoses，真菌病）的再次出现，是易感人群数量增加所致，包括骨髓和器官移植受者、接受化疗的癌症患者、危重患者、出生体重极低的婴儿和一些其他特定传染病（尤其是人类免疫缺陷病毒，HIV）患者等[43]。临床相关的真菌病也可见于免疫能力正常的健康人[44]。

植物与人类的跨界病原体

越来越多的植物致病性微生物与人类疾病有关[2]。从人类感染样本中分离出的500多种细菌中，约有5%是已知的植物病原体或与植物相关的微生物制剂。表3-1中列出了28种感染人类的细菌，其中有7种为革兰氏阳性，其中3种是芽孢杆菌属（*Bacillus* spp.）；其余的21种为革兰氏阴性，包括几个菌属的多种菌及个别菌属中的单种细菌。对编码跨界病原菌共同毒力或致病力基因同源性的了解越来越充分[1，2，31，46]。只有少数文献直接将植物与人类病原物的联系结合起来[1，2]。然而，Kirzinger等[1]推测在跨界疾病中可能会分离到某些植物病原体，如成团泛菌（*Pantoea stewartii*），但这种普遍存在的玉米细菌病原体是否会引起人类疾病还不得而知。

表 3-1 与人类疾病有关的植物病原菌和腐生菌的分类群[a]

类群	植物病害 / 关联	人类疾病 / 关联
放射形土壤杆菌 *Agrobacterium radiobacter* 同物异名：放射根瘤菌 （syn. *Rhizobium radiobacter*）	植物相关细菌，根际；已注册的冠瘿病生物防治剂，水果、坚果和观赏苗木中的菌株K84（Galltrol A，AgBioChem Inc.，Orinda，CA）和菌株K1026（Nogall，Bio-Care Technology Pty Ltd.，Somersby，New South Wales，Australia），用于控制水果和坚果树、藤蔓、玫瑰和其他观赏植物上的冠瘿	机会性致病菌[100] 细菌性眼内炎[101]；菌血症[102]，心内膜炎[103]，腹膜炎[104]和尿路感染[105,106]

续表

类群	植物病害 / 关联	人类疾病 / 关联
根癌土壤杆菌 *Agrobacterium tumefaciens* 同物异名：根瘤农杆菌 （syn. *Rhizobium tumefaciens*）	广寄主范围冠瘿剂[107，108]	腹膜炎[109,110]，菌血症[102]和尿路感染[111]
巨大芽孢杆菌 *Bacillus megaterium*	小麦白斑病和白杨树和榆树的细菌性湿材[112]	口腔黏膜炎症[113]
环状芽孢杆菌 *Bacillus circulans*	椰枣病[114]	腹膜炎[115]，动物严重的非胃肠道感染和人体细胞腹泻肠毒素的产生[116,117]
短小芽孢杆菌 *Bacillus pumilus*	未成熟橡胶桃细菌斑点[118]；注册生物防治剂，菌株 GB34（Yield Shield，Gustafson，Plano，TX），用于控制引起大豆根病的土壤真菌病原体	口腔黏膜炎症[113,119]
洋葱伯克霍尔德菌 *Burkholderia cepacia*	洋葱的酸皮[120,121]蘑菇空腔病[122,123]；植物修复[124]和内生菌[125]	菌血症[126]；肺复合体[127,128]；囊性纤维化患者的严重呼吸道病原体[28,79]；菌血症，心脏硬化和蜂窝织炎[129]和眼内炎[130]
新洋葱伯克霍尔德菌 *Burkholderia cenocepacia*	水果腐烂[131]	败血症[1]
唐菖蒲伯克霍尔德菌 *Burkholderia gladioli*	洋葱光滑皮[132]；唐菖蒲，鸢尾属植物和水稻的腐烂；黑杨叶斑病和枯萎病[133]；石斛属、兰花的细菌病[134]	菌血症[135]，肺炎[136]和宫颈腺炎[137]
水稻细菌性谷枯病菌 *Burkholderia glumae*	水稻腐烂[138]	慢性肉芽肿病[1]
车前伯克霍尔德菌 *Burkholderia plantarii*	水稻，唐菖蒲，鸢尾的幼苗枯萎病[138]	类鼻疽[1]
类鼻疽伯克霍尔德菌 *Burkholderia pseudomallei*	番茄腐病[139]	类鼻疽，鼻疽[1]
丁酸梭菌 *Clostridium butyricum*	杨树湿地[140]和角树病[141]	婴儿坏死性小肠结肠炎[142]
溶组织梭菌 *Clostridium histolyticum*	植物相关[143]	气性坏疽（肌坏死）和坏死性病变[144]
莱豆细菌性萎蔫病菌 *Curtobacterium flaccumfaciens* pv. *flaccumfaciens*	豆枯萎病；腐生菌[145]	化脓性关节炎[146]
阴沟肠杆菌 *Enterobacter cloacae*	榆木上的湿木，洋葱的内部腐烂[147]和食用姜的根茎腐烂[148]；澳大利亚坚果的灰色核[149]；生物防治剂[150-152]	败血症和呼吸道感染[153]和气性坏疽[154]
桃色欧文菌 *Erwinia persicina* 同物异名：努兰迪欧文菌 （syn. *Erwinia nulandii*）	水果，蔬菜坏死[155]，豆荚和种子坏死[156]	尿路感染[157]
肺炎克雷伯菌 *Klebsiella pneumonia*	植物内生菌；许多植物寄主，包括玉米[158]	肺炎[159]，菌血症[160]和脑膜炎[161]
变栖克雷伯菌 *Klebsiella variicola*	与香蕉，大米，甘蔗和玉米有关的植物[162]	菌血症和尿路感染[162]
嗜麦芽窄食单胞菌 *Stenotrophomonas maltophilia*	植物相关生物防治细菌和植物病原体[163]	菌血症和呼吸道感染[164,165]

续表

类群	植物病害 / 关联	人类疾病 / 关联
成团泛菌 *Pantoea agglomerans* 同物异名：聚团肠杆菌，欧文杆菌（syn. *Enterobacter agglomerans, Erwinia herbicola*）	紫藤属和洋葱的病原菌；榆树湿木；菠萝和葡萄柚的黑肉；玉米，大豆和三叶草的斑病和霜冻损害；和小米病[166]；腐生物	医院 / 机会性感染和化脓性关节炎[167-170]
菠萝泛菌 *Pantoea ananatis*	桉树、玉米、水稻病菌；各种症状；附生植物、内生植物[1,711]	败血症
铜绿假单胞菌 *Pseudomonas aeruginosa*	洋葱腐烂[173]和拟南芥腐烂	烧伤创面感染和肺炎[30,42,174]和脑膜炎，菌血症和败血症[175]
荧光假单胞菌 *Pseudomonas fluorescens*	在苹果，樱桃，杏，桃和梨上注册了水纱莲火疫病（*Erwinia amylovora*）[176]的生物防治剂（Blight Ban A506，Frost Technology Corporation，Burr Ridge，IL）；水果作物，杏，番茄和马铃薯上的霜冻保护，以减少叶子和花朵上的霜冻细菌（Frostban，Frost Technology Corporation）	菌血症[177]
恶臭假单胞菌 Pseudomonas putida	植物腐生菌，可用于植物病原体的生物控制，生物修复和生物塑料的生产[178]	医源性感染[179]；脑膜炎[180]；和菌血症，肺炎和败血症[175]
毒性拉氏杆菌 Rathayibacter toxicus 同物异名：毒性枝杆菌）（syn. Clavibactertoxicus）	谷物的流胶病[181]	Rathayibacter 中毒；与食用 Rathayibacter 感染的一年生黑麦草有关的牲畜死亡[181]；推测的人类疾病[182]
无花果沙雷菌 *Serratia ficaria*	无花果树植物（无花果生物循环）[183]	无花果树区器官感染[184]和眼内炎，胆囊脓肿和败血症[185]
黏质沙雷菌 *Serratia marcescens*	紫花苜蓿冠和根腐病[186]，葫芦科黄藤病[187]和水稻内寄生菌定殖[188]	呼吸道感染，尿路感染，菌血症[189]，结膜炎，心内膜炎，脑膜炎和伤口感染[190]
野油菜黄单胞菌 *Xanthomonas campestris pv. campestris*	十字花科植物的黑腐病以及西兰花、卷心菜、花椰菜、抱子甘蓝、羽衣甘蓝、芥末、萝卜、芜菁甘蓝、向日葵、紫罗兰和萝卜的枯萎病[8,109]	菌血症[191]

a 据报告，临床感染的微生物和链霉菌种类不明或鉴定不充分[192,193]，已鉴定和鉴定不充分的物种均与植物有关[109,194,195]。

在1400多种已知的人类病原体中，有300种是可引起全身性感染的真菌[45, 47]，其中约12种可引起严重疾病。在这300种真菌中，至少有54种也是已知的植物病原菌（表3-2）。其中，大多数属于子囊菌门（*Ascomycota*），俗称子囊菌[49]。链格孢属（*Alternaria*）、曲霉属（*Aspergillus*）、离蠕孢属（*Bipolaris*）、炭疽属（*Colletotrichum*）、弯孢属（*Curvularia*）和镰刀菌属（*Fusarium*）中的多个种与人类疾病有关，其中串珠镰刀菌（*F. moniliforme*）、尖孢镰刀菌（*F. oxysporum*）、茄病镰刀菌（*F. solani*）和轮枝样镰刀菌（*F. verticillioides*）在人类感染中最为常见[50]。另外，还有12个属都只有一个代表种。这些植物病原菌中许多属于真菌属，包括与人类过敏性哮喘和其他疾病有关的真菌[24]。这表明真菌致病性和人类易感性进化存在特异性，这可能只是人类满足这些真菌营养和无性繁殖或其他特殊需要以及对孢子或菌丝中的过敏原的反应能力。许多植物致病性真菌与真菌毒素有关，但因为真菌毒素通过食入受污染的食物进入人体，故不太可能在实验室环境中发生，所以没有列入表3-2中[51]。一些人类病原体已经证明在人工条件下能感染拟南芥属（*Arabidopsis*）的植物[1, 2, 52]，但这些也没有被列出。Kirzinger等认定的一些植物病原体[1]也未在此处列出，没能找到相关的植物参考资料。

表 3-2　与人类疾病或重疾有关的植物真菌病原体和腐生菌的分类群 [a]

类群	植物病害 / 关联	人类疾病 / 关联
子囊菌门		
Phylum *Ascomycota* 链格孢 *Alternaria alternata*	寄主范围广；引起叶斑病，枯萎病，猝倒病，茎和果腐病[108]。番茄黑叶，叶斑病，豌豆穗和根，玉米叶枯病，叶枯病和豌豆荚，甘蔗幼苗叶枯病[196]，小麦黑点，石斛黑斑病，在木瓜上的点，在菜豆上的叶斑	暗色丝状菌病[197]，真菌性角膜炎，皮肤[198]和内脏感染，骨髓炎；腭溃疡[199]
极细链格孢菌 *Alternaria tenuissima*	草莓果腐[200]，蚕豆叶斑病[201]，高丛蓝莓叶斑病[202]，苋菜叶斑病[203]，木瓜叶斑病	暗色丝状菌病[204,205]，鼻窦炎，溃疡性皮肤和内脏感染[206]
白曲霉 *Aspergillus candidus*	苹果果实腐烂[207]，根腐烂	脑曲霉病[208]、皮肤曲霉病、心内膜炎、眼内炎、肝脾曲霉病、脑膜炎、心肌炎、甲真菌病、骨髓炎、耳霉菌病、肺曲霉病[209]和鼻窦炎
黄曲霉菌 *Aspergillus flavus*	病原菌和腐生菌；有多种寄主，可引起玉米穗粒腐病、花生黄霉病、棉花铃腐病等 生物杀虫剂：黄曲霉菌株AF36（亚利桑那州凤凰城亚利桑那州棉花研究与保护委员会），一种在得克萨斯州和亚利桑那州棉田注册（EPA）用于控制黄曲霉毒素产生菌株的非毒素产生菌株；黄曲霉菌株NRRL21882，注册用于花生作物控制黄曲霉毒素产生菌株 *A.flavus*（Circle One Global，Inc.，佐治亚州 Shellman）	全身性曲霉病[214]、心内膜炎[215]和角膜炎[216]
灰绿曲霉 *Aspergillus glaucus*	玉米穗粒腐病[217]	脑、皮肤、肝脾、肺曲霉病；心内膜炎；眼内炎；脑膜炎；心肌炎；甲真菌病；骨髓炎；耳真菌病；和鼻窦炎[218]
黑曲霉 *Aspergillus niger*	花生[217]、洋葱[219]和玉米穗腐病[217]的黑色霉菌	曲霉瘤（组织中的子实体）、耳真菌病[220]和肺曲霉病[221]
米曲霉 *Aspergillus oryzae*	腐生菌和真菌毒素产生菌[222]	坏死性巩膜炎[223]和支气管肺曲霉病[224]
出芽短梗霉菌 *Aureobasidium pullulans*	苹果果实褐变和西洋梨以及亚麻的茎裂和褐变	各种机会性真菌病、肺真菌病、巩膜炎[227]和暗色丝状菌病[228]
澳大利亚平脐蠕孢霉（澳洲双孢霉） *Bipolaris australiensis*	草坪草叶斑冠根腐病	暗色丝状菌病、过敏性和慢性鼻窦炎、角膜炎、眼内炎[229]、心内膜炎、骨髓炎、脑膜炎、脑炎、腹膜炎和肺部感染[230]
夏威夷双孢霉 *Bipolaris hawaiiensis*	紫草[231]和百慕大草病[232]的叶和秆损伤	眼内炎、真菌性眼眶病、鼻窦炎和肉芽肿性脑炎[233]
长穗离蠕孢 *Bipolaris spicifera*	棉花叶斑病	暗色丝状菌病[234]、真菌性动脉内膜炎[235]、脑膜炎[236]和腹膜炎[237]

续表

类群	植物病害 / 关联	人类疾病 / 关联
球毛壳菌 *Chaetomium globosum*	番茄病害 [238] 和大麦根感染	脑暗色丝状菌病 [239]、甲真菌病 [240] 和肺炎 [241]
尖孢枝孢霉 *Cladosporium oxysporum*	许多植物的叶斑病和枯萎病和辣椒叶斑病 [242]	暗色丝状菌病 [243]
球毛盘孢 *Colletotrichum coccodes*	番茄 [244] 和土豆 [245] 的黑点	暗色丝状菌病 [246]
莲毛盘孢 *Colletotrichum crassipes*	番茄或其他宿主腐烂 [48]	康唑类耐药；皮肤暗色丝状菌病 [99]
束状刺盘孢 *Colletotrichum dematium*	谷物炭疽病 [48]	康唑类耐药；角膜炎 [99]
炭疽毛盘孢子 *Colletotrichum gloeosporioides*	许多水果和种植园作物上的炭疽病 [109]，包括木瓜叶炭疽病 [247] 和鳄梨，杨树，白杨和杨木芽枯病，苹果和咖啡果实腐烂柑橘枯萎病	角膜炎 [248] 和暗色丝状菌病 [246]；康唑类耐药；大隐孢子菌病 [99] 和角膜炎 [96]
蛛毛盘孢 *Colletotrichum graminicola*	玉米和高粱的炭疽病叶枯病和茎腐病 [249]	康唑类耐药；角膜病原体 [99]
伏克盾壳霉 *Coniothyrium fuckelii*	蔷薇和草莓的茎枯病，枯萎病和溃疡病；悬钩子属的黑根腐烂和茎疫病 [250]	真菌性角膜炎 [251] 和肝脏感染 [252]
枝孢弯孢 *Curvularia bracyspora*	蔷薇叶斑病 [253]	坏死性皮肤感染 [254] 和真菌性角膜炎 [255]
棒状弯孢菌 *Curvularia clavata*	玉米叶斑病 [256]	侵袭性鼻窦炎和脑炎 [257] 和人类皮肤感染 [258]
膝弯孢菌 *Curvularia geniculata*	香蕉叶斑 [259] 和融化的草坪草 [108]	动物中的真菌性角膜炎 [260] 和马杜拉分枝菌病 [261]
新月弯孢 *Curvularia lunata*	水稻叶腐病 [262]、剪股草叶斑病 [263]、草坪草融化病 [108]、玉米叶斑病 [264]、棉花叶斑病 [265]	大脑暗色丝状菌病 [266],全身皮肤感染 [267]，过敏性真菌性鼻窦炎 [268]
苍白弯孢菌 *Curvularia pallescens*	甘蔗叶斑 [269]、玉米叶斑和穗腐病 [270]、芦笋褐斑 [271]、橡胶叶斑 [272]	暗色丝状菌病 [273]
塞内加尔弯孢霉 *Curvularia senegalensis*	甘蔗幼苗叶枯病 [196] 和玉米及其他寄主叶斑病 [274]	真菌性角膜炎 [275]
苔藓柱孢 *Cylindrocarpon lichenicola*	芋头采后果实入侵与球茎腐烂 [276]	播散性感染 [277] 和角膜霉菌病 [278]
大豆茎溃疡病菌 *Diaporthe phaseolorum*（菜豆拟茎点霉属 *Phomopsis phaseoli*）	大豆及其他疾病 [279]	足分枝菌肿 [280]
双隔内脐蠕孢 *Drechslera biseptata*	小麦黑点和草坪草叶斑病 [281]，真菌毒素产生菌 [282]	脑脓肿 [283]
嗜花镰刀菌 *Fusarium anthophilum*	桉树衰退，向日葵枯萎病 [284]	从几个局部的侵入性播散感染中分离出来 [50]
多孢镰刀菌 *Fusarium clamydosporum*	毛喉鞘蕊根腐病和枯萎病 [285] 和袋鼠爪叶枯病（*Anigozanthos* spp.）[286]	侵入性感染 [287]
单隔镰刀菌 *Fusarium dimerum*	无花果内腐病的几种病原体之一 [288]	弥漫性感染 [289]、心内膜炎 [290] 和眼睛感染 [291]

续表

类群	植物病害 / 关联	人类疾病 / 关联
藤仓赤霉菌 *Fusarium fujikuroi*	稻恶苗病（水稻愚蠢苗病）[292]	角膜炎 [293]
变红镰刀菌 *Fusarium incarnatum*	无花果内腐病的几种病原体之一 [288]；核桃腐烂病原体 [294]	弥漫性感染 [289]、心内膜炎 [290] 和眼感染 [291]
香蕉镰刀菌 *Fusarium musae*	香蕉果病原体 [295]	浅表性和机会性弥散性感染 [296]
串珠镰刀菌 *Fusarium moniliforme*	玉米穗、根、茎腐病和苗枯病 [108]，甘蔗枯萎病复合体；香蕉假茎心腐病 [297]，寄主范围广	人类镰刀菌病，局部和全身 [298]
绵蚜镰刀菌 *Fusarium napiforme*	高粱腐烂病 [48]	浅表性、侵入性和弥散性疾病 [50]
日龄镰孢菌	水果腐烂 [48]	浅表性、侵入性和弥散性疾病 [50]
尖孢镰刀菌 *Fusarium oxysporum*	各种蔬菜和种植作物、观赏植物、小粒谷物 [299] 和草坪草上的枯萎病和枯萎病，包括马铃薯、甘蔗、大豆、豇豆和麝香属 [300]，以及球茎和根腐病 [301]	播散性镰刀菌病 [302]，皮肤和指甲、感染 [303]，肺炎 [304]、甲真菌病 [305] 和角膜炎 [293]
层出镰刀菌 *Fusarium proliferatum*	石斛和香蒲兰的叶、鞘、茎斑、阻尼和花斑；小麦和其他小粒谷物的头叶枯病 [299]；椰枣枯萎病和枯萎病 [306]；玉米的穗腐病 [307]	免疫抑制个体播散性感染，化脓性血栓性静脉炎以及食管癌
甘蔗镰孢 *Fusarium sacchari*	秸秆腐烂、玉米、水稻 [48]	浅表性、浸润性和播散性疾病 [50]
茄镰刀菌 *Fusarium solani*	黄色，果实腐烂，幼苗腐烂，根腐烂，并在多种宿主上衰减；香蕉真菌根腐烂 [311]；甘薯、黑胡桃和一品红茎腐烂 [108]	侵袭性糠疹 [312, 313]、甲真菌病 [305] 和角膜炎 [96]
棉花枯萎镰刀菌 *Fusarium vasinfectum*	胡椒、棉花、豆类疾病 [314]	浅表性、侵袭性和播散性疾病 [50]
拟轮生镰孢菌 *Fusarium verticillioides*	玉米穗腐病 [307]；水果腐病、高粱、谷子 [48]	浅表、浸润性和播散性疾病 [50]；食管癌 [310]
可可毛色二孢 *Lasiodiplodia theobromae*	木瓜果实和茎腐病 [315]；山茱萸溃疡病 [316]；金桔枯病 [317]；玉米黑粒腐病；香蕉冠、指、茎、梗腐病 [318]；花生衣领腐病 [319]	皮下脓肿 [320]、眼霉菌 [321]、甲真菌病和暗色丝状菌病 [322]
霍夫曼油瓶霉 *Lecythophora hoffmannii*	天然和防腐处理木材表层的软腐和腐烂 [323]	慢性鼻窦炎 [324]
宛氏拟青霉 *Paecilomyces variotii*	开心果的顶梢枯死和腐烂 [325]	肺炎 [326]、中枢神经系统感染 [327] 和腹膜炎 [328]
屈折性褐角藻 *Phaeoacremonium inflatipes*	木本植物，枯萎和衰退 [329]	暗色丝状菌病 [329]
寄生性褐角藻 *Phaeoacremonium parasiticum*	木本植物，枯萎和衰退 [329]	暗色丝状菌病（皮下感染传播疾病）[329]
红霉素 *Phaeoacremonium rubrigenum*	木本植物，枯萎和衰退 [329]	暗色丝状菌病 [329]
真核茎点霉 *Phoma eupyrena*	冷杉和松树的枯萎病 [330]	皮肤损伤 [331]
接合菌门 *Phylum Zygomycota*		
卷枝毛霉菌 *Mucor circinelloides*	山楂果腐病 [332] 和芒果毛霉性腐烂	接合菌病 [333] 和坏疽性毛霉菌病 [334]

续表

类群	植物病害 / 关联	人类疾病 / 关联
米根霉菌 *Rhizopus oryzae*	菠萝、芒果和胡萝卜的水果腐烂	肺接合菌病[335]
匍枝根霉菌 *Rhizopus stolonifer*	收获前后许多水果、蔬菜和作物的软腐病；向日葵头腐病[336]；羽扇豆的幼苗枯萎病[108]	接合菌病[337]

a 不包括人兽共患病真菌（动物体内可引起人感染的真菌）、真菌生防剂和用于酿造或烘焙的市售真菌，这些类别的真菌可以引起人类临床疾病。产毒真菌和真菌毒素在此未做描述。

Balique[53, 54]等最近提出了植物病毒是否能够跨越物种屏障并对人类产生致病性的问题。人们对这一领域重新产生了兴趣，但目前的共识是，它们只能感染植物，因此不会导致人类疾病[53]。宏基因组学极大地促进了对人类疾病性病毒的探索[55, 56]，并且出现了复杂人类病毒组的概念[57, 58]。在临床实验室和环境样本中，诊断学方法向分子分析的转变使人们发现生态系统中越来越复杂的“病毒组”（viromes）。Lipkin等[59]讨论了宏基因组学发现的病毒与人类健康的相关性，界定了置信水平的等级，并根据其他生物学数据（包括满足Koch假设的程度）得出可能（possible）、很可能（probable）和确定的（confirmed）因果关系。

人类暴露于植物病毒的途径很多，因为这些病毒在环境中非常普遍，特别是在蔬菜、水果、水和土壤中[53]。报告发生率最高并可能对人类构成潜在风险的，是那些没有已知的媒介但在土壤、水和枯死植物中极其稳定的植物病毒。第一种被分离和结晶出的烟草花叶病毒（TMV），就具有这些特性，帚状病毒科（*Virgaviridae*）烟草花叶病毒属（*Tobamovirus*）的其他病毒也一样。1967年在吸烟者中发现肺病与TMV相关[60]（表3-3）。

最近的研究发现，在唾液中检测到TMV的RNA和感染性病毒，证明TMV基因组可通过吸烟进入人体[61]。人血清中可检测出抗TMV抗体，且吸烟者TMV抗体水平比非吸烟者高[62]。直接向（培养的）人类细胞内接种TMV的RNA或豇豆花叶病毒可产生细胞病变效应，但未发现增殖并引起感染的证据（表3-3）。

在一项研究中，为了确定与人类胃肠炎相关的RNA病毒，如诺如病毒的基线水平，研究人员从两个健康个体的粪便样本中克隆的cDNA文库进行了测序[63]，令人惊奇的是，一共检测到42种病毒，其中35种病毒通过食用水果、蔬菜和谷类等食品引起感染，这表明饮食导致了人类粪便中的RNA病毒组的形成。其中，数量最多的病毒是辣椒轻斑驳病毒（PMMoV；烟草花叶病毒属）[64]，其次是四个谷类或草类病毒，包括番茄丛矮病毒科（*Tombusviridae*）的燕麦病毒属（*Avenavirus*，燕麦褪绿矮化病毒）、葡萄斑点病毒属（*Maculavirus*，玉米褪绿斑驳病毒）、黍病毒属（*Panicovirus*，黍花叶病毒）三个病毒属和一个芜菁黄花叶病毒科（*Tymoviridae*）的燕麦蓝矮病毒（Marifivirus）。在南加州和新加坡采集的人粪便样本中，75%以上的可检测到PMMoV。从粪便提取物和加工过的辣椒酱中均检出了对辣椒有感染性的PMMoV颗粒，证明了这种病毒的高度稳定性和潜在的饮食来源[63]。然而，作者得出的结论是尚缺乏PMMoV复制的证据，因为用链特异性PCR方法检测不到负链RNA[63]。日本的研究人员也在人粪便样本中检测到PMMoV和另一种烟草花叶病毒，即黄瓜绿斑驳花叶病毒[65]，并发现当这些植物病毒存在时，诺如病毒的浓度更高，因此推测病毒之间存在相互作用[65]。然而，相关研究也未能证实植物病毒可以在人体肠道上皮细胞中复制。

表 3-3 部分与人类疾病和细胞反应相关的植物病毒的分类群

类群	植物病害 / 关联	人类疾病 / 关联
帚状病毒科，烟草花叶病毒属		
烟草花叶病毒 Tobacco mosaicvirus（TMV）	烟草、番茄、胡椒和其他宿主的花叶病；历史病毒模型[338,339]	在患有肺病的吸烟者的痰液和胸腔穿刺液中检出此病毒[59]、诱导人上皮癌（HeLa）细胞内质网应激相关自噬[340]、吸烟者有抗 TMV 抗体[61]
胡椒轻斑驳病毒 Pepper mild mottle virus	胡椒叶斑驳，果实严重变形[63, 341, 342]；富含于加工过的辣椒酱[65, 66]和水[85, 343, 344]中	在发热、腹痛和瘙痒免疫反应患者的粪便中含量丰富[65]；与河水和人类粪便样本中的人类病毒有关[345]
小 RNA 病毒目伴生豇豆病毒科豇豆花叶病毒亚科豇豆花叶病毒属		
豇豆花叶病毒 Cowpea mosaic virus	豇豆和其他豆类的花叶病[346]，改良用于疫苗输送[347]	外套蛋白靶向人脐静脉内皮细胞（HUVEC）、子宫颈癌传代（HeLa）细胞和 KB 细胞[348,349]
藻类去氧核糖核酸病毒科（*Family Phycodnaviridae*）		
刺胞虫小球藻病毒 1 型 *Acanthocystis turfacea* chlorella virus 1（ATCV-1）	感染小球藻 *Heliozoae*，一种蓝绿色的藻类，是一种日光虫棘囊藻（A. turfacea）的内共生体[71]	人类口咽病毒体，与人类和小鼠的认知功能受损有关[70,72] 持续存在于巨噬细胞中并诱导炎症因子[350]
三角褐指藻病毒 *Phaeodactylum tricornutum virus*（PtV）	感染水生硅藻三角褐指藻	在先前海滩访问期间暴露于黑海水中的患有阴道炎，子宫肌瘤和子宫颈糜烂的女性的宫颈－阴道分泌物中持续检测到[74]

在发现人类便样本中存在大量PMMoV序列后，Colson等[66]提出植物病毒对人类有直接或间接的致病作用（表3-3）。据报道，50%以上的成品辣椒酱或辣椒粉样品存在PMMoV的RNA序列[66]。因此推测，一些症状，特别是皮肤病患者的症状，是由病毒或者食用辛辣食物造成的。目前尚不清楚PPMoV是否能在人体肠道中复制，尽管在肠道中病毒的浓度可以很高，并且Colson等预测有可能存在病毒复制。该报告导致对包括中国在内的许多地方的辣椒酱进行了检测，在来自中国10个主要生产省份的42个辣椒酱样本中，通过RT-PCR检测到了PPMoV，并且都可以感染烟草[67]。

自然界中，大多数植物病毒通过生物媒介在植物间传播。一些虫媒传播的病毒在媒介生物中积累和传播，媒介生物包括蚜虫［黄矮病毒科（*Luteoviridae*）、矮缩病毒（*Nanovirus*）］、甲虫［豇豆花叶病毒科（*Comovirus*）、南方菜豆花叶病毒属（*Sobemovirus*）］、叶蝉［伴生豇豆病毒科（*Secoviridae*）］和粉虱［双生病毒科（*Geminiviridae*）］等，但病毒并不能在昆虫细胞中复制[68]。蝙蝠粪便病毒组中存在许多上述病毒，说明蝙蝠可能以这些昆虫为食物[69]。某些植物病毒因为可以在特定的节肢动物媒介中复制，也被认为是跨界病原体。这些病毒包括牧草虫蓟马中布尼亚病毒科的一个属［番茄斑萎病毒属（*Tospovirus*）］、蚜虫或叶蝉中弹状病毒科的两个属［细胞质弹状病毒属（*Cytorhabdovirus*）、细胞核弹状病毒属（*Nucleorhabdovirus*）］，以及叶蝉中呼肠孤病毒科的3个属［无刺突呼肠孤病毒亚科（*Sedoreovirinae*）的植物呼肠孤病毒属（*Phytoreovirus*）、刺突呼肠孤病毒亚科（*Spinareovirinae*）斐济病毒属（*Fijivirus*）和水稻病毒属（*Oryzavirus*）］的病毒[36, 70]。尽管这些病毒最有可能跨界影响人类，但目前还没有相关的报道。但这3个科的他属病毒，以及非洲猪瘟病毒科、黄病毒科和披膜病毒科（均不包含植物病毒）的病毒，反而会引起人类脑炎和出血热，并以蚊子或蜱作为传播媒介[36]。

刺胞虫小球藻病毒1型（ATCV-1）属藻类脱氧核糖核酸病毒科（表3-3），能感染某些种类的真核绿藻，已被作为人类口咽病毒组的一部分，并发现与人类的某些精神障碍有关，包括认知功能受损和严重抑郁症[71]。人咽拭子标本能检测到病毒序列，并且ATCV-1的存在与视觉处理和视觉运动速度的认知性能降低相关。在小鼠模型中，进行该病毒肠道接种会导致其在迷宫试验中出现可检测到的记忆和注意力缺陷。这些大型病毒是已知最大的双链DNA（dsDNA）病毒之一，基因组大小约370 kb，能在单细胞小球藻样绿藻中复制[72]。病毒与精神分裂症的关联也不同于口咽噬菌体组[73]。

在人体临床材料中也检测到另一种大型病毒（表3-3）。从41个样本中检测到在硅藻属三角褐指藻中生长的一种藻类病毒，每个样本由2～5名女性的临床材料混合组成，她们具有相同的诊断，如阴道炎、子宫肌瘤或子宫颈糜烂等。这些女性的共同因素是所有182人在疾病发作前2～5个月内都去过黑海海滩，表明这些来自水生生态系统的病毒可能在人类妇科疾病中发挥作用[74]。

风险评估和生物安全等级

正如美国国立卫生研究院（NIH）指南所述[20]，风险评估终究是一个主观的过程。以不引起健康成人患病为标准，几乎所有的植物病原体和植物相关微生物都属于NIH风险RG1组，通常被定为生物安全1级（BSL-1）。然而，如表3-1所述，一些植物病原体应被视为有潜在风险，因为某种微生物的某些菌株可能感染免疫缺陷的宿主，甚至在少数情况下，也能感染免疫功能正常的宿主。感染或污染植物的微生物来源有多种，包括受感染或被侵染的种子、风力传播的污染物、受污染的收获器械和容器、灌溉水和收获后处理等[75]。人可以通过很多渠道暴露于环境中的微生物：在实验室进行病原分离和培养的过程中，以及在植物疾病诊所或诊断教学时的常见诊断过程中，暴露的风险可能性会增加；空气中的真菌孢子如果被人吸入，就会引发真菌病；食物中的植物病原副产物，如真菌毒素，也可引起疾病[51]。虽然为我们已知对植物病原体和毒素等产品的过敏反应，但并没有很好的记录[76]。Horner等[77]和Simon-Nobbe等[78]对来源于一些植物致病性真菌（主要是链格孢和镰刀菌属）的过敏原进行了综述。此外，类鼻疽伯克霍尔德菌，一种在人工条件下可感染番茄的病原体[79]，被美国政府视为管制病原（select agent），需要严格的操作条件。

由于植物和人类病原体物种特异性的普遍范式，比较不同宿主[29, 30, 32]的病原体分类之间关联性的资料很稀少也就不足为奇了。很少有人同时对微生物在植物和动物中的致病能力进行研究[1, 2, 29, 30, 31, 53, 80]。长期以来，人们认识到某些感染植物的病毒能够在昆虫媒介中传播，而属于同科的病毒，如布尼亚病毒科、呼肠孤病毒科和弹状病毒科，是脊椎动物的病原体[68, 70]。病毒、细菌和真菌进化和多样性研究的最新证据为进一步探索宿主特异性以及跨界病毒[38, 81-83]和其他微生物[84]的起源提供了路径。

合成生物学的兴起提高了偶然与有意构建已知病原体和新病原体的可能性，包括那些具有跨界潜力的病原体。目前，我们还不知道这种构建病原体的信息，也不清楚如何进行分类。

关于将真正人类病原体作为植物内生菌（能够定植、存活、生长繁殖，但不引起植物疾病）或污染物，特别是农产品和其他膳食来源污染物的报道[65, 66, 85, 86]，凸显了在处理病株植物标本时谨慎采取预防措施的必要性，以尽可能减少人类相关病原体的感染。最近，有几种人类病原体因与食用植物相关而引起关注，包括弯曲菌、单核细胞性李斯特菌、志贺菌、肠沙门菌和大肠埃希菌O157:H7等几种细菌和几种肠道病毒（如参考文献[85]、[87]中的病毒）。由于一些病原体的感染剂量低至10个细胞，例如大肠埃希菌O157:H7，即使是外观完整清洁的新鲜农产品也无法保证没有问题。

实验室人员的潜在风险

如前所述，健康成年人在正常情况下不会有被植物相关微生物感染的风险，但感染和变态反应仍有可能发生（表3-1 ~ 表3-3）。在先前引用的NIH指南以及与美国国家植物诊断网络相关的植物诊断中都可以找到良好实验室规范（good laboratory practice，GLP）和处理植物相关微生物的具体建议。免疫受损的成年人，例如器官移植后、具有免疫缺陷的人（遗传或由微生物引起的）和具有过敏体质的人在接触植物病原体和与植物相关的微生物时应该特别小心。大规模培养、易形成气溶胶的工序、使用针头和注射器以及与皮肤伤口的直接接触都可以增加暴露和感染的风险。

生物安全手册中没有考虑植物病毒对人类的风险。在实验室，植物病毒可能通过开放性伤口或经皮损伤进入人体而构成风险。理论上，装有植物病毒的注射器可以通过针头刺破皮肤，将病毒带入人体，但不能使病毒进入感受细胞。几十年来，家兔等动物一直通过静脉注射或肌内注射接种植物病毒，用于生产高滴度特异性抗体，但没有发现其可以复制的证据。免疫反应是针对外来抗原蛋白，不见得是感染的结果[88]。有趣的是，有的植物病毒学家对其在工作中接触的病毒产生了抗体，并且可在吸入含病毒气溶胶后表现出变态反应。植物病毒不太可能感染人类并造成病毒血症。如果一种植物病毒能够在受损细胞中复制，其结局很可能是创建一种新的病毒，这种病毒可能会也可能不会在受感染的宿主中引起疾病，因为植物病毒缺乏已知的细胞受体结合蛋白，而这种蛋白可以从细胞中预先存在的病毒序列中获得。一直有一种观点认为，一种植物矮缩病毒与小RNA病毒的RNA重组后，可以形成能够感染脊椎动物的环状病毒[89]。据推测，当脊椎动物暴露于感染了矮缩病毒的植物汁液时，病毒可能会发生转换重组事件，以适应新的宿主。Dimitrov[90]和Baranowski等[91]分别对病毒进入和病毒对细胞识别的进化进行了综述，均提示病毒基因组的微小变化可能触发病毒进入细胞时使用的受体的变化，但他们都未涉及植物病毒。已知正链RNA植物病毒在复制和病毒颗粒合成过程中利用各种细胞器膜表面[92]。对雀麦花叶病毒在酵母中复制的研究也表明，在病毒增殖型感染过程中宿主的细胞膜发生了改变[93]。

Ritzenthaler[94]的综述认为，在细胞间传递时，人类逆转录病毒、疱疹病毒和植物病毒三者之间是相似的，这解释了为什么病毒编码的蛋白质和细胞连丝（plasmodensmata）之间存在特异性相互作用。有趣的是，在植物和昆虫细胞中复制的病毒，使用相同机制在相邻细胞之间形成小管，能使病毒颗粒在细胞间传递。

防护措施

通过使用无菌技术对种子、叶、茎和根的表面进行消毒，可使用于分离病原体或生物防治剂的植物样品免受污染。如果对人的风险增加，则有必要在处理标本时戴一次性手套或使用含乙醇的洗手液消毒。在分离程序中，对材料进行研磨或切碎后，可直接分离鉴定的病原体，或者经离心浓缩后再进行分离；通常还需要在这些材料中加入缓冲液后制备悬浮液并提供最佳的pH和离子组成以稳定病原体的结构。一些病原体有专性寄生性，或根本无法培养。目前尚不知晓此类微生物是否对人类具有感染风险，但它们可能会引起变态反应。在分离出微生物后的实验操作，通常涉及产生气溶胶，例如通过燃烧、低压或高压喷雾，或用各种机械装置对植物进行接种。在接种之前或接种过程中，可能需要用金刚砂或碳化硅等材料在植物表面造出创口，而这些材料本身就对角膜和呼吸道产生刺激。

所有实验室人员都应考虑使用能够有效阻止2 μm或更大颗粒物的空气净化微粒过滤式呼吸器，并建议接触潜在感染性或过敏性气溶胶的高危人群也要使用。表3-1 ~ 表3-3列出了已知与人类疾病有关以及引起特别关注的微生物。建议使用国家职业安全与健康研究所（NIOSH）N95系列的口罩，它们易于穿戴、用后即可丢弃并且成本适中。在器材供应目录中，这些口罩有NIOSH批准文号，前缀为TC-21C。而外科口罩并不适合，因为它们不符合空气污染物防护的性能标准。关于呼吸保护的更多信息可在其他文献中找到。

根据NIH指南[20]的建议，所有植物相关微生物在实验室或培养室中的操作，都需要BSL-1或BSL-2防护，在温室中的操作要满足BL1-P或BL2-P植物控制条件。这些控制原则既适用于野生型微生物，也适用于重组微生物，其设计基于保护实验室工作人员。监管机构要求BL3-P条件是为了尽量减少病原体泄漏和保护环境，而不是保护人。

美国农业部提供了在野外或自然生态系统中使用微生物的操作指南[21]，这些指南可以在植物病理学的主要文献中找到。关于微生物分离、培养、保存、防止污染和植物接种等，可以参考引言中提到的文本部分和方法手册。每种微生物–植物相互作用都是独特的，需要特殊的植物敏感性条件，如植物年龄、组织特异性、温度、湿度和光周期，才能实现模拟自然条件的感染。一些不能通过植物机械传播的病毒可能需要特定的昆虫作为媒介来传播给植物。出于多种目的，烟草（*Nicotiana tabacum*或*N. benthamiana*）和拟南芥被认为是测试假定植物病原体的植物模型，类似于测定人类病原体的小鼠模型。只有一个因在封闭设施中使用植物病原体对野外植物种群造成危害的事件被记录在案[95]。然而，美国农业部的《植物保护法》条例（第7节C.F.R.第330部分）要求，除非某种植物病原体已经在当地被分离到，否则其使用必须获得使用许可证，并且必须遵守其中规定的防控条件。这些条件旨在防止通过环境传播对植物造成损害，而不是保护工作人员。

对于医务人员，NIH指南或其他国家的国家指南都将既引起人类疾病又在分类学上作为植物病原体的微生物置于优先地位。

处置

在实验室或温室中，常规处置方式是对培养物和受病原体感染的材料进行高压灭菌，或用其他方式使它们失去生物学活性。在花园、试验田和商业区，及时对一些细菌、真菌和媒介昆虫或野生寄主进行化学处理，以减少暴露。在无化学物质可用或成本效益不高，无法控制许多植物病原体，而生物防治制剂又很少时，可采取其他管理措施，包括轮作、种植抗性品种（如果可获取）、调整种植日期以及通过翻耕深埋受感染的植物材料，可以减少植物病原体，从而减少暴露风险。许多植物病原体在土壤中生存能力较差，这些措施是通过土壤中其他微生物的竞争，从而抑制植物病原体的存活，减少植物病原体数量。堆肥也是一种有效的措施。

植物病原体的转运

如果分离的微生物是已知的植物病原体，无论风险如何（美国没有官方风险等级来描述病原体对植物或对人类的风险），将这些微生物从一个地方、州或国家转移到另一个地方都需要来自美国农业部动植物健康检查局（APHIS）的许可证。植物病原体的包装、储存和运输也要遵守APHIS以及美国商务部的规则和法规。但是，可疑的或未知的病原体可能会像人体临床标本一样通过普通邮件发送到实验室进行诊断。

结论

随着人类暴露于潜在的跨界微生物机会的增加，可能有更多的跨界微生物被认识。如前文所述，这些微生物也越来越多地被医学界识别。无论健康的还是免疫受损的人都正经历着饮食、食用和非食用植物生产、食品加工方式的改变、非食用新植物的引入（花、灌木、树木）以及旅行增加等多方面变化。气候变化可能也对人们暴露于新的跨界微生物起到一定作用。此外，合成生物学的发展和应用也可能使人们暴露于新的跨界病原体。

从事与植物病原体和生物防治制剂相关工作的人员应采取比常规措施更加严格的措施。具体来说，应尽可能减少或小心控制种植和培养试验中气溶胶的生成。鉴于眼部感染（尤其是真菌感染）的普遍性，建议采取眼部防护措施[96]。除了对病原体的关注外，这些微生物中有些还表现出多重的抗生素耐药性，如*B. cepacia*[80]和嗜麦芽窄食单胞菌（*Stenotrophomonas maltophilia*）[97]。对于真菌，由于可选择的治疗方法有限[99]，侵袭性感染的致死率远高于细菌病原体[98]。免疫功能低下的成年人和有过敏体质或开放伤口的人在操作植物病原体和与植物有关的微生物时，应该特别小心谨慎。开发快速可靠的病毒、细菌和真菌病原体的鉴定方法将使诊断更容易。然而开发治疗人类侵袭性细菌和真菌感染以及与病毒相关过敏症的新方法仍然是对医学的挑战。

我们感谢几位同事的意见和建议，包括Drs. S. Everhhart，H. Hallen-Adams和G. Yuen. A.K.V.和S.A.T.。我们非常感谢P. Lambrecht对早期版本和本章更新的贡献以及她在去世前协助我们做好的准备工作。

原著参考文献

[1] Kirzinger MWB, Nadarasah G, Stavrinides J. 2011. Insights into cross-kingdom plant pathogenic bacteria. Genes (Basel) 2: 980–997.

[2] van Baarlen P, van Belkum A, Summerbell RC, Crous PW, Thomma BPHJ. 2007. Molecular mechanisms of pathogenicity: how do pathogenic microorganisms develop cross-kingdom host jumps? FEMS Microbiol Rev 31:239–277.

[3] Baddley JW, Mostert L, Summerbell RC, Moser SA. 2006. Phaeoacremonium parasiticum infections confirmed by betatubulin sequence analysis of case isolates. J Clin Microbiol 44: 2207–2211.

[4] Sund-Levander M, Forsberg C, Wahren LK. 2002. Normal oral, rectal, tympanic and axillary body temperature in adult men and women: a systematic literature review. Scand J Caring Sci 16: 122–128.

[5] Robert VA, Casadevall A. 2009. Vertebrate endothermy restricts most fungi as potential pathogens. J Infect Dis 200:1623–1626.

[6] Revankar SG, Sutton DA. 2010. Melanized fungi in human disease. Clin Microbiol Rev 23:884–928.

[7] Hubálek Z. 2003. Emerging human infectious diseases: anthroponoses, zoonoses, and sapronoses. Emerg Infect Dis 9:403–404.

[8] Agrios GN. 2005. Plant Pathology, 5th ed. Elsevier Academic Press, Burlington, MA.

[9] Dhingra OD, Sinclair JB. 1995. Basic Plant Pathology Methods, 2nd ed. CRC Press, Boca Raton, FL.

[10] Fahy PC, Persley GJ. 1983. Plant Bacterial Diseases. A Diagnostic Guide. Academic Press, New York.

[11] Kahn RP, Mathur SB (ed). 1999. Containment Facilities and Safeguards for Exotic Plant Pathogens and Pests. APS Press, St. Paul, MN.

[12] Klement Z, Rudolph K, Sands DC (ed). 1990. Methods in Phytobacteriology. Akademiai Kiado, Budapest, Hungary.

[13] Rechcigl NA, Rechcigl JE. 1997. Environmentally Safe Approaches to Crop Disease Control. CRC Press, Boca Raton, FL.

[14] Saettler AL, Schaad NW, Roth DA (ed). 1989. Detection of Bacteria in Seed and Other Planting Material. APS Press, St. Paul, MN.

[15] Schaad NW (ed). 2001. Laboratory Guide for Identification of Plant Pathogenic Bacteria, 3rd ed. APS Press, St. Paul, MN.

[16] Schumann GL, D'Arcy CJ. 2010. Essential plant pathology, 2nd ed. APS Press, St. Paul, MN.

[17] Singleton LL, Mihail JD, Rush CM (ed). 1992. Methods for Research on Soilborne Phytopathogenic Fungi. APS Press, St. Paul, MN.

[18] Tuite J. 1990. Teachers supplement: Laboratory Exercises of Methods in Plant Pathology: Fungi and Bacteria. Purdue University, West Lafayette, IN.

[19] Centers for Disease Control and Prevention and National Institutes of Health. 1999. Biosafety in Microbiological and Biomedical Laboratories, 4th ed. U.S. Government Printing Office, Washington, DC.

[20] NIH (National Institutes of Health). 2002. Guidelines for Research Involving Recombinant DNA Molecules. NIH Guidelines 59 CFR 34472 (July 5, 1994), as amended. http://osp. od. nih. gov /office-biotechnology-activities/biosafety/nih-guidelines.

[21] U.S. Department of Agriculture, Office of Agricultural Biotechnology. 1992. Supplement to Minutes. Guidelines recommended to USDA by the Agricultural Biotechnology Research Advisory Committee, December 3–4, 1991 Guidelines for Research Involving Planned Introduction into the Environment of Genetically Modified Organisms. Document 91-04. http://www. aphis. usda. gov/brs/pdf/abrac%20 1991.

[22] Ritchie BJ. 2002. Biosafety in the laboratory, p 379–383. In Waller JM, Lenné JM, Waller SJ (ed), Plant Pathologist's Pocketbook, 3rd ed. CABI Bioscience, Egham, UK.

[23] Horner WE, Helbling A, Salvaggio JE, Lehrer SB. 1995. Fungal allergens. Clin Microbiol Rev 8:161–179.

[24] Simon-Nobbe B, Denk U, Pöll V, Rid R, Breitenbach M. 2008. The spectrum of fungal allergy. Int Arch Allergy Immunol 145: 58–86.

[25] Alfano JR, Collmer A. 2004. Type III secretion system effector proteins: double agents in bacterial disease and plant defense. Annu Rev Phytopathol 42:385–414.

[26] Cao H, Baldini RL, Rahme LG. 2001. Common mechanisms for pathogens of plants and animals. Annu Rev Phytopathol 39: 259–284.

[27] Gorbalenya AE, Donchenko AP, Blinov VM, Koonin EV. 1989. Cysteine proteases of positive strand RNA viruses and chymotrypsin-like serine proteases. A distinct protein superfamily with a common structural fold. FEBS Lett 243:103–114.

[28] Govan JR, Hughes JE, Vandamme P. 1996. Burkholderia cepacia: medical, taxonomic and ecological issues. J Med Microbiol 45:395–407.

[29] Govan JR, Vandamme P. 1998. Agricultural and medical microbiology: a time for bridging gaps. Microbiology 144:2373–2375.

[30] Rahme LG, Stevens EJ, Wolfort SF, Shao J, Tompkins RG, Ausubel FM. 1995. Common virulence factors for bacterial pathogenicity in plants and animals. Science 268:1899–1902.

[31] Tan M-W. 2002. Cross-species infections and their analysis. Annu Rev Microbiol 56:539–565.

[32] Hueck CJ. 1998. Type III protein secretion systems in bacterial pathogens of animals and plants. Microbiol Mol Biol Rev 62: 379–433.

[33] Preston GM, Studholme DJ, Caldelari I. 2005. Profiling the secretomes of plant pathogenic Proteobacteria. FEMS Microbiol Rev 29:331–360.

[34] Hall N, Keon JPR, Hargreaves JA. 1999. A homologue of a gene implicated in the virulence of human fungal diseases is present in a plant fungal pathogen and is expressed during infection. Physiol Mol Plant Pathol 55:69–73.

[35] Procop GW, Roberts GD. 1998. Laboratory methods in basic mycology, p 871–961. In Forbes BA, Sahm DF, Weissfeld AS (ed), Bailey and Scott's Diagnostic Microbiology, 10th ed. Mosby, St. Louis, MO.

[36] King AMQ, Adams MJ, Carstens EB, Lefkowitz EJ (ed). 2012. Virus taxonomy: classification and nomenclature of viruses: Ninth Report of the International Committee on Taxonomy of Viruses. Elsevier Academic Press, San Diego, CA.

[37] Dolja VV, Koonin EV. 2011. Common origins and host-dependent diversity of plant and animal viromes. Curr Opin Virol 1: 322–331.

[38] Koonin EV, Dolja VV, Krupovic M. 2015. Origins and evolution of viruses of eukaryotes: the ultimate modularity. Virology 479–480: 2–25.

[39] Vidaver AK. 1996. Emerging and re-emerging infectious diseases. ASM News 62:583–585.

[40] IOM (Institute of Medicine). 2011. Fungal Diseases: An Emerging Threat to Human, Animal and Plant Health. The National Academies Press, Washington, DC.

[41] Holmes A, Nolan R, Taylor R, Finley R, Riley M, Jiang RZ, Steinbach S, Goldstein R. 1999. An epidemic of Burkholderia cepacia transmitted between patients with and withoutcystic fibrosis. J Infect Dis 179:1197–1205.

[42] Vikram HR, Shore ET, Venkatesh PR. 1999. Community acquired Pseudomonas aeruginosa pneumonia. Conn Med 63: 271–273.

[43] Dixon DM, McNeil MM, Cohen ML, Gellin BG, La Montagne JR. 1996. Fungal infections: a growing threat. Public Health Rep 111:226–235.

[44] Pontón J, Rüchel R, Clemons KV, Coleman DC, Grillot R, Guarro J, Aldebert D, Ambroise-Thomas P, Cano J, Carrillo-Muñoz AJ, Gené J, Pinel C, Stevens DA, Sullivan DJ. 2000. Emerging pathogens. Med Mycol 38(Suppl 1):225–236.

[45] Taylor LH, Latham SM, Woolhouse ME. 2001. Risk factors for human disease emergence. Philos Trans R Soc Lond B Biol Sci 356:983–989.

[46] Alfano JR, Collmer A. 2001. Mechanisms of bacterial pathogenesis in plants: familiar foes in a foreign kingdom, p 179–226. In Groisman EA (ed), Principles of Bacterial Pathogenesis. Academic Press, San Diego, CA.

[47] Pfaller MA, Diekema DJ. 2010. Epidemiology of invasive mycoses in North America. Crit Rev Microbiol 36:1–53.

[48] Farr DF, Rossman AY. Fungal Databases. Systematic Mycology and Microbiology Laboratory, ARS, USDA. https://nt. ars-grin. gov / fungaldatabases.

[49] Berbee ML. 2001. The phylogeny of plant and animal pathogens in the Ascomycota. Physiol Mol Plant Pathol 59:165–187.

[50] Nucci M, Anaissie E. 2007. Fusarium infections in immunocompromised patients. Clin Microbiol Rev 20:695–704.

[51] Bennett JW, Klich M. 2003. Mycotoxins. Clin Microbiol Rev 16:497–516.

[52] van Baarlen P, van Belkum A, Thomma BPHJ. 2007. Disease induction by human microbial pathogens in plant-model systems: potential, problems and prospects. Drug Discov Today 12: 167–173.

[53] Balique F, Lecoq H, Raoult D, Colson P. 2015. Can plant viruses cross the kingdom border and be pathogenic to humans? Viruses 7:2074–2098.

[54] Mandal B, Jain RK. 2010. Can plant virus infect human being? Indian J Virol 21:92–93.

[55] Rosario K, Breitbart M. 2011. Exploring the viral world through metagenomics. Curr Opin Virol 1:289–297.

[56] Mokili JL, Rohwer F, Dutilh BE. 2012. Metagenomics and future perspectives in virus discovery. Curr Opin Virol 2:63–77.

[57] Popgeorgiev N, Temmam S, Raoult D, Desnues C. 2013. Describing the silent human virome with an emphasis on giant viruses. Intervirology 56:395–412.

[58] Abeles SR, Pride DT. 2014. Molecular bases and role of viruses in the human microbiome. J Mol Biol 426:3892–3906.

[59] Lipkin WI, Anthony SJ. 2015. Virus hunting. Virology 479–480: 194–199.

[60] LeClair RA. 1967. Recovery of culturable tobacco mosaic virus from sputum and thoracentesis fluids obtained from cigarette smokers with a history of pulmonary disease. Am Rev Respir Dis 95:510–511.

[61] Balique F, Colson P, Barry AO, Nappez C, Ferretti A, Moussawi KA, Ngounga T, Lepidi H, Ghigo E, Mege JL, Lecoq H, Raoult D. 2013. Tobacco mosaic virus in the lungs of mice following intra-tracheal inoculation. PLoS One 8:e54993.

[62] Liu R, Vaishnav RA, Roberts AM, Friedland RP. 2013. Humans have antibodies against a plant virus: evidence from tobacco mosaic virus. PLoS One 8:e60621.

[63] Zhang T, Breitbart M, Lee WH, Run J-Q, Wei CL, Soh SWL, Hibberd ML, Liu ET, Rohwer F, Ruan Y. 2006. RNA viral community in human feces: prevalence of plant pathogenic viruses. PLoS Biol 4:e3.

[64] Wetter C, Conti M, Altschuh D, Tabillion R, van Regenmortel MHV. 1984. Pepper mild mottle virus, a tobamovirus infecting pepper in Sicily. Phytopathology 74:405–410.

[65] Nakamura S, Yang C-S, Sakon N, Ueda M, Tougan T, Yamashita A, Goto N, Takahashi K, Yasunaga T, Ikuta K, Mizutani T, Okamoto Y, Tagami M, Morita R, Maeda N, Kawai J, Hayashizaki Y, Nagai Y, Horii T, Iida T, Nakaya T. 2009. Direct metagenomic detection of viral pathogens in nasal and fecal specimens using an unbiased high-throughput sequencing approach. PLoS One 4:e4219.

[66] Colson P, Richet H, Desnues C, Balique F, Moal V, Grob J-J, Berbis P, Lecoq H, Harlé J-R, Berland Y, Raoult D. 2010. Pepper mild mottle virus, a plant virus associated with specific immune responses, Fever, abdominal pains, and pruritus in humans. PLoS One 5:e10041.

[67] Peng J, Shi B, Zheng H, Lu Y, Lin L, Jiang T, Chen J, Yan F. 2015. Detection of pepper mild mottle virus in pepper sauce in China. Arch Virol 160:2079–2082.

[68] Blanc S. 2007. Virus transmission—getting outand in, p 1–28. In Waigmann E, Heinlein M (ed), Virus Transport in Plants. Springer-Verlag, Berlin and Heidelberg.

[69] Li L, Victoria JG, Wang C, Jones M, Fellers GM, Kunz TH, Delwart E. 2010. Bat guano virome: predominance of dietary viruses from insects and plants plus novel mammalian viruses. J Virol 84:6955–6965.

[70] Nault LR. 1997. Arthropod transmission of plant viruses: a new synthesis. Ann Entomol Soc Am 90:521–541.

[71] Yolken RH, Jones-Brando L, Dunigan DD, Kannan G, Dickerson F, Severance E, Sabunciyan S, Talbot CC Jr, Prandovszky E, Gurnon JR, Agarkova IV, Leister F, Gressitt KL, Chen O, Deuber B, Ma F, Pletnikov MV, Van Etten JL. 2014. Chlorovirus ATCV-1 is part of the human oropharyngeal virome and is associated with changes in cognitive functions in humans and mice. Proc Natl Acad Sci USA 111:16106–16111.

[72] Van Etten JL, Dunigan DD. 2012. Chloroviruses: not your everyday plant virus. Trends Plant Sci 17:1–8.

[73] Yolken RH, Severance EG, Sabunciyan S, Gressitt KL, Chen O, Stallings C, Origoni A, Katsafanas E, Schweinfurth LAB, Savage CLG, Banis M, Khushalani S, Dickerson FB. 2015. Metagenomic sequencing indicates that the oropharyngeal phageome of individuals with schizophrenia differs from that of controls. Schizophr Bull 41:1153–1161.

[74] Stepanova OA, Solovyova YV, Solovyov AV. 2011. Results of algae viruses search in human clinical material. Ukrainica Bioorganica Acta 9:53–56.

[75] Scholthof KB. 2003. One foot in the furrow: linkages between agriculture, plant pathology, and public health. Annu Rev Public Health 24:153–174.

[76] Hall N, Keon JPR, Hargreaves JA. 1999. A homologue of a gene implicated in the virulence of human fungal diseases is present in a

plant fungal pathogen and is expressed during infection. Physiol Mol Plant Pathol 55:69–73.

[77] Horner WE, Helbling A, Salvaggio JE, Lehrer SB. 1995. Fungal allergens. Clin Microbiol Rev 8:161–179. 78. Simon-Nobbe B, Denk U, Pöll V, Rid R, Breitenbach M. 2008. The spectrum of fungal allergy. Int Arch Allergy Immunol 145: 58–86.

[79] Lee YH, Chen Y, Ouyang X, Gan YH. 2010. Identification of tomato plant as a novel host model for Burkholderia pseudomallei. BMC Microbiol 10:28.

[80] Wigley P, Burton NF. 1999. Genotypic and phenotypic relationships in Burkholderia cepacia isolated from cystic fibrosis patients and the environment. J Appl Microbiol 86:460–468.

[81] Dolja VV, Koonin EV. 2011. Common origins and host-dependent diversity of plant and animal viromes. Curr Opin Virol 1:322–331.

[82] Gibbs AJ, Fargette D, García-Arenal F, Gibbs MJ. 2010. Time—the emerging dimension of plant virus studies. J Gen Virol 91:13–22.

[83] Roossinck MJ. 2011. The big unknown: plant virus biodiversity. Curr Opin Virol 1:63–67.

[84] Morris CE, Bardin M, Kinkel LL, Moury B, Nicot PC, Sands DC. 2009. Expanding the paradigms of plant pathogen life history and evolution of parasitic fitness beyond agricultural boundaries. PLoS Pathog 5:e1000693.

[85] Brandl MT. 2006. Fitness of human enteric pathogens on plants and implications for food safety. Annu Rev Phytopathol 44: 367–392.

[86] Haramoto E, Kitajima M, Kishida N, Konno Y, Katayama H, Asami M, Akiba M. 2013. Occurrence of pepper mild mottle virus in drinking water sources in Japan. Appl Environ Microbiol 79:7413–7418.

[87] Cheong S, Lee C, Song SW, Choi WC, Lee CH, Kim S-J. 2009. Enteric viruses in raw vegetables and groundwater used for irrigation in South Korea. Appl Environ Microbiol 75:7745–7751.

[88] Van Regenmortel MHV. 1982. Serology and Immunochemistry of Plant Viruses. Academic Press, New York.

[89] Gibbs MJ, Weiller GF. 1999. Evidence that a plant virus switched hosts to infect a vertebrate and then recombined with a vertebrate-infecting virus. Proc Natl Acad Sci USA 96:8022–8027.

[90] Dimitrov DS. 2004. Virus entry: molecular mechanisms and biomedical applications. Nat Rev Microbiol 2:109–122.

[91] Baranowski E, Ruiz-Jarabo CM, Domingo E. 2001. Evolution of cell recognition by viruses. Science 292:1102–1105.

[92] Xu K, Nagy PD. 2014. Expanding use of multi-origin subcellular membranes by positive-strand RNA viruses during replication. Curr Opin Virol 9:119–126.

[93] Diaz A, Wang X. 2014. Bromovirus-induced remodeling of host membranes during viral RNA replication. Curr Opin Virol 9: 104–110.

[94] Ritzenthaler C. 2011. Parallels and distinctions in the direct cellto-cell spread of the plant and animal viruses. Curr Opin Virol 1: 403–409.

[95] McKeen WE. 1989. Blue Mold of Tobacco. APS Press, St. Paul, MN.

[96] Thomas PA, Kaliamurthy J. 2013. Mycotic keratitis: epidemiology, diagnosis and management. Clin Microbiol Infect 19:210–220.

[97] Denton M, Kerr KG. 1998. Microbiological and clinical aspects of infection associated with Stenotrophomonas maltophilia. Clin Microbiol Rev 11:57–80.

[98] Engelhard D. 1998. Bacterial and fungal infections in children undergoing bone marrow transplantation. Bone Marrow Transplant 21(Suppl 2):S78–S80.

[99] Serfling A, Wohlrab J, Deising HB. 2007. Treatment of a clinically relevant plant-pathogenic fungus with an agricultural azole causes cross-resistance to medical azoles and potentiates caspofungin efficacy. Antimicrob Agents Chemother 51:3672–3676.

[100] Edmond MB, Riddler SA, Baxter CM, Wicklund BM, Pasculle AW. 1993. Agrobacterium radiobacter: a recently recognized opportunistic pathogen. Clin Infect Dis 16:388–391.

[101] Miller JM, Novy C, Hiott M. 1996. Case of bacterial endophthalmitis caused by an Agrobacterium radiobacter-like organism. J Clin Microbiol 34:3212–3213.

[102] Southern PM Jr. 1996. Bacteremia due to Agrobacterium tumefaciens (radiobacter). Report of infection in a pregnant woman and her stillborn fetus. Diagn Microbiol Infect Dis 24:43–45.

[103] Plotkin GR. 1980. Agrobacterium radiobacter prosthetic valve endocarditis. Ann Intern Med 93:839–840.

[104] Melgosa Hijosa M, Ramos Lopez MC, Ruiz Almagro P, Fernandez Escribano A, Luque de Pablos A. 1997. Agrobacterium radiobacter peritonitis in a Down's syndrome child maintained on peritoneal dialysis. Perit Dial Int 17:515.

[105] Namdari H, Hamzavi S, Peairs RR. 2003. Rhizobium (Agrobacterium) radiobacter identified as a cause of chronic endophthalmitis subsequent to cataract extraction. J Clin Microbiol 41: 3998–4000.

[106] Dunne WM Jr, Tillman J, Murray JC. 1993. Recovery of a strain of Agrobacterium radiobacter with a mucoid phenotype from an immunocompromised child with bacteremia. J Clin Microbiol 31:2541–2543.

[107] Moore LW, Warren G. 1979. Agrobacterium radiobacter strain 84 and biological control of crown gall. Annu Rev Phytopathol 17:163–179.

[108] Westcott C. 2001. Westcott's Plant Disease Handbook, 6th ed. Revised by R. Kenneth Horst. Kluwer Academic Publishers, Boston, MA.

[109] Ramirez FC, Saeed ZA, Darouiche RO, Shawar RM, Yoffe B. 1992. Agrobacterium tumefaciens peritonitis mimicking tuberculosis. Clin Infect Dis 15:938–940.

[110] Alnor D, Frimodt-Meller N, Espersen F, Frederiksen W. 1994. Infections with the unusual human pathogens Agrobacterium species and Ochrobactrum anthropi. Clin Infect Dis 18:914–920.

[111] Hulse M, Johnson S, Ferrieri P. 1993. Agrobacterium infections in humans: experience at one hospital and review. Clin Infect Dis 16:112–117.

[112] Murdoch CW, Campana RJ. 1983. Bacterial species associated with wetwood of elm. Phytopathology 73:1270–1273.

[113] Rubinstein I, Pedersen GW. 2002. Bacillus species are present in chewing tobacco sold in the United States and evoke plasma exudation from the oral mucosa. Clin Diagn Lab Immunol 9: 1057–1060.

[114] Leary JV, Chun WWW. 1989. Pathogenicity of Bacillus circulans to seedlings of date palm (Phoenix dactylifera). Plant Dis 73: 353–354.

[115] Berry N, Hassan I, Majumdar S, Vardhan A, McEwen A, Gokal R. 2004. Bacillus circulans peritonitis in a patient treated with CAPD. Perit Dial Int 24:488–489.

[116] Rowan NJ, Caldow G, Gemmell CG, Hunter IS. 2003. Production of diarrheal enterotoxins and other potential virulence factors by veterinary isolates of Bacillus species associated with nongastrointestinal infections. Appl Environ Microbiol 69:2372–2376.

[117] Deva AK, Narayan KG. 1989. Enterotoxigenicity of Bacillus circulans, B. coagulans and B. stearothermophilus. Indian J Comp Microbiol Immunol Infect Dis 10:80–87.

[118] Saleh OI, Huang PY, Huang JS. 1997. Bacillus pumilus, the cause of bacterial blotch of immature Balady peach in Egypt. J Phytopathol Berl 145:447–453.

[119] Suominen I, Andersson M, Hallaksela A-M, Salkinoja-Salonen MS. 1999. Identifying toxic Bacillus pumilus from industrial contaminants, food, paperboard and live trees, p 100–105. In Tuijtelaars ACJ, Samson RA, Rombouts FM, Notermans S (ed), Food Microbiology and Food Safety into the Next Millennium. Proceedings of the 17th International Conference of the International Committee on Food Microbiology and Hygiene, Veldoven, The Netherlands, September 13–17, 1999.

[120] Burkholder WH. 1950. Sour skin, a bacterial rot of onion bulbs. Phytopathology 40:115–117.

[121] Yohalem DS, Lorbeer JW. 1997. Distribution of Burkholderia cepacia phenotypes by niche, method of isolation and pathogenicity to onion. Ann Appl Biol 130:467–479.

[122] Gill WM, Cole ALJ. 1992. Cavity disease of Agaricus bitorquis caused by Pseudomonas cepacia. Can J Microbiol 38:394–397.

[123] Alameda M, Mignucci JS. 1998. Burkholderia cepacia, causal agent of bacterial blotch of oyster mushroom. J Agric Univ P R 82: 109–110.

[124] Glick BR. 2004. Teamwork in phytoremediation. Nat Biotechnol 22:526–527.

[125] Hinton DM, Bacon CW. 1995. Enterobacter cloacae is an endophytic symbiont of corn. Mycopathologia 129:117–125.

[126] Woods CW, Bressler AM, LiPuma JJ, Alexander BD, Clements DA, Weber DJ, Moore CM, Reller LB, Kaye KS. 2004. Virulence associated with outbreak-related strains of Burkholderia cepacia complex among a cohort of patients with bacteremia. Clin Infect Dis 38:1243–1250.

[127] De Boeck K, Malfroot A, Van Schil L, Lebecque P, Knoop C, Govan JR, Doherty C, Laevens S, Vandamme P, Belgian Burkholderia cepacia Study Group. 2004. Epidemiology of Burkholderia cepacia complex colonisation in cystic fibrosis patients. Eur Respir J 23:851–856.

[128] Courtney JM, Dunbar KE, McDowell A, Moore JE, Warke TJ, Stevenson M, Elborn JSM. 2004. Clinical outcome of Burkholderia cepacia complex infection in cystic fibrosis adults. J Cyst Fibros 3:93–98.

[129] Lau SM, Yu WL, Wang JH. 1999. Cardiac cirrhosis with cellulitis caused by Burkholderia cepacia bacteremia. Clin Infect Dis 29: 447–448.

[130] Pathengay A, Raju B, Sharma S, Das T, Endophthalmitis Research Group. 2005. Recurrent endophthalmitis caused by Burkholderia cepacia. Eye (Lond) 19:358–359. 131. Lee Y-A, Chan C-W. 2007. Molecular typing and presence of genetic markers among strains of banana finger-tip rot pathogen, Burkholderia cenocepacia, in Taiwan. Phytopathology 97:195–201.

[132] Kishun R, Swarup J. 1981. Growth studies on Pseudomonas gladioli pv. allicola pathogenic to onion. Indian J Mycol Plant Pathol 11:247–250.

[133] Chase AR, Miller JW, Jones JB. 1984. Leaf spot and blight of Asplenium nidus caused by Pseudomonas gladioli. Plant Dis 68: 344–347.

[134] Chuenchitt S, Dhirabhava W, Karnjanarat S, Buangsuwon D, Uematsu T. 1983. A new bacterial disease on orchids Dendrobium sp. caused by Pseudomonas gladioli. Kasetsart J Nat Sci 17:26–36.

[135] Shin JH, Kim SH, Shin MG, Suh SP, Ryang DW, Jeong MH. 1997. Bacteremia due to Burkholderia gladioli: case report. Clin Infect

Dis 25:1264–1265.

[136] Ross JP, Holland SM, Gill VJ, DeCarlo ES, Gallin JI. 1995. Severe Burkholderia (Pseudomonas) gladioli infection in chronic granulomatous disease: report of two successfully treated cases. Clin Infect Dis 21:1291–1293.

[137] Graves M, Robin T, Chipman AM, Wong J, Khashe S, Janda JM. 1997. Four additional cases of Burkholderia gladioli infection with microbiological correlates and review. Clin Infect Dis 25: 838–842.

[138] Maeda Y, Shinohara H, Kiba A, Ohnishi K, Furuya N, Kawamura Y, Ezaki T, Vandamme P, Tsushima S, Hikichi Y. 2006. Phylogenetic study and multiplex PCR-based detection of Burkholderia plantarii, Burkholderia glumae and Burkholderia gladioli using gyrB and rpoD sequences. Int J Syst Evol Microbiol 56:1031–1038.

[139] Lee YH, Chen Y, Ouyang X, Gan YH. 2010. Identification of tomato plant as a novel host model for Burkholderia pseudomallei. BMC Microbiol 10:28.

[140] Schink B, Ward JC, Zeikus JG. 1981. Microbiology of wetwood: importance of pectin degradation and clostridium species in living trees. Appl Environ Microbiol 42:526–532.

[141] Gvozdiak RI, Khodos SF, Lipshits VV. 1976. Biolohichni vlastyvosti Clostridium butyricum V. phytopathogenicum var. nova—zbudnyka zakhvoriuvannia hraba (in Ukrainian). [Biological properties of Clostridium butyricum V. phytopathogenicum var. nova, the causative agent of hornbeam disease]. Mikrobiol Zh 38:288–292. (In Russian.)

[142] Howard FM, Bradley JM, Flynn DM, Noone P, Szawatkowski M. 1977. Outbreak of necrotising enterocolitis caused by Clostridium butyricum. Lancet 310:1099–1102.

[143] Wells JM, Butterfield JE, Revear LG. 1993. Identification of bacteria associated with postharvest diseases of fruits and vegetables by cellular fatty acid composition: an expert system for personal computers. Phytopathology 83:445–455.

[144] Brazier JS, Gal M, Hall V, Morris TE. 2004. Outbreak of Clostridium histolyticum infections in injecting drug users in England and Scotland. Eurosurveillance Mon 9:15–16.. http://www. euro surveil lance. org/em/v09n09/0909–221. asp.

[145] Collins MD, Jones D. 1983. Reclassification of Corynebacterium flaccumfaciens, Corynebacterium betae, Corynebacterium oortii and Corynebacterium poinsettiae in the genus Curtobacterium, as Curtobacterium flaccumfaciens comb. nov. J Gen Microbiol 129:3545–3548.

[146] Francis MJ, Doherty RR, Patel M, Hamblin JF, Ojaimi S, Korman TM. 2011. Curtobacterium flaccumfaciens septic arthritis following puncture with a Coxspur Hawthorn thorn. J Clin Microbiol 49:2759–2760.

[147] Bishop AL, Davis RM. 1990. Internal decay of onions caused by Enterobacter cloacae. Plant Dis 74:692–694.

[148] Nishijima KA, Alvarez AM, Hepperly PR, Shintaku MH, Keith LM, Sato DM, Bushe BC, Armstrong JW, Zee FT. 2004. Association of Enterobacter cloacae with rhizome rot of edible ginger in Hawaii. Plant Dis 88:1318–1327.

[149] Nishijima KA, Wall MM, Siderhurst MS. 2007. Demonstrating pathogenicity of Enterobacter cloacae on Macadamia and identifying associated volatiles of gray kernel of macadamia in Hawaii. Plant Dis 91:1221–1228.

[150] Punja ZK. 1997. Comparative efficacy of bacteria, fungi and yeasts as biological control agents for diseases of vegetable crops. Can J Plant Pathol 19:315–323.

[151] Wilson CL, Franklin JD, Pusey PL. 1987. Biological control of Rhizopus rot of peach with Enterobacter cloacae. Phytopathology 77:303–305.

[152] Watanabe K, Abe K, Sato M. 2000. Biological control of an insect pest by gut-colonizing Enterobacter cloacae transformed with ice nucleation gene. J Appl Microbiol 88:90–97.

[153] Jochimsen EM, Frenette C, Delorme M, Arduino M, Aguero S, Carson L, Ismaïl J, Lapierre S, Czyziw E, Tokars JI, Jarvis WR. 1998. A cluster of bloodstream infections and pyrogenic reactions among hemodialysis patients traced to dialysis machine waste-handling option units. Am J Nephrol 18:485–489.

[154] Fata F, Chittivelu S, Tessler S, Kupfer Y. 1996. Gas gangrene of the arm due to Enterobacter cloacae in a neutropenic patient. South Med J 89:1095–1096.

[155] Hao MV, Brenner DJ, Steigerwalt AG, Kosako Y, Komagata K. 1990. Erwinia persicinus, a new species isolated from plants. Int J Syst Bacteriol 40:379–383.

[156] Brenner DJ, Rodrigues Neto JR, Steigerwalt AG, Robbs CF. 1994. "Erwinia nulandii" is a subjective synonym of Erwinia persicinus. Int J Syst Bacteriol 44:282–284.

[157] O'Hara CM, Steigerwalt AG, Hill BC, Miller JM, Brenner DJ. 1998. First report of a human isolate of Erwinia persicinus. J Clin Microbiol 36:248–250.

[158] Dong Y, Chelius MK, Brisse S, Kozyrovska N, Podschun R, Triplett EW. 2003. Comparisons between two Klebsiella: the plant endophyte K. pneumoniae 342 and a clinical isolate, K. pneumoniae MGH78578. Symbiosis 35:247–259.

[159] Prince SE, Dominger KA, Cunha BA, Klein NC. 1997. Klebsiella pneumoniae pneumonia. Heart Lung 26:413–417.

[160] Kang CI, Kim SH, Kim DM, Park WB, Lee KD, Kim HB, Oh MD, Kim EC, Choe KW. 2004. Risk factors for and clinical outcomes of bloodstream infections caused by extended-spectrum betalactamase-producing Klebsiella pneumoniae. Infect Control Hosp Epidemiol 25:860–867.

[161] Tang LM, Chen ST. 1994. Klebsiella pneumoniae meningitis: prognostic factors. Scand J Infect Dis 26:95–102.

[162] Rosenblueth M, Martínez L, Silva J, Martínez-Romero E. 2004. Klebsiella variicola, a novel species with clinical and plantassociated isolates. Syst Appl Microbiol 27:27–35.

[163] Suckstorff I, Berg G. 2003. Evidence for dose-dependent effects on plant growth by Stenotrophomonas strains from different origins. J Appl Microbiol 95:656–663.

[164] Denton M, Kerr KG. 1998. Microbiological and clinical aspects of infection associated with Stenotrophomonas maltophilia. Clin Microbiol Rev 11:57–80.

[165] Goss CH, Mayer-Hamblett N, Aitken ML, Rubenfeld GD, Ramsey BW. 2004. Association between Stenotrophomonas maltophilia and lung function in cystic fibrosis. Thorax 59: 955–959.

[166] Frederickson DE, Monyo ES, King SB, Odvody GN. 1997. A disease of pearl millet in Zimbabwe caused by Pantoea agglomerans. Plant Dis 81:959.

[167] Bennett SN, McNeil MM, Bland LA, Arduino MJ, Villarino ME, Perrotta DM, Burwen DR, Welbel SF, Pegues DA, Stroud L, Zeitz PS, Jarvis WR. 1995. Postoperative infections traced to contamination of an intravenous anesthetic, propofol. N Engl J Med 333:147–154.

[168] Bicudo EL, Macedo VO, Carrara MA, Castro FFS, Rage RI. 2007. Nosocomial outbreak of Pantoea agglomerans in a pediatric urgent care center. Braz J Infect Dis 11:281–284.

[169] Cruz AT, Cazacu AC, Allen CH. 2007. Pantoea agglomerans, a plant pathogen causing human disease. J Clin Microbiol 45: 1989–1992.

[170] Kratz A, Greenberg D, Barki Y, Cohen E, Lifshitz M. 2003. Pantoea agglomerans as a cause of septic arthritis after palm tree thorn injury; case report and literature review. Arch Dis Child 88:542–544.

[171] Coutinho TA, Venter SN. 2009. Pantoea ananatis: an unconventional plant pathogen. Mol Plant Pathol 10:325–335.

[172] De Baere T, Verhelst R, Labit C, Verschraegen G, Wauters G, Claeys G, Vaneechoutte M. 2004. Bacteremic infection with Pantoea ananatis. J Clin Microbiol 42:4393–4395.

[173] Cother EJ, Darbyshire B, Brewer J. 1976. Pseudomonas aeruginosa: cause of internal brown rot of onion. Phytopathology 66: 828–834.

[174] Johansen HK, Kovesi TA, Koch C, Corey M, Høiby N, Levison H. 1998. Pseudomonas aeruginosa and Burkholderia cepacia infection in cystic fibrosis patients treated in Toronto and Copenhagen. Pediatr Pulmonol 26:89–96.

[175] Torii K, Noda Y, Miyazaki Y, Ohta M. 2003. An unusual outbreak of infusion-related bacteremia in a gastrointestinal disease ward. Jpn J Infect Dis 56:177–178.

[176] Johnson KB, Stockwell VO. 1998. Management of fire blight: a case study in microbial ecology. Annu Rev Phytopathol 36: 227–248.

[177] Hsueh PR, Teng LJ, Pan HJ, Chen YC, Sun CC, Ho SW, Luh KT. 1998. Outbreak of Pseudomonas fluorescens bacteremia among oncology patients. J Clin Microbiol 36:2914–2917.

[178] Nelson KE, Weinel C, Paulsen IT, Dodson RJ, Hilbert H, Martins dos Santos VAP, Fouts DE, Gill SR, Pop M, Holmes M, Brinkac L, Beanan M, DeBoy RT, Daugherty S, Kolonay J, Madupu R, Nelson W, White O, Peterson J, Khouri H, Hance I, Chris Lee P, Holtzapple E, Scanlan D, Tran K, Moazzez A, Utterback T, Rizzo M, Lee K, Kosack D, Moestl D, Wedler H, Lauber J, Stjepandic D, Hoheisel J, Straetz M, Heim S, Kiewitz C, Eisen JA, Timmis KN, Düsterhöft A, Tümmler B, Fraser CM. 2002. Complete genome sequence and comparative analysis of the metabolically versatile Pseudomonas putida KT2440. Environ Microbiol 4:799–808.

[179] Lombardi G, Luzzaro F, Docquier JD, Riccio ML, Perilli M, Colì A, Amicosante G, Rossolini GM, Toniolo A. 2002. Nosocomial infections caused by multidrug-resistant isolates of pseudomonas putida producing VIM-1 metallo-β-lactamase. J Clin Microbiol 40:4051–4055.

[180] Ghosh K, Daar S, Hiwase D, Nusrat N. 2000. Primary Pseudomonas meningitis in an adult, splenectomized, multitransfused thalassaemia major patient. Haematologia (Budap) 30:69–72.

[181] Riley IT, Ophel KM. 1992. Clavibacter toxicus sp. nov., the bacterium responsible for annual ryegrass toxicity in Australia. Int J Syst Bacteriol 42:64–68.

[182] Edgar J. 2004. Future impact of food safety issues on animal production and trade: implications for research. Aust J Exp Agric 44:1073–1076.

[183] Grimont PAD, Grimont F, Starr MP. 1979. Serratia ficaria sp. nov., a bacterial species associated with Smyrna figs and the fig wasp Blastophaga psenes. Curr Microbiol 2:277–282.

[184] Anahory T, Darbas H, Ongaro O, Jean-Pierre H, Mion P. 1998. Serratia ficaria: a misidentified or unidentified rare cause of human

infections in fig tree culture zones. J Clin Microbiol 36:3266– 3272. 185. Badenoch PR, Thom AL, Coster DJ. 2002. Serratia ficaria endophthalmitis. J Clin Microbiol 40:1563–1564.

[186] Lukezic L, Hildebrand DC, Schroth M, Shinde A. 1982. Association of Serratia marcescens with crown rot of alfalfa in Pennsylvania. Phytopathology 72:714–718.

[187] Bruton BD, Mitchell F, Fletcher J, Pair SD, Wayadande A, Melcher U, Brady J, Bextine B, Popham TW. 2003. Serratia marcescens, a phloem-colonizing, squash bug-transmitted bacterium: causal agent of cucurbit yellow vine disease. Plant Dis 87: 937–944.

[188] Gyaneshwar P, James EK, Mathan N, Reddy PM, Reinhold-Hurek B, Ladha JK. 2001. Endophytic colonization of rice by a diazotrophic strain of Serratia marcescens. J Bacteriol 183:2634– 2645.

[189] Ostrowsky BE, Whitener C, Bredenberg HK, Carson LA, Holt S, Hutwagner L, Arduino MJ, Jarvis WR. 2002. Serratia marcescens bacteremia traced to an infused narcotic. N Engl J Med 346:1529–1537.

[190] Su LH, Ou JT, Leu HS, Chiang PC, Chiu YP, Chia JH, Kuo AJ, Chiu CH, Chu C, Wu TL, Sun CF, Riley TV, Chang BJ, Infection Control Group. 2003. Extended epidemic of nosocomial urinary tract infections caused by Serratia marcescens. J Clin Microbiol 41:4726–4732.

[191] Li ZX, Bian ZS, Zheng HP, Yue YS, Yao JY, Gong YP, Cai MY, Dong XZ. 1990. First isolation of Xanthomonas campestris from the blood of a Chinese woman. Chin Med J (Engl) 103: 435–439.

[192] Funke G, Haase G, Schnitzler N, Schrage N, Reinert RR. 1997. Endophthalmitis due to Microbacterium species: case report and review of microbacterium infections. Clin Infect Dis 24:713–716.

[193] Carey J, Motyl M, Perlman DC. 2001. Catheter-related bacteremia due to Streptomyces in a patient receiving holistic infusions. Emerg Infect Dis 7:1043–1045.

[194] Kaku H. 2004. Histopathology of red stripe of rice. Plant Dis 88: 1304–1309.

[195] Zinniel DK, Lambrecht P, Harris NB, Feng Z, Kuczmarski D, Higley P, Ishimaru CA, Arunakumari A, Barletta RG, Vidaver AK. 2002. Isolation and characterization of endophytic colonizing bacteria from agronomic crops and prairie plants. Appl Environ Microbiol 68:2198–2208.

[196] Rott P, Comstock JC. 2000. Seedling foliage blights, p 190–206. In Rott P, Bailey R, Comstock JC, Croft B, Saumtally S (ed), A Guide to Sugarcane Diseases. CIRAD Publication Service, Montpellier, France.

[197] Duffill MB, Coley KE. 1993. Cutaneous phaeohyphomycosis due to Alternaria alternata responding to itraconazole. Clin Exp Dermatol 18:156–158.

[198] Ono M, Nishigori C, Tanaka C, Tanaka S, Tsuda M, Miyachi Y. 2004. Cutaneous alternariosis in an immunocompetent patient: analysis of the internal transcribed spacer region of rDNA and Brm2 of isolated Alternaria alternata. Br J Dermatol 150:773–775.

[199] Revankar SG, Sutton DA. 2010. Melanized fungi in human disease. Clin Microbiol Rev 23:884–928.

[200] Howard CM, Albregts EE. 1973. A strawberry fruit rot caused by Alternaria tenuissima. Phytopathology 63:938–939.

[201] Honda Y, Rahman MZ, Islam SZ, Muroguchi N. 2001. Leaf spot disease of broad bean caused by Alternaria tenuissima in Japan. Plant Dis 85:95.

[202] Milholland RD. 1995. Alternaria leaf spot and fruit rot, p 18. In Caruso FL, Ramsdell DC (ed), Compendium of Blueberry and Cranberry Diseases. APS Press, St. Paul, MN.

[203] Blodgett JT, Swart WJ. 2002. Infection, colonization and disease of Amaranthus hybridus leaves by the Alternaria tenuissima group. Plant Dis 86:1199–1205.

[204] Romano C, Fimiani M, Pellegrino M, Valenti L, Casini L, Miracco C, Faggi E. 1996. Cutaneous phaeohyphomycosis due to Alternaria tenuissima. Mycoses 39:211–215.

[205] Romano C, Valenti L, Miracco C, Alessandrini C, Paccagnini E, Faggi E, Difonzo EM. 1997. Two cases of cutaneous phaeohyphomycosis by Alternaria alternata and Alternaria tenuissima. Mycopathologia 137:65–74.

[206] Rossmann SN, Cernoch PL, Davis JR. 1996. Dematiaceous fungi are an increasing cause of human disease. Clin Infect Dis 22: 73–80.

[207] Thind TS, Saksena SB, Agrawal SC. 1976. Post harvest decay of apple fruits incited by Aspergillus candidus in Madhya Pradesh. Indian Phytopathol 29:318.

[208] Linares G, McGarry PA, Baker RD. 1971. Solid solitary aspergillotic granuloma of the brain. Report of a case due to Aspergillus candidus and review of the literature. Neurology 21:177–184.

[209] Krysinska-Traczyk E, Dutkiewicz J. 2000. Aspergillus candidus: a respiratory hazard associated with grain dust. Ann Agric Environ Med 7:101–109.

[210] St. Leger RJ, Screen SE, Shams-Pirzadeh B. 2000. Lack of host specialization in Aspergillus flavus. Appl Environ Microbiol 66:320–324.

[211] Smart MG, Wicklow DT, Caldwell RW. 1990. Pathogenesis in Aspergillus ear rot of maize: light microscopy of fungal spread from wounds. Phytopathology 80:1287–1294.

[212] Pitt JI, Dyer SK, McCammon S. 1991. Systemic invasion of developing peanut plants by Aspergillus flavus. Lett Appl Microbiol 13:16–20.

[213] Brown RL, Cleveland TE, Cotty PJ, Mellon JE. 1992. Spread of Aspergillus flavus in cotton bolls, decay of intercarpellary membranes and production of fungal pectinases. Phytopathology 82: 462–467.

[214] Yamada K, Mori T, Irie S, Matsumura M, Nakayama M, Hirano T, Suda K, Oshimi K. 1998. [Systemic aspergillosis caused by an aflatoxin-producing strain of Aspergillus in a post-bone marrow transplant patient with acute myeloid leukemia]. Rinsho Ketsueki 39:1103–1108.

[215] Rao K, Saha V. 2000. Medical management of Aspergillus flavus endocarditis. Pediatr Hematol Oncol 17:425–427.

[216] Thomas PA, Kaliamurthy J. 2013. Mycotic keratitis: epidemiology, diagnosis and management. Clin Microbiol Infect 19: 210–220.

[217] Nyvall RF. 1979. Field Crop Diseases Handbook. AVI Publishing Company, Inc, Westport, CT.

[218] O'Shaughnessy EM, Forrest GN, Walsh TJ. 2004. Invasive aspergillosis in patients with hematologic malignancies: recent advances and new challenges. Curr Treat Options Infect Dis 5: 507–515.

[219] Tanaka K, Nonaka F. 1977. Studies on the rot of onion bulbs by Aspergillus niger. Proc Assoc Plant Prot Kyushu 23:36–39.

[220] Mishra GS, Mehta N, Pal M. 2004. Chronic bilateral otomycosis caused by Aspergillus niger. Mycoses 47:82–84.

[221] Yamaguchi M, Nishiya H, Mano K, Kunii O, Miyashita H. 1992. Chronic necrotising pulmonary aspergillosis caused by Aspergillus niger in a mildly immunocompromised host. Thorax 47: 570–571.

[222] Geiser DM, Dorner JW, Horn BW, Taylor JW. 2000. The phylogenetics of mycotoxin and sclerotium production in Aspergillus flavus and Aspergillus oryzae. Fungal Genet Biol 31:169–179.

[223] Stenson S, Brookner A, Rosenthal S. 1982. Bilateral endogenous necrotizing scleritis due to Aspergillus oryzae. Ann Ophthalmol 14:67–72.

[224] Akiyama K, Takizawa H, Suzuki M, Miyachi S, Ichinohe M, Yanagihara Y. 1987. Allergic bronchopulmonary aspergillosis due to Aspergillus oryzae. Chest 91:285–286.

[225] Matteson Heidenreich MC, Corral-Garcia MR, Momol EA, Burr TJ. 1997. Russet of apple fruit caused by Aureobasidium pullulans and Rhodotorula glutinis. Plant Dis 81:337–342.

[226] Spotts RA, Cervantes LA. 2002. Involvement of Aureobasidium pullulans and Rhodotorula glutinis in russet of d'Anjou pear fruit. Plant Dis 86:625–628.

[227] Gupta V, Chawla R, Sen S. 2001. Aureobasidium pullulans scleritis following keratoplasty: a case report. Ophthalmic Surg Lasers 32:481–482.

[228] Kaczmarski EB, Liu Yin JA, Tooth JA, Love EM, Delamore IW. 1986. Systemic infection with Aureobasidium pullulans in a leukaemic patient. J Infect 13:289–291.

[229] Chalet M, Howard DH, McGinnis MR, Zapatero I. 1986. Isolation of Bipolaris australiensis from a lesion of viral vesicular dermatitis on the scalp. J Med Vet Mycol 24:461–465.

[230] Flanagan KL, Bryceson AD. 1997. Disseminated infection due to Bipolaris australiensis in a young immunocompetent man: case report and review. Clin Infect Dis 25:311–313.

[231] Sonoda RM. 1991. Exserohilum rostratum and Bipolaris hawaiiensis causing leaf and culm lesions on Callide Rhodesgrass. Proc Soil Crop Sci Soc Fla 50:28–30.

[232] Pratt RG. 2001. Occurrence and virulence of Bipolaris hawaiiensis on bermudagrass (Cynodon dactylon) on poultry waste application sites in Mississippi. Plant Dis 85:1206.

[233] Morton SJ, Midthun K, Merz WG. 1986. Granulomatous encephalitis caused by Bipolaris hawaiiensis. Arch Pathol Lab Med 110:1183–1185.

[234] McGinnis MR, Campbell G, Gourley WK, Lucia HL. 1992. Phaeohyphomycosis caused by Bipolaris spicifera: an informative case. Eur J Epidemiol 8:383–386.

[235] Ogden PE, Hurley DL, Cain PT. 1992. Fatal fungal endarteritis caused by Bipolaris spicifera following replacement of the aortic valve. Clin Infect Dis 14:596–598.

[236] Latham RH. 2000. Bipolaris spicifera meningitis complicating a neurosurgerical procedure. Scand J Infect Dis 32:102–103.

[237] Bava AJ, Fayad A, Céspedes C, Sandoval M. 2003. Fungal peritonitis caused by Bipolaris spicifera. Med Mycol 41:529–531.

[238] Geraldi MAP, Ito MF, Ricci A Jr, Paradela FO, Nagal H. 1980. Chaetomium globosum Kunze, causal agent of a new tomato disease. Summa Phytopathol 6:79–84.

[239] Anandi V, John TJ, Walter A, Shastry JC, Lalitha MK, Padhye AA, Ajello L, Chandler FW. 1989. Cerebral phaeohyphomycosis caused by Chaetomium globosum in a renal transplant recipient. J Clin Microbiol 27:2226–2229.

[240] Hattori N, Adachi M, Kaneko T, Shimozuma M, Ichinohe M, Iozumi K. 2000. Case report. Onychomycosis due to Chaetomium globosum successfully treated with itraconazole. Mycoses 43:89–92.

[241] Yeghen T, Fenelon L, Campbell CK, Warnock DW, Hoffbrand AV, Prentice HG, Kibbler CC. 1996. Chaetomium pneumonia in patient with acute myeloid leukaemia. J Clin Pathol 49:184–186.

[242] Hammouda AM. 1992. A new leaf spot of pepper caused by Cladosporium oxysporum. Plant Dis 76:536–537.

[243] Romano C, Bilenchi R, Alessandrini C, Miracco C. 1999. Case report. Cutaneous phaeohyphomycosis caused by Cladosporium oxysporum. Mycoses 42:111–115.

[244] Dillard HR, Cobb AC. 1997. Disease progress of black dot on tomato roots and reduction in incidence with foliar applied fungicides. Plant Dis 81:1439–1442.

[245] Andrivon D, Lucas JM, Guérin C, Jouan B. 1998. Colonization of roots, stolons, tubers and stems of various potato (Solanum tuberosum) cultivars by the black dot fungus Colletotrichum coccodes. Plant Pathol 47:440–445.

[246] O'Quinn RP, Hoffmann JL, Boyd AS. 2001. Colletotrichum species as emerging opportunistic fungal pathogens: a report of 3 cases of phaeohyphomycosis and review. J Am Acad Dermatol 45:56–61.

[247] Dickman MD, Alvarez AM. 1983. Latent infection of papaya caused by Colletotrichum gloeosporioides. Plant Dis 67:748–750.

[248] Yamamoto N, Matsumoto T, Ishibashi Y. 2001. Fungal keratitis caused by Colletotrichum gloeosporioides. Cornea 20:902–903.

[249] Bergstrom GC, Nicholson RL. 1999. The biology of corn anthracnose. Plant Dis 83:596–608.

[250] Heimann MF, Boone DM. 1983. Raspberry (Rubus) disorders: cane blight and spur blight [Leptosphaeria coniothyrium, Coniothyrium fuckelii, Wisconsin]. Cooperative Extension Programs, University of Wisconsin– Extension, Madison, WI.

[251] Laverde S, Moncada LH, Restrepo A, Vera CL. 1973. Mycotic keratitis; 5 cases caused by unusual fungi. Sabouraudia 11: 119–123.

[252] Kiehn TE, Polsky B, Punithalingam E, Edwards FF, Brown AE, Armstrong D. 1987. Liver infection caused by Coniothyrium fuckelii in a patient with acute myelogenous leukemia. J Clin Microbiol 25:2410–2412.

[253] Kore SS, Bhide VP. 1976. A first report of Curvularia brachyspora Boedijn inciting leaf-spot disease of rose. Curr Sci 45:74.

[254] Torda AJ, Jones PD. 1997. Necrotizing cutaneous infection caused by Curvularia brachyspora in an immunocompetent host. Australas J Dermatol 38:85–87.

[255] Marcus L, Vismer HF, van der Hoven HJ, Gove E, Meewes P. 1992. Mycotic keratitis caused by Curvularia brachyspora (Boedjin). A report of the first case. Mycopathologia 119:29–33.

[256] Mandokhot AM, Basu Chaudhary KCB. 1972. A new leaf spot of maize incited by Curvularia clavata. Neth J Plant Pathol 78:65–68.

[257] Ebright JR, Chandrasekar PH, Marks S, Fairfax MR, Aneziokoro A, McGinnis MR. 1999. Invasive sinusitis and cerebritis due to Curvularia clavata in an immunocompetent adult. Clin Infect Dis 28:687–689.

[258] Gugnani HC, Okeke CN, Sivanesan A. 1990. Curvularia clavata as an etiologic agent of human skin infection. Lett Appl Microbiol 10:47–49.

[259] Meredith DS. 1963. Some graminicolous fungi associated with spotting of banana leaves in Jamaica. Ann Appl Biol 51:371–378.

[260] Georg LK. 1964. Curvularia geniculata, a cause of mycotic keratitis. J Med Assoc State Ala 33:234–236.

[261] Bridges CH. 1957. Maduromycotic mycetomas in animals; Curvularia geniculata as an etiologic agent. Am J Pathol 33:411–427.

[262] Lakshmanan P. 1992. Sheath rot of rice incited by Curvularia lunata in Tamal Nadu, India. Trop Pest Manage 38:107.

[263] Muchovej JJ, Couch HB. 1987. Colonization of bentgrass turf by Curvularia lunata after leaf clipping and heat stress. Plant Dis 71:873–875.

[264] Ito MF, Paradela F, Soave J, Sugimori MH. 1979. Leaf spot caused in maize (Zea mays L.) by Curvularia lunata. Summa Phytopathol 5:181–184.

[265] Gour HN, Dube HC. 1975. Production of pectic enzymes by Curvularia lunata causing leaf spot of cotton. Proc Indian Natl Sci Acad Part B. 41:480–485.

[266] Carter E, Boudreaux C. 2004. Fatal cerebral phaeohyphomycosis due to Curvularia lunata in an immunocompetent patient. J Clin Microbiol 42:5419–5423.

[267] Tessari G, Forni A, Ferretto R, Solbiati M, Faggian G, Mazzucco A, Barba A. 2003. Lethal systemic dissemination from a cutaneous infection due to Curvularia lunata in a heart transplant recipient. J Eur Acad Dermatol Venereol 17:440–442.

[268] Taj-Aldeen SJ, Hilal AA, Schell WA. 2004. Allergic fungal rhinosinusitis: a report of 8 cases. Am J Otolaryngol 25:213–218.

[269] Rao GP, Singh SP, Singh M. 1992. Two alternative hosts of Curvularia pallescens, the leaf spot causing fungus of sugarcane. Trop Pest Manage 38:218.

[270] Lal S, Tripathi HS. 1977. Host range of Curvularia pallescens, the incitant of leaf spot of maize. Indian J Mycol Plant Pathol 7: 92–93.

[271] Salleh R, Safinat A, Julia L, Teo CH. 1996. Brown spot caused by Curvularia spp., a new disease of asparagus. Biotrophia 9:26–37.

[272] Rajalakshmy VK. 1976. Leaf spot of rubber caused by Curvularia pallescens Boedijn. Curr Sci 24:530.

[273] Agrawal A, Singh SM. 1995. Two cases of cutaneous phaeohyphomycosis caused by Curvularia pallescens. Mycoses 38: 301–303.

[274] Yang S. 1973. Isolation and effect of temperature on spore germination, radial growth and pathogenicity of Curvularia senegalensis. Phytopathology 63:1540–1541.

[275] Guarro J, Akiti T, Horta RA, Morizot Leite-Filho LA, Gené J, Ferreira-Gomes S, Aguilar C, Ortoneda M. 1999. Mycotic keratitis due to Curvularia senegalensis and in vitro antifungal susceptibilities of Curvularia spp. J Clin Microbiol 37:4170–4173.

[276] Usharani P, Ramarao P. 1981. Corm rot of Colocasia esculenta caused by Cylindrocarpon lichenicola. Indian Phytopathol 34: 381–382.

[277] Rodríguez-Villalobos H, Georgala A, Beguin H, Heymans C, Pye G, Crokaert F, Aoun M. 2003. Disseminated infection due to Cylindrocarpon (Fusarium) lichenicola in a neutropenic patient with acute leukaemia: report of a case and review of the literature. Eur J Clin Microbiol Infect Dis 22:62–65.

[278] Mangiaterra M, Giusiano G, Smilasky G, Zamar L, Amado G, Vicentín C. 2001. Keratomycosis caused by Cylindrocarpon lichenicola. Med Mycol 39:143–145.

[279] Pioli RN, Morandi EN, Martínez MC, Lucca F, Tozzini A, Bisaro V, Hopp HE. 2003. Morphologic, molecular, and pathogenic characterization of Diaporthe phaseolorum variability in the core soybean-producing area of Argentina. Phytopathology 93:136–146.

[280] Iriart X, Binois R, Fior A, Blanchet D, Berry A, Cassaing S, Amazan E, Papot E, Carme B, Aznar C, Couppié P. 2011. Eumycetoma caused by Diaporthe phaseolorum (Phomopsis phaseoli): a case report and a mini-review of Diaporthe/Phomopsis spp invasive infections in humans. Clin Microbiol Infect 17:1492–1494.

[281] Fischl G, Szunics L, Bakonyi J. 1993. Black points in wheat grains. Novenytermeles 42:419–429.

[282] Leach CM, Tulloch M. 1972. World-wide occurrence of the suspected mycotoxin producing fungus Drechslera biseptata with grass seed. Mycologia 64:1357–1359.

[283] University of Adelaide, Adelaide, Australia. Mycology online. http://www. mycology. adelaide. edu. au/Fungal_Descriptions/Hyphomycetes_(dematiaceous)/Drechslera/index. html.

[284] Sharfun-Nahar MM. 2006. Pathogenicity and transmission studies of seed-borne Fusarium species (Sec. Liseola and Sporotrichiella) in sunflower. Pak J Bot 38:487–492.

[285] Boby VU, Bagyaraj DJ. 2003. Biological control of root-rot of Coleus forskohlii Briq. using microbial inoculants. World J Microbiol 19:175–180.

[286] Satou M, Ichinoe M, Fukumoto F, Tezuka N, Horiuchi S. 2001. Fusarium blight of kangaroo paw (Anigozanthos spp.) caused by Fusarium chlamydosporum and Fusarium semitectum. J Phytopathol 149:203–206.

[287] Segal BH, Walsh TJ, Liu JM, Wilson JD, Kwon-Chung KJ. 1998. Invasive infection with Fusarium chlamydosporum in a patient with aplastic anemia. J Clin Microbiol 36:1772–1776.

[288] Michailides TJ, Morgan DP, Subbarao KV. 1996. Fig endosepsis: an old disease still a dilemma for California growers. Plant Dis 80:828–841.

[289] Austen B, McCarthy H, Wilkins B, Smith A, Duncombe A. 2001. Fatal disseminated fusarium infection in acute lymphoblastic leukaemia in complete remission. J Clin Pathol 54:488–490.

[290] Camin AM, Michelet C, Langanay T, de Place C, Chevrier S, Guého E, Guiguen C. 1999. Endocarditis due to Fusarium dimerum four years after coronary artery bypass grafting. Clin Infect Dis 28:150.

[291] Vismer HF, Marasas WF, Rheeder JP, Joubert JJ. 2002. Fusarium dimerum as a cause of human eye infections. Med Mycol 40:399–406.

[292.] Hwang IS, Kang WR, Hwang DJ, Bae SC, Yun SH, Ahn IP. 2013. Evaluation of bakanae disease progression caused by Fusarium fujikuroi in Oryza sativa L. J Microbiol 51:858–865.

[293] Chang DC, Grant GB, O'Donnell K, Wannemuehler KA, Noble-Wang J, Rao CY, Jacobson LM, Crowell CS, Sneed RS, Lewis FMT, Schaffzin JK, Kainer MA, Genese CA, Alfonso EC, Jones DB, Srinivasan A, Fridkin SK, Park BJ, Fusarium Keratitis Investigation Team, Fusarium Keratitis Investigation Team. 2006. Multistate outbreak of Fusarium keratitis associated with use of a contact lens solution. JAMA 296:953–963.

[294] Seta S, Gonzalez M, Lori G. 2004. First report of walnut canker caused by Fusarium incarnatum in Argentina. Plant Pathol 53: 248.

[295] Van Hove F, Waalwijk C, Logrieco A, Munaut F, Moretti A. 2011. Gibberella musae (Fusarium musae) sp. nov., a recently discovered species from banana is sister to F. verticillioides. Mycologia 103:570–585.

[296] Triest D, Stubbe D, De Cremer K, Piérard D, Detandt M, Hendrickx M. 2015. Banana infecting fungus, Fusarium musae, is also an

opportunistic human pathogen: are bananas potential carriers and source of fusariosis? Mycologia 107:46–53.

[297] Jones DR, Lomeiro EO. 2000. Pseudostem heart rot, p 166–167. In Jones DR (ed), Diseases of Banana, Abaca and Enset. CABI Publishing, Wallingford, UK.

[298] Dignani MC, Anaissie E. 2004. Human fusariosis. Clin Microbiol Infect 10(Suppl 1):67–75.

[299] Bottalico A, Perrone G. 2002. Toxigenic Fusarium species and mycotoxins associated with head blight in small-grain cereals in Europe. Eur J Plant Pathol 108:611–624.

[300] Raabe RD, Conners LL, Martinez AP. 1981. Checklist of plant disease in Hawaii: including records of microorganisms, principally fungi, found in the state. Information text series 022. Hawaii College of Tropical Agriculture and Human Resources, University of Hawaii at Manoa.

[301] Lucas JA, Dickinson CH. 1998. Plant Pathology and Plant Pathogens, 3rd ed. Blackwell Science, Oxford, UK.

[302] Sander A, Beyer U, Amberg R. 1998. Systemic Fusarium oxysporum infection in an immunocompetent patient with an adult respiratory distress syndrome (ARDS) and extracorporal membrane oxygenation (ECMO). Mycoses 41:109–111.

[303] Romano C, Miracco C, Difonzo EM. 1998. Skin and nail infections due to Fusarium oxysporum in Tuscany, Italy. Mycoses 41: 433–437.

[304] Rodriguez-Villalobos H, Aoun M, Heymans C, De Bruyne J, Duchateau V, Verdebout JM, Crokaert F. 2002. Cross reaction between a pan-Candida genus probe and Fusarium spp. in a fatal case of Fusarium oxysporum pneumonia. Eur J Clin Microbiol Infect Dis 21:149–152.

[305] Godoy P, Nunes E, Silva V, Tomimori-Yamashita J, Zaror L, Fischman O. 2004. Onychomycosis caused by Fusarium solani and Fusarium oxysporum in São Paulo, Brazil. Mycopathologia 157: 287–290.

[306] Abdalla MY, Al-Rokibah A, Moretti A, Mulè G. 2000. Pathogenicity of toxigenic Fusarium proliferatum from date palm in Saudi Arabia. Plant Dis 84:321–324.

[307] Bush BJ, Carson ML, Cubeta MA, Hagler WM, Payne GA. 2004. Infection and fumonisin production by Fusarium verticilliodes in developing maize kernels. Phytopathology 94:88–93.

[308] Summerbell RC, Richardson SE, Kane J. 1988. Fusarium proliferatum as an agent of disseminated infection in an immunosuppressed patient. J Clin Microbiol 26:82–87.

[309] Murray CK, Beckius ML, McAllister K. 2003. Fusarium proliferatum superficial suppurative thrombophlebitis. Mil Med 168: 426–427.

[310] Picot A, Barreau C, Pinson-Gadais L, Caron D, Lannou C, Richard-Forget F. 2010. Factors of the Fusarium verticillioidesmaize environment modulating fumonisin production. Crit Rev Microbiol 36:221–231.

[311] Jones DR, Stover RH. 2000. Fungal root rot, p 162–163. In Jones DR (ed), Diseases of Banana, Abaca and Enset. CABI Publishing, Wallingford, UK.

[312] Repiso T, García-Patos V, Martin N, Creus M, Bastida P, Castells A. 1996. Disseminated fusariosis. Pediatr Dermatol 13:118–121.

[313] Bushelman SJ, Callen JP, Roth DN, Cohen LM. 1995. Disseminated Fusarium solani infection. J Am Acad Dermatol 32: 346–351.

[314] Davis RM, Colyer PD, Rothrock CS, Kochman JK. 2006. Fusarium wilt of cotton: population diversity and implications for management. Plant Dis 90:692–703.

[315] Dantas SAF, Oliveira SMA, Michereff SJ, Nascimento LC, Gurgel LMS, Pessoa WRLS. 2003. Post harvest fungal diseases in papaya and orange marketed in the distribution centre of Recife. Fitopatol Bras 28:528–533.

[316] Mullen JM, Gilliam CH, Hagan AK, Morgan Jones G. 1991. Canker of dogwood caused by Lasiodiplodia theobromae, a disease influenced by drought stress or cultivar selection. Plant Dis 75:886–889.

[317] Ko WH, Wang IT, Ann PJ. 2004. Lasiodiplodia theobromae as a causal agent of kumquat dieback in Taiwan. Plant Dis 88:1383.

[318] Anthony S, Abeywickrama K, Dayananda R, Wijeratnam SW, Arambewela L. 2004. Fungal pathogens associated with banana fruit in Sri Lanka, and their treatment with essential oils. Mycopathologia 157:91–97.

[319] Phipps PM, Porter DM. 1998. Collar rot of peanut caused by Lasiodiplodia theobromae. Plant Dis 82:1205–1209.

[320] Maslen MM, Collis T, Stuart R. 1996. Lasiodiplodia theobromae isolated from a subcutaneous abscess in a Cambodian immigrant to Australia. J Med Vet Mycol 34:279–283.

[321] Thomas PA. 2003. Current perspectives on ophthalmic mycoses. Clin Microbiol Rev 16:730–797.

[322] Kindo AJ, Pramod C, Anita S, Mohanty S. 2010. Maxillary sinusitis caused by Lasiodiplodia theobromae. Indian J Med Microbiol 28:167–169.

[323] Bugos RC, Sutherland JB, Adler JH. 1988. Phenolic compound utilization by the soft rot fungus Lecythophora hoffmannii. Appl Environ Microbiol 54:1882–1885.

[324] Marriott DJ, Wong KH, Aznar E, Harkness JL, Cooper DA, Muir D. 1997. Scytalidium dimidiatum and Lecythophora hoffmannii:

unusual causes of fungal infections in a patient with AIDS. J Clin Microbiol 35:2949–2952.

[325] Ashkan SM, Abusaidi D, Ershad D. 1997. Etiological study of dieback and canker of pistachio nut tree in Rafsangan. Iranian J Plant Pathol 33:15–26.

[326] Byrd RP Jr, Roy TM, Fields CL, Lynch JA. 1992. Paecilomyces varioti pneumonia in a patient with diabetes mellitus. J Diabetes Complications 6:150–153.

[327] Kantarcioğlu AS, Hatemi G, Yücel A, De Hoog GS, Mandel NM. 2003. Paecilomyces variotii central nervous system infection in a patient with cancer. Mycoses 46:45–50.

[328] Wright K, Popli S, Gandhi VC, Lentino JR, Reyes CV, Leehey DJ. 2003. Paecilomyces peritonitis: case report and review of the literature. Clin Nephrol 59:305–310.

[329] Mostert L, Groenewald JZ, Summerbell RC, Robert V, Sutton DA, Padhye AA, Crous PW. 2005. Species of Phaeoacremonium associated with infections in humans and environmental reservoirs in infected woody plants. J Clin Microbiol 43:1752–1767.

[330] Kliejunas JT, Allison JR, McCain AH, Smith RS Jr. 1985. Phoma blight of fir and Douglas fir seedlings in a California nursery. Plant Dis 69:773–775.

[331] Bakerspigel A, Lowe D, Rostas A. 1981. The isolation of Phoma eupyrena from a human lesion. Arch Dermatol 117:362–363.

[332] Singh H, Singh RS, Chohan JS. 1974. Fruit rot of Luffa acutangula by Mucor circinelloides. Indian J Mycol Plant Pathol 4: 99–100.

[333] Chandra S, Woodgyer A. 2002. Primary cutaneous zygomycosis due to Mucor circinelloides. Australas J Dermatol 43:39–42.

[334] Boyd AS, Wiser B, Sams HH, King LE. 2003. Gangrenous cutaneous mucormycosis in a child with a solid organ transplant: a case report and review of the literature. Pediatr Dermatol 20: 411–415.

[335] Eisen DP, Robson J. 2004. Complete resolution of pulmonary Rhizopus oryzae infection with itraconazole treatment: more evidence of the utility of azoles for zygomycosis. Mycoses 47: 159–162.

[336] Yang SM, Morris JB, Unger PW, Thompson TE. 1979. Rhizopus head rot of cultivated sunflower, Helianthus annuus, in Texas USA. Plant Dis Rep 63:833–835.

[337] González A, del Palacio A, Cuétara MS, Gómez C, Carabias E, Malo Q. 1996. Zigomicosis: revisión de 16 casos. [Zygomycosis: review of 16 cases]. Enferm Infecc Microbiol Clin 14: 233–239.

[338] Harrison BD, Wilson TMA. 1999. Milestones in the research on tobacco mosaic virus. Philos Trans R Soc Lond B Biol Sci 354: 521–529.

[339] Zaitlin M. 2000. Tobacco mosaic virus. Descriptions of plant viruses No. 370. Association of Applied Biologists. http://www. dpvweb. net/dpv/showdpv. php? dpvno=370.

[340] Li L, Wang L, Xiao R, Zhu G, Li Y, Liu C, Yang R, Tang Z, Li J, Huang W, Chen L, Zheng X, He Y, Tan J. 2012. The invasion of tobacco mosaic virus RNA induces endoplasmic reticulum stress-related autophagy in HeLa cells. Biosci Rep 32:171–184.

[341] Alonso E, García Luque I, Avila-Rincón MJ, Wicke B, Serra MT, Díaz-Ruiz JR. 1989. A tobamovirus causing heavy losses in protected pepper crops in Spain. J Phytopathol 125:67–76.

[342] Jarret RL, Gillaspie AG, Barkley NA, Pinnow DL. 2008. The occurrence and control of Pepper mild mottle virus in the USDA/ARS Capsicum germplasm collection. Seed Tech 30:26–36.

[343] Rosario K, Symonds EM, Sinigalliano C, Stewart J, Breitbart M. 2009. Pepper mild mottle virus as an indicator of fecal pollution. Appl Environ Microbiol 75:7261–7267.

[344] Han T-H, Kim S-C, Kim S-T, Chung C-H, Chung J-Y. 2014. Detection of norovirus genogroup IV, klassevirus, and pepper mild mottle virus in sewage samples in South Korea. Arch Virol 159: 457–463.

[345] Hamza IA, Jurzik L, Überla K, Wilhelm M. 2011. Evaluation of pepper mild mottle virus, human picobirnavirus and Torque teno virus as indicators of fecal contamination in river water. Water Res 45:1358–1368.

[346] Van Kammen A, van Lent J, Wellink H. 2001. Cowpea mosaic virus. Descriptions of Plant Viruses No. 378. Association of Applied Biologists. http://www. dpvweb. net/dpv/showdpv. php? dpvno=378.

[347] Brennan FR, Jones TD, Hamilton WD. 2001. Cowpea mosaic virus as a vaccine carrier of heterologous antigens. Mol Biotechnol 17:15–26.

[348] Koudelka KJ, Destito G, Plummer EM, Trauger SA, Siuzdak G, Manchester M. 2009. Endothelial targeting of cowpea mosaic virus (CPMV) via surface vimentin. PLoS Pathog 5: e1000417.

[349] Plummer EM, Manchester M. 2013. Endocytic uptake pathways utilized by CPMV nanoparticles. Mol Pharm 10:26–32.

[350] Petro TM, Agarkova IV, Zhou Y, Yolken RH, Van Etten JL, Dunigan DD. 2015. Response of mammalian macrophages to challenge with the chlorovirus Acanthocystis turfacea chlorella virus 1. J Virol 89:12096–12107.

实验室相关感染

KAREN BRANDT BYERS, A. LYNN HARDING

实验室相关感染（laboratory-associated infections，LAI）的出版物为制定预防策略提供了至关重要的信息。真实案例研究的评估表明了遵守生物安全规范的重要性，并可能引发实验室程序的变化。Singh表示，现在到了建立一个统一的系统来报告、分析和交流有关LAI“经验教训”的时候了[1]。对实验室相关部门工作人员的调查以及LAI的个案报告已发布不少，但是如果没有统一的系统就不可能评估LAI的真实发生率。此外，由于担心受到惩罚和与此类事件有关的耻辱感，普遍存在实验室感染的漏报问题[2]。

为了满足收集的LAI数据的需要，专家建议在美国为诊断实验室[3]和高级别（high-containment）的研究实验室[4]建立“具有匿名功能的非惩罚性监测和报告系统”，该系统没有包括所有LAI，但是美国已经制定了对管控病原（一类对人类和动物健康构成严重威胁的感染因子）导致的感染性事件进行强制性报告的规定。2004—2012年美国管控病原导致LAI的报告数据表明，2004—2010年，大约10000名研究人员使用过这些管控病原，发生了8次原发性LAI，未发生继发性LAI，也没有造成死亡。此外，3个临床实验室报告了由布鲁菌（指定的感染因子之一）引起的LAI[5]。

对LAI的系统报告将有助于对控制措施的评估和循证生物安全措施的制定[6]，在获得更全面的数据之前，诸如此类的文献综述提供了关于微生物类型和因暴露而导致的LAI事件的最新信息，可以增强实验室工作人员防范感染风险的生物安全意识。

LAI的流行病学研究

在本章中，我们回顾1979年以来文献中报道的LAI，并与1930—1978年Pike和Sulkin调查的数据进行了比较，总结了感染因子、暴露途径和活动类型，以及可能导致LAI的宿主和环境因素，也包括发病率数据（如果有）。本章旨在为生物安全计划的持续发展提供数据支持，以最大限度地降低诊断、研究、教学和生产活动中职业性感染的风险，有关危害评估和预防策略的内容参阅其他章节。

流行病学是研究人群中疾病和伤害的分布及其决定因素的学科，也就是说，流行病学关注的是人群中疾病和伤害的程度、类型以及影响其分布的因素。本章所指的疾病是LAI，分析的因素包括感染因子、暴露发生时的活动（临床、研究、田间、教学、动物饲养）和传播途径。根据流行病学的定义，其固有特征是通过将病例数量与人群基数联系起来，衡量人群或职业中的疾病分布，确定并计数某一人群中符合病例定义的案例或事件，然后可以计算出病例在潜在暴露人群中所占的比例（罹患率或发病率），并与其他人群中的发生率进行比较。根据已发表的个案研究的文献，直接比较来自临床、研究和生产等不同实验室的数据可能会产生误导，因为很少有文献会提供特定人群LAI的罹患率。

发病率

Pike的数据提示，研究人员的风险是医院和公共卫生实验室工作人员的6～7倍，研究人员LAI的罹患率为4.1‰[7]。Reid于1957年的报告发现，从事结核分枝杆菌工作的实验室人员中结核病的发病率是不从事该工作人员发病率的3倍[8]。根据菲利普斯于1965年对美国和欧洲的数据的不完全统计，LAI的发生率在每百万工作小时1～5人次[9]；1971年在英格兰和威尔士进行的一项实验室获得性结核病、志贺菌病、布鲁菌病和肝炎的调查显示，每1000名医学实验室员工每年发生43次感染[10]。

自这些早期研究以来，只有少数调查（主要是临床实验室）提供了发病率数据。Grist[11，12]报道，临床微生物学工作人员的发病率为每1000人中有9.4次感染。Jacobson等[13]调查了犹他州1191名临床实验室工作人员的主管，以确定1978—1982年发生的LAI。结果发现，该人群中LAI的年发病率为3‰，对数据的进一步分析表明，小型实验室（少于25名员工）的年发病率（5.0‰）高于大型实验室（1.5‰），所有从事微生物检验的人员中约1%报告过LAI。Vesley等[14]在4202名公共卫生实验室和2290名医院临床实验室员工中进行LAI调查，公共卫生实验室和临床实验室全职员工的年发病率分别为1.4‰和3.5‰，其中从事微生物检验的员工的发病率更高，公共卫生实验室和医院实验室的年发病率分别为2.7‰和4.0‰。Vesley等的研究中相对较低的发生率归功于安全意识和安全装置的改进。日本的一项针对306家医院的临床实验室工作人员的调查显示，LAI年发病率为2.0‰[15]。

Baron等在2002—2004年对临床微生物学实验室主任进行了一项自愿在线调查[16]，美国88所不同规模的医院实验室和3个参比实验室的主任报告了45例LAI。将实验工作人员LAI发病率与30～59岁一般人群的发生率进行比较后发现，临床实验室工作人员感染布鲁菌、脑膜炎奈瑟菌和大肠埃希菌O157:H7的风险显著高于一般人群，年发病率分别为641/100 000和0.08/100 000、25.1/100 000和0.6/100 000、83/100 000和0.96/100 000（前者为临床实验室工作人员的数据，后者为一般人群的数据）。志贺菌感染的风险在两个人群中相同（年发病率为6/100 000）。球孢子虫感染的风险也几乎相同（年发病率分别为临床实验室工作人员13.6/100 000，一般人群12/100 000）；而沙门菌和艰难梭菌感染的发病率，临床实验室工作人员则要低于一般人群，其中沙门菌感染的发病率分别为临床实验室工作人员1.5/100 000，一般人群17.9/100 000，艰难梭菌感染的年发病率分别为临床实验室工作人员0.2/100 000，一般人群8/100 000[16]。

基于LAI的干预措施

许多报告还记录了对LAI原因的内部责任审查。有一份报告显示，一个技术人员在进行脑膜炎奈瑟菌分离株的传代培养时发生LAI，根据现有的实验室规程，受感染的技术人员在开放式工作台

上进行接种操作，并使用玻璃吸管从冷冻琼脂表面取菌落。事件发生后，通过分析实验室操作规程发现了可能的漏洞，并修订了现有的实验室规程以防止类似事件发生。更新后的实验室规程，要求脑膜炎奈瑟菌的培养和分离等操作必须在生物安全柜中进行，而且用软棉签取代玻璃吸管，并对实验人员进行脑膜炎奈瑟菌疫苗接种[17]。在另一起事件中，一位研究人员的手被破裂的冻干玻璃瓶刺破（尽管戴了手套），发生了一起水牛痘LAI事件。为防止类似事件发生，规定在冷冻干燥前将玻璃瓶的冷冻温度降至-60℃，并改用质量更好的玻璃瓶[18]。发布的这些“经验教训”可作为前车之鉴，以防止类似LAI事件的再次发生。

2011年，疾病预防控制中心报告了109例与临床和教学微生物实验室相关的病例，这些病例是通过PulseNet（美国食源性疾病暴发的电子监测系统）发现的，其中12%的病例需要住院治疗，并且有1例死亡。在反馈调查信息的54个案例中，65%的与大学、学院或社区大学教学实验室有关[19]，调查显示所有教学实验室的设施和安全政策基本相同，然而没有发生LAI的实验室的学生更熟悉生物安全知识和与所研究病原相关的感染症状。于是为学生设计了一张宣传海报，说明了实验室中使用的笔、笔记本、手机或个人音乐设备等物体可能是感染源，并倡导有效的干预措施，如洗手以预防LAI的传播。除了为学生提供咨询外，美国CDC沙门菌疫情网站还专门为教师和临床导师提供了预防LAI的信息。2014年报告了另一起与临床和教学微生物实验室相关的暴发，共发生LAI 41例，其中36%病例住院治疗，无死亡病例[20]。宣传海报为老师提供了一个很好的培训工具，然而每来一批缺乏经验的学生都要加强适当的工作培训是一项持续的挑战。

LAI：永恒的问题

LAI在20世纪并不是一个新现象，因为早在1885年、1887年和1893年就已分别记录了伤寒、布鲁菌和破伤风的实验室感染病例[21，22]。20世纪30—40年代的报告表明，微生物病原不仅对实验室工作者具有潜在危害，而且也给实验室附近的人带来一些风险[23，24]。

LAI是通过实验室或实验室相关活动获得的所有感染的统称，包括有典型证候群的感染（症状显著）和无症状状态（亚临床状态）。1950年，Sulkin等向美国的5000个实验室分发了一份调查问卷，这些实验室分布在州和地方卫生部门、当地医院、医学和兽医学私立学校、本科教学院校、生物制品制造商和各类政府机构，请求回答关于LAI的漏报信息，略超过一半的受访者做出了回答[23，24]。1930—1975年，这两位作者连续发表了多篇论文，报告美国和其他国家累积3921例LAI病例[25，26]。在1978年，Pike又增加了158例新感染病例，使记录的LAI总数增至4079例，其中168例死亡[27]。在反馈数据中也发现，细菌导致的感染为1704例，病毒感染1179例，立克次体感染为598例，真菌感染为354例，衣原体感染为128例，寄生虫感染为116例，超过2/3的感染（包括死亡病例）与细菌或病毒有关，而布鲁菌、贝纳柯克斯体、乙型肝炎病毒、肠沙门菌血清变种、斑疹伤寒、土拉热弗朗西丝菌和结核分枝杆菌是最常报告的病原体（表4-1）[28]。尽管这些病原体感染的风险目前依然存在，但Pike指出，大多数（96%）布鲁菌病例和伤寒病例以及60%的肝炎病例都是在1955年之前报告的。遗憾的是，1979—2015年，布鲁菌属、结核分枝杆菌、贝纳柯克斯体、肠炎沙门菌和乙型肝炎病毒仍然是LAI报告的前10位（表4-1）。

表 4-1 不同年代前 10 位 LAI 比较（单位：例）

1930—1978 年[a]				1979—2015 年			
等级	传播因子[b]	LAI 数量	死亡数量	等级	传播因子[b]	LAI 数量	死亡数量
1	布鲁菌属	426	5	1	布鲁菌属	378	4[c]
2	贝纳柯克斯体	280	1	2	结核分枝杆菌	255	0
3	乙型肝炎病毒	268	3	3	虫媒病毒[d]	222	3
4	肠炎沙门菌血清变型伤寒沙门菌	258	20	4	沙门菌属	212	2[e]
5	土拉热弗朗西丝菌	225	2	5	贝纳柯克斯体	205	3
6	结核分枝杆菌	194	4	6	汉坦病毒	189	1
7	皮炎芽生菌	162	0	7	乙型肝炎病毒	113	1
8	委内瑞拉马脑炎病毒	146	1	8	志贺菌属	88	0
9	衣原体鹦鹉热	116	9	9	人类免疫缺陷病毒	48	未知
10	粗球孢子菌	93	10	10	脑膜炎奈瑟菌	43	13
	总计	2168	48		总计	1753	24

a 摘自参考文献[27]；

b 不包括1962年俄罗斯一个实验室中野生啮齿动物引起的113例出血热[486]；

c 所有死亡都是胎儿流产；

d 与节肢动物有关或具有人兽共患周期[233]的典型的虫媒病毒和环状病毒、弹状病毒和沙粒病毒，包含了额外的虫媒病毒报告；

e 一例死亡是二代暴露案例[29]。

为了扩展Sulkin等的LAI数据，有人查阅了1979—2015年发表的475篇参考文献，以确定与实验室感染相关的微生物、实验室的主要功能，以及与LAI相关的活动类型。该调查对LAI设定了严格的纳入条件：感染必须是由实验室工作引起的，感染者必须是实验室工作人员或意外暴露于病原体或受感染动物相关操作的其他人员（偶然出现在工作现场）。在该文献调查中也注意到二代感染LAI，并且在此定义为是由实验室工作人员传播的，感染者不从事实验室相关工作也不是在实验室附近的人（如家庭成员或医疗保健人员）。这些二代感染不包括在一代LAI计数中，除非导致死亡。三代感染源于二代感染的传播。在1979—2015年发表的文章中，共描述了2376 ~ 2392例有症状的感染，其中42例死亡、19例二代感染、8例三代感染。这些有症状的感染由细菌（51%）、病毒（32%）、立克次体（9%）、寄生虫（7%）和真菌（<1%）引起。表4-2按病原的类别汇总了这些信息，并且还包括无症状感染、二代感染和三代感染LAI的有关信息，如果按现在的分类标准，将立克次体也包含在细菌中，60%的LAI来自细菌。

表 4-2 1979—2015 年 LAI 汇总（单位：例）

病原分类	有症状感染	无症状感染	一代感染	死亡	二代感染	三代感染
细菌	1212 ~ 1226	142	1354 ~ 1368	21	12	3
立克次体	205	269	474	1	0	0
病毒	764 ~ 766	439	1203 ~ 1205	19	7	5
寄生虫	170	4	174	0	0	0
真菌	25–26	0	25	0	0	0
总计	2376 ~ 2392	854	3230 ~ 3246	41	19	8

实验室功能

表4-3显示了不同病原引起的有症状LAI在不同工作环境中的分布情况。在早期Sulkin等的LAI调查中，临床（诊断用）和研究实验室报告的病例分别占有症状性感染的17%和59%；而在1979—2015年调查中两种实验室报告的病例分别占42%和36%。似乎近年来更多LAI的报告来自临床实验室，这可能部分归因于积极的员工健康筛查项目。另一种解释是，在培养鉴定（culture identification）的早期阶段，由于待检的微生物是未知的，工作人员的防护措施可能不到位。临床微生物检验人员依据医生提示病原对样本进行检测，只有当医生提示的是怀疑含有通过气溶胶途径传播的病原体时，他们才会避免在开放式工作台上操作。不幸的是，RG3高风险组病原体并非总是能被想到，或者临床医生根本没有进行提示。例如，尽管医院政策要求临床医生进行提醒，但在要求检测疑似含有土拉热弗朗西丝菌感染的样本时，却没有给实验室检验人员相关的预警说明。由于没有提醒，12名实验室微生物检验人员和2名尸检人员不得不选择接受暴露后抗生素预防（PEP）[29]。此外，由于BSL-3操作的提示并不经常发出，临床实验室人员可能不知道安全处理非典型标本的程序[30]。

漏报

表4-3提供了过去85年来累积报告的LAI数据及其发生的工作环境，但大家普遍认为[24，31]这些数字严重低估了LAI程度，许多科学家[32]和安全方面专业人员可以讲述许多未记录的病例。随着控制措施和设备的改进，以及免疫接种和预防性治疗等职业健康计划的实施，可以期望，由细菌、立克次体和真菌引起的感染病例的数量将会减少。职业健康计划最早开始于英国临床实验室，1988—1989年的调查发现，LAI年发生率为62.7/100 000[11]，而该服务提供后，1994—1995年LAI年发生率降低为16.2/100 000[33]。

关于工作场所暴露的最新资料

细菌性实验室相关感染

表4-4总结了1979—2015年发表的文献中细菌性感染信息。在过去的36年中，报告了由细菌引起的1212例有症状的LAI、142例无症状感染、12例二代感染和3例三代感染，最常见的细菌感染是布鲁菌属（389～393例）、结核分枝杆菌（243～246例）、沙门菌（133～137例）、志贺菌（90例）、脑膜炎奈瑟菌（43例）和衣原体（20例）。有几种细菌所致LAI的数据有一个范围，是基于2007—2012年在比利时两次调查合并的数据[34]。

细菌性LAI导致22人死亡。其中，13例由脑膜炎奈瑟菌引起[33，35-41]；4例由马耳他布鲁菌感染致使妊娠中胎儿流产[42-45]；3例是由沙门菌引起的，含1例是二代感染[19，46，47]；鼠疫耶尔森菌的减毒菌株[48]和野生菌株各导致1例死亡[49]。

将LAI传播给实验室以外其他人这种所谓的二代感染很少见，1979—2015年，发生了12例二代细菌感染和3例三代细菌感染。一家临床实验室中宋氏志贺菌导致的一代LAI病例，传播给其给孙子，造成二代感染，其孙子又感染了3个亲属，造成三代感染[50]。2011年发生于教学或临床实验室的鼠伤寒沙门菌LAI暴发中，造成了4例4岁以下儿童的二代感染[19]。有2例是由性传播导致的二代布鲁菌感染[51，52]。一位微生物学家通过其准备的晚餐将沙门菌传播给妻子和儿子[29]，另一位存在LAI

表 4-3　不同工作环境中 LAI 的分布（单位：例）

	临床		研究		生产		教学		未列出的场地		野外		总数	
	1930—1975 年[a]	1979—2015 年	1930—1975 年	1979—2015 年	1930—1975 年	1979—2015 年	1930—1975 年	1979—2015 年	1930—1975 年	1979—2015 年	1979—2015 年	1930—1975 年	1979—2015 年	1930—2015 年
细菌	396	783	914	122	40	81	69	181	378	45 ~ 59	1	1797	1212 ~ 1226	3009 ~ 3023
立克次体	27	1	455	204	18	0	0	0	73	0		573	205	778
病毒	173	215	706	497	73	9	15	13	82	9 ~ 10	16	1049	760 ~ 761	1809 ~ 1810
寄生虫	18	5	70	77	0	0	4	81	23	6	1	115	170	285
真菌	43	4	155	16	2	0	18	1	135	4 ~ 5	0	353	25 ~ 26	378 ~ 379
未确定	20	—	7	0	1	0		0	6			34	—	34
总计	677	1008	2307	916	134	90	106	276	697	58 ~ 74	18	3921	2372 ~ 2388	6293 ~ 6309

a 摘自参考文献[26]。

的哺乳期母亲通过母乳将钩端螺旋体传播给了婴儿[53]。还发生过两次百日咳鲍特菌的二代传播[54]。

表 4-4 1979—2015 年细菌实验室相关感染（单位：例）

病原体名称	LAI 数量		参考文献
	有症状感染	亚临床感染	
细菌			
炭疽杆菌	1	1	88,155
卡介苗	2	0	34, 147
蜡样芽孢杆菌	1	0	325
非解糖拟杆菌	1		326
汉赛巴尔通体	3	0	34, 158
百日咳鲍特菌	12	0	54, 327
布鲁菌属	389 ~ 393	24	5, 6, 16, 30, 34, 42 ~ 45, 51, 52, 56 ~ 62, 69, 75, 76, 93, 94, 96 ~ 124, 130, 328 ~ 341；J. Suen, 32nd Biol. Safety Conf., a1989；D.T. Brayman, 32nd Biol. Safety Conf., a1989
类鼻疽伯克霍尔德菌和鼻疽杆菌	3	3	78, 318, 342
弯曲杆菌属	5 ~ 6	0	12, 15, 34, 343, 344
衣原体属	20	20	93, 142 ~ 145, 345 ~ 347；K. Peterson, 25th Biol. Safety Conf., a1982
艰难梭菌	3	0	16, 89
白喉杆菌	2	0	67, 68
马棒状杆菌	1	0	348
产气肠杆菌	1	0	349
大肠埃希菌 O157 SP88, 克雷伯菌	22	0	16, 33, 64 ~ 66, 148, 151, 152, 332, 350 ~ 356
土拉热弗朗西丝菌	11	0	5, 86, 87, 357 ~ 361
人胃螺旋菌	1	0	90
杜克雷嗜血杆菌	2	0	13, 362
幽门螺杆菌	4	0	363 ~ 365
肾脏钩端螺旋体	8	0	53, 93, 366 ~ 368
单核细胞性李斯特菌	2	0	6,34
牛分枝杆菌	1	0	369
堪萨斯分枝杆菌	1	0	370
麻风分枝杆菌	1	0	156
结核分枝杆菌	255 ~ 259	96	11 ~ 13, 15, 33, 34, 93, 125, 126, 129 ~ 137, 139, 371 ~ 378；D. Robbins,40th Biol. Safety Conf., a1997；D. Vesley, 42nd Biol. Safety Conf., a1999
肺炎支原体	4	0	15,34
淋病奈瑟菌	7	0	379 ~ 383；R. Hackney, 28th Biol. Safety Conf., a1985
脑膜炎奈瑟菌	43	1	16, 17, 35 ~ 41, 63, 80 ~ 84, 351, 384 ~ 388
多杀巴斯德菌	2	0	146
沙门菌属	212	0	11, 12, 15 ~ 17, 19, 34, 46, 47, 70 ~ 73, 77, 93, 131, 132, 149, 332, 389 ~ 395

续表

病原体名称	LAI 数量 有症状感染	亚临床感染	参考文献
志贺菌	88	0	11 ~ 13, 16, 33, 34, 50, 130 ~ 132, 150, 248, 332, 351, 396 ~ 399；D. Vesley, 30th Biol. Safety Conf., a1987；H. Mathews, 42nd Biol. Safety Conf., a1999
葡萄球菌属	18	0	13, 16, 33, 55, 332, 400, 401；D. Vesley, 30th Biol. Safety Conf., a1987
念珠状链杆菌	2	0	74, 402
链球菌属	12	0	12, 13, 131, 403 ~ 406
霍乱弧菌和副溶血性弧菌	4	0	91, 131, 407, 408
鼠疫耶尔森杆菌	2		49, 85
细菌感染总例数	**1212 ~ 1226**	**142**	
立克次体			
贝纳柯克斯体	195	267	121, 159, 160, 409 ~ 416
斑疹伤寒立克次体和其他类群	10	2	161 ~ 165, 417
立克次体感染总例数	**205**	**269**	

注：a 生物安全会议的参考文献是由美国生物安全性国际学会主办的会议摘要，曼德莱恩，伊利诺伊州。

无症状感染包括有血清学证据但无临床症状的布鲁菌和衣原体感染，以及6例鼻腔携带耐甲氧西林金黄色葡萄球菌（MRSA）的无临床症状感染。在一个案例中，从实验室工作人员及其猫的鼻腔中分离出同一株MRSA菌株[55]。

临床实验室感染

大部分细菌性LAI发生在临床实验室，其中有4起发生在兽医诊断实验室。2002—2004年，对88个医院微生物实验室和3个国家参比实验室进行了调查[16]。结果发现，两年间报告的细菌性LAI主要包括志贺菌（15起）、布鲁菌（7起）、沙门菌（7起）、金黄色葡萄球菌（6起，其中5起为MRSA）、脑膜炎奈瑟菌（4起）、大肠埃希菌O157:H7（2起）和艰难梭菌（1起）。

应当指出的是，一次意外性分离出布鲁菌可能意味着发生过多次暴露。对2例临床微生物人员感染布鲁菌的分析显示，可能有146名工作人员曾暴露于相同的样本。对这些人使用抗生素进行暴露后预防性治疗（PEP），血清学证据表明，除了先前确认的两例实验室相关感染外，没有其他任何人感染[56]。布鲁菌LAI的资料，充分证明了制订高危人群标准，以及将抗生素作为暴露后PEP策略的重要性[56]，2007年临床能力测试发生的事件就是最好例证。测试中向包括美国和加拿大的1317个实验室发送“未知”样本，并要求各实验室在二级生物安全柜内处理样本，在进行菌株分类鉴定时采用三级生物安全水平防护。不幸的是，916名实验室工作人员暴露于编号为Brucella RB51的样本，其中包括679名高风险工作人员（74%）和237名低风险工作人员（26%）。由于采取了PEP措施，未见布鲁菌病病例的报道[30]。有些病例报告显示，临床实验室中感染的布鲁菌病潜伏期长短不一，但有些病例潜伏期较长[43，57-61]。复发性感染也是布鲁菌的一个问题，有一位临床微生物检验人员出现由布鲁菌引起急性肝炎感染反复发作[62]，美国联邦管控病原项目（US Select Agent program）也记录了2004—2010年在临床实验室发生的三起布鲁菌感染事件[5]。

已报道脑膜炎奈瑟菌LAI事件43例，死亡13例，其中，发生在临床实验室37例，死亡11例。

1985—1999年，英格兰和威尔士有5名微生物检验人员受到感染[35]。Sejvar回顾性分析了1985—2000年的16例脑膜炎奈瑟菌感染病例，其中8例死亡[41]。这促使美国疾病预防控制中心建议，从无菌部位（血液、脑脊液、内耳液）提取的样本只能在生物安全柜中处理，即使是在最初接种于培养皿的过程中。Sejvar的文章是在成功取得新西兰劳工部认可后发表的，目的是评估这一系列严重的奈瑟菌脑膜炎病例是否是通过职业暴露感染的。经基因图谱分析证明，确实是LAI[63]。

大肠埃希菌O157:H7和大肠埃希菌VTEC O117:K1:H7的感染剂量较低，即使没有发现实验室操作失误或事故发生，也会发生感染[64, 65]。然而，一份关于4例O157大肠埃希菌LAI的报告，表明了坚持严格的二级生物安全实验室标准和建立实验室操作规范的重要性[66]。一名接受过高级课程培训、经验丰富的实验室技术员，在进行革兰氏染色和毒性试验时，没有发生操作失误，却发生了一起白喉棒状杆菌LAI[67]。另一例白喉棒状杆菌LAI病例发生在一次能力测试训练中[68]。

教学实验室感染

教学实验室是许多细菌感染发生的场所。中国某兽医教学实验室27名学生及其老师感染布鲁菌[69]。24名在美国某大学实验室学习临床微生物学专业的学生感染了鼠伤寒沙门菌[19]，其中有一些学生也在临床实验室工作。在这些实验室相关感染的案例中，有2例LAI发生在同一所大学，该大学出于安全考虑于3年前将鼠伤寒沙门菌从课程中移除。在调查时发现，供学生鉴定“未知标本”用的弗氏柠檬酸杆菌储存培养物，被错误地标记为鼠伤寒沙门菌[70]。2013年又报告了2例鼠伤寒沙门菌LAI[71]。另一名学生发生鼠伤寒沙门菌肠炎，伴有结节性红斑和反应性关节炎的症状，是由微生物学实验课课上使用的菌株引起的[72]。还有一名学生在上了一次鉴定伤寒沙门菌血清型的实验课3周后，发生了伤寒并且伴有严重的并发症[73]。一名心理学本科学生被大鼠咬伤后感染了念珠菌[74]。

生产实验室感染

共有73例LAI与百日咳[54]、布鲁菌[60, 75, 76]和沙门菌[77]疫苗的生产有关。其中，21例病例是一家沙门菌家禽疫苗工厂清理泄漏的材料时被感染的员工[77]；布鲁菌S19工厂的15名工人患有活动性布鲁菌病，另有6名工人为隐性感染[76]；布鲁菌Rev-1疫苗厂的22名工人感染了布鲁菌病，还有6名工人是隐性感染[60]。有1例伯克霍尔德假单胞菌LAI的报道，误把伯克霍尔德假单胞菌当作洋葱假单胞菌，为制造相关酶制剂，在开放式工作台上对培养物进行超声波细菌破壁时引起感染[78]。

俄罗斯一家军用微生物厂的炭疽杆菌泄漏到空气中，通过空气传播导致疫情暴发，造成77人感染，其中68人死亡[79]，但未包括在上述数据中。

科研实验室感染

研究机构共报告了116例细菌感染。有6例脑膜炎奈瑟菌感染发生在科研实验室[39, 80-84]。1例感染了B群脑膜炎奈瑟菌[39]导致死亡；另1例感染了鼠疫耶尔森菌减毒株[85]导致死亡。美国管制病原项目报告了3例布鲁菌和4例土拉热弗朗西丝菌引起的LAI。同一实验室的3名研究人员在处理土拉热弗朗西丝菌时，因误认为是无毒株而被感染[86]。另一起案例中，在诊断出土拉热弗朗西丝菌LAI后，察看了生物安全柜内操作的视频监控录像，显示该研究人员在未接种疫苗的情况下，呼吸防护措施不充分，并且未在生物安全柜内处理受污染的废弃物[87]。一名研究人员没有注意到纸巾已被孢子污染，随手将纸巾丢在生物安全柜之外，在随后鼻腔培养物检测显示炭疽杆菌阳性[88]。

在研究生实验室相关感染的案例中，包括一名感染艰难梭菌的博士生[89]。还有一起因食入而感染胃螺旋菌的事件[90]，受感染的研究人员在解剖猫胃的过程中没有戴手套，还将冲洗组织的液体溅在脸上和眼镜上[90]。在奥地利，一名学生在老师的监督下清理霍乱弧菌振荡培养瓶溢出的培养物时被感染，这是50年来该国报告的第一例本土霍乱病例[91]。

细菌性LAI的暴露方式

通过嗅闻培养物的方法鉴定细菌，经常被认为是气溶胶暴露的一种方式。有人使用过夜培养物和空气采样器通过实验对这种暴露风险进行了评估[92]，结果显示，4 min的空气样本中数量最多的是金黄色葡萄球菌（12.5 CFU/mL），芽孢杆菌、假单胞菌、铜绿假单胞菌和非致病性大肠埃希菌的数量为6.25 CFU/mL。据此作者认为，这种风险很低，因为鼻子一次可吸入50 ~ 200 mL的空气。但是，如果怀疑某种病原体是通过空气途径传播的，则建议避免使用这种方法[3]。Baron等[16]指出，嗅闻方法引起实验室相关感染的说法已成为历史，而传代培养、制备涂片和过氧化氢酶试验操作更有可能是气溶胶传播的来源。

布鲁菌感染

在临床、生产和科研实验室均发生过布鲁菌的气溶胶暴露，导致无布鲁菌直接接触史的工作人员发生感染。虽然有黏膜[42，44，45]暴露于溅出培养物以及胃肠外暴露造成感染的报道[42，3]，但这些暴露造成感染的比例不到20%[94]。

临床实验室布鲁菌感染。除了本章前面提及的布鲁菌暴露事件外[56，95]，美国的一家大型临床实验室还发生一起布鲁菌LAI事件。因在开放式实验台上用斜面培养基对布鲁菌进行传代培养，造成该实验室31%的工作人员感染[61]。布鲁菌在许多国家是一种地方性人兽共患病，增加了普通人群和临床实验室工作人员感染的风险。例如，在以色列南部地区，2002—2009年的有氧血培养阳性结果中，2.5%的为马耳他布鲁菌。由于在分离鉴定之前需要进行大量处理工作，因此建议在布鲁菌流行的国家，所有阳性血液培养物都应在生物安全柜中进行操作，以预防暴露[96]。在开放式实验台上进行常规操作导致布鲁菌LAI的案例很常见。沙特阿拉伯报告7起实验室相关感染[97]，土耳其有12起[98]，以色列有7[94]，伊朗有38起[99]。澳大利亚曾发生一起猪布鲁菌LAI，样本来自一位野猪猎人[100]。在中国非疫区北京，一名实验室技术员被从一位急性布鲁菌病患者分离到的菌株感染，该患者的指示病例为中国内蒙古一个皮革制造商[101]。德国7名临床实验室工作人员被感染，其来源为几名感染了布鲁菌的旅游者[102]。法国、土耳其、加拿大和沙特阿拉伯临床实验室[98，103-109]的几起波状热（马耳他）布鲁菌病LAI被归因于嗅闻鉴定方法。

还有关于商用细菌鉴定试剂盒鉴定错误造成布鲁菌LAI的报道。由于误诊，抗生素药物敏感试验未采取更严格防护措施，而是在开放式工作台上进行，结果导致了暴露后感染[57，109-112]。有两份报告显示，临床实验室人员在对存在LAI实验室技术员的血液样本进行培养时被感染[110，113]。有一起类似的事件也发生在对布鲁菌误诊后，指示病例的培养物被送至参比实验室，在那里两名工作人员发生暴露并感染布鲁菌病[114，115]。Bouza等[116]回顾性分析了75例西班牙临床实验室工作人员布鲁菌LAI，其中有62例发生于1980—1999年。研究人员发现，LAI事件发生率与实验室布鲁菌分离株的数量有关。每年布鲁菌少于5株的实验室的LAI发病率为6.4%，每年5 ~ 10株的实验室为13.9%，每年11～20株的实验室为21.4%，每年布鲁菌超过20株的实验室发生率为46%。其中68例的暴露途径为空气传播，1例皮肤接触感染，6例暴露途径不明[116]。一名兽医在从单峰骆驼奶中分离布鲁菌时被感染[117]。在马来西亚，一个兽医微生物实验室分离山羊布鲁菌时，9名参与分离工作的技术员中有一位感染了布鲁菌[118]。

一篇对英文报告的文献综述和分析提供了有关布鲁菌病LAI暴露风险和暴露后预防的信息[119]。常规鉴定活动导致88%的感染。布鲁菌高暴露风险组的工作人员发生LAI的概率是低风险暴露组的9.3倍。美国CDC修订后的布鲁菌暴露的风险分类如下。

“高风险：所有在二级生物安全柜中操作布鲁菌，但没有使用生物安全三级预防防护措施的人员，或在开放式工作台上操作，以及任何在5英尺半径内活动的人员（5英尺约为1.5 m）。在产生大量气溶胶的操作过程中，所有在实验室的工作人员都处于暴露状态。低风险：所有在实验室中与布鲁菌分离操作距离大于5英尺，且不符合上述高风险暴露定义的工作人员。无风险：所有标本的处理、检测和布鲁菌的分离鉴定操作都在二级生物安全柜中进行，并且使用生物安全三级防护措施。”[120]

生产实验室布鲁菌感染。对波状热（马耳他）布鲁菌Rev-1动物疫苗生产车间的22例有症状和6例无症状实验室相关感染的分析表明，所有工作人员的发病率为17.1%，在生产区域排气口上方开窗区域工作的人员的发病率为39.5%[60]。在布鲁菌S19工厂的15例有症状和5例无症状感染，由于只有5个人回忆起暴露事件，气溶胶被认为是主要的暴露途径[76]。

科研实验室中的布鲁菌感染

在一起事故中，一只装有布鲁菌的聚苯乙烯离心管在运输过程中破碎，造成11名研究人员和1名行政人员被感染[58]。由于布鲁菌可作为潜在的生物恐怖病原体，美国对于布鲁菌的研究实行严格的管控，但在报告的6例布鲁菌感染中仍有3例发生在科研实验室。其中一起LAI是结膜暴露所致，工作人员在清洗用于啮齿类动物布鲁菌气溶胶染毒室时，发生结膜暴露[121]。在另一起事故中，尽管从海洋哺乳动物中分离布鲁菌时使用了三级生物安全防护措施，仍然导致了LAI[122]。犬布鲁菌M株产生的抗原，虽对狗无毒，但也引起1例LAI事件发生[123]。一名研究生在进行牛流产物标本培养时被感染[124]。

结核分枝杆菌感染

临床环境中的结核分枝杆菌感染。23%的细菌感染是由结核分枝杆菌引起的。工作人员使用不合格的生物安全柜[125-127]或没有生物安全柜[128]、通风系统有缺陷[11]，进行尸体解剖及准备组织切片时[11, 12, 129-135]会暴露于具有感染性的气溶胶。在日本对28例实验室结核分枝杆菌感染的案例分析表明，25例发生在没有生物安全柜的实验室[128]。一份实验室报告指出，在结核分枝杆菌实验室中放置常用的实验室设备也会导致不从事结核分枝杆菌工作的人员发生暴露[136]，这也是日本一些临床实验室发生感染的原因[128]。有报告显示，在对狗进行尸检[134]或在冷冻人体标本时使用加压制冷剂[129]所产生的气溶胶，导致参与操作的实验室技术人员发生了结核分枝杆菌LAI，但参与临床治疗的医护人员并没有发生相关感染。对1例LAI进行了调查溯源[137]，结果显示，在进行IS6110限制性片段长度多态性（RFLP）分型分析时，由于需要样本量较大，以至于对苯酚-氯仿提取物加热灭活（80℃，20 min）不充分而导致感染。在一个医疗废弃物处理站，3名工人感染了结核分枝杆菌，从其中一例感染者分离到的菌株与一个患者的相同，而这位患者所在的医院恰好向该处理站运送医疗废弃物[138]。

Menzies等对加拿大17家医院结核菌素血清转换率进行了研究，总体来看，实验室技术人员存在每年1%的血清学阳转风险[133]。本研究测量了微生物实验室和病理学实验室的室内空气交换率，以及结核病诊断所需要的时间。结果发现，在空气交换率较低的实验室工作及入院患者结核病诊断用时较长的医院，工作人员发生血清学阳转的风险更高。也有关于通过胃肠道外暴露于结核分枝杆菌的文献记载[136，139]。在转移结核分枝杆菌样本进行药敏试验时，一名微生物实验室技术员被针头刺伤，并发生了针刺部位的皮肤感染[140]。

科研工作中的结核分枝杆菌感染。一起大鼠气溶胶染毒室的压力阀泄漏事故，导致3例结核分枝杆菌亚临床感染[141]。在另一起事件中，3名耐药结核分枝杆菌的研究人员中有2人感染，第3例结核菌素试验（PPD）阳性。这起事故被认为是气溶胶暴露引起的，因为在给动物更换笼具后移走了动物室内的呼吸器。

脑膜炎奈瑟菌感染

临床实验室脑膜炎奈瑟菌感染。Sejvar等[41]回顾了16例发生在临床微生物实验室的脑膜炎奈瑟菌感染，其中血清B群9例，血清C群7例。14名工作人员在开放式工作台上制作病原体混悬液，2名在防溅罩后面完成了操作。与大多数布鲁菌感染相比，只有与标本接触的工作人员会受到感染。感染脑膜炎奈瑟菌的人都是进行常规操作的，如混悬液制作或过氧化氢酶试验。这表明传播是通过空气中的飞沫，而不是气溶胶进行的。不幸的是，有8例（50%）死亡[41]。在另一起事件中，从一名细菌实验室的技术人员右肘培养出C群脑膜炎奈瑟菌，同时从她的右膝培养出了肠炎沙门菌[17]。

科研实验室的脑膜炎奈瑟菌感染。一名研究人员因在开放式工作台上操作B群脑膜炎奈瑟菌，被感染致死[39]。一名未接种疫苗的本科学生在进行一个暑期科研项目时，也是因为在开放式工作台上操作细菌培养物而被感染[81]。有一位女性研究人员因在实验室感染脑膜炎奈瑟菌而失去双腿、左臂和右手的手指。最初，劳工部认为是社区获得性感染，但随后的分析证实了感染的来源是实验室[63，82]。Sejvar等[41]的文章对向劳工部成功申诉起到了关键作用[63]。一名研究人员由于使用了有缺陷的生物安全柜而感染了脑膜炎奈瑟菌A群菌株Z5463[83]。

衣原体气溶胶暴露

在开放式实验台上进行沙眼衣原体培养物的超声处理引起7例LAI事件[142]。由于沙眼衣原体L/34/bu血清变型气雾剂暴露引起同一实验室的2名工作人员发生非典型肺炎，其中一人直接处理衣原体，而另一人则没有[143]。在一个教学实验室中，一只羽毛污染了鹦鹉热衣原体的鸽子飞行所形成的气溶胶，使讲师受到感染[144]。为了对3周大的火鸡进行禽流感研究，将1日龄的火鸡放在一个负压仓里，由一位兽医学专家照顾。火鸡在两周大时发生了呼吸道感染，同时，研究人员也感染了鹦鹉热衣原体，基因型为D、F和E/B[145]。

细菌性LAI的其他传播途径

胃肠道外暴露。一次在分装出血性败血性巴斯德菌（该菌是从一次禽霍乱流行时分离到的）培养液时发生针刺事故，引起了严重的手和手臂的炎性感染，而操作出血性败血性巴斯德菌Clemson菌株时，针刺只引起了非常轻微的局部感染[146]。一名实验室技术员因被卡介苗（BCG）污染的巴斯德吸管刺伤导致了腕管综合征[147]。

经口暴露。手的污染很可能是导致随后肠道病原体经口传播的方式。与这种传播方式相关的LAI包括沙门菌（124例）、志贺菌（85例）、致病性大肠埃希菌（18例）、霍乱弧菌（6例）、艰难梭菌（3例）和单核细胞性李斯特菌（1例）。在美国和英国，临床实验室LAI最常见的细菌是志贺菌[13，16，33]。许多肠道病原体的感染剂量较低，而且洗手程序可能无法清除所有病原体。在一次事件中，一名参观实验室的儿童接触了大肠埃希菌O157的培养物，她的父母当即为孩子洗了手，但还是发生了严重感染[148]。发生食源性疫情暴发时，大量标本被送往实验室培养，从而增加了工作人员感染的风险，这是一起大肠埃希菌O157[66]和3起志贺菌LAI的一个因素[33]。所有工作人员必须严格遵守实验室穿脱手套以及摘下手套后洗手的规定，防止手机、电脑键盘等受到污染[66]。

作为能力测试的一种训练，在一次对伤寒沙门菌的分装训练中，由于操作不规范，如用口吸移液管、在实验室吸烟、吃东西等，导致多起伤寒沙门菌引起的LAI[46，149]。一个学生在临床实验室做实验室时，因污染了洗手槽的水龙头而导致19例伤寒沙门菌LAI[150]。在另一起造成3例宋氏志贺菌感染的暴发事件中，只有一名工作人员处置过细菌培养物[16]。这两起事件足以说明安装感应式或脚踏式水龙头的重要性。在后例中，这例宋氏志贺菌LAI唯一可能的暴露途径是清洁生物安全柜[16]。一起人为事件造成12人感染志贺菌，是一名心怀不满的工作人员用保存的菌株故意污染了员工休息室的糕点[16]。大肠埃希菌O157暴露导致17例LAI，其中13例发生在临床实验室。在研究环境中也发生了5例大肠埃希菌O157感染[151-153]。针刺引起了皮肤结核分枝杆菌[140]和淋病奈瑟球菌感染[154]。在没有戴手套的情况下运输被污染的包装瓶导致1例皮肤炭疽杆菌感染[155]，还有人报道了一例蜡样芽孢杆菌[325]的皮肤感染和一种可能的麻风分枝杆菌皮肤感染[156]。

立克次体LAI

为了与Sulkin等对LAI的研究结果保持一致，本章将立克次体作为单独的一类，而不是按照目前的通用的做法将其作为细菌的一部分。1979—2015年，文献报道205例有症状的立克次体实验室感染，其中1例死亡。在此期间，引起Q热的病原体——贝纳柯克斯体，是引起所有LAI的第五大常见原因，导致195例有症状的立克次体感染和1例死亡（参考资料见表4-4）。加上无症状感染病例，感染者总数达到405例。11例LAI被鉴定为斑疹伤寒组，包括地方性斑疹伤寒立克次体（8例）、康氏立克次体（2例）和恙虫病立克次体（1例）。未发现立克次体感染二代病例。

有关医院和医学院实验室使用绵羊开展的研究，使实验室和非实验室人员持续地暴露于贝纳柯克斯体。2009年报告了3名研究人员血清贝纳柯克斯体抗体的滴度，并被记录在表4-4中。然而，对滴度的解释仍存在争议[121]。

立克次体LAI的暴露方式

当有出版物描述Q热的传播方式时，其感染被认为是吸入引起的。共计189例贝纳柯克斯体LAI是由自然感染的无症状的绵羊传播。受感染的工作人员或是从事与绵羊相关的工作，或是在工作中与绵羊有近距离接触。绵羊可以在血液、尿液、粪便、组织和乳汁中携带病原体。据估计，受感染绵羊的胎盘每克可能含有109立克次体，每克羊奶含有105立克次体[157]。Wedum等[22]指出，吸入10个病原体就能使25%～50%的人类志愿者感染贝纳柯克斯体。这一发现可能对美国在研究中使用绵羊的做法产生了积极的影响。在国际实验动物保护评估与认证协会（AAALAC）

的美国会员中，对在1999—2004年从事动物研究的人员进行调查，结果表明，仅有1例Q热确诊病例[158]。还有1例Q热是由对牛、绵羊、山羊、猪和马流产胚胎做尸检引起的。2例非动物源性贝纳柯克斯体感染的原因，一个是暴露于人胎盘[159]，另一个是由生物安全柜的滤器漏气[160]引起的。其余的立克次体感染与胃肠外感染、黏膜[163]、吸入或不明原因暴露有关[161，162]。已知的暴露途径是打开微离心管时飞溅到眼和口唇上[163]，在开放式工作台上对受感染的细胞进行超声处理[164]和针刺。除了正在处理的病原外，还未发现其他暴露来源[165]。

病毒性LAI

1979—2015年共报告了764例有症状的病毒感染，其中19人死亡，参考资料列于表4-5。死亡病例的病原包括虫媒病毒（3例）、汉坦病毒（2例）、丝状病毒（1例）、恒河猴疱疹病毒1型（以前称为猕猴疱疹病毒、CHV-1，或疱疹B病毒）（5例）、乙型肝炎病毒（1例）、丙型肝炎病毒（1例）、埃博拉病毒（2例）、马尔堡病毒（2例）、严重急性呼吸综合征冠状病毒（SARS-CoV）（1例），另一例是由母体细小病毒感染引起的胎儿流产。2例死亡的汉坦病毒感染病例是现场研究中感染的，分别是在芬兰对田鼠[166]和在西弗吉尼亚州对啮齿动物[167]进行的研究。

表 4-5　1979—2015 年病毒 LAI 参考资料（病例：年）

微生物	LAI 数量		参考文献
	有症状	无症状	
腺病毒，新型 TMAdV	2	2	172
腺病毒，新型 BaAdV-1	0	5	214
BaAdV-2	0	6	214
5 型腺病毒与腺相关病毒	1	0	351
非洲马蹄症病毒	4	5	232
SALS 测量中的虫媒病毒和其他病毒	192	122	418
牛脓疱口炎病毒	5	0	419
水牛痘病毒	1	0	18
杯状病毒	2	0	220
基孔肯亚病毒	3	2	160,234
柯萨奇病毒 A24 型	2	0	259,420
牛痘病毒	2	0	189,190
克雅病毒	3	0	371,421,422
登革病毒	7	0	226，234,247,248,423,424
佐立病毒	5	0	236
杜贝病毒	1	0	237
埃博拉病毒	9	0	216,217,425
埃博拉相关病毒	0	42	206 ~ 208
埃可病毒	3	0	426 ~ 428
甘贾姆病毒	5	0	429 ~ 430
汉坦病毒	189	74	166,167,192 ~ 203,237,431 ~ 433
甲型肝炎病毒	5	0	15
乙型肝炎病毒	113 ~ 114	147	2,13,15,34,130,131,222,225,434 ~ 436

续表

微生物	LAI 数量		参考文献
	有症状	无症状	
丙型肝炎病毒（前称非甲、非乙型）	34	0	13, 15, 33, 130, 132, 225, 255, 267, 434 ~ 436；D. Vesley, 30th Biol. Safety Conf., 1987
疱疹病毒包括带状疱疹	6	0	12, 34, 130；D. Vesley, 30th Biol. Safety Conf., 1987
人免疫缺陷病毒 HIV	48	0	34, 174 ~ 176, 257
甲型流感病毒	6	0	34,261
乙型流感病毒	1	0	260
胡宁病毒 Junin virus	1	0	437
Kyanasur 森林疾病病毒	1	0	236
淋巴细胞脉络丛脑膜炎病毒	6	0	204, 256；A. Braun, 47th Biol. Safety Conf., 2004
麦角疱疹病毒 1（CHV-1，B 病毒）	11	0	205, 240 ~ 246, 438
马丘坡病毒	1	0	238
马尔堡病毒	2	0	215, 439, 440
马亚罗病毒	1	0	441
拟菌病毒（Mimivirus）	1	0	231
新城疫病毒	1	0	442
诺如病毒	1	0	443
羊痘病毒	2	0	249
奥轮谷病毒	0	3	234
细小病毒	10 ~ 11	1	34,444,445
脊髓灰质炎病毒	1	0	170
狂犬病病毒	1	0	34
兔痘病毒	1	0	183
浣熊痘病毒（重组）	1	0	184
裂谷热病毒	0	2	234
罗西欧病毒	1	0	R. Gershon, 27th Biol. Safety Conf., 1984
风疹病毒	6	0	15
沙比亚病毒	2	0	235,446
严重急性呼吸综合征冠状病毒 SARS-CoV	6	0	173，220 ~ 229
西门利克森林病毒	1	0	447
MK 病毒（猴泡沫病毒）	2	20	210 ~ 213，448 ~ 450
猿猴免疫缺陷病毒	0	4	177，251，258，451
猴 D 型逆转录病毒	0	2	209
SPH114202	1	0	452
猪流感病毒	2	0	239
塔卡里伯病毒（Tacaribe virus）	1	0	453
蜱媒脑膜脑炎病毒 c	1	0	454
痘病毒	23	2	160, 178, 183, 185 ~ 188, 254, 262 ~ 264, 455
水痘病毒	1	0	15
委内瑞拉马脑炎病毒	4	0	160,234,456
水疱性口腔炎病毒	1	0	457

续表

微生物	LAI 数量		参考文献
	有症状	无症状	
水疱疹病毒	2	0	219
韦塞尔斯布朗病毒（Wesselsbron virus）	3	0	234
西尼罗病毒	6	0	191, 218, 253, 458
寨卡病毒	2	0	171
总数	759 ～ 760	460	

a 生物安全会议的参考资料是由美国生物安全协会主办的会议。

b 与节肢动物有关或具有人兽共患病周期的典型的虫媒病毒、环状病毒以及与节肢动物有关或具有人兽共患病周期的沙粒样病毒。

c SALS报告[233]中列出的更多感染这种病毒的病例。

在发表一项埃博拉病毒基因组图谱的原创性研究成果时，包含了一段声明，以致敬死于该病的5位作者的贡献[168]。除了样本收集之外，这几位作者还积极参与了埃博拉患者的护理工作，第5位作者还参与了照顾受感染的家庭成员的过程[169]。2014年埃博拉疫情极具挑战性，在现场条件下进行暴露评估非常困难。因此，这里提到了这些感染，但并没有包括在最终的病毒性LAI总数中。

7例二代感染分别由一种新的腺病毒——伶猴腺病毒（1例）、马卡辛疱疹病毒1型（1例）、马尔堡病毒（1例）、脊髓灰质炎病毒疫苗株（1例）、SARS（2例）和寨卡病毒（1例）引起的。在列出的19例死亡病例中，有2例是二代感染，1例因做马尔堡病毒LAI的尸检感染，另1例因护理实验室感染的SARS感染。脊髓灰质炎二代感染病例是一名接受了免疫的儿童，其父亲是一家疫苗工厂的工人，因意外暴露于Mahoney脊髓灰质炎病毒原型疫苗株而感染。从这名受感染儿童的粪便中分离出的毒株与疫苗株的核苷酸序列完全一致[170]。寨卡病毒二代感染病例是一名病毒学家的妻子，该病毒学家在塞内加尔野外收集蚊子标本，返回美国不久，他妻子就出现了症状。这一病例，以及本次研究中另两位现场病毒学家的感染，使西方世界第一次鉴定出寨卡病毒[171]。一种新型腺病毒（TMadV）感染在伶猴群中暴发，引起了一名研究人员感染并出现呼吸道疾病，其家庭成员也出现二代感染[172]。值得注意的是，1例SARSLAI导致2例二代感染（其母亲和护士），继而又导致了5例三代感染。三代感染皆因接触了二代感染的护士所致[173]。

在759例病毒性LAI中，497例（65%）发生在研究实验室，215例（28%）发生在临床实验室，16例（2%）发生在现场工作中，9例（1%）发生在生产型实验室。1979—2015年，共报告460例无症状感染病例。这些病毒感染的相关引文见表4-5。应该指出，“研究”活动包括实验室动物模型研究和实地动物研究。

逆转录病毒

1988年，首次报道逆转录病毒引起的LAI。此后，与人类免疫缺陷病毒（HIV）、猴免疫缺陷病毒（SIV）、猴泡沫病毒（SFV）和猴D型逆转录病毒（SDR）有关的逆转录病毒感染已被相继报道。1985—2015年，美国共报告临床实验室技术人员经职业暴露的HIV感染确诊病例17例，可能病例21例。此外，还有4名研究人员在进行HIV培养时被感染[174]。“国际政策审查”提供了1997年以前职业HIV感染案件的详细情况[175]。在比利时的调查中报告了1例HIV引起的LAI[34]，此外，该文献中还报道1例临床实验室工作人员HIV血清阳转的案例[176]。

两名技术人员在处理灵长类动物（NHP）的样本后，血清SIV转阳，其中一名可能是持续性感染[177]。在职业暴露于NHP的工作人员中，也有泡沫病毒（spumavirus）血清转阳的报道，详细情况将在与NHP研究相关的动物感染部分进行讨论。

痘病毒类

1986—2015年，共计27例由痘病毒研究导致的LAI，其中23例为牛痘病毒感染。由痘病毒西方储备株构建的重组病毒引起9例LAI[178-182]。1例LAI是由纽约市卫生委员会（NYCBOH）重组株引起的[183]，1例是由重组浣熊痘病毒引起的[184]。在3例LAI病例血清中检测到了牛痘病毒结构插件的抗体[180，184，185]。尽管胸苷激酶缺失突变体对小鼠的致病性低于其亲本牛痘病毒株，但有9例LAI是由这些缺失突变体引起的[180-183，186，187]。

美国CDC痘病毒团队在3年期间收到了16次牛痘病毒暴露的报告[183]，其中5次为眼睛溅入，7次为针刺，2次发生在动物饲养设施内，1次为试管泄漏，1次原因未知。尽管其中10次暴露并未导致感染，然而，发生的5例LAI中有4例需住院治疗。在10年期间，所有受感染的工作人员都没有遵守天花疫苗接种的要求[183]。美国CDC关于其中1例针刺暴露的个案报告提供了该案例的更详细的信息[188]。两个人在一个生物安全柜的狭小空间里（1.2 m长）对小鼠进行免疫，将被免疫的小鼠放在笼子里后，一个人的手被另一个人拿着的注射器针头划破。针头刺穿了手套和皮肤，尽管注射器的针芯没有被按下，但是实验人员仍发生了LAI，并且需要住院治疗。现在，操作程序已经被修订，当使用锐器时，只有一个人可以在生物安全柜工作，需要戴双重手套，而且需要按照职业健康要求接种疫苗或签署拒绝接种声明[188]。在2015年，一起针刺事件，导致了一名近期内接种过疫苗的人员发生了野生型西部储备菌株感染。另外，还有2起牛痘病毒[189，190]和1起浣熊痘病毒[184]和1起水牛痘病毒感染事件[18]的报道。

人兽共患病病毒感染

对动物相关的病毒性LAI的分析表明，实验室工作人员了解动物模型中人兽共患感染的潜在风险至关重要。有报道显示，1979—2015年发生了219例有症状的感染，其中2例死亡，180例血清阳转的病例与人兽共患病病毒感染相关，而这些病毒并非实验性接种到动物研究模型中。引起有症状人兽共患LAI的病毒包括汉坦病毒（188例）、疱疹病毒1型（10例）、淋巴细胞脉络丛脑膜炎病毒（6例）、甲型流感病毒（5例）、西尼罗病毒（5例）、羊传染性口疮病毒（2例）、埃博拉病毒（1例）和伶猴新型腺病毒（1例）。死亡病例是两名学生，一名是在西弗吉尼亚州进行实地研究的研究生，死于汉坦病毒感染[167]；另一名是对马进行尸检的兽医学生，死于西尼罗病毒感染[191]。

源自啮齿动物的人兽共患感染

在从事啮齿动物研究的研究者中曾发生189例汉坦病毒传播和36例亚临床感染，但这些研究人员自认为使用的是未受感染的啮齿动物。啮齿动物种群可能被野生动物感染，这就可以解释为什么汉坦病毒感染会发生在阿根廷[192]、比利时[193]、中国[194-196]、法国[197]、日本[198，199]、韩国[200]、英国[201，202]和新加坡[203]等国家。在中国云南省野生鼠群中发现了汉城病毒后，才将汉坦病毒确定为

一起学生肾综合征出血热（HFRS）暴发的原因[195]。一家公司饲养的大鼠供应给中国云南的3所大学，这些大鼠导致1名研究人员感染了一种以前未被描述过的汉坦病毒，并在5名被咬伤的学生和11名动物管理人员[196]中也发现了由同种病毒引起的亚临床感染。另一个人兽共患感染的例子涉及8名动物管理人员和年轻的研究人员，他们在使用裸鼠进行研究时暴露于LCM病毒[204]。在这一事件中，小鼠意外感染了LCMV污染的肿瘤细胞株，而本该开展的动物血清学监测在过去的6个月并未进行。一名动物管理技术人员在患病3个月后被诊断为LCMV感染，当时动物房里的大鼠已经出现血清学阳转。感染的来源被追溯到LCMV污染的细胞株（A. Braun，47th Biol. Safety Conf.，2004）。

与NHP研究相关的人兽共患病

Macacine疱疹病毒1型，即以前的CHV-1或疱疹B病毒，从NHP传染给11名动物管理人员或研究人员，导致1例死亡和1例二代感染（参考资料见表4-5）。该死亡病例因动物笼具内的粪尿溅入眼睛而发生暴露，由于认为观察性研究是低风险活动，操作时未戴眼罩等保护装置，而且暴露后45 min内也没有冲洗眼睛[205]。1名研究人员在解剖一个NHP组织标本的视神经时被感染而住院，进行大剂量更昔洛韦静脉输液治疗，并在出院以后通过终生口服伐昔洛韦等处方药，以抑制潜伏病毒。

有报道显示，42名动物管理人员发生埃博拉相关丝状病毒无症状感染[206-208]；2名动物管理人员患SDV人兽共患感染，且发生血清阳转，其中1人在另一起事件中还因被实验动物咬伤而感染了泡沫病毒[209]；20名动物管理人员或NHP研究人员[210]发生了人兽共患泡沫病毒或猴泡沫病毒的血清学阳转，但这些猴逆转录病毒血清阳转的意义尚不清楚。这种病毒会引起潜伏感染，而血清阳转的记录分别发生在一次大猩猩咬伤10年后和一只猕猴咬伤22年后[211]。在一个案例中，研究人员从一位SFV血清转阳20年后的健康动物管理人员的外周血单核细胞中分离培养出SFV[212]。Switzer等评论说："虽然SFV在自然感染的NHP中是非致病性的，但是人体内SFV感染的影响尚不清楚。SFV感染的出现引起了人们的关注，因为在跨物种感染之后，猴逆转录病毒的致病性发生了很大的变化。HIV-1和HIV-2都是从灵长类宿主中良性感染的SIV演化而来。迄今为止，这一问题由于资料不足尚不能得出任何结论。然而，已经认识到对这些暴露者进行长期跟踪的重要性，并且美国CDC已开始实施了。"[213]新型人兽共患腺病毒已经在猴（TMAdV）和狒狒种群（BaAdV-1和BaAdV-2）中被发现，TMAdV在一个家庭中造成1例原发性感染和1例继发性感染[172]。在与狒狒群体接触的工作人员中发生过11例BaAdV-1和BaAdV-2血清阳转的病例[214]。

染毒动物相关LAI

相比之下，只有20例有症状LAI来自实验室染毒动物。由实验染毒动物引起的LAI包括下列病原：牛痘病毒（1例）、埃博拉病毒（1例）、LCMV（3例）、马尔堡病毒（1例）、猪流感病毒（2例）、痘苗病毒（7例）、委内瑞拉马脑炎病毒（3例）和西尼罗病毒（2例）。将马尔堡病毒和埃博拉病毒接种给豚鼠后，各导致1例致死性LAI[215，216]。

现场中的病毒性LAI

一名研究人员为了确定一只野生黑猩猩的死因进行尸检，但不幸感染了一种新的埃博拉病毒，不治而亡[217]。幸运的是，在欧洲和非洲，这种感染并没有导致与其他丝状病毒感染（马尔堡病毒和埃博拉病毒）有关的致命出血性疾病。在现场采集蓝鸟[218]和对马尸检的过程中都发生过西尼罗病毒感染[191]。在海豹死因调查期间，5名调查人员感染了甲型流感病毒[219]。2名现场研究人员分别在检查海豹[220]和海狮[220]时，不幸感染海洋杯状病毒，并造成损伤。在对汉坦病毒感的现场研究中也发生过两例感染，其中一例发生在西弗吉尼亚州，是一名研究生，在评估林业作业对小型哺乳动物影响的研究中被感染致死，另一例发生在加州，是从事类似研究的技术人员[221]。为了评估野外研究的职业风险，995名北美接触过啮齿类动物的哺乳动物学大会与会者贡献出血液标本，抗体检测结果发现，4人辛诺柏病毒抗体阳性，2人河谷病毒（Arroyo virus）或瓜纳瑞托病毒（Guanarito virus）[221]抗体阳性。在美国汉坦病毒暴发之前，没有一名血清呈阳性者佩戴过任何个人防护设备。

研究和临床活动中的病毒性LAI

67%的病毒性LAI发生在研究机构。在研究实验室和野外环境中的虫媒病毒和其他媒介传播的病毒引起223例LAI，其中3人死亡（参考文献见表4-5）。1979—2015年，临床实验室共发生215例病毒感染。文献中报道的114例乙型肝炎病毒LAI无疑是冰山一角，因为一项研究表明，在系统引进乙型肝炎病毒疫苗之前，临床实验室技术人员的感染率为70%[222]。在美国实施职业安全和健康管理局（OSHA）血传病原体标准后[223]，由于采取了乙型肝炎疫苗接种、“通用预防措施”或一贯的BSL2级防护等措施，并推广使用带有安全装置的针头和改进锐器的处置方式，使工作场所乙型肝炎病毒传播的显著减少[224]。这些经验在波兰Wroclaw地区的报告中得到了验证。1990—2002年，323名医护人员感染乙型肝炎病毒，其中30例为临床实验室工作人员。自2002年以来，由于接种疫苗员工数量的增加，该地区报告的病例数逐年减少。然而，丙型肝炎病毒感染的数量却在增加[225]。在缺乏丙型肝炎病毒疫苗或推荐的PEP方案的情况下，严格遵守安全措施是预防丙型肝炎病毒感染最有效的方法。

病毒性LAI的暴露方式

通常情况下，很难确定LAI的确切原因，只有当它已经发生，而且可以得到从事工作所涉及病原的准确信息，才能确定其因果关系。有这样一个例子，一位非疫区的研究人员进行人工感染蚊子的实验，蚊子通过吸食人工膜下含登革热病毒的血液而感染。这名研究人员被一只尚未吸饱血就逃脱的蚊子叮咬而感染。后来从这位受感染的研究人员中分离出的病毒与实验毒株的同源性为98.9%。该案例研究的作者并没有排除经蚊子口器叮咬传播的可能，然而，感染登革热病毒的血滴经皮肤黏膜传播病毒也被认为是一种可能的暴露途径[226]。在另一个例子中，一名工作人员从患病海豹的口腔和牙齿收集口咽分泌物，通过细胞培养分离病毒，并经密度梯度离心纯化，在这操作过程中被圣米格尔海狮病毒5型（SMSV-5）感染[220]。但导致SMSV-5暴露和临床感染的具体环节尚不清楚。然而，这例LAI被认为是第一例有文献记载的一种新的人类疾病。

气溶胶暴露

许多病毒性LAI是吸入有传染性的病毒引起的。在中国，将未完全灭活的传染性材料从BSL-3实验室转移到在BSL-2实验室[173，227]进行进一步分析时，导致4名研究人员被SARS感染。在新加坡，另一次SARS感染是由于西尼罗病毒与SARS病毒交叉污染，以及随后在BSL-2实验室进行受污染的西尼罗病毒的相关操作[228]。一次SARS病毒引起的LAI事件也发生在中国台湾省。当时，BSL-4实验室的一个生物危害品收集袋中的液体废物发生泄漏，研究人员在清理作业时穿戴个人防护设备不当，也没有使用有效的消毒剂进行处理[229]。在对马雅罗病毒（Mayaro virus）进行蔗糖–丙酮抗原提取过程中有过一起气溶胶暴露，发生在用真空泵对提取产物脱水的环节[230]。一名技术人员对肺炎暴发患者的样本进行免疫印迹试验时不幸被感染，这是第一次记录在案的拟菌病毒感染，这是一种从冷却水中的阿米巴原虫中分离出来的病毒[231]。

非洲马疫病毒的4起严重的LIA事件和5例血清学阳转，第一次表明这种病毒可以感染人类。在此案例中，暴露发生于干粉疫苗的分装过程中，由于安瓿破裂后干粉溢出而形成气溶胶[232]。历史上，约20%的虫媒病毒感染归因于吸入性暴露[233]。其他虫媒病毒的吸入性暴露导致的LAI还包括：来自另一个房间内的操作引起的Wesselbron病毒感染，在没有任何保护性措施情况下打开装有小鼠脑组织的混合器引起的杜贝（Dugbe）病毒感染[234]和盛有Sabia病毒的离心管在运行中发生破裂[235]所导致感染。由于吸入开启烧瓶时产生的气溶胶，导致5例多里（Dhori）病毒感染[236]。存在流行性肾病有可能通过气溶胶和与田鼠的密切接触传播的案例[237]。这些汉坦病毒LAI是由接触小鼠或制备小鼠肿瘤样本时产生的气溶胶所致，而小鼠感染的汉坦病毒源自野生动物。几起LCMV感染都与实验小鼠有关，这些因接种被污染的细胞系而感染的小鼠又将LCMV传播给实验人员[204]。一名临床实验室工作人员进行血液离心时，因暴露于离心管破裂所产生的气溶胶而感染Machupo病毒，发生玻利维亚出血热[238]。2例猪流感LAI的发生，是因为工作人员在收集病猪鼻腔样本培养物时戴防尘口罩而非呼吸器（respirator）所致[239]。

肠道外传播

实验和野生动物是许多病毒性LAI的来源，由于咬伤、抓伤和锐器划伤等胃肠道外暴露而导致感染的发生。猴子咬伤和（或）抓伤造成23名NHP管理人员感染泡沫病毒，这种暴露途径还导致10名动物处理和研究人员感染Macacine疱疹病毒1型（以前称为CHV-1或疱疹B病毒），造成4人死亡[205, 240-246]。蚊虫叮咬传播登革热病毒[247, 248]、寨卡病毒[171]和基孔肯亚病毒[234]。有1例基孔肯亚病毒感染是通过针刺传播的[160]，也有通过人咬传播莫科拉（Mokola）病毒的报道[234]。2名研究人员在给绵羊插胃管时，被咬伤而感染了羊痘病毒[249]。6名NHP动物管理人员产生抗丝状病毒抗原的抗体，4名有近期内感染的证据，其中1名在尸检感染的NHP的过程中被手术刀割伤[208]。

在临床环境中，除外科手术外，破裂的试管和毛细管也是HIV感染肠道外暴露的方式[175]。一个实验室在制备大量浓缩HIV后，使用钝套管清洗离心机转子时，发生了胃肠外暴露[250]。一名HIV研究人员被针刺后感染了该病毒[174]。第一例被报道的人感染SIV病例是由深度穿刺伤引起的[251]。针刺引起了西尼罗病毒LAI[252]，在尸检病死鸟和制备感染鼠脑标本过程中都发生过胃肠外暴露感染[253]。在病毒纯化过程[254]或动物接种[182, 188]时不慎针刺导致痘苗病毒性LAI；针刺还引起过浣熊痘病毒感染[184]。冻干用玻璃瓶划伤导致了1例水牛痘病毒感染[18]。在一起事件中，装有感染血液样本的试管破裂并割伤了实验人员的两个手指，导致丙型肝炎病毒的传播[255]。感染牛痘病毒的大鼠咬伤传播了该病毒[189]。在暴露于阿姆斯特朗53b克隆株（1例）和13克隆株（3例）后5 ~ 7年采集血样检测，证实了LCMV感染的存在[256]。

皮肤黏膜暴露

临床环境中，HIV经皮肤黏膜暴露往往是由于血样从血浆分离器、血液分析仪逸出[257]及在丢弃血液样本[175]或打开真空采血管的过程中[176]血样溅出所致。在生产实验室中，离心管泄漏的血液溅到脸上或者渗透手套时可发生HIV黏膜暴露[250]。此外，有SIV的通过受损皮肤暴露的报道[258]。一名工作人员稀释柯萨奇病毒时因液体溅入眼睛而感染了结膜炎[259]。一位研究人员在给小鼠注射乙型流感病毒时不慎溅入眼睛，尽管立即进行了清洗，还是发生了结膜炎[260]。海豹对着一位研究人员打喷嚏，造成该研究人员发生甲型流感病毒性结膜感染，还有4名现场工作人员在进行海豹尸检时也感染甲型流感病毒[261]。一名兽医学生对感染了西尼罗病毒神经侵袭性毒株2的幼年马进行脑和脊髓切除时，发生了感染，操作过程中形成的飞沫被认为是造成黏膜感染的原因[191]。一位工人感染了1型恒河猴疱疹病毒后，引起其妻子继发感染，原因是妻子使用了被丈夫所感染病毒污染的可的松霜，通过破损皮肤而发生感染[244]。3例痘苗病毒LAI案例是未戴手套的结果[160, 180, 262]。1名研究人员因其使用的病毒储存液被污染而感染了痘苗病毒[178]，两个痘苗病毒LAI事件是由于无意中接触受污染的表面引起的[181, 263]。尽管无法确定眼部感染的确切原因，然而，在实验台上打开瓶盖做实验时，不佩戴护目镜，也不戴手套可能是造成感染的原因[264]。同样，一例牛痘感染也可因接触了受污染的试剂或受污染的表面所致，在其实验室许多物品的表面上检出了牛痘病毒DNA，提示病毒也可对其他病毒储存容器产生污染。由于该感染者不直接操作牛痘病毒，因此没有接种疫苗[190]。在4个这样的案例报道中，研究人员因感染就医，但没向医生说明他们可能已经暴露于痘病毒[186, 187, 262, 263]。幸运的是，并没有发生医源性传播事件。

寄生虫性LAI

在此期间共报告了170例有症状的、4例无症状的和2例二代寄生虫感染，包括6个属20种寄生虫。引起LAI事件的活动包括：研究（76例）、兽医教学（81例）、临床实验室诊断（3例）、现场研究（1例），以及未明确说明的活动（9例）。引起这些LAI的寄生虫分别为：隐孢子虫96例，利什曼原虫15例，锥虫26例，弓形虫15例，疟原虫17例和血吸虫1例（具体文献详见表4-6）。此外，Brener报告了个人了解的50例实验室相关克氏锥虫感染，其中1例死亡，但无日期和暴露类型等详细信息，因此未包括在本次调查内[32]。

表4-6　寄生虫性LAI（1979—2015年）（单位：例）

病原	LAI显性感染数	LAI亚临床感染数	参考文献
隐孢子虫属	96	2	265 ~ 269, 287, 459 ~ 465
利什曼原虫属	15	0	270, 276, 284 ~ 286, 289, 292, 294, 466, 467
猴疟原虫	4	0	280, 468
恶性疟原虫	9	0	270 ~ 273, 288, 293, 469, 470
间日疟原虫	4	0	272, 280
曼氏血吸虫	1	0	277
刚地弓形虫	15	2	34, 279 ~ 283, 291, 471 ~ 475
锥虫属	26	0	34, 270, 275, 280, 290, 476 ~ 479
总计	**170**	**4**	

寄生虫感染暴露方式

据报道，寄生虫性LAI最常见的暴露方式是食入和肠道外途径，而肠道外感染通常与动物接种相关的针刺伤有关。除1例是通过空气传播外[265]，所有的隐孢子虫感染都是通过食入该寄生虫所致。兽医专业的学生中感染隐孢子虫，是通过接触受感染的小牛所致。2位学生配偶因清洗学生受污染的衣物而发生二代感染[266，267]。因演练从人工子宫中取出小牛，导致另外两起兽医实验室隐孢子虫感染暴发[268，269]。发生暴发疫情的兽医医学院采取了预防措施，如对教学用小牛进行检测，以及提供洗手和更衣的设施[268]。

在猴疟原虫引起的LAI被确诊之前，研究人员一直认为该疟原虫只能感染猴子，然而蚊子可通过叮咬受感染的猴而后将其传播给人[270]。蚊虫叮咬也可造成恶性疟原虫和间日疟原虫传播[271-274]。

最常见的寄生虫暴露来源是从事感染动物、昆虫或体外寄生虫相关的工作，其次是锐器、溅出、溢出等相关的事故。与寄生虫感染传播相关的活动包括不穿戴手套[275-278]和护目镜[279-283]、动物注射[284，285]、回套针帽[286]、吸入或胃内容物溅洒[265，287]、被感染的蚊子叮咬[271-274，288]，以及各种锐器刺伤[283，289，290]。还有些特殊情况造成寄生虫感染，如认为所接触的病原已经无毒[291]，或在使用感染性材料时正在接受免疫抑制治疗[292]，或在将玻璃血细胞比容管插入黏土密封剂时刺伤拇指[293]。还有1例感染是发生在一项不相关的鸟类实地研究中[294]。

真菌性LAI

在文献综述中仅发现25例真菌性LAI，如表4-7所示。其中7例为须癣毛癣菌[303，304]，4～5例为皮肤癣菌感染，包括疣状毛癣菌和犬小孢子菌[34]；皮炎芽生菌[295，296]和粗球孢子菌分别各有3例[5，16]；申克孢子丝菌2例[297，298]；皮肤癣霉菌[299]、兔脑炎微孢子虫[300]、马尔尼菲青霉菌[301]和西米发癣菌各1例[302]。在临床和公共卫生实验室发生了3例感染事件[16，295]，而在研究活动过程中发生18例，有4～5例发生地点不明。

表 4-7　真菌性 LAI（1979—2015 年）（单位：例）

真菌	案例数	亚临床数	参考文献
皮肤癣霉菌	1	0	299
皮炎芽生菌	3	0	295, 296
粗球孢子菌	3	0	5, 16
皮肤癣菌，包括（疣状毛癣菌和犬小孢子菌）	4 ～ 5	0	34
兔脑炎微孢子虫	1	0	300
组织胞浆菌属	1	0	480
巴西芽生菌	1	0	481
马尔尼菲青霉菌	1	0	301
申克孢子丝菌	2	0	297,298
须癣毛癣菌	7	0	303, 304
西米发癣菌	1	0	302
总计	**25 ～ 26**	**0**	

a 参考Biol. Safety Conf.是由美国国际生物安全协会主办的会议摘要。

真菌感染暴露方式

真菌性LAI主要经皮肤、肠胃外、吸入和黏膜暴露引起。处理非实验性感染的大鼠或者豚鼠时，发生人兽共患LAI7例[303，304]。两滴液体培养物溅到伤口的绷带上引发了皮肤真菌感染[298]。在另一个场合，过滤真菌垫时一滴培养液滴落到了皮肤上也引起了皮肤感染[302]。2例LAI发生于病理学组织切片制作过程中，因割伤而感染[295]。1名免疫抑制的学生在参观一个马尔尼菲青霉菌真菌实验室后，感染了该菌[301]。未佩戴手套或操作不当也会引起真菌性LAI[297]，用污染的手部揉眼睛很可能导致下眼睑部位皮肤黏膜感染[299]。含有兔脑炎微孢子虫孢子的培养物上清液溅到实验室工作者眼中导致严重的眼疾，其中一只眼一年后仍有角膜薄翳[300]。

变态反应也是真菌病原工作者的职业危害之一。在利用黏液菌分离溶酶体酶的过程中，打开压力罐时产生气溶胶暴露，而导致一位微生物学研究人员发生鼻结膜炎和哮喘[487]。有10人在从事三磷酸腺苷（ATP）生产工作仅1天，就因对马尔尼菲青霉菌过敏需要就医[305]。

传染性气溶胶在LAI中的作用

对潜在感染来源的实验室研究，通常将重点放在常规微生物学技术产生的风险上。表4-8列出了不同工作区域2英尺范围内（2英尺约为0.61 m）回收活性颗粒的数项研究的数据，这些数据均在一系列空气采样的基础上测得。气溶胶有两种暴露方式——可悬浮在空气中的气溶胶颗粒和滴溅到物体表面、设备和人员的较大而且重的飞沫。表4-9的数据表明标准实验室操作程序也能产生可吸入性气溶胶颗粒，对实验室工作人员和邻近的其他人员产生潜在的危害。然而，仅仅在空气中存在少量微生物并不足以致病。发生感染必须满足以下3个条件：感染剂量、暴露方式和宿主易感性。美国FDA警告，公布的感染剂量并未考虑病原毒力的变异和宿主的易感性的不同。如大肠埃希菌O157的感染剂量低到只有10个菌即可引起感染[306]，而大肠埃希菌的其他菌株则至少需要10^8个才可以引起感染[22]。

表 4-8 实验操作产生气溶胶的浓度和粒度

实验过程	气溶胶颗粒数 [b]	颗粒大小 [c]（μm）
混匀方式		
加样器	6.6	2.3 ± 1.0
装有 5ml 培养物的盖帽试管在涡旋混合器中混匀 15s	0.0	0.0
装有 10ml 培养物的盖帽管在涡旋混合器中混匀，使其培养物漩涡触及混匀器顶盖	9.4	4.8 ± 1.9
搅拌机使用		
加帽	119.6	1.9 ± 0.7
去帽	1500.0	1.7 ± 0.5
使用超声波仪	6.3	4.8 ± 1.6
冻干培养		
小心打开	134.0	10.0 ± 4.3
敲碎打开	4,838.0	10.0 ± 4.8

a 改编自参考文献[482]。
b 每立方英尺空气采样的平均活菌落数。
c 计数粒子的中位直径。

表 4-9 人感染剂量

疾病或病原	剂量	接种途径
柯萨奇 A21 病毒	≤ 18[c]	吸入
大肠埃希菌	10^8	食入
土拉热弗朗西丝菌	10	吸入

续表

疾病或病原	剂量	接种途径
贾第鞭毛虫	10 ~ 100 个卵囊	食入
流感 A2 病毒	≤ 790[c]	吸入
疟疾	10	静脉注射
麻疹	0.2[c,e]	吸入
结核分枝杆菌	< 10[f]	吸入
脊髓灰质炎病毒	2[c,e,g]	食入
Q 热	10	吸入
伤寒沙门菌	10^5	摄入
丛林斑疹伤寒	3	皮内注射
福氏志贺菌	180	食入
志贺菌	10^9	食入
梅毒螺旋体	57	皮内注射
委内瑞拉脑炎病毒	1[c,h]	皮下
霍乱弧菌	10^8	食入

a 参考文献[22]。 b 除非另有说明，其为病原体剂量数。
c 中位感染组织培养剂量。 d 参考文献[483]。
e 儿童。 f 参考文献[484]和[485]。
g 空斑形成单位。 h 豚鼠感染单位。

职业健康计划

职业健康计划的持续发展，将通过增加对人员条件、免疫接种和及时的暴露后预防等方面的岗前培训和健康咨询，最大限度地降低LAI的发生。在美国，按照OSHA血源病原标准要求，职业健康计划必须为相关人员提供乙肝疫苗接种和乙肝病毒及HIV的暴露后预防。

疫苗接种计划

当对所研究的病原体有疫苗可用时，疫苗接种计划可以有效预防LAI或将其危害降至最低限度。对2005—2008年向CDC报告的16起痘苗病毒暴露事件的分析显示，在过去10年中只有4人接种了天花疫苗接种[183]。在发生痘苗病毒LAI之前，这些研究机构职业健康服务部门仅对寻求接种疫苗的人提供咨询。在LAI发生后，政策被修订。现在，所有使用痘苗病毒的研究人员都必须接受疫苗接种咨询，所有无禁忌证的都要接种痘苗病毒，对拒绝接种疫苗的人必须记录在案[178]。

对于有脑膜炎奈瑟菌暴露风险的微生物学家，也建议接种疫苗[307]。以前，在美国并没有针对血清群B流脑的疫苗可供接种。然而，2015年8月15日，美国CDC建议从事脑膜炎奈瑟菌相关工作的人员进行血清B群流脑的疫苗接种。具有潜在实验室暴露的工作人员必须到职业健康服务部门接种疫苗。一名本科暑期班学生参与脑膜炎奈瑟菌的相关研究工作，其免疫状况不明，但该学生在患病住院后向课题负责人和医生保证其已接种疫苗。然而，这名学生提供的信息有误，他并未接种疫苗并且脑脊液的PCR结果显示脑膜炎奈瑟菌血清群A呈阳性[81]。对于日常工作暴露于伤寒沙门菌的实验室工作人员，也建议接种伤寒疫苗。

疫苗接种是预防气溶胶暴露这种低剂量感染的重要手段。美国陆军传染病医学研究所对1943—1969年LAI的历史回顾表明，生物安全柜的引入降低了炭疽、鼻疽和鼠疫感染的风险。然而，即使在引入生物安全柜后，平均每年仍然发生土拉热杆菌感染15例、委内瑞拉马脑炎1.9例、Q热3.4例。相比之下，1989—2002年报告的289个暴露事件中只发生5例LAI，鼻疽、Q热、牛痘、基孔肯亚热和委内瑞拉马脑炎各1例。委内瑞拉马脑炎、牛痘和Q热LAI发生在已接种疫苗的工作人员中，但Q热的症状轻微。此外，在对低风险暴露进行暴露后预防评估时，疫苗接种状况也是要考虑的重要因素之一[159]。

对高防护等级实验室工作人员需做专门的健康计划，包括与岗位职责相适应的身体和精神健康训练，以及对员工暴露后进行检疫的能力。关于埃博拉病毒暴露管理，可参阅相关指南[308]。

暴露后预防性治疗

乙型和丙型肝炎病毒及HIV的职业性PEP指南，将此类暴露视为医疗紧急事件，需要快速评估并做出应急响应[309，310]。有报道显示，PEP可以减少或预防流产布鲁菌[58，75]、羊布鲁菌[109，311]、类鼻疽杆菌[312，313]、土拉热弗朗西丝菌[29]和结核分枝杆菌[488]引起的急性实验室感染的事件。然而，仍然需强调预防暴露的重要性。因为PEP可能存在的副作用能降低其依从性，例如，就有因副作用而未完成羊布鲁菌[311，314]和类鼻疽杆菌[313]抗生素PEP的报道。2013年，美国CDC发布了修订后的布鲁菌PEP指南[120]，要求所有可能暴露的工作人员都应接受血清学检测、症状监测和每日体温自检，对高风险暴露的员工应进行PEP[120]。美国CDC分析了2008—2011年的153起事件，共有1724人暴露于布鲁菌，其中839例为高风险暴露（参见临床实验室布鲁菌部分的风险分类）。但只发生了5例LAI，其中4人没有采用PEP，另1名工作人员在暴露发生后21天才开始PEP[120]。

Rusnak等[88]报告了一起炭疽暴露事件，虽然暴露人员因接种过炭疽疫苗而被认为是低危暴露，但仍然采取积极的职业健康应对措施。一名工作人员从培养箱中取出一排盛有炭疽培养物的烧瓶，并用一辆推车将其运送给已经坐在生物安全柜前的同事。在实验过程中，将塞瓶口的纸巾丢弃在生物安全柜外之后，才注意到其被炭疽芽孢杆菌污染。职业健康服务部门采集可能暴露的工作人员的鼻咽喉拭子，开始了短期的抗生素治疗。次日，从其中一名研究人员的鼻腔样本中培养出了6个CFU的炭疽芽孢杆菌，从而改为对两人进行为期一个月的全疗程PEP[88]。

在美国CDC网站上可查到许多病原体的PEP指南。有些病原体在暴露后带来严重的后果，这其中就包括类鼻疽杆菌[160，308，315，316]。

宿主因素

职业健康计划的另一个关键功能是事前向工作人员提供健康状况的咨询，以免在暴露于感染因子后产生严重的不良后果。感染的风险和严重程度可能受基础疾病、医疗条件、抑制免疫功能的药物、过敏性超敏反应、无法接种某种疫苗以及生育问题的影响。在开始感染性病原体相关工作之前，需要了解并解决这类问题[317]。

当感染能改变或损害正常的宿主防御机制时，工作人员将面临感染概率增加的风险。例如，健康完整的皮肤可以保护宿主免于感染因子的入侵，但皮肤的防御功能可能被诸如慢性皮炎、湿疹和银屑病等破坏，在没有穿戴个人防护服的情况下感染因子可以通过受损的皮肤侵入机体。胃酸缺乏的人更容易受到弧菌感染[306]；有心脏瓣膜病的人不应暴露于贝纳柯克斯体。抗生素治疗可以抑制胃肠道菌群，增加外来或耐药微生物群体定植的可能性。免疫系统功能缺陷会使工作人员处于职业感染的高风险中。免疫缺陷可能由某些结缔组织疾病、癌症化疗或HIV感染引起[317]，其他原因包括诸如哮喘、炎性肠病和急性病毒感染等疾病的类固醇激素治疗。妊娠可能带来轻度免疫功能低下，特别是对于发育中的胎儿。糖尿病也会增加感染的风险，是1945年以来美国首例鼻疽——马鼻疽杆菌LAI感染的危险因素[318]。一位遗传性血色素沉着病（未确诊）研究人员，实验室感染减毒鼠疫耶尔森杆菌色素阴性株（KIMD27）后死亡，糖尿病也是其意外死亡的危险因素之一。KIMD27减毒株是基于该菌株不能获取铁，因此，认为该研究人员血液中铁的过载可能给该菌株提供了足够的铁，从而恢复了毒力[85]。已知血色素沉着病患者更容易感染至少32种病原体，包括革兰氏阴性菌、革兰氏阳性或抗酸细菌、真菌和寄生虫[319]。与生殖系统相关的职业风险可能涉及妊娠期间的暴露，导致不良结局，如自然流产和出生缺陷。男女都可能发生不孕症。男性暴露可能会导致精子受损、精液中有毒物质的传播，或孕妇被伴侣受污染的衣物感染。母乳喂养也可能是感染源。更常见的是，孕妇感染职业相关病原后，进而造成子宫内或分娩过程中潜在的先天性胎儿感染。已知引起先天性或新生儿感染的微生物包括如布鲁菌、巨细胞病毒、乙型肝炎病毒、单纯疱疹病毒、HIV、淋巴细胞脉络丛脑膜炎病毒、细小病毒、单核细胞性李斯特菌、风疹病毒、梅毒螺旋体和弓形虫等，在实验室工作中暴露于这些微生物的可能性是非常大的[320]。寨卡病毒和小头畸形之间也存在一定的相关性。

在微生物和生物医学实验室中，工作人员还可以对蛋白质（来自原料、发酵产品或酶等生物制品）、化学品以及动物的皮屑或雾化尿液等产生变态反应[321，322]。

行为因素

关于对病原微生物的职业暴露，工作人员是保证任何操作安全的关键，因为是他们在处理病原体、做实验、操作设备、处置动物、处理传染性废弃物，并在必要时打扫清理溢出物。工作人员必须来到工作场所，才能保证各项工作的顺利运行。这意味着不仅要受过足够的教育，有技术和经验，接受安全培训，理解任务或项目，并安全地操作，还要能够专注于工作，以免因疏忽或分心而导致事故发生，并自觉遵守安全操作规范。Philipps[323]和Martin[324]详细阐述了与实验室安全相关的行为因素。在德特里克堡（Fort Detrick）的一个大型微生物研究实验室开展的一项调查中，Philipps描述了容易发生事故和从不发生事故人员的各种特征。该研究发现，20～29岁年龄组事故发生率异常高，女性的事故发生率略低于男性。不幸的是，生物医学的主力军通常是有创造性的年轻人，但是属于事故的高发人群。Philipps的研究还发现，65%的事故是由人为错误造成的，20%是归因于设备问题，其余的15%最终被归因于“不安全行为”，也可被视为是人为错误。虽然行为因素并非总是与LAI发生有关，但在风险评估时也需将其考虑在内。

结论

本章旨在通过引用大量的数据，提高大家对不断发生的LAI重要性的认识，强化实验室日常运行中生物安全措施的落实，为生物安全计划提供支持。本章所引用文献的作者为客观评估风险，发展和改进生物安全实践做出了重要贡献。工作场所的安全文化要求必须鼓励报告暴露事件，以采取措施防止类似事件的再次发生。如果实验室工作人员意识到暴露于传染性病原体的潜在风险，并且不断与生物安全和职业健康专业人员携手共进，就能实现将LAI风险最小化的目标。

原著参考文献

[1] Singh K. 2011. It's time for a centralized registry of laboratoryacquired infections. Nat Med 17:919.

[2] Sewell DL. 2000. Laboratory-acquired Infections. Clin Microbiol Newsl 22:73–77.

[3] Miller JM, Astles R, Baszler T, Chapin K, Carey R, Garcia L, Gray L, Larone D, Pentella M, Pollock A, Shapiro DS, Weirich E, Wiedbrauk D, Biosafety Blue Ribbon Panel, Centers for Disease Control and Prevention (CDC). 2012. Guidelines for safe work practices in human and animal medical diagnostic laboratories. Recommendations of a CDC-convened, Biosafety Blue Ribbon Panel. MMWR Suppl 61(Suppl):1–102.

[4] Trans-Federal Task Force on Optimizing Biosafety and Biocontainment Oversight. 2009. Final report. http://www. ars. usda. gov/is/br/bbotaskforce/biosafety-FINAL-REPORT-092009. pdf.

[5] Henckel RD, Miller T, Weyant RS. 2012. Monitoring Select Agent theft, loss, and release reports in the United States—2004–2010. Appl Biosaf 17:171–180.

[6] Kimman TG, Smit E, Klein MR. 2008. Evidence-based biosafety: a review of the principles and effectiveness of microbiological containment measures. Clin Microbiol Rev 21:403–425.

[7] Sulkin SE, Pike RM. 1951. Laboratory-acquired infections. J Am Med Assoc 147:1740–1745.

[8] Reid DD. 1957. Incidence of tuberculosis among workers in medical laboratories. BMJ 2:10–14.

[9] Phillips GB. 1965a. Microbiological hazards in the laboratory, Part 1. Control. J Chem Educ 42:A43–A48.

[10] Harrington JM, Shannon HS. 1976. Incidence of tuberculosis, hepatitis, brucellosis, and shigellosis in British medical laboratory workers. BMJ 1:759–762.

[11] Grist NR. 1981. Infection hazards in clinical laboratories. Scott Med J 26:197–198.

[12] Grist NR. 1983. Infections in British clinical laboratories 1980–81. J Clin Pathol 36:121–126.

[13] Jacobson JT, Orlob RB, Clayton JL. 1985. Infections acquired in clinical laboratories in Utah. J Clin Microbiol 21:486–489.

[14] Vesley D, Hartmann HM. 1988. Laboratory-acquired infections and injuries in clinical laboratories: a 1986 survey. Am J Public Health 78:1213–1215.

[15] Masuda T, Isokawa T. 1991. [Biohazard in clinical laboratories in Japan]. Kansenshogaku Zasshi 65:209–215.

[16] Baron EJ, Miller JM. 2008. Bacterial and fungal infections among diagnostic laboratory workers: evaluating the risks. Diagn Microbiol Infect Dis 60:241–246.

[17] Athlin S, Vikerfors T, Fredlund H, Olcén P. 2007. Atypical clinical presentation of laboratory-acquired meningococcal disease. Scand J Infect Dis 39:911–913.

[18] Riyesh T, Karuppusamy S, Bera BC, Barua S, Virmani N, Yadav S, Vaid RK, Anand T, Bansal M, Malik P, Pahuja I, Singh RK. 2014. Laboratory-acquired buffalopox virus infection, India. Emerg Infect Dis 20:324–326.

[19] Centers for Disease Control and Prevention. 2011. Multistate Outbreak of Salmonella typhimurium infections associated with exposure to clinical and teaching microbiology laboratories. http://www. cdc. gov/salmonella/typhimurium-laboratory/index. html.

[20] Centers for Disease Control and Prevention. 2014. Human Salmonella Typhimurium infections linked to exposure to clinical and teaching microbiology laboratories. http://www. cdc. gov /salmonella/typhimurium-labs-06-14/index. html.

[21] Anonymous. 1988. Microbiological safety cabinets and laboratory acquired infection. Lancet 2:844–845.

[22] Wedum AG, Barkley WE, Hellman A. 1972. Handling of infectious agents. J Am Vet Med Assoc 161:1557–1567.

[23] Sulkin SE, Pike RM. 1951. Survey of laboratory-acquired infections. Am J Public Health Nations Health 41:769–781.

[24] Pike RM, Sulkin SE. 1952. Occupational hazards in microbiology. Sci Mon 75:222–227.

[25] Pike RM, Sulkin SE, Schulze ML. 1965. Continuing importance of laboratory-acquired infections. Am J Public Health Nations Health 55:190–199.

[26] Pike RM. 1976. Laboratory-associated infections: summary and analysis of 3921 cases. Health Lab Sci 13:105–114.

[27] Pike RM. 1978. Past and present hazards of working with infectious agents. Arch Pathol Lab Med 102:333–336.

[28] Pike RM. 1979. Laboratory-associated infections: incidence, fatalities, causes, and prevention. Annu Rev Microbiol 33:41–66.

[29] Shapiro DS, Schwartz DR. 2002. Exposure of laboratory workers to Francisella tularensis despite a bioterrorism procedure. J Clin Microbiol 40:2278–2281.

[30] Centers for Disease Control and Prevention (CDC). 2008. Update: potential exposures to attenuated vaccine strain Brucella abortus RB51 during a laboratory proficiency test—United States and Canada, 2007. MMWR Morb Mortal Wkly Rep 57:36–39.

[31] Collins CH, Kennedy DA. 1999. Laboratory-Acquired Infections: History, Incidence, Causes and Preventions, 4th ed. Butterworth Heinemann, Oxford.

[32] Brener Z. 1987. Laboratory-acquired Chagas disease: comment. Trans R Soc Trop Med Hyg 81:527.

[33] Walker D, Campbell D. 1999. A survey of infections in United Kingdom laboratories, 1994–1995. J Clin Pathol 52:415–418.

[34] Willemark N, Van Vaerenbergh B, Descamps E, Brosius B, Dai Do Thi C, Leunda A, Baldo A, Herman P. 2015. Laboratory-Acquired Infections in Belgium (2007–2012). Institut Scientifique de Santé Publique, Brussels, Belgium. http://www. biosafety. be /CU/ PDF/2015_Willemarck_LAI%20report%20Belgium_2007_2012_Final. pdf.

[35] Boutet R, Stuart JM, Kaczmarski EB, Gray SJ, Jones DM, Andrews N. 2001. Risk of laboratory-acquired meningococcal disease. J Hosp Infect 49:282–284.

[36] Bremner DA. 1992. Laboratory acquired meningococcal septicaemia. Aust Microbiol 13:A106.

[37] Centers for Disease Control (CDC). 1991. Laboratory-acquired meningococcemia—California and Massachusetts. MMWR Morb Mortal Wkly Rep 40:46–47, 55.

[38] Centers for Disease Control and Prevention (CDC). 2002. Laboratory-acquired meningococcal disease— United States, 2000. MMWR Morb Mortal Wkly Rep 51:141–144.

[39] Sheets CD, Harriman K, Zipprich J, Louie JK, Probert WS, Horowitz M, Prudhomme JC, Gold D, Mayer L. 2014. Fatal meningococcal disease in a laboratory worker— California, 2012. MMWR Morb Mortal Wkly Rep 63:770–772.

[40] Paradis JF, Grimard D. 1994. Laboratory-acquired invasive meningococcus— Quebec. Can Commun Dis Rep 20:12–14.

[41] Sejvar JJ, Johnson D, Popovic T, Miller JM, Downes F, Somsel P, Weyant R, Stephens DS, Perkins BA, Rosenstein NE. 2005. Assessing the risk of laboratory-acquired meningococcal disease. J Clin Microbiol 43:4811–4814.

[42] Al-Aska AK, Chagla AH. 1989. Laboratory-acquired brucellosis. J Hosp Infect 14:69–71.

[43] Georghiou PR, Young EJ. 1991. Prolonged incubation in brucellosis. Lancet 337:1543.

[44] Young EJ. 1983. Human brucellosis. Rev Infect Dis 5:821–842.

[45] Young EJ. 1991. Serologic diagnosis of human brucellosis: analysis of 214 cases by agglutination tests and review of the literature. Rev Infect Dis 13:359–372.

[46] Blaser MJ, Hickman FW, Farmer JJ III, Brenner DJ, Balows A, Feldman RA. 1980. Salmonella typhi: the laboratory as a reservoir of infection. J Infect Dis 142:934–938.

[47] Blaser MJ, Lofgren JP. 1981. Fatal salmonellosis originating in a clinical microbiology laboratory. J Clin Microbiol 13:855–858.

[48] Centers for Disease Control and Prevention (CDC). 2011. Fatal laboratory-acquired infection with an attenuated Yersinia pestis strain— Chicago, Illinois, 2009. MMWR Morb Mortal Wkly Rep 60:201–205.

[49] Wong D, Wild MA, Walburger MA, Higgins CL, Callahan M, Czarnecki LA, Lawaczeck EW, Levy CE, Patterson JG, Sunenshine R, Adem P, Paddock CD, Zaki SR, Petersen JM, Schriefer ME, Eisen RJ, Gage KL, Griffith KS, Weber IB, Spraker TR, Mead PS. 2009. Primary pneumonic plague contracted from a mountain lion carcass. Clin Infect Dis 49:e33– e38.

[50] De Schrijver KAL, Bertrand S, Collard JM, Eilers K, De Schrijver K, Lemmens A, Bertrand S, Collard JM, Eilers K. 2007. [Een laboratoriuminfectie met Shigella sonnei gevolgd door een cluster secundaire infectiessecundaire infecties] Abstract in English: Outbreak of Shigella sonnei in a clinical microbiology laboratory with secondary infections in the community). Tijdschr Geneeskd 63:686–690.

[51] Ruben B, Band JD, Wong P, Colville J. 1991. Person-to-person transmission of Brucella melitensis. Lancet 337:14–15.

[52] Goossens H, Marcelis L, Dekeyser P, Butzler JP. 1983. Brucella melitensis: person-to-person transmission? Lancet 321:773.

[53] Bolin CA, Koellner P. 1988. Human-to-human transmission of Leptospira interrogans by milk. J Infect Dis 158:246–247.

[54] U.S. Department of Health and Human Services Public Health Service. 1999. Biosafety in Microbiological and Biomedical Laboratories. Centers for Disease Control and Prevention and National Institutes of Health te. U.S. Government Printiing Office, Washington, D.C.

[55] Jager MM, Murk JL, Pique R, Wulf MW, Leenders AC, Buiting AG, Bogaards JA, Kluytmans JA, Vandenbroucke-Grauls CM. 2010. Prevalence of carriage of meticillin-susceptible and meticillinresistant Staphylococcus aureus in employees of five microbiology laboratories in The Netherlands. J Hosp Infect 74:292–294.

[56] Centers for Disease Control and Prevention (CDC). 2008. Laboratory-acquired brucellosis— Indiana and Minnesota, 2006. MMWR Morb Mortal Wkly Rep 57:39–42.

[57] Batchelor BI, Brindle RJ, Gilks GF, Selkon JB. 1992. Biochemical mis-identification of Brucella melitensis and subsequent laboratory-acquired infections. J Hosp Infect 22:159–162.

[58] Fiori PL, Mastrandrea S, Rappelli P, Cappuccinelli P. 2000. Brucella abortus infection acquired in microbiology laboratories. J Clin Microbiol 38:2005–2006.

[59] Gerberding JL, Romero JM, Ferraro MJ. 2008. Case 34-2008. A 58-year-old woman with neck pain and fever. N Engl J Med 359:1942–1949.

[60] Ollé-Goig JE, Canela-Soler J. 1987. An outbreak of Brucella melitensis infection by airborne transmission among laboratory workers.

Am J Public Health 77:335–338.

[61] Staszkiewicz J, Lewis CM, Colville J, Zervos M, Band J. 1991. Outbreak of Brucella melitensis among microbiology laboratory workers in a community hospital. J Clin Microbiol 29: 287–290.

[62] Ozaras R, Celik AD, Demirel A. 2004. Acute hepatitis due to brucellosis in a laboratory technician. Eur J Intern Med 15:264.

[63] Emrys G. 2008. Report into the investigation of ESR meningitis infection case of Dr. Jeannette Adu-Bobie. http://www. dol. govt. nz/news/media/2008/adu-bobie-report. asp.

[64] Burnens AP, Zbinden R, Kaempf L, Heinzer I, Nicolet J. 1993. A case of laboratory acquired infection with Escherichia coli O157:H7. Zentralbl Bakteriol 279:512–517.

[65] Olesen B, Jensen C, Olsen K, Fussing V, Gerner-Smidt P, Scheutz F. 2005. VTEC O117:K1:H7. A new clonal group of E. coli associated with persistent diarrhoea in Danish travellers. Scand J Infect Dis 37:288–294.

[66] Spina N, Zansky S, Dumas N, Kondracki S. 2005. Four laboratory-associated cases of infection with Escherichia coli O157:H7. J Clin Microbiol 43:2938–2939.

[67] Thilo W, Kiehl W, Geiss HK. 1997. A case report of laboratoryacquired diphtheria. Euro Surveill 2:67–68.

[68] Laboratory PHS. 1998. Throat infection with toxigenic Corynebacterium diptheriae. Commun Dis Wkly Rep 8:60–61.

[69] Yanyu L. 2011. Dean, secretary deposed after group infection. http://www.chinadaily.com.cn/china/2011-09/04/content _13614791.htm

[70] M.A. Said SS. J. Wright-Andoh, R. Myers, J. Razeq, D. Blythe. 2011. Salmonella enterica serotype Typhimurium gastrointestinal illness associated with a university microbiology course—Maryland, abstr. 62nd Epidemic Intelligence Service (EIS) Conference. 62: 03.

[71] Centers for Disease Control and Prevention (CDC). 2013. Salmonella typhimurium infections associated with a community college microbiology laboratory— Maine, 2013. MMWR Morb Mortal Wkly Rep 62:863.

[72] Steckelberg JM, Terrell CL, Edson RS. 1988. Laboratory-acquired Salmonella typhimurium enteritis: association with erythema nodosum and reactive arthritis. Am J Med 85:705–707.

[73] Hoerl D, Rostkowski C, Ross SL, Walsh TJ. 1988. Typhoid fever acquired in a medical teaching laboratory. Lab Med 19:166–168.

[74] Centers for Disease Control (CDC). 1984. Rat-bite fever in a college student— California. MMWR Morb Mortal Wkly Rep 33:318–320.

[75] Montes J, Rodriguez MA, Martin T, Martin F. 1986. Laboratory-acquired meningitis caused by Brucella abortus strain 19. J Infect Dis 154:915–916.

[76] Wallach JC, Ferrero MC, Victoria Delpino M, Fossati CA, Baldi PC. 2008. Occupational infection due to Brucella abortus S19 among workers involved in vaccine production in Argentina. Clin Microbiol Infect 14:805–807.

[77] Centers for Disease Control and Prevention (CDC). 2007. Salmonella serotype enteritidis infections among workers producing poultry vaccine— Maine, November-December 2006. MMWR Morb Mortal Wkly Rep 56:877–879.

[78] Schlech WF III, Turchik JB, Westlake RE Jr, Klein GC, Band JD, Weaver RE. 1981. Laboratory-acquired infection with Pseudomonas pseudomallei (melioidosis). N Engl J Med 305:1133–1135.

[79] Meselson M, Guillemin J, Hugh-Jones M, Langmuir A, Popova I, Shelokov A, Yampolskaya O. 1994. The Sverdlovsk anthrax outbreak of 1979. Science 266:1202–1208.

[80] Bhatti AR, DiNinno VL, Ashton FE, White LA. 1982. A laboratory-acquired infection with Neisseria meningitidis. J Infect 4: 247–252.

[81] Kessler AT, Stephens DS, Somani J. 2007. Laboratory-acquired serogroup A meningococcal meningitis. J Occup Health 49:399–401.

[82] New Zealand Herald. 2005. Scientist loses limbs to meningococcal disease. http://www. nzherald. co. nz/nz/news/article. cfm? c_id=1&objectid=10120376.

[83] Omer H, Rose G, Jolley KA, Frapy E, Zahar JR, Maiden MC, Bentley SD, Tinsley CR, Nassif X, Bille E. 2011. Genotypic and phenotypic modifications of Neisseria meningitidis after an accidental human passage. PLoS One 6:e17145.

[84] ProMED-mail. 2009. Meningitis, meningococcal, USA (Massachusetts). http://www. promedmail. org/post/20091112. 3924.

[85] Centers for Disease Control and Prevention (CDC). 2011. Fatal laboratory-acquired infection with an attenuated Yersinia pestis Strain—Chicago, Illinois, 2009. MMWR Morb Mortal Wkly Rep 60:201–205.

[86] Barry M. 2005. Report of pneumonic tularemia in three Boston University researchers— November 2004–March 2005. Boston Public Health Commission, Boston, MA. http://cbc.arizona.edu /sites/default/files/Boston_Univerity_Tularemia_report_2005.pdf

[87] Eckstein M. 2010. Army-broken procedures led to lab infection. http://www. fredericknewspost. com/archive/article_5e4539ea-7902-5b13-8d37-8c7b6ade7538. html.

[88] Rusnak J, Boudreau E, Bozue J, Petitt P, Ranadive M, Kortepeter M. 2004. An unusual inhalational exposure to Bacillus anthracis in a research laboratory. J Occup Environ Med 46:313–314.

[89] Bouza E, Martin A, Van den Berg RJ, Kuijper EJ. 2008. Laboratory-acquired clostridium difficile polymerase chain reaction ribotype 027: a new risk for laboratory workers? Clin Infect Dis 47:1493–1494.

[90] Lavelle JP, Landas S., Mitros F, Conklin JL. 1994. Acute gastritis associated with spiral organisms from cats. Dig Dis Sci 39: 744–750.

[91] Huhulescu S, Leitner E, Feierl G, Allerberger F. 2010. Laboratory-acquired Vibrio cholerae O1 infection in Austria, 2008. Clin Microbiol Infect 16:1303–1304.

[92] Barkham T, Taylor MB. 2002. Sniffing bacterial cultures on agar plates: a useful tool or a safety hazard? J Clin Microbiol 40:3877.

[93] Miller CD, Songer JR, Sullivan JF. 1987. A twenty-five year review of laboratory-acquired human infections at the National Animal Disease Center. Am Ind Hyg Assoc J 48:271–275.

[94] Yagupsky P, Peled N, Riesenberg K, Banai M. 2000. Exposure of hospital personnel to Brucella melitensis and occurrence of laboratory-acquired disease in an endemic area. Scand J Infect Dis 32:31–35.

[95] Centers for Disease Control and Prevention (CDC). 2008. Laboratory-acquired brucellosis— Indiana and Minnesota, 2006. MMWR Morb Mortal Wkly Rep 57:39–42.

[96] Shemesh AA, Yagupsky P. 2012. Isolation rates of Brucella melitensis in an endemic area and implications for laboratory safety. Eur J Clin Microbiol Infect Dis 31:441–443.

[97] Kiel FW, Khan MY. 1993. Brucellosis among hospital employees in Saudi Arabia. Infect Control Hosp Epidemiol 14:268–272.

[98] Ergönül O, Celikbaş A, Tezeren D, Güvener E, Dokuzoğuz B. 2004. Analysis of risk factors for laboratory-acquired brucella infections. J Hosp Infect 56:223–227.

[99] Hasanjani Roushan MR, Mohrez M, Smailnejad Gangi SM, Soleimani Amiri MJ, Hajiahmadi M. 2004. Epidemiological features and clinical manifestations in 469 adult patients with brucellosis in Babol, Northern Iran. Epidemiol Infect 132:1109–1114.

[100] Eales KM, Norton RE, Ketheesan N. 2010. Brucellosis in northern Australia. Am J Trop Med Hyg 83:876–878.

[101] Jiang H, Fan M, Chen J, Mi J, Yu R, Zhao H, Piao D, Ke C, Deng X, Tian G, Cui B. 2011. MLVA genotyping of Chinese human Brucella melitensis biovar 1, 2 and 3 isolates. BMC Microbiol 11:256.

[102] Al Dahouk S, Neubauer H, Hensel A, Schöneberg I, Nöckler K, Alpers K, Merzenich H, Stark K, Jansen A. 2007. Changing epidemiology of human brucellosis, Germany, 1962–2005. Emerg Infect Dis 13:1895–1900.

[103] Grammont-Cupillard M, Berthet-Badetti L, Dellamonica P. 1996. Brucellosis from sniffing bacteriological cultures. Lancet 348:1733–1734.

[104] Demirdal T, Demirturk N. 2008. Laboratory-acquired brucellosis. Ann Acad Med Singapore 37:86–87.

[105] Memish ZA, Alazzawi M, Bannatyne R. 2001. Unusual complication of breast implants: brucella infection. Infection 29:291–292.

[106] Memish ZA, Venkatesh S. 2001. Brucellar epididymo-orchitis in Saudi Arabia: a retrospective study of 26 cases and review of the literature. BJU Int 88:72–76.

[107] Memish ZA, Mah MW. 2001. Brucellosis in laboratory workers at a Saudi Arabian hospital. Am J Infect Control 29:48–52.

[108] Aloufi AD, Memish ZA, Assiri AM, McNabb SJN. 2016. Trends of reported human cases of brucellosis, Kingdom of Saudi Arabia, 2004–2012. J Epidemiol Glob Health 6:11–18.

[109] Robichaud S, Libman M, Behr M, Rubin E. 2004. Prevention of laboratory-acquired brucellosis. Clin Infect Dis 38:e119–e122.

[110] Chusid MJ, Russler SK, Mohr BA, Margolis DA, Hillery CA, Kehl KC. 1993. Unsuspected brucellosis diagnosed in a child as a result of an outbreak of laboratory-acquired brucellosis. Pediatr Infect Dis J 12:1031–1033.

[111] Peiris V, Fraser S, Fairhurst M, Weston D, Kaczmarski E. 1992. Laboratory diagnosis of brucella infection: some pitfalls. Lancet 339:1415–1416.

[112] Public Health Service Laboratory. 1991. Microbiological test strip (API20NE) identifies Brucella melitensis as Moraxella phenylpyruvica. CDR (Lond Engl Wkly) 1:165.

[113] Noviello S, Gallo R, Kelly M, Limberger RJ, DeAngelis K, Cain L, Wallace B, Dumas N. 2004. Laboratory-acquired brucellosis. Emerg Infect Dis 10:1848–1850.

[114] Gruner E, Bernasconi E, Galeazzi RL, Buhl D, Heinzle R, Nadal D. 1994. Brucellosis: an occupational hazard for medical laboratory personnel. Report of five cases. Infection 22:33–36.

[115] Luzzi GA, Brindle R, Sockett PN, Solera J, Klenerman P, Warrell DA. 1993. Brucellosis: imported and laboratory-acquired cases, and an overview of treatment trials. Trans R Soc Trop Med Hyg 87:138–141.

[116] Bouza E, Sánchez-Carrillo C, Hernangómez S, González MJ, The Spanish Co-operative Group for the Study of Laboratoryacquired Brucellosis. 2005. Laboratory-acquired brucellosis: a Spanish national survey. J Hosp Infect 61:80–83.

[117] Schulze zur Wiesch J, Wichmann D, Sobottka I, Rohde H, Schmoock G, Wernery R, Schmiedel S, Dieter Burchard G, Melzer F. 2010. Genomic tandem repeat analysis proves laboratoryacquired brucellosis in veterinary (camel) diagnostic laboratory in the United ArabEmirates. Zoonoses Public Health 57:315–317.

[118] Hartady T, Saad MZ, Bejo SK, Salisi MS. 2014. Clinical human brucellosis in Malaysia: a case report. Asian Pac J Trop Dis 4:150–153.

[119] Traxler RM, Lehman MW, Bosserman EA, Guerra MA, Smith TL. 2013. A literature review of laboratory-acquired brucellosis. J Clin Microbiol 51:3055–3062.

[120] Traxler RM, Guerra MA, Morrow MG, Haupt T, Morrison J, Saah JR, Smith CG, Williams C, Fleischauer AT, Lee PA, Stanek D, Trevino-Garrison I, Franklin P, Oakes P, Hand S, Shadomy SV, Blaney DD, Lehman MW, Benoit TJ, Stoddard RA, Tiller RV, De BK, Bower W, Smith TL. 2013. Review of brucellosis cases from laboratory exposures in the United States in 2008 to 2011 and improved strategies for disease prevention. J Clin Microbiol 51:3132–3136.

[121] United States Government Accountability Office. 2009. Highcontainment laboratories national strategy for oversight is needed. GAO-09-1045T. http://www. gao. gov/new. items/d09574. pdf.

[122] Brew SD, Perrett LL, Stack JA, MacMillan AP, Staunton NJ. 1999. Human exposure to Brucella recovered from a sea mammal. Vet Rec 144:483.

[123] Wallach JC, Giambartolomei GH, Baldi PC, Fossati CA. 2004. Human infection with M-strain of Brucella canis. Emerg Infect Dis 10:146–148.

[124] Arlett PR. 1996. A case of laboratory acquired brucellosis. BMJ 313:1130–1132.

[125] Shireman PK. 1992. Endometrial tuberculosis acquired by a health care worker in a clinical laboratory. Arch Pathol Lab Med 116:521–523.

[126] Müller HE. 1988. Laboratory-acquired mycobacterial infection. Lancet 332:331.

[127] Clark RP, Rueda-Pedraza ME, Teel LD, Salkin IF, Mahoney W. 1988. Microbiological safety cabinets and laboratory acquired infection. Lancet 332:844–845.

[128] Goto M, Yamashita T, Misawa S, Komori T, Okuzumi K, Takahashi T. 2007. [Current biosafety in clinical laboratories in Japan: report of questionnaires' data obtained from clinical laboratory personnel in Japan]. Kansenshogaku Zasshi 81:39–44.

[129] Centers for Disease Control (CDC). 1981. Tuberculous infection associated with tissue processing— California. MMWR Morb Mortal Wkly Rep 30:73–74.

[130] Grist NR, Emslie J. 1985. Infections in British clinical laboratories, 1982–3. J Clin Pathol 38:721–725.

[131] Grist NR, Emslie JA. 1987. Infections in British clinical laboratories, 1984–5. J Clin Pathol 40:826–829.

[132] Grist NR, Emslie JA. 1989. Infections in British clinical laboratories, 1986–87. J Clin Pathol 42:677–681.

[133] Menzies D, Fanning A, Yuan L, FitzGerald JM, Canadian Collaborative Group in Nosocomial Transmission of Tuberculosis. 2003. Factors associated with tuberculin conversion in Canadian microbiology and pathology workers. Am J Respir Crit Care Med 167:599–602.

[134] Posthaus H, Bodmer T, Alves L, Oevermann A, Schiller I, Rhodes SG, Zimmerli S. 2011. Accidental infection of veterinary personnel with Mycobacterium tuberculosis at necropsy: a case study. Vet Microbiol 149:374–380.

[135] Templeton GL, Illing LA, Young L, Cave D, Stead WW, Bates JH. 1995. The risk for transmission of Mycobacterium tuberculosis at the bedside and during autopsy. Ann Intern Med 122: 922–925.

[136] Peerbooms PGH, van Doornum GJJ, van Deutekom H, Coutinho RA, van Soolingen D. 1995. Laboratory-acquired tuberculosis. Lancet 345:1311–1312.

[137] Bemer-Melchior P, Drugeon HB. 1999. Inactivation of Mycobacterium tuberculosis for DNA typing analysis. J Clin Microbiol 37:2350–2351.

[138] Angela M, Weber YB, Mortimer VD. 2000. A tuberculosis outbreak among medical waste workers. J Am Biol Saf Assoc 5:70–80.

[139] Kao AS, Ashford DA, McNeil MM, Warren NG, Good RC. 1997. Descriptive profile of tuberculin skin testing programs and laboratory-acquired tuberculosis infections in public health laboratories. J Clin Microbiol 35:1847–1851.

[140] Belchior I, Seabra B, Duarte R. 2011. Primary inoculation skin tuberculosis by accidental needle stick. BMJ Case Rep 2011: bcr1120103496.

[141] Washington State Department of Labor and Industries Region 2—Seattle Office. 2004. Inspection report on laboratory associated infections due to Mycobacterium tuberculosis. Inspection307855056. http://www. sunshine-project. org/idriuw madchamber. pdf.

[142] Bernstein DI, Hubbard T, Wenman WM, Johnson BL Jr, Holmes KK, Liebhaber H, Schachter J, Barnes R, Lovett MA. 1984. Mediastinal and supraclavicular lymphadenitis and pneumonitis due to Chlamydia trachomatis serovars L1 and L2. N Engl J Med 311:1543–1546.

[143] Paran H, Heimer D, Sarov I. 1986. Serological, clinical and radiological findings in adults with bronchopulmonary infections caused by Chlamydia trachomatis. Isr J Med Sci 22:823–827.

[144] Marr JJ. 1983. The professor and the pigeon. Psittacosis in the groves of academe. Mo Med 80:135–136.

[145] Van Droogenbroeck C, Beeckman DS, Verminnen K, Marien M, Nauwynck H, Boesinghe LT, Vanrompay D. 2009. Simultaneous

zoonotic transmission of Chlamydophila psittaci genotypes D, F and E/B to a veterinary scientist. Vet Microbiol 135:78–81.
[146] Olson LD. 1980. Accidental penetration of hands with virulent and avirulent Pasteurella multocida of turkey origin. Avian Dis 24:1064–1066.
[147] Janier M, Gheorghiu M, Cohen P, Mazas F, Duroux P. 1982. [Carpal tunnel syndrome due to mycobacterium bovis BCG (author's transl)]. Sem Hop 58:977–979.
[148] Salerno AE, Meyers KE, McGowan KL, Kaplan BS. 2004. Hemolytic uremic syndrome in a child with laboratory-acquired Escherichia coli O157:H7. J Pediatr 145:412–414.
[149] Blaser MJ, Feldman RA. 1980. Acquisition of typhoid fever from proficiency-testing specimens. N Engl J Med 303:1481.
[150] Mermel LA, Josephson SL, Dempsey J, Parenteau S, Perry C, Magill N. 1997. Outbreak of Shigella sonnei in a clinical microbiology laboratory. J Clin Microbiol 35:3163–3165.
[151] Bavoil PM. 2005. Federal indifference to laboratory-acquired infections. ASM News 71:1. (Letter.)
[152] Rangel JM, Sparling PH, Crowe C, Griffin PM, Swerdlow DL. 2005. Epidemiology of Escherichia coli O157:H7 outbreaks, United States, 1982–2002. Emerg Infect Dis 11:603–609.
[153] Kozlovac J, Gurtler J. 2015. E. coli 0157:H7 case study. Abstr. USDA ARS 3rd International Biosafety & Biocontainment Symposium: Biorisk Management in a One-Health World, Baltimore, MD.
[154] Vraneš J, Lukšić I, Knežević J, Ljubin-Sternak S 2015. Health care associated cutaneous abscess— a rare form of primary gonococcal infection. Am J Med Case Rep 3:88–90.
[155] Centers for Disease Control and Prevention (CDC). 2002. Update: cutaneous anthrax in a laboratory worker— Texas, 2002. MMWR Morb Mortal Wkly Rep 51:482.
[156] Bhatia VN. 1990. Possible multiplication of M. leprae (?) on skin and nail bed of a laboratory worker. Indian J Lepr 62:226–227.
[157] Welsh HH, Lennette EH, Abinanti FR, Winn JF. 1951. Q fever in California. IV. Occurrence of Coxiella burnetii in the placenta of naturally infected sheep. Public Health Rep 66:1473–1477.
[158] Weigler BJ, Di Giacomo RF, Alexander S. 2005. A national survey of laboratory animal workers concerning occupational risks for zoonotic diseases. Comp Med 55:183–191.
[159] Ossewaarde JM, Hekker AC. 1984. [Q fever infection probably caused by a human placenta]. Ned Tijdschr Geneeskd 128:2258– 2260.
[160] Rusnak JM, Kortepeter MG, Aldis J, Boudreau E. 2004. Experience in the medical management of potential laboratory exposures to agents of bioterrorism on the basis of risk assessment at the United States Army Medical Research Institute of Infectious Diseases (USAMRIID). J Occup Environ Med 46:801–811.
[161] Halle S, Dasch GA. 1980. Use of a sensitive microplate enzyme-linked immunosorbent assay in a retrospective serological analysis of a laboratory population at risk to infection with typhus group rickettsiae. J Clin Microbiol 12:343–350.
[162] Perna A, Di Rosa S, Intonazzo V, Sferlazzo A, Tringali G, La Rosa G. 1990. Epidemiology of boutonneuse fever in western Sicily: accidental laboratory infection with a rickettsial agent isolated from a tick. Microbiologica 13:253–256.
[163] Norazah A, Mazlah A, Cheong YM, Kamel AG. 1995. Laboratory acquired murine typhus— a case report. Med J Malaysia 50:177–179.
[164] Oh M, Kim N, Huh M, Choi C, Lee E, Kim I, Choe K. 2001. Scrub typhus pneumonitis acquired through the respiratory tract in a laboratory worker. Infection 29:54–56.
[165] Woo JH, Cho JY, Kim YS, Choi DH, Lee NM, Choe KW, Chang WH. 1990. A case of laboratory-acquired murine typhus. Korean J Intern Med 5:118–122.
[166] Israeli E. 2014. [A hantavirus killed an Israeli researcher: hazards while working with wild animals]. Harefuah 153:443–444, 499.
[167] Sinclair JR, Carroll DS, Montgomery JM, Pavlin B, McCombs K, Mills JN, Comer JA, Ksiazek TG, Rollin PE, Nichol ST, Sanchez AJ, Hutson CL, Bell M, Rooney JA. 2007. Two cases of hantavirus pulmonary syndrome in Randolph County, West Virginia: a coincidence of time and place? Am J Trop Med Hyg 76:438–442.
[168] Gire SK, et al. 2014. Genomic surveillance elucidates Ebola virus origin and transmission during the 2014 outbreak. Science 345:1369–1372.
[169] Koebler J. 2016. Five scientists died of Ebola while working on a single study of the virus., Update 9/3/14. Motherboard. http://motherboard. vice. com/read/five-scientists-died-of-ebola-whileworking-on-a-single-study-on-the-virus.
[170] Mulders MN, Reimerink JH, Koopmans MP, van Loon AM, van der Avoort HG. 1997. Genetic analysis of wild-type poliovirus importation into The Netherlands (1979–1995). J Infect Dis 176:617–624.
[171] Foy BD, Kobylinski KC, Chilson Foy JL, Blitvich BJ, Travassos da Rosa A, Haddow AD, Lanciotti RS, Tesh RB. 2011. Probable non-vector-borne transmission of Zika virus, Colorado, USA. Emerg Infect Dis 17:880–882.

[172] Chen EC, Yagi S, Kelly KR, Mendoza SP, Maninger N, Rosenthal A, Spinner A, Bales KL, Schnurr DP, Lerche NW, Chiu CY. 2011. Cross-species transmission of a novel adenovirus associated with a fulminant pneumonia outbreak in a new world monkey colony. PLoS Pathog 7:e1002155.

[173] Heymann DL, Aylward RB, Wolff C. 2004. Dangerous pathogens in the laboratory: from smallpox to today's SARS setbacks and tomorrow's polio-free world. Lancet 363:1566–1568.

[174] Joyce MP, Kuhar D, Brooks JT. 2015. Notes from the field: occupationally acquired HIV infection among health care workers— United States, 1985–2013. MMWR Morb Mortal Wkly Rep 63:1245–1246.

[175] Ippolito G, Puro V, Heptonstall J, Jagger J, De Carli G, Petrosillo N. 1999. Occupational human immunodeficiency virus infection in health care workers: worldwide cases through September 1997. Clin Infect Dis 28:365–383.

[176] Eberle J, Habermann J, Gürtler LG. 2000. HIV-1 infection transmitted by serum droplets into the eye: a case report. AIDS 14:206–207.

[177] Centers for Disease Control (CDC). 1992. Seroconversion to simian immunodeficiency virus in two laboratory workers. MMWR Morb Mortal Wkly Rep 41:678–681.

[178] Centers for Disease Control and Prevention (CDC). 2008. Laboratory-acquired vaccinia exposures and infections— United States, 2005–2007. MMWR Morb Mortal Wkly Rep 57:401–404.

[179] Hsu CH, Farland J, Winters T, Gunn J, Caron D, Evans J, Osadebe L, Bethune L, McCollum AM, Patel N, Wilkins K, Davidson W, Petersen B, Barry MA, Centers for Disease Control and Prevention (CDC). 2015. Laboratory-acquired vaccinia virus infection in a recently immunized person— Massachusetts, 2013. MMWR Morb Mortal Wkly Rep 64:435–438.

[180] Jones L, Ristow S, Yilma T, Moss B. 1986. Accidental human vaccination with vaccinia virus expressing nucleoprotein gene. Nature 319:543.

[181] Mempel M, Isa G, Klugbauer N, Meyer H, Wildi G, Ring J, Hofmann F, Hofmann H. 2003. Laboratory acquired infection with recombinant vaccinia virus containing an immunomodulating construct. J Invest Dermatol 120:356–358.

[182] Openshaw PJ, Alwan WH, Cherrie AH, Record FM. 1991. Accidental infection of laboratory worker with recombinant vaccinia virus. Lancet 338:459.

[183] MacNeil A, Reynolds MG, Damon IK. 2009. Risks associated with vaccinia virus in the laboratory. Virology 385:1–4.

[184] Rocke TE, Dein FJ, Fuchsberger M, Fox BC, Stinchcomb DT, Osorio JE. 2004. Limited infection upon human exposure to a recombinant raccoon pox vaccine vector. Vaccine 22: 2757–2760.

[185] Eisenbach C, Neumann-Haefelin C, Freyse A, Korsukéwitz T, Hoyler B, Stremmel W, Thimme R, Encke J. 2007. Immune responses against HCV-NS3 after accidental infection with HCVNS3 recombinant vaccinia virus. J Viral Hepat 14:817–819. 186. Centers for Disease Control and Prevention (CDC). 2009. Laboratory-acquired vaccinia virus infection— Virginia, 2008. MMWR Morb Mortal Wkly Rep 58:797–800.

[187] Health and Safety Executive.2003. Incidents—Lessons to be learnt. Accidental infection with vaccinia virus. http://www. hse. gov. uk/ biosafety/gmo/acgm/acgm32/paper8. htm.

[188] Korioth-Schmitz B, Affeln D, Simon SL, Decaneas WM, Schweon GB, Wong M, Gardner A. 2015. Vaccinia virus— laboratory tool with a risk of laboratory-acquired infection. Appl Biosaf 20:6–11.

[189] Marennnikova SS, Zhukova OA, Manenkova GM, Ianova NN. 1988. [Laboratory-confirmed case of human infection with ratpox (cowpox)]. Zh Mikrobiol Epidemiol Immunobiol 6:30–32.

[190] McCollum AM, Austin C, Nawrocki J, Howland J, Pryde J, Vaid A, Holmes D, Weil MR, Li Y, Wilkins K, Zhao H, Smith SK, Karem K, Reynolds MG, Damon IK. 2012. Investigation of the first laboratory-acquired human cowpox virus infection in the United States. J Infect Dis 206:63–68.

[191] Venter M, Steyl J, Human S, Weyer J, Zaayman D, Blumberg L, Leman PA, Paweska J, Swanepoel R. 2010. Transmission of West Nile virus during horse autopsy. Emerg Infect Dis 16:573–575.

[192] Weissenbacher MC, Cura E, Segura EL, Hortal M, Baek LJ, Chu YK, Lee HW. 1996. Serological evidence of human hantavirus infection in Argentina, Bolivia and Uruguay. Medicina (B Aires) 56:17–22.

[193] Desmyter J, Johnson KM, Deckers C, Leduc JW, Brasseur F, Van Ypersele De Strihou C.. 1983. Laboratory rat associated outbreak of haemorrhagic fever with renal syndrome due to Hantaan-like virus in Belgium. Lancet 332:1445–1448.

[194] Wang GD. 1985. [Outbreak of hemorrhagic fever with renal syndrome caused by a laboratory animal (white rat) infection]. Zhonghua Liu Xing Bing Xue Za Zhi 6:233–235.

[195] Zhang YZ, Dong X, Li X, Ma C, Xiong HP, Yan GJ, Gao N, Jiang DM, Li MH, Li LP, Zou Y, Plyusnin A. 2009. Seoul virus and hantavirus disease, Shenyang, People's Republic of China. Emerg Infect Dis 15:200–206.

[196] Zhang Y, Zhang H, Dong X, Yuan J, Zhang H, Yang X, Zhou P, Ge X, Li Y, Wang LF, Shi Z. 2010. Hantavirus outbreak associated with

laboratory rats in Yunnan, China. Infect Genet Evol 10:638–644.
[197] Douron E, Moriniere B, Matheron S, Girard PM, Gonzalez J-P, Hirsch F, McCormick JB. 1984. HFRS after a wild rodent bite in the Haute-Savoie—and risk of exposure to Hantaan-like virus in a Paris laboratory. Lancet 323:676–677.
[198] Kawamata J, Yamanouchi T, Dohmae K, Miyamoto H, Takahaski M, Yamanishi K, Kurata T, Lee HW. 1987. Control of laboratory acquired hemorrhagic fever with renal syndrome (HFRS) in Japan. Lab Anim Sci 37:431–436.
[199] Umenai T, Woo Lee P, Toyoda T, Yoshinaga K, Horiuchi T, Wang Lee H, Saito T, Hongo M, Ishida N. 1979. Korean haemorrhagic fever in staff in an animal laboratory. Lancet 313:1314–1316.
[200] Cho SH, Yun YS, Kang D, Kim S, Kim IS, Hong ST. 1999. Laboratory-acquired infections with hantavirus at a research unit of medical school in Seoul, 1996. Korean J Prev Med 32:269–275.
[201] Lloyd G, Bowen ET, Jones N, Pendry A. 1984. HFRS outbreak associated with laboratory rats in UK. Lancet 323:1175–1176.
[202] Lloyd G, Jones N. 1986. Infection of laboratory workers with hantavirus acquired from immunocytomas propagated in laboratory rats. J Infect 12:117–125.
[203] Wong TW, Chan YC, Yap EH, Joo YG, Lee HW, Lee PW, Yanagihara R, Gibbs CJ Jr, Gajdusek DC. 1988. Serological evidence of hantavirus infection in laboratory rats and personnel. Int J Epidemiol 17:887–890.
[204] Dykewicz CA, Dato VM, Fisher-Hoch SP, Howarth MV, Perez-Oronoz GI, Ostroff SM, Gary H Jr, Schonberger LB, McCormick JB. 1992. Lymphocytic choriomeningitis outbreak associated with nude mice in a research institute. JAMA 267: 1349–1353.
[205] Centers for Disease Control and Prevention (CDC). 1998. Fatal Cercopithecine herpesvirus 1 (B virus) infection following a mucocutaneous exposure and interim recommendations for worker protection. MMWR Morb Mortal Wkly Rep 47:1073– 1076, 1083.
[206] Centers for Disease Control (CDC). 1990. Update: filovirus infection in animal handlers. MMWR Morb Mortal Wkly Rep 39: 221.
[207] Centers for Disease Control (CDC). 1990. Update: ebola-related filovirus infection in nonhuman primates and interim guidelines for handling nonhuman primates during transit and quarantine. MMWR Morb Mortal Wkly Rep 39:22–24, 29–30.
[208] Centers for Disease Control (CDC). 1990. Update: filovirus infection associated with contact with nonhuman primates or their tissues. MMWR Morb Mortal Wkly Rep 39:404–405.
[209] Lerche NW, Switzer WM, Yee JL, Shanmugam V, Rosenthal AN, Chapman LE, Folks TM, Heneine W. 2001. Evidence of infection with simian type D retrovirus in persons occupationally exposed to nonhuman primates. J Virol 75:1783–1789.
[210] Centers for Disease Control and Prevention (CDC). 1997. Nonhuman primate spumavirus infections among persons with occupational exposure— United States, 1996. MMWR Morb Mortal Wkly Rep 46:129–131.
[211] Mouinga-Ondémé A, Betsem E, Caron M, Makuwa M, Sallé B, Renault N, Saib A, Telfer P, Marx P, Gessain A, Kazanji M. 2010. Two distinct variants of simian foamy virus in naturally infected mandrills (Mandrillus sphinx) and cross-species transmission to humans. Retrovirology 7:105.
[212] Schweizer M, Falcone V, Gänge J, Turek R, Neumann-Haefelin D. 1997. Simian foamy virus isolated from an accidentally infected human individual. J Virol 71:4821–4824.
[213] Switzer WM, Bhullar V, Shanmugam V, Cong ME, Parekh B, Lerche NW, Yee JL, Ely JJ, Boneva R, Chapman LE, Folks TM, Heneine W. 2004. Frequent simian foamy virus infection in persons occupationally exposed to nonhuman primates. J Virol 78: 2780–2789.
[214] Chiu CY, Yagi S, Lu X, Yu G, Chen EC, Liu M, Dick EJ Jr, Carey KD, Erdman DD, Leland MM, Patterson JL. 2013. A novel adenovirus species associated with an acute respiratory outbreak in a baboon colony and evidence of coincident human infection. MBio 4:e00084-13.
[215] Alibek K, Handelman S. 1999. Biohazard. Dell Publishing of Random House, New York.
[216] International Society for Infectious Diseases. 2004. Ebola lab accident death—Russia (Siberia). Archive number 20040522.1377, http://www.promedmail.org.
[217] Le Guenno B, Formenty P, Wyers M, Gounon P, Walker F, Boesch C. 1995. Isolation and partial characterisation of a new strain of Ebola virus. Lancet 345:1271–1274.
[218] Fonseca K, Prince GD, Bratvold J, Fox JD, Pybus M, Preksaitis JK, Tilley P. 2005. West Nile virus infection and conjunctival exposure. Emerg Infect Dis 11:1648–1649.
[219] Smith AW, Iversen PL, Skilling DE, Stein DA, Bok K, Matson DO. 2006. Vesivirus viremia and seroprevalence in humans. J Med Virol 78:693–701.
[220] Smith AW, Berry ES, Skilling DE, Barlough JE, Poet SE, Berke T, Mead J, Matson DO. 1998. In vitro isolation and characterization of a calicivirus causing a vesicular disease of the hands and feet. Clin Infect Dis 26:434–439.
[221] Fulhorst CF, Milazzo ML, Armstrong LR, Childs JE, Rollin PE, Khabbaz R, Peters CJ, Ksiazek TG. 2007. Hantavirus and arenavirus antibodies in persons with occupational rodent exposure. Emerg Infect Dis 13:532–538.

[222] Skinhøj P, Søeby M. 1981. Viral hepatitis in Danish health care personnel, 1974–78. J Clin Pathol 34:408–411.

[223] United States Department of Labor. 1991. Occupational exposure to bloodborne pathogens. Fed Reg 56:64175–64182.

[224] Mahoney FJ, Stewart K, Hu H, Coleman P, Alter MJ. 1997. Progress toward the elimination of hepatitis B virus transmission among health care workers in the United States. Arch Intern Med 157:2601–2605.

[225] Wacławik J, Gasiorowski J, Inglot M, Andrzejak R, Gładysz A. 2003. [Epidemiology of occupational infectious diseases in health care workers]. Med Pr 54:535–541.

[226] Britton S, van den Hurk AF, Simmons RJ, Pyke AT, Northill JA, McCarthy J, McCormack J. 2011. Laboratory-acquired dengue virus infection— a case report. PLoS Negl Trop Dis 5:e1324.

[227] World Health Organization Western Pacific Region. 2004. Summary of China's Investigation into the April outbreak. World Health Organization Western Pacific Region, Manila, Philippines.

[228] Lim PL, Kurup A, Gopalakrishna G, Chan KP, Wong CW, Ng LC, Se-Thoe SY, Oon L, Bai X, Stanton LW, Ruan Y, Miller LD, Vega VB, James L, Ooi PL, Kai CS, Olsen SJ, Ang B, Leo YS. 2004. Laboratory-acquired severe acute respiratory syndrome. N Engl J Med 350:1740–1745.

[229] World Health Organization Western Pacific Region. 2003. Severe acute respinratory syndrome (SARS) in Taiwan, China 17 December 2003. http://www. who. int/csr/don/2003_12_17/en/.

[230] Junt T, Heraud JM, Lelarge J, Labeau B, Talarmin A. 1999. Determination of natural versus laboratory human infection with Mayaro virus by molecular analysis. Epidemiol Infect 123: 511–513.

[231] Raoult D, Renesto P, Brouqui P. 2006. Laboratory infection of a technician by mimivirus. Ann Intern Med 144:702–703.

[232] van der Meyden CH, Erasmus BJ, Swanepoel R, Prozesky OW. 1992. Encephalitis and chorioretinitis associated with neurotropic African horsesickness virus infection in laboratory workers. Part I. Clinical and neurological observations. S Afr Med J 81: 451–454.

[233] Scherer W. 1980. Laboratory safety for arboviruses and certain other viruses of vertebrates. Am J Trop Med Hyg 29:1359–1381.

[234] Tomori O, Monath TP, O'Connor EH, Lee VH, Cropp CB. 1981. Arbovirus infections among laboratory personnel in Ibadan, Nigeria. Am J Trop Med Hyg 30:855–861.

[235] Barry M, Russi M, Armstrong L, Geller D, Tesh R, Dembry L, Gonzalez JP, Khan AS, Peters CJ. 1995. Brief report: treatment of a laboratory-acquired Sabiá virus infection. N Engl J Med 333: 294–296.

[236] Gaidomovich YSA, Burenko M, Leschinskaya HV. 2000. Human laboratory acquired arbo-, arena-, and hantavirus. Appl Biosaf 5:5–11.

[237] Brummer-Korvenkontio M, Vaheri A, Hovi T, von Bonsdorff CH, Vuorimies J, Manni T, Penttinen K, Oker-Blom N, Lähdevirta J. 1980. Nephropathia epidemica: detection of antigen in bank voles and serologic diagnosis of human infection. J Infect Dis 141:131–134.

[238] Centers for Disease Control and Prevention (CDC). 1994. Bolivian hemorrhagic fever— El Beni Department, Bolivia, 1994. MMWR Morb Mortal Wkly Rep 43:943–946.

[239] Wentworth DE, McGregor MW, Macklin MD, Neumann V, Hinshaw VS. 1997. Transmission of swine influenza virus to humans after exposure to experimentally infected pigs. J Infect Dis 175:7–15.

[240] Artenstein AW, Hicks CB, Goodwin BS Jr, Hilliard JK. 1991. Human infection with B virus following a needlestick injury. Rev Infect Dis 13:288–291.

[241] Davenport DS, Johnson DR, Holmes GP, Jewett DA, Ross SC, Hilliard JK. 1994. Diagnosis and management of human B virus (Herpesvirus simiae) infections in Michigan. Clin Infect Dis 19:33–41.

[242] Freifeld AG, Hilliard J, Southers J, Murray M, Savarese B, Schmitt JM, Straus SE. 1995. A controlled seroprevalence survey of primate handlers for evidence of asymptomatic herpes B virus infection. J Infect Dis 171:1031–1034.

[243] Holmes GP, et al. 1990. B virus (Herpesvirus simiae) infection in humans: epidemiologic investigation of a cluster. Ann Intern Med 112:833–839.

[244] Centers for Disease Control and Prevention. 1987. B-virus infection in humans— Pensacola, Florida. MMWR Morb Mortal Wkly Rep 36:289–290, 295–286.

[245] Centers for Disease Control (CDC). 1989. B virus infections in humans— Michigan. MMWR Morb Mortal Wkly Rep 38: 453–454.

[246] Scinicariello F, English WJ, Hilliard J. 1993. Identification by PCR of meningitis caused by herpes B virus. Lancet 341:1660–1661.

[247] Ilkal MA, Dhanda V, Rodrigues JJ, Mohan Rao CV, Mourya DT. 1984. Xenodiagnosis of laboratory acquired dengue infection by mosquito inoculation & immunofluorescence. Indian J Med Res 79:587–590.

[248] Wu H-S, Wu W-C, Kuo H-S. 2009. A three-year experience to implement laboratory biosafety regulations in Taiwan. Appl Biosaf 14:33–36.

[249] Moore DM, MacKenzie WF, Doepel F, Hansen TN. 1983. Contagious ecthyma in lambs and laboratory personnel. Lab Anim Sci

33:473–475.

[250] Ippolito G, Puro V, Petrosillo N, De Carli G. 1999. Surveillance of occupational exposure to bloodborne pathogens in health care workers: the Italian national programme. Euro Surveill 4: 33–36.

[251] Khabbaz RF, Rowe T, Heneine WM, Kaplan JE, Folks TM, Schable CA, George JR, Pau C, Parekh BS, Curran JW, Schochetman G, Lairmore MD, Murphey-Corb M. 1992. Simian immunodeficiency virus needlestick accident in a laboratory worker. Lancet 340:271–273.

[252] Venter M, Burt FJ, Blumberg L, Fickl H, Paweska J, Swanepoel R. 2009. Cytokine induction after laboratory-acquired West Nile virus infection. N Engl J Med 360:1260–1262.

[253] Centers for Disease Control and Prevention (CDC). 2002. Laboratory-acquired West Nile virus infections— United States, 2002. MMWR Morb Mortal Wkly Rep 51:1133–1135.

[254] Moussatché N, Tuyama M, Kato SE, Castro AP, Njaine B, Peralta RH, Peralta JM, Damaso CR, Barroso PF. 2003. Accidental infection of laboratory worker with vaccinia virus. Emerg Infect Dis 9:724–726.

[255] Ertem GT, Tulek N, Oral B, Kinikli S. 2005. Therapy of acute hepatitis C with interferon-alpha2b plus ribavirin in a health care worker. Acta Gastroenterol Belg 68:104–106.

[256] Kotturi MF, Swann JA, Peters B, Arlehamn CL, Sidney J, Kolla RV, James EA, Akondy RS, Ahmed R, Kwok WW, Buchmeier MJ, Sette A. 2011. Human $CD8^+$ and $CD4^+$ T cell memory to lymphocytic choriomeningitis virus infection. J Virol 85:11770–11780.

[257] DeCarli G, Perry J, Jagger J. 2004. Occupational co-infection with HIV and HCV. Adv Expo Prev 7:13–18.

[258] Khabbaz RF, Heneine W, George JR, Parekh B, Rowe T, Woods T, Switzer WM, McClure HM, Murphey-Corb M, Folks TM. 1994. Brief report: infection of a laboratory worker with simian immunodeficiency virus. N Engl J Med 330:172–177.

[259] Langford MP, Stanton GJ, Barber JC, Baron S. 1979. Earlyappearing antiviral activity in human tears during a case of picornavirus epidemic conjunctivitis. J Infect Dis 139:653–658.

[260] Ando Y, Iwasaki T, Terao K, Nishimura H, Tamura S. 2001. Conjunctivitis following accidental exposure to influenza B virus/ Shangdong/07/97. J Infect 42:223–224.

[261] Webster RG, Geraci J, Petursson G, Skirnisson K. 1981. Conjunctivitis in human beings caused by influenza A virus of seals. N Engl J Med 304:911.

[262] Loeb M, Zando I, Orvidas MC, Bialachowski A, Groves D, Mahoney J. 2003. Laboratory-acquired vaccinia infection. Can Commun Dis Rep 29:134–136.

[263] Wlodaver CG, Palumbo GJ, Waner JL. 2004. Laboratoryacquired vaccinia infection. J Clin Virol 29:167–170.

[264] Lewis FM, Chernak E, Goldman E, Li Y, Karem K, Damon IK, Henkel R, Newbern EC, Ross P, Johnson CC. 2006. Ocular vaccinia infection in laboratory worker, Philadelphia, 2004. Emerg Infect Dis 12:134–137.

[265] Højlyng N, Holten-Andersen W, Jepsen S. 1987. Cryptosporidiosis: a case of airborne transmission. Lancet 330:271–272.

[266] Pohjola S, Oksanen H, Jokipii L, Jokipii AM. 1986. Outbreak of cryptosporidiosis among veterinary students. Scand J Infect Dis 18:173–178.

[267] Reif JS, Wimmer L, Smith JA, Dargatz DA, Cheney JM. 1989. Human cryptosporidiosis associated with an epizootic in calves. Am J Public Health 79:1528–1530.

[268] Philpott MS, Fautin CH, Bird KE, O'Reilly KL. 2015. A laboratoryassociated outbreak of cryptosporidiosis. Appl Biosaf 20:130–136.

[269] Drinkard LN, Halbritter A, Nguyen GT, Sertich PL, King M, Bowman S, Huxta R, Guagenti M. 2015. Notes from the field: outbreak of cryptosporidiosis among veterinary medicine students— Philadelphia, Pennsylvania, February 2015. MMWR Morb Mortal Wkly Rep 64:773.

[270] Herwaldt BL, Juranek DD. 1993. Laboratory-acquired malaria, leishmaniasis, trypanosomiasis, and toxoplasmosis. Am J Trop Med Hyg 48:313–323.

[271] Centers for Disease Control and Prevention. 1984. Malaria surveillance annual summary, 1982. MMWR Morb Mortal Wkly Rep

[272] Mali S, Steele S, Slutsker L, Arguin PM, Centers for Disease Control and Prevention (CDC). 2008. Malaria surveillance-— United States, 2006. MMWR Surveill Summ 57:24–39.

[273] Cullen KA, Arguin PM, Division of Parasitic Diseases and Malaria, Center for Global Health, Centers for Disease Control and Prevention (CDC). 2013. Malaria surveillance— United States, 2011. MMWR Surveill Summ 62:1–17.

[274] Cullen KA, Arguin PM, Centers for Disease Control and Prevention (CDC). 2014. Malaria surveillance— United States, 2012. MMWR Surveill Summ 63:1–22.

[275] Centers for Disease Control and Prevention. 1980. Chagas disease— Michigan. Morb Mortal Wkly Rep 29:147–148.

[276] Sampaio RN, de Lima LM, Vexenat A, Cuba CC, Barreto AC, Marsden PD. 1983. A laboratory infection with Leishmania braziliensis

braziliensis. Trans R Soc Trop Med Hyg 77:274.
[277] Van Gompel A, Van den Enden E, Van den Ende J, Geerts S. 1993. Laboratory infection with Schistosoma mansoni. Trans R Soc Trop Med Hyg 87:554.
[278] Partanen P, Turunen HJ, Paasivuo RT, Leinikki PO. 1984. Immunoblot analysis of Toxoplasma gondii antigens by human immunoglobulins G, M, and A antibodies at different stages of infection. J Clin Microbiol 20:133–135.
[279] Hermentin K, Hassl A, Picher O, Aspöck H. 1989. Comparison of different serotests for specific Toxoplasma IgM-antibodies (ISAGA, SPIHA, IFAT) and detection of circulating antigen in two cases of laboratory acquired Toxoplasma infection. Zentralbl Bakteriol Mikrobiol Hyg [A] 270:534–541.
[280] Herwaldt BL. 2001. Laboratory-acquired parasitic infections from accidental exposures. Clin Microbiol Rev 14:659–688.
[281] Johnson M, Broady K, Angelici MC, Johnson A. 2003. The relationship between nucleoside triphosphate hydrolase (NTPase) isoform and Toxoplasma strain virulence in rat and human toxoplasmosis. Microbes Infect 5:797–806.
[282] Parker SL, Holliman RE. 1992. Toxoplasmosis and laboratory workers: a case-control assessment of risk. Med Lab Sci 49: 103–106.
[283] Villavedra M, Battistoni J, Nieto A. 1999. IgG recognizing 21-24 kDa and 30-33 kDa tachyzoite antigens show maximum avidity maturation during natural and accidental human toxoplasmosis. Rev Inst Med Trop Sao Paulo 41:297–303.
[284] Delgado O, Guevara P, Silva S, Belfort E, Ramirez JL. 1996. Follow-up of a human accidental infection by Leishmania (Viannia) braziliensis using conventional immunologic techniques and polymerase chain reaction. Am J Trop Med Hyg 55:267–272.
[285] Sadick MD, Locksley RM, Raff HV. 1984. Development of cellular immunity in cutaneous leishmaniasis due to Leishmania tropica. J Infect Dis 150:135–138.
[286] Evans TG, Pearson RD. 1988. Clinical and immunological responses following accidental inoculation of Leishmania donovani. Trans R Soc Trop Med Hyg 82:854–856.
[287] Blagburn BL, Current WL. 1983. Accidental infection of a researcher with human Cryptosporidium. J Infect Dis 148:772–773.
[288] Williams JL, Innis BT, Burkot TR, Hayes DE, Schneider I. 1983. Falciparum malaria: accidental transmission to man by mosquitoes after infection with culture-derived gametocytes. Am J Trop Med Hyg 32:657–659.
[289] Freedman DO, MacLean JD, Viloria JB. 1987. A case of laboratory acquired Leishmania donovani infection; evidence for primary lymphatic dissemination. Trans R Soc Trop Med Hyg 81:118–119.
[290] Hofflin JM, Sadler RH, Araujo FG, Page WE, Remington JS. 1987. Laboratory-acquired Chagas disease. Trans R Soc Trop Med Hyg 81:437–440.
[291] Baker CC, Farthing CP, Ratnesar P. 1984. Toxoplasmosis, an innocuous disease? J Infect 8:67–69.
[292] Knobloch J, Demar M. 1997. Accidental Leishmania mexicana infection in an immunosuppressed laboratory technician. Trop Med Int Health 2:1152–1155.
[293] Jensen JB, Capps TC, Carlin JM. 1981. Clinical drug-resistant falciparum malaria acquired from cultured parasites. Am J Trop Med Hyg 30:523–525.
[294] Felinto de Brito ME, Andrade MS, de Almeida ÉL, Medeiros ÂCR, Werkhäuser RP, Araújo AIF, Brandão-Filho SP, Paiva de Almeida AM, Gomes Rodrigues EH. 2012. Occupationally acquired american cutaneous leishmaniasis. Case Rep Dermatol Med 2012:279517.
[295] Larson DM, Eckman MR, Alber RL, Goldschmidt VG. 1983. Primary cutaneous (inoculation) blastomycosis: an occupational hazard to pathologists. Am J Clin Pathol 79:253–255.
[296] Tenenbaum MJ, Greenspan J, Kerkering TM, Utz JP. 1982. Blastomycosis. Crit Rev Microbiol 9:139–163.
[297] Cooper CR, Dixon DM, Salkin IF. 1992. Laboratory-acquired sporotrichosis. J Med Vet Mycol 30:169–171.
[298] Ishizaki H, Ikeda M, Kurata Y. 1979. Lymphocutaneous sporotrichosis caused by accidental inoculation. J Dermatol 6: 321–323.
[299] Mochizuki T, Watanabe S, Kawasaki M, Tanabe H, Ishizaki H. 2002. A Japanese case of tinea corporis caused by Arthroderma benhamiae. J Dermatol 29:221–225.
[300] van Gool T, Biderre C, Delbac F, Wentink-Bonnema E, Peek R, Vivarès CP. 2004. Serodiagnostic studies in an immunocompetent individual infected with Encephalitozoon cuniculi. J Infect Dis 189:2243–2249.
[301] Hilmarsdottir I, Coutellier A, Elbaz J, Klein JM, Datry A, Guého E, Herson S. 1994. A French case of laboratory-acquired disseminated Penicillium marneffei infection in a patient with AIDS. Clin Infect Dis 19:357–358.
[302] Kamalam A, Thambiah AS. 1979. Trichophyton simii infection due to laboratory accident. Dermatologica 159:180–181.
[303] Contreras-Barrera ME, Moreno-Coutiño G, Torres-Guerrero DE, Aguilar-Donis A, Arenas R. 2009. Eritema multiforme secundario a infección por Trichophyton mentagrophytes. [Erythema multiforme secondary to cutaneous Trichophyton mentagrophytes infection]. Rev Iberoam Micol 26:149–151.
[304] Hironaga M, Fujigaki T, Watanabe S. 1981. Trichophyton mentagrophytes skin infections in laboratory animals as a cause of zoonosis.

Mycopathologia 73:101–104.

[305] Shi ZC, Lei PC. 1986. Occupational mycoses. Br J Ind Med 43:500–501.

[306] United States Food and Drug Agency.2009. Bad Bug Book. http://www. fda. gov/Food/FoodSafety/FoodborneIllness/FoodborneIllness FoodbornePathogens Natural Toxins/BadBugBook /ucm071372.

[307] Cohn AC, MacNeil JR, Clark TA, Ortega-Sanchez IR, Briere EZ, Meissner HC, Baker CJ, Messonnier NE, Centers for Disease Control and Prevention (CDC). 2013. Prevention and control of meningococcal disease: recommendations of the Advisory Committee on Immunization Practices (ACIP). MMWR Recomm Rep 62(RR-2):1–28.

[308] Kortepeter MG, Martin JW, Rusnak JM, Cieslak TJ, Warfield KL, Anderson EL, Ranadive MV. 2008. Managing potential laboratory exposure to ebola virus by using a patient biocontainment care unit. Emerg Infect Dis 14:881–887.

[309] Kuhar DT, Henderson DK, Struble KA, Heneine W, Thomas V, Cheever LW, Gomaa A, Panlilio AL, US Public Health Service Working Group. 2013. Updated US Public Health Service guidelines for the management of occupational exposures to human immunodeficiency virus and recommendations for postexposure prophylaxis. Infect Control Hosp Epidemiol 34:875–892. [corrected in Infect Control Hosp Epidemiol 2013;Nov;34:1238 (Note: Dosage error in article text.)]

[310] U.S. Public Health Service. 2001. Updated U.S. Public Health Service Guidelines for the Management of Occupational Exposures to HBV, HCV, and HIV and Recommendations for Postexposure Prophylaxis. MMWR Recomm Rep 50(RR-11):1–52.

[311] Gannon CK. 2003. Anatomy of an exposure: a hospital lab's recovery of Brucella melitensis. MLO Med Lab Obs 35:22–25.

[312] Centers for Disease Control and Prevention (CDC). 2004. Laboratory exposure to Burkholderia pseudomallei—Los Angeles, California, 2003. MMWR Morb Mortal Wkly Rep 53:988–990.

[313] Cahn A, Koslowsky B, Nir-Paz R, Temper V, Hiller N, Karlinsky A, Gur I, Hidalgo-Grass C, Heyman SN, Moses AE, Block C. 2009. Imported melioidosis, Israel, 2008. Emerg Infect Dis 15: 1809–1811.

[314] Maley MW, Kociuba K, Chan RC. 2006. Prevention of laboratory-acquired brucellosis: significant side effects of prophylaxis. Clin Infect Dis 42:433–434.

[315] Rusnak JM, Kortepeter MG, Hawley RJ, Boudreau E, Aldis J, Pittman PR. 2004. Management guidelines for laboratory exposures to agents of bioterrorism. J Occup Environ Med 46: 791–800.

[316] Benoit TJ, Blaney DD, Gee JE, Elrod MG, Hoffmaster AR, Doker TJ, Bower WA, Walke HT, Centers for Disease Control and Prevention (CDC). 2015. Melioidosis cases and selected reports of occupational exposures to Burkholderia pseudomallei— United States, 2008–2013. MMWR Surveill Summ 64:1–9.

[317] Goldman R (ed). 1995. Medical Surveillance Program. Marcel Dekker, Inc, New York..

[318] Centers for Disease Control and Prevention (CDC). 2000. Laboratory-acquired human glanders— Maryland, May 2000. MMWR Morb Mortal Wkly Rep 49:532–535.

[319] Weinberg ED. 1999. Iron loading and disease surveillance. Emerg Infect Dis 5:346–352.

[320] Bolyard EA, Tablan OC, Williams WW, Pearson ML, Shapiro CN, Deitchmann SD, Hospital Infection Control Practices Advisory Committee. 1998. Guideline for infection control in healthcare personnel, 1998. Infect Control Hosp Epidemiol 19:407–463.

[321] Agrup G, Belin L, Sjöstedt L, Skerfving S. 1986. Allergy to laboratory animals in laboratory technicians and animal keepers. Br J Ind Med 43:192–198.

[322] Committee AIHAB.1995. Biogenic allergens, p 44–48, Biosafety Reference Manual, 2nd ed. American Industrial Hygiene Association, Fairfax, VA.

[323] Phillips GB. 1965. Causal Factors in Microbiology Laboratory Accidents and Infections. National Technical Information Service, Fort Detrick, MD.

[324] Martin JC. 1980. Behavior factors in laboratory safety: personnel characteristics and modification of unsafe acts, p 321–342. In Fuscaldo AA, Erlick BJ, Hindman B (ed), Laboratory Safety: Theory and Practice. Academic Press, New York.

[325] Kaiser J. 2011. Updated: University of Chicago Microbiologist Infected from Possible Lab Accident. Science, AAAS online. http://www. sciencemag. org/news/2011/09/updated-university-chicago-microbiologist-infected-possible-lab-accident.

[326] Mansheim BJ, Kasper DL. 1979. Detection of anticapsular antibodies to Bacteroides asaccharolyticus in serum from rabbits and humans by use of an enzyme-linked immunosorbent assay. J Infect Dis 140:945–951.

[327] Burstyn DG, Baraff LJ, Peppler MS, Leake RD, St Geme J Jr, Manclark CR. 1983. Serological response to filamentous hemagglutinin and lymphocytosis-promoting toxin of Bordetella pertussis. Infect Immun 41:1150–1156.

[328] Al Dahouk S, Nöckler K, Hensel A, Tomaso H, Scholz HC, Hagen RM, Neubauer H. 2005. Human brucellosis in a nonendemic country: a report from Germany, 2002 and 2003. Eur J Clin Microbiol Infect Dis 24:450–456.

[329] Breton I, Burucoa C, Grignon B, Fauchere JL, Becq Giraudon B. 1995. Brucellose acquise au laboratoire. [Laboratory-acquired

brucellosis.] Med Mal Infect 25:549–551.
[330] Elidan J, Michel J, Gay I, Springer H. 1985. Ear involvement in human brucellosis. J Laryngol Otol 99:289–291.
[331] Fabiansen C, Knudsen JD, Lebech AM. 2008. [Laboratoryacquired brucellosis]. Ugeskr Laeger 170:2161.
[332] Grist NR, Emslie JA. 1991. Infections in British clinical laboratories, 1988-1989. J Clin Pathol 44:667–669.
[333] Marianelli C, Petrucca A, Pasquali P, Ciuchini F, Papadopoulou S, Cipriani P. 2008. Use of MLVA-16 typing to trace the source of a laboratory-acquired Brucella infection. J Hosp Infect 68:274–276.
[334] Martin-Mazuelos E, Nogales MC, Florez C, Gómez-Mateos JM, Lozano F, Sanchez A. 1994. Outbreak of Brucella melitensis among microbiology laboratory workers. J Clin Microbiol 32: 2035–2036.
[335] Podolak E. 2010. Researcher suspended for authorized experiments. Biotechniques. http://www.biotechniques.com/news /Researcher-suspended-for-unauthorized-experiments/bio techniques-296880.html
[336] Rees RK, Graves M, Caton N, Ely JM, Probert WS. 2009. Single tube identification and strain typing of Brucella melitensis by multiplex PCR. J Microbiol Methods 78:66–70.
[337] Rodrigues AL, Silva SK, Pinto BL, Silva JB, Tupinambás U. 2013. Outbreak of laboratory-acquired Brucella abortus in Brazil: a case report. Rev Soc Bras Med Trop 46:791–794.
[338] Sayin-Kutlu S, Kutlu M, Ergonul O, Akalin S, Guven T, Demiroglu YZ, Acicbe O, Akova M, Occupational Infectious Diseases Study Group. 2012. Laboratory-acquired brucellosis in Turkey. J Hosp Infect 80:326–330.
[339] Smith JA, Skidmore AG, Andersen RG. 1980. Brucellosis in a laboratory technologist. Can Med Assoc J 122:1231–1232.
[340] Wansbrough L. 2010. Brucella in Hospital Laboratory Workers: Epi Update, a publication of the Bureau of Immununology, June 2010. Florida Department of Health. http://floridahealth. gov /diseases-and-conditions/disease-reporting-and management /florida-epidemic-intelligence-service/_documents/2009-2011 /documents/june2010epiupdate.pdf.
[341] Wünschel M, Olszowski AM, Weissgerber P, Wülker N, Kluba T. 2011. [Chronic brucellosis: a rare cause of septic loosening of arthroplasties with high risk of laboratory-acquired infections]. Z Orthop Unfall 149:33–36.
[342] Ashdown LR. 1992. Melioidosis and safety in the clinical laboratory. J Hosp Infect 21:301–306.
[343] Oates JD, Hodgin UG Jr. 1981. Laboratory-acquired Campylobacter enteritis. South Med J 74:83.
[344] Penner JL, Hennessy JN, Mills SD, Bradbury WC. 1983. Application of serotyping and chromosomal restriction endonuclease digest analysis in investigating a laboratory-acquired case of Campylobacter jejuni enteritis. J Clin Microbiol 18:1427–1428.
[345] Hyman CL, Augenbraun MH, Roblin PM, Schachter J, Hammerschlag MR. 1991. Asymptomatic respiratory tract infection with Chlamydia pneumoniae TWAR. J Clin Microbiol 29:2082– 2083.
[346] Surcel HM, Syrjälä H, Leinonen M, Saikku P, Herva E. 1993. Cell-mediated immunity to Chlamydia pneumoniae measured as lymphocyte blast transformation in vitro. Infect Immun 61: 2196–2199.
[347] Tuuminen T, Salo K, Surcel HM. 2002. A casuistic immunologic response in primary and repeated Chlamydophila pneumoniae infections in an immunocompetent individual. J Infect 45:202–206.
[348] Egawa T, Hara H, Kawase I, Masuno T, Asari S, Sakurai M, Kishimoto S. 1990. Human pulmonary infection with Corynebacterium equi. Eur Respir J 3:240–242.
[349] Johanson RE. 2004. Enterobacter aerogenes needlestick leads to improved biological management system. Appl Biosaf 9: 65–67.
[350] Booth L, Rowe B. 1993. Possible occupational acquisition of Escherichia coli O157 infection. Lancet 342:1298–1299.
[351] Campbell MJ. 2015. Characterizing accidents, exposures, and laboratory-acquired infections reprted to the National Institutes of Health Office of Biotechnology Activities (NIH/OBA) Division Under the NIH Guidelines for Work with Recombinant DNA materials from 1976–2010. Appl Biosaf 20:12–26.
[352] Ostroff SM, Kobayashi JM, Lewis JH. 1989. Infections with Escherichia coli O157:H7 in Washington State. The first year of statewide disease surveillance. JAMA 262:355–359.
[353] Parry SH, Abraham SN, Feavers IM, Lee M, Jones MR, Bint AJ, Sussman M. 1981. Urinary tract infection due to laboratoryacquired Escherichia coli: relation to virulence. Br Med J (Clin Res Ed) 282:949–950.
[354] Public Health Service Laboratory. 1996. Escherichia coli O 157 infection acquired in the laboratory. Commun Dis Rep CDR Wkly 6:239.
[355] Gilbert GL. 2015. Laboratory testing in management of patients with suspected Ebolavirus disease: infection control and safety. Pathology 47:400–402.
[356] Rao GG, Saunders BP, Masterton RG. 1996. Laboratory acquired verotoxin producing Escherichia coli (VTEC) infection. J Hosp Infect 33:228–230.
[357] Donnelly TM, Behr M. 2000. Laboratory-acquired lymphadenopathy in a veterinary pathologist. Lab Anim (NY) 29:23–25.
[358] Hornick R. 2001. Tularemia revisited. N Engl J Med 345:1637– 1639.

[359] Janovská S, Pávková I, Reichelová M, Hubálek M, Stulík J, Macela A. 2007. Proteomic analysis of antibody response in a case of laboratory-acquired infection with Francisella tularensis subsp. tularensis. Folia Microbiol (Praha) 52:194–198.

[360] Lam ST, Sammons-Jackson W, Sherwood J, Ressner R. 2012. Laboratory-acquired tularemia successfully treated with ciprofloxacin. Infect Dis Clin Pract 20:204–207.

[361] Mailles A, V. Vaillant, V. Bilan. 2013. Bilan de 10 annees de surbeillance de la tularemie chez l'homme en France. Institue de Veile Sanitaire, Legal depot September 2013.

[362] Trees DL, Arko RJ, Hill GD, Morse SA. 1992. Laboratoryacquired infection with Haemophilus ducreyi type strain CIP 542. Med Microl Lett 1:330–337.

[363] Matysiak-Budnik T, Briet F, Heyman M, Mégraud F. 1995. Laboratory-acquired Helicobacter pylori infection. Lancet 346: 1489–1490.

[364] Raymond J, Bingen E, Brahimi N, Bergeret M, Kalach N. 1996. Randomly amplified polymorphic DNA analysis in suspected laboratory Helicobacter pylori infection. Lancet 347:975.

[365] Takata T, Shirotani T, Okada M, Kanda M, Fujimoto S, Ono J. 1998. Acute hemorrhagic gastropathy with multiple shallow ulcers and duodenitis caused by a laboratory infection of Helicobacter pylori. Gastrointest Endosc 47:291–294.

[366] Broughton ES, Flack LE. 1986. The susceptibility of a strain of Leptospira interrogans serogroup icterohaemorrhagiae to amoxycillin, erythromycin, lincomycin, tetracycline, oxytetracycline and minocycline. Zentralbl Bakteriol Mikrobiol Hyg [A] 261:425–431.

[367] Gilks CF, Lambert HP, Broughton ES, Baker CC. 1988. Failure of penicillin prophylaxis in laboratory acquired leptospirosis. Postgrad Med J 64:236–238.

[368] Sugunan AP, Natarajaseenivasan K, Vijayachari P, Sehgal SC. 2004. Percutaneous exposure resulting in laboratory-acquired leptospirosis— a case report. J Med Microbiol 53:1259–1262.

[369] Cooke MM, Gear AJ, Naidoo A, Collins DM. 2002. Accidental Mycobacterium bovis infection in a veterinarian. N Z Vet J 50: 36–38.

[370] Brutus JP, Lamraski G, Zirak C, Hauzeur JP, Thys JP, Schuind F. 2005. Septic monoarthritis of the first carpo-metacarpal joint caused by Mycobacterium kansasii. Chir Main 24:52–54.

[371] Weber T, Tumani H, Holdorff B, Collinge J, Palmer M, Kretzschmar HA, Felgenhauer K. 1993. Transmission of Creutzfeldt-Jakob disease by handling of dura mater. Lancet 341: 123–124.

[372] Washington State Department of Labor and Industries.2004. Region 2-Seattle Office. Inspection report on laboratory associated infections due to Mycobacterium tuberculosis. Inspection 307855056. http://www. sunshine-project. org/idriuwmadchamber.pdf.

[373] Duray PH, Flannery B, Brown S. 1981. Tuberculosis infection from preparation of frozen sections. N Engl J Med 305:167.

[374] Leyten EM, Mulder B, Prins C, Weldingh K, Andersen P, Ottenhoff TH, van Dissel JT, Arend SM. 2006. Use of enzyme-linked immunospot assay with Mycobacterium tuberculosis-specific peptides for diagnosis of recent infection with M. tuberculosis after accidental laboratory exposure. J Clin Microbiol 44:1197–1201.

[375] Mazurek GH, Cave MD, Eisenach KD, Wallace RJ Jr, Bates JH, Crawford JT. 1991. Chromosomal DNA fingerprint patterns produced with IS6110 as strain-specific markers for epidemiologic study of tuberculosis. J Clin Microbiol 29:2030–2033.

[376] Sharma VK, Kumar B, Radotra BD, Kaur S. 1990. Cutaneous inoculation tuberculosis in laboratory personnel. Int J Dermatol 29:293–294.

[377] Sugita M, Tsutsumi Y, Suchi M, Kasuga H. 1989. High incidence of pulmonary tuberculosis in pathologists at Tokai University Hospital: an epidemiological study. Tokai J Exp Clin Med 14:55–59.

[378] Alonso-Echanove J, Granich RM, Laszlo A, Chu G, Borja N, Blas R, Olortegui A, Binkin NJ, Jarvis WR. 2001. Occupational transmission of Mycobacterium tuberculosis to health care workers in a university hospital in Lima, Peru. Clin Infect Dis 33:589–596.

[379] Bruins SC, Tight RR. 1979. Laboratory-acquired gonococcal conjunctivitis. JAMA 241:274.

[380] Centers for Disease Control (CDC). 1981. Gonococcal eye infections in adults—California, Texas, Germany. MMWR Morb Mortal Wkly Rep 30:341–343.

[381] Malhotra R, Karim QN, Acheson JF. 1998. Hospital-acquired adult gonococcal conjunctivitis. J Infect 37:305.

[382] Podgore JK, Holmes KK. 1981. Ocular gonococcal infection with minimal or no inflammatory response. JAMA 246:242–243.

[383] Zajdowicz TR, Kerbs SB, Berg SW, Harrison WO. 1984. Laboratory-acquired gonococcal conjunctivitis: successful treatment with single-dose ceftriaxone. Sex Transm Dis 11:28–29.

[384] Christen G, Tagan D. 2004. Infection à Neisseria meningitidis acquise en laboratoire. [Laboratory-acquired Neisseria meningitidis infection]. Med Mal Infect 34:137–138.

[385] Guibourdenche M, Darchis JP, Boisivon A, Collatz E, Riou JY. 1994. Enzyme electrophoresis, sero-and subtyping, and outer membrane protein characterization of two Neisseria meningitidis strains involved in laboratory-acquired infections. J Clin Microbiol 32:701–704.

[386] Petty BG, Sowa DT, Charache P. 1983. Polymicrobial polyarticular septic arthritis. JAMA 249:2069–2072.

[387] Public Health Service Laboratory. 1992. Laboratory-acquired meningococcal infection. Commun Dis Rep CDR Wkly 2:39.

[388] Woods JP, Cannon JG. 1990. Variation in expression of class 1 and class 5 outer membrane proteins during nasopharyngeal carriage of Neisseria meningitidis. Infect Immun 58:569–572.

[389] Ashdown L, Cassidy J. 1991. Successive Salmonella Give and Salmonella Typhi infections, laboratory-acquired. Pathology 23: 233–234.

[390] Barker A, Duster M, Van Hoof S, Safdar N. 2015. Nontyphoidal Salmonella: an occupational hazard for clinical laboratory workers. Appl Biosaf 20:72–74.

[391] Holmes MB, Johnson DL, Fiumara NJ, McCormack WM. 1980. Acquisition of typhoid fever from proficiency-testing specimens. N Engl J Med 303:519–521.

[392] Koay AS, Jegathesan M, Rohani MY, Cheong YM. 1997. Pulsed-field gel electrophoresis as an epidemiologic tool in the investigation of laboratory acquired Salmonella typhi infection. Southeast Asian J Trop Med Public Health 28:82–84.

[393] Lester A, Mygind O, Jensen KT, Jarløv JO, Schønheyder HC. 1994. [Typhoid and paratyphoid fever in Denmark 1986–1990. Epidemiologic aspects and the extent of bacteriological follow-up of patients]. Ugeskr Laeger 156:3770–3775.

[394] Mermin JH, Townes JM, Gerber M, Dolan N, Mintz ED, Tauxe RV. 1998. Typhoid fever in the United States, 1985–1994: changing risks of international travel and increasing antimicrobial resistance. Arch Intern Med 158:633–638.

[395] Thong K-L, Cheong Y-M, Pang T. 1996. A probable case of laboratory-acquired infection with salmonella typhi: evidence from phage typing, antibiograms, and analysis by pulsed-field gel electrophoresis. Int J Infect Dis 1:95–97.

[396] Dadswell JV. 1983. Laboratory acquired shigellosis. Br Med J (Clin Res Ed) 286:58.

[397] Aleksić S, Bockemühl J, Degner I. 1981. Imported shigellosis: aerogenic Shigella boydii 74 (Sachs A 12) in a traveller followed by two cases of laboratory-associated infections. Tropenmed Parasitol 32:61–64.

[398] Kolavic SA, Kimura A, Simons SL, Slutsker L, Barth S, Haley CE. 1997. An outbreak of Shigella dysenteriae type 2 among laboratory workers due to intentional food contamination. JAMA 278:396–398.

[399] Van Bohemen CG, Nabbe AJ, Zanen HC. 1985. IgA response during accidental infection with Shigella flexneri. Lancet 326: 673.

[400] Gosbell IB, Mercer JL, Neville SA. 2003. Laboratory-acquired EMRSA-15 infection. J Hosp Infect 54:324–325.

[401] Wagenvoort JH, De Brauwer EI, Gronenschild JM, Toenbreker HM, Bonnemayers GP, Bilkert-Mooiman MA. 2006. Laboratory-acquired meticillin-resistant Staphylococcus aureus (MRSA) in two microbiology laboratory technicians. Eur J Clin Microbiol Infect Dis 25:470–472.

[402] Anderson LC, Leary SL, Manning PJ. 1983. Rat-bite fever in animal research laboratory personnel. Lab Anim Sci 33:292–294.

[403] Hawkey PM, Pedler SJ, Southall PJ. 1980. Streptococcus pyogenes: a forgotten occupational hazard in the mortuary. BMJ 281:1058.

[404] Kurl DN. 1981. Laboratory-acquired human infection with group A type 50 streptococci. Lancet 318:752.

[405] Little JS, O'Reilly MJ, Higbee JW, Camp RA. 1984. Suppurative flexor tenosynovitis after accidental self-inoculation with Streptococcus pneumoniae type I. JAMA 252:3003–3004.

[406] Raviglione MC, Tierno PM, Ottuso P, Klemes AB, Davidson M. 1990. Group G streptococcal meningitis and sepsis in a patient with AIDS. A method to biotype group G streptococcus. Diagn Microbiol Infect Dis 13:261–264.

[407] Anonymous. 1991. Sveskt kolerafall trolig smitta i laboratorium. [A Swedish case of cholera of probable laboratory origin]. Lakartidningen 89:3668.

[408] Lee KK, Liu PC, Huang CY. 2003. Vibrio parahaemolyticus infectious for both humans and edible mollusk abalone. Microbes Infect 5:481–485.

[409] Graham T. 2013. I am the laboratory-acquired infection. Abstr., Biological Safety Conference, American Biological Safety Association, Mundelein, IL.

[410] Graham CJ, Yamauchi T, Rountree P. 1989. Q fever in animal laboratory workers: an outbreak and its investigation. Am J Infect Control 17:345–348.

[411] Hall CJ, Richmond SJ, Caul EO, Pearce NH, Silver IA. 1982. Laboratory outbreak of Q fever acquired from sheep. Lancet 319:1004–1006.

[412] Hamadeh GN, Turner BW, Trible W Jr, Hoffmann BJ, Anderson RM. 1992. Laboratory outbreak of Q fever. J Fam Pract 35:683–685.

[413] Henning K, Hotzel H, Peters M, Welge P, Popps W, Theegarten D. 2009. [Unanticipated outbreak of Q fever during a study using sheep, and its significance for further projects]. Berl Munch Tierarztl Wochenschr 122:13–19.

[414] Meiklejohn G, Reimer LG, Graves PS, Helmick C. 1981. Cryptic epidemic of Q fever in a medical school. J Infect Dis 144:107–113.

[415] Simor AE, Brunton JL, Salit IE, Vellend H, Ford-Jones L, Spence LP. 1984. Q fever: hazard from sheep used in research. Can Med Assoc J 130:1013–1016.

[416] Whitney EA, Massung RF, Kersh GJ, Fitzpatrick KA, Mook DM, Taylor DK, Huerkamp MJ, Vakili JC, Sullivan PJ, Berkelman RL. 2013. Survey of laboratory animal technicians in the United States for Coxiella burnetii antibodies and exploration of risk factors for exposure. J Am Assoc Lab Anim Sci 52: 725–731.

[417] Herrero JI, Ruiz R, Walker DH. 1993. La técnica de western immunoblotting en situaciones atípicas de infección por Rickettsia conorii. Presentación de 2 casos. [The western immunoblotting technique in atypical situations of Rickettsia conorii infection. Presentation of 2 cases.] Enferm Infecc Microbiol Clin 11: 139–142.

[418] The Subcommittee on Arbovirus Laboratory Safety of the American Committee on Arthropod-Borne Viruses. 1980. Laboratory safety for arboviruses and certain other viruses of vertebrates. Am J Trop Med Hyg 29:1359–1381.

[419] Schnurrenberger PR, Swango LJ, Bowman GM, Luttgen PJ. 1980. Bovine papular stomatitis incidence in veterinary students. Can J Comp Med 44:239–243.

[420] Langford MP, Anders EA, Burch MA. 2015. Acute hemorrhagic conjunctivitis: anti-coxsackievirus A24 variant secretory immunoglobulin A in acute and convalescent tear. Clin Ophthalmol 9:1665–1673.

[421] Sitwell L, Lach B, Atack E, Atack D, Izukawa D. 1988. Creutzfeldt-Jakob disease in histopathology technicians. N Engl J Med 318:853–854.

[422] Miller DC. 1988. Creutzfeldt-Jakob disease in histopathology technicians. N Engl J Med 318:853–854.

[423] Chen LH, Wilson ME. 2004. Transmission of dengue virus withouta mosquito vector: nosocomial mucocutaneous transmission and other routes of transmission. Clin Infect Dis 39:e56–e60.

[424] Okuno Y, Fukunaga T, Tadano M, Fukai K. 1982. Serological studies on a case of laboratory dengue infection. Biken J 25: 163–170.

[425] Le Guenno B. 1995. Emerging viruses. Sci Am 273:56–64.

[426] Mertens T, Hager H, Eggers HJ. 1982. Epidemiology of an outbreak in a maternity unit of infections with an antigenic variant of Echovirus 11. J Med Virol 9:81–91.

[427] Hager H, Mertens T, Eggers HJ. 1980. [An epidemic in a maternity unit caused by an echo virus 11 variant (author's transl)]. MMW Munch Med Wochenschr 122:619–622.

[428] Spalton DJ, Palmer S, Logan LC. 1980. Echo 11 conjunctivitis. Br J Ophthalmol 64:487–488.

[429] Sudeep AB, Jadi RS, Mishra AC. 2009. Ganjam virus. Indian J Med Res 130:514–519.

[430] Rao CV, Dandawate CN, Rodrigues JJ, Rao GL, Mandke VB, Ghalsasi GR, Pinto BD. 1981. Laboratory infections with Ganjam virus. Indian J Med Res 74:319–324.

[431] Centers for Disease Control and Prevention. 1994. Laboratory management of agents associated with hantavirus pulmonary syndrome: interim biosafety guidelines. MMWR Recomm Rep 43(RR-7):1–7.

[432] Lee HW, Johnson KM. 1982. Laboratory-acquired infections with Hantaan virus, the etiologic agent of Korean hemorrhagic fever. J Infect Dis 146:645–651.

[433] Weissenbacher MC, Merani MS, Hodara VL, de Villafañe G, Gajdusek DC, Chu YK, Lee HW. 1990. Hantavirus infection in laboratory and wild rodents in Argentina. Medicina (B Aires) 50:43–46.

[434] Anderson RA, Woodfield DG. 1982. Hepatitis B virus infections in laboratory staff. N Z Med J 95:69–71.

[435] Sampliner R, Bozzo PD, Murphy BL. 1984. Frequency of antibody to hepatitis B in a community hospital laboratory. Lab Med 15:256–257.

[436] Takahashi K, Miyakawa Y, Gotanda T, Mishiro S, Imai M, Mayumi M. 1979. Shift from free "small" hepatitis B e antigen to IgG-bound "large" form in the circulation of human beings and a chimpanzee acutely infected with hepatitis B virus. Gastroenterology 77:1193–1199.

[437] Weissenbacher MC, Edelmuth E, Frigerio MJ, Coto CE, de Guerrero LB. 1980. Serological survey to detect subclinical Junín virus infection in laboratory personnel. J Med Virol 6:223–226.

[438] Johnson K, Winters T. 2012. Herpes B virus: Implications in lab workers, travelers, and pet owners. Harvard School of Public Health Grand Rounds. http://www. hsph. harvard. edu/oemr/files /2012/08/Grand-Rounds-Herpes-B-Final-Johnson-Winters. pdf.

[439] Beer B, Kurth R, Bukreyev A. 1999. Characteristics of Filoviridae: marburg and Ebola viruses. Naturwissenschaften 86:8–17.

[440] Nikiforov VV, Turovskiĭ IuI, Kalinin PP, Akinfeeva LA, Katkova LR, Barmin VS, Riabchikova EI, Popkova NI, Shestopalov AM, Nazarov VP, et al. 1994. [A case of a laboratory infection with Marburg fever]. Zh Mikrobiol Epidemiol Immunobiol May– June:104–106.

[441] Pedrosa PB, Cardoso TA. 2011. Viral infections in workers in hospital and research laboratory settings: a comparative review of infection modes and respective biosafety aspects. Int J Infect Dis 15:e366–e376.

[442] Morgan C. 1987. Import of animal viruses opposed after accident at laboratory. Nature 328:8.

[443] Erdman DD, Gary GW, Anderson LJ. 1989. Serum immunoglobulin A response to Norwalk virus infection. J Clin Microbiol 27:1417–1418.

[444] Cohen BJ, Brown KE. 1992. Laboratory infection with human parvovirus B19. J Infect 24:113–114.

[445] Shiraishi H, Sasaki T, Nakamura M, Yaegashi N, Sugamura K. 1991. Laboratory infection with human parvovirus B19. J Infect 22:308–310.

[446] Coimbra TL, Nassar ES, de Souza LT, Ferreira IB, Rocco IM, Burattini MN, da Rosa AT, Vasconcelos PF, Pinheiro FP, LeDuc JW, Rico-Hesse R. 1994. New arenavirus isolated in Brazil. Lancet 343:391–392.

[447] Willems WR, Kaluza G, Boschek CB, Bauer H, Hager H, Schütz HJ, Feistner H. 1979. Semliki forest virus: cause of a fatal case of human encephalitis. Science 203:1127–1129.

[448] Heneine W, Switzer WM, Sandstrom P, Brown J, Vedapuri S, Schable CA, Khan AS, Lerche NW, Schweizer M, Neumann-Haefelin D, Chapman LE, Folks TM. 1998. Identification of a human population infected with simian foamy viruses. Nat Med 4:403–407.

[449] Schweizer M, Turek R, Hahn H, Schliephake A, Netzer KO, Eder G, Reinhardt M, Rethwilm A, Neumann-Haefelin D. 1995. Markers of foamy virus infections in monkeys, apes, and accidentally infected humans: appropriate testing fails to confirm suspected foamy virus prevalence in humans. AIDS Res Hum Retroviruses 11:161–170.

[450] von Laer D, Neumann-Haefelin D, Heeney JL, Schweizer M. 1996. Lymphocytes are the major reservoir for foamy viruses in peripheral blood. Virology 221:240–244.

[451] Centers for Disease Control (CDC). 1992. Anonymous survey for simian immunodeficiency virus (SIV) seropositivity in SIV-laboratory researchers— United States, 1992. MMWR Morb Mortal Wkly Rep 41:814–815.

[452] Vasconcelos PF, Travassos da Rosa AP, Rodrigues SG, Tesh R, Travassos da Rosa JF, Travassos da Rosa ES. 1993. Infecção humana adquirida em laboratório causada pelo virus SP H 114202 (Arenavirus: família Arenaviridae): aspectos clínicos e laboratoriais. [Laboratory-acquired human infection with SP H 114202 virus (Arenavirus: Arenaviridae family): clinical and laboratory aspects]. Rev Inst Med Trop Sao Paulo 35:521–525.

[453] Flanagan ML, Oldenburg J, Reignier T, Holt N, Hamilton GA, Martin VK, Cannon PM. 2008. New world clade B arenaviruses can use transferrin receptor 1 (TfR1)-dependent and-independent entry pathways, and glycoproteins from human pathogenic strains are associated with the use of TfR1. J Virol 82:938–948.

[454] Avšič-Županc T, Poljak M, Matičič M, Radšel-Medveščcek A, LeDuc JW, Stiasny K, Kunz C, Heinz FX. 1995. Laboratory acquired tick-borne meningoencephalitis: characterisation of virus strains. Clin Diagn Virol 4:51–59.

[455] Costa GB, Moreno EC, de Souza Trindade G, Studies Group in Bovine Vaccinia. 2013. Neutralizing antibodies associated with exposure factors to Orthopoxvirus in laboratory workers. Vaccine 31:4706–4709.

[456] Fillis CA, Calisher CH. 1979. Neutralizing antibody responses of humans and mice to vaccination with Venezuelan encephalitis (TC-83) virus. J Clin Microbiol 10:544–549.

[457] Reif JS, Webb PA, Monath TP, Emerson JK, Poland JD, Kemp GE, Cholas G. 1987. Epizootic vesicular stomatitis in Colorado, 1982: infection in occupational risk groups. Am J Trop Med Hyg 36:177–182.

[458] New York State Department of Health. 2001. West Nile Virus Update-January 1, 2001–December 31, 2001.

[459] Anderson BC, Donndelinger T, Wilkins RM, Smith J. 1982. Cryptosporidiosis in a veterinary student. J Am Vet Med Assoc 180:408–409.

[460] Centers for Disease Control (CDC). 1982. Human cryptosporidiosis— Alabama. MMWR Morb Mortal Wkly Rep 31: 252–254.

[461] Current WL, Reese NC, Ernst JV, Bailey WS, Heyman MB, Weinstein WM. 1983. Human cryptosporidiosis in immunocompetent and immunodeficient persons. Studies of an outbreak and experimental transmission. N Engl J Med 308:1252–1257.

[462] Gait R, Soutar RH, Hanson M, Fraser C, Chalmers R. 2008. Outbreak of cryptosporidiosis among veterinary students. Vet Rec 162:843–845.

[463] Levine JF, Levy MG, Walker RL, Crittenden S. 1988. Cryptosporidiosis in veterinary students. J Am Vet Med Assoc 193: 1413–1414.

[464] Preiser G, Preiser L, Madeo L. 2003. An outbreak of cryptosporidiosis among veterinary science students who work with calves. J Am Coll Health 51:213–215.

[465] Reese NC, Current WL, Ernst JV, Bailey WS. 1982. Cryptosporidiosis of man and calf: a case report and results of experimental infections in mice and rats. Am J Trop Med Hyg 31: 226–229.

[466] Dillon NL, Stolf HO, Yoshida EL, Marques MEA. 1993. Leishmaniose cutânea acidental. [Accidental cutaneous leishmaniasis]. Rev Inst Med Trop Sao Paulo 35:385–387.

[467] Herwaldt BL. 2006. Protozoa and helminths. In Fleming DO, Hunt DL (ed), Biological Safety: Principles and Practices, 4th ed. ASM Press, Washington, DC.

[468] Druilhe P, Trape JF, Leroy JP, Godard C, Gentilini M. 1980. [Two accidental human infections by Plasmodium cynomolgi bastianellii. A clinical and serological study]. Ann Soc Belg Med Trop 60:349–354.
[469] Bending MR, Maurice PD. 1980. Malaria: a laboratory risk. Postgrad Med J 56:344–345.
[470] Grist NR. 1981. Hepatitis and other infections in clinical laboratory staff, 1979. J Clin Pathol 34:655–658.
[471] Hajeer AH, Balfour AH, Mostratos A, Crosse B. 1994. Toxoplasma gondii: detection of antibodies in human saliva and serum. Parasite Immunol 16:43–50.
[472] Hermentin K, Picher O, Aspöck H, Auer H, Hassl A. 1983. A solid-phase indirect haemadsorption assay (SPIHA) for detection of immunoglobulin M antibodies to Toxoplasma gondii: application to diagnosis of acute acquired toxoplasmosis. Zentralbl Bakteriol Mikrobiol Hyg [A] 255:380–391.
[473] Payne RA, Joynson DH, Balfour AH, Harford JP, Fleck DG, Mythen M, Saunders RJ. 1987. Public Health Laboratory Service enzyme linked immunosorbent assay for detecting Toxoplasma specific IgM antibody. J Clin Pathol 40:276–281.
[474] Peters SE, Gourlay Y, Seaton A. 2002. Listeria meningitis as a complication of chemoprophylaxis against laboratory acquired toxoplasma infection: a case report. J Infect 44:126.
[475] Woodison G, Balfour AH, Smith JE. 1993. Sequential reactivity of serum against cyst antigens in Toxoplasma infection. J Clin Pathol 46:548–550.
[476] Añez N, Carrasco H, Parada H, Crisante G, Rojas A, Gonzalez N, Ramirez JL, Guevara P, Rivero C, Borges R, Scorza JV. 1999. Acute Chagas' disease in western Venezuela: a clinical, seroparasitologic, and epidemiologic study. Am J Trop Med Hyg 60:215–222.
[477] Emeribe AO. 1988. Gambiense trypanosomiasis acquired from needle scratch. Lancet 331:470–471.
[478] Herbert WJ, Parratt D, Van Meirvenne N, Lennox B. 1980. An accidental laboratory infection with trypanosomes of a defined stock. II. Studies on the serological response of the patient and the identity of the infecting organism. J Infect 2:113–124.
[479] Receveur MC, LeBras M, Vincendeau P. 1993. Laboratory-acquired Gambian trypanosomiasis. N Engl J Med 329:209–210.
480. Buitrago MJ, Gonzalo-Jimenez N, Navarro M, Rodriguez-Tudela JL, Cuenca-Estrella M. 2011. A case of primary cutaneous histoplasmosis acquired in the laboratory. Mycoses 54: e859–e861.
[481] Loth EA, Dos Santos JH, De Oliveira CS, Uyeda H, Simão RD, Gandra RF. 2015. Infection caused by the yeast form of Paracoccidioides brasiliensis. JMM Case Rep 2. doi:10.1099 /jmmcr.0.000016
[482] Kenny MT, Sabel FL. 1968. Particle size distribution of Serratia marcescens aerosols created during common laboratory procedures and simulated laboratory accidents. Appl Microbiol 16: 1146–1150.
[483] Blacklow NR, Dolin R, Fedson DS, Dupont H, Northrup RS, Hornock RB, Chanock RM. 1972. Acute infectious nonbacterial gastroenteritis: etiology and pathogenesis. Ann Intern Med 76:993–1008.
[484] Riley RL. 1957. Aerial dissemination of pulmonary tuberculosis. Am Rev Tuberc 76:931–941.
[485] Riley RL. 1961. Airborne pulmonary tuberculosis. Bacteriol Rev 25:243–248.
[486] Kulagin SM, Fedorova NI, Ketiladze ES. 1962. Laboratory outbreak of hemorrhagic fever with renal syndrome: clinicoepidemiological characteristics. Zh Mikrobiol Epidemiol Immunobiol 33:121–126.
[487] Gottlieb SJ, Garibaldi E, Hutcheson PS, Slavin RG. 1993. Occupational asthma to the slime mold Dictyostelium discoideum. J Occup Med 35:1231–1235.
[488] Shireman PK. 1992. Endometrial tuberculosis acquired by a health care worker in a clinical laboratory. Arch Pathol Lab Med 116:521–523.

5

生物危害的风险评估

DAWN P. WOOLEY, DIANE O. FLEMING

引言

生物风险评估是一个极具挑战性的过程，因为这些变量并非总是能定量测定的，必须经常做出主观判断。在不断变化的环境中，生物危害因子、活动和人之间有着复杂的相互作用。从事生物危害因子相关工作或怀疑使用的材料含有此类危害因子时，需要评估整个活动对个人、社区和环境带来的风险。生物危害因子是一种感染性病原体，或由一种生物体产生的对另一种生物有致病性的感染性物质。凡涉及生物危害因子的活动，不管是研究、临床、教学还是生产，都应进行风险评估，为消除或将风险降低到可接受水平提供必要的信息。风险评估需要有专业人员运用专业知识做出专业的判断。通过分析有关特定病原体的有效信息，并考虑到操作程序和使用设备所带来的任何额外风险，评估人员进行综合评估后，确定最适当的工作方法、个人防护设备以及设施并保护人员和环境。风险评估应在活动开始前进行，并应在生物危害因子、操作程序、工作人员或设施发生变更时重复进行评估。对从事生物危害因子工作的风险评估，不仅要考虑危害因子本身，还要考虑宿主和环境。本章主要讨论在一般工作中基于危害因子和活动的风险评估，不涉及管控病原。对宿主因素简单介绍，更详细的内容参见职业医学部分。

风险及风险评估

在生物安全方面，风险可定义为由于暴露于生物危害因子场景下而对健康产生负面后果的可能性或概率。风险评估是指识别危险、评估可能发生的危害、估计发生危害的可能性以及考虑危害后果的过程。风险管理是采取各种措施降低风险的过程。在生物医学实验室场景下，风险主要集中于预防实验室获得性感染。只要有可能，应采用如感染剂量等定量测量方法。定性数据，如经遗传修饰过的微生物的表型特征，也必须考虑。在任何事故中，很少有单一的原因。一般来说，导致一起事故发生往往是多种因素综合作用的结果。因此，仅仅消除一个因素就有可能阻止感染的发生，就像切断感染链中的一个环节。

“搜索（search）–评估（evaluate）–执行（execute）”是用于评估和管理风险的好策略，使用缩略词SEE可以很容易地记住它（改编自参考文献1）。前两步是逻辑分析过程，是评估部分；而第三步是一个行动过程，是管理部分。搜索是指在拟开展工作的环境中识别可能存在的生物危害，典型的环境包括研究或临床实验室、医院或现场、动物房和生产设施等。评估是指思考各种因素如何相互作用而导致事故的过程，需要具备相当程度的专业知识，因为新手可能无法预测所有的潜在危险。执行是指将安全计划付诸实施。要确保有适当的设备、设施和个人防护装备，并结合实际情况采用最佳策略。例如，执行看似最安全的流程可能会在不经意间导致工作变得烦琐，从而产生新的危害。其他安全措施，如职业健康筛查、暴露前接种疫苗和暴露后预防性治疗等，也可作为安全计划的一部分予以执行。使用像SEE这样的策略不能消除所有的风险，但有助于减少发生事故的机会。

评估者

评估与有生物危害因子相关的风险，或获得此类评估，是由机构主管或其指定人员的责任。生物危害因子的风险评估需要经过适当培训的专业人员，如微生物、生物安全防护、保健、工业卫生、感染控制、兽医等相关专业的人员。位于美国伊利诺伊州曼德莱恩市的美国国际生物安全协会保存一份经过注册和认证的生物安全专业人员的名单，可以为缺乏此专业知识的人员提供咨询。相关指南可以从美国疾病预防控制中心或美国国立卫生研究院（NIH）科学政策办公室（OSP）在线获得。关于NIH提出的重组或合成核酸分子研究指南（又名NIH指南）的具体建议或者解释，可以从NIH/OSP的员工处获得，NIH/OSP的员工又可以从重组DNA咨询委员会（RAC）寻求建议，该委员会包括一个生物安全工作组。熟悉所使用设备和操作的人员可以最好地解决与专业化规程相关的风险。这一点尤为重要，因为新技术会产生意想不到的问题，可能导致意想不到的新风险。

对生物危害因子进行基于风险的控制应有一定的灵活性，以方便用户根据生物安全危害因子的具体特点和工作任务的性质和要求，对相关条件进行必要的调整。例如，有人会在BSL-1设施内的开放式工作台上使用大肠埃希菌K-12株（用于重组DNA工作的大肠埃希菌减毒株）构建病毒载体，然而，也有人可能会转移到BSL-2设施的生物安全柜中，通过细胞培养产生病毒颗粒。有些机构可能按最高风险的生物安全级别批准作业方案，即整个操作都应在BSL-2设施中进行。而其他机构可能为两部分工作确定不同的生物安全等级。方案会要求分子克隆和病毒颗粒生产工作分别在BSL-1和BSL-2设施中进行。

生物危害因子

评估作业中存在生物危害因子的风险并不像评估物理和化学危害那样简单。生物危害性微生物存在于多种微环境生态位中，在与宿主相互作用的动态过程中可以产生不同的毒力因子。对于某些人类疾病的病原体，我们甚至不知道满足其繁殖所需求的营养或宿主细胞是什么。虽然对生物危害因子不能进行机械地分类，但有可能对某种微生物感染的相对风险进行评估，并将其归入4个风险等级（RG）之一。对于各种微生物的变种、型别或菌（毒）株的风险，都需要基于其原型株的变异进行评估。RG是根据已知因素对生物体进行分类的方法，可以作为开展循证风险评估的起点。

风险等级分类

世界卫生组织（WHO）在其实验室生物安全手册[3]中，基于RG对感染性微生物的分类提供了基本定义。其分类依据致病性、传播方式和宿主范围等因素，这些因素受当地人群的免疫水平以及该人群中宿主的密度和活动范围的影响。在确定RG分类时，其他需要考虑的因素包括是否存在适当的媒介、环境卫生标准以及是否存在有效的预防措施。这些预防措施可包括卫生措施（如食品和饮水卫生）、控制动物宿主或媒介生物、限制人员或动物的流动、禁止进口可能受感染的动物或动物产品，以及药物性预防。药物性预防措施可包括被动免疫和暴露后疫苗接种，以及使用抗生素、抗病毒药物和化学药物，但要考虑可能出现耐药株的问题[3]。由于在确定RG分类时考虑到许多因素，生物危害因子名录也因国家而异，只能应用于本国。美国、澳大利亚、新西兰、比利时、加拿大、欧盟和英国[4-11]等都建立了自己的RG分类定义。这些定义的摘要发布在ABSA国际网站上，并可在数据库中检索到详细的信息[12]。

世界卫生组织曾发出警告，简单地参考RG并不足以进行风险评估，仍需要考虑其他因素，包括特定菌（毒）株的致病性、感染剂量、暴露的潜在结果、感染的自然途径、感染的实验室途径、病原体的稳定性和浓度、操作需要的容积、是否有合适的宿主（人或动物）、动物研究相关的信息、实验室获得性感染的报告、实验室活动类型（匀浆制作、超声处理、离心、雾化等）、可扩大宿主范围或改变对药物的敏感性的基因操作以及适当治疗或预防措施的可及性等[3]。

还必须考虑从事微生物工作实验室所在地区的现有条件。各国政府可决定禁止进口或开展某些病原体的研究，除非用于诊断目的。澳大利亚、加拿大、欧盟和美国的主管部门将生物危害因子分为4类，反映出使用者和环境日益递增的风险。世界卫生组织出版的《实验室生物安全手册》对生物安全提供了通用指导原则，同时也考虑到各国的实际情况，如某些生物危害因子风险等级的差异、是否有适当的实验室设施和训练有素的操作生物危害因子的专业人员[3]。

世界上不同的国家和组织都有不同的RG定义及相应的微生物的名录清单，但都有一个共同主题，即权衡对个体与社区的风险：RG1代表对个体和社区危害程度较低；RG2代表对个体和社区危害程度中等；RG3代表对个体风险高、社区风险低；RG4代表对个体和社区均为高风险。

有些国家在定义其RG时还考虑到对动物、植物和环境的风险。世界卫生组织、澳大利亚和加拿大不仅包括了对人类的风险，而且包括出于经济考虑而对牲畜和环境造成的风险。澳大利亚还包括了对具有重要经济价值植物的风险。加拿大也考虑了对环境的经济影响，包括对植物的影响，但没有将植物病原体列入其生物危害因子名录清单。加拿大没有书面的人类和动物病原体的清单，而是一个在线的动态清单。美国和欧盟将病原体清单限制在那些可能导致健康成人和从业人员感染的病原体中。

美国出版的《微生物学和生物医学实验室的生物安全》（BMBL）一书，实际上并没有使用RG[8]，相反，却使用生物安全分级，并描述了在4个不同的BSL等级下如何处理生物安全危害因子。在BSL-1和BSL-2两个等级中，重点关注的是对操作人员的保护，而没有考虑对动物、植物和环境的保护。BSL-3等级在BSL-2的基础上关注了对社区的风险。经气溶胶传播的生物危害因子的操作须采取BSL-3级防护，旨在减少或消除对周围社区的风险。BMBL描述了4种BSL等级，提供了一个风险控制的实用标准，用于控制已知可导致实验室获得性感染的生物危害因子，包括那些可能导致实验室感染，或产生严重后果的生物危害因子。

NIH的指南定义了四种RG中的每一个等级[2]。然而，这些指南，以及澳大利亚、加拿大和欧盟的指南，都没有涉及符合RG3定义的生物危害因子气溶胶的问题。这一重要的不同导致将人类免疫缺陷病毒（HIV）列入RG3清单，而BMBL对HIV的控制条件介于BSL-2和BSL-3之间。这种风险管理上的微妙差别，会让那些试图对感染性病原体进行严格分类的人感到非常错愕。这些变化引起了人们的担忧，因为该生物危害因子清单是在没有很好地解读相关文件的情况下仅凭字面理解制定的[10]。在欧盟的指令中，附件三的介绍性说明第8条写道："第3组中的某些生物因子的分类在附录清单中标注两个星号（**），表示可能对工作人员造成有限的感染风险，因为他们通常不通过空气传播。各成员国应依据拟开展具体活动的性质和生物因子的用量，评估适用于这类因子的控制措施，以便确定在特定情况下是否可以采用其中一些措施。"HIV、人类T淋巴细胞病毒1型和2型、乙型肝炎病毒等都在清单中的RG3组，而丙型肝炎病毒列在清单中另一组。

BMBL对这种情况的处理则更为直接。的确，虽然BMBL因为没有定义RG而显得例外，但它确实通过推荐BSL等级为风险管理提供了灵活性。例如，由于没有证据表明HIV通过气溶胶途径传播，因此，对临床实验室而言BSL-2级防护措施是适合的。HIV的培养增殖却增加了暴露的风险，有必要提高防护等级，尽管不需要在BSL-3设施内操作，但需要采取BSL-3级防护。欧盟和BMBL实际上反映了两种风险评估方法，它们在风险管理方面可以达到殊途同归的效果。数个国家和组织（即澳大利亚、加拿大、欧盟和WHO）将HIV定义为RG3，但同意BMBL提出的酌情采用BSL-2级或BSL-3级防护安全进行该病毒的操作。这种情况表明生物安全风险评估不仅要基于感染性病原体，更重要的是基于实验活动的作业指导书。它还表明，RG分类与生物安全防护水平相关，但两者之间并不能画等号[3]。虽然依据WHO指南RG所列出的感染因子清单存在差异是可以预见的，但是目前仍缺乏全球统一标准，因此在美国尚未得到充分认可。在不同国家的学术机构、政府和企业中从事风险评估的人员，在进行现场评估时必须对生物危害因子分类的这种差异做出适当的解释。那些不了解欧盟指令的人，如果只使用依据RG分类列出生物危害因子清单进行评估风险，就会错误地认为欧盟要求所有HIV相关的工作都必须在BSL-3条件下进行。

在对生物危害因子进行RG分类时，还必须考虑到"在所有微生物群中，有自然产生的毒株，其毒力各不相同，因此可能需要采取高低不同的防护级别"[10]。每个国家允许的外来的和管控的生物危害因子各不相同。因此，4个RG级别的病原体清单也因国家而异。那些未经过风险评估或未被参与国主管当局列入清单的，不应被默认为是无害的。上述澳大利亚、加拿大和欧盟的指南中，有默认最低限度RG2风险和使用标准微生物预防措施的情况。在美国，接触血液和某些体液及物质时，将采用标准防护措施[8]或通用防护措施[13]，在实验室中与之相对应的是BSL-2级防护。

上文述及在风险评估中要考虑的许多特定生物危害因子，其中一些因素是定义RG级别的基础，而另外一些因素将在全面风险评估中加以考虑。在使用某种微生物进行研究或生产时，可以依据政府机构、专业学会、学术机构或指定的主管当局发布的指南，初步进行基于该微生物的风险评估[2, 3, 8-10, 14-18]。提供WHO的RG分类的国家要不公布了其病原体清单，要不在网上能够查到。欧盟的清单包含在一项保护生物危害因子从业人员免于暴露危害的指令中[10]。

在BMBL的病原体简要说明部分，提供了对已报告的导致实验室获得性感染或者预测有可能产生严重后果的生物危害因子的风险评估和防护建议[8]。但仍然有许多潜在的生物危害因子未包括在其中，如脆弱拟杆菌、产气肠杆菌、B型流感嗜血杆菌和金黄色葡萄球菌等，因为尚未证明这些菌能作为实验室获得性感染的病原体对健康成人构成严重危害。然而，在进行任何风险评估时，都必

须谨慎地确定在所开展的活动中某种生物因子的真正潜在危害。美国公共卫生学会出版的《传染病控制手册》（*Control of Communicable Diseases Manual*）提供了有关人类传染病的信息[17]。从人临床样本中分离出病原体的相对风险也可在文献中找到[16，19]。美国CDC[20]，作为负责确定运输管制的生物危害因子及其进口和运输包装要求的政府机构，制定出一个清单，其中所列出的生物危害因子，在处理、包装和运输方面都需要特殊操作。美国卫生和公众服务部和农业部制定了新条例下所管制的病原体和毒素清单，以防止其被用于生物恐怖主义活动[21]。

风险评估中收集的信息可能证实所使用特定病原体菌（毒）株或血清型毒力的增加，在这种情况下，风险等级可能需要提高到足以控制其毒力的防护水平。例如，对多种治疗药物产生耐药性的病原体（如耐多药结核分枝杆菌），由于缺乏替代治疗方法，被认为具有更高的风险，需要采取更严格的防护措施。结核分枝杆菌属于RG3，尽管对耐多药菌株的安全操作需要额外的防护措施，但仍不需要高于BSL-3水平。相反，如果评估显示毒性较低，则可以适当放松一些防护措施。例如，无毒性毒株结核分枝杆菌H37Ra株可在BSL-2级防护措施下安全地处置，尽管操作有毒力的结核分枝杆菌H37Rv株应当采取BSL-3级防护措施。应该提醒工作人员注意的是，在这两种情况下都可能发生血清阳转。肺炎链球菌是一种有荚膜的细菌，属于RG2。荚膜是一种毒力因子，使肺炎链球菌能够逃避宿主免疫系统。然而，对已经不再有荚膜的菌株，则可以在BSL-1级防护条件下安全地操作。因此，对风险评估者的知识要求怎么强调也不过分。

小肠结肠炎耶尔森菌是一种可引起肠道疾病的细菌，有特定的侵袭性基因作为毒力因子，但也有非致病性菌株存在[22-24]。一套严格的病原体分类系统可能将操作病原微生物的非致病株的防护级别提到不必要高度。因此，标准应该有足够的灵活性，以便使这些菌（毒）株能够作为非病原体进行操作和运输，即使其野生株属于更高的RG级别，需要特殊的包装要求。

用于生产灭活或活疫苗的菌（毒）株可能不再需要与野生型亲代株相同的防护级别[10]。例如，一些减毒流感病毒疫苗株可在BSL-1级防护条件下操作，而亲代病毒需要在BSL-2级防护条件下。对高致病性禽流感病毒或获得某些功能的毒株应考虑采取更高级别的防护措施，以免造成社区大流行。用于生产卡介苗（BCG）的牛分枝杆菌菌株通常在BSL-2级防护条件下操作，但野生株属于RG3级病原，毒力较强，通常需要在BSL-3级设施和防护条件下操作。类似的评估曾免除过对管制病原疫苗株或灭活制剂的登记管理[25]。在最近发生的事件中，活的或更危险的炭疽芽孢杆菌和甲型流感病毒株在不知情的情况下被运送给接收单位，但寄送者和接受者都没有通过适当的测试来确认其是否已经减毒或灭活[26]。

严格的风险分类可能会在某种病原体的毒力已经得到重新评估或显著增强的情况下，无意中排除使用更高级别的防护措施。口服脊髓灰质炎减毒活疫苗毒株一度被认为在BSL-1条件下操作是安全的，尽管野生型脊髓灰质炎病毒株需要在BSL-2级防护条件进行操作。然而，当脊髓灰质炎疫苗相关病例比自然感染的病例更多时，根据免疫接种咨询委员会（ACIP）的建议，美国用灭活脊髓灰质炎疫苗（IPV）逐渐取代了口服减毒活疫苗（OPV）[27]。

WHO曾建议一项计划，到2005年全球消除脊髓灰质炎，并销毁所有库存的脊髓灰质炎病毒。由于脊髓灰质炎地方性流行的国家，即阿富汗和巴基斯坦，不断出现新病例，而不得已修订了时间表。目前，要求脊髓灰质炎病毒在BSL-2级防护条件下操作，一旦野生型脊髓灰质炎病毒被根除，希望对野生型脊髓灰质炎病毒及其传染性或潜在传染性材料开展工作的实验室必须遵守BSL-3脊髓灰质炎防护要求。这一级别的防护要求只应用于脊髓灰质炎病毒[30]。届时，脊髓灰质炎病毒的唯一来源将是实验室和疫苗生产设施。在这些设施中可能发生脊髓灰质炎病毒泄漏各种情况的相对风险见表5-1。病毒泄漏的最重要来源是实施人员，因此，他们应该是管理的重点，以防控病毒向社区传播的风险[31]。消除脊髓灰质炎计划和拟定防护要求的变化，必须考虑到科学家已经能人工合成脊髓灰质炎病毒这一事实[32]。

表 5-1 脊髓灰质炎病毒从实验室或疫苗生产设施重新引入的风险[a]

潜在的病毒来源	相对风险
设备人员	
被感染	+ + + +
被污染	+ + + +
废液	− ~ + + +
废气	+ / −
固体废弃物	+ / −
包装运输材料	+ / −
实验动物	−

a参考文献[31]。

未知病原的风险评估

人类持续受到新发传染性疾病的挑战，如中东呼吸综合征病毒、寨卡病毒和高致病性禽流感病毒，即使在这些疾病被发现初期，也必须进行风险评估，为预防其流行和大流行提供依据。与这些病原相关的实验室感染表明，要不这些风险没有得到正确的评估，要不这些工作人员没有遵守控制这些风险所需的实验室规程。我们还继续面临多重抗生素耐药性的病原体再发性感染，如甲硝唑耐药的艰难梭菌、耐多药结核分枝杆菌、耐甲氧西林和耐万古霉素的金黄色葡萄球菌等。当缺乏有效的治疗方法时，这种风险就会变得更大。在其他情况下，如果对样本或病原的特征不了解，可能就没有足够的数据，无法用可靠的方式进行风险评估。只能基于已有的信息形成一种合理的默认流程，对未知病原进行风险评估。众所周知，高致病性禽流感病毒的宿主范围已从禽类扩展到人类，且在人类中有很高的病死率（如H5N1和H7N9禽流感的病死率超过50%）。某些毒株可能因为在实验室的改造而获得尚未被认知的致病特征，也可能与以往流行的疾病没有交叉免疫反应。现有的流感药物，即神经氨酸酶抑制剂磷酸奥司他韦和扎那米韦，可能对这些未知因子无效，即使在未产生耐药性的情况下，这些药物的有效性也很有限。储备的疫苗也可能对这些未知病原无效。最低默认风险评估要求诊断操作采取BSL-3级防护措施，而开展相关研究则需要根据研究工作的性质采取更严格的防护措施。

在另一种情况下，土壤样本被从世界各地送到药物研发机构，取样地点包括从热带雨林到鸽子出没的城市公园等不同的地方。所有这些样本都要接受风险评估，因为可能存在从外源性病毒到致病真菌（如荚膜组织胞浆菌）的孢子等病原因子。谨慎的做法是，将这些土壤样本视为受到来源地固有生物的污染，至少采用BSL-2级防护[3]，并在对样本进行处理时采取必要的措施，以尽量减少溅出、洒落以及传染性气溶胶的产生，减少工作人员暴露的机会[8]。

基于作业活动的风险评估

与特定作业活动和设备相关的潜在暴露信息有助于确定工作开始前需要控制的环节。在拟进行的活动之前须研究的因素包括：①产生气溶胶的潜在风险（包括飞溅和洒落）；②作业量（体积、浓度/滴度、感染剂量等）；③拟开展的工作（体外或体内试验、气溶胶染毒或环境染毒）。

针对人类病原体特定实验活动和设备制定的作业指导书或标准操作程序进行评估，以确定是否需要特殊的防护措施或防护设备。有些新设备可能产生意想不到的气溶胶，但由于缺乏模拟（或替代物）测试，在操作这些设备时面临着潜在的暴露风险。我们必须评估离心、混匀、超声处理等活动过程中的风险。对于伴随相关领域（如合成生物学和纳米技术）技术进步而来的新程序而言，开展风险评估尤其重要。化学家和分子生物学家是否了解其研究活动的风险并开展风险评估？这些科学家是否知道暴露的后果？在进行风险评估时，我们必须考虑到这些问题，并确定在各种工作环境中的潜在暴露，包括从分子生物学到针对最新临床分离株的潜在新抗生素的测试。

与重组活动相关的风险

涉及重组体的因素包括转基因的特性，如编码毒力因子、毒素、宿主范围、整合、复制、返祖到野生型等[3]。由于国家研究委员会（the National Research Council）[33]认为没有证据表明重组DNA技术构成任何独特的危险，因此生产重组生物的实际过程不是令人关注的因素之一。他们认为，重组DNA相关风险与未经基因修饰或通过其他方式改造的生物体的风险相同。国家研究委员会建议，对涉及重组体对环境污染的风险评估，应根据重组体的性质和环境条件，而不是根据生产重组物的方法。美国科学技术政策办公室[34]和国家研究委员会也接受了这一建议，即对产品而不是过程进行风险评估的建议。美国国立卫生研究院[2]、加拿大[7]和WHO已经发布了基因重组工作风险评估的指南。虽然无法预测所有可能的情形，但是潜在的危害可能是新型的、不确定的。WHO[3]列出了以下在风险评估中需要考虑的因素：供体生物的特性、将要转移的基因序列的性质、受体生物的特性以及环境的特点。受体生物在插入一个自身没有的基因后，演化成一种毒力更强的生物体的风险，始终是存在的。例如，由于白细胞介素4基因的插入导致了一种毒力较强的缺肢病毒（ectromelia virus，鼠痘病毒）[35]。

大规模活动

与生物危害有关的工作可分为研究、诊断或“大规模”操作。大规模操作在美国和加拿大通常指超过10 L生物危害因子的操作，但体积并不是唯一的决定因素，因为像英国这样的国家将工作意图也作为“大规模”决定因素之一[28]。工作场所可以制造出非自然的环境，增加员工暴露于传感染性、产毒性或过敏性因子的风险。在研究实验室里，工作往往局限于研究人员所知的相对较少的生物体，但研究人员通常可以从中选择感兴趣的。诊断或临床实验室处理的临床样本中的微生物通常是未知的，但对于从特定地区患者的什么部位可以分离出那种微生物，以及这些微生物是否会导致人类疾病，应该有最基本的认识[19]。关于大规模致病因子的操作，BMBL中的病原体简要声明建议增加防护水平[8]，但没有提及适用于生物反应器或发酵罐操作的具体防护措施[36]。在大规模生产中使用的许多致病因子并未包含在病原体简要声明中。每一个使用这种病原体的制造商都必须评估生产条件并确定适当的防护措施。美国NIH指南的附录K[2]将持续为大规模重组工作的具体活动提供帮助。

病原体活性的相互作用

对用于既定任务的工作内容、程序和使用设备的潜在危险进行全面评估的过程称为岗位安全性分析。在这样的分析过程中，主管或其指定人员，要分析员工在每项活动中暴露于生物危害因子的风险。理想情况下，制定作业指导书的人员和实际操作人员都将参与到分析过程中，以便尽可能地降低活动风险。每个岗位的工作都被分成几个步骤，明确每个步骤要开展什么活动。对每个步骤都进行审查或制定操作指南，指出可能发生风险关键环节，对特定危险或潜在的事故提出警告，并制定出控制每一种潜在危险的方法。例如，Songer就对使用灭菌器/高压锅进行了全面的岗位安全分析[37]。

在开始生物危害因子相关工作之前，必须进行岗位安全性分析。在执行操作程序之前，须向工作人员提供关于操作的最佳方法、最安全设备以及与任务有关的其他潜在风险的信息。还要考虑到实验动物可能带来额外的风险，如咬伤、抓伤和动物逃逸。主管人员负责安全指导，并为确保工作安全进行专门的培训。职业安全与卫生管理局的血源性病原体操作防护标准，要求员工在接触血源性病原体和接种乙肝病毒疫苗之前，必须提供相关培训，以获得相关信息和知情同意[13]。对所有从事生物危害因子相关的工作人员，都应事先告知并进行岗前培训。欧洲已经颁布了保护员工不受生物危害因子影响的指令[10]。虽然它们是国外的规章制度，但仍可以用来激励我们自己的工作人员加强自我保护。

暴露的确定

作为风险评估过程的一部分，应事先界定什么情况属于危害因子的暴露，这样就可以确定哪些活动或设备有可能造成安全风险，以便进行评估和处理。明确暴露的定义还可以避免不必要的治疗和员工的担忧。在事故现场，但未通过某种感染途径暴露的人不需要药物治疗，尽管这些人可能需要关于感染防控的咨询或进一步培训。

生物安全手册

风险估计和操作规程的书面文件应作为感染控制计划或生物安全手册的一部分。在美国对职业获得性血源传染疾病预防的管理规定中，现在强制性地要求在暴露控制计划中包含这类文件[10]，联邦管制病原管理规定也要求提供此类文件[21]。

人员健康状况

在实际工作中，为了对涉及病原体的任务制定适当的控制措施，需要对病原体–人员–活动三要素进行更全面的风险评估。在对病原体及其相关活动进行风险评估之后，涉及人员方面的风险评估则超出了生物安全人员的专业范畴。每个机构都应该有自己的职业健康规划。在美国，NIH指南要求凡开展需要BSL-3级防护的大规模研究或生产活动，必须制定职业健康规划，而且涉及属于RG3风险等级的流感病毒的研究须在增强型BSL-3级防护条件下进行。尽管鼠疫耶尔森菌减毒株已获准在BSL-2级防护条件下操作[38]，但考虑到该菌株所造成的死亡事件，如何强调低风险活动职业健康的重要性都不过分。这是第一例有文献记载的由人员健康原因造成的实验室获得性感染死亡病例，是由患者的血色素沉着病导致病原体毒力增强所致。从事动物研究的机构必须向实验动物管理评估和认证协会提供证据，证明其根据职业健康与安全计划对高危人员进行了风险评估，才能维持其相关资质。

美国BMBL指南[8]是基于工作人员为具有免疫能力的成年人。员工有责任声明或识别自身防御功能受损的因素，如免疫缺陷和年龄因素。糖尿病可能影响对病原体的易感性，可导致免疫抑制或增加（手指）刺伤后感染的机会。风险评估必须包括其他可能进入实验区域的人员，如保管员和维修人员、实习学生和实验室进修人员。

对拟从事相关工作的人员而言，可能需要从医生那里获得是否适合此项工作的健康评估，特别是在健康状况发生变化的时候，可能会增加感染的风险。风险评估需要不断进行，并与正在进行的工作相关联，以控制任何潜在的风险增加。国家实验室有害生物物质研究理事会一再强调评估流行病学三元素（病原–人员–活动）在确定生物防护水平中的重要性[39]。

机会性病原体和正常微生物群对健康的成年工作人员没有或风险很低，但可在免疫功能低下或免疫抑制的成人中引起疾病。真病原体通常对这类人有造成更严重疾病的风险，这种额外的风险必须得到解决。由于胎儿自身的免疫功能尚未健全，有必要对孕妇也采用同样的策略。BMBL[8]强烈建议某些人群不可以从事与某些病原体相关的工作，例如，血清学阴性的育龄妇女不应从事与弓形虫相关的工作。在某些病原体的简要性声明中对免疫功能受损者提出了风险警告[8]。根据《美国残疾人法》（ADA），潜在有害生物因子的用户需要根据具体情况进行评估，以防发生歧视[29]。必须告知工作人员具体的危险，并了解如何通过合理的设施提供保护，如特殊的工程设计或个人防护设备。工作人员甚至可能被要求签署知情同意书，表明他/她已被告知存在的相关风险。

对生物安全专业人员来说，有效地遵守ADA和BMBL看似相互矛盾的要求可能有些困难。因此，出于保密的原因，工作人员通常在咨询职业健康医师或私人医生后，做出是否从事有害生物因子相关工作的决定。在完成人员条件的评估及基于任务的风险分析后，再由受过适当培训的专业人员提出减少或防止生物危害因子暴露风险的建议。

生物危害风险的可接受性

我们如何评估生物危害风险的可接受性？人们对风险的认知和容忍度不同，某些人比另一些人能接受更多的风险。因此，判断风险的可接受性是一个主观过程，涉及个人、社会、文化甚至宗教。科学家不能衡量某件事是否安全，但他们可以用概率来测量风险，这是一个更客观的过程。对于不熟悉的东西，我们更有可能判断它是不安全的。安全的活动是指风险可以被接受的活动。由于社会价值观的变化，即使风险的实际水平可能保持不变，风险的可接受性也在不断变化。安全不是事物固有的、绝对的、可测量的属性。Songer提醒我们，不要试图预测工作中可能发生的所有风险，比如在生物医学实验室中[37]。他建议使用一些通用的以结果为导向的指导原则来评估和控制潜在的风险。例如，针刺事故的减少可能表明血液传播病原体安全计划的成功。针刺发生次数的增加提示可能存在薄弱环节，应该立即着手解决。利用法规和指南所提供的框架，我们可以根据每天观察到的结果来衡量风险，并对这些风险的可接受性做出安全判断。然而，风险及其防控要求的法典化，可能对寻找更好的工作程序产生不利影响。

风险排序

在人员和资金有限的情况下，应将注意力集中在最有可能发生事故和损害的风险上。确定风险排序的一种方法是用结果的严重性和在现有条件下发生感染的可能性制作一个矩阵（表5-2）。生物危害因子的RG分级反映了其风险和所致LAI相对严重程度，可以作为评估结果严重性的指标；事故发生的概率可以通过与操作流程相关的已知危险来估计，包括使用产生气溶胶的设备，如超声粉碎器和匀浆器，以及动物注射等利器的操作。根据对具体情况的评估，发生事故的概率可被记录为可忽略、低、中、高。通过风险矩阵，可以从高到低进行风险排序。

表 5-2 风险排序

事故发生的概率	RG1	RG2	RG3	RG4
可忽略	很低	低	低	中等
低	很低	低	中等	高
中	低	中等	高	很高
高	低	中等	高	很高

结论

当我们评估风险并试图将指南、规范和标准付诸工作实践时，应该继续寻找更好的控制方法。规章制度不能涵盖所有可能的情况。我们必须根据实时的信息和常识持续开展生物危害工作的风险评估，为预防人员暴露和环境污染提出适当和可行的控制方法。归根结底，我们必须确保从事生物危害因子的工作人员经过培训，使其能力足以保障他们自己及其同事和社区的安全。

原著参考文献

[1] Motorcycle Safety Foundation. 2014. The Motorcycle Safety Foundation Basic Ridercourse Rider Handbook, 1.0 ed. Motorcycle Safety Foundation, Irvine, CA. https://www. msf-usa. org /downloads/BRCHandbook. pdf.

[2] National Institutes of Health. 2016. NIH Guidelines for Research Involving Recombinant or Synthetic Nucleic Acid Molecules. National Institutes of Health, Bethesda, MD. http://osp. od. nih. gov/sites/default/files/NIH_Guidelines. html#_Toc446948312.

[3] World Health Organization. 2004. Laboratory Biosafety Manual, 3rd ed. World Health Organization, Geneva, Switzerland. http://www. who. int/csr/resources/publications/biosafety/WHO_CDS_CSR_LYO_2004_11/en/.

[4] Ministry of the Brussels-Capital Region. 2002. [Laws, decrees, ordinances, and regulations.] (In French and Flemish.) http://www. biosafety. be/PDF/ArrRB02. pdf.

[5] Ministry of the Walloon Region. 2002. [Laws, decrees, ordinances, and regulations.] (In French and Flemish.) http://www. biosafety. be/CU/ArrRW02_FR/ArrRW02FR_TC. html.

[6] Ministry of the Flemish Region. 2004. [Laws, decrees, ordinances, and regulations.] (In French and Flemish.) http://www. biosafety. be/PDF/BesVG04_NL. pdf.

[7] Public Health Agency of Canada. 2016. Canadian Biosafety Standard, 2nd ed. http://canadianbiosafetystandards. collaboration. gc. ca/cbh-gcb/index-eng. php#ch4.

[8] U.S. Department of Health and Human Services, Public Health Service, Centers for Disease Control and Prevention, National Institutes of Health. 2009. Biosafety in Microbiological and Biomedical Laboratories, 5th ed. HHS Publication no. (CDC) 21-112. http://www. cdc. gov/biosafety/publications/bmbl5/BMBL. pdf.

[9] Standards New Zealand, Joint Technical Committee CH-026. 2010. Australian/New Zealand Standard, Safety in laboratories, Part 3: Microbiological safety and containment, 6th ed. SAI Global Limited and Standards New Zealand, Sydney, Australia, and Wellington, New Zealand. https://law. resource. org/pub/nz /ibr /as-nzs. 2243. 3. 2010. pdf.

[10] European Parliament and Council of the European Union. 2000. Directive 2000/54/EC of the European Parliament and of the Council of 18 September 2000 on the protection of workers from risks related to exposure to biological agents at work (seventh individual directive within the meaning of Article 16(1) of Directive 89/391/EEC). Official Journal of the European Communities http://www. biosafety. be/PDF/2000_54. pdf.

[11] Health and Safety Executive, Advisory Committee on Dangerous Pathogens. 2013. The Approved List of Biological Agents, 3rd ed. HSE Books, London, United Kingdom. http://www. hse. gov. uk/pubns/misc208. pdf.

[12] American Biological Safety Association International. 2016. Risk Group Database. https://my. absa. org/tiki-index. php? page = Riskgroups.

[13] Occupational Safety and Health Administration. 2012. Regulations (Standards-29.CFR) Occupational Safety and Health Standards:

Toxic and Hazardous Substances: Bloodborne pathogens. https://www. osha. gov/pls/oshaweb/owadisp. show_document ? p_table=STANDARDS& p_id=10051.
[14] Health Canada. 2004. Laboratory Biosafety Guidelines, 3rd ed. Minister of Health Population and Public Health Branch Centre for Emergency Preparedness and Response, Ottawa, Ontario, Canada.
[15] Fleming DO, Hunt DL (ed). 2006. Biological Safety: Principles and Practices, 4th ed. ASM Press, Washington, DC.
[16] Brooks GF, Butel JS, Morse SA (ed). 2004. Jawetz, Melnick and Adelberg's Medical Microbiology, 23rd ed. Lange Medical Books/McGraw Hill, New York, NY. 17. Heymann DL (ed). 2014. Control of Communicable Diseases Manual, 20th ed. APHA Press, Washington, DC.
[18] Kuenzi M, Assi F, Chmiel A, Collins CH, Donikian M, Dominguez JB, Financsek L, Fogarty LM, Frommer W, Hasko F, Hovland J, Houwink EH, Mahler JL, Sandvist A, Sargeant K, Sloover C, Muijs GT. 1985. Safe biotechnology general considerations. A report prepared by the Safety in Biotechnology Working Party of the European Federation of Biotechnology. Appl Microbiol Biotechnol 21:1–6.
[19] Isenberg HD, D'Amato RF. 1995. Indigenous and pathogenic microorganisms of humans, p 5–18. In Murray PR, Baron EJ, Pfaller MA, Tenover FC, Yolken RH (ed), Manual of Clinical Microbiology, 6th ed. ASM Press, Washington, DC.
[20] Centers for Disease Control and Prevention, HHS. 1997. Additional Requirements for Facilities Transferring or Receiving Select Agents. 42 CFR Part 72. https://grants. nih. gov/grants/pol icy /select_agent/42CFR_Additional_Requirements. pdf.
[21] Public Health Security and Bioterrorism Preparedness and Response Act Public Law 107–188. 2002. https://www. con gress. gov/107/plaws/publ188/PLAW-107publ188. pdf.
[22] Finlay BB, Falkow S. 1997. Common themes in microbial pathogenicity revisited. Microbiol Mol Biol Rev 61:136–169.
[23] Miller VL. 1992. Yersinia invasion genes and their products. ASM News 58:26–33.
[24] Miller VL, Falkow S. 1988. Evidence for two genetic loci in Yersinia enterocolitica that can promote invasion of epithelial cells. Infect Immun 56:1242–1248.
[25] Kroger AT, Atkinson WL, Marcuse EK, Pickering LK, Advisory Committee on Immunization Practices (ACIP) Centers for Disease Control and Prevention (CDC). 2006. General recommendations on immunization: recommendations of the Advisory Committee on Immunization Practices (ACIP). MMWR Recomm Rep 55(RR-15):1–48.
[26] Kaiser J. 2014. Lab incidents lead to safety crackdown at CDC. Science http://www. sciencemag. org/news/2014/07/lab-incidents-lead-safety-crackdown-cdc.
[27] Centers for Disease Control and Prevention. 2016. Birth-18 years & "catch-up" immunization schedules. http://www. cdc. gov /vaccines/schedules/hcp/child-adolescent. html.
[28] Health and Safety Executive, Advisory Committee on Dangerous Pathogens. 2005. Biological agents: managing the risks in laboratories and healthcare premises. HSE Books, Suffolk, United Kingdom. http://www.hse.gov.uk/biosafety/biologagents. pdf
[29] United States Department of Justice, Civil Rights Division. 1990. Information and technical assistance on the Americans with Disabilities Act of 1990 (42 U.S.C. § 12101 et seq.). https://www.ada.gov/ada_intro.htm.
[30] World Health Organization. 2004. WHO Global Action Plan for Laboratory Containment of Wild Polioviruses, 2nd ed. World Health Organization, Geneva, Switzerland.
[31] Wolff C, Fleming DO, Dowdle W. 2005. Assessment and management of post-eradication poliovirus facility associated community risks. 48th Annual Biological Safety Conference, Vancouver, Canada.
[32] Cello J, Paul AV, Wimmer E. 2002. Chemical synthesis of poliovirus cDNA: generation of infectious virus in the absence of natural template. Science 297:1016–1018.
[33] National Research Council (NRC) Committee on the Introduction of Genetically Engineered Organisms into the Environment. 1987. Committee on the Introduction of Recombinant DNA-Engineered Organisms into the Environment: Key Issues. National Academy Press, Washington, DC.
[34] U.S. Office of Science and Technology Policy. 1986. Coordinated framework for regulation of biotechnology; announcement of policy; notice for public comment. Fed Regist 51:23302–23350.
[35] Jackson RJ, Ramsay AJ, Christensen CD, Beaton S, Hall DF, Ramshaw IA. 2001. Expression of mouse interleukin-4 by a recombinant ectromelia virus suppresses cytolytic lymphocyte responses and overcomes genetic resistance to mousepox. J Virol 75:1205–1210.
[36] Cipriano ML. 2002. Cumitech 36, Biosafety Considerations for Large-Scale Production of Microorganisms. ASM Press, Washington, DC.
[37] Songer JR. 1995. Laboratory safety management and the assessment of risk, p 257–268. In Fleming DO, Richardson JH, Tulis JJ, Vesley D (ed), Laboratory Safety: Principles and Practices, 2nd ed. ASM Press, Washington, DC.
[38] Centers for Disease Control and Prevention (CDC). 2011. Fatal laboratory-acquired infection with an attenuated Yersinia pestis strain—Chicago, Illinois, 2009. MMWR Morb Mortal Wkly Rep 60:201–205.
[39] National Research Council (US) Committee on Hazardous Biological Substances in the Laboratory. 1989. Biosafety, p 22–24. In The Laboratory: Prudent Practices for the Handling and Disposal of Infectious Materials. National Academies Press, Washington, DC.

6

原虫和蠕虫

BARBARA L. HERWALDT

寄生虫病是重要的全球公共卫生和临床问题，而不仅局限于发展中国家。部分寄生虫病在全球流行（如弓形虫病和隐孢子虫病）受到广泛关注，一些主要在发展中国家或热带和亚热带地区流行的寄生虫病也越来越受到了发达国家的关注，部分原因是旅行者和移民的输入性感染。随着对寄生虫病临床和实验室研究兴趣的增加，以及感染人数的增多，可能暴露在寄生虫工作环境的人数也会增加。

研究和临床实验室工作人员，以及提供患者医护的卫生保健工作者，均有可能通过意外暴露而感染寄生虫，这种暴露在发生时可能会被发觉，也可能被忽视。在临床工作的医务人员经常不知道患者已经感染或可能感染了某种寄生虫。即使是研究人员，他们意识到自己偶然暴露于某种寄生虫，并且对寄生虫病有一定的了解，但可能也不知道是否真的暴露于有感染性的寄生虫，以及通过自然传播方式感染这些寄生虫后会出现什么样的临床表现，或者如何监测职业暴露后的感染情况以及在感染确诊前是否需要进行驱虫治疗等。在某种程度上，由于这些不确定性和某些寄生虫病的潜在危害性，即使是免疫能力强的人，对意外暴露的第一反应可能包括困惑、焦虑、恐惧和羞耻。然而，另一个常见的反应是得出不恰当的结论，即暴露无关紧要，不值得一提。

本章节的主要目的是告知实验室人员、生物安全人员和卫生保健人员在暴露于具有感染性寄生虫的环境中工作可能存在的潜在危险。表6-1提供了可导致或可能导致实验室和卫生从业人员意外感染的寄生虫的信息。表6-2提供了影响暴露后感染和致病的相关因素。

在理想情况下，美国和其他国家可以获得准确的意外暴露者人数和由此导致的感染病例人数、相关工作每人时或每人年的暴露风险大小以及与事故不同类型和严重程度相关的风险信息。然而，暴露和感染（即使有明显的临床表现）往往未被发觉，即使被发觉，也没有向地方当局报告或在文献中报道。因此，除少数外，绝大多数风险数据无处可得（表6-3）[1]。

即使如此，我们仍可以从已报告的职业获得性感染的病例中学到很多。一般情况下，术语“实验室获得”在本章中具有一定的分类属性，指代所有的相关病例，包括医务工作者感染。病例的选择标准详见于表6-4（如包括仅由于意外暴露导致的感染）。符合上述标准的229个病例的信息列于

表 6-1 实验室和卫生从业人员可能接触到的寄生虫[a]

寄生虫[a]	接触途径[a]	感染阶段	防护措施[a]	诊断方法[a,b]	临床表现[c]
血液和组织内原虫					
棘阿米巴属	伤口、眼睛（气溶胶？）（针？）	滋养体、包囊	手套、口罩、防护服、Ⅱ级 BSC；伤口和针头注意事项	使用各种技术检查相关组织标本（例如大脑、角膜膜、皮肤）（还包括：脑部扫描；脑脊液检查；血清学检查）	头痛、神经功能缺损、皮肤病变、肺炎；角膜炎、结膜炎
巴贝虫	针、伤口、虫媒	红内期；子孢子	手套；伤口和针头注意事项	用各种技术检查血液标本，包括血液涂片的光学显微镜检查；血清学	发热、发冷、其他类似流感的症状；溶血性贫血
狒狒巴拉姆希阿米巴	伤口;针（气溶胶？）	滋养体、包囊	手套、口罩、防护服、Ⅱ级 BSC；伤口和针头注意事项	使用各种技术检查相关组织标本（例如大脑、皮肤）（还包括：脑部扫描；脑脊液检查；血清学检查）	头痛、神经功能缺损、皮肤脓肿（肺炎？）
利什曼原虫属	针、伤口、经黏膜、虫媒	无鞭毛体（组织中）；前鞭毛体（在培养基和媒介中）	手套；伤口、黏膜[d]和针头注意事项	用各种技术检查相关组织标本（如皮肤、黏膜、骨髓）;对于内脏利什曼病、血清学检查	皮肤：暴露部位或附近的皮肤病变；淋巴结肿大；上行淋巴管炎 黏膜：鼻 - 口咽 / 喉部病变 内脏：发热（早期）；肝脾大和全血细胞减少症（后期）
福氏耐格里阿米巴原虫	黏膜（鼻咽）、气溶胶（针？）（鼻咽）、气溶胶（针？）	滋养体（鞭毛虫？）（囊肿？）红内期	手套、口罩、礼服、Ⅱ级 BSC；伤口和针头注意事项	用各种技术检查脑脊液（脑组织）	头痛、颈部僵硬、神经功能受损（包括嗅觉）、昏迷
疟原虫属	针、伤口、虫媒	子孢子	手套；伤口和针头注意事项	用各种技术检查血液标本，包括血液涂片的光学显微镜检查；抗原和抗体测试	发热、发冷、其他类似流感的症状；溶血性贫血
肉孢子虫	经口（见正文）	卵囊或孢子囊	手套、口罩、洗手	粪检；检查肌肉或心脏活检标本	胃肠道症状；嗜酸性粒细胞
弓形虫	经口、针、伤口、透黏膜（气溶胶？）	卵囊、速殖子、缓殖子	手套、洗手；伤口、黏膜和针头注意事项	血清学；用各种技术检查淋巴结或其他组织标本	腺病、发热、全身乏力、皮疹
克氏锥虫（美洲锥虫病）	针、伤口、透黏膜、载体（气溶胶？）	锥鞭毛体	手套；伤口、黏膜[d]和针头注意事项	用各种技术检查血液 / 血沉棕黄层和组织（如果相关）标本；血清学	暴露部位肿胀和（或）发红、发热、皮疹、腺病；心电图改变

续表

寄生虫[a]	接触途径[a]	感染阶段	防护措施[a]	诊断方法[a,b]	临床表现[c]
布氏锥虫（布鲁氏锥虫）和布氏冈比亚锥虫（非洲锥虫）	针、伤口、经黏膜、虫媒（气溶胶？）	锥虫	手套；伤口、黏膜[d]和针头注意事项	用各种技术检查血液/血沉棕黄层、脑脊液和组织（如果相关）标本	暴露部位肿胀和（或）发红、发热、皮疹、腺病、头痛、疲劳、神经系统症状
肠道原虫[e]					
隐孢子虫属	经口；透黏膜（气溶胶？）	卵囊（子孢子）	手套、洗手；黏膜注意事项[d]	粪检（见正文）	胃肠炎的症状
环孢子虫	经口	卵囊（子孢子）	手套、口罩、洗手	粪检（见正文）	胃肠炎的症状
溶组织内阿米巴	经口	包囊	手套、口罩、洗手	粪检（见正文）；血清学（侵袭性感染）	肠胃炎的症状（粪便可能是血腥的）
肠贾第虫（蓝氏贾第鞭虫）	经口（气溶胶？）	包囊	手套、口罩、洗手	粪检（见正文）	胃肠炎的症状
贝氏等孢球虫（贝氏等孢球虫）	经口	卵囊（子孢子）	手套、口罩、洗手	粪检（见正文）	胃肠炎的症状
蠕虫[f]					
蛔虫（人蛔虫）	经口	虫卵	手套、口罩、洗手	粪检	咳嗽、发热、肺炎；腹部症状[g]；超敏反应
蛲虫	经口	虫卵	手套、口罩、洗手；指甲清洁	透明胶带试验	肛周瘙痒
片吸虫属	经口	囊蚴	手套、口罩、洗手	检查粪便或胆汁；血清学	右上腹疼痛、胆绞痛、梗阻性黄疸；转氨酶水平升高
钩虫	经皮[h]	幼虫	手套、防护服、洗手	粪检	动物[i]：皮肤－幼移行症或匍匐丘疹暴发（皮肤） 人类：腹部症状；贫血[g]
短膜壳绦虫	经口	虫卵	手套、口罩、洗手	粪检	腹部症状
血吸虫属	经皮[h]	尾蚴	手套、防护服、洗手	粪检；血清学	急性血吸虫病：皮炎、发热、咳嗽、肝脾大、腺病

续表

寄生虫[a]	接触途径[a]	感染阶段	防护措施[a]	诊断方法[a,b]	临床表现[c]
粪类圆线虫	经皮[h]	幼虫	手套、防护服、洗手	粪便检查（在潮湿的情况下可以看到活动的幼虫）；	咳嗽和胸痛、其次是腹部症状[g]
猪带绦虫	经口	虫卵、囊尾蚴	手套、口罩、洗手	囊尾蚴病：血清学；脑部扫描、软组织 X 射线 蠕虫：大便检查	囊尾蚴病：神经系统症状和体征蠕虫：通常无症状，但可能有腹部症状
旋毛虫属	经口	幼虫	手套、口罩、洗手	血清学；检查肌肉活检标本	腹部症状；肌肉疼痛[g]
毛首鞭形线虫	经口	虫卵	手套、口罩、洗手	粪检	腹部症状（如里急后重）[g]

a 可参阅CDC寄生虫病和疟疾科的文本、其他表格和网站了解更多细节和观点。BSL-2指南适用于这些寄生虫[4]，在可能产生气溶胶或飞沫的程序中，应使用II类生物安全柜（BSC）。其他物理防护装置和（或）个人防护装备（如口罩）。在该表中，“针”途径表示刺伤传播（即经皮传播，通过受污染的尖锐物体，例如针）；并且“伤口”途径表示皮肤中预先存在的磨损、切割或破裂的污染（如通过溢出或飞溅）。

b 除了一些例外情况，本栏中的信息侧重于考虑检测样本类型（如果相关），而不是考虑进行检测的方法，例如分子方法[227]是否可用（如果可用，什么和在哪里）并考虑是否适合当前的情况。诊断测试应该个性化，并通过专家咨询。CDC寄生虫病和疟疾分部通过DPDx提供诊断指导和帮助。

c 临床表现，如果有的话，可能是高度多样的，部分取决于诸如寄生虫的种类/虫株，接种量的多少，感染的阶段/严重程度和宿主的免疫状态等因素/能力（表6-2）。

列出的临床特征并非面面俱到，并不一定包括可能危及生命的表现（如弓形虫病或美洲锥虫病患者的脑疟疾或心肌炎/脑炎）。

d 使用II类BSC提供最佳保护，防止眼睛，鼻子和嘴巴的黏膜暴露;见脚注a。

e 已经提出了通过吞咽摄入传染性气溶胶/飞沫而引发了隐孢子虫卵囊[192]和贾第虫包囊[188]感染的可能性。同理，可适用于其他肠道原虫。隐孢子虫卵囊可以不通过胃肠道直接引起肺部感染。

f 嗜酸性粒细胞增多常见于具有侵入性组织阶段的蠕虫感染。关于临床表现的多样性，见脚注c。

g 症状是不寻常的，除非接种物很大，这在大多数实验室暴露中是不可能的。

h 寄生虫可以穿透完整的皮肤。

i 皮肤幼虫移行通常由动物钩虫（如钩虫属）引起，亦可由动物和人的类圆线虫属和其他物种引起。

表 6-2　意外暴露是否会导致寄生虫感染和寄生虫病影响因素 [a]

与寄生虫有关的因素 [a,b]
- 物种和虫株
- 发育阶段
- 实验室处理或操作 [b]
- 活力、毒力 [b]、致病性
- 感染剂量

与暴露有关的因素 [a,c]
- 来源（例如，文化、人、虫媒或其他非人类动物）
- 途径、暴露部位和穿刺
- 接种量

与暴露者有关的因素 [a]
- 解剖学和生理屏障的状态（如暴露的皮肤是否完整）[c]
- 合并症和免疫状态 / 能力
- 意识 / 暴露识别 [c]
- 暴露后行为的类型和时机［如伤口护理和（或）推定抗菌疗法 [d]］

a 有些因素是相互关联的。b 研究人员即使在使用“减毒”虫株时也应遵守标准的生物安全措施。c 无法肉眼识别且看似无关紧要的暴露可能导致感染。d 关于是否在意外暴露后提供推定治疗的考虑已在别处讨论过[1]。鼓励进行专家咨询，特别是对于曾经或可能已暴露于血液或组织原虫的人。

表 6-3　有关实验室意外暴露发生率和特定寄生虫感染率的风险数据 [a]

弓形虫

英国实验室 A[114]
- 已知的相关工作中实验室事故率：每 9300 人时 1 次事故（“开展弓形虫染色试验或检测”，每 27750 人时发生 3 次事故）
- 可能的实验室获得性感染总数：1 例有症状但没有回忆起暴露事故，感染通过血清检测得以证实。

美国实验室 B[1]
- 工作人年数：约 48 人年（每次工作两三人，超过 19 年的周期；不限于相关工作的时间）
- 已知的实验室事故率：每 12 人年发生一次事故（48 人年内发生 4 次事故）
- 感染率：每 24 人年感染一次（48 人年中有 2 次有症状的血清转变，在暴露前和暴露后进行的试验）

克氏锥虫

巴西圣保罗州 [b]
- 工作人年数：大约 17 年，126.5 人年，包括 21 人 91.5 人年中有从事相对高风险工作（例如使用针头，制备寄生虫活虫，或使用含有大量寄生虫的组织培养物）
- 已知实验室事故率：每 15 人年发生一次事故（91.5 人年内发生 6 起事故）
- 感染率：每 46 人年感染一次（91.5 人年发生 2 次感染）

曼氏血吸虫

美国实验室
- 感染率：从 20 世纪 70 年代末到 1999 年中期，在 20 人之间发生了 4 次无症状的血清变化，没有发生公认的事故（人数工作年数）；4 人中有 2 人粪便标本阳性
- 来自数目不详的实验室的收集数据，其中包括“超过 100 人处理数百万支尾蚴超过 20 年”[225]
- 有症状的感染人数：无
- 无症状血清转变的人数：2 例

a 有关其他详细信息，请参阅文本。这些数据代表研究实验室和使用这些寄生虫的实验室人员的程度尚不清楚。

b 来自M Rabinovitch和R de CassiaRuiz的数据，个人通讯[1]。

表 6-4 纳入本章的职业性寄生虫感染病例的选择标准以及已纳入和排除的病例类型的举例[a]

病例标准	评论	
	纳入的病例	未纳入的病例
发生在实验室（研究或临床）或临床环境（如医疗或兽医医院或诊所）的员工或学生中	提供“直接患者护理”的人员和辅助人员（如秘书和清洁工）	住院患者的寄生虫感染病例（即使是院内感染），以及暴露于自然感染动物的人感染隐孢子虫的病例[a]
可能是因为在工作环境中意外暴露造成的	暴露未被识别的病例（如有可能，纳入可能的接触途径）	已知或可能通过自然方式或故意暴露获得感染的病例（如实验性接种）
由寄生虫引起的	有症状和无症状的病例	由分类不再属于寄生虫的生物体引起的病例（如微孢子虫）
由病原体引起	由以前未知对人类致病的寄生虫引起的病例（如食蟹猴疟原虫）	由不被视为病原体的寄生虫引起的病例（如迈氏唇鞭毛虫）
已确认（如通过寄生虫学或免疫学方法）	诊断方法未知或未予明确病例	
已报告（如在已发表的文章中或通过个人通讯）	报告人要求匿名的病例	病例只是在文章中顺带提及，没有任何细节（例外参见正文本和其他表格中）

a 文中引用了一些描述此类病例的出版物。

表6-5。Pike统计的115例[2]也在表6-5中单独列出；Pike主要提供了汇总、列表数据[2]，用于比较不同类型的微生物，而不是有关个案病例的数据或参考文献。

该229例病例（表6-5）是通过各种手段从已发表和未发表的文献中甄别出来的。虽然进行了文献检索，但很多病例在文献中已经发表且符合要求，还是很容易被遗漏。从本章的参考文献清单中可以看出，许多病例报告可能因各种原因被淹没在出版物中，这些原因包括：报告的标题没有显示研究内容；未数字化或因发表时间（如几十年前）、出处（如书籍章节或不知名的期刊）、语言（非英文文献）等原因，通过“搜索”功能无法检索到。

发现的病例与风险数据中有相当一部分（表6-3）是通过著者在美国CDC和其他地方的工作和关系而确定的。这些方式包括电话咨询美国CDC工作人员关于意外暴露和职业获得性感染、诊断服务及向CDC药物服务处咨询抗寄生虫药物的使用；审核美国CDC国家法定疾病报告的监测数据；实验室获得感染病例的专门报告；非正式调查美国CDC的同事及美国其他地区和其他国家的相关人员。

此处提供的病例描述侧重于导致感染的已知或可能的暴露类型、从暴露（第0天）至观察到临床表现的潜伏期长度、发病后的临床表现特别是那些值得关注的严重表现或在确诊病例之前的症状和体征，以及诊断方法。第一时间注意到临床表现还是阳性检测结果，以及何时注意到，取决于人的自我意识水平、身体检查的频率以及诊断试验的类型和频率等因素。此外，病例潜伏期数据的有效性高度依赖准确回忆和报告相关暴露时间和出现临床表现的时间。早期的临床表现通常轻微，且为非特异性的，易被忽视或归因于其他病因（如病毒性疾病），这凸显了向地方当局（如主管和安全人员）报告所有意外暴露并密切监测了解感染的临床和实验室证据的重要性。

有些寄生虫感染后可产生血清抗体[3]，从事这类寄生虫工作的人员[3]应该留取不同情况下的血清标本：包括上岗前检测；上岗后定期（如每半年一次）筛查无症状的感染（特别是在筛查出的无症状感染者有临床意义时）；意外暴露之后进行筛查（暴露后即时与随后定期治疗；见下文）；对临床表现提示寄生虫感染时进行检查等。这些上岗前、上岗后定期筛查及在意外暴露后立即采集的样本在与后续的暴露后采集的样本进行比较时非常有用，特别是在随访样本检测为阳性时。将基线

表 6-5 职业获得性寄生虫感染病例报告数

寄生虫[a]	该章节纳入的病例数[b]（n=229）[b,c]	统计的案例数（n=115）
血液和组织原虫		
克氏锥虫	67	17[c]
疟原虫属	50	18[d]
刚地弓形虫	49	28[c]
利什曼原虫属	15	4[b]
布氏锥虫	8	
肠道原虫		
隐孢子虫属	21	
贝氏囊等孢子虫	3	5[e]
（贝氏等孢子球虫）肠道贾第虫	2	2
（蓝氏贾第鞭毛虫）溶组织内阿米巴		23
蠕虫		
血吸虫属	8 ~ 10	1
类圆线虫属	4[f]	2[g]
钩虫属	1[f]	
蛔虫		8
蛲虫		
蠕虫		1
肝片吸虫	1 个疑似病例	1
钩虫		2[g]

a 在每个小标题下（如“血液和组织原虫”），根据本章统计的病例数，相关寄生虫按降序排列。

b 查看表4关于在本章中病例的纳入标准。相比之下，Pike统计的所有115例病例（见脚注c）是研究或临床实验室工作人员有症状的病例[2]。然而，这些病例不一定是实验室获得的（如4例利什曼病[228]中的一例）或与意外暴露有关。他列出了4例故意暴露的病例，但没有具体说明这些病例；已知其他111例中有38例（34.2%）与意外接触有关。他计算的115例病例中有3例未列入本表：1例为肉孢子虫感染（见正文，该例不具备感染可能性），1 例感染如唇鞭毛虫（非病原体），1例感染白细胞虫属（尚未知可感染人类）。

c Pike在其1976年的文章中列出的115个病例[2]“引起［他］的注意–”截至1974年12月，这些病例通过各种方式获得[228-231]，他主要提供汇总、表格数据，比较不同类型的微生物（如寄生虫、细菌和病毒），通过事故类型和实验室类型等变量，而不是关于个案的数据或参考文献。他引用了一篇关于美洲锥虫病的病例[154]和一个关于弓形虫病的致死病例[17]。在1978年发表的一篇文章中[229]，他指出已知有116例（与115例相比）“实验室相关”的寄生虫感染病例，并评论说只有74例（63.8%）被“发表”。

d Pike评论说，18例中有8例是由食蟹猴疟原虫引起的并引用了两个参考文献[41,42]。

e 据推测，这些“球虫病”病例的病原体是贝氏囊等孢子虫。

f 皮肤幼虫移行（匐行疹或“钩虫痒病”）。

g Pike没有说明这些是皮肤幼虫移行病例还是肠道感染病例。

样本等量分装多份保存，有助于最大限度地减少样本的反复冻融可能对某些检测结果的影响。

有关寄生虫感染诊断和治疗的其他信息可以从其他渠道获得，包括访问美国CDC寄生虫病和疟疾科（DPDM）的网站、咨询当地专家或通过电话咨询DPDM工作人员。关于在美国获取抗寄生虫药物的问题可以直接向CDC药物服务处咨询。虽然大多数寄生虫病是可治愈的，但有些可以治愈的病例由于它所处的阶段/严重程度（如晚期病例）、寄生虫因素（如药物抗性）、宿主因素（如免疫抑制）和（或）药物相关的毒性等原因可能难以治愈。一些寄生虫（如弓形虫）在进行了治疗后可引起持续性潜伏感染，当宿主免疫功能低下时可以复发。

一些导致疟原虫感染的偶然暴露与不规范的操作直接相关，如针帽回套和不戴手套（表6-6）。显然，防止意外暴露可以预防其后果。为尽量减少暴露于寄生虫的风险，实验室人员应采用BSL-2的防护[4]，要求严格遵照标准化微生物学操作规范，穿戴个人防护设备，并在必要时使用生物安全柜。动物防疫指南规定了在动物领域安全使用BSL-2防护的操作规范[4, 5]。在临床环境中（如微生物实验室），应当遵循通用（标准）防护原则，要求在当处理人类标本时始终使用BSL-2设施和操作规范[6]。职业安全和健康管理局血源性病原体标准（29 CFR 1910.1030）包括对血源性病原体职业暴露的规定[7, 8]，美国CDC也会定期更新应对此类暴露的指南[9]。临床和实验室标准研究所（以前称为NCCLS）制定了各种实验室制度和操作程序的自愿共识标准，例如工作人员保护和实验室人员培训认证[10]。已制定了不同州之间病原体运输的管理要求[6]。有关此类主题的其他信息可以在本书的其他章节和其他参考资料中找到[4, 11]。

本章与前几章一样[1, 12-15]，旨在作为参考文件，期望读者将重点放在与自己工作相关的部分。首先讨论作为本章重点的血液和组织原虫。随后，讨论肠道原虫和蠕虫（包括肠道和非肠道）。

原虫感染

血液和组织原虫

摘要

本节重点介绍引起利什曼病、疟疾、弓形虫病、美洲锥虫病和非洲锥虫病的原虫。正文和表格中提供了189个职业获得性原虫感染病例的汇总数据，一些表格则侧重于对这些寄生虫的比较（表6-7～表6-9），而另一些表格侧重于单个寄生虫（表6-10～表6-16）。

189例感染病例发生在186人中——3名美国男性各发生2次实验室获得性疟疾。之后的人口统计数据中，这3人在分析中分别被统计2次。在已知性别的126例患者中，72例（57.1%）为男性。有年龄信息的87例病例，年龄的中位数为31岁（19～71岁）。病例包括研究和临床实验室技术人员、医护人员和辅助人员（秘书和清洁人员）。既有新员工、学生或受训人员，也有工作数十年的课题负责人（PI）和名誉研究员。工作场所包括昆虫饲养间、动物房、研究实验室（如大学、公共卫生机构和制药公司）、临床实验室、医院病房和尸检室（2位尸检工作人员被感染）。

这些病例分布在30个以上国家，病例报告用6种语言（即英语、德语、法语、西班牙语、葡萄牙语和荷兰语）撰写。在有完整数据的146人中，63人（43.2%）在美国工作（表6-8）。病例发生（如果已知）或报告的时间跨度是1924—2012年。对于某些寄生虫，我们注意到病例数量每隔十年就会有显著变化（表6-7），或是整体病例数或是某些特定虫种的病例数（如食蟹猴疟原虫）或是通过特殊传播途径感染的病例数（如意外摄入弓形虫卵囊）。详见文本和表6-6。表6-7和表6-8中的数据应谨慎解释，因为其没有考虑到从事相关工作的人数因时间和地点的不同而发生变化，也没有考虑到出版物中或个人通讯报告案件的可能性的不同。

与大多数蠕虫相比，原虫主要在人类宿主中增殖，即使接种量很少也会引起疾病。如下文所述，有些病例要么没有回忆起意外暴露，要么最初并没有引起重视，只是在感染出现临床表现之后才能记起或报告。从表6-9中有关传播途径的数据可以看出，大部分病例并未意识到发生暴露。因为在某些情况下，即使未发现特定意外事件，也能够确定可能的传播途径（如摄入弓形虫卵囊）。在已经有明确或可能传播途径的129例病例中，62例（48.1%）通过受污染的锐器（针头或其他尖锐物）刺伤感染，此处称为胃肠外传播。在与动物（指研究人员）或患者（指治疗护理患有疟疾的患

表 6-6　导致职业获得性寄生虫感染病例的操作和事件示例

操作或事件	通用示例	具体的示例
做出错误的假设	一个生物（其生命周期正在被研究）在环境中并不耐寒	假设猫科动物粪便中的弓形虫卵囊不能存活很长时间
	先前已知仅感染非人类动物的生物体不能感染人类	假设猿猴寄生虫食蟹猴疟原虫不能感染人类
	一个物种包含一个对人类没有传染性的亚种，而不是一个对人类有传染性的亚种	假设一个物种中含有布鲁塞锥虫而不是布鲁塞罗得西亚锥虫
	一个中间宿主不再释放感染性生物体	假设钉螺已经停止释放曼氏血吸虫尾蚴
对人、动物或昆虫虫媒的活动（或存在）防备不足	患者	从一个骚动不安的孩子那里采集血液标本时发生针刺伤
	同事	站在同事（携带污染的针头）和锐器盒之间时发生针刺伤害
	实验动物	在被动物突然移动惊吓后，注射器 / 针头跌落时发生针刺伤害 当小鼠踢针筒 / 针头时发生针刺伤害 被感染的动物咬伤（通过咬伤或伤口污染感染） 动物咳嗽或呕吐产生接种物飞沫
	昆虫虫媒	手臂无意中放在已经感染蚊虫的笼具上被蚊虫叮咬
使用不正确的实验室程序或处置方法或使用有缺陷的设备	针 / 管心针（如针刺伤）	试图重新戴针帽或从注射器上取下针头 没有及时处理被污染的针头（例如，将其放在一边，其“尖端”朝上） 丢弃污染的针头时“交叉双手”
	毛细血管血细胞比容管	在压入黏土密封剂的同时试管破裂
	试管 / 玻璃器皿	在处理过程中无意中打开试管或处理受污染的玻璃器皿
	注射器和相关的随身用品	注射器针栓故障或连接的管子有穿孔的
没有使用具有防护作用的实验室服装或设备	手套	工作不戴手套或手套破损
	服装	穿着短袖而不是长袖的衣服
	保护黏膜	没有考虑气溶胶或黏膜的暴露可能（见表 6-1） “用嘴”吸取
其他事件	工作行为	在系统培训之前工作无人监督 工作太快，不够“小心” 工作到深夜，过度疲劳

者的医护人员）互动时，发生意外刺伤是很常见的，即使是少量的血液也可能含有大量寄生虫，远大于感染剂量。在模拟针刺损伤的实验条件下（22号针连接到吸入2 mL血液的注射器），平均接种量为1.40 μL（0～6.13 μL，20次重复）[16]。值得注意的是，1%寄生虫血症疟疾患者的1μl血液（约含有红细胞4 000 000个/μL）含有约40 000个疟原虫。

表 6-7 报告的血液和组织原生动物引起的职业性感染病例数，发生 10 年（如果已知）或出版物[a]

年代	利什曼原虫属（*n*=15）	疟原虫属（*n*=50）	刚地弓形虫（*n*=49）	克氏锥虫（*n*=67）	布氏锥虫（*n*=8）	总数（%[189]；%[146]b）
1920s	0	1	0	0	0	1（0.5；0.7）
1930s	1	0	0	1	0	2（1.1；1.4）
1940s	1	0	4	0	1	6（3.2；4.1）
1950s	0	4	18	0	1	23（12.2；15.8）
1960s	0	7	9	7	0	23（12.2；15.8）
1970s	0	9	7	3	1	20（10.6；13.7）
1980s	7	13	6	4	2	32（16.9；21.9）
1990s	3	9	5	8	3	28（14.8；19.2）
2000s	3	4	0	2	0	9（4.8；6.2）
2010 年至今		2				2（1.1；1.4）
未知	0	1	0	42c	0	43（22.8；NA）[d]

a 数据代表病例数，而不是发生率，不同时期受威胁的人数没有统计。表中共包括189个病例。146个病例提供发生年代，其中的35个（24.0%）是基于发布的年代，因为病例发生的年代未知。

b 有数据可作为分母的病例数也提供了百分比。

c 布雷纳没有提供他所记录的大多数病例的具体数据（18150）。

d NA，不适用。

表 6-8 由血液和组织原虫引起的职业性感染病例数（按发生国家活地区进行分类）

地区	利什曼原虫属（*n*=15）	疟原虫属（*n*=50）	刚地弓形虫（*n*=49）	克氏锥虫（*n*=67）	布氏锥虫（*n*=8）	合计（%[189]；%[146]b）
美国	9	23	23	8	0	63（33.3；43.2）
欧洲	1	23	20	3	5	52（27.5；35.6）
拉丁美洲	3	0	2	17	0	22（11.6；15.1）
亚洲	1	2	1	0	0	4（2.1；2.7）
澳大利亚 / 新西兰	0	1	1	0	0	2（1.1；1.4）
非洲	0	1	0	0	1	2（1.1；1.4）
加拿大	1	0	0	0	0	1（0.5；0.7）
未知	0	0	2	39[c]	2[d]	43（22.8；NA[e]
小计						
– 美国	9	23	23	8	0	63（33.3；43.2）
– 其他地方	6	27	24	20	6	83（43.9；56.8）
– 未知	0	0	2	39c	2[d]	43（22.8；NA）

a 数据代表病例，而非发生率，并未考虑各地区受威胁的人数（如对特定寄生虫病进行研究）或病例被确认和报告的可能性。地理区域按降序列出（参见最后一栏）。表中共包括189个病例。

b 有数据可作分母的病例数也提供了百分比。

c 布雷纳没有提供他所记录的大多数案件的数据（18150）；详见正文。

d 欧洲是至少其中一个病例发生的可能区域。

e NA，不适用。

表 6-9 不同方式（已知或可能）暴露后血液和组织原虫职业性感染报告病例数 [a]

地区	利什曼原虫属（*n*=15）	疟原虫属（*n*=50）	刚地弓形虫（*n*=49）	克氏锥虫（*n*=67）	布氏锥虫（*n*=8）	合计（%[189]；%[146]b）
针刺肠外暴露 [c]	9	19	15	13	6	62（32.8；41.6）
没有数据			1	38	1	40（21.2；NA[d]
虫媒暴露	1	24		2		27（14.3；18.1）
未发现意外暴露 [e]	1		12	7		20（10.6；13.4）
黏膜暴露 [f]	1		9	3		13（6.9；8.7）
其他皮肤暴露（如通过溢出或溅水）[g]						
– 皮肤不完整 [e,g]	1	7	1	2	1	12（6.3；8.1）
– 皮肤，其他				1[h]		1（0.5；0.7）
食入（假定模式）			9			9（4.8；6.0）
咬伤（不一定是感染源）[i]	2		1	1		4（2.1；2.7）
气溶胶暴露？[e]			1			1（0.5；0.7）

a 暴露途径按降序列出（见最后一栏）。如果对暴露的性质存在不确定性或没有发现事故，但证据表明特定途径最有可能，通常假定该途径是传播方式。但是，这种做法有很大的主观性，因为有关病例的可用信息在数量和质量上各不相同。同样，病例报告中“未识别出事故”和“无可用信息”之间并非总是有清晰的区别。有关各种情况的其他信息，请参阅有关个别寄生虫的文字部分和其他表格。

b 有数据可作为分母的病例数也提供了百分比。未识别出事故的病例保留在分母中。

c 针刺肠外暴露涉及穿刺、划伤或擦伤皮肤的针或其他尖锐物体（如玻璃盖玻片、巴斯德吸管或破损的毛细管血细胞比容管）。

d NA，不适用。

e 一些不记得独立暴露的实验室人员可能会有微小的暴露，例如肉眼识别的微磨损污染或通过气溶胶或液滴扩散暴露。

f 除了脚注h中描述的情况外，如果人的脸被溅到，则认为暴露是黏膜的。

g 此类别包括非针刺肠外皮肤暴露的各类情况。有时报告指出该人有先前存在的皮肤擦伤、割伤或断裂（即非接触皮肤），而其他时候这是一种推定（如有人徒手工作，并且不记得肠外暴露或有人的皮肤发生恰加氏肿，那么则假设是通过不完整的皮肤进行传播）。

h 当离心管破裂时，显然感染小鼠血液会溅到检验员脸上（见文字部分）；这是否代表皮肤或黏膜接触或通过气溶胶或液滴传播尚不清楚。

i 所有被动物咬伤的病例都计入这里以强调这种类型的伤害的重要性，即使是伤口被污染而不是咬伤本身可能是某些病例的传播途径。

报告的病例从无症状感染（10例刚地弓形虫和2例由克氏锥虫）到致死病例（由弓形虫、克氏锥虫和恶性疟原虫各引起1例）均有，还包括非致命但表现严重的病例。3例致死病例中仅有1例弓形虫病病例撰写了详细的病例报告，其因为表现出脑炎的症状而被收入精神病院进行治疗[17]。在一篇关于多例实验室获得性病例的短篇报告中，顺便提及了美洲锥虫病的致命病例，但未见详细描述[18]；还记录了1例疟疾死亡病例，死者是一名医生，直到尸检后才被确诊，之前甚至并未被怀疑为疟疾，因此只是在类似一篇监测报告中进行了简单描述[19, 20]。

出版物中介绍这么多病例，并非由于其严重程度，也不是因为这些病可能是实验室意外导致的感染。例如，有些病例有明确的暴露日期，可用于研究非免疫宿主感染后引起的免疫应答或其他反应；某些病例的报道可拓宽我们的科学知识（如猿猴寄生虫食蟹猴疟原虫可以感染人类）；还有一些病例仅在常规监测总结或专注于突发意外感染病例的文章中报道，而不是关注其发生的方式和原因。

下面将按原虫种属名称的英文首字母顺序，依次探讨与实验室技术员和医护人员可能相关的血液和组织中的原虫。

棘阿米巴属、狒狒巴拉姆希阿米巴、福氏耐格里阿米巴原虫和佩达塔匀变虫

棘阿米巴属、狒狒巴拉姆希阿米巴、福氏耐格里阿米巴原虫和佩达塔匀变虫是非寄生性的阿米巴原虫，其会引起中枢神经系统（CNS）致死性感染[21]。福氏耐格里阿米巴原虫通常是因在淡水中游泳而感染，通过鼻黏膜和筛状板侵入CNS并引起原发性阿米巴脑膜脑炎，可在短时间内致死。棘阿米巴属和狒狒巴拉姆希阿米巴更多的是引起亚急性或慢性感染，造成肉芽肿性阿米巴脑炎，其可能是由肺部或皮肤损伤后经血液播散所致。棘阿米巴属在戴隐形眼镜或有角膜损伤的人中可引起角膜炎。

实验室人员接触这些阿米巴寄生虫的机会相对较少的。据著者所知，目前没有任何实验室获得性感染的报道。然而，感染可由于气溶胶或飞沫吸入、经黏膜（如通过飞溅方式）吸收、意外的针刺伤或皮肤擦伤传播。

巴贝虫属

巴贝虫属在自然界中通过蜱叮咬传播，也有详细记录表明其可通过输血传播[22]，先天性/围生期感染也有报道。在美国，人类巴贝虫病病例的病原体包括田鼠巴贝虫（大多数报道的病例）、邓肯巴贝虫（原来属WA1型寄生虫）、CA1型寄生虫和分歧巴贝虫样生物体[23-26]。在欧洲，人兽共患巴贝虫病主要来源于狭义分歧巴贝虫、EU1型（也称为猎人巴贝虫）[27]和田鼠巴贝虫。切除脾脏者、老年人或其他免疫功能低下的人出现临床症状和严重感染的风险增加。

据我所知，目前尚未见职业性感染巴贝虫的病例报道，但是巴贝虫病可通过接触感染的蜱或受感染的人或动物的血液而感染。在实验室条件下蜱比蚊子更容易控制，因此通过与蜱接触而感染的风险相对较低。

如果怀疑患有巴贝虫病，可通过光学显微镜检查外周血涂片，观察红细胞内寄生虫。用于亚寄生虫血症（即在血液中寄生虫浓度太低无法在血涂片上检测到的情况下）的诊断方法包括分子检测（如PCR）和动物接种。目前，田鼠巴贝虫尚不能体外培养，分子技术也可以用于虫种鉴定。血清学检测［传统上使用间接荧光抗体法（IFA）］在某些情况下也可以使用。巴贝虫病的急性病例通常使用克林霉素和奎宁（重症患者的标准治疗方法）联合治疗，或者用阿托伐醌和阿奇霉素联合治疗[28]。

利什曼原虫属

概述

利什曼病是由利什曼原虫引起的，在自然界中通过感染的雌性白蛉叮咬传播[29]，也可以通过输血传播[30]和先天性传播。该寄生虫以前鞭毛体形式存在于媒介昆虫和无菌培养物中，无鞭毛体则主要存在于哺乳动物宿主中的巨噬细胞和其他单核吞噬细胞中。人感染后主要表现为三种临床综合征：内脏利什曼病影响内脏器官（如脾脏和骨髓）并可能危及生命；皮肤利什曼病引起皮肤损伤，可持续数月甚至数年；黏膜利什曼病是皮肤感染某些利什曼原虫后的转移并发症，涉及鼻咽/喉黏膜，并可导致大量发病[29]。

在实验室环境中，利什曼原虫可以通过无意中接触受感染的白蛉而感染。因此，应采取严格措

施控制感染的白蛉。通过接触培养的寄生虫、患者或受感染动物的标本（如通过意外的针刺伤或轻微皮肤损伤）也可能发生传播，处理血液标本也应小心谨慎。

实验室感染病例

（A）汇总数据。表6-10给出了已报道的由8种利什曼原虫引起的15例实验室感病例[12, 14, 15, 31-40]。首次报道的病例发生在1930年，是一位研究人员报告自身感染[32]；第二次发生在1948年[40]。在报告的15例病例中，超过一半发生在美国（9例），占60.0%，拉丁美洲3例，占1/5（20.0%），其他地方3例（20.0%）。15个病例都是在研究工作中感染的，其中一个病例是通过虫媒传播。

大多数感染者表现为皮肤利什曼病，其中1人为黏膜利什曼病，1人为内脏利什曼病。总体而言，在回忆有暴露或潜在暴露的14人中，潜伏期的中位数为2.5个月（2.5周～8个月）（表6-10）。

表 6-10 报告的职业感染利什曼原虫属病例的特征[a]

特征	病例数（%）（n=15）
种类	
– 杜氏利什曼原虫物种复合体	6（40.0）[b]
– 巴西利什曼原虫	3（20.0）
– 热带利什曼原虫	2（13.3）
– 硕大利什曼原虫	1（6.7）
– 圭亚那利什曼原虫	1（6.7）
– 墨西哥利什曼原虫	1（6.7）
– 亚马逊利什曼原虫	1（6.7）
发生感染的年代（如果已知）或报告发表年代	
–1930s	1（6.7）
–1940s	1（6.7）
–1950s	0
–1960s	0
–1970s	0
–1980s	7（46.7）
–1990s	3（20.0）
–2000s	3（20.0）
–2010 年（至今）	0
发生的国家或地区	
– 美国	9（60.0）
– 拉丁美洲	3（20.0）
– 加拿大	1（6.7）
– 欧洲	1（6.7）
– 亚洲	1（6.7）
暴露途径	
– 针刺肠外暴露	9（60.0）
– 动物咬伤	2（13.3）[c]
– 皮肤不完整	1（6.7）
– 黏膜?	1（6.7）[d]
– 虫媒传播	1（6.7）
– 未识别意外事故	1（6.7）

续表

特征	病例数（%）（n=15）
临床表现	
–症状性病例	15[100]
–严重病例	2（13.3）[e]
–致死病例	0

a 有足够数据确定或估计临床表现发生时间的14例病例中，潜伏期中位数约为2.5个月（范围：2.5周～8个月）。对于由肠胃外暴露引起的9例病例，潜伏期中位数为8周（范围：3周～6个月）。总体而言，报道的5例病例的潜伏期≤1个月：虫媒传播的硕大利什曼原虫病1例，2例由热带利什曼原虫引起的病例，2例（5例中）由杜氏利什曼原虫引起的病例。

b 据报道，5个病例是由杜氏利什曼原虫引起的（见文），1个是由恰氏利什曼原虫引起的（一般认为是婴儿利什曼原虫的同义词）。

c 对于至少一种病例，咬伤伤口被感染而不是咬伤本身被认为是可能的传播途径[31]。

d 检验员的手指和口腔黏膜（显然是在用嘴吸时）多次被感染松鼠的血液污染，曾经吞下过血液[32]。就本表而言，假定的途径是黏膜。

e 分类为严重的两例中包括一例黏膜利什曼病[14,15]和一例内脏利什曼病[32]。

（B）杜氏利什曼原虫引起的6例病例。在已知感染杜氏利什曼原虫[12, 32, 34, 35, 40]的6名实验室人员中，有5名感染了杜氏利什曼原虫，1名感染了恰氏利什曼原虫（通常被认为是婴儿利什曼原虫）。尽管杜氏利什曼原虫和恰氏利什曼原虫通常被认为是内脏利什曼病的病原体，但是无论是否伴有内脏感染的临床表现或实验室证据，两者都可引起皮肤感染。

在感染杜氏利什曼原虫族的6名实验室人员中，只有1名患者发生了与内脏受累相关的表现（如发热、脾大和白细胞减少）。受感染的实验室人员报道了自己的情况，“希望自己的报告至少可以作为对实验室工作人员的一种警示，在处理杜氏利什曼原虫时要保护好自己”[32]。该病例于1930年发生在中国，是首次记录在案的实验室获得性利什曼病的报道，被认为不太可能是虫媒传播，但不能排除该研究者感染婴儿利什曼原虫（对比杜氏利什曼原虫）的可能性。

“在进行血细胞计数”操作时，他用嘴吸移液管，但不小心吞下了受感染松鼠的血液。“吸”了30～40 μL的血液进入口内，但可能吞下的血液量更少。他补充说：“由于忽视预防措施，在许多情况下，感染的血液会污染口腔。为了对感染的松鼠进行血细胞计数需要采血，通常在浅表静脉穿刺后需要对采血部位止血，由于用于止血的棉球经常被具有感染性的血液浸染，右手手指经常受到污染。手指随后污染了血液计数管的橡胶吸球。”[32]潜伏期为几个月，但无法确定，部分原因是他的黏膜和皮肤反复接触受污染的血液。经常被误诊为流感和布鲁菌病。最终，通过血液培养和“肝脏穿刺”分离到该寄生虫。

在其他5名感染了杜氏利什曼原虫的实验室工作人员中，一名“患多发性硬化症后出现步态和感觉轻度障碍”的妇女，不慎被一根针刺伤右手掌鱼际突起处，该针带有5×10^8/mL无鞭毛体的仓鼠脾脏组织悬浮液[35]。其感染的杜氏利什曼原虫虫株（Humera；L82）已在仓鼠中传代14年。暴露3周后，在刺伤部位远端的整个拇指出现了间歇性红斑、肿胀、关节疼痛和僵硬。第7周在该部位观察到结节，第8周检测到区域性淋巴结肿大。从皮肤活检标本中培养分离出虫体，组织学检查证实为无鞭毛体。通过光镜检查、骨髓培养、外周血白细胞层培养均未检出寄生虫，并且没有全身感染的临床表现或实验室证据。

在给针头回套针帽时，医生不小心刺伤自己而接种了来自感染仓鼠的无鞭毛体，该仓鼠体内的杜氏利什曼虫株（MHOM/SU/00/S3）已在动物体内保种了约30年[34]。6个月后，在接种部位发现结

节，但没有发生淋巴结肿大或全身症状。潜伏期延长可能归因于“分离株的毒力降低”[34]。通过皮肤活检标本的培养分离到寄生虫，通过组织学检查找到了无鞭毛体，并且观察到针对利什曼原虫抗原的强烈淋巴组织增生反应。

另一例感染杜氏利什曼原虫的病例是一名意外经皮肤暴露的实验室技术员（HW Murray，C Tsai和D Helfgott，个人通讯）[12]。这个病例是由来自苏丹的一种分离株引起的，尽管其已在实验动物中传代数十年，但对金黄仓鼠仍是致命的。在从感染的仓鼠中收集寄生虫后约90 min，带针头的注射器意外落在一位女性实验室工作人员大腿上，扎伤了皮肤，引起了少许出血。暴露4周后，刺伤部位出现丘疹病变，而她体检却没有明显的阳性发现（没有发热、淋巴结肿大或肝脾大），常规实验室检查结果（如全血细胞计数）也是如此。从皮肤活检标本中培养分离出寄生虫，但血培养结果为阴性。

一位从事实验动物工作的技术人员感染杜氏利什曼原虫后，出现了手指肿胀与上颌和腋窝淋巴结肿大[40]。在出现临床症状之前，他的手指在“几个月内”被动物咬过数次，但是否通过咬伤感染没有定论。从淋巴结活检标本中培养分离出寄生虫，并在组织涂片中发现了无鞭毛体。在骨髓涂片或培养物中未检测到寄生虫。

一例实验室获得性恰氏利什曼原虫感染也与针刺伤相关，是一个工作到深夜身心疲惫的研究生，在接种小鼠时不小心接种了自己[12]。正准备接种时，小鼠突然骚动起来，导致他没有抓住装有接种物的注射器。尽管他自己被接种的寄生虫的数量未知，但注射器内含有10^7个处于稳定期的巴西株前鞭毛体，且已在仓鼠中连续传代超过10年。在暴露4个月后，这名学生发现注射部位出现了“肿块”，又过了1个月后，他开始考虑利什曼病的可能性，此后约2个月才告知指导老师，直到1个月后提交了论文才接受医务人员的评估。此时已经是暴露8个月后（距离他第一次注意到病变约4个月），在注射部位可见一个直径约1.5 cm的点状非溃疡性皮肤病变。在皮肤活检和血液标本培养出利什曼原虫后，得到病原学确诊。虽然血培养阳性，但并没有内脏利什曼病的临床表现。

（C）巴西利什曼原虫引起的3例病例。在感染巴西利什曼原虫的3名实验室人员中，有一名是学生，在无人监督的情况下徒手给仓鼠接种无鞭毛体悬浮液进行传代。他没有回忆到有意外事件发生，但提到“发生了悬液外溢”[38]。最终，他的手指出现了溃疡性病变，从病变组织标本的压片中检查出无鞭毛体，且将活组织标本接种到仓鼠后产生皮肤损伤，确诊为利什曼病。

一名女生在给仓鼠接种巴西利什曼原虫无鞭毛体时被咬伤，后发展成利什曼病[31]。伤口被认为已被接种物污染，但未详细说明暴露细节。在咬伤后2个月，伤口处不知何时出现的丘疹病变已演变成溃疡性结节，并且引起上行的淋巴管炎。起初考虑到了丹毒和孢子丝菌病的可能性，但最终出现了许多丘疹性病变，在被咬伤10个月后，通过组织学检查诊断为利什曼病。

一名女实验员在给仓鼠接种时感染巴西利什曼原虫［L1794MHOM/VE/84（VE3）］时，使用的接种物是含有约2000/μL无鞭体的感染性浸出液，在操作过程中拇指被“刺穿针帽”的针头意外刺伤[33]。接种的量“根据实验标准是低的，但与自然感染相比仍显得较高”。暴露8周后，在接种部位出现了溃疡性皮肤病变，血液标本的PCR检测结果为阳性。第18周时，在皮肤活检标本中检测到利什曼原虫无鞭毛体。

（D）热带利什曼原虫引起2例病例。据报道，两名感染了热带利什曼原虫实验室人员中，其中一名是研究生，在给小鼠接种无鞭毛体（NIH株173）时发生针刺伤[37]。4周后接种部位出现红斑、结节，2周后出现溃疡，在第5周时检测到对利什曼原虫抗原的淋巴增殖反应。然而在第12周时，无论通过组织学检查或还是皮肤活检标本的培养均没有检测到利什曼原虫。

另一名实验员在注射动物时因为意外自我接种而感染，3周后在注射部位出现了炎症性结节[14, 15]，后经病原学检查确诊。

（E）由利什曼原虫前鞭毛体引起的1例病例。一只实验感染了利什曼原虫WR2885株的长须罗蛉白蛉从饲养室逃逸，叮咬了一名研究人员[39]。在暴露后2.5周时，该研究人员的伤口处出现了丘疹（RC Jochim和TE Nash，个人通讯）。PCR分析证实，白蛉（已被解剖）和研究人员（皮肤活检标本）都被利什曼原虫感染。

（F）圭亚那利什曼原虫引起的1例病例。一名女研究生在准备给小鼠注射8年前从患者身上分离出的虫株时，不小心刺伤了自己[14, 15]。暴露后3个月，感觉接种部位瘙痒，并在接下来的2个月内发生了溃疡性皮肤病变。活检标本培养阳性。

（G）墨西哥利什曼原虫引起的1例病例。一位因系统性红斑狼疮接受免疫治疗女技术人员感染了墨西哥利什曼原虫[36]。她割破了一根手指并称“用创可贴包扎伤口”，几个小时后，当她处置实验用品时无意中打开了一个试管，致使“创可贴被含有约8×10^7个墨西哥利什曼原虫无鞭毛体的培养物浸染。”第8个月时暴露部位出现丘疹，3个月后出现溃疡。通过组织学检查、培养和PCR分析诊断为利什曼病。

（H）亚马逊利什曼原虫引起的1例病例。一名女性实验室人员因感染玛利亚株亚马逊利什曼原虫患皮肤利什曼病，后发展为黏膜利什曼病[14, 15]。在被无鞭毛体悬浮液污染的针头划伤3个月后，出现局部红斑结节。活检标本培养呈阳性。使用五价锑化合物葡萄糖酸钠进行抗利什曼原虫治疗，但现在看来可能是疗程不足，皮肤病变消退又复发，并再次接受五价锑治疗。虽然局部病变愈合，但在几年后又出现黏膜利什曼病。

暴露后管理。对意外暴露于利什曼原虫的人应监测其临床和实验室感染证据。在一般情况下，并不推荐抗虫治疗，而应该在通过专家评估后制订个体化处置方案。对暴露部位或周围发生的病变，以及黏膜或内脏潜在感染的表现进行评估[29]，特别是在有可能引起内脏感染时，应定期进行血清学检测。除了上岗前的基线标本外，还应在暴露利什曼病后立即采集血清，之后至少每月一次，持续8～12个月或直至观察到血清阳转，并且在出现疑似利什曼病的临床表现时采集血清。如果发现血清转换或发生内脏感染的临床表现，则需进行进一步评估（如骨髓检查）。尽管数量不多，但令人欣慰的是感染杜氏利什曼原虫的6个人中只有1人出现内脏利什曼病的症状。

疟原虫属

概述

疟疾通过被感染的雌性按蚊的叮咬在自然界中传播，也可以通过先天性和输血进行传播。在自然界中，人体感染通常由恶性疟原虫、间日疟原虫、卵形疟原虫和三日疟原虫引起，也可由诺氏疟原虫引起。

实验室人员被感染的一种常见方式是无意间被从实验蚊群中逃出的受感染蚊虫的叮咬。对实验室感染的蚊子应采取严格控制措施，在可能存在脱逃蚊虫的房间里，应在不同的高度安装捕蚊灯，并保持捕蚊灯每天24 h工作。解剖蚊子的实验室人员可能由于意外皮下注射孢子体而感染。实验室工作人员和医护人员的另一种感染方式，是通过接触人或动物受污染的血液或培养的疟原虫，从而绕过生活史的肝脏阶段。

实验室感染的病例

（A）汇总数据。目前共计报道了50例实验室获得性疟疾，涉及47个人，由3种疟原虫（恶性疟原虫、间日疟原虫和食蟹猴疟原虫）引起[1, 12, 14, 15, 19, 20, 41-81]（表6-11）。一名助理护士从报告感染了间日疟原虫[82]的患者身上采集血样10天后发病，诊断为恶性疟疾。这是一起神秘的恶性疟原虫感染病例，因为虫种鉴定不一致，而且患者的血液涂片无法进行复查，该例没有计算在内。该助理护士没有回忆起确切患者血液暴露史。

表 6-11 报告的疟原虫职业感染病例的特征[a]

特征	病例数（%）（n=50）
种类	
– 恶性疟原虫	27（54.0）
– 食蟹猴疟原虫	12（24.0）
– 间日疟原虫	11（22.0）
10 年发生感染或刊发情况（如果已知）	
–1920s	1（2.0）
–1930s	0
–1940s	0
–1950s	4（8.0）
–1960s	7（14.0）
–1970s	9（18.0）
–1980s	13（26.0）
–1990s	9（18.0）
–2000s	4（8.0）
–2010 年（至今）	2（4.0）
– 未知	1（2.0）
发生的国家或地区	
– 美国	23（46.0）
– 欧洲	23（46.0）
– 亚洲	2（4.0）
– 新西兰	1（2.0）
– 非洲	1（2.0）
暴露途径	
– 虫媒传播	24（48.0）
– 肠外	19（38.0）
– 非接触性皮肤	7（14.0）
临床表现	
– 症状性病例	50[100]
– 严重病例（包括致命病例）	10（20.0）[b]
– 致命病例	1（2.0）

a 有可用数据的24例非虫媒传播病例（21例由恶性疟原虫引起，3例由间日疟原虫引起）的潜伏期中位数为12.5天（范围：4～18天）。有可用数据的5个虫媒传播病例（3个由间日疟原虫引起，2个由食蟹猴疟原虫引起）的潜伏期中位数为12天（范围：10～15天）。关于实验室工作人员病例的情况请参阅其文字部分，从他推定的虫媒传播暴露到间日疟原虫感染诊断的间隔时间至少为14个月。

b 见正文；所有严重病例均由恶性疟原虫引起。

1924年报告了第一例记录在案的职业获得性疟疾病例[67]，但并没有注明感染发生的年份。其余报告的病例均是20世纪50年代以来发生的，每十年都有病例发生。50例报告病例中有23例（46.0%）发生在美国。与其他寄生虫病病例相比，在报告的50例疟疾病例中，近一半［24例（48.0%）］被确定或认定为媒介传播，只有1例报告病例是研究人员（具体来说，是通过非胃肠道途径暴露于疟原虫培养物[68]）。一半［25（50.0%）］的病例发生在医护人员中，他们因接触患者受污染血液（如采集血液标本、插入静脉内导管、注射或输注、准备血液涂片或进行尸检）而感染。

大多数人接触这种病原体后1～2周发病。在有数据的29人中，潜伏期中位数为12天（范围为4～18天）。按疟原虫种类或暴露途径进行分类后，潜伏期中位数也大体相当（10～13天）。只有一个人的潜伏期<7天，据称他在非肠道接触恶性疟原虫4天后发病，并在第6天进行了住院治疗[73]。

在26例非蚊媒介传播病例中，至少有10例（38.5%）归类为重症病例，即至少有以下一种表现：明确或可能的脑型疟疾、肾功能不全或衰竭、肺水肿、明显的低血压或寄生虫血症水平≥5%。上述10例病例均由恶性疟原虫引起。在由恶性疟原虫引起的22例非蚊媒传播的病例中，有10例（45.4%）病情严重，多数是由于延误诊断导致。10例重症病例中有1例死亡，经尸检确诊[19, 20]。

一些病例因其他原因引起关注。值得关注的媒介传播病例包括由猴寄生虫食蟹猴疟原虫引起的病例。3人都在不同时间感染了两次（1人曾感染1次食蟹猴疟原虫和1次间日疟原虫，另外2人曾感染2次间日疟原虫），1位秘书感染了间日疟原虫[1]。值得关注的非媒介传播的病例包括1例孕妇病例[66]、1例通过暴露于输血感染患者的血液而被感染医生病例[63]、数例病例报告撰写人或共同撰写人病例[52, 55, 68, 71]，以及1例护士病例，而这例病例的报告者就是被不小心用针头刺伤的这位护士的医生[79]。

（B）24个虫媒病例。至少有24个报道的病例（发生于21人）通过蚊媒（子孢子）传播，其中至少包括12例食蟹猴疟原虫感染[1, 14, 15, 41, 42, 58, 62, 64, 72, 75]、7例间日疟原虫感染[1, 14, 15, 60, 76]和7例恶性疟原虫感染[14, 15, 56, 59, 81]。

在报道的12例食蟹猴疟原虫感染病例中，前6例于1960年发生在美国[41, 42, 64, 75]，最后2例于1977年和1979年发生在法国的同一个实验室[62]。食蟹猴疟原虫感染在亚洲猴群体中自然发生，于1957年被成功分离，并于1960年被带到美国进行研究[64]。正如一些调查人员所表述的那样[41]，“1960年以前，疟疾学家的态度通常是‘猴患猴疟，人患人疟’”。简言之，“……就是人不可能感染猴疟疾”。因此，一些调查人员很少关注到偶尔出现在房间的蚊子。在给恒河猴静脉注射食蟹猴疟原虫巴氏亚种（食蟹猴疟原虫B株之一）子孢子的研究中，使用的感染剂量为10个子孢子[83]。实验诱发食蟹猴疟原虫感染的55例志愿者中（24例为子孢子感染，31例为血源性感染），从接种到在血液涂片上发现寄生虫的平均潜伏期为19天（范围为15～37天）[84]。

1950—2012年，报道了7例间日疟原虫蚊媒传播病例，涉及5人。1950年的病例是一名秘书，她无意中将手臂放在饲养感染蚊子的笼具上[1]。诊断于2012年的病例[60]是从事感染疟原虫蚊子研究的实验室人员，8年前该患者曾诊断为间日疟，由实验室另外一种虫株感染引起，也被认为是经蚊媒传播[76]。早在2004年，他当时虽然回忆不起被蚊子叮咬，但很可能在出现症状前12天发生暴露[76]。从第0天起，他一直从事蚊媒繁殖有关的工作，而其他人员，包括进修人员，主要从事从高度感染的蚊虫体内收集子孢子的工作。据推测，很可能是一只蚊子逃逸后叮咬了这位实验人员。本人也没回忆起任何蚊虫叮咬或造成他第二次感染间日疟的其他实验室事故/暴露史。值得注意的是，在他

2012年第二次感染疟疾的虫株（印度13号）被确诊时，距最后一次接触该虫株已过去了14个月。其临床表现和感染间日疟原虫病程可能受到在此期间因泌尿道感染定期接受的环丙沙星治疗的影响。就本章而言，这例2012年确诊的病例，其潜伏期被认为是不确定的。

（C）关于26个非虫媒传播病例的描述。在所报告的50例病例中，至少有26例非虫媒传播病例：22例由恶性疟原虫引起（16例通过针头刺伤感染，6例通过其他锐器伤感染）和4例由间日疟原虫引起（3例通过针头刺伤感染，1例通过其他锐器伤感染）。

（i）16例恶性疟原虫感染与针刺伤暴露。在16例病例中，有7例被列为重症病例，其中包括1例经尸检确认的死亡病例。关于死亡病例的信息来自两个简短的描述[19，20]，但都不包括临床细节。该病例发生于1997年，是西西里一家医院急诊中心的一名医生，在检查一位女患者时发生针刺伤。他当时并不知道这位患者是从非洲回英格兰途中在西西里中转的旅客。在该患者在西西里短暂停留后回到英格兰后，被诊断为疟疾（寄生虫血症水平30%），并入院进行4天的治疗，但西西里的工作人员在这位医生死亡之后才知道他感染了疟疾。根据一份报告[19]，这位医生在感染20天后死亡；根据另一份报告[20]，他“随后两周内疟疾发病，但直至他去世后才被诊断出来”。

在其他6例重症病例中，有1例是首次报道的职业性获得的疟疾病例，该病例报道于1924年[67]，是一名助理医生，他在尸检后“缝合尸体”时刺伤了一根手指，并在第15天后出现发热，其症状提示脑性疟疾，但最初被怀疑为流感后脑炎。在第24天，寄生虫血症水平非常高，“1/3或1/2的红细胞”被感染。

其他5个重症病例都是护士：

· A护士不小心被一根婴儿静脉留置针刺伤[61]，10天后出现发热，并在第17天入院治疗。该患者出现并发症，包括昏迷（格拉斯哥评分5分）、“肺水肿”和“肾衰竭”（透析3次）；病历记录的最高寄生虫血症水平为5%。

· B护士在采集血液样本后回套针帽时刺伤自己，在第8天出现发热（体温40℃）[48]，发生脑出血并伴有严重血小板减少和昏迷（1期，不能归因于出血）的情况。在第一次出现发热后10天，被确诊为疟疾，寄生虫血症的水平为25%。

· C护士为一个“非常躁动”的儿童抽血时被针刺伤，1周后出现发热[53]。当住院时（未注明暴露后第几天），她“昏昏欲睡、神志不清、极度脱水”，第2天记录的寄生虫血症水平为5%～10%。

· D护士因“血液污染的疟疾诊断（QBC）试管破裂”发生暴露，但自认为“没事”，而没有报告[80]。在暴露1周后出现症状（最高温度39.5℃），并在此后1周住院。住院6 h后，她的血压降至60/32 mmHg，寄生虫血症水平上升到了6%。

· E护士因职业暴露感染疟疾后传染了一名患者，使该病例成为首次被报道的由医护人员传染给患者的医源性疟疾[43，57]：患者A通过针刺途径（在置静脉导管时发生针刺伤）传染给E护士，然后从E护士（在确诊前3天）又传染给患者B。据护士回忆，在护理患者B时（如插入静脉导管和相关操作），双手干裂，“偶尔会有些许出血”。通过回顾发现，护士在暴露于A患者的第10天出现发热（见参考文献[43]中的数据），有可能是疟疾造成的，但那时没有进行血涂片检查。当时认为可能是尿路感染引起的，并用甲氧苄啶–磺胺甲噁唑和环丙沙星进行治疗，直到第38天因突然发热住院才被诊断为疟疾。其不典型的疟疾表现，可能是因抗菌治疗典型表现被暂时抑制的缘故。就本章而言，本病例的潜伏期推定为10天。在第38天，当在血涂片上检查到红细胞内疟原虫（寄生虫血症水平7%）时，首先考虑为巴贝虫病，因为她曾在新英格兰的巴贝虫病流行地区旅行，并且没有提供职业暴露史，直到住院后报告了血液暴露情况。

在报告的9例轻症病例中，有一例是一名怀孕护士（怀孕6周），她用采血针“不小心意外刺伤了自己”，14天后患上了发热性疾病[66]。她“忘记了这件事”，直到被诊断为疟疾并进行治疗时才记起来。她已“完全康复”。

另一例轻症病例是一名研究人员，其还与他人共同撰写了该病例报告[68]。他所研究的疟原虫已经连续培养了近4年，根据初步的体外测试结果，这些疟原虫被认为对氯喹敏感。当他用黏土密封胶密封血细胞比容管时，不慎弄断毛细管，造成一个“小刺伤口”；在当天和第8天自己服用氯喹治疗；随后“很快忘记了这件事”；在第17天出现发热，第18天又自作主张地自行治疗，在第21天和第22天感到不舒适，在第23天看医生时才提到实验室的意外暴露的事情。血涂片可见红细胞内环状结构（最初被认为是巴贝虫）。随后的体外试验表明，尽管是在“无氯喹压力”的情况下进行的，但其所研究的恶性疟原虫已经对氯喹产生了抗药性。

一名与他人合作撰写病例报告的医学生在采集动脉血液样本后被针刺伤[52，55]，在第8天出现喉咙痛、肌痛和疲劳，“用氨苄西林治疗无效”。第15天，因出现了“大汗淋漓”、恶心和呕吐症状而住院治疗，并出现“昏睡”（没有提供任何提示脑疟疾的详细信息）、发热至38.9℃（持续时间不详）、“扁桃体肿大和脾大”，疟原虫血症水平为50 000/mm^3（约为1.25%）。

一位医生在进行静脉插管时，不小心针刺伤护士的手背。这位医生描述了这例护士病例[79]，在暴露后18天出现发热。

其他5例轻症病例也与刺伤暴露有关。

· 一名病理科高级住院医师在制备血液涂片时不小心刺伤手指，14天后入院治疗，在住院前36 h出现发热[45]。

· 一名“新注册”的护士在“深度放血”时发生针刺伤，10天后出现发热。她在没有安全措施的情况下用18号规格的外周静脉导管采集血液样本后，在把针筒丢进锐器盒时刺伤自己。[77，78]

· 一名护士“在给患者输血时用针扎伤了自己”，13天后病倒了[44]。

· 一名护士在采集血液样本时意外被针刺伤，在暴露13天后患上发热性疾病[54]。

· 一名医护人员在抢救一名病危患者时被针刺伤，于7天后发病[65]。

（ⅱ）6例恶性疟原虫感染与非针刺伤暴露有关。6个病例中有5例在发生暴露前有明显皮肤感染、切割伤、溃疡或皲裂。其中内科医生3例，护士3例。其中至少有3例为重症病例。

· 一例脑型疟疾病例是一名在临床实验室实习的学生，该实习生有“皮肤擦伤”，并处理了“高度污染的血液样本”[73]。在暴露4天后出现寒战和头痛（推测相关暴露已被确认），并于第6天住院。他在第7天被确诊为疟疾，报告寄生虫血症水平为5%，后出现“少尿”，进展成脑型疟疾，并伴有“幻觉和精神状态改变”。

· 一名护士感染后发生肾衰竭。她双手有皲裂，在一个滑雪胜地徒手采集患者的血液时溅到手上，8天后出现发热[74]。第15天被送往重症监护室时神志不清，“处于休克状态”。体温40ºC，寄生虫血症水平达40%，并出现肾功能衰竭，持续3个月，但没有进行透析。

· 一名护士手指上有一个3 mm长的伤口，在给患者实施静脉穿刺的过程中被患者血液污染，17天后出现“高热”[69]。在按“不明原因败血症”用青霉素和庆大霉素治疗4周后，病情恶化。直到这名护士提到这个意外事件时，医生才考虑疟疾的可能性。此时，寄生虫血症水平为22%，血红

蛋白水平仅为7.4g/dL。

另外3个病例情况如下。

·一名手指上有伤的护士，手指被几滴患者的血液污染，第12天出现剧烈头痛，第13天出现剧烈寒战和高热（40℃）[47]，寄生虫血症水平不明确。

·一名高年资住院医师在修剪指甲时剪破手指[50，51]，不久后“收治”一名疟疾患者（获取血液样本、进行血液涂片和放置静脉导管），“约10天后”就病倒了。在第12天，“他提出自己可能患上了疟疾……”，在经过仔细回顾后，才回忆起是在对患者进行检查时被感染[50]。

·一名女医生在为一位输血感染疟疾的患者实施静脉切开术时，溢出的血液溅到手上，2周后，出现疲劳和寒战[63]，但表示“不记得手上有任何伤痕”。

（ⅲ）4例间日疟病例。4例报告病例中有3例与针刺伤暴露有关，另1例与非针刺伤暴露有关。4例病例中有一位是医生，她描述了自己的情况[71]。在做静脉穿刺时，手指被针刺伤，但并没有太在意。12天后，“发生间日疟”，症状不显著，但直到又过了7天才被确诊，此时，“周期寒战已经出现，身体的不适和虚弱也变得显而易见”。

其他3例均是护士。一名护士在放置静脉导管时因针刺伤而在14天后出现发热性疾病[1]；另一名护士在给患者注射时被污染的针头刺伤手指，在经过一个未明确的潜伏期后发病[49]；第三名护士“指尖上有几处小划痕（由剥土豆皮引起）”，在徒手给患者实施静脉穿刺术后13天出现发热性疾病[46]。

（D）患者间传播（不计算在病例中）。此外，也有患者之间医院内传播（如污染的多剂量肝素容器）的报道[60，70，85-105]。患者之间的传播超出了本章的范围，此类病例未包括在统计中。有一个患者间传播的案例报道值得特别关注[90]，涉及3例院内感染的恶性疟疾聚集性病例，其中1例死亡。通过分子技术发现这3例恶性疟疾病例与一例旅行者疟疾病例相关（T. C. Boswell，Abstr 39th Intersci Conf Antimicrob Agents Chemother，abstr 2081，p. 650，1999）。可能的传播途径是反复使用的“用于冲洗静脉导管和配制药物”的盐水瓶[96]被旅行者疟疾患者的血液污染。

暴露后管理。对于可能暴露于疟原虫，且具有无法解释的流感样或发热的患者，应考虑疟疾的可能性。与知道自己正在研究某种特定寄生虫的研究人员不同，即便是知道自己接触过患者的血液，医护人员也可能不知道该患者患有疟疾。应该鼓励医护人员（以及研究人员）向地方当局报告所有暴露情况，包括看似微不足道的暴露。如果有相关性（如根据获得的有关传染源患者的信息判断），暴露后还要接受有关疟疾感染的咨询和检测，而不仅仅是血液传播的病毒的咨询和检测。

感染疟原虫后，在出现明显的寄生虫血症之前（通过光学显微镜采用厚薄血涂片检测到寄生虫之前）和抗体血清学检查阳性之前，可能会出现症状。如果怀疑患有疟疾，但在最初的血涂片上没有检测到寄生虫，则应检查更多的标本（3组涂片，每组间隔12～24 h）。此外，分子检测（如PCR）可用于检测寄生虫血症的亚型。感染食蟹猴疟原虫的人通常具有低水平、不明显的寄生虫血症，可以通过分子方法或动物接种来确诊（通过用血液样本接种猴子并随后监测猴子是否会患上寄生虫血症）。

目前，虽然意外暴露相关的风险程度尚无法确定，但如果及时诊断和治疗感染，预后一般良好。相反，延误诊断和治疗，特别是对恶性疟原虫感染的病例，可导致严重的有时甚至是致命的疾病。由于与感染有关的潜在风险以及现有药物相对安全和易于管理，应考虑进行预防性治疗，特别是在存在中、高风险暴露于恶性疟原虫（或未知类型疟原虫）时。对氯喹耐药的寄生虫的治疗可参考以下方法（PM Arguin，个人通讯）。

· 暴露于血液寄生虫后，进行3日疗法，每天1次阿托伐醌或每日两次蒿甲醚–苯芴醇。
· 暴露于活子孢子后，每日使用阿托伐醌或多西环素，进行28天全程治疗。

肉孢子虫属

各种肉孢子虫属都能感染人类。人是人肉孢子虫和猪–人肉孢子虫终宿主（即有性阶段），其中间宿主（即无性阶段）分别是牛和猪。处理生牛肉或猪肉应注意防止通过受污染的手指意外摄取肉孢子虫（即无性阶段）。感染这些肉孢子虫后可能无症状或具有胃肠道的症状，可通过在粪便中发现卵囊或孢子囊进行诊断。人有时作为其他肉孢子虫的中间宿主。在人类骨骼肌和心肌活检标本[106-108]中发现了生活史不明和食肉动物终宿主不明的肉孢子虫，可能与嗜酸性肌炎有关[106，109]。尚无用于治疗人类肉孢子虫病的特定疗法。

实验室人员是否会通过针刺接种肉孢子虫感染尚不清楚。虽然典型家畜肉孢子虫经细胞培养的裂殖子接种其他动物后不会引起疾病，但培养的神经元肉孢子虫的裂殖子注射接种到免疫抑制的小鼠后会引起脑炎[110，111]。

刚地弓形虫

概述

弓形虫病的病原体是弓形虫，通过食入未煮熟肉中的包囊或猫粪中已形成孢子且具有感染性的卵囊传播给人类，卵囊也可能经水传播，有人提出通过吞咽吸入的卵囊进行传播的可能性[112]。先天性传播已经得到公认，也有输血/移植相关病例的报道。有症状的弓形虫感染可表现为发热和淋巴结肿大综合征，甚至表现为危及生命的多脏器感染（如心肌炎和脑炎）。

实验人员可以通过摄入猫粪中的含有孢子的卵囊，或通过皮肤或黏膜接触人或动物组织或培养物中的速殖子或缓殖子感染。即使对小鼠无致病性，所有弓形虫分离株都应是对人类致病的[113]。弓形虫卵囊可采用漂浮法从粪便中分离，而且应该在形成孢子之前进行，从猫粪中分离卵囊并用于感染小鼠的方法和步骤已有文献详细介绍[113]。受卵囊污染的器械和玻璃器皿应进行灭菌处理，因为卵囊对化学杀虫剂不敏感，在环境中有较强的抵抗力[113]。

实验室事故和感染风险

在英国的一项小规模的病例对照研究中，评估了弓形虫实验室工作相关的感染风险大小[114]。3组（每组16人）的血清阳性率相当，在实验室A“有弓形虫工作经历的医学实验室科研人员”中，确认两名血清阳性人员（表6-3），在开始这项工作之前，这两人中有一人的血清已呈阳性。在年龄和性别匹配的两组对照组（常规微生物实验室工作人员、一般人群）中，在常规微生物实验室没有发现血清阳性人员，在普通人群中发现3人血清阳性。

在实验室A研究刚地弓形虫的工作人员中，3人报告有对感染性虫种悬液的意外暴露史（如针刺伤、溢洒到皮肤上、溅入眼中），每27750人时的相关工作（如研究活体寄生虫、进行萨宾–费尔德曼染色试验（弓形虫染色试验）——一种使用活体速殖子的血清学试验）发生3次事故，或每9300人时发生1起事故。3人中有2名接受了假定性抗虫治疗，均未发生血清阳转。然而，有1例感染病例发生血清阳转，可能是通过摄入卵囊传播，但是该病例没有明确的意外暴露史[114]。具体内容见下文。

在美国的实验室B（表6-3），1980—1999年的19年间，有30～40人直接从事弓形虫工作[1]。一般2～3人同时在实验室工作（范围：1～5人），相当于大约48人年的工作（不限于相关工作的具体时间）。在上岗前和意外暴露后进行血清学检测。1个人在上岗前血清已经阳性，4人被确认发生实验室意外事件：3人经皮针刺伤，1人将含有弓形虫的溶液喷入眼睛。4个人均没有选择接受假定性治疗，但有2人出现血清阳转，且都发生针刺伤。他们的情况如下所述。这4个意外事件发生在最后加入实验室的5名人员中，其中3人在开始工作的几个月内发生意外事件，究其原因，可能是人员更替过频的缘故。

关于开展卵囊工作的一些风险数据如下。

实验室感染病例

（A）汇总数据。已经报道的49例实验室获得性弓形虫感染病例[1，17，114-138]见表6-12，1例与实验室有关但未确诊的病例未被计算在内[139]，另1例由于实验室传播引起但无详细记录的病例也没有被计算在内，该患者为研究对包囊抗原抗体反应提供血液样本（细节未具体说明）[140]。

表 6-12 弓形虫职业性感染报告病例的特征[a]

特征	病例数（%）（n=49）
感染年代（如果已知）或刊发年代	
–1940s	4（8.2）
–1950s	18（36.7）
–1960s	9（18.4）
–1970s	7（14.3）
–1980s	6（12.2）
–1990s	5（10.2）
–2000s	0
–2010 年（至今）	0
–1940s	4（8.2）
–1950s	18（36.7）
发生的国家或地区	
– 美国	23（46.9）
– 欧洲	20（40.8）[b]
– 拉丁美洲	2（4.1）
– 澳大利亚	1（2.0）
– 亚洲	1（2.0）
暴露途径	
– 针刺肠外暴露	15（30.6）
– 没识别出意外事故	12（24.5）[d]
– 摄食（假定途径）	9（18.4）[e]
– 黏膜	9（18.4）
– 皮肤不完整	1（2.0）
– 动物咬（见正文）	1
– 气溶胶传播？（没有提供证据）	1（2.0）
– 没有可用的信息（在尸检期间）	
临床表现	
– 无症状的病例	10（20.4）

续表

特征	病例数（%）（n=49）
– 有症状的病例	39（79.6）[f]
– 严重病例（包括致命病例）	4（8.2）[g]
– 致死病例	1（2.0）

a 暴露于寄生虫组织阶段的病例的潜伏期中位数为8.5天（范围，3天～2个月）（根据20例具有可用数据的病例），其中，针刺肠胃外暴露（n=11）的潜伏期中位数为8天（范围，3～13天），黏膜暴露（n= 7，具有可用数据）的潜伏期中位数为7天（范围，3天～2个月）。

b 对于该5例病例，根据少量可获得的信息，推定欧洲是其发病区域。

c 如果对暴露的性质存在不确定性或没有发现事故，但证据表明特定途径最有可能，则为了本表的目的，通常假定该途径是传播方式。但是，该做法有很大的主观性。同理，“未识别出意外事故”和“无可用信息”之间的区别在病例报告中并不总是非常清楚。有关病例的其他信息，请参阅文本。

d 见脚注c.至少有3名不记得发生过事故的人进行了染色试验,因此可能在他们的皮肤上有速殖子。所有死亡病例均[17]没有报告过事故，就本表而言，假定没有识别出特定的事故。

e 有8人被认为摄入了卵囊，而一个“经常吸取弓形虫渗出物”的人可能已经被感染了[115]。

f 淋巴结肿大被归类为有症状的。

g 4人患有脑炎，其中两人同时患有心肌炎；其中1个病例发生死亡[17]。

20世纪40—90年代，实验室获得性病例每十年中都会有报告，以50年代报告（或描述）的病例占比最高（36.7%）。在有可用数据的47例报告病例中，约有一半［23例（48.9%）］发生在美国。在36例已知或有高度怀疑的传播方式的病例中，1/4的病例［9例（25.0%）］是由于摄入卵囊所致。针刺伤、黏膜和未明途径的暴露也很常见。

根据现有资料，20个病例潜伏期的中位数为8.5天（范围为3天～2个月），所有这些病例都与暴露于寄生虫滋养体阶段有关；除2例潜伏期为约2个月外，潜伏期多≤13 d（表6-12）。针刺伤和黏膜暴露相关的病例潜伏期相当。在4例潜伏期为3 d 的病例中，2例与黏膜暴露（飞溅）有关，2例与刺伤暴露有关。感染后症状轻重不一，10名感染者（20.4%）无症状，4名感染者（8.2%）出现脑炎，其中2人还出现心肌炎。两名同时患有脑炎和心肌炎的人中有一人死亡[17，130]。

（B）因摄入卵囊而感染的8个病例。8例血清阳转的病例可能是由于偶然摄入卵囊所致[114，126]。其中7个病例发生在20世纪60年代末和70年代早期的几个实验室中，那时卵囊尚未被认为非常耐寒。这些感染者主要从事M-7741虫株研究工作，感染后多数没有症状，仅一人有颈中部淋巴结肿大，两人有轻微流感样症状发作或轻微疲劳和不适[126]。在发现血清阳性之前，这些实验室人员从事寄生虫滋养体阶段的工作51人年（平均10年，范围为1～30年），从事卵囊方面工作16人年（平均2.3人年）。其他7名实验人员尽管从事了75人月弓形虫研究，但并非研究有感染性的卵囊，所以没有被感染。

在上述病例中，第8例发生在实验室A（表6-3）[114]。该病例报告于1992年，但没有具体说明发生的年份。该实验室工作人员一直在从一只感染了RH虫株的猫粪便中提取卵囊，结果出现了不适、轻度发热和淋巴结病肿大，推测是他的手偶尔被卵囊污染，而这些卵囊无意中被食入了。

（C）Rawal对18例病例的回顾。1959年，Rawal描述了他自己感染的情形，并回顾了另外17例[130]，其中一些已在前面描述过[17，115，117，118，124，132-134，136，137]。18个病例中有10个病例的传播方式未知，包括作者本人。他怀疑弓形虫污染了皮肤，特别是当他进行染色试验时，该试验需使用活的速殖子。18人中有4人发生针刺伤，例如，1人将针头堵塞的注射器“针头朝上”放置，不小心扎破了自己的手指[117]。3人将传染性物质溅到脸上或眼睛里。有1人可能是被感染兔子咬伤而感染[132]。

刚地弓形虫可侵入全身敏感组织细胞，已有从兔和鼠的唾液中分离出的报道[141]。一位感染者回忆不起发生过意外事件，但他“经常吸取弓形虫渗出物”，可能经口感染[115]，在实验室工作仅仅18天后就发病。还有一个病例在症状出现后1个月，通过染色检测没有检测到抗体，而3周后的第二次抗体检测结果为阳性[118]。

Rawal报告的病例中最常见的临床表现是发热、头痛、不适、皮疹和淋巴结肿大，仅2例为无症状感染，3例出现脑炎迹象，其中两人也出现心肌炎。一个并没有报告实验室事故的女实验员，发展成为脑炎和心肌炎，导致死亡[17，130]。这个病例发生在1951年，在另一份报告[17]中有更全面的介绍。该作者指出，“在之前，实验室处理弓形虫并不被认为有危险”。患者去世前6天，住进了精神病院。入院前，出现间歇性妄想和幻觉3天，流感样症状和共济失调状态4天，另外还存在数月的疲劳、嗜睡和“不愿做事”的表现。住院时，出现发热、斑丘疹、神志不清，“经常和房间里虚构的人物说话，并表示她将死于弓形虫病”。随着病情逐渐加重，入院后4天被转到另一家医院接受治疗。虽然弓形虫病的诊断是在她“病重”后才被怀疑的，但实验室确诊的结果却是在她去世后才获得的。该病例发生时，对弓形虫病尚无有效的治疗方法。

（D）其他23个病例。1970年，报告了在同一实验室发生4例感染的事件，病例通过染色试验和IFA确诊[131]。自1962年以来，该实验室还有另外3人发生了各种类型的事故（如针刺伤、被感染兔子咬伤和被含有感染性组织培养细胞的盖玻片划伤），但这些事故没有导致感染，其中1人从暴露当天开始用磺胺嘧啶和乙胺嘧啶进行预防性治疗。1962—1970年，在该实验室工作的人数不详。

在实验室感染的4人中，2人回忆起发生的事故［如针划伤或刺伤（RH株）］，2人没有。被污染的针头划伤者，10天后出现颈部和锁骨上淋巴结肿大。当天进行第一次暴露后染色试验，滴度为1：4096。被针刺伤者则立即开始接受磺胺嘧啶和乙胺嘧啶的假定性治疗，没有出现症状，但染色试验滴度从1：256（检测结果为多个暴露前样本的滴度）上升到1：4096（暴露后不足1个月到至少1年后的滴度）。

在实验室中被感染但没有回忆起事故的两个人中，有一个是医学生，从事RH虫株的组织培养和小鼠研究工作，出现了明显的不适和原因不明的长期淋巴结肿大。“虽然熟悉弓形虫引起的淋巴结病，但他从未认为这是他患病的可能原因，也没有将他的病情告知实验室主任”[131]。在学生提到他在一个特殊的实验室工作后，进行了血清学测试，该实验室主任随后被问话。另一个没有回忆起具体事故的人无症状，是通过实验室的常规血清学监测程序发现的，该程序要求在基线和随后至少每年进行一次检测。她从事的工作包括进行染色试验，被认为在准备试验时被感染，但不能排除在实验室外被感染的可能性。

一名研究人员描述了自己感染的情况，他用一根针刺伤了拇指，该针曾用于给小鼠腹腔内接种，已传代26个月，并具有对小鼠高致病性的猪源虫株[138]。他在暴露后第13～29天，间歇性发热，并在第30天开始进行治疗。他还有“轻微的呼吸系统疾病，身体不适，偶尔夜间大量出汗”。血清抗体发生阳转，事故前及事故后立即进行的IFA检测的结果均为阴性，而事故后第15天和第34天的IFA滴度分别达到1：64和1：256。

一名女技术人员左手手指被RH株污染的针头划伤后发生感染[120]，接种量可能不超过0.02 mL或从1～100只小鼠50%的致死剂量。她在第4天出现短暂的上腹部绞痛，第5天出现发热、发冷和头痛。第7天，医生在评估之后，认为是流感。第8天，她注意到左腋窝触痛，接种部位出现一个红斑性病变，有触痛，这使她想到并报告了这起事故。第9天入院体检时，她上半身出现皮疹，双侧腋

窝及颈部淋巴结肿大；手指上的病灶直径为3 mm，中心有化脓。染色试验结果为阳性，从第9天采集的血样中分离出弓形虫。

一名研究人员在用感染动物的腹腔渗出物（RH株）接种小鼠时，用针划伤了左手手指，经寄生虫学检查证实感染为弓形虫病[125]。伤口很浅，没有出血。事故发生在他开始在实验室工作的21天后。暴露后第6天出现全身肌痛，第7天出现不适和头痛，第8天出现左侧腋窝“肿胀”，第9天出现发热。最后，胸部出现瘀点状皮疹、颈部和腹股沟淋巴结肿大、肺部浸润、贫血、淋巴细胞增多，并伴有非典型淋巴细胞。第9天（入院当天）采集了一份血液样本，通过动物接种证实刚地弓形虫感染，第15天切除了淋巴结组织。染色试验结果在第9天为阴性，但在第11天阳转。

实验室B中的2例病例（见上文和表6-3）与针刺损伤有关[1]。一名女技术员在处理小鼠腹腔渗出的RH虫株浓缩液过程中，回套针帽时刺伤手指。7天后，出现严重的头痛、颈项僵硬，可能还有发热，并被送进了医院，起初其被怀疑为脑膜炎。后出现同侧腋窝淋巴结肿大，弓形虫特异性抗体检测阳性。实验室的另一名技术人员在给100只小鼠注射C56株刚地弓形虫时，用针扎伤自己，她把事故归咎于工作得太快。暴露后第13天她出现不适和疲劳，并在暴露后1个月检测到血清阳转（之前的血液样本来自第1天）。她在2年前也有过一次针刺伤，但没有出现血清阳转。

一名技术人员被受污染的针头扎伤手指，之后（具体时间记录不详）出现头痛、发热和淋巴结肿大[122]。暴露后1周首次进行血清学检测，采用IFA和固相间接血吸附法均检测出抗体，随后通过补体结合和间接血凝法也检测出抗体。同一组调查人员还报告了另外两起病例，其中一名是助理医生，她不小心将弓形虫（BK株）注射到拇指[123]。3天后，手开始疼痛，出现局部淋巴结肿大，第14天检测到抗体。另一位是一名实验室助理，由于注射器的活塞破损，她将生理盐水和速殖子（BK株）的混悬液喷溅到了左眼[123]。第4天，左耳出现疼痛；第9天，左眼和左脸出现水肿；第11天观察到颌下淋巴结肿大；第15天血清抗体阳性。

在一篇关于“人类弓形虫病中免疫球蛋白G（IgG）的亲和性分析”的文章[135]中，简要描述了2例感染RH株的实验室病例。一名实验室人员被针刺伤，但没有症状。另一名“因意外溅到眼睛”而感染，“在大约1周内出现高烧和淋巴结肿大”，但并没有具体说明“溢出”的细节和潜伏期。

在一份报告中描述了2例经多种血清学技术进行诊断的实验室感染病例，包括染色试验[127]。其中一人用含有小鼠渗出液（R虫株）的注射针头刺伤了手，第2天开始使用磺胺类药物进行假定性治疗，未出现症状，但发生了血清阳转。另一人不小心将小鼠腹腔渗出物（BK株）喷入右眼。从暴露第9天开始，出现不适、头痛和肌痛5天，第11天出现发热，第17天出现右侧颌下淋巴结肿大。

另有3人因眼睛暴露而感染。

· 一名实验室技术员在进行弓形虫悬浮液操作时飞沫溅到眼睛，后来发展成“复发性脑膜脑炎”[117]（Franceschetti A，Bamatter F，First Latin Congr Ophthalmol，p344，1953）。

· 一名研究人员在收集组织培养物时感染性物质溅入左眼[1]。当时，他正通过注射器将感染的细胞推过一根25号的针头，以便使细胞破碎而释放寄生虫，但可能是针头被堵塞而发生了喷溅。在第7天，他出现发热、结膜炎、耳痛和颈部淋巴结肿大，并在当天晚上梦到意外事件，这才意识到临床表现可归因于这次暴露。血清学检测显示出高滴度的弓形虫IgM，但检测时间不详。

· 一名实验室助理从感染了RH虫株的小鼠腹腔抽取腹膜渗出液时，少量渗出液溅到她的右脸。事故原因是注射器有损坏[119]。虽然她否认有任何渗出物进入她的眼睛，但被认为发生结膜暴露。第9天，她右眼充血、头痛、耳鸣、喉咙痛，同侧颈部淋巴结疼痛。第12天开始发热，并感到不适。两周后进行第一次暴露后检测，通过染色试验发现血清阳转，并可检测到血凝素抗体。

报告的另外4例职业获得感染病例如下。

· 一名实验人员左手有轻微划伤，实验过程中意外地将感染小鼠的腹水泼洒到手上。他在10天后发热，并出现左侧腋窝淋巴结肿大[129]。在暴露第40天进行首次检测时，通过酶免疫分析法（EIA）检测发现血清阳转，并检测到弓形虫特异性IgG、IgM和IgA。

· 一名研究RH虫株的动物技术员通过染色试验确诊为弓形虫病[116]。虽然感染被认为是由于吸入气溶胶引起的，但没有支持这种传播途径的证据，也没有提供有关其工作的细节。临床表现包括发热、寒战、呕吐、头痛、全身酸痛、疲倦、嗜睡、吞咽困难、黄斑性皮疹、淋巴结肿大（腋窝、腹股沟和颈部）和肝脾大。

· 一名病理学家指导过对一例脑弓形虫病患者的尸检，2个月后急性发病[128]，但没有具体说明可能的暴露方式。该病理学家的临床表现为发热、发冷、严重不适、极度虚弱、嗜睡、淋巴结肿大、肝脾大。淋巴结肿大最初见于颈前、后区，后来发展为全身性。通过血清学检查（染色试验和补体结合试验）和在小鼠腹腔内接种乳化淋巴结证实为弓形虫感染。

· 一名实验室工作人员出现发热、头痛、结膜炎症状，面部出现斑丘疹，弓形虫抗体阳性（补体结合试验滴度为1：32）[121]。该病例据称是实验室感染，但没有提供关于该例患者实验室工作或暴露情况的信息。就本章的目的而言，该实验员没有回忆起发生的事故。虽然该病例Q热（由Coxielle burnetii引起的立克次体病）的检测结果呈阳性，但滴度低，而且Q热通常不引起皮疹。

暴露后管理。血清学、寄生虫学（小鼠接种或组织细胞培养）、分子生物学和组织学检查可用于诊断弓形虫感染。IFA和EIA是目前应用最广泛的检测弓形虫特异性IgG的血清学方法[142]。单一检测结果显示IgG水平升高可能反映既往感染情况，因此无法进行急性感染诊断。如果怀疑急性感染，且IgG检测结果呈阳性，那么实验室人员的基线标本也应进行IgG检测，通过IgM捕获-EIA试验也有助于诊断。如果暴露事件发生数周后，弓形虫特异性IgM结果仍为阴性，基本上可以排除急性感染。虽然高滴度IgM结果提示感染是在获得标本前的几个月内获得的，但可检测到的IgM水平可持续长达18个月或更长时间[142]。如果IgM结果为阳性，可以通过测定弓形虫特异性IgG亲和度来帮助确定何时获得感染。高亲和力IgG的存在表明感染至少发生在获得标本4个月之前。

对于自然感染弓形虫的免疫力低下者，如果器官受累（如心肌炎）或有严重症状，常规疗法是采用乙胺嘧啶和磺胺嘧啶或三硫代嘧啶联合叶酸，疗程至少为3周。对于有中度或高度暴露风险者，在进行诊断性检测的同时，应考虑使用药物进行为期两周的假定性治疗（对磺胺不耐受患者采用替代疗法），立即开始治疗，效果可能是最好的。曾经发表过一个有警示意义的案例[143]，其中显示弓形虫假定性治疗导致中性粒细胞减少，且并发李斯特菌脑膜炎，提示即使是接受假定治疗的人，也应在暴露后数月（或观察到血清转化之前）进行血清学监测（即，应在暴露后立即进行检测，每周至少检测一次，一个月后至少每月一次）。如上所述，尽管进行了假定治疗，血清阳转仍可能出现。虽然假定疗法通常可以预防疾病发生或至少是预防大部分病例的发生，但它不一定能预防感染。

克氏锥虫

概述

克氏锥虫，是美洲锥虫病的病原体，该病主要流行于拉丁美洲部分地区，通过锥蝽进行传播，当伤口（虫叮咬）或黏膜被含有感染性循环后期锥鞭毛体的虫媒粪便污染时发生传播。经口（如食源性）、先天性和输血/移植相关的传播也有报道[144-147]。克氏锥虫侵入宿主细胞后，以无鞭毛体形式增殖，并分化成锥鞭毛体，当被感染的宿主细胞破裂时，锥鞭毛体释放出来。循环后锥鞭毛体可以侵入其他宿主细胞或被虫媒携带。人类感染的急性期持续1～2个月，通常无症状。然而，急性期可伴有轻微的、非特异性的临床表现或危及生命的心肌炎或脑膜脑炎。几年到几十年后，20%～30%的感染者会演变为慢性美洲锥虫病，出现心脏或胃肠道表现。

实验室人员可能通过接触感染锥蝽的粪便，通过处理感染者或动物的培养物或血液样本，以及可能通过吸入含病原体的气溶胶而感染[148]。虽然克氏锥虫的上鞭毛体期通常在纯培养中占主导地位，但也发现了锥鞭毛体（感染期），后者在培养基所占的比例取决于虫株和培养的时间等因素。克氏锥虫可通过针刺伤或皮肤轻微磨损或穿过完整的黏膜从而感染人，实验证明其可经结膜或口腔黏膜感染小鼠[149]。克氏锥虫实验室安全防护措施可参阅相关文献[150-152]。常用的实验室消毒剂和加热（50℃、5min）可杀死体外的锥鞭毛体[153]。

实验室感染病例

（A）汇总数据。报告的67例实验室获得性克氏锥虫感染病例[1, 14, 15, 18, 150, 154-167]见表6-13。在这67例病例中，有37（55.2%）例[18, 150]没有提供相关信息，其他一些病例的信息也非常有限。有1例克氏锥虫感染疑似病例，该患者曾通过针刺暴露于急性美洲锥虫病患者的血液，该病例未被纳入统计[168]。

表 6-13 报告的克氏锥虫职业感染病例的特征 [a]

特征	病例数（%）（n=49）
感染年代（如果已知）或刊发年代	
–1930s	1（1.5；4.0）
–1940s	0
–1950s	0
–1960s	7（10.4；28.0）
–1970s	3（4.5；12.0）
–1980s	4（6.0；16.0）
–1990s	8（11.9；32.0）
–2000s	2（3.0；8.0）
–2010 年至今	0
– 未知	42（62.7；NAc）
发生的国家或地区	
– 拉丁美洲	17（25.4；60.7）
– 美国	8（11.9；28.6）
– 欧洲	3（4.5；10.7）
未知	39（58.2；NA）
暴露途径	
– 注射肠外暴露	13（19.4；44.8）[a]
– 未识别出意外事故	7（10.4；24.1）
– 黏膜暴露	3（4.5；10.3）
– 皮肤不完整（包括甲小皮）	2（3.0；6.9）
– 虫媒传播	2（3.0；6.9）[d]

续表

特征	病例数（%）（n=49）
–动物咬伤	1（1.5；3.4）[e]
–皮肤，其他	1（1.5；3.4）[f]
–没有可用的信息	38（56.7；NA）
临床表现	
–无症状的病例	2（3.0；7.1）
–症状性病例	26（38.8；92.9）
–临床状况不明	39（58.2；NA）
–严重病例（包括致命病例）	10（14.9；35.7）[g]

a 有可用数据的11例感染病例的潜伏期中位数为10天（范围：2～24天），其中7例针刺肠道外暴露病例的潜伏期中位为12天（范围：5～24天）。对于一些病例，潜伏期没有具体说明，但少于3～4周[155-157]，甚至可能短至几天[156]；详见正文。

b 有数据可作为分母的病例也提供了百分比。统计的发生感染年代（如果已知）或刊发年代的病例总数为25例，发生国家或地区为28，接触途径为29，临床表现为28。

c NA，不适用。

d 在这两种情况下，感染都归因于暴露于来自感染锥蝽的循环后期锥鞭毛体[150]。实验室人员是否暴露于虫体本身并没有具体说明。一名实验室人员眼睛黏膜接触锥蝽粪便[158]的病例归因于黏膜传播；实验室人员是否接触过这种虫媒，或者仅仅接触过它的粪便，没有具体说明。

e 实验室人员被一只未感染的老鼠咬伤。这种咬伤本身与感染的相关性尚不清楚（如他是否在咬伤不久后对感染小鼠进行放血并污染伤口）。

f 当离心管破裂时，被感染小鼠血液显然是溅到实验室人员脸（见正文）；这是否代表皮肤或黏膜接触或气溶胶或液滴的传播尚不清楚。

g 9人有心脏或神经系统受累的迹象，其中一人死亡[18]。一名孕妇患上了“严重”的美洲锥虫病，伴有发热、肝脾大和“高”寄生虫血症[157]。

首例报告病例发生在1938年，其他报告病例发生在20世纪60年代及之后。在有发生地信息的28例病例中，一半以上［17例（60.7%）］发生在南美，这可能部分反映出南美地区对锥虫病研究得较多。在已知或可推断传播途径的22例病例中，13例（59.1%）归因于（或可能归因于）针刺暴露。11例有潜伏期的病例，潜伏期中位数为10天（范围为2～24天），其中7例针刺暴露病例，潜伏期中位数为12天（范围为5～24天）。据报道，1人在暴露后2天出现临床表现，暴露的皮肤出现红斑，暴露后4天，出现发热和肌痛[160]。在有临床表现数据的28人中，2人（7.1%）无症状，而9人（32.1%）有心脏或神经病变的证据，其中1例进展为心肌炎并死亡[18]。

（B）关于巴西圣保罗州8例病例以及关于事故发生率和感染率的数据。巴西圣保罗记录了一些关于实验室事件和克氏锥虫感染病例数的数据（MA Shikanai-Yasuda和ES Umezawa，个人通讯）[1]。截至1999年，至少15个机构中有数目不详的人从事克氏锥虫工作。1987—1998年，6个机构记录了8例实验室获得的感染病例，下文将对此进行讨论。据推测，还发生了其他事件，但没有被发现或报告。在报告的8个病例中，2人无症状，另有2人不记得事故的具体细节。

此外，据报道，1984—1999年，在巴西的7家机构中另有37人发生过实验室事故，但没有造成感染。这37起事故中有22起（59.5%）发生在1997—1999年。接受假定性治疗的暴露人数不详。

圣保罗州的一个实验室（M Rabinovitch和R de Cassia Ruiz，个人通讯）保存了事故发生率和造成感染病例的数据[1]（表6-3），这些数据来自20世纪80—90年代（约为17年），共计观察了126.5人年，包括由21人从事相对高风险（如使用针、制备活虫、寄生虫培养等）工作的91.5人年。4起事故没有造成感染，2起事故造成感染。这些事故和病例都发生在从事相对高风险工作的21人中，并记录在上述两段文本中。没有发生明显感染征象的人未曾接受假定性治疗。2例感染病例均使用CL虫株（MA Shikanai-Yasuda和Es Umezawa，个人通讯）进行实验。其中1例显然发生了眼结膜暴露，由连接到注射器的管子破裂所致，在潜伏期（具体不详）后出现的临床表现，包括发热、瘀斑、心包积液和周围水肿，在血液标本中发现了寄生虫。曾被怀疑为是登革热和白血病。另1例感染者没有回忆起具体的事故，临床表现包括发热、关节炎、充血性心力衰竭和可逆性面瘫，在骨髓穿刺液涂片上发现寄生虫。也曾被怀疑为白血病。

圣保罗州的另一个实验室发生了5起实验室事故，所有事故都与针头有关，均计入了上文的统计中。这些事故发生在1993年和1994年，其中一起涉及首席研究员。发生事故的实验室人员都很有经验，事故被归咎于“不小心”。5名暴露者中有2人感染（Y株），均无症状。其中1人在暴露15天后血液涂片阳性，另一人暴露后第10天的血液涂片没有检测到任何寄生虫，但在第30天检测到克氏锥虫血清特异性IgG和IgM。另3名没有出现感染的暴露者曾接受假定性治疗。

其余4例发生在圣保罗州的实验室感染病例（上述总共8个）都发生在使用Y虫株（MA Shikanai-Yasuda和Es Umezawa，个人通讯）的人员中。其中1人没有回忆起特定的事故，1人是面部暴露，受到小鼠血液污染（离心管破裂，不清楚是否构成皮肤或黏膜接触或通过气溶胶或液滴传播），1人发生针刺意外，1人被受污染的巴氏移液管（10^7锥鞭毛体/mL）割破了手。4人都出现发热，至少有血清学证据表明被感染，其中3人为寄生虫学确诊病例。

这例受污染移液管导致的病例值得特别注意［MA Shikanai-Yasuda等，1993年发表在Abstr Rev Soc Bras Med Trop，26（Ⅱ）的127页］。暴露后第14天，尽管已经接受了为期10天的苯并咪唑假定性治疗（是否在第0天开始治疗尚未确定），但还是发展成急性美洲锥虫病。临床表现包括发热、头痛、轻度肝脾大和淋巴细胞增多症。在暴露后第22天采集血液进行病媒接种诊断和小鼠接种，20天后，两种方法均证实寄生虫感染。他最终接受第二疗程的苯并咪唑治疗，疗程为80天而不是10天。

（C）BRENER对50余例实验室感染病例的评论。在一封针对一例实验室感染病例的评论信中[162, 164]，Brener报告了超过50例的实验室感染的美洲锥虫病，其中包括一例未经治疗的“非常严重心肌炎”死亡病例（具体不详）[18]，但Brener没有说明病例的具体数目（为了达到本章病例数统计的目的，我们假定是51例）。在早期的出版物中[150]，Brener指出，他已知道45例病例，其中包括8例之前发表的病例，详见下文[154, 161, 163, 165-167]。对于45例病例，Brener只是总体或个别进行简单描述。他指出，这些病例分布在北美洲、中美洲、南美洲和欧洲的11个国家。在这些病例中，16人在大学实验室感染，14人在非学术研究实验室感染，12人在制药公司实验室感染，3人在公共卫生实验室感染。最常见的事故类型是“被用于感染动物的针意外刺伤”[150]。在现有的20例中，有15例的感染源自受污染的血液。2人被组织培养的锥鞭毛体感染，2人被锥蝽的循环后期锥鞭毛体感染，2人从非细胞培养基中吸取锥虫时发生误吞。

Brener描述了一位生物化学家病例，他在接种小鼠时感染了Y虫株。一支装有0.4 mL血液含800 000个锥鞭毛体的注射器，“从他的手上掉下来并且正好以竖直方式扎在脚上”[150]，他在12天后现出发热、不适和足部淋巴结肿大。第16天，在接种部位观察到美洲锥虫肿（炎症性原发性皮肤病变），通过新鲜血液检查发现了锥鞭毛体。随后进行的病媒接种诊断结果也是阳性。

（D）17例病例的描述，包括Brener引用的8例。所述病例的临床表现从无症状到严重症状不等，感染的方式从未被识别、看似无关紧要的暴露到各种值得注意的事故均有。

同一篇文章[166]描述了3例有症状的Tulahuen株感染病例。在3名感染者中，只有2人回忆起特定的实验室意外，均发生浅表针刺伤，并导致严重感染。其中一名是由于正在接种的一只小鼠突然乱动导致。他第5天出现发热，第8天接种部位出现红肿。另一名发生意外事故的人穿着短袖，被用于接种的受污染针头划伤了裸露的左前臂。她在第5天观察到受伤部位发生病变，第6天出现发热、发冷、不适和左腋窝疼痛。这两名有暴露史的患者都出现了脑膜脑炎的症状，这在女性患者中尤为常见，并出现了提示心肌炎的表现。其他临床特征包括全身黄斑丘疹性皮疹、脾大和面部水肿。“最终诊断是通过在血液中发现寄生虫确定的”。

一篇关于急性美洲锥虫病的文章简要介绍了另一例有心脏表现的病例[155]。该文的第一作者通过个人通讯提供了更多的细节[1]。12月，实验人员意外地给自己接种了纯培养的寄生虫。次年1月，尽管进行了止痛治疗，但仍持续发热和肌痛，没有说明潜伏期。2月，住院治疗，未能确定病因。3月，报告了自己的事故，并接受了克氏锥虫感染的评估。临床表现包括心肌炎、心包积液和心律失常。血液镜检、血液培养、病媒接种诊断和小鼠接种均未检出病原体。然而，通过心肌内膜活检标本的组织学检查检测到无鞭毛体，EIA、IFA和直接凝集反应等血清学检测结果也均为阳性。

一篇关于“急性母体感染”的文章提到了1例关于孕妇（孕32周）的“严重”病例[157]。文章中关于她暴露的唯一信息是“在实验室研究克氏锥虫”。就本章而言，暴露途径被推定为针刺传播。在她发生暴露至暴露3周后婴儿健康出生的某个时间点，她出现“严重”的美洲锥虫病，表现为发热、肝脾大，并且“通过直接血液检查”可以检测到高水平的寄生虫血症。

一名技术员因采用实验室指南[164]所禁止的方式，试图从注射器上取下针头而被刺伤左手拇指。由于针头被接种了CL型虫株小鼠的血液污染而导致该研究人员发生感染。该急性感染病例有几个显著特征[162, 164]：直到暴露24天后才发病，出现发热和发冷，随后发高热（高达42℃）并伴有相对心动过缓；左手背的第一、二掌骨之间（靠近接种部位而不是接种部位）出现丘疹，这最初是一个令人困惑的特征；多次“浓缩血液”涂片结果阴性，而且血清阳转相对较晚，暴露近5周后，小鼠接种和EIA、IFA血清学检测结果才呈阳性，但在小鼠接种一周前采集的血样，还未检测到特异性抗体；血清神经氨酸酶活性在第12天被检测到，在第24天达到高峰，当检测到克氏锥虫特异性抗体时已经无法检测到血清神经氨酸酶活性[162]；其他临床表现包括不适、昏睡、容易疲劳、厌食、大面积皮疹（最初为黄斑丘疹，后来由红斑性斑点组成）、左腋窝淋巴结肿大和T淋巴细胞减少症（598个细胞/μL，辅助/抑制细胞比值正常）。

一名研究生给小鼠注射锥鞭毛体（巴西株）时，小鼠将注射器踢到空中，针头擦伤了他的腹部皮肤[14, 15]。伤口非常浅，没有流血，当天晚些时候已经找不到伤口了。第10天，他在度假时注意到腹部有一个“小红斑丘疹”，直径逐渐扩大到5～7 cm。第18天，他住院治疗，出现发热并头痛，血液镜检、血液白细胞层或皮肤活检标本的压片检查均未检测到病原体，IFA血清学检测结果为阴性。然而，几周后进行的病媒接种诊断结果阳性。

一名兽医研究人员被用于给小鼠注射巴西虫株[159, 163]的针头意外刺伤手指而感染，估计接种量为1500个虫体。16天后，他的手指出现肿胀和变色，同侧上颌骨和腋窝淋巴结肿大，并出现发热、疼痛和不适。在第19天住院时，躯干部出现红色斑点状硬结性皮疹。采用IFA对第7天、第19天、第40天、第72天、第100天、第128天、第159天的血清样本进行总IgM、总IgG，以及克氏锥虫特异性IgM和IgG[163]的检测。在第40天及随后的检测中，4种试验结果均显示抗体水平升高，在第100天及随后部分抗体水平有所降低。尽管在第20天时通过直接血液检查没有检测到克氏锥虫，但是通过血液培养、小鼠接种和病媒接种[159]均分离出寄生虫。

一名拥有超过15年实验室经验的女技术员，因左手背拇指根部"自动注射了锥鞭毛体"，而感染克氏锥虫Y株（YP3克隆），但当时并未引起重视[156]。暴露3周后才进行评估，"低热、疲劳、慢性头痛、不适和抑郁持续约21天"，虽然有"接种性美洲锥虫肿"和同侧腋窝淋巴结肿大，但并没有考虑过美洲锥虫病的可能性。此后通过血液标本的PCR分析诊断为该病。

非刺伤的事故引起的病例亦有报道，其中包括首次报道的发生于1938年的实验室意外感染美洲锥虫病病例。该病例通过病媒接种诊断确认，是由眼睑黏膜锥蝽粪便所致[158]。暴露13天后，研究者眼内角暴露部位出现疼痛和发红，次日，出现了同侧睑缘水肿、泪囊炎和流泪增加，以及萎靡不振和发热。随后几天出现其他表现，包括头痛、肌痛、同侧睑颊水肿、淋巴结肿大和脾大。

一名微生物学家将锥鞭毛体（Tulahuen株）的溶液洒在左手上，因有轻微皮肤磨损而被感染[154]。在暴露后1周入院，有4～5天的头痛、腰痛、厌食、发热、发冷和疲劳史。住院时，出现嗜睡、间歇性神志不清，有畏光、发热、窦性心动过速、腭部瘀斑和同侧淋巴结肿大。住院第4天（暴露后1.5周），躯干、手臂和大腿出现斑丘疹，但没有出现美洲锥虫肿。2天后，发现心脏收缩期杂音、心包摩擦感、心脏增大，心电图上出现非特异性T波改变。从住院第2天开始，每天进行克氏锥虫检测，在第11天的血液涂片和第5天接种了其血液的小鼠血液中都发现了锥鞭毛体。病程可能受到菌血症和第5天开始的皮质类固醇治疗的影响。

一位退休研究员的工作包括给感染小鼠放血。他回忆左手示指被一只对照组老鼠咬了[14, 15]。这种咬伤本身的相关性尚不清楚（如他是否在被咬伤之后不久给感染小鼠放血，血液是否污染了伤口）。就本章而言，潜伏期被认为是未知的。在被咬后的第1天，他出现了疲劳（除了头痛，他在被咬的前一天也有这种症状）、厌食、发热和发冷，手指出现红肿、触痛。第2天，发现左侧腋窝淋巴结肿大，无触痛。第3天切开手指病灶，放出少量血性物质，培养结果为阴沟肠杆菌阳性。在第13天从淋巴结活检标本中检测到无鞭毛体。

某制药公司的一名医疗技术人员因在感染了Tulahuen株的小鼠腹腔内徒手进行操作被感染，2天后指甲根部的皮肤出现红斑，并在其后2天出现发热和肌痛[160]。暴露12天后入院，出现脾大和全身淋巴结肿大。心电图结果提示心肌炎，在"血涂片"中发现了锥鞭毛体。

除上述3名感染者外，还有4名感染者未回忆起具体的暴露情况。其中一人是实验室工作人员，曾徒手处理感染小鼠的血液和阳性锥蝽粪便。暴露日期已经确定[165]。那天，手上出现了瘀斑（具体情况不详）。4天后，他注意到局部红斑和肿胀。随后的临床表现包括厌食、疲劳、肌痛、头痛、发热，伴有相对心动过缓，躯干、四肢和面部的皮肤出现斑疹，并出现结膜炎、左腋窝淋巴结肿大和脾大。经小鼠接种（第22天）和病媒接种诊断（第25天）确诊。补体结合试验（第22天）的血清学检查结果也为阳性。

另外3名不记得暴露情况的人不知道是如何或何时受到感染的。

· 一名开展Tulahuen株工作约20年的技术人员在拇指上发现了一个美洲锥虫肿，随后出现了虚弱、头痛、发热、盗汗、局部淋巴结肿大、短暂的脚底水肿、间歇性心动过速和心电图上的非特异性T波变化[167]。观察到美洲锥虫肿7天后，通过血液培养分离出克氏锥虫，随后通过补体结合试验和血凝试验观察到血清阳转。

· 一位实验室技工，其工作包括收集用于培养克氏锥虫的玻璃器皿。由于不明原因发热就诊，通过血液培养偶然发现被感染[161]。

·一名研究巴西株的技术员（如细胞组织培养和开展动物研究）出现了疑似病毒感染的症状，在湿片法检测血液白细胞层时发现了锥鞭毛体，随后发现肱骨内上髁淋巴结肿大[14，15]，克氏锥虫PCR和血清学检测结果均为阳性。

暴露后管理。对意外暴露于克氏锥虫的人应进行临床和实验室感染证据监测，即便得到了假定性治疗也需进行监测。表6-14提供了一个监测程序的例子，其中包括关于为接受假定性治疗的人修改监测程序的建议。有关克氏锥虫血液检测的详细信息，请参阅表6-15。

表 6-14 意外暴露后克氏锥虫感染的临床和实验室监测

一般性原则
·监测的持续时间和频率应个体化（见正文） ·无论意外暴露者是否接受假定性治疗，都应进行各种类型的监测（见正文） ·对于接受假定性治疗的患者，应在疗程完成后对下面的方案进行调整，包括更加高频率的监测。因为治疗可能会掩盖临床表现和实验室结果（即，早期检测结果可能是阴性，但后期结果可能是阳性的）
监测感染的临床表现
每天监测体温，持续 4 周，评估暴露后 6 个月（或更长）期间不明因的发热或流感样疾病。此外，对出现以下任何一种情况的人进行评估：皮肤损伤（如美洲锥虫肿）、结膜炎（黏膜暴露后）、暴露部位或附近部位肿胀或出现红斑；局部或全身淋巴结肿大或皮疹；肝脾大；提示心肌炎或脑膜脑炎的临床表现
监测寄生虫血症
·建议监测血液中寄生虫血症的方法是至少每周 1 次，持续至少 4 周，每月 2 次，持续 1 ~ 2 个月，每月 1 次，至少 1 个月，当观察到提示美洲锥虫病的临床表现时应随时进行监测。表 6-15 详细介绍有关运动锥鞭毛体的全血和血沉棕黄层标本的光学显微镜检查。PCR 分析可能有利于感染的早期检测 [232,233]。用于寄生病学确认感染的常规方法还包括组织学检查、血培养和动物接种。病媒接种法过去较为常用
监测寄生虫抗体
·就业前收集的血清和（或）暴露后立即获得的血清应与随后收集的标本同时进行检测，特别是如果暴露后标本的结果为阳性。在新感染者中，从暴露到产生可检测到的克氏锥虫抗体的时间间隔是可变的；抗体通常在暴露后 6 ~ 8 周可检测到，但间隔可能更短（如暴露后数周内的血清阳性）或更长。特别是如果 PCR 分析可以按照上述时间间隔进行（从至少每周检测 1 次开始，持续至少 4 周），那么血清学检测可以推迟到大约暴露后 6 ~ 8 周开始进行。如果血清学结果为阴性，则考虑至少在接下来的 4 个月内（或直到发现血清转化）每月 1 次（或每月 2 次）获得 / 检测血清标本，并在发现提示美洲锥虫病的临床表现时进行检测

表 6-15 光学显微镜检测循环克氏锥虫的操作指南 [a]

通过静脉穿刺或手指针刺采集抗凝全血
处理和检查新鲜血液
·使用无菌技术培养标本或将标本接种到动物 [b]
制备全血和血血包细胞层用于检查
·如果血液是通过静脉穿刺获得的，离心前从试管中取出大约 1 mL 全血，并将其放入小瓶中进行检查，如下所述。离心剩下的血液，分离红细胞、白细胞（血沉棕黄层）和血浆层。将移液管穿过血浆至血沉棕黄层，小心地吸取血沉棕黄层，并将其放入小瓶中进行检查 ·如果通过手指针刺获得血液，则至少采用两个微型管收集血液。留下一根管子未离心，则可以对全血进行检查，如下所述。离心另一根管以分离各层细胞。正好在血沉棕黄层上方弄破管子，除去血沉棕黄层，然后将其放入小瓶中进行检查 ·准备多张载玻片进行备用。为了方便半定量分析（见下文），如果使用直径 12 mm 的圆形盖玻片，那么将每等份 1.5 μL 血液和血沉棕黄层点在玻片上，并在每个点上盖上盖玻片；如果使用 22 mm 方形盖玻片，那么将每等份调整为 6.4 μL

续表

检查全血和血沉棕黄层。在高倍镜下，通过光学显微镜检查，优选相位差显微镜寻找运动的锥鞭毛体（长度 15 ~ 25 μm），在玻片上通常首先表现为与其他细胞发生相对运动。Giemsa 染色阳性载玻片 全血样本比血沉棕黄层检测更快速，因为红细胞在大小和颜色上是均匀的，而血沉棕黄层中的白细胞和碎片是半透明的并且大小不均匀。然而，锥鞭毛体在血沉棕黄层中的浓度高于全血。因此，全血和血沉棕黄层都应检查 · 如果遵循关于等分试样大小和盖玻片尺寸的这些建议，检查全血的 200 个高倍镜视野（放大倍数 ×400）相当于检查 0.48 μL 血液，并且每个高倍视野平均发现 1 条寄生虫表明该样本含有 400000 个寄生虫 /mL

a LV Kirchhoff在本表的制作中发挥了重要作用[1]。用于浓缩血液鞭毛虫的血凝块收缩技术参见文献[234]。处理标本时应采取适当的预防措施；详见正文和表6-1。

b 残留的血沉棕黄层和全血可以通过其他方法检查；详见表6-14。

业内专家一般建议对发生中度至高风险暴露事件的人立即开始假定性治疗[147]。虽然确诊感染者通常接受长达数月的治疗（苯并硝唑治疗约60天，硝呋替莫治疗约90天[144，145]），但假定性治疗的持续时间通常较短（如苯并硝唑治疗10天[147]）。假定性治疗的理由有两个方面：①急性和慢性美洲锥虫病都可能危及生命；②目前认为越早开始治疗越有效。虽然这一理论很有说服力，但很明显，在临床对照试验中，假定疗法的疗效和最佳持续时间尚未确定。如上所述，尽管进行了短期假定性治疗，但仍出现了一例临床表现明显的急性美洲锥虫病病例。另一个潜在的问题是这种疗法可抑制寄生虫血症，掩盖抗感染治疗不彻底的迹象。然而，推荐2 ~ 3个月的假定性治疗也是有问题的，因为治疗可能与各种类型的毒性有关（如皮肤性、血液性、胃肠性、神经性）。尽管这些副作用不需要停止治疗，但实验室确诊病例患者可能比接受假定性治疗的人有更好的依从性。

值得注意的是，毒性并不一定局限于长期疗程，正如下面故事所带来的警示的那样[12]。一名实验室人员暴露于克氏锥虫，但风险相对较低，用苯并咪唑进行治疗后产生了严重的变态反应，表现为发热（38.3℃），出现了多形性红斑，黏膜明显“不敏感”。在10天假定性治疗疗程的第5天，出现了“轻度皮疹”，在第9天和第10天明显恶化。在治疗的第10天（最后1天）住院，共5天（4夜），并接受皮质类固醇注射治疗。面部和颈部出现了明显的红斑，扩散至躯干和上肢，出现聚集性红斑丘疹和斑块。一些皮肤损伤存在靶心，提示多形性红斑。这个警示表明要同时考虑暴露风险和假定性治疗带来的相关风险的重要性。

罗得西亚锥虫和布氏冈比亚锥虫

概述

罗得西亚锥虫和布氏冈比亚锥虫分别是东非和西非锥虫病的病原体，通过采蝇在撒哈拉沙漠以南地区传播[169]，也可以是先天性传播或通过输血传播。非洲锥鞭毛体在哺乳动物宿主的血液中繁殖。东非锥虫病通常比西非疾病更为严重，其特征是早期侵入中枢神经系统。实验室感染非洲锥虫病可能是由于接触感染患者或动物的血液或组织造成的。

实验室感染病例

（A）汇总数据。在已报告的8例实验室感染病例中[1，170-175]，6例由布氏冈比亚锥虫引起，另外2例由罗得西亚锥虫引起（表6-16）。4篇文章报告了上述8例病例中的5例（62.5%）（在两篇文章中描述了同一个病例），另外3例（37.5%）来自同一人的个人通讯（A Van Gompel）[13]。8例病例潜伏期的中位数为7天（范围1 ~ 10天）。如下所述，其中1人在暴露后1天发病，前2天发冷，在第3天出现发热表现。

表 6-16 布氏冈比亚锥虫亚种职业性感染报告病例的特征[a]

特征	病例数（%）（n=49）
亚种	
– 布氏冈比亚锥虫	6（75.0）
– 罗得西亚锥虫	2（25.0）
感染年代（如果已知）或刊发年代	
–1940s	1（12.5）
–1950s	1（12.5）
–1960s	0
–1970s	1（12.5）
–1980s	2（25.0）
–1990s	3（37.5）
–2000s	0
–2010 年（至今）	0
发生的国家或地区	
– 欧洲	5（62.5）
– 非洲	1（12.5）
– 未知	2（25.0）[b]
暴露途径	
– 针刺肠外暴露	6（75.0）
– 皮肤不完整	1（12.5）[c]
– 没有可用的信息	1（12.5）
临床表现	
– 有症状病例	8[100]
– 致死病例	0

a 对于8例感染病例，潜伏期中位数为7天（范围，1～10天），其中对于针刺胃肠外暴露的6例病例，潜伏期中位数为7天（范围，1～10天）。有关潜伏期为1天的合理性详见正文。

b 欧洲是至少其中一个病例发生的可能区域。

c 实验室人员没有回忆起特定的事故（见正文和参考文献[170]和[171]）。

（B）6例由布氏冈比亚锥虫引起的病例。最初报告的2例病例是由喀麦隆的Yaoundé株引起的，该虫株自1934年以来一直在实验动物中传代[173, 174]。对于1949年的病例，没有具体说明实验室暴露的细节。1959年的病例与针刺伤有关，当时这位实验室工作人员正试图接种一只挣扎的大鼠。该两例的潜伏期均为10天。

感染布氏冈比亚锥虫的另外4人中有1名是技术员，在实验前用Wistar大鼠进行寄生虫传代时[172]，被污染的针头划伤了手臂（Gboko/80/Hom/NITR虫株）。被认为暴露于“很小的接种量，而且其中的一部分可能已经用肥皂水冲洗掉”[172]。在1周后进行评估时发现，在接种部位出现了大片溃疡（原发炎症性皮肤病变）并伴有发热、头痛、厌食和疲劳。他第一次注意到“大片溃疡”的时间是否早于暴露后1周尚未明确。血涂片中发现“大量锥虫”。病例报告未包括脑脊液检测的结果。

一名技术员在给小鼠接种时刺伤了大拇指，结果感染了布氏冈比亚锥虫FEO ITMAP-1893虫株，该虫株31年前分离自一名患者，并在小鼠体内传代至今[175]。8天后，她开始发热（39℃）并在2天后在手部鱼际区出现红斑、发热和肿胀；随后第2天发现腋窝淋巴结肿大和脾大。实验室异常结果包括白细胞减少和血小板减少。从溃疡中分离出锥虫，在通过DEAE纤维素柱的血样中也检出锥虫。第18天，通过IFA检测发现血清阳转。脑脊液白细胞计数和蛋白质水平正常，接种脑脊液的小鼠未被感染。

一名技术员在处理感染了布氏冈比亚锥虫（LiTat 1.3克隆抗原变异体，LiTAR 1血清同类群）的小鼠时被污染的针刺伤了左手（Van Gompel，个人通讯）。第7天，出现发热、头痛和接种部位红斑肿胀。第10天，该部位仍然肿胀，出现蓝红色硬结，还出现红色条纹状淋巴管炎和同侧肱骨内上踝的淋巴结肿胀。第11天，薄血涂片Giemsa染色发现锥虫，转氨酶水平是正常上限的3～5倍。在第12天入院治疗，脑脊液样本中淋巴细胞含量5个/μL。

另一名技术员也发生了类似的实验室事故。他在处理一只感染了同一株布氏冈比亚锥虫（Van Gompel，个人通讯）的小鼠时，被针刺伤左手无名指。2天后，出现寒战，第3天开始发热（39～40℃）、头痛、喉咙痛、尿色加深（浓缩）。第4天，他出现恶心和呕吐，并且焦躁不安，极度疲劳。厚血涂片在Giemsa染色后，50个显微镜视野中总共发现了6个锥虫。脑脊液检查没有显著异常，锥鞭毛体培养阴性，白细胞和血小板减少，转氨酶水平在第5天上升到正常上限的2～3倍。

（C）罗得西亚锥虫引起的2例病例描述。已知感染罗得西亚锥虫的两人中，一人是医学生，当时正在进行一项夏季研究项目，用各种血清型（即可变抗原类型）中的稳态虫体感染小鼠和大鼠，然后用DEAE纤维素柱层析从动物血液中分离锥虫，得到浓缩的锥虫悬浮液（约10^8/mL），并接种到鸡体内[170, 171]。他作为助手，在操作过程中起辅助作用（如在接种时对鸡进行固定）。

该锥虫来源于乌干达，是14年前从采蝇中分离的一个种群（BUSOGA/60/EATRO/3）。该种群被错误地认为是布氏锥虫，对人类没有感染性。实验室有12种不同血清型（ETat 1～12）的稳定虫株，其中只有1种（ETat 10）对人类具有感染性。该学生在实验中使用了几种血清型。确诊后的回顾性血清学检查显示，感染的是ETat 10株[170]。他在发病8天和5天前接触过这种血清型。暴露可能发生在发病5天前的那次接触，当时他从感染的啮齿动物中采集血液并分离锥虫。虽然他回忆不起特定暴露事件，但在固定鸡时造成手部的轻微伤可能是感染的原因。

这名学生的手指出现红肿，其他临床表现包括关节痛、大腿和小腿肌肉痛觉过敏、发热、寒战、疲劳、呕吐、腹泻、耳鸣、头痛、精神错乱、定向障碍、全身皮疹、颈部淋巴结肿大和脾大。Giemsa染色厚血涂片的显微镜检查显示，在400个视野中发现1个锥虫（放大倍数未具体说明）。后来，他血清IgM水平明显升高。病例报告中没有脑脊液检查结果。

另一个感染罗得西亚锥虫的病例是一名技术员，因被罗得西亚锥虫污染的玻璃盖玻片割伤左手而感染［ETat 1.10克隆抗原变异体，ETat 1血清同类群（Van Gompel，个人通讯）］。在暴露后的第7～11天，出现寒战和发热（39～40℃）、肌痛和同侧腋窝淋巴结疼痛，随后几天变得更加肿胀和疼痛。第11天，在血液湿片法检查40个显微镜视野时发现了1条运动的锥虫（放大×400）。住院时，发热（38.1℃），厚血涂片Giemsa染色呈阳性（在25个显微镜视野中有1个锥虫，放大倍数×1000）。CSF检查没有显著异常，锥虫培养阴性。白细胞计数在正常范围内，但有轻度血小板减少。

暴露后管理。非洲锥虫病的诊断是在外周血、脑脊液或溃疡组织、淋巴结或骨髓中检出锥虫。在各种组织和体液中发现锥虫的难易程度取决于受感染的亚种（布氏冈比亚锥虫还是罗得西亚锥虫）和感染的阶段（血液淋巴和中枢神经系统）。罗得西亚锥虫在血液涂片中相对容易被发现（至少对病媒传播的病例是这样），布氏冈比亚锥虫则较难发现。跟克氏锥虫一样，采用浓缩方法有助于检测出阳性结果（表6-15），方法包括微血细胞比容离心、血液白细胞层检测，以及使用DEAE

纤维素微型阴离子交换离心技术[169，176]。动物接种（用于罗得西亚锥虫）和体外培养可用于分离寄生虫。玻片凝集试验（比利时安特卫普热带医学研究所）的敏感性在冈比亚锥虫病流行的大部分地区（但不是所有地区）都很高[169，177]。

治疗的选择也取决于感染的亚种和感染的阶段。对于布氏冈比亚锥虫，血液淋巴系统和中枢神经系统阶段的经典药物分别是戊脒和依氟鸟氨酸，依氟鸟氨酸可单一治疗，也可与硝呋替莫联合治疗。对于罗得西亚锥虫，血液淋巴系统感染阶段通常用苏拉明治疗，美拉索前列醇是中枢神经系统感染阶段唯一有效的药物。关于在确认感染之前是否进行暴露后假定性治疗，应该通过专家咨询制订个体化方案。

肠道原虫

概述

实验室人员可能关注的肠道原虫包括溶组织内阿米巴（也可引起肠道外感染）、肠贾第鞭毛虫（蓝氏贾第鞭毛虫）和球虫寄生虫，特别是隐孢子虫属（即小隐孢子虫、人隐孢子虫和潜在的其他隐孢子虫属）、贝氏囊等孢子虫（贝氏等孢子球虫）和卡耶坦环孢虫（见上文关于肉孢子虫属的内容）。通过粪便排泄的囊等孢子虫和环孢子虫的卵囊需要一个外部成熟期才具有感染性[178]，溶组织阿米巴包囊、贾第鞭毛虫包囊和隐孢子虫卵囊在排泄时即具有感染性。因为原虫在宿主体内繁殖，即使是很小的感染量也会导致疾病[179-181]。

实验室人员应遵守处理粪便样本和粪便污染物的常规预防措施（如认真洗手）。即使是保存的标本也应小心处理，因为在保存不当的标本中寄生虫可能存活。市面上出售的含碘消毒剂（按说明书使用）和高浓度的氯消毒剂（每加仑水加入1杯浓度为5%的商用漂白剂[1∶16，v/v］）对溶组织内阿米巴和大肠埃希菌有效。

隐孢子虫卵囊对环境造成污染，尤其是对那些工作中接触到感染小牛的人，应当特别注意。在排泄高峰期（暴露后5～12天），被感染小牛每天排泄数十亿个卵囊（M Arrowood，个人通讯）[178，182]。虽然隐孢子虫卵囊可通过冷冻（如20℃、24 h）和湿热（55℃、30s，或70℃、5s）灭活[183]，但它们对化学消毒剂有很强的抵抗力[184-186]，囊孢子虫和环孢子虫卵囊也是如此。如果作用时间足够长，一些化学消毒剂可杀死隐孢子虫卵囊，包括5%氨水和10%甲醛盐溶液[185]（但是两者都有一定毒性）。3%市售过氧化氢原液，也可杀死隐孢子虫卵囊。尽管这些消毒剂可能会杀死囊孢子虫和环孢子虫卵囊，但相关的数据并不充分。

对于所有这些球虫寄生虫而言，应彻底清洗被污染的皮肤，并使用常规的实验室消毒剂/清洁剂清除物体表面的“污染物质”（如工作台和设备）。如果污染物包括隐孢子虫属，则在去除有机物后，可使用3%的过氧化氢对物体表面消毒（没有囊孢子虫和环孢子虫卵囊的数据）。因此，在物体表面可能受到污染的实验室中，应时刻备好含有3%过氧化氢的消毒液。被污染的物体应使用过氧化氢进行表面消毒（即完全覆盖）。如果工作台面被大量液体溢出污染，为避免过氧化氢被稀释，宜先用一次性纸巾吸收大部分溢出物。根据需要，可反复使用过氧化氢溶液以保持其在被污染表面被持续作用（即湿润/潮湿）约30 min，并用纸巾吸收残留的过氧化氢，让台面彻底干燥（10～30 min）后再使用。被污染的纸巾和其他一次性用品应在弃置前进行高压灭菌或类似消毒。可重复使用的实验室物品可以通过“消毒”循环模式和含氯洗涤剂在实验室清洗机中消毒和清洗，或者将污染的物品在预热至50℃的水浴中浸泡约1 h，然后用洗涤剂/消毒剂清洗。

实验室感染病例

汇总数据。报道的实验室获得性肠道原虫感染病例相对较少（表6-5），部分原因可能是这种感染相对容易诊断和治疗，而且这种疾病通常是胃肠道表现而非全身性表现。2例肠贾第鞭毛虫病、3例贝氏囊等孢球虫病和21例隐孢子虫病描述如下。

2例肠贾第鞭毛虫病例和3例贝氏囊等孢球虫病例。一名工人“登记了数百份粪便样本，在报告卡上印上了编号和日期，其中许多报告卡已被泄漏的容器污染”，结果感染了肠贾第鞭毛虫。“经过典型的潜伏期和病程”后，在患者的粪便中检查到寄生虫[187]。

在一份病例报告[188]中描述了贾第鞭毛虫病的“严重发作”，被认为是患者向工作人员的传播。该病例发生于一名骨科医生，他有两名学龄前贾第鞭毛虫病患者。其中一名患者是1岁儿童，他于3月9日调整石膏模具，并于4月16日移除。很明显，在这两天石膏模具被潮湿和干燥的粪便污染。该医生于5月初患病，随后大便标本呈阳性。由于他通常会在更换石膏模型前后洗手，但很少戴口罩，因此吸入被贾第鞭毛虫包囊污染的石膏模具粉尘（长度11 ~ 12 μm）的可能性增加。

在3例贝氏囊等孢球虫病中，有1例是实验室技术员。该技术员检查了一名贝氏囊等孢子虫患者的几份粪便标本，在检查第一份标本1周后发病，并且在其粪便中发现了贝氏囊等孢子虫[189]。另两名是研究人员，在给兔子喂食含有约400个囊孢子虫卵囊的胶囊时，兔子回吐并猛烈摇头，将含有感染性物质的飞沫喷到他们脸上。两人分别在11天和12天后发病[187，190]。还有一例可能通过实验室感染的等孢球虫病的报道[191]，但未被统计在病例汇总中（表6-5）。

由隐孢子虫属引起的21例病例。虽然隐孢子虫病对暴露于自然感染的小牛和其他动物的人来说是一种公认的职业危害[235-241]（这些病例不包括在病例汇总数据中）（表6-4），但也有实验感染隐孢子虫病的报道[192-194]。7例此类病例被纳入统计。

· 与实验感染小牛有直接（4名）或间接（1名）接触的5名兽医学生在6 ~ 7天发病，腹泻时间中位数为5天（范围为1 ~ 13天）[194]，其中一名学生住院治疗。此外，在一名受感染学生配偶的粪便样本中也发现了卵囊。

· 一名研究人员给一只兔子灌胃接种卵囊，在移除胃管时，兔子发生咳嗽，将数滴含卵囊的液滴喷至脸上[193]。暴露第5天出现了胃肠道症状，第6天首次对其粪便进行检测，查到卵囊。

· 一名兽医科学家在用鼻子嗅胃的气味以检查灌胃管在感染小牛体内的位置，在7天后出现类似流感的症状，她想不起其他可能接触隐孢子虫卵囊的情况[192]。第10天出现胃肠道症状，第16天在粪便样本中发现卵囊（可能是第一个检测样本）。虽然这种微小生物体（平均尺寸4.5 μm × 5 μm）通过空气飞沫传播似乎合理，但大家还是倾向于推测该科学家是通过吸入含有来自小牛瘤胃中卵囊的气溶胶感染。

统计的病例还包括13例院内传播的隐孢子虫病，由患者传染医护人员。病例都出现了症状，粪便标本呈阳性或有阳性血清学证据（1人有阳性血清学证据）。没有实验室感染证据的病例不计算在内。粪便标本阳性的感染者包括1名护理骨髓移植感染患者的护士[195]、1名病房护士（该病房有一名13个月龄住院治疗的男婴）[196]、1名护理肾移植前后感染患者的护士[197]、5名护理艾滋病患者的护士[198-200]以及5名护士和助理护士（与另一名艾滋病毒合并感染患者有关）（T Poissant，个人通讯）。只有1例实习生患者例外，有症状，与感染患者接触后检测隐孢子虫感染的血清学证据[201]，但发病后第17天粪便检查呈阴性。

关于隐孢子虫属在患者间的院内传播也有报道[197，198，202-210]。根据医院获得性感染证据的强弱，报告也有所不同。患者之间的传播超出了本章的范围（表6-4），这些病例不包括在病例计数中。隐孢子虫病的院内感染病例可能是因为直接人际传播（如通过卫生保健人员）、接触被污染的表面或物体（如医疗设备）或摄入被污染的食物或水造成的。

暴露后的诊断试验。通过检查粪便标本进行肠道原虫感染的诊断。由于寄生虫可少量、间歇性被排泄，因此，可能需要在不同日期采集多份粪便标本进行检测。粪便标本应保存在10%甲醛溶液和聚乙烯醇或替代固定剂中，并进行适当浓缩。隐孢子虫、囊孢子虫和环孢子虫卵囊均耐酸，可通过大小和形状进行鉴别。囊等孢子虫和环孢子虫在紫外荧光显微镜下会发出荧光[178, 211]。抗原检测试验可用于检测溶组织内阿米巴、肠贾第虫和隐孢子虫。分子生物学方法（如PCR）也可用于各种肠道原虫检测。

蠕虫感染

基本资料和实验室感染病例

实验室获得性蠕虫感染的报告很少（表6-5），这可能在一定程度上反映了一个事实，即在实验室获得蠕虫感染的可能性通常比获得原虫感染的可能性要小。即使实验室感染是由于摄入了传染性虫卵或经皮接触了传染性幼虫，体内蠕虫载量通常也会较低，而且几乎没有症状，因为大多数蠕虫不会在人体中繁殖。

吸虫（flukes/trematodes）和大多数绦虫（tapeworms/cestodes）需要在非人类宿主中进一步发育成幼虫阶段。下面将对1例可能的实验室获得性片吸虫病和至少8例（可能是10例）血吸虫病进行介绍。由于大多数肠内线虫（如蛔虫和旋毛虫）虫卵需要数天至数周的外部成熟期才能具有感染性，因此，如果处理的是新鲜粪便标本，就不太可能感染这些病原体。然而，即使是保存的标本也应该小心处理，因为有些虫卵可以在甲醛溶液[212]中发育并存活下来。由于蛔虫卵具有黏性，必须彻底清洁污染的实验室台面和设备，以防止工作人员暴露。使用蛔虫抗原的实验室人员应该注意可能对蛔虫抗原产生的变态反应，包括呼吸道、皮肤和胃肠道表现[213-217]。

蠕形住肠线虫（蛲虫）和微小膜壳绦虫（短小绦虫）则不同，它们的卵不需要中间宿主，在随粪便排泄后立即或很快就会具有感染性。微小膜壳绦虫卵可以在人和啮齿动物的粪便中找到。因此，如果忽视常规预防措施（如戴手套和认真洗手），在诊断实验室的人或参与啮齿动物相关工作的人，可能会因食入这些病原体而感染。同样，实验室人员暴露于粪类圆线虫的成熟丝状蚴可能会被感染，因为这种幼虫可以穿透完整的皮肤。鲁氏碘（复方碘溶液）可杀死感染性幼虫，因此应该喷洒在暴露的皮肤和受污染的实验室表面。虽然粪便中排出的幼虫通常是非感染性杆状蚴，但也可能存在一些感染性丝状蚴。高度感染的人可以在呼吸道分泌物和粪便中排出大量幼虫，其中一些可能具有传染性。有文献报道过由于皮肤接触粪类圆线虫（4例）[218, 219]或钩虫属（1例）引起的皮肤幼虫移行（爬行疹或“地痒疹”）病例[220]。后者是一个动物饲养员，喂养猫感染了巴西钩虫和犬钩虫。

人类是猪带绦虫（猪绦虫）的中间宿主和最终宿主。摄入绦虫携带者中排出虫卵可导致大脑和其他部位发生囊尾蚴病。

人类可通过摄入终宿主粪便中排出的卵感染棘球绦虫（棘球绦虫属）。各种犬科动物是细粒棘球绦虫、多房棘球蚴绦虫和福氏棘球蚴绦虫的终宿主，而不同种类的猫科动物是寡节棘球绦虫的终宿主。因此，兽医或实验室研究人员可能会感染。

旋毛虫是唯一对实验室人员构成重大威胁的组织线虫。在制备的新鲜组织以及用盐酸胃蛋白酶消化的标本中，可能存在旋毛虫幼虫感染性囊包，如果摄入，会导致感染。由于大多数实验室工作人员摄入的寄生虫很少，血清学检查是一种比针对肌肉活检标本的组织学检查更敏感的诊断方法。丝虫病也是由组织线虫引起的，因此研究被感染的节肢动物的实验室人员也可能感染丝虫病。

实验室感染片吸虫病和血吸虫病病例

因为吸虫需要在中间宿主体内发育才有感染性，所以哺乳动物粪便中存在虫卵并不会对实验室的工作人员造成风险。然而，在研究机构处理中间宿主螺类的人员应谨慎操作。水产实验室工作人员可接触到含有中间宿主螺的水产品，通过摄入片吸虫囊蚴感染，附着在水草或水生植物，或自由游动的血吸虫尾蚴钻入皮肤造成感染[221]。在解剖或捣碎感染血吸虫的螺时，可能会接触含有尾蚴的飞沫从而发生暴露，因此从事此类工作的实验人员应戴手套。此外，处于血吸虫尾蚴暴露风险的人应避免皮肤外露，可穿着长袖罩衫或外套及鞋子（而不是凉鞋）。水产实验室里的螺和尾蚴在倒入下水道前应通过化学消毒剂（如乙醇、次氯酸、碘）或加热进行杀灭。

1例可能的实验室感染肝片吸虫病的病例和至少6人发生8例次（可能是10例）血吸虫病的病例曾被报道。在兽医实验室研究肝片吸虫的一名技术员中出现了与肝片吸虫病一致的临床表现（即乏力、发热、体重减轻、右肋缘轻度压痛、嗜酸性粒细胞增多）[222，223]。虽然该人员被认为是在工作中感染，但并没有说明其工作性质。其感染肝片吸虫的诊断是基于血清双重扩散沉淀试验结果阳性进行的。由于检测在感染早期的侵袭性阶段进行，所以在粪便中没有发现寄生虫。

一名实验室女助理由于研究来自曼氏血吸虫病流行区的双脐螺而患上血吸虫病[224]。在开始这项工作3周后，由于认为这些螺不再具有感染性而停止戴手套。在之后的第31天，出现了片山热的轻微症状，持续了5天，表现为发热、头痛和疲劳。第54天时因自述“消化不良”3天而进行血液检查，发现嗜酸性粒细胞增多。第54天和第82天的EIA血清学检测结果均为阴性，第101天为弱阳性，第234天为强阳性。第94天的粪检结果为阴性，但在第101天和第103天的检测结果均为阳性。

在一个实验室（表6-3中的实验室C）发现几例无症状的曼氏血吸虫感染病例，该实验室的日常工作是用曼氏血吸虫感染钉螺后制备抗原，实验人员每年进行两次血清学检测[1]，如果发现血清阳转，则会进行粪便检查。20世纪70年代末至1999年，大约20人中有4人发生血清阳转。这4人都没有回忆起发生过实验室事故，而且都使用了标准的预防措施。这4人中有两人大便标本阳性（卵的数量＜40个/g），抗虫治疗后转阴。

在两份报告[225，226]中简要提到了因工作中接触尾蚴而发生的几例血吸虫病例。在其中一份报告中，一名调查人员曾三次感染曼氏血吸虫[226]。在另一份报告中，一名研究人员收集了实验室事故的信息后评论说：“在超过20年的时间里，有100多人处理数百万只尾蚴，有两名技术人员发生无症状感染，血清呈阳性，可能通过手套破裂感染”[225]，但是没有实验室感染的相关报道。虽然不是所有的细节都相符，但是这2例是否为包含在前文所述的4例中的两例尚不清楚，报告也没有提供关于各实验室人员是否感染以及如何监测其感染的信息[225]。

结论

本章所述的职业性寄生虫感染病例的许多关键细节已在表格和文中的多处小结部分进行了描述。显然，防止意外暴露比事后管理更重要。感染后可以出现从无症状到严重疾病的各种表现，甚至死亡。共有3例死亡病例：1例死于急性美洲锥虫病引起的心肌炎[18]，1例死于弓形虫病引起的心肌炎和脑炎[17]，1例死于疟疾，1例直到其死后尸检时被确诊[19, 20]。先天性传播也是一些血液和组织原虫的潜在风险，育龄妇女尤其应谨慎。职业获得性疟疾的病例是孕妇[66]，死于美洲锥虫病的也是孕妇[157]，幸运的是没有发现先天性传播。有3名实验室工作人员均曾两次感染疟疾，1人曾多次感染血吸虫病，并且在同一实验室工作的人中发生过多例寄生虫病。

为了减少意外暴露的发生，必须对可能暴露于致病性寄生虫的人员进行全面的安全防护教育，包括岗前培训和持续性培训项目。应建立操作规范，包括处理可能含有活生物体的标本的规范、使用实验室防护服和设备的规范、处理传染性生物的溢出的规范、应对意外暴露的规范。从事寄生虫相关工作的实验室人员应遵循针对寄生虫特殊要求和一般实验室的防护措施（如戴手套、使用移液器、对动物采血和接种时要充分固定、减少锐器的使用、使用无针系统或安全设备以减少经皮损伤的风险、消除工作表面的污染、适时使用生物安全柜），其中许多也适用于医护人员。一些被感染的人没有回忆起特定暴露事件，表明微小的暴露（如肉眼看不见的损伤）也可能会导致感染。一些特殊的实验室感染病例的发生，包括既往未知的对人类具有感染性的物种（如食蟹猴疟原虫）或在环境中特别耐寒的物种（如弓形虫卵囊），提示我们需要特别警惕那些尚未被充分认识的生物。

以下人员以各种方式为本章或以前的版本做出了贡献：NestorAñez、Paul M. Arguin、Michael J. Arrowood、William E. Collins、Jennifer R. Cope、J. P. Dubey、Mark L. Eberhard、Paul J. Edelson、Gregory A. Filice、Diane O. Fleming、Loreen A. Herwaldt、Warren D. Johnson、Jeffrey L. Jones、Dennis D. Juranek、Louis V. Kirchhoff、Diana L. Martin、Anne C. Moore、Douglas Nace、Theodore E. Nash、Franklin A. Neva、Phuc P. Nguyen-Dinh、Monica E. Parise、Malcolm R. Powell、Jack S. Remington、Scott W. Sorensen、Francis J. Steurer、Herbert B. Tanowitz、Charles W. Todd、Govinda S.Visvesvara、Mary E. Wilson和Jonathan S. Yoder。还有一些人提供未发表的寄生虫病例的有关信息，要求保持匿名。

本综述的结果和结论是那些作者的结果和结论，并不代表疾病预防控制中心的官方立场。商品名的使用仅用于识别，并不表示获得公共卫生服务机构或美国卫生和公众服务部的认可。

原著参考文献

[1] Herwaldt BL. 2001. Laboratory-acquired parasitic infections from accidental exposures. Clin Microbiol Rev 14:659–688.

[2] Pike RM. 1976. Laboratory-associated infections: summary and analysis of 3921 cases. Health Lab Sci 13:105–114.

[3] Wilson M, Schantz PM, Nutman T. 2006. Molecular and immunological approaches to the diagnosis of parasitic infections, p 557–568. In Detrick B, Hamilton RG, Folds JD (ed), Manual of Molecular and Clinical Laboratory Immunology, 7th ed. ASM Press, Washington, DC.

[4] Centers for Disease Control and Prevention and National Institutes of Health. 2009. Biosafety in Microbiological and Biomedical Laboratories, 5th ed. Chosewood LC, Wilson DE (ed). U.S. Department of Health and Human Services, Washington, DC. [Online.] http://www. cdc. gov/biosafety/publications /bmbl5 /BMBL. pdf.

[5] Hankenson FC, Johnston NA, Weigler BJ, Di Giacomo RF. 2003. Zoonoses of occupational health importance in contemporary laboratory animal research. Comp Med 53:579–601.

[6] Miller JM, Astles R, Baszler T, Chapin K, Carey R, Garcia L, Gray L, Larone D, Pentella M, Pollock A, Shapiro DS, Weirich E, Wiedbrauk D, Biosafety Blue Ribbon Panel, Centers for Disease Control and Prevention (CDC). 2012. Guidelines for safe work practices in human and animal medical diagnostic laboratories. Recommendations of a CDC-convened, Biosafety Blue Ribbon Panel. MMWR Suppl 61:1–102.

[7] Occupational Safety and Health Administration. 1991. Title 29 CFR Part 1910.1030. Protection from bloodborne pathogens. Fed Regist 56:64175–64182.

[8] Occupational Safety and Health Administration. 2001. Title 29 CFR Part 1910.1030. Occupational exposure to bloodborne pathogens: needlesticks and other sharp injuries; final rule. Fed Regist 66:5317–5325.

[9] U.S. Public Health Service. 2001. Updated U.S. Public Health Service guidelines for the management of occupational exposures to HBV, HCV, and HIV and recommendations for postexposure prophylaxis. MMWR Recomm Rep 50(RR-11):1–52.

[10] Clinical and Laboratory Standards Institute. 2014. Protection of Laboratory Workers from Occupationally Acquired Infections: Approved Guideline, 4th ed. CLSI document M29–A4. Clinical and Laboratory Standards Institute, Wayne, Pa.

[11] Sewell DL. 1995. Laboratory-associated infections and biosafety. Clin Microbiol Rev 8:389–405.

[12] Herwaldt BL. 2006. Protozoa and helminths, p 115–161. In Fleming DO, Hunt DL (ed), Biological Safety: Principles and Practices, 4th ed. ASM Press, Washington, DC.

[13] Herwaldt BL. 2000. Protozoa and helminths, p 89–110. In Fleming DO, Hunt DL (ed), Biological Safety: Principles and Practices, 3rd ed. ASM Press, Washington, DC.

[14] Herwaldt BL, Juranek DD. 1995. Protozoa and helminths, p 77–91. In Fleming DO, Richardson JH, Tulis JI, Vesley D (ed), Laboratory Safety: Principles and Practices, 2nd ed. ASM Press, Washington, DC.

[15] Herwaldt BL, Juranek DD. 1993. Laboratory-acquired malaria, leishmaniasis, trypanosomiasis, and toxoplasmosis. Am J Trop Med Hyg 48:313–323.

[16] Napoli VM, McGowan JE Jr. 1987. How much blood is in a needlestick? J Infect Dis 155:828.

[17] Sexton RC Jr, Eyles DE, Dillman RE. 1953. Adult toxoplasmosis. Am J Med 14:366–377.

[18] Brener Z. 1987. Laboratory-acquired Chagas disease: comment. Trans R Soc Trop Med Hyg 81:527.

[19] CDSC. 1997. Needlestick malaria with tragic consequences. Commun Dis Rep CDR Wkly 7:247.

[20] Romi R, Boccolini D, Majori G. 1999. Malaria surveillance in Italy: 1997 analysis and 1998 provisional data. Euro Surveill 4:85–87.

[21] Visvesvara GS, Roy SL, Maguire JH. 2011. Pathogenic and opportunistic free-living amoebae: Acanthamoeba spp., Balamuthia mandrillaris, Naegleria fowleri, and Sappinia pedata, p 707–713. In Guerrant RL, Walker DH, Weller PF (ed), Tropical Infectious Diseases: Principles, Pathogens & Practice, 3rd ed. Elsevier, Philadelphia, Pa.

[22] Herwaldt BL, Linden JV, Bosserman E, Young C, Olkowska D, Wilson M. 2011. Transfusion-associated babesiosis in the United States: a description of cases. Ann Intern Med 155: 509–519.

[23] Conrad PA, Kjemtrup AM, Carreno RA, Thomford J, Wainwright K, Eberhard M, Quick R, Telford SR III, Herwaldt BL. 2006. Description of Babesia duncani n.sp. (Apicomplexa: Babesiidae) from humans and its differentiation from other piroplasms. Int J Parasitol 36:779–789.

[24] Persing DH, Herwaldt BL, Glaser C, Lane RS, Thomford JW, Mathiesen D, Krause PJ, Phillip DF, Conrad PA. 1995. Infection with a Babesia-like organism in northern California. N Engl J Med 332:298–303.

[25] Herwaldt BL, de Bruyn G, Pieniazek NJ, Homer M, Lofy KH, Slemenda SB, Fritsche TR, Persing DH, Limaye AP. 2004. Babesia divergens-like infection, Washington State. Emerg Infect Dis 10:622–629.

[26] Herwaldt BL, Persing DH, Précigout EA, Goff WL, Mathiesen DA, Taylor PW, Eberhard ML, Gorenflot AF. 1996. A fatal case of babesiosis in Missouri: identification of another piroplasm that infects humans. Ann Intern Med 124:643–650.

[27] Herwaldt BL, Cacciò S, Gherlinzoni F, Aspöck H, Slemenda SB, Piccaluga P, Martinelli G, Edelhofer R, Hollenstein U, Poletti G, Pampiglione S, Löschenberger K, Tura S, Pieniazek NJ. 2003. Molecular characterization of a non-Babesia divergens organism causing zoonotic babesiosis in Europe. Emerg Infect Dis 9:942–948.

[28] Wormser GP, Dattwyler RJ, Shapiro ED, Halperin JJ, Steere AC, Klempner MS, Krause PJ, Bakken JS, Strle F, Stanek G, Bockenstedt L, Fish D, Dumler JS, Nadelman RB. 2006. The clinical assessment, treatment, and prevention of lyme disease, human granulocytic anaplasmosis, and babesiosis: clinical practice guidelines by the Infectious Diseases Society of America. Clin Infect Dis 43:1089–1134.

[29] Herwaldt BL. 1999. Leishmaniasis. Lancet 354:1191–1199. 30. Dey A, Singh S. 2006. Transfusion transmitted leishmaniasis: a case report and review of literature. Indian J Med Microbiol 24: 165–170.

[31] Dillon NL, Stolf HO, Yoshida EL, Marques ME. 1993. [Accidental cutaneous leishmaniasis.] In Portuguese. Rev Inst Med Trop Sao Paulo 35:385–387.

[32] Chung HL. 1931. An early case of kala-azar, possibly an oral infection in the laboratory. Natl Med J China 17:617–621.

[33] Delgado O, Guevara P, Silva S, Belfort E, Ramirez JL. 1996. Follow-up of a human accidental infection by Leishmania (Viannia) braziliensis using conventional immunologic techniques and polymerase chain reaction. Am J Trop Med Hyg 55:267– 272.

[34] Evans TG, Pearson RD. 1988. Clinical and immunological responses following accidental inoculation of Leishmania donovani. Trans R Soc Trop Med Hyg 82:854–856.

[35] Freedman DO, MacLean JD, Viloria JB. 1987. A case of laboratory acquired Leishmania donovani infection; evidence for primary

lymphatic dissemination. Trans R Soc Trop Med Hyg 81:118–119.
[36] Knobloch J, Demar M. 1997. Accidental Leishmania mexicana infection in an immunosuppressed laboratory technician. Trop Med Int Health 2:1152–1155.
[37] Sadick MD, Locksley RM, Raff HV. 1984. Development of cellular immunity in cutaneous leishmaniasis due to Leishmania tropica. J Infect Dis 150:135–138.
[38] Sampaio RN, de Lima LM, Vexenat A, Cuba CC, Barreto AC, Marsden PD. 1983. A laboratory infection with Leishmania braziliensis braziliensis. Trans R Soc Trop Med Hyg 77:274.
[39] Stamper LW, Patrick RL, Fay MP, Lawyer PG, Elnaiem DE, Secundino N, Debrabant A, Sacks DL, Peters NC. 2011. Infection parameters in the sand fly vector that predict transmission of Leishmania major. PLoS Negl Trop Dis 5:e1288.
[40] Terry LL, Lewis JL Jr, Sessoms SM. 1950. Laboratory infection with Leishmania donovani; a case report. Am J Trop Med Hyg 30:643–649.
[41] Coatney GR, Collins WE, Warren M, Contacos PG. 1971. The Primate Malarias. U.S. Government Printing Office, Washington, DC.
[42] Eyles DE, Coatney GR, Getz ME. 1960. Vivax-type malaria parasite of macaques transmissible to man. Science 131:1812– 1813.
[43] Alweis RL, DiRosario K, Conidi G, Kain KC, Olans R, Tully JL. 2004. Serial nosocomial transmission of Plasmodium falciparum malaria from patient to nurse to patient. Infect Control Hosp Epidemiol 25:55–59.
[44] Antunes F, Forte M, Tavares L, Botas J, Carvalho C, Carmona H, Araujo FC. 1987. Malaria in Portugal 1977–1986. Trans R Soc Trop Med Hyg 81:561–562.
[45] Bending MR, Maurice PD. 1980. Malaria: a laboratory risk. Postgrad Med J 56:344–345.
[46] Börsch G, Odendahl J, Sabin G, Ricken D. 1982. Malaria transmission from patient to nurse. Lancet 2:1212.
[47] Bourée P, Fouquet E. 1978. [Malaria: direct interhuman contamination.] In French. Nouv Presse Med 7:1865.
[48] Bouteille B, Darde ML, Weinbreck P, Voultoury JC, Gobeaux R, Pestre-Alexandre M. 1990. [Pernicious malaria by accidental needle inoculation.] In French. Bull Soc Fr Parasitol 8:69–72.
[49] Bruce-Chwatt LJ. 1982. Imported malaria: an uninvited guest. Br Med Bull 38:179–185.
[50] Burne JC. 1970. Malaria by accidental inoculation. Lancet 2:936.
[51] Burne JC, Draper CC. 1971. Accidental self-inoculation with malaria. Trans R Soc Trop Med Hyg 65:1.
[52] Cannon NJ Jr, Walker SP, Dismukes WE. 1972. Malaria acquired by accidental needle puncture. JAMA 222:1425.
[53] Carosi G, Maccabruni A, Castelli F, Viale P. 1986. Accidental and transfusion malaria in Italy. Trans R Soc Trop Med Hyg 80:667–668.
[54] Carrière J, Datry A, Hilmarsdottir I, Danis M, Gentilini M. 1993. [Transmission of Plasmodium falciparum following an accidental sting.] In French. Presse Med 22:1707.
[55] Center for Disease Control. 1972. Malaria Surveillance 1971 Annual Report. DHEW publication (HSM) 72–8152. Center for Disease Control, Atlanta, Ga.
[56] Centers for Disease Control. 1984. Malaria Surveillance Annual Summary 1982. Centers for Disease Control, Atlanta, Ga. 57. Centers for Disease Control and Prevention. 2002. Malaria surveillance— United States, 2000. MMWR Surveill Summ 51:9–21.
[58] Cross JH, Hsu-Kuo MY, Lien JC. 1973. Accidental human infection with Plasmodium cynomolgi bastianellii. Southeast Asian J Trop Med Public Health 4:481–483.
[59] Cullen KA, Arguin PM, Division of Parasitic Diseases and Malaria, Center for Global Health, Centers for Disease Control and Prevention (CDC). 2013. Malaria surveillance— United States, 2011. MMWR Surveill Summ 62:1–17.
[60] Cullen KA, Arguin PM, Centers for Disease Control and Prevention (CDC). 2014. Malaria surveillance— United States, 2012. MMWR Surveill Summ 63:1–22.
[61] Daumal M, Verreman V, Daumal F, Manoury B, Colpart E. 1996. [Plasmodium falciparum malaria acquired by accidental needle puncture.] In French. Med Mal Infect 26:797–798.
[62] Druilhe P, Trape JF, Leroy JP, Godard C, Gentilini M. 1980. [Two accidental human infections by Plasmodium cynomolgi bastianellii: a clinical and serological study.] In French. Ann Soc Belg Med Trop 60:349–354.
[63] Freedman AM. 1987. Unusual forms of malaria transmission. A report of 2 cases. S Afr Med J 71:183–184.
[64] Garnham PC. 1967. Malaria in mammals excluding man. Adv Parasitol 5:139–204.
[65] Haworth FL, Cook GC. 1995. Needlestick malaria. Lancet 346:1361.
[66] Hira PR, Siboo R, Al-Kandari S, Behbehani K. 1987. Induced malaria and antibody titres in acute infections and in blood donors in Kuwait. Trans R Soc Trop Med Hyg 81:391–394.
[67] Holm K. 1924. Über einen Fall von Infektion mit Malaria Tropica an der Leiche. In German. Klin Wochenschr 3:1633–1634.
[68] Jensen JB, Capps TC, Carlin JM. 1981. Clinical drug-resistant falciparum malaria acquired from cultured parasites. Am J Trop Med Hyg 30:523–525.

[69] Kociecka W, Skoryna B. 1987. Falciparum malaria probably acquired from infected skin-cut. Lancet 2:220.

[70] Lettau LA. 1991. Nosocomial transmission and infection control aspects of parasitic and ectoparasitic diseases. Part II. Blood and tissue parasites. Infect Control Hosp Epidemiol 12:111–121.

[71] Lewis J. 1970. Iatrogenic malaria. N Z Med J 71:88–89. 72. Most H. 1973. Plasmodium cynomolgi malaria: accidental human infection. Am J Trop Med Hyg 22:157–158.

[73] Petithory J, Lebeau G. 1977. [A probable laboratory contamination with Plasmodium falciparum.] In French. Bull Soc Pathol Exot Filiales 70:371–375.

[74] Raffenot D, Rogeaux O, De Goer B, Zerr B. 1999. Plasmodium falciparum malaria acquired by accidental inoculation. Eur J Clin Microbiol Infect Dis 18:680–681.

[75] Schmidt LH, Greenland R, Genther CS. 1961. The transmission of Plasmodium cynomolgi to man. Am J Trop Med Hyg 10:679–688.

[76] Skarbinski J, James EM, Causer LM, Barber AM, Mali S, Nguyen-Dinh P, Roberts JM, Parise ME, Slutsker L, Newman RD. 2006. Malaria surveillance— United States, 2004. MMWR Surveill Summ 55:23–37.

[77] Tarantola AP, Rachline AC, Konto C, Houzé S, Lariven S, Fichelle A, Ammar D, Sabah-Mondan C, Vrillon H, Bouchaud O, Pitard F, Bouvet E, and Groupe d'Etude des Risques d'Exposition des Soignants aux agents infectieux. 2004. 142 | HAZARD ASSESSMENT Occupational malaria following needlestick injury. Emerg Infect Dis 10: 1878–1880.

[78] Tarantola A, Rachline A, Konto C, Houzé S, Sabah-Mondan C, Vrillon H, Bouvet E; Group for the Prevention of Occupational Infections in Health Care Workers. 2005. Occupational Plasmodium falciparum malaria following accidental blood exposure: a case, published reports and considerations for post-exposure prophylaxis. Scand J Infect Dis 37:131–140.

[79] van Agtmael MA. 1997. A most unfortunate needlestick injury: why the docter [sic] paid a taxi for the nurse. (letter). BMJ 314:h.

[80] Vareil MO, Tandonnet O, Chemoul A, Bogreau H, Saint-Léger M, Micheau M, Millet P, Koeck JL, Boyer A, Rogier C, Malvy D. 2011. Unusual transmission of Plasmodium falciparum, Bordeaux, France, 2009. Emerg Infect Dis 17:248–250.

[81] Williams JL, Innis BT, Burkot TR, Hayes DE, Schneider I. 1983. Falciparum malaria: accidental transmission to man by mosquitoes after infection with culture-derived gametocytes. Am J Trop Med Hyg 32:657–659.

[82] Pasticier A, Mechali D, Saimot G, Coulaud JP, Payet M. 1974. [Endemic malaria. Diagnostic problems]. In French. Bull Soc Pathol Exot Filiales 67:57–64.

[83] Contacos PG, Collins WE. 1973. Letter: malarial relapse mechanism. Trans R Soc Trop Med Hyg 67:617–618.

[84] Collins WE. 1982. Simian malaria, p 141–150. In Steele JH, Jacobs L, Arambulo P (ed), Parasitic Zoonoses, vol 1. CRC Press, Inc, Boca Raton, Fla.

[85] Abulrahi HA, Bohlega EA, Fontaine RE, al-Seghayer SM, al-Ruwais AA. 1997. Plasmodium falciparum malaria transmitted in hospital through heparin locks. Lancet 349:23–25.

[86] Al-Hamdan NA. 2009. Hospital-acquired malaria associated with dispensing diluted heparin solution. J Vector Borne Dis 46:313–314.

[87] Al-Saigul AM, Fontaine RE, Haddad Q. 2000. Nosocomial malaria from contamination of a multidose heparin container with blood. Infect Control Hosp Epidemiol 21:329–330.

[88] Bruce-Chwatt LJ. 1972. Blood transfusion and tropical disease. Trop Dis Bull 69:825–862.

[89] Centers for Disease Control and Prevention. 2001. Malaria surveillance— United States, 1996. MMWR Surveill Summ 50: 1–22.

[90] CDSC. 1999. Hospital-acquired malaria in Nottingham. Commun Dis Rep CDR Wkly 9:123.

[91] Chen KT, Chen CJ, Chang PY, Morse DL. 1999. A nosocomial outbreak of malaria associated with contaminated catheters and contrast medium of a computed tomographic scanner. Infect Control Hosp Epidemiol 20:22–25.

[92] de Oliveira CG, Freire F Jr. 1948. [An epidemic of inoculated malaria]. In Portuguese. Bol Clin Hosp Civis Lisb 12:375–404.

[93] Dziubek Z, Kajfasz P, Basiak W. 1993. [Hospital infection of tropical malaria in Poland]. In Polish. Wiad Lek 46:860–863.

[94] González L, Ochoa J, Franco L, Arroyave M, Restrepo E, Blair S, Maestre A. 2005. Nosocomial Plasmodium falciparum infections confirmed by molecular typing in Medellín, Colombia. Malar J 4:9.

[95] Jain SK, Persaud D, Perl TM, Pass MA, Murphy KM, Pisciotta JM, Scholl PF, Casella JF, Sullivan DJ. 2005. Nosocomial malaria and saline flush. Emerg Infect Dis 11:1097–1099.

[96] Jones JL.2000. Recommendations from an external review following transmission of malaria in hospital. Euro Surveill 4(10):pii=1645. [Online.] http://www. eurosurveillance. org/View Article. aspx? ArticleId=1645.

[97] Kim JY, Kim JS, Park MH, Kang YA, Kwon JW, Cho SH, Lee BC, Kim TS, Lee JK. 2009. A locally acquired falciparum malaria via nosocomial transmission in Korea. Korean J Parasitol 47:269– 273.

[98] Kirchgatter K, Wunderlich G, Branquinho MS, Salles TM, Lian YC, Carneiro-Junior RA, Di Santi SM. 2002. Molecular typing of Plasmodium falciparum from Giemsa-stained blood smears confirms nosocomial malaria transmission. Acta Trop 84:199–203.

[99] Lee EH, Adams EH, Madison-Antenucci S, Lee L, Barnwell JW, Whitehouse J, Clement E, Bajwa W, Jones LE, Lutterloh E, Weiss D, Ackelsberg J. 2016. Healthcare-associated transmission of Plasmodium falciparum in New York City. Infect Control Hosp Epidemiol 37:113–115.

[100] Moro ML, Romi R, Severini C, Casadio GP, Sarta G, Tampieri G, Scardovi A, Pozzetti C, Malaria Outbreak Group. 2002. Patient-to-patient transmission of nosocomial malaria in Italy. Infect Control Hosp Epidemiol 23:338–341.

[101] Mortimer PP. 1997. Nosocomial malaria. Lancet 349:574.

[102] Navarro P, Betancurt A, Paublini H, Medina I, Núñez MJ, Domínguez M. 1987. [Plasmodium falciparum malaria as a nosocomial infection]. In Spanish. Bol Oficina Sanit Panam 102:476– 482.

[103] Piro S, Sammud M, Badi S, Al Ssabi L. 2001. Hospital-acquired malaria transmitted by contaminated gloves. J Hosp Infect 47:156–158.

[104] Varma AJ. 1982. Malaria acquired by accidental inoculation. Can Med Assoc J 126:1419–1420.

[105] Winterberg DH, Wever PC, van Rheenen-Verberg C, Kempers O, Durand R, Bos AP, Teeuw AH, Spanjaard L, Dankert J. 2005. A boy with nosocomial malaria tropica contracted in a Dutch hospital. Pediatr Infect Dis J 24:89–91.

[106] Arness MK, Brown JD, Dubey JP, Neafie RC, Granstrom DE. 1999. An outbreak of acute eosinophilic myositis attributed to human Sarcocystis parasitism. Am J Trop Med Hyg 61:548–553.

[107] Beaver PC, Gadgil K, Morera P. 1979. Sarcocystis in man: a review and report of five cases. Am J Trop Med Hyg 28:819–844.

[108] Dubey JP, Speer CA, Fayer R. 1989. Sarcocystosis of Animals and Man. CRC Press, Inc, Boca Raton, Fla.

[109] Esposito DH, Stich A, Epelboin L, Malvy D, Han PV, Bottieau E, da Silva A, Zanger P, Slesak G, van Genderen PJ, Rosenthal BM, Cramer JP, Visser LG, Muñoz J, Drew CP, Goldsmith CS, Steiner F, Wagner N, Grobusch MP, Plier DA, Tappe D, Sotir MJ, Brown C, Brunette GW, Fayer R, von Sonnenburg F, Neumayr A, Kozarsky PE; Tioman Island Sarcocystosis Investigation Team. 2014. Acute muscular sarcocystosis: an international investigation among ill travelers returning from Tioman Island, Malaysia, 2011–2012. Clin Infect Dis 59:1401–1410.

[110] Dubey JP, Lindsay DS. 1998. Isolation in immunodeficient mice of Sarcocystis neurona from opossum (Didelphis virginiana) faeces, and its differentiation from Sarcocystis falcatula. Int J Parasitol 28:1823–1828.

[111] Marsh AE, Barr BC, Lakritz J, Nordhausen R, Madigan JE, Conrad PA. 1997. Experimental infection of nude mice as a model for Sarcocystis neurona-associated encephalitis. Parasitol Res 83:706–711.

[112] Teutsch SM, Juranek DD, Sulzer A, Dubey JP, Sikes RK. 1979. Epidemic toxoplasmosis associated with infected cats. N Engl J Med 300:695–699.

[113] Dubey JP, Beattie CP. 1988. Toxoplasmosis of Animals and Man. CRC Press, Inc, Boca Raton, Fla.

[114] Parker SL, Holliman RE. 1992. Toxoplasmosis and laboratory workers: a case-control assessment of risk. Med Lab Sci 49:103– 106.

[115] Strom J. 1951. Toxoplasmosis due to laboratory infection in two adults. Acta Med Scand 139:244–252.

[116] Baker CC, Farthing CP, Ratnesar P. 1984. Toxoplasmosis, an innocuous disease? J Infect 8:67–69.

[117] Beverley JK, Skipper E, Marshall SC. 1955. Acquired toxoplasmosis with a report of a case of laboratory infection. BMJ 1: 577–578.

[118] Brown J, Jacobs L. 1956. Adult toxoplasmosis; report of a case due to laboratory infection. Ann Intern Med 44:565–572.

[119] Field PR, Moyle GG, Parnell PM. 1972. The accidental infection of a laboratory worker with Toxoplasma gondii. Med J Aust 2: 196–198.

[120] Frenkel JK, Weber RW, Lunde MN. 1960. Acute toxoplasmosis. Effective treatment with pyrimethamine, sulfadiazine, leucovorin calcium, and yeast. JAMA 173:1471–1476.

[121] Giroud P, Le Gac P, Roger F, Gaillard JA. 1953. [Toxoplasmosis of the adult]. In French. Sem Hop 29:4036–4039.

[122] Hermentin K, Picher O, Aspöck H, Auer H, Hassl A. 1983. A solid-phase indirect haemadsorption assay (SPIHA) for detection of immunoglobulin M antibodies to Toxoplasma gondii: application to diagnosis of acute acquired toxoplasmosis. Zentralbl Bakteriol Mikrobiol Hyg [A] 255:380–391.

[123] Hermentin K, Hassl A, Picher O, Aspöck H. 1989. Comparison of different serotests for specific Toxoplasma IgM-antibodies (ISAGA, SPIHA, IFAT) and detection of circulating antigen in two cases of laboratory acquired Toxoplasma infection. Zentralbl Bakteriol Mikrobiol Hyg [A] 270:534–541.

[124] Hörmann J. 1955. [Laboratory infection with Toxoplasma gondii: contribution to the clinical picture of the adult toxoplasmosis]. In German. Z Gesamte Inn Med 10:150–152.

[125] Kayhoe DE, Jacobs L, Beye HK, McCullough NB. 1957. Acquired toxoplasmosis— observations on two parasitologically proved cases treated with pyrimethamine and triple sulfonamides. N Engl J Med 257:1247–1254.

[126] Miller NL, Frenkel JK, Dubey JP. 1972. Oral infections with Toxoplasma cysts and oocysts in felines, other mammals, and in birds. J Parasitol 58:928–937.

[127] Müller WA, Färber I, Wachtel D. 1972. [Relation between the indirect immunofluorescent reaction, the Sabin-Feldmann test, and the complement fixation test studying the titer level in laboratory infection with toxoplasmosis]. In German. Dtsch Gesundheitsw 27:82–85.

[128] Neu HC. 1967. Toxoplasmosis transmitted at autopsy. JAMA 202:844–845.

[129] Partanen P, Turunen HJ, Paasivuo RT, Leinikki PO. 1984. Immunoblot analysis of Toxoplasma gondii antigens by human immunoglobulins G, M, and A antibodies at different stages of infection. J Clin Microbiol 20:133–135.

[130] Rawal BD. 1959. Laboratory infection with Toxoplasma. J Clin Pathol 12:59–61. 131. Remington JS, Gentry LO. 1970. Acquired toxoplasmosis: infection versus diseases. Ann N Y Acad Sci 174:1006– 1017.

[132] Sabin AB, Eichenwald H, Feldman HA, Jacobs L. 1952. Present status of clinical manifestations of toxoplasmosis in man; indications and provisions for routine serologic diagnosis. J Am Med Assoc 150:1063–1069.

[133] Thalhammer O. 1954. [Two remarkable cases of fresh toxoplasma infection]. In German. Osterr Z Kinderheilkd Kinderfuersorge 10:316–321.

[134] Van Soestbergen AA. 1957. [The course of a laboratory infection with Toxoplasma gondii]. In Dutch. Ned Tijdschr Geneeskd 101: 1649–1651.

[135] Villavedra M, Battistoni J, Nieto A. 1999. IgG recognizing 21– 24 kDa and 30–33 kDa tachyzoite antigens show maximum avidity maturation during natural and accidental human toxoplasmosis. Rev Inst Med Trop Sao Paulo 41:297–303.

[136] Wettingfeld RF, Rowe J, Eyles DE. 1956. Treatment of toxoplasmosis with pyrimethamine (daraprim) and triple sulfonamide. Ann Intern Med 44:557–564.

[137] Wright WH. 1957. A summary of the newer knowledge of toxoplasmosis. Am J Clin Pathol 28:1–17.

[138] Zimmerman WJ. 1976. Prevalence of Toxoplasma gondii antibodies among veterinary college staff and students, Iowa State University. Public Health Rep 91:526–532.

[139] Umdenstock R, Mandoul R, Pestre-Alexandre M. 1965. [Laboratory accident caused by the bite of a Toxoplasma-infected mouse. Auto-observation]. In French. Bull Soc Pathol Exot Filiales 58:207–209.

[140] Woodison G, Balfour AH, Smith JE. 1993. Sequential reactivity of serum against cyst antigens in Toxoplasma infection. J Clin Pathol 46:548–550.

[141] Jacobs L. 1957. The interrelation of toxoplasmosis in swine, cattle, dogs, and man. Public Health Rep 72:872–882.

[142] McAuley JB, Jones JL, Singh AK. 2015. Toxoplasma, p 2373– 2386. In Jorgensen JH, Pfaller MA, Carroll KC, Funke G, Landry ML, Richter SS, Warnock DW (ed), Manual of Clinical Microbiology, 11th ed. ASM Press, Washington, DC.

[143] Peters E, Seaton A. 2005. Bio-hazards and drug reactions: a cautionary tale. Scand J Infect Dis 37:312–313.

[144] Bern C, Montgomery SP, Herwaldt BL, Rassi A Jr, Marin-Neto JA, Dantas RO, Maguire JH, Acquatella H, Morillo C, Kirchhoff LV, Gilman RH, Reyes PA, Salvatella R, Moore AC. 2007. Evaluation and treatment of chagas disease in the United States: a systematic review. JAMA 298:2171–2181.

[145] Bern C. 2015. Chagas' Disease. N Engl J Med 373:456–466.

[146] Shikanai-Yasuda MA, Carvalho NB. 2012. Oral transmission of Chagas disease. Clin Infect Dis 54:845–852.

[147] WHO Expert Committee. 2002. Control of Chagas disease. World Health Organ Tech Rep Ser 905:i–vi, 1–109, back cover.

[148] Zeledón R. 1974. Epidemiology, modes of transmission and reservoir hosts of Chagas' disease, p 51–85. In Ciba Foundation Symposium 20 (new series), Trypanosomiasis and Leishmaniasis with Special Reference to Chagas' Disease. Associated Scientific Publishers, Amsterdam, The Netherlands.

[149] Kirchhoff LV, Hoft DF. 1990. Immunization and challenge of mice with insect-derived metacyclic trypomastigotes of Trypanosoma cruzi. Parasite Immunol 12:65–74.

[150] Brener Z. 1984. Laboratory-acquired Chagas' disease: an endemic disease among parasitologists? p 3–9. In Morel CM (ed), Genes and Antigens of Parasites: a Laboratory Manual, 2nd ed. Fundação Oswaldo Cruz, Rio de Janeiro, Brazil.

[151] Gutteridge WE, Cover B, Cooke AJ. 1974. Safety precautions for work with Trypanosoma cruzi. Trans R Soc Trop Med Hyg 68:161.

[152] Transactions of the Royal Society of Tropical Medicine and Hygiene. 1983. Suggested guidelines for work with live Trypanosoma cruzi. Trans R Soc Trop Med Hyg 77:416–419.

[153] Wang X, Jobe M, Tyler KM, Steverding D. 2008. Efficacy of common laboratory disinfectants and heat on killing trypanosomatid parasites. Parasit Vectors 1:35.

[154] Aronson PR. 1962. Septicemia from concomitant infection with Trypanosoma cruzi and Neisseria perflava. First case of laboratoryacquired Chagas' disease in the United States. Ann Intern Med 57: 994–1000.

[155] Añez N, Carrasco H, Parada H, Crisante G, Rojas A, Gonzalez N, Ramirez JL, Guevara P, Rivero C, Borges R, Scorza JV. 1999. Acute Chagas' disease in western Venezuela: a clinical, seroparasitologic, and epidemiologic study. Am J Trop Med Hyg 60:215–222.

[156] Kinoshita-Yanaga AT, Toledo MJ, Araújo SM, Vier BP, Gomes ML. 2009. Accidental infection by Trypanosoma cruzi follow-up by the polymerase chain reaction: case report. Rev Inst Med Trop Sao Paulo 51:295–298.

[157] Moretti E, Basso B, Castro I, Carrizo Paez M, Chaul M, Barbieri G, Canal Feijoo D, Sartori MJ, Carrizo Paez R. 2005. Chagas' disease: study of congenital transmission in cases of acute maternal infection. Rev Soc Bras Med Trop 38:53–55.

[158] Herr A, Brumpt L. 1939. Un cas aigu de maladie de Chagas contractée accidentellement au contact de triatomes Mexicains: observation et courbe fébrile. In French. Bull Soc Pathol Exot Filiales 32:565–571.

[159] Allain DS, Kagan IG. 1974. Isolation of Trypanosoma cruzi in an acutely infected patient. J Parasitol 60:526–527.

[160] Centers for Disease Control. 1980. Chagas' disease— Michigan. MMWR Morb Mortal Wkly Rep 29:147–148.

[161] Coudert J, Despeignes J, Battesti MR, Michel-Brun J. 1964. [A case of Chagas' disease caused by accidental laboratory contamination by T. cruzi.] In French. Bull Soc Pathol Exot Filiales 57:208–213.

[162] de Titto EH, Araujo FG. 1988. Serum neuraminidase activity and hematological alterations in acute human Chagas' disease. Clin Immunol Immunopathol 46:157–161.

[163] Hanson WL, Devlin RF, Roberson EL. 1974. Immunoglobulin levels in a laboratory-acquired case of human Chagas' disease. J Parasitol 60:532–533.

[164] Hofflin JM, Sadler RH, Araujo FG, Page WE, Remington JS. 1987. Laboratory-acquired Chagas disease. Trans R Soc Trop Med Hyg 81:437–440.

[165] Melzer H, Kollert W. 1963. [Contribution on the clinical and therapeutic aspect of Chagas disease (South American trypanosomiasis)]. In German. Dtsch Med Wochenschr 88:368–377.

[166] Pizzi T, Niedmann G, Jarpa A. 1963. [Report of 3 cases of acute Chagas' disease produced by accidental laboratory infections]. In Spanish. Bol Chil Parasitol 18:32–36.

[167] Western KA, Schultz MG, Farrar WE, Kagan IG. 1969. Laboratory acquired Chagas' disease treated with Bay [sic] 2502. Bol Chil Parasitol 24:94.

[168] Shikanai-Yasuda MA, Lopes MH, Tolezano JE, Umezawa E, Amato Neto V, Barreto AC, Higaki Y, Moreira AA, Funayama G, Barone AA, Duarte A, Odone V, Cerri GC, Sato M, Pozzi D, Shiroma M. 1990. [Acute Chagas' disease: transmission routes, clinical aspects and response to specific therapy in diagnosed cases in an urban center]. In Portuguese. Rev Inst Med Trop Sao Paulo 32:16–27.

[169] World Health Organization. 2013. Control and surveillance of human African trypanosomiasis. World Health Organ Tech Rep Ser 984:1–237.

[170] Herbert WJ, Parratt D, Van Meirvenne N, Lennox B. 1980. An accidental laboratory infection with trypanosomes of a defined stock. II. Studies on the serological response of the patient and the identity of the infecting organism. J Infect 2: 113–124.

[171] Robertson DH, Pickens S, Lawson JH, Lennox B. 1980. An accidental laboratory infection with African trypanosomes of a defined stock. I. The clinical course of the infection. J Infect 2:105–112.

[172] Emeribe AO. 1988. Gambiense trypanosomiasis acquired from needle scratch. Lancet 1:470–471.

[173] Fromentin H. 1959. [Accidental human trypanosomiasis due to Trypanosoma gambiense. Considerations on the infective strain and on the response of the organism]. In French. Bull Soc Pathol Exot Filiales 52:181–188.

[174] Nodenot L. 1949. Note sur une infection accidentelle avec une souche de Trypanosoma gambiense. In French. Bull Soc Pathol Exot Filiales 42:16–18.

[175] Receveur MC, LeBras M, Vincendeau P. 1993. Laboratoryacquired Gambian trypanosomiasis. N Engl J Med 329:209– 210.

[176] Lumsden WH, Kimber CD, Evans DA, Doig SJ. 1979. Trypanosoma brucei: Miniature anion-exchange centrifugation technique for detection of low parasitaemias: Adaptation for field use. Trans R Soc Trop Med Hyg 73:312–317.

[177] Magnus E, Vervoort T, Van Meirvenne N. 1978. A card-agglutination test with stained trypanosomes (C.A.T.T.) for the serological diagnosis of T. B. gambiense trypanosomiasis. Ann Soc Belg Med Trop 58:169–176.

[178] Herwaldt BL. 2000. Cyclospora cayetanensis: a review, focusing on the outbreaks of cyclosporiasis in the 1990s. Clin Infect Dis 31:1040–1057.

[179] Messner MJ, Chappell CL, Okhuysen PC. 2001. Risk assessment for Cryptosporidium: a hierarchical Bayesian analysis of human dose response data. Water Res 35:3934–3940.

[180] Okhuysen PC, Chappell CL, Crabb JH, Sterling CR, DuPont HL. 1999. Virulence of three distinct Cryptosporidium parvum isolates for healthy adults. J Infect Dis 180:1275–1281.

[181] Rendtorff RC. 1954. The experimental transmission of human intestinal protozoan parasites. II. Giardia lamblia cysts given in capsules. Am J Hyg 59:209–220.

[182] Dorner SM, Huck PM, Slawson RM. 2004. Estimating potential environmental loadings of Cryptosporidium spp. and Campylobacter

spp. from livestock in the Grand River Watershed, Ontario, Canada. Environ Sci Technol 38:3370–3380.
[183] Fujino T, Matsui T, Kobayashi F, Haruki K, Yoshino Y, Kajima J, Tsuji M. 2002. The effect of heating against Cryptosporidium oocysts. J Vet Med Sci 64:199–200.
[184] Blewett DA. 1989, p 107–115. In Angus KW, Blewett DA (ed), Cryptosporidiosis. Proceedings of the First International Workshop. Animal Disease Research Association, Edinburgh, Scotland.
[185] Campbell I, Tzipori AS, Hutchison G, Angus KW. 1982. Effect of disinfectants on survival of cryptosporidium oocysts. Vet Rec 111:414–415.
[186] Pavlásek I. 1984. [The effect of disinfectants on the infectivity of Cryptosporidium sp. oocysts]. In Czech. Cesk Epidemiol Mikrobiol Imunol 33:97–101.
[187] Cook EB. 1961. Safety in the public health laboratory. Public Health Rep 76:51–56.
[188] Schuman SH, Arnold AT, Rowe JR. 1982. Giardiasis by inhalation? Lancet 1:53.
[189] McCracken AW. 1972. Natural and laboratory-acquired infection by Isospora belli. South Med J 65:800–818, passim.
[190] Henderson HE, Gillepsie GW, Kaplan P, Steber M. 1963. The human Isospora. Am J Hyg 78:302–309.
[191] Jeffery GM. 1956. Human coccidiosis in South Carolina. J Parasitol 42:491–495.
[192] Højlyng N, Holten-Andersen W, Jepsen S. 1987. Cryptosporidiosis: a case of airborne transmission. Lancet 2:271–272.
[193] Blagburn BL, Current WL. 1983. Accidental infection of a researcher with human Cryptosporidium. J Infect Dis 148:772–773.
[194] Pohjola S, Oksanen H, Jokipii L, Jokipii AM. 1986. Outbreak of cryptosporidiosis among veterinary students. Scand J Infect Dis 18:173–178.
[195] Dryjanski J, Gold JW, Ritchie MT, Kurtz RC, Lim SL, Armstrong D. 1986. Cryptosporidiosis. Case report in a health team worker. Am J Med 80:751–752.
[196] Baxby D, Hart CA, Taylor C. 1983. Human cryptosporidiosis: a possible case of hospital cross infection. Br Med J (Clin Res Ed) 287:1760–1761.
[197] Roncoroni AJ, Gomez MA, Mera J, Cagnoni P, Michel MD. 1989. Cryptosporidium infection in renal transplant patients. J Infect Dis 160:559.
[198] Casemore DP, Gardner CA, O'Mahony C. 1994. Cryptosporidial infection, with special reference to nosocomial transmission of Cryptosporidium parvum: a review. Folia Parasitol (Praha) 41: 17–21.
[199] Gardner C. 1994. An outbreak of hospital-acquired cryptosporidiosis. Br J Nurs 3:152, 154–158.
[200] O'Mahony C, Casemore DP. 1992. Hospital-acquired cryptosporidiosis. Commun Dis Rep CDR Rev 2:R18–R19.
[201] Koch KL, Phillips DJ, Aber RC, Current WL. 1985. Cryptosporidiosis in hospital personnel. Evidence for person-to-person transmission. Ann Intern Med 102:593–596.
[202] Arikan S, Ergüven S, Akyön Y, Günalp A. 1999. Cryptosporidiosis in immunocompromised patients in a Turkish university hospital. Acta Microbiol Immunol Hung 46:33–40.
[203] Foot AB, Oakhill A, Mott MG. 1990. Cryptosporidiosis and acute leukaemia. Arch Dis Child 65:236–237.
[204] Lettau LA. 1991. Nosocomial transmission and infection control aspects of parasitic and ectoparasitic diseases: part I. Introduction/ enteric parasites. Infect Control Hosp Epidemiol 12:59–65.
[205] Martino P, Gentile G, Caprioli A, Baldassarri L, Donelli G, Arcese W, Fenu S, Micozzi A, Venditti M, Mandelli F. 1988. Hospital-acquired cryptosporidiosis in a bone marrow transplantation unit. J Infect Dis 158:647–648.
[206] Navarrete S, Stetler HC, Avila C, Garcia Aranda JA, Santos-Preciado JI. 1991. An outbreak of Cryptosporidium diarrhea in a pediatric hospital. Pediatr Infect Dis J 10:248–250.
[207] Neill MA, Rice SK, Ahmad NV, Flanigan TP. 1996. Cryptosporidiosis: an unrecognized cause of diarrhea in elderly hospitalized patients. Clin Infect Dis 22:168–170.
[208] Ravn P, Lundgren JD, Kjaeldgaard P, Holten-Anderson W, Højlyng N, Nielsen JO, Gaub J. 1991. Nosocomial outbreak of cryptosporidiosis in AIDS patients. BMJ 302:277–280.
[209] Sarabia-Arce S, Salazar-Lindo E, Gilman RH, Naranjo J, Miranda E. 1990. Case-control study of Cryptosporidium parvum infection in Peruvian children hospitalized for diarrhea: possible association with malnutrition and nosocomial infection. Pediatr Infect Dis J 9:627–631.
[210] Wittenberg DF, Miller NM, van den Ende J. 1989. Spiramycin is not effective in treating cryptosporidium diarrhea in infants: results of a double-blind randomized trial. J Infect Dis 159:131–132.
[211] Eberhard ML, Pieniazek NJ, Arrowood MJ. 1997. Laboratory diagnosis of Cyclospora infections. Arch Pathol Lab Med 121:792– 797.
[212] Garcia LS. 2016. Diagnostic Medical Parasitology, 6th ed. ASM Press, Washington, DC.
[213] Coles GC. 1975. Letter: gastro-intestinal allergy to nematodes. Trans R Soc Trop Med Hyg 69:364–365.

[214] Coles GC. 1985. Allergy and immunopathology of ascariasis, p 167–184. In Crompton DWT, Nesheim MC, Pawlowski ZS (ed), Ascariasis and its Public Health Significance. Taylor and Francis, London, United Kingdom.

[215] Jones TL, Kingscote AA. 1935. Observations on Ascaris sensitivity in man. Am J Epidemiol 22:406–413.

[216] Sprent JF. 1949. On the toxic and allergic manifestations produced by the tissues and fluids of Ascaris; effect of different tissues. J Infect Dis 84:221–229.

[217] Turner KJ, Fisher EH, McWilliam AS. 1980. Homology between roundworm (Ascaris) and hookworm (N. americanus) antigens detected by human IgE antibodies. Aust J Exp Biol Med Sci 58:249–257.

[218] Maligin SA. 1958. [A case of cutaneous form of strongyloidiasis caused by larvae of S. ransomi, S. westeri and S. papillosus]. In Russian. Med Parazitol (Mosk) 27:446–447.

[219] Roeckel IE, Lyons ET. 1977. Cutaneous larva migrans, an occupational disease. Ann Clin Lab Sci 7:405–410.

[220] Stone OJ, Levy A. 1967. Creeping eruption in an animal caretaker. Lab Anim Care 17:479–482.

[221] Fölster-Holst R, Disko R, Röwert J, Böckeler W, Kreiselmaier I, Christophers E. 2001. Cercarial dermatitis contracted via contact with an aquarium: case report and review. Br J Dermatol 145:638–640.

[222] Ashton CR, Beresford OD. 1974. Letter: fascioliasis. BMJ 2:121.

[223] Beresford OD. 1976. A case of fascioliasis in man. Vet Rec 98:15.

[224] Van Gompel A, Van den Enden E, Van den Ende J, Geerts S. 1993. Laboratory infection with Schistosoma mansoni. Trans R Soc Trop Med Hyg 87:554.

[225] Elsevier. 1998. Accidental infections. Parasitol Today 14:55.

[226] Elsevier. 1998. Schistosomiasis: symptoms of mild infections? Parasitol Today 14:8.

[227] Vasoo S, Pritt BS. 2013. Molecular diagnostics and parasitic disease. Clin Lab Med 33:461–503.

[228] Pike RM. 1979. Laboratory-associated infections: incidence, fatalities, causes, and prevention. Annu Rev Microbiol 33:41– 66.

[229] Pike RM. 1978. Past and present hazards of working with infectious agents. Arch Pathol Lab Med 102:333–336.

[230] Pike RM, Sulkin SE, Schulze ML. 1965. Continuing importance of laboratory-acquired infections. Am J Public Health Nations Health 55:190–199.

[231] Sulkin SE, Pike RM. 1951. Survey of laboratory-acquired infections. Am J Public Health Nations Health 41:769–781.

[232] Kirchhoff LV, Votava JR, Ochs DE, Moser DR. 1996. Comparison of PCR and microscopic methods for detecting Trypanosoma cruzi. J Clin Microbiol 34:1171–1175.

[233] Schijman AG, Bisio M, Orellana L, Sued M, Duffy T, Mejia Jaramillo AM, Cura C, Auter F, Veron V, Qvarnstrom Y, Deborggraeve S, Hijar G, Zulantay I, Lucero RH, Velazquez E, Tellez T, Sanchez Leon Z, Galvão L, Nolder D, Monje Rumi M, Levi JE, Ramirez JD, Zorrilla P, Flores M, Jercic MI, Crisante G, Añez N, De Castro AM, Gonzalez CI, Acosta Viana K, Yachelini P, Torrico F, Robello C, Diosque P, Triana Chavez O, Aznar C, Russomando G, Büscher P, Assal A, Guhl F, Sosa Estani S, DaSilva A, Britto C, Luquetti A, Ladzins J. 2011. International study to evaluate PCR methods for detection of Trypanosoma cruzi DNA in blood samples from Chagas disease patients. PLoS Negl Trop Dis 5:e931.

[234] Strout RG. 1962. A method for concentrating hemoflagellates. J Parasitol 48:100.

[235] Anderson BC, Donndelinger T, Wilkins RM, Smith J. 1982. Cryptosporidiosis in a veterinary student. J Am Vet Med Assoc 180:408–409.

[236] Current WL, Reese NC, Ernst JV, Bailey WS, Heyman MB, Weinstein WM. 1983. Human cryptosporidiosis in immunocompetent and immunodeficient persons. Studies of an outbreak and experimental transmission. N Engl J Med 308: 1252–1257.

[237] Konkle DM, Nelson KM, Lunn DP. 1997. Nosocomial transmission of Cryptosporidium in a veterinary hospital. J Vet Intern Med 11:340–343.

[238] Lengerich EJ, Addiss DG, Marx JJ, Ungar BL, Juranek DD. 1993. Increased exposure to cryptosporidia among dairy farmers in Wisconsin. J Infect Dis 167:1252–1255.

[239] Levine JF, Levy MG, Walker RL, Crittenden S. 1988. Cryptosporidiosis in veterinary students. J Am Vet Med Assoc 193:1413– 1414.

[240] Reif JS, Wimmer L, Smith JA, Dargatz DA, Cheney JM. 1989. Human cryptosporidiosis associated with an epizootic in calves. Am J Public Health 79:1528–1530.

[241] Drinkard LN, Halbritter A, Nguyen GT, Sertich PL, King M, Bowman S, Huxta R, Guagenti M. 2015. Outbreak of cryptosporidiosis among veterinary medicine students— Philadelphia, Pennsylvania, February 2015. MMWR Morb Mortal Wkly Rep 64:773.

7

真菌病原体

WILEY A. SCHELL

现有真菌的种类保守估计有1500 000种，其中至少有98000种已被文献描述过[1]。尽管有记载超过300种真菌会引起人的感染，但只有约100种被认为是常见的病原真菌。根据这些真菌的毒力、感染宿主的途径以及传播方式的不同，可对真菌进行分类，也为采取不同生物安全等级去操作和储存真菌提供了依据。

首先，以往真菌依据毒力一直被分为两种：致病真菌（frank pathogens）和条件致病真菌。致病真菌具有较强的传染性和致病性，能感染免疫正常的宿主。而条件致病菌具有相对较低的传染性和毒力，通常感染免疫缺陷宿主。其次，根据发病部位的不同又将真菌病分为3种，即皮肤真菌病、深部真菌病和肺部真菌病。皮肤真菌病仅限于皮肤及其附属器（指甲、毛发）的感染，且多为皮肤癣菌引起的感染。表皮癣菌属、小孢子菌属和毛癣菌属是引起皮肤癣菌病的3类真菌。有些非皮肤癣菌亦能引起皮肤的感染和受损。深部真菌病通常因创伤（刺伤、切割伤、擦伤等）导致皮肤屏障受损，使病原真菌得以植入宿主皮下组织而致病。在北美最常见的是由申克孢子丝菌引起的孢子丝菌病；由链格孢霉、外瓶霉以及其他种属的真菌引起的暗色丝孢霉病；由根霉和毛霉引起的毛霉病。肺真菌病通常从肺部感染开始，并经常会累及其他脏器，包括皮肤。报道最多的是隐球菌病（由新型隐球菌和格特隐球菌引起）、芽生菌病（由皮炎芽生菌引起）、球孢子菌病（由粗球孢子菌和posadasii球孢子菌引起）、组织胞浆菌病（由荚膜组织胞浆菌荚膜变种引起）、曲霉病（由烟曲霉和黄曲霉引起）以及毛霉病（由根霉和毛霉引起）。

传统的基于毒力以及感染部位进行种属划分的方式为更好地了解病原真菌提供了一个很好的视角。但是，在过去的25年间，随着免疫抑制的应用以及治疗技术的进展，部分患者对真菌感染抵抗能力降低。因此，新的病原真菌不断被报道，以往已深入了解的真菌也出现了新的特点，需被重新认知。其中的一些变化非常大，若严格遵守传统的病原真菌划分方法，有时会妨碍对现代医学真菌学及其相关安全问题的认识和理解。故此，本章讨论人致病性真菌，将不局限于疾病本身和解剖学的范畴。并且本章讨论的真菌不会涵盖所有的病原真菌，而是侧重那些在临床、兽医及环境真菌实验室中常见的病原真菌。基于真菌种类的感染资料汇编[2，3]、基于疾病的医学真菌检测方法[4-6]，以及真菌有性生殖和系统发育[2，3，7-9]的内容可参见相关文献。

实验室相关真菌感染的发生率

实验室获得性真菌病的确切发病率不清楚，仅能估计。在北美，美国的一些州是要求报告此类感染的，如加利福尼亚州、亚利桑那州的球孢子菌病；路易斯安那州、威斯康星州和加拿大某些省份的芽生菌病；肯塔基州和威斯康星州的组织胞浆菌病；俄亥俄州则要求报告芽生菌病、组织胞浆菌病和孢子丝菌病，但只有在疫情暴发或发生不寻常事件时才报告。加拿大安大略省最近已不再将芽生菌病列入应报告的疾病[10]。

美国联邦政府对真菌感染的报告没有统一要求，无论是实验室获得性感染还是以其他方式感染的都不需要报告，但联邦管制病原项目规定的生物危害因子和《NIH重组或合成核酸分子研究指南》所涵盖的重组生物体除外[11-16]。目前，有4种真菌（广义分类学意义上的真菌）被列入美国《国家管制病原名录》，包括马铃薯癌肿病菌、玉米褐条霜霉病菌、大豆红叶斑病菌（也称为大豆盾状孢子菌、大豆棘壳孢菌）和菲律宾红孢霉菌。另外两种真菌——粗球孢子菌和*posadasii*球孢子菌最近被从目录中删除。除了这两个管理规范的要求，从1995年开始，球孢子菌病成为被列入美国法定报告传染病名单中的唯一真菌病。然而，各州相关机构向CDC报告这种感染是自愿的。个别机构虽然有报告某些微生物暴露的政策，但没有各州强制性的要求，无法将病原体的暴露情况列成表格展示出来。Schwarz对1980年前实验室获得的真菌感染的事件[17]进行了系统的回顾和总结，这篇文献可能相当准确地描述了这种感染的程度和特征。虽然后续也有一些病例报道，但都是在特殊环境或病原菌的情况下报告的。然而，由于这些事件发表通常需要同行评议，影响不大的实验室获得性感染通常被认为不值得在科学刊物上发表。因此，关于真菌感染发病率的信息，特别是实验室相关感染的信息是零碎的，有时被当作传闻轶事（表7-1）。

职业暴露预防

美国CDC建议对各种引起医学关注的真菌采取生物安全措施[18]。严格遵守CDC推荐的每一种真菌的生物安全指南，可以很好地防止意外暴露。实验室暴露的主要风险是无意中释放霉菌孢子（图7-1）。二级生物安全柜（BSC）是第一重要的设备，可用于遏制通过空气传播引起的真菌污染。利用生物安全柜可以处理霉菌，尤其是操作未鉴定的真菌，更需要在生物安全柜中完成。对于不同的真菌，无论其潜在的传染性如何，在生物安全柜中进行操作都是十分必要的，其有效性在最近发生于某大型临床实验室真菌学部门的一个案例中得到了印证。在例行的微生物培养中，一个细菌培养皿上长出真菌，需要进行鉴定。生长出的真菌呈浅棕色，标本来源被描述为来自“窦道”。根据解剖部位描述和真菌的褐色外观，真菌学家怀疑这是从鼻旁窦标本中分离出来的一种相对无害的暗色真菌。然而，随后该真菌被证明是一种从皮肤瘘管（一种窦道）中培养出来的粗球孢子菌，是已知的最具传染性的微生物之一。在这种情况下，“打开任何含有未知真菌的平皿时必须使用生物安全柜”的规定，为工作人员提供了必要的保护，使其免受空气中孢子的感染。真菌学实验室经常使用培养板，因为它们具有表面积大的优点。由于防止霉菌孢子意外释放是真菌学实验室安全的一个最重要的因素，因此培养皿盖必须用胶带进行两点固定，以免意外打开。

当培养某些真菌时，使用这样的预防措施还不够。因为通常培养皿盖内含有3个小突起，以保持盖子略高于板底，便于空气交换，但孢子有可能由此向周边逸出。因此，最好是将霉菌接种到带有螺旋盖的试管中进行培养，并迅速将真菌培养板用石蜡膜或收缩包装膜包裹好，确保不会造成污染。

表 7-1 实验室获得性真菌病

真菌名称	BSL/ABSL	感染途径	感染能力	案例数	参考文献
皮炎芽生菌	2/2	经皮肤	严重 / 可致死	12	124、125、17、126、62
		呼吸	严重 / 可致死	2	62、64
白念珠菌	2[a]/2[a]	皮肤	弱	1[b]	28
pasadasii 球孢子菌[c]	3[d]/2	呼吸	严重 / 可致死	很多[e]	17
		经皮肤	严重 / 可致死	4	127
		喷溅	严重	1	69
粗球孢子菌	3[d]/2	经皮肤	严重 / 可致死	很多[c]	17、128、129
新型隐球菌	2/2[f]	经皮肤	严重	1	35
皮肤癣菌	2/2	皮肤	弱	很多	82、17、81
马尔尼菲青霉	2/2	经皮肤	严重	1	100
		呼吸（推测）	严重 / 可致死	1	101
荚膜组织胞浆菌	3[d]/2	呼吸	严重 / 可致死	很多	17
		经皮肤	严重	3	88、89、90
		喷溅	严重	1	91
申克孢子丝菌	2/2	经皮肤	严重	2 打[h]	17、105
		喷溅	严重	3	17、130

a 见下文“对特定真菌的考虑”（副标题“酵母”）下的讨论。

b 另外还有两个案例被提及，但没有被引用，也没有支持证据。

c 2004—2010年，在BSL-3环境中报告了另外4种球孢子菌的实验室暴露，但从报告中还不清楚是否导致感染（见附录D，BSL-3和BSL-4实验室设施中报告的事件、接触和感染的回顾）。

d BSL-2条件下可以进行临床标本中球孢子菌和组织胞浆菌的分离鉴定，但推荐在BSL-3条件下对已知分离株进一步研究及处置可能含有分生孢子的污染物。推荐在ABSL-3条件下进行除注射外的任何途径感染动物的研究。

e 见关于最近分类学变化的讨论。

f 参见“使用动物时的生物安全考虑”中关于对隐球菌物种使用额外的ABSL预防措施的讨论。

g 马尔尼菲青霉的自然历史、流行病学和临床特征与荚膜组织胞浆菌有明显的相似性。谨慎使用与荚膜组织胞浆菌类似的生物安全预防措施。

h 包括兽医诊所获得的孢子丝病病例。

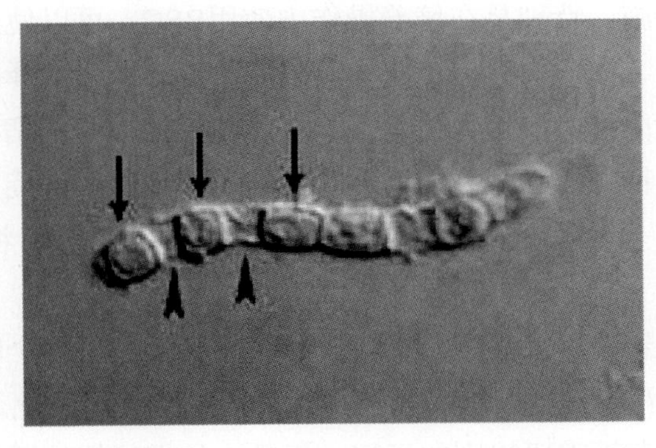

图 7-1 孢子的形成为真菌的扩散提供了一种有效的机制。某些种类的孢子对实验室人员有感染的危险。在这张球孢子菌感染的图片中，营养菌丝的细胞已经转化为孢子（长箭头），当邻近细胞的细胞壁（现已死亡和枯萎）断裂时，孢子（短箭头）将被释放

最近的一项调查发现，实验室普遍能够遵守生物安全规范[19]，主要问题是缺乏BSC的年度检测，27%受调查实验室存在此问题。该调查没有区分年检过期的和没有证据表明曾经执行过年检的生物安全柜。确保主要生物防护设备（主要是BSC）的检测认证有效，并且由NSF国际认证的二级BSC现场认证机构检测，这一点至关重要。但是，必须认识到，其他问题也可能会显著降低生物安全柜的生物防护效能（如使用不当，或者在实验室中的位置不够理想）。该调查还发现有16.7%的定向气流设计实验室检测不合格。定向气流很难保持一致，而且常常超出实验室工作人员的直接控制。因此，除了使用内置的监测装置外，实验室工作人员还可以通过定期进行烟雾检查和在门的底部放置纸巾条或类似物作为视觉指示物来监测气流。所有这些工程控制都应该根据实验室的风险评估体系进行评估。

最常被忽视的两种个人保护措施可能是眼罩和手套。BSL-2防护的标准要求在可能发生溅洒的情况下须保护眼睛，BSL-1标准规定了戴隐形眼镜时必须采取眼睛保护措施[18]。这些预防措施在临床实验室用移液管吸取真菌悬液（如进行药敏试验）和在研究实验室移取真菌悬浮液或在动物静脉注射真菌悬浮液时尤其重要。在后一种情况下，将真菌悬液注射到小鼠尾静脉的失败可能使注射部位的压力升高，足以导致菌液回喷到研究人员的面部。同样，应该强调的是，BSL-2的标准规定了在双手可能接触到潜在传染性材料、受污染物质表面或设备时应戴手套。BSL-1的标准要求在皮肤破损或出现皮疹时应使用手套[18]。皮肤与白念珠菌接触很少会引起皮炎，与皮肤癣菌接触会导致皮肤癣菌病，而与申克孢子丝菌的简单接触现在被认为是孢子丝菌病的触发事件。此外，尽管有些真菌被认为基本上是无害的，但建议在BSC内对所有真菌进行操作，以控制孢子的传播，这些孢子可能会引起过敏，并可能增加对其他培养物污染的风险。

特别关注的真菌

在医学上重要的真菌中，只有3个属的真菌（芽生菌、球孢子菌和组织胞浆菌属）需要BSL-3级生物防护措施和设施[18]。这些要求适用于已知的（已鉴定的），即被怀疑含有感染性孢子的菌株和环境样本。真菌不需要BSL-4生物防护措施。最近基于DNA序列分析[20]，将球孢子菌属分为两种，即*C. immitis*和*C. posadasii*。它们在人类和其他动物中引起感染、疾病和死亡的潜力完全一样，需要同样的预防措施来安全处理、储存和运输。除了这3个属的真菌外，还有一些值得特别关注的真菌。通过采取额外的预防措施，特别是在培养操作中使用BSC，可以使这些真菌的操作更加安全。这些真菌包括斑替枝孢瓶霉、巴西副球孢子菌、马尔尼菲青霉、麦凯泽枝孢霉和奔马赭霉（奔马疣孢霉）。偶然暴露于这些真菌可造成重大风险，即使对免疫能力强的宿主也是如此。除了使用BSC操作所有真菌外，用于增殖特别危险真菌的培养容器应尽可能使用螺旋盖培养管，而不用培养皿。如果必须使用玻璃培养管，可以用透明的乙烯基胶带（如3M #471）将其包裹起来，使其具有防震性。

当处理特别危险的真菌悬液时，使用一次性气溶胶隔离管是另一个明智的选择。这些气溶胶屏障可以防止吸管内部成分的污染，以及随后真菌的意外播散或气溶胶化。

大多数真菌培养物的储存不需要特别的标记，但是，如果可能的话，需要特别关注的真菌应该标记清楚名称，同时标注通用的生物危害符号，以便发生泄漏或其他事故时能够快速识别，并妥善处理和记录下来。许多实验室长期保存真菌培养物，用于研究、教学和作为参考材料。在任何温度下储存危险真菌，包括冷藏，都需要清楚地标明真菌名称和通用的生物危险标志（如果可能的话）。将真菌悬液长期保存（如−80 ~ −70℃）在含15%甘油的2 mL螺旋盖聚丙烯管中特别方便，而且已变得越来越普遍。这种方法除了技术优势外，还有一个附带的优势，就是与其他存储方法发生泄漏相比，15%甘油中的分生孢子悬浮液泄漏后生成传染性气溶胶的可能性相对较小，而且15%甘油的蒸发速度也较慢，从而有助于有效地消毒污染区域。然而，这些小瓶子的尺寸太小，很难贴上完整标签。在这种情况下，使用微型生物危害标志贴，或使用红色标记对容器进行编码，应是一种可行的选择。

对粗球孢子菌、*posadasii* 球孢子菌、荚膜组织胞浆菌、皮炎芽生菌、斑替枝孢瓶霉、巴西副球孢子菌、马尔尼菲青霉、麦凯泽枝孢霉和奔马赭霉（奔马疣孢霉）的废弃培养物，应注意添加警示标志。当准备丢弃这些培养物时，应立即进行消毒，而不是将其放入可能会保留数天或更久的生物危害箱中去等待处理。如果不能立即消毒，培养物可以密封在一个含有消毒剂的塑料袋中，之后再放入第二个密封袋中，然后放入生物危害废弃物处理箱中。对于《管制病原名录》中的真菌，必须亲眼看见并记录销毁情况，并且必须将销毁记录永久保存。另一种选择是，如果需要保存这些菌株，可以送到有资质的机构进行储存。

法规

管制病原法规

2002年发布的《公共卫生安全和生物恐怖防范和应对法案》，要求制定有关保存、使用和转运特定生物因子和毒素的规定，管制病原项目应运而生。众所周知，其中所列的病原和毒素受美国卫生及公众福利部或农业部或两者共同监管[13, 14, 21, 22]。这些由美国卫生和公众服务部和美国农业部监管的病原菌被称为“重叠病原”。4个属真菌（包括嗜铬菌超群）被列入《管制病原名录》，均是由美国农业部专门监管的植物病原体。

《管制病原名录》不应该被认定为评估真菌危险程度的最佳指标。具体来说，粗球孢子菌和 *posadasii* 球孢子菌被包含在早期版本的名录中。“因为这些菌的气溶胶是具有高度传染性的，并且孢子易于培养”，而荚膜组织胞浆菌和皮炎芽生菌不包括在内，“因为它们很难培养，也不容易产生孢子”[18, 21]。然而，需要注意的是，荚膜组织胞浆菌和皮炎芽生菌并不难繁殖，虽然它们的生长和产生孢子的速度比球孢子菌慢，但在普通的实验室条件下，它们的孢子可以通过空气传播，从而造成严重的感染。如上所述，名录可能会更改。

运输法规

近年来，运输传染性或潜在传染性材料的国家和国际航运规则发生了重大变化，主要是根据对运输人员的实际健康风险进行调整，提出相关要求。生物材料的包装和运输规则在本书的另一章中有介绍。某些真菌特别危险，如粗球孢子菌，需要采取严格的预防措施。然而，大多数真菌在运往其他实验室时对转运者或环境中的其他人构成的风险很低，甚至没有风险。

最新的国际条例将运输的传染性材料分成了两类。A类材料是指那些可能导致人类和动物永久残疾或危及生命或导致致命疾病的物质。B类材料是指不符合A类物质定义的物质。条例允许承运人在决定承运的材料属于哪个类别时使用自由裁量权和专业判断。虽然这两类材料的包装说明都要求在运输中使用三层包装，但在文件、标记和容器外部标签以及包装测试规范方面的要求存在显著差异。

承运者应避免将所有运输物的材料分为A类或B类，因为这不是条例的本意。并且在有一种物质不确定是符合A类或B类时，应该按照A类物质包装运输。运输法规每2年修订一次，承运者应定期咨询法规的变化。

特殊真菌

酵母型真菌

念珠菌属（白念珠菌、热带念珠菌、光滑念珠菌）

白念珠菌是胃肠道、阴道和口咽部正常微生物群的一部分，但在免疫功能正常和免疫缺陷的宿主中均可引起疾病。从这些部位分离出白念珠菌的频率分别为0%～55%、2.2%～68%和1.9%～41.4%，对免疫功能正常的健康人而言，光滑的皮肤上不易分离出来白念珠菌[23]。在获得性免疫缺陷综合征（AIDS）患者中，白念珠菌常引起食管念珠菌病，在其他免疫缺陷患者中也能引起侵袭性念珠菌病，可由胃肠道侵入，也可由医疗器械引起的皮肤破损侵入机体，如留置静脉导管[24]。其他高危人群包括烧伤患者和长期接受广谱抗菌药物治疗的患者。有遗传倾向或内分泌功能障碍的人，易发生皮肤、指甲和黏膜的慢性念珠菌病。健康人在某些情况下也会发生念珠菌病，如阴道炎、指甲感染及婴幼儿和老年人口腔念珠菌病以及皮肤的浸润感染。念珠菌通常也被认为是导致健康人真菌性鼻窦炎的主要原因，但有一篇综述对这一观点提出了质疑[25]。

念珠菌在其生命周期中都不会形成气生孢子，可使用基本的预防措施安全处理。加拿大当局规定了针对白念珠菌的BSL-2防护措施，但美国当局还没有规定其生物安全级别[26]。有人提出没有必要对白念珠菌采取BSL-2级防护[27]。依据对不同情况的风险评估，可确定适用的预防措施。在可能出现溅出或喷雾的情况下，建议采取眼睛保护措施。实验室工作人员感染的风险非常低，没有发现实验室获得性念珠菌感染的书面报告。曾经有2例实验室获得性白念珠菌感染发生，但无参考文献支持[26]。然而，在一个未发表的事件中，一名医科女生在做实验时，将大量白念珠菌悬浮液洒在自己腿部，2天后，出现了局部发痒、红斑和毛囊炎。最初局部外用制霉菌素治疗无效，但在口服氟康唑5天后病情得到了缓解[28]。

隐球菌属

新型隐球菌广泛存在于自然界中，与鸽子的粪便和腐烂的木材有关。新型隐球菌最初有四种血清型，即A型、D型、B型和C型，以及一种AD混合型。改变后的命名法则提出如下建议，并得到广泛接受。B型和C型血清型称为格特隐球菌，D型血清型称为新型隐球菌（新生变种），A血清型称为新型隐球菌*grubii*变种。A血清型普遍存在，D血清型在世界范围内发生，但在欧洲较多，AD血清混合型在全球范围内发生，但很少见，B型和C型血清型多见于亚热带和热带[29]。在过去10年中非常意外地发现，血清B型分离株（*C. gattii*）在温带地区的加拿大不列颠哥伦比亚省、美国西北太平洋地区引起感染，大约有200例格特隐球菌感染患者，其中许多感染发生在免疫功能正常的人群中[30, 31]。

新型隐球菌最常见于细胞免疫受损的人群，引起肺部感染和脑膜炎。血清学研究表明，人群广泛暴露在含此种真菌的环境中[32, 33]。尽管对感染的抵抗力很高，但免疫系统正常的人也会在罕见的情况下被感染。这种真菌在自然界中以酵母的形式存在。在实验室中，可以诱导酵母细胞形成丝状孢子结构。目前认为，隐球菌菌丝相的形态也可在自然界中形成，在空气中形成气生孢子并散布在空气中[34]。但因为新型隐球菌在实验室里作为酵母相生长，所以BSL-2级预防措施对于该菌的处理足以保证安全。

肺是隐球菌感染的门户。在实验室，琼脂培养基上生长的酵母细胞不会在空气中传播，而且体

积太大，不能进入肺泡中。然而，干酵母细胞（如来自脱水培养板，或培养的鸟粪）的尺寸可能更小，被认为是一个潜在的危险。在良好的研究条件下（如在相容菌株之间进行结合试验）能够形成担孢子，也应被视为有潜在较高的空气传播风险。

一位技术员在对一名隐球菌病的艾滋病患者采血时，由于针头扎到拇指而感染隐球菌并发病，并被记录在案[35]。另外还报告了2例针刺伤后经皮接种隐球菌的病例，这两名患者均接受氟康唑预防性治疗，未出现感染症状[36]。有两份关于眼睛感染的报告与外科手术有关[37，38]。因此，在可能发生新型隐球菌溅出的情况下，建议采取眼睛保护措施。

其他酵母属

除了念珠菌和隐球菌外，其他酵母型真菌在临床实验室发现得相对较少。马拉色菌在健康人群中可能因美容而感染，也可在接受静脉注射脂质营养的患者中引起血液感染[39]。头状地霉（以前称为头状芽孢杆菌）和毛孢子菌属已知可在免疫缺陷者中造成严重和致命的感染[40，41]。毛孢子菌属能引起健康人轻微的皮肤感染。红酵母属菌在留置导管患者中可引起血液感染[42]。所有这些，以及其他相对少见的酵母菌，都可以采用BSL-1级防护标准安全处理。目前还没有关于这些真菌的实验室获得性感染的报告。

真菌

真菌的生物防护和生物安全问题比酵母菌更具挑战性，因为真菌已经进化形成将气生孢子作为传播机制的能力（图7-1）。前文提到了最危险的真菌，其处理过程中的防护需要关注这些孢子的传染潜力。它们可以通过空气传播及伤口接种，或偶然接触传播（因菌种而异）。虽然其他种类的真菌的孢子传染性较低（如烟曲霉），但处理时也需要采取生物防护措施，因为在某些情况下，它们不但可以在免疫力低下的人中引起感染，而且也能感染免疫功能正常的人。

最近，一个与真菌相关的安全忧虑引起了人们的关注。真菌的代谢产物有300多种，而且被认为是毒素。关于摄入这些最危险的真菌毒素的影响，我们已经知道很多了，但是相对来说，对接触这些毒素的潜在副作用尚知之甚少[43-45]。对于某些真菌来说，真菌毒素会附着在孢子的细胞壁上。在孢子中含有毒素的部分真菌包括互隔链格孢、烟曲霉、黄曲霉、寄生曲霉、禾谷镰刀菌、拟枝孢镰刀菌和黑葡萄穗霉[46]。迄今为止的经验表明，需要暴露在高浓度的此类孢子中才会引起明显的反应[47]。然而，含有高浓度毒素的孢子飘落到身体上有可能造成局部组织损伤[48]。在对真菌毒素通过呼吸道或皮肤暴露对人体健康的影响有更多了解之前，必须落实好暴露预防措施[45]。因此，对于所有的真菌，无论其种类如何，建议使用生物安全柜来控制孢子并防止其扩散。在实验室内控制孢子可以防止敏感人员潜在的感染、真菌毒素暴露和过敏不适，并可以减少其他培养基污染的可能性。

曲霉属

曲霉菌的种类超过250种，在自然界中广泛分布，主要作为腐生生物，但在少数情况下也可作为植物病原体。有几种已被证明会导致人类的侵袭性感染，但只有烟曲霉、黄曲霉，也许还有土曲霉，是常见的致病性曲霉菌。绝大多数感染是由细胞免疫反应低下者吸入分生孢子所致，其中大多数患者的免疫功能严重受损。然而，也有免疫能力正常的人被感染的报道[49，50]。吸入烟曲霉分生孢子还会引起一种非传染性的过敏性肺部疾病，称为过敏性支气管肺曲霉病，多发生于哮喘和囊性纤维化患者[51]。曲霉孢子或菌丝细胞直接侵入也可引发肺部外感染，如曾有腹膜透析导管被污染的患者和角膜或皮肤组织遭受创伤的健康人被感染的报道[52-54]。

慢性真菌性鼻窦炎也可发生于看上去免疫功能正常的人。真菌性鼻窦炎可大体分为过敏真菌性鼻窦炎（AFS）和慢性侵袭性真菌性鼻窦炎[55]。AFS的特征是真菌在鼻窦腔内生长，但不侵入活体组织。AFS有时由曲霉属引起，但更多的是由各种各样的暗色真菌引起。慢性侵袭性真菌性鼻窦炎，顾名思义，会侵袭活体组织，可发生在健康的或免疫功能受损的人群中[56，57]。这种慢性侵袭性鼻窦炎可能是由吸入真菌孢子引起的，有时可能是致命的。尚没有曲霉菌造成实验室感染的报道。在实验室条件下，曲霉菌一般在1天内就开始形成孢子，而且孢子形成量会非常大。虽然这些菌种在健康的成年人中一般不会引起疾病，但通常需要BSL-2级预防措施。因为它们能形成大量孢子并可释放到空气中，培养操作应在BSC内进行。

皮炎芽生菌

皮炎芽生菌是一种常见的双相型真菌性病原体（球孢子菌、组织胞浆菌、副球孢子菌、马尔尼菲青霉和申克孢子丝菌也是），通常会在健康人群中引起感染。由于既无有效的皮肤试验抗原，也没有可靠的血清学检测方法，因此对皮炎芽生菌病流行范围的了解，远不如球孢子菌和组织胞浆菌清楚。皮炎芽生菌主要在北美东部和非洲分布，但在印度、欧洲、中东、中美洲和墨西哥也发现了一些本土病例。其生长所需的生态环境尚不清楚，但越来越多的证据表明，富含腐木和其他有机物的潮湿土壤更有利于这种真菌的生长[58]。

皮炎芽生菌感染通常由吸入孢子引起，但也有经皮肤感染的记录。对处理该种真菌已知菌株的生物防护级别，最近已从BSL-2改为BSL-3[18]。与组织胞浆菌病和球孢子菌病一样，在人类免疫缺陷病毒（HIV）感染患者中也会发生芽生菌病，但仅报道过几十例[59]。由于缺乏可靠的皮肤试验抗原，暴露于这种真菌后能在多大程度上导致亚临床或自限性的感染尚不清楚。已有输入性芽生菌病病例的报告[60，61]，这说明在没有这种真菌病原体地方性流行的地区，实验室人员在处理不明来源真菌时仍应在BSL-2实验室进行，并采取BSL-3级生物防护措施。这些防护措施也应用于疑似含有该种真菌的污染物（如土壤样本）。通过经皮接种酵母相[62，63]和吸入分生孢子[62，64]造成的皮炎芽生菌实验室感染已见报道。犬类芽生菌病很常见，也有人因接触患病动物的组织而感染芽生菌病的报道[65]。

球孢子菌

根据分子指纹鉴定，在2002年将球孢子菌分为粗球孢子菌和*posadasii* 球孢子菌两个种[20]。两种的毒力相同，所采取的防护措施也相同。除了几个基因的核苷酸差异外，两种的地理分布也存在差异[20]。这些真菌是美国西南部、墨西哥、中美洲和南美洲某些沙漠中的腐生菌。粗球孢子菌主要分布在加利福尼亚州，*posadasii* 球孢子菌主要分布在亚利桑那州，但在墨西哥和南美洲也有分布[66]。球孢子菌的孢子很容易被释放，在自然界中可以随气流飘到很远的地方。作为一种真病原体，此真菌对健康人致病，但几乎在所有病例都不过是一种短暂的流行性感冒样的疾病。在流行地区，球孢子菌病是艾滋病患者最常见的感染之一。免疫功能健全的人，可在最初感染球孢子菌数年后才出现症状。偶尔也有在非流行区的实验室里从近期有旅行史的患者中分离出球孢子菌的报道[67]。

球孢子菌的生物安全标准分不同等级。在培养出球孢子菌之前，可采取BSL-2级防护措施，但在培养出球孢子菌后进一步的处理，需采取BSL-3级防护措施[18]。之所以这样区分，是因为许多可能从临床或动物标本中分离培养球孢子菌的实验室并非BSL-3级别实验室。处理怀疑含有球孢子菌的污染物（土壤）应使用BSL-3防护措施。球孢子菌在实验室中的生长和孢子形成的速度非常快，如果存在这些真菌，使用细菌培养皿就会造成严重的危害。因为使用细菌培养皿时，通常在开放式工作台上先打开平板盖，再开始后续的工作。因此，在开放式工作台开始工作之前，须对这些平板霉菌菌落的情况进行评估。如果一个培养皿含有真菌菌落，就只能在二级生物安全柜内打开。由于粗球孢子菌和*posadasii* 球孢子菌的孢子传染性很强，它们是实验室获得性真菌感染的主要原因，而球孢子菌被确定为世界上10种最常见的实验室感染源之一[68]。几乎所有这些感染都是在吸入孢子后发生在肺部[17]，很少有经皮接种和注射器喷溅引起感染的报道[69]。尽管球孢子菌也感染许多动物（哺乳动物除外）[70]，但兽医职业性感染的报道只有一例。在此案例中，一名兽医助理在被一只受感染的猫咬伤后发生感染[71]。

暗色真菌

暗色真菌是全球普遍存在的腐生菌和植物寄生菌。至少有100种被证明会导致人类感染。当暗色真菌接种到有创伤的皮肤、皮下或角膜组织时会引起感染。在吸入孢子后也可能引起鼻旁窦、肺或脑部感染。根据感染后的临床特征和在组织中的形态，暗色真菌引起的感染被称为着色芽生菌病、暗色丝孢霉病或足菌肿，它们之间的区别见文献报道[72，73]。

裴氏着色霉（含monomorpha着色霉）和疣状瓶霉（含美国瓶霉）感染在发达国家很少见。感染主要发生在正常人群中，大多数是在从事植物作业时被受污染的植物弄伤后发生的皮下感染。然而，也有裴氏着色真菌孢子被吸入后引起肺部感染的报道[74]。链格孢属、弯孢菌属、突脐孢属、瓶霉属和其他几个暗色真菌属在经皮植入术后可引起感染，其中许多还可在吸入孢子后引起鼻窦炎[72]，在正常人群和免疫低下的人群中皆可发生。

另外两种暗色真菌，斑替枝孢瓶霉和麦凯泽喙枝孢，引起健康人脑感染的记录达数十次[75，76]。奔马赭霉（奔马疣孢霉）和毛壳菌属的某些种在免疫功能低下的人中也可引起类似的感染。操作这些真菌应在二级生物安全柜内进行。

斑替枝孢瓶霉感染数十名健康人，造成脑损伤，其中大约一半死亡。即便如此，从教学的经验来看，其感染力可能还是相对较低的。1985年以前，每年都开设一门真菌学的医学课程，其中包括实验课，数十名学生在开放式实验台上进行真菌实验，并没有发生意外。到1985年，由于越来越多的人担心这种真菌可能引起肺部感染而非皮肤感染，于是用灭活培养物代替活的真菌。因此，并没有因这些暗色真菌引起实验室获得性感染的报道[77]。然而，2004年俄亥俄州医学研究实验室的几名技术人员，可能因培养皿被意外打开而暴露于斑替枝孢瓶霉孢子（M.A. Ghannoum 2004，私人通讯）。由于不确定培养皿中是否有斑替枝孢瓶霉，尽管感染的风险可能非常低，但任何感染的结果都可能是严重的。因此，制订了口服阿莫罗芬6周的抗真菌治疗方案，用于暴露后预防。该事件无不良后果（E.W. Davidson 2004，私人通讯）。

波氏假阿利什霉、尖端赛多孢菌和多育赛多孢菌被认为是暗色真菌或非暗色真菌，它们的分类还在不断变化。然而，就本章的目的而言，这种区分并不重要[77，78]。这些菌株在环境中很常见，在植入或吸入后可导致免疫功能正常和免疫功能受损的人感染[79，80]。此外，这些真菌经常作为囊性纤维化患者的肺部寄生菌，对抗真菌药物有很强的耐药性。目前尚未发现实验室获得性感染，但建议对孢子采取生物防护措施。

皮肤癣菌

皮肤癣菌分为表皮癣菌属、小孢子菌属和毛癣菌属3个属，30多种，该类菌可侵入角质层、毛发和甲板等角质化结构。这些嗜角蛋白的真菌可以在人与人之间传播，是已知的最常见的传染性感染症之一[81]。该类菌可以依据其人以外的储存环境做进一步的区分。有些真菌，如石膏样小孢子菌，是亲土壤的，可从土壤中分离，与脱落的毛发、皮屑、羽毛等角质化物质一起存在于土壤中。其他种类真菌则有亲动物的，如犬小孢子菌（猫、狗）、疣状毛癣菌（牛）和须癣毛癣菌（牛、马），这些癣菌可以从受感染的动物身上分离出，即使这些动物可能没有症状[81]。有些皮肤癣菌，如奥杜盎小孢子菌，已经进化成人类的病原体，在自然环境中很少被发现。许多皮肤癣菌很容易形成孢子，这些孢子可以存在在临床标本和污染物中，也可以在培养过程中形成[81]。所有这些孢子都可以通过空气传播，因此存在实验室获得性感染的可能性。一篇综述的结论是，须癣毛癣菌似乎是与实验室获得性真菌感染最相关的菌[82]。然而，这些感染似乎与动物有关[83]。最近，已经有了关于源于实验动物的真菌感染的报道[17, 81]。一份是关于真菌培养物相关的获得性感染[81]，但尚未发现与送检皮肤标本培养物相关的获得性感染报告。建议对皮肤癣菌采取BSL-2级防护措施。

镰刀菌属

镰刀菌作为植物病原体和腐生菌在全球广泛分布。医学上，它们最初作为外伤性角膜炎的致病原因而被认知。20世纪80年代初，镰刀菌被认为是烧伤患者焦痂的定植菌。之后几年之内，镰刀菌已成为中性粒细胞减少症患者中可怕的机会性病原体。在这类患者中，血源性扩散非常迅速，如果患者的白细胞生成不能恢复正常，其结果必然死亡。这种快速传播的机制被证明是镰刀菌在侵入血管后向血液中释放一系列孢子所致[84, 85]。

在某些情况下，正常人也可以感染镰刀菌。其中一种情况是脚指甲（特别是大脚趾）的甲真菌病，尽管目前尚不清楚在什么条件下引起感染[86]。另一种情况是健康人外伤后的角膜、皮肤和皮下感染。镰刀菌腹膜炎在腹膜透析患者中已被多次报道[86]。镰刀菌很少能引起急性侵袭性鼻窦炎，无论宿主免疫状况如何[86, 87]。几种真菌毒素与镰刀菌有关[44]。在实验室条件下，镰刀菌生长快，产孢量大。目前没有对镰刀菌属的实验室获得性感染的报道，但建议对镰刀菌属采取孢子的生物防控和BSL-2防护措施。

荚膜组织胞浆菌

荚膜组织胞浆菌目前有3个变种，即荚膜组织胞浆菌荚膜变种、荚膜组织胞浆菌杜波变种和荚膜组织胞浆菌马皮疽变种。前两个变种已从自然界以及受感染的人和动物中分离到，它们还表现出生命周期中的有性部分，属于阿耶罗霉属。荚膜组织胞浆菌腊肠变种目前只从感染的马中分离到。

这3个变种的防护措施都是一样的，因为它们都是强毒力的，而且都能形成孢子经空气传播。吸入孢子后，引起肺部原发感染，随后可扩散到皮肤和内脏器官[88, 89]，经皮肤伤口暴露可引起皮肤感染。在西半球，只发现荚膜组织胞浆菌荚膜变种。它是一种常见的病原体，在六大洲流行，在全球范围内分布最广。其分布与富含各种鸟粪的鸟类栖息地有关，尤其是黑鸟和椋鸟。鸟类并不感染荚膜组织胞浆菌，但在其传播过程中可能发挥一定的作用。蝙蝠的粪便同样有助于该菌的生长，与鸟类不同，蝙蝠可表现出组织胞浆菌病的肠道病变。与大多数真菌一样，在实验室条件下组织胞浆

菌很容易形成孢子。在被确认之前的所有操作都要求采用BSL-2级生物防护，此后的增殖、培养以及其污染物的处理，如土壤和鸟粪等，则需要BSL-3级生物防护措施和设施。由于许多可能接触到荚膜组织胞浆菌的医学实验室不具备BSL-3防护设施，所以提出了不同BSL级别的防护要求。

在临床实验室中，荚膜组织胞浆菌荚膜变种引起感染数量众多，仅次于球孢子菌属[17]。大多数是吸入孢子后的肺部感染，但微生物实验室和尸检过程中的损伤导致的该菌经皮感染也有报道[88-90]。此外，有1例关于组织胞浆菌结膜炎的报道，推测可能由注射器排气时形成的喷雾所致[91]。

毛霉属真菌

米根霉和大多数其他毛霉属真菌作为腐生菌在环境中极为常见，并已进化为主要的植物定植菌[92]。对毛霉属真菌所致的人类感染已经有了充分的认识，在某些情况下还需要格外警惕（如糖尿病酮症酸中毒患者和接受免疫抑制治疗的患者）。这些真菌长得很快，孢子的形成也很快。大多数感染是孢子吸入的结果，但也有一些是创伤性植入引起的，还有一些是接触被浸渍皮肤造成的。尽管没有证据表明吸入孢子对正常人有危险，但建议对孢子进行生物防护。对于所有毛霉，培养物应在生物安全柜内进行处理，以便对孢子进行生物防护。目前尚未有该属真菌造成实验室获得性感染的报道。

巴西副球孢子菌

巴西副球孢子菌是副球孢子菌病的病原体，这种真菌病主要分布在以巴西为主的南美洲，但智利没有病例报告，而在墨西哥和中美洲的流行范围要小得多，仅报告过输入性病例[93]。这种真菌以酵母菌的形式存在于宿主体内，但在较低的温度下以真菌的形式生长。据信，人在吸入空气中的孢子后，感染先由肺部开始，尽管该真菌的自然储存宿主尚未得到令人信服的证明。在培养器皿中很少或没有孢子形成，但BSL-2和BSL-3生物防护措施是必要的。目前还未见与实验室相关的感染。

淡紫拟青霉菌

淡紫拟青霉是一种广泛分布于环境中的腐生菌[94]。它还被美国环境保护署批准为一种农用杀菌剂，用于控制线虫。作为人类的一种机会性病原体，其已成为大型医学实验室中常见的病原体之一。尽管几乎只在免疫功能受损者中引起软组织感染，但健康人角膜损伤后可引起角膜炎。已有受污染的隐形眼镜和护肤液导致淡紫拟青霉菌医源性感染暴发的报道，这可能是其对消毒剂具有较高的耐受力的缘故[84，95，96]。健康人其他部位的感染还包括鼻窦炎和甲真菌病[97-99]。该菌毒力较弱，感染进展缓慢，但对抗真菌药物具有较高的耐药性。目前未见实验室获得性感染的报道，但建议对孢子进行生物防护措施。

马尔尼菲青霉菌

在实验室的竹鼠模型中发现，马尔尼菲青霉菌会导致肝脏损伤[100]。其在自然界中的生存与至少4种竹鼠有关系，推测可能与土壤微生态相关。这种真菌已知的自然分布范围从东南亚一直延伸到印度最东部的一个邦，而这种菌作为艾滋病患者的一种播散性感染在这些地区广泛存在。此外，已有数十名艾滋病毒阴性的人被感染，也有在流行地区的旅行者中检出该菌的报道。1996年，在一个能力测试项目中，美国病理学家委员会（CAP）将这种真菌作为一种盲样，发送到北美的数

百个医学实验室。由于收件人的迅速关注，CAP发出了一封传真信件，说明了盲样为马尔尼菲青霉菌，并指示停止该项目，所有参与者停止工作，并将菌株销毁。这一行动的直接原因是回应对潜在实验室获得性感染的担忧，但更深层的意义是防止由于意外泄漏而扩大这种真菌分布范围的可能性。

马尔尼菲青霉菌的感染谱与荚膜组织胞浆菌相似。在大多数情况下，感染被认为是从呼吸道开始的。然而，在该菌首次被报道的同一年，就有报道称其可在实验室经刺穿伤口而导致感染[100]。而该菌引起的首例肺部感染被认为是第2例实验室获得性感染的病例[101]。由于青霉属其他菌被广泛地认为不具传染性，实验室工作人员在处理青霉属时可能会满不在乎。幸运的是，马尔尼菲青霉菌能产生一种橙红色色素，并扩散到培养基中，这为其菌种鉴定提供了早期指征。马尔尼菲青霉菌操作应在BSL-2级实验室中进行，并采取BLS-3级防护措施[18]。

申克孢子丝菌

申克孢子丝菌在自然界中分布广泛，可以从多种衰老或死亡的植物中分离到。从历史上看，孢子丝菌病主要被认为是一种皮肤/皮下感染，在创伤后由真菌植入真皮或皮下组织引起。据报道，约有20名艾滋病患者合并有该菌感染，而且有播散性感染倾向，包括向中枢神经系统播散[102，103]。

已经有实验室人员因伤口暴露而感染的报告[17，104，105]。1992年的一份报告指出，一名研究人员用杵在研钵内研磨该菌时，因与真菌的简单接触而导致手指出现孢子丝菌病[106]。分子比较表明，手指损伤处分离的菌株与实验菌株为同一株菌[107]，这一发现进一步证实了早期文献中提出的孢子丝菌是可以通过偶然接触传播的推断。

最早的人与人之间传播的报告可追溯到1924年[108]，最近的案例又出现在1990年[109]。在兽医学中也发现了大量的孢子丝菌传播的证据，早在1909年就有因接触猫而感染的病例报道[110-112]。从那时起，至少有150个类似的案例被记录在案。在大多数情况下，并非猫咬伤或抓伤之类的创伤所致。根据这些经验，建议要求在处理这种真菌时戴手套[18]。此外，建议对诊断为孢子丝菌病的患者，须询问是否有受感染的宠物接触史，并调查此类动物对其他人是否有潜在健康风险[112]。

由于吸入分生孢子后可能发生肺部感染，因此在处理培养物时应采取呼吸道防护措施。据报道，大约有100例肺部感染病例，尽管大多数患者都有潜在的疾病，但许多患者似乎具有正常的免疫力[102]。

动物实验的生物安全

在做传染病动物模型实验时，需要考虑生物防护措施。据此，确定了1～4级的动物生物安全体系，并对特定真菌提出了具体的建议[18]。众所周知，一些皮肤癣菌具有人兽共患病的性质，而且皮肤癣菌可以轻易地从动物宿主传染给人。因此，在使用动物皮肤癣菌病模型（ABSL-2）时，应注意戴手套和穿防护服等措施，防止接触传播。如前所述，孢子丝菌也可通过简单接触轻易地从动物传染给人。另外，有2例孢子丝菌病的记录保存完整，由捕获的田鼠咬伤引起[113，114]。孢子丝菌病是一种潜在的严重感染，因此在使用这种真菌病的动物模型（ABSL-2）时，必须谨慎预防皮肤接触。

球孢子菌、荚膜组织胞浆菌和皮炎芽生菌可在系统性感染患者的尿液中排出[115]。关于这种情况是否发生在动物中，以及对研究人员构成何种威胁，尚缺乏完整的资料。曾有两份报告分别报道从实验感染豚鼠的尿液[116]和静脉感染的兔子鼻腔分泌物[117]中检出荚膜组织胞浆菌。新型隐球菌也存在类似的情况，已有研究表明，可以从经鼻腔感染的小鼠笼具垫料中分离出新型隐球菌，却不能从经静脉或腹腔途径感染的小鼠笼具垫料中分离到[118]。据此认为，感染的小鼠是通过咳嗽或呼吸从肺部排出真菌细胞。尚无在动物实验期间因吸入而导致人感染球孢子菌病、组织胞浆菌病、芽生菌病或隐球菌病的报告。推荐在ABSL-2防护下开展这些真菌的动物实验研究，对于使用非注射途径染菌的球孢子菌病动物模型研究，推荐使用ABSL-3级防护[18]。

具体情况下的风险评估可能要求研究人员在进行动物模型研究时采取额外的防护措施。例如，在B和C血清型新型隐球菌（现在称为格特隐球菌）病例中，感染主要发生于健康人，与A、D或AD血清型感染相比，在治疗上更加困难[32]。因此，可能需要实施控制垫料颗粒气溶胶化的措施，如在更换垫料和动物转运时要使用HEPA滤过装置，以及在整个实验过程中使用带有空气交换滤器的生物防护笼具（单独通风的笼具系统）饲养动物。

目前，尚不存在与其他真菌动物模型相关的已知风险。小鼠念珠菌病模型是最常用的动物模型之一。最近对静脉注射建立念珠菌病小鼠模型的工作场所进行生物安全评估时发现，可以从垫料中检出存活的白念珠菌，但其浓度相当低，接触动物垫料、动物搬运工具、相关工作台表面及仪器设备等没有感染的风险[27]，也没有因与受感染动物的工作接触而感染念珠菌病的报告。ABSL-2生物防护措施适宜开展小鼠念珠菌病模型研究。

处理污染物的生物安全

污染物可能从两个方面造成潜在的危害。①它们是潜在的感染源。在医学真菌学的早期，典型的污染物样本是鸟或蝙蝠的粪便，有时与土壤混合。与这些标本相关的真菌有荚膜组织胞浆菌、新型隐球菌和球孢子菌。很少有实验室接受这类材料，而接受这些材料的实验室往往是研究机构，其对土壤和污染物中可能具有传染性、经空气传播真菌孢子的生物防护及处理准则非常熟悉[119]。②近年来，人们对与室内空气质量和水渍建筑材料相关健康问题的兴趣大增，许多商业运营的微生物学实验室现在提供批量材料的相关服务，进行真菌检测和计数。因此，真菌实验室对污染物的研究已成为常事。在这些情况下，令人关注的不是潜在的传染性，而是真菌，它们可能引起变态反应或形成真菌毒素，而这些毒素又可以整合到真菌孢子的细胞壁。

医学标本的生物安全

最后，应考虑对来自人和动物医疗标本采取生物防护措施。与污染物标本相比，医学标本对空气传播真菌感染的危害较小。常规的标本处理和生物防护措施为实验室人员提供了良好的保护，同时保护标本和培养物免受外来污染。来自皮肤癣菌病病例的样本有些不同，最好不要将皮肤碎屑、头发和指甲样本放在密闭容器中运输[43]。因为密闭容器内相对湿度的增加会促进其他微生物的生长，尤其是真菌污染物，这可能会阻碍皮肤癣菌的生长。因此，常用纸或玻璃容器接收和转运皮肤碎片、头发、指甲等标本。应注意确保这些标本碎片不会从包装中掉落，以免可能通过接触引起皮肤真菌感染。

员工的健康和暴露管理

除了迄今所述的生物防护措施外，实验室安全手册和人员培训政策还应规定具体的计划，以应对实验室环境中致病性微生物的意外泄漏。建议每年或每半年进行一次模拟泄漏事件的非正式演习。建议由机构生物安全负责人每年检查实验室设施。

在没有关于预防性抗真菌治疗指南的情况下，一旦发生危险真菌暴露，即使暴露于所有真菌的风险尚不清楚，但暴露于某些真菌的潜在后果都很严重，不管发病还是死亡。因此，鉴于目前有几种有效的口服抗真菌药物相对安全，在一些情况下，实验室工作人员在意外暴露于隐球菌和暗色真菌后应得到预防性治疗（见上文“隐球菌种”和“暗色真菌”）。

由于目前还没有FDA批准的真菌疫苗，因此尚不能对相关实验室工作人员进行免疫预防。然而，仍在持续努力研制有效的球孢子菌疫苗，因为球孢子菌是对微生物实验室人员构成的最大真菌威胁[120-121]。其他真菌，如新型隐球菌和白念珠菌，也被认为是研制疫苗的候选菌[122]。建议采集和保存实验室人员、内务、文员和其他辅助人员的基线血清（因这些人员的工作或多或少与真菌培养有关联），以便在实验室发生疑似真菌，如粗球孢子菌、*posadasii* 球孢子菌、皮炎芽生菌或荚膜组织胞浆菌等暴露时，保存的血清可用于参照和比较[123]。

原著参考文献

[1] Kirk PM, Canon PF, Minter DW, Stalpers JM (ed). 2008. Dictionary of the Fungi, 10th ed. CAB International, Wallingford, U.K.

[2] de Hoog GS, Guarro J, Gené J, Figueras MJ (ed). 2009. Atlas of Clinical Fungi, 3rd ed. Centraalbureau voor Schimmelcultures, Utrecht, The Netherlands.

[3] de Hoog GS, Guarro J, Gené J, Figueras MJ (ed). 2000. Atlas of Clinical Fungi, 2nd ed. Centraalbureau voor Schimmelcultures, Utrecht, The Netherlands.

[4] Merz WG, Hay RJ (ed). 2005. Medical Mycology, 10th ed. Hodder Arnold, London.

[5] Anaissie EJ, McGinnis MR (ed). 2009. Clinical Mycology, 2nd ed. Churchill Livingstone, London.

[6] Kauffman CA, Pappas PG, Sobel JD, Dismukes WE (ed). 2010. Essentials of Clinical Mycology, 2nd ed. Springer, New York.

[7] Howard DH (ed). 2003. Pathogenic Fungi in Humans and Animals, 2nd ed. Marcel Dekker, Inc., New York.

[8] Gilgado F, Cano J, Gené J, Sutton DA, Guarro J. 2008. Molecular and phenotypic data supporting distinct species statuses for Scedosporium apiospermum and Pseudallescheria boydii and the proposed new species Scedosporium dehoogii. J Clin Microbiol 46:766–771.

[9] Park B, Park J, Cheong KC, Choi J, Jung K, Kim D, Lee YH, Ward TJ, O'Donnell K, Geiser DM, Kang S. 2011. Cyber infrastructure for Fusarium: three integrated platforms supporting strain identification, phylogenetics, comparative genomics and knowledge sharing. Nucleic Acids Res 39(Database):D640–D646.

[10] Morris SK, Nguyen CK. 2004. Blastomycosis. Univ Toronto Med J 81:172–175.

[11] Department of Health and Human Services, National Institutes of Health. 2009. NIH Guidelines for Research Involving Recombinant DNA Molecules. 2016 Guidelines http://osp. od. nih. gov/sites/default/files/NIH_Guidelines. html.

[12] Halde C, Valesco M, Flores M. 1992. The need for a mycoses reporting system. Curr Top Med Mycol 4:259–265.

[13] Department of Agriculture. 2005. Part II. Agricultural Bioterrorism Protection Act of 2002; Possession, Use, and Transfer of Biological Agents and Toxins; Final Rule. 70. Title 7 CFR Part 331 and Title 9 CFR Part 121.

[14] Department of Health and Human Services. 2005. Part III. Possession, use, and transfer of Select Agents and Toxins; Final Rule, 70. Title 42 CFR 72 and 73, Office of the Inspector General 42 CFR Part 1003.

[15] Chamberlain AT, Burnett LC, King JP, Whitney ES, Kaufman SG, Berkelman RL. 2009. Biosafety training and incidentreporting practices in the united States: A 2008 Survey of biosafety professionals. Appl Biosaf 14:135–143.

[16] Kimman TG, Smit E, Klein MR. 2008. Evidence-based biosafety: a review of the principles and effectiveness of microbiological containment measures. Clin Microbiol Rev 21:403–425.

[17] Schwarz J. 1983. Laboratory infections with fungi, p 215–227. In Di Salvo AF (ed), Occupational Mycoses. Lea & Febiger, Philadelphia.

[18] Centers for Disease Control and Prevention and National Institutes of Health. 2009. Biosafety in Microbiological and Biomedical Laboratories, 5th ed. U.S. Department of Health and Humans Services, Washington, DC.

[19] Zerwekh JT, Emery RJ, Waring SC, Lillibridge S. 2004. Using the results of routine laboratory workplace surveillance activities to assess compliance with recommended biosafety guidelines. Appl Biosaf 9:76–83.

[20] Fisher MC, Koenig GL, White TJ, Taylor JW. 2002. Molecular and phenotypic description of Coccidioides posadasii sp. nov., previously recognized as the non-California population of Coccidioides immitis. Mycologia 94:73–84.

[21] Department of Health and Human Services. 2002. Part IV. Possession, use and transfer of select agents and toxins; Interim Final Rule, 67. Title 42 CFR Part 73 Title 42 CFR Part 1003.

[22] Department of Agriculture. 2002. Agricultural Bioterrorism Protection Act of 2002. Possession, Use, and Transfer of Biological Agents and Toxins; Interim Final Rule, 67. 7 CFR Part 331 and 9 CFR Part 121.

[23] Odds FC. 1988. Candida and Candidosis, 2nd ed. Baillière Tindall, London, United Kingdom.

[24] Ostrosky-Zeichner L, Sable C, Sobel J, Alexander BD, Donowitz G, Kan V, Kauffman CA, Kett D, Larsen RA, Morrison V, Nucci M, Pappas PG, Bradley ME, Major S, Zimmer L, Wallace D, Dismukes WE, Rex JH. 2007. Multicenter retrospective development and validation of a clinical prediction rule for nosocomial invasive candidiasis in the intensive care setting. Eur J Clin Microbiol Infect Dis 26:271–276.

[25] Schell WA. 2000. Histopathology of fungal rhinosinusitis. Otolaryngol Clin North Am 33:251–276.

[26] Public Health Agency of Canada. 2016. Candida albicans—pathogen safety data sheet. Public Health Agency of Canada, Ottawa. http://www.phacaspc.gc.ca/labbio/res/psdsftss /msds 30 eeng.php.

[27] MacCallum DM, Odds FC. 2004. Safety aspects of working with Candida albicans-infected mice. Med Mycol 42:305–309.

[28] Perfect JR, Schell WA. 2004. Laboratory-acquired Candida albicans skin infection. Personal Commnication.

[29] Litvintseva AP, Kestenbaum L, Vilgalys R, Mitchell TG. 2005. Comparative analysis of environmental and clinical populations of Cryptococcus neoformans. J Clin Microbiol 43: 556–564.

[30] Bartlett K, Byrnes III EJ, Duncan C, Fyfe M, Galanis E, Heitman J, Hoang L, Kidd S, MacDougall L, Mak S, Marr K. 2011. The Emergence of Cryptococcus gattii infections on Vancouver Island and expansion in the Pacific Northwest, p 313–325. In Heitman J, Kozel TR, Kwon-Chung KJ, Perfect JR, Casadevall A (ed), Cryptococcus: From Human Pathogen to Model Yeast. ASM Press, Washington, DC.

[31] Harris J, Lockhart S, Chiller T. 2012. Cryptococcus gattii: where do we go from here? Med Mycol 50:113–129.

[32] Perfect JR, Casadevall A. 2002. Cryptococcosis. Infect Dis Clin North Am 16:837–874, v–vi. PubMed PMID: 12512184.

[33] Goldman DL, Khine H, Abadi J, Lindenberg DJ, Pirofski L-a, Niang R, Casadevall A. 2001. Serologic evidence for Cryptococcus neoformans infection in early childhood. Pediatrics 107:e66.

[34] Hsueh Y, Lin X, Kwon-Chung KJ, Heitman J. 2011. Sexual reproduction of Cryptococcus, p 81–96. In Heitman J, Kozel TR, Kwon-Chung KJ, Perfect JR, Casadevall A (ed), Cryptococcus: From Human Pathogen to Model Yeast. ASM Press, Washington, DC.

[35] Glaser JB, Garden A. 1985. Inoculation of cryptococcosis withouttransmission of the acquired immunodeficiency syndrome. N Engl J Med 313:266.

[36] Casadevall A, Mukherjee J, Yuan R, Perfect J. 1994. Management of injuries caused by Cryptococcus neoformans– contaminated needles. Clin Infect Dis 19:951–953.

[37] Beyt BE Jr, Waltman SR. 1978. Cryptococcal endophthalmitis after corneal transplantation. N Engl J Med 298:825–826.

[38] Perry HD, Donnenfeld ED. 1990. Cryptococcal keratitis after keratoplasty. Am J Ophthalmol 110:320–321.

[39] Tragiannidis A, Bisping G, Koehler G, Groll AH. 2010. Minireview: Malassezia infections in immunocompromised patients. Mycoses 53:187–195.

[40] Martino R, Salavert M, Parody R, Tomás JF, de la Cámara R, Vázquez L, Jarque I, Prieto E, Sastre JL, Gadea I, Pemán J, Sierra J. 2004. Blastoschizomyces capitatus infection in patients with leukemia: report of 26 cases. Clin Infect Dis 38: 335–341.

[41] Pfaller MA, Diekema DJ. 2004. Rare and emerging opportunistic fungal pathogens: concern for resistance beyond Candida albicans and Aspergillus fumigatus. J Clin Microbiol 42:4419– 4431.

[42] Zaas AK, Boyce M, Schell W, Lodge BA, Miller JL, Perfect JR. 2003. Risk of fungemia due to Rhodotorula and antifungal susceptibility testing of Rhodotorula isolates. J Clin Microbiol 41:5233–5235.

[43] Miller JD, Rand TG, Jarvis BB. 2003. Stachybotrys chartarum: cause of human disease or media darling? Med Mycol 41: 271–291.

[44] DeVries JW, Trucksess MW, Jackson LS (ed). 2002. Mycotoxins and Food Safety. Kluwer Academic/Plenum Publishers, New York, N.Y.

[45] Committee on Damp Indoor Spaces and Health, Board on Health Promotion and Disease Prevention. 2004. Damp Indoor Spaces and Health, p. 12–13. The National Academies Press, Washington, DC.

[46] Sorenson WG. 2001 Occupational respiratory disease: organic dust toxic syndrome, p 145–153. In Flannigan B, Samson RA, Miller JD (ed), Microorganisms in Home and Indoor Work Environments. Taylor & Francis, London, England.

[47] Jarvis BB. 2002; Chemistry and toxicology of moulds isolated from water-damaged buildings, p 43–52. In DeVries JW, Trucksess MW, Jackson LS (ed), Mycotoxins and Food Safety. Kluwer Academic/Plenum Publishers, New York, NY.

[48] Pestka JJ, Yike I, Dearborn DG, Ward MD, Harkema JR. 2008. Stachybotrys chartarum, trichothecene mycotoxins, and damp building-related illness: new insights into a public health enigma. Toxicol Sci 104:4–26.

[49] Clancy CJ, Nguyen MH. 1998. Acute community-acquired pneumonia due to Aspergillus in presumably immunocompetent hosts: clues for recognition of a rare but fatal disease. Chest 114:629–634.

[50] Patterson TF, Kirkpatrick WR, White M, Hiemenz JW, Wingard JR, Dupont B, Rinaldi MG, Stevens DA, Graybill JR. 2000. Invasive aspergillosis. Disease spectrum, treatment practices, and outcomes. I3 Aspergillus Study Group. Medicine (Baltimore) 79:250–260.

[51] Knutsen AP, Slavin RG. 2011. Allergic bronchopulmonary aspergillosis in asthma and cystic fibrosis. Clin Dev Immunol 2011:843763.

[52] Anderson LL, Giandoni MB, Keller RA, Grabski WJ. 1995. Surgical wound healing complicated by Aspergillus infection in a nonimmunocompromised host. Dermatol Surg 21:799–801.

[53] Sawyer RG, Schenk WG III, Adams RB, Pruett TL. 1992. Aspergillus flavus wound infection following repair of a ruptured duodenum in a non-immunocompromised host. Scand J Infect Dis 24:805–809.

[54] Hope WW, Walsh TJ, Denning DW. 2005. The invasive and saprophytic syndromes due to Aspergillus spp. Med Mycol 43(Suppl 1) : 207–238.

[55] Ferguson BJ. 2000. Definitions of fungal rhinosinusitis. Otolaryngol Clin North Am 33:227–235.

[56] Deshazo RD. 2009. Syndromes of invasive fungal sinusitis. Med Mycol 47(Suppl 1):S309–S314.

[57] Stringer SP, Ryan MW. 2000. Chronic invasive fungal rhinosinusitis. Otolaryngol Clin North Am 33:375–387.

[58] Burgess JW, Schwan WR, Volk TJ. 2006. PCR-based detection of DNA from the human pathogen Blastomyces dermatitidis from natural soil samples. Med Mycol 44:741–748.

[59] Lortholary O, Dupont B. 2010. Fungal Infections Among Patients with AIDS, p 525. In Kauffman CA, Pappas PG, Sobel J, Dismukes WE (ed), Essentials of Clinical Mycology, 2nd ed. Springer, New York.

[60] Velázquez R, Muñoz-Hernández B, Arenas R, Taylor ML, Hernández-Hernández F, Manjarrez ME, López-Martínez R. 2003. An imported case of Blastomyces dermatitidis infection in Mexico. Mycopathologia 156:263–267.

[61] Marty P, Brun S, Gari-Toussaint M. 2000. [Systemic tropical mycoses]. Med Trop (Mars) 60:281–290.

[62] Denton JF, Di Salvo AF, Hirsch ML. 1967. Laboratory-acquired North American blastomycosis. JAMA 199:935–936.

[63] Harrell ER, Curtis AC. 1959. North American blastomycosis. Am J Med 27:750–766.

[64] Baum GL, Lerner PI. 1970. Primary pulmonary blastomycosis: a laboratory-acquired infection. Ann Intern Med 73:263–265.

[65] Larsh HW, Schwarz J. 1977. Accidental inoculation blastomycosis. Cutis 19:334–335, 337.

[66] Barker BM, Jewell KA, Kroken S, Orbach MJ. 2007. The population biology of coccidioides: epidemiologic implications for disease outbreaks. Ann N Y Acad Sci 1111:147–163.

[67] Verghese S, Arjundas D, Krishnakumar KC, Padmaja P, Elizabeth D, Padhye AA, Warnock DW. 2002. Coccidioidomycosis in India: report of a second imported case. Med Mycol 40:307–309.

[68] Singh K. 2009. Laboratory-acquired infections. Clin Infect Dis 49:142–147.

[69] Trimble JR, Doucette J. 1956. Primary cutaneous coccidioidomycosis; report of a case of a laboratory infection. AMA Arch Derm 74:405–410.

[70] Pappagianis D. 2005. Coccidioidomycosis, p 502–518. In Merz WG, Hay RJ (ed), Medical Mycology. Hodder Arnold, London, UK.

[71] Gaidici A, Saubolle MA. 2009. Transmission of coccidioidomycosis to a human via a cat bite. J Clin Microbiol 47:505–506.

[72] Schell WA. 2003. Dematiaceous Hyphomycetes, p 565–636. In Howard DH (ed), Pathogenic Fungi in Humans and Animals. Marcel Dekker, New York, N.Y.

[73] Mendoza N, Arora A, Arias C, Hernandez C, Madkam V, Tyring S. 2009. Cutaneous and subcutaneous mycoses, p 509–523. In Anaissie EJ, McGinnis MR, Pfaller MA (ed), Clinical Mycology, 2nd ed Elsevier, Inc.

[74] Morris A, Schell WA, McDonagh D, Chaffee S, Perfect JR. 1995. Pneumonia due to Fonsecaea pedrosoi and cerebral abscesses due to Emericella nidulans in a bone marrow transplant recipient. Clin Infect Dis 21:1346–1348.

[75] Jabeen K, Farooqi J, Zafar A, Jamil B, Mahmood SF, Ali F, Saeed N, Barakzai A, Ahmed A, Khan E, Brandt ME, Hasan R. 2011. Rhinocladiella mackenziei as an emerging cause of cerebral phaeohyphomycosis in Pakistan: a case series. Clin Infect Dis 52:213–217.

[76] Horré R, De Hoog GS. 1999. Ecology and evolution of black yeasts and their relatives. Studies Mycol 43:176–193.

[77] Schell WA, Salkin IF, McGinnis MR. 2003. Bipolaris, Exophiala, Scedosporium, Sporothrix, and other dematiaceous fungi, p 825–846. In Murray P et al (ed), Manual of Clinical Microbiology. 2, 8th ed. ASM Press, Washington, D.C.

[78] Sigler L. 2003. Miscellaneous opportunistic fungi: Microascaceae and other ascomycetes, hyphomycetes, coelomycetes and basidiomycetes, p 637–676. In Howard DH (ed), Pathogenic Fungi in Humans and Animals, 2nd ed. Marcel Dekker, New York.

[79] Defontaine A, Zouhair R, Cimon B, Carrère J, Bailly E, Symoens F, Diouri M, Hallet JN, Bouchara JP. 2002. Genotyping study of

Scedosporium apiospermum isolates from patients with cystic fibrosis. J Clin Microbiol 40:2108–2114.
[80] Williamson EC, Speers D, Arthur IH, Harnett G, Ryan G, Inglis TJ. 2001. Molecular epidemiology of Scedosporium apiospermum infection determined by PCR amplification of ribosomal intergenic spacer sequences in patients with chronic lung disease. J Clin Microbiol 39:47–50.
[81] Kane JR, Summerbell R, Sigler L, Krajden S, Land G. 1997. Laboratory Handbook of Dermatophytes: A Clinical Guide and Laboratory Manual of Dermatophytes and Other Filamentous Fungi from Skin, Hair, and Nails. Star Publishing Co., Belmont, CA.
[82] Collins CH, Kennedy DA. 1999. Laboratory-Acquired Infections: History, Incidence, Causes and Prevention, 4th ed. Butterworth Heinemann, Oxford, UK.
[83] Sewell DL. 1995. Laboratory-associated infections and biosafety. Clin Microbiol Rev 8:389–405.
[84] Schell WA. 1995. New aspects of emerging fungal pathogens. A multifaceted challenge. Clin Lab Med 15:365–387.
[85] Liu K, Howell DN, Perfect JR, Schell WA. 1998. Morphologic criteria for the preliminary identification of Fusarium, Paecilomyces, and Acremonium species by histopathology. Am J Clin Pathol 109:45–54.
[86] Dignani MC, Anaissie E. 2004. Human fusariosis. Clin Microbiol Infect 10(Suppl 1):67–75.
[87] Schell WA. 2000. Unusual fungal pathogens in fungal rhinosinusitis. Otolaryngol Clin North Am 33:367–373.
[88] Tesh RB, Schneidau JD Jr. 1966. Primary cutaneous histoplasmosis. N Engl J Med 275:597–599.
[89] Tosh FE, Balhuizen J, Yates JL, Brasher CA. 1964. Primary cutaneous histoplasmosis. Report of a case. Arch Intern Med 114:118–119.
[90] Buitrago MJ, Gonzalo-Jimenez N, Navarro M, Rodriguez-Tudela JL, Cuenca-Estrella M. 2011. A case of primary cutaneous histoplasmosis acquired in the laboratory. Mycoses 54:e859–e861.
[91] Spicknall CG, Ryan RW, Cain A. 1956. Laboratory-acquired histoplasmosis. N Engl J Med 254:210–214.
[92] Sun HY, Singh N. 2011. Mucormycosis: its contemporary face and management strategies. Lancet Infect Dis 11:301–311.
[93] Van Damme PA, Bierenbroodspot F, Telgtt DSC, Kwakman JM, De Wilde PCM, Meis JFGM. 2006. A case of imported paracoccidioidomycosis: an awkward infection in The Netherlands. Med Mycol 44:13–18.
[94] Madsen AM. 2011. Occupational exposure to microorganisms used as biocontrol agents in plant production. Front Biosci (Schol Ed) 3:606–620.
[95] Orth B, Frei R, Itin PH, Rinaldi MG, Speck B, Gratwohl A, Widmer AF. 1996. Outbreak of invasive mycoses caused by Paecilomyces lilacinus from a contaminated skin lotion. Ann Intern Med 125:799–806.
[96] Castro LG, Salebian A, Sotto MN. 1990. Hyalohyphomycosis by Paecilomyces lilacinus in a renal transplant patient and a review of human Paecilomyces species infections. J Med Vet Mycol 28:15–26.
[97] Innocenti P, Pagani E, Vigl D, Höpfl R, Huemer HP, Larcher C. 2011. Persisting Paecilomyces lilacinus nail infection following pregnancy. Mycoses 54:e880–e882.
[98] Rockhill RC, Klein MD. 1980. Paecilomyces lilacinus as the cause of chronic maxillary sinusitis. J Clin Microbiol 11:737–739.
[99] Fletcher CL, Hay RJ, Midgley G, Moore M. 1998. Onychomycosis caused by infection with Paecilomyces lilacinus. Br J Dermatol 139:1133–1135.
[100] Segretain G. 1959. Penicillium marneffei n. sp., agent d'une mycose du systeme reticulo-endothelial. Mycopathol Mycol Appl 11:327–353.
[101] Hilmarsdottir I, Coutellier A, Elbaz J, Klein JM, Datry A, Guého E, Herson S. 1994. A French case of laboratory-acquired disseminated Penicillium marneffei infection in a patient with AIDS. Clin Infect Dis 19:357–358.
[102] Kauffman CA. 1999. Sporotrichosis. Clin Infect Dis 29:231–236, quiz 237.
[103] Galhardo MCG, Silva MTT, Lima MA, Nunes EP, Schettini LEC, de Freitas RF, Paes RA, Neves ES, do Valle ACF. 2010. Sporothrix schenckii meningitis in AIDS during immune reconstitution syndrome. J Neurol Neurosurg Psychiatry 81:696–699.
[104] Harrell ER. 1964. Occupational Diseases Acquired from Animals. The University of Michigan School of Public Health, Ann Arbor, MI.
[105] Dunstan RW, Reimann KA, Langham RF. 1986. Feline sporotrichosis. J Am Vet Med Assoc 189:880–883.
[106] Cooper CR, Dixon DM, Salkin IF. 1992. Laboratory-acquired sporotrichosis. J Med Vet Mycol 30:169–171.
[107] Cooper CR Jr, Breslin BJ, Dixon DM, Salkin IF. 1992. DNA typing of isolates associated with the 1988 sporotrichosis epidemic. J Clin Microbiol 30:1631–1635.
[108] Forester HR. 1924. Sporotrichosis. Am J Med Sci 167:55–76.
[109] Jin XZ, Zhang HD, Hiruma M, Yamamoto I. 1990. Mother-andchild cases of sporotrichosis infection. Mycoses 33:33–36.
[110] Barros MB, Schubach TP, Coll JO, Gremião ID, Wanke B, Schubach A. 2010. [Sporotrichosis: development and challenges of an epidemic]. Rev Panam Salud Publica 27:455–460.
[111] Barros MB, Schubach AO, do Valle AC, Gutierrez Galhardo MC, Conceição-Silva F, Schubach TM, Reis RS, Wanke B, Marzochi KB,

Conceição MJ. 2004. Cat-transmitted sporotrichosis epidemic in Rio de Janeiro, Brazil: description of a series of cases. Clin Infect Dis 38:529–535.

[112] Arenas R. 2005. Sporotrichosis, p 367–384. In Merz WG, Hay RJ (ed), Topley & Wilson's Microbiology and Microbial Infecctions. Medical Mycology. Hodder Arnold, London, UK.

[113] Frean JA, Isaäcson M, Miller GB, Mistry BD, Heney C. 1991. Sporotrichosis following a rodent bite. A case report. Mycopathologia 116:5–8.

[114] Moore JJ, Davis DJ. 1918. Sporotrichosis following mouse bite with certain immunologic data. J Infect Dis 23:252–265.

[115] Kwon-Chung KJ, Bennett JE. 1992. Medical Mycology. Lea & Febiger, Philadelphia, PA.

[116] Reid JD, Scherer JH, Herbut PA, Irving H. 1942. Systemic histoplasmosis. J Lab Clin Med 27:419–434.

[117] Daniels LS, Berliner MD, Campbell CC. 1968. Varying virulence in rabbits infected with different filamentous types of Histoplasma capsulatum. J Bacteriol 96:1535–1539.

[118] Nosanchuk JD, Mednick A, Shi L, Casadevall A. 2003. Experimental murine cryptococcal infection results in contamination of bedding with Cryptococcus neoformans. Contemp Top Lab Anim Sci 42:9–12.

[119] Ajello L, Weeks RJ. 1983. Soil decontamination and other control measures, p 229–238. In DiSalvo AF (ed), Occupational Mycoses. Lea & Febiger, Philadelphia, PA.

[120] Cole GT, Xue JM, Okeke CN, Tarcha EJ, Basrur V, Schaller RA, Herr RA, Yu JJ, Hung CY. 2004. A vaccine against coccidioidomycosis is justified and attainable. Med Mycol 42: 189–216.

[121] Xue J, Chen X, Selby D, Hung CY, Yu JJ, Cole GT. 2009. A genetically engineered live attenuated vaccine of Coccidioides posadasii protects BALB/c mice against coccidioidomycosis. Infect Immun 77:3196–3208.

[122] Mochon AB, Cutler JE. 2005. Is a vaccine needed against Candida albicans? Med Mycol 43:97–115.

[123] McGinnis MR. 1980. Laboratory Handbook of Medical Mycology. Academic Press, New York, NY.

[124] Butka BJ, Bennett SR, Johnson AC. 1984. Disseminated inoculation blastomycosis in a renal transplant recipient. Am Rev Respir Dis 130:1180–1183.

[125] Ramsey FK, Carter GR. 1952. Canine blastomycosis in the United States. J Am Vet Med Assoc 120:93–98.

[126] Larson DM, Eckman MR, Alber RL, Goldschmidt VG. 1983. Primary cutaneous (inoculation) blastomycosis: an occupational hazard to pathologists. Am J Clin Pathol 79:253–255.

[127] Sorensen RH, Cheu SH. 1964. Accidental cutaneous coccidioidal infection in an immune person. A case of an exogenous reinfection. Calif Med 100:44–47.

[128] Subcommittee on Oversight and Investigations, Committee on Energy and Commerce, House of Representatives. 2008. Germs, Viruses, and Secrets: The Silent Proliferation of Bio-Laboratories in the United States. Serial No. 110-70. U.S. Government Printing Office,Washington, DC.

[129] National Insitute of Allergy and Infectious Diseases, National Institutes of Health. Recombinant DNA Incident Reports 1977–May 2010. Freedom of Information Act case 377372010.

[130] Wilder WH, McCollough CP. 1914. Sporotrichosis of the eye. J Am Med Assoc LXII:1156–1160.

8

细菌性病原体

TRAVIS R. McCARTHY, AMI A. PATEL,
PAUL E. ANDERSON, DEBORAH M. ANDERSON

细菌的毒力因子

内毒素

细菌内毒素是革兰氏阴性菌外膜组成成分，对热稳定，由菌体裂解后释放，活菌也可持续释放内毒素。内毒素可引起全身炎症反应，且与败血症及慢性炎症相关[1]。革兰氏阴性菌外膜表面成分的75%由脂多糖（lipopolysaccharide，LPS）构成，其余为外膜蛋白，作为分子进出的通道，以此介导与外界环境的相互作用[2]。脂多糖由3部分构成：脂质A、核心多糖和聚糖（即O抗原）。脂质A作为配体，通过与宿主细胞表面、细胞内膜和细胞质的受体结合而刺激产生炎症反应[3]。许多细菌病原体，如弗朗西丝菌、耶尔森菌、布鲁菌和柯克斯体合成另一种形式的脂质A，在哺乳动物宿主中产生较小的刺激，显著抑制了宿主早期炎症反应，从而促进疾病的发生。

外毒素

细菌利用特定的嵌入细胞膜，并跨越包膜（革兰氏阳性菌为肽聚糖；革兰氏阴性菌为外周胞质和外膜）的蛋白结构分泌蛋白。目前已确立了9种外毒素分泌系统，其中有8种分布于革兰氏阴性菌中，1种在革兰氏阳性菌中。这些分泌系统与分泌外毒素或其他与毒力因子，与细菌毒力、在环境中存活和（或）动力相关[4]。细菌携带编码分泌机制、具有显著遗传保守性的基因，其中许多编码基因位于可变遗传元件。Ⅲ型分泌系统常与肠杆菌科的毒力有关。沙门菌、志贺菌、大肠埃希菌、假单胞菌和耶尔森菌等依赖Ⅲ型分泌系统，向宿主细胞的细胞质中注入蛋白后，重新编程细胞事件和基因表达，以增强其毒力。细胞内寄生的革兰氏阴性菌，如军团菌、柯克斯体属和布鲁菌依赖于Ⅳ型分泌系统，从含有细菌的液泡中识别并分泌200多种蛋白进入细胞质。这些蛋白可操纵液泡成熟、营养运输、液泡膜溶解和细胞程序性死亡，共同为病原体提供免疫逃逸机制并建立复制生态位[5]。毒素分泌也经常通过Ⅴ型分泌系统完成。革兰氏阳性菌，如分枝杆菌、葡萄球菌和某些杆菌，编码与毒力相关的Ⅶ型分泌系统。分泌系统也可用于组装附着在细胞上的细胞外结构，如菌毛，这对黏附靶细胞至关重要，在发病机制中起着核心作用。

生物膜

许多细菌都可以产生胞外聚合物（extracellular polymeric substance，EPS）基质，用以应对外界环境的变化，如营养不足[6]。胞外聚合物促进了细菌细胞间和细胞表面的黏附，同时有利于群体协同，通过捕获营养物质以提高生存能力。对于有些细菌，如链球菌、葡萄球菌和假单胞菌来说，胞外聚合物对于黏附组织和细胞至关重要，并且可以提供抗生素耐药性。生物膜促进建立慢性感染过程，增强对吞噬作用和抗菌肽的抗性。在多种微生物共存的环境中，生物膜有利于与异源菌种近距离接触，这是基因水平交换（如抗生素耐药性的转移）的必备条件。

休眠

形成芽孢及休眠状态是革兰氏阳性菌在人体和动物宿主体内存活的重要形式。杆菌和梭菌能编码完善的芽孢形成系统，在营养不足和其他环境信号诱导下，可激活其表达，导致休眠芽孢的产生。这些芽孢能在非常恶劣的环境条件下长时间存活。当条件有利时，芽孢萌发。炭疽芽孢杆菌在其动物宿主死亡时形成芽孢，可以在土壤中休眠数十年，直到被易感宿主吸入，在其肺部萌发。对于这些微生物来说，芽孢是感染的形式，而由芽孢萌发产生的活性细胞，其产生的毒素和其他毒力因子可以导致疾病。

结核分枝杆菌不形成芽孢，但可以在宿主肺部启动休眠状态[7]。休眠的分枝杆菌不引起炎症或疾病症状，但是重新激活后可导致急性肺结核，这一过程的机制尚不清楚。

抗生素耐药性

当今时代，许多感染人类的病原菌对抗生素产生耐药，数量惊人。葡萄球菌、肠球菌、克雷伯菌、拟杆菌、分枝杆菌和沙门菌等对多种抗生素产生耐药，以至于出现没有抗生素可选的局面。耐药性可通过多种机制获得，并逐渐发展为一种遗传特性，可随着感染传播在病原体中扩散。许多细菌天生具有内化DNA的能力，而且常常在多种微生物共存的环境（如哺乳动物消化道或生物膜）中传播耐药性。在这种环境中，活细胞和死细胞的DNA可以被受体细胞吸收。因此，在灭活细菌样本，特别是那些携带抗生素耐药基因的样本时应特别注意。

宿主对细菌感染的应答

炎症

中性粒细胞对促炎症细胞因子的趋化作用使其向感染部位汇聚，以应对细胞外细菌感染。由于促炎症细胞因子的快速、大量产生，导致组织破坏。血液中有高水平促炎症细胞因子循环的状态被称为败血症。当病原体相关分子结构（pathogen-associated molecular pattern，PAMP）（如脂多糖、肽聚糖和核苷酸）刺激膜结合受体或模式识别受体（pattern-recognition receptor，PRR）时，启动促炎细胞因子表达。刺激PRR激活促炎基因以及Ⅰ型干扰素（IFN）、一氧化氮合酶和其他非特异性免疫物质的表达。细胞内的炎症小体与细胞质中的脂质A、肽聚糖和小核苷酸等细菌产物结合后被激活，促使细胞释放促炎细胞因子白介素1β（IL-1β）和IL-18。对于呼吸道感染而言，如果炎症得不到控制就会造成肺泡充血和上皮细胞坏死，迅速加重病情。这一炎症过程会使宿主迅速衰弱，但为细菌提供了营养。许多致病菌，包括布鲁菌和疏螺旋体，可诱导慢性炎症，导致关节炎、心内膜炎或其他炎症性疾病。慢性炎症是细菌清除不彻底的结果，但即使在感染清除后也可能发生。

Ⅰ型干扰素是抗病毒反应的重要组成部分，然而其在细菌感染中的作用是有害的[8]。Ⅰ型干扰

素可激活炎症反应，但也与败血症和炎症小体介导的细胞死亡的激活有关。细胞内PRR激活Ⅰ型干扰素的表达，目前还没有证据表明细菌可以完全阻止其表达。李斯特菌、分枝杆菌、葡萄球菌、沙门菌和耶尔森菌都是感染过程中激活Ⅰ型干扰素表达，促进疾病进程的典型代表，而Ⅰ型干扰素在细菌感染的过程中对宿主有益的例子则少之又少。

伴随着炎症反应释放的一氧化氮对大多数微生物病原体都是有害的，然而，兼性厌氧菌可以利用环境中的一氧化氮促进其生长[9]。因此，在肠道或肺部环境中，炎症可改变其微生物群，更有利于肠道杆菌和假单胞菌等致病菌的生长。

自噬

自噬是细胞从细胞质中回收物质的过程，在细菌清除等过程中发挥重要作用[10]。细菌的自噬也叫异种吞噬。细胞膜通常来源于内质网，其被吸引至胞质中的细菌周围，形成液泡将病原细菌封闭在其中。液泡随后与溶酶体融合，在溶酶体中细菌被溶解。对许多感染来说，自噬在非特异免疫中起着重要作用。自噬还可以导致程序性细胞凋亡，作为一种清除细胞内病原体的机制[11]。军团菌和分枝杆菌等胞内致病菌可阻止自噬，而柯克斯体（立克次体科）、布鲁菌、弗朗西丝菌和无形体等，可将自噬作为一种生存机制，用来建立复制生态位和（或）获取营养。

程序性宿主细胞死亡

目前已知的细菌感染除了毒素介导细胞裂解外，还可通过细胞凋亡、细胞焦亡、坏死性凋亡和其他调控坏死途径诱导程序性的细胞死亡。宿主细胞死亡的可能结局，包括病原菌的复制和炎症反应，虽然是正常机体免疫系统对入侵病原体免疫应答必需的步骤，但通常会引起组织损伤、感染的扩散和疾病的进展。在某些情况下，这一过程十分紧急，以致用抗生素控制感染的效果也会很快就开始减弱，甚至无法避免严重的疾病。细菌的分泌系统通常诱导细胞程序性死亡，以促进感染。下面我们简要总结已知的参与宿主应对细菌感染程序性细胞死亡的途径。

细胞凋亡

真核生物通过凋亡介导细胞程序性死亡，以进行细胞物质的再循环并清除受损细胞。对于哺乳动物的免疫系统来说，中性粒细胞在成功抵御细菌感染后发生凋亡，以降低炎症反应信号[12]。巨噬细胞是清除凋亡细胞的主要细胞，这一过程称为胞葬作用（通过吞噬作用去除垂死或死亡细胞的过程）。除了诱导抗炎反应外，携带活菌的中性粒细胞的胞葬作用还会导致感染的扩散。分枝杆菌和无形体等致病菌可通过此路径扩大感染。一些病原体，如李斯特菌，通过诱导细胞凋亡来消除固有免疫系统的效应细胞。另一些致病菌，如嗜肺军团菌，在胞内复制后诱导细胞凋亡，以此扩散到邻近细胞。结核分枝杆菌将抑制巨噬细胞凋亡作为一种致病机制[13]。在细胞凋亡过程的起始阶段，细胞膜发生转化，滤泡形成，这为胞葬作用提供了信号，也就是所谓的“吃掉我”信号。酶对宿主细胞DNA的损伤导致DNA断裂，随之细胞完整性被破坏，导致细胞死亡。

细胞焦亡

通过细胞焦亡对宿主细胞的裂解，向固有免疫系统发出警报，诱导由IL-1β（与发热相关）介导的强烈的前期炎症反应，激活中性粒细胞清除胞内病原体[14]。细胞焦亡是由一种被称为“炎性小体”的多蛋白复合物引起的，而炎性小体可对细胞质内的异常反应做出应答。多类炎性小体可识别细菌毒素或其他孔形成蛋白破坏宿主细胞膜的过程，并激活蛋白酶驱动通路，破坏细胞完整性，导致成熟的IL-1β和IL-18的释放。近年来，人们逐渐认识到，焦亡对宿主细胞有利也有弊。细菌毒力因子，特别是沙门菌、耶尔森菌、大肠埃希菌所具有的Ⅲ型分泌系统，将诱发焦亡作为清除免疫细

胞，侵入上皮或黏膜，促进向邻近细胞扩散，或引起临床反应的机制，从而导致病原体的传播[11]。

坏死性凋亡

坏死性凋亡是炎性宿主细胞死亡的另一种形式，它激活宿主细胞质膜上的信号通路，诱导细胞膜的破裂，释放能够激发炎症反应和中性粒细胞聚集的“警报器”[15]。坏死性凋亡被定义为依赖于RIP1和RIP3激酶程序性细胞坏死。细菌毒素，如葡萄球菌毒素，可通过激活Fas配体和肿瘤坏死因子-α受体等所谓的“死亡受体”诱导坏死性凋亡。虽然这个过程可能因为炎症反应（如细胞焦亡）的发生而具有保护性，但它也可能被毒力因子激活而促进感染。

调控性坏死的非坏死性凋亡

中性粒细胞胞外诱捕网症（NETosis）发生在中性粒细胞中，导致具有抗菌作用的中性粒细胞胞外诱捕网（neutrophil extracellular traps，NET）的控制性释放[16]。多腺苷二磷酸核糖聚合酶［poly（ADP-ribose）polymerase，PARP］蛋白，如PARP1，修饰靶蛋白以消耗细胞NAD+，导致细胞坏死，这种细胞死亡形式被称为PARP1依赖性细胞死亡。PARP1在细胞凋亡过程中被蛋白水解失活以维持细胞凋亡所必需的能量储备，但如果PARP1过度活跃，则会导致细胞坏死。

生物危害控制：法律、指南和风险分组

在美国，联邦指南由职业安全与健康管理局、疾病预防控制中心、美国国立卫生研究院、美国农业部和其他为寻求应对生物危害的个人和机构提供信息的机构联合出版。州、县和市级公共卫生部门在其管辖范围内有自己的生物危害材料使用法规，有些州、县、市还设有自己的生物安全委员会来审查生物危害材料的使用。在全球范围内，世界卫生组织发布了生物制剂工作指南，许多国家也资助生物制剂研究项目，并印制本国的生物安全指南。这些指南都旨在通过提供具有可靠来源的标准化信息来帮助机构、研究人员和生物安全专业人员来确定如何安全地处理工作中所涉及的生物制剂。每个从事生物危害材料工作的人都有责任了解并熟悉这些指南和法规。尽管这些指南还将在本书的其他章节中进一步介绍，我们还是在下面提供了与本章相关的示例和信息。

风险分级

风险分级（risk group，RG）是指根据危害性质对生物因子进行分类。在美国，感染因子的RG分类由NIH公布，并纳入《NIH关于重组和合成核酸分子研究指南》（NIH指南）中。大多数病原菌属于RG2级（通常在健康人中引起自限性疾病，并通过直接接触传播），有些属于RG3级（在健康成人中引起严重、可治的疾病，除了直接接触外，还可通过暴露于气溶胶传播）。目前还没有天然存在的细菌被归为RG4级病原（在人类中引起严重的致命性疾病，有时甚至是无法治疗的疾病）。RG分级主要关注健康人感染后所致疾病的传染性和严重程度，以及有无有效治疗策略。许多其他国家的政府和组织在其管辖范围内发布病原体RG等级建议。

生物安全等级

生物安全等级是指针对生物因子可能造成危害的程度，为防止人员、环境和社区受到伤害而提供足够保护的级别。与RG类似，4个BSL代表随着生物安全等级的提高而需要更强的隔离保护。BSL-1用于对健康成人几乎没有风险的病原体，而BSL-4适用于对社区具有高风险的，具有高发病率和高死亡率的病原体。细菌病原体因所致疾病的发病和死亡的严重程度一般为中至高度，且通常是可治的，生物安全级别属于BSL-2或BSL-3。当对细菌病原操作过程中产生气溶胶风险较高时，应当选择BSL-3级防护。值得注意的是，某个RG等级中的病原体并不一定意味着它必须在相应的控

制级别下处理。病原体应当在哪一个BSL等级下操作，需要由生物安全专业人员进行严格的风险评估，需要综合考虑细菌的致病性、对实验室工作人员和周围环境的风险、计划的实验活动，以及实验室工作人员的培训和技能水平。

生物管制病原和毒素

美国卫生和公众服务部和农业部列出了他们认为对公共健康和安全、动物健康、动物产品和（或）植物健康构成严重威胁，需要加强管制的病原体和毒素。这些生物管制病原和毒素（biological select agents and toxin，BSAT）由联邦管制病原项目（federal select agent program，FSAP）监管。需要使用BSAT的公司和机构要在FSAP登记后才能拥有、使用或运输这些病原或毒素。FSAP法规侧重于BSAT的物理安全性以及操作使用病原和毒素的个人的安全性，这些法规可以在《联邦登记簿》（*Federal Register*）中找到（42 C.F.R. Part 73，7 C.F.R. Part 331，9 C.F.R. Part 121）。检验单位使用这些法规以及在BMBL和《NIH指南》中公布的指南来评估风险并选择合适的生物安全防护措施。违反生物管制病原法规会受到严厉的惩罚和刑事处罚。本节中介绍的许多细菌性病原体都被归为管制病原。

双重应用

随着科学技术的不断进步，制造重组病原生物变得更容易、更快速、更安全。尽管这项研究的目的是好的，包括研发新型疫苗和新疗法，但很明显，包括本章后面讨论的许多细菌在内的一些具有重大个人和公共卫生价值的病原体，也可能会被改造成对公众造成危害的菌株。管制病原法规的制订是为了确保管制病原和毒素的物理安全性。与其不同，《美国生命科学双重应用研究监管政策》旨在保护美国科学家研发的知识、信息、产品或技术不被谬用，以免对公众造成危害。包括炭疽芽孢杆菌、类鼻疽伯克霍尔德菌、土拉热杆菌和鼠疫耶尔森菌在内的所有一级管制病原都受到双重应用法规的监管。

革兰氏染色阳性的细胞外细菌性病原体

葡萄球菌属

葡萄球菌是广泛存在的革兰氏染色阳性人类病原体，可引起皮肤和软组织感染以及严重的侵袭性疾病。葡萄球菌感染的一个常见特征是复发，因为基本不会产生天然免疫[17]。最近出现的具有抗生素耐药性的金黄色葡萄球菌，即耐甲氧西林金黄色葡萄球菌和社区获得的MRSA（CA-MRSA）进化株，是金黄色葡萄球菌通过水平转移获得毒力基因和耐药基因的变体，显示出了金黄色葡萄球菌的遗传可塑性。人通常在鼻孔中携带金黄色葡萄球菌，在皮肤表面也普遍存在。CA-MRSA的侵袭性更强，是引起葡萄球菌性肺炎、骨髓炎、血液感染和心内膜炎的常见病原体。金黄色葡萄球菌产生大量毒素，并分泌与毒力有关的免疫逃逸蛋白，且能在植入性医疗设备上形成生物膜。葡萄球菌毒素也可引起胃肠道疾病。葡萄球菌可以在中性粒细胞中存活并形成脓肿，为其重要特征，能够在气溶胶中和物体表面长时间存活，并且通常通过手接触传播[18]。

老年人、留置导尿管患者、糖尿病患者或其他免疫功能低下者是侵袭性葡萄球菌病发生的高危人群。目前还没有获得许可的预防葡萄球菌感染的疫苗。葡萄球菌需要在BSL-2防护条件下操作以保护工作人员。大量培养MRSA或耐万古霉素金黄色葡萄球菌的操作，建议采用BSL-3级防护，包括使用生物安全柜和呼吸保护装置，对产生气溶胶的操作尤其重要。

链球菌属

链球菌属是一组不产生芽孢的革兰氏阳性细菌，对医学、工业和构成动物及人类的正常菌群具有重要意义。链球菌可根据其在血琼脂平板上的溶血特性以及对其细胞壁组分的血清群鉴定进行分类。α-溶血性链球菌能氧化红细胞内血红蛋白分子中的铁，使其在血琼脂上呈现绿色。β-溶血性链球菌能导致细菌菌落周围区域内的红细胞完全溶解，形成清晰可见的溶血环。γ-溶血性链球菌不会引起溶血。根据细胞壁碳水化合物抗原的Lancefield分类法（链球菌沉淀反应分类法，译者注）和发酵模式，通过血清学反应，可对链球菌分为A至T特异性血清群[19]。A群链球菌，尤其是化脓性链球菌，能够引起链球菌性咽喉炎、猩红热和脓疱病以及非化脓性疾病，如风湿热、肺炎和肾小球肾炎[20-22]。无乳链球菌是一种B群链球菌，能够引起新生儿败血症和婴儿脑膜炎。其他群的链球菌能引起多种疾病，包括龋齿（由变形链球菌引起）、心内膜炎（由D群链球菌引起）、脓肿和坏疽[23]。

最常见的与人类疾病有关的链球菌是A群链球菌，以呼吸道感染（咽炎或扁桃体炎）或皮肤感染（皮肤脓肿）最常见。然而，继发的免疫性疾病不能直接归因于细菌的传播，但具有医学意义。由于化脓性链球菌的细胞膜具有与人类心脏、骨骼、平滑肌以及心脏瓣膜成纤维细胞和神经元组织相似的抗原，因此可以导致身体对自身组织产生免疫反应，如在急性风湿热、风湿性心脏病、急性肾小球肾炎和与链球菌感染相关的小儿神经精神疾病中所见[24, 25]。链球菌的相关操作建议在BSL-2防护条件下进行。

肺炎球菌

肺炎球菌由90多种已知血清型的肺炎链球菌组成，菌体呈柳叶状，革兰氏染色阳性，兼性厌氧，是导致儿童和成人社区获得性肺炎、脑膜炎和菌血症的主要病原体[26]。肺炎球菌是呼吸道的常见菌，根据人群和居住环境的不同，可从5%～90%的健康人的鼻咽中分离出来。据估计，每年约有900 000美国人感染肺炎球菌性肺炎，其中有5%～7%的人死于该病[27, 28]。当肺炎球菌侵入身体无菌部位时，感染被认为是“侵入性的”。例如，肺炎球菌可以侵入血液，引起菌血症；可以侵入大脑和脊髓周围的组织和液体，引起脑膜炎。2岁以下儿童和65岁以上的成年人，以及具有某些基础性疾病（如心血管和肺部疾病、免疫抑制、白血病和全身使用皮质类固醇）的人群，面临更高的风险[29]。尽管早在1912年就已有文献记载耐药性肺炎球菌感染，但直到20世纪后半叶，临床分离的抗生素耐药和多重耐药菌株才比较常见[3, 30, 31]。自2000年以来，在高危人群中推广接种肺炎球菌结合疫苗（PCV13）和肺炎球菌多糖疫苗（PPSV23），对减少儿童疾病非常有效，但其对老年人的效果仍存在争议[32, 33]。

炭疽芽孢杆菌

炭疽芽孢杆菌是严重急性人兽共患病、炭疽的致病因子。与其他芽孢杆菌一样，炭疽芽孢杆菌能够形成芽孢，在极端环境条件下可长期存活[34]。炭疽常见于美国西部，与牛和其他牲畜的炭疽有关。人类在接触土壤和被感染的动物及其制品，或食用烹饪不当的肉类时会接触到炭疽芽孢杆菌的芽孢而被感染。炭疽的繁殖体不具有传染性。从历史上看，炭疽最常见的临床表现形式是皮肤、肺部和胃肠道感染。然而，近年来，静脉吸毒者中炭疽的传播有所增加，导致注射性炭疽病例的出现[35]。最常见是皮肤炭疽，通常表现为暴露部位的局部坏死灶，导致无痛性焦痂。抗生素治疗有效。

最严重的是肺炭疽或吸入性炭疽，即使积极采用抗生素治疗，病死率依然很高。吸入的芽孢经巨噬细胞运输到纵隔和支气管周围淋巴结，炭疽繁殖体被聚-D-谷氨酸荚膜（poly-D-glutamic acid capsule）包裹，逃避机体的免疫系统通过血液播散，并释放毒素。炭疽毒素是由PA或保护性抗原组成的三联AB毒素，PA与细胞结合并负责EF（水肿因子）和LF（致死因子）的转运[36]。EF是一种腺苷环化酶，其增加细胞内cAMP，导致水肿。LF是一种锌依赖性金属蛋白酶，对宿主细胞具有细胞毒性，可使病情迅速发展、急速恶化，并导致死亡。肺部炭疽通常有一个重要的特征，就是患者在病情快速恶化和死亡前，有一段短暂的精神恢复期。

目前获批的可用于预防炭疽的疫苗是基于PA抗原的，可产生中和抗体[37]。AVA（炭疽疫苗吸收物）是一种含有PA和少量LF的过滤上清液，人类已使用了60年。然而，该疫苗很可能由于LF的存在而产生很强的反应，仅在可能发生职业性暴露的情况下推荐使用。PA抗体已获准与抗生素联合，用于暴露后预防性治疗。在有可能暴露于炭疽芽孢杆菌气溶胶的情况下，建议采用BSL-3级防护。鉴于其具有被改造成基因工程耐药菌株的潜在风险，可通过气溶胶传播以及其芽孢的环境稳定性，炭疽芽孢杆菌被归为一级管制病原。

猪红斑丹毒丝菌

猪红斑丹毒丝菌是一种革兰氏染色阳性、不形成芽孢的兼性厌氧菌，广泛存在于全世界的陆地和海洋动物中。这种病原体在陆地和海洋环境中无处不在，能够在环境中长期存活，并且可以感染包括人类及多种动物。猪红斑丹毒丝菌通常经皮肤感染，其导致的疾病小到局部皮肤损伤（类丹毒），大到败血症和心内膜炎[38]。猪红斑丹毒丝菌可存在于实验室动物中，感染通常发生在与带菌的动物、排泄物或土壤接触的职业暴露过程中，会出现单个或多个皮肤隆起性损伤（通常在手部，但可以播散到其他部位）并引起疼痛，但以无脓液为特征，3周后自愈。局部感染很少发生败血症，但一旦发生败血症，往往会发生由于充血性心力衰竭而导致的严重的心内膜炎和死亡。该菌可表达一种抗吞噬的荚膜和多个细胞表面蛋白，参与黏附宿主细胞。目前已确认，猪红斑丹毒丝菌有多种血清型，其中两种主要的血清型与疾病有关。对猪红斑丹毒丝菌的诊断可能很困难，而且其对包括卡那霉素、新霉素和万古霉素在内的许多抗生素具有天然的耐药性。猪红斑丹毒丝菌感染不会产生天然免疫，但敏感的抗生素治疗有效，且很容易被消毒剂杀灭。青霉素G是治疗猪红斑丹毒丝菌感染的首选药物。建议采取BSL-2预防措施。

胃肠道病原体

拟杆菌属

拟杆菌是革兰氏阴性厌氧菌，是人类肠道正常菌群的组成部分，占肠道微生物种群的5%以上[39]。通常情况下，拟杆菌，尤其是脆弱拟杆菌，与侵入性感染有关，而这种侵入性感染可能是致命的。脆弱拟杆菌合成的多糖荚膜具有抗吞噬作用，但能刺激肠道黏膜$CD4^+$T细胞的发育，产生抗炎细胞因子IL-10。在致病过程中，脂多糖有助于免疫逃逸，刺激脓肿的形成，并且容易形成抗原变异。在成人中，与拟杆菌有关的疾病包括腹腔脓肿、穿孔和坏疽性阑尾炎、妇科感染、皮肤和软组织感染、心内膜炎和心包炎、菌血症、败血症，甚至脑脓肿和脑膜炎。

拟杆菌是一种新发现的MDR（耐多药）病原体，携带耐药基因，对青霉素、头孢菌素、四环素以及碳青霉烯和5-硝基咪唑类抗生素具有耐药性。因此，MDR拟杆菌造成的感染具有很高的病死率[40]。尽管拟杆菌属于正常菌群，但由于其致病特性，建议在BSL-2实验室进行与拟杆菌有关的操作。

艰难梭菌

艰难梭菌是一种可形成芽孢的革兰氏阳性菌，通常引起小肠结肠炎，是院内感染的主要病原体[41]。年龄是引起炎性肠病的一个危险因素，而这种炎性肠病可能是致命的。人群易感性受到肠道菌群的影响，抗生素治疗破坏了肠道菌群，增加了艰难梭菌芽孢萌发的机会。艰难梭菌通过食入芽孢传播，芽孢也可以通过空气传播，且可以长期存活。艰难梭菌的实验室工作推荐在BSL-2条件下进行。

肠道细菌

弧菌科

弧菌是一种革兰氏阴性细菌，天然存在于水生环境中，其中的一些弧菌能够感染人类。最常见的致病性弧菌——霍乱弧菌，生长在环境中的一种生物膜内，这种生物膜可以使这些弧菌长时间耐受营养缺乏[42]。霍乱弧菌的致病机制与产生霍乱毒素有关，该毒素由霍乱弧菌噬菌体编码，该噬菌体还编码一种毒素调节菌毛（TCP），使霍乱弧菌能够附着在小肠黏膜。在肠道环境中诱导产生毒素，引起的严重水样腹泻，可在感染后数小时至数天内造成电解质和体液失衡，导致死亡，尤其是在幼儿中。人类是目前已知唯一的霍乱弧菌天然宿主，自然界中存在200多种霍乱弧菌的血清群，其中只有少数（主要是O1和O139群）引起人类霍乱。疾病的易感性与包括血型在内的遗传因素和维生素A缺乏有关。由于细菌对胃酸敏感，导致感染所需的细菌数量非常高，而且人们普遍认为实验室培养的菌株的感染剂量尤其高。当接触来自患者样本的菌株时，感染剂量会显著降低。霍乱弧菌可通过受污染的食物、水或污染物传播。用支持性补液疗法纠正电解质失衡可有效控制病情。目前已有针对O139血清群[43]霍乱弧菌的疫苗（亦有O1群霍乱疫苗，译者注）。

已知的100种弧菌中有12种对人类具有致病性。副溶血性弧菌和创伤弧菌仅次于霍乱弧菌，也是常见的致病性弧菌。弧菌引起的疾病通常是自限性的，以腹泻为主要症状，但这些病原体也可通过开放性伤口侵入，可在48 h内导致败血症和死亡[44]。2004—2013年，德国报告了13例由非霍乱致病性弧菌引起的败血症，其中5例死亡。细菌通过受污染的食物传播，并在人类粪便中排菌。副溶血性弧菌是世界上最常见的因食用未煮熟的鱼而致病的病原体，而创伤弧菌通常是通过食用受污染的生蚝而感染。恶性肿瘤、肾上腺功能不全、肝硬化或糖尿病患者，以及血铁水平高的人，患败血症和感染弧菌死亡的风险更大。侵入性弧菌感染可以用包括氟喹诺酮类和头孢菌素在内的抗生素进行治疗[45]。建议在BSL-2条件下操作弧菌。

弯曲菌属

弯曲菌是一种革兰氏染色阴性的厌氧（或微需氧）菌，可引起人兽共患病。与人类疾病有关的肠道弯曲菌主要有空肠弯曲菌和大肠弯曲菌。这种细菌可以感染许多动物，包括绵羊和鸡[46]。通常，接触受污染的肉类，尤其是禽肉，可造成弯曲菌感染，但感染可以通过生奶或未经巴氏灭菌的牛奶传播，也可能通过水等环境传播。儿童、老年人和免疫功能低下者感染弯曲菌后，更容易发生严重的并发症，包括菌血症、肝炎和胰腺炎。弯曲菌病通常是一种自限性腹泻，症状出现于感染后2～5天。用支持性补液疗法可以纠正电解质紊乱，能有效控制病情。侵入性感染可用四环素、喹诺酮类和阿奇霉素等抗生素进行治疗[47]。由于养禽业滥用抗生素，目前已经出现了耐药菌株。感染者可能没有症状，但仍可排出细菌。建议在BSL-2条件下操作弯曲菌。

幽门螺杆菌

幽门螺杆菌是一种革兰氏阴性菌，寄生在胃部的强酸环境中。据估计，全世界有一半的人感染幽门螺杆菌。在儿童时期，家庭成员之间的经口传播被认为是幽门螺杆菌主要的传播途径，而且一旦感染，将终身携带[48]。大多数人患有慢性轻度胃炎，在大约10%的病例中，幽门螺杆菌感染会发展为消化性溃疡、黏膜相关淋巴组织淋巴瘤或胃腺癌。幽门螺杆菌产生一种毒素，诱导上皮细胞凋亡，并导致疾病[49]。毒素的变异性很大，强毒株导致人发生严重疾病的风险更高。联合使用抗生素和质子泵抑制剂通常可以有效治疗幽门螺杆菌感染，但耐药菌株正在出现[50]。目前还没有获得批准的疫苗。建议在BSL-2条件下进行幽门螺杆菌的相关试验。

肠杆菌科

肠杆菌科细菌包括埃希菌属、志贺菌属、沙门菌属、变形杆菌属、克雷伯菌属、肠杆菌属、沙雷菌属、枸橼酸杆菌属和耶尔森菌属。其中许多细菌，包括克雷伯菌、埃希菌、枸橼酸杆菌和耶尔森菌，能感染包括肺在内的其他组织，从而导致严重的肺炎和败血症。

大肠埃希氏菌

产志贺氏毒素的大肠埃希菌（STEC），包括O157:H7（也称为Vero细胞毒素大肠埃希菌或VTEC），是人兽共患病原体。据估计，全世界每年有2 800 000例食源性感染与之有关，病死率约为0.01%[51]。STEC是出血性腹泻的主要原因，超过10%病例会发展为溶血性尿毒症综合征（HUS），病死率为3%～5%。HUS的症状包括溶血性贫血、急性肾衰竭和血小板减少。STEC是肠出血性大肠埃希菌（EHEC）的一个亚组。STEC可产生一种或多种由噬菌体编码的志贺毒素[52]，该毒素阻碍核糖体蛋白合成，产生细胞毒性。此外，EHEC和肠致病性大肠埃希菌（EPEC）利用分泌系统促进对上皮细胞的黏附，进而破坏肠上皮微绒毛。对EHEC的治疗主要采取支持疗法，因为使用抗生素会导致细菌裂解并释放储存的毒素，从而促进HUS的发展。有携带EHEC超过6个月的报道，带菌者也可以传播疾病。目前还没有获准的EHEC疫苗。

EPEC在儿童和成人中引起持续性腹泻，在发展中国家曾引发多起暴发性疫情[54]。EPEC有200多种血清型。除了分泌系统可以调节黏附和破坏上皮微绒毛外，EPEC还编码有助于黏附的菌毛[55]。EPEC分泌性蛋白抑制细胞吞噬作用，诱导宿主炎症反应，进而促进疾病发生发展。

肠产毒性大肠埃希菌（ETEC）感染可导致非炎症性水样腹泻，目前仅在人类中发现。在大肠埃希菌中，ETEC是引起腹泻最常见的原因[56]。ETEC产生不耐热肠毒素（LT）和（或）耐热肠毒素（ST），是主要致病因子。ETEC之所以能黏附在肠上皮上，是因为其至少能表达20种黏附素，这使得细菌可以在黏膜上皮定植，随后产生LT/ST，诱导腹泻。由于ETEC毒株的多样性和ST的免疫原性较差，目前还没有获得批准的ETEC疫苗。由于LT与霍乱毒素高度同源，因此抗霍乱毒素疫苗可以提供较低的交叉保护效果。建议所有的大肠埃希菌都在BSL-2条件下操作。

沙门菌

肠道沙门菌可引起非伤寒和伤寒以及侵入性感染，是目前非洲南部和亚洲部分地区发病的主要原因。此外，多重耐药正在变成一个值得关注的问题，据报道有30%～75%的是MDR菌株[57]。氟喹诺酮类抗生素和头孢菌素对这些菌株的治疗效果较差，在非洲耐药菌感染病例占50%以上[58]。侵袭性非伤寒肠道沙门菌（iNTS）（如STS313）可引起血液感染，病死率很高（10%～30%），尤其在幼儿中更是如此。疟疾、HIV感染、镰状细胞性贫血和营养不良可增加iNTS的死亡风险。iNTS菌株和肠炎沙门菌亚种Typhi的进化包括基因组退化伴功能缺失性基因突变，这在胃肠道定居所需的基因中尤其普遍[59]。伤寒的发热无特征性，可导致败血症和转移性化脓感染[60]。伤寒沙门菌只感染人类，没有动物或环境储存宿主，感染后可以形成病原携带状态，粪便和尿液中可连续多年检测出病菌[61]。

沙门菌通过接触受污染的食物或水传播。一些菌株只感染人，另一些菌株也可以感染动物。人感染NTS通常表现为自限性的小肠结肠炎，与食用受污染的食物有关。目前获得批准的伤寒沙门菌疫苗有全细胞灭活疫苗以及多糖疫苗，已被证明有效[62]。尚没有获准的可以预防肠炎沙门菌的疫苗，当前研发重点是减毒活疫苗。建议及时使用抗生素治疗NTS感染。沙门菌可导致相当比例的实验室获得性感染，建议在BSL-2实验室进行相关试验。

志贺菌

志贺菌只感染人类，尤其是儿童。志贺菌是革兰氏阴性细菌，在全世界分布。然而，志贺菌病的流行主要限于公共卫生薄弱的发展中国家[56]。志贺菌病是一种急性肠道感染，临床表现从水样腹泻到伴有血和黏液的严重炎症性细菌性痢疾。志贺菌的感染剂量非常低，大约只需10 CFU。在感染过程中，志贺菌利用分泌系统内化于上皮细胞，进入细胞内的志贺菌脱离液泡后，进入细胞质生长繁殖，通过聚合并解聚细胞支架肌动蛋白，不断扩散到邻近的细胞。目前还没有针对志贺菌病的疫苗（译者注，美国没有，中国已经有国产痢疾疫苗）。抗生素用于治疗严重感染。建议在BSL-2条件下操作志贺菌。

耶尔森菌属

小肠结肠炎耶尔森菌和假结核耶尔森菌

所有的耶尔森菌均由动物携带，引起人类感染时通常发生于淋巴组织。耶尔森菌是革兰氏阴性细菌，对多种广谱抗生素敏感。假结核耶尔森菌和小肠结肠炎耶尔森菌引起的耶尔森菌病，是典型的自限性发热性胃肠炎，症状类似于阑尾炎、腹泻、肠系膜淋巴结炎和末端回肠炎[63]。耶尔森菌病会引起败血症，尤其是在铁过量的患者中。小肠结肠炎耶尔森菌非常复杂，目前已确认有60个血清型，其中11个与人类疾病有关。相比之下，假结核耶尔森菌中引起人类疾病的菌株相对较少。假结核耶尔森菌和小肠结肠炎耶尔森菌通常不引起致死性疾病，建议在BSL-2条件下进行相关实验。人耶尔森菌病的潜伏期为5～10天。免疫功能低下的人感染后更容易发生败血症和脑膜炎等严重疾病，甚至死亡。假结核耶尔森菌与引起鼠疫的病原菌——鼠疫耶尔森菌亲缘关系最近，鼠疫耶尔森菌是从近5000年前进化而来的[64]。

鼠疫耶尔森菌

与假结核耶尔森菌不同，鼠疫耶尔森菌是一种由跳蚤传播的人兽共患传染病病原体，可引起腺鼠疫、肺鼠疫和败血症型鼠疫。从历史来看，由于鼠疫耶尔森菌的人兽共患性、媒介的生命周期，以及其强烈的毒力，鼠疫已导致了3次全球大流行。21世纪，鼠疫在四大洲流行，2000—2010年，全世界，包括美国在内，报告了超过11000例鼠疫病例[65]。肺鼠疫可通过吸入鼠疫耶尔森菌气溶胶传播，且患者通常在7天内死亡。早期的抗生素治疗通常是具有保护性的，然而患者病情进展迅速，一般是到明确诊断时已无法医治[66]。鼠疫，尤其是肺鼠疫，即使是在地方性流行的地区，治疗也仍是一个挑战，而且已经从鼠疫患者中分离出了抗生素耐药菌株[67-69]。

人吸入鼠疫耶尔森菌后有一个短暂的潜伏期，此时患者无症状[70]。一般认为鼠疫耶尔森菌能够侵入肺泡并进行复制，并最终引起强烈反应，但炎症反应不严重。细菌和宿主相互作用引起组织损伤，使鼠疫耶尔森菌经血液播散，进而导致严重的败血症[71]，患者通常死于肺炎和（或）败血症伴血小板减少[71]。人肺鼠疫的典型症状是高热（＞38.6℃），发热通常是首先出现的症状，一旦出现发热，抗生素治疗就很难奏效。

目前尚无获得许可的人用鼠疫的疫苗[72]。近期，对基于两种主要蛋白抗原（CaF1和LcrV）的亚单位疫苗进行了大量研究[73, 74]。目前已经有几个平台在推进关于这两种抗原疫苗的研究，并且很可能最终会有一种或多种疫苗获准使用。建议对实验室工作人员、军事人员或其他高危暴露人员实施医疗监测计划。实验室获得性鼠疫病例很少，但最近一名实验室工作人员感染后发生败血症型鼠疫，并导致死亡。这是目前已知的唯一由所谓的无色素突变株鼠疫耶尔森菌引起的致死性人类感染，该菌株缺乏从宿主中摄取铁的能力。目前认为遗传性血色素沉着病会增加对无色素鼠疫耶尔森菌的易感性，这可能与血液中铁水平升高有关[75, 76]。如果在实验室中鼠疫耶尔森菌发生意外泄漏或怀疑接触了鼠疫耶尔森菌，应接受7～10天的暴露后抗生素治疗。对鼠疫耶尔森菌野生株需要采取BSL-3级预防措施，包括无色素突变株在内的减毒株可在BSL-2条件下进行处理。鼠疫耶尔森菌被归为一级管制病原。

假单胞菌

假单胞菌属

在假单胞菌属中，作为条件致病菌的铜绿假单胞菌是目前认识最深且和医学最相关的一种，菌体呈杆状，革兰氏染色阴性，兼性厌氧菌，与人类健康密切相关。假单胞菌产生多种毒素，与其毒力密切相关。免疫功能低下者、囊性纤维化（cystic fibrosis，CF）患者、艾滋病患者和烧伤患者感染此菌后，发生严重疾病的风险很大，病死率也很高[77-79]。

铜绿假单胞菌引起的呼吸道感染可分为一过性和持续性两种。一过性感染通常发生在重症监护病房或轻度肺损伤的患者中，可以通过抗生素进行治疗，而持续性或慢性感染通常发生在CF患者中，可能持续数十年[80, 81]。铜绿假单胞菌广泛存在于环境中，常见于医院的病床护栏、地板和水槽中，并且能通过污染物和其他媒介传播。由于其能够在有生命和无生命的物体表面形成生物膜，并且即使在清洗之后，仍可存在于手术器械和显微镜上，因此增加了在医院就诊期间传播的风险。医院获得性感染（hospital-acquired infection，HAI）在全球普遍存在。

铜绿假单胞菌具有获得MDR基因、形成生物膜和快速形成多种药物外排系统的能力，使其对抗生素产生越来越强的耐药性，具有重要的临床意义[82-84]。最近，从世界各地的医院患者中分离出了高度分化且可能具有超强毒力的菌株，对人类健康的威胁越来越大[85]。目前治疗铜绿假单胞菌感染的抗生素包括氟喹诺酮类抗生素、抗假单胞菌β-内酰胺类抗生素和氨基糖苷类抗生素。对这些药物均耐药的MDR铜绿假单胞菌，可使用多黏菌素进行治疗[86]。建议在BSL-2条件下操作铜绿假单胞菌。

伯克霍尔德菌属

鼻疽伯克霍尔德菌和类鼻疽伯克霍尔德菌是革兰氏阴性菌，分别引起人兽共患病——鼻疽病和类鼻疽病。两种细菌在人工培养基上生长良好，是细胞内寄生菌，通过逃避吞噬并阻断宿主细胞肌动蛋白纤维聚合系统，实现细胞间的播散，多核巨细胞的形成也促进了该菌在细胞间的传播[87]。这两种细菌都可以通过气溶胶或与破损皮肤接触传播。

鼻疽病是一种常见于马、骡子和驴的疾病，可传染给人类。马感染后会发生明显的肺部感染，伴有溃疡性皮肤病变和淋巴管增厚，进而出现全身性疾病。人感染后在皮肤或黏膜上会形成溃疡性病变，然后是淋巴结炎和败血症，如果不治疗通常会有生命危险。吸入鼻疽伯克霍尔德菌可引起原发性肺炎。

类鼻疽病是一种类似鼻疽的疾病，可为急性、亚急性或慢性。急性感染的潜伏期很短，只有

2～3天，慢性或潜伏感染该疾病可持续数年[88]。在东南亚和澳大利亚北部，绵羊、山羊、猪、马和其他动物中都发生过类鼻疽流行，但这些动物似乎不是类鼻疽伯克霍尔德菌的天然储存宿主。亚急性感染为在人感染后，初始暴露部位出现局部病变，继而可能形成菌血症。通过吸入被感染组织和体液的培养物或气溶胶后，通常引起肺炎，并伴有发热和白细胞增多，从而导致肺上叶进一步病变。慢性感染通常不伴有发热，在免疫抑制或其他感染后，可能会再次发病。糖尿病患者感染后发生严重疾病的风险较高。如果不治疗，病死率很高。即使用抗生素进行治疗，也容易复发。

目前尚无预防鼻疽或类鼻疽的疫苗。建议在BSL-3条件下操作该菌。鼻疽伯克霍尔德菌和类鼻疽伯克霍尔德菌为美国卫生和公众服务部和农业部管制病原项目共同监管的病原体，在保存、处理和运输方面受到限制。

其他革兰氏阴性细胞外寄生病原菌

不动杆菌属

鲍曼不动杆菌是革兰氏阴性的条件致病菌，可在免疫功能低下者中引起皮肤、软组织感染和肺炎[89]。在土壤和水中长时间存活，能抵抗消毒剂。目前已经分离到的MDR菌株，对所有常用抗生素均耐药[90]。建议在BSL-2条件下操作不动杆菌。

百日咳鲍特菌

百日咳鲍特菌是一种引起急性呼吸道感染的再发病原菌，近年来已成为一个主要的公共卫生问题。百日咳鲍特菌是一种革兰氏阴性、多形性的需氧球杆菌，可引起婴儿、儿童和成人百日咳（pertussis/whooping cough）。其他百日咳鲍特菌（副百日咳鲍特菌和霍氏百日咳鲍特菌）也可在人类中引起百日咳样疾病，但症状较轻[91，92]。百日咳的症状包括低热、流涕和呼吸暂停（婴儿），持续1～2周，然后是剧烈而快速的咳嗽，伴有特征性的鸡鸣样回声、乏力和呕吐。该病恢复缓慢，症状可持续长达10周。百日咳具有高度传染性，通过气溶胶在人与人之间传播[93]。百日咳鲍特菌感染呼吸道纤毛上皮和巨噬细胞，并分泌毒素和其他毒力因子，引起局部和全身症状[94，95]。由于该病具有高度传染性，建议对感染者进行隔离以预防本病流行。

尽管百日咳在世界许多地方被认为是一种地方病，但由于一些国家的监测基础设施有限，估计发病数每年都有很大的差异[96]。由于全细胞百日咳疫苗具有潜在的严重不良反应，因此在婴儿和儿童中通常接种无细胞百日咳疫苗，如果需要，青少年和成人也需要接种该种疫苗[97]。红霉素、阿奇霉素、克拉霉素或甲氧苄啶–磺胺甲噁唑，可用于治疗百日咳。建议在BSL-2条件下操作百日咳鲍特菌。

肺炎克雷伯菌

肺炎克雷伯菌是一种革兰氏染色阴性条件致病菌，可引起肺炎、菌血症、肝脓肿和尿路感染。广泛存在于环境中，可以在土壤、水以及医疗设备中被发现[98]。肺炎克雷伯菌可经口或呼吸道传播，能定植于黏膜组织并抵抗宿主的先天免疫防御。最近，出现了耐碳青霉烯的肺炎克雷伯菌，特别是在医院中，其中一些菌株已经获得了非常严重的耐药性。因此，目前无有效的抗生素可用[90]。此外，有研究者从严重疾病患者中分离出了超强毒力菌株。建议在BSL-2条件下操作肺炎杆菌。

奈瑟菌属

奈瑟菌属中有两种菌对人类致病，即淋病奈瑟球菌和脑膜炎奈瑟菌。这两种菌在遗传上高度

相似（它们具有约80%的DNA同源性），但其在人类宿主体内的感染部位明显不同[99]。淋病奈瑟球菌（淋球菌）引起淋病、女性盆腔炎和男性附睾炎。淋球菌是人类特有的病原体，不能在环境中存活，也不能感染实验动物。该菌能够在感染过程中通过改变其抗原特征来逃避免疫识别。无论男性还是女性均可以作为慢性无症状感染者而带菌。然而，即使是亚临床感染也可能导致生殖系统的严重后果，应该在发现后及时治疗。除了泌尿生殖道感染外，淋病奈瑟球菌还会引起眼部感染。耐青霉素和喹诺酮类药物的淋球菌已在全球流行[100, 101]。

脑膜炎奈瑟菌，也称脑膜炎球菌，可引起脑膜炎和败血症。在非流行时期，多达5%～10%的健康人群携带脑膜炎奈瑟菌[102, 103]。脑膜炎球菌受荚膜保护，并具有强力的溶血素，进入血液后会引起弥散性血管内凝血和中枢神经系统感染，特别是在幼儿中。据报道，许多实验室相关感染与脑膜炎奈瑟菌有关[104]。建议在BSL-2条件下操作脑膜炎奈瑟菌和淋病奈瑟球菌。

巴斯德菌属

巴斯德菌属是革兰氏染色阴性杆菌，其中部分是人兽共患病病原体，可导致许多种人类疾病。多杀巴斯德菌广泛存在于世界各地的农场，以及家畜和野生动物中，可导致出血性败血症，是猫、狗咬伤人类后造成伤口感染最常见的原因。当病原体通过破损的皮肤传染给人类时，也会发生轻微的感染。这种细菌可以在人类正常菌群中定植，并可能在人与人之间传播。巴斯德菌在暴露后数小时至数天发病，通常表现为感染部位的局部肿胀，伴有压痛、红斑和明显的疼痛。在少数患者中，临床表现先是低热和局部淋巴结肿大，然后是自限性关节炎、腱鞘炎和骨髓炎。在实验室接触猫（感染率为50%～90%）和狗（感染率为50%）的工作人员更容易感染多杀巴斯德菌[105]。

溶血性巴斯德菌存在于被感染的家禽家畜的上呼吸道，在牛和羊中造成疾病流行，在鸡和火鸡中引起家禽霍乱。肺炎巴斯德菌常见于大鼠和小鼠的呼吸道和胃肠道，可引起某些啮齿类动物的肺炎和（或）败血症。人被感染动物咬伤后可能会出现轻微的病症。尿巴斯德菌存在于动物体内，与混合性呼吸道感染有关，引起人的慢性感染。

目前还没有预防感染巴斯德菌的人用疫苗。青霉素是治疗多杀巴斯德菌的首选药物，可预防猫抓伤后感染。建议在BSL-2条件下操作巴斯德菌或处理可能感染巴斯德菌的动物。

螺旋体

疏螺旋体属

回归热疏螺旋体可引起流行性回归热，并通过体虱从动物传播给人。地方性回归热是由赫姆斯疏螺旋体引起的，通过赫姆斯蜱传播。在美国，只发现了地方性回归热感染。疏螺旋体可以在冷冻血液中存活数月。蜱传播的疏螺旋体可以在蜱间传播，也可以传染给人类，但是回归热疏螺旋体不能在虱间传播。人感染疏螺旋体后可产生抗体，但疏螺旋体经常改变其抗原结构，从而逃避获得性免疫。保护性免疫只有在3～10次反复感染后才会产生，而且持续时间往往很短暂。在死亡病例中，螺旋体可见于脾脏、肝脏和其他器官，还可感染脑脊液引起脑膜炎。在每一次复发结束时，疏螺旋体从血液中消失，并且可能潜伏在大脑中。初次感染潜伏期为3～10天，随后出现寒战、发热、肌痛、关节痛、头痛、体温升高和败血症。原始感染螺旋体变异成新变种会引起头痛和反复发热，这种变异是针对先前感染后产生抗体的选择所导致。地方性回归热的病死率通常很低，但回归热疏螺旋体在流行期间感染的病死率可高达30%。目前没有可用的疫苗。据报道，目前已有超过45例实验室获得性回归热感染，使其成为由细菌感染引起的第七大常见实验室相关感染[106]。用四

环素、红霉素或青霉素进行短程治疗通常可以有效地阻断感染。与疏螺旋体有关的操作需要采取BSL-2级防护措施。据报道，疏螺旋体可通过眼、鼻和口腔黏膜造成实验室感染。体外寄生虫感染了疏螺旋体也可以传给实验室工作人员。

伯氏疏螺旋体感染可引起发热和虚弱症状，是在康涅狄格州莱姆市的一次典型的暴发疫情中被首次发现，通过鹿硬蜱感染的动物传播。所致疾病被称为莱姆病，表现为特有的皮肤病变，并伴有轻重不一的流感样症状。感染晚期，常见关节痛和关节炎。螺旋体一般存在于血液、脑脊液和皮肤病变中。对伯氏疏螺旋体进行实验室连续传代后，其毒力迅速丧失。在人工培养基上，从蜱唾液中分离的伯氏疏螺旋体比从人体组织中分离的更容易培养。从人标本分离的各种菌株在DNA同源性、质粒和形态学上表现出异质性。被感染的蜱必须接触人体至少24 h才能确保伯氏疏螺旋体的有效传播。其他啮齿动物和鸟类也可以作为储存宿主。

被蜱叮咬后3天～4周发生缓慢扩张的皮肤病变是莱姆病典型的体征，具有诊断意义。皮肤病变呈环状和扁平状，具有明显的红色区域，称为慢性移行性红斑。螺旋体在皮肤病灶中繁殖，数量明显增加（第1阶段）；在接下来的数周或数月内扩散至血液、局部淋巴结、肌肉骨骼和器官（第2阶段）；在接下来的几个月或几年中进入第3阶段，即持续感染阶段，表现为慢性神经系统症状、关节炎和其他症状，症状范围从关节痛到脑膜炎伴发热、面神经麻痹、疼痛性神经根神经炎，并伴随心脏损伤。在环状皮肤病变等早期症状出现时，用四环素、多西环素、阿莫西林或青霉素G治疗有效，虽然可使病情得到控制，但容易再次感染。在早期接受青霉素或红霉素治疗的患者中，约有50%仍有头痛和关节痛等轻微并发症。有一种人用疫苗已被批准使用。目前还没有报道与伯氏疏螺旋体有关的实验室相关感染。建议在BSL-2条件下操作伯氏疏螺旋体。

钩端螺旋体

钩端螺旋体是螺旋体的一个属，既包含有致病性种群，又有可独立生存的腐生种群。肾型钩端螺旋体是一种革兰氏染色阴性的专性螺旋体，有230多个血清型，具有致病性，可引起钩端螺旋体病。钩端螺旋体病是一种重要的人兽共患病，在世界范围内，尤其是在温带和热带地区传播[107]。由于在中国、印度、巴西、尼加拉瓜和美国城区内无家可归者中广泛暴发的疫情，最近钩端螺旋体病被列为一种再发传染病，大多数疫情与暴雨和洪水有关[108-110]。由于卫生条件差，钩端螺旋体病成了城市贫民中存在的普遍问题，这使得钩端螺旋体病更容易传染给人。钩端螺旋体在大鼠、小鼠、豚鼠、牛和狗等动物储存宿主中形成地方性循环[111, 112]。螺旋体在肾小管中定植，并随尿液排入湖泊和池塘。目前已知，钩端螺旋体能在被污染的水、土壤和植被中存活数周。人类是钩端螺旋体的偶然宿主，通过擦伤的皮肤或黏膜或饮用受污染的水而感染。感染后可能会通过尿液排出感染性螺旋体，并持续数周[111]。钩端螺旋体进入宿主细胞后，穿过极化的细胞单分子层，并停留在非吞噬性宿主细胞的吞噬泡中，从而逃避宿主的免疫杀伤作用。钩端螺旋体在感染后几分钟内就可以从血液中分离出来，并在感染72 h内播散到多个器官。钩端螺旋体病临床过程通常有两个阶段，其症状可能仅是亚临床感染，也可能是致死的肺部疾病。急性期表现为发热、头痛、寒战、恶心、呕吐和持续1周的严重肌痛等症状，5%～10%的患者进展至第二阶段，可因肾、心脏或呼吸衰竭而死亡。钩端螺旋体病引起肺部感染的病例越来越多，由于急性呼吸窘迫综合征往往造成多器官衰竭，肺部感染的病死率较高[111, 112]。

钩端螺旋体已知的毒力因子是表面蛋白，可介导其和宿主细胞之间的相互作用。分泌蛋白也被认为在钩端螺旋体毒力中发挥作用，但目前还没有被证实。LPS特异性抗体具有保护作用[111]。在感染早期使用青霉素和四环素等抗生素治疗可减轻病情，而每周使用多西环素治疗可为接触受污染的水、土壤和受感染动物的高危人员提供预防性保护。已经有兽用和人用的全细胞钩端螺旋体疫苗。然而，由于免疫效果的血清特异性和疫苗的不良反应，人们对这种疫苗的使用还存在担忧[107，113]。目前也有几例实验室获得性钩端螺旋体病的报道。建议在BSL-2条件下操作钩端螺旋体。

细胞内寄生病原体

分枝杆菌属

结核病（TB）是由结核分枝杆菌群（包括结核分枝杆菌、牛分枝杆菌、田鼠分枝杆菌、非洲分枝杆菌、山羊分枝杆菌和海豹分枝杆菌）中的任意一种菌引起的疾病。结核分枝杆菌是引起结核病最常见的病原菌，属于兼性胞内寄生菌，通过阻断吞噬溶酶体正常的成熟路径，而持续寄生于巨噬细胞和其他吞噬细胞内[114，115]。在急性病程中，结核菌突破干酪样肉芽肿的自然免疫防线后播散至全身。在随后的潜伏感染期，结核菌在肉芽肿内的恶劣环境中生存，很少或没有代谢活动。潜伏感染后的继发性结核病，通常与由于年龄增长或艾滋病毒感染等引起宿主免疫系统功能下降而导致潜伏感染的结核菌被激活有关。肺结核可以潜伏多年后复发。据估计，世界上多达1/3的人口可能曾暴露于结核分枝杆菌，并有潜伏感染。健康人和免疫力强的人感染结核病后，一生中发生继发性疾病的概率为10%，而在艾滋病毒感染者中这一概率更高[116]。

20世纪初，巴斯德研究所通过在体外反复传代牛分枝杆菌，培育出一种名为卡介苗（bacillus Calmette-Guérin，BCG）的活疫苗株。除美国之外，许多国家也给儿童接种卡介苗，以降低儿童患结核病的可能性，但保护效果会随着年龄的增长而减弱。尽管卡介苗是世界上应用最广泛的疫苗[117]，但面对活动性结核病，却几乎无法起到保护效果[116]。

结核分枝杆菌主要是在密切接触时通过呼吸道飞沫在人与人之间传播，但也可通过摄入或经皮肤而感染。由于结核分枝杆菌还能高效感染类灵长类动物（NHP），因此研究人员和动物护理人员有可能将这种疾病传染给与之接触的动物，反之亦然。在临床和实验室环境中从事结核分枝杆菌群或NHP工作的人员应被纳入职业暴露人群。所有涉及操作或增殖结核分枝杆菌的实验室工作都应在BSL-3或ABSL-3条件下进行。

麻风病是一种古老的疾病，由麻风分枝杆菌引起。尽管已经在世界范围内大力推动根除麻风病行动，但该病仍然是一个主要的全球公共卫生问题[118]。麻风病有两种形式，即结核样型麻风和瘤型麻风，其中只有瘤型麻风具有传染性。人是麻风分枝杆菌的主要宿主，在美国，犰狳也可作为宿主。麻风分枝杆菌只能在犰狳和小鼠脚垫中进行培养，生长极其缓慢，因此推荐将培养时间延长一倍，最长可培养14天。操作麻风分枝杆菌的危险主要来自与受感染动物接触和经皮肤暴露。应在BSL-2或ABSL-2条件下开展麻风分枝杆菌的相关实验工作。

布鲁菌属

人类布鲁菌病（也叫波状热或马尔他热）是一种人兽共患病，由许多密切相关的革兰氏阴性专性细胞内寄生菌引起。目前已被鉴定的布鲁菌中，有5种会导致人类疾病，包括猪布鲁菌（猪）、牛布鲁菌（牛）、犬布鲁菌（犬）、羊布鲁菌（绵羊和山羊）和海洋布鲁菌（海洋哺乳动物）。布鲁菌病由动物传播给人，可以通过饮用被污染的牛奶、直接接触被污染的组织、接触被感染动物的粪便和尿液，以及通过气溶胶传播。人不是布鲁菌的天然宿主，因此无典型的疾病表现。具体来说，人感染布鲁菌病的潜伏期通常较长，无症状感染较少，尚未观察到因感染布鲁菌而流产的案例。虽然人间传播布鲁菌并不常见，但据报道存在性传播。羊布鲁菌对人类致病性最强，引起的疾病也最严重。

大多数布鲁菌病仅是亚临床感染，未被发现。感染后，潜伏期一般为1 ~ 6周，最初的症状通常类似于流感，伴有隐隐的不适、发热、虚弱、疼痛和出汗。布鲁菌病通常被称为“波状热”，即其症状特点为发热呈波浪式起伏，一波接一波。其他症状包括胃肠道和中枢神经系统症状、淋巴结肿大、脾大，以及肝炎、黄疸和脊椎骨髓炎。大多数患者在数周或数月后症状消失。然而，也有可能发生睾丸炎、心内膜炎、脑膜炎和感染性关节炎，并常常伴有内毒素超敏反应引起的明显瘙痒或灼热性皮疹。慢性布鲁菌病的特点是反复出现疼痛、低热、神经过敏和精神神经症状，而且从这些患者中往往无法分离到布鲁菌。即使没有治疗，死亡也很少见（<2%的感染者死亡）。感染布鲁菌的动物胚胎和胎膜含有赤藓糖醇，是布鲁菌必需的生长因子，布鲁菌会导致这些动物的败血性流产。值得注意的是，人类胎盘和胎儿缺乏这种生长因子，因此布鲁菌不会对胎儿造成影响。

布鲁菌的感染剂量极低，布鲁菌病仍然是世界上主要的人兽共患病。包括传染性气溶胶在内的职业暴露是布鲁菌成为工作场所感染的主要原因[119]。与普通人群相比，实验室人员更容易受到布鲁菌感染。曾有一个实验室报告了22例羊布鲁菌病例，均为通过空气传播感染[120]。感染通常可诱导长效免疫。目前还没有获得许可的布鲁菌疫苗。应当采用BSL-3级防护措施，以保护实验室工作人员免受这种具有高度传染性的细菌感染。牛布鲁菌、羊布鲁菌和猪布鲁菌为美国卫生和公众服务部和农业部管制病原项目共同监管的病原体，在保存、处理和运输方面受到限制。

衣原体

衣原体是一种专性细胞内寄生的革兰氏阴性病原体，可引起人类的潜伏感染或长期的亚临床感染。最常见的与人类有关的衣原体是鹦鹉热衣原体（*Chlamydia psittaci/Chlamydophilapsittaci*）、沙眼衣原体（*C. trachomatis*）和肺炎衣原体（*C. pneumoniae/Chlamydophila pneumoniae*）。鹦鹉热衣原体是一种人兽共患病病原体，通过受感染鸟类的呼吸道分泌物、尿液或粪便传染给人类。由于衣原体不能在宿主细胞外存活，因此在1965年电子显微镜技术出现之前，衣原体一直被认为是一种病毒。沙眼衣原体和肺炎衣原体是人类特有的病原体。沙眼衣原体在美国是性传播传染病的主要原因，也是全球范围内失明的主要原因，但可以预防[121]。衣原体有3种不同形态，即原体（elementary body，EB）、网状体（reticulate body，RB）和中间体（intermediate body，IB）。在衣原体感染人类细胞后，为了存活并逃避机体的免疫反应，会在包涵体未酸化的液泡中进行3种形态的转换。在液泡内，被感染的EB转化为有代谢活性的RB，RB在包涵体内繁殖，再转化成EB，最终裂解细胞[122]。持续性感染在衣原体的存活和感染传播中起重要作用，尽管其机制目前尚不清楚[123]。

根据Pike的报道，1976年之前鹦鹉热衣原体导致了10人死于实验室相关感染[119]，在细菌性病原体中排名第三。大多数实验室相关感染与暴露于传染性气溶胶有关。衣原体的感染剂量目前尚不清楚。操作鹦鹉热衣原体需要在BSL-3条件下进行。

巴尔通体属

在超过20种的巴尔通体中，只有3种经常引起人类感染。其中最常见的是汉赛巴尔通体，它会导致良性的、自限性的人兽共患病——猫抓病（CSD）。汉赛巴尔通体革兰氏染色为阴性，呈杆状，估计有1/3的家猫都曾携带过。人类通过与受感染的猫密切接触而感染CSD，在被受感染的猫抓伤、舔伤或咬伤后2周左右出现低热和淋巴结肿大。跳蚤对于汉赛巴尔通体在猫之间的传播起着重要的作用。然而，其在人间传播中的作用却微乎其微。暴露后3 ~ 10天，损伤部位出现皮肤丘疹或脓疱。头痛、喉咙痛和结膜炎也很常见。咬伤部位局部淋巴肿胀通常较软，经常排出无菌脓液，但症状是自限性的，几周到几个月就会消失。据美国CDC报告，美国每年发生20 000多起CSD病例。CSD感染的自限性使医生很难制订好的治疗方案。然而，抗生素治疗可以降低疾病的严重程度，缩短康复所需时间。在免疫抑制的患者中，五日热巴尔通体和杆菌样巴尔通体分别引起五日热和卡里翁病。与汉赛巴尔通体不同，人类似乎是这些病原体的天然宿主。巴尔通体在宿主循环系统的红细胞内存活，通过蜱、白蛉和跳蚤等节肢动物媒介传播。

免疫抑制，特别是HIV感染者，在热巴尔通体感染5天后，会发展成杆菌性血管瘤病，靶器官主要是皮肤，但在几乎每个器官的内皮下组织中都可发现。在可以检测到五日热巴尔通体的内皮组织中，典型的病变是蔓越莓红色的皮肤丘疹伴周围红斑。随后会出现溃烂，并在充血的囊性病灶周围形成纤维黏液样基质。抗生素治疗非常有效，治疗后病灶很快消退，部分原因可能是病灶需要有病原体的存在才能维持。建议在BSL-2条件下操作巴尔通体。

单核细胞性李斯特菌

单核细胞性李斯特菌是一种革兰氏阳性的兼性厌氧菌，生长在宿主细胞质中，是李斯特菌病的病原体。李斯特菌属有6个种，其中只有单核细胞性李斯特菌对人致病。单核细胞性李斯特菌至少有13种血清型可以导致动物和人类的疾病。李斯特菌病是一种食源性疾病，由食用受污染的食物，如软奶酪、加工肉类，甚至是被动物粪便污染的蔬菜而引起。单核细胞性李斯特菌能在较低的温度下存活和生长，也可以在低pH或高盐的加工食品中存活[124, 125]。李斯特菌感染在免疫功能低下患者和孕妇中更为常见，并且可通过胎盘造成胎儿的严重感染，病死率约为30%[126]。单核细胞性李斯特菌可引起侵袭性和非侵袭性胃肠道李斯特菌病，后者通常具有自限性。侵袭性李斯特菌病可表现为脑膜脑炎，伴有发热、恶心、呕吐、剧烈头痛或败血症等症状，甚至导致死亡。单核细胞性李斯特菌也可表现为局灶性感染，包括肝脓肿、脑脓肿、腹膜炎、关节感染和心肌炎[124, 127]。诊断方法是使用血琼脂平板从血液、羊水、脑脊液或胎粪中分离培养细菌，进行PCR检测。单核细胞性李斯特菌感染可以用氨苄西林或青霉素单独治疗，也可以与庆大霉素、红霉素或复方磺胺甲噁唑联合治疗[128]。目前还没有预防李斯特菌病的疫苗。然而，单核细胞性李斯特菌减毒活疫苗目前正在交付平台进行临床试验。经γ射线照射的单核细胞性李斯特菌也能诱导小鼠T细胞产生免疫反应[129, 130]。建议在BSL-2条件操作单核细胞性李斯特菌，并对高危人群（如孕妇）采取强化的预防措施。

立克次体

感染人类的立克次体通常由来自动物宿主的跳蚤、虱子、蜱和螨虫传播。由普氏立克次体引起的地方性斑疹伤寒只通过体虱传播，体虱存在于人类和飞鼠中。立克次体通常以节肢动物作为传播媒介，传播给哺乳动物。对立克次体而言，将其传播给人类的节肢动物媒介都具有立克次体种特异性，即不同种的立克次体由不同的节肢动物传播。在某些节肢动物（如跳蚤）中，立克次体可以经卵传播。

立克次体革兰氏染色阴性，体积较小，约为大肠埃希菌的1/10，专性细胞内寄生，在人工培养基上生长不良，繁殖缓慢。在宿主哺乳动物细胞质中的传代时间为8～10 h，某些立克次体可以在多种哺乳动物细胞核中生长。大多数立克次体在哺乳动物细胞外非常脆弱，但是普氏立克次体可以在虱子的干燥粪便中存活数周。

立克次体严重依赖宿主获取营养物质以满足必要的代谢和生长，包括基础代谢以及核酸和氨基酸的产生。立克次体侵入小血管内皮细胞并增殖，但在体外，立克次体可侵袭哺乳动物多种类型的细胞，而不仅限于内皮细胞。当体内发生弥散性血管内凝血时，大脑、心脏和其他器官可能会形成免疫细胞聚集，称为斑疹伤寒结节。

立克次体感染可分为斑疹伤寒、斑点热、恙虫病3组。与人类疾病最相关的两种立克次体是普氏立克次体（引发流行性斑疹伤寒）和立氏立克次体（引发落基山斑点热，RMSF）。由于其临床表现严重、未经治疗的高病死率以及气溶胶传播的可能性，这些立克次体曾被作为一种生物武器进行研究。普氏立克次体和立氏立克次体被列为管制性病原体。

由斑疹伤寒立克次体引起的地方性斑疹伤寒是一种较温和的流行性斑疹伤寒，很少致死。实验室获得性斑疹伤寒的潜伏期为4～14天。在实验室中，气溶胶传播是最常见的，但据报道，其他传播途径（包括利器刺伤和溅入眼内）也曾发生。建议在BSL-3条件下进行立克次体的研究。

复发性斑疹伤寒（Brill-Zinsser病）是感染普氏立克次体后的潜伏感染引起的，其特征是皮疹、发热和头痛。由普氏立克次体引起的流行性斑疹伤寒是一种严重的疾病，病死率高（10%～60%），其特征是持续2周的发热。高龄是危险因素之一，因为40岁以上斑疹伤寒患者的病死率要高得多。其症状包括高热、剧烈头痛、肌肉疼痛、咳嗽、皮疹和精神错乱。

尽管包括飞鼠在内的其他动物最近被证实也可作为普氏立克次体的宿主，但人类似乎仍是其主要宿主。接触节肢动物的粪便会导致普氏立克次体的传播，抓挠咬伤部位会导致其通过皮肤的破损侵入，也会因产生气溶胶而被吸入。普氏立克次体在干燥的体虱粪便中存活，并通过气溶胶有效传播。立克次体感染后的潜伏期为7～14天，随后进入淋巴组织和血液，并扩散到全身。普氏立克次体以上皮细胞为靶标，并通过黏附蛋白附着在细胞膜上。当其在细胞内达到一定数量时，就会通过破坏细胞膜诱导细胞裂解，从而促进其向周围细胞扩散，导致广泛的血管炎、体液性炎症、肺水肿和特征性皮疹。

几乎没有方法（包括定量实时PCR、免疫荧光和微量平板凝集试验在内）能成功检测人的普氏立克次体特异性感染[131]。多西环素、四环素或氯霉素可以用于治疗这种疾病。在20世纪，曾有几种疫苗可以成功预防普氏立克次体感染。然而，抗生素治疗的有效性和疫苗有限的市场使得疫苗开发前景黯淡。目前有超过100例普氏立克次体实验室感染的报道[132，133]。也有从事立克次体培养的工作人员通过气溶胶、利器刺伤和眼睛暴露而感染的报道。

斑点热表现为特征性的斑丘疹和点状皮疹，首先出现在肢端，然后向心扩散，最终累及脚底和手掌。落基山斑疹热由立氏立克次体引起，蜱是传播媒介，经卵巢将立克次体传至卵中。落基山斑疹热在人体内的潜伏期为1～8天，随后出现典型症状，尽管有时皮疹也不典型。由立氏立克次体引起的实验室相关感染很常见，并且可能导致死亡[119]。据报道，处理被感染的卵、组织培养物或蜱均可导致实验室相关感染。曾经出现过只进入立氏立克次体实验室就被感染的病例，这表明其感染人的剂量较低。呼吸道传播、黏膜污染和直接被污染的针头刺伤是引起实验室感染最常见的原因。来自卵黄囊的灭活RMSF疫苗已被用于实验室人员，但直接攻击实验表明没有保护效果。

PCR、培养和免疫荧光等实验室检测可用于诊断，并有助于确定立氏立克次体在感染者中的特异性[134]。可用四环素和氯霉素等抗生素进行治疗，治疗不及时则会增加死亡的风险。目前正在研发和测试的疫苗为数不多，仍然缺乏有效的RMSF疫苗。

除了RMSF外，哺乳动物中还有其他通过蜱虫叮咬传播的斑点热。其中，人地中海斑点热是由康氏立克次体引起的，通过黏膜暴露于压碎的蜱感染。该病主要见于北非、亚洲、印度次大陆、中东和南部欧洲，其临床表现与立克次体引起的其他斑点热相似[135]，预防性治疗方法类似于RMSF，且目前没有有效的疫苗。

恙虫病东方体（恙虫病立克次体）

丛林斑疹伤寒（又称恙虫病）是西太平洋、南亚和东亚地区的一种地方病，由立克次体的一个种——恙虫病东方体引起。恙虫病东方体以啮齿动物携带的螨虫为宿主。全世界每年有1 000 000人感染恙虫病，潜伏期为1～3周，随后迅速出现寒战、发热、头痛、肌肉痛和干咳。恙虫病的特征为皮肤的黑色结痂性病变（称为焦痂），这是由于螨虫以皮肤为食造成的。淋巴结肿大和淋巴细胞增多在恙虫病中很常见，心脏和大脑的受累也很严重。有报道称恙虫病东方体可导致实验室相关感染[119]，其中通过飞沫气溶胶、直接接触、黏膜接触、大鼠和螨虫叮咬传播的实验室感染占大多数。目前还没有针对恙虫病的疫苗。

恙虫病东方体在螨虫取食处入侵并繁殖，形成了特有的焦痂[136]，并通过淋巴和血液在体内播散。恙虫病通常是一种发热性疾病，然而，如果不治疗，也可以导致多器官衰竭，病死率可高达30%。采用间接免疫荧光、培养和PCR等方法进行实验室检测具有较强的特异性。然而，在疾病更为流行的欠发达国家无法进行这些检测。抗生素（如四环素和氯霉素）是治疗恙虫病的首选药物，治疗后症状通常在24 h内消退。由于恙虫病东方体的抗原变异性大，目前尚无有效的恙虫病疫苗。预防是避免感染这种疾病的主要策略，建议在BSL-3实验室操作恙虫病东方体。

无形体和埃立克体

大多数立克次体从宿主细胞膜形成的液泡中逃逸，进入细胞质复制。而无形体和埃立克体则不同，可在宿主细胞内发育，并完成一个完整的生命周期。致密核（DC）细胞是两者的感染形式，可进入专性吞噬细胞，尤其是中性粒细胞和巨噬细胞，形成吞噬体。DC细胞在吞噬体孵育成为繁殖体，即复制型。此时的吞噬体被称为桑葚体，是一种可以通过显微镜很容易看到的致密颗粒。在经过繁殖复制后，形成DC细胞并释放到细胞外。胞内无形体和埃立克体通过阻断宿主细胞的凋亡来维持其在宿主细胞内的生长繁殖。

嗜吞噬细胞无形体会感染中性粒细胞，是引起人粒细胞无形体病的病原体[137]。大量的无形体黏附素促进其进入中性粒细胞，利用宿主细胞自噬路径维持无形体在细胞内的生长繁殖。嗜吞噬细胞无形体感染多种动物，并通过蜱传播。在美国所有存在莱姆病的地区均有人粒细胞无形体病局部流行。2015年，发现了约2600例蜱传疾病[138]，其症状包括发热和全身乏力，伴有白细胞减少、血小板减少和（或）氨基转移酶（转氨酶）增加。需要住院治疗的严重并发症很常见，且可能会致命。免疫功能低下者和老年人患严重疾病的风险更大，尤其是没有及时进行抗生素治疗的。诊断方法为血液涂片和PCR。一般不建议进行抗体检测，因为抗体并非总是存在，而且血清学阳转也不表明是活动性感染。目前还没有获得许可的疫苗来预防无形体病，多西环素治疗通常非常有效。建议在BSL-2条件下操作嗜吞噬细胞无形体。

查非埃立克体是引起人单核细胞埃立克体病的病原体。埃立克体病是一种新发的传染病，除了无皮疹外，其他症状均类似于RMSF[139]，在美国呈上升趋势。查非埃立克体无脂多糖、菌毛和荚膜，但有许多表面蛋白，且具有高度的免疫原性，是疫苗研发的关键。进入单核细胞或中性粒细胞后，查非埃立克体定居于液泡腔中，避免了溶酶体裂解和融合，形成生长繁殖微环境，依赖于Ⅳa型分泌系统而细胞内存活。与无形体类似，查非埃立克体也可以感染包括人在内的多种动物宿主，并经蜱传播。人感染查非埃立克体结局多种多样，可能只是血清学阳转，也可能会导致死亡。老年人和免疫功能低下者患严重疾病的风险更大。使用多西环素治疗通常有效，但目前还没有获得许可的疫苗。建议在BSL-2条件下操作查菲埃立克体。

贝纳柯克斯体

Q热是一种由贝纳柯克斯体——一种专性细胞内寄生的革兰氏阴性菌引起的人兽共患病。柯克斯体属是γ-变形菌科的成员之一，其他成员还包括军团菌属、弗朗西丝菌属和立克次体属。人以及绵羊、山羊、牛、狗、鸟、啮齿动物和其他家畜均可被柯克斯体感染。Q热分布在除新西兰外的世界其他地区。人类可能通过直接接触受感染的动物或动物体液，或吸入传染性气溶胶而感染贝纳柯克斯体。该病原体可以在蜱虫媒介中存活，并且可能在野外进行传播，虽然这种传播方式不是人感染的重要途径。贝纳柯克斯体在环境中有很强的抗性，可以在物体表面存活数月。

Q热的症状通常在感染后1～3周内出现，可表现为急性或慢性形式。急性Q热的临床症状包括呼吸时胸痛、咳嗽、发热、头痛和气短，而慢性Q热的症状包括寒战、疲劳、夜间盗汗和长期发热。通常情况下低剂量感染不会出现临床症状，可能在数月甚至数年后才发病[140]。基于PCR的检测或免疫荧光检测具有较高的假阳性率，但仍被用于临床诊断。Q热通常用抗生素（如多西环素和其他四环素类药物）进行治疗，治疗持续时间从3周（急性疾病）至18个月（慢性疾病）不等。人用疫苗已取得了一定成功，由甲醛溶液灭活的贝纳柯克斯体制成的Q-Vax疫苗已获准在澳大利亚使用。然而，这种疫苗有许多副作用，包括注射部位疼痛和流感样症状。目前，美国还没有批准人用疫苗。由于Q热通过气溶胶途径感染所需的剂量低，且具有较强的抵抗力，因此被归为管制病原。建议采取BSL-3级防护措施进行实验操作[141]。

贝纳柯克斯体很容易转化为一种被称为Ⅱ期变种的小菌落变体，其LPS结构与Ⅰ期菌不同。Ⅱ期菌不能恢复到Ⅰ期，也不能在人类中引起疾病。Ⅱ期菌表达的抗原可以诱导产生与Ⅰ期菌相关的保护性抗体。贝纳柯克斯体通过气溶胶和经皮肤暴露传播，具有高度传染性。其感染人的剂量估计小于10个活菌。大多数感染无症状或症状不明显，潜伏期长短和严重程度与感染剂量密切相关，最短可在1天内发病[142]。急性疾病很少有死亡病例（如果不治疗，病死率为1%～2%）。然而，由慢性感染引起的心内膜炎导致的预期病死率高达65%。抗生素使用得越早，治疗效果越好，慢性Q热需要延长治疗时间，并辅以联合药物治疗，最长可达4年。

Q热是第二个最常被报道的实验室感染，已记录到数起涉及15人及以上的感染暴发，但病死率都较低[119]。在一份详细记录1950—1965年陆军生物实验室50例实验室感染Q热的报告中，只有5例有明确暴露史[142]。16例有密切接触史的研究人员均无明确的暴露事件。有28例发生在实验室人员或访问者中，但也未有明确的病原体暴露史。建议高危人员，包括密切接触家畜和绵羊的人以及实验室工作的人员接种澳大利亚疫苗。

土拉热弗朗西丝菌

土拉热弗朗西丝菌（土拉热杆菌）是一种高营养需求的兼性细胞内寄生的革兰氏阴性病原体，自然存在于北半球的大部分地区。土拉热杆菌的致病性亚种较多，分布较为独特。*tularensis*亚种（A型）主要分布于北美，而它的近亲*holarctica*亚种（B型）和*mediasiatica*亚种（C型）分别分布于整个北半球和亚洲。第二类非致病的土拉热杆菌种——新凶手弗朗西丝菌（*F. novicida*）以前被认为是*tularensis*的另一个亚种，然而，最近的证据表明，它代表着一个独立的菌种[143]。A型菌株是已知的最具传染性的致病菌之一，人类通过气溶胶或经皮肤接触的感染剂量不到10个菌。由此菌引起的人兽共患病被称为土拉菌病或兔热病，是一种暴发性疾病，可迅速出现高热、寒战和流感样症状，尤其是吸入暴露后。通过伤口、动物咬伤或被感染的节肢动物叮咬等直接接触可导致淋巴结溃疡型土拉热，开始为感染部位的局部病变，如果不加以治疗，则可能会扩散到局部淋巴结，并可能扩散到肺部，从而导致更严重的疾病，如肺土拉菌病。如果不及时治疗，病死率高达30%～60%，如果及时治疗，则病死率可以降至2%以下。人感染土拉热弗朗西丝菌的方式包括：与受感染的兔子、麝鼠等野生动物接触；与受感染动物有过接触的猫或狗接触；或者被受感染的蜱虫或鹿蝇叮咬。有时，受污染的水或食物也可造成人类感染。土拉热杆菌与眼睛直接接触可导致眼部感染。土拉热弗朗西丝菌是第三大细菌性实验室相关感染的原因[119]。

俄罗斯研制出了一种由B型菌株（活疫苗株，LVS）经反复连续传代而获得的减毒活疫苗，并于20世纪50年代末赠予美国[144]。尽管该疫苗对皮下感染和低剂量气溶胶感染有效，但由于其无法抵抗高剂量气溶胶攻击，且在气溶胶暴露后容易使易感者致病，其实际应用一直受到限制。LVS在美国仍然没有获得许可，且随后生产改进疫苗的尝试也已被证明非常困难[145]。由于其传染性强、发病迅速、病死率高，以及易于传播等特点，土拉热杆菌长期以来一直被认为是一种潜在的生物武器。除了LVS外，土拉热杆菌被列为一级管制病原。在实验室操作土拉热杆菌需要严格遵守BSL-3防护标准，包括限制气溶胶的形成，采取呼吸保护措施，以及使用生物安全柜。任何时候都必须安全使用尖锐物品。

嗜肺军团菌

嗜肺军团菌是一种革兰氏阴性杆菌，因军团病的暴发而闻名。1976年，在宾夕法尼亚州费城举行的美国退伍军人大会上，军团病导致数百名与会者患上严重肺炎，29人死亡[146]。在50多种军团菌中，目前已知至少有24种会引起人类疾病。然而，约90%的疾病是由嗜肺军团菌引起的。嗜肺军团菌至少有15种血清型。嗜肺军团菌生活在自然或人为栖息地的淡水环境中，如湖泊、溪流、喷泉和空调冷却塔。这些细菌在宿主细胞（如阿米巴原虫）内繁殖，与之形成寄生或共生关系。嗜肺军团菌对许多抗生素耐药，且耐酸、耐热、耐高渗透压。它利用Ⅳb型分泌系统将200多种不同的效应蛋白分泌到宿主细胞的细胞质中，建立并维持其复制生态位[147]。

军团病的临床症状与肺炎相似，包括高热、寒战和疲劳。PCR、尿抗原检测、培养和血清学检测等方法可用来发现和确诊军团菌病。建议使用大环内酯类和喹诺酮类抗生素（如阿奇霉素、克拉霉素、罗红霉素和利福平）治疗军团菌病。军团菌病的复发很罕见，目前还没有获得批准的疫苗[148]。建议在BSL-2条件下操作嗜肺军团菌。

结论

在本章中，我们概述了目前已知的细菌性病原的致病机制及其宿主的固有免疫反应，对当今世界许多常见的人类致病菌的风险评估进行了概括。在人类及其病原菌进化关系的背景下，这只是一个时间段的概括，而非最终章节。细菌将继续进化来提高它们的生存机会，包括获得耐药性、毒力以及可能会改变人和环境风险严重程度的传播特性。必须继续探索诊断、预防和治疗的新方法，以保持优势。这里概述的细菌的致病机制应该为病原体的风险评估提供一个框架，不仅包括那些已经进行了具体介绍的病原体，也包括其他已知或未知的可能感染人类的病原体。

原著参考文献

[1] Zielen S, Trischler J, Schubert R. 2015. Lipopolysaccharide challenge: immunological effects and safety in humans. Expert Rev Clin Immunol 11:409–418.

[2] Molinaro A, Holst O, Di Lorenzo F, Callaghan M, Nurisso A, D'Errico G, Zamyatina A, Peri F, Berisio R, Jerala R, Jiménez-Barbero J,

Silipo A, Martín-Santamaría S. 2015. Chemistry of lipid A: at the heart of innate immunity. Chemistry 21:500–519.
[3] Morgenroth J, Kaufmann M. 1912. Arzneifestigkeit bei Bakterien (Pneumokokken). Z Immunit Exp Ther 15:610.
[4] Costa TR, Felisberto-Rodrigues C, Meir A, Prevost MS, Redzej A, Trokter M, Waksman G. 2015. Secretion systems in Gram-negative bacteria: structural and mechanistic insights. Nat Rev Microbiol 13:343–359.
[5] Personnic N, Bärlocher K, Finsel I, Hilbi H. 2016. Subversion of retrograde trafficking by translocated pathogen effectors. Trends Microbiol 24:450–462.
[6] Valentini M, Filloux A. 2016. Biofilms and cyclic di-GMP (c-di-GMP) signaling: lessons from Pseudomonas aeruginosa and other bacteria. J Biol Chem 291:12547–12555.
[7] Latorre I, Domínguez J. 2015. Dormancy antigens as biomarkers of latent tuberculosis infection. EBioMedicine 2:790–791.
[8] Dhariwala MO, Anderson DM. 2014. Bacterial programming of host responses: coordination between type I interferon and cell death. Front Microbiol 5:545.
[9] Scales BS, Dickson RP, Huffnagle GB. 2016. A tale of two sites: how inflammation can reshape the microbiomes of the gut and lungs. J Leukoc Biol 100:943–950.
[10] Winchell CG, Steele S, Kawula T, Voth DE. 2016. Dining in: intracellular bacterial pathogen interplay with autophagy. Curr Opin Microbiol 29:9–14.
[11] Lai XH, Xu Y, Chen XM, Ren Y. 2015. Macrophage cell death upon intracellular bacterial infection. Macrophage Houst 2:e779.
[12] Ucker DS. 2016. Exploiting death: apoptotic immunity in microbial pathogenesis. Cell Death Differ 23:990–996.
[13] Abebe M, Kim L, Rook G, Aseffa A, Wassie L, Zewdie M, Zumla A, Engers H, Andersen P, Doherty TM. 2011. Modulation of cell death by M. tuberculosis as a strategy for pathogen survival. Clin Dev Immunol 2011:678570.
[14] Chow SH, Deo P, Naderer T. 2016. Macrophage cell death in microbial infections. Cell Microbiol 18:466–474.
[15] Wallach D, Kang TB, Dillon CP, Green DR. 2016. Programmed necrosis in inflammation: toward identification of the effector molecules. Science 352:aaf2154.
[16] Vanden Berghe T, Linkermann A, Jouan-Lanhouet S, Walczak H, Vandenabeele P. 2014. Regulated necrosis: the expanding network of non-apoptotic cell death pathways. Nat Rev Mol Cell Biol 15:135–147.
[17] Thammavongsa V, Kim HK, Missiakas D, Schneewind O. 2015. Staphylococcal manipulation of host immune responses. Nat Rev Microbiol 13:529–543.
[18] Thompson KA, Bennett AM, Walker JT. 2011. Aerosol survival of Staphylococcus epidermidis. J Hosp Infect 78:216–220.
[19] Lancefield RC. 1933. A serological differentiation of human and other groups of hemolytic streptococci. J Exp Med 57:571–595.
[20] Dillon HC Jr. 1979. Post-streptococcal glomerulonephritis following pyoderma. Rev Infect Dis 1:935–945.
[21] Centor RM, Meier FA, Dalton HP. 1986. Diagnostic decision: throat cultures and rapid tests for diagnosis of group A streptococcal pharyngitis. Ann Intern Med 105:892–899.
[22] Quinn RW. 1989. Comprehensive review of morbidity and mortality trends for rheumatic fever, streptococcal disease, and scarlet fever: the decline of rheumatic fever. Rev Infect Dis 11: 928–953.
[23] Venezio FR, Gullberg RM, Westenfelder GO, Phair JP, Cook FV. 1986. Group G streptococcal endocarditis and bacteremia. Am J Med 81:29–34.
[24] Patterson M. 1996. Chapter 13, Streptococcus. In Medical Microbiology, 4th ed. University of Texas Medical Branch at Galveston, Galveston, TX.
[25] Orefici G, Cardona F, Cox C, Cunningham M. 2016. Pediatric autoimmune neuropsychiatric disorders associated with Streptococcal infections (PANDAS). University of Oklahoma Health Sciences Center, Oklahoma City, OK.
[26] Lynch JP III, Zhanel GG. 2009. Streptococcus pneumoniae: epidemiology, risk factors, and strategies for prevention. Semin Respir Crit Care Med 30:189–209.
[27] Huang SS, Johnson KM, Ray GT, Wroe P, Lieu TA, Moore MR, Zell ER, Linder JA, Grijalva CG, Metlay JP, Finkelstein JA. 2011. Healthcare utilization and cost of pneumococcal disease in the United States. Vaccine 29:3398–3412.
[28] Centers for Disease Control and Prevention. 2012. Epidemiology and prevention of vaccine-preventable diseases, vol 2. Public Health Foundation, Washington, DC.
[29] Immunization Practice Advisory Committee. 1997. Prevention of pneumococcal disease: recommendation of the advisory committee on immunization practices (ACIP). MMWR Morb Mortal Wkly Rep 46:1–24.
[30] Jacobs MR, Koornhof HJ, Robins-Browne RM, Stevenson CM, Vermaak ZA, Freiman I, Miller GB, Witcomb MA, Isaäcson M, Ward JI, Austrian R. 1978. Emergence of multiply resistant pneumococci. N Engl J Med 299:735–740.
[31] Pérez JL, Linares J, Bosch J, López de Goicoechea MJ, Martín R. 1987. Antibiotic resistance of Streptococcus pneumoniae in childhood

carriers. J Antimicrob Chemother 19:278–280.
[32] Conklin L, Loo JD, Kirk J, Fleming-Dutra KE, Deloria Knoll M, Park DE, Goldblatt D, O'Brien KL, Whitney CG. 2014. Systematic review of the effect of pneumococcal conjugate vaccine dosing schedules on vaccine-type invasive pneumococcal disease among young children. Pediatr Infect Dis J 33(Suppl 2):S109– S118.
[33] Hochman M, Cohen PA. 2015. Reconsidering guidelines on the use of pneumococcal vaccines in adults 65 years or older. JAMA Intern Med 175:1895–1896.
[34] Lechner S, Mayr R, Francis KP, Prüss BM, Kaplan T, Wiessner-Gunkel E, Stewart GS, Scherer S. 1998. Bacillus weihenstephanensis sp. nov. is a new psychrotolerant species of the Bacillus cereus group. Int J Syst Evol Microbiol 48:1373–1382.
[35] Berger T, Kassirer M, Aran AA. 2014. Injectional anthrax— new presentation of an old disease. Euro Surveill 19:20877.
[36] Friebe S, van der Goot FG, Bürgi J. 2016. The ins and outs of anthrax toxin. Toxins (Basel) 8:69.
[37] Williamson ED, Dyson EH. 2015. Anthrax prophylaxis: recent advances and future directions. Front Microbiol 6:1009.
[38] Wang Q, Chang BJ, Riley TV. 2010. Erysipelothrix rhusiopathiae. Vet Microbiol 140:405–417.
[39] Wexler HM. 2007. Bacteroides: the good, the bad, and the nittygritty. Clin Microbiol Rev 20:593–621.
[40] Sóki J, Hedberg M, Patrick S, Bálint B, Herczeg R, Nagy I, Hecht DW, Nagy E, Urbán E. 2016. Emergence and evolution of an international cluster of MDR Bacteroides fragilis isolates. J Antimicrob Chemother 71:2441–2448.
[41] Rodriguez C, Van Broeck J, Taminiau B, Delmée M, Daube G. 2016. Clostridium difficile infection: early history, diagnosis and molecular strain typing methods. Microb Pathog 97:59–78.
[42] Nelson EJ, Harris JB, Morris JG Jr, Calderwood SB, Camilli A. 2009. Cholera transmission: the host, pathogen and bacteriophage dynamic. Nat Rev Microbiol 7:693–702.
[43] Bishop AL, Camilli A. 2011. Vibrio cholerae: lessons for mucosal vaccine design. Expert Rev Vaccines 10:79–94.
[44] Huehn S, Eichhorn C, Urmersbach S, Breidenbach J, Bechlars S, Bier N, Alter T, Bartelt E, Frank C, Oberheitmann B, Gunzer F, Brennholt N, Böer S, Appel B, Dieckmann R, Strauch E. 2014. Pathogenic vibrios in environmental, seafood and clinical sources in Germany. Int J Med Microbiol 304:843–850.
[45] Tang HJ, Chen CC, Lai CC, Zhang CC, Weng TC, Chiu YH, Toh HS, Chiang SR, Yu WL, Ko WC, Chuang YC. In vitro and in vivo antibacterial activity of tigecycline against Vibrio vulnificus. J Microbiol Immunol Infect, in press.
[46] Gölz G, Rosner B, Hofreuter D, Josenhans C, Kreienbrock L, Löwenstein A, Schielke A, Stark K, Suerbaum S, Wieler LH, Alter T. 2014. Relevance of Campylobacter to public health—the need for a One Health approach. Int J Med Microbiol 304:817–823.
[47] Wieczorek K, Osek J. 2013. Antimicrobial resistance mechanisms among Campylobacter. BioMed Res Int 2013:340605.
[48] Keilberg D, Ottemann KM. 2016. How Helicobacter pylori senses, targets and interacts with the gastric epithelium. Environ Microbiol 18:791–806.
[49] Kim IJ, Blanke SR. 2012. Remodeling the host environment: modulation of the gastric epithelium by the Helicobacter pylori vacuolating toxin (VacA). Front Cell Infect Microbiol 2:37.
[50] Safavi M, Sabourian R, Foroumadi A. 2016. Treatment of Helicobacter pylori infection: current and future insights. World J Clin Cases 4:5–19.
[51] Majowicz SE, Scallan E, Jones-Bitton A, Sargeant JM, Stapleton J, Angulo FJ, Yeung DH, Kirk MD. 2014. Global incidence of human Shiga toxin-producing Escherichia coli infections and deaths: a systematic review and knowledge synthesis. Foodborne Pathog Dis 11:447–455.
[52] Rahal EA, Fadlallah SM, Nassar FJ, Kazzi N, Matar GM. 2015. Approaches to treatment of emerging Shiga toxin-producing Escherichia coli infections highlighting the O104:H4 serotype. Front Cell Infect Microbiol 5:24.
[53] Agger M, Scheutz F, Villumsen S, Mølbak K, Petersen AM. 2015. Antibiotic treatment of verocytotoxin-producing Escherichia coli (VTEC) infection: a systematic review and a proposal. J Antimicrob Chemother 70:2440–2446.
[54] Franzin FM, Sircili MP. 2015. Locus of enterocyte effacement: a pathogenicity island involved in the virulence of enteropathogenic and enterohemorragic Escherichia coli subjected to a complex network of gene regulation. BioMed Res Int 2015: 534738.
[55] Ochoa TJ, Contreras CA. 2011. Enteropathogenic E. coli (EPEC) infection in children. Curr Opin Infect Dis 24:478–483.
[56] O'Ryan M, Vidal R, del Canto F, Carlos Salazar J, Montero D. 2015. Vaccines for viral and bacterial pathogens causing acute gastroenteritis: Part II: Vaccines for Shigella, Salmonella, enterotoxigenic E. coli (ETEC) enterohemorragic E. coli (EHEC) and Campylobacter jejuni. Hum Vaccin Immunother 11:601–619.
[57] Kariuki S, Gordon MA, Feasey N, Parry CM. 2015. Antimicrobial resistance and management of invasive Salmonella disease. Vaccine 33(Suppl 3):C21–C29.
[58] Ao TT, Feasey NA, Gordon MA, Keddy KH, Angulo FJ, Crump JA. 2015. Global burden of invasive nontyphoidal Salmonella disease, 2010(1). Emerg Infect Dis 21:941–949.
[59] Kariuki S, Onsare RS. 2015. Epidemiology and genomics of invasive nontyphoidal Salmonella infections in Kenya. Clin Infect Dis

61(Suppl 4):S317–S324.

[60] Andrews JR, Ryan ET. 2015. Diagnostics for invasive Salmonella infections: current challenges and future directions. Vaccine 33(Suppl 3):C8–C15.

[61] Watson CH, Edmunds WJ. 2015. A review of typhoid fever transmission dynamic models and economic evaluations of vaccination. Vaccine 33(Suppl 3):C42–C54.

[62] Tennant SM, Levine MM. 2015. Live attenuated vaccines for invasive Salmonella infections. Vaccine 33(Suppl 3):C36–C41.

[63] Valentin-Weigand P, Heesemann J, Dersch P. 2014. Unique virulence properties of Yersinia enterocolitica O:3—an emerging zoonotic pathogen using pigs as preferred reservoir host. Int J Med Microbiol 304:824–834.

[64] Cui Y, Yu C, Yan Y, Li D, Li Y, Jombart T, Weinert LA, Wang Z, Guo Z, Xu L, Zhang Y, Zheng H, Qin N, Xiao X, Wu M, Wang X, Zhou D, Qi Z, Du Z, Wu H, Yang X, Cao H, Wang H, Wang J, Yao S, Rakin A, Li Y, Falush D, Balloux F, Achtman M, Song Y, Wang J, Yang R. 2013. Historical variations in mutation rate in an epidemic pathogen, Yersinia pestis. Proc Natl Acad Sci USA 110: 577–582.

[65] Butler T. 2013. Plague gives surprises in the first decade of the 21st century in the United States and worldwide. Am J Trop Med Hyg 89:788–793.

[66] Wang H, Cui Y, Wang Z, Wang X, Guo Z, Yan Y, Li C, Cui B, Xiao X, Yang Y, Qi Z, Wang G, Wei B, Yu S, He D, Chen H, Chen G, Song Y, Yang R. 2011. A dog-associated primary pneumonic plague in Qinghai Province, China. Clin Infect Dis 52:185–190.

[67] Organization WH. 2016. Plague around the world, 2010–2015. Wkly Epidemiol Rec 91:89–93.

[68] Galimand M, Guiyoule A, Gerbaud G, Rasoamanana B, Chanteau S, Carniel E, Courvalin P. 1997. Multidrug resistance in Yersinia pestis mediated by a transferable plasmid. N Engl J Med 337:677–681.

[69] Guiyoule A, Gerbaud G, Buchrieser C, Galimand M, Rahalison L, Chanteau S, Courvalin P, Carniel E. 2001. Transferable plasmid-mediated resistance to streptomycin in a clinical isolate of Yersinia pestis. Emerg Infect Dis 7:43–48.

[70] Pollitzer R. 1954. Plague. World Health Organization, Geneva, Switzerland.

[71] Li YF, Li DB, Shao HS, Li HJ, Han YD. 2016. Plague in China 2014-All sporadic case report of pneumonic plague. BMC Infect Dis 16:85.

[72] Feodorova VA, Motin VL. 2012. Plague vaccines: current developments and future perspectives. Emerg Microbes Infect 1:e36.

[73] Williamson ED, Eley SM, Griffin KF, Green M, Russell P, Leary SE, Oyston PC, Easterbrook T, Reddin KM, Robinson A, Titball R. 1995. A new improved sub-unit vaccine for plague: the basis of protection. FEMS Immunol Med Microbiol 12:223–230.

[74] Heath DG, Anderson GW Jr, Mauro JM, Welkos SL, Andrews GP, Adamovicz J, Friedlander AM. 1998. Protection against experimental bubonic and pneumonic plague by a recombinant capsular F1-V antigen fusion protein vaccine. Vaccine 16:1131–1137.

[75] Frank KM, Schneewind O, Shieh WJ. 2011. Investigation of a researcher’s death due to septicemic plague. N Engl J Med 364: 2563–2564.

[76] Quenee LE, Hermanas TM, Ciletti N, Louvel H, Miller NC, Elli D, Blaylock B, Mitchell A, Schroeder J, Krausz T, Kanabrocki J, Schneewind O. 2012. Hereditary hemochromatosis restores the virulence of plague vaccine strains. J Infect Dis 206:1050–1058.

[77] Franzetti F, Cernuschi M, Esposito R, Moroni M. 1992. Pseudomonas infections in patients with AIDS and AIDS-related complex. J Intern Med 231:437–443.

[78] Lyczak JB, Cannon CL, Pier GB. 2000. Establishment of Pseudomonas aeruginosa infection: lessons from a versatile opportunist. Microbes Infect 2:1051–1060.

[79] Williams BJ, Dehnbostel J, Blackwell TS. 2010. Pseudomonas aeruginosa: host defence in lung diseases. Respirology 15:1037–1056.

[80] Safdar N, Crnich CJ, Maki DG. 2005. The pathogenesis of ventilator-associated pneumonia: its relevance to developing effective strategies for prevention. Respir Care 50:725–739, discussion 739–741.

[81] Bragonzi A, Paroni M, Nonis A, Cramer N, Montanari S, Rejman J, Di Serio C, Döring G, Tümmler B. 2009. Pseudomonas aeruginosa microevolution during cystic fibrosis lung infection establishes clones with adapted virulence. Am J Respir Crit Care Med 180:138–145.

[82] Hirakata Y, Srikumar R, Poole K, Gotoh N, Suematsu T, Kohno S, Kamihira S, Hancock RE, Speert DP. 2002. Multidrug efflux systems play an important role in the invasiveness of Pseudomonas aeruginosa. J Exp Med 196:109–118.

[83] Zhang L, Mah TF. 2008. Involvement of a novel efflux system in biofilm-specific resistance to antibiotics. J Bacteriol 190:4447–4452.

[84] Fricks-Lima J, Hendrickson CM, Allgaier M, Zhuo H, Wiener-Kronish JP, Lynch SV, Yang K. 2011. Differences in biofilm formation and antimicrobial resistance of Pseudomonas aeruginosa isolated from airways of mechanically ventilated patients and cystic fibrosis patients. Int J Antimicrob Agents 37:309–315.

[85] Huber P, Basso P, Reboud E, Attrée I. Pseudomonas aeruginosa renews its virulence factors. Environ Microbiol Rep, in press.

[86] Falagas ME, Bliziotis IA. 2007. Pandrug-resistant Gram-negative bacteria: the dawn of the post-antibiotic era? Int J Antimicrob Agents 29:630–636.

[87] Galyov EE, Brett PJ, DeShazer D. 2010. Molecular insights into Burkholderia pseudomallei and Burkholderia mallei pathogenesis. Annu Rev Microbiol 64:495–517.

[88] Ngauy V, Lemeshev Y, Sadkowski L, Crawford G. 2005. Cutaneous melioidosis in a man who was taken as a prisoner of war by the Japanese during World War II. J Clin Microbiol 43:970–972.

[89] Yan Z, Yang J, Hu R, Hu X, Chen K. 2016. Acinetobacter baumannii infection and IL-17 mediated immunity. Mediators Inflamm 2016:9834020.

[90] Rice LB. 2009. The clinical consequences of antimicrobial resistance. Curr Opin Microbiol 12:476–481.

[91] He Q, Viljanen MK, Arvilommi H, Aittanen B, Mertsola J. 1998. Whooping cough caused by Bordetella pertussis and Bordetella parapertussis in an immunized population. JAMA 280: 635–637.

[92] Mooi FR, Bruisten S, Linde I, Reubsaet F, Heuvelman K, van der Lee S, King AJ. 2012. Characterization of Bordetella holmesii isolates from patients with pertussis-like illness in The Netherlands. FEMS Immunol Med Microbiol 64:289–291.

[93] Yesmin K, Mamun K, Shamsazzaman S, Chowdhury A, Khatun K, Alam J. 2010. Isolation of potential pathogenic bacteria from nasopharynx from patients having cough for more than two weeks. Bangladesh J Med Microbiol 4:13–18.

[94] Prasad SM, Yin Y, Rodzinski E, Tuomanen EI, Masure HR. 1993. Identification of a carbohydrate recognition domain in filamentous hemagglutinin from Bordetella pertussis. Infect Immun 61:2780–2785.

[95] Hewlett EL, Burns DL, Cotter PA, Harvill ET, Merkel TJ, Quinn CP, Stibitz ES. 2014. Pertussis pathogenesis— what we know and what we don’t know. J Infect Dis 209:982–985.

[96] Carbonetti NH. 2016. Bordetella pertussis: new concepts in pathogenesis and treatment. Curr Opin Infect Dis 29:287–294.

[97] Kilgore PE, Salim AM, Zervos MJ, Schmitt HJ. 2016. Pertussis: microbiology, disease, treatment, and prevention. Clin Microbiol Rev 29:449–486.

[98] Paczosa MK, Mecsas J. 2016. Klebsiella pneumoniae: going on the offense with a strong defense. Microbiol Mol Biol Rev 80: 629–661.

[99] Schielke S, Frosch M, Kurzai O. 2010. Virulence determinants involved in differential host niche adaptation of Neisseria meningitidis and Neisseria gonorrhoeae. Med Microbiol Immunol (Berl) 199:185–196.

[100] Dillon JA, Yeung KH. 1989. β-Lactamase plasmids and chromosomally mediated antibiotic resistance in pathogenic Neisseria species. Clin Microbiol Rev 2(Suppl):S125–S133.

[101] Tapsall JW. 2009. Neisseria gonorrhoeae and emerging resistance to extended spectrum cephalosporins. Curr Opin Infect Dis 22:87–91.

[102] Cartwright KA, Stuart JM, Jones DM, Noah ND. 1987. The Stonehouse survey: nasopharyngeal carriage of meningococci and Neisseria lactamica. Epidemiol Infect 99:591–601.

[103] Stephens DS. 1999. Uncloaking the meningococcus: dynamics of carriage and disease. Lancet 353:941–942.

[104] Singh K. 2009. Laboratory-acquired infections. Clin Infect Dis 49:142–147.

[105] Talan DA, Citron DM, Abrahamian FM, Moran GJ, Goldstein EJ, Emergency Medicine Animal Bite Infection Study Group. 1999. Bacteriologic analysis of infected dog and cat bites. N Engl J Med 340:85–92.

[106] Dworkin MS, Anderson DE Jr, Schwan TG, Shoemaker PC, Banerjee SN, Kassen BO, Burgdorfer W. 1998. Tick-borne relapsing fever in the northwestern United States and southwestern Canada. Clin Infect Dis 26:122–131.

[107] Vinetz JM. 2001. Leptospirosis. Curr Opin Infect Dis 14:527– 538.

[108] Vijayachari P, Sugunan AP, Shriram AN. 2008. Leptospirosis: an emerging global public health problem. J Biosci 33:557–569.

[109] Ko AI, Galvão Reis M, Ribeiro Dourado CM, Johnson WD Jr, Riley LW, Salvador Leptospirosis Study Group. 1999. Urban epidemic of severe leptospirosis in Brazil. Lancet 354:820–825.

[110] Vinetz JM, Glass GE, Flexner CE, Mueller P, Kaslow DC. 1996. Sporadic urban leptospirosis. Ann Intern Med 125:794– 798.

[111] Ko AI, Goarant C, Picardeau M. 2009. Leptospira: the dawn of the molecular genetics era for an emerging zoonotic pathogen. Nat Rev Microbiol 7:736–747.

[112] Dolhnikoff M, Mauad T, Bethlem EP, Carvalho CR. 2007. Pathology and pathophysiology of pulmonary manifestations in leptospirosis. Braz J Infect Dis 11:142–148.

[113] Levett PN. 2001. Leptospirosis. Clin Microbiol Rev 14:296–326.

[114] Deretic V, Vergne I, Chua J, Master S, Singh SB, Fazio JA, Kyei G. 2004. Endosomal membrane traffic: convergence point targeted by Mycobacterium tuberculosis and HIV. Cell Microbiol 6:999–1009.

[115] Kumar D, Rao KV. 2011. Regulation between survival, persistence, and elimination of intracellular mycobacteria: a nested equilibrium of delicate balances. Microbes Infect 13:121–133.

[116] Kaufmann SH, McMichael AJ. 2005. Annulling a dangerous liaison: vaccination strategies against AIDS and tuberculosis. Nat Med 11(Suppl):S33–S44.

[117] Trunz BB, Fine P, Dye C. 2006. Effect of BCG vaccination on childhood tuberculous meningitis and miliary tuberculosis worldwide: a meta-analysis and assessment of cost-effectiveness. Lancet 367:1173–1180.

[118] Rodrigues LC, Lockwood DN. 2011. Leprosy now: epidemiology, progress, challenges, and research gaps. Lancet Infect Dis 11:464–470.
[119] Pike RM. 1976. Laboratory-associated infections: summary and analysis of 3921 cases. Health Lab Sci 13:105–114.
[120] Ollé-Goig JE, Canela-Soler J. 1987. An outbreak of Brucella melitensis infection by airborne transmission among laboratory workers. Am J Public Health 77:335–338.
[121] Thylefors B, Négrel AD, Pararajasegaram R, Dadzie KY. 1995. Global data on blindness. Bull World Health Organ 73:115–121.
[122] Harkinezhad T, Geens T, Vanrompay D. 2009. Chlamydophila psittaci infections in birds: a review with emphasis on zoonotic consequences. Vet Microbiol 135:68–77.
[123] Hogan RJ, Mathews SA, Mukhopadhyay S, Summersgill JT, Timms P. 2004. Chlamydial persistence: beyond the biphasic paradigm. Infect Immun 72:1843–1855.
[124] Allerberger F, Wagner M. 2010. Listeriosis: a resurgent foodborne infection. Clin Microbiol Infect 16:16–23.
[125] Hoffman AD, Gall KL, Norton DM, Wiedmann M. 2003. Listeria monocytogenes contamination patterns for the smoked fish processing environment and for raw fish. J Food Prot 66:52–60.
[126] Smith B, Kemp M, Ethelberg S, Schiellerup P, Bruun BG, Gerner-Smidt P, Christensen JJ. 2009. Listeria monocytogenes: maternal-foetal infections in Denmark 1994–2005. Scand J Infect Dis 41:21–25.
[127] Cone LA, Somero MS, Qureshi FJ, Kerkar S, Byrd RG, Hirschberg JM, Gauto AR. 2008. Unusual infections due to Listeria monocytogenes in the Southern California Desert. Int J Infect Dis 12:578–581.
[128] Hof H. 2003. Therapeutic options. FEMS Immunol Med Microbiol 35:203–205.
[129] Yoshimura K, Jain A, Allen HE, Laird LS, Chia CY, Ravi S, Brockstedt DG, Giedlin MA, Bahjat KS, Leong ML, Slansky JE, Cook DN, Dubensky TW, Pardoll DM, Schulick RD. 2006. Selective targeting of antitumor immune responses with engineered live-attenuated Listeria monocytogenes. Cancer Res 66:1096–1104.
[130] Datta SK, Okamoto S, Hayashi T, Shin SS, Mihajlov I, Fermin A, Guiney DG, Fierer J, Raz E. 2006. Vaccination with irradiated Listeria induces protective T cell immunity. Immunity 25:143– 152.
[131] Bechah Y, Capo C, Raoult D, Mege JL. 2008. Infection of endothelial cells with virulent Rickettsia prowazekii increases the transmigration of leukocytes. J Infect Dis 197:142–147.
[132] Johnson JE III, Kadull PJ. 1967. Rocky Mountain spotted fever acquired in a laboratory. N Engl J Med 277:842–847.
[133] Oster CN, Burke DS, Kenyon RH, Ascher MS, Harber P, Pedersen CE Jr. 1977. Laboratory-acquired Rocky Mountain spotted fever. The hazard of aerosol transmission. N Engl J Med 297: 859–863.
[134] Demma LJ, Traeger MS, Nicholson WL, Paddock CD, Blau DM, Eremeeva ME, Dasch GA, Levin ML, Singleton J Jr, Zaki SR, Cheek JE, Swerdlow DL, McQuiston JH. 2005. Rocky Mountain spotted fever from an unexpected tick vector in Arizona. N Engl J Med 353:587–594.
[135] Nicholson WL, Allen KE, McQuiston JH, Breitschwerdt EB, Little SE. 2010. The increasing recognition of rickettsial pathogens in dogs and people. Trends Parasitol 26:205–212.
[136] Watt G, Parola P. 2003. Scrub typhus and tropical rickettsioses. Curr Opin Infect Dis 16:429–436.
[137] Truchan HK, Seidman D, Carlyon JA. 2013. Breaking in and grabbing a meal: Anaplasma phagocytophilum cellular invasion, nutrient acquisition, and promising tools for their study. Microbes Infect 15:1017–1025.
[138] Sanchez E, Vannier E, Wormser GP, Hu LT. 2016. Diagnosis, treatment, and prevention of Lyme disease, human granulocytic anaplasmosis, and babesiosis: a review. JAMA 315:1767–1777.
[139] Rikihisa Y. 2015. Molecular pathogenesis of Ehrlichia chaffeenis infection. Annu Rev Microbiol 69:283–304.
[140] Maurin M, Raoult D. 1999. Q fever. Clin Microbiol Rev 12:518– 553.
[141] Oyston PC, Davies C. 2011. Q fever: the neglected biothreat agent. J Med Microbiol 60:9–21.
[142] Johnson JE III, Kadull PJ. 1966. Laboratory-acquired Q fever. A report of fifty cases. Am J Med 41:391–403.
[143] Keim P, Johansson A, Wagner DM. 2007. Molecular epidemiology, evolution, and ecology of Francisella. Ann N Y Acad Sci 1105:30–66.
[144] Eigelsbach HT, Downs CM. 1961. Prophylactic effectiveness of live and killed tularemia vaccines. I. Production of vaccine and evaluation in the white mouse and guinea pig. J Immunol 87:415–425.
[145] Pechous RD, McCarthy TR, Zahrt TC. 2009. Working toward the future: insights into Francisella tularensis pathogenesis and vaccine development. Microbiol Mol Biol Rev 73:684–711.
[146] Brenner DJ, Steigerwalt AG, McDade JE. 1979. Classification of the Legionnaires' disease bacterium: Legionella pneumophila, genus novum, species nova, of the family Legionellaceae, familia nova. Ann Intern Med 90:656–658.
[147] Newton HJ, Ang DK, van Driel IR, Hartland EL. 2010. Molecular pathogenesis of infections caused by Legionella pneumophila. Clin Microbiol Rev 23:274–298.
[148] Amsden GW. 2005. Treatment of Legionnaires' disease. Drugs 65:605–614.

导致人类疾病的病毒性病原体：生物安全问题

MICHELLE ROZO, JAMES LAWLER, JASON PARAGAS

本章讨论的是处理含有病毒的生物样本带来的危害以及职业暴露和感染可能导致的疾病。著者对病毒的基本概念和病毒感染的临床症状进行了综述，并特别关注了与职业获得性感染相关的病毒性病原体。前一章我们讨论了由新的生物技术所带来的实验室生物安全挑战。本章的知识能使实验室人员基于病毒的风险、实验操作程序和实验室获得性感染可能的结局所确定的框架，进行实验室风险管理。

自在19世纪初发现黄热病的病因是病毒以来，病毒已被证实是很多重大传染病和人类疾病大流行的原因[1]。针对21世纪大多数新发感染性疾病病因学的研究表明，新发现的病毒要么是已经进化的，要么是以前未被认识的，要么是由于人类逐渐侵入病毒流行的环境中而被发现的。最近暴发的寨卡病毒就可以证明这一点[2-5]。病毒无疑是重要的人类病原体，并且对实验室人员和病毒学研究者构成了严重的威胁。

在大多数情况下，急性病毒感染无症状或表现为亚临床感染。然而，由多种病原体引起的人类感染都可以引起发热、肺炎、严重的多器官衰竭、脑炎和出血。病毒感染的典型表现或者严重表现与病毒及宿主的多种因素相关，如病毒毒力、感染量、入侵途径以及宿主的免疫状态、遗传特征和年龄等。这些病毒和宿主的因素也决定了实验室工作人员职业感染的风险。

之前关于实验室相关感染的文献报道表明，在实验室环境中病毒构成了重大威胁（表9-1）。一项较早的调查记录了222例病毒感染病例，其中21例死亡（病死率为11%），12%和实验室事故相关，有超过30%的感染与处理被感染的动物和组织相关[6-8]。在该调查中，大多数病例是由黄热（YF）、裂谷热（Rift Valley fever，RVF）、委内瑞拉马脑脊髓炎（Venezuelan equine encephalomyelitis，VEE）和淋巴细胞脉络膜脑膜炎（lymphocytic choriomeningitis，LCM）病毒引起的。在记录的实验室相关感染（LAI）中，只有27例（12%）有明确的事故和暴露原因，其余病例的暴露途径未知。当然，也有可能许多LAI从未被报告或者未被发现。随后在1951年进行的一项后续调查中，记录了1342个LAI，其中39例死亡，总病死率为3%[8]。在这个系列调查中病毒性疾病病死率更高，达4.5%。在1974年进行的一项全球LAI调查中，记录了3921例感染，其中164例死亡（病死率为4%）[6]。总的来说，27%的LAI是由病毒引起的。从这些早期调查中可以看出，虫媒病毒对实验室人员带来了特别的风险。在一份公开的实验室获得性虫媒病毒感染调查中，记录了428例感染，其中16例死亡（病死率是3.7%）[9]。在这次系列调查中，暴露于感染性气溶胶是最常见的暴露来源，最多见的病毒是委内瑞拉马脑脊髓炎病毒、基萨那森林热病毒、黄热病毒、水疱性口炎病毒、裂谷热病毒、蜱传脑炎病毒、羊跳跃病病毒和基孔肯亚病毒。引起死亡最常见的是黄热病毒，其次是西方马脑炎病毒、委内瑞拉马脑脊髓炎病毒、森林脑炎病毒、胡宁病毒、马丘波病毒和裂谷热病毒。在这一系列感染中最可能的感染来源，按照频率高低顺序，依次是实验感染的动物、气溶胶、病原体处理和意外事故。其他较少见的感染来源是疫苗或抗原的准备、实验感染的鸡胚和废弃的玻璃器皿。表9-1总结列举了文献已发表的关于实验室感染相关病毒的科、属和推荐的生物安全水平。将LAI的历史记录与最近发生的比较，名单上又增加了以下几种病原体：埃博拉病毒、西尼罗病毒、严重急性呼吸综合征冠状病毒和痘苗病毒。研究重点转移、病原体的再现以及高风险新病原体的发现和（或）制造，可能是导致这些差异的原因。

表 9-1　已公开的实验室相关病毒感染汇总

科	属	病毒	病例数	死亡病例数	推荐的 BSL 等级
腺病毒科	禽腺病毒属	鸡瘟病毒	1	0	2
	哺乳动物腺病毒属	腺病毒	10	0	2
沙粒病毒科	沙粒病毒属	拉沙病毒	3	0	4
		淋巴细胞性脉络丛脑膜炎病毒	102	9	2 级用于使用传染性材料或受感染的动物，3 级用于具有生产气溶胶或生产大量材料的高风险活动，或处理受感染的仓鼠
		胡宁病毒	15	1	4 级（有疫苗免疫的可在 3 级实验室操作）
		马丘波病毒	7	1	4
		萨比亚病毒	2	0	4
		SPH114202 病毒	1	0	4
布尼亚病毒科	内罗病毒属	克里米亚－刚果出血热病毒	5	0	4
		道格比病毒	1	0	3
		内罗毕羊病病毒	3	0	3
	正布尼亚病毒属	Apeu 病毒	2	0	2
		马里图巴病毒	2	0	2
		奥里博卡病毒	2	0	2
		布尼亚维拉病毒	8	0	2
		杰米斯顿病毒	5	0	3
		奥罗普切病毒	5	0	3
		瓜鲁病毒	1	0	2
		俄沙病毒	1	0	2
	白蛉热病毒属	裂谷热病毒	103	4	3

续表

科	属	病毒	病例数	死亡病例数	推荐的 BSL 等级
	汉坦病毒属	汉坦病毒	226	0	2 级用于使用 3 级操作的感染组织样本，3 级用于细胞培养繁殖，4 级用于大规模生长和病毒浓缩
冠状病毒科	冠状病毒属	中东呼吸窘迫综合征病毒	0	0	2 级；3 级用于病毒培养
		严重急性呼吸窘迫综合征病毒	6	0；但是中国的一名研究人员随后感染了她的母亲，她的母亲死于感染	2 级；3 级用于病毒培养
丝状病毒科	马尔堡病毒属	马尔堡病毒	31	9	4
	埃博拉病毒属	埃博拉病毒	4	1	4
黄病毒科	黄病毒属	登革病毒	14	0	2
		日本脑炎病毒	2	0	3
		库京病毒	4	0	2
		科萨努森林病毒	132	0	4
		羊跳跃病毒	67	0	3
		鄂木斯克出血热病毒	9	0	4
		波瓦桑病毒	2	0	4
		里约布拉沃病毒	12	0	2
		圣路易斯脑炎病毒	3	0	3
		斯庞德温尼病毒	4	0	3
		蜱传脑炎病毒	39	2	3
		韦塞尔斯布朗病毒	10	0	3
		西尼罗病毒	27	0	3
		黄热病毒	140	24	3
		寨卡病毒	4	0	2
		纳基许病毒	1	0	3
肝病毒科	正肝病毒属	乙肝病毒	19	0	2 级；3 级用于可能产生液滴或气溶胶和病毒浓度的活动
疱疹病毒科	淋巴滤泡病毒属	EB 病毒	2	0	2 级；3 级用于生产，纯化，浓缩
	单纯疱疹病毒属	疱疹 B 病毒	37	30	2 级用于猕猴的组织样本；3 级用于怀疑感染的组织或体外繁殖；4 级用于具有高滴度病毒的培养物
		单纯疱疹病毒	2	0	2 级；3 级用于生产，纯化，浓缩

续表

科	属	病毒	病例数	死亡病例数	推荐的 BSL 等级
	水痘疱疹病毒属	伪狂犬病病毒	2	0	2
		牛脑脊髓炎病毒	1	0	未分级
		带状疱疹病毒	3	0	2
正黏病毒科	非特异的	流感病毒	22	1	2 级；3 级用于高致病性禽流感病毒（HPAI）和 1918lm 感病毒株
副黏病毒科	腮腺炎病毒属	新城疫病毒	77	0	仅限于动物病原体
		腮腺炎病毒	8	0	2
	麻疹病毒属	麻疹病毒	2	0	2
	肺病毒属	呼吸道合胞病毒	1	0	2
	呼吸道病毒属	仙台病毒	1	0	2
细小病毒科	红视症病毒属	细小病毒 B19	10	0	2
微小 RNA 病毒科	口蹄疫病毒属	手足口病毒	2	0	仅限于动物病原体
	心病毒属	门果病毒	2	0	
		脑炎心肌炎			
	肠病毒属	柯萨奇病毒	39	0	
		脊髓灰质炎病毒	21	5	2
		猪水疱病	1	0	仅限于动物病原体
		艾柯病毒	3	0	2
	肝炎病毒属	甲型肝炎病毒	5	0	2
痘病毒科	正痘病毒属	痘苗病毒	38	0	2 级设施限于 3 种操作（如果接种，天花除外；活天花的工作只能在两个经批准的 BSL-4/ABSL-4 设施内进行：CDC，Atlanta，GA，和位于俄罗斯 Koltsovo 的国家病毒学和生物技术研究中心，Vector）
	亚塔痘病毒属	亚巴和塔纳病毒	24	0	2 级（如果有疫苗免疫）
	副痘病毒属	羊痘病毒	2	0	2
呼肠孤病毒科	科罗拉多蜱传热病毒属	科罗拉多蜱传热病毒	19	0	2
反转录病毒科	慢病毒属	人类免疫缺陷病毒	45	0	2 级；3 用于工业规模或高浓度病毒
		猴免疫缺陷病毒	3	0	2 级；3 用于工业规模或高浓度病毒
	白雪癌病毒属	猴 D 型逆转录病毒	2	0	
	泡沫病毒属	猴泡沫病毒	13	0	2
弹状病毒科	狂犬病毒属	狂犬病毒	2	0	2 级；3 用于气溶胶产生活动或高浓度病毒
	水疱性病毒属	水疱性口炎病毒	78	0	3（实验室适应毒株除外，2 级）

续表

科	属	病毒	病例数	死亡病例数	推荐的 BSL 等级
披膜病毒科	甲型病毒属	皮里病毒	10	0	3
		基孔肯亚病毒	33	0	3
		东方马脑炎病毒	7	0	2（3 级，如果处理新孵出的鸡的感染，且有疫苗免疫可在 2 级操作）
		马亚罗病毒	6	0	3
		穆坎布病毒	4	0	3
		委内瑞拉马脑炎病毒	187	2	3
		西方马脑炎病毒	16	4	2（3 级，如果处理新孵出的鸡的感染，且有疫苗免疫可在 2 级操作）
	风疹病毒属	风疹病毒	7	0	
非特异的	非特异的	肝炎病毒	360	2	2
非特异的	非特异的	病毒性腹泻病毒	2	0	
非特异的	非特异的	出血性肾病性肾炎病毒	1	0	

病毒：基本概念

分类

病毒的分类由国际病毒分类委员会（ICTV）监督指导，根据病毒的特征分为目、科、亚科、属和种[10]。依据病毒基因组的类型（双链DNA、单链DNA、RNA和DNA反转录、双链RNA、负单链RNA、正单链RNA和亚病毒因子）、病毒复制方式和病毒毒粒的结构对病毒进行分类[10]。鉴别病毒种的相关因素包括病毒基因组序列、自然宿主范围、细胞和组织嗜性、致病性和细胞病理学、传播方式、物理化学性质和病毒蛋白抗原特性等。目前，全病毒分类系统由7个目，111个科，27个亚科，609个属和3704个种组成。报告由ICTV定期更新，并可在其网站上查阅，其中载有其公布的所有信息和一个通用病毒数据库。ICTV数据库包含人类病毒感染的症状数据，并且与世界卫生组织国际疾病代码（ICD10）保持一致，也可以在其网站上找到[10]。

病毒学和流行病学

病毒是最小的复制生物，必须寄生于活细胞内，需要宿主的细胞器才能繁殖。病毒本质上是一个蛋白外壳或衣壳中包含以DNA或RNA为核心遗传物质的颗粒。有的病毒有包膜，这意味着衣壳在出芽期间被来自宿主细胞的核膜、高尔基膜，或者外膜的脂质膜包裹。嵌入在外膜外壳中的蛋白质作为配体或细胞受体发挥作用，在病毒附着和侵入宿主细胞的过程中发挥作用。病毒的生命周期相似，需要附在宿主靶细胞上，并通过细胞膜受体入侵。在侵入细胞后，病毒的遗传物质被释放，在细胞内传递并且复制，利用宿主细胞机制复制病毒基因组。一些病毒有能力将其遗传物质整合到宿主细胞中，作为病毒复制的一个阶段，或作为一种不活跃的病毒感染，这样病毒就可以在宿主细胞复制期间同时进行复制，然后产生病毒蛋白和组装病毒，通过发芽或者细胞裂解来释放成熟的病毒颗粒。病毒已经进化出很多独一无二的复杂方法逃避宿主的防御机制，以利于病毒的复制和增殖过程。

病毒多样性

RNA病毒在自然界中具有独特的进化地位，可以快速进化并适应不同的环境和宿主。而DNA

病毒却不同，它含有一种具有核酸外切酶活性的DNA聚合酶，可以纠正在复制过程中可能发生的突变。不同于DNA病毒，RNA病毒缺乏这种酶，因此很容易发生点突变，发生频率是每复制一个核苷酸出现10^{-5} ~ 10^{-4}个碱基替换[11]。在复制过程中，RNA病毒之间可能发生同源和异源重组、基因重排和形成准种[12]。高突变率和高重组率、突变体基因组间的竞争、适者生存的自然选择，导致了RNA病毒的多样性[13]。最终的结果就是RNA病毒经过快速进化，对宿主和环境具有高度的适应性。如果一种新出现的病毒引起了一场疾病流行，那么这个病毒很有可能是一种RNA病毒，最近发生的许多疫情就是这样，如埃博拉病毒和寨卡病毒都是RNA病毒。

虫媒病毒是以节肢动物作为媒介传播的一类病毒，是病毒复制和疾病的多样性的典型。虫媒病毒均含有作为遗传密码的RNA，但不同病毒在传播途径、流行病学、发病机制和临床症状等方面存在差异。虽然这些病毒所造成疾病的临床表现不同，但它们能直接激活免疫细胞，造成细胞损伤、死亡，以及宿主凝血和补体通路的紊乱。以布尼亚病毒科（Bunyaviridae）为例说明虫媒病毒的多样性。布尼亚病毒科包括多种病毒，如裂谷热病毒（静脉病毒属）、克里米亚–刚果出血热病毒（Crimean-Congo hemorrhagic fever virus，CCHFV）（内罗病毒属）以及引起肾病综合征出血热的汉坦病毒、多布拉伐病毒（*Dobravavirus*）、萨雷马病毒（*Saaremaavirus*）、汉城病毒（*Seoulvirus*）和普马拉病毒（*Puumalahantavirus*）。这些病毒都引起严重的人类疾病，有广泛的地理分布，是重要的病原体。这些病毒都有相似的形态学特征：球形颗粒，直径在80 ~ 120 nm[14]。病毒的脂质膜包含2个或3个决定细胞嗜性和宿主致病性的糖蛋白，也是抗体中和病毒的位点[15-18]。病毒的遗传信息由一条负链RNA组成，RNA被分成大、中、小3个片段，分别编码病毒核衣壳、糖蛋白、聚合酶蛋白[19，20]。

病毒的许多特性与人类疾病相关，这一点在克里米亚–刚果出血热病毒（CCHFV）中得到了很好的诠释。其M片段编码的多聚蛋白包含了一个黏蛋白样的结构域和一个弗林蛋白酶切割位点[21]。这种多聚蛋白与内皮损伤、细胞毒性和干扰素拮抗作用有关。这种机制在其他出血热病毒，如埃博拉病毒中也被发现[22]。汉坦病毒对宿主基因调控的作用表明，这些病毒具有上调和下调宿主基因的能力，是造成严重疾病的一种机制。致病性和非致病性毒株之间的区别之一是，致病性毒株抑制了早期细胞内干扰素应答，而非致病性毒株感染后的这种应答机制是被激活的[23]。

虫媒病毒流行病学

对登革病毒和寨卡病毒（黄病毒科，黄病毒属）的研究表明，虫媒病毒流行病学极其复杂，其所造成的疾病负担巨大。登革热是世界上热带和亚热带地区最常见的虫媒病毒流行病，每年感染人数超过1 000 000[24]。登革病毒由4种血清学和遗传学不同的病毒组成，血清型分为1 ~ 4型[25]。每一个血清型都会引起人类疾病，从而产生终身保护性免疫，但对其他3种血清型都没有保护作用。第一次感染称为原发性登革病毒感染，随后是继发感染。

流行病学数据表明，不同的血清型登革热病毒的致病性各异，所引起暴发疫情的规模和疾病的严重程度也不同[26]。一项在泰国对登革热病毒进行了26年的研究表明，登革热3型病毒引起了大规模的流行，并且所有的血清型都与登革出血热（DHF）有关[26]。在泰国流行的登革热2型病毒的遗传特征表明，许多不同的病毒变种同时传播，反映了这个病毒的准种特性[27]。引起登革热和登革出血热的病毒基因型明显不同，提示登革病毒有共同的祖先，并且引起DHF的2型病毒只有一个在东南亚独立演变的基因型[27]。

登革热和登革出血热在流行地区主要是儿童疾病，虽然所有的年龄组都有感染登革病毒和发生

严重登革热的风险。在人群中登革病毒持续传播的原因，很大程度上是由于不同年份登革病毒的优势血清型不同。一项基于学校的登革病毒传播和严重疾病的前瞻性研究表明，登革病毒不同血清型间无交叉免疫，因此一个人一生中可能感染两种或者两种以上血清型的登革病毒[28, 29]。尽管所研究的学校距离很近，但每一种登革病毒血清型的传播在空间和时间上都有明显的聚集性。某一所学校的某次登革热暴发主要是由一个或两个血清型引起的，而引起暴发的病毒血清型每年交替出现。易感儿童的持续流入和不同血清型登革病毒的持续交替传播，以及固有的种群动态，提供了登革病毒持续传播的环境，且未能在人群中形成群体免疫力[30]。

1947年在乌干达的寨卡森林第一次发现了寨卡病毒，1952年报道了第一个寨卡病毒感染人的案例，并在热带非洲、东南亚和太平洋岛屿暴发了疫情[31]。在2007年之前，仅记录了14例寨卡病毒感染，尽管考虑到与登革病毒的抗原和症状相似，导致许多病例可能未被确诊。然而，在过去的半个世纪里，寨卡病毒在蛋白序列和核酸序列上发生了明显的变化，这可能导致了在密克罗尼西亚（2007年）、法属波利尼西亚（2013年）和目前在美洲的暴发，并且新发现了与之相关的格林–巴利综合征和小头畸形[32]。许多病毒都可以通过胎盘屏障，如水痘–带状疱疹病毒（VZV）、巨细胞病毒（CMV）、风疹病毒、单纯疱疹病毒（HSV）、人类免疫缺陷病毒等，可以从母体传播给发育中的胎儿。然而，寨卡病毒是第一个被证明有这种能力的虫媒病毒。截至2016年1月，世卫组织宣布寨卡病毒病为国际关住的突发公共卫生事件，并预测在这次暴发中会有4 000 000人发生感染[33]。

本文中关于虫媒病毒的简单讨论，阐明了这些病毒的传播方式、毒力因子、地理分布和疾病负担的多样性。了解病毒的基本流行病学特点以及病毒和宿主相互作用导致的临床疾病，将会为实验室人员提供一个基本的知识基础，从而使其能够根据患者的流行病史、临床表现以及实验室内潜在的感染风险，来评估特定病原体引起严重疾病的可能性。

感染和致死剂量

病毒的感染剂量是指在体内或体外可以造成感染的病毒量，然而致死剂量是指导致宿主死亡所必需的病毒量。感染剂量可以很大（大肠埃希菌是10^5个），也可以很小（结核分枝杆菌是不到10个）。体外培养细胞的感染包括病毒进入细胞并复制，同时产生成熟的病毒颗粒，并进一步感染细胞继续复制。动物模型或者人类宿主（体内）的感染是指病毒在动物和人体内复制，并可通过从血液或组织分离出活的病毒和（或）产生病毒特异性免疫球蛋。宿主可以被感染但不发展为临床疾病。

在细胞培养中产生感染所需要的病毒量，是通过对病毒的连续稀释，然后进行细胞接种，以确定的感染结局（如细胞病变）的出现来确定的。动物模型感染的终点就是死亡。毒力通常通过50%感染剂量（ID_{50}）或50%致死剂量（LD_{50}）来定量描述，这两种剂量分别是在半数受试动物中引起感染或死亡所必需的病毒量。ID_{50}或LD_{50}越低，对病毒的毒力越大[34]。

感染剂量是确定从事病毒和其他病原微生物相关工作所需的生物安全水平的主要标准之一。要考虑病原体或毒素的其他特征，包括：①对人类健康的影响；②传染程度（感染剂量与致死剂量）和传播给人类的方式；③医疗措施的可用性；④任何其他标准，包括脆弱人群的需要。实验室工作人员在评估其风险时，应将病毒的感染剂量作为必须考虑的因素之一。

风险矩阵

风险与可能性和后果呈函数关系，随后者的变化而变化。为了能够充分评估风险，实验室人员

必须了解活病毒在实验室环境中造成的潜在危害以及感染各种病毒的后果。图9-1提供了一个实验室人员评估风险时可参考的风险矩阵。危险可能性评估基于实验活动的类型、病毒意外泄漏的可能性及其对人员或其他方面造成的后果（假设病毒泄漏）3个要素。

实验室人员应该使用关于样本、病毒和实验类型的已知信息，来评估风险的可能性。例如，一个低ID_{50}的病毒，在高浓度下（如20～50 ID_{50}）下使用，如果病毒因离心事故泄漏或从培养皿中溢出，则会造成危险。一个高ID_{50}的病毒，在低浓度下（如0.1～0.5 ID_{50}）发生同样的泄漏，对实验室工作人员可能是一个低的风险。另外，实验室操作与风险可能性相关，例如，开放式离心可能会将病毒释放到工作环境中，但在三级手套箱中离心或者使用二级屏障可以降低风险。

同等重要的是病毒病原体导致的临床疾病的严重程度。一个高ID_{50}和100%致死率的病毒和一个低ID_{50}但不知道是否会导致严重疾病的病原体相比，风险是不一样的。病毒感染风险的评估很大程度上是由感染后的疾病后果决定的，如从亚临床疾病到导致住院治疗甚至死亡的严重疾病。疾病的临床严重程度取决于许多因素，但有些因素并非完全了解，如病原体的毒力和宿主的易感性。对于实验室工作人员来说，与免疫系统健全的年轻人相比，免疫功能低下或年龄大的人通常会有更大的风险，虽然也可能有例外。一个接种了疫苗的人即使职业性感染相关的病毒，其临床严重程度也会低一些。然而，其他的医疗因素也可能影响疫苗接种的有效性和临床疾病严重程度[35]。需要重申的是，不可将疫苗接种作为主要的生物安全保障。

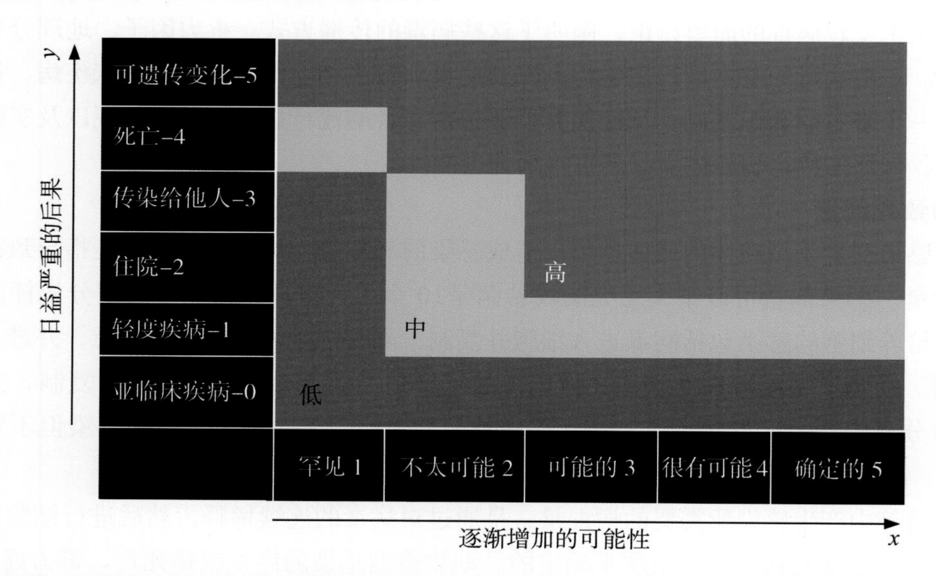

图 9-1 风险矩阵，可用作制订计划试验决策和分析用于管理风险矩阵作为实验计划和控制风险和影响的框架。*y*轴表示日益严重的后果。*x*轴表示事件发生的概率。信号灯颜色用于指示矩阵中代表不同风险的区域。eclipse 代表基因工程病毒在矩阵中的范围

使用此风险矩阵，可以将实验室工作分为高风险和低风险，并针对实验室人员和所使用的具体操作程序而调整。风险评估矩阵是一个范例，通过综合病毒病原体的特点、生物样本和实验程序的风险、处理潜在病毒病原体的BSL水平和发生临床疾病的严重程度等信息，对实验室的风险进行评估。风险矩阵的目的是在拟开展某项实验之前，形成一个与适当的专业人员进行讨论的框架。可以进行高风险的实验，但在一些情况下需要额外增加降低风险的措施。风险矩阵不是一个分析工具，而是一个讨论框架。程序可能包含了多个结果和不同的可能性。这将取决于研究者在风险和潜在收

益之间的平衡，以推进科学技术的进步，并且要尽可能降低风险。降低风险措施包括采用工程控制的方式，如改变标准操作程序，或采用机器人、自动化技术取代高风险情况下的人工操作。

风险矩阵也可用于评估基因编辑技术（见下文“基因工程病毒”），这里有两个重要的考虑因素：①利用病毒载体，实现CRISPR/Cas9介导的转基因插入；②用基因编辑对病毒基因组进行修饰。携带病毒载体的转基因和基因工程病毒都不罕见，然而，基于CRISPR/Cas9方法的特异性和有效性已经显著降低了在体细胞和生殖细胞内开展基因修饰的门槛。另外，基因驱动技术是一个衍生技术，超出了孟德尔遗传规则的范围，因此为生物安全的考虑创造了一个新的维度。当使用基因编辑技术进行实验时，如果发生LAI，其结果可能影响受感染个体或人群的下一代。重要的是要考虑CRISPR/Cas9技术可能不仅仅是一种附加风险，而且在与病毒的独特风险结合时可能产生协同效应。随着CRISPR/Cas9基因编辑系列技术的成熟，实验室需要经常重新评估该技术的风险。

病毒性疾病的临床特征

了解病毒感染的临床结局对于判别实验室处理已知病毒和未知样本的潜在风险，了解这些感染的临床特征对认识实验室暴露和降低暴露风险至关重要。患者确诊前的样本对实验室人员构成特殊风险，因此，处理此类样本的实验工作者和实验室的监管人员应该特别警惕与病毒感染相关的临床综合征。

对潜在职业暴露造成感染的症状时刻保持警惕至关重要。尽管大多数病毒的潜伏期很短（暴露后3～15天不等），但某些病毒的潜伏期可能要长得多（如乙肝病毒、丙肝病毒或狂犬病毒）。潜伏期也会随着病毒感染的量不同而变化，通常，病毒感染的量越大，潜伏期越短。例如，CCHFV的潜伏期，在感染大量病毒时，可以缩短到2天，正如医院院内感染时所见[36]。

临床综合征的表现

发热是病毒性感染的早期表现，因此，每个从事感染性病原体相关工作的实验人员如果出现发热，都应该评估为潜在的LAI。在临床早期，发热通常伴随一系列全身症状，如肌痛、关节痛、不适和头痛。对于许多病毒感染，特异性的临床表现（如出血或者脑炎症状），往往发生在病程的中后期。把病毒性疾病按照主要的临床综合征进行分类，是评估职业暴露性感染的有效办法。

发热和出疹综合征

发热伴出疹是许多病毒感染的特征。病毒感染引起出疹通常特征不明显，但是出疹的时间和形态常常可提示特定的病因，在某些情况下具有高度指征性。经典的病毒性斑疹或斑丘疹可见于肠道病毒、腺病毒、麻疹病毒、风疹病毒、人类疱疹病毒6型和细小病毒B19感染。疱疹或脓疱疹与单纯疱疹病毒1型或2型、带状疱疹病毒、手足口病相关的肠道病毒和痘病毒感染有关。丘疹与传染性软疣病毒感染相关。儿童丘疹性肢端皮炎（Gianotti-Crosti综合征）是一种常见的瘙痒性皮疹，通常与许多病毒感染相关，包括EB病毒、巨细胞病毒、柯萨奇病毒、细小病毒B19、甲型肝炎病毒、乙型肝炎病毒以及甲型流感病毒[37]。

对大多数常见的虫媒病毒感染而言，在出现特异性症状（如关节炎和中枢神经系统疾病）前会有发热和出疹。另外，许多出血热病毒感染的早期会一过性出现斑疹，黑皮肤的个体可能很难发现。因此对任何有发热的实验室人员，应该细致检查是否有皮疹。

急性神经紊乱综合征

病毒感染的常见神经系统表现包括脑炎和脑膜炎症状。很多病毒感染会导致脑膜脑炎，这是两者的混合表现，其特征是发热、头痛、畏光、精神状态改变、局灶性神经功能障碍和颈项强直。

单纯的病毒性脑膜炎通常有发热、头痛和颈项强直，精神状态的改变或者更严重的神经症状较为少见。脑膜炎更常见于非脊髓灰质炎肠道病毒（包括柯萨奇病毒和埃可病毒）、单纯疱疹病毒2型、淋巴细胞性脉络丛脑膜炎病毒（LCMV）、急性HIV和EB病毒的感染。对于免疫能力正常的成年人，病毒性脑膜炎的临床进程通常是自限性的，大多数患者无须临床干预，可以完全恢复神经功能。

大多数虫媒病毒可引起脑膜脑炎，包括布尼亚病毒科的加利福尼亚脑炎病毒组（拉克罗斯病毒、詹姆斯敦峡谷病毒、雪靴野兔病毒）、嗜中枢神经系统黄病毒（圣路易斯脑炎病毒、WNV）、科罗拉多蜱传热病毒、白蛉热病毒、VEE、WEE、东部马脑炎病毒（EEE）。其他的引起脑膜脑炎的病毒包括腮腺炎病毒、麻疹病毒、脊髓灰质炎病毒、风疹病毒、尼帕病毒、细小病毒B19、腺病毒、流感病毒和副流感病毒等。

脑炎是由脑实质受到病毒感染所致，表现为发热和早期明显的意识改变。单纯脑炎综合征最常见于狂犬病毒、单纯疱疹病毒1型和带状疱疹病毒感染，但是许多其他病毒感染，如肠道病毒、虫媒脑炎病毒（EEE、WEE、VEE）和其他的虫媒病毒也可以引起脑炎。B型疱疹病毒是从事猕猴相关工作的实验室人员感染脑炎可能的原因。脑炎综合征通常非常严重，具有很高的病死率，即使有幸存活下来也往往伴有严重的神经系统后遗症。

除了脑炎和脑膜炎综合征外，病毒感染的神经系统表现还发生在脊髓，其中最多见的是急性松弛性瘫痪（acute flaccid paralysis，AFP）。AFP是指四肢和躯干肌肉的运动功能突然丧失，也可能导致呼吸功能的丧失。虽然AFP和脊髓炎是脊髓灰质炎病毒感染的典型表现，但与此相关的综合征也会在其他的病毒感染中出现，如肠道病毒、西尼罗病毒、日本脑炎病毒、森林脑炎病毒和人类嗜T淋巴细胞病毒感染。

呼吸道综合征

与病毒感染相关的呼吸系统疾病包括上呼吸道综合征，如支气管炎或气管炎、胸膜炎和累及肺实质的下呼吸道感染（肺炎）。上呼吸道感染的特征是发热、喉咙痛、鼻塞和干咳。下呼吸道感染的特征是咳嗽（偶尔有咳痰）、呼吸急促和胸膜炎。典型的胸部X线片表现为间质性的非典型肺炎，重症病毒性肺炎可能会出现急性呼吸窘迫综合征。引起呼吸道疾病的病毒有鼻病毒、腺病毒、呼吸道合胞病毒、流感病毒、冠状病毒（包括SARS冠状病毒和中东呼吸综合征病毒）、副流感病毒和汉坦病毒。

病毒性肝炎

典型的病毒性肝炎可以分为4个临床阶段：潜伏期、前驱期、黄疸期和恢复期。前驱期的特征是发热、食欲减退、疲劳、不适、肌痛、恶心和呕吐。黄疸期的特征是出现深色尿液、白陶土大便，以及黏膜、结膜和皮肤的黄染。实验室检查显示黄疸期转氨酶和总胆红素升高。发热通常在黄疸期的头几天后就消失了。引起肝炎的病毒包括甲型肝炎病毒（HAV）、乙型肝炎病毒（HBV）、丙型肝炎病毒（HCV）、丁型肝炎病毒（HDV）和戊型肝炎病毒（HEV）。

急性胃肠炎

急性胃肠炎的特征是急性发作，伴有恶心、呕吐、腹痛或痉挛、厌食和腹泻。可能会出现发热和其他症状，如头痛、寒战、肌痛和喉咙痛，如果不及时适当补充液体，可能会并发脱水、酸中毒。急性胃肠炎通常是自限性的，持续2～4天，引起急性胃肠炎的病毒有诺如病毒、星状病毒、轮状病毒和腺病毒等。

出血热综合征

病毒出血热的临床特征有发热、严重的全身症状、毛细血管渗漏综合征和不同程度的凝血功能障碍，表现为皮肤出血，如瘀点或瘀斑、穿刺部位渗出、鼻出血、牙龈出血、出血性结膜炎、呕血、黑便或严重的阴道出血。虽然凝血功能障碍的实验室指标可以在疾病早期出现，但明显的出血性通常发生在疾病的晚期。严重的出血往往提示重度感染和预后不良，然而，严重的失血和失血性休克通常不是导致患者死亡的主要原因。心血管衰竭和休克综合征可通过血管内血浆漏入血管外间隙或因其他未知的机制发生。有4个科的病毒可引起出血热综合征，包括黄病毒科（登革病毒、黄热病毒、KFD病毒、鄂木斯克出血热病毒、阿尔库姆拉病毒）、布尼亚病毒科（汉坦病毒、CCHFV和裂谷热病毒）、沙粒病毒科（拉沙病毒、胡宁病毒、马丘波病毒和萨比亚病毒）和丝状病毒科（埃博拉病毒、马尔堡病毒）。

单核细胞增多综合征

急性EB病毒感染引起典型的单核细胞增多综合征，典型表现为发热、皮疹、咽炎、疲劳和淋巴结肿大。其他的症状和体征包括肌痛、关节痛、腹泻、恶心、呕吐、头痛、肝脾大、体重减轻和神经症状。急性期症状持续时间可长达3周，恢复期伴随着疲劳和不适，可能持续数月。导致单核细胞增多综合征的病毒通常有EBV、CMV和HIV。

病毒血症和临床病程

依据临床病程可以预测生物样本中的病毒载量，这对于实验室人员确定何时进行风险评估很重要。在某些疾病中，病毒血症的峰值可以与临床疾病的严重程度相对应，但也可能在临床症状很严重前出现（如CCHF和严重登革热）。因此，在处理早期临床标本或确诊之前的标本时，会对实验室人员造成潜在的暴露风险。病毒血症高峰期代表了检测临床标本时的实验室暴露的最高风险时期。图9-2显示了CCHF感染患者在临床病程中出现的临床症状、体征和病毒血症的时间变化[38]，显示CCHF病毒血症在感染早期发生，在2～8天达到峰值。病毒血症高峰期出现多种相关症状，主要包括头痛和腹痛。皮疹和出血直到病程的4～7天才出现。相比之下，更严重的疾病，如肾衰和尿毒症，则发生在病毒血症消退后的病程后期。

事故管理

病毒暴露后的事故管理应该是每个实验室应急计划的组成部分，而且必须符合各自实验室的实际。尽管有过程控制、培训和安全计划，实验人员仍然可能被感染。在开展病毒实验前，应对每个人进行医学评估，以确定其执行实验室任务的能力和对职业性病毒感染的易感性。例如，免疫低下的个体比免疫力强的个体面临更大的风险；与免疫功能低下者或幼童生活在一起或照顾他们的实验人员给这些人带来危险；怀孕的实验室工作人员可能会因为接触某些特定病毒而危及妊娠。了解个人暴露前的健康状态有助于增强暴露后的医疗应对，并可能确定是否需要额外的预防措施。例如，被禁止接种痘病毒疫苗的人，在从事呼吸道病原体工作时需要额外的保护。再如，由于手关节炎引起手部活动障碍的人不能安全地进行注射接种等操作，为了减少这种风险，可适当调整工作，尽量避免使用针头或其他锐器。对实验人员而言，了解所使用的病毒和相应的症状同样重要。另外，也必须告知医务人员其可能暴露的病毒。例如，用类灵长类动物进行正痘病毒实验的人，可能会面临

B型疱疹病毒和正痘病毒感染的风险。许多灵长类动物感染了B型疱疹病毒，这种病毒在其他灵长类动物中是良性的，但对人类却是致命的。有关于处理类灵长类动物伤口的指南可供参考[39]，应该提前做好相应的准备。建议将使用阿昔洛韦和地塞米松作为暴露后应急措施的一部分[39]。

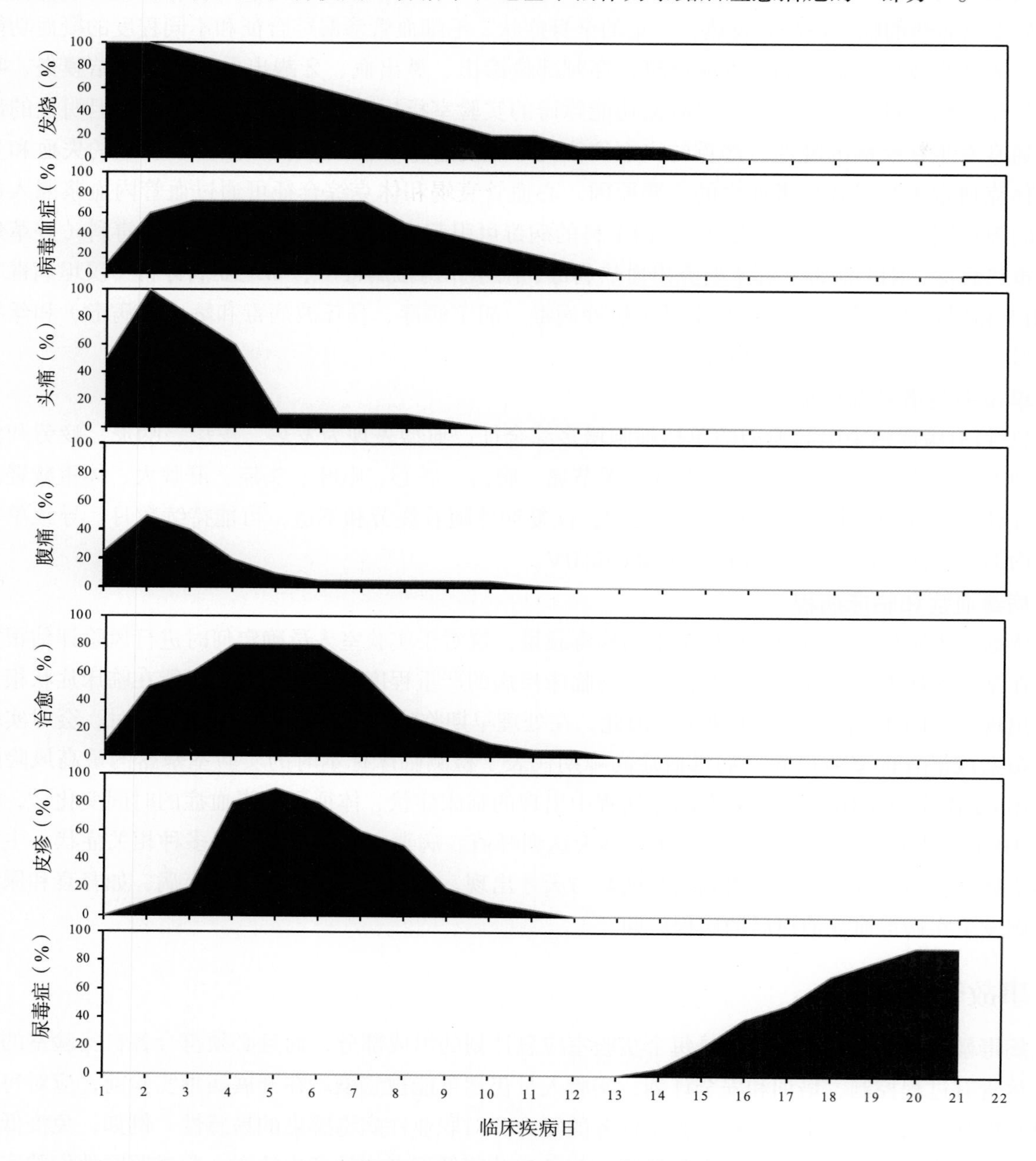

图 9-2 代表人类 CCHF 感染过程图

*y*轴代表发病率，*x*轴代表临床疾病日期（经参考文献[38]的许可改编）

暴露的识别可能是在事故发生时（如针刺伤），也可能是在数周后症状明显时（如上述萨比亚病毒感染）。因为病毒暴露可能以非寻常方式发生，不易被察觉，症状的出现可能是感染的第一个指征。实验室人员必须熟悉这些疾病的症状，尽管许多病毒性疾病的临床表现与普通感冒和流感相似。暴露后的处置程序应该提前制订，并为所有相关人员所熟知。同时，对受感染人员及所在社区公众的健康也必须高度关注。

引起实验室感染的常见病毒病原体

实验室获得性病毒感染不仅对实验人员有害，而且由于二次传播的可能，对社区甚至全球公共卫生构成潜在的威胁。2003年SARS-CoV的LAI事件险些导致疫情的再发，尽管在那段时间已经没有自然发生的人类感染[40-42]。导致LAI的人为错误和器械事故是病毒学诊断和研究的固有风险。病毒实验室的暴露可通过接种（如针刺、割伤或咬伤）、气溶胶（包括飞溅物）和直接或间接接触引起污染物而发生。这些暴露往往是由于未能遵守必要的防护措施而致。许多LAI是亚临床感染或者往往归因于社区获得性的感染。通过健全的生物安全制度、培训计划、仪器的日常维护以及项目主持人秉持“安全是成功实验一部分”的理念和行动，可以控制人为失误和器械事故导致的风险。虽然病毒通常不会通过某些途径感染，但病毒学实验室可能会通过非传统方式造成新的感染风险。下一节介绍的一些案例，仅是在实验室或医疗机构中出现的传统暴露途径引起的LAI。实验室工作人员必须了解每个实验任务中发生病毒暴露的可能环节。下面介绍的是导致LAI的病毒性病原体，详见表9-1。

腺病毒科

概述

腺病毒科是DNA病毒，分为两个属，即哺乳动物腺病毒属和禽腺病毒属。禽腺病毒属仅限于鸟类病毒；哺乳动物腺病毒属包含人、猿、鼠、猪、绵羊、马、牛、犬和负鼠病毒。人腺病毒有49种血清型，引起很多不同的临床疾病。腺病毒可通过口腔、鼻咽部或结膜分泌物直接接触而传播给易感宿主。根据血清型的不同，可以引起多种临床疾病，包括急性咽炎、呼吸系统疾病、肺炎、角膜结膜炎、出血性膀胱炎、胃肠炎、脑膜脑炎、肝炎和心肌炎。

实验室相关感染

从以往对腺病毒科LAI的调查来看，1例LAI与禽腺病毒属的鸡瘟病毒有关，10例LAI与哺乳腺病毒属的人腺病毒有关。2011年，加利福尼亚国家灵长类动物研究中心（CNPRC）发现一种新的腺病毒，伶猴腺病毒（TMAdV），感染了65只伶猴[43]。1位与动物密切接触的研究人员及其2位家庭成员（非CNPRC工作人员），感染了急性呼吸道疾病[43]。该研究人员和一个家庭成员的恢复期血清样本TMAdV检测阳性，表明TMAdV是人兽共患病感染，并有可能在人与人之间的传播。后续有更多的人被感染，但要不没有报告，要不被归因于社区获得性腺病毒感染。

事故管理

对潜在的腺病毒科病毒实验室暴露后的管理，方法与已经讨论过的相似，包括彻底的体检、密切的临床观察和诊断分析，以确定暴露。一种针对血清型4型和7型的有效疫苗在美国获得许可，目前被美国军方用于基础训练参与者等高危人群的接种。

沙粒病毒科

概述

沙粒病毒科是一种包膜病毒，含两个单链RNA片段，分别为小片段和大片段。沙粒病毒科只有一个病毒属，沙粒病毒属，包括18种病毒。沙粒病毒主要分布于欧洲、非洲和美洲，在啮齿动物中引起慢性感染。当人进入感染动物的栖居地与受感染的动物接触时，偶尔会发生感染。人感染沙粒病毒的特征是渐进性发热和肌肉疼痛，可发展成为病毒性出血热，出现严重的全身症状和凝血功能障碍性出血，也可能引起脑膜脑炎等中枢神经系统感染。LCMV是沙粒病毒科的原型病毒[44]，该科病毒中能引起严重人兽共患病的其他成员包括拉沙热病毒、引起阿根廷出血热的胡宁病毒、玻利维亚出血热的马丘波病毒、委内瑞拉出血热的瓜纳里托病毒、巴西出血热的萨比亚病毒以及卢霍病毒。

实验室相关感染

有报告称，人类LCMV感染与接触实验动物和宠物有关，特别是接触小鼠和仓鼠[44-48]。LCMV广泛分布在世界大多数地区的野生鼠群中，构成人兽共患病风险[49-51]。老鼠、仓鼠、豚鼠、类灵长类动物、猪和狗都是自然感染的实验动物宿主，在美国和英国的动物园中，都有关于狨猴和绢毛猴感染性肝炎的报道[52-56]。这些动物园的啮齿动物（老鼠）出没，和（或）用乳鼠喂食狨猴和绢毛猴，是LCMV感染和实验室工作人员感染的潜在来源[46, 57, 58]。免疫缺陷的小鼠有形成隐匿性慢性感染的特殊风险[46]。被LCMV感染动物污染的垫料和其他污染物可能是LAI的重要来源[46, 59]。有文献证明，被LCMV污染的肿瘤和其他细胞系的传代实验，是将LCMV引入动物设施的潜在威胁[46, 60, 61]。人类可通过注射接种、吸入或被感染动物组织或体液污染黏膜或破损皮肤而发生感染。沙粒病毒可经空气传播已被证实，而且在人类感染中起着重要作用[62, 63]。人通常在1～3周的潜伏期后出现流感样症状，有些患者会发展出更严重的临床表现，包括斑丘疹、淋巴结肿大、脑膜脑炎，以及罕见的睾丸炎、关节炎和心外膜炎[64]。中枢神经系统的严重感染可导致患者死亡。怀孕期间的感染会对胎儿构成感染风险[65]。

实验室沙粒病毒感染的另一个例子是1994年耶鲁大学虫媒病毒实验室的一个研究人员在实验室感染了萨比亚病毒[66, 67]。在该案例中，这名研究人员穿防护服，戴外科口罩和手套，在BSL-3实验室用高速离心法提取萨比亚病毒。运行完成后，他打开离心机，发现其中一个离心瓶是湿的，感染性细胞培养液泄漏在转子桶中。他先用次氯酸钠处理泄漏的培养液，然后继续进行计划好的实验。在暴露后的第8天，出现了肌肉酸痛、头痛、颈项强直和发热。在吃了2天的布洛芬后才去医院。最初的表现像是间日疟原虫的复发，也没有报告实验室事故，但阴性涂片也排除了疟疾感染的可能。进一步询问病史，证实存在10天前的实验室泄漏。立即住院后，他接受静脉滴注利巴韦林治疗。幸运的是，尽管出现了萨比亚病毒感染的症状，但他还是活了下来。用RT-PCR证明了萨比亚病毒的感染。利巴韦林是否起作用尚不清楚，目前尚无有效的证据支持利巴韦林对萨比亚病毒感染治疗有效。由于可能通过气溶胶传播和感染后的高病死率，所有的沙粒病毒都被列为BSL-4级病原体。

事故管理

暴露后应该立即就医。静脉注射利巴韦林可能会降低拉沙热病毒感染的病死率，并且可能对严重的LCMV感染的患者有益[68]。然而，利巴韦林的使用需要咨询有经验的感染科医生，因为利巴韦林毒性较大。法维拉韦是一种很有前途的抗RNA病毒的药物，它能干扰早期阶段的病毒复制，从而抑制沙粒病毒[69]。然而，迄今为止，这些药物的抗LCMV作用仅在细胞培养中进行过测试。

布尼亚病毒科

概述

布尼亚病毒科是一种单链RNA病毒，它包含大、中、小3个基因组片段。该科病毒包括一大类节肢动物传播的病毒，它们具有相似的结构和抗原特性。布尼亚病毒科包含4个感染动物的病毒属，分别是布尼亚病毒属、汉坦病毒属、内罗病毒属和白蛉病毒属，以及1个感染植物的病毒属，番茄斑萎病毒属。两个重要的人兽共患病病毒是CCHFV和汉坦病毒。在美国，CCHFV仅限于在BSL-4操作[70]。然而该病毒在中亚和非洲部分地区流行，并且可以在临床和低等级实验室遇到。通常，CCHFV通过感染蜱的叮咬或与感染动物体液接触传播，然而，院内感染也比较常见。此外，实验室工作人员还受到疑似气溶胶、液体和针刺暴露感染。感染后表现为高热、寒战、头痛、头晕和腹背疼痛。更严重的病例有出血表现，如瘀点和瘀斑。病死率在20%～80%之间。大多数情况下，隔离防护措施足以防止传播[71]。然而，潜在的气溶胶暴露可能需要额外的预防措施。

汉坦病毒在自然界中广泛分布于野生啮齿动物，但与该科其他属不同的是，通常不通过昆虫媒介传播[72]。新大陆的汉坦病毒通常会导致汉坦病毒肺综合征（HPS），而来自其他地区的汉坦病毒与HFRS相关。导致大量成年人的死亡的HPS暴发首次发生在美国[72-74]。自首次暴发以来，已经有30个州报告了HPS病例，大约3/4的患者来自农村地区。来自姬鼠属、岸鼠属、小鼠属、大鼠属、松田鼠属、田鼠属等啮齿动物的汉坦病毒与其他国家该病的暴发有关。在美国，血清学调查已经在城市和农村地区的褐家鼠、鹿鼠、白足鼠、草原田鼠、刚毛棉鼠、大耳禾鼠、稻鼠、林鼠中发现了汉坦病毒感染的证据[72, 75, 76]。在实验动物设施中，工作人员因暴露于受感染的大鼠，而发生了很多汉坦病毒感染病例，包括在韩国、日本、比利时、法国和英国暴发的疫情[77]。在美国尚没有与实验动物相关的汉坦病毒感染病例，人感染HPS与户外和职业运动有关，这些活动与职业使得他们与受感染的野生啮齿类动物及其排泄物有密切的接触[72, 78, 79]。有几个案例是学术机构研究人员在进行野外研究时被感染。流行病学数据显示，猫可能通过接触啮齿动物而感染，并可能成为潜在的宿主[80]。

汉坦病毒可通过吸入感染性气溶胶传播，极短的暴露时间（5 min）即可导致人体感染，也可通过动物咬伤，或伤口、眼结膜、口腔暴露于啮齿动物排泄物污染的扬尘而感染。啮齿动物通过呼吸道分泌物、唾液、尿液和粪便大量排出病毒，时间可达数月之久[75]。最近又出现了数例由大鼠引起实验室感染的病例[81]。人与人之间汉坦病毒的传播非常罕见[72]。不同的汉坦病毒，临床症状的严重程度也不相同。在美国最近的HPS病例中，患者出现发热、血小板减少和白细胞增多等与HFRS类似症状。由于毛细血管渗漏入肺脏，患者迅速进展为呼吸衰竭，随后出现休克和心脏并发症。实验动物暴露后发现的这种疾病符合HFRS的典型特征，即发热、头痛、肌痛、瘀斑和其他出血表现，包括贫血和胃肠道出血、少尿、血尿、严重电解质异常和休克[82]。对于涉及汉坦病毒感染的动物模型研究，包括用许可动物（如鹿鼠）和野生捕获的对HPS或HFRS敏感的啮齿动物进行实验室染毒研究，建议在ABSL-4实验室进行[83]。处理已知不排病毒的啮齿动物的研究，采用ABSL-2级防护措施即可。

实验室相关感染

无论是汉坦病毒还是CCHFV，实验室工作人员都有经液体接触、气溶胶暴露和针刺感染的风险。当在BSL-3实验室进行汉坦病毒操作时，必须了解可能产生气溶胶的环节。目前还没有针对CCHFV或汉坦病毒的疫苗或化学药物。在BSL-4实验室操作CCHFV时暴露于气溶胶和液体的风险较小，但仍存在针刺暴露的风险。汉坦病毒实验室工作人员应注意使用正压呼吸器和生物安全柜以防止气溶胶暴露。

事故管理

目前还没有FDA批准的治疗布尼亚病毒的方法。有报道利巴韦林在某些情况下可能有效，并且一项临床试验表明，它可能对汉滩病毒（韩国出血热病原体）有效[84]。最近的一项荟萃分析证实了传统观点，即利巴韦林不能治疗引起HPS的病毒感染[85]。虽然观察性研究表明利巴韦林可能改善CCHF的预后[86，87]，但一项研究其静脉注射治疗CCHFV的随机临床试验尚未完成。

发生CCHFV职业暴露感染时，由于其具有人际传播能力，需要采取隔离防护措施。此外，还应对感染者的密切接触者进行监测，并采取隔离措施。根据传播方式的不同，潜伏期为1～5天不等。任何潜在的CCHFV暴露都应通知CDC和国家卫生部门。虽然大多数汉坦病毒不会在人间传播，但越来越多的证据表明安第斯汉坦病毒可在医院内和家庭中传播[88]。

冠状病毒科

概述

冠状病毒属于套式病毒目，冠状病毒科，是单股正链RNA病毒。冠状病毒科含有许多重要的动物病原体，包括猫冠状病毒和猪流行性腹泻病毒。人类病原体包括人类冠状病毒SARS-CoV和MERS-CoV。人类冠状病毒可引起成人和儿童的上呼吸道感染，与鼻病毒相似，可引起普通感冒。SARS-CoV是一种新发现的病毒。在流行期间，没有疫苗或药物制剂可用于预防或治疗。这场危机促使研究界积极响应，制定有效的防治医学对策。病毒分离物被送至世界各地的病毒学实验室。

2012年在沙特阿拉伯出现了一种不同的非典型肺炎样感染，由基因序列完全不同的MERS-CoV引起[89]。MERS与SARS相似，感染者可能没有症状，也可能出现发热、咳嗽、呼吸短促和肺炎。MERS-CoV感染的致死率似乎远高于SARS-CoV感染，报道的MERS患者中有36%死于该病[90]。传播途径尚不清楚，但骆驼和医院暴露可能是人类感染MERS-CoV的主要来源。虽然人传人的可能性似乎仍然相对较低，但有人担心它可能变异成一种可人传人的毒株（有关更多讨论，请参阅“基因工程病毒”章节）。MERS-CoV似乎在整个阿拉伯半岛传播，迄今已有27个国家向世卫组织报告了病例。自2012年以来，已有1733例实验室确诊的感染，628例死亡[89]。

实验室相关感染

一些实验室感染SARS-CoV的事故产生了类似2003年疫情的威胁[41，42，91，92]。这些事故大多源于人为因素，是由一批经验不足的实验室工作人员造成的。SARS-CoV在环境中稳定，能够借助气溶胶和污染物传播。由于各国BSL-3设施的无序快速增长，全球健康受到威胁。实验室暴露还造成社区人员感染并发症。这些暴露和由此产生的后果，更加表明了生物安全培训、工作经验和项目负责人的积极监督是病毒实验室安全运行和全球健康不可或缺的要件。到目前为止还没有关于MERS-CoV实验室相关感染的报道，尽管医护人员的感染率很高（约14%）。

事故后管理

尽管尚未发生自然的感染，但SARS-CoV和MERS-CoV实验室相关感染仍有导致疾病流行的可能。实验室工作人员如出现疑似LAI或有与SARS/MERS疾病相一致的症状，应立即向生物安全部门报告，并遵循暴露后处置的程序。受感染的工作人员应自我隔离，以减少病毒社区传播的可能性。目前，还没有FDA批准的用于治疗SARS或MERS的疫苗和（或）抗病毒产品。在SARS病毒感染患者中进行了α-1干扰素的试点研究。其他1型干扰素已在类灵长类动物和SARS-CoV感染的组织培养模型中进行了评价。这些研究显示了一定的效果，但迄今为止还没有研究表明对治疗人感染有效。第一个进入临床试验的MERS-CoV疫苗是DNA质粒疫苗，于2016年1月开始Ⅰ期临床试验。目前的建议仍侧重于支持性治疗和隔离。

丝状病毒科

概述

丝状病毒是一种负链RNA病毒，属于单核病毒目丝状病毒科，可分为3个属，即埃博拉病毒属、马尔堡病毒属和最近发现的库瓦病毒属[93]。马尔堡病毒科只有一个种，但有两种亚种，分别为马尔堡病毒（Marburg virus，MARV）和拉文病毒（Ravn virus，RAVV）。相比之下，埃博拉病毒属可分为5个单独的种：埃博拉病毒（EBOV，扎伊尔埃博拉病毒）、苏丹病毒（SUDV，苏丹埃博拉病毒）、本迪布焦病毒（BDBV，本迪布焦埃博拉病毒）、泰森林病毒（TAFV，前称科特迪瓦埃博拉病毒）和莱斯顿病毒（RESTV，莱斯顿埃博拉病毒）。库瓦病毒只有一种单一的病毒——洛维病毒（LLOV），是2002年在对西班牙Cueva del Lioviu地区蝙蝠大量死亡的调查中发现的[94]。

值得注意的是，尚未证明RESTV和LLOV会引起有症状的人类疾病，而TAFV仅在1例非致命性人感染病例中被证实[95]。然而，其余的丝状病毒都可导致人类疾病，这是所有出血热中最严重的一种。一般来说，丝状病毒感染表现为突然发热、寒战、不适、肌痛和胃肠道症状。出血是凝血障碍所致，表现为瘀斑、瘀伤、黏膜出血以及内脏出血[96]。2013—2016年，西非经历了历史上最大的丝状病毒暴发，确诊埃博拉病毒病（EVD）超过1.50 000例，死亡病例超过1.10 000例[97]。在这次由EBOV引起的EVD暴发中，以发热、头痛、不适、虚弱和胃肠道症状为主，常常伴有类似霍乱的严重腹泻[98，99]。20%～80%的死亡病例与丝状病毒感染有关。

实验室相关感染

马尔堡病毒最早是从德国马尔堡和法兰克福以及前南斯拉夫贝尔格莱德实验室工作人员出血热暴发中分离到的[100]。这3个城市的感染源均是在乌干达中部乔加湖地区捕获的非洲绿疣猴。共有31名患者出现临床症状，其中7人死亡。大多数患者都曾处理过猴子的新鲜组织或原代细胞培养物。有6例二代感染病例，均是最初参与血液、组织或细胞培养工作的一代病例的接触者。

EVD最初于1976年在扎伊尔（现刚果民主共和国）的一次暴发中被发现[101]。人类EVD病例局限于非洲大陆或起源于非洲大陆，主要病例往往可追溯到森林动物和灌木动物的暴露，至少有一个案例是接触了受感染的黑猩猩所致[95，102]。

绝大多数自然感染的EVD是因直接接触感染患者的血液和体液所致[103]。虽然在自然暴发中，气溶胶传播似乎不是一个重要的流行病学现象，但它可能会发生，而且对LAI而言，肯定是一个更值得关注的问题[104]。在弗吉尼亚州莱斯顿的一个检疫设施中，首次暴发了RESTV，从菲律宾进口的食蟹猴似乎通过未知途径感染了几名动物饲养员，尽管没有出现临床疾病[105]。在2000年乌干达发生的EVD流行期间，对传播的危险因素进行了调查[106]，疫情的严重程度在很大程度上是由继发性传播决定的。在本次疫情期间，记录了3个原发病例传播了三代[106]，虽然无法确定原发病例的感染源，但二次接触发生在家庭或医院内，与患者体液接触是传播的最大危险因素。2014年西非暴发的EBOV是迄今为止规模最大、最复杂的EVD疫情，为更深入了解EVD可能的传播方式和临床特征提供了契机。在感染后的数周或数月内，可以在尿液、汗液及具有一定免疫功能的母乳、精液和眼内液中检测到病毒[107]。非常规传播，包括埃博拉幸存者的性传播，以及母亲可能通过母乳喂养传播，被认为是导致疫情尾声出现病例的原因。在另一项研究中，感染270多天后的幸存者精液中仍可检测到EBOV[108]。最近，报道了1例EVD患者9个月后复发并出现中枢神经系统症状的病例[109]。对埃博拉幸存者的研究正在进行中，因为许多人长期存在精神健康问题以及不孕、关节炎和关节痛

等问题，这些问题可能归因于感染的长期影响。

幸运的是，埃博拉病毒的LAI非常罕见，目前只有2例公开发表的研究人员LAI病例[110, 111]。在动物实验中的高风险暴露是发生针刺伤，但尚没有感染记录[112, 113]。在西非暴发的埃博拉疫情中可能有实验室暴露导致职业感染，然而，许多地方的实验操作和危险程度非常复杂且不尽相同，因此无法得出最后结论。

对丝状病毒的实验室研究应严格限于在BSL-4级实验室内，其设计目的是排除通过气溶胶和液体接触的暴露（见第27章）。然而，实验室里的锐器伤和动物咬伤的风险无法完全控制，即使在BSL-4实验室操作中，前面报道的2例针刺伤都发生在BSL-4实验室[112, 113]。穿戴个人防护服可以防止气溶胶和液体的意外暴露，但不能防止锐器刺伤。例如，俄罗斯联邦Vektor实验室的一名实验室工作人员在处理感染病毒的豚鼠时，因针刺伤而感染[111]。这名工作人员虽然接受了当地医生的积极治疗，但还是不幸逝世。在处理所有含潜在感染性病毒的生物样本时都必须特别小心，如果病毒被灭活，可以采取较低的风险防护级别。例如，蛋白免疫印迹实验不需要在BSL-4条件下进行。可以采用化学消毒剂、加热、酶或γ射线照射等方式进行病毒灭活。最近，研究人员公布了一系列EBOV灭活程序，展示了灭活生物标本中的病毒的多种方法[115]。尽管有研究表明化学消毒剂可能对其他负链RNA病毒有效，但对于研究人员来说，尝试从灭活的样品中培养病毒，并通过安全测试来验证病毒已被灭活仍然十分重要。可以通过敏感细胞系或动物多次传代，然后检测病毒核酸，或通过空斑试验或免疫荧光试验来验证样品灭活的效果。

事故后管理

疑似暴露后，应立即向专家进行医疗咨询。病毒可以通过黏膜或破损的皮肤直接接触被污染的液体传播，或通过经皮肤穿透伤传播。至少在实验室环境中，可能通过污染液体形成的气溶胶传播。目前，就丝状病毒而言，还没有评价其污染伤口或黏膜后紧急清洗等措施有效性的研究，可参考HIV的做法，制定暴露后紧急处置指南。

虽然一些产品在实验中有些效果，但目前没有批准的产品可用于暴露后预防或治疗。在西非疫情期间，对返回欧洲或美国的具有症状感染的医务人员试用过多种试验产品[116]。最常用的是恢复期患者血浆（未滴定的）、zMAPP、法维拉韦、brincidofovir和TKM-Ebola（TKM-100802），但都没有按照严格的研究设计给药，因此不可能得出关于有效性的结论。此外，至少10名有明确暴露史的医护人员在撤离到美国或英国后，使用法维拉韦、rVSV-ZEBOV或TKM-100802进行了暴露后预防[117, 118]。虽然这些接受治疗的人都没有发展成临床EVD，但因为人数较少不足以评估这些数据的统计学意义。

暴露后预防最有说服力的数据来自在几内亚进行的一项疫苗随机化分组试验[119]，对一种重组VSV载体EBOV疫苗进行效果评价。2015年4—7月，48个群组中的2014名接触者接种了rVSV-ZEBOV疫苗，而另外42个群组中的2380名接触者在21天后接种疫苗。立即接种疫苗组在10天内没有出现EVD症状，而延迟组在同一时间段内发生16例。初步分析显示，接触者接种疫苗的有效性为100%。然而，应该注意的是，在接种疫苗后10天内，总共有13名接种疫苗的人发生了EVD。尽管如此，这是第一个证明有效的人用丝状病毒疫苗，让人们看到了在暴露前和暴露后有效预防丝状病毒感染的希望。

丝状病毒治疗药物和疫苗的快速发展，可能会使目前关于暴露后预防的任何建议在不久的将来失效。除上述提到的rVSV-ZEBOV外，EBOV的重组腺病毒载体疫苗和MVA载体疫苗也正在进行临床试验。2014年疫情防控期间，根据同情使用条款，对一位患者使用了核苷酸类似物GS-5734进行试验性治疗[117]。关于LAI暴露后预防或治疗的选择应与CDC、FDA和EVD患者医护方面的专家进行广泛讨论。

如果临床EVD确实是由暴露引起的，潜伏期为2～21天。在这段时间内，应密切观察暴露后是否出现流感样症状，但此间是否应当进行检疫隔离以及采用何种级别的隔离措施尚存在争议。然而，一旦患者出现与EVD一致的症状，则必须进行隔离。截至2015年，CDC已在美国指定了55个埃博拉治疗中心。然而，只有5家美国医院管理过EVD病例，而且只有埃默里大学医院、内布拉斯加大学医学中心和NIH临床中心管理过1例以上的病例。积极的支持性治疗，包括维持液体和电解质平衡，是推荐治疗方案的主要内容[116]。这种积极的治疗会显著提高生存率，如果有可能，应该将患者转到有EVD临床经验的医院。

黄病毒科

概述

黄病毒科为正链RNA病毒，含有多种节肢动物传播的人类病原体，包括黄病毒属、瘟病毒属和肝病毒属3个属。黄病毒属的成员按蜱、蚊子和未知媒介分类，其中蜱传病毒包括KFD病毒、兰加特病毒（Langat virus）、鄂木斯克出血热病毒（Omskhemorrhagicfever virus）、波瓦生病毒（Powassan virus）、卡什病毒（Karshi virus）、TBE病毒和羊跳跃病病毒（louping-ill virus）；蚊传黄病毒包括阿罗阿病毒群［阿罗阿病毒（Aroa virus）、布苏埪拉病毒（Bussuquara virus）、伊瓜佩病毒（Iguape virus）、纳兰哈尔病毒（Naranjal virus）］、登革热病毒群［登革病毒血清型1～4和凯杜古病毒（Kedogou virus）］、日本脑炎病毒群［卡西帕科利病毒（Cacipacore virus）、库探戈病毒（Koutango virus）、日本脑炎病毒、墨雷谷病毒（Murray Valley virus）、圣路易斯病毒（St. Louis virus）、西尼罗病毒和雅温德病毒（Yaounde virus）］、可可贝拉群（Kokobera病毒）、恩塔亚群（Ntaya）［巴加扎病毒（Bagazavirus）、伊列乌斯病毒和坦布苏病毒（Tembusu virus）］、斯庞德温尼病毒群（Spondweni virus）（寨卡病毒）、黄热病毒群［班齐病毒（Banzi virus）、塞皮克病毒（Sepik virus）、乌干达S病毒（Uganda S virus）、韦塞尔斯布朗病毒（Wesselsbron virus）、黄热病毒］；其他未知媒介传播的重要黄病毒包括恩德培蝙蝠病毒和里约热内卢布拉沃病毒。瘟病毒属中含有许多重要的动物病原体，包括牛病毒性腹泻病毒、经典的猪瘟病毒（也称为猪霍乱病毒）和绵羊边境病病毒。肝病毒属含有一种病毒，丙型肝炎病毒。

节肢动物传播的黄病毒可引起一系列临床疾病，从轻微的发热性疾病到严重的出血热或脑炎。它们似乎不存在人与人之间传播的风险，但值得注意的是寨卡病毒可以通过性传播[120]。丙型肝炎通过针刺伤或使用受污染的注射、输液设备或不规范的注射治疗，以及输血、性行为或分娩传播。丙型肝炎病毒感染可导致急性和慢性肝炎。除了典型的节肢动物传播途径外，寨卡病毒还可通过性传播以及潜在的输血和围产期传播[121]。虽然大多数感染表现为轻度发热且有自限性，但与更为严重的格林–巴利综合征以及孕妇感染导致婴儿神经缺陷的问题已引起国际关注[122]。寨卡病毒的实验室研究急剧增加，这些研究试图阐明其致病机制和制订潜在的对策，因此增加了发生LAI的可能性。

实验室相关感染

黄病毒科是引起LAI的一个主要病毒家族，记录在案的病例有464例。在黄病毒中，KFD和YF

病毒是感染的主要原因，其次是羊跳跃病病毒、森林脑炎病毒和西尼罗病毒。除丙型肝炎病毒和登革病毒外，已经证明黄病毒一般都可以通过气溶胶传播，因此实验室环境具有潜在的传播风险。丙型肝炎病毒是一种具有职业性危害的血液传播的病原体，医务工作者可因皮肤接触感染患者的血液被感染。虽然经气溶胶或污染的体液或粪便暴露感染尚无定论，但有2例结膜暴露于血液后导致感染的报告[123]。针刺伤后丙型肝炎病毒感染的发生率为1.8%～10%[124，125]。

2008年8月，在塞内加尔工作的两名美国科学家，在采集感染寨卡病毒的蚊子样本时被感染，导致了LAI的发生[126]。两人回到科罗拉多州的家中发病，表现为疲劳、头痛、关节肿胀和关节痛，还有一名患者出现了血精症。这名患者的妻子后来也出现了类似的临床症状，提示是性传播感染。2016年6月，宾夕法尼亚州一名女性研究员在针刺伤后感染寨卡病毒[127]。在寨卡病毒感染和胎儿畸形之间的联系未充分明确之前，对于研究寨卡病毒的研究人员来说，妊娠应该被视为风险评估要考虑的一个重要的因素，怀孕或有伴侣怀孕的工作人员应尽可能减少参与寨卡病毒研究。

事故管理

事故后对潜在的实验室暴露或黄病毒科LAI的管理应包括全面的体检、密切的临床随访和诊断分析，以确定暴露。大多数黄病毒科病毒不会发生人间传播。丙型肝炎病毒和寨卡病毒可通过性途径在人间传播，也可在分娩期间传播给新生儿，或通过受污染的血液制品或针头传播。因此，HCV或寨卡病毒LAI需要对受感染的实验室人员进行接触者追踪调查。怀孕或有性伴侣的实验室工作人员应在寨卡病毒感染后立即告知医生。目前，可供人类使用的疫苗只有YF、日本脑炎、蜱传脑炎以及2015年研发的登革热疫苗；可能暴露于这些病毒的工作人员应该接种疫苗[254]。目前，全球至少有18个机构正在尝试研发寨卡疫苗。2016年6月，美国FDA批准了GLS-5700的Ⅰ期临床研究，该疫苗是一种合成DNA质粒疫苗[128，129]。丙型肝炎病毒暴露后应咨询有经验的传染病或肝病专家，因为随着有效的抗丙型肝炎核苷酸类似物的出现，治疗方案已得到很大扩展[130]。

嗜肝DNA病毒科

概述

HBV属于乙肝病毒科，是一种包膜DNA病毒，可导致急性和慢性肝炎、肝硬化和肝细胞癌[131，132]。该病毒通过刺伤皮肤暴露于受污染的血清、血液或体液传播。原发性感染的感染谱为从轻度或亚临床肝炎到重度急性肝炎。该病毒存在无症状持续感染。慢性肝炎是一种更为严重的感染形式，可导致大结节性肝硬化。慢性和急性HBV感染均伴有肝细胞坏死、炎症反应、淋巴细胞浸润和肝细胞再生。肝硬化表现为再生结节和弥散纤维化。年轻人感染后通常没有老年人严重。有报道显示，免疫功能受损的成年人感染后病情较轻，并认为免疫功能可能在疾病进展中发挥作用。HBV也是HDV的辅助病毒。HDV是一种有缺陷的RNA病毒，没有HBV的辅助就无法复制，HBV为其提供病毒粒子包膜多肽。

实验室相关感染

从事乙肝病毒相关工作的人员有通过锐器伤自我接种和暴露于受污染液体的风险[133]。在BSL-2～BSL-4实验室中，尖锐器具的危险无处不在。迄今为止，预防此类伤害和暴露的有效解决方案有限。通过适当使用屏障、防护罩和生物安全柜，以及实验室表面和废物的常规消毒，可以减少暴露于HBV的机会。虽然没有报告气溶胶暴露导致人类感染的病例，但应采取预防措施来防止此类暴露。美国联邦法规要求从事乙肝病毒相关工作的机构提供乙肝疫苗，并建议员工上岗前进行接种。

虽然疫苗不能预防暴露，但它可能有助于减少意外暴露的影响。

事故管理

在怀疑发生实验室暴露后，应立即向定点机构寻求医疗帮助[134]。有有效的疫苗、抗病毒药物和高效价免疫血清可用于治疗HBV感染[135，136]。HBV抗病毒治疗的最新进展彻底改变了慢性HBV感染的临床治疗[137]。暴露后预防性治疗或慢性感染管理方案应该与有经验的肝病学家或传染病专家协商制订。应密切观察暴露后是否有病毒性肝炎的迹象，并禁止献血。家庭成员除非有体液接触，否则不存在感染的风险。现行的HBV感染医疗手段，可减轻LAI的后果。

疱疹病毒科

概述

单纯疱疹病毒属于疱疹病毒科单纯疱疹病毒属，其基因组是含有双链DNA的单一大分子[138]。该病毒由含有DNA高电子密度核心、一个二十面体衣壳、一层覆盖于衣壳外的蛋白质层和一个外包膜组成。人类自然感染HSV可表现为局部原发病灶、潜伏感染和局部复发。HSV-1型和HSV-2型感染可表现为不同的临床症状，这取决于感染途径[139]。通常经口腔或性接触传播[140]。HSV具有特殊的组织嗜性，可在生殖器官、生殖器周围或肛门皮肤部位复制，并在骶神经节潜伏和定植[141]。大多数HSV感染导致病毒潜伏在背根神经节。活跃的病毒复制可导致危及生命的中枢神经系统感染（疱疹性脑炎）或复发性口腔和（或）生殖器溃疡。在免疫抑制、新生儿或妊娠期间，可发生严重的播散性多器官受累。黏膜感染和溃疡是病毒介导的细胞死亡和宿主炎症反应的结果。细胞变化包括感染细胞的膨胀和细胞核内染色质浓缩[138]，成多核巨细胞。细胞溶解后，在表皮和真皮之间出现透明的囊泡液，形成水疱。自然感染通常不发生在手部或手指。然而，在实验室中，有报道含高滴度病毒的针刺伤手指引起感染[142，143]，导致皮肤损害，称为疱疹性甲沟炎[144]。

有许多疱疹病毒来自灵长类动物和其他研究动物。松鼠猴疱疹病毒在人体组织中复制，被美国国家癌症研究所（National Cancer Institute）列为致癌性病毒，而绢毛猴疱疹病毒（herpesvirus tamarinus）已被证明会在感染人后产生皮肤脓疱、发热和非致命性脑炎[58，145，146]。角猿疱疹病毒1型是一种严重的人兽共患病，有可能对人类造成致命性感染。B病毒最早于1933年被描述为可导致一种危及人类生命的神经系统疾病，而且人类病例在过去的10年中还在持续发生[39，147-149]。这种病毒仍然广泛分布在用于生物医学研究的猕猴群中。猕猴感染B病毒后，通常会产生一种与人类HSV感染相似的轻微临床疾病。初次感染时，猕猴会出现舌部和（或）唇部小泡或溃疡，通常在1～2周痊愈，也可引起结膜炎或角膜溃疡，并潜伏在猕猴的三叉神经节和生殖神经节中。在无症状感染动物中，通过物理或心理应激或免疫抑制疗法，可激活潜伏在动物体内的病毒，使动物重新排毒[150]，通过口腔、结膜和生殖器黏膜的密切接触在猕猴群中传播[151]。在地方性感染的猴群中，B病毒感染的发病率随着年龄的增加而增加，所有动物都在其第一个繁殖季节被感染[152]。除非是经过特别繁殖的已知不含B病毒的群体，猕猴属亚洲猴都应该被认为感染了B病毒。已知只有猕猴自然携带B病毒，但也有一些猴对致命的B病毒易感[153，154]。

实验室相关感染

B病毒主要是通过咬伤和抓伤或暴露于受污染的唾液传播给人类。有空气暴露引起人类病例的报道，最近的1例死亡病例被证实是眼睛黏膜暴露于生物材料（可能是粪便）所致[39，155]。也有针刺伤、暴露于受感染的类灵长类动物和人际传播造成感染的报道[147，156-158]。人类B病毒感染潜伏期为2天～5周不等，其中1例在暴露后10年发展为临床疾病[156]。在咬伤、抓伤或其他局部创伤后，人类可能会在接种部位形成疱疹样囊泡。在眼睛暴露的情况下，可能会出现眼眶肿胀、疼痛和结膜炎[39]。B病毒的其他临床症状包括肌痛、发热、头痛、疲劳，其次是进行性神经疾病，其特征是麻木、感觉过敏、感觉异常、复视、共济失调、精神错乱、尿潴留、抽搐、吞咽困难和上行性弛缓性麻痹。

针对1987年发生在猴子饲养员中的疫情，制订了防止动物饲养员B病毒感染的指南[39，58，147，153]。这些建议强调了灵长类驯养员使用个人防护装备，以及基于对所有工作程序、潜在暴露途径和不良健康后果开展全面评估的必要性[39]。防护装备包括皮手套或长袖衣服、防溅护目镜和口罩。单独使用面罩并不能完全防止眼睛暴露，溅到头部的液滴可能会流到眼睛里，感染性物质可能会通过面罩边缘的缝隙进入。

事故管理

CDC的建议明确指出，医疗机构应做好准备，以处理疑似暴露于B病毒的患者，患者应立即直接与了解B病毒的当地医疗顾问取得联系。伤口应彻底清洗干净，从患者和猴子身上采集血清样本和培养物，进行血清学实验和病毒分离。根据暴露的风险，启动阿昔洛韦或其他抗病毒药物的治疗。但B病毒感染的抗病毒治疗尚有争议，因为已证明在停止阿昔洛韦治疗后，患者的抗体滴度仍在升高[153]。医生应咨询美国CDC病毒性疾病所的病毒疹与疱疹病毒室，以获得病例管理方面的帮助。有关B病毒诊断的更多信息，可从佐治亚州立大学的B病毒研究和资源实验室获得。

正黏病毒科

概述

正黏病毒科是含节段负单链RNA基因组的包膜病毒。正黏病毒科包括4个属：甲型流感病毒、乙型流感病毒、丙型流感病毒和丁型流感病毒（也称索戈托病毒属）。甲型、乙型和丙型流感病毒是已知的人类呼吸道病原体，每年造成严重的发病和死亡。这些病毒通过气溶胶和污染物传播。流感病毒经历了两种进化：遗传性转移（genetic shift）和遗传性漂移（genetic drift）。遗传性转移是由一个基因组片段与不同流感病毒株的基因组片段整体交换（重配）引起的。遗传性漂移是由于免疫压力和突变（聚合酶错误）引起的基因随时间的变化。流感病毒的优势株每年都可能发生变化。因此，必须每年重新考虑疫苗成分。人类被认为是人流感病毒感染的宿主。然而，来自不同抗原株的流感病毒可自然感染许多动物，包括鸟类、猪、马、貂和海豹[159]。动物储存宿主被认为与流感新毒株的产生密切相关，其中猪作为人流感病毒的中间宿主，在感染来自禽类的流感病毒后会导致新的人类流感病毒株出现[160]。在实验室中，雪貂对人流感病毒高度易感，常被用作流感病毒感染的实验模型[159]。动物流感病毒株从动物传染给人类是很罕见的。然而，一项研究表明，在实验室中猪可以直接且容易地将流感病毒传播给操作这些动物的人[161，162]。2009年被俗称为猪流感的流行，毒株被证明在基因上与猪H1N1相似。然而，对最初人流感病例的调查并未发现暴露于猪的情况[163]。很快，一种新型的重配流感病毒在人类之间传播。2009年，全球感染率攀升至占世界人口的11%～21%[164]。最近，已有高致病性禽流感H5N1感染人的散发病例，尽管该毒株目前还不能在人与人之间传播。截至2016年5月，世界卫生组织已接到850例病例报告，其中449例死亡[165]。已经发现可导致哺乳动物传播的基因突变，对此，批评者担心这种突变与完全从cDNA文库中产生流感病毒的技术相结合，可用于制造生物武器（见下文“基因工程病毒”的讨论）。

实验室相关感染

实验室工作人员面临通过气溶胶和污染物感染流感病毒的风险。这些实验室原型株不太可能引起人类疾病的流行。然而，对实验室工作人员来说，处理人源株会带来LAI的风险[166]。所有实验室工作人员应每年接种流感病毒疫苗[166, 167]。2007年，FDA批准了赛诺菲巴斯德生产的首个禽流感H5N1疫苗。该疫苗已作为国家储备，防止H5N1流感病毒发展至具有人间有效传播的能力。

事故后管理

在疑似暴露后，实验室工作人员应立即寻求医疗救治，并通知生物安全管理部门。目前有两种抗病毒药物可用于治疗流感病毒感染：神经氨酸酶抑制剂和M2离子通道阻滞剂[168, 169]。由于药物在感染后48 h内及时使用效果最佳，建议在暴露后立即就医治疗。流感病毒具有高度传染性，暴露后不应与儿童、免疫抑制的人或老年人接触。虽然实验室原型株的风险有限，但人源和禽源株同时感染医务人员和普通人群是一个要被关注的问题。重组病毒的工作可能会带来额外的风险，取决于基因修饰的类型和病毒株的遗传背景，相关信息必须告知负责实验室生物安全的监管人员。

副黏病毒科

概述

副黏病毒科是一种有包膜的负链RNA病毒，它与另外两个重要的病毒科——正黏病毒科和弹状病毒科具有相似的特性。副黏病毒科包括副黏病毒亚科和肺炎病毒亚科。副黏病毒亚科包括呼吸道病毒属、风疹病毒属和麻疹病毒属3个属。肺病毒亚科包括肺病毒属和偏肺病毒属。副黏病毒科含有重要的动物和人类病原体，包括动物病毒——新城疫病毒和牛瘟病毒，以及人类病毒——麻疹病毒、呼吸道合胞病毒、副流感病毒和腮腺炎病毒。副黏病毒科还包括几种新出现的人和动物病原体，包括亨德拉病毒（来自澳大利亚的马和人）和尼帕病毒（来自马来西亚和近期的孟加拉国的猪和人）。

实验室相关感染

副黏病毒是LAI的常见病原。在动物副黏病毒中，新城疫病毒是引起LAI最常见的病原，与这种病毒相关的实验室感染超过70例（表9-1）[170]。新城疫病常见于野禽和家禽，通过受污染的食物和水在鸟类种群中传播[171]。鸟类疾病的特征是成年鸟类出现厌食症和呼吸系统疾病，幼鸟出现神经症状。新城疫病毒通过气溶胶传播，人感染后发生滤泡性结膜炎，伴有轻微发热和咳嗽。呼吸系统受累的范围从细支气管炎到更严重的肺炎。在动物副黏病毒中，较少引起LAI的病原是仙台病毒、小鼠副流感病毒1型，仅有1例LAI的报道。

在人类副黏病毒中，LAI常见于腮腺炎、麻疹和呼吸道合胞病毒。腮腺炎病毒感染可导致发热、唾液腺肿胀（尤其是腮腺）和颌下腺肥大。在出现临床症状后，病毒在唾液中存在长达5天。麻疹病毒感染会引起发热、不适、厌食，并伴有咳嗽、鼻炎和结膜炎，症状出现后3～4天出现斑丘疹。在大多数情况下，麻疹病毒感染导致典型皮疹，随后逐渐清除和康复。麻疹病毒感染可引起并发症，包括间质性肺炎、肝炎、心肌疾病、角膜溃疡（严重者可导致失明）和脑炎。免疫功能低下者感染麻疹后更具危险性，可引起巨细胞性肺炎和脑炎。呼吸道合胞病毒主要引起婴儿疾病，表现为低热、咳嗽和流涕等上呼吸道症状，重者可出现肺炎，表现为气喘、呼吸急促和严重咳嗽，病情严重婴儿需要机械通气。成人感染呼吸道合胞病毒的特征是咳嗽、支气管炎、流涕、疲劳和头痛。在老年人中，可能发生严重肺炎，导致成人呼吸窘迫综合征，需要机械通气。与麻疹一样，呼吸道合胞病毒感染对免疫功能低下者危害更为严重，可导致巨细胞肺炎。

事故管理

通过对禽类进行疫苗接种，或选择已知不含这种病原体的禽类，可以防止新城疫在实验室环境中传播。实验中接触被感染的禽类的人员，应穿戴适当的面罩及呼吸器等个人防护装备。流行性腮腺炎和麻疹可以通过接种疫苗预防。操作这些病毒时，有潜在暴露风险的人员应根据需要检测抗体滴度，并根据需要接种疫苗。目前还没有获批的呼吸道合胞病毒疫苗，有一种名为帕利珠单抗的药物可以预防RSV感染。确认RSV引起的LAI后，有症状的人员应离开实验室并进行临床观察，该避免与婴儿、老人和免疫功能低下的人接触。

微小RNA病毒科

一般资料

微小RNA病毒科是无包膜的单链RNA病毒，至少包括6个病毒属：口疮病毒属、心病毒属、肠病毒属、肝病毒属、副肠孤病毒属和鼻病毒属。微小RNA病毒科中重要的人类病原体包括脊髓灰质炎病毒、柯萨奇病毒、埃可病毒、肠道病毒（肠病毒属）、甲型肝炎病毒（肝病毒属）和鼻病毒。肠道病毒和甲肝病毒通过受污染的水或粪-口途径经口传播，鼻病毒通过气溶胶传播。在大多数情况下，肠道病毒感染导致无症状感染。临床症状从轻微的发热到腹泻，严重的病例可出现脑膜炎和脊髓灰质炎，也可引起肺炎、细支气管炎、出血性结膜炎和手足口病。鼻病毒引起普通感冒，包括打喷嚏、流鼻涕、喉咙痛、头痛、咳嗽和不适。甲型肝炎病毒会造成急性病毒性肝炎，导致转氨酶升高和黄疸。

实验室相关感染

之前的调查表明，微小RNA科病毒造成很多LAI。孟戈脑心肌炎病毒引起2例实验室感染，柯萨奇病毒引起39例，甲肝病毒5例，脊髓灰质炎病毒造成21例，且5人死亡。在与动物疾病相关的微小RNA科病毒中，有2例感染口蹄疫病毒，1例感染猪水疱病病毒。甲型肝炎是唯一在实验室引起灵长类动物感染的病毒，与黑猩猩接触的相关的人类甲型肝炎病毒感染病例超过100例[172]。

事故后管理

微小RNA病毒暴露或LAI事故后处理应包括全面体检、密切的临床观察和检测。从事脊髓灰质炎病毒或甲型肝炎病毒工作的人员应接种疫苗并定期强化免疫。如果疫苗不是近期接种或接种史不明，所有可能的暴露者都应立即接种疫苗。特异性免疫球蛋白具有保护作用，在使用HAV实验性感染的动物前或发生暴露后2周内，应按推荐剂量（0.02 mL/kg体重）注射甲肝免疫球蛋白[58，173]。

痘病毒科

一般资料

痘病毒科由单链线状双链DNA和合成mRNA所需的酶构成，分为昆虫痘病毒亚科和动物痘病毒亚科。昆虫痘病毒亚科包括3个属。动物痘病毒亚科有8个属：正痘病毒属（*Orthpoxvirus*）、副痘病毒属（*Parapoxvirus*）、禽痘病毒属（*Avipoxvirus*）、山羊痘病毒属（*Capripoxvirus*）、野兔痘病毒属（*Leporipoxvirus*）、猪痘病毒属（*Suipoxvirus*）、软疣痘病毒属（*Molluscipoxvirus*）、亚塔痘病毒属（*Yatapoxvirus*）。动物痘病毒亚科的原型病毒是牛痘病毒，它的来源不明，没有已知的自然宿主。有牛痘病毒感染免疫和未免疫实验室工作人员的报道。最近对生物武器的担心使得牛痘病毒的研究成为热点。许多实验室正在对牛痘病毒进行研究，这种病毒与用于预防天花病毒感染的疫苗（Dryvax）非常相似。在实验动物设施中造成人兽共患感染的痘病毒有3个属，分别是正痘病毒属、副痘病毒属和亚塔痘病毒属。灵长类动物是大多数人兽共患痘病毒的宿主[174]，人感染后通常以皮肤或皮下损伤为特征。

猴痘属于正痘病毒属，临床表现与天花相似，并能引起人间持续传播[175，176]。猴痘在非洲引起人类疾病，在野外和实验室中也有灵长类动物自然感染的记录[174，177]。灵长类动物的临床症状与人类相似，出现发热后4～5天，四肢、躯干、面部、嘴唇和口腔出现皮肤皮疹。人感染的特征是发热、不适、头痛、严重背痛、虚脱、偶尔腹痛，淋巴结肿大和斑疹脓疱疹[178]。人与人之间通过与活动性病灶、受污染的病媒或呼吸道分泌物的密切接触传播[174]。除了非人灵长类动物外，非洲松鼠属（*Funisciurus*）和太阳松鼠属（*Heliosciurus*）也已被确定为该病毒的宿主和重要的携带者[179]。最近，在美国发生的猴痘暴发被认为与从冈比亚进口的老鼠有关，此次猴痘病毒传播给了草原犬鼠和人[180]。接种天花疫苗可以预防人类猴痘，也被用来控制发生在猴子中的猴痘。

特纳河痘（Tanapox）病毒属于亚塔痘病毒属，在实验室环境中可引起人兽共同感染[181]。特纳河痘病是非洲地区的地方病，在监测猴痘的过程中，在非洲发现了感染人的病例[176]。特纳河痘病毒在非洲感染叶猴（*presbytis*），在美国也有动物园猕猴被感染的报道[182]。这种疾病在群居笼中的非人灵长类动物中传播迅速，表明它可直接传播[183]。动物饲养员感染被认为与皮肤擦伤的污染有关。无论是人类还是非人灵长类动物，特纳河痘病的临床特征是在眼睑、面部、身体或生殖器上出现局限性椭圆形或圆形隆起的红色病变。人感染后可出现头痛、背痛、虚脱和病变部位剧烈瘙痒[184]。这些病变会在4～6周自行消退。为防止特纳河痘病毒的动物源性传播，需采取ABSL-2级防护措施[185]。

动物感染雅巴猴肿瘤病毒（一种亚塔痘病毒），最初见于尼日利亚雅巴的猕猴[186]。随后出现实验室灵长类动物感染暴发的报道[187]。其他可能被感染的猴子种类包括猪尾猕猴（*Macaca nemestrina*）、短尾猕猴（*Macaca arctoides*）和食蟹猴（*Macaca fascicularis*）、非洲绿尾猴（*Chlorocebus aethiops*）、白眉猴（*Cercocebus atys*）和帕拉斯猴（*Erythro cebuspatas*）[188，189]。新大陆灵长类动物对感染有抵抗力[188]。实验研究表明，该病毒可以通过气溶胶传播，尽管没有发现人类自然感染的病例与灵长类动物接触有关，但必须重视其对人类有潜在的危害[190]。感染雅巴病毒的猴子会发展成皮下良性组织细胞瘤，表现为粉红色结节，手可触及，在感染后6周达到最大，约3周后逐渐消退，感染后可获得对再感染的免疫力[191]。狒狒感染模型的研究表明，在肿瘤自然消退前实施手术切除，狒狒仍然对雅巴病毒易感，并可再次感染[192]。6名人类志愿者接受了雅巴病毒的实验性接种，并出现了与猴子相似的肿瘤，但瘤体较小，消退也较早。1名实验室工作人员用雅巴病毒瘤做实验时，因意外自我接种（针刺伤）诱发了肿瘤，但实施肿瘤全切术后痊愈[193]。

羊痘（orf）是一种感染绵羊、山羊和野生有蹄类动物的副痘病毒病，在世界范围内持续流行，并引起职业性感染，包括接触实验动物。尽管年幼的动物感染最常见，也最严重，人在各年龄组都可感染。在绵羊中，羊痘病毒感染不能获得可靠的免疫防止再次感染，这有利于病毒在人群中的持续存在[194]。动物感染羊痘病毒后，嘴唇、鼻孔、口腔黏膜和泌尿生殖黏膜上产生增生性脓包，通过直接接触带有病毒的病变渗出物传播给人类。由于这种病毒在干燥的环境中可持续存在长达12年，因此有可能通过污染物或被病毒污染的其他动物传播[195]。已经开发出的疫苗可成功诱导动物的保护性免疫[196]。人类感染羊痘病毒的特征是手部、手臂或面部的孤立病变，最初为黄斑丘疹或脓疱，逐渐发展为有中央脐的增生性结节。偶尔会出现几个结节，每个结节直径可达3 cm，持续3～6周，随后自发消退，极少数会形成瘢痕。尽管比较少见，羊痘病毒还可以引起多种病症，包括局部淋巴腺炎、淋巴管炎、多形红斑、细菌重复感染和失明等[197]。建议使用ABSL-2规定的个人防护装备和衣物，以预防羊痘病毒向人类传播[185]。

实验室相关感染

曾有实验室工作人员感染牛痘病毒的案例报道。例如，一名在儿童时期（感染时为26岁）接种过疫苗的实验室工作人员，因被吸入牛痘病毒的注射器针头刺伤而被感染[198]，在注射部位出现了严重局部损伤。高滴度病毒和对牛痘病毒免疫力下降是出现严重病理损伤的两个主要原因。在另一个例子中，一名未接种疫苗的实验室工作人员在暴露于牛痘病毒之后发生全身性牛痘[199]。这证实了感染牛痘病毒类似于痘苗病毒免疫接种后典型的副反应。在这个案例中，开始牛痘病毒研究工作之前，本来应该进行全面的风险评估，但却没做。在第一个案例中，如果进行了适当的评估和疫苗接种（每3年加强接种一次）则可以减轻疾病的严重程度；在第二个案例中，如果开展了正确的风险评估本可以发现实验室工作人员的风险，并建议是否应该接种疫苗，或者应该采取额外的预防措施来预防液体和气溶胶的暴露。与正痘病毒相关的实验室感染是严重事件，但事先接种疫苗可以减少意外感染。实验室工作人员有暴露于气溶胶、污染物、液体和针刺的风险，必须采用过程控制和安全操作。在开始痘病毒实验前，应评估实验室工作人员接种活疫苗出现的并发症可能性，如果有疫苗接种禁忌证，在操作正痘病毒时就应考虑额外的预防措施（如使用正压呼吸器）。

事故后管理

现在有有效的正痘病毒疫苗。目前，美国的疫苗主要是ACAM2000，一种活的病毒疫苗，来自纽约市卫生局的一个克隆株，使用现代细胞培养技术生产。一种改良的安卡拉痘苗（MVA）疫苗正在进行临床试验，发生严重不良事件概率可能更低，可作为ACAM2000的替代品。暴露后，被感染者应立即就医，并告知其生物安全管理者。早期暴露后接种疫苗是预防正痘病毒感染最有效的干预措施，对于免疫功能严重受损、有疫苗接种禁忌证或其他顾虑的人，也有其他选择。tecovirimat（ST-246）是一种特异性的抗正痘病毒化合物，目前作为美国国家战略储备，可通过美国CDC作为实验性新药（IND）在暴露后紧急使用[200]。此外，痘苗免疫球蛋白（VIG）也可以通过美国CDC获得。对此类暴露的管理应与美国CDC和相关专家密切协商咨询。一般而言，有暴露风险的实验室工作人员应在工作前（最近3年内）接种疫苗，医生可能会选择在暴露后重新接种疫苗。如果以前没有接种过疫苗，在暴露后4天内接种疫苗，就能够有效预防疾病。由于工作人员可能暴露于高滴度病毒，这可能会减少疫苗有效性窗口期，因此应在病毒暴露后立即进行接种。暴露后接种疫苗者，必须与其他接种者一样，遵守相关规定。

逆转录病毒

一般资料

逆转录病毒科由一大类病毒组成，其基因组是RNA，在进入宿主细胞时转录成DNA。病毒DNA被整合到宿主染色体DNA中，形成前病毒，作为产生病毒蛋白的模板。病毒DNA在宿主染色体DNA中整合，赋予了病毒在宿主内持续性感染以及垂直传播的强大能力。逆转录病毒是重要的动物和人类病毒，分为7个属：α逆转录病毒属（*Alpharetrovirus*）、β逆转录病毒属（*Betaretrovirus*）、γ逆转录病毒属（*Gammaretrovirus*）、δ逆转录病毒属（*Deltaretrovirus*）、ε逆转录病毒属（*Epsilonretrovirus*）、慢病毒属（*Lentivirus*）和泡沫病毒属（*Spumavirus*）。各属的代表病毒分别为α逆转录病毒属的禽白血病病毒和RSV、β逆转录病毒属的鼠乳腺瘤病毒、γ逆录病毒属的小鼠白血病和猫白血病病毒、δ逆转录病毒属的HTLV-1和HTLV-2、慢病毒属的HIV 1型和2型及猴免疫缺陷病毒（SIV），以及泡沫病毒属的人类泡沫病毒。HTLV-1和HTLV-2在大多数感染中，可导致成人T细胞白血病，尽管这种相关性在HTLV-2中尚不清楚。HTLV-1也可能导致一种缓慢进展的神经系统疾病，称为HTLV相关脊髓病或热带痉挛性麻痹。急性HIV感染可导致发热和"流感样"症状，包括肌痛、关节痛、头痛和体重减轻，此期间也可能发生机会性感染。慢性HIV感染导致$CD4^+$T细胞进行性丢失，继而导致免疫抑制和机会性感染。人类的逆转录病毒通过性接触、血液制品、针刺损伤或注射毒品等途径暴露于受污染的血液和液体分泌物引起人与人之间传播。

实验室相关感染

艾滋病毒是逆转录病毒中与职业获得性感染最相关的病毒。截至2010年，美国CDC国家职业性艾滋病感染监测系统共接到143例职业获得性HIV感染病例[201，202]，其中3例来自在实验室中暴露于浓缩的病毒，其余的是医务工作者经皮肤和（或）黏膜暴露于HIV感染的血液而被感染。对医务工作者的研究显示，经皮肤暴露被传播艾滋病毒的风险约为0.3%，而经黏膜暴露的风险为0.09%[203，204]。1997—2000年，在对英国医务工作者暴露情况进行的一项研究中，有293名医务工作者暴露于艾滋病毒，尽管采取了暴露后预防措施，仍发生了1例感染[205]。在发生暴露的医护人员中，有8人是实验室工作人员。与经皮暴露后艾滋病毒传播风险相关的因素还包括深度刺伤、针头或装置明显被患者血液污染、静脉或动脉穿刺操作，还有一例暴露于AIDS患者，60天该患者死亡[206]。经其他体液和气溶胶没有传播风险[207，208]。

其他可能引起LAI的逆转录病毒包括SIV和猴泡沫病毒。SIV是一种慢病毒，可感染旧大陆灵长类动物，导致免疫缺陷综合征，类似人类感染艾滋病毒。亚洲猕猴中SIV的血清阳性率较低，但非洲野生灵长类动物的血清阳性率要高得多[209]。在一起暴露事件发生之后，血清学调查发现，除2例血清SIV阳转外还有可能的其他病毒感染[210-213]。在这两例感染中，第一例是经刺伤皮肤暴露于被感染猕猴血液；第二例是一名手和前臂患皮炎的实验人员，在处理含SIV的血液标本时未戴手套发生暴露。这2例病例都没有出现免疫缺陷的症状或证据。从灵长类动物中能分离出猴泡沫病毒。也有因意外暴露于受感染的灵长类动物造成人感染的报道[214，215]。在231人的血清学调查中，4人呈阳性[214]，但没有引起临床症状。

事故管理

在发生实验室艾滋病毒或其他逆转录病毒暴露事故后，应立即彻底清洗或冲洗暴露的伤口或黏膜。化学预防可用于艾滋病毒暴露，但应与有艾滋病毒传播风险的暴露工作者充分讨论[201]。做出抗逆转录病毒暴露后预防（postexposure prophylaxis，PEP）的决定并不容易，必须权衡暴露的严重程度和抗逆转录病毒药物的潜在不良反应，而这些药物通常是禁止使用的。但是，如果要执行PEP，就应该尽快采取行动，在暴露后2～3 h开始，开始越早，效果越好，72 h后，效果可能很差。标准PEP方案是使用3种药物，对具体药物的使用，应该尽量咨询有经验的HIV医生。加州大学旧金山分校开设了一条颇受好评的临床咨询服务PEP热线，对解答PEP问题非常有帮助。

在诊断HIV感染时，从暴露到抗体产生并呈现检测阳性的时间从2周～12个月不等[216]。核酸检测可在1周内呈阳性，常被应用于早期检测，特别是在出现症状时。大多数感染在暴露后6个月内出现抗体阳转。因此，要在暴露后至少进行6个月的随访和检测，并且在随访期间禁止献血或捐献其他组织，不要哺乳，并在性交时使用安全套。

其他逆转录病毒LAI管理方式应类似于HIV。使用HIV抗逆转录病毒药物预防其他病毒的效用尚不确定。对其他可能导致人类感染的逆转录病毒LAI的管理，应包括彻底的体格检查、密切的临床随访观察开展，以及尽可能进行诊断检测。

弹状病毒科

概述

弹状病毒是一种带包膜的、不分节段的负链RNA病毒，属于单分子负链RNA病毒目弹状病毒科。弹状病毒科有两个属：囊泡病毒属和狂犬病毒属。囊泡病毒属包括VSV，一种主要感染牛、马和猪的人兽共患病病原体，造成严重经济损失。狂犬病毒属包括狂犬病毒，是一种重要的动物和人类病原体。狂犬病毒通过被感染动物的咬伤和气溶胶传播，导致急性脑炎，病死率接近100%[217]。

实验室相关感染

狂犬病病毒LAI可通过穿刺伤口、气溶胶暴露和被实验感染动物咬伤而发生。狂犬病疫苗非常有效，所有实验室工作人员在操作该病毒之前都应接种疫苗[218]。为实验室工作人员接种疫苗并不是作为阻断病毒感染屏障，而是预防LAI的措施之一。

事故管理

对实验室暴露于狂犬病毒或LAI事故后的管理应包括全面的体检、密切的临床随访和诊断检测以确定暴露情况。疑似暴露狂犬病的实验室人员应接受暴露后治疗，包括疫苗接种和马狂犬病免疫球蛋白（ERIG）或人狂犬病免疫球蛋白（HRIG）联合治疗[219, 220]。有人认为，如果接种狂犬疫苗不与ERIG或 HRIG联合使用，失败风险很高[221]。虽然受感染的实验室工作人员没有将病毒传播给他人的风险，但是，在疑似暴露后应尽快进行治疗程序。

披膜病毒科

概述

披膜病毒科是一种较小、带有脂质包膜的正链RNA病毒。它包括两个属：阿尔法病毒属和风疹病毒属。阿尔法病毒属由22个不同的病毒种组成，组成7种抗原复合物。风疹病毒属只含有一种病毒，即风疹病毒。阿尔法病毒和风疹病毒是人类疾病的重要病因。阿尔法病毒属包括巴尔玛森林病毒、基孔肯亚病毒、东方马脑脊髓炎病毒（EEE）、格塔病毒（Getah）、马雅罗（Mayaro）、欧尼翁-尼翁病毒（o'nyongnyong）、罗斯河病毒（Ross River）、辛德比斯病毒、塞姆利基森林病毒、委内瑞拉马脑脊髓炎病毒（VEE）和西方马脑脊髓炎病毒（WEE）。阿尔法病毒是一种重要的虫媒病毒，产生的临床疾病从轻度发热伴皮疹，到严重的关节炎和脑炎，基孔肯亚病毒与出血热有关。风疹病毒感染是通过飞沫传播或直接接触鼻咽部分泌物的而引起的一种常见的儿童疾病，表现为发热、结膜炎、咽喉痛和关节痛，躯干和四肢出现皮疹。风疹最严重的并发症是感染性脑病和先天性风疹综合征，临床上表现为听力丧失、先天性心脏病和发育迟缓。

实验室相关感染

以往的实验室调查资料显示，披膜病毒已造成超过253例LAI，其中6例死亡（表9-1），说明这些病毒有引起严重感染的风险。绝大多数LAI是由阿尔法病毒引起的，其中VEE病毒导致186例LAI，死亡2例。风疹病毒只造成一次LAI，没有造成死亡。

事故管理

披膜病毒实验室暴露或实验室相关感染的事故的管理，应包括全面的体格检查、密切的临床随访和诊断检查以确定暴露。与风疹病毒不一样，阿尔法病毒不会发生人间传播。因此，对受感染实验室人员的接触者追踪应仅限于风疹病毒。目前有两种委内瑞拉马脑炎疫苗，C-84株和TC-83株，作为试验性新药，仅用于有病毒感染风险的研究和军事领域[222]。麻腮风联合疫苗含有风疹病毒组分，可有效预防风疹感染。操作该病毒的工作人员都应检查抗体效价，并应为风疹抗体效价低或缺乏抗体的人员接种疫苗。

基因工程重组病毒

概述

最近，完全由cDNA制备病毒已经成为可能，使用这项技术很容易制造出基因工程病毒。不同病毒之间的片段交换可产生重组病毒，使其携带的外源基因，复制特性和致病性都会发生改变，并可能增加病毒的传播力。因此，必须考虑操作这种功能获得性（gain-of-function，GOF）重组病毒的生物安全风险。虽然由实验室原型毒株产生的重组病毒不太可能对人类健康构成威胁，但这种可能性还是存在的。使用来自人源分离株制备基因工程病毒的研究是一个更大的问题，因此，根据重组病毒的组成，需要采用更高水平的生物安全措施。

功能获得性病毒

对GOF流感病毒研究可识别出使其更易传播的突变基因，不仅能有助于了解该病毒引起大流行的潜在风险，还可用于生物监测和疫苗开发。2011年进行的一项实验，发现了高致病性禽流感H5N1可在哺乳动物之间传播的突变基因，由于激烈的争议，这个结果直到2012年才发表[223, 224]。由于这些研究具有双重用途以及存在重组病毒意外或故意释放可能性，人们在关注研究人员风险的同时，也开始关注对社区的潜在风险。2014年10月，由于这些争论，美国政府暂停了对GOF流感研究以及SARS-CoV和MERS-CoV研究的资助，并呼吁科学家们自愿停止所有对这些病毒的研究，直到通过全面的风险评估[225]。

2016年5月，在举行了8次会议（6次委员会会议和2次国家科学院研讨会）并与Gryphon科技公司签订了1000页的风险评估合同之后，美国卫生研究院国家生物安全科学咨询委员会（NSABB）批准了一项关于同意现在称为“值得关注的功能获得性研究”（GOFROC）程序的最终提案[225]。其中有一个观点是，GOF的研究中只有小部分属于GOFROC，需要额外的监督。此外，NSABB建议美国政府考虑开发一个收集和分析LAI数据的系统，并采取更多努力来加强实验室生物安全和生物安保[226]。该政策的支持者表示，该政策的实施不会有困难，因为它类似于已经实施的有关双重用途研究的政策。然而，目前还不清楚暂停关于GOF研究的提议还会持续多久。此外，从事GOF/GOFROC的研究人员将需要什么样BSL水平和生物安全标准还不清楚，需要进一步研究。

病毒载体 CRISPR/CAs9

病毒载体基因组编辑技术是一项新兴技术，为生物安全风险管理提供了新的维度。基因编辑技术已经应用于病毒基因组的编辑，利用CRISPR/Cas9技术可以直接编辑RNA和DNA基因组。尽管目前有多种基因工程技术可用于改造病毒，但CRISPR/Cas9技术更有效，对研究人员来说也更简单。越来越多的科学家甚至“DIY生物”（译者注：Do it yourself biology，自行生物学）可利用这项技术。如果将CRISPR/Cas9技术应用在病毒载体，需要特别注意是这些重组病毒可能具有改变种系的能力。此外，此项技术的衍生技术，基因驱动技术，能突破孟德尔遗传规则从而产生新的LAI风险。因此，这种风险有可能会传递给受影响的工作人员的子女。基因编辑技术的进步和应用速度是前所未有的，美国国家科学院和其他全球科学组织在基因编辑技术的社会影响方面正在发挥领导作用。实验室工作人员不应局限于本书，而需要保持同步关注这项技术。

结论

实验室病毒感染是一种严重的事件，可能对个人和社区造成严重甚至不可逆转的后果。但是，可以通过本章描述的概念制订计划来管理风险。全面的风险评估、适当的风险管理和暴露后的及时处置，可以为实验室人员提供一个安全的环境。

免责声明

本文是根据一个美国政府机构提供的工作报告而编写的。美国政府和劳伦斯利弗莫尔国家安全有限责任公司及其任何员工均不对所披露的任何信息、仪器、产品或过程的准确性、完整性或有用性做出任何明示或暗示的保证，或对其准确性、完整性或有用性承担任何法律责任，也不表示其使用不会侵犯私人拥有的权利。本文提及的商品名称、商标、制造商或其他方式提及任何特定的商业产品、过程或服务，并不表示或暗示美国政府、海军部或劳伦斯利弗莫尔国家安全有限责任公司对其认可、推荐或支持。本文中表达的观点是作者的观点，并不反映劳伦斯利弗莫尔国家安全有限责任公司、海军部、国防部或美国政府的社交礼仪或立场，不得用于广告或产品代言目的。

版权声明

本文的作者们是军人或美国政府雇员。这项工作是我们公务的一部分。《美国法典》第17编第105节规定，“本编下的版权保护不适用于美国政府的任何作品”。《美国法典》第17编第101节将美国政府的作品定义为由美国政府的军人或雇员作为其公务的一部分而出版的作品。

原著参考文献

[1] Monath TP. 1991. Yellow fever: Victor, Victoria? Conqueror, conquest? Epidemics and research in the last forty years and prospects for the future. Am J Trop Med Hyg 45:1–43.

[2] Holland DJ. 1998. Emerging viruses. Curr Opin Pediatr 10:34–40.

[3] Marwick C. 1989. Scientists ponder when, why of emerging viruses. JAMA 262:16.

[4] Nedry M, Mahon CR. 2003. West Nile virus: an emerging virus in North America. Clin Lab Sci 16:43–49.

[5] Ríos Olivares E. 1997. The investigation of emerging and re-emerging viral diseases: a paradigm. Bol Asoc Med P R 89:127–133.

[6] Pike RM. 1976. Laboratory-associated infections: summary and analysis of 3921 cases. Health Lab Sci 13:105–114.

[7] Sulkin SE, Pike RM. 1949. Viral infections contracted in the laboratory. N Engl J Med 241:205–213.

[8] Sulkin SE, Pike RM. 1951. Survey of laboratory-acquired infections. Am J Public Health Nations Health 41:769–781.

[9] Hanson RP, Sulkin SE, Beuscher EL, Hammon WM, McKinney RW, Work TH. 1967. Arbovirus infections of laboratory workers. Extent of problem emphasizes the need for more effective measures to reduce hazards. Science 158:1283–1286.

[10] Büchen-Osmond C. 2003. Taxonomy and classification of viruses, p 1217–1226. In Murray P, Baron E, Jorgensen J, Pfaller M, Yolken R (ed), Manual of Clinical Microbiology, 8th ed, vol 2. ASM Press, Washington, DC.

[11] Domingo E, Escarmís C, Sevilla N, Moya A, Elena SF, Quer J, Novella IS, Holland JJ. 1996. Basic concepts in RNA virus evolution. FASEB J 10:859–864.

[12] Duarte EA, Novella IS, Weaver SC, Domingo E, Wain-Hobson S, Clarke DK, Moya A, Elena SF, de la Torre JC, Holland JJ. 1994. RNA virus quasispecies: significance for viral disease and epidemiology. Infect Agents Dis 3:201–214.

[13] Domingo E, Menéndez-Arias L, Holland JJ. 1997. RNA virus fitness. Rev Med Virol 7:87–96.

[14] Martin ML, Lindsey-Regnery H, Sasso DR, McCormick JB, Palmer E. 1985. Distinction between Bunyaviridae genera by surface structure and comparison with Hantaan virus using negative stain electron microscopy. Arch Virol 86:17–28.

[15] Arikawa J, Schmaljohn AL, Dalrymple JM, Schmaljohn CS. 1989. Characterization of Hantaan virus envelope glycoprotein antigenic determinants defined by monoclonal antibodies. J Gen Virol 70:615–624.

[16] Foulke RS, Rosato RR, French GR. 1981. Structural polypeptides of Hazara virus. J Gen Virol 53:169–172. 17. Pekosz A, Griot C, Nathanson N, Gonzalez-Scarano F. 1995. Tropism of bunyaviruses: evidence for a G1 glycoproteinmediated entry pathway common to the California serogroup. Virology 214:339–348.

[18] Sanchez AJ, Vincent MJ, Nichol ST. 2002. Characterization of the glycoproteins of Crimean-Congo hemorrhagic fever virus. J Virol 76:7263–7275.

[19] Bishop DH. 1979. Genetic potential of bunyaviruses. Curr Top Microbiol Immunol 86:1–33.

[20] Hooper JW, Larsen T, Custer DM, Schmaljohn CS. 2001. A lethal disease model for hantavirus pulmonary syndrome. Virology 289:6–14.

[21] Vincent MJ, Sanchez AJ, Erickson BR, Basak A, Chretien M, Seidah NG, Nichol ST. 2003. Crimean-Congo hemorrhagic fever virus glycoprotein proteolytic processing by subtilase SKI-1. J Virol 77:8640–8649.

[22] Yang ZY, Duckers HJ, Sullivan NJ, Sanchez A, Nabel EG, Nabel GJ. 2000. Identification of the Ebola virus glycoprotein as the main viral determinant of vascular cell cytotoxicity and injury. Nat Med 6:886–889.

[23] Geimonen E, Neff S, Raymond T, Kocer SS, Gavrilovskaya IN, Mackow ER. 2002. Pathogenic and nonpathogenic hantaviruses differentially regulate endothelial cell responses. Proc Natl Acad Sci USA 99:13837–13842.

[24] Gubler DJ, Trent DW. 1993. Emergence of epidemic dengue/dengue hemorrhagic fever as a public health problem in the Americas. Infect Agents Dis 2:383–393.

[25] Calisher CH, Karabatsos N, Dalrymple JM, Shope RE, Porterfield JS, Westaway EG, Brandt WE. 1989. Antigenic relationships between flaviviruses as determined by cross-neutralization tests with polyclonal antisera. J Gen Virol 70:37–43.

[26] Nisalak A, Endy TP, Nimmannitya S, Kalayanarooj S, Thisayakorn U, Scott RM, Burke DS, Hoke CH, Innis BL, Vaughn DW. 2003. Serotype-specific dengue virus circulation and dengue disease in Bangkok, Thailand from 1973 to 1999. Am J Trop Med Hyg 68:191–202.

[27] Rico-Hesse R, Harrison LM, Nisalak A, Vaughn DW, Kalayanarooj S, Green S, Rothman AL, Ennis FA. 1998. Molecular evolution of dengue type 2 virus in Thailand. Am J Trop Med Hyg 58:96–101.

[28] Endy TP, Chunsuttiwat S, Nisalak A, Libraty DH, Green S, Rothman AL, Vaughn DW, Ennis FA. 2002. Epidemiology of inapparent and symptomatic acute dengue virus infection: a prospective study of primary school children in Kamphaeng Phet, Thailand. Am J Epidemiol 156:40–51.

[29] Endy TP, Nisalak A, Chunsuttiwat S, Libraty DH, Green S, Rothman AL, Vaughn DW, Ennis FA. 2002. Spatial and temporal circulation of dengue virus serotypes: a prospective study of primary school children in Kamphaeng Phet, Thailand. Am J Epidemiol 156:52–59.

[30] Hay SI, Myers MF, Burke DS, Vaughn DW, Endy T, Ananda N, Shanks GD, Snow RW, Rogers DJ. 2000. Etiology of interepidemic periods of mosquito-borne disease. Proc Natl Acad Sci USA 97:9335–9339.

[31] Wikan N, Smith DR. 2016. Zika virus: history of a newly emerging arbovirus. Lancet Infect Dis 16:e119–e126.

[32] Wang L, Valderramos SG, Wu A, Ouyang S, Li C, Brasil P, Bonaldo M, Coates T, Nielsen-Saines K, Jiang T, Aliyari R, Cheng G. 2016. From mosquitos to humans: genetic evolution of Zika virus. Cell Host Microbe 19:561–565.

[33] World Health Organization. 2016. WHO Director-General Summarizes the Outcome of the Emergency Committee Regarding Clusters of Microcephaly and Guillain-Barré Syndrome. World Health Organization, Geneva, Switzerland.

[34] Mahy BWJ, Kangro HO. 1996. Virology Methods Manual. Academic Press, London, United Kingdom.

[35] Centers for Disease Control and Prevention (CDC). 2011. Fatal laboratory-acquired infection with an attenuated Yersinia pestis Strain—Chicago, Illinois, 2009. MMWR Morb Mortal Wkly Rep 60:201–205.

[36] Altaf A, Luby S, Ahmed AJ, Zaidi N, Khan AJ, Mirza S, McCormick J, Fisher-Hoch S. 1998. Outbreak of Crimean-Congo haemorrhagic fever in Quetta, Pakistan: contact tracing and risk assessment. Trop Med Int Health 3:878–882.

[37] Biesbroeck L, Sidbury R. 2013. Viral exanthems: an update. Dermatol Ther (Heidelb) 26:433–438.

[38] Swanepoel R, Shepherd AJ, Leman PA, Shepherd SP, McGillivray GM, Erasmus MJ, Searle LA, Gill DE. 1987. Epidemiologic and clinical features of Crimean-Congo hemorrhagic fever in southern Africa. Am J Trop Med Hyg 36:120–132.

[39] Centers for Disease Control and Prevention (CDC). 1998. Fatal Cercopithecine herpesvirus 1 (B virus) infection following a mucocutaneous exposure and interim recommendations for worker protection. MMWR Morb Mortal Wkly Rep 47:1073–1076, 1083.

[40] Normile D. 2003. Infectious diseases. SARS experts want labs to improve safety practices. Science 302:31.

[41] Orellana C. 2004. Laboratory-acquired SARS raises worries on biosafety. Lancet Infect Dis 4:64.

[42] Ryder RW, Gandsman EJ. 1995. Laboratory-acquired Sabiá virus infection. N Engl J Med 333:1716.

[43] Chen EC, Yagi S, Kelly KR, Mendoza SP, Tarara RP, Canfield DR, Maninger N, Rosenthal A, Spinner A, Bales KL, Schnurr DP, Lerche NW, Chiu CY. 2011. Cross-species transmission of a novel adenovirus associated with a fulminant pneumonia outbreak in a new world monkey colony. PLoS Pathog 7:e1002155.

[44] Jahrling PB, Peters CJ. 1992. Lymphocytic choriomeningitis virus. A neglected pathogen of man. Arch Pathol Lab Med 116:486–488.

[45] Bowen GS, Calisher CH, Winkler WG, Kraus AL, Fowler EH, Garman RH, Fraser DW, Hinman AR. 1975. Laboratory studies of a lymphocytic choriomeningitis virus outbreak in man and laboratory animals. Am J Epidemiol 102:233–240.

[46] Dykewicz CA, Dato VM, Fisher-Hoch SP, Howarth MV, Perez-Oronoz GI, Ostroff SM, Gary H Jr, Schonberger LB, McCormick JB. 1992. Lymphocytic choriomeningitis outbreak associated with nude mice in a research institute. JAMA 267:1349–1353.

[47] Lehmann-Grube F, Ibscher B, Bugislaus E, Kallay M. 1979. [A serological study concerning the role of the golden hamster (Mesocricetus auratus) in transmitting lymphocytic choriomeningitis virus to humans (author's transl)]. Med Microbiol Immunol (Berl) 167:205–210.

[48] Rousseau MC, Saron MF, Brouqui P, Bourgeade A. 1997. Lymphocytic choriomeningitis virus in southern France: four case reports and a review of the literature. Eur J Epidemiol 13:817–823.

[49] Childs JE, Glass GE, Korch GW, Ksiazek TG, Leduc JW. 1992. Lymphocytic choriomeningitis virus infection and house mouse (Mus musculus) distribution in urban Baltimore. Am J Trop Med Hyg 47:27–34.

[50] Morita C, Tsuchiya K, Ueno H, Muramatsu Y, Kojimahara A, Suzuki H, Miyashita N, Moriwaki K, Jin ML, Wu XL, Wang FS. 1996. Seroepidemiological survey of lymphocytic choriomeningitis virus in wild house mice in China with particular reference to their subspecies. Microbiol Immunol 40:313–315.

[51] Smith AL, Singleton GR, Hansen GM, Shellam G. 1993. A serologic survey for viruses and Mycoplasma pulmonis among wild house mice (Mus domesticus) in southeastern Australia. J Wildl Dis 29:219–229.

[52] Lucke VM, Bennett AM. 1982. An outbreak of hepatitis in marmosets in a zoological collection. Lab Anim 16:73–77.

[53] Montali RJ, Ramsay EC, Stephensen CB, Worley M, Davis JA, Holmes KV. 1989. A new transmissible viral hepatitis of marmosets and tamarins. J Infect Dis 160:759–765.

[54] Stephensen CB, Jacob JR, Montali RJ, Holmes KV, Muchmore E, Compans RW, Arms ED, Buchmeier MJ, Lanford RE. 1991. Isolation of an arenavirus from a marmoset with callitrichid hepatitis and its serologic association with disease. J Virol 65:3995–4000.

[55] Stephensen CB, Montali RJ, Ramsay EC, Holmes KV. 1990. Identification, using sera from exposed animals, of putative viral antigens in livers of primates with callitrichid hepatitis. J Virol 64:6349–6354.

[56] Stephensen CB, Park JY, Blount SR. 1995. cDNA sequence analysis confirms that the etiologic agent of callitrichid hepatitis is lymphocytic choriomeningitis virus. J Virol 69:1349–1352.

[57] Richter C, Lehner N, Henrickson R. 1984. Primates, p 297– 383. In Fox JG, Cohen BJ, Loew FM (ed), Laboratory Animal Medicine. Academic Press, Orlando, FL.

[58] Adams SR. 1995. Zoonoses, biohazards and other health risks, p 391–412. In Bennett BT, Abee CR, Henrickson R (ed), Nonhuman Primates in Biomedical Research. Academic Press, San Diego, CA.

[59] Lehmann-Grube F. 1982. Lymphocytic choriomeningitis virus, p 231–266. In Foster H, Small J, Fox J (ed), The Mouse in Biomedical Resesarch. Academic Press, New York, NY.

[60] Bhatt PN, Jacoby RO, Barthold SW. 1986. Contamination of transplantable murine tumors with lymphocytic choriomeningitis virus. Lab Anim Sci 36:136–139.

[61] Nicklas W, Kraft V, Meyer B. 1993. Contamination of transplantable tumors, cell lines, and monoclonal antibodies with rodent viruses. Lab Anim Sci 43:296–300.

[62] Biggar RJ, Woodall JP, Walter PD, Haughie GE. 1975. Lymphocytic choriomeningitis outbreak associated with pet hamsters. Fifty-seven cases from New York State. JAMA 232:494–500.

[63] Hinman AR, Fraser DW, Douglas RG, Bowen GS, Kraus AL, Winkler WG, Rhodes WW. 1975. Outbreak of lymphocytic choriomeningitis virus infections in medical center personnel. Am J Epidemiol 101:103–110.

[64] Johnson KM. 1990. Lymphocytic choriomeningitis virus, lassa virus (lassa fever) and other arenaviruses, p 1329–1334. In Mandell GL, Gordon DR, Bennett JE (ed), Principles and Practices of Infectious Diseases. Churchill Livingstone Inc, New York, NY.

[65] Wright R, Johnson D, Neumann M, Ksiazek TG, Rollin P, Keech RV, Bonthius DJ, Hitchon P, Grose CF, Bell WE, Bale JF Jr. 1997. Congenital lymphocytic choriomeningitis virus syndrome: a disease that mimics congenital toxoplasmosis or cytomegalovirus infection. Pediatrics 100:E9.

[66] Barry M, Russi M, Armstrong L, Geller D, Tesh R, Dembry L, Gonzalez JP, Khan AS, Peters CJ. 1995. Brief report: treatment of a laboratory-acquired Sabiá virus infection. N Engl J Med 333:294–296.

[67] Gandsman EJ, Aaslestad HG, Ouimet TC, Rupp WD. 1997. Sabia virus incident at Yale University. Am Ind Hyg Assoc J 58:51–53.

[68] Andrei G, De Clercq E. 1993. Molecular approaches for the treatment of hemorrhagic fever virus infections. Antiviral Res 22:45–75.
[69] Mendenhall M, Russell A, Juelich T, Messina EL, Smee DF, Freiberg AN, Holbrook MR, Furuta Y, de la Torre JC, Nunberg JH, Gowen BB. 2011. T-705 (favipiravir) inhibition of arenavirus replication in cell culture. Antimicrob Agents Chemother 55:782–787.
[70] Whitehouse CA. 2004. Crimean-Congo hemorrhagic fever. Antiviral Res 64:145–160.
[71] Swanepoel R, Gill DE, Shepherd AJ, Leman PA, Mynhardt JH, Harvey S. 1989. The clinical pathology of Crimean-Congo hemorrhagic fever. Rev Infect Dis 11(Suppl 4):S794–S800.
[72] Schmaljohn C, Hjelle B. 1997. Hantaviruses: a global disease problem. Emerg Infect Dis 3:95–104.
[73] Childs JE, Kaufmann AF, Peters CJ, Ehrenberg RL, Centers for Disease Control and Prevention. 1993. Hantavirus infection—southwestern United States: interim recommendations for risk reduction. MMWR Recomm Rep 42(RR-11):1–13.
[74] Centers for Disease Control and Prevention (CDC). 1993. Update: outbreak of hantavirus infection— southwestern United States, 1993. MMWR Morb Mortal Wkly Rep 42:477–479.
[75] Tsai TF. 1987. Hemorrhagic fever with renal syndrome: mode of transmission to humans. Lab Anim Sci 37:428–430.
[76] Tsai TF, Bauer SP, Sasso DR, Whitfield SG, McCormick JB, Caraway TC, McFarland L, Bradford H, Kurata T. 1985. Serological and virological evidence of a Hantaan virus-related enzootic in the United States. J Infect Dis 152:126–136.
[77] LeDuc JW. 1987. Epidemiology of Hantaan and related viruses. Lab Anim Sci 37:413–418.
[78] Hjelle B, Tórrez-Martínez N, Koster FT, Jay M, Ascher MS, Brown T, Reynolds P, Ettestad P, Voorhees RE, Sarisky J, Enscore RE, Sands L, Mosley DG, Kioski C, Bryan RT, Sewell CM. 1996. Epidemiologic linkage of rodent and human hantavirus genomic sequences in case investigations of hantavirus pulmonary syndrome. J Infect Dis 173:781–786.
[79] Jay M, Hjelle B, Davis R, Ascher M, Baylies HN, Reilly K, Vugia D. 1996. Occupational exposure leading to hantavirus pulmonary syndrome in a utility company employee. Clin Infect Dis 22:841–844.
[80] Xu ZY, Tang YW, Kan LY, Tsai TF. 1987. Cats—source of protection or infection? A case-control study of hemorrhagic fever with renal syndrome. Am J Epidemiol 126:942–948.
[81] Kawamata J, Yamanouchi T, Dohmae K, Miyamoto H, Takahaski M, Yamanishi K, Kurata T, Lee HW. 1987. Control of laboratory acquired hemorrhagic fever with renal syndrome (HFRS) in Japan. Lab Anim Sci 37:431–436.
[82] Lee HW, Johnson KM. 1982. Laboratory-acquired infections with Hantaan virus, the etiologic agent of Korean hemorrhagic fever. J Infect Dis 146:645–651.
[83] Centers for Disease Control and Prevention. 1994. Laboratory management of agents associated with hantavirus pulmonary syndrome: interim biosafety guidelines. MMWR Recomm Rep 43(RR-7):1–7.
[84] Huggins JW, Hsiang CM, Cosgriff TM, Guang MY, Smith JI, Wu ZO, LeDuc JW, Zheng ZM, Meegan JM, Wang QN, Oland DD, Gui XE, Gibbs PH, Yuan GH, Zhang TM. 1991. Prospective, double-blind, concurrent, placebo-controlled clinical trial of intravenous ribavirin therapy of hemorrhagic fever with renal syndrome. J Infect Dis 164:1119–1127.
[85] Moreli ML, Marques-Silva AC, Pimentel VA, da Costa VG. 2014. Effectiveness of the ribavirin in treatment of hantavirus infections in the Americas and Eurasia: a meta-analysis. Virusdisease 25:385–389.
[86] Dokuzoguz B, Celikbas AK, Gök SE, Baykam N, Eroglu MN, Ergönül Ö. 2013. Severity scoring index for Crimean-Congo hemorrhagic fever and the impact of ribavirin and corticosteroids on fatality. Clin Infect Dis 57:1270–1274.
[87] Ozbey SB, Kader Ç, Erbay A, Ergönül Ö. 2014. Early use of ribavirin is beneficial in Crimean-Congo hemorrhagic fever. Vector Borne Zoonotic Dis 14:300–302.
[88] Martinez-Valdebenito C, Calvo M, Vial C, Mansilla R, Marco C, Palma RE, Vial PA, Valdivieso F, Mertz G, Ferrés M. 2014. Person-to-person household and nosocomial transmission of andes hantavirus, Southern Chile, 2011. Emerg Infect Dis 20:1629–1636.
[89] World Health Organization. 2016. Middle East respiratory syndrome coronavirus (MERS-CoV), on World Health Organization. http://who. int/emergencies/mers-cov/en/.
[90] Zumla A, Hui DS, Perlman S. 2015. Middle East respiratory syndrome. Lancet 386:995–1007.
[91] Li RW, Leung KW, Sun FC, Samaranayake LP. 2004. Severe acute respiratory syndrome (SARS) and the GDP. Part I: Epidemiology, virology, pathology and general health issues. Br Dent J 197:77–80.
[92] Senio K. 2003. Recent Singapore SARS case a laboratory accident. Lancet Infect Dis 3:679.
[93] Kuhn JH, et al. 2014. Virus nomenclature below the species level: a standardized nomenclature for filovirus strains and variants rescued from cDNA. Arch Virol 159:1229–1237.
[94] Negredo A, Palacios G, Vázquez-Morón S, González F, Dopazo H, Molero F, Juste J, Quetglas J, Savji N, de la Cruz Martínez M, Herrera JE, Pizarro M, Hutchison SK, Echevarría JE, Lipkin WI, Tenorio A. 2011. Discovery of an ebolavirus-like filovirus in europe. PLoS Pathog 7:e1002304.

[95] Formenty P, Hatz C, Le Guenno B, Stoll A, Rogenmoser P, Widmer A. 1999. Human infection due to Ebola virus, subtype Côte d'Ivoire: clinical and biologic presentation. J Infect Dis 179(Suppl 1):S48–S53.

[96] Geisbert TW, Hensley LE. 2004. Ebola virus: new insights into disease aetiopathology and possible therapeutic interventions. Expert Rev Mol Med 6:1–24.

[97] Centers for Disease Control and Prevention. 2016. 2014 Ebola Outbreak in West Africa. https://www. cdc. gov/vhf/ebola/outbreaks/2014-west-africa/.

[98] Schieffelin JS, Shaffer JG, Goba A, Gbakie M, Gire SK, Colubri A, Sealfon RS, Kanneh L, Moigboi A, Momoh M, Fullah M, Moses LM, Brown BL, Andersen KG, Winnicki S, Schaffner SF, Park DJ, Yozwiak NL, Jiang P-P, Kargbo D, Jalloh S, Fonnie M, Sinnah V, French I, Kovoma A, Kamara FK, Tucker V, Konuwa E, Sellu J, Mustapha I, Foday M, Yillah M, Kanneh F, Saffa S, Massally JL, Boisen ML, Branco LM, Vandi MA, Grant DS, Happi C, Gevao SM, Fletcher TE, Fowler RA, Bausch DG, Sabeti PC, Khan SH, Garry RF, Program KGHLF, Viral Hemorrhagic Fever C, Team WHOCR, KGH Lassa Fever Program, Viral Hemorrhagic Fever Consortium, WHO Clinical Response Team. 2014. Clinical illness and outcomes in patients with Ebola in Sierra Leone. N Engl J Med 371:2092–2100.

[99] WHO Ebola Response Team. 2014. Ebola virus disease in West Africa— the first 9 months of the epidemic and forward projections. N Engl J Med 371:1481–1495.

[100] Isaacson M. 1988. Marburg and Ebola virus infections, p 185– 197. In Gear JHS (ed), Handbook of Viral and Rickettsial Hemorrhagic Fevers. CRC Press, Boca Raton, FL.

[101] Breman JG, Johnson KM. 2014. Ebola then and now. N Engl J Med 371:1663–1666.

[102] Formenty P, Boesch C, Wyers M, Steiner C, Donati F, Dind F, Walker F, Le Guenno B. 1999. Ebola virus outbreak among wild chimpanzees living in a rain forest of Côte d'Ivoire. J Infect Dis 179(Suppl 1):S120–S126.

[103] Dallatomasina S, Crestani R, Sylvester Squire J, Declerk H, Caleo GM, Wolz A, Stinson K, Patten G, Brechard R, Gbabai OB, Spreicher A, Van Herp M, Zachariah R. 2015. Ebola outbreak in rural West Africa: epidemiology, clinical features and outcomes. Trop Med Int Health 20:448–454.

[104] Osterholm MT, Moore KA, Kelley NS, Brosseau LM, Wong G, Murphy FA, Peters CJ, LeDuc JW, Russell PK, Van Herp M, Kapetshi J, Muyembe JJ, Ilunga BK, Strong JE, Grolla A, Wolz A, Kargbo B, Kargbo DK, Sanders DA, Kobinger GP. 2015. Correction for Osterholm et al., Transmission of Ebola viruses: what we know and what we do not know. MBio 6:e01154.

[105] Jahrling PB, Geisbert TW, Johnson ED, Peters CJ, Dalgard DW, Hall WC. 1990. Preliminary report: isolation of Ebola virus from monkeys imported to USA. Lancet 335:502–505.

[106] Francesconi P, Yoti Z, Declich S, Onek PA, Fabiani M, Olango J, Andraghetti R, Rollin PE, Opira C, Greco D, Salmaso S. 2003. Ebola hemorrhagic fever transmission and risk factors of contacts, Uganda. Emerg Infect Dis 9:1430–1437.

[107] Chughtai AA, Barnes M, Macintyre CR. 2016. Persistence of Ebola virus in various body fluids during convalescence: evidence and implications for disease transmission and control. Epidemiol Infect 144:1652–1660.

[108] Sow MS, Etard JF, Baize S, Magassouba N, Faye O, Msellati P, Toure AI, Savane I, Barry M, Delaporte E, for the Postebogui Study Group. 2016. New evidence of long-lasting persistence of Ebola virus genetic material in semen of survivors. J Infect Dis 214:1475–1476.

[109] Jacobs M, Rodger A, Bell DJ, Bhagani S, Cropley I, Filipe A, Gifford RJ, Hopkins S, Hughes J, Jabeen F, Johannessen I, Karageorgopoulos D, Lackenby A, Lester R, Liu RS, MacConnachie A, Mahungu T, Martin D, Marshall N, Mepham S, Orton R, Palmarini M, Patel M, Perry C, Peters SE, Porter D, Ritchie D, Ritchie ND, Seaton RA, Sreenu VB, Templeton K, Warren S, Wilkie GS, Zambon M, Gopal R, Thomson EC. 2016. Late Ebola virus relapse causing meningoencephalitis: a case report. Lancet 388:498–503.

[110] Emond RT, Evans B, Bowen ET, Lloyd G. 1977. A case of Ebola virus infection. BMJ 2:541–544.

[111] Miller J. 2004. Russian scientist dies in Ebola accident at former weapons lab. In The New York Times. New York, NY. http://www. nytimes. com/2004/05/25/world/russian-scientist-dies-in-ebola-accident-at-former-weapons-lab. html? r=0.

[112] Günther S, Feldmann H, Geisbert TW, Hensley LE, Rollin PE, Nichol ST, Ströher U, Artsob H, Peters CJ, Ksiazek TG, Becker S, ter Meulen J, Olschläger S, Schmidt-Chanasit J, Sudeck H, Burchard GD, Schmiedel S. 2011. Management of accidental exposure to Ebola virus in the biosafety level 4 laboratory, Hamburg, Germany. J Infect Dis 204(Suppl 3):S785–S790.

[113] Kortepeter MG, Martin JW, Rusnak JM, Cieslak TJ, Warfield KL, Anderson EL, Ranadive MV. 2008. Managing potential laboratory exposure to ebola virus by using a patient biocontainment care unit. Emerg Infect Dis 14:881–887.

[114] Olu O, Kargbo B, Kamara S, Wurie AH, Amone J, Ganda L, Ntsama B, Poy A, Kuti-George F, Engedashet E, Worku N, Cormican M, Okot C, Yoti Z, Kamara KB, Chitala K, Chimbaru A, Kasolo F. 2015. Epidemiology of Ebola virus disease transmission among health care workers in Sierra Leone, May to December 2014: a retrospective descriptive study. BMC Infect Dis 15:416.

[115] Haddock E, Feldmann F, Feldmann H. 2016. Effective chemical inactivation of Ebola virus. Emerg Infect Dis 22:1292–1294.

[116] Uyeki TM, Mehta AK, Davey RT Jr, Liddell AM, Wolf T, Vetter P, Schmiedel S, Grünewald T, Jacobs M, Arribas JR, Evans L, Hewlett

AL, Brantsaeter AB, Ippolito G, Rapp C, Hoepelman AI, Gutman J, Working Group of the U.S.–European Clinical Network on Clinical Management of Ebola Virus Disease Patients in the U.S. and Europe. 2016. Clinical management of Ebola virus disease in the United States and Europe. N Engl J Med 374:636–646.

[117] Jacobs M, Aarons E, Bhagani S, Buchanan R, Cropley I, Hopkins S, Lester R, Martin D, Marshall N, Mepham S, Warren S, Rodger A. 2015. Post-exposure prophylaxis against Ebola virus disease with experimental antiviral agents: a case-series of health-care workers. Lancet Infect Dis 15:1300–1304.

[118] Wong KK, Davey RT Jr, Hewlett AL, Kraft CS, Mehta AK, Mulligan MJ, Beck A, Dorman W, Kratochvil CJ, Lai L, Palmore TN, Rogers S, Smith PW, Suffredini AF, Wolcott M, Ströher U, Uyeki TM. 2016. Use of postexposure prophylaxis after occupational exposure to Zaire ebolavirus. Clin Infect Dis 63: 376–379.

[119] Henao-Restrepo AM, Longini IM, Egger M, Dean NE, Edmunds WJ, Camacho A, Carroll MW, Doumbia M, Draguez B, Duraffour S, Enwere G, Grais R, Gunther S, Hossmann S, Kondé MK, Kone S, Kuisma E, Levine MM, Mandal S, Norheim G, Riveros X, Soumah A, Trelle S, Vicari AS, Watson CH, Kéïta S, Kieny MP, Røttingen JA. 2015. Efficacy and effectiveness of an rVSV-vectored vaccine expressing Ebola surface glycoprotein: interim results from the Guinea ring vaccination cluster-randomised trial. Lancet 386:857–866.

[120] Frank C, Cadar D, Schlaphof A, Neddersen N, Günther S, Schmidt-Chanasit J, Tappe D. 2016. Sexual transmission of Zika virus in Germany, April 2016. Euro Surveill 21:21.

[121] Musso D, Roche C, Robin E, Nhan T, Teissier A, Cao-Lormeau VM. 2015. Potential sexual transmission of Zika virus. Emerg Infect Dis 21:359–361.

[122] Panchaud A, Stojanov M, Ammerdorffer A, Vouga M, Baud D. 2016. Emerging role of Zika virus in adverse fetal and neonatal outcomes. Clin Microbiol Rev 29:659–694.

[123] Sartori M, La Terra G, Aglietta M, Manzin A, Navino C, Verzetti G. 1993. Transmission of hepatitis C via blood splash into conjunctiva. Scand J Infect Dis 25:270–271.

[124] Alter MJ. 1997. The epidemiology of acute and chronic hepatitis C. Clin Liver Dis 1:559–568, vi–vii.

[125] Mitsui T, Iwano K, Masuko K, Yamazaki C, Okamoto H, Tsuda F, Tanaka T, Mishiro S. 1992. Hepatitis C virus infection in medical personnel after needlestick accident. Hepatology 16:1109–1114.

[126] Foy BD, Kobylinski KC, Chilson Foy JL, Blitvich BJ, Travassos da Rosa A, Haddow AD, Lanciotti RS, Tesh RB. 2011. Probable non-vector-borne transmission of Zika virus, Colorado, USA. Emerg Infect Dis 17:880–882.

[127] Anonymous. 2016. Zika virus: laboratory acquired case reported in pittsburgh area. Outbreak News Today, June 9, 2016.

[128] Hayden EC. 2016. The race is on to develop Zika vaccine. Nature doi:10.1038/nature.2016.19634. http://www.nature.com /news/the-race-is-on-to-develop-zika-vaccine-1.19634.

[129] Schnirring L. 2016. FDA paves way for first human Zika vaccine trial. CIDRAP News, June 20, 2016.

[130] Hull MW, Yoshida EM, Montaner JS. 2016. Update on current evidence for hepatitis C therapeutic options in HCV mono-infected patients. Curr Infect Dis Rep 18:22.

[131] Lee JY, Locarnini S. 2004. Hepatitis B virus: pathogenesis, viral intermediates, and viral replication. Clin Liver Dis 8:301–320.

[132] Locarnini S. 2004. Molecular virology of hepatitis B virus. Semin Liver Dis 24(Suppl 1):3–10.

[133] Bouvet E, Tarantola A. 1998. [Protection of hospital personnel against risks of exposure to blood]. Rev Prat 48:1558–1562.

[134] Cavalieri J. 2001. Responding rapidly to occupational blood and body-fluid exposures. JAAPA 14:22–24, 27–30, 33–25.

[135] Westland CE, Yang H, Delaney WE IV, Wulfsohn M, Lama N, Gibbs CS, Miller MD, Fry J, Brosgart CL, Schiff ER, Xiong S. 2005. Activity of adefovir dipivoxil against allpatterns of lamivudineresistant hepatitis B viruses in patients. J Viral Hepat 12:67–73.

[136] Zoulim F. 2004. Antiviral therapy of chronic hepatitis B: can we clear the virus and prevent drug resistance? Antivir Chem Chemother 15:299–305.

[137] Lok AS, McMahon BJ, Brown RS Jr, Wong JB, Ahmed AT, Farah W, Almasri J, Alahdab F, Benkhadra K, Mouchli MA, Singh S, Mohamed EA, Abu Dabrh AM, Prokop LJ, Wang Z, Murad MH, Mohammed K. 2016. Antiviral therapy for chronic hepatitis B viral infection in adults: a systematic review and metaanalysis. Hepatology 63:284–306.

[138] Roizman B, Sears AE. 1993. Herpes simplex viruses and their replication, p 1795–1841. In Roizman B, Whitley RJ, Lopez C (ed), The Human Herpesviruses. Raven Press, New York, NY.

[139] Heymann JB, Conway JF, Steven AC. 2004. Molecular dynamics of protein complexes from four-dimensional cryo-electron microscopy. J Struct Biol 147:291–301.

[140] Spruance SL, Overall JC Jr, Kern ER, Krueger GG, Pliam V, Miller W. 1977. The natural history of recurrent herpes simplex labialis: implications for antiviral therapy. N Engl J Med 297: 69–75.

[141] Baringer JR, Swoveland P. 1973. Recovery of herpes-simplex virus from human trigeminal ganglions. N Engl J Med 288:648–650.

[142] Douglas MW, Walters JL, Currie BJ. 2002. Occupational infection with herpes simplex virus type 1 after a needlestick injury. Med J Aust 176:240.

[143] Manian FA. 2000. Potential role of famciclovir for prevention of herpetic whitlow in the health care setting. Clin Infect Dis 31:E18–E19.

[144] Rosato FE, Rosato EF, Plotkin SA. 1970. Herpetic paronychia— an occupational hazard of medical personnel. N Engl J Med 283:804–805.

[145] Hunt RD, Carlton WW, King NW. 1978. Viral diseases, p 1313. In Benirschke K, Garner FM, Jones TC (ed), Pathology of Laboratory Animals. Springer-Verlag, New York, NY.

[146] Mansfield K, King N. 1998. Viral diseases, p 1–57. In Bennett BT, Abee CR, Henrickson R (ed), Nonhuman Primates in Biomedical Research. Academic Press, San Diego, CA.

[147] Centers for Disease Control (CDC). 1987. Guidelines for prevention of Herpesvirus simiae (B virus) infection in monkey handlers. MMWR Morb Mortal Wkly Rep 36:680–682, 687–689.

[148] Centers for Disease Control (CDC). 1989. B virus infections in humans— Michigan. MMWR Morb Mortal Wkly Rep 38:453–454.

[149] Gay F, Holden M. 1933. The herpes encephalitis problem, II. J Infect Dis 53:287–303.

[150] Zwartouw HT, Boulter EA. 1984. Excretion of B virus in monkeys and evidence of genital infection. Lab Anim 18:65–70.

[151] Weigler BJ, Scinicariello F, Hilliard JK. 1995. Risk of venereal B virus (cercopithecine herpesvirus 1) transmission in rhesus monkeys using molecular epidemiology. J Infect Dis 171: 1139–1143.

[152] Weigler BJ, Hird DW, Hilliard JK, Lerche NW, Roberts JA, Scott LM, Weigler BJ, Hird DW, Hilliard JK, Lerche NW, Roberts JA, Scott LM. 1993. Epidemiology of cercopithecine herpesvirus 1 (B virus) infection and shedding in a large breeding cohort of rhesus macaques. J Infect Dis 167:257–263.

[153] Holmes GP, Chapman LE, Stewart JA, Straus SE, Hilliard JK, Davenport DS. 1995. Guidelines for the prevention and treatment of B-virus infections in exposed persons. The B virus Working Group. Clin Infect Dis 20:421–439.

[154] Kalter SS, Heberling RL, Cooke AW, Barry JD, Tian PY, Northam WJ. 1997. Viral infections of nonhuman primates. Lab Anim Sci 47:461–467.

[155] Palmer AE. 1987. B virus, Herpesvirus simiae: historical perspective. J Med Primatol 16:99–130.

[156] Benson PM, Malane SL, Banks R, Hicks CB, Hilliard J. 1989. B virus (Herpesvirus simiae) and human infection. Arch Dermatol 125:1247–1248.

[157] Holmes GP, et al. 1990. B virus (Herpesvirus simiae) infection in humans: epidemiologic investigation of a cluster. Ann Intern Med 112:833–839.

[158] Wells DL, Lipper SL, Hilliard JK, Stewart JA, Holmes GP, Herrmann KL, Kiley MP, Schonberger LB. 1989. Herpesvirus simiae contamination of primary rhesus monkey kidney cell cultures. CDC recommendations to minimize risks to laboratory personnel. Diagn Microbiol Infect Dis 12:333–335.

[159] Benenson AS. 1995. Control of Communicable Diseases Manual, 16th ed. American Public Health Association, Washington, DC.

[160] Webster RG. 1997. Influenza virus: transmission between species and relevance to emergence of the next human pandemic. Arch Virol Suppl 13:105–113.

[161] Marini RP, Adkins JA, Fox JG. 1989. Proven or potential zoonotic diseases of ferrets. J Am Vet Med Assoc 195:990–994.

[162] Wentworth DE, McGregor MW, Macklin MD, Neumann V, Hinshaw VS. 1997. Transmission of swine influenza virus to humans after exposure to experimentally infected pigs. J Infect Dis 175:7–15.

[163] Cohen J. 2009. Flu researchers train sights on novel tricks of novel N1H1. Science 324:870–871.

[164] Kelly H, Peck HA, Laurie KL, Wu P, Nishiura H, Cowling BJ. 2011. The age-specific cumulative incidence of infection with pandemic influenza H1N1 2009 was similar in various countries prior to vaccination. PLoS One 6:e21828.

[165] World Health Organization. 2016. Cumulative Number of Confirmed Human Cases for Avian Influenza A (H5N1) Reported to WHO. World Health Organization, Geneva, Switzerland.

[166] Ruef C. 2004. Immunization for hospital staff. Curr Opin Infect Dis 17:335–339.

[167] von Hoersten B, Sharland M. 2004. RSV and influenza. Treatment and prevention. Adv Exp Med Biol 549:169–175.

[168] De Clercq E. 2004. Antiviral drugs in current clinical use. J Clin Virol 30:115–133.

[169] Schmidt AC. 2004. Antiviral therapy for influenza: a clinical and economic comparative review. Drugs 64:2031–2046.

[170] Barkley WE, Richardson JH. 1984. Control of biohazards associated with the use of experimental animals, p 595–602. In Fox JG, Cohen BE, Loew FM (ed), Laboratory Animal Medicine. American College of Laboratory Animal Medicine. Academic Press, San Diego, CA.

[171] Mufson MA. 1989. Parainfluenza viruses, mumps, and Newcastle disease virus, p 669–691. In Schmidt N, Emmons R, Diagnostic Procedures for Viral, Rickettsial, and Chlamydial Infections. American Public Health Association, Washington, DC.

[172. Centers for Disease Control. 1971. Hepatitis surveillance. Report no. 34, p 10–14. Centers for Disease Control, Atlanta, GA.

[173] Anonymous. 1991. Update on adult immunization. Recommendations of the Immunization Practices Advisory Committee (ACIP). MMWR Recomm Rep 40(RR-12):1–94.

[174] Fenner F. 1990. Wallace P. Rowe lecture. Poxviruses of laboratory animals. Lab Anim Sci 40:469–480.

[175] Breman JG, Kalisa-Ruti, Steniowski MV, Zanotto E, Gromyko AI, Arita I. 1980. Human monkeypox, 1970–79. Bull World Health Organ 58:165–182.

[176] Jezek Z, Arita I, Mutombo M, Dunn C, Nakano JH, Szczeniowski M. 1986. Four generations of probable person-to-person transmission of human monkeypox. Am J Epidemiol 123:1004– 1012.

[177] Soave O. 1981. Viral infections common to human and nonhuman primates. J Am Vet Med Assoc 179:1385–1388.

[178] Jezek Z, Gromyko AI, Szczeniowski MV. 1983. Human monkeypox. J Hyg Epidemiol Microbiol Immunol 27:13–28.

[179] Jezek Z, Fenner F. 1988. Epidemiology of human monkeypox, p 81–110, In Jezek Z, Fenner F, Human Monkeypox, Monographs in Virology, vol 17. Karger, Basel, Switzerland.

[180] Fleischauer AT, Kile JC, Davidson M, Fischer M, Karem KL, Teclaw R, Messersmith H, Pontones P, Beard BA, Braden ZH, Cono J, Sejvar JJ, Khan AS, Damon I, Kuehnert MJ. 2005. Evaluation of human-to-human transmission of monkeypox from infected patients to health care workers. Clin Infect Dis 40:689–694.

[181] McNulty WP Jr, Lobitz WC Jr, Hu F, Maruffo CA, Hall AS. 1968. A pox disease in monkeys transmitted to man. Clinical and histological features. Arch Dermatol 97:286–293.

[182] Espana C. 1971. Apox disease of monkeys tranmissible to man, p 694–708. In Goldsmith E, Moor-Jankowski J (ed), Medical Primatology. Karger, Basel, Switzerland.

[183] Hall AS, McNulty WP Jr. 1967. A contagious pox disease in monkeys. J Am Vet Med Assoc 151:833–838.

[184] Nakano JH, Esposito JJ. 1989. Poxviruses, p 453–511. In Schmidt NJ, Emmons RW (ed), Diagnostic Procedures for Viral, Rickettsial and Chlamydial Infections, 6th ed. American Public Health Association, Washington, DC.

[185] U.S. Department of Health and Human Services, Public Health Service, Centers for Disease Control and Prevention, National Institutes of Health. 2009. Biosafety in Microbiological and Biomedical Laboratories, 5th ed. HHS Publication no. (CDC) 21-112. http://www. cdc. gov/biosafety/publications/bmbl5 /BMBL. pdf.

[186] Bearcroft WG, Jamieson MF. 1958. An outbreak of subcutaneous tumours in rhesus monkeys. Nature 182:195–196.

[187] Walker DH, Voelker FA, McKee AE Jr, Nakano JH. 1985. Diagnostic exercise: tumors in a baboon. Lab Anim Sci 35:627–628.

[188] Ambrus JL, Strandström HV. 1966. Susceptibility of Old World monkeys to Yaba virus. Nature 211:876.

[189] Ambrus JL, Strandstrom HV, Kawinski W. 1969. 'Spontaneous' occurrence of Yaba tumor in a monkey colony. Experientia 25:64–65.

[190] Wolfe LG, Griesemer RA, Farrell RL. 1968. Experimental aerosol transmission of Yaba virus in monkeys. J Natl Cancer Inst 41: 1175–1195.

[191] Niven JS, Armstrong JA, Andrewes CH, Pereira HG, Valentine RC. 1961. Subcutaneous "growths" in monkeys produced by a poxvirus. J Pathol Bacteriol 81:1–14.

[192] Bruestle ME, Golden JG, Hall A III, Banknieder AR. 1981. Naturally occurring Yaba tumor in a baboon (Papio papio). Lab Anim Sci 31:292–294.

[193] Grace JT Jr, Mirand EA, Millian SJ, Metzgar RS. 1962. Experimental studies of human tumors. Fed Proc 21:32–36.

[194] Haig DM, McInnes C, Deane D, Reid H, Mercer A. 1997. The immune and inflammatory response to orf virus. Comp Immunol Microbiol Infect Dis 20:197–204.

[195] Gibbs EPJ. 1998. Contagious ecthyma, p 619–620. In Aiello SA (ed), The Merck Veterinary Manual, 8th ed. Merck & Co, Whitehouse Station, NJ.

[196] Mercer A, Fleming S, Robinson A, Nettleton P, Reid H. 1997. Molecular genetic analyses of parapoxviruses pathogenic for humans. Arch Virol Suppl 13:25–34.

[197] Johannessen JV, Krogh H-K, Solberg I, Dalen A, van Wijngaarden H, Johansen B. 1975. Human orf. J Cutan Pathol 2:265–283.

[198] Moussatché N, Tuyama M, Kato SE, Castro AP, Njaine B, Peralta RH, Peralta JM, Damaso CR, Barroso PF. 2003. Accidental infection of laboratory worker with vaccinia virus. Emerg Infect Dis 9:724–726.

[199] Wlodaver CG, Palumbo GJ, Waner JL. 2004. Laboratory-acquired vaccinia infection. J Clin Virol 29:167–170.

[200] Grosenbach DW, Jordan R, Hruby DE. 2011. Development of the small-molecule antiviral ST-246 as a smallpox therapeutic. Future Virol 6:653–671.

[201] Beltrami EM, Williams IT, Shapiro CN, Chamberland ME. 2000. Risk and management of blood-borne infections in health care workers. Clin Microbiol Rev 13:385–407.

[202] Centers for Disease Control and Prevention. 2011. Surveillance of occupationally acquired HIV/AIDS in healthcare personnel, as of December 2010. https://www. cdc. gov/hai/organisms /hiv/surveillance-occupationally-acquired-hiv-aids. html.

[203] Bell DM. 1997. Occupational risk of human immunodeficiency virus infection in healthcare workers: an overview. Am J Med 102(5B):9–15.

[204] Ippolito G, Puro V, De Carli G. 1993. The risk of occupational human immunodeficiency virus infection in health care workers. Italian Multicenter Study. The Italian Study Group on Occupational Risk of HIV infection. Arch Intern Med 153:1451–1458.

[205] Evans B, Duggan W, Baker J, Ramsay M, Abiteboul D. 2001. Exposure of healthcare workers in England, Wales, and Northern Ireland to bloodborne viruses between July 1997 and June 2000: analysis of surveillance data. BMJ 322:397–398.

[206] Cardo DM, Culver DH, Ciesielski CA, Srivastava PU, Marcus R, Abiteboul D, Heptonstall J, Ippolito G, Lot F, McKibben PS, Bell DM, Centers for Disease Control and Prevention Needlestick Surveillance Group. 1997. A case-control study of HIV seroconversion in health care workers after percutaneous exposure. N Engl J Med 337:1485–1490.

[207] Bell DM. 1991. Human immunodeficiency virus transmission in health care settings: risk and risk reduction. Am J Med 91(3B): S294–S300.

[208] Fahey BJ, Koziol DE, Banks SM, Henderson DK. 1991. Frequency of nonparenteral occupational exposures to blood and body fluids before and after universal precautions training. Am J Med 90:145–153.

[209] Hayami M, Ido E, Miura T. 1994. Survey of simian immunodeficiency virus among nonhuman primate populations. Curr Top Microbiol Immunol 188:1–20.

[210] Centers for Disease Control and Prevention(CDC). 1992. Anonymous survey for simian immunodeficiency virus (SIV) seropositivity in SIV-laboratory researchers— United States, 1992. MMWR Morb Mortal Wkly Rep 41:814–815.

[211] Centers for Disease Control and Prevention (CDC). 1992. Seroconversion to simian immunodeficiency virus in two laboratory workers. MMWR Morb Mortal Wkly Rep 41:678–681.

[212] Khabbaz RF, Heneine W, George JR, Parekh B, Rowe T, Woods T, Switzer WM, McClure HM, Murphey-Corb M, Folks TM. 1994. Brief report: infection of a laboratory worker with simian immunodeficiency virus. N Engl J Med 330:172–177.

[213] Khabbaz RF, Rowe T, Heneine WM, Kaplan JE, Folks TM, Schable CA, George JR, Pau C, Parekh BS, Curran JW, Schochetman G, Lairmore MD, Murphey-Corb M. 1992. Simian immunodeficiency virus needlestick accident in a laboratory worker. Lancet 340:271–273.

[214] Heneine W, Switzer WM, Sandstrom P, Brown J, Vedapuri S, Schable CA, Khan AS, Lerche NW, Schweizer M, Neumann-Haefelin D, Chapman LE, Folks TM. 1998. Identification of a human population infected with simian foamy viruses. Nat Med 4:403–407.

[215] Neumann-Haefelin D, Fleps U, Renne R, Schweizer M. 1993. Foamy viruses. Intervirology 35:196–207.

[216] Busch MP, Satten GA. 1997. Time course of viremia and antibody seroconversion following human immunodeficiency virus exposure. Am J Med 102:117–124; discussion 125–126.

[217] Jackson AC. 2003. Rabies virus infection: an update. J Neurovirol 9:253–258.

[218] Rupprecht CE, Gibbons RV. 2004. Clinical practice. Prophylaxis against rabies. N Engl J Med 351:2626–2635.

[219] Anderson LJ, Sikes RK, Langkop CW, Mann JM, Smith JS, Winkler WG, Deitch MW. 1980. Postexposure trial of a human diploid cell strain rabies vaccine. J Infect Dis 142:133–138.

[220] Suntharasamai P, Warrell MJ, Warrell DA, Viravan C, Looareesuwan S, Supanaranond W, Chanthavanich P, Supapochana A, Tepsumethanon W, Pouradier-Duteil X. 1986. New purified Vero-cell vaccine prevents rabies in patients bitten by rabid animals. Lancet 2:129–131.

[221] Servat A, Lutsch C, Delore V, Lang J, Veitch K, Cliquet F. 2003. Efficacy of rabies immunoglobulins in an experimental post-exposure prophylaxis rodent model. Vaccine 22:244–249.

[222] Pratt WD, Davis NL, Johnston RE, Smith JF. 2003. Genetically engineered, live attenuated vaccines for Venezuelan equine encephalitis: testing in animal models. Vaccine 21:3854–3862.

[223] Herfst S, Schrauwen EJ, Linster M, Chutinimitkul S, de Wit E, Munster VJ, Sorrell EM, Bestebroer TM, Burke DF, Smith DJ, Rimmelzwaan GF, Osterhaus AD, Fouchier RA. 2012. Airborne transmission of influenza A/H5N1 virus between ferrets. Science 336:1534–1541.

[224] Imai M, Watanabe T, Hatta M, Das SC, Ozawa M, Shinya K, Zhong G, Hanson A, Katsura H, Watanabe S, Li C, Kawakami E, Yamada S, Kiso M, Suzuki Y, Maher EA, Neumann G, Kawaoka Y. 2012. Experimental adaptation of an influenza H5 HA confers respiratory droplet transmission to a reassortant H5 HA/H1N1 virus in ferrets. Nature 486:420–428.

[225] Kaiser J. 2015. NIH moving ahead with review of risky virology studies. Sci News http://www. sciencemag. org/news/2015/02/nihmoving-ahead-review-risky-virology-studies.

[226] National Science Advisory Board for Biosecurity. 2016. Recommendations for the Evaluation and Oversight of Proposed Gain-of-Function Research. Office of Science Policy, National Institutes of Health, Bethesda, MD.

[227] Anderson RA, Woodfield DG. 1982. Hepatitis B virus infections in laboratory staff. N Z Med J 95:69–71.

[228] Artenstein AW, Hicks CB, Goodwin BS Jr, Hilliard JK. 1991. Human infection with B virus following a needlestick injury. Rev Infect

Dis 13:288–291.

[229] Cohen BJ, Couroucé AM, Schwarz TF, Okochi K, Kurtzman GJ. 1988. Laboratory infection with parvovirus B19. J Clin Pathol 41:1027–1028.

[230] Lisieux T, et al. 1994. New arenavirus isolated in Brazil. Lancet 343:391–392.

[231] Davenport DS, Johnson DR, Holmes GP, Jewett DA, Ross SC, Hilliard JK. 1994. Diagnosis and management of human B virus (Herpesvirus simiae) infections in Michigan. Clin Infect Dis 19:33–41.

[232] Desmyter J, Johnson KM, Deckers C, LeDuc JW, Brasseur F, van Ypersele de Strihou C. 1983. Laboratory rat associated outbreak of haemorrhagic fever with renal syndrome due to Hantaan-like virus in Belgium. Lancet 322:1445–1448.

[233] Douron E, Moriniere B, Matheron S, Girard PM, Gonzalez JP, Hirsch F, McCormick JB. 1984. HFRS after a wild rodent bite in the Haute-Savoie—and risk of exposure to Hantaan-like virus in a Paris laboratory. Lancet 1:676–677.

[234] Freifeld AG, Hilliard J, Southers J, Murray M, Savarese B, Schmitt JM, Straus SE. 1995. A controlled seroprevalence survey of primate handlers for evidence of asymptomatic herpes B virus infection. J Infect Dis 171:1031–1034.

[235] Grist NR. 1983. Infections in British clinical laboratories 1980–81. J Clin Pathol 36:121–126.

[236] Grist NR, Emslie J. 1985. Infections in British clinical laboratories, 1982–3. J Clin Pathol 38:721–725.

[237] Grist NR, Emslie JA. 1987. Infections in British clinical laboratories, 1984–5. J Clin Pathol 40:826–829.

[238] Ippolito G, Puro V, Heptonstall J, Jagger J, De Carli G, Petrosillo N. 1999. Occupational human immunodeficiency virus infection in health care workers: worldwide cases through September 1997. Clin Infect Dis 28:365–383.

[239] Lloyd G, Jones N. 1986. Infection of laboratory workers with hantavirus acquired from immunocytomas propagated in laboratory rats. J Infect 12:117–125.

[240] Masuda T, Isokawa T. 1991. [Biohazard in clinical laboratories in Japan]. Kansenshogaku Zasshi 65:209–215.

[241] Moore DM, MacKenzie WF, Doepel F, Hansen TN. 1983. Contagious ecthyma in lambs and laboratory personnel. Lab Anim Sci 33:473–475.

[242] Schweizer M, Turek R, Hahn H, Schliephake A, Netzer KO, Eder G, Reinhardt M, Rethwilm A, Neumann-Haefelin D. 1995. Markers of foamy virus infections in monkeys, apes, and accidentally infected humans: appropriate testing fails to confirm suspected foamy virus prevalence in humans. AIDS Res Hum Retroviruses 11:161–170.

[243] Shiraishi H, Sasaki T, Nakamura M, Yaegashi N, Sugamura K. 1991. Laboratory infection with human parvovirus B19. J Infect 22:308–310.

[244] Umenai T, Woo Lee P, Toyoda T, Yoshinaga K, Horiuchi T, Wang Lee H, Saito T, Hongo M, Ishida N. 1979. Korean haemorrhagic fever in staff in an animal laboratory. Lancet 313: 1314–1316.

[245] Vasconcelos PF, Travassos da Rosa AP, Rodrigues SG, Tesh R, Travassos da Rosa JF, Travassos da Rosa ES. 1993. [Laboratory-acquired human infection with SP H 114202 virus (Arenavirus: Arenaviridae family): clinical and laboratory aspects]. Rev Inst Med Trop Sao Paulo 35:521–525.

[246] Wong TW, Chan YC, Yap EH, Joo YG, Lee HW, Lee PW, Yanagihara R, Gibbs CJ Jr, Gajdusek DC. 1988. Serological evidence of hantavirus infection in laboratory rats and personnel. Int J Epidemiol 17:887–890.

[247] Lerche NW, Switzer WM, Yee JL, Shanmugam V, Rosenthal AN, Chapman LE, Folks TM, Heneine W. 2001. Evidence of infection with simian type D retrovirus in persons occupationally exposed to nonhuman primates. J Virol 75:1783–1789.

[248] Heymann DL, Aylward RB, Wolff C. 2004. Dangerous pathogens in the laboratory: from smallpox to today's SARS setbacks and tomorrow's polio-free world. Lancet 363:1566–1568.

[249] Rusnak JM, Kortepeter MG, Aldis J, Boudreau E. 2004. Experience in the medical management of potential laboratory exposures to agents of bioterrorism on the basis of risk assessment at the United States Army Medical Research Institute of Infectious Diseases (USAMRIID). J Occup Environ Med 46:801–811.

[250] MacNeil A, Reynolds MG, Damon IK. 2009. Risks associated with vaccinia virus in the laboratory. Virology 385:1–4.

[251] Wurtz N, Papa A, Hukic M, Di Caro A, Leparc-Goffart I, Leroy E, Landini MP, Sekeyova Z, Dumler JS, Bădescu D, Busquets N, Calistri A, Parolin C, Palù G, Christova I, Maurin M, La Scola B, Raoult D. 2016. Survey of laboratory-acquired infections around the world in biosafety level 3 and 4 laboratories. Eur J Clin Microbiol Infect Dis 35:1247–1258.

[252] Harding A, Byers K. 2006. Epidemiology of laboratoryassociated infections, p 53–77. In Fleming D, Hunt D (ed), Biological Safety, vol 4. ASM Press, Washington, DC.

[253] Hsu CH, Farland J, Winters T, Gunn J, Caron D, Evans J, Osadebe L, Bethune L, McCollum AM, Patel N, Wilkins K, Davidson W, Petersen B, Barry MA. 2015. Laboratory-acquired vaccinia virus infection in a recently immunized person— Massachusetts, 2013. MMWR Morb Mortal Wkly Rep 64:435–438.

[254] Wong SS, Poon RW, Wong SC. 2016. Zika virus infection— the next wave after dengue? J Formos Med Assoc 115:226–242.

10

病毒转基因系统所引发的新思考

J. PATRICK CONDREAY, THOMAS A. KOST, AND CLAUDIA A. MICKELSON

用于检测基因序列与功能的分子生物学工具的进步，推动了适用于在不同物种间进行基因转移的新型载体的发展。如图10-1所示，基于PubMed数据库的分析，已经出版大量与常用重组病毒相关的文献。本书自2006年第4版出版以来，这些载体系统的使用频率也在持续显著提升。这种提升得益于几个因素的推动，包括基因治疗方法的发展（图10-2）、对病毒载体用于阐明和研究基因功能重要性认识的提高，以及获得生产这些病毒载体所需试剂的商业水平的提升。此外，随着对各种病毒家族的分子生物学研究的深入，构建包含两种或更多病毒独特性质的新型嵌合病毒已经成为实验室的常规工作。由此可见，由于病毒载体的独特性质，其使用和发展为风险评估带来了特殊的挑战。

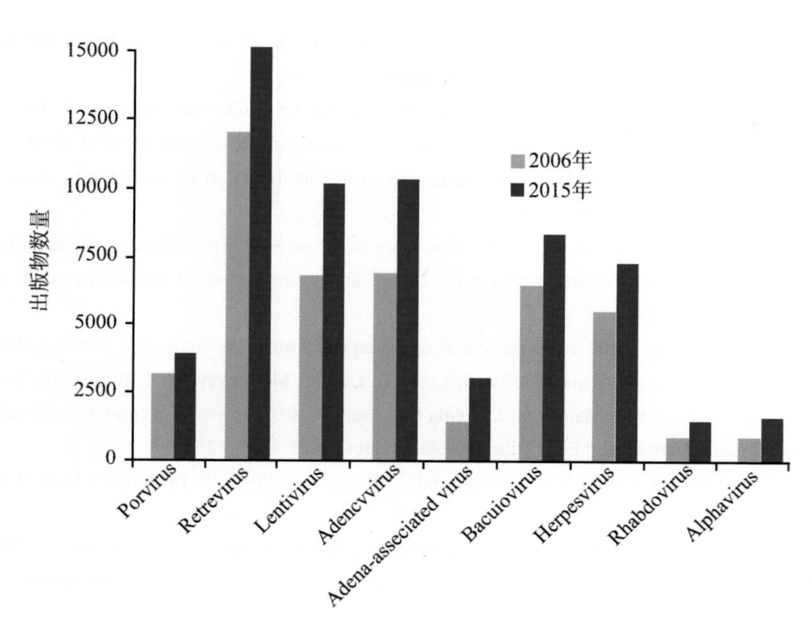

图 10-1　重组病毒载体的 PubMed 引用数

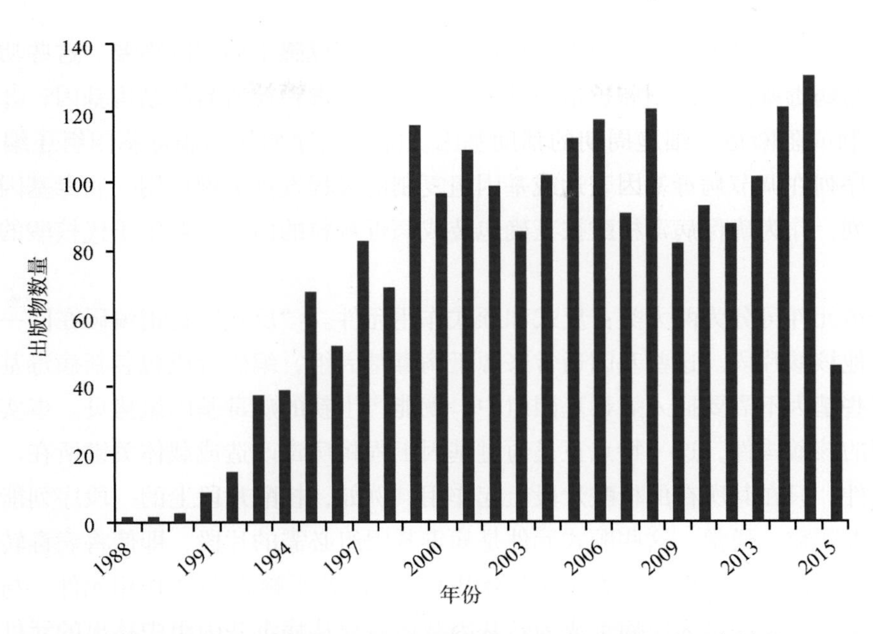

图 10-2 截至 2015 年 7 月全球批准的人类基因治疗临床方案数量

数据来自参考文献[182]。

本章将对实验室常见或正在开发的转基因病毒载体的构建、安全性能和建议防控水平进行总体介绍。此外，本章还将对一些机构的生物安全委员会（IBCs）在进行病毒载体风险评估时所面临的挑战进行讨论。考虑到不同的IBC可能评估不同控制水平下使用类似的“载体–转基因”系统，以及新型病毒转基因载体持续快速发展，本章对每个载体的讨论将集中在生物安全特征的相似性，以及在构建和使用这些转基因载体系统时产生的问题等，所提出的安全评估和建议管控水平仅反映作者的观点，涉及的意见和信息资源可供地方IBC参考，并协助评估使用这些载体时的固有风险，从而提高对研究过程进行监管的有效性。

病毒载体技术

病毒能够将核酸浓缩、装配并转移到新的细胞中的特性，决定了其可作为重组基因转移的理想平台。病毒在宿主细胞中繁殖并传播其核酸有效负载特性，以及宿主对病毒的反应，构成了病毒感染的病理基础。因此，为了利用病毒的基因传递能力，通常有必要首先破坏病毒在宿主体内复制的能力，从而降低病毒传播和致病的能力。

病毒基因的一般结构

虽然病毒的多样性使人们很难概括性地去描述其特征，但病毒较为典型的特征是由一个被称为核衣壳的蛋白质衣壳结构和其内包裹的较为致密的病毒核酸组成。虽然核衣壳在结构和形状上存在很大的差异，但它们都具有保护核酸基因组的功能。对于某些病毒家族（包膜病毒，如逆转录病毒、痘病毒），核衣壳被一种称为病毒包膜的膜所包裹，这种膜是来自被病毒感染的宿主细胞。病毒包膜上镶嵌有一种或多种病毒基因编码的蛋白，参与细胞识别、结合和进入。其他类型的病毒（非包膜病毒，如腺病毒及其相关病毒）只具有一个坚硬的衣壳结构，以保护病毒核酸。

病毒具有专性细胞内寄生的特性，依赖宿主细胞进行所需的大部分代谢和生物合成。然而，它们需要编码足够的功能基因，以适应细胞环境并满足其完成感染周期的需要。这些功能基因可分为三大类：①参与病毒基因组复制和扩增的基因；②组装病毒颗粒所需的结构基因；③参与调节病毒复制过程中控制或阻断宿主细胞周期的辅助基因。除基因序列外，病毒基因组还编码许多调控序列，这些调控序列在调节病毒基因表达或基因组复制的过程发挥关键作用。病毒基因组的末端通常含有特异性序列，作为确保病毒核酸被正确包装成病毒颗粒的信号，对于子代核酸的正确加工至关重要。

病毒的遗传元件可分为两大类：反式和顺式作用元件。“反式”是指编码在同一核酸片段上但能够作用于其他核酸片段。这些基因通常来源于病毒基因组，编码合成包装新病毒基因组所需的各种蛋白质。这些基因不需要插入病毒基因组中，就能产生新的病毒基因组拷贝。事实上，反式作用可以用于不同的核酸构件，这一特点正是通过基因工程将病毒改造成载体关键所在。其他遗传元件被称为顺式元件，只在其所在的核酸片段上起作用。例如，核酸片段上的一段序列能够将特定的核苷酸包装成病毒颗粒。通常，这些顺式元件是病毒基因组必需的片段，即使将病毒转化为转基因载体，也必须将其保留在基因组中。表10-1中给出了病毒的若干顺式/反式作用元件。与下面要讨论的内容类似，通常反式元件是为使病毒成为转基因载体需要从病毒基因组中移出的元件，而顺式元件则需要保留在载体基因组中。

表 10-1　病毒载体的顺式 / 反式作用元件

顺式作用元件	反式作用元件
复制相关蛋白	核酸末端
·聚合酶	·反向末端重复
·复制酶	·长末端重复
·蛋白酶	·内部核糖体进入位点（IRES）元件
·整合酶	包装信号
辅助蛋白	调控序列
·转录调节因子	·启动子
·核酸转运因子	·多腺苷酸化信号
·致病因子	·剪接供体 / 受体位点
结构蛋白	·复制起始位点
·衣壳组件	·辅助蛋白结合位点
·核衣壳组件	
·基质蛋白	
·包膜蛋白	

消减病毒致病性

病毒致病性的减弱是其作为转基因工具的必需条件，实现这一目标的方法之一就是从在相关宿主中致病性降低的病毒开始。用于哺乳动物细胞基因转移的杆状病毒载体（BacMam病毒）将这一概念发挥到了极致。该病毒在昆虫细胞中具有复制能力，但它在哺乳动物细胞中不具有复制能力[1]，因此不太可能在人体中表现出致病性。同样地，禽痘病毒载体在禽细胞系中能够有效复制，但在哺乳动物系统中无复制能力[2]。牛痘病毒代表了另一类病毒，不管是自然还是人工减毒的病毒株，能在培养的细胞中复制并快速生长，但在人类宿主中的生长能力却明显下降。例如，高度减毒的改良牛痘安卡拉株（MVA）在鸡胚成纤维细胞中快速生长，在灵长类动物细胞中却不能有效复制。

许多常用作基因转移载体的病毒系统都经过遗传修饰，使其无法产生子代病毒颗粒。其中有些病毒修饰后改变较少，虽然仍保留一定程度的复制能力，即使如此，也不能产生子代病毒。例如α病毒，其编码病毒核衣壳和包膜糖蛋白的结构基因被目的基因取代[3]。为了将载体基因组包装到病毒颗粒中，可以选择用另外的核酸提供结构基因，而非载体基因组。反式作用结构蛋白将载体基因组装配成有缺陷的载体病毒颗粒。当这些经过改造的病毒颗粒用于感染靶细胞时，载体基因组能够自我复制并表达转基因。然而，由于缺乏结构蛋白，载体基因组不能被装配到新的病毒颗粒中。

迄今为止，构建病毒载体的最常见的方法是去除足够多的基因功能（反式作用元件），使其完全丧失在宿主细胞中自我复制的能力，从而达到既转移了目的基因，又能避免了宿主细胞被病毒感染的效果[4]。这种方法构建的载体病毒谱很广，这取决于基因组中删除基因数量的多少。早期的腺病毒和疱疹病毒载体就移除了一些基因，而这些基因在感染早期表达的产物能调控病毒载体留存基因的表达。另一个极端例子是逆转录病毒、慢病毒和腺病毒相关病毒载体，通常是所有病毒基因都已从载体基因组中移除。从载体基因组中删除所有病毒基因更可取，因为它可以防止病毒基因在载体转导的宿主中意外表达，从而避免了体内基因转移试验中所遇到的问题。此外，去除所有病毒基因降低了通过重组回复病毒复制的可能性，下文将对此进行详细论述。

病毒载体的开发与生产

构建病毒载体的第一步是构建含有转基因盒的病毒载体基因组，且能够被复制、扩增并装配成病毒颗粒。载体基因组构件也可称为转移质粒。从载体病毒基因组中删除核酸有两个主要原因，即灭活病毒的自我复制能力和为外源基因的插入提供空间。一般来说，非包膜病毒，如腺病毒或腺相关病毒（AAV）对能够有效包装到病毒颗粒中核酸的数量具有严格的限制，而包膜病毒则有更大的灵活性。除去所有病毒基因后最小形式的病毒载体，其基因组也必须至少含有基因组复制、加工和装配所需的顺式作用序列。利用标准分子生物学技术，可以将转基因盒插入载体中构建重组质粒。随着载体基因组复杂性的增加，诸如具有多基因的大基因组病毒，载体基因组除了顺式作用序列外还可能含有许多反式作用元件。这些载体基因组构件通常很大，利用一般的重组DNA技术不易在质粒中操作，在这种情况下，可以尝试利用合适的宿主细胞通过自然重组过程将转基因盒导入载体基因组中。

一旦获得了具有转基因的载体基因组，下一步是将重组构件导入受体细胞。这些细胞需用必要的反式作用功能进行适当的修饰，用以产生子代基因组和病毒颗粒的结构元件来包装基因组。导入受体细胞的方式通常有两种，第一种方式是将所需的病毒基因稳定地引入细胞系，以弥补病毒基因移除造成的缺陷，使其成为载体。互补细胞系最常见的例子是用于繁殖E1缺失型腺病毒载体的腺病毒E1表达细胞系[5, 6]。能使逆转录病毒载体所有病毒基因稳定表达的各种包装细胞也属于互补细胞系[7]。第二种方式是先将含有载体基因组和所需反式作用元件的多个质粒DNA瞬间导入适当的细胞系，然后收集所得的病毒颗粒。以上两种方式在操作上都具有各自的优缺点。互补细胞系通常仅需要转染单个质粒DNA，而瞬时转染系统可同时引入几种质粒，在技术上存在一定的挑战性。这些不同的方法可对载体系统产生一定的生物安全影响，后面将进行讨论。

复制缺陷的维持

任何病毒载体系统、或用于生产载体颗粒的方法应具备的最为重要的要素是维持具有复制、扩

DNA基因组，其大小为130～300 kb，并在受感染细胞的细胞质中复制。牛痘病毒作为典型的痘病毒，是人类天花疫苗的前身。对牛痘病毒的分子病毒学已经进行广泛的研究，其可在多种宿主细胞中培养增殖，并产生高滴度的病毒，且很容易通过空斑试验定量[22]。

关于重组痘病毒载体的开发最早的记录是在1982年[23，24]，重组痘病毒作为病毒载体具有许多优点[2，25-27]。其病毒DNA的很大一部分并非病毒复制所必需的，因此可以被插入的外源基因序列所取代，其长度可以达到20 kb以上。病毒DNA无须整合到宿主细胞基因组，并且可以获得相对高产量的外源基因表达。此外，重组载体的开发和选择相对容易。用于生产重组痘病毒最常方法是使用质粒转移载体，其含有由痘病毒启动子组成的表达框，启动子相邻序列有限制性内切酶的酶切位点，便于外源基因插入，侧翼为介导重组至所需病毒区域的痘病毒序列[28]。因此，许多方法可以轻而易举地鉴定和分离重组病毒[29]。目前对痘病毒载体的研究主要集中在疫苗和抗癌药物[30-32]，尽管已有研究表明痘病毒载体已经用于生产重组蛋白，但尚未被广泛采用[33-36]。

风险评估

牛痘病毒在许多研究中用于制备重组载体，通常使用牛痘病毒的Western Reserve毒株。因为该毒株可以获得高产量的病毒，可以形成离散的病毒噬斑，并且该菌株能很好地适应实验动物。该病毒相当稳定，干燥后可在室温下保存。病毒经50%乙醇作用1 h或1%的苯酚作用24 h被灭活。de Oliviera等[37]最近的一篇文章介绍了牛痘病毒对各种化学消毒剂的敏感性。与重组腺病毒和逆转录病毒不同，大多数重组痘病毒载体不是被设计成复制缺陷型。因此，用这种重组牛痘病毒感染可导致病毒复制和排毒。用牛痘病毒经皮接种未经免疫的人通常会形成丘疹，并最终发展成为囊泡和脓疱，在8～10天达到最大。脓包在14～21天干燥和脱落。有关疫苗接种过程的更多详细信息，可参阅Evans和Lesnaw[38]，Evans[39]以及Walsh和Dolin[30]的著述。Sepkowitz对牛痘的二代传播进行了综述[40]，实验室获得性牛痘病毒载体暴露已经被广泛关注与报道[41-49]。因此，实验室工作人员在使用这些载体时应特别小心[50-53]。除了实验室工作服和手套外，在处理痘苗病毒载体时还建议保护眼睛，使用尖器时应采取所有可能的防护措施。在美国，免疫实践咨询委员会建议在BSL-2实验室和相应防护条件下进行非高度减毒痘苗病毒株的实验室工作[19，54]。对于直接处理被非高度减毒痘苗病毒、重组病毒或其他正痘病毒（如猴痘病毒、牛痘病毒和天花病毒）的培养物、污染物或感染动物的实验室工作人员，建议接种疫苗[54，55]。告知暴露着者疫苗接种必要性和可能的不良事件十分重要[21，56]。有趣的是，Benzekri等[52]的报告表明，实验室工作人员接种疫苗的主要障碍可能是因为对接种疫苗后的不良反应恐惧，宁愿面对意外暴露风险也不愿意接种疫苗。使用高度减毒的痘苗病毒株（如MVA和NYVAC株）的实验室和其他医疗保健人员不需要进行常规牛痘疫苗接种。此外，使用禽痘病毒株ALVAC和TROVAC的实验室人员和其他医疗保健人员不需要常规疫苗接种。免疫抑制的人不应接种疫苗[54，55]。在美国，CDC是民众接种疫苗的唯一渠道，因此，疫苗接种申请应提交给疾病预防控制中心[55]。

许多方法被用来减弱牛痘病毒的毒性，从而增强其安全性。已开发出一种高度修饰的MVA，其致病性显著降低。在美国国立卫生研究院，可以在BSL-1条件下进行MVA相关实验，并且在不开展其他牛痘病毒研究的情况下，也不需要接种疫苗[25]。源自牛痘病毒（哥本哈根）的NYVAC株、源自禽痘病毒的TROVAC株和源自金丝雀痘病毒的ALVAC株也被认为是低危菌株。1993年，NIH的重组DNA咨询委员会（RAC）将这些病毒的生物安全水平降低到BSL-1级别[56，57]。然而，在为来自这些毒株的重组病毒划定生物安全水平时，必须充分考虑期望得到的重组病毒体的特性。

逆转录病毒载体

生物学与重组载体

逆转录病毒为具有正链RNA基因组的包膜病毒家族，其基因组长度范围为7 ~ 10 kb。这些病毒可以感染多个物种，在宿主中产生一系列致病效应。简单逆转录病毒和慢病毒之间的一个主要区别（见下文）是其仅在分裂细胞中复制。目前使用的许多逆转录病毒载体来源于鼠白血病病毒。近期，Maetzig等[58]发表了一篇关于γ逆转录病毒载体的优秀综述，阐明了其感染周期并且证明不会导致细胞溶解；相反，这种病毒会造成慢性感染，受感染的细胞能够持续产生病毒粒子。逆转录病毒生命周期有两个独有的特征：RNA基因组通过称为前病毒基因组的双链DNA中间体进行复制，这一过程是在RNA和DNA依赖的DNA聚合酶（称为逆转录酶）的作用下完成；前病毒DNA必须进入受感染细胞的细胞核并整合到宿主细胞基因组中，以便从整合的原代病毒转录出子代基因组以及多种病毒mRNA[16]。

逆转录病毒的基因组由3个基因（*gag*，*pol*和*env*）组成，这3个基因编码病毒生命周期所需的反式作用功能，两端是被称为长末端重复序列（LTRs）的顺式作用元件，为转录的起始和终止以及子代核酸装配提供必要的信号。通过去除3种病毒基因而保留LTR可为转基因盒提供高达8 kb的空间，从而将病毒转化为载体。病毒基因通过反式作用复制载体基因组并将包装配成病毒粒子。可以将装配功能稳定地导入适当的细胞中以构建被称为装配细胞系的互补细胞系[16]，然后可以将载体基因组稳定地导入配装细胞中，形成能够产生重组载体的生产细胞系[8, 9]。从大规模或临床材料生产的角度来看，这种方法具有特殊的优势[59]。当然，也可以将载体基因组转染到装配细胞中，或将含有装配功能的质粒转染到载体基因组中，然后将这些替代方案中的任何一种用于快速产生批量载体病毒[60]。

有研究发现逆转录病毒载体有多种体外和体内的用途，尽管它们对转导分裂细胞的抑制限制了其用于造血细胞和肿瘤细胞的治疗，逆转录病毒载体仍然是基因治疗方法的普遍选择[61, 62]。逆转录病毒载体将基因组整合到宿主细胞中的能力，使它们成为在基因转移应用中较为理想的选择，使转基因的长期表达成为可能。逆转录病毒载体能够感染来自不同物种的多种细胞，感染的物种范围由用于装配的特定*env*基因控制。如前所述，载体通常用VSV G蛋白进行假型化，以增加病毒可以转导细胞的范围。这种修饰还使病毒体更稳定，有助于克服病毒产量低及对纯化方法过于敏感的不足[58]。

鉴于病毒核酸整合到宿主细胞基因组中引起的安全性问题（下文进行讨论），已经开发了几种基于逆转录病毒的非整合载体。病毒整合酶的突变失活，导致表达前病毒DNA的转基因载体在宿主细胞核中成为游离的DNA元件。在病毒中引入突变体，以干扰其逆转录成RNA基因组能力，在用这种方法产生的载体中转基因无法直接与载体基因组整合。另外，有一些不装配载体基因组的载体，是病毒样颗粒，含有转基因产物，即与逆转录病毒蛋白的融合蛋白。当这些蛋白质被病毒蛋白酶加工时，外来蛋白质被释放，病毒颗粒可以被递送到受感染的细胞。Schott等[63]最近对这些新技术及其局限性进行了综述。

风险评估

小鼠白血病病毒不会在人类中引起疾病，被归类为RG1类生物因子。然而，与所有病毒载体一样，所表达的特定转基因产物的活性是决定操作流程防护标准的重要因素。当考虑意外暴露的风险时，载体中不存在病毒基因是一大优势，这最大限度地减少了对转导细胞中病毒基因产物免疫反应的担忧。此外，病毒不会转导非分裂细胞，并且对人类补体的灭活作用十分敏感[9]。通过装配嗜性

env蛋白，虽然限制了载体的应用，但可以将载体的宿主范围限制于鼠源细胞。作为包膜病毒，它们不耐干燥，而且污染的表面可以用洗涤剂或70%乙醇消毒净化[38，39]。

重组逆转录病毒基因组可与宿主细胞的基因组整合，因此，系统暴露的风险引起了对前病毒整合后中断宿主细胞基因表达的担忧。导致宿主细胞基因表达中断可能有两种情况，一是通过插入基因内部而使该基因的表达失活。二是前病毒LTR序列具有启动子活性，整合后可以激活插入位点下游的宿主基因的转录。值得注意的是，这些事件中的任何一个都可能对宿主产生有害后果。为了解决这个问题，研究者开发了SIN逆转录病毒载体，通过缺失载体基因组的U3序列来禁用3′-端LTR的启动子功能。当这个U3缺失的载体基因组进入宿主时，缺陷区域在逆转录过程中复制到原病毒DNA的5′LTR。因此，在整合后的前病毒DNA中，5′-和3′-端LTR的启动子功能都被抑制。抑制3′-端LTR启动子功能能够降低位于整合位点下游的宿主细胞基因激活的风险。减少来自5′-端LTR的转录从两个方面增强了载体安全性。首先，排除了使用5′-端LTR启动子驱动转基因的表达，需要在转基因盒中添加另一个启动子；其次，正常感染中来自前病毒5′-端LTR的转录产生全子代病毒RNA，但SIN载体不能产生那些转录物，这意味着如果SIN载体病毒与具有复制能力的逆转录病毒共感染细胞时，不能装配载体基因组[58]。在进行风险评估时应该认识到插入诱变在任何整合病毒载体中都是一种风险，人类转基因方案产生的插入诱变将在“载体特征和安全问题”部分讨论。

任何复制缺陷载体系统的主要生物安全问题都是通过重组产生具有复制能力病毒的可能性。因此，了解载体构件和装配系统的特征对载体设计中减少重组事件的发生概率是非常重要的。正如已经开发出的逆转录病毒装配细胞系或瞬时质粒系统，为防止重组病毒复制问题都进行了许多改造，相关内容已经在前面关于病毒载体技术部分中讨论过。需要的反式功能只有*gag*，*pol*和*env*基因，它们通常存在于两种不同的核酸构件（*gag-pol*在一个，*env*在另一个）以及顺式作用序列中，如表达转录控制和装配信号的序列。另外，病毒载体基因组经过修剪已去除与装配序列重叠的区域，并且已经开发出不同的细胞系以避免与内源性逆转录病毒的互补[9，64]。

慢病毒载体

生物学和重组载体

慢病毒是一类基因组比鼠白血病病毒更复杂的逆转录病毒。该家族中的病毒包括HIV-1和HIV-2、猫和牛免疫缺陷病毒（FIV，BIV）、马传染性贫血病毒（EIAV）和山羊关节炎脑炎病毒（CAEV）。所有这些病毒都已转化为载体系统[62]，常用的许多载体都是基于HIV-1基因组构建的[16]。除了在简单逆转录病毒中发现的*gag*，*pol*和*env*基因外，HIV1还编码两个调节基因（*tat*和*rev*）和四个辅助基因（*vpr*，*vpu*，*vif*和*nef*）。慢病毒还感染分裂和非分裂型细胞，使其作为载体在体内和体外应用中具有许多明显的优势[16，62]。

用于慢病毒载体的装配构件要经历几次迭代设计以确保系统的安全性。主要的进展是将装配复合体中所需的病毒基因限定为*gag*、*pol*和*rev*，在某些情况下也包括*tat*基因。在大多数情况下，使用的包膜蛋白是VSV G蛋白，原因在前面内容中已提及[12]。然而，载体开发的一个活跃领域是，寻找可用于扩展慢病毒载体临床应用的其他表面糖蛋白[65]。Cockrell和Kafri以及Pauwels等综述了关于慢病毒装配系统的进展[62，66]。Rev反应元件（RRE）是一种仍然存在于载体基因组中的顺式作用元件，其作用是作为Rev蛋白的靶点，这正是载体用*rev*作为反式作用元件的原因[12]。*tat*基因的产物是从病毒LTR介导的高水平转录所必需的，如果载体基因组构件依赖于LTR来表达用于装配子代RNA

基因组，那么就要求在反式装配功能区中必须包括*tat*基因。然而，通过用组成型启动子（如巨细胞病毒启动子）替换，就不再需要5′-端LTR的*tat*依赖性启动子[62]。

载体病毒的产生通常使用携带载体基因组和所需反式作用基因的质粒，对细胞系（通常是HEK293衍生物）进行瞬时转染，能做到批量生产。使用瞬时包装而非包装细胞系的一个原因是，一些所需的基因产物对细胞有害，很难培育稳定产生载体病毒颗粒的细胞系。然而，为了人类基因治疗的应用，需要扩大这些载体的产生，就必须开发适合装配基因表达条件的包装细胞系[59，62]。最近的一篇报道介绍了慢病毒载体装配细胞系的构建，该细胞系不仅可持续表达装配功能，而且可用于培育稳定的生产细胞系[67]。

风险评估

慢病毒载体风险评估的大多数要素与逆转录病毒载体相同，转基因表达、插入性诱变以及通过重组产生复制型病毒的风险都存在。与逆转录病毒载体类似，删除所有病毒基因的慢病毒载体基因组已经被自灭活，以降低载体基因组激发和激活下游基因的风险。具有VSV G蛋白的假型载体通常有宿主范围更广泛和病毒粒子更稳定的相同特征，并且还能转导分裂和非分裂型细胞。使用的装配基因复合体通过多个质粒构件递送，以最大化重建复制型病毒所需的重组事件的数量。此外，装配复合体中不存在野生型病毒基因，因此阻止了起始病毒的重建。有关这些载体的风险评估和生物安全性的详细评论，可参阅Pauwels等[66]的文章。

腺病毒载体

生物学和重组载体

1953年首次从人类退化的腺体样组织中分离出腺病毒[68]，这一名称由Enders等[69]提出，目前已经鉴定出了57种人腺病毒血清型，其中2型（Ad2）和5型（Ad5）特征最为明显[70]。病毒为二十面体、无包膜的双链DNA病毒，其基因组为线性，约为36 kb，衣壳直径为70 ~ 90 nm，其复制和装配在感染细胞的细胞核中进行。腺病毒在体外和体内感染细胞的广泛范围很广，并且可以感染分裂和非分裂型细胞，在细胞中培养和进行实验操作，具有高度感染性，并可以获得较高的滴度，如10^{10} ~ 10^{12} PFU/mL[70，71]。

在进行基因功能研究时，重组腺病毒经常用作体外细胞培养及动物体内实验的转基因载体[72-75]。以腺病毒为基础的载体系统以及重组病毒已是较为商品化的转基因工具，被用于开发潜在的基因疗法、疫苗载体和抗癌药物[76-81]。重组腺病毒载体作为转基因载体具有许多优点，比如其分子生物学很好理解，并且可以相对容易地进行病毒基因组的遗传修饰，可插入高达30 kb的外源基因序列。腺病毒可以感染多种细胞类型，比如包括肝细胞在内的非分裂型细胞，并且可以增长至较高滴度。目前已经开发了多种用于产生携带目的基因的复制缺陷型腺病毒（RDA）载体系统。在大多数情况下，重组载体来自两个组成部分，包括病毒DNA载体和装配细胞系（最常用的是293细胞）。293细胞是一种人肾细胞，已经稳定转染了含E1A区域的腺病毒基因组片段，可以实现载体在293细胞内制备和复制。从细胞系制备的载体缺失E1A区域，因此保持复制缺陷。PER.C6细胞，是人类视网膜母细胞瘤细胞，含有一个更明确的E1区域，也被用于装配病毒[6]。Kovesdi和Hedley[82]综述了可用于生产腺病毒载体细胞系。与使用装配细胞系产生任何病毒载体系统一样，腺病毒的使用也必须确保产生的载体不存在野生型病毒的污染。从理论上讲，感染复制缺陷型腺病毒不应导致感染性病毒的产生和排出[83，84]。已经多篇关于标本中恢复毒力腺病毒检测方法的报道[85-90]。腺病毒

DNA通常不整合到宿主细胞DNA中，并且仅观察到外源基因的瞬时表达。然而，Harui等[91]研究证明，*E1*取代和辅助依赖性载体实现了每个细胞$10^3 \sim 10^5$的整合效率。因此，尽管腺病毒DNA不像逆转录病毒那样引起插入性突变，但在体内的低水平整合是可能的[92，93]。通过几种方式用腺病毒突变体感染动物，然后比较其在动物体内的生存状态，发现*E1*和*E2*基因缺失载体的排泄概率非常低[94]。Tiesjema等[95]的一篇综述重点讨论了人*Ad5*复制缺陷型载体的分布和排泄。

目前已经开发出更新版本的腺病毒载体，其中所有病毒基因的编码序列都已被删除[77]。这些病毒有多种名称，包括第三代、辅助依赖性和无病毒基因的病毒载体。这些载体具有许多优点，但是，使用辅助病毒来保证生产需要采取特殊的措施，以确保在制备高滴度病毒时将辅助病毒控制在最低限度。由于临床前和临床测试需要大量的腺病毒载体，目前已经开发出载体大规模生产的方法[96]。

风险评估

目前已经从大量脊椎动物中分离出腺病毒，并且至少有5种是鸟类病毒。这些腺病毒可以在呼吸道、眼睛、胃肠道、肝脏和膀胱等各个部位感染和复制。人体中大多数腺病毒是亚临床感染，然而，临床上可以表现为急性发热性呼吸道感染、角膜结膜炎、肠胃炎和急性出血性膀胱炎[70]，并且感染后的病毒排泄可持续多年[97]。也有研究者从免疫功能低下的患者中分离出腺病毒，发现其可导致一定的发病和死亡[38，70]。人类*Ad12*已被证明在啮齿动物中的致癌性[98]，但迄今为止还没有数据证实腺病毒与人类恶性肿瘤相关[70，99]。

腺病毒可以通过飞沫或密切接触传播，也可以通过粪口途径传播，特别是在儿童中。腺病毒稳定，可长时间存在于物体表面。在最近的一项研究中，对实验室表面的腺病毒污染水平进行了调查，离心机被确定为污染的热点区域[100]。病毒不会被肥皂水、乙醇或葡萄糖酸氯己定灭活。次氯酸钠（1%～10%家用漂白剂溶液）可对腺病毒污染的液体进行有效消毒。受腺病毒污染的固体废物应恰当包装，加贴标签，并进行高压灭菌或焚烧处理。

野生型腺病毒已被归类为RG2类病原，涉及将重组DNA导入腺病毒的实验方案应由IBC审查。实验通常可以在BSL-2条件进行，但是，必须对拟定的实验活动进行彻底的风险评估，以发现可能的薄弱环节，并采取额外防护措施，这一点很重要。Knudsen[102]所著CDC/NIH出版物《微生物和生物医学实验室生物安全》（BMBL[101]）中提出了进行风险评估时要考虑的重要因素。例如，插入病毒的外源基因序列的性质、病毒亲嗜性的改变或使用病毒的量等，采用BSL-2+或BSL-3级防护更为合适。在实际实验中，这种级别的划分并不总是特别直接，因此，实验室领导或主要研究者要与IBC密切合作，对将要进行的试验共同确定其应该实施的BSL水平，这一点也十分重要。此外，从事重组腺病毒实验的研究人员应接受腺病毒生物学和感染因子处理等方面的专门培训。

腺病毒相关病毒载体

生物学和重组载体

腺病毒相关病毒（adeno-associated virus，AAV）是一种小型的辅助病毒依赖的细小病毒，其单链线性DNA基因组为4.7 kb。该病毒最初被鉴定为腺病毒培养物的污染物，并且像腺病毒一样，其感染途径被认为是呼吸道或胃肠道传播。由于其体积小且基因组简单，病毒需要共感染辅助病毒，如用腺病毒或疱疹病毒，才能复制。在没有辅助病毒的情况下，野生型AAV整合到宿主细胞基因组中，以潜伏状态存在，直到感染了辅助病毒，此时前病毒DNA从宿主细胞基因组中被脱离并进行复制。有趣的是，野生型AAV通常被插入染色体19q13上的单个位点。AAV具有广泛的宿主范围，可以感染分裂期和静止期细胞。流行病学研究表明，AAV感染在一般人群中很常见，50%～80%的受试者具有AAV感染的血清学证据[103，104]。

重组AAV作为转基因和基因治疗的载体引起了人们的极大兴趣[105，106]。该载体缺乏所有的病毒基因，不具有免疫原性，能够感染分裂期和静止期的细胞，单次病毒注射后可在体内产生长期进行基因表达。重要的是，尽管AAV无所不在，但这种病毒多年来一直被认为是无致病性的，因为它与任何人类疾病无关。当含有完整回文末端重复序列的病毒基因组被克隆到细菌质粒中时，可对AAV进行遗传操作，通过各种途径产生重组AAV。一种方法需要与辅助腺病毒同时感染[103]，而最近开发的方法使用无辅助装配系统，从而消除了需要同时感染辅助腺病毒的需要[107]。目前使用的大多数AAV载体基于AAV2血清型，但其他天然血清型表现出不同的组织趋向性，这对临床应用有十分重要的意义[108]。此外，目前还有一个活跃的发展领域就是使用合理的或定向进化策略来设计AAV衣壳，改善其性能，以针对特定的靶细胞，并使之更有效地转化[109]。

风险评估

如上所述，迄今为止还没有AAV的感染与任何已知的临床疾病相关。然而，最近的一项研究发现，野生型AAV2基因组的克隆整合区域与人类肝细胞癌中的几种原癌基因相关，这表明AAV2插入诱变可能导致肿瘤[110]。这些插入可能起到启动子或增强子的作用，导致关联基因过度表达。尽管AAV载体中不存在这些插入事件中存在的AAV基因组区域，但Russell和Grompe认为这对基因治疗中AAV载体的使用可能更具意义[111]。由于对AAV作为基因治疗载体的广泛兴趣，目前已经进行了许多临床前研究，提供了关于动物模型中各种重组AAV的安全性数据。从载体基因组中去除AAV基因，就消除了野生型AAV特有的染色体整合；相反，通过将其基因组作为宿主中染色体的外DNA，则载体可进行长期基因表达。尽管频率很低，但这仍能导致染色体整合事件的发生[112]。因此，载体中的强大的增强子–启动子元件，与所用的高剂量载体颗粒相结合，使得在AAV试验中需要对载体及其研究设计有更多的安全考虑[111]。AAV仍被视为RG1病原的代表，然而，鉴于这些最近的研究结果，在BSL-2条件下使用这些载体似乎更稳妥。与所有重组病毒实验一样，在选择合适的BSL等级时，考虑拟表达的基因产物和其他潜在风险因素也很重要。

疱疹病毒载体

生物学和重组载体

单纯疱疹病毒1型（HSV-1）是包膜病毒，基因组为线性双链DNA，大小约为152 kb。其基因组结构很有趣，由两个独特的区域组成，分别称为UL和US，每个区域都有不同的反向重复序列。这些反向重复序列包含涉及基因组加工和装配的顺式作用序列，以及病毒复制所需的反式作用功能。其基因组大约有90个基因，其中大多数不是培养细胞中病毒生长所必需的，这正是在构建某些疱疹病毒载体时被应用的特性之一。病毒粒子含有被膜，是由病毒编的码蛋白基质，位于核衣壳和随核衣壳进入细胞的病毒包膜之间。病毒DNA的复制及其与子代核衣壳的装配在细胞核内进行，通过直接接触传播并在上皮细胞中裂解复制。然而，HSV能够感染外周神经元，并建立潜伏感染，其核酸可静息多年。病毒可以在神经细胞中保持休眠状态，也可以通过环境因素重新激活复制，造成感染。

在生长过程的裂解阶段，HSV基因表达以级联方式进行，即早期或α基因的转录被一种被膜蛋白激活，进而激活早期（β）基因的表达。早期基因产物参与DNA合成，产生病毒基因组的长多连体。一旦启动DNA复制，晚期（γ）基因就会被转录，从而产生病毒结构蛋白。将基因组加工并装配到核衣壳中，以出芽的方式通过核膜，随后转运至细胞表面被释放。

在潜伏感染中，基因表达的裂解级联以某种方式被阻止，并且病毒DNA在细胞核中维持游离状态。在潜伏感染中检测到的唯一病毒基因的转录本来自*LAT*基因，该基因由两个名为LAP1和LAP2的神经元特异性启动子控制。发现RNA主要是具有套索结构的2 kb分子，其在潜伏状态的建立、维持或活化中的作用尚不清楚。潜伏病毒可以通过未知机制被重新激活，从而引发感染。关于上述HSV复制方面的更多细节可以参阅Pellott和Roizman[113]以及Roizman[114]等学者的文章。

HSV感染多种细胞类型，但其在神经元细胞中长期介导基因表达的能力使其成为神经疾病基因治疗的重组载体[115]，还可用于疫苗载体和抗癌药物研发[116-119]。最近，美国FDA批准了一种基因改良的疱疹病毒，用于治疗晚期黑色素瘤[120]。疱疹病毒衍生出3种类型的载体：扩增子型、复制缺陷型和复制型[118]。早期构建重组HSV载体的方法依赖于病毒DNA和含有转基因的质粒之间的重组[121]，现今已经设计出多种方法，可将转基因盒移入病毒载体基因组中[4，122，123]。

扩增子源于对HSV缺陷型病毒颗粒组成的研究，这些缺陷病毒颗粒能够在辅助病毒存在时复制[124]。扩增子质粒包含来自HSV的两个顺式作用序列，分别为复制的起点和装配/加工信号，允许将长达150 kb的转基因DNA装配到HSV病毒颗粒中。HSV衍生辅助构件的反式功能将扩增子质粒复制成长多连体，然后加工成基因组长度（约152 kb）的分子并进行装配。因此，对于小型转基因盒而言，可将有效载荷的若干拷贝装配到单个病毒颗粒中。辅助构件的是扩增子系统开发的主要领域。早期的方法是利用辅助病毒的反式作用装配功能，但无病毒辅助系统已开发成功，由黏粒或细菌人工染色体（BAC）提供所需的功能基因[125]。扩增子作为一种载体的许多用途与其他HSV衍生载体相同，因为它们保持相同的亲嗜性和宿主范围。然而，扩增子大的有效载荷能力为调节转基因系统的传递和构建杂合病毒扩增子提供了便利，有助于持续维持扩增子的DNA[125]。此外，扩增子载体能够转导抗原呈递细胞，而不受*HSV*基因表达对免疫应答的干扰，这使其成为疫苗研发的良好候选载体[126]。

复制缺陷型HSV载体的设计，是基于早期和晚期病毒基因表达依赖于早期基因表达产物的机制[4]。*ICP4*和*ICP27*基因的缺失阻碍了后续的基因表达，阻断了病毒的裂解周期。载体基因组可以在互补细胞系中扩增和装配，其他非必需的早期基因已从载体基因组中删除，这不但消除了其产物的细胞毒性，也为转基因提供空间。在载体中添加由组成型启动子控制的转基因盒，能在许多型细胞中介导瞬时、高水平表达，尽管在中置入LAP启动子控制的转基因后，可介导载体在神经元细胞中长达数周的表达。另一种主要用于疫苗研发缺陷型HSV载体是单周期感染失能（disabled infection singlecycle，DISC）病毒[118]。这些载体本质上是复制子，存在结构基因缺陷，如基因的级联表达。虽然DNA可以复制（被认为有助于载体的抗原性以辅助免疫反应），但无法产生子代病毒颗粒，除非提供反式功能的结构基因。

具有复制能力的HSV载体正被用于抗肿瘤药物的开发，即所谓的溶瘤病毒[4，116，118，119]。这些载体是基于研究发现的一种现象，即某些HSV基因产物对病毒在快速增殖的细胞（如肿瘤细胞）中的生长不是必需的，而这些基因的缺失严重削弱了病毒在某些静息细胞（如神经元）中的生长。在制作载体过程中被删除的基因参与核苷酸的代谢，例如，胸苷激酶（*tk*）和核糖核苷酸还原酶（*ICP6*），或者参与病毒改变细胞环境的各种机制中，如*ICP34.5*和*vhs*，以更利于其生存。这些载体经过单突变体或突变体组合的反复实验，筛选出在神经元细胞中被高效减毒，同时保留在肿瘤细胞中生长能力的病毒。溶瘤载体开发的下一个阶段是转基因包涵体，其表达将增加载体对肿瘤细胞的毒性或刺激机体产生对肿瘤组织的免疫反应。

风险评估

HSV-1属于RG2类病原，通过直接与上皮或黏膜表面接触传播，能够在各种分裂和非分裂细胞中繁殖。HSV-1是一种有包膜的病毒，工作台面可以用70%乙醇或离子洗涤剂净化消毒[38]。有相当比例的人对HSV-1呈血清抗体阳性反应，估计美国大约65%的成年人三叉神经存在潜伏感染[14]。这成为使用该病毒载体的一个问题，因为对潜伏感染的维持和激活机制了解甚少。潜伏感染的细胞被疱疹病毒载体感染后，潜伏的野生型病毒可被重新激活，或者潜伏病毒的自发激活可能会造成复制缺陷型载体恢复复制功能[127]。

扩增子载体不携带病毒基因，完全不能复制，因此构成的风险可能最小，但在风险评估中，转基因有效载荷的性质仍是要考虑一个主要因素。此外，必须考虑到在装配系统中产生的辅助病毒对扩增子制剂的潜在污染。可以从几个方面改进，包括开发多个黏粒系统、专门设计的辅助病毒和BACs，以提供必要的反式作用功能[125]。

HSV复制缺陷和复制型载体生物安全性的持续改善，主要得益于将这些致病病毒转化成临床治疗药物的研究[118]。HSV载体的一个生物安全优势是，万一发生暴露或不良事件时，在临床治疗上可以治疗，但HSV对这些药物的敏感性取决于活性*tk*基因。通过删除几种早期基因已经解决了载体细胞毒性的问题。目前已经开展了一些去除或修饰非必需基因的工作，以改善转基因表达或改变病毒的细胞特异性。修饰的性质（即基因的突变或缺失）是必须考虑的问题，因为这涉及复制缺陷的稳定性。此外，还应评估装配系统中互补基因重组的可能性。

杆状病毒载体

生物学和重组载体

杆状病毒是一类感染多种节肢动物的裂解性病毒，该家族的个别成员常表现出物种特异性，无法在哺乳动物细胞中复制，也不会在人类中引起任何疾病。目前，最常用作转基因载体的两种杆状病毒是苜蓿银纹夜蛾多核多角体病毒（AcMNPV）和家蚕核多角体病毒（BmNPV）。多年来，用这些病毒构建的载体已被广泛用，在昆虫幼虫或培养的昆虫细胞中表达数百种蛋白质[128]，并且近年来，其作为其他病毒载体的生产系统也引起了人们的兴趣[107]。杆状病毒的病毒颗粒有两种形态，即嵌塞性和出芽型，在病毒生命周期的不同阶段都很重要，并且都可以被用作重组载体。嵌塞型病毒的核衣壳嵌入蛋白基质，引起昆虫幼虫的新发自然感染，并在实验室中用于感染幼虫以产生蛋白质。出芽型病毒（BV）单个病毒核衣壳构成，外层是源自细胞包膜，在受感染幼虫内的细胞间传播，在实验室中用于在昆虫细胞或哺乳动物细胞中产生蛋白质。

在昆虫系统中使用这些病毒作为转基因载体，是基于病毒基因产物的启动子在感染后期可以高水平表达，并且仅被病毒RNA聚合酶识别。因此，在重组病毒中将转基因置于其调控制之下所形成的病毒颗粒，能在感染易感昆虫细胞系后的24 ~ 48 h获得所需蛋白质的高水平表达。van Oers最近综述了构建重组病毒DNA以及杆状病毒生物学其他方面的方法[1]。此外，有关杆状病毒生物学许多方面的详细信息可参考Rohrmann的在线书籍[129]。

尽管杆状病毒不会在哺乳动物细胞中复制，但已经证明它们可以将其DNA传递给这些细胞。由于病毒启动子在哺乳动物细胞中不活跃，所以有必要引入一种在哺乳动物细胞中活跃的启动子调控的表达盒，以使转基因能在这些载体（通常称为“BacMam”病毒）中进行表达[130]。自系统

创建以来，作为传递系统，已经用于多种哺乳动物细胞试验的开发[131]。最近的应用包括组织工程[132，133]、诱导性多能干细胞产生中的基因传递[134]，以及用于疫苗开发的抗原传递载体[135，136]。此外，BacMam载体的许多特性使其成为研究体内外基因治疗的理想工具[16，137]。

风险评估

重组杆状病毒具有良好的生物安全性，使其成为在哺乳动物细胞中表达重组蛋白的理想载体[138]，并且病毒本身不能在哺乳动物细胞中复制。如上所述，BacMam载体与重组杆状病毒在昆虫细胞中的唯一区别是调控转基因表达启动子的选择。杆状病毒不会对人类造成任何疾病，因此，它们被归为RG1类病原，尽管特定转基因的表达可能会引起某些担忧（表10-3）。此外，实验室常规使用的BV形式对自然宿主无传染性，从而降低了环境风险[139]。该病毒为有包膜病毒，可以用70%乙醇溶液进行消毒处理。

表 10-3 病毒载体和转基因的风险控制

基因传递载体 [a]	宿主范围 [b]	插入或基因功能 [c]	实验室等级 [d]
基于鼠白血病逆转录病毒，删除 *gag*、*pol*、*env*	嗜性	S, E, M, G, CC, T, MP, DR, R, TX, Ov, Oc	BSL-1*
	双嗜性的，VSV-G 假病毒	S, E, M, MP, DR, T, G,	BSL-2
		Ov, Oc, R, CC	BSL-2+
		TX	BSL-3
基于疱疹病毒，不溶	宿主范围广，神经系统	S, E, M, MP, DR, T, G	BSL-2
		O v, O c, R, CC	BSL-2+
		TX	BSL-3
基于慢病毒，HIV、SIV，EIAV、FIV 等；删除 *gag*、*pol*、*env*、*nef*、*vpr*	嗜性，双嗜性的，VSV-G 假病毒	S, E, M, MP, DR, T, G	BSL-2
		O v, O c, R, CC	BSL-2+
		TX	BSL-3
基于腺病毒，血清型 2、5、7；E1、E3、或 E4 删除	宿主范围广，可感染多种细胞类型	S, E, M, MP, DR, T, G,R,CC	BSL-2
		O v, O c	BSL-2+
		TX	BSL-3
狂犬病病毒，狂犬病毒疫苗株 B19，G 蛋白删除	哺乳动物寄主范围广，神经系统特异	标记蛋白，如 EGFP	BSL-2
		Ov, Oc	BSL-2+
		TX	BSL-3
基于杆状病毒	哺乳动物宿主细胞范围广	S, E, M, MP, DR, T, G,R,CC	BSL-1*
		Ov, Oc	BSL-2
		TX	BSL-2+/BSL-3
腺相关病毒，*rep*、*cap* 缺陷	宿主范围广，对包括神经元在内的多种细胞类型具有感染性	S, E, M, MP, DR, T, G	BSL-2
		Ov, Oc, R, CC	BSL-2+
		TX	BSL-2+/BSL-3
基于痘病毒，犬痘，牛痘 [e]	广谱宿主性	S, E, M, MP, DR, T, G,R,CC	BSL-2

续表

基因传递载体[a]	宿主范围[b]	插入或基因功能[c]	实验室等级[d]
		Ov, Oc	BSL-2+
		TX	BSL-3

a 是指亲本型或野生型病毒以及一些常用病毒载体缺失的基因。

b 指载体感染一系列物种细胞的能力。Ecotropic通常意味着只能感染最初分离或鉴定的物种的细胞。请注意，HIV和HSV的亲嗜性宿主是人类细胞，但MMLV的亲嗜性宿主是鼠类细胞。Amphotropic和VSV-G假型病毒宿主范围包括人类细胞。

c 这些是标记或细胞基因和功能的通用分类。请注意，同一基因类别的遏制水平存在差异，这取决于病毒载体是否以高比率整合到受体基因组中。通用分类：EGFP，增强型绿色荧光蛋白；S，结构蛋白，肌动蛋白，肌球蛋白等；E，酶蛋白，血清蛋白酶，转移酶，氧化酶，磷酸酶等；M，代谢酶，氨基酸代谢，核苷酸合成等；G，细胞生长，管家；CC，细胞周期，细胞分裂；DR，DNA复制，染色体分离，有丝分裂，减数分裂；MP，膜蛋白，离子通道，G耦联蛋白受体，转运蛋白等；T，跟踪基因，如GFP，荧光素酶，光反应基因；TX，毒素的活跃亚基基因，如蓖麻毒素，肉毒杆菌毒素，志贺和志贺样毒素；R，调节基因，转录和细胞激活因子，如细胞因子，淋巴因子，肿瘤抑制因子；Ov和Oc，癌基因通过转化病毒和细胞类似物的潜力或肿瘤抑制基因的突变来鉴定，从而产生抑制/缓和正常细胞野生型蛋白质的蛋白质。这不包括SV40 T抗原。不应认为含SV40 T抗原的细胞比完整病毒更危险。根据NIH指南（参考文献[57]中的附录B），SV40被认为是风险等级1的代理（最低级别）。由于受到脊髓灰质炎疫苗污染，美国人群中SV40感染的流行似乎并没有引起癌症发病率的统计学显着增加。

d 这是对实验室建设的防护水平的一般评估，以及仅基于2009年BMBL[101]的非生量产使用这些载体。请注意，此表不能涵盖研究或实验室环境中的所有潜在用途，因为获得的信息可能会改变风险评估和防护水平。当地IBC应使用所有可用信息及其最佳判断来确定适当的防护水平。 BSL-1 *是指基于亲代病毒RG的防护等级；然而，涉及处理和操作病毒载体的大多数程序在BSL-2进行，以保护细胞培养物和病毒原种免受污染。

e 某些特定的痘病毒株，如MVA、NYVAC、ALVAC和TROVAC，被认为风险较低，在某些情况下可以在BSL-1处理（参见“痘病毒载体”部分）。

杆状病毒能被人的补体迅速灭活，这限制了它们在体内的应用，但在生物安全方面具有优势。然而，文献中已经报道了BacMam载体用于体内基因转移的研究，克服补体失活的方法仍然是这些载体研究的活跃领域[140]。通过向包膜中添加VSV G糖蛋白而假型化的病毒已被证明可增加对动物血清灭活的抗性[141]。这些假型病毒还能增强体外转导。为了能有效地在更多类型的细胞中应用，最近，含有该修饰的二代BacMam载体（来自Invitrogen的BacMamp CMVDEST）已经成功上市。此外，二代BacMam载体含有土拨鼠肝炎病毒转录后调控元件[142]，已用于许多病毒载体中以增加转基因表达。这些假型BacMam病毒由于对补体具有抗性，一旦引入则可能会对用户造成较高风险，因此，在操作这些载体时，有必要尽量减少使用锐器，以降低风险。

其他病毒载体

除了这些常用的病毒载体外，研究人员还在使用其他病毒开发转基因系统。其中包括麻疹病毒[143]、阿拉法病毒[144]、柯萨奇病毒B3[145]、猴病毒40（SV40）[146]、黄病毒[147]、泡沫病毒[148]和水疱型口炎病毒[149]狂犬病病毒[151]等多种类型。毫无疑问，这一群体将进一步扩大，并开发新型嵌合病毒，旨在对各种病毒家族最理想特征进行优化[152, 153]。所有这些病毒载体系统的详细描述，体现了这类病毒快速发展的趋势，但超出了本章的范围。另一个新型领域是化学和生物工程材料与病毒载体发展的融合，物理或化学修饰可用于改变病毒的亲嗜性、稳定性和其他性质[154]。

人们对病毒作为抗癌治疗手段的临床应用越来越感兴趣。溶瘤病毒中的一些是未经修饰的病原体，如新城疫病毒[155]，可以在肿瘤细胞中复制，但不在正常人体组织中复制。然而，有一些重组病毒被设计成利用特定的细胞环境来复制并破坏肿瘤细胞，因此属于IBC监督的范围[156, 157]。这些方法的疗效不仅是取决于病毒介导的溶瘤，而还与溶瘤后的免疫机制有关。因此，许多溶瘤病毒被设计成表达免疫刺激基因产物，如粒细胞巨噬细胞集落刺激因子（GM CSF）[155, 158]。

随着新型病毒载体开发和生产能力的不断增强，IBC对此类实验的风险评估及如何推荐合适的BSLs等级，将越来越具有挑战性，特别是对动物实验进行详细的风险评估，因为在动物实验中可能有未知病毒传播和排放的内在机制。重要的是，IBC应了解分子病毒学的进展情况，并通过与专家的沟通交流，提出专业的建议及对策。

用于动物的转基因载体

本章讨论的大多数转基因载体都是复制缺陷型，已在研究领域中广泛使用，要么用于创建转基因动物，要么作为转基因/RNA干扰（RNAi）传递工具用于各种动物疾病模型。在动物身上使用病毒载体带来了许多额外的安全问题，这些问题一般涉及以下3个方面：①复制缺陷病毒载体的补充或恢复能否在体内发生？②病毒载体在动物体内存活时间有多长，存活在哪些部位？③病毒载体是否在实验过程中脱落、通过消化道或呼吸道排出?这些信息决定了动物管理人员和研究人员的接触风险。遗憾的是，大多数病毒载体的生物分布和药理学/毒理学研究都是在未受感染的动物中进行的，因此，用于评估的补救或互补动物模型只能用于与宿主基因组中尚存的嵌入型古老内源性逆转录病毒载体。然而，一些人类临床研究却提供了独特的数据。在这些研究中，部分受试者已经被载体的染野生型亲本病毒感染（野生型病毒存在不是受试者的排除标准）。虽然数量相对较少，但一些基因转移试验已在美国国立卫生研究院生物技术活动办公室（OBA）注册，并由NIH RAC审查，其中慢病毒载体已被批准用于艾滋病毒感染者（见NIH OBA协议清单）。在2011年12月举行的NIH OBA RNA寡核苷酸政策会议上讨论了新兴临床应用的内容，在这些受试者中没有显示慢病毒载体补救或RNAi -慢病毒载体互补的迹象。

如果缺乏信息，IBC和生物安全官员（BSO）应与调查人员合作，确定是否应收集数据，以便实施适当的防护措施和动物处理程序。BSL-2级防护被推荐用于实验室制备和鉴定病毒载体制剂，但是一旦该载体被注射到动物体内，在后期实验期间，服用药物的动物可能不会总在ABSL-2设施内。如果载体用于动物体内，则需具有以下3种特征：①对载体的特性清楚，且剂量不超过一个复制颗粒的水平；②载体的野生型母本病毒不能从该组织或该动物体内排泄、呼出或分泌；③有数据表明，在该系统中检测不到载体恢复和互补。在IBC、调查人员、BSO和IACUC都同意数据的情况下，而且动物设施标准、管理要求和程序都足够严格，病毒载体药物给药动物在实验期间不需要ABSL-2级防护。一旦注射完成，而且检测不到循环的病毒载体，这些动物可能会被视为未感染（如果可以确定的话）。这应视具体情况而定，根据实验数据或已发表的文献作出决定，并要考虑到由于注射部位和剂量有所不同而所带来的影响[159]。在整体设施和研究方便性和效率而言，降低防护等级通常需要与笼具更换相配合。

IBC和风险评估

NIH《重组或合成核酸分子研究指南》（*NIH Guidelines for Research or Synthetic Nucleic Acid Molecules*，简称NIH Guidelines）于1976年首次发布，确立了对IBC的需求。指南要求，接受NIH资助的任何重组DNA研究的机构，都必须建立一个机构安全委员会（IBC）。最初，范围仅限于基于rDNA的研究，但随着时间的推移，NIH指南和IBC监管的范围扩大到包括在动物、植物和人类中使用rDNA技术。最近，美国NIH指南进行了修订，纳入了合成核酸技术。尽管机构生物委员会被认

为是rDNA研究内部监督的基石，但今天的生物研究范围远远超出了美国NIH授权IBC监督的范围。一些机构沿用了IBC的职责，仍然以监督rDNA研究为重点，而另一些机构认识到将IBC的职责扩大到所有生物研究的价值。在后者，IBC监管的范围不仅包括rDNA研究，而且还包括感染性病原的使用、疫苗开发和测试、基于纳米技术的转基因研究、人类材料和细胞系的选用、合成生物学、管制病原、动物研究中的生物安全、生物安保等多个领域。这远远超出了IBC最初的授权范围，但它确实满足了公众的期望，即接受公共资金进行生物研究的机构拥有连贯一致的监督计划，任何机构或实体进行的所有生物研究都应包括在内。所有机构都需要通过内部IBC，确保本单位开展的所有生物研究的安全并对此负责，而不仅仅是基于rDNA的工作。

这种监管范围的扩大对IBC的监督造成了压力，对如何评估这些快速发展的新兴技术本身也可能存在问题。在要求获得更多关于特定实验的信息与不过度干扰研究进度之间找到合适的平衡点，是一项挑战。由于新兴技术发展快速的特性，可能没有太多信息可以用于风险评估。缺乏对新技术的信息更新及其原理的理解，常常导致IBC进行较为保守的风险评估，并施加较高级别的防护力度。随着信息化的发展，关于新兴技术的数据和信息也将越来越多，这会使风险评估的形式逐渐发生转变。如果研究人员和IBC合作，共同设计实验来解决生物安全问题，这将更有价值。如果与安全相关的数据能够公开发布，这种合作最终能够使整个研究领域和IBC获益。IBC拥有的相关数据越丰富，就越能够提供更明智、更有效的风险评估和防护级别建议。

用一个具体事例可以说明在新兴领域中研究人员与IBC之间合作的必要性，即IBC是否应该要求对慢病毒载体制品中复制型慢病毒（RCL）进行常规检测。目前用于检测慢病毒载体制品中复制型颗粒的方法，如基于抗体的p24逆转录酶（RT）测定、逆转录酶PCR（RT-PCR）等，不仅耗时而且有技术难度[160, 161]。用于SIN慢病毒载体最新一代的4 ~ 5种多质粒包装系统，已经使得RCL产生的风险降到很低的水平，但不是零。对IBC而言，最好是每批载体制品所抽查样品均检不出RCL。其安全性问题的另一方面，是需要设立科学严格的阳性对照，以确定检测试验的检测限（如感染性HIV）。

既需要良好的科学设计，又需要研究人保证HIV载体制品不含复制型病毒颗粒，这对研究人员和IBC都是一种挑战。这些转基因载体经过科学的工程设计，使其尽可能地安全且易于处理，此外，处理艾滋病毒的风险并不小。这使得IBC不愿要求进行RCL测试。IBC已经考虑允许使用HIV以外的慢病毒来确定检测的限量[161]。这可以部分地解决问题，但是由于阳性对照是替代品，很难发表这些实验数据。在这一方面，研究团体应该做出一些努力，制备一种特殊的减毒HIV作为RCL检测的常规阳性对照，就不会给研究人员带来风险。当然，RCL检测方法的改进已经取得了一定的进展，但是现在仍然缺乏快速、准确和技术难度较小的检测方法。其中一些问题在NIH RAC 2006年3月和6月的会议上进行了讨论，并在RAC 2006年关于慢病毒载体控制的指导文件中得到重申（指导文件可以参考NIH OBA的网页信息）。在审议结束时，NIH RAC将实验室自制病毒载体制剂是否要进行RCL检测的决定权留给了IBCs。

病毒载体的开发和纯化仍然是一个快速发展的研究领域。随着病毒载体使用频率的增加，为了改善细胞嗜性、转基因效率和表达并提高其安全性，病毒载体也在不断地被改进，最终的目的是开发一种性能清楚、安全有效、适合临床使用的转基因载体。在基因治疗的临床试验中（图10-3，截至2015年7月世界范围内基因转移临床试验传递方法概述。源数据来源于参考资料），病毒载体仍然是主要的基因传递方式，已经发表了相当数量的同行评议论文，其中包含其安全数据、药理学/毒理学信息以及部分临床[162]和临床前试验[159, 163]的结果。关于结果的其他信息、安全数据、药理学和毒理学研究，对研究团体和公众是公开的，相关信息通过美国NIH基因改造临床研究信息系统（GeMCRIS）的数据库在OBA网站和国家基因载体生物知识库NGVB（NGVB）数据库的网站发布。此外，FDA生物制品评价和研究中心也在其网站上发布了许多文件，指导美国基因治疗临床试验中的安全问题[164]。总而言之，越来越多公开数据的发布，能够帮助生物安全专业人员和IBC做出更合理和准确的评估。

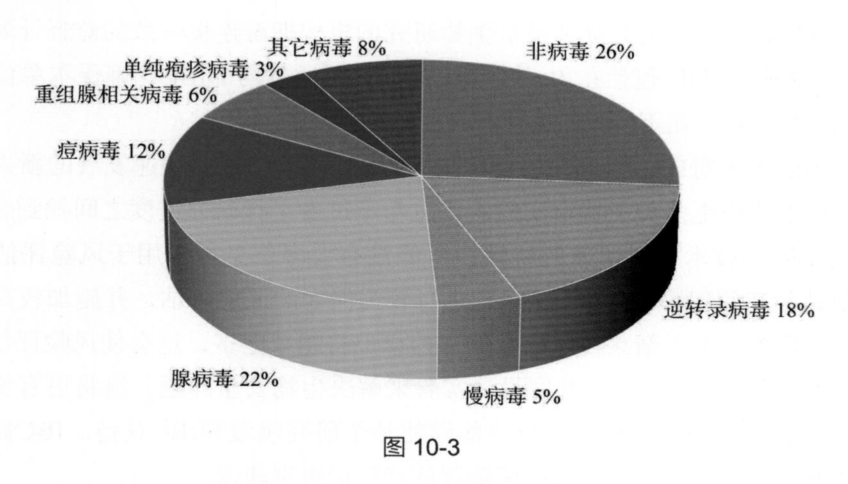

图 10-3

载体特性和安全问题

围绕病毒载体的许多安全问题都源于病毒的特性，正是这些特性使得它们在研究中具有重要的价值。例如，能够整合到宿主基因组便是一个理想的特征，有助于建立转基因动物，并且可以使转基因持久存在。但另一方面，载体整合也增加了插入突变和激活下游基因的风险，这一点在最近的转基因试验中得到了验证。

在3个独立的针对遗传性免疫缺陷的基因治疗临床试验中，已经发现逆转录病毒载体整合的副作用。这项临床试验中有两项是治疗X染色体连锁严重联合免疫缺陷（SCID-X1），第三个是X-连锁慢性肉芽肿病（CGD）。在两项SCID-X1基因治疗试验的20名参与者中，有5人患上了T细胞白血病，1人死亡，另有4名儿童对白血病化疗有效。在5例白血病患者扩增的T细胞克隆中，通过逆转录病毒插入位点详细定位技术，发现载体插入位点在*LMO2*原癌基因附近。载体整合在*LMO2*位点附近，使细胞基因处于强γ逆转录病毒LTR启动子的调控之下，导致了*LMO2*基因的持续表达和特定T细胞克隆的选择性生长优势。这种选择性生长优势导致携带整合逆转录病毒的转导干细胞在*LMO2*位点附近无节制扩增。疾病的性质、参与者的年龄、基因转移病毒载体的特征以及转基因可能的作用、体外转导方法和载体插入位点可能都是产生这种副作用的原因[167，169]。尽管到目前为止，虽然这种严重的副作用产生了极坏的后果，但不得不说，在两项SCID-X1试验的20名参与者中，有17名受益于基因治疗，几乎所有患者的T细胞计数都达到正常水平，相关功能也达到正常水平。对最早的SCID-X1患者进行了近10年的随访，也发现其T细胞水平保持不变、功能上存在多样性。

在CGD试验中，3名试验参与者均无临床改善。然而，3名患者中有2名表现出在载体插入位点附近基因的持续激活，并伴有转导髓样细胞的克隆扩增。扩增的克隆分析表明，病毒载体存在，但转基因启动子在受体中被静默，基因不表达。在另一次早期的SCID-X1试验中，逆转录病毒载体LTRs激活了多个下游基因的表达。这个克隆的扩增是由下游基因的连续表达而产生的，与转基因的任何表达无关。在所有3项试验中，载体插入位点和强病毒LTR启动子都是引起副作用的重要诱因。

SCID-X1试验是第一个显示受试者临床改善的基因治疗临床试验，也是第一个显示与整合逆转录病毒转基因载体相关安全问题的临床试验。遗憾的是，插入突变和下游激活在某种程度上与其他基因治疗试验类似[170]。

以上讨论的3个临床试验的结果，为研究界带来了与IBC审查和监督基因转移研究相关的一系列问题。如，如何修改临床前动物试验模型才能使其更好地反映人类疾病和预测安全问题？应该开发哪些类型的检测方法来明确识别插入位点和附近的基因、评估载体插入的可能后果（如原癌基因的激活）？如何改进病毒载体以防止插入突变和下游基因激活？应该对基因转移载体进行哪些修改才能使转基因表达更好地模拟更自然表达时间模式？本章在前几节内容中讨论的对逆转录病毒和慢病毒基因转移载体所做的许多修改，都是针对特定研究中提出的具体问题以及监管机构对这些问题的反应而产生的。研究人员特别关注是：如何找到病毒LTR中特异性缺失位点，从而造成LTR启动子活性丧失，即使发生继发性病毒感染也不能重新激活整合载体（SIN载体）；如何使用组织特异性或响应性启动子来建立更符合生理调控的表达模式；以及如何开发嵌合型载体[171，172]。自2006年以来，FDA要求对所有用于整合载体系统的基因治疗试验的逆转录病毒整合位点进行评估，并要求在10年内对所有整合载体系统的接受者在发生任何严重不良事件时进行跟踪。所有这些数据的追踪，都是为了解决这些临床试验中涉及的一些安全问题。

目前，尚无法人为控制载体整合的位点，这的确是一个重要的安全问题。越来越多的数据表明，逆转录病毒和慢病毒载体的整合并非完全随机[63，173，174]。尽管逆转录病毒载体和慢病毒载能够携带多种缺失和修饰位点，可用以提高其安全性，但选择在表达活跃的基因附近插入仍然令人担忧。

载体包膜能够赋予重组病毒细胞嗜性或组织特异性，研究人员可以根据研究的需求对其进行操纵。目前，还没有单一细胞类型或器官特异性的病毒载体。病毒受体可以是普遍存在的，如CAR、腺病毒的柯萨奇–腺病毒受体等；还有的病毒可以使用多个受体感染一系列不同类型的细胞和器官，如HIV。如果动物或人类接受者中存在大量可能的细胞靶标，则必须使用非常大量的载体颗粒以对所有可能的受体阳性细胞类型进行饱和覆盖，或者载体的引入必须通过这样一种方式，即大多数病毒载体只能结合有特定嗜性的靶细胞或器官。人类使用高剂量的病毒载体存在风险，这不仅来自病毒载体本身，还包括载体的异质性，如所含的空衣壳和碎片等杂质。尽管纯化技术正在改进，但没有任何病毒载体制备过程能够生产出符合新药纯度和均质性标准的产品。受试者自体细胞的体外转导避开了这些问题，并允许进行特定类型细胞的富集、患者细胞的培养等操作以及更好地控制转导过程。通过对转导过程进行控制可以降低病毒载体与目标细胞的比例，并且利用后续的细胞培养和插入位点位置测试可以增加成功转导细胞的数量。这些步骤降低了将许多载体cDNA拷贝导入和整合到每个细胞的相关风险，并增加了将更多转导细胞重新引入患者时产生治疗效果的概率。

病毒载体的防护级别

确定转基因病毒载体适当的防护级别及其实验应用是一个复杂的过程，需要考虑毒性、致病性、剂量、给药或暴露途径、环境稳定性和宿主范围等[57，101]。在某些情况下，导入基因的特性，如生理活性、毒性、致癌特性和变应原性也很重要。利用上述“常见病毒载体”中针对单个病毒的“生物学和重组载体”部分介绍的传播模式、毒性、载体设计和安全性特征等信息，可以对开展病毒载体构建和实验室研究所需的防护级别进行粗略评估。但必须指出的是，这些信息不可能涵盖所有的病毒载体和转基因，因此只能进行一般性评估。表10-3中建议的BSL级别可作为一个简略指南进行参考。随着各种构件经验的积累，以及载体安全和装配细胞系系统的不断改进，相应的防护级别会随之改变。

这个表格最初是在1999年，根据许多IBC在进行病毒载体风险评估过程中向NIH RAC提出的问题而制定，旨在为IBC进行风险评估提供参考，但不影响IBC进行独立的风险评估。最终NIH RAC发布了《慢病毒载体研究生物安全关切》的文件[175]，该文件基本上符合表10-3中慢病毒和逆转录病毒载体的防护水平，并肯定既定的风险评估范式。本章最新版本中的表格不再包含阿拉法病毒载体的信息，因为它们似乎不是目前常用的载体，但是包含狂犬病病毒载体。由于狂犬病病毒载体嗜神经网络的能力，其应用正在增加[176]。特别注意的是，狂犬病病毒载体是基于一种减毒的兽用医疫苗株SAD B19[176，177]。

评估内生载体和插入安全性标准应考虑如下因素：亲代原始病毒的RG类别[1]；产生缺陷型载体时修饰的类型和程度[2]；关于失活病毒的基因功能的某些征象，如参与DNA复制的基因或晚被删除期核衣壳基因[3]；载体假型与宿主范围[4]；病毒载体宿主基因组整合的效率[5]；转基因功能[6]。

载体风险评估开始于亲代病毒的RG类别和防护级别。在大多数情况下，重组病毒载体的最低初始防护级别通常与NIH指南[57]和BMBL第5版[101]中给出的亲代野生型病毒相当。这一初始防控级别是基于存在可复制病毒污染物的可能性。但随着载体系统的改进，这种防护可能不再那么必要。

除了病毒载体的背景特征外，评估的第二部分要确定转基因的种类以及其对载体构建和使用中潜在风险的影响。根据功能和生物效应的估计，区分转基因插件的类别。最大的一组基因编码无致癌性蛋白的基因，这些蛋白要么标记蛋白［如增强型绿色荧光蛋白（EGFP）］或酶，要么参与维持细胞的功能和结构。从生物安全的角度来看，这一类基因被认为是风险最低的，人类单基因疾病转基因临床试验中使用最多的。另一类包括可以编码参与调控表达或控制生长，具有激活各种免疫细胞的能力的基因，或者是已知的致癌基因。含有这类转基因的病毒载体，由于转基因生物效应的增强以及操作这些载体–转基因构件相关风险的增加，被视为有较高的风险。少量基因产物被导入细胞后，可能会对特定细胞通路的正常功能产生较大的影响。不管在什么情况下，编码哺乳动物细胞中毒素活性的基因，其克隆和表达都属于最高的风险级别，因为这些基因对任何受试者都具有最高的损害或细胞死亡风险。

这些通用的转基因的分类是非常基础的，但要注意蛋白质并非总是只有单一的功能。例如，一些高度保守的蛋白质可同时作为离子转运体和病毒受体[178，179]。尽管人们可能认为某种特定的基因产物是无害的，但蛋白质表达的升高或不受调控可能会导致意想不到的生理效应。正如本节导言中所提到的，这里所建议的防护级别只是为分类的起点，并作为IBC讨论和独立风险评估的基础。

结论

重组核酸和转基因技术极大地加快了生物研究的步伐，并在很大程度上改变了生物学、遗传学、克隆和医学的基本概念。这样快速发展的趋势，加上新开发的重组技术，已经缩短了从实验到治疗应用的时间。这一过程中，除了转基因技术的改进和持续发展，应用新技术在疾病治疗中的普及，也是一个重要推进因素。例如，有几项试验采用了一种免疫方法来治疗癌症，方法是使用嵌合抗原受体（CAR）对T细胞进行修饰，使T细胞结合到肿瘤细胞表面抗原（CAR-T细胞疗法）。在这些试验中，从患者身上收集的T细胞群在注入患者体内之前在体外进行病毒转导[180]。此外，通过病毒转导试验进行的体外细胞修饰也被用于治疗原发性免疫缺陷[181]。随着病毒载体的应用不断扩展到新的领域，对载体正在进行基因改造，并构建新的载体，以提高各层级的效率。最近的一个例子是PVS-RIPO重组溶瘤病毒，其中脊髓灰质炎病毒的内部核糖体进入位点（IRES）被人鼻病毒的IRES取代[157]。这导致脊髓灰质炎病毒衍生物对正常中枢神经系统细胞无细胞毒性，而是在有脊髓灰质炎病毒受体的肿瘤细胞中裂解生长。转基因载体发展速度如此之快，产生了大量具有显著不同特征的载体，但几乎没有协调或汇总的信息可以作为风险评估和安全防护的基础。这种缺乏协调的信息使得IBC和生物安全专业人员很难对新兴的基因转移技术开展风险评估。

本章内容，作者在安全评估和建议方面进行了综述，可用供本地IBC、研究人员和生物安全专业人员参考，并有助于对特定病毒载体固有风险进行评估。随着对不同载体在体内的归宿和持久性的经验和数据的积累，可能会改变防护要求和风险评估。一旦有了载体暴露和感染情况，在生物安全风险评估时应予以充分考虑。

随着研究人员获得新载体的可能性越来越大，IBCs和IACUCs有理由要求研究人员制作“安全文件”，作为载体研发过程的一部分，并在实验室和动物中使用时严格遵守。这些都是重要的信息，有助于在未来应用特定载体时制定的适当操作程序。然后可以根据所拟定的实验程序和转基因或基因插件的生物活性，来确定适当的防护等级。发表实验室和动物安全性研究的结果，也对研究界和生物安全界有帮助。如果没有这些信息，地方监督委员可能对研究中固有的风险做出更为保守的评估。在载体研发的早期阶段就总结安全相关的资料，并尽快发布生物分布和药理学/毒理学数据以及临床试验结果，这对IBC、生物安全专业人员和研究人员都是有利的。

原著参考文献

[1] van Oers MM. 2011. Opportunities and challenges for the baculovirus expression system. J Invertebr Pathol 107(Suppl): S3–S15.

[2] Vanderplasschen A, Pastoret PP. 2003. The uses of poxviruses as vectors. Curr Gene Ther 3:583–595.

[3] Lundstrom K. 2003. Virus-based vectors for gene expression in mammalian cells: Semliki Forest Virus, p 207–230. In Makrides SC (ed), Gene Transfer and Expression in Mammalian Cells. Elsevier Science B. V, Amsterdam, The Netherlands.

[4] Shen Y, Post L. 2007. Viral vectors and their applications, p 539–564. In Knipe DM, Howley PM (ed), Fields Virology, 5th ed. Lippincott Williams & Wilkins, Philadelphia, PA.

[5] Graham FL, Smiley J, Russell WC, Nairn R. 1977. Characteristics of a human cell line transformed by DNA from human adenovirus type 5. J Gen Virol 36:59–72.

[6] Fallaux FJ, Bout A, van der Velde I, van den Wollenberg DJ, Hehir KM, Keegan J, Auger C, Cramer SJ, van Ormondt H, van der Eb AJ, Valerio D, Hoeben RC. 1998. New helper cells and matched early region 1-deleted adenovirus vectors prevent generation of replication-competent adenoviruses. Hum Gene Ther 9:1909–1917.

[7] Rigg RJ, Chen J, Dando JS, Forestell SP, Plavec I, Böhnlein E. 1996. A novel human amphotropic packaging cell line: high titer, complement resistance, and improved safety. Virology 218: 290–295.

[8] Miller AD, Trauber DR, Buttimore C. 1986. Factors involved in production of helper virus-free retrovirus vectors. Somat Cell Mol Genet 12:175–183.

[9] Merten OW. 2004. State-of-the-art of the production of retroviral vectors. J Gene Med 6(Suppl 1):S105–S124.

[10] Scadden DT, Fuller B, Cunningham JM. 1990. Human cells infected with retrovirus vectors acquire an endogenous murine provirus. J Virol 64:424–427.

[11] Ronfort C, Girod A, Cosset FL, Legras C, Nigon VM, Chebloune Y, Verdier G. 1995. Defective retroviral endogenous RNA is efficiently transmitted by infectious particles produced on an avian retroviral vector packaging cell line. Virology 207: 271–275.

[12] Dull T, Zufferey R, Kelly M, Mandel RJ, Nguyen M, Trono D, Naldini L. 1998. A third-generation lentivirus vector with a conditional packaging system. J Virol 72:8463–8471.

[13] Wickersham IR, Lyon DC, Barnard RJO, Mori T, Finke S, Conzelmann K-K, Young JAT, Callaway EM. 2007. Monosynaptic restriction of transsynaptic tracing from single, genetically targeted neurons. Neuron 53:639–647.

[14] Braun A. 2006. Biosafety in handling gene transfer vectors. Curr Protoc Hum Genet 50:12.1.1–12.1.18.

[15] Kamimura K, Suda T, Zhang G, Liu D. 2011. Advances in gene delivery systems. Pharmaceut Med 25:293–306.

[16] Warnock JN, Daigre C, Al-Rubeai M. 2011. Introduction to viral vectors. Methods Mol Biol 737:1–25.

[17] Alcami A, Moss B. 2010. Smallpox vaccines, p 1–15. In Khan AS, Smith GL (ed), Scientific Review of Variola Research, 1999–2010. Khan, AS. World Health Organization, Geneva, Switzerland. http://apps. who. int/iris/bitstream/10665/70508/1/WHO_HSE_GAR_BDP 2010. 3_eng. pdf.

[18] Damon IK. 2013. Poxviruses, p 2160–2184. In Knipe DM, Howley PM (ed), Fields Virology, 6th ed. Lippincott Williams and Wilkins, Philadelphia, PA.

[19] Wharton M, Strikas RA, Harpaz R, Rotz LD, Schwartz B, Casey CG, Pearson ML, Anderson LJ, Advisory Committee on Immunization Practices, Healthcare Infection Control Practices Advisory Committee. 2003. Recommendations for using smallpox vaccine in a pre-event vaccination program. Supplemental recommendations of the Advisory Committee on Immunization Practices (ACIP) and the Healthcare Infection Control Practices Advisory Committee (HICPAC). MMWR Recomm Rep 52(RR-7):1–16.

[20] Lofquist JM, Weimert NA, Hayney MS. 2003. Smallpox: a review of clinical disease and vaccination. Am J Health Syst Pharm 60:749–756, quiz 757–758.

[21] Casey CG, Iskander JK, Roper MH, Mast EE, Wen XJ, Török TJ, Chapman LE, Swerdlow DL, Morgan J, Heffelfinger JD, Vitek C, Reef SE, Hasbrouck LM, Damon I, Neff L, Vellozzi C, McCauley M, Strikas RA, Mootrey G. 2005. Adverse events associated with smallpox vaccination in the United States, January-October 2003. JAMA 294:2734–2743.

[22] Moss B. 2013. Poxviridiae, p 2129–2159. In Knipe DM, Howley PM (ed), Fields Virology, 6th ed. Lippincott Williams and Wilkins, Philadelphia, PA.

[23] Mackett M, Smith GL, Moss B. 1982. Vaccinia virus: a selectable eukaryotic cloning and expression vector. Proc Natl Acad Sci USA 79:7415–7419.

[24] Panicali D, Paoletti E. 1982. Construction of poxviruses as cloning vectors: insertion of the thymidine kinase gene from herpes simplex virus into the DNA of infectious vaccinia virus. Proc Natl Acad Sci USA 79:4927–493.

[25] Moss B. 1996. Genetically engineered poxviruses for recombinant gene expression, vaccination, and safety. Proc Natl Acad Sci USA 93:11341–11348.

[26] Paoletti E. 1996. Applications of pox virus vectors to vaccination: an update. Proc Natl Acad Sci USA 93:11349–11353.

[27] Guo ZS, Bartlett DL. 2004. Vaccinia as a vector for gene delivery. Expert Opin Biol Ther 4:901–917.

[28] Wyatt LS, Earl PL, Moss B. 2015. Generation of recombinant vaccinia viruses. Curr Protoc Microbiol 39:1–18.

[29] Issacs SN (ed). 2004. Vaccinia Virus and Poxvirology: Methods and Protocols. Methods Mol Biol vol 269. Humana Press, Totowa, NJ.

[30] Walsh SR, Dolin R. 2011. Vaccinia viruses: vaccines against smallpox and vectors against infectious diseases and tumors. Expert Rev Vaccines 10:1221–1240.

[31] Thorne SH. 2012. Next-generation oncolytic vaccinia vectors. Methods Mol Biol 797:205–215.

[32] Sánchez-Sampedro L, Perdiguero B, Mejías-Pérez E, García-Arriaza J, Di Pilato M, Esteban M. 2015. The evolution of poxvirus vaccines. Viruses 7:1726–1803.

[33] Bleckwenn NA, Golding H, Bentley WE, Shiloach J. 2005. Production of recombinant proteins by vaccinia virus in a microcarrier based mammalian cell perfusion bioreactor. Biotechnol Bioeng 90:663–674.

[34] Hebben M, Brants J, Birck C, Samama JP, Wasylyk B, Spehner D, Pradeau K, Domi A, Moss B, Schultz P, Drillien R. 2007. High level protein expression in mammalian cells using a safe viral vector: modified vaccinia virus Ankara. Protein Expr Purif 56:269–278.

[35] Jester BC, Drillien R, Ruff M, Florentz C. 2011. Using Vaccinia's innate ability to introduce DNA into mammalian cells for production of recombinant proteins. J Biotechnol 156:211–213.

[36] Guo W, Cleveland B, Davenport TM, Lee KK, Hu SL. 2013. Purification of recombinant vaccinia virus-expressed monomeric HIV-1 gp120 to apparent homogeneity. Protein Expr Purif 90:34–39.

[37] de Oliveira TM, Rehfeld IS, Coelho Guedes MI, Ferreira JM, Kroon EG, Lobato ZI. 2011. Susceptibility of vaccinia virus to chemical disinfection. Am J Trop Hyg 85:152–157.

[38] Evans ME, Lesnaw JA. 2002. Infection control for gene therapy: a busy physician's primer. Clin Infect Dis 35:597–605.

[39] Evans ME. 2003. Gene therapy and infection control, p 262–278. In Wenzel RP (ed), Prevention and Control of Nosocomial Infections, 4th ed. Lippincott Williams & Wilkins, Philadelphia, PA.

[40] Sepkowitz KA. 2003. How contagious is vaccinia? N Engl J Med 348:439–446.

[41] Jones L, Ristow S, Yilma T, Moss B. 1986. Accidental human vaccination with vaccinia virus expressing nucleoprotein gene. Nature 319:543.

[42] Openshaw PJ, Alwan WH, Cherrie AH, Record FM. 1991. Accidental infection of laboratory worker with recombinant vaccinia virus. Lancet 338:459.

[43] Rupprecht CE, Blass L, Smith K, Orciari LA, Niezgoda M, Whitfield SG, Gibbons RV, Guerra M, Hanlon CA. 2001. Human infection due to recombinant vaccinia-rabies glycoprotein virus. N Engl J Med 345:582–586.
[44] Loeb M, Zando I, Orvidas MC, Bialachowski A, Groves D, Mahoney J. 2003. Laboratory-acquired vaccinia infection. Can Commun Dis Rep 29:134–136.
[45] Mempel M, Isa G, Klugbauer N, Meyer H, Wildi G, Ring J, Hofmann F, Hofmann H. 2003. Laboratory acquired infection with recombinant vaccinia virus containing an immunomodulating construct. J Invest Dermatol 120:356–358.
[46] Moussatché N, Tuyama M, Kato SE, Castro AP, Njaine B, Peralta RH, Peralta JM, Damaso CR, Barroso PF. 2003. Accidental infection of laboratory worker with vaccinia virus. Emerg Infect Dis 9:724–726.
[47] Lewis FM, Chernak E, Goldman E, Li Y, Karem K, Damon IK, Henkel R, Newbern EC, Ross P, Johnson CC. 2006. Ocular vaccinia infection in laboratory worker, Philadelphia, 2004. Emerg Infect Dis 12:134–137.
[48] Centers for Disease Control and Prevention (CDC). 2009. Laboratory-acquired vaccinia virus infection— Virginia, 2008. MMWR Morb Mortal Wkly Rep 58:797–800.
[49] Centers for Disease Control and Prevention (CDC). 2009. Human vaccinia infection after contact with a raccoon rabies vaccine bait—Pennsylvania, 2009. MMWR Morb Mortal Wkly Rep 58:1204–1207.
[50] Isaacs SN. 2004. Working safely with vaccinia virus: laboratory technique and the role of vaccinia vaccination. Methods Mol Biol 269:1–14.
[51] Byers KB. 2005. Biosafety tips. See subhead, Biosafety issues in laboratory experiments using vaccinia virus vectors. Appl Biosaf 10:118–122.
[52] Benzekri N, Goldman E, Lewis F, Johnson CC, Reynolds SM, Reynolds MG, Damon IK. 2010. Laboratory worker knowledge, attitudes and practices towards smallpox vaccine. Occup Med (Lond) 60:75–77.
[53] MacNeil A, Reynolds MG, Damon IK. 2009. Risks associated with vaccinia virus in the laboratory. Virology 385:1–4.
[54] Rotz LD, Dotson DA, Damon IK, Becher JA, Advisory Committee on Immunization Practices. 2001. Vaccinia (smallpox) vaccine: recommendations of the Advisory Committee on Immunization Practices (ACIP), 2001. MMWR Recomm Rep 50(RR-10):1–25, quiz CE1–CE7.
[55] Petersen BW, Harms TJ, Reynolds MG, Harrison LH, Centers for Disease Control and Prevention. 2016. Use of vaccinia virus smallpox vaccine in laboratory and health care personnel at risk for occupational exposure to orthopoxviruses— recommendations of the Advisory Committee on Immunization Practices (ACIP), 2015. MMWR Morb Mortal Wkly Rep 65: 257–262.
[56] Baggs J, Chen RT, Damon IK, Rotz L, Allen C, Fullerton KE, Casey C, Nordenberg D, Mootrey G. 2005. Safety profi le of smallpox vaccine: insights from the laboratory worker smallpox vaccination program. Clin Infect Dis 40:1133–1140.
[57] National Institutes of Health. 2013. NIH Guidelines for Research Involving Recombinant or Synthetic Nucleic Acid Molecules (NIH Guidelines) 78 FR 66751 (November 6, 2013). The current version of the NIH Guidelines can be accessed at http://osp. od. nih. gov / office-biotechnology-activities/biosafety/nih-guidelines.
[58] Maetzig T, Galla M, Baum C, Schambach A. 2011. Gammaretroviral vectors: biology, technology and application. Viruses 3: 677–713.
[59] Schweizer M, Merten OW. 2010. Large-scale production means for the manufacturing of lentiviral vectors. Curr Gene Ther 10:474–486.
[60] Parolin C, Palù G. 2003. Virus-based vectors for gene expression in mammalian cells: retrovirus, p 231–250. In Makrides SC (ed), Gene Transfer and Expression in Mammalian Cells. Elsevier Science B. V, Amsterdam, The Netherlands.
[61] Miller AD. 2014. Retroviral vectors: from cancer viruses to therapeutic tools. Hum Gene Ther 25:989–994.
[62] Cockrell AS, Kafri T. 2007. Gene delivery by lentivirus vectors. Mol Biotechnol 36:184–204.
[63] Schott JW, Hoffmann D, Schambach A. 2015. Retrovirusbased vectors for transient and permanent cell modification. Curr Opin Pharmacol 24:135–146.
[64] Yi Y, Noh MJ, Lee KH. 2011. Current advances in retroviral gene therapy. Curr Gene Ther 11:218–228.
[65] Lévy C, Verhoeyen E, Cosset F-L. 2015. Surface engineering of lentiviral vectors for gene transfer into gene therapy target cells. Curr Opin Pharmacol 24:79–85.
[66] Pauwels K, Gijsbers R, Toelen J, Schambach A, Willard-Gallo K, Verheust C, Debyser Z, Herman P. 2009. State-of-the-art lentiviral vectors for research use: risk assessment and biosafety recommendations. Curr Gene Ther 9:459–474.
[67] Sanber KS, Knight SB, Stephen SL, Bailey R, Escors D, Minshull J, Santilli G, Thrasher AJ, Collins MK, Takeuchi Y. 2015. Construction of stable packaging cell lines for clinical lentiviral vector production. Sci Rep 5:9021.
[68] Rowe WP, Huebner RJ, Gilmore LK, Parrott RH, Ward TG. 1953. Isolation of a cytopathogenic agent from human adenoids undergoing spontaneous degeneration in tissue culture. Proc Soc Exp Biol Med 84:570–573.
[69] Enders JF, Bell JA, Dingle JH, Francis T Jr, Hilleman MR, Huebner RJ, Payne AMM. 1956. Adenoviruses: group name proposed for new respiratory-tract viruses. Science 124: 119–120.
[70] Wold WSM, Ison MG. 2013. Adenoviruses, p 1732–1767. In Knipe DM, Howley PM (ed), Fields Virology, 6th ed. Lippincott Williams and Wilkins, Philadelphia, PA.

[71] Berk AJ. 2013. Adenoviridiae, p. 1704–1731. In Knipe DM, Howley PM (ed.), Fields Virology, 6th ed. Lippincott Williams and Wilkins, Philadelphia, PA.
[72] Wang I, Huang I. 2000. Adenovirus technology for gene manipulation and functional studies. Drug Discov Today 5:10–16.
[73] Bourbeau D, Zeng Y, Massie B. 2003. Virus-based vectors for gene expression in mammalian cells: adenovirus, p 109–124. In Makrides SC (ed), Gene Transfer and Expression in Mammalian Cells. Elsevier Science B. V, Amsterdam, The Netherlands.
[74] McVey D, Zuber M, Brough DE, Kovesdi I. 2003. Adenovirus vector library: an approach to the discovery of gene and protein function. J Gen Virol 84:3417–3422.
[75] Ames RS, Lu Q. 2009. Viral-mediated gene delivery for cell-based assays in drug discovery. Expert Opin Drug Discov 4: 243–256.
[76] Hackett NR, Crystal RG. 2009. Adenoviruses for gene therapy, p. 39–68. In Templeton NS (ed), Gene and Cell Therapy, 3rd ed. CRC Press, Taylor & Francis Group, Boca Raton, FL.
[77] Brunetti-Pierri N, Ng P. 2009. Helper-dependent adenoviral vectors for gene therapy, p. 87–114. In Templeton NS (ed), Gene and Cell Therapy, 3rd ed. CRC Press, Taylor & Francis Group, Boca Raton, FL.
[78] Toth K, Dhar D, Wold WS. 2010. Oncolytic (replication-competent) adenoviruses as anticancer agents. Expert Opin Biol Ther 10:353–368.
[79] Crystal RG. 2014. Adenovirus: the first effective in vivo gene delivery vector. Hum Gene Ther 25:3–11.
[80] Appaiahgari MB, Vrati S. 2015. Adenoviruses as gene/vaccine delivery vectors: promises and pitfalls. Expert Opin Biol Ther 15: 337–351.
[81] Zhang C, Zhou D. 2016. Adenoviral vector-based strategies against infectious disease and cancer. Hum Vaccin Immunother 22:1–11. ePub.
[82] Kovesdi I, Hedley SJ. 2010. Adenoviral producer cells. Viruses 2:1681–1703.
[83] Hitt MM, Parks RJ, Graham FL. 1999. Structure and genetic organization of adenovirus vectors, p 61–86. In Friedmann T (ed), The Development of Human Gene Therapy. Cold Spring Harbor Laboratory, Cold Spring Harbor, NY.
[84] Wivel NA, Gao GP, Wilson JM. 1999. Adenovirus vectors, p 87–110. In Friedmann T (ed), The Development of Human Gene Therapy. Cold Spring Harbor Laboratory, Cold Spring Harbor, NY.
[85] Dion LD, Fang J, Garver RI Jr. 1996. Supernatant rescue assay vs. polymerase chain reaction for detection of wild type adenovirus-contaminating recombinant adenovirus stocks. J Virol Methods 56:99–107.
[86] Ishii-Watabe A, Uchida E, Iwata A, Nagata R, Satoh K, Fan K, Murata M, Mizuguchi H, Kawasaki N, Kawanishi T, Yamaguchi T, Hayakawa T. 2003. Detection of replication-competent adenoviruses spiked into recombinant adenovirus vector products by infectivity PCR. Mol Ther 8:1009–1016.
[87] Wang F, Patel DK, Antonello JM, Washabaugh MW, Kaslow DC, Shiver JW, Chirmule N. 2003. Development of an adenovirus-shedding assay for the detection of adenoviral vector-based vaccine and gene therapy products in clinical specimens. Hum Gene Ther 14:25–36.
[88] Lichtenstein DL, Wold WSM. 2004. Experimental infections of humans with wild-type adenoviruses and with replicationcompetent adenovirus vectors: replication, safety, and transmission. Cancer Gene Ther 11:819–829.
[89] Murakami P, Havenga M, Fawaz F, Vogels R, Marzio G, Pungor E, Files J, Do L, Goudsmit J, McCaman M. 2004. Common structure of rare replication-deficient E1-positive particles in adenoviral vector batches. J Virol 78:6200–6208.
[90] Schalk JA, de Vries CG, Orzechowski TJ, Rots MG. 2007. A rapid and sensitive assay for detection of replication-competent adenoviruses by a combination of microcarrier cell culture and quantitative PCR. J Virol Methods 145:89–95.
[91] Harui A, Suzuki S, Kochanek S, Mitani K. 1999. Frequency and stability of chromosomal integration of adenovirus vectors. J Virol 73:6141–6146.
[92] Stephen SL, Sivanandam VG, Kochanek S. 2008. Homologous and heterologous recombination between adenovirus vector DNA and chromosomal DNA. J Gene Med 10:1176–1189.
[93] Stephen SL, Montini E, Sivanandam VG, Al-Dhalimy M, Kestler HA, Finegold M, Grompe M, Kochanek S. 2010. Chromosomal integration of adenoviral vector DNA in vivo. J Virol 84: 9987–9994.
[94] Oualikene W, Gonin P, Eloit M. 1994. Short and long term dissemination of deletion mutants of adenovirus in permissive (cotton rat) and non-permissive (mouse) species. J Gen Virol 75: 2765–2768.
[95] Tiesjema B, Hermsen HP, van Eijkeren JC, Brandon EF. 2010. Effect of administration route on the biodistribution and shedding of replication-deficient HAdV-5: a qualitative modelling approach. Curr Gene Ther 10:107–127.
[96] Kallel H, Kamen AA. 2015. Large-scale adenovirus and poxvirus-vectored vaccine manufacturing to enable clinical trials. Biotechnol J 10:741–747.
[97] Fox JP, Hall CE, Cooney MK. 1977. The Seattle Virus Watch. VII. Observations of adenovirus infections. Am J Epidemiol 105: 362–386.
[98] Trentin JJ, Yabe Y, Taylor G. 1962. The quest for human cancer viruses. Science 137:835–841.
[99] Green M, Wold WSM, Brackmann KH. 1980. Human adenovirus transforming genes: group relationships, integration, expression in transformed cells and analysis of human cancers and tonsils, p 373–397. In Essex M, Todaro G, zur Hausen H (ed), Cold Spring Harbor

Conference on Cell Proliferation and Viruses in Naturally Occurring Tumors. Cold Spring Harbor Laboratory, Cold Spring Harbor, NY.
[100] Bagutti C, Alt M, Schmidlin M, Vogel G, Vögeli U, Brodmann P. 2011. Detection of adeno-and lentiviral (HIV1) contaminations on laboratory surfaces as a tool for the surveillance of biosafety standards. J Appl Microbiol 111:70–82.
[101] U.S. Department of Health and Human Services, Public Health Service, Centers for Disease Control and Prevention, National Institutes of Health. 2009. Biosafety in Microbiological and Biomedical Laboratories, 5th ed. HHS Publication no. (CDC) 21-112. http://www. cdc. gov/biosafety/publications/bmbl5 /BMBL. pdf.
[102] Knudsen RC. 1998. Risk assessment for biological agents in the laboratory. In Richmond JY (ed), Rational Basis for Biocontainment: Proceedings of the Fifth National Symposium on Biosafety. American Biological Safety Association, Mundelein, IL.
[103] Samulski RJ, Sally M, Muzyczka N. 1999. Adeno-associated viral vectors, p 131–172. In Friedmann T (ed), The Development of Gene Therapy. Cold Spring Harbor Laboratory, Cold Spring Harbor, NY.
[104] Berns KI, Parrish CR. 2013. Parvoviridiae, p 1768–1791. In Knipe DM, Howley PM (ed), Fields Virology, 6th ed. Lippincott Williams and Wilkins, Philadelphia, PA.
[105] Carter BJ, Burstein H, Peluso RW. 2009. Adeno-associated virus and AAV vectors for gene delivery, p 115–158. In Templeton NS (ed), Gene and Cell Therapy, 3rd ed. CRC Press, Taylor & Francis Group, Boca Raton, FL.
[106] Weitzman MD, Linden RM. 2011. Adeno-associated virus biology. Methods Mol Biol 807:1–23.
[107] Kotin RM. 2011. Large-scale recombinant adeno-associated virus production. Hum Mol Genet 20(R1):R2–R6.
[108] Lisowski L, Tay SS, Alexander IE. 2015. Adeno-associated virus serotypes for gene therapeutics. Curr Opin Pharmacol 24:59–67.
[109] Büning H, Huber A, Zhang L, Meumann N, Hacker U. 2015. Engineering the AAV capsid to optimize vector-host-interactions. Curr Opin Pharmacol 24:94–104.
[110] Nault JC, Datta S, Imbeaud S, Franconi A, Mallet M, Couchy G, Letouzé E, Pilati C, Verret B, Blanc JF, Balabaud C, Calderaro J, Laurent A, Letexier M, Bioulac-Sage P, Calvo F, Zucman-Rossi J. 2015. Recurrent AAV2-related insertional mutagenesis in human hepatocellular carcinomas. Nat Genet 47: 1187–1193.
[111] Russell DW, Grompe M. 2015. Adeno-associated virus finds its disease. Nat Genet 47:1104–1105.
[112] Schultz BR, Chamberlain JS. 2008. Recombinant adeno-associated virus transduction and integration. Mol Ther 16:1189–1199.
[113] Pellet PE, Roizman B. 2013. Herpesviridiae, p 1802–1822. In Knipe DM, Howley PM (ed), Fields Virology, 6th ed. Lippincott Williams & Wilkins, Philadelphia, PA.
[114] Roizman B, Knipe DM, Whitely RJ. 2013. Herpes simplex viruses, p 1823–1897. In Knipe DM, Howley PM (ed), Fields Virology, 6th ed. Lippincott Williams and Wilkins, Philadelphia, PA.
[115] Glorioso JC. 2014. Herpes simplex viral vectors: late bloomers with big potential. Hum Gene Ther 25:83–91.
[116] Parker JN, Bauer DF, Cody JJ, Markert JM. 2009. Oncolytic viral therapy of malignant glioma. Neurotherapeutics 6:558–569.
[117] Yeomans DC, Wilson SP. 2009. Herpes virus-based recombinant herpes vectors: gene therapy for pain and molecular tool for pain science. Gene Ther 16:502–508.
[118] Manservigi R, Argnani R, Marconi P. 2010. HSV recombinant vectors for gene therapy. Open Virol J 4:123–156.
[119] Zemp FJ, Corredor JC, Lun X, Muruve DA, Forsyth PA. 2010. Oncolytic viruses as experimental treatments for malignant gliomas: using a scourge to treat a devil. Cytokine Growth Factor Rev 21:103–117.
[120] Ledford H. 2015. Cancer-fighting viruses win approval. Nature 526: 622–623.
[121] Post LE, Roizman B. 1981. A generalized technique for deletion of specific genes in large genomes: a gene 22 of herpes simplex virus 1 is not essential for growth. Cell 25:227–232.
[122] Parker JN, Zheng X, Luckett W Jr, Markert JM, Cassady KA. 2011. Strategies for the rapid construction of conditionallyreplicating HSV-1 vectors expressing foreign genes as anticancer therapeutic agents. Mol Pharm 8:44–49.
[123] Goins WF, Huang S, Cohen JB, Glorioso JC. 2014. Engineering HSV-1 vectors for gene therapy. Methods Mol Biol 1144: 63–79.
[124] Spaete RR, Frenkel N. 1982. The herpes simplex virus amplicon: a new eucaryotic defective-virus cloning-amplifying vector. Cell 30:295–304.
[125] Oehmig A, Fraefel C, Breakefield XO. 2004. Update on herpesvirus amplicon vectors. Mol Ther 10:630–643.
[126] Santos K, Duke CMP, Dewhurst S. 2006. Amplicons as vaccine vectors. Curr Gene Ther 6:383–392.
[127] Lim F, Khalique H, Ventosa M, Baldo A. 2013. Biosafety of gene therapy vectors derived from herpes simplex virus type 1. Curr Gene Ther 13:478–491.
[128] Condreay JP, Kost TA. 2007. Baculovirus expression vectors for insect and mammalian cells. Curr Drug Targets 8:1126–1131.
[129] Rohrmann GF. 2013. Baculovirus Molecular Biology, 3rd ed. Bookshelf ID: NBK114593. National Center for Biotechnology Information, Bethesda, MD. http://www. ncbi. nlm. nih. gov/books /NBK114593/.

[130] Boyce FM, Bucher NL. 1996. Baculovirus-mediated gene transfer into mammalian cells. Proc Natl Acad Sci USA 93: 2348–2352.
[131] Kost TA, Condreay JP, Ames RS. 2010. Baculovirus gene delivery: a flexible assay development tool. Curr Gene Ther 10:168–173.
[132] Chen C-Y, Wu H-H, Chen C-P, Chern S-R, Hwang S-M, Huang S-F, Lo W-H, Chen G-Y, Hu Y-C. 2011. Biosafety assessment of human mesenchymal stem cells engineered by hybrid baculovirus vectors. Mol Pharm 8:1505–1514.
[133] Hitchman RB, Murguía-Meca F, Locanto E, Danquah J, King LA. 2011. Baculovirus as vectors for human cells and applications in organ transplantation. J Invertebr Pathol 107 (Suppl):S49–S58.
[134] Takata Y, Kishine H, Sone T, Andoh T, Nozaki M, Poderycki M, Chesnut JD, Imamoto F. 2011. Generation of iPS cells using a BacMam multigene expression system. Cell Struct Funct 36: 209–222.
[135] Zhang J, Chen XW, Tong TZ, Ye Y, Liao M, Fan HY. 2014. BacMam virus-based surface display of the infectious bronchitis virus (IBV) S1 glycoprotein confers strong protection against virulent IBV challenge in chickens. Vaccine 32:664–670.
[136] Keil GM, Pollin R, Müller C, Giesow K, Schirrmeier H. 2016. BacMam platform for vaccine antigen delivery. Methods Mol Biol 1349:105–119.
[137] Hu YC. 2008. Baculoviral vectors for gene delivery: a review. Curr Gene Ther 8:54–65.
[138] Kost TA, Condreay JP. 2002. Innovations—biotechnology: Baculovirus vectors as gene transfer vectors for mammalian cells: biosafety considerations. Appl Biosaf 7:167–169.
[139] O'Reilly DR, Miller LK, Luckow VA. 1994. Baculovirus Expression Vectors: A Laboratory Manual. Oxford University Press, New York, NY.
[140] Kaikkonen MU, Ylä-Herttuala S, Airenne KJ. 2011. How to avoid complement attack in baculovirus-mediated gene delivery. J Invertebr Pathol 107(Suppl):S71–S79.
[141] Tani H, Limn CK, Yap CC, Onishi M, Nozaki M, Nishimune Y, Okahashi N, Kitagawa Y, Watanabe R, Mochizuki R, Moriishi K, Matsuura Y. 2003. In vitro and in vivo gene delivery by recombinant baculoviruses. J Virol 77:9799–9808.
[142] Donello JE, Loeb JE, Hope TJ. 1998. Woodchuck hepatitis virus contains a tripartite posttranscriptional regulatory element. J Virol 72:5085–5092.
[143] Russell SJ, Peng KW. 2009. Measles virus for cancer therapy. Curr Top Microbiol Immunol 330:213–241.
[144] Ehrengruber MU, Schlesinger S, Lundstrom K. 2011. Alphaviruses: semliki forest virus and sindbis virus vectors for gene transfer into neurons. Curr Prot Neurosci 57:4.22.1–4.22.27.
[145] Kim DS, Nam JH. 2011. Application of attenuated coxsackievirus B3 as a viral vector system for vaccines and gene therapy. Hum Vaccin 7:410–416.
[146] Louboutin JP, Marusich E, Fisher-Perkins J, Dufour JP, Bunnell BA, Strayer DS. 2011. Gene transfer to the rhesus monkey brain using SV40-derived vectors is durable and safe. Gene Ther 18:682–691.
[147] Reynard O, Mokhonov V, Mokhonova E, Leung J, Page A, Mateo M, Pyankova O, Georges-Courbot MC, Raoul H, Khromykh AA, Volchkov VE. 2011. Kunjin virus replicon-based vaccines expressing Ebola virus glycoprotein GP protect the guinea pig against lethal Ebola virus infection. J Infect Dis 204 (Suppl 3):S1060–S1065.
[148] Lindemann D, Rethwilm A. 2011. Foamy virus biology and its application for vector development. Viruses 3:561–585.
[149] Ayala-Breton C, Barber GN, Russell SJ, Peng KW. 2012. Retargeting vesicular stomatitis virus using measles virus envelope glycoproteins. Hum Gene Ther 23:484–491.
[150] Tani H, Morikawa S, Matsuura Y. 2012. Development and applications of VSV vectors based on cell tropism. Front Microbiol 2:272.
[151] Gomme EA, Wanjalla CN, Wirblich C, Schnell MJ. 2011. Rabies virus as a research tool and viral vaccine vector. Adv Virus Res 79: 139–164.
[152] Ramsey JD, Vu HN, Pack DW. 2010. A top-down approach for construction of hybrid polymer-virus gene delivery vectors. J Control Release 144:39–45.
[153] Jurgens CK, Young KR, Madden VJ, Johnson PR, Johnston RE. 2012. A novel self-replicating chimeric lentivirus-like particle. J Virol 86:246–261.
[154] Jang JH, Schaffer DV, Shea LD. 2011. Engineering biomaterial systems to enhance viral vector gene delivery. Mol Ther 19: 1407–1415.
[155] Zamarin D, Palese P. 2012. Oncolytic Newcastle disease virus for cancer therapy: old challenges and new directions. Future Microbiol 7:347–367.
[156] Fueyo J, Gomez-Manzano C, Alemany R, Lee PSY, McDonnell TJ, Mitlianga P, Shi Y-X, Levin VA, Yung WKA, Kyritsis AP. 2000. A mutant oncolytic adenovirus targeting the Rb pathway produces anti-glioma effect in vivo. Oncogene 19: 2–12.
[157] Goetz C, Dobrikova E, Shveygert M, Dobrikov M, Gromeier M. 2011. Oncolytic poliovirus against malignant glioma. Future Virol 6:1045–1058.
[158] Bartlett DL, Liu Z, Sathaiah M, Ravindranathan R, Guo Z, He Y, Guo ZS. 2013. Oncolytic viruses as therapeutic cancer vaccines. Mol

Cancer 12:103.

[159] Wolfe D, Niranjan A, Trichel A, Wiley C, Ozuer A, Kanal E, Kondziolka D, Krisky D, Goss J, Deluca N, Murphey-Corb M, Glorioso JC. 2004. Safety and biodistribution studies of an HSV multigene vector following intracranial delivery to non-human primates. Gene Ther 11:1675–1684.

[160] Sastry L, Cornetta K. 2009. Detection of replication competent retrovirus and lentivirus. Methods Mol Biol 506:243–263.

[161] Cornetta K, Yao J, Jasti A, Koop S, Douglas M, Hsu D, Couture LA, Hawkins T, Duffy L. 2011. Replication-competent lentivirus analysis of clinical grade vector products. Mol Ther 19: 557–566.

[162] Schenk-Braat EA, van Mierlo MM, Wagemaker G, Bangma CH, Kaptein LCM. 2007. An inventory of shedding data from clinical gene therapy trials. J Gene Med 9:910–921.

[163] Gonin P, Gaillard C. 2004. Gene transfer vector biodistribution: pivotal safety studies in clinical gene therapy development. Gene Ther 11(Suppl 1):S98–S108.

[164] Wilson CA, Cichutek K. 2009. The US and EU regulatory perspectives on the clinical use of hematopoietic stem/progenitor cells genetically modified ex vivo by retroviral vectors. Methods Mol Biol 506:477–488.

[165] Qasim W, Gaspar HB, Thrasher AJ. 2009. Progress and prospects: gene therapy for inherited immunodeficiencies. Gene Ther 16:1285–1291.

[166] Aiuti A, Roncarolo MG. 2009. Ten years of gene therapy for primary immune deficiencies. Hematology (Am Soc Hematol Educ Program) 2009:682–689.

[167] Gene Therapy Expert Group of the Committee for Proprietary Medicinal Products (CPMP), European Agency for the Evaluation of Medicinal Products–June 2003 Meeting. 2004. Insertional mutagenesis and oncogenesis: update from nonclinical and clinical studies. J Gene Med 6:127–129.

[168] Ginn SL, Liao SH, Dane AP, Hu M, Hyman J, Finnie JW, Zheng M, Cavazzana-Calvo M, Alexander SI, Thrasher AJ, Alexander IE. 2010. Lymphomagenesis in SCID-X1 mice following lentivirus-mediated phenotype correction independent of insertional mutagenesis and gammac overexpression. Mol Ther 18: 965–976.

[169] Woods NB, Bottero V, Schmidt M, von Kalle C, Verma IM. 2006. Gene therapy: therapeutic gene causing lymphoma. Nature 440:1123.

[170] Cavazzana-Calvo M, Payen E, Negre O, Wang G, Hehir K, Fusil F, Down J, Denaro M, Brady T, Westerman K, Cavallesco R, Gillet-Legrand B, Caccavelli L, Sgarra R, Maouche-Chrétien L, Bernaudin F, Girot R, Dorazio R, Mulder GJ, Polack A, Bank A, Soulier J, Larghero J, Kabbara N, Dalle B, Gourmel B, Socie G, Chrétien S, Cartier N, Aubourg P, Fischer A, Cornetta K, Galacteros F, Beuzard Y, Gluckman E, Bushman F, Hacein-Bey-Abina S, Leboulch P. 2010. Transfusion independence and HMGA2 activation after gene therapy of human β-thalassaemia. Nature 467:318–322.

[171] Mátrai J, Chuah MK, VandenDriessche T. 2010. Recent advances in lentiviral vector development and applications. Mol Ther 18:477–490.

[172] Zhou S, Mody D, DeRavin SS, Hauer J, Lu T, Ma Z, Hacein-Bey Abina S, Gray JT, Greene MR, Cavazzana-Calvo M, Malech HL, Sorrentino BP. 2010. A self-inactivating lentiviral vector for SCID-X1 gene therapy that does not activate LMO2 expression in human T cells. Blood 116:900–908.

[173] Ciuffi A. 2008. Mechanisms governing lentivirus integration site selection. Curr Gene Ther 8:419–429.

[174] Biffi A, Bartolomae CC, Cesana D, Cartier N, Aubourg P, Ranzani M, Cesani M, Benedicenti F, Plati T, Rubagotti E, Merella S, Capotondo A, Sgualdino J, Zanetti G, von Kalle C, Schmidt M, Naldini L, Montini E. 2011. Lentiviral vector common integration sites in preclinical models and a clinical trial reflect a benign integration bias and not oncogenic selection. Blood 117:5332–5339.

[175] National Institutes of Health Recombinant DNA Advisory Committee. 2006. Biosafety considerations for research with lentiviral vectors. http://osp. od. nih. gov/office-biotechnology-activities/biosafety-guidance-institutional-biosafety-committees /guid ance-biosafety-considerations-research-lentiviral-vectors-0.

[176] Wickersham IR, Finke S, Conzelmann KK, Callaway EM. 2007. Retrograde neuronal tracing with a deletion-mutant rabies virus. Nat Methods 4:47–49.

[177] Wickersham IR, Sullivan HA, Seung HS. 2010. Production of glycoprotein-deleted rabies viruses for monosynaptic tracing and high-level gene expression in neurons. Nat Protoc 5: 595–606.

[178] Tufaro F. 1997. Virus entry: two receptors are better than one. Trends Microbiol 5:257–258, discussion 258–259.

[179] Johann SV, Gibbons JJ, O'Hara B. 1992. GLVR1, a receptor for gibbon ape leukemia virus, is homologous to a phosphate permease of Neurospora crassa and is expressed at high levels in the brain and thymus. J Virol 66:1635–1640.

[180] Almåsbak H, Aarvak T, Vemuri MC. 2016. CAR T cell therapy: a game changer in cancer treatment. J Immunol Res 2016: 5474602.

[181] Kuo CY, Kohn DB. 2016. Gene therapy for the treatment of primary immune deficiencies. Curr Allergy Asthma Rep 16:39.

[182] Journal of Gene Medicine. 2015. Gene therapy clinical trials worldwide. John Wiley and Sons Ltd., Hoboken, NJ. http://www. abedia. com/wiley/index. html.

11

生物毒素：安全与科学

JOSEPH P. KOZLOVAC AND ROBERT J. HAWLEY

导语

生物毒素是微生物、植物和动物产生的有毒副产物，可引起人类、动物或植物出现不良反应。毒素可定义为：“生物体代谢活动的特定产物，有毒，通常不稳定，进入组织后毒性尤为显著，可诱导抗体产生。”生物毒素包括活体代谢产物、尸体降解产物以及微生物的有毒代谢物质。有些毒素还可通过细菌和真菌发酵或DNA重组技术生产，而低分子量毒素则能直接化学合成。因为毒素是通过中毒引起不良反应，所以其毒性作用类似于化学中毒，而非传统的生物感染。

生物毒素可按其来源的生物为细菌、真菌、藻类、植物或动物毒素。也可根据毒素的作用模式分类，表11-1中列出了不同毒素或毒液的来源及作用模式。目前，许多毒素已被纳入生化研究，因此生物安全专业人员应熟悉实验室中所用毒素的风险。一些天然毒素或毒液因其强烈的药理作用而被科学界广泛关注。毒素还经常被用于阐明生理机制，如19世纪50年代Claude Bernard对“箭毒（curare）”的研究[1]。毒素和毒液也可用于开发治疗用药，如蛇毒及其纯化酶被用于研究和治疗血液凝固问题。药物卡托普利（Capoten）就是使用南美洲巴西矛头蝮（*Bothropsjararacussu*）的毒液制造的，该药物可有效治疗心脏病和高血压，并具有抑制血管紧张素转换酶活性的作用。Capoten于1981年获得美国FDA批准，之后在世界范围内被广泛使用，挽救了数百万人的生命[2]。

曼巴蛇（*Dendroaspis*）毒液的研究也正在进行中，该毒液含有一种同源蛋白质类物质，即树突毒素，能够促进和帮助调节神经递质[3，4]的释放。对这种蛇毒的持续研究也许能研发出治疗神经退行性疾病的药物，如阿尔茨海默病等记忆障碍等疾病[5]。另一个可用于治疗的毒素是肉毒杆菌毒素，该毒素是已知最致命的物质之一，但可用于局部肌肉痉挛的治疗[6，7]。

毒素的范围非常宽泛，因此本章中仅讨论一些与生物实验室工作人员有关的生物毒素。关于毒性机制的详细讨论，读者可参考一些毒理学[8-13]和医学微生物学相关的书籍[14，15]。

在生物医学研究中，随着生物毒素使用的增加，指导安全使用这些有毒材料的信息变得更加重要。本章旨在为实验室诊断和研究生物毒素的人员和生物安全专业人员提供指导，其内容可能不适用于大量毒素的工业生产。

表 11-1 不同毒素或毒液的来源及其作用机制 [16]

毒素及其分类	来源	作用机制
小分子		
河豚毒素	河豚、章鱼、蝾	Na^+ 通道阻滞剂
石房蛤毒素	甲藻污染的贝类	Na^+ 通道阻滞剂
雪卡毒素	甲藻污染的大型热带鱼	作用于 Na^+ 通道
心脏糖苷	蟾蜍皮肤	三磷酸腺苷酶抑制剂
蛙毒素	青蛙皮肤	中枢神经系统毒素
海葵毒素	海葵	溶细胞素和神经毒素
蛋白质和多肽		
α- 银环蛇毒素	眼镜蛇（银环蛇）	烟碱受体阻滞剂
β- 银环蛇毒素	眼镜蛇（银环蛇）	突触前的胆碱能神经
α- 芋螺毒素	锥壳	烟碱乙酰胆碱受体配体
μ- 芋螺毒素	锥壳	骨骼肌 Na^+ 通道阻滞剂
w- 芋螺毒素	锥壳	N 型 Ca^{2+} 拮抗剂
心脏毒素	眼镜蛇	直接作用
磷脂酶	**多种蛇类**	**破坏细胞膜**
细菌毒素		
肉毒杆菌毒素	肉毒杆菌	神经末梢突触
霍乱毒素	霍乱弧菌	激活 G_s 蛋白
百日咳毒素	百日咳博德特菌	使 G_o/G_s 蛋白失活
内毒素	革兰氏阴性菌	细胞膜
破伤风毒素	破伤风梭菌	细胞膜离子载体
葡萄球菌毒素	葡萄球菌属	肠毒素
假单胞菌外毒素 A	铜绿假单胞菌	抑制蛋白质合成
白喉毒素	白喉棒状杆菌	二磷酸腺苷 – 延伸因子 2 的核糖基化

暴露途径

在实验室环境中，接触生物毒素和毒液的途径与传染性病原体感染途径类似，包括食入、吸入、皮肤接触以及经皮肤或眼部吸收。在实验室或生物医学环境中，针刺是毒素暴露的主要原因，使用注射器注射或抽取毒素是最危险的操作。皮肤可有效阻挡大多数水溶性的毒素和毒液，但无法阻挡脂溶性毒素[16]。虽然只有极少数毒素（如单端孢霉烯族毒素）能通过皮肤接触并对人体产生威胁，但若毒素溶解于某些稀释剂中，则可能会有被皮肤吸收的风险，如二甲基亚砜作为溶剂可携带毒素轻易穿过皮肤[17，18]。毒素经皮肤接触可引起局部炎症，经皮吸收则会引起全身反应。一般情况下，毒素摄入会危害机体健康。然而，实验室中最受关注的毒素并非最常引起人群食源性疾病暴发的毒素[19]。摄入微量的肉毒杆菌（*Clostridium botulinum*）毒素即可导致死亡，但更常见的食物中毒事件通常是由葡萄球菌肠毒素引起的[20]。另一种毒素暴露方式是在野外、动物园捕捉有毒动物或提取毒液时被咬伤。

虽然生物毒素本身不具有挥发性，但应考虑到所有毒素都有被吸入的风险。毒素气溶胶通常经机械搅动产生，如涡旋、混合以及移液管剧烈震荡等实验室操作。使用干燥的毒素，尤其是冻干粉时，气溶胶的产生会增加。因此，应尽可能采取防范措施。建立完善的实验室规范，合理使用防护用品，配备合适的个人防护设备，均可大大降低实验室操作过程中的潜在危险[21]。

毒性分级

毒素的毒性程度通常以对某种动物的致死剂量表示，如半数致死剂量（LD_{50}），即通过特定途径杀死50%的受试动物所需要的剂量，一般用每千克体重所需毒物的毫克数表示。还有其他表示方法，如最小致死剂量（MLD）和绝对致死剂量（LD_{100}）。通常认为MLD约为LD_{50}的两倍，当然并非总是如此[22-24]。值得注意的是，动物毒性试验的结果并不能简外推到人。表11-2为部分生物毒素的毒性数据。

表 11-2 特定毒素的毒性剂量

毒素种类	毒素来源	毒素名称	毒素作用剂量 [a]				
			小鼠	豚鼠	兔	猴	人类
细菌毒素	炭疽杆菌	LFPA	1.25 μgi.v.				
	肉毒杆菌		2.4 μgi.v.（鼠）				
	A 型	神经毒素 A	1.2 ng i.p.	（0.6 ng）[b]	（0.5 ng）[b]	（0.5 ~ 0.7 ng）[b]	（ca. 1 ng）[b]
	B 型	神经毒素 B（蛋白水解激活）	0.5 ng i.v.	0.6 ng i.p.			
	C 型	神经毒素 C1	1.1 ng i.v.	（ca. 1.1 ng）[b]	（ca. 0.15 ng）[b]	（ca. 0.4 ng）[b]	
	D 型	神经毒素 D	0.4 ng	0.1 ng[b]	0.08 ng[b]	40 ng[b]	
	E 型	神经毒素 E	（1.1 ng）	0.6 ng[b]	1.1 ng[b]	1.1 ng[b]	
	F 型	神经毒素 F	2.5 ng i.p.				
	破伤风杆菌	破伤风毒素	（0.1 ng）	（ca. 0.3 ng）[b]	（0.5 ~ 5 ng）[b]		（< 2.5ng）[b]
	白喉棒状杆菌	白喉毒素	（1.6 mg s.c.）				（< 100 ng s.c.）
	大肠埃希菌	肠毒素	250 μgi.v.				
	金黄色葡萄球菌	α 毒素	40 ~ 46 μgi.v.		1.3 μg		
	霍乱弧菌	霍乱毒素	250 μg				
	鼠疫耶尔森菌	鼠毒素	0.50 μgi.p.				
植物毒素	相思子	相思子毒素	0.04 μg				
	蓖麻子	蓖麻毒素	3.0 μg				
海洋毒素	芋螺	芋螺毒素	5.0 μg				
	海洋甲藻	石房蛤毒素	10.0 μg				
	鱼类 / 海洋甲藻	雪卡毒素	0.4 μg				
	河豚	河豚毒素	8.0 μg				
真菌毒素	各种真菌	T-2 霉菌毒素	1,210 μg				

a 剂量值均用LD_{50}表示，但括号中的剂量值为MLD。

b 对小鼠的毒性剂量[23,70,79]。

i.v.：静脉注射；i.p.：腹腔注射；s.c.：皮下；LD_{50}：半数致死剂量；MLD：最低致死剂量。

在生物医学研究中，随着生物毒素使用的增加，指导安全使用这些材料的信息显得更加重要。本章旨在为实验室诊断和研究生物毒素的人员和生物安全专业人员提供指导信息。其内容可能不适用于大量毒素的工业生产，如疫苗（类毒素）生产。

细菌毒素

细菌毒素为可溶性物质，通过影响宿主细胞的正常代谢对宿主产生危害[25]，是各种致病菌的主要毒力因子[26]。细菌毒素可分为外毒素和内毒素，其特征列于表11-3中。

表 11-3 细菌外毒素和内毒素的主要特征 [14]

外毒素	内毒素
细胞分泌产生，在液体介质中可达到很高的浓度	革兰氏阴性菌细胞壁的组成部分，在细菌死亡期间释出，部分在生长期释出，但在未释放时也可能具有生物活性
由革兰氏阳性菌和革兰氏阴性菌产生	仅由革兰氏阴性菌产生
多肽	脂多糖复合物
相对不稳定，通常在温度高于 60℃ 时迅速失活	相对稳定，在高于 60℃ 的温度下加热几个小时仍能保持活性
高度抗原性，能刺激高滴度抗体的形成	弱免疫原性，抗体滴度与疾病保护之间的关系不如外毒素明显
用甲醛、酸和热等进行灭活处理后，可转化为抗原性类毒素。类毒素可用于预防性免疫（如破伤风类毒素）	不能转化为类毒素
剧毒，微克量或更少的剂量即对动物有致死作用	中等毒性，数十至数百微克的剂量方可对动物致命
通常与细胞上的特定受体结合	细胞上未发现特异性受体
通常不会导致宿主发热	通常会引起宿主释放白细胞介素 -1 和其他介质，并导致宿主发热
通常由染色体之外的基因（如质粒）控制	由染色体基因指导的合成

外毒素

某一症状或特殊病症可能与某种生物的单一活性物质有关，某些细菌产生的外毒素就是最好的例证[27]。外毒素是生物体分泌的细胞产物，或是生物体自溶分解时释放的物质。尽管大多数外毒素来源于革兰氏阳性菌，如金黄色葡萄球菌（*Staphylococcus aureus*）和肉毒杆菌（*Botulinum*），但有些革兰氏阴性菌，如铜绿假单胞菌（*Pseudomonas aeruginosa*），也产生外毒素[28]。有几种外毒素对实验室人员有一定的风险，尤其是在没有很好遵守工作规范时。梭菌属（*Clostridium* spp.），包括破伤风杆菌（*Clostridium tetani*）、肉毒杆菌和产气荚膜梭菌（*Clostridium perfringens*），都可直接释放外毒素并导致人类疾病[29]。外毒素有一个重要的特性，就是可以转化为无毒但保留免疫原性的类毒素，可用于免疫治疗，如针对破伤风和白喉的类毒素疫苗[30]。

有些细菌会产生某些特殊类型的外毒素，与食源性和水源性的腹泻病暴发有关，通常称为肠毒素，包括但不限于：金黄色葡萄球菌、霍乱弧菌（*Vibrio cholerae*）、巴斯德菌（*Pasteurella*）、鲍特菌（*Bordetella*）和志贺菌属（*Shigella* spp.）。这些菌引发的疾病具有较高发病率和病死率，因此，实验室工作人员处理这些细菌时应遵循基本的生物安全规范，否则将面临严重的生命威胁。

内毒素

内毒素源自革兰氏阴性菌细胞壁的脂多糖成分，如大肠埃希菌和痢疾志贺菌（*Shigella dysenteriae*），在菌株死亡或自溶时从细胞中释放。纯化的内毒素即脂多糖，其脂质A亚单位是生物活性成分。内毒素可引起宿主发热、弥散性血管内凝血甚至死亡（表11-3）。含内毒素粉尘的急性暴露可导致胸闷、有机粉尘中毒综合征及红斑狼疮，长期暴露则会引起肺功能减退和慢性呼吸道疾病。也有越来越多的研究表明，内毒素暴露可能利于降低肺癌风险[31]。内毒素也称为细胞相关毒素，其化学成分和毒性特征与细菌外毒素不同。内毒素分子量在3000到几百万之间，具有热稳定性[29]。与外毒素不同，内毒素不具有组织特异性。

农民和植物纤维加工者最有可能受到内毒素的威胁。有报道显示，在养猪场、家禽养殖场[32]、谷物储存厂[33]、棉花和亚麻厂[34]以及禽舍[35]中，空气中的内毒素含量超过50 ng/m^3。而至少有一项研究提出，内毒素引起急性肺中毒的阈值在10 ~ 33 ng/m^3，并建议对工作环境中的内毒素气溶胶暴露加以限制[36]。

作用方式

细菌毒素还可根据其作用方式分类，如表11-1和表11-4所示。毒素可损伤细胞膜、抑制蛋白质合成、阻碍神经递质释放以及激活宿主免疫应答。表11-4列出了部分细菌及其毒素的特点，包括毒素的作用方式、毒素的靶标、引起的病征以及毒素是否与该菌引起的疾病有关。

表 11-4 细菌毒素的特征 a[26]

菌株种类 / 毒素	作用模式	靶标	疾病	毒素与疾病是否有关 b
膜损伤				
嗜水气单胞菌 / 气溶素	成孔剂	血型糖蛋白	腹泻	（是）
产气荚膜梭菌 / 产气荚膜梭菌溶血素 O	成孔剂	胆固醇	气性坏疽 c	?
大肠埃希菌 / 溶血素 d	成孔剂	质膜	UTIs	（是）
李斯特菌 / 李斯特菌溶血素 O	成孔剂	胆固醇	食源系统性疾病，脑膜炎	（是）
金黄色葡萄球菌 / α 毒素	成孔剂	质膜	脓肿 c	（是）
肺炎链球菌 / 肺炎球菌溶血素	成孔剂	胆固醇	肺炎 c	（是）
化脓性链球菌 / 链球菌溶血素 O	成孔剂	胆固醇	链球菌咽喉炎，SF c	?
抑制蛋白质合成				
白喉棒状杆菌 / 白喉毒素	腺苷二磷酸(ADP)-核糖基转移酶	延长因子 2	白喉	是
大肠埃希菌和痢疾志贺菌 / 志贺毒素	N- 糖苷	28S RNA	HC 和 HUS	是
铜绿假单胞菌 / 外毒素 A	ADP 核糖转移酶	延长因子 2	肺炎 c	（是）
激活第二信使通路				
大肠埃希菌				
CNF	脱酰胺酶	Rho G 蛋白质	UTIs	?
LT	ADP 核糖转移酶	G 蛋白	腹泻	是
ST d	刺激鸟苷酸环化酶	鸟苷酸环化酶受体	腹泻	是
CLDT d	G2 周期阻滞	未知	腹泻	（是）
EAST	类似 ST？	未知	腹泻	?
炭疽芽孢杆菌 / EF	腺苷酸环化酶	三磷酸腺苷（ATP）	炭疽病	是
百日咳博德特氏菌 / 皮肤坏死毒素	脱酰胺酶	Rho G 蛋白质	鼻炎	（是）
百日咳博德特菌 / 百日咳毒素	ADP 核糖转移酶	G 蛋白	百日咳	是
肉毒杆菌 / C2 毒素	ADP 核糖转移酶	单体 G- 肌动蛋白	肉毒杆菌中毒	?

续表

菌株种类 / 毒素	作用模式	靶标	疾病	毒素与疾病是否有关[b]
肉毒杆菌 / C3 毒素	ADP 核糖转移酶	Rho G 蛋白质	肉毒杆菌中毒	?
艰难梭菌 / 毒素 A	葡糖基转移酶	Rho G 蛋白质	腹泻 / AAPC	（是）
艰难梭菌 / 毒素 B	葡糖基转移酶	Rho G 蛋白质	腹泻 / AAPC	?
霍乱弧菌 / 霍乱毒素	ADP 核糖转移酶	G 蛋白	霍乱	是
激活免疫反应				
金黄色葡萄球菌 / 肠毒素	超抗原	TCR 和 MHC Ⅱ	食物中毒[c]	是
金黄色葡萄球菌 / 表皮剥脱性毒素	超抗原（和丝氨酸蛋白酶？）	TCR 和 MHC Ⅱ	SSS[c]	是
金黄色葡萄球菌 / 中毒性休克毒素	超抗原	TCR 和 MHC Ⅱ	TSS[c]	是
化脓性链球菌 / 热原外毒素	超抗原	TCR 和 MHC Ⅱ	SF/TSS[c]	是
蛋白酶				
炭疽芽孢杆菌 /LF	金属蛋白酶	MAPKK1/ MAPKK2	炭疽病	是
肉毒杆菌 / 神经毒素 A-G	锌金属蛋白酶	突触小泡缔合性膜蛋白，突触体相关蛋白 25，突触融合蛋白	肉毒杆菌中毒	是
破伤风梭菌 / 破伤风毒素	锌金属蛋白酶	突触小泡缔合性膜蛋白	破伤风	是

a 缩写：AAPC，抗生素相关假膜性结肠炎；CLDT，细胞致死性扩张毒素；CNF，细胞毒性坏死因子；EAST，肠聚集性大肠埃希菌热稳定毒素；HC，出血性结肠炎；HUS，溶血性尿毒综合征；LT，热不稳定肠毒素；MAPKK，丝裂原活化蛋白激酶激酶；MHC Ⅱ，主要组织相容性复合物Ⅱ类；SNAP-25，突触体相关蛋白；SF，猩红热；SSS，烫伤样皮肤综合；ST，热稳定毒素；TCR，T细胞受体；TSS，中毒性休克综合征；UTI，尿路感染；VAMP，囊泡相关膜蛋白。

b 是：毒素与病症之间存在强烈的因果关系；（是）：毒素的致病作用已在动物模型或合适的培养细胞中显现；？：未知。

c 其他疾病也与该菌有关。

d 其他细菌也可产生该毒素。

炭疽毒素

炭疽毒素是炭疽杆菌（*Bacillus anthracis*）产生的外毒素。炭疽杆菌革兰氏染色阳性，可形成孢子，广泛存在于世界各地。该菌以孢子形态存在于土壤中，当环境条件适宜时，发育成繁殖型细胞。炭疽毒素由3种蛋白质组成：保护性抗原（PA，83 kDa）、致死因子（LF，90 kDa）和水肿因子（EF，89 kDa）。这些蛋白质单独存在时没有毒性，只有形成PA+LF（致死毒素）和PA+EF（水肿毒素）的二元组合时方可发挥作用，破坏宿主免疫防御并最导致宿主死亡。水肿毒素会引起组织极端肿胀等皮肤炭疽病，致死毒素则会导致宿主死亡。LF和EF的产生离不开质粒pX01，而PA则作为受体结合部分，将LF和EF传递到细胞中。PA可被细胞表面蛋白酶切割，在氨基末端切除20 kDa大小的片段，LF或EF与切割后的暴露位点竞争性结合形成复合物，经受体介导的细胞内吞作用进入细胞质并发挥其毒性作用。尽管这些毒素在炭疽病的病理生理学中起着非常重要的作用，但其毒性还要依赖于细菌囊膜的存在[37]，失去囊膜的芽孢杆菌并无致病性。

经皮肤感染炭疽杆菌，通常可用抗生素治疗[38]。但如果是吸入导致的感染[39]，只有在早期开始治疗才有效果[40]。在治疗或暴露后预防期间，除使用抗生素外，还可紧急接种疫苗[41]。毒性一旦发作，除支持性治疗外，目前还没有更好的预防或治疗方法。但是，针对炭疽杆菌感染，有效的暴露后治疗研究已经取得进展，如用减毒炭疽毒素的单克隆抗体等进行被动免疫治疗，以抑制炭疽毒素的生物活性[39，42，43]。

梭菌毒素

梭菌属有100多个种，为革兰氏阳、过氧化氢酶阴性的厌氧芽孢杆菌，在自然界中分布广泛，存在于土壤、淡水和海洋沉积物中。本章仅讨论毒素备受关注的相关梭菌。

肉毒梭菌神经毒素

肉毒杆菌能产生7种血清型不同但彼此相关的肉毒梭菌神经毒素（A、B、C1、D、E、F和G）[44]，其中A型、B型、E型和F型最常引起人类疾病。肉毒梭菌神经毒素是已知毒性最强的毒素，其不同血清型在不同动物中的毒性各异[45]。对肉毒梭菌最大的担忧是其可导致神经肌肉麻痹，能危及生命，临床上称为肉毒梭菌中毒，在食入含毒素的食物后发生[19]。食用不当加工的食品是导致中毒最常见的方式，这些食品多为添加香料、熏制、真空包装或罐装的碱性食品。家庭自制的蔬菜、肉类和熏鱼等罐头食品可为芽孢萌发提供所需的厌氧条件，从而产生肉毒杆菌毒素[46]。肉毒杆菌还可经伤口感染，但病例较少见[47，48]。

肉毒杆菌毒素通过阻断神经突触和抑制神经肌肉接点处的乙酰胆碱释放致病。该毒素由两个多肽亚单位组成，B亚单位结合运动神经元轴突上的受体，并介导毒素进入轴突，A亚单位发挥其细胞毒性作用，阻止乙酰胆碱的释放和神经肌肉传递（突触前抑制）。摄入该毒素后18～24 h出现临床症状，包括视力障碍、无法吞咽、言语困难并伴随延髓麻痹，最终由于呼吸麻痹或心脏骤停导致死亡。无发热症状，胃肠道相关症状通常不明显，患者在死亡前不久仍保持完全清醒。若在早期得以诊断，尽早使用机械呼吸器和其他支持性治疗措施，可以将病死率从65%降至35%以下。康复患者不产生保护性抗体。

针对肉毒杆菌中毒，除使用支持性治疗外，还可用七价马抗毒素进行治疗。在临床症状发作之前使用可减缓病情，但使用后可能会出现严重的不良反应。该抗毒素作为试验性新药可从美国CDC获得。用于治疗由A型或B型毒素引起的婴儿肉毒梭菌中毒的人免疫球蛋白，已经获得许可，为患者节省了多年的住院时间和数百万美元的住院费用。

还有一种能有效抵抗A型、B型、C型、D型和E型的肉毒杆菌毒素的试验性五价疫苗，可用于预防肉毒杆菌中毒。对数千名志愿者和实验室工作人员进行测试发现，该疫苗在人体内诱导产生的血清保护性抗体水平与在动物实验结果一致。在第0周、第2周和第12周接种疫苗，再在1年后进行加强免疫，之后检测疫苗接种者，发现其保护效价＞90%。因此，建议参与肉毒杆菌或其毒素相关工作的人员接种该疫苗[50]。动物模型研究表明，这种疫苗可以有效保护实验动物免受毒素气溶胶的攻击[51]。但是，此疫苗是甲醛灭活产品，生产成本高，而且供应有限。目前美国国防部正在研发一种重组疫苗，其成分均匀、生产工艺简便、价格合理，还能有效诱导长期的保护性免疫[52]。

对于被毒素污染的物体，可用肥皂水进行清理，并用0.5%次氯酸钠水溶液浸泡处理10～15 min[53-55]。

破伤风毒素

破伤风毒素是破伤风杆菌产生的一种外毒素，可引起破伤风。破伤风杆菌普遍存在于土壤中，在富含粪便的土壤中更多，主要对从事农业劳动的人群造成危害[56]。破伤风毒素，即破伤风痉挛素，是一种毒性极强的神经毒素，可抑制神经递质从神经末梢释放，引起局部或全身性麻痹，导致

破伤风症状和体征[57]，主要通过病史分析和相关检查进行诊断。目前只有“士的宁”中毒症状与其特别相似[58]。人用破伤风类毒素疫苗可用于破伤风的免疫预防[59，60]。

大肠埃希菌毒素

已有报告表明，实验室大肠埃希菌感染可能是因为没有遵循标准的生物安全程序所致[61，62]。在人、猪和牛分离的大肠埃希菌菌株中已鉴定出几种耐热和不耐热的肠毒素。近年来发现，大肠埃希菌（O157:H7）的强毒株可产生毒性很强的Vero细胞毒素，引起严重疾病，如肾功能衰竭和溶血性尿毒症综合征[66]。

志贺菌种毒素

据报道，临床实验室工作人员感染志贺菌的风险较高[67，68]。所有志贺菌可自溶释放LPS内毒素[69]，可能会增加对肠壁的刺激。1型痢疾志贺菌还可产生不耐热的外毒素，这种蛋白质对实验动物具有抗原性和致死性，可影响肠道和中枢神经系统[70]。作为肠毒素时，同大肠埃希菌Vero毒素一样导致腹泻，也许两者作用机制相同。该毒素还可抑制人类小肠中糖和氨基酸的吸收。作为“神经毒素”，可使痢疾志贺菌感染变得极为严重，甚至会导致死亡，并使患者表现出脑膜炎、昏迷等中枢神经系统反应。人感染福氏志贺菌和宋氏志贺菌后产生抗毒素，在体外可中和痢疾志贺菌的外毒素。志贺菌的外毒素与其侵袭性的作用不同，且两者可能依次起作用。外毒素在早期导致大量腹泻，而侵入大肠后，会导致血便和脓血便[14]。

葡萄球菌毒素

有近半数金黄色葡萄球菌能产生可溶性葡萄球菌肠毒素，如SEA、SEB、SEC1、SEC2、SEC3、SED和SEE，以及类似肠毒素F的中毒性休克综合征毒素1。这些肠毒素具热稳定性（耐煮沸30 min）和耐肠道酶消化的能力。在含碳水化合物和蛋白质的食物中生长时，金黄色葡萄球菌会产生肠毒素，是其引起食物中毒的主要原因[71]。葡萄球菌肠毒素的合成基因可能位于细菌染色体上[72]，但其调节蛋白可能由质粒携带[73]。SEA、SEB和SEC1是有效的有丝分裂原[74，75]。

葡萄球菌产生的一些毒素给动物注射后引起皮肤坏死，并导致死亡。这些毒素含有可溶性溶血素，能通过电泳技术分离纯化。如α毒素，是一种异质蛋白，能溶解并破坏红细胞与血小板，该特性可能是外毒素引起皮肤坏死和死亡的原因。α毒素还可作用于血管平滑肌[76]。β毒素可降解鞘磷脂，对人体红细胞等多种细胞有毒性[14]。这些毒素与γ毒素和δ毒素的抗原性不同，且与链球菌裂解酶无关[77]。用甲醛处理这些外毒素后，可得到具抗原性的类毒素，但是没有临床价值[14]。

SEB肠毒素因可用于生物恐怖袭击而备受关注。在其首次报道中，有3名实验室工作人员因眼部暴露出现感染症状，之后还有16例实验室吸入SEB而中毒的报告[78]。在眼部暴露后的1～6 h，3人均出现了局部皮肤肿胀和结膜炎病症。其中2人还出现了呕吐等胃肠道症状，据称，这是因肠道神经中枢受刺激所致[78]。该案例表明，毒素可经手–口腔或手–黏膜途径感染。因此在进行SEB等相关实验时，应重视使用合适的工程控制和个人防护设备。

人或猴子摄入25 μg的SEB就会出现呕吐和腹泻[79]。摄入SEB后3～4 h，机体严重失能，出现各种病症，一般包括发烧、萎靡不振、头痛、呼吸改变、胃肠症状以及持续3～4天的白细胞增多等。该毒素的吸入暴露也有较高的发病概率，还有可能导致死亡。在1964年的一次实验室事故中，有至少9名实验室工作人员因暴露于SEB气溶胶而出现寒战、发热等症状，其体温高达106℉（41.1℃）[74]。发热症状在暴露后约12 h（8～20 h）出现，持续了12～76 h（平均持续时间为50 h），并伴随肌肉疼痛和头痛。呼吸道症状则表现为干咳，大概与发热和肌肉疼痛同时出现。在

9名工作人员中，有5名患者出现呼吸短促且发现肺部异常，有3名患者在静卧时仍然呼吸短促。1名患者在出现症状后12 h内呼吸短促较严重，在10天内出现劳累性呼吸短促，在此次严重的暴露事故后，患者胸部X射线检测显示异常，出现中度胸痛并伴有呼吸道症状，持续1天左右（4小时～4天）。在暴露后的第17 h（8～24 h），多数人出现呕吐、食欲不振，呕吐可持续9 h（4～20 h），食欲不振则会持续数天。

目前还没有对该肠毒素特效治疗或预防的方法，但相关疫苗已在研发中[80-82]。研究表明，在进一步的临床前和临床研发中，单克隆抗体可能是优秀的治疗候选药物[83]。在治疗这9名轻度中毒患者的过程中，使用支持性疗法，如使用阿司匹林、对乙酰氨基酚、抗组胺药、体液和电解质替代物以及咳嗽抑制剂等，似乎能够降低体内毒性，减轻症状[84]。

鼠疫耶尔森菌毒素

鼠疫毒素，也被称为鼠毒素，由鼠疫耶尔森菌产生，可快速杀死小鼠和大鼠，低温下杀伤力更加显著[85]。它可能是肾上腺素的拮抗剂，但毒性机制尚不清楚。以往，频繁接触鼠疫菌的实验室工作人员可使用灭活鼠疫疫苗进行防护[86]。而今，美国已禁止了所有鼠疫疫苗的使用，包括用于实验室或野外预防[87]。但是其他替代的保护策略已陆续取得进展，包括亚单位疫苗、DNA疫苗、以细菌和病毒为载体的疫苗以及其在可控条件下进行鼠疫杆菌减毒的方法等都在研发之中[88]。

真菌毒素

几个世纪前，人们便已认识到食用有毒蘑菇的危害[89]。然而，某些丝状真菌产生的危害在近期才被认识[90]。酵母是一种单细胞真菌，不产生影响人类健康的毒素。真菌毒素是各种陆生丝状微形真菌产生的一些低分子量次级代谢产物。它们可污染各种食物，包括豆类、谷物、椰子、牛奶、花生和甘薯，对人类食物供应构成严重威胁[91]。最重要的真菌毒素是由曲霉菌、镰刀菌和葡萄状穗霉属产生的黄曲霉毒素和单端孢霉烯族毒素[92]。

黄曲霉毒素

黄曲霉毒素与急性肝损伤、肝硬化、肿瘤、致畸性免疫抑制、蛋白质能量代谢改变以及血红蛋白水平异常有关。主要包括黄曲霉（*Aspergillus flavus*）、寄生曲霉（*Aspergillus parasiticus*）和红绶曲霉（*Aspergillus nomius*）产生的黄曲霉毒素B_1、B_2、G_1和G_2，可在花生、玉米和棉籽中检出。动物实验表明，黄曲霉毒素具致癌性，流行病学研究表明人类肝癌可能与误食黄曲霉毒素有关[93，94]。至少有一项研究表明，黄曲霉毒素气溶胶暴露可能与支气管癌、结肠癌和肝癌有关[95]。目前还没有针对该毒素中毒的特效解毒剂或疗法，只能进行支持性治疗[96，97]。

单端孢霉烯族毒素

有至少7种真菌，包括单端孢属（*Trichothecium*）、镰孢属（*Fusarium*）、葡萄状穗霉属（*Stachybotrys*）、头孢霉属（*Cephalosporium*）、疣孢漆斑菌属（*Myrothecium*）、赤霉菌属（*Gibberella*）和木霉属（*Trichoderma*），可产生单端孢霉烯族毒素。此类毒素分子量低，包括T-2真菌毒素、二乙酰氧基藨烯醇、雪腐镰刀菌烯醇和4-脱氧雪腐镰刀菌烯醇在内40多种毒素，稳定存在于各种环境中，动物和人类食用了含该毒素的发霉谷物可引起疾病[92，98]。暴露于单端孢霉烯族毒素霉后，在10～30 min出现相关症状。摄入真菌毒素后，会出现呕吐、血性腹泻、弥漫性出血、皮肤炎症甚、体重减轻，甚至是死亡。其具体症状与急性暴露或慢性暴露有关[99]。急性单端孢菌毒素中毒的临床症状与放射毒性相似[100]。

吸入、食入或皮肤接触T-2毒素均可引起中毒。吸入的LD_{50}为50～100 μg/kg，口服摄入的LD_{50}为5～10 mg/kg。纳克和微克含量的T-2毒素可引起皮肤红斑和坏死。T-2毒素主要对皮肤造成损伤，也可能会影响凝血因子导致出血。对于该毒素引起的真菌中毒症，还未发现特异解毒剂和针对性疗法，只能使用支持性疗法[96，101]。但是，发泡膏可以防止T-2真菌毒素暴露[102]。若不慎暴露于T-2毒素，可在1 h内用肥皂水清洗，能有效降低其对皮肤的毒性[53，103]。在大鼠研究中发现，聚乙二醇-300在去除高剂量（100 μg）T-2真菌毒素时比肥皂水洗涤更加有效[104]。

动物毒素

节肢动物、蛇、蜗牛、鱼和其他海洋动物也可合成、分泌或排泄毒素，但这些毒素并不被认为与实验室人员有太大关系。通常情况下，与使用毒液或毒素制剂的人员相比，直接使用动物标本的研究人员毒素暴露风险更高，但两者均需注意采取预防措施[105]，如使用PPE，包括手套和全扣式实验室外套或其他防护服。工作人员必须经过专门和充分的培训，才可对分泌特别毒素的生物进行研究[106]。大多数动物毒素相关工作可以在BSL-2实验室中安全地进行。

节肢动物毒素

许多节肢动物可通过刺针（如尾刺）或喙注射其毒素。毒液螫入以通过皮肤物理损伤最为常见，而以叮咬暴露于口腔黏膜或螫伤暴露较为少见[107]。除了毒素，毒液还含有致敏蛋白[108，109]。昆虫叮咬可引起严重的变态反应，需要立即治疗。节肢动物的毒液可引起严重的皮疹、面部肿胀和喉咙收缩，进而导致呼吸困难、恶心、痉挛、焦虑、血压降低、失去知觉、休克，甚至死亡[110]。

蛇毒

蛇毒及其从中分离的酶类已被用于研究和治疗血液凝固问题[111]。全世界1000多种蛇中，有400余种毒蛇，每年发生约3 000 000起蛇咬事故，导致超过100 000人死亡。各种蛇毒素的作用机制不同[112，113]，但它们都含有麻痹猎物和帮助消化的成分。

海洋毒素

海洋毒素存在于海洋生物用于猎食或防御的毒液中，可以污染水产品[114]。大多数海洋毒素具有热稳定性，且污染海产品后并不会改变其的外观、气味和味道，从而使食用海产品的风险增加[115]。已知产生或含有毒素的海洋动物包括黄貂鱼、海胆、章鱼、锥蜗牛、韦弗鱼、斑马鱼、蝎子鱼、黄蜂鱼、魔鬼鱼、圆鳍鱼、鲶鱼和河豚鱼。蓝藻可产生贝类毒素（STX+），食用含蓝藻的贝类动物可导致麻痹性贝类中毒，并可能出现致命性综合征。STX多由叫作海洋微甲藻的藻类产生。研究表明，在产STX+蓝藻的共同祖先中，内源和外源基因可协同表达[116]。在动物菌群中，也发现了可以产生此类毒素的微生物，这表明编码抗菌效应物的基因可能已经从细菌转移到各种真核生物中[117]。有关海洋毒素的更多信息可参考文献[118]。

芋螺毒素

芋螺毒素是被称为底纹芋螺的食鱼锥螺产生的一种肽类神经毒素[119]，由15～40个氨基酸组成，经多个二硫键连接成紧密构象。锥螺约有500种，每一种均可产生50～100种不同的芋螺毒素，这些毒素可使猎物晕厥[120]。目前，将芋螺毒素A用于慢性疼痛治疗的研究正在进行中[121-123]。大鼠试验表明，其疗效可能比吗啡高10 000倍，且不成瘾，也无副作用[124]。

注射芋螺毒素后几乎立刻出现相关症状。非致死性病例的症状包括灼痛、注射肿胀、迅速蔓延至整个身体的局部麻木、伴有心脏不适和呼吸窘迫。目前没有快速诊断的方法，也没有解毒剂，只能采取人工呼吸或针对症状的支持性治疗[125]。尽管芋螺毒素具有毒性，但仍是医学研究中的宝贵工具。

河豚毒素

河豚毒素是一种有机分子，存在于河豚的组织或蓝环章鱼的唾液腺中。普遍认为河豚毒素是由弧菌（*Vibrio*）、假单胞菌（*Pseudomonas*）和发光菌（*Photobacterium phosphoreum*）[126]等细菌或与河豚相关的甲藻类合成的，是钠离子通道的有效阻断剂，可作为生理学研究的有用工具，最近已能人工合成[127]。在摄入含有河豚毒素的食物后，患者会在15 min至数小时内迅速出现相关症状，先是口腔和嘴唇麻木，接着面部和四肢麻木[128]。此外还会出现呼吸肌麻痹导致的急性呼吸衰竭，可在4 ~ 6 h死亡。目前还没有解毒剂，但支持性治疗通常具有一定效果[118, 129, 130]。

费氏藻毒素

费氏藻毒素由鞭毛藻（*Pfiesteriapiscicida*）产生，北卡罗来纳州和马里兰州的大规模鱼类死亡与其有关[131]。该毒素还可能导致人类神经认知障碍[132, 133]。据报道，沾染该毒素的鱼类可导致研究人员患病。确定这种毒素性质的大部分早期工作是在BSL-3实验室完成的[134]，所引起的其他相关疾病，请参见表11-5。

表 11-5　费氏藻毒素相关疾病：公共卫生战略 [a]

临床症状	相关藻类	毒素	暴露方式	公共卫生对策
麻痹性贝类中毒	亚历山大藻属及相关生物	石房蛤毒素	食用含生物积累毒素的贝类	浮游植物监测（亚历山大藻是一个大型且独特的甲藻）；用小鼠对贝类中的毒素进行生物测定，判断是否封闭贝类床
健忘性贝类中毒	大亚湾拟菱形藻	软骨藻酸	食用含生物积累毒素的贝类，特别是贻贝	通过HPLCb（难以区分有毒和无毒硅藻）监测浮游植物和贝类软骨藻酸含量
神经毒性贝类中毒	短裸甲藻	短裸甲藻毒素	食用生物积累的毒素，吸入由波浪和风作用产生的含毒素气溶胶	浮游植物监测；根据藻细胞数量（> 5000/L）关闭贝类床，为避免在陆上繁殖，也可关闭海滩
雪卡鱼类中毒	底栖珊瑚礁甲藻类（冈比亚鞭毛虫、原甲藻、前环藻等）	雪卡毒素/刺尾鱼毒素	食用含生物积累毒素的热带海水鱼，尤其是肉食鱼类，如梭鱼、石斑鱼和甲鱼	目前没有可行的方法来筛选个别鱼类；该毒素具热稳定性；采用常识性措施（避免在高风险地区消费高风险鱼类）

a 采用参考资料[178]许可的内容。

b HPLC：高效液相色谱。

植物毒素

植物毒素是植物产生的有毒物质，可用于化合物的保护和运输[135, 136]。最著名的植物毒素是凝集素，包括蓖麻毒素和相思豆毒素。其他类别的植物毒素包括氰苷、生物碱、草酸盐、香豆素和酚类。

蓖麻毒素

蓖麻毒素是蓖麻子（*Ricinus communis*）产生的一种水溶性毒素。蓖麻子在世界许多地方均有种植，是蓖麻油的来源[137]。全世界每年用于工业用途的蓖麻子超过1 000 000吨，加工后的废醪中含有3% ~ 5%的蓖麻毒素。蓖麻毒素是一种分子量为66 kDa球状糖蛋白，由A、B两个亚基组成并通过二硫键连接，可抑制细胞蛋白质合成[138]。该毒素具有热稳定性，在pH 7.8、80℃条件下活性稳持在10 min，在50℃则能维持1 h。与肉毒杆菌神经毒素和SEB相比，蓖麻毒素毒性较弱（LD_{50}为3 ~

30 μg/kg）（表11-2）。食入蓖麻毒素后，经过8～10 h的潜伏期，出现恶心、呕吐、腹部绞痛、严重腹泻和血管破裂等症状。吸入会严重损害肺功能，在吸入后的18～24 h为潜伏期，之后发生非特异性症状，包括发热、胸闷、咳嗽、呼吸困难和恶心，接着是体温过低和肺水肿。该毒素暴露后3天内可能导致死亡，具体结局因暴露途径的不同而变化。

目前还没有针对该毒素的特效治疗或预防措施。但是，分子活性位点缺失的基因工程疫苗正在研发中。小鼠接种该疫苗后，可抵御注射10倍LD_{50}蓖麻毒素的攻击，且无副作用，其他途径攻击的小鼠实验也正在进行[139]。研究人员计划对志愿者进行免疫接种，以了解人类抗血清是否能保护小鼠抵御蓖麻毒素的侵害，如果被动免疫也起到保护作用，则说明具有较好的免疫保护效果[140]。两种重组疫苗和单克隆中和抗体在被动暴露后的保护作用，已在动物实验中进行评估[141]。最近研究表明，一种热稳定的铝佐剂疫苗可保护恒河猴免受致死剂量的蓖麻毒素气溶胶的攻击，该疫苗由含双突变位点的蓖麻毒素制成[142]。最近开展了一项蓖麻毒素疫苗RVEc在一期多剂量、开放标签、非安慰剂对照、剂量递增（20 μg、50 μg和100 μg）的单中心Ⅰ期临床研究，对蓖麻毒素疫苗的安全性和免疫原性进行了评价[143]。结果究表明，RVEc疫苗在20 μg和50 μg剂量水平下具有良好的耐受性和免疫原性，经单次加强免疫后，可明显增强疫苗在受试者中的免疫原性。

开发针对蓖麻毒素的疫苗，是为了将其作为一种预防性策略。在不久的将来，将开展被动免疫研究，以证明人类抗体能够抵御蓖麻毒素。人蓖麻毒素免疫血清或人蓖麻毒素免疫球蛋白是蓖麻毒素特异性抗体的两种类型，为了证明这两种抗体有效性，必须先在动物模型中相关研究。

职业健康

针对不同生物毒素所采取的预防性治疗（类毒素疫苗）、暴露后预防（抗毒素）或暴露后支持性治疗的策略可能会千差万别[144]。生物毒素的预防性治疗应作为整个项目风险评估的一部分，在相关工作开始之前，应由职业健康、医疗保健、生物安全专业人员以及监管人员一起解决这些问题。如果有疫苗，有毒素暴露风险人群应提前了解疫苗的有效性和任何潜在的不良反应。虽然抗毒素或抗蛇毒血清对多种毒素有效，但许多毒素暴露后的治疗仅限于支持性疗法。为做好非工作时间的紧急准备，职业健康人员应与当地医院或急诊室沟通，以便他们了解哪些机构在使用毒素。高危人群应提前接受培训，让他们知道向当地医院报告并及时获得初步治疗。这种协调措施可以确保医疗资源在暴露后预防和治疗中随时可投入使用。

岗位风险分析（岗位安全分析）和风险管理

在计划使用毒素或含有毒素的材料时，必须熟悉将要使用的毒素及其相应程序。有关信息可以在生物制剂总结声明[50]、材料安全数据表、毒理学和微生物学课本等中找到。研究人员应在生物安全专业人员或安全委员会的协助下制定岗位风险分析，以作为风险评估的一部分。岗位风险分析是一种专注于工作任务的技术，用以提前识别危险。它聚焦于工作人员、任务、工具和工作环境之间的关系。理想情况下，在发现不受控制的危害时，能采取一定措施将危害消除或降低到可接受的风险等级[145]。在岗位分析的过程中，需形成一个书面的标准操作程序，以便在使用有毒材料时有所遵循。然后使用有效的风险管理流程分析各步骤或过程，如美国陆军[146]开发的风险管理手册（现场手册100～114）。其包含以下5个步骤：①识别危害；②评估危害；③制定控制措施并做出风险决策；④实施控制措施；⑤监督和评估控制措施。这个过程不是静态的，需跟随状况的变化而变

化。另一个是基于主动威胁与机会管理（active threat and opportunity management，ATOM）的技术流程[147]，也可用在实验室环境中。许多生命科学机构均鼓励使用这种类型的分析流程，并将其作为风险评估过程的一部分。

提倡研究人员使用模拟标本或毒性较小的材料依照标准操作程序进行初步训练。作为培训工具，试运行和模拟操作已使用多年。风险管理流程可以整合到试运行过程中，以帮助研究人员识别并避免或减低SOP中的任何危险。作为早期风险评估的一部分，本章的作者之一（J.P.K.）与生物安全委员会（IBC）已成功地使用了该方法。在该案例中，研究人员使用了一种替代剂，该试剂在常规操作时暴露于紫外线或设备操作不当时就会发出荧光。这些训练可清楚地表明SOP中存在的漏洞以及需要改进的地方。此类培训和对受训人员操作的熟练程度的记录正在迅速成为常态，且多由项目负责人或实验室主管进行记录。现今在许多机构中，都会统一对新员工进行更正式的培训和辅导，而不考虑他们以往的教育和经验。最近频繁公布的实验室事故以及关于实验室事故的判例法，驱使人们重新关注人员培训和熟练度的记录，如加州大学–洛杉矶地区检察官（UC-LADA）协议[148]和帕特里克·哈兰与LADA2014年6月签署的延期起诉协议[149]。在UC-LADA协议附录A中，规定了研究机构、项目负责人和安全人员的应尽职责标准，主要分为以下几个方面：

- 项目负责人培训要求。
- 实验室人员培训和档案。
- 文件变更管理（实验室特定标准操作程序的正式审批和其他风险相关文件）。

实验室设施和设备安全

一般而言，实验室若具有BSL-2要求的设施并配备适当的工程控制，那么在严格遵守BSL-2防护标准的情况下，大多数研究项目中使用生物毒素是安全的。除了微生物学和生物医学实验室（BMBL）生物安全中提及的BSL-2设施建议外，美国农业部动植物卫生检验局（APHIS）还提出，“实验室内最小空气更换速率应为每小时8次，无论空间冷却负荷如何”，并且“气流需要从低危险区域向高危险区域流动”[150]。

实验室配备单通道通风系统，保证每小时换气8～10次，且气流需定向从低风险区域向高风险区域流动，这些要求均需慎重对待[151]。向内气流速率建议为每分钟50～100立方英尺。在某些情况下，对拟开展项目风险评估的结果，可能需要在BSL-2设施中配以BSL-3要求的操作和流程，甚至还需要在BSL-3设施中进行。工作是否需要在更严格的防护条件下进行，由许多因素决定，例如，研究所用毒素、毒素的物理状态（液体或固体）、毒素的用量、研究类型以及使用的设备（气溶胶风险等）。如果在同一实验室中使用其他危险物品，如感染因子，则在做出实验室控制决策时也必须考虑这些材料的风险。

毒素实验室应配备符合现行美国国家标准协会（ANSI）规范的紧急淋浴和洗眼器[152，153]。最好每个实验室内都有洗眼器，且其位置应与发生毒素或其他危险化学品飞溅的位置相距不超过10秒内可达到的路程。每个毒素实验室都应该有一个洗手槽。如果实验室配备了真空系统，需使用高效微粒空气过滤器（HEPA）或等效过滤器保护每个使用位点，以避免污染相关管道。实验室的表面，包括橱柜等，应具有便于清洁的涂层，并且可用实验室常用消毒剂进行消毒。台面应防水，并能抗酸、碱、有机溶剂和中等热度[50，154]。在毒素大规模生产（10 L及以上）[155，156]，或极可能形成气溶胶或飞沫的操作中，应使用BMBL中规定的BSL-3级操作、程序和设备。如果涉及重组生物，可应用NIH指南（NIH关于重组或核酸分子合成研究指南）[157]附录K中定义的BSL-2总准则。

在处理生物毒素时，防止操作台、衣服和皮肤受到污染非常重要，因为意外食入是大多数毒素暴露的主要途径。所有可产生气溶胶或飞沫的操作必须在装配通风系统的设备内进行，如使用Ⅱ类或Ⅲ类生物安全柜和手套箱。在某些情况下，还需使用具有HEPA过滤器的化学通风橱。对于实验室规模（小于10 L）的液体毒素操作，可在Ⅱ类BSC中进行。而大规模操作（超过10 L），则需要额外的密封设备。BSC类型和这些工程控制的选择、使用和安装的详细信息可从ANSI/NSF[158]和CDC/NIH等多处获得[159]。当挥发性物质与生物毒素结合使用时，建议采用Ⅱ级B1型或B2型BSC或者Ⅲ级BSC，因为这些BSC是专门针对少量挥发物和放射性核素设计的。对于干燥或粉末形式的毒素，应在手套箱或Ⅲ级BSC中操作，也可勉强在Ⅱ级BSC中使用手套袋进行操作。有些实验会涉及气溶胶的产生，这时使用“箱中箱”的操作理念是个不错的选择[18]。染毒柜、鼻腔染毒箱（即Henderson设备）和气溶胶生成系统，必须装配在Ⅲ级BSC或配有HEPA过滤器送排风装置的手套箱内。

除了实验室的工程控制，还有许多其他处理有毒动物（主要是蛇）的设备，用以减少职业危害[160]。有一种宽体“马铃薯捣碎机”（potato masher）销连装置，很易于操作，能更好地控制蛇的头部，被认为是对“叉形杆”装置的一大的改进。该装置带有一个门可拆卸暗盒，有助于将蛇转移到“环形袋”中，而无须接触。转移到“环形袋”后，可以使蛇挤出毒液，并相对安全的进行检验[161]。使用钳子、管子和其他处理装置，可避免直接接触毒蛇的头部或颈部。只有在极少的情况下，才可能需要直接用手接触毒蛇的头部或颈部。处理毒蛇或蜥蜴之前，应该了解处理这些动物的工具和正确方法。此外，还应制订相应的培训计划，强调安全操作规程和应承担的责任[162]。

个人保护设备

谨慎地进行风险评估，并根据评估结果选择个人保护设备，以适用于实验操作毒素或其他有害物质。

防护服

应穿戴防护服，最好是后开襟样式，以保护常服。如果防护服可重复使用，不应带离毒素工作区域，并需设立相应设施对其进行清洗。不建议将防护服带回家中[163]。

眼睛和脸部保护

需备用适当的眼部或面部保护用具，以用于毒素实验或有毒动物实验，如面罩、护目镜和带有侧护罩的安全眼镜等。保护程度取决于具体操作发生暴露的可能性[159]。

手套

手套的材质必须能够抵抗毒素和所用介质的渗透。例如，处理乙毒素的乙醇溶液时不宜戴乳胶手套，因为酒精可降解乳胶。处理干燥形式的毒素应使用防静电手套[21]。在操作具有皮肤活性的毒素时，除穿戴基本防护服外，还应佩戴全面罩及长筒手套（双层手套）。

呼吸防护系统

如果实验室没有充分的工程控制措施，则有必要进行呼吸防护，如使用配备HEPA或组合式HEPA过滤器的全面罩呼吸器[21]。为确保恰当地使用呼吸防护设备，应提前咨询安全专家。使用呼吸防护设备的人员应该健康状况许可、接受培训，并通过相应的考试。在美国，这些人员还应该参与规定的呼吸保护计划，以符合联邦法规（CFR1910.134）之职业安全卫生管理局（OSHA）的呼

吸保护标准29。

工作规范

BSL-2级防护的许多标准程序应纳入毒素实验室的SOP[50]。根据拟开展工作的风险评估情况，也可将BSL-3的要求纳入SOP。使用毒素的人员应接受正规范的实验室SOP培训，并记录个人存档。实验室主任必须确保相关人员掌握所有实验室操作并了解毒素实验室特有的工作方法：

· 毒素实验室应标明生物安全级别、实验项目、进入实验室的特殊要求以及紧急联系方式等信息。

· 每个实验室应根据具体的毒素制订相应的生物安全或化学卫生计划，包括有关毒素的详细信息以及发生泄漏和暴露时的紧急应对措施。

· 在进行高风险操作时，如处理干粉毒素、注射动物或者注射人类致死剂量的毒素时，应至少有两名穿戴适当PPE的专业人员在场，并能保持彼此照看。处理毒素（包括液体和干粉）时，应根据风险评估结果采取工程控制措施。实验人员进行专门的培训，内容包括安全设备和工程控制的正确使用方式及其局限性。

去污染

为维持毒素实验室的安全工作环境，需采取严格的内务管理制度，如经常清理可能受到污染的台面和设备，对毒素污染的废弃物进行适当的净化和处理[164]。去污方法因毒素的不同而异（参见表11-6）。对于许多细菌毒素，推荐使用稀释的次氯酸钠（0.25%～0.5%NaClO）来处理，使用时应保证溶液与台面和设备有充足的接触时间，以保证去污效果[165]。但对于黄曲霉毒素或T-2真菌毒素，需要使用2.5%次氯酸钠和0.25 mol/L氢氧化钠（NaOH）混合液来处理，接触时间最少为30 min[166]。表11-6为各种浓度的次氯酸钠灭活毒素效果的比较。对于真菌毒素污染严重的玻璃器皿或其他物品，应在2.5%次氯酸钠和0.25 mol/L氢氧化钠混合溶液中浸泡2～8 h。单独使用次氯酸钠不仅无法有效去除黄曲霉毒素B_1，还会导致黄曲霉毒素B_1，2,3-二氯化物的形成，该化合物具有强致癌和诱变作用[167]。为了去除这种致癌物质，可以将处理后的溶液按体积稀释为1%～1.5%的次氯酸钠，然后加入丙酮，使其最终浓度为5%（v/v）[168]。对于黄曲霉毒素B_1，还可使用高锰酸钾硫酸溶液或高锰酸钾氢氧化钠溶液进行处理[169]。

表 11-6　化学法灭活毒素 a[166]

毒素	2.5% NaClO + 0.25 N NaOH	2.5%NaClO	1%NaClO	0.1% NaClO
T-2 霉菌毒素	是	否	否	否
短裸甲藻毒素	是	是	否	否
微囊藻毒素	是	是	是	否
河豚毒素	是	是	是	否
石房蛤毒素	是	是	是	是
海葵毒素	是	是	是	是
蓖麻毒素	是	是	是	是
肉毒毒素	是	是	是	是
葡萄球菌肠毒素	是（？）	是（？）	是（？）	是（？）

a 灭活所用试剂如表所示，每组灭活30 min。是：表示完全失活，是（？）：表示假定失活。

一般认为，121℃下保持20 min，足以使许多生物毒素失去活性。在正常操作下，使用高压灭菌器可灭活蛋白质类生物毒素，但这种方法不能用于灭活热稳定的低分子量的毒素，如真菌毒素、蛇毒和海洋毒素[166，170]。表11-7比较了高压湿热法和不同温度干热法（10 min）灭活毒素的效果。此外，使用特许的医疗废物焚烧炉灭活生物毒素是一种非常有效的方法。无论采用哪种方法，与毒素工作相关的所有废弃物都应根据美国联邦、州和当地法律法规进行净化和处理。

表 11-7 毒素的热灭活 a[166]

毒素	高压灭菌	200°F	500°F	1000°F	1500°F
T-2 霉菌毒素	否	否	否	否	是
短裸甲藻毒素	否	否	否	否	是
微囊藻毒素	否	否	是	是	是
河豚毒素	否	否	是	是	是
石房蛤毒素	否	否	是	是	是
海葵毒素	否	否	是	是	是
蓖麻毒素	是	是	是	是	是
肉毒杆菌	是	是	是	是	是
葡萄球菌肠毒素	是（?）	是（?）	是（?）	是（?）	是（?）

a 灭活方法包括高压灭活和不同温度的干热灭活，干热灭活时间为10min。是：表示完全失活，是（?）：表示假定失活。

监管问题

生物毒素注册

作为生物安全管理计划的重要组成部分，IBC或生物安全专业人员需要对生物有害因子，包括重组DNA、人类疾病病原体和人兽共患病原体等，进行研究登记和审查[171]。对于涉及重组DNA和病原微生物的实验，许多机构很早以前就建立了登记程序。但是在颁布管制病原条例之前，在美国只有少数机构要求对涉及生物毒素的工作正式注册，其中就包括美国CDC管控及CDC/USDA共同管控毒素。

生物毒素的注册是构成生物安全计划的重要组成部分，通过对生物危害因子的合法保有和使用保护科研人员。尤其在2001年美国爱国者法案[174]修订美国刑法第175条[175]以后，美国的科学家得到了更好的保护。该刑法允许对蓄意保存任意类型的生物制剂、毒素或转基因系统的个人起诉。即使是为了开发药物、预防疾病或其他和平善意的研究，也不能存有不合理数量的毒素。注册文件本质上是一种工具，可以为IBC或安全专业人员进行风险评估提供必要的信息。注册文件至少应回答以下问题：

- 负责人是谁?
- 该制剂是什么?
- 将在何处进行研究?
- 计划进行哪些类型的操作?
- 用量是多少?
- 有哪些类型的工程控制?
- 材料存放在哪里?

· 谁具体执行这项工作？

· 如何安全处置所用制剂？

注册文件必须对整个研究团体开放，最好能通过网站等方式下载。对于希望使用毒素的研究人员，必须进行注册，这是强制性的。

毒素的安全性

无论毒素是否符合管制病原条例[172，173，176，177]，谨慎起见，每个使用毒素的实验室都应根据以下建议建立最基本的安全保障：

· 不使用时，应将毒素储存于上锁的冰箱、冰柜或储藏柜中。

· 应保持材料清单准确性，定期对所有库存毒素进行盘点。

· 对于毒素储存室或正在进行毒素工作的实验室，仅限工作需要的相关人员进入。进入毒素实验室需要满足相关要求，并提前了解所要面临的潜在危险。机构在拥有、使用或转让表11-8中所列毒素时，如果剂量高于42 C.F.R.第73部分中公布的允许水平（表11-9），则必须向联邦管制病原项目申请注册，并且必须遵守42 C.F.R.中的所有相关要求。肉毒毒素是目前唯一的一级管制毒素，对于储存该毒素的特定场所，必须增加其他安全措施。

表 11-8 特定毒素列表[a]

HHS 特定毒素	排除的毒素（减毒菌株）
肉毒杆菌神经毒素[b]	C 型肉毒杆菌神经毒素无毒衍生物（BoNT/Cad） BoNT 重链结构域的融合蛋白 / 白喉毒素的易位结构域 重组催化失活的肉毒杆菌 A1 全蛋白（ciBoNT/A1 HP） BoNT 纯化蛋白（BoNT/A1 无毒衍生物，ad，E224A/Y366A） A 型重组肉毒杆菌神经毒素（R362A，Y365F）
芋螺毒素[c]（短的且含有 X1CCX2PACGX 3X4X5X6CX7 氨基酸序列的麻痹性 α 芋螺毒素）[d]	非短麻痹性 α 芋螺毒素
蛇形菌素	N/A
篦麻毒素	N/A
石房蛤毒素	N/A
葡萄球菌肠毒素 A、B、C、D 和 E 亚型	SEA 三重突变体（L48R，D70R 和 Y92A） SEB 三重突变体（L45R，Y89A 和 Y94A） SEC 双突变体（N23A 和 Y94A）
T-2 毒素	
河豚毒素	脱水河豚毒素（野生型河豚毒素的衍生物）

a 数据来源：http://www.selectagents.gov/SelectAgentsandToxinsList.html和http://www.selectagents.gov/exclusions-hhs.html。

b 表示一级制剂。

c 建议根据2016年1月提出的拟议方案进行删除。

d C：半胱氨酸残基均会形成二硫键，包括第一和第三半胱氨酸，第二和第四半胱氨酸形成的特定二硫键。含有共有序列的毒素包括α-MI和α-GI（如上所示），以及α-GIA、Ac1.1a、α-CnIA和α-CnIB毒素。X1：任意氨基酸或Des-X。X2：天冬酰胺或组氨酸。P：脯氨酸。A：丙氨酸。G：甘氨酸。X3：精氨酸或赖氨酸。X4：天冬酰胺、组氨酸、赖氨酸、精氨酸、酪氨酸、苯丙氨酸或色氨酸。X5：酪氨酸、苯丙氨酸或色氨酸。X6：丝氨酸、苏氨酸、谷氨酸、天冬氨酸、谷氨酰胺或天冬酰胺。X7：任意氨基酸或Des X。“Des X”：氨基酸不必存在于该位置。例如，如果肽序列是XCCHPA，则CCHPA是其相关肽，X即表示Des-X。

表 11-9 允许的毒素数量[a]

HHS 毒素［§73.3（d）（3）］	当前数量（mg）	建议数量（mg）
相思子毒素	100	1000
肉毒杆菌神经毒素	0.5	1
短的麻痹性 α 芋螺毒素	100	—
蛇形菌素	1000	10000
篦麻毒素	100	1000
石房蛤毒素	100	500
金黄色葡萄球菌肠毒素（A、B、C、D 和 E 亚型）	5	100
T-2 毒素	1000	10000
河豚毒素	100	500

a 数据来源：http://www.selectagents.gov/PermissibleToxinAmounts.html和https://www.federalregister.gov/articles/2016/01/19/2016 ~ 00758/possession-use-and-transfer-of-select-agents-and-toxins-biennial-review-of-the-list-of-select-agents#h-22。

· 设立进入许可制度，经检察总长进行安全风险评估，并获得卫生和福利部的批准的人员方可进入。应在制度运行前进行适用性评估，制度正式运行时，持续进行适用性评估，并根据评估结果及时调整制度。

· 设立非工作时间授权制度，只有经过相关负责领导或指定的代理人特别批准的人员才可在非工作时间出入实验室和储存室。

· 设立访客登记制度，根据建筑物、相关设施或院落等这些具体场地风险评估结果，设立访客出入口。还应对访客及其所有物、车辆等进行登记。

· 在储存及使用管制病原和毒素的区域，应至少设立三道安全屏障，且每层安全屏障之间应保持一定的安全距离。必须时刻监控其中一道安全屏障，以保证全天候（白天、黑夜、恶劣天气等）监控出入控制区域。最后一道屏障只对已获得一级管制病原或毒素授权的人员开放。

· 已经开通的所有登记场所或区域必须安装入侵监测系统（IDS），并且监控该系统的工作人员必须能够评估和解释警报信号，并向安全反应部队或当地执法部门发出警报。

· 建立相关程序，以确保在电源控制系统故障的情况下一级管制病原保存、使用区域的电力供应不受电源中断而影响。

· 最初的安全事故警报发出后，安全部队和当地执法部门的响应时间不应超过15 min。并且需要设立足够的安全屏障来迟滞非法闯入，直到安全部队或执法部门到达，以防止盗窃、故意放毒或非法闯入。

结论

生物毒素是由微生物、植物和动物产生的多样性化合物。这些毒素可对人和动物产生多种影响，轻者不适，重者失能，甚至还会危及生命。对应的治疗方法也各不相同，包括使用解毒剂（抗蛇毒毒素或抗毒素）、疫苗（即类毒素）和支持性疗法。计划使用毒素进行研究的人员应先了解毒素的毒性、重要特征、作用效果和所需的PPE及可能的相关规定。有了这些知识，实验室人员方可安全开展毒素研究工作，并能够最大限度地减少不良后果。

笔者非常感谢Evelyn M. Hawley，Dr. David R. Franz和Dr. Steve Kappes的无私奉献和对文稿的审阅。

原著参考文献

[1] Bernard C, Dumas JB, Bert P. 1878. La science experimentale, par Claude Bernard. J. B. Bailliaere & fils, Paris, France.

[2] Cushman DW, Ondetti MA. 1991. History of the design of captopril and related inhibitors of angiotensin converting enzyme. Hypertension 17:589–592.

[3] Hider RC, Karlsson E, Namiranian S. 1991. Separation and purification of toxins from snake venoms, p 1–34. In Harvey A (ed), Snake Toxins. Pergamon Press, New York.

[4] Hollecker M, Marshall DL, Harvey AL. 1993. Structural features important for the biological activity of the potassium channel blocking dendrotoxins. Br J Pharmacol 110:790–794.

[5] Wulff H, Zhorov BS. 2008. K+ channel modulators for the treatment of neurological disorders and autoimmune diseases. Chem Rev 108:1744–1773.

[6] Schwartz BS, Mitchell CS, Weaver VM, Cloeren M. 1994. Bacteria, p 318–381. In Wald PH, Stave GM (ed), Physical and Biological Hazards of the Workplace. Van Nostrand Reinhold, New York, N.Y.

[7] Royal MA. 2003. Botulinum toxins in pain management. Phys Med Rehabil Clin N Am 14:805–820.

[8] Cuatrecasas P (ed). 1977. The Specificity and Action of Animal, Bacterial and Plant Toxins (Receptors and Recognition), series B, vol 1. John Wiley & Sons, Inc, New York.

[9] Menez A (ed). 2002. Perspectives in Molecular Toxinology. John Wiley and Sons, Ltd, West Sussex, England.

[10] Oehme FW, Keyler DE. 2007. Plant and animal toxins, p 983– 1050. In Hayes AW (ed), Principles and Methods of Toxinology, 5th ed. Informa Healthcare USA, Inc, New York, N.Y.

[11] Mackessy SP (ed). 2009. Handbook of Venoms and Toxins of Reptiles. CRC Press, Boca Raton, FL.

[12] Klaassen C. 2013. Casarett & Doull's Toxicology: The Basic Science of Poisons, 8th ed. McGraw-Hill Company, New York, N.Y. 13. Derelanko MJ, Auletta CS. 2014. Handbook of Toxicology, 3rd ed. CRC Press, Boca Raton, FL.

[14] Brooks G, Butel J, Morse S (ed). 2004. Jawetz, Melnick & Adelberg's Medical Microbiology, 23rd ed. McGraw Hill Companies, New York.

[15] Levinson W. 2014. Review of Medical Microbiology and Immunology, 13th ed. McGraw-Hill Education /Medical, Columbus, OH.

[16] Walker M. 1997. Toxins and poisons, p 523–537. In Curtis M, Sutter M (ed), Integrated Pharmacology. C. V. Mosby, Chicago, IL.

[17] Kemppainen BW, Pace JG, Riley RT. 1987. Comparison of in vivo and in vitro percutaneous absorption of T-2 toxin in guinea pigs. Toxicon 25:1153–1162.

[18] Johnson B, Mastnjak R, Resnick IG. 2000. Safety and health considerations for conducting work with biological toxins, p 88–111. In Richmond J (ed), Anthology of Biosafety II: Facility Design Considerations. American Biological Safety Association, Mundelein, IL.

[19] Ramanathan H. 2010. Food poisoning by Clostridium botulinum, p 10–15. In Food Poisoning—A Threat to Humans. Marsland Press, Richmond Hill, NY. http://www. sciencepub. net/book/041_1349book. pdf.

[20] Centers for Disease Control and Prevention (CDC). 2013. Outbreak of staphylococcal food poisoning from a military unit lunch party—United States, July 2012. MMWR Morb Mortal Wkly Rep 62:1026–1028. http://www. cdc. gov/mmwr/pdf/wk /mm6250. pdf.

[21] Wilson DE, Chosewood LC. 2009. Guidelines for work with toxins of biological origin, p 385–393. In Biosafety in Microbiological and Biomedical Laboratories. 5th ed., HHS Publication No. (CDC) 21-1112. http://www. cdc. gov/biosafety/publications /bmbl5/bmbl5_appendixi. pdf.

[22] Van Heyningen WE, Mellanby J. 1971. Tetanus toxin, p 69–108. In Kadis S, Montie T, Ajl S (ed), Microbiological Toxins, vol. 2A. Academic Press, New York, NY.

[23] Fodstad O, Johannessen JV, Schjerven L, Pihl A. 1979. Toxicity of abrin and ricin in mice and dogs. J Toxicol Environ Health 5:1073–1084.

[24] Ezzell JW, Ivins BE, Leppla SH. 1984. Immunoelectrophoretic analysis, toxicity, and kinetics of in vitro production of the protective antigen and lethal factor components of Bacillus anthracis toxin. Infect Immun 45:761–767.

[25] Schlessinger D, Schaechter M. 1993. Bacterial toxins, p 162– 175. In Schaechter M, Medoff G, Eisenstein BI (ed), Mechanisms of Microbial Disease, 2nd ed. Williams and Wilkins, Baltimore, MD.

[26] Schmitt CK, Meysick KC, O'Brien AD. 1999. Bacterial toxins: friends or foes? Emerg Infect Dis 5:224–234.

[27] Lamanna C. 1959. The most poisonous poison: what do we know about the toxin of botulism? What are the problems to be solved?. Science 130:763–772.

[28] Ramachandran G. 2014. Gram-positive and gram-negative bacterial toxins in sepsis: a brief review. Virulence 5:213–218., http://www. tandfonline. com/doi/pdf/10. 4161/viru. 27024.

[29] Mahon CR, Flaws ML. 2011. Host-parasite interaction, B. Pathogenesis of infection, p 33. In Mahon CR, Lehman DC, Manuselis G Jr

(ed), Textbook of Diagnostic Microbiology, 4th ed. W.B. Saunders, Maryland Heights, MO.
[30] Schoenbach EB, Jezukawicz JJ, Mueller JH. 1943. Conversion of hydrolysate tetanus toxin to toxoid. J Clin Invest 22: 319–320.
[31] Lenters V, Basinas I, Beane-Freeman L, Boffetta P, Checkoway H, Coggon D, Portengen L, Sim M, Wouters IM, Heederik D, Vermeulen R. 2010. Endotoxin exposure and lung cancer risk: a systematic review and meta-analysis of the published literature on agriculture and cotton textile workers. Cancer Causes Control 21:523–555.
[32] Attwood P, Brouwer R, Ruigewaard P, Versloot P, de Wit R, Heederik D, Boleij JS. 1987. A study of the relationship between airborne contaminants and environmental factors in Dutch swine confinement buildings. Am Ind Hyg Assoc J 48:745–751.
[33] DeLucca AJ II, Palmgren MS. 1987. Seasonal variation in aerobic bacterial populations and endotoxin concentrations in grain dusts. Am Ind Hyg Assoc J 48:106–110.
[34] Rylander R, Morey P. 1982. Airborne endotoxin in industries processing vegetable fibers. Am Ind Hyg Assoc J 43:811–812.
[35] Jones W, Morring K, Olenchock SA, Williams T, Hickey J. 1984. Environmental study of poultry confinement buildings. Am Ind Hyg Assoc J 45:760–766.
[36] Castellan RM, Olenchock SA, Kinsley KB, Hankinson JL. 1987. Inhaled endotoxin and decreased spirometric values. An exposure-response relation for cotton dust. N Engl J Med 317:605–610.
[37] Goossens PL, Tournier J-N. 2015. Crossing of the epithelial barriers by Bacillus anthracis: the known and the unknown. Front Microbiol 6:1122.
[38] Stevens DL, Bisno AL, Chambers HF, Patchen Dellinger E, Goldstein EJC, Gorbach LSL, Hirschmann JV, Kaplan SL, Montoya JG, Wade JC. 2014. Practice guidelines for the diagnosis and management of skin and soft tissue infections: 2014 Update by the Infectious Diseases Society of America. Clin Infect Dis 59:e10–e52. http://cid. oxfordjournals. org/content/early /2014/06/14/cid. ciu296. full. pdf.
[39] Schneemann A, Manchester M. 2009. Anti-toxin antibodies in prophylaxis and treatment of inhalation anthrax. Future Microbiol 4:35–43.
[40] Centers for Disease Control and Prevention (CDC). 2001. Update: Investigation of Bioterrorism-Related Anthrax and Interim Guidelines for Exposure Management and Antimicrobial Therapy. MMWR Morb Mortal Wkly Rep 50:909–919.
[41] Wright JG, Quinn CP, Shadomy S, Messonnier N; Centers for Disease Control and Prevention (CDC). 2010. Use of anthrax vaccine in the United States. Recommendations of the Advisory Committee on Immunization Practices (ACIP). MMWR Recomm Rep 59(RR-6):1–30. http://www. cdc. gov/mmwr/pdf/rr/rr5906. pdf.
[42] Albrecht MT, Li H, Williamson ED, LeButt CS, Flick-Smith HC, Quinn CP, Westra H, Galloway D, Mateczun A, Goldman S, Groen H, Baillie LWJ. 2007. Human monoclonal antibodies against anthrax lethal factor and protective antigen act independently to protect against Bacillus anthracis infection and enhance endogenous immunity to anthrax. Infect Immun 75:5425–5433.
[43] Chen Z, Moayeri M, Purcell R. 2011. Monoclonal antibody therapies against anthrax. Toxins (Basel) 3:1004–1019.
[44] Hill KK, Smith TJ. 2013. Genetic diversity within Clostridium botulinum serotypes, botulinum neurotoxin gene clusters and toxin subtypes, p 1–20. In Rummel A, Binz T (ed), Botulinum Neurotoxins. Springer, New York.
[45] Hambleton P. 1992. Clostridium botulinum toxins: a general review of involvement in disease, structure, mode of action and preparation for clinical use. J Neurol 239:16–20.
[46] Sobel J, Tucker N, Sulka A, McLaughlin J, Maslanka S. 2004. Foodborne botulism in the United States, 1990–2000. Emerg Infect Dis 10:1606–1611.
[47] FitzGerald S, Lyons R, Ryan J, Hall W, Gallagher C. 2003. Botulism as a cause of respiratory failure in injecting drug users. Ir J Med Sci 172:143–144.
[48] Maslanka SE. 2014. Botulism as a disease of humans, p 259– 289. In Foster KA (ed), Molecular Aspects of Botulinum Toxin, vol 4. Springer, New York.
[49] Arnon SS. 2007. Creation and development of the public service orphan drug Human Botulism Immune Globulin. Pediatrics 119:785–789.
[50] Wilson DE, Chosewood LC.2009. Biosafety in Microbiological and Biomedical Laboratories. 5th ed., HHS Publication No. (CDC) 21-1112. http://www. cdc. gov/biosafety/publications/bmbl5/bmbl. pdf.
[51] Rusnak JM, Boudreau EF, Hepburn MJ, Martin JW, Bavari S. 2007. Medical Countermeasures, p 495. In Dembek Z (ed), Medical Aspects of Biological Warfare, Defense Dept., Army. Office of the Surgeon General, Borden Institute, Washington, DC.
[52] Dux MP, Huang J, Barent R, Inan M, Swanson ST, Sinha J, Ross JT, Smith LA, Smith TJ, Henderson I, Meagher MM. 2011. Purification of a recombinant heavy chain fragment C vaccine candidate against botulinum serotype C neurotoxin [rBoNTC(H(c))] expressed in Pichia pastoris. Protein Expr Purif 75:177–185.
[53] Hawley RJ, Kozlovac J. 2004. Decontamination, p 333–348. In Lindler LE, Lebeda FJ, Korch GW (ed), Biological Weapons Defense: Infectious Diseases and Counterbioterrorism. Humana Press, Inc, Totowa, NJ.

[54] Kortepeter M. 2001. Decontamination, p 118–129. In Kortepeter M (ed), Medical Management of Biological Casualties Handbook. U.S. Army Medical Research Institute of Infectious Diseases, Fort Detrick, MD.

[55] Dembek Z. 2011. Decontamination, p 165–167. In Dembek Z (ed), Medical Management of Biological Casualties Handbook, 7th ed. U.S. Army Medical Research Institute of Infectious Diseases, Fort Detrick, MD.

[56] Simon HB, Swartz MN. 1992. Pathophysiology of fever and fever of undetermined origin, p 8–12. In Scientific American Medicine. WebMD Professional Publishing, New York.

[57] Critchley DR, Nelson PG, Habig WH, Fishman PH. 1985. Fate of tetanus toxin bound to the surface of primary neurons in culture: evidence for rapid internalization. J Cell Biol 100: 1499–1507.

[58] Bleck TP. 1991. Tetanus: pathophysiology, management, and prophylaxis. Dis Mon 37:551–603.

[59] Guilfoile P, Babcock H. 2008. How is tetanus prevented?, p 55–63. In Guilfoile P, Babcock H (ed), Tetanus. Chelsea House, New York.

[60] National Center for Immunization and Respiratory Diseases. 2011. General recommendations on immunization— Recommendations of the Advisory Committee on Immunization Practices (ACIP). MMWR Recomm Rep 60:1–64.

[61] Parry SH, Abraham SN, Feavers IM, Lee M, Jones MR, Bint AJ, Sussman M. 1981. Urinary tract infection due to laboratoryacquired Escherichia coli: relation to virulence. Br Med J (Clin Res Ed) 282:949–950.

[62] Wilson ML, Reller B. 2014. Chapter 22, Clinical laboratoryacquired infections, p 320–328. In Jarvis WR (ed), Bennett and Brachman's Hospital Infections, 6th ed. Lippincott, Williams & Wilkins, Philadelphia, PA.

[63] Staples SJ, Asher SE, Giannella RA. 1980. Purification and characterization of heat-stable enterotoxin produced by a strain of E. coli pathogenic for man. J Biol Chem 255:4716–4721.

[64] Saeed AMK, Magnuson NS, Sriranganathan N, Burger D, Cosand W. 1984. Molecular homogeneity of heat-stable enterotoxins produced by bovine enterotoxigenic Escherichia coli. Infect Immun 45:242–247.

[65] Erume J, Berberov EM, Kachman SD, Scott MA, Zhou Y, Francis DH, Moxley RA. 2008. Comparison of the contributions of heat-labile enterotoxin and heat-stable enterotoxin b to the virulence of enterotoxigenic Escherichia coli in F4ac receptorpositive young pigs. Infect Immun 76:3141–3149.

[66] Pavia AT, Nichols CR, Green DP, Tauxe RV, Mottice S, Greene KD, Wells JG, Siegler RL, Brewer ED, Hannon D, Blake PA. 1990. Hemolytic-uremic syndrome during an outbreak of Escherichia coli O157:H7 infections in institutions for mentally retarded persons: clinical and epidemiologic observations. J Pediatr 116:544–551.

[67] Grist NR, Emslie JAN. 1987. Infections in British clinical laboratories, 1984–5. J Clin Pathol 40:826–829.

[68] Grist NR, Emslie JAN. 1991. Infections in British clinical laboratories, 1988–1989. J Clin Pathol 44:667–669.

[69] Sandvig K, Bergan J, Dyve A-B, Skotland T, Torgersen ML. 2010. Endocytosis and retrograde transport of Shiga toxin. Toxicon 56:1181–1185.

[70] Gill DM. 1987. Bacterial toxins: lethal amounts, p 127–135. In Laskin A, Lechevalier HA (ed), CRC Handbook of Microbiology, 2nd ed, vol VIII. CRC Press, Boca Raton, FL.

[71] Pinchuk IV, Beswick EJ, Reyes VE. 2010. Staphylococcal enterotoxins. Toxins (Basel) 2:2177–2197.

[72] Mallonee DH, Glatz BA, Pattee PA. 1982. Chromosomal mapping of a gene affecting enterotoxin A production in Staphylococcus aureus. Appl Environ Microbiol 43:397–402.

[73] Cunha MLRS, Calsolari RAO. 2008. Toxigenicity in Staphylococcus aureus and coagulase-negative staphylococci: Epidemiological and molecular aspects. Microbiol Insights 1:13–24.

[74] Ulrich RG, Sidell S, Taylor TJ, Wilhelmsen C, Franz DR. 1997. Staphylococcal enterotoxin B and related pyrogenic toxins, p 621–630. In Zajtchuk R, Bellamy RF (ed), Medical Aspects of Chemical and Biological Warfare. Borden Institute, Washington, DC.

[75] Kortepeter M. 2011b. Staphylococcal enterotoxin B, p 138–145. In Kortepeter M (ed), Medical Management of Biological Casualties Handbook. U.S. Army Medical Research Institute of Infectious Diseases, Fort Detrick, MD.

[76] Bhakdi S, Tranum-Jensen J. 1991. Alpha-toxin of Staphylococcus aureus. Microbiol Rev 55:733–751.

[77] Nilsson I-M, Hartford O, Foster T, Tarkowski A. 1999. Alphatoxin and gamma-toxin jointly promote Staphylococcus aureus virulence in murine septic arthritis. Infect Immun 67:1045–1049.

[78] Rusnak JM, Kortepeter M, Ulrich R, Poli M, Boudreau E. 2004. Laboratory exposures to staphylococcal enterotoxin B. Emerg Infect Dis 10:1544–1549.

[79] Franz DR. 1997. Defense Against Toxin Weapons. U.S. Army Medical Research Institute of Infection Diseases, Fort Detrick, MD.

[80] Stiles BG, Garza AR, Ulrich RG, Boles JW. 2001. Mucosal vaccination with recombinantly attenuated staphylococcal enterotoxin B and protection in a murine model. Infect Immun 69:2031–2036.

[81] Boles JW, Pitt MLM, LeClaire RD, Gibbs PH, Torres E, Dyas B, Ulrich RG, Bavari S. 2003. Generation of protective immunity by

inactivated recombinant staphylococcal enterotoxin B vaccine in nonhuman primates and identification of correlates of immunity. Clin Immunol 108:51–59.

[82] Morefield GL, Tammariello RF, Purcell BK, Worsham PL, Chapman J, Smith LA, Alarcon JB, Mikszta JA, Ulrich RG. 2008. An alternative approach to combination vaccines: intradermal administration of isolated components for control of anthrax, botulism, plague and staphylococcal toxic shock. J Immune Based Ther Vaccines 6:5.

[83] Karauzum H, Chen G, Abaandou L, Mahmoudieh M, Boroun AR, Shulenin S, Devi VS, Stavale E, Warfield KL, Zeitlin L, Roy CJ.. 2012. Synthetic human monoclonal antibodies toward staphylococcal enterotoxin B (SEB) protective against toxic shock syndrome. J Biol Chem 287:25203–25215.

[84] Franz DR, Jahrling PB, Friedlander AM, McClain DJ, Hoover DL, Bryne WR, Pavlin JA, Christopher GW, Eitzen EM Jr. 1997. Clinical recognition and management of patients exposed to biological warfare agents. JAMA 278:399–411.

[85] Hinnebusch BJ, Rudolph AE, Cherepanov P, Dixon JE, Schwan TG, Forsberg A. 2002. Role of Yersinia murine toxin in survival of Yersinia pestis in the midgut of the flea vector. Science 296:733–735.

[86] Butler T. 1990. Yersinia species (including plague), p 1748–1756. In Mandell GL, Douglas GR, Bennett JE (ed), Principles and Practices of Infectious Diseases, 3rd ed. Churchill Livingstone, New York.

[87] Powell BS, Andrews GP, Enama JT, Jendrek S, Bolt C, Worsham P, Pullen JK, Ribot W, Hines H, Smith L, Heath DG, Adamovicz JJ. 2005. Design and testing for a nontagged F1-V fusion protein as vaccine antigen against bubonic and pneumonic plague. Biotechnol Prog 21:1490–1510.

[88] Feodorova VA, Motin VL. 2012. Plague vaccines: current developments and future perspectives. Emerg Microbes Infect 1:e36.

[89] Clarke D, Crews C. 2014. Natural toxicants— mushrooms and toadstools, p 269–276. In Motarjemi Y, Moy G, Todd E (ed), Encyclopedia of Food Safety, vol 2. Academic Press, San Diego, CA.

[90] Yamaguchi MU, Rampazzo RCP, Yamada-Ogatta SF, Nakamura CV, Ueda-Nakamura T, Filho BP. 2007. Yeasts and filamentous fungi in bottled mineral water and tap water from municipal supplies. Braz Arch Biol Technol 50:1–9.

[91] Philp RB. 2008. Mycotoxins and other toxins from unicellular organisms, p 283–300. In Philp RB (ed), Ecosystems and Human Health—Toxicology and Environmental Hazards, 3rd ed. CRC Press, Boca Raton, FL.

[92] Bennett JW, Klich M. 2003a. Mycotoxins. Clin Microbiol Rev 16:497–516.

[93] Stoloff L. 1977. Aflatoxins: an overview, p 7–28. In Rodricks J, Hesseltine C, Mehlmann M (ed), Mycotoxins in Human and Animal Health. Pathotox Publishers, Inc, Park Forest South, Ill.

[94] World Health Organization International Agency For Research On Cancer (WHO). 2002. Alfatoxins, p 193–194. In IARC Working Group (ed.), IARC Monographs On The Evaluation Of Carcinogenic Risks To Humans, vol. 82. Some Traditional Herbal Medicines, Some Mycotoxins, Naphthalene and Styrene. IARC Press, Lyon, France.

[95] Shotwell OL, Burg W.1982. Aflatoxin in corn: potential hazard to agricultural workers, p. 69–86. In Kelly W (ed.), Agricultural Respiratory Hazards (Annals of the American Conference of Governmental Industrial Hygienists). American Conference of Governmental Industrial Hygienists, Cincinnati, OH.

[96] Bennett JW, Klich M. 2003b. Mycotoxins. Clin Microbiol Rev 16:497–516.

[97] Heymann DL. 2015. Aspergillosis, p 58–61. In Heymann DL (ed), Control of Communicable Diseases Manual, 20th ed. American Public Health Association, Washington, DC.

[98] Wannemacher RW, Wiener SL. 1997. Trichothecene mycotoxins, p 655–676. In Zajtchuk R, Bellamy RF (ed), Medical Aspects of Chemical and Biological Warfare. Borden Institute, Washington, DC.

[99] Huebner KD, Wannemacher RW, Stiles BG, Popoff MR, Poli MA. 2007. Additional toxins of clinical concern, p 359–361. In Dembek Z (ed), Medical Aspects of Biological Warfare. Office of the Surgeon General, Borden Institute, Washington, DC.

[100] Fung F, Clark R, Williams S. 1998. Stachybotrys, a mycotoxinproducing fungus of increasing toxicologic importance. J Toxicol Clin Toxicol 36:79–86.

[101] Huebner KD, Wannemacher RW, Stiles BG, Popoff MR, Poli MA. 2007. Additional toxins of clinical concern, p 361– 365. In Dembek Z (ed), Medical Aspects of Biological Warfare. Office of the Surgeon General, Borden Institute, Washington, DC.

[102] Hospenthal DR. 2004. Mycotoxins, p 194. In Roy MJ (ed), Physician's Guide to Terrorist Attack. Humana Press, Totowa, NJ.

[103] Kortepeter M. 2011. T-2 mycotoxins, p 146–165. In Kortepeter M (ed), Medical Management of Biological Casualties Handbook. U.S. Army Medical Research Institute of Infectious Diseases, Fort Detrick, MD.

[104] Fairhurst S, Maxwell SA, Scawin JW, Swanston DW. 1987. Skin effects of trichothecenes and their amelioration by decontamination. Toxicology 46:307–319.

[105] Gwaltney-Brant S, Dunayer E, Youssef H. 2012. Terrestrial zootoxins, p 969–992. In Gupta RC (ed), Veterinary Toxicology Basic and

Clinical Principles, 2nd ed. Academic Press, Waltham, MA.
[106] Doucet ME, DiTada I, Martori R, Abalos A. 1978. Security standards in a serpentarium, p 467–470. In Rosenberg P (ed), Toxins, Animal, Plant and Microbial. Pergamon Press, New York.
[107] Palmier JA, Palmier C. 2002. Envenomations, p 581–603. In Wald PH, Stave GM (ed), Physical and Biological Hazards of the Workplace, 2nd ed. Wiley-Interscience, New York.
[108] Keele CA. 1967. The chemistry of pain production. Proc R Soc Med 60:419–422.
[109] Voght JT, Kozlovac JP. 2006. Safety considerations for handling imported fire ants (Solenopsis spp.) in the laboratory and field. Appl Biosaf 11:88–97.
[110] Goddard J. 2007. Signs and symptoms of arthropod-borne diseases, p 107–114. In Physician's Guide to Arthropods of Medical Importance, 5th ed. CRC Press, Boca Raton, FL.
[111] Joseph B, Raj SJ, Edwin BT, Sankarganesh P. 2011. Pharmacognostic and biochemical properties of certain biomarkers in snake venom. Asian J. Biol. Sci. 4:317–324.
[112] Tsetlin VI, Hucho F. 2004. Snake and snail toxins acting on nicotinic acetylcholine receptors: fundamental aspects and medical applications. FEBS Lett 557:9–13.
[113] Kang TS, Georgieva D, Genov N, Murakami MT, Sinha M, Kumar RP, Kaur P, Kumar S, Dey S, Sharma S, Vrielink A, Betzel C, Takeda S, Arni RK, Singh TP, Kini RM. 2011. Enzymatic toxins from snake venom: structural characterization and mechanism of catalysis. FEBS J 278:4544–4576.
[114] Whittle K, Gallacher S. 2000. Marine toxins. Br Med Bull 56: 236–253.
[115] Park DL, Guzman-Perez SE, Lopez-Garcia R. 1999. Aquatic biotoxins: design and implementation of seafood safety monitoring programs. Rev Environ Contam Toxicol 161:157–200.
[116] Moustafa A, Loram JE, Hackett JD, Anderson DM, Plumley FG, Bhattacharya D. 2009. Origin of saxitoxin biosynthetic genes in cyanobacteria. PLoS One 4:e5758. http://journals. plos. org /plosone/article? id=10. 1371/journal. pone. 0005758,.
[117] Chou S, Daugherty MD, Peterson SB, Biboy J, Yang Y, Jutras BL, Fritz-Laylin LK, Ferrin MA, Harding BN, Jacobs-Wagner C, Yang XF, Vollmer W, Malik HS, Mougous JD. 2015. Transferred interbacterial antagonism genes augment eukaryotic innate immune function. Nature 518:98–101.
[118] Baden DG, Fleming LE, Bean JA. 1995. Marine toxins, p 141– 175. In deWolf FA (ed), Handbook of Clinical Neurology: Intoxications of the Nervous System Part H. Natural Toxins and Drugs. Elsevier Press, Amsterdam, The Netherlands.
[119] Gray WR, Olivera BM, Cruz LJ. 1988. Peptide toxins from venomous Conus snails. Annu Rev Biochem 57:665–700.
[120] Becker S, Terlau H. 2008. Toxins from cone snails: properties, applications and biotechnological production. Appl Microbiol Biotechnol 79:1–9.
[121] Satkunanathan N, Livett B, Gayler K, Sandall D, Down J, Khalil Z. 2005. Alpha-conotoxin Vc1.1 alleviates neuropathic pain and accelerates functional recovery of injured neurones. Brain Res 1059:149–158.
[122] Essack M, Bajic VB, Archer JAC. 2012. Conotoxins that confer therapeutic possibilities. Mar Drugs 10:1244–1265.
[123] Hannon HE, Atchison WD. 2013. Omega-conotoxins as experimental tools and therapeutics in pain management. Mar Drugs 11:680–699.
[124] Layer RT, McIntosh JM. 2006. Conotoxins: therapeutic potential and application. Mar Drugs 4:119–142.
[125] Chand P. 2009. Marine envenomations, p 454–459. In Dobbs MR (ed), Clinical Neurotoxicology: Syndromes, Substances, Environments. Saunders Elsevier, Philadelphia, PA.
[126] Liu F, Fu Y, Shih DY. 2004. Occurrence of tetrodotoxin poisoning in Nassarius papillosis alectrion and Nassarius gruneri niotha. J Food Drug Anal 12:189–192.
[127] Taber DF, Storck PH. 2003. Synthesis of (–)-tetrodotoxin: preparation of an advanced cyclohexenone intermediate. J Org Chem 68:7768–7771.
[128] Kheifets J, Rozhavsky B, Girsh Solomonovich Z, Marianna R, Soroksky A. 2012. Severe tetrodotoxin poisoning after consumption of Lagocephalus sceleratus (pufferfish, fugu) fished in Mediterranean Sea, treated with cholinesterase inhibitor. Case Rep Crit Care 2012:782507.
[129] Benzer TI.2005. Toxicity, tetrodotoxin. E-Medicine [Online.] http://www. emedicine. com/emerg/topic576. htm.
[130] Osterbauer PJ, Dobbs MR. 2009. Neurobiological weapons, p 631–645. In Dobbs MR (ed), Clinical Neurotoxicology: Syndromes, Substances, Environments. Saunders Elsevier, Philadelphia, PA.
[131] Vogelbein WK, Lovko VJ, Reece KS. 2008. Pfiesteria, p 297– 330. In Walsh PJ, Smith SL, Fleming LE, Solo-Gabriele HM, Gerwick WH (ed), Oceans and Human Health—Risks and Remedies from the Seas. Academic Press, Burlington, MA.

[132] Peterson JS. 2000. Pfiesteria, p 273–280. In Fleming DO, Hunt DL (ed), Biological Safety: Principles and Practices, 3rd ed. ASM Press, Washington, DC.

[133] Morris JG Jr. 2001. Human health effects and Pfiesteria exposure: a synthesis of available clinical data. Environ Health Perspect 109(Suppl 5):787–790.

[134] Burkholder J.1998. Pfiesteria piscicida. Eagleson Lecture, American Biological Safety Association Annual Conference, 26 October, Orlando, FL.

[135] Amusa NA. 2006. Microbially produced phytotoxins and plant disease. Afr J Biotechnol 5:405–414.

[136] Duke SO, Dayan FE. 2011. Modes of action of microbiallyproduced phytotoxins. Toxins (Basel) 3:1038–1064.

[137] Roels S, Coopman V, Vanhaelen P, Cordonnier J. 2010. Lethal ricin intoxication in two adult dogs: toxicologic and histopathologic findings. J Vet Diagn Invest 22:466–468.

[138] Al-Tamimi FA, Hegazi AE. 2008. A case of castor bean poisoning. Sultan Qaboos Univ Med J 8:83–87.

[139] Smallshaw JE, Vitetta ES. 2010. A lyophilized formulation of RiVax, a recombinant ricin subunit vaccine, retains immunogenicity. Vaccine 28:2428–2435.

[140] Smallshaw JE, Firan A, Fulmer JR, Ruback SL, Ghetie V, Vitetta ES. 2002. A novel recombinant vaccine which protects mice against ricin intoxication. Vaccine 20:3422–3427.

[141] Smallshaw JE, Vitetta ES. 2012. Ricin vaccine development, p. 259–272. In Mantis N (ed.), Ricin and Shiga Toxins. Springer, Berlin, Heidelberg.

[142] Roy CJ, Brey RN, Mantis NJ, Mapes K, Pop IV, Pop LM, Ruback S, Killeen SZ, Doyle-Meyers L, Vinet-Oliphant HS, Didier PJ, Vitetta ES. 2015. Thermostable ricin vaccine protects rhesus macaques against aerosolized ricin: epitope-specific neutralizing antibodies correlate with protection. Proc Natl Acad Sci USA 112:3782–3787.

[143] Pittman PR, Reislerb RB, Lindsey CY, Güereña F, Rivard R, Clizbe DP, Chambers M, Norris S, Smith LA. 2015. Safety and immunogenicity of ricin vaccine, RVEc™, in a Phase 1 clinical trial. Vaccine 33:7299–7306.

[144] Wilson DE, Chosewood LC. 2009. Neurotoxin-producing Clostridia species, p 135. In Biosafety in Microbiological and Biomedical Laboratories. 5th ed, HHS Publication No. (CDC) 21-1112. http://www. cdc. gov/biosafety/publications/bmbl5/bmbl5_sect_viii. pdf.

[145] Occupational Safety and Health Administration. 2015. OSHAcademy Course 706 Study Guide—Job Hazard Analysis. http://www. oshatrain. org/courses/studyguides/706study guide. pdf.

[146] Headquarters, Department of the Army. 1998. Risk Management. Field manual 100-14, p 2-0–2-21. Headquarters, Department of the Army, Washington, DC.

[147] Hillson D, Simon P. 2012. Making it Work, p 9–20. In Hillson D, Simon P (ed), Practical Project Risk Management—the ATOM Methodology, 2nd ed. Management Conceptpress, Tysons Corner, VA.

[148] Case No.: BA392069 Prosecution Enforcement Agreement, Administrative Enforcement Terms and Conditions, Penal Code 1385. State of California v. The Regents of the University of California, a Public Corporation, and Patrick Harran, Superior Court of the State of California for the County of Los Angeles. July 2012.

[149] Case No.: BA392069 Deferred Prosecution Agreement, State of California v. Patrick Harran. Superior Court of the State of California for the County of Los Angeles. June 2014.

[150] United States Department of Agriculture Marketing and Regulatory Programs, Animal and Plant Health Inspection Service (APHIS). 2010. Laboratory Ventilation Management, p 13–14. Administrative Notice APHIS 11-3.

[151] United States Department of Agriculture, Agricultural Research Service. 2012. ARS Facilities Design Standards. Manual 242:247.

[152] United States Department of Defense (DOD). 2010. Safety Standards for Microbiological and Biomedical Laboratories. Department of Defense Manual 6055.18-M. Enclosure 8:50.

[153] ANSI/ISEA. 2014. American National Standard for Emergency Eyewash and Shower Equipment; Z358.1. Washington, DC.

[154] Headquarters, Department of the Army. 1993. Biological Defense Safety Program. Pamphlet 385–69. Headquarters, Department of the Army, Washington, DC.

[155] Cipriano M. 2006. Large-scale production of microorganisms, p 561–577. In Fleming D, Hunt D (ed), Biological Safety: Principles and Practices. ASM Press, Washington, DC.

[156] Canadian Biosafety Standards and Guidelines (CBSG). 2015. Chapter 14.Large scale work, p xxii. In Canadian Biosafety Standard, 2nd ed. Public Health Agency of Canada, Ottawa, Canada. http://canadianbiosafetystandards. collaboration. gc. ca/cbs-ncb /assets/pdf/ cbsg-nldcb-eng. pdf.

[157] National Institutes of Health. 2013. NIH Guidelines for Research Involving Recombinant DNA Molecules (NIH Guidelines), 59 FR 34496 (July 5, 1994), as amended. http://osp. od. nih. gov/sites /default/files/NIH_Guidelines_0. pdf.

[158] NSF International Standard/American National Standard (NSF/ANSI). 2014. Biosafety Cabinetry: Design, Construction, Performance, and Field Certification. NSF/ANSI standard 49-2014. NSF International, Ann Arbor, MI.
[159] Wilson DE, Chosewood LC. 2009. Primary containment for biohazards: selection, installation and use of biological safety cabinets, p 290–325. In Biosafety in Microbiological and Biomedical Laboratories. 5th ed, HHS Publication No. (CDC) 21-1112. http://www. cdc. gov/biosafety/publications/bmbl5/bmbl5_appendixa. pdf.
[160] World Health Organization (WHO). 2010. WHO Guidelines for the Production, Control and Regulation of Snake Antivenom Immunoglobulins. World Health Organization, Geneva, Switzerland. http://www. who. int/bloodproducts/snake_antivenoms / SnakeAntivenomGuideline. pdf.
[161] Pearn JH, Covacevich J, Charles N, Richardson P. 1994. Snakebite in herpetologists. Med J Aust 161:706–708.
[162] Herpetological Animal Care and Use Committee (HACC), Beaupre SJ et al (ed). 2004. Guidelines for Use of Live Amphibians and Reptiles in Field and Laboratory Research. American Society of Ichthyologists and Herpetologists, Lawrence, KS.
[163] Wilson DE, Chosewood LC. 2009. Section IV-Laboratory biosafety level criteria, laboratory biosafety level criteria: BSL-2, C. Safety equipment (primary barriers and personal protective equipment), p 36. In Biosafety in Microbiological and Biomedical Laboratories. 5th ed, HHS Publication No. (CDC) 21-1112. http://www. cdc. gov/biosafety/publications/bmbl5 /bmbl. pdf.
[164] Canadian Biosafety Standards and Guidelines (CBSG). 2015. Chapter 4.8. Decontamination and waste management, p 75–77. In Canadian Biosafety Standard, 2nd ed. Public Health Agency of Canada, Ottawa, Canada. http://canadianbiosafety stan dards. collaboration. gc. ca/cbs-ncb/assets/pdf/cbsg-nldcb-eng. pdf.
[165] Seto Y. 2009. [Decontamination of Chemical and Biological Warfare Agents.] Yakugaku Zasshi 129:53–69.
[166] Wannemacher RW.1989. Procedures for inactivation and safety containment of toxins, p 115–122. In Proceedings of Symposium on Agents of Biological Origin. U.S. Army Research, Development and Engineering Center, Aberdeen Proving Ground, MD.
[167] Suzuki T, Noro T, Kawamura Y, Fukunaga K, Watanabe M, Ohta M, Sugiue H, Sato Y, Kohno M, Hotta K. 2002. Decontamination of aflatoxin-forming fungus and elimination of aflatoxin mutagenicity with electrolyzed NaCl anode solution. J Agric Food Chem 50:633–641.
[168] Castegnaro M, Friesen M, Michelon J, Walker EA. 1981. Problems related to the use of sodium hypochlorite in the detoxification of aflatoxin B1. Am Ind Hyg Assoc J 42:398–401.
[169] Lunn G, Sansone EB. 1994. Aflatoxin, p 23–30. In Lunn G, Sansone EB (ed), Destruction of Hazardous Chemicals in the Laboratory, 2nd ed. John Wiley and Sons, Inc, New York.
[170] Poli MA. 1988. Laboratory procedures for detoxification of equipment and waste contaminated with brevetoxins PbTx-2 and PbTx-3. J Assoc Off Anal Chem 71:1000–1002.
[171] Gilpin RW. 2000. Elements of a biosafety program, p 443–462. In Fleming DO, Hunt DL (ed), Biological Safety: Principles and Practices, 3rd ed. ASM Press, Washington, DC.
[172] Centers for Disease Control and Prevention and Office of the Inspector General, U.S. Department of Health and Human Services. 2005. Possession, use and transfer of select agents and toxins; final rule (42 CFR Part 73). Fed Regist 70:13316– 13325. http://www. gpo. gov/fdsys/pkg/FR-2005-03-18/pdf/05-5216. pdf#page=23.
[173] Animal and Plant Health Inspection Service, U.S. Department of Agriculture. 2005. Agricultural Bioterrorism Protection Act of 2002: possession, use and transfer of biological agents and toxins; final rule (7 CFR Part 331; 9 CFR Part 121). Fed Regist 70:13278–13292. http://www. gpo. gov/fdsys/pkg/FR-2005-03-18/pdf/05-5063. pdf#page=37.
[174] 107th Congress. 2001.USA PATRIOT Act. Public Law 107–56 https://www.gpo.gov/fdsys/pkg/FR-2005-03-18/pdf/05-5063.pdf
[175] Title 18 United States Code (U.S.C.). 2006. Prohibitions with respect to biological weapons, p. 40–41. Section 175, Chapter 10. http:// www. gpo. gov/fdsys/pkg/USCODE-2011-title18/pdf/US CODE-2011-title18-partI-chap10-sec175. pdf.
[176] Centers for Disease Control and Prevention (CDC) Division of Select Agents and Toxins Animal and Plant Health Inspection Service (APHIS) Agriculture Select Agent Program (CDC/APHIS). 2013. Security Guidance for Select Agent or Toxin Facilities. http://www. selectagents. gov/resources/Security_Guidance_v3-English. pdf.
[177] Wilhelm K.R. 2015. Biosecurity countermeasures by major agency regulation or guidance, p 142–146. In Wilhelm K (ed), Biological Laboratory Applied Biosecurity & Biorisk Management Guide. Alfa-Graphics, Westlake, OH.
[178] Oldach D, Brown E, Rublee P. 1998. Strategies for environmental monitoring of toxin producing phantom dinoflagellates in the Chesapeake. Md Med J 47:113–119.

12

分子制剂

DAWN P. WOOLEY

导语

分子制剂风险评估和防护级别的确定是生物安全中遇到的最具挑战性的问题。分子制剂常走在科学前沿领域，存在许多未知因素，且它们不属于独立的风险类别，与其他类型的风险相互交织。本章讨论了在生物安全方面可能遇到的主要分子制剂。比如不同类型的核酸，包括重组DNA、非重组DNA、致癌DNA和致病DNA，以及合成的、裸露和游离的核酸。同时也涉及了基因转移技术，并对RNA技术进行了综述，包括对不同类型RNA干扰的讨论，如小干扰RNA（siRNA）和微小RNA（miRNA）；介绍了用于基因组编辑和癌症免疫治疗的新型分子工具，如锌指核酸酶、转录激活剂样效应核酸酶（TALENs）、大核酸酶、聚类规则点缀短回文重复序列（CRISPRs）、嵌合抗原受体（CARs）和工程T细胞受体（TCRs）等；讨论了纳米技术及其与生物安全的关系。最后，概括朊病毒相关的生物安全问题。对于每个主题，提供了该技术的一般性介绍，并提出了风险评估和防护的生物安全注意事项。

核酸

世界各国对基因工程的监管不尽相同，通过颁布法律或通过国家指南来监管。有些国家的州和地方法规比国家层面的要求更加严格。在美国，《NIH重组或合成核酸分子研究指南》（本章称为NIH指南），包含重组DNA和合成DNA[1]。该指南最初于1976年6月23日发布，并于2013年3月5日修订时纳入合成DNA。接受NIH研究经费的机构和研究人员都需要遵守NIH指南，即使研究项目并非由NIH单独资助。无论研究机构是否需要遵守NIH指南，它们都是美国的国家标准。其他国家可能会选择将该指南作为制定本国法规的模板。

20世纪70年代早期重组DNA的出现，引起了公众的关注和担忧，所以NIH承担了制订指南的责任。为了解决这一问题，NIH成立了重组DNA分子计划咨询委员会（现称为重组DNA咨询委员会，或RAC）。1975年，科学家们还召集了重组DNA分子的阿西罗玛（译者注：Asilomar美国加州地名）会议，以解决公众对此的担忧。在阿西罗玛会议的记录和RAC的意见的基础上形成了目前指南的基础。随着新技术的出现，指南在不断修订。修订后的指南在《美国联邦公报》上公布，读者可通过在线获取[1]最新版本。

在生物安全中领域有不同类型的核酸，对各类核酸定义如下。

重组DNA：广义重组DNA定义为至少两个DNA分子的拼接或任何“DNA或RNA的操作技术”[2]；狭义重组DNA定义为“由核酸分子拼接而成，并且能在活细胞中复制”的DNA[1]。

非重组DNA：自然存在的DNA。

合成核酸：通过化学或其他方式合成或扩增的DNA和RNA，也包括化学或其他方式修饰但可与天然核酸分子碱基配对的DNA和RNA[1]。

裸核酸：实验室制备的DNA和RNA，不含组蛋白。

游离核酸：在实验室中制备并被释放到环境中DNA和RNA。

致癌DNA：能在实验动物中诱导肿瘤或在体外引起细胞转化的DNA。

致病DNA：能在实验动物中引起疾病或在体外引起细胞病变的DNA。

核酸的合成方法不尽相同，包括化学合成和生物合成。DNA固相合成法是一种化学合成方法，通过合成仪，按程序将核苷酸一个接一个地连接，形成具有特定序列的DNA分子。而PCR或体外转录等技术是一类生物合成技术，使用蛋白质聚合酶和引物等复制已知的核酸序列或分子。

裸核酸被广泛应用于科学研究、工业和医药领域。裸核酸分子大小不一，可从20个到数百万个碱基不等。裸DNA通常含有抗生素抗性标记、转基因和外源性物质，其形式包括质粒、转座子、RNA病毒基因组的cDNA、人工载体、人工染色体、DNA疫苗、PCR扩增序列和寡核苷酸。裸RNA包括病毒基因组、反义RNA、核糖酶、RNA疫苗、自我复制RNA和RNA/DNA杂合子等分子。

重组DNA或合成DNA的风险评估需要非常慎重，确定核酸是否能被引入人类、动物或植物，这种判定很重要。这些特殊情况在NIH指南的附录中也有具体说明。其他生物安全因素包括分子构件是否有药物或免疫抗性基因、致癌或致病基因、毒素、微生物或朊病毒。每个分子构件都应详细说明，包括转基因的名称、供体和功能等信息。载体的名称、类型、物种以及调控元件（如影响基因表达的启动子和增强子）也相当重要。如果添加分子构件的原理图，会起到锦上添花的作用。重组或合成分子的宿主细胞、菌株和宿主范围，以及使用的最大浓度和最高产量及也是必备信息。大规模生产量具体细节在NIH指南有章节具体介绍。在何处制造或合成DNA构件也是风险评估的关键因素之一，这便于确定是否有材料转让协议，以及运输方式是否安全。在某些特定的情况下，还需要对转让材料进行到货验证，以确保这些材料本身不具有危险，也没有受到其他危险制剂的污染。如果载体是基因组，如病毒载体，则需要知道基因组被删除或取代基因的比例。

重组或合成DNA工作开始前的审查也是安全保障的一个重要因素，NIH指南的第三部分列出了六类实验，有些可以免于审查，有些则需要通过3个独立实体（机构生物安全委员会、RAC和NIH院长）审查后方可开始。

基因转移

基因转移的起源可以追溯到1944年，当时Oswald Avery，Colin Munro MacLeod和Maclyn McCarty进行了一项著名的实验，从一种Ⅲ型肺炎球菌的毒性菌株中分离出DNA，并成功地将其转化为一种非毒性菌株。转化（transformation）是指因摄取外源遗传物质而改变细胞的遗传物质组成，对细菌细胞通常使用转化一词，但是对于动物细胞来说转化具有特殊的意义，特别是对判断癌变状态的进展。因此，当描述遗传物质转入动物细胞时，不再使用转化这一术语。

将重组DNA转入细胞可用不同类型的载体，包括质粒、噬菌体载体、表达载体、穿梭载体、转座子和病毒载体等。质粒是最常见的载体，是很小的（2 ~ 20 kb）环状DNA分子，独立于细菌染色体进行复制。事实上，质粒是表达细菌抗生素抗性和其他特定功能的基因。噬菌体载体是含有噬菌体（一种感染细菌细胞的病毒）复制起源的质粒，使其以质粒的形式表达或装配成病毒颗粒。表达载体包含启动子和终止信号等元件，允许特定的基因序列表达所需的蛋白质。穿梭载体可以在两种或两种以上不同的寄主细胞中复制，如原核生物和真核生物。转座子是很小的（1 ~ 4 kb）DNA序列，可以在细菌基因组中移动，并且可以携带重组DNA。最后，病毒载体是经过修饰的病毒基因组，将外来遗传物质转入细胞。病毒载体可能包含在其他载体中或由其他载体表达，如细菌质粒或其他病毒（如噬菌体）。因此，在生物安全风险评估中必须同时考虑病毒载体和二级载体的特性。宿主范围是质粒和转座子风险评估的重要因素，而细胞嗜性（对特定类型细胞的偏好）对于病毒载体和噬菌体也是很重要的因素。

将核酸导入（或转染）细胞有许多不同的方法，包括使用化学药品（如DEAE、$CaPO_4$和DMSO）[4-6]、脂质体、电穿孔、微注射、基因枪和病毒载体。“转导”一词起源于细菌学，指的是通过噬菌体将遗传物质从一个细菌细胞转移到另一个细菌细胞。然而，“转导”一词现指使用病毒载体来转移基因。一般来说，所有非病毒转导方法的转导效率都低于50%，而用病毒载体的转导效率可高达90%，这就是病毒载体作为基因转移制剂的应用如此广泛的原因。转导的效率在很大程度上也取决于细胞类型。

无论用什么方法转移核酸，成功与否取决于许多因素。首先，核酸必须在有核酸酶的环境中保持活性。核酸酶是一种破坏核酸的酶，RNA比DNA更容易受到核酸酶的影响，因为它在核糖的第二个碳上有羟基。其次，核酸必须吸附到细胞并进入细胞。一旦进入细胞，核酸常常被细胞防御机制破坏。如果核酸是RNA，那么它必须在细胞质中表达；如果核酸是DNA，那么就必须先进入细胞核，在细胞核中表达或连接到其他DNA并整合到基因组中，导致插入突变。往往在这个过程中，DNA的突变将引发更多的生物安全问题[7]。DNA可以通过细胞修复蛋白进行同源重组整合，或者通过非同源末端连接蛋白进行非常规整合[8]。后者比同源重组更有效，因为有更多的作用位点。这种非常规重组与开放染色质有关，并且DNA损伤能增强这种重组[8]。

致癌DNA

致癌DNA是一种在实验动物体内诱导肿瘤或在体外引起细胞转化的基因，最初在逆转录病毒中被发现，可作为突变的细胞基因整合到病毒基因组并携带到细胞中。致癌基因编码调控细胞生长的蛋白质，如生长因子及其受体、信号转导因子和转录因子等。*v-src*是第一个被发现的致癌基因[9, 10]，它编码一种酶，可以将磷酸基转移到蛋白质的酪氨酸上。字母“v”代表该基因的来自病毒。该基因的细胞表达形式（也称为原癌基因）称为*c-src*。其他致癌基因遵循相同的命名规则。

一个重要的生物安全问题是致癌DNA是否会导致癌症？有证据表明会导致癌症。这类DNA插入突变引起癌症有三种可能机制：①将激活的致癌基因插入细胞；②导致肿瘤抑制基因失活；③通过启动子或增强子的近端插入激活细胞致癌基因。假设致癌基因的大小、频率、生物完整性和转化效率都在最佳条件下，可利用统计学泊松分布理论模型计算细胞DNA转化的风险[11, 12]。假定每个细胞含10 pg污染物和100个致癌基因，体外风险估计为10^{-6}（百万分之一）；若每个细胞含1000 pg污染物和100个致癌基因，体内风险估计为10^{-9}（十亿分之一）[12]。收集的体内实验数据显示，在没有进一步刺激的情况下，用含有10 μg人类T24 H-ras致癌基因（1.1×10^{12}个分子）的质粒DNA单次感染小鼠皮肤伤口时会引起癌症[13]。在没有其他因素影响下，将含有人类T24 H-ras致癌基因和c-myc原癌基因（各12.5 mg）的质粒DNA注射到小鼠中，20%～80%的小鼠致癌[14]。同样，将BK病毒DNA（5 mg）注射到新生仓鼠的脑中，5%的仓鼠致癌[15]。若将含有BK早期病毒和人类T24 H-ras致癌基因的质粒DNA（2 mg）注射到新生仓鼠中，73%的仓鼠致癌[16, 17]。也发现大约2 μg克隆的*v-src*（2.5×10^{11}个分子）可以使鸡致癌[18, 19]。综上所述，致癌DNA可以在实验动物中引起癌症，包括通过受损皮肤接触。

致病DNA

致病DNA是在实验动物中引起疾病或在体外引起细胞病变的DNA。当从致病微生物中提取核酸时，必须判断是否仍然含有任何完整的亲本微生物。准确判断裸DNA或RNA是否具有传染性也很重要。例如，病毒的正链RNA基因组通常具有感染性，因为它们与mRNA相似，可在细胞质中翻译。有些病毒的DNA基因组也具有传染性。如果确定裸核酸是具有感染性的，所采取的防护等级应与其供体微生物相同。

生物制品中有些病毒DNA的ID_{50}已确定。例如，猴子的猿类免疫缺陷病毒（SIV）是38 mg[20, 21]，小鼠的逆转录病毒2.5 mg[22]，鼠和仓鼠的多瘤病毒0.004 mg[23]。根据SIV风险数据，肌内注射1 mg的细胞DNA（每个细胞只有单个病毒基因组，相当于约150 000个细胞的DNA），导致感染的可能性约为2.5×10^{-8}或四千万分之一[20, 21]。对于含有1 mg病毒DNA和100个病毒基因组的产品，如果一个人接受一剂疫苗，那么风险将是1/400 000[20, 21]。目前，世界卫生组织和美国FDA建议在最终产品中残留DNA的剂量不超过10 ng和200个碱基对[24]。尽管生物制品中允许的细胞DNA数量是有限的，但这一事实意味着其存在一定的风险。

总而言之，处理裸DNA和RNA的风险很低，但并非没有风险。与DNA相比，RNA在环境中更容易被破坏。在操作过程中应避免使用尖锐器，当DNA和RNA与可渗透皮肤的溶剂一起使用时，须谨慎，应戴手套。对核酸应进行适当的处理，以避免污染环境。对非重组DNA也不可忽视，应纳入风险评估。

RNAs

RNA有两大类：编码RNA和非编码RNA。编码RNA以mRNA的形式存在。mRNA具有与双链DNA编码链序列相匹配的正链极性，其中用尿嘧啶取代胸腺嘧啶。在真核生物系统中，mRNA的化学结构在5'-端（羧基）为磷酸盐，被称为“头”（cap），3'-端（羟基）是腺嘌呤碱基，被称为“尾”［poly（A）tail］。

非编码RNA分为几个类别。翻译RNA由转运RNA（tRNA）和核糖体RNA（rRNA）组成，它们帮助mRNA翻译成蛋白质。参与RNA剪接和其他加工的分子被称为小核RNA（snRNA）和小细胞质RNA（scRNA）。小的非编码RNA包括siRNA、miRNA、Piwi-interactingRNA（piRNA）和短发夹RNA（shRNA）。长链非编码RNA（lncRNA）通常被定义为长度超过200个碱基的分子，不编码蛋白质，但在基因表达和细胞过程中发挥作用。具有酶功能的RNA分子称为核糖酶。

干扰RNA用于基因静默，RNAi一般是干扰RNA的总称。RNA静默似乎已经进化，至少在一定程度可以作为抗病毒和抗转座子的防御机制[25, 26]。siRNA存在于植物和低等动物中，表达siRNA的基因也是其调节的基因，可由shRNA或长链合成RNA形成。RNA诱导的静默复合物（RISC）蛋白质能够识别siRNA并切割与siRNA互补的mRNA，有效地抑制基因表达[27]。最近的研究表明，蛋白质表达中的翻译抑制先于mRNA的降解，也是mRNA降解的先决条件[28]。核酸内切酶制备的siRNA（esiRNA）是一种由长链双链RNA裂解而成的siRNA混合物。shRNA是由DNA编码的，由两个互补的RNA序列组成，通过连接键连接，这样分子就可以自身折回，也称为DNA指导的RNA干扰（ddRNAi）。miRNA与siRNA类似，不同之处在于它通常不会静默自身表达。最新发现，一种新型非编码RNA称为环状RNA（circRNA），推测其是miRNA、转录和剪接的调控因子[29, 30]。piRNA是在果蝇中发现的，并证明其参与了种系的发育。小鼠直系同源基因是*Miwi*，人类直系同源基因是Hiwi。重复相关小干扰RNA（rasiRNA）是piRNA的特殊形式[26]。在动物中，这些RNA主要在睾丸中表达，它们在精子形成过程的中触发基因静默。它们也存在于动物体细胞、无脊椎动物卵巢细胞和神经元细胞中。总的来说，在现在研究中，沉默RNA被用作工具，并成为各种疾病的潜在治疗手段[27]。

小RNA分子的类型很多，有海量的首字母缩写。然而，从风险评估的角度来看，这些干扰、静默或酶促RNA都可能造成不适当的表达和脱靶，而带来不必要的毒性。脱靶效应具有物种特异性，因此，小动物研究可能无法预测对人类的所有负面影响。但是，有一些方法可以降低风险，如使用冗余和救援设计[31]。冗余设计是在同一基因内设置多个靶序列，而救援设计是提供对静默具有抗性功能的靶基因。数据库检索和体外细胞培养实验也可能有助于确定可能的副作用。干扰RNA和小RNA分子可以通过包括病毒载体在内的DNA构件传递，在这种情况下，有可能发生传播，造成种系污染，或者在细胞中通过组成型表达持续产生。这些RNA分子的过度表达都可能存在潜在的毒性，需要进行临床前测试，以排除临床试验可能出现的不良后果。

基因编辑

近年来，基因组编辑已经成为对DNA序列进行特定改变的流行方式，其中一些技术已经应用于临床试验[32]。基因编辑技术主要有4种类型：锌指、TALENs、CRISPRs和大核酸酶，都是对DNA序列进行双链切割。每种技术针对特定序列的作用方式不同，有些技术比其他技术具有更高的特异性。

锌指是第一个流行的基因组编辑技术。每个锌指由大约30个氨基酸组成，可识别3个碱基对的DNA片段。通常将3～6个锌指组合在一起，在DNA链上创建一个9～18个碱基对识别序列，并将该序列融合到Fok Ⅰ限制性核酸酶的切割域。由于Fok Ⅰ限制性核酸内切酶必须二聚化，所以锌指被设计用来结合互补的DNA链。这个特征，加上锌指和Fok Ⅰ限制性核酸内切酶之间的一个必要间隔，决定了锌指与DNA序列结合时特异性[33]。

TALEN是转录激活因子样效应器核酸酶的首字母缩写。TALEN与锌指核酸酶类似，也有一种最初是在植物中发现的，与限制性核酸内切酶（通常为Fok Ⅰ）融合的DNA结合蛋白（TAL效应蛋白）[34]。与锌指不同的是，TALEN对核苷酸的识别是一对一的[35]。TALENs包含34个氨基酸重复结构域，在12位点和13位点处含有高变异的氨基酸，可根据密码子识别特定的核苷酸[36]。每个核苷酸都需要一个TAL，因此，TALEN比锌指更大，更难以传递。

大核酸酶与自然存在的限制性内切酶相似，只是在DNA分子上有更大的识别位点，范围在14～40 bp[37，38]。由于识别位点较大，任何给定基因组中的位点数量都较低，因此可以进行特异性切割[39]。天然存在的大核酸酶的数量非常有限，因此正在进行对现有大核酸酶的结合位点修饰研究，从而设计大核酸酶[40，41]。

CRISPRs是最新的基因组编辑工具，由于具有更强的特异性，引起了人们的极大兴趣。与上述基因组编辑技术不同，CRISPRs是由RNA而非蛋白质指导的。CRISPR是一个缩写，代表“有规则聚集的间隔短回文重复序列”，最初发现其细菌免疫系统的一部分[42]。与CRISPR相关的蛋白，即Cas蛋白，是对DNA进行双链切割的内切酶，类似于上述FokⅠ酶。因此，这个系统有两个组件，即CRISPRE和Cas，这就是为什么它经常被称为CRISPR/Cas系统。有3种不同类型的CRISPR/Cas系统，其中Ⅱ型CRISPR/Cas9系统是基因工程中最常用的[42]。在自然界中，外来DNA与细菌基因组中的CRISPR位点结合，这个位点由细菌细胞转录并形成两种导向的RNAs，称为反式激活CRISPR RNA（tracrRNA）和CRISPR RNA（crRNA），用来识别和结合外来DNA。然后利用Cas9内切酶将入侵的DNA降解[43]。研究人员利用这项技术，合成了针对DNA基因组特定区域的导向RNA（gRNAS）。

尽管有不同的靶标和DNA结合策略，所有这些基因组编辑技术最终都是切割DNA的双链，然后采用非同源和同源细胞修复的方式来改变基因组。非同源末端连接是DNA在断裂点连接的一种机制，在此过程中，将会产生小分子的插入和缺失，当基因表达时，产生突变的或截短的蛋白质。这种机制用于破坏基因及基因敲除。同源修复是可以在DNA断点处插入外源序列的另一种机制[33]。

与小RNA技术类似，基因组编辑的最主要关注点也是如何解决脱靶效应。锌指技术是临床上所有基因组编辑技术中最先进的，一些锌指与细胞毒性有关，可能是由于非靶向位点裂解所致。限制锌指同源二聚化可能有助于提高其安全性[33]。提高锌指特异性的策略包括寡聚化池工程和二聚化依赖性组装[44-46]。通过截短gRNA的5'-末端，结合不同的平台（如将FokⅠ核酸酶与活性Cas9催化融合），并使Cas9工程化以产生缺口而不是双链断裂，使CRISPR/Cas9系统更具特异性。另一种提高安全性的策略是将基因组编辑引向所谓“安全港”，即基因组内插入诱变风险最小的基因序列[47]。生物信息学工具，如PROGNOS可能有助于预测靶位[47]，临床前试验应尽可能包括体外细胞培养和体内动物试验。基因组编辑分子可以通过包括病毒载体在内各种DNA构件传递，在这种情况下，有可能发生传播，造成种系污染，或通过组成型表达在细胞中持续产生。种系改变、非治疗性基因组增强以及用于器官移植的动物嵌合体等，还涉及伦理问题。

嵌合抗原受体和T细胞受体

利用基因修饰的T细胞可以寻找并摧毁癌细胞，这是癌症免疫治疗中一个很有前途的方法。基因改造T细胞主要有两种策略——工程TCRs和CARs。

天然TCR由两个蛋白质链（α和β）组成，每个蛋白质链有一个稳定区和一个可变区，如抗体分子，可变区域赋予了分子特异性。α和β链与3个跨膜信号分子形成所谓CD3复合物。TCR识别靶细胞MHC中的靶抗原，MHC呈递的抗原分子（肽）与TCR结合。TCR被完全激活需要结合共同受体，如杀伤T细胞CD8。当肿瘤免疫治疗中TCR被修饰后，序列发生改变，编码不同特异性的TCR新α和β肽链，并对跨膜区域进行修饰以避免与内源性TCRs的相互作用[48]。

CAR与TCR有一些相似之处，但在与靶标的结合方式更简单。其构造方式是将细胞外抗体片段

连接到细胞内的一个信号域，该信号域介导杀细胞行为。抗体片段由位于Y型抗体分子顶端的单链可变片段（scFv）组成，与特定抗原的结合具有很强的特异性，就像是一把钥匙只能开一把锁[49]。scFv可以直接与靶细胞上的抗原结合，而不需要由MHC分子呈递，也不需要CD8等辅助受体。

scFv重链和轻链的可变部分必须由连接键连接在一起，因为抗体分子的其余部分已经被移除。在CAR构件中，抗体片段通过铰链和跨膜区与CD3ζ细胞内信号域相连，这是第一代CAR。由于第一代不可能实现T细胞完全活化，因此在跨膜区和CD3ζ信号域之间的细胞内加入共刺激结构域（CD28或4～1BB），产生了第二代CAR。为了进一步提高T细胞的活化，设计了第三代CAR，它同时可表达两个共刺激域，即CD27、CD28、4～1BB组合形成的共刺激因子（ICOS）或OX40的组合[50]。在生物安全风险评估中，重点是要明确CAR的类型以及纳入哪些共刺激域，以便预测受试者或暴露者可能发生的不良反应。

许多抗原可以作为TCR和CAR构件的靶标，有些抗原已经进展到临床试验阶段[48, 51, 52]。进行免疫治疗时，从患者体内取出T细胞，用TCR或CAR在体外进行转导。逆转录病毒或慢病毒通常被用作载体，因为它们可以有效整合到基因组中并稳定表达。因此，需要在风险评估中考虑运载工具及周边基因的生物安全问题，如复制病毒污染、插入突变、种系整合以及水平和垂直传播等。

在输入转基因细胞之前，需要对患者进行化疗来减少循环T细胞的数量，以便为输入的细胞提供良好的环境。这种治疗可以促进输入细胞的增殖。一旦完成细胞输入，通常会观察到3类主要的不良反应：在靶脱瘤活性、脱靶反应活性和细胞因子释放综合征[48]。当正常组织表达靶抗原时，即使表达水平较低，也会发生在靶脱瘤效应，而发生自身免疫反应。当存在交叉反应时，就可能发生脱靶效应，而TCRs更有可能发生这种情况，因为它们能识别肽。当大量免疫细胞被激活并释放炎症细胞因子时，就会发生细胞因子释放综合征（又称细胞因子风暴）。该综合征的临床特征是发烧和低血压，可危及生命的并发症，包括心脏和肺部病症、神经系统毒性、肾脏或肝脏衰竭以及血栓[53]。该综合征的治疗通常包括类固醇、血管加压素和重症监护中的支持性治疗[52]。在进行临床试验之前，应先进行体外、体内试验和计算机模拟，以排除所有可能对人体有害的影响，包括针对自身肽的识别和攻击[51]。作为生物安全风险评估的一部分，应考虑对研制人员和医疗管理专业人员的影响。

纳米粒子

纳米技术是一个相对较新的领域，处于商业和医疗产品开发的前沿。纳米粒子被定义为1～100 nm的微粒。与其他形状的同质材料相比，具有较大的表面积比，与相同质量的大颗粒同质材料相比，纳米颗粒具有更大的表面积。纳米材料体积小，反应活性独特，不遵循传统的物理定律，而是遵循量子物理定律[54, 55]。由于这些原因，它们具有更多的化学反应性并且可能表现出不可预测的行为，使得风险评估更具挑战性。

关于纳米颗粒与生物安全存在很多困惑。有人认为，由于纳米颗粒像病毒一样小，自然就属于生物安全的范畴。事实上，在纳米颗粒在大小上与病毒重叠的范围从18 nm的细小病毒[56]到700 nm以上的潘多拉病毒[57]。病毒衣壳蛋白被用于合成纳米粒子大小的“病毒样颗粒”，作为空壳携带有效载荷的药物和生物材料[58, 59]。尽管有些“病毒样”颗粒大小超出了纳米颗粒的范围，也被称为纳米颗粒。很多材料都可以制造纳米颗粒，包括碳和各种金属，如银、金、铂、镉、锌、铜、铁和钛。在金属中，银以其离子和纳米颗粒抗菌特性而闻名[60, 61]。基于碳和金属的纳米粒子可以用各种

生物分子（如DNA、蛋白质和抗体）进行功能改造，以构建生物纳米材料[62，63]。

纳米粒子的制造方法多种多样，既有自上而下的方法，也有自下而上的方法。自上而下的方法从较大的材料开始，以某种方式加工成较小的颗粒（通过研磨、切割、蚀刻等）。自下向上的方法是逐片、逐个分子地构建纳米材料。在特定的条件（时间、温度等）下，通过按特定的比例，以特定的方式添加化学试剂来控制纳米颗粒的大小和形状[64-67]。同批次的纳米颗粒大小可以不同，如果金属纳米粒子与平均粒径相差小于15%，则被归为“单分散”纳米颗粒；如果标准偏差小于平均粒径的15%～20%，则被归为窄分布纳米颗粒。稳定剂可用于分散纳米颗粒和防止团聚[64，67-69]。

除了化学合成方法，纳米颗粒还可以在微生物和植物等生物系统中制备[70]，并且在生物学和医学领域的应用非常广泛。因此，即使纳米颗粒可能由金属组成，属于化学安全的范围，但它也可能用于生物系统。生物安全正延伸到工程、物理和化学等领域。纳米颗粒被用于药物和基因传递、生物传感、生物成像、抗菌素、杀虫剂、化妆品、医疗设备、癌症治疗、细胞标记和更多新应用领域[70，71]。

在纳米粒子的风险评估中，首先应确定该材料是否为生物危害因子。在本文中将生物危害因子定义为感染因子或由生物体产生、能在另一生物体中引起疾病的物质。许多纳米粒子纯粹是化学危害，不能单凭尺寸大小确定生物危害因子。一些纳米粒子与生物因子耦联，而另一些则在生物系统中合成，还有一些纳米颗粒携带生物因子。在这些情况下，风险评估应关注与纳米颗粒一起使用的生物制剂，同时要谨记纳米颗粒大小范围内的材料具有不可预测的性质和未知的行为的特征。由病毒衣壳组成的纳米颗粒需要评估嗜性（对特定细胞类型的偏好）或毒性作用，如炎症或自身免疫反应。纳米材料仍然是相对较新的材料，因此必须根据具体情况对其进行评估。最近，美国国家研究委员会进行了一项研究，制定用于评估工程纳米材料安全性指导原则[72]。

对属于生物危害类别的纳米颗粒而言，生物防护将取决于与纳米颗粒一起使用的生物危害因子及其与纳米材料偶联程序的类型。如果使用产生气溶胶的程序，则必须使用生物安全柜进行防护。值得注意的是，根据历史数据，纳米颗粒尺寸范围的上限与HEPA过滤器过滤效果最低的100～300 nm（0.1～0.3 μm）的微粒重叠。由于纳米粒子不遵守传统的物理定律，可能也不会遵循迄今为止所研究的其他小颗粒的扩散模式。因此，基于外推法，纳米粒子在HEPA滤波器中的捕获效率可能无法预测。因此，未纳入生物安全柜内操作的程序，必须使用呼吸器。研究表明，对N95呼吸器穿透性最大的纳米颗粒的尺寸约为50 nm[73]。超声仪通常用于分散纳米粒子，由于探头必须置于纳米材料中，很难实现完全封闭。因此，超声仪应置于化学通风柜或生物安全柜内（取决于是否存在生物危害因素以及是否需要产品保护），并且附近的所有人员都应佩戴听力保护装置。当更换生物安全柜的HEPA过滤器时，应注意过滤器是否应用于纳米材料。生物安全柜的典型去污消毒方法不一定会使所有类型的纳米材料失活。因此，拆除HEPA过滤器的工人应该佩戴呼吸防护装置，HEPA过滤器应在拆除后装袋并妥善处理。

朊病毒

朊病毒是一种可传播的病原体，引起一组致死性的神经组织退行性疾病，包括羊瘙痒病（绵羊和山羊朊病毒病原型）、牛海绵状脑病（BSE）、鹿和麋鹿的慢性消耗性疾病（CWD）和人的克−雅病（CJD）。表12-1列出了目前已知人和动物的朊病毒病（也称为传染性海绵状脑病）。最新发现的α-核蛋白朊病毒可能导致多系统萎缩、神经退行性疾病、帕金森病的症状或小脑功能障碍[74]。

最近发现，被称为Luminidependens的第一个植物朊病毒蛋白参与植物开花过程[75]。

表 12-1 朊病毒病

朊病毒病	传播方式
朊病毒病 / 宿主	
羊瘙痒病（BSE）/ 绵羊	未知，遗传易感性
牛海绵状脑病（TME）/N	经口，食物传播
传染性水貂脑病（CWD）/ 水貂	经口，食物传播
慢性消耗性疾病（FSE）/ 黑尾鹿	未知
猫海绵状脑病（EUE）/ 猫	经口，食物传播
外来有蹄类脑病 / 大角羚，林羚，羚羊	经口，食物传播
人的朊病毒病	
库鲁病[a]（消灭）	食人仪式
散发型克 – 雅病（sCJD）	体细胞突变或自发的
变异型克 – 雅病（vCJD）	口服，食源性，输血，人与人之间
家族性克 – 雅病（fCJD）	种系突变
医源性克 – 雅病（iCDJ）	治疗制剂、设备和程序步骤
致死性散发性失眠症（FSI）	体细胞突变或自发的
致命性家族性失眠症（FFI）	种系突变
吉斯特曼 – 施特劳斯综合征（GSS）	种系突变
多系统萎缩（MSA）	自发的

a 仅限于从前居住在新几内亚岛的土著人。

朊病毒与其他传染性病原体不同，不含任何核酸，是由异常折叠的蛋白质组成的“传染性蛋白质”，通过与正常形态的蛋白质接触并导致其折叠异常而传播“感染”。正常的宿主分子蛋白称为朊蛋白质（PrP），异常结构用上标表示，如PrPSc表示瘙痒病样的（“scrapie-like”）PrP。朊病毒病是蛋白质构象紊乱，涉及模板辅助型复制，导致异常蛋白在大脑中累积，引起神经功能障碍、退化和死亡。朊病毒病是一种全新的发病机制[76-78]。

朊病毒病的显著特征是具有传染性、遗传性和散发性[79]。家族性克–雅病（fCJD）、吉斯特曼–施特劳斯综合征（GSS）和致死性家族性失眠症（FFI）都是与PrP编码基因突变有关的显性遗传性朊病毒疾病，而散发型克–雅病（sCJD）被认为是由于蛋白质的自发转化所致[80]。然而，在朊病毒病的三大特征中，有传染性的朊病毒在患者脑中产生，这些朊病毒由致病分子组成，其氨基酸序列由受感染的宿主基因编码。当朊病毒进入新种宿主的大脑时，蛋白质序列差异的“种间屏障”会导致无效感染[81-85]。但是，如果发生了种间传播，新宿主大脑中产生的朊病毒蛋白的氨基酸序列是由新宿主编，而非原宿主。换句话说，在新的宿主大脑中复制的朊病毒已经不是启动复制的朊病毒，这与病毒感染过程截然不同。

在过去的几年里，卫生当局发布的多个指南都强调了与朊病毒有关的生物安全问题，并建议在实验室研究和食品及医疗产品中控制朊病毒污染的潜在风险。在过去10年中，由于羊瘙痒病、CWD以及BSE朊病毒通过受污染的食品传播给动物和人类，生物安全问题得到高度重视。BSE在英国流行的主要原因可能是肉和骨粉中的朊病毒来自患有羊瘙痒病的绵羊废料[86, 87]。一种传染给猫的类似疾病被怀疑是由于朊病毒污染了猫粮所致[88]。BSE与CJD的新变种（vCJD）之间关联性得到证实，已经在全球引发了对朊病毒相关公共卫生政策进行深入的重新评估[83, 89, 90]。此外，用可能受朊病毒污染的人体或动物组织制造有关的生物制品和药品，是对人类健康的另一个潜在危害。因接受未诊断出的CJD患者尸体硬脑膜移植或从尸体脑下垂体提取的生长激素而导致CID病例不断上升，专业人员、公共人物和政治家均对此出强烈的反应，这也引起了全球对来源于人体组织潜在的朊病毒污染及暴露于这些组织的手术器械或医疗设备的关注[91]。这些担忧已经延伸到有关人类血液和血液制品安全的问题。

朊病毒的物理性质

朊病毒具有传染性最小粒子可能是朊病毒蛋白的二聚体或寡聚体，这与电离辐射靶标尺寸（55 ± 9）kDa一致[92]。最近一项旨在评估朊病毒的感染效力与聚合物大小相关性的研究表明，具有较强感染性的粒子含有14 ~ 28个分子，大小为17 ~ 27 nm，分子量为300 ~ 600 kDa[93]。因此，朊病毒能通过可有效过滤细菌和病毒大多数过滤器。此外，朊病毒聚集成大小不等的粒子，这会影响滤器的过滤能力。朊病毒不能被除污剂溶解，但在变性条件下朊病毒丧失的感染力[94, 95]。朊病毒在抗核酸酶[96]、254 nm紫外线照射[97, 98]、补骨脂素[99]、二价阳离子、金属离子螯合剂、酸（pH 3 ~ 7）、羟胺、甲醛溶液、煮沸、蛋白酶等条件下也不易失活[100, 101]。

朊病毒实验室暴露

根据开展研究的目的的不同，人朊病毒及在猿和猴子体内繁殖的朊病毒通常在BSL-2或BSL-3实验室进行操作[102]。处理BSE朊病毒也同样要求在BSL-2或BSL-3实验室进行，因为在英国、法国和其他地方已经发生了BSE朊病毒传播给人事件[102, 103]。所有动物的朊病毒通常也在BSL-2实验室进行处理。

人类朊病毒临床暴露

中枢神经及其包膜中存在高浓度的朊病毒。根据动物实验数据，高浓度的朊病毒可能还存在于脾脏、胸腺和淋巴结中。此外，在vCJD患者中，朊病毒通常在扁桃体、脾脏和阑尾的淋巴组织中检测到[104-107]。此外，在实验感染的小鼠[108]和死于sCJD的患者[109]的肌肉组织中也发现了朊病毒。

在护理濒死的朊病毒病患者时，采取用于艾滋病或肝炎的预防措施也肯定适合。与病毒性疾病相比，人类朊病毒疾病不具有传染性[110]。没有证据表明朊病毒在人间通过接触或气溶胶传播。然而，朊病毒在某些情况下具有传染性，如葬礼上的同类相食仪式、注射朊病毒污染生长激素、朊病毒污染硬脑膜移植和输血[111-115]。

应尽量减少对朊病毒病患者的手术操作。有报道显示，一位接受神经外科手术的CJD患者被认为将朊病毒传播给另外两个此后不久在同一间手术室接受手术的患者[116]。可重复使用仪器及物体表面的消毒应执行美国CDC和世界卫生组织指南[117]。常规的尸检和处理甲醛溶液固定含有人类朊病毒少量组织，需要采取BSL-2防护措施。目前尚无任何已知的有效治疗朊病毒病的方法，需要谨慎处理潜在的感染组织。为了对人类朊病毒病的确诊和与散发性或家族性病例鉴别诊断，应采集死者未固定的脑组织标本进行检测。对于含有人类朊病毒的脑组织、脊髓和其他组织的未固定样本，至少应在BSL-2级实验室采取BSL-3防护条件下极其小心地处理[102]。当使用受朊病毒感染或污染的材料时，应采取的主要预防措施是避免刺伤皮肤[110]。尸解人员应该尽可能地佩戴防切割手套，如果发生意外造成皮肤污染，使用1 mol/L NaOH或1：10稀释的漂白剂浸润污染部位（1 min），然后用大量温水冲洗，以确保最大安全性[102]。

动物的朊病毒

从生物安全的角度来看，BSE是所有动物朊病毒疾病中最令人担忧的。普遍认为这是一种人为造成的流行性疾病，是畜牧养殖工业化的产物，由于食用了受朊病毒污染的由牛、羊的内脏[86, 87, 118, 119]加工成的肉和骨粉等饲料而感染。从流行病学的角度，BSE通过食用受朊病毒污染的牛饲料感染，并表现出令人不安的跨越物种障碍倾向[88, 120, 121]，而且在实验室传播的研究中，使用几种接种途径，包括口服和静脉接种途径[122-129]，均证实了这一倾向。最令人担忧的是，现有确凿的流行病学和实验证据表明，是BSE导致英国及其他国家的vCJD[83, 90, 105, 128, 130, 132]。2003年，美国首次发现牛患疯牛病[133]，最近的病例报告于2012年[134]。

羊瘙痒病通过受感染动物的流动在农场间传播。一旦流入羊群，则可经过垂直和水平传播在羊群中扩散[135]。迄今为止，没有流行病学证据表明羊瘙痒病会传染给人类[136]。然而，最近在拟人小鼠中进行的实验表明，羊瘙痒病蛋白具有人兽共患潜力[137]。目前没有流行病学证据表明自然发生的其他动物朊病毒——CWD、水貂传染性脑病（TME）、猫科海绵状脑病（FSE）和外来有蹄类脑病（EUE）可传染给人类。最近用表达人朊蛋白或绵羊朊蛋白的转基因小鼠进行实验，结果表明，CWD朊蛋白可以传递给表达绵羊朊蛋白的小鼠，但不能传递给表达人朊蛋白的小鼠[138-141]。

朊病毒的灭活

朊病毒的特点是对传统的灭活方式有非常强的抗性，包括辐照、煮沸、干热、化学制剂（甲醛溶液，β-丙内酯和醇）。然而，它们可被1 mol/L NaOH溶液、4.0 mol/L盐酸胍或异氰酸钠、次氯酸钠（≥2%游离氯）及132℃高压蒸汽4.5 h灭活[142-145]。建议对干燥废物在132℃高压灭菌4.5 h或焚烧处理。对于含有高滴度朊病毒且体量大的感染性液体废弃物，先用1 mol/L NaOH（终浓度）溶液处理，然后再经132℃高压灭菌4.5 h，可完全灭活。强烈建议使用一次性塑料制品，用后可以作为干燥废物处理。生物安全柜工作台必须用1 mol/L NaOH溶液去污，再用1 mol/L HCl溶液净化，最后用清水冲洗。常规用于生物安全柜过滤器的多聚甲醛或过氧化氢蒸气消毒不能降低朊病毒滴度。因此，对HEPA过滤器应进行高压灭菌和焚烧处理。

延长蛋白酶的消化时间和通过其他处理方法，如十二烷基硫酸钠（SDS）煮沸，可降低朊病毒的传染性。含有高滴度朊病毒的啮齿动物脑组织提取物需要在132℃高压灭菌4.5 h、酚（1∶1）等可变性有机溶剂、异氰酸胍或盐酸胍（>4mol/L）等促溶剂或碱（如NaOH）等作用24 h[142-145]。虽然疾病的自然过程中没有证据表明可通过气溶胶传播，但在处理组织、液体以及对实验动物进行尸检时，应谨慎避免气溶胶或飞沫的产生。此外，如果进行皮肤可能接触到传染性组织和液体的实验，那么强烈建议戴手套。甲醛固定和石蜡包埋的组织，特别是脑组织，仍然具有传染性。

最近，人们对于人类朊病毒病，特别是vCJD，可能通过受污染的手术器械以及其他医疗和牙科设备传播的担忧，促使研究人员开始研究新式低腐蚀性的朊病毒消毒方法，包括对常规消毒剂的改进。据报道，这些消毒剂在降低朊病毒滴度方面十分有效[146, 147]。然而，最近的一项重大突破性发现，是SDS在弱酸中可灭活朊病毒[148]。SDS浸泡结合高压15 min，能使不锈钢丝上的sCJD朊病毒完全灭活，为研发手术器械及其他医疗和牙科设备无腐蚀性消毒方式奠定了基础。

结论

在对危险分子制剂进行生物安全评估中时，了解技术背后的基本科学知识很重要，可以帮助确定可能会遇到的危险。对于本章的每一个主题，都提供了对制剂或新技术的一般性说明，并引用了相关文献以进行更深入的后续阅读。讨论了一些已知的安全问题，以帮助解决生物安全专业人员提出一些的问题，及如何确定防护等级和防护设备。本章所述的许多分子制剂正被用于或已经用于临床试验。考虑到NIH RAC管理要求的变化，不再要求对每种基因治疗方案进行评估，地方机构生物安全委员会和机构审查委员会的成员在审查时应保持警惕，并在需要时寻求外部专家支持，这增加了他们的负担和责任。1975年召开的阿西洛玛会议旨在解决人们对首次基因工程实验担忧，此后的40多年里，DNA重组取得了长足进展。纳米技术等新兴领域的出现，昭示生物安全只有不断发展才能跟上新的分子技术的创新。

这一章包括了Henry Baron 和 Stanley B. Prusiner在本书第四版中所写的关于朊病毒的章节的节选，并针对该版本进行了更新。

原著参考文献

[1] National Institutes of Health. 2016. NIH Guidelines for Research Involving Recombinant or Synthetic Nucleic Acid Molecules. National Institutes of Health, Bethesda, MD. http://osp.od.nih.gov/sites/default/files/NIH_Guidelines.html#_Toc446948312.

[2] Watson JD, Gilman M, Witkowski J, Zoller M. 1998. Recombinant DNA, 2nd ed. Scientifc American Books, New York, NY.

[3] Avery OT, Macleod CM, McCarty M. 1944. Studies on the chemical nature of the substance inducing transformation of pneumococcal types: induction of transformation by a desoxyribonucleic acid fraction isolated from Pneumococcus type III. J Exp Med 79:137–158.

[4] Graham FL, van der Eb AJ. 1973. A new technique for the assay of infectivity of human adenovirus 5 DNA. Virology 52 :456–467.

[5] Kawai S, Nishizawa M. 1984. New procedure for DNA transfection with polycation and dimethyl sulfoxide. Mol Cell Biol4:1172–1174.

[6] McCutchan JH, Pagano JS. 1968. Enchancement of the infectivity of simian virus 40 deoxyribonucleic acid with diethylaminoethyl-dextran. J Natl Cancer Inst 41:351–357.

[7] Laakso MM, Sutton RE. 2006. Replicative fdelity of lentiviral vectors produced by transient transfection. Virology 348:-406–417.

[8] Lee SH, Oshige M, Durant ST, Rasila KK, Williamson EA,Ramsey H, Kwan L, Nickoloff JA, Hromas R. 2005. The SET domain protein Metnase mediates foreign DNA integration and links integration to nonhomologous end-joining repair. Proc NatlAcad Sci USA 102:18075–18080.

[9] Czernilofsky AP, Levinson AD, Varmus HE, Bishop JM, TischerE, Goodman HM. 1980. Nucleotide sequence of an avian sarcoma virus oncogene (src) and proposed amino acid sequence for gene product. Nature 287:198–203.

[10] Parker RC, Varmus HE, Bishop JM. 1981. Cellular homologue (c-src) of the transforming gene of Rous sarcoma virus: isolation, mapping, and transcriptional analysis of c-src and flanking regions. Proc Natl Acad Sci USA 78:5842–5846.

[11] Löwer J. 1990. Risk of tumor induction in vivo by residual cellular DNA: quantitative considerations. J Med Virol31:50–53.

[12] Petricciani JC, Regan PJ. 1987. Risk of neoplastic transformation from cellular DNA: calculations using the oncogene model. Dev Biol Stand 68:43–49.

[13] Burns PA, Jack A, Neilson F, Haddow S, Balmain A. 1991. Transformation of mouse skin endothelial cells in vivo by direct application of plasmid DNA encoding the human T24 H-ras oncogene. Oncogene 6:1973–1978.

[14] Sheng L, Cai F, Zhu Y, Pal A, Athanasiou M, Orrison B, Blair DG, Hughes SH, Coffn JM, Lewis AM, Peden K. 2008. Oncogenicity of DNA in vivo: tumor induction with expression plasmids for activated H-rasand c-myc. Biologicals 36:184–197.

[15] Corallini A, Altavilla G, Carra L, Grossi MP, Federspil G, Caputo A, Negrini M, Barbanti-Brodano G. 1982. Oncogenity of BK virus for immunosuppressed hamsters. Arch Virol73:243–253.

[16] Corallini A, Pagnani M, Caputo A, Negrini M, Altavilla G, Catozzi L, Barbanti-Brodano G. 1988. Cooperation in oncogenesis between BK virus early region gene and the activated human c-Harvey rasoncogene. J Gen Virol69:2671–2679.

[17] Corallini A, Pagnani M, Viadana P, Camellin P, Caputo A, Reschiglian P, Rossi S, Altavilla G, Selvatici R, Barbanti-Brodano G. 1987. Induction of malignant subcutaneous sarcomas in hamsters by a recombinant DNA containing BK virus early region and the activated

human c-Harvey-rasoncogene. Cancer Res 47:6671–6677.
[18] Fung YK, Crittenden LB, Fadly AM, Kung HJ. 1983. Tumor induction by direct injection of cloned v-src DNA into chickens. Proc Natl Acad Sci USA 80:353–357.
[19] Halpern MS, Ewert DL, England JM. 1990. Wing web or intravenous inoculation of chickens with v-srcDNA induces visceral sarcomas. Virology 175:328–331.
[20] Krause PR, Lewis AM Jr. 1998. Safety of viral DNA in biological products. Biologicals 26:317–320.
[21] Letvin NL, Lord CI, King NW, Wyand MS, Myrick KV, Haseltine WA. 1991. Risks of handling HIV. Nature 349:573.
[22] Portis JL, McAtee FJ, Kayman SC. 1992. Infectivity of retroviral DNA in vivo. J Acquir Immune DefcSyndr5:1272–1273.
[23] Israel MA, Chan HW, Hourihan SL, Rowe WP, Martin MA. 1979. Biological activity of polyoma viral DNA in mice and hamsters. J Virol29:990–996.
[24] Yang H. 2013. Establishing acceptable limits of residual DNA. PDA J Pharm Sci Technol 67:155–163.
[25] Meister G, Tuschl T. 2004. Mechanisms of gene silencing by double-stranded RNA. Nature 431:343–349.
[26] Pélisson A, Sarot E, Payen-Groschêne G, Bucheton A. 2007. A novel repeat-associated small interfering RNA-mediated silencing pathway downregulates complementary sense gypsy transcripts in somatic cells of the Drosophila ovary. J Virol81:1951–1960.
[27] Kanasty R, Dorkin JR, Vegas A, Anderson D. 2013. Delivery materials for siRNA therapeutics. Nat Mater 12:967–977.
[28] Wilczynska A, Bushell M. 2015. The complexity of miRNAmediated repression. Cell Death Differ 22:22–33.
[29] Chen LL. 2016. The biogenesis and emerging roles of circular RNAs. Nat Rev Mol Cell Biol 17:205–211.
[30] Jeck WR, Sharpless NE. 2014. Detecting and characterizing circular RNAs. Nat Biotechnol32:453–461.
[31] Jackson AL, Linsley PS. 2010. Recognizing and avoiding siRNA off-target effects for target identifcation and therapeutic application. Nat Rev Drug Discov9:57–67.
[32] Reardon S. 2016. First CRISPR clinical trial gets green light from US panel. Nature News, June 22.
[33] Carlson DF, Fahrenkrug SC, Hackett PB. 2012. Targeting DNA with fngers and TALENs. Mol Ther Nucleic Acids 1:e3.
[34] Bogdanove AJ, Voytas DF. 2011. TAL effectors: customizable proteins for DNA targeting. Science 333:1843–1846.
[35] Li T, Yang B. 2013. TAL effector nuclease (TALEN) engineering. Methods Mol Biol 978:63–72.
[36] Boch J, Scholze H, Schornack S, Landgraf A, Hahn S, Kay S,Lahaye T, Nickstadt A, Bonas U. 2009. Breaking the code of.DNA binding specifcity of TAL-type III effectors. Science326:1509–1512.
[37] Arnould S, Delenda C, Grizot S, Desseaux C, Pâques F, SilvaGH, Smith J. 2011. The I-CreImeganuclease and its engineered derivatives: applications from cell modifcation to gene therapy. Protein Eng Des Sel 24:27–31.
[38] Daboussi F, Zaslavskiy M, Poirot L, Loperfdo M, Gouble A,Guyot V, Leduc S, Galetto R, Grizot S, Ofcjalska D, Perez C,Delacôte F, Dupuy A, Chion-Sotinel I, Le Clerre D, LebuhotelC, Danos O, Lemaire F, Oussedik K, Cédrone F, Epinat JC,Smith J, Yáñez-Muñoz RJ, Dickson G, Popplewell L, Koo T,VandenDriessche T, Chuah MK, Duclert A, Duchateau P, Pâques F. 2012. Chromosomal context and epigenetic mechanisms control the effcacy of genome editing by rare-cutting designer endonucleases. Nucleic Acids Res 40:6367–6379.
[39] Molina R, Montoya G, Prieto J. 2011. Meganucleases and TheirBiomedical Applications. Wiley Online Library.
[40] Ashworth J, Havranek JJ, Duarte CM, Sussman D, MonnatRJ Jr, Stoddard BL, Baker D. 2006. Computational redesign of endonuclease DNA binding and cleavage specifcity. Nature441:656–659.
[41] Zaslavskiy M, Bertonati C, Duchateau P, Duclert A, Silva GH.2014. Effcient design of meganucleases using a machine learning approach. BMC Bioinformatics 15:191.
[42] Jinek M, Chylinski K, Fonfara I, Hauer M, Doudna JA, Charpentier E. 2012. A programmable dual-RNA-guided DNA endonuclease in adaptive bacterial immunity. Science 337:816–821.
[43] Reis A, Hornblower B. 2014. CRISPR/Cas9 and targeted genome editing: a new era in molecular biology. NEBExpressionshttps://www.neb.com/tools-and-resources/feature-articles/crispr-cas9-and-targeted-genome-editing-a-new-era-in-molecular-biology?device=pdf.
[44] Maeder ML, Thibodeau-Beganny S, Osiak A, Wright DA,Anthony RM, Eichtinger M, Jiang T, Foley JE, Winfrey RJ,Townsend JA, Unger-Wallace E, Sander JD, Müller-Lerch F,Fu F, Pearlberg J, Göbel C, Dassie JP, Pruett-Miller SM, PorteusMH, Sgroi DC, Iafrate AJ, Dobbs D, McCray PB Jr, CathomenT, Voytas DF, Joung JK. 2008. Rapid “open-source” engineering of customized zinc-fnger nucleases for highly effcient gene modifcation. Mol Cell 31:294–301.
[45] Sander JD, Dahlborg EJ, Goodwin MJ, Cade L, Zhang F,Cifuentes D, Curtin SJ, Blackburn JS, Thibodeau-Beganny S,Qi Y, Pierick CJ, Hoffman E, Maeder ML, Khayter C, Reyon D,Dobbs D, Langenau DM, Stupar RM, Giraldez AJ, Voytas DF,Peterson RT, Yeh JR, Joung JK. 2011. Selection-free zinc-fngernuclease engineering by context-dependent assembly (CoDA). Nat Methods 8:67–69.
[46] Sander JD, Reyon D, Maeder ML, Foley JE, Thibodeau-Beganny S, Li X, Regan MR, Dahlborg EJ, Goodwin MJ, Fu F,Voytas DF, Joung JK, Dobbs D. 2010. Predicting success of oligomerized pool engineering (OPEN) for zinc fnger target sitesequences. BMC

Bioinformatics 11:543.
[47] Corrigan-Curay J, O'Reilly M, Kohn DB, Cannon PM, Bao G,Bushman FD, Carroll D, Cathomen T, Joung JK, Roth D,Sadelain M, Scharenberg AM, von Kalle C, Zhang F, Jambou R, Rosenthal E, Hassani M, Singh A, Porteus MH. 2015.Genome editing technologies: defning a path to clinic. MolTher 23:796–806.
[48] Sharpe M, Mount N. 2015. Genetically modifed T cells in cancer therapy: opportunities and challenges. Dis Model Mech8:337–350.
[49] Ahmad ZA, Yeap SK, Ali AM, Ho WY, Alitheen NB, Hamid M.2012. scFv antibody: principles and clinical application. Clin DevImmunol 2012:980250.
[50] Maude SL, Teachey DT, Porter DL, Grupp SA. 2015. CD19-targeted chimeric antigen receptor T-cell therapy for acute lymphoblastic leukemia. Blood 125:4017–4023.
[51] Debets R, Donnadieu E, Chouaib S, Coukos G. 2016. TCR-engineered T cells to treat tumors: seeing but not touching? SeminImmunol 28:10–21.
[52] Sadelain M, Brentjens R, Rivière I. 2013. The basic principles of chimeric antigen receptor design. Cancer Discov3:388–398.
[53] Lee DW, Gardner R, Porter DL, Louis CU, Ahmed N, JensenM, Grupp SA, Mackall CL. 2014. Current concepts in the diagnosis and management of cytokine release syndrome. Blood124:188–195.
[54] Della Torre E, Bennett LH, Watson RE. 2005. Extension of the BLOCH T(3/2) law to magnetic nanostructures: Bose-Einstein condensation. Phys Rev Lett 94:147210.
[55] Gieseler J, Quidant R, Dellago C, Novotny L. 2014. Dynamic relaxation of a levitated nanoparticle from a non-equilibriumsteady state. Nat Nanotechnol9:358–364.
[56] Pattison JR, Patou G. 1996. Parvoviruses. In Baron S (ed), Medical Microbiology. University of Texas Medical Branch at Galveston, Galveston, TX.
[57] Philippe N, Legendre M, Doutre G, Couté Y, Poirot O, LescotM, Arslan D, Seltzer V, Bertaux L, Bruley C, Garin J, ClaverieJM, Abergel C. 2013. Pandoraviruses: amoeba viruses with genomes up to 2.5 Mb reaching that of parasitic eukaryotes. Science 341:281–286.
[58] Hernandez-Garcia A, Kraft DJ, Janssen AF, Bomans PH,Sommerdijk NA, Thies-Weesie DM, Favretto ME, Brock R, deWolf FA, Werten MW, van der Schoot P, Stuart MC, de Vries R.2014. Design and self-assembly of simple coat proteins for artifcial viruses. Nat Nanotechnol9:698–702.
[59] Lu Y, Chan W, Ko BY, VanLang CC, Swartz JR. 2015. Assessing sequence plasticity of a virus-like nanoparticle by evolution toward a versatile scaffold for vaccines and drug delivery. ProcNatl Acad Sci USA 112:12360–12365.
[60] Lara HH, Garza-Treviño EN, Ixtepan-Turrent L, Singh DK.2011. Silver nanoparticles are broad-spectrum bactericidal and virucidal compounds. J Nanobiotechnology9:30.
[61] Silvestry-Rodriguez N, Sicairos-Ruelas EE, Gerba CP,Bright KR. 2007. Silver as a disinfectant. Rev Environ ContamToxicol191:23–45.
[62] Honek JF. 2013. Bionanotechnology and bionanomaterials: John Honek explains the good things that can come in very smallpackages. BMC Biochem14:29.
[63] Sapsford KE, Algar WR, Berti L, Gemmill KB, Casey BJ, Oh E,Stewart MH, Medintz IL. 2013. Functionalizing nanoparticles with biological molecules: developing chemistries that facilitate nanotechnology. Chem Rev 113:1904–2074.
[64] Bajpai SK, Mohan YM, Bajpai M, Tankhiwale R, Thomas V.2007. Synthesis of polymer stabilized silver and gold nanostructures. J NanosciNanotechnol7:2994–3010.
[65] Barnickel P, Wokun A, Sager M, Eicke E-F. 1992. Size-tailoring of silver colloids by reduction in W/O microemulsions. J ColloidInterface 148:80–90.
[66] Chen S, Carroll DL. 2002. Synthesis and characterization of truncated triangular silver nanoplates. Nano Lett 2:1003–1007.
[67] Cushing BL, Kolesnichenko VL, O'Connor CJ. 2004. Recent advances in the liquid-phase syntheses of inorganic nanoparticles. Chem Rev 104:3893–3946.
[68] Luo C, Zhang Y, Zeng X, Zeng Y, Wang Y. 2005. The role of poly(ethylene glycol) in the formation of silver nanoparticles. J Colloid Interface Sci 288:444–448.
[69] Radziuk D, Skirtach A, Sukhorukov G, Mohwald H. 2007. Stabilization of silver nanoparticles by polyelectrolytes and poly(ethylene glycol). Macromol Rapid Commun28:848–855.
[70] Singh P, Kim YJ, Zhang D, Yang DC. 2016. Biological synthesis of nanoparticles from plants and microorganisms. Trends Biotechnol34:588–599.
[71] De M, Ghosh PS, Rotello VM. 2008. Applications of nanoparticles in biology. Adv Mater 20:4225–4241.
[72] National Research Council. 2012. A Research Strategy forEnvironmental, Health, and Safety Aspects of EngineeredNanomaterials. Committee to Develop a Research Strategy for Environmental, Health, and Safety Aspects of EngineeredNanomaterials, Washington,

DC.
[73] Rengasamy S, Eimer BC. 2011. Total inward leakage of nanoparticles through fltering facepiece respirators. Ann OccupHyg55:253–263.
[74] Prusiner SB, Woerman AL, Mordes DA, Watts JC, Rampersaud R, Berry DB, Patel S, Oehler A, Lowe JK, Kravitz SN, Geschwind DH, Glidden DV, Halliday GM, Middleton LT, Gentleman SM, Grinberg LT, Giles K. 2015. Evidence for α-synucleinprions causing multiple system atrophy in humans with parkinsonism. Proc Natl Acad Sci USA 112:E5308–E5317.
[75] Chakrabortee S, Kayatekin C, Newby GA, Mendillo ML, Lancaster A, Lindquist S. 2016. Luminidependens(LD) is an Arabidopsis protein with prion behavior. Proc Natl Acad Sci USA113:6065–6070.
[76] Prusiner SB. 1998. Prions. Proc Natl Acad Sci USA 95:13363–13383.
[77] Prusiner SB, Scott MR, DeArmond SJ. 2004. Transmission and replication of prions, p 187–242. In Prusiner SB (ed), Prion Biology and Diseases. Cold Spring Harbor Laboratory Press, Cold Spring Harbor, NY.
[78] Weissmann C, Enari M, Klöhn PC, Rossi D, Flechsig E. 2002. Transmission of prions. Proc Natl Acad Sci USA 99(Suppl 4):16378–16383.
[79] Huang WJ, Chen WW, Zhang X. 2015. Prions mediated neurodegenerative disorders. Eur Rev Med Pharmacol Sci 19:4028–4034.
[80] Bishop MT, Will RG, Manson JC. 2010. Defning sporadic Creutzfeldt-Jakob disease strains and their transmission properties. Proc Natl Acad Sci USA 107:12005–12010.
[81] Pattison IH. 1965. Experiments with scrapie with special reference to the nature of the agent and the pathology of the disease, p 249–257. In Gajdusek DC, Gibbs CJ Jr, Alpers MP (ed), Slow, Latent and Temperate Virus Infections NINDB Monograph2. US Government Printing Offce, Washington, DC.
[82] Scott M, Foster D, Mirenda C, Serban D, Coufal F, WälchliM,Torchia M, Groth D, Carlson G, DeArmond SJ, Westaway D,Prusiner SB. 1989. Transgenic mice expressing hamster prion protein produce species-specifc scrapie infectivity and amyloid plaques. Cell 59:847–857.
[83] Scott MR, Will R, Ironside J, Nguyen HO, Tremblay P, DeArmond SJ, Prusiner SB. 1999. Compelling transgenetic evidence for transmission of bovine spongiform encephalopathy prions to humans. Proc Natl Acad Sci USA 96:15137–15142.
[84] Telling GC, Scott M, Mastrianni J, Gabizon R, Torchia M, Cohen FE, DeArmond SJ, Prusiner SB. 1995. Prion propagation in mice expressing human and chimeric PrPtransgenes implicates the interaction of cellular PrP with another protein. Cell83:79–90.
[85] Asante EA, Linehan JM, Desbruslais M, Joiner S, Gowland I,Wood AL, Welch J, Hill AF, Lloyd SE, Wadsworth JD, Collinge J.2002. BSE prions propagate as either variant CJD-like or sporadic CJD-like prion strains in transgenic mice expressing human prion protein. EMBO J 21:6358–6366.
[86] Wilesmith JW, Ryan JB, Atkinson MJ. 1991. Bovine spongiform encephalopathy: epidemiological studies on the origin. VetRec 128:199–203.
[87] Pattison J. 1998. The emergence of bovine spongiform encephalopathy and related diseases. Emerg Infect Dis 4:390–394.
[88] Wyatt JM, Pearson GR, Smerdon TN, Gruffydd-Jones TJ,Wells GA, Wilesmith JW. 1991. Naturally occurring scrapie-like spongiform encephalopathy in fve domestic cats. Vet Rec129:233–236.
[89] Hill AF, Desbruslais M, Joiner S, Sidle KC, Gowland I,Collinge J, Doey LJ, Lantos P. 1997. The same prion strain causes vCJD and BSE. Nature 389:448–450, 526.
[90] Will RG, Ironside JW, Zeidler M, Cousens SN, Estibeiro K,Alperovitch A, Poser S, Pocchiari M, Hofman A, Smith PG.1996. A new variant of Creutzfeldt-Jakob disease in the UK. Lancet 347:921–925.
[91] Jaunmuktane Z, Mead S, Ellis M, Wadsworth JD, Nicoll AJ, Kenny J, Launchbury F, Linehan J, Richard-Loendt A, Walker AS, Rudge P, Collinge J, Brandner S. 2015. Evidence for human transmission of amyloid-β pathology and cerebral amyloid angiopathy. Nature 525:247–250.
[92] Bellinger-Kawahara CG, Kempner E, Groth D, Gabizon R,Prusiner SB. 1988. Scrapie prion liposomes and rods exhibit target sizes of 55,000 Da. Virology 164:537–541.
[93] Silveira JR, Raymond GJ, Hughson AG, Race RE, Sim VL, Hayes SF, Caughey B. 2005. The most infectious prion protein particles. Nature 437:257–261.
[94] Gabizon R, Prusiner SB. 1990. Prion liposomes. Biochem J 266:1–14.
[95] Safar J, Ceroni M, Piccardo P, Liberski PP, Miyazaki M, Gajdusek DC, Gibbs CJ Jr. 1990. Subcellular distribution and physicochemical properties of scrapie-associated precursor protein and relationship with scrapie agent. Neurology 40:503–508.
[96] Bellinger-Kawahara C, Diener TO, McKinley MP, Groth DF, Smith DR, Prusiner SB. 1987. Purifed scrapie prions resist inactivation by procedures that hydrolyze, modify, or shear nucleic acids. Virology 160:271–274.
[97] Alpers M. 1987. Epidemiology and clinical aspects of kuru, p 451–465. In Prusiner SB, McKinley MP (ed), Prions—Novel Infectious Pathogens Causing Scrapie and Creutzfeldt-Jakob Disease. Academic Press, Orlando, FL.
[98] Bellinger-Kawahara C, Cleaver JE, Diener TO, Prusiner SB.1987. Purifed scrapie prions resist inactivation by UV irradiation. J

Virol61:159–166.

[99] McKinley MP, Masiarz FR, Isaacs ST, Hearst JE, Prusiner SB.1983. Resistance of the scrapie agent to inactivation by psoralens. PhotochemPhotobiol37:539–545.

[100] Brown P, Wolff A, Gajdusek DC. 1990. A simple and effective method for inactivating virus infectivity in formalin-fxed tissue samples from patients with Creutzfeldt-Jakob disease. Neurology40:887–890.

[101] Prusiner SB. 1982. Novel proteinaceous infectious particles cause scrapie. Science 216:136–144.

[102] U.S. Department of Health and Human Services, Public HealthService, Centers for Disease Control and Prevention, NationalInstitutes of Health. 2009. Biosafety in Microbiological and Biomedical Laboratories, 5th ed. HHS Publication no. (CDC) 21~112. http://www.cdc.gov/biosafety/publications/bmbl5/BMBL.pdf.

[103] Will RG. 1996. Incidence of Creutzfeldt-Jakob disease in the European Community, p 364–374. In Gibbs CJ Jr (ed), BovineSpongiform Encephalopathy: the BSE Dilemma. Springer-Verlag, New York, NY.

[104] Bruce ME, McConnell I, Will RG, Ironside JW. 2001. Detection of variant Creutzfeldt-Jakob disease infectivity in extraneural tissues. Lancet 358:208–209.

[105] Hill AF, Zeidler M, Ironside J, Collinge J. 1997. Diagnosis of new variant Creutzfeldt-Jakob disease by tonsil biopsy. Lancet 349:99–100.

[106] Hilton DA, Ghani AC, Conyers L, Edwards P, McCardle L,Ritchie D, Penney M, Hegazy D, Ironside JW. 2004. Prevalence of lymphoreticular prion protein accumulation in UK tissue samples. J Pathol203:733–739.

[107] Wadsworth JD, Joiner S, Hill AF, Campbell TA, Desbruslais M.Luthert PJ, Collinge J. 2001. Tissue distribution of protease resistant prion protein in variant Creutzfeldt-Jakob diseaseusing a highly sensitive immunoblotting assay. Lancet 358:171–180.

[108] Bosque PJ, Ryou C, Telling G, Peretz D, Legname G, DeArmond SJ, Prusiner SB. 2002. Prions in skeletal muscle. Proc Natl Acad Sci USA 99:3812–3817.

[109] Glatzel M, Abela E, Maissen M, Aguzzi A. 2003. Extraneural pathologic prion protein in sporadic Creutzfeldt-Jakob disease. N Engl J Med 349:1812–1820.

[110] Ridley RM, Baker HF. 1993. Occupational risk of Creutzfeldt-Jakob disease. Lancet 341:641–642.

[111] Centers for Disease Control and Prevention. 1985. Fatal degenerative neurologic disease in patients who received pituitaryderived human growth hormone. MMWR Morb Mortal Wkly Rep 34:359–360, 365–356.

[112] Centers for Disease Control and Prevention. 1997. Creutzfeldt-Jakob disease associated with cadaveric dura matergrafts—Japan, January 1979-May 1996. MMWR Morb Mortal Wkly Rep 46:1066–1069.

[113] Public Health Service Interagency Coordinating Committee. 1997. Report on human growth hormone and Creutzfeldt-Jakob disease. U.S. Department of Health and Human Services, Washington, DC.

[114] Dietz K, Raddatz G, Wallis J, Müller N, Zerr I, Duerr HP, LefèvreH, Seifried E, Löwer J. 2007. Blood transfusion and spread of variant Creutzfeldt-Jakob disease. Emerg Infect Dis 13:89–96.

[115] Gajdusek DC. 1977. Unconventional viruses and the origin and disappearance of kuru. Science 197:943–960.

[116] Brown P, Preece MA, Will RG. 1992. "Friendly fre" in medicine: hormones, homografts, and Creutzfeldt-Jakob disease. Lancet 340:24–27.

[117] World Health Organization. 1999. WHO infection control guidelines for transmissible spongiform encephalopathies. Report of a WHO consultation, Geneva, Switzerland, March 23–26, 1999. Geneva, Switzerland.

[118] Anderson RM, Donnelly CA, Ferguson NM, Woolhouse ME, Watt CJ, Udy HJ, MaWhinney S, Dunstan SP, Southwood TR, Wilesmith JW, Ryan JB, Hoinville LJ, Hillerton JE, Austin AR, Wells GA. 1996. Transmission dynamics and epidemiology of BSE in British cattle. Nature 382:779–788.

[119] Prusiner SB. 1997. Prion diseases and the BSE crisis. Science 278:245–251.

[120] Kirkwood JK, Wells GA, Wilesmith JW, Cunningham AA, Jackson SI. 1990. Spongiform encephalopathy in an arabian oryx (Oryxleucoryx) and a greater kudu (Tragelaphus strepsiceros). Vet Rec 127:418–420.

[121] Willoughby K, Kelly DF, Lyon DG, Wells GA. 1992. Spongiform encephalopathy in a captive puma (Felis concolor). Vet Rec 131:431–434.

[122] Baker HF, Ridley RM, Wells GA. 1993. Experimental transmission of BSE and scrapie to the common marmoset. Vet Rec132:403–406.

[123] Barlow RM, Middleton DJ. 1990. Dietary transmission of bovine spongiform encephalopathy to mice. Vet Rec 126:111–112.

[124] Dawson M, Wells GA, Parker BN, Scott AC. 1990. Primary parenteral transmission of bovine spongiform encephalopathy to the pig. Vet Rec 127:338.

[125] Foster JD, Bruce M, McConnell I, Chree A, Fraser H. 1996. Detection of BSE infectivity in brain and spleen of experimentally infected sheep. Vet Rec 138:546–548.

[126] Fraser H, Bruce ME, Chree A, McConnell I, Wells GA. 1992.Transmission of bovine spongiform encephalopathy and scrapie to mice. J Gen Virol73:1891–1897.

[127] Hunter N, Foster J, Chong A, McCutcheon S, Parnham D, Eaton S, MacKenzie C, Houston F. 2002. Transmission of prion diseases by blood transfusion. J Gen Virol83:2897–2905.

[128] Lasmézas CI, Deslys JP, Demaimay R, Adjou KT, Lamoury F,Dormont D, Robain O, Ironside J, Hauw JJ. 1996. BSE transmission to macaques. Nature 381:743–744.

[129] Lasmézas CI, Fournier JG, Nouvel V, Boe H, Marcé D, LamouryF, Kopp N, Hauw JJ, Ironside J, Bruce M, Dormont D,Deslys JP. 2001. Adaptation of the bovine spongiform encephalopathy agent to primates and comparison with Creutzfeldt-Jakob disease: implications for human health. Proc Natl Acad Sci USA 98:4142–4147.

[130] Bruce ME, Will RG, Ironside JW, McConnell I, Drummond D,Suttie A, McCardle L, Chree A, Hope J, Birkett C, CousensS, Fraser H, Bostock CJ. 1997. Transmissions to mice indicate that 'new variant' CJD is caused by the BSE agent. Nature 389:498–501.

[131] Collinge J, Sidle KC, Meads J, Ironside J, Hill AF. 1996. Molecular analysis of prion strain variation and the aetiology of 'new variant' CJD. Nature 383:685–690.

[132] Zeidler M, Stewart GE, Barraclough CR, Bateman DE, BatesD, Burn DJ, Colchester AC, Durward W, Fletcher NA, Hawkins SA, Mackenzie JM, Will RG. 1997. New variant Creutzfeldt-Jakob disease: neurological features and diagnostic tests.Lancet 350:903–907.

[133] Centers for Disease Control and Prevention (CDC). 2004. Bovine spongiform encephalopathy in a dairy cow—Washington state, 2003. MMWR Morb Mortal Wkly Rep 52:1280–1285.

[134] U.S. Department of Agriculture, Animal and Plant Health Inspection Service, Veterinary Services. 2012. Summary Report. California bovine spongiform encephalopathy case investigation. https://www.aphis.usda.gov/animal_health/animal_diseases/bse/downloads/BSE_Summary_Report.pdf.

[135] Dexter G, Tongue SC, Heasman L, Bellworthy SJ, Davis A,Moore SJ, Simmons MM, Sayers AR, Simmons HA, Matthews D. 2009. The evaluation of exposure risks for natural transmission of scrapie within an infected flock. BMC Vet Res 5:38.

[136] Chatelain J, Cathala F, Brown P, Raharison S, Court L, Gajdusek DC. 1981. Epidemiologic comparisons between Creutzfeldt-Jakob disease and scrapie in France during the 12-year period 1968–1979. J Neurol Sci 51:329–337.

[137] Cassard H, Torres JM, Lacroux C, Douet JY, Benestad SL, Lantier F, Lugan S, Lantier I, Costes P, Aron N, Reine F,Herzog L, Espinosa JC, Beringue V, Andréoletti O. 2014. Evidence for zoonotic potential of ovine scrapie prions. Nat Commun 5:5821.

[138] Barria MA, Balachandran A, Morita M, Kitamoto T, Barron R, Manson J, Knight R, Ironside JW, Head MW. 2014. Molecular barriers to zoonotic transmission of prions. Emerg Infect Dis 20:88–97.

[139] Béringue V, Herzog L, Jaumain E, Reine F, Sibille P, Le Dur A, Vilotte JL, Laude H. 2012. Facilitated cross-species transmission of prions in extraneural tissue. Science 335:472–475.

[140] Collinge J. 2012. Cell biology. The risk of prion zoonoses. Science 335:411–413.

[141] Sandberg MK, Al-Doujaily H, Sigurdson CJ, Glatzel M, O'Malley C, Powell C, Asante EA, Linehan JM, Brandner S,Wadsworth JD, Collinge J. 2010. Chronic wasting disease prions are not transmissible to transgenic mice overexpressing human prion protein. J Gen Virol 91:2651–2657.

[142] Prusiner SB, Groth D, Serban A, Stahl N, Gabizon R. 1993. Attempts to restore scrapie prion infectivity after exposure to protein denaturants. Proc Natl Acad Sci USA 90:2793–2797.

[143] Prusiner SB, McKinley MP, Bolton DC, Bowman KA, Groth DF, Cochran SP, Hennessey EM, Braunfeld MB, Baringer JR, Chatigny MA. 1984. Prions: methods for assay, purifcation and characterization, p 294–345. In Maramorosch K,Koprowski H (ed), Methods in Virology. Academic Press, New York, NY.

[144] Taylor DM, Woodgate SL, Atkinson MJ. 1995. Inactivation of the bovine spongiform encephalopathy agent by rendering procedures. Vet Rec 137:605–610.

[145] Taylor DM, Woodgate SL, Fleetwood AJ, Cawthorne RJ. 1997. Effect of rendering procedures on the scrapie agent. VetRec 141:643–649.

[146] Fichet G, Comoy E, Duval C, Antloga K, Dehen C, Charbonnier A, McDonnell G, Brown P, Lasmézas CI, Deslys JP. 2004. Novel methods for disinfection of prion-contaminated medical devices. Lancet 364:521–526.

[147] Race RE, Raymond GJ. 2004. Inactivation of transmissible spongiform encephalopathy (prion) agents by environ LpH. J Virol 78:2164–2165.

[148] Peretz D, Supattapone S, Giles K, Vergara J, Freyman Y, Lessard P, Safar JG, Glidden DV, McCulloch C, Nguyen HO, Scott M, Dearmond SJ, Prusiner SB. 2006. Inactivation of prions by acidic sodium dodecyl sulfate. J Virol 80:322–331.

13

空气传播微生物的生物安全

MICHAEL A. PENTELLA

对某些病原微生物而言，空气传播是感染人类的主要途径。这些病原微生物包括可在人类、动物和环境（如土壤和水）中传播的致病性病毒、细菌和真菌。虽然某些种类的真菌和分枝杆菌也可以通过空气传播，但在传播机制上还是有较大差别，包括其自然栖息地和宿主。只有清楚地了解这些差异，实验人员才能更好地进行风险评估，并制订合理的安全操作规程，以降低实验室中的风险。

"实验室"一词被频繁使用，本书所指的实验室也包括在外环境中样品的收集和评估。在这种情况下，实验室人员可能暴露于含有真菌孢子的风或气流中。应特别关注那些已知可自然感染人类真菌孢子，尤其是那些可以产生系统性真菌病的孢子。在北美，西南部的沙漠土壤中主要是粗球孢子菌（*Coccidioides immitis*），而在东南部、中西部土壤中发现的则是皮肤芽生孢杆菌（*Blastomyces dermatitidis*）和荚膜组织胞浆菌（*Histoplasma capsulatum*）。被这些病原微生物感染的人类宿主通常不会成为社会上的接触者或医护人员的主要传染源，美国CDC没有出台针对此类患者进行医院隔离等预防措施的建议指南[1]，就是对这一情况的真实反映。

由于真菌的独特性质，人际之间的传播较少发生。这种微生物具有两种形态，在自然界中以菌丝体形式传播，在某些情况下也会发生实验室感染。真菌的菌丝体产生分生孢子，分生孢子很容易通过空气途径传播。这些真菌在体内组织中主要以酵母或内孢囊的形式存在，且不能通过直接接触或空气传播途径传播给他人。然而，也存在少数实验人员或医护人员经皮肤感染的报告。当人体的创伤部位接触来自患者的感染性物质时就有可能被感染。例如，在尸检时，病原微生物通过实验人员的创伤进入皮下组织引起感染。此外，还有一篇报道称，一位球孢子菌病患者，由于引流管表面的体液沉积没有及时清理，而生长出感染性关节孢子，但这只是个例。

这些病原微生物在医院环境中造成的感染性事件，主要发生在实验室，而且多是经空气传播。菌丝体是真菌的感染形态，在实验室中操作这些真菌，很容易产生菌丝体。为了分离和准确鉴定真菌病的病原体，实验室人员需要将其在适宜温度下培养，而在这种温度下可以培养出更危险的菌丝体，产生可以空气传播的分生孢子。因此，实验室应该是双形态真菌生物安全关注的重点。

结核分枝杆菌的空气传播是实验室安全的关注重点。由于人类是结核分枝杆菌的唯一宿主，人际间的自然传播几乎完全依赖于传染性飞沫核。实验室人间的传播机制与最常见的病原微生物传播方式类似，飞沫核是主要的传播介质。在自然界中飞沫核的有效生成方式是喷嚏、咳嗽和喉部振动，这些动作产生的能量将唾液体形成微小的飞沫。任何赋予微生物制剂能量的操作都会产生气溶胶，诸如移液、生化材料接种、取菌环火焰灭菌、涡旋、倾倒液体以及离心，甚至打开培养皿盖子这一动作都具有雾化病原体的可能，这些操作在实验室的日常活动中无处不在。气溶胶通常不被注意，但它们却普遍存在于实验室环境中，使实验室的所有人处于危险之中。因此，可以简单地认为，如果进行有气溶胶产生的试验操作，即便仅仅是在同一房间内的人员，也有可能被感染。因此，就结核病而言，将自然传播理解为实验室外感染的模式是合理的。

目前，研究人员实验室感染结核情况的尚不清楚，因为不管是实验室获得性感染还是皮肤测试阳转均非法定报告。缺乏报告使我们失去了汲取经验和确定最佳实践的机会。操作结核分枝杆菌的实验室人员的感染率估计是普通人群的100倍[2]。与不接触结核分枝杆菌的实验室人员相比，接触结核分枝杆菌的实验室人员结核病的发病率高3 ~ 5倍。据估计，8% ~ 30%的实验室人员可能发生结核菌素阳转[3]。在一篇实验室获得性感染的综述中，结核病在实验室获得性感染排序列中排名第4，仅次于布鲁菌病、Q热和伤寒[4]。Kubica报告了15起实验室事故，在 291名有暴露史的实验室工作人员中，80人（27%）结核菌素皮肤试验（TST）阳性[3]。在这15起事故中，有8起事故涉及的实验室存在通风不良，5起与生物安全柜的故障有关，1起与高压灭菌器故障有关，另1起是设备故障。依据1996—2000年华盛顿州的工人赔偿数据[5]，发现在非医院环境中，整体医疗保健人员的结核菌素皮肤试验阳性发生率为10 000名全职员工（FTE）2.3人；医院医生的TST阳性率最高，为10 000名全职员工3.7人；医药相关实验室人员TST阳性发生率位居第2，为每10 000名全职员工2.6人。随着结核分枝杆菌的多耐药菌株和泛耐药菌株的出现，结核病不再像过去那样被认为是可治愈的。结核病的感染风险不仅存在于临床微生物实验室，还存在于其他临床实验室，如手术病理学、尸检工具和细胞学实验室[6]。在临床实验室之外，研究型实验室中的生物安全也值得关注。

有些细菌和真菌虽然自然状态下不会通过空气传播造成危害，但也可引起实验室安全隐患，许多情况导致病原微生物在实验室比在自然环境中更具传播性。①在实验室中操作的病原微生物经常是高浓度的，因为实验室培养增殖导致微生物数量呈指数增长。经培养增殖后，经中等程度操作产生的少量气溶胶，就能产生足以达到经空气传播所需的感染剂量。②实验室产生气溶胶的效率更高。结核病患者是通过咳嗽传播分枝杆菌，但许多临床疾病与结核病不同，并非所有感染过程都引发这种有效传播宿主反应。因此，只有在实验室中才能如此有效地产生微生物气溶胶，使其可通过空气途径传播。在实验室内操作传染性微生物时可导致空气传播的飞沫迅速干燥成1 ~ 5 μm大小的飞沫核，这些飞沫核空气中停留更长时间，并且随后能够到达肺泡，大于5 μm的飞沫颗粒可以在发生地的3 ~ 6英尺内很快地沉降。③实验室工作人员可以使用大量液体培养基增殖微生物。因此，即使实验操作产生气溶胶的效率不高，但由于大量液体的存在，所产生的气溶胶量也可能大大增多。在这种情况下，可有效传播的微生物实际上比临床标本更危险。表13-1列出了这些病原微生物。在大多数情况下，在BSL-2环境中，经空气传播的细菌和真菌不会造成严重的健康风险。通过检测运行中生物安全2级实验室空气中的微生物，就证明了这一点。检测发现了30种细菌和28种真菌，其中没有一种会对免疫系统健全的健康人造成危害[7]。

制定安全政策

职业安全与健康管理局、疾病预防控制中心、美国病理学家学院、临床与实验室标准研究所和卫生保健组织认证联合委员会等多个组织为生物安全操作提供了指南。每个实验室负责制定具体书面政策，作为内部生物安全操作规范。此外，还必须进行员工培训，以了解并遵守政策和操作规程，管理层有责任监督和确保各项操作合乎规则。美国CDC已发布了在BSL-2～BSL-4实验室中处理生物样本工作的能力要求，包括基本操作技能、基础知识和基本能力[8]。无论是初级的、有经验的实验人员，还是在管理职位的人，都要根据实际的情况和经验进行分级，其中包括许多关键岗位的细节。2015年，疾病预防控制中心发布了一份针对实验室专业人员综合能力的总结性文件[9]，涵盖生物安全在内的多个方面的能力。该文件以2011年的指南为基础，并对其内容进行了修订和调整。

为了建立具体的策略和做法，每个实验室都必须根据各自的实际情况进行风险评估，以确定暴露于不同有害材料和环境下对人员健康的影响[10]。用于生物实验室风险评估的数据，可能因少报或因实验室的特殊设置而受到限制，这样可能会增加风险评估的主观性，夸大危险和严重性，为确保安全环境而建议的措施会更严格。风险管理过程中不可或缺的是有关生物制剂、设施、安全设备和工作过程的知识[11]。《微生物和生物医学实验室生物安全》一书对不同的生物安全等级进行了明确的界定[12]。

选择适当的生物安全措施

空气传播病原体生物安全等级的确定，需要若干评价工具和相关信息资源。选择适当生物安全等级的过程，包括熟悉生物安全等级的相关资料，如CDC和NIH关于管制病原总结性摘要的声明[12]和RG分类[13]；审查可能生成气溶胶或飞沫和（或）基因修饰（特别是非常规或者新的修饰方式）的程序和过程及用量的大小、工作人员的专业知识、设备设施和最近的文献信息。

现行的以实验室安全为导向的微生物生物安全分类，是基于对某种微生物空气途径传播倾向的认知，是否有有效的治疗方法？是否有可用的疫苗？以及感染剂量大小和对公共健康的危害程度。目前还未发现BSL-1生物体在健康成年人中会导致疾病的情况，在处理BSL-1生物样本时也不需要控制气溶胶。BSL-2微生物主要通过表皮暴露、黏膜暴露或摄入传播。在使用培养的微生物实验室，如果存在气溶胶传播风险，任何BSL-2操作都要在生物安全柜中进行操作，以控制产生的气溶胶（表13-1）。BSL-3微生物一般具有明显的气溶胶传播倾向，无论任何时候，对这类微生物相关样本的增殖培养都需要在生物安全柜内进行。此外，虽然不进行培养增殖，但在标本（如体液）中可能含有在低浓度下就能产生有效感染微生物，且操作过程中能有效形成气溶胶，也必须在生物安全柜内进行。BSL-3还需要一些工程防控措施，在发生泄漏或事故时可以保护其他人员的安全。需要BSL-4操作的微生物，可以通过任何途径（气溶胶或黏膜暴露）传播，必须更加严格地加以控制，因为它们具有更大或未知的致死风险。这些微生物所有相关样本需要更专业的密封柜保存，必须在完全密封在BSL-4环境中操作。选择适当生物安全等级并不总是一目了然，例如，在临床实验室中，很大一部分与微生物有关的工作涉及从不明病因疾病患者样本中分离鉴定病原。在本章的后面部分会针对实验室用到的有关病原微生物及其危害进行说明。

表 13-1 经空气传播的病原体检测分析通常需要在 BSL-2 条件下处理 [a]

物种	防控等级 [b]	
	液滴 / 气溶胶	高滴度 / 大体积
细菌		
炭疽杆菌	BSL-3	BSL-3
百日咳杆菌	BSL-3 E	BSL-3
类鼻疽伯克霍尔德菌	BSL-3	BSL-3
肺炎衣原体	BSL-3	BSL-3
鹦鹉热衣原体	BSL-3	BSL-3
沙眼衣原体	BSL-3	BSL-3
肉毒杆菌（毒素）	BSL-3	BSL-3
嗜肺军团菌	BSL-3 P，E	BSL-3 P，E
淋球	BSL-3 P，E	BSL-3 P，E
脑膜炎双球菌	BSL-3 P，E	BSL-3 P，E
伤寒沙门菌	BSL-3	BSL-3
鼠疫杆菌	BSL-3 P，E	BSL-3 P，E
真菌		
新生隐球菌（受污染的环境样本）	BSL-3 E	
病毒		
乙型肝炎和丙型肝炎病毒	BSL-3 P，E	BSL-3 P，E
人类免疫缺陷病毒和猿猴免疫缺陷病毒 [c]	BSL-3 P，E	BSL-3
人类疱疹病毒	BSL-3 P，E	BSL-3 P，E
淋巴细胞性脉络丛脑膜炎病毒	BSL-3 P，E	BSL-3 P，E
痘病毒（牛痘，牛痘，猴痘）		BSL-3 P，E
狂犬病病毒	BSL-3 P，E	BSL-3 P，E
朊病毒（人）	BSL-3 P，E	BSL-3 P，E

a 源自参考文献[12]。
b P，个人操作和过程；E，主要防控设备。
c HIV和SIV分别是人类免疫缺陷病毒和猴免疫缺陷病毒。

个人防护装备的选择

选择个人防护装备，首先要审查新兴技术的相关法规和文献。美国CDC目前建议实验室工作人员在使用广泛耐药结核分枝杆菌菌株时使用动力空气净化呼吸器[14]。OSHA制定的适用于实验室环境的具体法规包括“血源病原体”（美国联邦法规第29章第1910条1030款）和“危险化学品职业暴露”（美国联邦法规第29章第1910条1450款）。此外，OSHA还规定了“个人防护装备”（美国联邦法规第29章第1910条132款）的一般个人防护要求，以及“呼吸保护标准”（美国联邦法规第29章第1910条134款）、“眼睛和面部保护标准”（美国联邦法规第29章第1910条133款）和“手部保护标准”（美国联邦法规第29章第1910条138款）中的具体个人防护规定。为了确保对人员的保护，个人防护装备需设立风险评估计划，包括确定必要个人防护装备的有效性和便利性。经过选择后，管理者必须向员工提供个人防护装备，并确保接受设备使用和维护的培训。一个成功的流程，包括员工在穿戴和维护PPE中的相互合作，并对PPE使用不当及时报告。

废弃物的处理

进行BSL-1和BSL-2操作的实验室应制定安全处理微生物培养物和废弃物的方法，包括现场灭活（如蒸汽灭菌、焚烧或替代处理技术）或将未处理的废物包装和运输至场外设施进行灭活和处置[15]。BSL-3和BSL-4实验室的培养物，必须先用经可靠的灭活方法（如高压灭菌或焚化）在现场灭活，然后才能运送到卫生填埋场处置。

事件报告：操作审查

所需报告的安全事故仅限于实验室活动的特定情况，如《国家卫生研究院关于重组DNA分子的研究指南》[13]中所述的情况，以及《保存、使用和转运联邦法规》第73部分中所述管制病原和毒素。由于没有法定报告要求，实验室发生感染事件后仍然存在大量漏报和不报，导致在改变操作或装置时缺乏支持性数据。最近发生的实验室感染引起了对事件报告的关注和讨论。如果实验室管理者鼓励对最低要求之外事件也进行报告，就有利于创造一个所有员工都积极参与安全的工作环境。即使是“未遂事件”的报告也可能导致工作实践和装备的改进，从而防止发生职业暴露的危险。理想的安全文化包括员工不害怕被报复；将报告事件视为员工和实验室管理者的积极作为；实验室管理者对设备设施安全或行为改变持正面态度；定期分析通报未遂事件及对可能导致暴露或事故的行为[8, 16]。

与结核分枝杆菌自然传播相关的特定危险因素：飞沫核

“飞沫核”的概念最初是在20世纪前半叶在对结核病空气传播研究中提出的[17]。通过摄影技术显示，在咳嗽或喷嚏过程中，可以排出数千个直径从几微米到几百微米不等的飞沫。使用先进的摄影技术和物理建模进一步表明，排出时液滴越小，其蒸发的速率越快（表13-2），在0.01 s内脱水，形成干燥颗粒，其内包含排放时溶入的溶质和携带的任何微粒。咳出飞沫颗粒的大小决定了其最终命运：较大的颗粒在数秒内落到地面上，并通常形成灰尘聚集体，不易再播散到空气中。从表13-2中可以看出，对于从6英尺高度排出的飞沫，直径大于140 μm的，在空中蒸发之前便落到了地面，而那些小于140 μm的则更可能在落地前已被蒸发。这些蒸发后的飞沫残留物，由于其空气动力学特性，会在空气中长时间滞留，这些颗粒被称为“飞沫核”。

表 13-2 飞沫直径与蒸发时间和下降距离

飞沫直径（μm）	蒸发时间（s）	蒸发前下降距离（英尺）
200	5.2	21.7
100	1.3	1.4
50	0.31	0.085
25	0.08	0.0053

了解飞沫核的形成和生命周期有助于我们理解预防结核病的传播措施。给正在咳嗽的人颌面上盖一张纸巾，就能够收纳所有微小的飞沫，使飞沫核产生量最小化，因为它们还来不及蒸发。这些飞沫最终会干燥，只要没有强大的物理干预，它们就不会转化为飞沫核，因为即使最小的飞沫，在纸巾里凝结成液滴之前也来不及蒸发。所以，将纸巾丢弃到废纸篓中是相对安全的，在正常情况下不

会对他人造成伤害。因此，患者在咳嗽时使用纸巾遮住口鼻可以有效减少房间空气中的结核菌载量。

如果患者戴口罩或咳嗽时使用纸巾遮挡，那么接触结核病患者的实验室人员被感染的风险就会大幅减小。防止飞沫核的形成是阻止结核传播的关键，一旦形成飞沫核，由于它体积较小，也就意味着它可以穿透纸巾的纤维或普通外科口罩，因为这些产品对生物体的气溶胶传播不能形成足够的物理屏障。佩戴匹配的呼吸器装置能形成合适的物理屏障，边缘不会出现气体泄漏，并阻止微生物从纤维或孔隙中通过。尽管有传染性的患者在转运时佩戴普通外科口罩能够防止病原体通过飞沫核传播，但是这种口罩不能为正常人在含有飞沫核的空气中提供足够的保护。因此，建议医护人员在护理疑似或确诊活动性肺结核患者的过程中佩戴N95口罩[18]。

结核分枝杆菌的实验室传播

在处理结核分枝杆菌检测的标本时，防治传播是实验室安全的关键。在自然感染中，结核分枝杆菌被吸入下呼吸道的肺泡后，被肺泡巨噬细胞摄取，这是建立有效感染第一阶段的必要步骤。细菌在雾化后形成直径1 ~ 5 μm飞沫核，长时间悬浮在空气中，可以到达肺部深处[19]。飞沫核的沉降系数取决于其大小、时间和蒸发速度，并受宿主和环境因素的影响，如相对湿度[17]。飞沫核形成的有效方式是喷嚏、咳嗽和喉部的其他振动，所产生的能量将液体分散为微小飞沫。

风险评估

在实验室中，结核分枝杆菌感染主要通过气溶胶和经皮接种两种途径。飞沫核吸入也是实验室人员最常见的感染方式。任何赋予微生物能量的过程都会产生气溶胶。实验操作，如移液、配制培养液、接种环火焰灭菌、涡旋混合、倾倒上清、离心或打开培养皿盖，都有可能使细菌形成气溶胶。

经皮接种的预防措施与其他病原体相同，包括穿戴适当的个人防护装备，如手套和实验室隔离服，并尽可能不使用利器。理想情况下，尽量避免产生碎玻璃，然而，玻璃制品常用作培养瓶和载玻片，因此应该用正确的步骤来清理碎玻璃。本章的重点是解决气溶胶感染问题，并对具体的实验室布局、不同类型样本的处理进行详细的风险评估，以便制定适当的操作规程和防护措施，预防暴露。由于结核分枝杆菌MDR和XDR株的流行率增加，应评估实验室是否适合接收这些类型的标本。实验室主任、安全员、感染控制和其他相关专业人员应参与到风险评估中。CDC、国家职业安全与健康研究所（NIOSH，结核病）和职业安全与健康管理局（OSHA，结核病）已经发布了关于风险评估和实验室生物安全的建议[18]，并提供了极好的附加资料。公共卫生实验室协会建立了用来评估进行结核分枝杆菌检测实验室的详细方法[20]，但由于是为质量评估而设计的，超出了风险评估的范畴。

处理可能含有结核分枝杆菌标本的实验室应配备BSL-2设施，包括限制人员进入和负压环境[12]。通过风险评估将确定必要的个人防护装备，实验人员至少应穿着防护服、护目镜和一次性手套。所有样本应保存在密封容器中，操作应在Ⅰ级或Ⅱ级生物安全柜中进行，除非样品已经通过漂白剂或其他抗结核试剂灭活[18]。在处理和操作标本或结核分枝杆菌培养物的过程中，强烈建议佩戴N95口罩或其替代品，因为没有生物安全柜达到100%的保护作用[16]。从临床标本中分离活的结核分枝杆菌以及处理这些培养物会带来额外的风险，必须增强防护，如佩戴N95口罩或其替代品，并且在BSL-3设施中进行操作。XDR结核分枝杆菌培养需要在BSL-3实验室进行，其他能够带来额外风险的情况还包括菌株的传代、大规模结核分枝杆菌培养（疫苗生产）以及实验动物研究等。

实验室生物安全必须关注到各个方面，包括设施布局、工程控制（设备规格和维护）和工作培训。如果不解决所有这些问题并进行适当的培训，系统将存在缺陷。风险评估应包括编写标准操作规程、制定详细的消毒程序、溅洒事故处置流程和实验废物处理过程等。实验人员应纳入结核病监测计划，如果佩戴呼吸器，应进行适当的测试并参加呼吸器管理计划。

实验室操作

可能含有结核分枝杆菌的标本包括各种下呼吸道标本、痰液和支气管肺泡灌洗液，以及胸腔积液、脑脊液、胃灌洗物、血液和组织标本。在处理这些样品的过程中，最主要的是防止形成气溶胶。因为在移液、涡旋混合、接种培养基、倾倒上清液、将液体滴在平板上等操作，都可能形成气溶胶，所以这些操作必须在适当的防护环境中进行，严格遵循操作规程，以防发生暴露。

应特别注意液体培养物的操作，这比固体培养物风险更大。结核分枝杆菌疏水性极强，液体培养基通常含有表面活性剂，如吐温–80，以便细菌更加均匀地生长。悬浮在吐温–80中结核分枝杆菌菌团受到外力作用，如振荡或旋转培养，就以将分散成单个细菌，此时风险最大[21]。液体培养物雾化产生的飞沫如果在落地之前干燥则会变成飞沫核。如果细菌不聚集成团，则直径更有可能小于5 μm，能够到达肺泡[17]。为了防止飞沫核的形成，必须减少形成气溶胶。表13-3给出了一个典型的基于任务性质和减少气溶胶产生的风险评估。尽管并非所有的分枝杆菌都存在气溶胶感染的风险，但建议采用与结核分枝杆菌相同的方法来处理所有被鉴定为抗酸杆菌的样本。即使初步结果排除结核分枝杆菌，也可能存在混合感染，其中快速生长的分枝杆菌菌株先被分离出，而结核分枝杆菌要更长时间才能分离到。

下列措施可以防止气溶胶的扩散：

· 生物安全柜内的操作区域必须放置一个浸泡过抗结核消毒剂的棉垫，来吸收使用移液器、接种环、试管、载玻片等可能产生的飞沫或溅洒物。

· 使用带防水微孔滤膜的防气溶胶吸头。

· 接种针或接种环火焰灭菌特别容易形成气溶胶，因此，应该用红外接种环灭菌器替代传统的酒精灯或使用一次性接种环代替。

· 应该用带有防气溶胶、密封的离心杯离心，并且只能在生物安全柜中打开。应检查离心杯上的O形环有无裂纹，并根据需要定期润滑或更换。

· 在旋涡振荡液体后，先静置5 min，然后在生物安全柜内打开试管。

· 在将所有试管和容器从生物安全柜中取出之前，确保其密封完好并用消毒剂擦拭或浸洗。

· 分子生物学方法正变得越来越普遍，在提取核酸的过程中通常能够杀死结核杆菌，因此可不用生物安全柜。但在进行下一步实验之前，需凭经验验证细菌是否已被灭活。

· 消毒剂的种类和灭活时间随样本种类不同进行适当调整。

· 在生物安全柜中倾倒液体时使用防溅容器，且防溅容器在使用前需要加入消毒剂。如果使用漏斗，使用后需进行消毒处理。

空气传播的细菌（肺结核除外）

许多细菌能导致人实验室获得性感染，包括布鲁菌、土拉热弗朗西丝菌和类鼻疽伯克霍尔德菌等[22]。这些实验室获得性感染的发生，常常是因为实验人员并不清楚样本中携带有这些病原，而将样本在BSL-2实验室进行常规检测。但事实上，并不是所有产生气溶胶的实验操作都会根据BSL-2防护的要求在生物安全柜中进行。例如，实验室人员通常并非不重视液体中的微生物，但使用自动

表 13-3 基于结核病气溶胶扩散风险实验活动分级

实验任务和风险评估	操作	具体建议
处理可能含有结核分枝杆菌或牛分枝杆菌体液标本 BSL-2 级别；在患者体液中病原微生物含量较少 不需要呼吸器装置或口罩	所有使用开放容器的操作都要在生物安全柜中进行 生物安全柜外的离心在密封的防破裂容器中进行	1. 倒入防溅容器，用消毒剂浸洗漏斗 2. 在用消毒剂浸湿的垫子上进行移液操作。不要“吹”移液管 3. 在从生物安全柜中取出之前，将用过的移液器浸入消毒剂或密封的废物容器中 4. 涡旋振荡要密封试管，并在打开前静置 30 min 5. 在生物安全柜中打开安全离心管套筒。检查离心管表面是否有泄漏；如果污染，请在重新使用前对离心管套进行消毒 6. 安全离心管套是日常预防性维护的一部分程序；更换 O 形圈以确保充分的密封 7. 生物安全柜内的所有空容器必须浸泡消毒剂或进行密封才可以取出来进行高压灭菌
处理结核分枝杆菌或牛分枝杆菌菌落 BSL-4 级别；病原微生物数量通过培养扩增；风险小于液体中增殖培养 呼吸器装置不是必需的	平板用胶带密封或收缩密封，只能在生物安全柜中打开。对打开的所有试管或平板进的操作只能在生物安全柜中完成	1. 将菌落从固体培养基转种到固体培养基上，选择表面光滑的平板进行划线分离 2. 在安全的消毒柜中对接种环进行消毒，或者在火焰焚烧之前通过酚砂捕集器从接种环中除去病原微生物（参见生物安全柜中使用红外接种环预防措施的部分。）将接种环在消毒剂浸泡后拿出生物安全柜中 3. 用防气溶胶密条施密封废弃的平板和试管，然后从生物安全柜拿出进行高压灭菌
处理培养增殖后的结核分枝杆菌或牛分枝杆菌菌液 BSL-3 级别；是否需要 BSL-3 实验室或在 BSL-2 实验室采取 BSL-3 防护下操作，取决于菌液量的多少及产生气溶胶的程度	1. 从密封瓶中吸取或吸出菌液 2. 涡旋 3. 离心 4. 超声 5. 混匀	建议使用呼吸防护和负压装置，特别是对于下面的第 2 至第 5 项，当生菌液充分混匀时，例如，使用吐温 -80 1. 在消毒浸泡垫上工作。不要吹吸管 / 移液器。将使用过的设备浸入消毒剂或在废弃物容器中密封后，再移出生物安全柜 2. 涡旋密封的试管要密封，打开前先静置 30 min 3. 在密封的离心管套中离心，并在生物安全柜中打开。如果离心机安装在生物安全柜中，需要评估是否存在对生物安全柜性能的干扰 4. 即使使用密闭容器，也要在生物安全柜中进行超声处理以防止病原微生物污染外部或管子意外打开 5. 混匀时使用特殊的安全混合器或在全封闭生物安全柜（Ⅲ级）内操作

化仪器进行鉴定和药敏试验时，因为大多数步骤会涉及液态细菌的操作，这会进一步增加实验室人员的暴露风险。一些微生物学家通过嗅闻培养基气味的方法鉴定菌株，这种方法虽然通常认为危险性很低，但很可能会造成空气传播的风险[23]。在风险评估过程中，应评估实验过程中每个步骤产生气溶胶的可能性。因为不可能所有实验操作都在生物安全柜中进行，因此，采取工程措施就能够尽可能避免气溶胶的扩散。例如，所有的细菌学实验室都应该使用红外接种环灭菌器进行接种环灭菌。所有工作人员必须经过培训，能够判断出哪些病原微生物能通过气溶胶传播。据调查，当有经验的工作人员采取适合细菌学实验室安全措施时，例如在生物安全柜内操作，即使偶然遇到被归类为需要BSL-3级防护的布鲁菌，也不会导致感染。

在一起事故报告中，尽管实验室采用了严格的感染控制措施，但由于布鲁菌病在人群中高度流行，仍未能避免实验室获得性布鲁菌病的风险[24]。在这次事件中，由于这个实验室在10年间检测了大量的布鲁菌感染样本，导致此期间发生了7例实验室获得性布鲁菌病病例。尽管布鲁杆菌是报道最多的实验室获得性细菌性病原体，事实上，在新鲜的血培养液中，布鲁菌具有革兰氏染色阳性的倾向，使得检验人员很难根据对血培养液培养物的革兰氏染色怀疑布鲁菌，进而未能在生物安全柜中进行操作。因此，为了减轻实验人员的风险，最合理的操作是在生物安全柜中处理所有自动血培养系统报告为阳性的培养瓶，直到可疑病原微生物被鉴定为低风险，才能够在BSL-2级实验室的工作台上操作。在过夜培养后，布鲁菌的生长特征进一步明显，将引导检验人员使用生物安全柜进行后续操作。理想的情况是，如果怀疑布鲁菌病，应在送样本前通知实验室。当实验室进行疑似布鲁菌的培养时，除了所有操作都在生物安全柜内完成外，还应限制人员进入实验室，并应通过保持门窗关闭来避免空气处理系统的潜在波动。如果样本分离出布鲁菌，那就必须对所有接触过的人进行评估。为了确定是否需要暴露后预防，美国CDC建议将暴露分为高风险或低风险[25]。例如，高风险暴露是指在BSL-2实验室中，实验员在开放式工作台上进行布鲁菌培养操作。低风险暴露是指在操作期间靠近工作台的另一位实验员。

与布鲁菌病一样，每当临床怀疑患土拉菌病时，必须在送样本之前通知实验室。曾经有一个实验室事故，12名工作人员因接触肺土拉菌病死者的样本而暴露于土拉菌[26]，由于担心感染，13名工作人员接受多西环素预防性治疗，幸运的是没有人出现土拉菌病的症状和体征。

微生物实验室工作人员在没有呼吸保护设备的实验台上分离培养脑膜炎双球菌，也存在感染脑膜炎球菌疾病的风险。对1985—2001年发生的16例实验室人脑膜炎球菌病的分析发现，微生物实验室工作人员的发病率（13/100 000）高于美国一般成人（0.2/100 000）[27]。由于存在这种风险，建议在临床或研究实验室，关于脑膜炎双球菌的所有操作都要在生物安全柜中进行。所有可能参与脑膜炎双球菌工作人员应考虑接种疫苗。四价流脑疫苗有两种，即四价脑膜炎双球菌疫苗或四价脑膜炎双球菌结合疫苗，成分为荚膜多糖均，包括血清群A、C、Y和W-135。还有两种疫苗包含脑膜炎双球菌血清群B，分别为MenB-4C和MenBFHbp。MenB-4C由三种重组蛋白和外膜囊泡组成，外膜囊泡含有外膜蛋白PorA、血清亚型P1.4；MenB-FHbp由两种纯化的重组FHbp抗原组成。

通过气溶胶传播的其他微生物包括嗜肺军团菌、汉赛巴尔通体和五日热巴尔通体等。涉及这些微生物的工作主要包括病人标本的长时间培养，这类病人通常需要与结核病鉴别。已有文献记载结核分枝杆菌可以在分离这些微生物所采用的培养基和孵化条件生长[28]。事实上，结核分枝杆菌用普通血液和巧克力琼脂培养基培养，1周内可形成显微镜下可见的菌落。此外，布鲁菌琼脂和百日咳培养基更加能够促进结核杆菌的生长。显微镜下，结核菌在布鲁菌琼脂和百日咳培养基出现菌落要早于在Middlebrook 7H11培养基，在普通培养基上生长几周的成熟菌落比在分枝杆菌培养基上生成的菌落小。尽管结核分枝杆菌可能不会形成肉眼可见的菌落，也检测不到，但能被扩增。因此，实验室过去的做法，包括在琼脂上冷却“接种环”，应该禁止。例如，在琼脂表面没有肉眼可见的结核分枝杆菌菌落，但冷却接种环可能会产生大量含结核菌的气溶胶。第一个成功分离巴尔通体的临床实验室报道称，这种情况经常发生：尽管收到的样本是为对巴尔通体感染进行确认，但最后被证实为结核菌，而在送样本前并未被怀疑过结核病（DEWelch，俄克拉何马大学健康科学中心，个人交流）。因此，建议细菌学实验室要审查实验室操作规程每个环节，并且在检测经长时间培养的标本时有必要使用生物安全柜。

生长或悬浮在液体中的高浓度的微生物，特别是那些通过去污剂或机械操作混匀的样本，被认为具有最大的危险性，应该对流程中的每个要素进行单独评估。如果认为有必要，应仔细评估每个步骤，并应采取防范措施。有一个这样的案例[29]，一名实验人员从恙虫病东方体（恙虫热斑疹伤寒的致病因子）感染的细胞中纯化蛋白质，随后感染恙虫病东方体，并发展为恙虫病肺炎。对操作过程的进一步评估发现，这位实验人员使用超声波方法破碎细胞，但此种方法通常产生大量的气溶胶。虽然做实验选择了这种细胞破碎的方法，却没采取有适当的安全措施，才导致了感染。

空气传播的病毒

在对样本进行病毒检测之前，也必须进行风险评估。如果检测过程简单，不产生气溶胶，就可以在具有防溅保护的试验台上操作。如果步骤复杂，如涉及涡旋振荡或其他可能产生气溶胶的步骤，则必须使用生物安全柜[16]。这一预防措施对于人类和动物样本同样适用，而且适用于多种病毒，包括甲型、乙型和丙型流感病毒。处理可能含有狂犬病毒的样本时，应始终在生物安全柜中进行，参与人员必须接种疫苗，并在实验之前进行抗体检测确定是否产生了免疫力。

空气传播的真菌

即便在几乎没有明显物理干预的条件下，某些真菌在实验室固体培养上的菌落也很容易形成气溶胶。在自然状态下，大多数真菌的菌丝能发育出可在空气中传播的结构，或者是在特殊气生子体上的分生孢子，或者是成熟为可传播子的节分生孢子。由于这些可传播的孢子自然飘浮于空气中，目的就是通过气流进行传播，因此，在进化过程中获得了能够抵御干燥和紫外线的能力。此外，分生孢子的形成是为了便于排放到空气中，并能在空中长时间停留。当其被易感者吸入时，分生孢子会繁殖并形成另一种组织形式，即酵母阶段。荚膜组织胞浆菌以酵母菌的形式存在于组织中，只有在很少的例外情况下以菌丝形式存在。粗球孢子菌在组织中以内孢子球或其破裂后释放出的单个内孢子的形式存在。皮炎芽生菌在组织中以多种芽生酵母的形式存在。在实验室培养时，在较低温度（25 ~ 30℃）的人工培养基上，生长条件适宜，双相真菌容易形成菌丝结构，并最终形成特定的分生孢子。在培养过程中，真菌菌丝在几天内转变为关节分生孢子体，这些分生孢子体很容易分散到空气中。另外两种真菌通常需要更长的培养时间才能形成感染性分生孢子。一旦有分生孢子结构形成，如果培养皿被打开，分生孢子就会飘浮到空气中，那么实验室培养就意味着存在一种危害。在4000例实验室感染事件中，约9%是由真菌引起的[22]。毫无疑问，虽然大多数实验室真菌感染未被报道，但对真菌学家而言，真菌感染是公认的职业风险[30]。

对于已知的双相型真菌，危害评估相对简单，预防措施也很直接。作为空气传播的病原，这些真菌必须在生物安全Ⅲ级实验室中进行处理[12]。由于感染性分生孢子是在空气中自动传播，仅仅打开培养皿盖所释放出的包子，吸入后就足以造成感染。因此，所有这些微生物都应该在25 ~ 30℃的温度下生长，所有培养皿都要用胶带密封，只有在生物安全柜中才能打开。此外，保存在较高温度（35 ~ 37℃）培养的真菌也必须慎重，因为除非严格控制培养和评估条件，否则这些生物体有转变为感染性形式的可能。制定真菌培养操作规程，需要更多的安全考虑。实验室应该有类似容器在生物安全柜外破裂等事故的处置流程[31]。在打开粗球孢子菌的培养皿盖时，一旦发生暴露，应立即疏散实验室人员，关闭门窗，并通知生物安全员到现场，指导清理和暴露后管理。暴露人员可能需要预防性治疗。程序手册中应有规定，在分生孢子结构尚不足以排除双相型真菌之前，禁止进行载玻片培养[33]。另外，应该实施适当的行政管制，确保真菌培养物任务不会分配给未经培训的新手。最后，应该严格遵守运送生物样本的规则[34]。

在操作未知真菌时，特别是在临床实验室中，必须积极主动地进行危害评估，消除风险。正常情况下，所有真菌的培养，培养皿应该用胶带固定，试管应该有安全的螺旋帽，且两者都只能在生物安全柜中打开。在任何情况下，一旦早期有菌落生长或色素产生，都不能排除双相型真菌的可能性。例如，粗球孢子菌通常在几天之内就能生长并产生色素沉着，可呈现粉红色到绿色等不同颜色。当使用特定培养基时（如环己亚胺培养基），可能不产生感染性分生孢子，但在其他培养基上则能产生。没有特征性分生孢子不应被认为是排除荚膜组织胞浆菌的标准。通常情况下菌丝形成分节状大分生孢子比较缓慢，因此，每当遇到这样的无性菌丝，特别是当他们表面积小，能够在环己酰亚胺琼脂培养基上生长时，在证明其不具有感染性之前，应该认为具有感染风险。对于双相型真菌的实验室安全而言，最成问题的不是真菌学实验室，因为在这里真菌的生长是可以预期的，并且在操作过程中严格执行了安全程序。相反，其他实验室的风险可能更大，例如，在药物研发的制药实验室，如果处理可能受到双相型真菌污染的土壤，则必须采用安全措施；在细菌学实验室里，一个实验室工作人员打开培养皿，看到一个“不认识”的菌落也是很正常的。

在细菌学实验室里采用的可以预防真菌暴露[32]的操作规范有三种：①不应该在生物安全柜外打开任何未知的真菌培养物；②当接种临床标本的培养皿孵育或保存3天（及以上）时，培养皿盖应用胶带密封，或应事先提醒技术人员，要先检查培养皿表面是否有菌丝生长迹象，然后再打开培养皿；③当有菌丝生长迹象的培养皿被意外打开时，应迅速盖好培养皿，并对生物安全柜中的微生物做进一步的检查。此外，应该对菌丝生长情况进行评估，以排除双相型真菌，即使检测方案并不要求进行微生物全面鉴定。如果存在无性菌丝，且不容易通过菌丝生长判断该真菌的种类，应向上级人员报告，以评估是否将该分离物转交真菌学实验室进行鉴定。应评估暴露时分生孢子结构的存在与否，以便根据潜在的暴露量做出相关安排，为一旦确定为实验室危险病原做好应对准备。待鉴定的未知真菌在转运时，应被视为潜在的双相型真菌，根据相关要求包装运输，因为感染性分生孢子可能在运输过程中传播，将运输或打开容器的人置于被感染的风险之中[34]。

培养皿处理不当可能会造成实验室工作人员的真菌感染。例如，许多医院的临床微生物实验室通常从每个患者取不止一份样本，并在培养后保存1周或更长时间后才废弃。这对比较复诊时的培养结果、重新鉴定及抗生素的敏感性检测都是非常宝贵的。但在室温的1周时间里，菌丝可能已经生长并形成孢子。当这些培养皿被随意扔进塑料袋时，会被打开并释放出孢子。废弃的培养皿在扔掉之前应该用胶带密封好。理想情况下，所有的培养皿在为期1周的保存期间，都应该用胶带密封并码放在一起，这样任何培养皿就不会在生物安全柜外被随意打开。

在实验室安全领域遇到的最大麻烦通常不是如何解决已知的问题，而是不清楚针对实验人员害怕感染的特定真菌的安全预防措施。因此，在实验室中，最好公示一些感染性风险未知的真菌。虽然新型隐球菌和申克孢子菌接种于皮下或溅入眼睛可能具有致病性，但在通常的临床或研究条件下，它们不会通过呼吸道感染而构成实验室危害[35]。有一种观点认为，在以菌丝形式生长时，这种着色真菌可能通过呼吸途径传播而构成危害[12]，因此应该在生物安全柜中操作。虽然许多机会性真菌和腐生真菌对免疫能力强的实验室工作人员不具有实质性的感染风险[7]，但它们的分生孢子在实验室的扩散是一个问题，因为可能引起变态反应以及培养基污染。因此，仅在生物安全柜中打开培养容器，就可以尽量减少总暴露。

结论

在实验室中，呼吸道途径传播对实验室人员感染致病微生物构成重大风险。细菌、病毒和真菌都能通过空气传播构成安全威胁。在进行风险评估时，必须对实验室中产生气溶胶的途径进行评估。过去由于缺乏实验室感染事件的报道，我们对风险认识不够充分；现在发表文献中有足够的实验室感染事件的报道，我们从中可以识别以前未知风险，并认识到采取对应措施的必要性。风险评估规定了适当的预防措施，同时应包括选择并应用适当的应对措施，如生物安全措施、个人防护装备、废弃物处理政策和事故报告，这些都是构建完整生物安全的基础。

原著参考文献

[1] Garner JS. 1996. Guideline for isolation precautions in hospitals. Part I. Evolution of isolation practices, Hospital Infection Control Practices Advisory Committee. Am J Infect Control 24: 24–31.

[2] Reid DD. 1957. Incidence of tuberculosis among workers in medical laboratories. BMJ 2:10–14.

[3] Kubica GP. 1990. Your tuberculosis laboratory: are you really safe from infection? Clin Microbiol Newsl 12:85–87.

[4] Sewell DL. 1995. Laboratory-associated infections and biosafety. Clin Microbiol Rev 8:389–405.

[5] Shah SM, Ross AG, Chotani R, Arif AA, Neudorf C. 2006. Tuberculin reactivity among health care workers in nonhospital settings. Am J Infect Control 34:338–342.

[6] Nolte KB, Taylor DG, Richmond JY. 2002. Biosafety considerations for autopsy. Am J Forensic Med Pathol 23:107–122.

[7] Nagano Y, Walker J, Loughrey A, Millar C, Goldsmith C, Rooney P, Elborn S, Moore J. 2009. Identification of airborne bacterial and fungal species in the clinical microbiology laboratory of a university teaching hospital employing ribosomal DNA (rDNA) PCR and gene sequencing techniques. Int J Environ Health Res 19:187–199.

[8] Delany J, Rodriguez J, Holmes D, Pentella M, Baxley K, Shah K. 2011. Guidelines for biosafety laboratory competency: CDC and the Association of Public Health Laboratories. MMWR Suppl 60:1–23.

[9] Ned-Sykes R, Johnson C, Ridderhof JC, Perlman E, Pollock A, DeBoy JM, Centers for Disease Control and Prevention (CDC). 2015. Competency guidelines for public health laboratory professionals: CDC and the Association of Public Health Laboratories. MMWR Suppl 64(MMWR Suppl):1–81.

[10] Boa E, Lynch J, Lilliquist DR. 2000. Risk Assessment Resources. American Industrial Hygiene Association, Fairfax, VA.

[11] Ryan TJ. 2003. Biohazards in the work environment, p 363–393. In DiNardi SR (ed), The Occupational Environment: Its Evaluation, Control, and Management, 2nd ed. American Industrial Hygiene Association, Fairfax, VA.

[12] U.S. Department of Health and Human Services, Public Health Service, Centers for Disease Control and Prevention, National Institutes of Health. 2009. Biosafety in Microbiological and Biomedical Laboratories, 5th ed. HHS Publication no. (CDC) 21-112. http://www. cdc. gov /biosafety /publications /bmbl5 /BMBL. pdf.

[13] National Institutes of Health. 2002. NIH Guidelines for Research Involving Recombinant DNA Molecules (NIH Guidelines), 59 FR 34496 (July 5, 1994), as amended. The current amended version can be accessed at http://osp. od. nih. gov/sites/default /files/resources/ NIH_Guidelines_PRN_2-sided. pdf.

[14] Centers for Disease Control and Prevention. July 2010. Interim laboratory biosafety guidance for extensively drug-resistant (XDR) Mycobacterium tuberculosis strains. http://www. cdc. gov/tb/topic /laboratory/biosafetyguidance_xdrtb. htm.

[15] Centers for Disease Control and Prevention and the Healthcare Infection Control Advisory Committee. 2003. Guidelines for environmental infection control in health care facilities: recommendation of CDC and the Healthcare Infection Control Advisory Committee. MMWR Morb Mortal Wkly Rep 52(RR10):1–42.

[16] Miller JM, Astles R, Baszler T, Chapin K, Carey R, Garcia L, Gray L, Larone D, Pentella M, Pollock A, Shapiro DS, Weirich E, Wiedbrauk D, Biosafety Blue Ribbon Panel, Centers for Disease Control and Prevention (CDC). 2012. Guidelines for safe work practices in human and animal medical diagnostic laboratories. Recommendations of a CDC-convened, Biosafety Blue Ribbon Panel. MMWR Suppl 61(Suppl):1–102.

[17] Wells WF. 1934. On air-borne infection. II. Droplets and droplet nuclei. Am J Hyg 20:611–618.

[18] Jensen PA, Lambert LA, Iademarco MF, Ridzon R, CDC. 2005. Guidelines for preventing the transmission of Mycobacterium tuberculosis in health-care settings, 2005. MMWR Recomm Rep 54(RR-17):1–141.

[19] Gralton J, Tovey E, McLaws ML, Rawlinson WD. 2011. The role of particle size in aerosolised pathogen transmission: a review. J Infect 62:1–13.

[20] Association of Public Health Laboratories. 2013. Mycobacterium tuberculosis: assessing your laboratory. http://www. aphl. org/AboutAPHL/publications/Documents/ID_2013Aug_Mycobac terium-Tuberculosis-Assessing-Your-Laboratory. pdf#search = TB%20 Assessing. Accessed December 23, 2015.

[21] Collins CH. 1993. Laboratory Acquired Infections, 3rd ed. Butterworth/Heinemann, Oxford, United Kingdom.

[22] Pike RM. 1976. Laboratory-associated infections: summary and analysis of 3921 cases. Health Lab Sci 13:105–114.

[23] Barkham T, Taylor MB. 2002. Sniffing bacterial cultures on agar plates: a useful tool or a safety hazard? J Clin Microbiol 40:3877.

[24] Memish ZA, Mah MW. 2001. Brucellosis in laboratory workers at a Saudi Arabian hospital. Am J Infect Control 29:48–52.

[25] Centers for Disease Control and Prevention. 2008. Laboratoryacquired brucellosis— Indiana and Minnesota, 2006. MMWR Morb Mortal Wkly Rep 57:39–42. http://www. cdc. gov/mmwr /preview/mmwrhtml/mm5702a3. htm.

[26] Shapiro DS, Schwartz DR. 2002. Exposure of laboratory workers to Francisella tularensis despite a bioterrorism procedure. J Clin Microbiol 40:2278–2281.

[27] Sejvar JJ, Johnson D, Popovic T, Miller JM, Downes F, Somsel P, Weyant R, Stephens DS, Perkins BA, Rosenstein NE. 2005. Assessing the risk of laboratory-acquired meningococcal disease. J Clin Microbiol 43:4811–4814.

[28] Shaw CH, Gilchrist MJR, Guruswamy AP, Welch DF. 1994. Culture of mycobacteria: microcolony method, p 3.6.b.1–3.6.b.6. In Isenberg HD (ed), Clinical Microbiology Procedures Handbook. ASM Press, Washington, DC.

[29] Oh M, Kim N, Huh M, Choi C, Lee E, Kim I, Choe K. 2001. Scrub typhus pneumonitis acquired through the respiratory tract in a laboratory worker. Infection 29:54–56.

[30] DiSalvo AF. 1987. Mycotic morbidity— an occupational risk for mycologists. Mycopathologia 99:147–153.

[31] McGinnis MR. 1980. Laboratory Handbook of Medical Mycology. Academic Press, New York, NY.

[32] Stevens DA, Clemons KV, Levine HB, Pappagianis D, Baron EJ, Hamilton JR, Deresinski SC, Johnson N. 2009. Expert opinion: what to do when there is Coccidioides exposure in a laboratory. Clin Infect Dis 49:919–923.

[33] Haley LD, Callaway CS. 1979. Laboratory Methods in Medical Mycology. U.S. Government Printing Office, Washington, DC.

[34] International Air Transport Association. 2006. Infectious Substances Shipping Guidelines, 7th ed. Ref. No. 9052–07. International Air Transport Association, Montreal, Quebec, Canada. https://www. sujb. cz/fileadmin/sujb/docs/zakaz-zbrani/Infec tious-Substances-Shipping-Guidelines. pdf. Accessed March 1, 2016.

[35] Thompson DW, Kaplan W. 1977. Laboratory-acquired sporotrichosis. Sabouraudia 15:167–170.

14

细胞系：应用和生物安全

GLYN N. STACEY, J. ROSS HAWKINS

用作基质和生产体系的动物细胞系

20世纪50年代初，动物细胞就被用于生物技术相关的研究中。1954年获得应用许可的Salk株脊髓灰质炎灭活疫苗（Salk polio vaccine），是第一种以动物细胞为基质的产品，病毒疫苗也是多年使用动物细胞生产的唯一产品。用原代培养的动物细胞进行疫苗生产已经很多年，并且在某些条件下仍在应用。这些疫苗通常被证实是安全、可接受的，但也有些明显的例外情况，使得制造商和监管机构在评估新的细胞基质时非常谨慎。最早用于生产生物制品的细胞系是人二倍体成纤维细胞系。最有名的是WI-38和MRC-5，已被用于生产多种获批产品（表14-1）。早期用生物制品生产的有代表性连续传代细胞系（continuous cell lines，CCLs）包括20世纪90年代生产的口蹄疫疫苗叙利亚仓鼠细胞系（BHK）、生产的干扰素B淋巴母细胞样细胞系（Namalwa）和生产的单克隆抗体的用杂交瘤细胞（常见的参考文献请参见文献[1]）。

随着采用中国仓鼠卵巢（Chinese hamster ovary，CHO）细胞系生产组织纤维蛋白溶酶原激活酶（activase），动物CCLs的应用向前迈出了重要的一步[1]，这是第一种上市的通过转染哺乳动物细胞系生产的治疗性蛋白。如今，有很多具有潜在诊断和治疗作用的蛋白类制品是通过CHO和BHK细胞表达系统进行生产的（如激素、白细胞介素、促红细胞生成素、肿瘤坏死因子和干扰素等），且用于生产体系的候选细胞系种类不断增加，包括骨髓瘤细胞系（如NS0和SP2/0）。但是，基于细胞系生产的产品在获得许可前，都必须经过严格的安全测试和认证。

从生物化学的角度来看，蛋白质的人类治疗性产品，动物细胞是不可或缺的。在某些情况下，为保证这些蛋白制品的生物活性和体内的半衰期，需要维持复杂的糖蛋白结构，而重组微生物表达体系，如大肠埃希菌和酵母，则可能无法提供维持有效生物活性所必需的翻译后修饰。至20世纪90年代，基于大规模动物细胞培养生产的诊断和治疗产品，年销售额已超过50亿美元，产生的100多种候选药物进入Ⅰ期、Ⅱ期和Ⅲ期临床试验[2]。持续进行的观察表明：在21世纪初期，全球私营企业仅再生医药产业（尽管也包括非细胞药物在内）的产值已接近25亿美元[3，4]。最近的分析表明其总产值仍在显著增加中[5]，但成功地将细胞治疗产品商品化很具挑战性[6]。近来已经能够开展细胞医学领域相关产品的早期评估[7]，至少在这一点上，因部分受到嵌合抗原受体治疗（chimeric antigen receptor therapy，CAR-T）方法取得显著成功的鼓舞，似乎又唤醒了对这类产品研发和投资的兴趣（参见“用于癌症过继免疫治疗的体外细胞增殖”章节讨论）。

表 14-1 细胞培养应用 a

年份	应用
1949	用细胞培养病毒（Enders、Weller 和 Robins）
1954	猴肾细胞生产 Salk 脊髓灰质炎疫苗
1955	猴肾细胞生产 Sabin 脊髓灰质炎疫苗
1963	鸡胚细胞生产麻疹疫苗
1964	WI-38 细胞生产狂犬病疫苗
1967	WI-38 细胞生产腮腺炎疫苗
1969	WI-38 细胞生产风疹疫苗
1974	水痘，巨细胞病毒和蜱传脑炎病毒疫苗
1975	Kohler 和 Milstein 建立杂交瘤技术
1980	Namalwa 细胞生产干扰素规模为 8000 L
1981	抗体诊断试剂盒
1981	分离小鼠胚胎干细胞
1982	大肠埃希菌表达重组胰岛素
1986	淋巴母细胞生产的 γ- 干扰素获审批许可
1986	Vero 细胞生产脊髓灰质炎疫苗和狂犬病疫苗
1988	重组组织型纤溶酶原激活剂，Genentech 公司获批
1989	重组促红细胞生成素（EPO）获批
1998	分离出人胚胎干细胞系
2007	分离出人诱导的多能干细胞

a 参考文献[1]和[182]。

许多细胞系已得到广泛应用和深入研究并应用于工业化生产（表14-2）。

表 14-2 常见细胞系 a

细胞系名称	用途	细胞状态	来源
BHK-21	兽医用疫苗（如口蹄疫）和制备重组蛋白	原代细胞株为成纤维细胞样，有贴壁依赖性，多次传代后可悬浮培养	1 天龄仓鼠肾细胞（1963 年）
CHO-K1	rRNA 基因产物	上皮样，贴壁和悬浮生长；克隆需脯氨酸	成年中国仓鼠的卵巢细胞（1957 年）
HeLa	早期实验用疫苗	上皮样，悬浮生长	人类（Henrietta Lacks）子宫颈癌细胞（1952 年）
McCoy	诊断衣原体感染	成纤维细胞	小鼠
MDCK	兽医用疫苗、最近用作人流感疫苗生产基质	极化上皮细胞系	由 Madin-Darby 从正常组织分离获得的犬肾细胞
小鼠 L 细胞	体外研究	成纤维细胞，可悬浮生长	来自 100 日龄小鼠的结缔组织（1943 年）

续表

细胞系名称	用途	细胞状态	来源
MRC-5	生产人体疫苗和病毒检测	二倍体有限传代细胞系，产生胶原蛋白	人胚胎肺组织（1966 年）
Namalwa	生产干扰素	B 淋巴母细胞，悬浮生长	人（Namalwa）伯基特淋巴瘤
NS0	生产用于人疫苗的重组蛋白	小鼠连续传代骨髓瘤细胞系	MOPC-31 品系小鼠肿瘤细胞
PERC6	建议作为基质应用	弱贴壁性	用腺病毒 5（Ad5）E1A 和 E1B 区转化的人胚胎视网膜母细胞
3T3	致瘤病毒细胞转化的体外研究	成纤维细胞，贴壁依赖性	小鼠胚胎成纤维细胞（1963 年）
Vero	脊髓灰质炎疫苗和其他人体疫苗	接触抑制的成纤维细胞，贴壁依赖性	成年非洲绿猴肾（1962 年）
WI-38	生产疫苗	有限传代二倍体成纤维细胞系，产生胶原蛋白	人类女性胚胎肺组织

a 基于参考文献[183]。

药物生产细胞系的认可

1967年以前，包括疫苗生产在内的生物制药应用中，唯一允许使用的是原代培养细胞，如猴细胞[8]。国际微生物学会协会成员[9]就人类二倍体细胞（human diploid cells，HDCs）使用的安全问题进行了讨论。HDCs不含可检测的病毒，无致瘤性，且寿命有限，而当时连续传代细胞系并不作为一种选项，HDCs因此而获得了认可。1978年，惠康公司（Wellcome）在纽约州普拉西德湖提出应用Namalwa连续传代淋巴母细胞系生产干扰素试用于临床，这一概念获得支持。随后，生物梅里埃公司使用另一个CCL，即Vero细胞，生产一种由世界卫生组织支持的改良脊髓灰质炎疫苗。1985年，在一次国际会议上，讨论的焦点转移至细胞系三种潜在污染物相关的风险，即病毒、宿主细胞DNA和转化的蛋白，重点聚焦到潜在的致癌DNA，并建议每剂次宿主细胞DNA的暂定限值为10 pg，并建立了统一标准。但这一标准后来受到了质疑，因为污染的DNA是全细胞DNA，而不是最初设想的高度纯化的致癌基因。1987年，WHO生物制品研究小组的一份报告认为，没有理由将CCLs排除在生物制品生产基质之外。目前的重点转移到病毒类污染物，特定情况下，每剂次100 pg DNA量被认为是可接受的。需要强调的是，可接受的限度仍然视具体情况而定，需要对各项产品及其工艺过程进行科学评估，并必须证明能将潜在的污染物通过灭活或去除以达到可接受的水平。1个输血单位会有75～450 μg的细胞DNA，且没有不良反应的报道。因此，每剂次生物药品中含有500 ng DNA是可接受的[8]。

1988年，国际生物标准化协会（International Association of Biological Standardization，IABS）、IABS细胞培养委员会、WHO和欧洲动物细胞技术协会在弗吉尼亚州阿灵顿举行联合会议，着重讨论了与致瘤性逆转录病毒相似的内源性逆转录病毒在CCLs中的存在和表达问题，同年更新了WHO关于疫苗生产的细胞基质指南[10]。近年来，WHO成立了一个细胞基质研究小组，该小组已就细胞基质的许多具有挑战性的问题进行了讨论（如产品的DNA污染、致瘤性检测的必要性和动物实验）[11]，最终达成了新的指导意见，用于评价生产生物制品的各种细胞基质，包括用于生产重组治疗药物的动物细胞等[12]。

用于生产生物制品的动物细胞基质的范围不断扩大，如犬肾细胞（Madin-Darby canine kidney，MDCK）亦被纳入使用范围。第一个获得许可的由MDCK细胞生产的疫苗是诺华公司于2007年生产的流感疫苗Optaflu[13]。重组细胞系Per.C6也已作为细胞基质在使用，尤其是用在人流感疫苗[14，15]、重组治疗性蛋白[16，17]和基因治疗载体的生产上[18]。由于每种产品都要获得许可，因此必须接受最严格的审查，并进行相应的验证和安全测试（参见下文“细胞系安全性测试”中的讨论和参考文献[10]）。

在过去10年中，细胞系应用的一个重大变化是基于细胞培养的生物药品的广泛应用，如单克隆抗体、激素和细胞因子。生物药品的范围和意义已大大扩展。2009年，全球生物药品销售额达到1300亿美元。据估算，生物药品的销售额将以每年超过10%的速度增长[20]，尽管在2009年遇到经济衰退，预计2015—2019年全球医疗保健支出增长也将超过4%（参见2016年德勤全球生命科学行业展望）。随着专利到期，虽然生物仿制药或“生物类似药”的生产将影响制药公司的利润，但与之竞争的生物仿制药的非专利销售威胁远远低于仿制药对化学药品市场的威胁，因此促进了生物新药的开发。然而生物仿制药生产的质量和监管方面仍有待加强，分子结构的微小差异如何影响功效、毒性和免疫耐受还有待深入阐释。

基于细胞培养的生物仿制药生产，仍需要谨慎使用细胞基质，以确保终端产品的一致性、安全性和功效。对此，WHO已制定相应的国际条例[11，12]。

动物细胞在细胞疗法和检测体系中的应用

肿瘤过继免疫治疗的体外细胞增殖

过继性细胞治疗，包括肿瘤反应性免疫细胞体外活化和增殖，在治疗高度免疫原性肿瘤，如恶性黑色素瘤和病毒相关恶性肿瘤的临床试验中取得了可喜的成果[21，22]。从离体肿瘤中获取肿瘤浸润淋巴细胞，通过细胞因子和细胞表面表达的标志物进行筛选，将培养和增殖的细胞回输患者体内。将来通过对过继T细胞进行基因修饰，如转基因T细胞受体、重定向T细胞抗原特异性及转基因细胞因子或其他受体的表达，可能会降低肿瘤逃逸宿主免疫系统的能力。对自然杀伤（natural killer，NK）细胞进行基因修饰后表达的嵌合抗原受体，也能增强针对肿瘤细胞低水平表达的Ⅰ类主要组织相容性复合物分子的免疫应答。

2010年，由Dendreon公司研发的Provenge（sipuleucel-T）前列腺癌治疗方法成为第一种获得美国FDA批准的临床自体细胞疗法。在用于治疗无症状或极少症状的激素难治性转移性前列腺癌时，sipuleucel-T治疗过程包括从患者血液中提取树突状细胞前体，并用前列腺酸性磷酸酶（肿瘤抗原）/粒细胞-巨噬细胞集落刺激因子（细胞因子）融合蛋白刺激这些细胞，在培养过程中，这些细胞分化为成熟的树突状细胞，当这些细胞回输到患者体内时，将会向T细胞呈递肿瘤抗原，从而引发细胞毒性T细胞介导的免疫应答。Maziarz和Driscoll的综述总结了其他已经开展的基于细胞的医疗产品及其进展[6]。

自20世纪80年代以来，基于表达嵌合抗体（CAR T细胞）的白血病T细胞靶向治疗一直在发展，并于2006年进行了第一次临床试验[23]。目前，有50多项相关的临床试验正在进行中[24，25]。相应的方法学研究也不断发展，包括用多肽和蛋白取代抗体决定簇等方法。修饰后的受体部分包括活性靶向组分（抗体或多肽）、细胞外间隔序列（因为较长的间隔区可更好地接近表位，这可能是治疗的关键区域）和跨膜区。目前使用的抗体可能与非靶组织发生交叉反应，因此“靶向细胞/脱靶组织”毒性可能是CAR-T细胞治疗的副作用。正在研发的新技术使得针对实体瘤的治疗成为可能。然而，对于基于细胞治疗的各种方法，仍然存在重大的科学监管方面的挑战，包括如何更好地确定剂量-效应关系和改善细胞冷冻保存的方法等。

由于实验室生产的每批细胞都来自特定患者，因此自体免疫疗法会产生一系列制备过程的问题。样品保持无菌，且无交叉污染至关重要，但没有足够的时间进行相应的测试。由于样品采集频次不均匀，以及采集的血液样本和培育的细胞产品寿命有限，治疗安排也可能存在问题。由于规模十分有限，多次小批量细胞处理的成本可能仍然很高。

基因治疗的体外细胞增殖

近年来，细胞、组织或器官移植新方法的兴趣迅速扩大，对治疗肝衰竭、白血病和皮肤烧伤移植物需求的日益增加及移植排斥反应问题，也暴露了传统的供体-受体移植方法的不足。最先进的方法之一是对患者细胞或组织的取出、基因修饰、体外扩增和再植入。各种装配细胞系被用来生产基因治疗的载体（如逆转录病毒穿梭载体、腺病毒载体、腺相关病毒载体和单纯疱疹病毒载体）[26, 27]，对这些细胞的监管方式应与制造生物制品的细胞基质相同。目前已经为基因治疗产品的制备和测试制订了具体的安全指南，在制订过程中也详细参考了装配细胞系的要求[28-31]。必须指出的是，随着细胞和基因治疗领域快速进展，现有规则也在不断地更新并产生新的指导原则。读者可向各自的监管机构了解相关信息，并可访问网站了解美国FDA和欧洲药品管理局（EMA）的更新信息。

目前，已经建立了多种方法，对遗传性疾病患者的细胞进行校正性基因编辑[32]。作为基因编辑技术之一，规律性成簇间隔短回文重复（clustered regularly interspaced short palindromic repeats，CRISPR）是最近才被发现的[33]，但它代表了一种更简单的基因编辑方法，目前已被广泛应用，甚至推向了临床试验。然而，在编辑过程中，非常重要的一点是解决潜在的无法预料的遗传学变化，包括脱靶和移码突变。美国国防高级研究计划局（DARPA）已经启动了一项降低潜在风险的国家计划。值得注意的是，这些技术会导致基因组变化，因此需要关注由此带来的重要的伦理问题[34]。

用于细胞治疗的细胞体外培养

许多的组织可从患者或捐献者体内取出，进行体外扩增后用于移植。就干细胞治疗而言，目前全世界有1500多个正在进行的临床试验[35]。造血干细胞（hematopoietic stem cells，HSCs）骨髓移植方法已建立了40多年，皮肤组织的修复是另一种建立已久细胞疗法[36, 37]。对于后者，将小块皮肤的角质形成细胞诱导分化为上皮细胞层可用于伤口的治疗。在操作过程中，保护移植物免受外来因素的影响至关重要。在某些移植中需要使用滋养细胞，这需要进行严谨的安全性评估。如在皮肤移植过程中就需要使用小鼠细胞系NIH 3T3（J12g隆）作为滋养细胞。在英国国家生物标准和控制研究所已经建立了滋养细胞库。与从角质形成细胞体外形成皮肤移植物几乎相同，在制备健康的角膜缘（位于角膜周边的组织结构）过程中，角膜缘需要在3T3滋养细胞层上培养，角膜缘干细胞扩增后，植入角膜上皮受损区域，用于修复角膜。在不久的将来，合成基质很可能取代滋养细胞（如参考文献[38]）。

从骨髓、脐带血或外周血中分离出的干细胞进行培养，在移植之前可以选择特定的干细胞类型。目前已经积累了大量的应用干细胞进行基因治疗的临床试验[35]。另外，在胚胎发育和基于干细胞的神经系统疾病（如糖尿病和帕金森病）治疗方面取得了重要进展[39, 40]，基于细胞的人类疾病的治疗也在进展中[41]。很多基于骨髓和血液HSC的临床试验的开展，在很大程度上是参考了干细胞治疗白血病的经验。但对于再生医学，通常每个新应用都要建立在清晰理论基础和可行方案的基础上。脐带血（umbilical cord blood，UCB）是公认的HSCs来源，已成为治疗恶性血液病的重要资

源。使用UCB可以减少移植排斥反应[42]，当无关联供体是治疗用HSC唯一来源时，UCB能够提供更广泛的治疗选择[43，44]。利用UCB和外周血干细胞进行治疗时，常受限于单个供体捐赠的细胞数量。目前方法学的进展，可以在体外培养过程中利用生长因子刺激干细胞扩增，也可以在生物反应器或基质细胞培养系统中进行培养[45]。这种系统面临的挑战是：如何在保持最佳治疗细胞的同时，避免形成异常细胞。许多进行UCB体外培养的研究团队已经报道了这类细胞的存在，但其重要性尚未确定，因为体外致瘤性分析发现这些异常细胞并没有致瘤性[46，47]。在传统骨髓移植中也要考虑这个问题，在已知的传统骨髓移植中，受体患者存在供体相关白血病的残余风险[48]。

间质基质细胞，也叫间质干细胞，是一种重要的、易获取的细胞前体，可从血液、脐带内皮、骨髓和脂肪组织等身体多个部位获得[49-51]。这些细胞能够分化成潜在的有治疗价值的细胞[52-55]，而从这些细胞中提取的微囊泡也能作为治疗产品[56]。

20世纪80年代，首次从小鼠囊胚中分离出来胚胎干细胞（embryonic stem cells，ES细胞）[57]。1998年，首次报道了从人类囊胚细胞团中分离出人类胚胎干细胞（human embryonic stem cells，hESC）[58]。这些细胞具备形成人体三个胚层所能发育的所有组织细胞的能力（即多能性），并且可以无限传代，同时还保留二倍体核型和分化能力。这些细胞为再生医学技术的分化细胞和组织的制备提供了令人兴奋的各种可能性。

hESCs与患者之间可能存在免疫错配，这意味着在hESCs治疗中需长期使用细胞毒性免疫抑制药物来抑制排斥反应，这可能给患者健康带来风险，因此必须考虑治疗收益与疾病严重性之间的平衡。

目前已经制订了人多能干细胞（human pluripotent stem cell，hPSC）的应用方案，基于此可为更多的患者提供基于10～100个hESCs细胞的治疗[59，60]。然而，还需要突破免疫方面其他具有挑战性的障碍，包括明确主要组织相容性复合物分子之外的其他多形性细胞表面蛋白[61]。

2007年报道了人诱导多能干细胞（human induced pluripotent stem cell，hiPSC）的研究进展，通过供体体细胞的再编程可形成hESCs样细胞[62]。这为获得患者特异性治疗干细胞，避免可能的免疫排斥，提供了令人振奋的可能性。hiPSC的优势还在于获得这类细胞不需要破坏人胚胎。但hiPSC在培养过程中会发生突变[63，64]，激发免疫反应[65]，尽管已分化iPSC可能不会发生[66]。再编程新方法的快速发展，为治疗提供更多可接受的细胞，但在hiPSC被明确无误地被确认等同于hESCs之前，其可能无法在管理上达到与hESCs同样程度的可接受性。总之，基于iPSC临床产品的开发需要再编程方法学的进展，以避免对细胞永久性的遗传修饰，不管什么亲代细胞都可提供一致且有效的再编程，而且不会有病毒或其他基因诱导再编程的风险。

多能干细胞（hESC和hiPSC）在临床应用中的主要问题是其致瘤性，这些肿瘤可能是多能性良性表达（即畸胎瘤）或形成癌症（即畸胎癌）。畸胎瘤可能不会在免疫能力强的受体中形成，但是如果污染了多能细胞的分化细胞被移植到免疫抑制患者体内，则理论上存在风险。为确保细胞治疗的安全性，需要发展：①有效去除多能细胞的方法；②在最终的治疗产品中能够排除这类细胞存在的敏感检测技术。

开发治疗用hPSC细胞系的主要优点在于它们在细胞数量上的扩增能力，可为多个患者的细胞治疗提供便利。但由于hPSC细胞系的表型和基因型不稳定，这给细胞扩增过程带来巨大挑战。当前所建立的用于hESC和hiPSC细胞克隆扩增的“剪切–粘贴”的方法属劳动密集型，得到的细胞克隆可能发生不可控分化，因其在最终的分化过程中对产生靶细胞毫无用处，这会浪费大量的原始细胞。在体外传代的hPSC细胞系也伴随着遗传学变化[67]，甚至产生异常的和潜在致瘤细胞[63，68]。PSC

细胞系治疗的另一个挑战是筛选出适合于特定疗法的细胞系。确定细胞适用性的关键要素包括：①治疗细胞捐赠者知情同意，且来源可追溯；②用于分离、培养、保存和储藏细胞的所有程序文件、关键试剂和其他辅助材料的文件记录可追溯。

用于临床试验的细胞需要满足良好生产规范（good manufacturing practices，GMP）要求，其原则参见《组织规范》[69]《欧洲组织和细胞指令》[70]，以及《世卫组织指南》[71]。早期商业项目使用的PSC多来自研究型实验室。

2010年，在啮齿类动物体内的实验获得成功后[72]，第一个基于hESC治疗的临床试验获批。Geron公司的Ⅰ期临床试验是将hESCs分化为产生髓鞘的少突胶质细胞的前体细胞，用于治疗脊髓损伤。尽管该疗法没有在患者身上显示出任何副作用，但由于商业原因，该临床试验于2011年停止。2011年批准了hESC治疗青少年黄斑变性的临床试验，这是一个特别有前景的临床研究领域，因为视网膜由少量细胞组成，方便通过外科手术方式进行细胞移植，且移植的细胞易于被监测其是否有不良反应。

除血液和骨髓外，人体各种组织的体细胞也被证明具有干细胞潜能，已从人脑、肝脏、胰腺、肠道、角膜缘、肺和牙齿中分离出干细胞群，在将来的细胞治疗中具有重要意义，可用于移植或者在生长因子刺激下活化，进而刺激组织修复。

体外细胞治疗的安全问题

自体移植的过程需要将处理后的细胞自体回输，通常认为没有必要进行病毒学检测，但这一自体治疗过程的安全性应引起足够的重视。在高通量和复杂的生产系统中存在一些潜在危险，包括来自动物源性试剂和材料的潜在微生物污染，以及患者细胞制剂之间的交叉污染。因此，对保质期很短的细胞制剂进行微生物污染的快速检测至关重要。相关的指南可从以下途径获取——欧洲药典，总论2.6.27章节，细胞制剂的微生物学检验[70]。

体外培养细胞的表型改变和遗传不稳定性都是必须严密监测的关键问题，同时也要考虑对细胞制造过程中的内部监管程序，还要关注非治疗性细胞（又称为“污染物”）的特征。关于治疗细胞制备中需要考虑的重点方面，参见Hayakawa等[73]和Petricciani等的著述（待出版），关于细胞治疗制剂鉴定技术及其应用方面，详见参考文献[74-77]。

用于体外检测的细胞和组织培养系统

细胞和组织培养在药理学、毒理学和生长因子筛选研究中越来越重要，为动物模型提供了替代方案。通过国家药典的规范，一些使用动物细胞的检测体系实现了标准化。标准化过程的一个重要环节是设立阳性对照，但采用经过鉴定和验证的细胞库也同样十分重要。如不同种类细胞的共培养、三维培养技术和细胞系诱导分化等更准确的体内反应模型与更精巧的体外模型，已经被证明非常有应用价值。

细胞体外培养系统的一个重要发展机遇，是利用hESC和iPSC细胞系建立“器皿中培养组织”的可能性[78]。其中iPSC技术的建立尤为重要，因为它能够从有重要遗传疾病患者的多种组织中产生多功能干细胞系，为毒理学、产品安全性测试和药物探索提供了很好的机会，但尚待进一步验证。此类应用必须接受对产品安全测试的监管。使用组织和细胞培养，尤其是在使用分化干细胞系的情况下，可能会造成体外试验数据额外的显著偏离[79]。因此，已建立良好细胞培养操作规范（GCCP），用以支撑体外组织细胞培养技术[79]，且正在进行改造，以适应基于hiPSC的分析测试和三维培养体系[80]。

操作动物细胞培养的风险

操作动物细胞培养的潜在风险主要包括细胞或培养液被病原体污染和（或）用于治疗的细胞的致瘤性。经验表明病原体污染是最重要的危害，不论在实验室应用[81-83]、生物制品生产[12]，还是在细胞治疗[85, 188]中，都值得对安全措施进行仔细评估。

病原微生物污染

在细胞培养的早期，大约有20例实验室工作人员在处理原代培养的细胞时被感染[86, 87, 188]。与研究和生产中的其他活动一样，细胞培养也要通过可靠的方法对可能污染的病原进行系统的风险评估[82, 88]，以制订适当的防护措施。欧洲生物技术联盟[81]基于WHO制定的定义，按照所致疾病的严重程度、是否有预防措施和治疗方法等，将病原微生物分成四个国际公认的风险等级：

· 风险1级：对人类不致病，对环境无威胁。

· 风险2级：可致人类疾病、对实验室工作人员构成威胁，但在环境中传播扩散风险较低，有预防措施和有效治疗方法。

· 风险3级：对实验室工作人员的健康构成严重威胁，但对普通人群的感染风险相对较小，有预防措施和有效治疗方法。

· 风险4级：可导致人类严重疾病，对实验室工作人员和普通人群健康造成重大危害。既无有效的预防措施，也无有效的治疗方法。

这种风险分级与生物危害防护等级相关联。随着风险等级的增加，组织管理措施、实验室设施装备和实验室等级等防护措施必须相应提高。大多数国家都基于经济合作发展组织和WHO等国际组织发布的指导方针，制定了本国的相关指南。

病毒

在培养动物细胞时，尤其要关注病毒污染。病毒感染有时不产生细胞病变效应，或表现为潜伏感染，因此难以发现。病毒污染可能源于供体、操作人员和培养过程中使用的材料，如酶、血清、蛋白质、胎儿提取物、激素和生长因子等。

逆转录病毒

逆转录病毒是RNA病毒，包括内源性病毒（通常对宿主无害）和外源性病毒（部分为高致病性）。逆转录病毒特有的逆转录酶，能使病毒将其RNA基因组逆转录成双链DNA，将其作为前病毒整合到宿主基因组中，这一过程不需要细胞分裂。与基因组整合的能力使病毒持续存在于宿主体内。在宿主之外，逆转录病毒往往不稳定，易于被灭活。正常情况下，逆转录病毒不会通过完整的皮肤感染宿主，只有在某些特定情况下，如病毒载量非常高或长时间暴露，逆转录病毒才会通过完整的黏膜感染宿主。

内源性逆转录病毒序列存在于包括人类在内的多个物种，一般认为其危害极低，可能是人类和动物在进化历史中被感染后的残存物，功能有限。唯一对宿主具有致病性的内源性逆转录病毒是在免疫功能缺陷的裸鼠中观察到的。然而，内源性逆转录病毒样序列与人类某些疾病相关，如某些系统性红斑狼疮、自身免疫疾病和类风湿性关节炎患者的肾小球肾炎，不过还有待证实其是否存在因果关系[89]。在癌细胞系中已经确认存在不完全的内源性逆转录病毒RNA的表达[90]，但这对于实验室工作人员或接受含有内源性逆转录病毒DNA疫苗的接种者而言，似乎不构成威胁[91]。

C型颗粒是逆转录病毒样颗粒，在CHO细胞和杂交瘤等许多种细胞系中都发现存在这种颗粒。目前认为，C型颗粒对细胞生物制药具有潜在危害[92]，但尚未发现其与任何实验室获得性感染存在关联。在用于多种疫苗（包括流感疫苗）生产的多批不同来源的鸡胚、鸡蛋和鸡胚成纤维细胞中都发现有内源性禽类逆转录病毒颗粒，但其对相关疫苗等生物制剂似乎不构成危险[93]。目前已经建立的技术方法，能够对用于疫苗生产的所有细胞基质进行上述颗粒样物质的筛选[94]。D型逆转录病毒样颗粒也在HBL-100和Namalwa等细胞系中被观察到，但也没有发现其与实验室获得性感染有关联。

一般病毒

一般认为，人类细胞系最可能被高致病性病毒污染，如乙型肝炎病毒或人类逆转录病毒，如HIV。被人类病原体污染的风险，不局限于人类来源的细胞，许多其他哺乳动物细胞，无论是灵长类动物还是非灵长类动物，都可能含有更广泛宿主范围的病毒。灵长类动物细胞可能被猴逆转录病毒或其他可导致人类疾病的猴病毒（如疱疹病毒和马尔堡病毒）污染。既往，已经有携带淋巴细胞脉络丛脑膜炎病毒、Reo-3病毒和汉坦病毒的啮齿动物导致人类疾病[81]和死亡[95]的报道。

外源性逆转录病毒可存在于致癌病毒、泡沫病毒和慢病毒中。慢病毒包括HIV等高致病性病毒，而致癌病毒包括人T细胞白血病病毒（human T-cell leukemia virus，HTLV-1）和毛细胞白血病病毒（HTLV-2）。泡沫病毒属含有灵长类动物中发现的“泡沫”病毒，这些病毒通常通过在原代细胞培养时产生的泡沫细胞病变效应来识别。泡沫病毒属是否对人类致病尚不清楚，但实验室人员和与灵长类动物密切接触的人常表现出针对这些病毒的抗体反应[96-98]。考虑到泡沫病毒可能的感染风险，尤其是作为一种可能导致人类疾病新病毒，应在研究操作中采取相应的预防措施[99-100]。

致癌病毒

除了上述致癌病毒外，现已证明病毒和细胞的原癌基因能够将细胞恶性化。其他已知的能导致灵长类动物致癌的病毒包括猫肉瘤病毒、Epstein-Barr（EB）病毒、乙型肝炎病毒和人乳头瘤病毒。尽管在移植患者中已经发现持续存在的BK和JC病毒感染，但目前的观点认为这些病毒对人类的危害较低[101-103]。恶性转化是多步骤的过程，通常难以在动物模型中进行量化，此外，还必须考虑动物模型的有效性以及（病毒）原癌基因在体内扩增的可能性[104]。

细菌和真菌

多数情况下，细胞培养中出现的细菌污染很容易被检测到，因为细菌的过度生长会改变培养液pH，导致培养基浑浊。但要注意，许多微生物，如钩端螺旋体和分枝杆菌等可能无法在药典标准化的无菌测试条件下生长，而另一些些微生物，如胞内鸟分枝杆菌（*Mycobacterium avium-intrcellulare*）等是在细胞内寄生[105]。近年来，一直有人担心一种被称为纳米细菌的假想微生物可能出现在细胞培养物中[106]，然而，关于出现在受感染患者组织体外细胞培养物中的纳米颗粒是否为活的生物体，仍然存在争议[107，108]。其他污染物，如无色杆菌属也被鉴定出来，因其广谱耐药，可在细胞培养中导致重大问题[109]。

支原体

支原体（*M.*）是一种无细胞壁的原核生物，大小为0.2～2 μm。在细胞培养物中最常见的支原体包括精氨酸支原体（*M.arginini*），发酵支原体（*M. fermentans*），口腔支原体（*M. orale*），猪鼻支原体（*M. hyorhinis*），人支原体（*M. hominis*）和莱氏无胆甾原体（*Acholeplasma laidlawii*）。历史上，支原体在实验室研究过程中常被检测到，至今仍是一个尚未解决的问题[110]。细胞培养中这类污染物感染实验人员尚未可知，但支原体及活性产物持续存在对细胞培养产品具有潜在危害。支原体在细胞培养中的生长不增加培养液混浊度，且耐受抗生素，因此，可能在多次细胞传代中都不会被发现。支原体可引起各种基因型和表型的改变，包括细胞变形、染色体异常和其他细胞生理变化[111]。在细胞培养中，必须仔细检测是否有支原体，任何检测结果阳性的培养物都应首选丢弃，除非没有其他可替代的细胞来源[112]。使用抗生素（如环丙沙星）可以实现根除的目的，但并不总是有效，且用抗生素可能会改变细胞特性。目前虽有根除支原体方法的报道[113]，但需要非常严密的检验来证明污染不会随着培养周期而再次出现。建议对细胞进行支原体常规化的检测，尤其是在使用支原体根除处理过的细胞。

寄生虫

如果已经确认供体被疟原虫和南美锥虫等寄生虫感染，或被特定寄生虫感染的风险很高，在新制备的原代细胞培养或器官培养物中要注意寄生虫的污染。由于寄生虫有特殊的感染和增殖方式，因此认为其对实验人员的危害较小。但有很多种寄生虫，包括盘尾属（*Onchocerca*）、布鲁格斯虫属（*Brugia*）、利什曼原虫（*Leishmania*）、锥体虫属（*Trypanosoma*）、棘阿米巴属（*Acanthamoeba*）和肺囊虫属（*Pneumocystis*）寄生虫，可在体外细胞培养条件下存活，如果在细胞培养物被污染，应采用无菌技术在生物安全柜中操作细胞，对实验废物进行有效的去污染处理。如果使用细胞或组织培养寄生虫，那么必须采取相应的控制措施。风险评估必须考虑寄生虫的宿主范围、感染途径及其发育周期中的传染性和非感染形式。

朊病毒

朊病毒是在动物和人类的致命神经退行性疾病，即传染性海绵状脑病（transmissible spongiform encephalopathies，TSEs）中被首次发现。TSEs有多种类型，包括人克–雅病、变异CJD和人类库鲁病；动物中的羊瘙痒病、牛海绵状脑病（bovine spongiform encephalopathy，BSE）及鹿和水貂等其他动物中的神经退行性疾病。在英国BSE暴发期间，这些传染病成为人们的关注焦点。1994年，英国55%的奶牛患有BSE，每周报告850头病牛。随后，在其他一些国家也报告了BSE发病增加，而黄牛BSE和人类的对应疾病，即变异CJD（vCJD）的发病率均有所下降。瘙痒病在全球多个地区的绵羊中流行，人们正努力通过实施选择性育种计划来消除这种疾病。

关于TSE致病因子的特征，被广泛接受是蛋白质假说，该假说认为感染性颗粒中没有核酸[114-116]。目前，许多动物和人类疾病都与朊病毒有关[117-119]。虽然已经建立了检测朊病毒的方法，但灵敏可靠的检测方法仍有待开发。动物源性材料中朊病毒感染的风险可以通过风险评估过程来解决[120]。例如，可参考欧洲药品管理局指导文件[121]和美国生物制品评估和研究中心提供的信息。特别是供细胞培养生产人用产品的牛血清，应来自没有BSE的国家和不到30个月龄的小牛，如果牛患有BSE，在这个时候疾病症状已经很明显了。WHO已经建立了针对动物组织的风险评估程序[122]（另见WHO2010年更新的关于TSE的组织感染分布表）。欧盟条例中也对治疗用供体细胞中朊病毒和一般微生物污染的风险评估给予了特别说明[123]。

潜在致瘤性和致癌性

健康个体接受高纯度的CCLs细胞来源的产品，即便是将直接将CCLs接种到人体，其致瘤风险也很小。目前只有1例实验室工作人员因人类肿瘤细胞系（人类结肠腺癌）的意外接种而发展为肿瘤的报道[124]。20世纪50年代，开展了将肿瘤细胞接种至志愿者体内的实验研究，实验结果没有恶性肿瘤发生，然而，使用致瘤细胞系来制备用于人体治疗制剂的安全性引起了关注。1999年9月，美国FDA生物制品评估与研究中心在马里兰州罗克维尔举办的会议上，讨论了肿瘤细胞用于生产疫苗的潜在危害[125]。最近，WHO出版用来评估细胞基质的最新指南[12]，对细胞致肿瘤性的问题进行详细的讨论，并且得出结论，在细胞培养的早期评估中必须考虑致瘤性的问题。但就用动物细胞培养生产的生物制品而言，致瘤性并非主要的问题，因为生物制品高度纯化，不含细胞成分。基于不同个案，DNA致癌性的问题已得以解决，针对不同的产品类型设定了适当的建议限量。WHO制定了新指南用于指导评估疫苗和生物药物生产用细胞基质[12]，FDA也发布了类似的指南。作为欧洲、日本和美国等国共识，国际协调会议也发布了指导意见[126]。在小鼠模型中得到的关于DNA致癌性的新数据提示[127]，虽然污染的DNA致癌风险不高，但仍需要深入研究，并需要对细胞培养来源产品进行致癌性测试。

对生产治疗产品细胞的致瘤性检测非常具有挑战性，到目前为止尚无通用的检测方法。对遗传稳定性的评估及其与细胞潜在恶变的关联，也是细胞疗法安全性评估发展中尚待解决的问题（参见参考文献[85]）。

培养基成分

培养基中的任何动物来源组分，如基础培养基、生长因子、血清以及用于纯化或分离的试剂，都可能成为微生物污染的潜在来源。这些污染物可能在细胞培养中扩散，这对于基于细胞培养生产的生物制品才是一个真正的问题[128]。对这类试剂需要从来源、制备方法和质量控制测试等各方面进行评估，以明确其可能给细胞和操作者带来的危害等级。

一般来说，细胞培养中病毒污染最常见的来源是牛血清和胰蛋白酶。商品化的牛血清可被多种病毒污染[129]，最常见的是牛腹泻病毒（bovine viral diarrhea virus，BVDV）[130]。最近，新出现的瘟病毒属相关毒株也在商品化的牛血清中被检出[131]。BVDV的非致细胞病病变毒株可在牛源细胞系中建立持续性感染，其他的细胞也可能被感染[132]。虽然这种病毒污染不一定会给操作者带来直接危害，但它在生物制品生产中却是一种隐患，而且用BVDV污染的细胞也可能影响病毒学研究结果[130, 133]。如果从国外进口牛血清培养液添加剂，则有必要对原产国常见疾病和新发现的毒株进行筛查。此外，单克隆抗体等试剂中也可能含有动物病毒，给实验室人员带来感染风险[134]。还有一点务必牢记，这就是经血源传播病原体筛查过的人血液制品不一定没有病毒污染[135]。

受英国20世纪90年代暴发vCJD的影响，当采购人和牛源生物材料用于生产人用生物制品时，必须采取更严格的质控措施。这些问题可以通过如上所述的降低风险的方法（参见“朊病毒”的讨论）和使用无蛋白培养液及重组蛋白来解决。然而，在治疗性人用生物制品的生产中，由于无蛋白质培养基可能含有如牛脂和乳糖等动物源成分，用于生产重组蛋白的细菌培养基能含有牛源蛋白，上述方法可能也无法满足监管审查要求。针对细胞疗法，欧洲[189]、日本[190]和美国[191]已经发布了选择原材料的专门指南，供生产厂家参考。

风险评估

细胞系来源

细胞系来源是开展风险评估的重要因素，细胞种系与人类基因的关系越密切时，感染各种病原体的风险就越大。此外，还应考虑来源组织最可能的污染物是什么。在对于生物制剂的污染和细胞系致瘤性等固有风险的评估时，这些都是应该考虑的因素。为了降低风险，采用组织或细胞常为血源性细胞和组织（如血液和淋巴组织）、神经组织、内皮细胞、肠黏膜、上皮细胞和成纤维细胞[81]。为了降低已知的风险，细胞培养常采用原代细胞培养、CCLs以及特征清楚的细胞，包括人二倍体成纤维细胞（如WI-38、MRC-5和IM90）。在处理人原代细胞时，风险评估还应考虑器官或组织的来源、每个样本细胞的数量、来自不同个体的样本数量，以及获得样本的人群或队列的风险等级。

实验室技术人员不得在实验室中操作自己的细胞（尤其是涉及EB病毒转化或遗传学操作时），因为这种经修饰过的细胞可能不会自身的免疫系统识别，理论上误接种后可能导致癌症。

以上内容仅是对常见问题的归纳，还存在其他来源不明的重大风险，如昆虫细胞中携带的出血热病毒、啮齿动物细胞中的汉坦病毒和淋巴细胞脉络丛脑膜炎病毒等。更何况，已经出现的多起人类严重疾病的案例是由微生物跨物种感染引起的，如中国香港H5N1禽流感、英国Q热病和疯牛病的病原体。

细胞系的获得性状（acquired properties of cell lines）

重组细胞系

如上所述，对重组细胞系的风险评估应首先考虑表达产物的特征及宿主细胞有关的风险。如果用于细胞转化的载体或基因插入会带来额外的风险，那么要在比亲本细胞更高等级的安全控制条件下操作重组细胞。当使用病毒序列、致病性或毒力因子的转基因时，还应考虑内源性病毒反式激活的风险。虽然一些病毒表达载体，如腺病毒和逆转录病毒是复制缺陷病毒，在培养过程中可能恢复复制能力，必须进行监测。

大多数国家都建立了重组生物体（包括细胞培养）等风险评估的详细指南。销售标准化克隆系统的公司可提供有类似的信息。许多国际标准株保藏机构也提供风险评估或安全建议。其中一些机构的网站提供非常好的在线信息（请参阅本章附件）。这些信息可以帮助研究人员对重组体和重组细胞系进行风险评估。同时，研究人员也要熟悉地方和国家安全政策和法规。

可改变细胞系性状的培养条件

细胞生物学家培养和修饰细胞的方法越来越精巧，如诱导细胞分化和调控细胞周期的变化。当“正常”细胞用一种新的方式处理时，如降低培养液中血清浓度、低温、“微重力”“新型生长界面”和“培养基补充物”等，可以在细胞系中诱导出多种改变。这些变化可能对操作安全产生明显影响，如癌基因和原癌基因表达的改变、内源性病毒的表达、重组病毒与内源性基因组前病毒之间的相互作用等。这些处理方式还可能导致遗传学上发生变化的细胞克隆大量扩增，替代了原有培养的细胞，改变细胞系特性。进行此类实验的科学家和实验室人员应警惕发生上述情况的可能性。

转化的细胞系中CpG岛启动子DNA甲基化程度不同于其来源的亲本组织，随着永生化和传代次数的增加，CpG岛甲基化也在增加[136-138]。而在未经转化的原代细胞系中，新生的超甲基化并不常

见。目前认为这种超甲基化是由于培养物中去甲基化酶失活导致的。也有研究表明，在细胞培养开始后3天，5-羟甲基胞嘧啶被完全清除，提示甲基胞嘧啶双加氧酶快速失活。所观察到的表观遗传和转录重编程对于用细胞系忠实模拟体内表观遗传和生理过程具有重要意义[139]。

保护操作人员

大多数国家指南都规定操作人类和其他灵长类动物细胞要在BSL-2实验室中进行，并使用生物安全柜。良好细胞培养操作[80, 140]是实验室安全的重要组成部分。由于培养的细胞中可带有持续感染的病毒，因此所有细胞培养物应被视为具有潜在的感染性，需要采取适当的安全防护措施。在第一次操作某种细胞系前，需要开展风险评估（参见上文“风险评估”章节），确定培养物的潜在感染性，以及培养方式和处理过程对感染风险的影响。细胞培养所有废弃物应进行焚烧、高压灭菌或其他适当的方式进行处理。

材料选用和检测与污染控制

使用定性清楚或来源受控的细胞系是明智的安全措施。对原代细胞，需要对其来源动物种系进行重要病原体的筛查。在受控体系里，动物应是经过认证的“无特定病原体动物（specifiedpathogen-free，SPF）”。目前对某些细胞库对细胞系也进行病原体的常规筛检，即便细胞系来源清楚，也进行了相关病原体检测，仍有可能在操作过程中或者被培养基成分（如血清和胰蛋白酶等）污染。要求检测体系覆盖所有潜在的污染物是不现实的，因此，采取以下所述的预防措施时刻保护操作人员和细胞系的安全是至关重要的。

实用检疫程序

如上文所述，尽管针对某类细胞可能需要特定的污染控制措施，在实验室接收新细胞系时，还是可采取一些基本的检疫程序。最关注的是细菌、真菌和支原体的污染，因为这些微生物会在组织培养条件中生长，容易污染细胞；从细胞培养物中释放的病毒颗粒（如疱疹病毒和肠道病毒）可能在工作台表面存活。可采取下述方法避免污染物在不同的培养细胞间传播。

· 为操作人员提供无菌技术培训。

· 将每种培养细胞均视为具有潜在传染性，培养液意外溢洒后要立即清理。

· 在BSC中每次只操作一种细胞系，对工作台面进行消毒处理后再操作另一种细胞系。

· 培养液要分装，以便一瓶培养液只用于一个细胞系。

· 避免倾倒培养液，这是交叉污染的潜在来源。

· BSC在使用前后应运行一段时间，每次工作结束后均要进行彻底消毒。

· 不要在BSC中摆放杂物，以免影响气流，导致实验室的污染空气直接进入安全柜内。

· 限制培养液内的抗生素。抗生素能够遏制但不能完全消除污染的细菌，还可能诱导耐药性微生物的出现。除了备份的细胞，在制备冷冻保存的细胞时不要用抗生素。

· 在设施设备允许的情况下，新细胞系应在专门的BSC或在负压实验室隔离检疫，直至获得以下检测结果：细菌和真菌检测为阴性；支原体检测为阴性，且没有病毒污染导致的细胞病变效应。

· 背景不清和其来源组织未经过筛查的培养细胞要按照风险2级（译者注：对应我国生物危害三类）要求操作。如果细胞内可能存在危害等级较高的微生物，如细胞来自HIV患者，则要在相应的生物安全级别下操作该细胞，直至检测结果显示该细胞株安全后才可调整风险等级。

细胞系如出现微生物污染，可能会迅速扩散，尤其在多人共用的实验区，因此需要快速反应来进行控制，减小污染对实验和生产过程的潜在威胁。关于如何在研究型实验室预防和控制污染，请参阅参考文献[83]和[141]。

实用安全措施

采取安全措施最重要的目的是减少飞溅、接触或气溶胶带来的直接污染。通常要避免或非常小心地进行可导致刺伤（如针刺、玻璃划伤）、擦伤或气溶胶暴露（如微量离心和操作塞瓶口的橡胶塞）的操作。无菌操作技术是控制污染非常有效的防线，但仍无法控制在诸如超速离心、微量离心和涡旋振荡等“高能”过程中产生的潜在污染，还需要采取额外的措施控制感染。

良好的操作技术

所有安全措施都是基于一些基本的规则，体现在处理具有潜在污染风险的微生物时所表现出的良好操作技术以及良好的职业健康和安全原则中。微生物操作的最佳安全措施包括：

· 操作人员应具备微生物学基础知识。了解需要严格遵循的操作规程，并采取物理方法控制病原体的传播（如通过污染物表面、手或衣服）。所有人员应清楚操作培养物中的病原体对周围人群的风险，并接受过意外事故应急处理方面的培训。只有了解这些风险的工作人员才可进入工作区域。

· 工作人员必须穿戴防护服和其他个人防护用品，防止病原体的感染和传播。实验室内的防护服不可穿出工作区域。

· 在实验室内禁止进食和饮水，不得用嘴进行移液操作。

· 每次实验结束后、处理溢洒的感染性材料后以及离开实验室前都要洗手。

· 实验室工作结束后或发生感染性的材料溢洒后，要对工作台面和工作台进行消毒。如有感染性材料的泄漏，应对可能被喷溅到的工作台面和地面进行清洁消毒。

· 避免产生气溶胶的操作，或在规定的可控工作区域进行相关操作。对感染性或潜在感染性材料进行混匀和装填，要在BSC或者当地生物安全法规规定的控制措施下进行相关操作（参见下文）。

· 所使用的设备应可靠和合格，并且有工作人员进行日常监管，以确保其功能正常和运行安全。

· 感染性废弃物应放置在密闭容器中，进行高压蒸汽灭菌或焚烧前要对其外表面进行消毒处理。含有风险3级及以上感染性材料的废弃物需要特殊处理程序。

· 加热或化学灭菌方法需要预先确定其有效性，确保感染性微生物载量，即灭活率，降低到安全范围。

· 为了应对意外事故，要准备意外事故应急处置预案，内容包括详细的急救、清洁和消毒程序，工作人员要进行相应的培训。实验室所有人员都要熟知当地的安全条例，并能够查阅安全手册，获得相关生物安全建议。

· 详细描述安全操作、消毒、废弃物处理和意外事故应急处置预案应制成文件，所有工作人员应正确掌握。

除了上述建议，启动相关工作前对每个新的方法或操作程序都要开展风险评估，以便对现有程序进行必要的补充和修订。

1991年，欧洲替代方法认证中心启动了一项计划，旨在建立细胞培养的最佳操作，相关内容在2005年由Coecke等以良好的细胞培养操作指南的形式印刷出版[140]。该指南给出了细胞和组织培养的六大关键原则：

1.对体外培养系统和可能影响该系统的相关因素始终有充分的了解。

2.为保证所开展工作的完整性、有效性和可重复性，要确保使用的材料和方法的质量，并对其应用进行质控。

3.实验记录内容可溯源至使用的材料和方法，记录的结果能重复，质量管理人员能够理解和评估相关工作。

4.建立和并采取充分的防护措施，保护个人和环境免受任何潜在的危害。

5.遵守相关法律法规和伦理准则。

6.为所有人员提供工作相关的教育和培训，促进高质量的工作和实验室安全。

该指南还明确了实现上述操作的路径以及用于质控和报告细胞培养系统的模板，这样就为几乎所有类型的实验室中细胞的培养和使用提供了全面的指导。在撰写本文时，该指南已经正在修订，增加了干细胞和三维培养细胞的操作指南[80]。

正确安装、使用和维护生物安全柜

为了防止组织培养物被污染以及在不受任何污染影响的情况下进行操作，应根据当地和国家规定安装、使用和维护BSC，并确保BSC的功能正常，生物安全柜内产生的污染物细颗粒不会通过前部逸出（保护操作人员），高效过滤器能向机柜内提供无菌空气。前文已经介绍了使用BSC进行细胞培养的一些具体问题。

运输

通常情况下，保存细胞的冻存管在运输过程中置于固态二氧化碳（“干冰”）中，只要与货运代理协商好运输安排（如长途运输过程的气垫保护），就能保证运输过程的可靠、稳定和安全。从干冰中拿出的过程中偶有冻存管爆裂的报道，这是由于冻存管内的液氮膨胀导致的。从液氮里取冻存管时一定要小心，操作时戴上合适的面罩和手套。细胞也可在培养状态下运输，因为多数细胞可在良好的培养环境中存活5天，但这样运输对干细胞系等敏感细胞可能有影响。为了避免培养液产生泡沫对细胞的破坏性剪应力，一般使用塑料培养瓶或其他螺口容器，并加满细胞培养液。对快速生长的细胞，在运输中可降低血清浓度（2%～5%），这样可防止细胞过度生长和过多的死亡。培养瓶密封并增加第二层包装（在培养瓶周围放入足够吸附瓶内液体的材料）是重要的安全措施，也有助于控制空运过程中的震动和一过性的压力变化破坏培养瓶的密封性而导致的污染。在航空货运中，根据国际航空运输协会（IATA）的规定，培养的细胞作为“诊断标本”。有关包装和标签的最新信息参考IATA网站上。

非人源细胞（包括动物和植物来源）的国际运输也受《生物多样性国际公约》的约束，根据该公约，许多国家有义务完成《名古屋议定书》的要求。

基因治疗和移植的安全

因受体的免疫反应以及重组病毒载体存在的恢复毒力的可能性，基因治疗方法对患者安全性的影响一直存在争议。基因治疗大部分以腺病毒、腺病毒相关病毒、逆转录病毒和单纯疱疹病毒作为基因载体[142, 143]，通过制备病毒复制缺陷型基因工程载体，如删除腺病毒的早期表达基因，可以降低致病性和体内的传播能力。如果载体基因不整合到宿主基因组中，则发生突变的风险就会很小。

现已开展多种临床试验，有关美国开展的临床试验最新信息，请访问相关网站，也可参考2007年发表了一篇关于全球基因治疗临床试验的综述[144]。

近年开发出许多装配细胞系来生产新的重组病毒[27]。与生产生物制品的其他细胞系一样，对装配细胞系也要详细地明确其特征[12]。对包装细胞系的测试还包括整合位点（如用荧光原位杂交方法）载体和辅助病毒序列的特征分析（如分析mRNA；用Southern杂交分析细胞DNA）。对生产逆转录病毒和腺病毒载体的细胞系，最关键的安全性测试是证明细胞内不存在具有复制能力的病毒。

在癌症治疗领域，也正在尝试使用基因治疗，如将自杀基因直接插入黑色素瘤细胞，或通过质粒注射将单纯疱疹病毒胸苷激酶基因插入癌细胞，以获得对更昔洛韦的敏感性[145]。关于基因治疗应用综述，参见Lo等发表的文献[146]。

大规模生产制备的安全措施

对生物技术产品在生产过程安全的关注非同寻常。在用动物细胞生产的生物药品被批准之前，必须仔细审查其携带感染性病原体或其他潜在危害患者健康的污染物的可能性。通过对原材料、生产过程和下游工序（包括纯化）的质控，保证所需的质量水平。清晰的细胞来源、严密的设计和校正过程以及精细的分析技术是成功的关键要素[12]。

细胞库保证了原始、均质和可再生的起始材料的储备。典型细胞库包括主细胞库和工作库（从主库中储存细胞扩增而来），工作库的细胞作为生产运行所需的种子细胞。监督管理机构会寻求关于生产细胞系传代稳定性的信息，而不仅仅是生产过程中界定的细胞群体的倍增数。因此，除了在生产运行中达到的细胞传代次数，还需要继续培养和重复检测，以进一步定性细胞特征。要做好详细的记录和做好环境监测，确保细胞不被危险污染物或前一批次细胞的交叉污染。细胞库的安全性测试必须符合良好实验室规范要求，包括无菌检测、支原体检测和一致性/稳定性检测[147，148]。详细的细胞评估和定性要求，请参阅参考文献[12，149]。

为了控制生物产品的潜在污染，要解决细胞基质、原料、纯化过程检验和最终产品测试等具体问题。如参考文献[12]中所述，必须在全流程的不同阶段对细胞进行检测。一般来说，这些检测同样适用于早期种子库、主细胞库、工作细胞库和新建立的任何细胞库。

要严格控制发酵过程来确保产品的安全性，排除细胞携带的外源性致病微生物，也就是说，生产企业必须证明发酵是在无菌条件下进行的[150]。近年来，无菌技术发展迅速，但关于洁净设计其他因素的重要性有时被忽视。表面处理、“死”角、管道布局及许多其他标准的建立，对于保证高标准洁净度和避免潜在污染物的沉积非常重要。目前，“原位清洁”和“原位灭菌”技术的建立和发展，在生产运行期间无须拆卸生产设备即可进行清洁消毒[150]。

生产工艺过程必须在可重复、经过检验的条件下进行，已有研究证明工艺流程的改变会影响疫苗的安全性，例如，细胞密度会影响脊髓灰质炎病毒疫苗中回复突变的积累[151]。关于生产体系要素和过程检验的综述，请参阅参考文献[88]。

纯化过程必须经过检验，以确定某些杂质减少到可接受的水平。特别要注意下游工序在去除下列出物质的能力：

- 来自宿主细胞的成分（如蛋白质、DNA或内源性病毒）。
- 下游工艺过程中使用的培养液组分引入的杂质（营养物、缓冲液、稳定剂、色谱基质等）。
- 整个生产工艺过程中不应存在，但可能会污染细胞的微生物（如病毒、支原体、细菌或真菌等）。

目前开发的多种物理灭活或去除病毒的方法已被批准用于生物制品生产过程，包括通过pH、热、辐射、色谱和过滤方法[84, 152]。制造商可采用特定的方法进行病毒灭活，这些方法包括：

- 甲醛（用于疫苗生产）。
- 溶剂或去污剂（对许多包膜病毒有效）。
- 辛酸盐（对包膜病毒有效）。
- 丙内酯（针对病毒基因组）。
- γ射线照射（针对病毒基因组）。

即使一种病毒灭活方法已经被批准使用，但在用于不同过程或不同的生产细胞系时，必须根据具体情况重新检验方法的有效性。生产厂商必须对整个纯化体系进行检验，确认灭活和（或）去除了病毒、核酸、支原体和羊瘙痒病样病原体[77, 84]。这种检验过程非常昂贵耗时，而且需要专门的技术和知识才能开展。

下游工艺过程和灭活程序可将外来污染物降至极低的水平，用标准样品量无法检出。然而，接受这种生物制品的患者仍有被感染的可能。因此，必须在纯化步骤掺入模型病毒来证明下游生产过程清除病毒的能力。

在每个工艺步骤都必须加入模型污染物，以评估各个步骤的病毒灭活或去除能力。这些测试是基于模型病毒进行的，因此必须采用合理的放大策略来保证大规模生产时能够等效清除污染物。为保证其效果，必须进行验证研究。可参考实际生产规模，采用等比缩小的方式来进行验证，确保模型污染物的灭活和去除效果。模型污染物的选择应基于以下原则：

- 具一定的生物特性和结构特征（表14-3）。

表 14-3　验证研究常用病毒

病毒	种属	天然宿主	基因组	包膜	大小（nm）	形状	环境抵抗力
脊髓灰质炎病毒，Sabin 1a 型[a]	小核糖核酸病毒	人	RNA	无	25 ~ 30	等面	中等
呼肠孤病毒 3	呼肠孤病毒	多物种	RNA	无	60 ~ 80	球形	高
猴病毒 40	多瘤病毒科	猴	DNA	无	45	等面	高
小鼠白血病病毒	逆转录病毒	小鼠	RNA	有	80 ~ 110	球形	低
人类免疫缺陷病毒	逆转录病毒	人类	RNA	有	80 ~ 100	球形	低
水泡性口炎病毒	弹状病毒	牛	RNA	有	80 ~ 100	弹形	低
副流感病毒	副黏病毒	多物种	RNA	有	150 ~ 300	球形到多形性	低
伪狂犬病毒	疱疹病毒	猪	DNA	有	120 ~ 200	球形	中等

a 鉴于脊髓灰质炎即将根除，原疫苗接种程序可能停止，必须确定Sabin 1型替代方案。

- 与可能的污染物有相似性，这要考虑细胞系和原材料来源及其可能存在的污染物，如小鼠骨髓瘤细胞系和杂交瘤中常见的是小鼠逆转录病毒。
- 具有敏感和可靠的检测鉴定方法。
- 生物安全性。

欧洲委员会编写了一份关于检验病毒清除和灭活程序指南的说明[153, 169]，提出了对检验过程、候选模型病毒，以及选择模型病毒理化特性的建议。替代病毒可为高危病原体提供非致病性

模型，例如，用BVDV作为HCV的模型病毒。多种病毒已被用于检验研究，Roberts[84]对其中一些进行了介绍，提供病毒清除检验服务的公司也可提供相关信息。早期用野生型脊髓灰质炎病毒作为小核糖核酸病毒模型，与国际上根除该病毒的程序并不一致。

细胞系鉴定

生长特征

描述细胞系特征的一个要素是其生长特性，包括生长速率、贴壁特点和最大细胞密度。细胞计数的经典方法是用染料（如台盼蓝或埃文蓝）进行细胞染色，并用血细胞计数板（显微镜下计数小室内细胞数）或电子细胞计数器计数。细胞团块可通过测量干重、蛋白质或DNA来估算。贴壁细胞数量可通过间接方法估算，如氧气或葡萄糖消耗速率，以及死亡或垂死细胞释放的乳酸脱氢酶定量等。还有许多其他生物化学方法可以用来估算细胞数量和活力（表14-4），但这些方法需要基于不同的参数来测算（如膜完整性、细胞凋亡活化情况、酶活性、亚细胞器功能），因此必须根据其生化反应基础原理给予谨慎解释。

表 14-4　检测细胞生长和活力的技术实例

方法	基本评论
台盼蓝染色	细胞膜完整的细胞不被染色（凋亡细胞被染色）
荧光素二乙酸酯	活细胞功能性膜酯酶切割荧光素二乙酸酯产生荧光[184]（受损组织也可显示阳性反应）
MTT	细胞内的生物化学反应将 MTT 转化为不溶的深蓝色产物[185]（检测细胞活性，不能检测细胞增殖）
中性红检测	3- 氨基 -7- 二甲基 -2- 甲基吩嗪盐酸盐（中性红）是超活体染料，在活细胞溶酶体中积聚，细胞经清洗固定后可通过分光光度法测定中性红来检测[186]；该方法通常必须针对不同的细胞类型进行优化

a MTT, 3-(4,5-dimethylthiazol-2-yl)-2,5-diphenyl tetrazoliumbromide。

贴壁依赖性细胞失去贴壁能力或悬浮细胞出现贴壁都提示细胞代谢发生改变或者出现污染，或是出现细胞毒性效应。无法达到典型的细胞倍增率和最大细胞密度也可能存在代谢或污染问题。

通常，生物制药中细胞最大容许倍增数是在标准化生产运行过程中确定的，这解决了在连续传代中可能出现的基因和表型转变或出现病毒表达的问题。二倍体细胞系会衰老（无法复制），要在细胞倍增速率降低点之前，设定生产细胞系的倍增率限值[11，154]。对于非整倍体细胞，也要设定限值，但并不能进行严格控制。在标准化培养条件下，细胞生长特性出现变化，也有助于识别培养基组分或材料的污染和毒性作用。

生长速率的量化

将低浓度的细胞接种后进行一定的时间培养，然后测定细胞数（每毫升或每平方厘米），取对数值绘制时间生长曲线。通常生长曲线有一个线性阶段（指数阶段），在这个阶段的细胞复制生长速度最快，细胞数量加倍的时间就是倍增时间。必须指出的是，虽然这个倍增数往往与细胞类型有关，但它可能受到培养条件的影响。

集落形成效率也能反应细胞特征或确定细胞病变效应。有些在5 ~ 6次倍增后有能力形成至少有50个细胞形成的克隆，这种细胞被称为“克隆细胞”。通过将形成的克隆数与接种细胞数关联分析，可计算出克隆形成率，或称集落形成效率。值得注意的是，细胞培养液和血清质量会影响集落形成率，经典的控制方法是在操作过程中建立平行参考细胞系，如用MRC-5成纤维细胞平行培养。

形态学

显微镜下观察细胞形态可以评估细胞的生长状态，如分化、去分化、增殖、生长抑制和病理效应，包括病毒致细胞病变效应。用组织学染色方法（如吉姆萨、苏木素和伊红）显示细胞内部结构细节，有助于形态学观察评估。

同工酶谱

同工酶分析是基于细胞内存在具有相同底物，但因基因表达或翻译后修饰的不同而具有不同分子特征的酶。这些酶已知在种内或株内具有同型结构，但在种或株间则具有多态性，产生的电泳迁移模式可反应细胞来源的种或株的特征。大多数情况下，通过分析两组同工酶，即乳酸脱氢酶和葡萄糖-6-磷酸脱氢酶，就可以获得足以鉴定物种来源的信息。同工酶方法鉴别人类不同的细胞系并不实用，而采用DNA图谱技术则有效得多。在细胞系鉴定中，更可靠的分子检测方法正取代同工酶分析方法（见下文“细胞系安全性测试”），然而许多制药公司已经建立了同工酶分析方法用于鉴定非人源细胞系[155]。

DNA 条形码

用PCR扩增和DNA测序技术，可直接分析DNA多态性。直到最近，物种特异性鉴定还必须进行DNA多态性分析。许多物种线粒体细胞色素C氧化酶Ⅰ（cytochrome C oxidase Ⅰ，*COI*）基因具有一个快速进化的DNA区域，其两侧序列高度保守区，这样就可以设计通用引物扩增大多数植物和动物的*COI*基因[156]。对PCR产物（大多数物种中为648 bp）进行测序可以获得待测物种特异的“条形码”，该方法被广泛认为是分子分类学的灵丹妙药[157]。因此，很可能被广泛用于培养细胞种类鉴定。DNA条形码数据库由生命条形码等组织维护。

免疫学特征

用物种特异性抗血清和荧光标记抗血清抗体对细胞进行的免疫学鉴定，用于检验供体物种特征。被标记的细胞可以直接用荧光显微镜观察或者通过荧光激活的细胞分选方法进行检测。与同工酶和核酸探针方法相比，免疫学检测技术具有更高的灵敏度，可在10 000个细胞中检测到1个交叉污染的细胞。然而，根据目前在使用动物方面的改善、减少和替代原则，用动物生产多克隆血清并非理想的选择。因此，对于许多实验室而言，这种技术可能仅具有历史意义。

分子特征

在细胞培养的过程中，有多种鉴定RNA和蛋白质表达谱方法，这些方法是基于定量PCR检测特定RNA种类，或基于基因芯片技术同时分析数千序列。蛋白质组学方法可以揭示蛋白表达谱，这些技术将会在生产和治疗用细胞系质控和安全性测试中得到重要的应用。但是，在建立有效和强力的数据挖掘方法以及关于蛋白表达模式的知识体系前，这些技术的应用还仅限于科学研究。通路特异性芯片和多重定量PCR检测可能成为常规质量控制的重要手段。

细胞遗传学分析（细胞核学）

鉴定细胞系特征的方法包括细胞遗传学分析，即染色后用显微镜观察染色体有丝分裂的特点。每个细胞群都具有独特模式的染色体拷贝数和“标签”染色体。常用的染色体染色方法有Giemsa染色、奎纳克林荧光染色法、组成型异染色质染色法和反向Giemsa染色法。关于方法学具体内容见参考文献[158]。

Geimsa染色细胞核学一直被认为是鉴定细胞系特征和稳定性的关键方法。由于物种内不同个体间存在染色体漂移和一定程度的核型变异，该方法的可信度一直被质疑，但是当特定细胞系带有异常、独特的标签染色体时，用这种方法则可准确直接地鉴别细胞类型。

分子细胞遗传学分析

目前已经建立多种新的细胞遗传学方法进行遗传学研究，这些方法可用于检测特定突变或大规模遗传变化，如染色体易位、倒置和非整倍性等。微阵列比较基因组杂交技术（aCGH）的建立，不仅可给出与传统细胞核学几乎相同的数据，而且分辨率更高，能发现更小的遗传变化。aCGH与单核苷酸多态芯片结合，可以检测到以前极难检出的（二倍体）杂合性缺失区域，很快成为核型分析的替代方法。其他细胞遗传学分析方法，如"光谱"核型分析、荧光原位杂交（FISH）和染色体流式细胞分析等，提供了很有价值的染色体结构数据，但这些方法更主要的是在研究中使用，而不是常规的质量控制技术。

DNA 指纹图谱、PCR 和限制性片段长度多态性

DNA指纹图谱是通过将基因组DNA高度变异的重复区图形化来鉴定细胞系，较传统鉴定技术具有一定的优势。用M13噬菌体[159]或人类微卫星序列[160，161]作为DNA指纹已经用于细胞系交叉污染的检测和细胞系特征的鉴定[162-164]。尽管这种方法对多种细胞的鉴定都很准确，但耗时费力。DNA指纹图谱和分析方法可以是多个位点（检测条件容许DNA探针与相关序列有交叉杂交）或者单基因位点（DNA探针与一个特定精确互补的序列杂交），随着多位点PCR分析技术的出现，即短串联重复序列分析（STR），DNA指纹图谱等方法现在用得越来越少。

单位点检测方法分析特定基因串联重复序列，可产生简单的DNA图谱。该技术可以用PCR进行扩增，在多重PCR体系中组合使用针对几个基因位点的多套引物时，单基因位点检测也有非常高的特异性。然而，这些引物通常只针对特定物种（一般是人类）进行设计，对其他物种可能不适用。检测和正确解释DNA指纹图谱需要相当谨慎和丰富的经验。标记探针的纯度要求、内部分子量标准和DNA标准品的使用、电泳和Southern印迹结果的可重复都必不可少。目前PCR方法已经普及，可单独或与上述其他方法联合用于细胞系的鉴定及细胞系交叉污染和外源微生物污染的检测。

特定基因限制性片段长度多态性和随机扩增多态性DNA（RAPD）技术，过去曾用于鉴定细胞基因组，尚未发现其有更广泛的用处。现在已经开发了一种替代技术，是针对多态性基因序列之间的保守内含子序列而设计[165]，用于细胞系的鉴定[166]，一些生物制药公司采用该方法进行细胞系的鉴定。

细胞产物

重组细胞系产生的大量高度特异性蛋白质可用于细胞系的鉴定。但由于细胞培养条件的变化，如杂交瘤细胞分泌的抗体、CHO细胞表达的重组治疗性蛋白质等，可能会引起细胞产物特征和结构的变化（如糖基化）。有兴趣者可参阅文献[167]和[168]。

细胞系的安全性评估

对细胞系最常见的环境污染物以及其来源组织和物种中最可能出现的污染物要进行检测。目前，已经建立起一系列的方法可用于支原体、细菌、真菌和病毒的检测。

细菌和真菌

对细胞库进行细菌和真菌污染检测非常重要，并且当细胞在有抗生素的培养液中长时间维持培养时，需要重复进行这种检测。虽然大多数细菌或真菌污染可通过培养液混浊度的增加、pH的改变和需氧量的增加等很容易被发现，但也可能因细胞碎片、污染物生长缓慢以及抗生素所掩盖。

用显微镜对培养的细胞进行定期观察，可检测是否存在污染。用相差显微镜和高倍镜（如油镜）可以提高检测效果，但用显微镜的观察只能发现看得见的污染。为了提高灵敏度，可用细菌培养基进行培养检测。细菌培养基，如血琼脂、巯基乙酸盐肉汤、胰蛋白胨大豆肉汤、脑心浸液肉汤，沙氏肉汤，YM肉汤和2%酵母肉汤，在适宜的孵育温度（26～37℃）条件下可检测非常多的细菌污染物。这里需要明确的是，用培养法检测通常无法检测到无菌检测条件下不生长的微生物、生长速率极低或长延滞期的细菌和真菌。一些细菌在接种后几周才能检测到，许多污染物应由基于培养基的系统来检测，如细菌检测用胰蛋白胨大豆肉汤和硫代乙醇酸盐肉汤，真菌检测则用Sabouraud培养基，培养温度分别为25℃和35℃。注意，国家药典中规定的标准化无菌检测，旨在通过检测易于培养的微生物，监管无菌处理过程中存在的漏洞。因此，这种检测的阴性结果不能用于证明细胞培养物未被其他细菌和真菌污染。

支原体

支原体可以通过细菌培养方法、指示细胞系、DNA染色、PCR、免疫学或生化等方法进行检测。在检测重要的细胞系时，如主细胞库和工作细胞库，组合应用上述方法是必要的。用指示细胞系（如Vero细胞）进行细胞培养的检测，与上述检测细菌和真菌污染物的方法有同样的缺点。用Hoechst33258和4',6'-二脒基-2-苯基吲哚（DAPI）染色DNA，是检测细胞周围和细胞内支原体DNA的常用方法。无论采用何种方法，都应能检测已知的细胞培养物中可能存在的支原体和无胆甾原体。这种检测方法也应足够敏感，可以检测到被抗生素抑制的支原体。

目前有几种基于PCR方法的支原体检测试剂盒，多采用所有或者绝大部分支原体都存在的保守序列作为引物，也有实时定量PCR试剂盒可提高检测灵敏度和特异性。虽然PCR方法有这些优点，但在检测范围和敏感性方面，培养方法仍被认为是支原体检测的“金标准”。然而，由于需要数周的培养周期，并且支原体对细胞培养实验室构成了额外的污染威胁，培养法通常并非首选。

综上所述，在无菌检测方面，有些微生物可在营养丰富的细胞培养液中生长，但不能在标准化无菌检测方法使用的细菌培养基上生长。这意味着细胞培养物中有些微生物，如支原体、分枝杆菌和其他生物等，可能无法检测到。鉴定这些对营养和生长环境（富含二氧化碳）挑剔的微生物，还需要建立特定的分离技术。这些微生物污染可能不会引起培养基浑浊或其他明显的污染迹象，只在生物检测或生物反应器条件下才会出现明显的变化，这就可能会对其发现带来困难。

病毒

病毒检测可以通过观察细胞病变效应，如合胞体形成、细胞变圆或空泡化等，其他方法还包括检测病毒蛋白，如外壳蛋白或酶；电子显微镜观察病毒颗粒；或检测核酸序列。国际协调会议[169]公布了生物技术产品中关于病毒学安全的通用要求。

朊病毒

检测朊病毒可以通过蛋白质错误折叠循环扩增（PMCA）分析技术进行检测。将样品蛋白质与表达人朊病毒蛋白质的转基因小鼠脑匀浆混合，朊病毒阳性物质可作为PMCA的寡聚底物，错误折叠的单体朊蛋白可以形成聚合物。如果测试蛋白样品中存在错误折叠的朊病毒，在重复循环PMCA后，通过蛋白质印迹能够检测到聚合物[170]。

特异性检测方法

PCR

PCR为检测微量的核酸提供了强有力的工具。然而，PCR可能被待测样品中某种物质抑制而产生非特异性反应。是否存在PCR抑制，除了设置单独的阳性对照，还要设一个平行检测样品，其中掺入了检测下限的阳性对照DNA。如平行样中检测不到掺入的参考品，但阳性对照结果正常，提示存在PCR抑制。许多病毒都有PCR引物，有必要根据病毒污染的可能性确定检测种类的优先顺序（参见上文“风险评估”章节）。每一种PCR方法中的引物都要进行验证，以确保其不会与细胞DNA特异性基因组的病毒序列或与其他污染微生物发生交叉反应。

RT-PCR也存在这样的问题，从测试样品中分离mRNA，逆转录为DNA，然后进行PCR。更多的操作步骤可能带来更多的风险，从而导致测试失败。RNA的制备方法和存储等都会影响检测的灵敏度，如果改变经过验证的制备或储存方法，应先测试这些变化带来影响。胎牛血清中最常见的污染物是BVDV[171]。目前，已研发出相应的RT-PCR方法用于筛查血清中的BVDV[131，172]。如RNA无活性，则RT-PCR检测的血清中BVDV不会具有感染性风险，但还是建议在检测血清之前，先进行病毒灭活。

在使用任何DNA扩增技术时，避免PCR扩增产物污染是至关重要。因此，PCR过程中不同阶段的操作都应该在专门的设备或单独的实验室中进行。一旦PCR过程出现污染，就很难根除。最近，Marcus-Sekura等对猪胰蛋白酶和牛血清病毒污染风险进行了综述[173]，明确提出在筛选这些材料中的污染病毒时，可能需要更新检测方案。

非特异性检测方法

逆转录酶测定

逆转录病毒可以在镁或锰的存在的情况下，通过超速离心样品（如125000 × g，1 h）进行RT测定。使用诱导剂，如溴脱氧尿苷、碘脱氧尿苷或地塞米松可检测潜伏感染的病毒。

高度灵敏的检测方法，通常称为PCR增强型RT。在测试样本中掺入针对RT活性的特定模板DNA，然后对获得的DNA进行PCR扩增[174，175]。但这种方法需要非常仔细地设置对照，以鉴别非特异性反应。

DNA 测序

“二代”测序方法中的测序反应不是特异性引物扩增，而是扩增连接的接头分子，样本中的DNA分子可大规模平行测序。因此，可以用二代DNA测序来识别DNA样品中的污染物。Victoria等[176]从8种减毒活病毒疫苗中获得DNA序列数据，成为应用二测序的范例。在其中的轮状病毒疫苗中，检测到了猪圆环病毒-1的大量污染，这种病毒很可能来自处理细胞的胰蛋白酶。随着DNA测序价格的迅速下降，这种方法很可能普遍用于疫苗的安全性测试。

细胞共培养

病毒检测可在体外和体内进行。体外试验是通过将待测样品接种各种易感的指示细胞，能够检测鼠、人、牛和其他动物病毒。细胞系的选择取决于细胞系的来源。指示细胞系包括人二倍体细胞系（如MRC-5）、猴肾细胞系和各种来源的CCLs[12]。WHO指南推荐使用的细胞系以下几种为代表：

- 与用于生产的细胞系具有相同的物种和组织来源的细胞（原代细胞或CCLs）。

・人二倍体细胞系。WHO还建议，如果生产细胞系来自人类，还应使用猴肾细胞系（注意，有些国家的指南可能要求使用来自不同物种的第三种细胞系）。

对于生产中使用的新细胞系（如昆虫细胞系、鸭胚细胞系），还需要用其他细胞系来进一步检测潜在的病毒。

接种后的细胞要在较长的培养时间内定期观察是否有细胞病变。最后，还可采用多种筛选方法，如电子显微镜、血细胞凝集或血细胞吸附等，以确定是否存在不产生细胞病变的病毒。待测细胞多次冻融后，可提高细胞相关病毒检测的灵敏度。但对于不同的病毒，这种方法的效果不完全一致，病毒活力可能随着细胞多次冻融而显著降低。在WHO指南[12]中有关于检测组分的建议。如果是对逆转录病毒污染特定风险的鉴定，则可以使用更敏感的细胞系，如Mus dunni细胞。

体内分析

如果在公共卫生方面有正当理由，可进行体内试验，将样品肌内注射到乳鼠、成年小鼠、豚鼠或进行鸡胚接种，检测淋巴细胞脉络丛脑膜炎病毒可进行小鼠颅内接种。然后，监测动物的健康状态，如果出现异常，则开展病因调查。通过接种无病毒动物，然后检测小鼠产生抗体（mouse antibody production，MAP）的方法能发现物种特异性病毒。

电镜检测

培养的细胞也可以在化学物质（如5-溴脱氧尿苷）诱导前后，通过电子显微镜观察来检测逆转录病毒。透射电子显微镜和负染色扫描电子显微镜都可用于相关检测[177]，新技术能够使得电镜检测应用更广泛，分辨率更高，可用于对水合样品的分析[178]。此外，电子显微镜在区分培养细胞的病毒性和非病毒性细胞病变方面也非常有用。

致瘤性检测

特定的细胞可引起肿瘤是人们关注多年的问题。将细胞接种到动物体内可进行致瘤性检测，但肿瘤的出现通常与任何真正的危害无关，尤其是在终产物已经高度纯化且无细胞的情况下。就ES细胞而言，其在小鼠体内形成的畸胎瘤，具有胚胎的三个主要胚层，即内胚层、表皮和中胚层，显示这种细胞的多能性，以及分化成为更广谱细胞类型的潜能，可用于治疗，而不代表存在风险。然而，在移植用分化细胞产物中，以残留的ES细胞或转化的畸胎癌细胞为代表的风险，表明还需要更敏感的致瘤细胞检测方法[85]。

质量标准

用于制造生物制品的细胞安全性检测，通常采用符合GLP（good laboratory practice）认可的程序进行[147, 148]。从事细胞系检测服务和生物制品生产的企业也要获得ISO 9000的认证，其中以监测和检测为核心特点，涉及细胞培养的程序需要符合ISO指南25（EN45001）质量标准。药品的制备需要在符合当前良好的生产质量管理规范（current good manufacturing practices，cGMP）的设施中进行，生产过程的任何阶段都要符合cGMP的要求，这些规范也适用于生产用细胞系培养的过程[180]。以诊断为目的的细胞分析需要符合ISO 13485国际标准和欧洲的体外诊断指令（*In Vitro* Diagnostics Directive，IVDD）。在细胞治疗方面，美国的要求请参考美国FDA网站。欧洲的相关要求包含在《欧洲组织细胞指令》（European Tissues and Cells Directive）[70]和《先进的治疗性医疗产品条例》[187]中。其他补充性指导意见参见细胞治疗章节中FDA和EMA关于体细胞治疗的建议部分[31, 181]。

附录信息

网址信息

细胞培养相关网址

· ATCC（United States）：http://www.atcc.org

· Coriell Cell Repositories，Coriell Institute for Medical Research（United States）：https://www.coriell.org

· DSMZ（Germany）：http://www.dsmz.de

· European Collection of Authenticated Cell Cultures：https://www.phe-culturecollections.org.uk/collections/ecacc.aspx

· European Medicines Agency：http://www.ema.europa .eu

· World Data Centre for Microorganisms（Japan）：http://www.wdcm.org/

· Riken（Japan）：http://en.brc.riken.jp

· Japanese Collection of Research Bioresources （Japan）：http://cellbank.nibiohn.go.jp/english/

· Interlab Cell Line Collection（Italy）：http://wwwsql.iclc.it

· Development Studies Hybridoma Bank：http://dshb .biology.uiowa.edu

· CABRI Europe：http://www.cabri.org

· UK Stem Cell Bank：http://www.nibsc.org/ukstemcell bank

生物安全指南和在线培训

· United States：U.S. Department of Health and Human Services，Public Health Service，Centers for Disease Control and Prevention，National Institutes of Health. 2009. Biosafety in Microbiological and Biomedical Laboratories，5th ed. HHS Publication no. （CDC） 21-112. http://www.cdc.gov/biosafety/publica tions/bmbl5/BMBL.pdf.

· Guidance on Good Cell Culture Practice. A report of the second ECVAM Task Force on Good Cell Culture Practice （Coecke et al.，2005）. http://www.atla.org.uk

· WHO Laboratory Safety Manual，3rd ed. http://www.who.int/csr/resources/publications/biosafety/WHO _CDS_CSR_LYO_2004_11/en

原著参考文献

[1] Griffiths JB. 2007. The development of animal cell products: history and overview, p 1–14. In Stacey G, Davis J (ed), Medicines from Animal Cells. John Wiley & Sons, Chichester, United Kingdom.

[2] Cooney CL. 1995. Are we prepared for animal cell technology in the 21st century? Cytotechnology 18:3–8.

[3] Lysaght MJ, Jaklenec A, Deweerd E. 2008. Great expectations: private sector activity in tissue engineering, regenerative medicine, and stem cell therapeutics. Tissue Eng Part A 14: 305–315.

[4] Nerem, R.M. 2010. Regenerative medicine: the emergence of an industry. J R Soc Interface 7(Suppl 6):S771–S775.

[5] Jaklenec A, Stamp A, Deweerd E, Sherwin A, Langer R. 2012. Progress in the tissue engineering and stem cell industry: “Are we there yet?”. Tissue Eng Part B Rev 18:155–166.

[6] Maziarz RT, Driscoll D. 2011. Hematopoietic stem cell transplantation and implications for cell therapy reimbursement. Cell Stem Cell 8:609–612.

[7] Abou-El-Enein M, Elsanhoury A, Reinke P. 2016. overcoming challenges facing advanced therapies in the EU market. Cell Stem Cell 19:293–297.

[8] Petricciani JC. 1995. The acceptability of continuous cell lines: a personal & historical perspective. Cytotechnology 18:9–13.
[9] International Association of Microbiological Societies. 1963. Proceedings: Symposium on the Uses of Human Diploid Cell Strains. Blasnikova-Tiskarna, Lubliana, Zagreb, Croatia.
[10] WHO Expert Committee on Biological Standardization and Executive Board. 1998. Requirements for the Use of Animal Cells as In vitro Substrates for the Production of Biologicals. WHO Technical Report Series no. 878. World Health Organization, Geneva, Switzerland.
[11] Knezevic I, Stacey G, Petricciani J, Sheets R, WHO Study Group on Cell Substrates. 2010. Evaluation of cell substrates for the production of biologicals: Revision of WHO recommendations. Report of the WHO Study Group on Cell Substrates for the Production of Biologicals, 22–23 April 2009, Bethesda, MD. Biologicals 38:162–169.
[12] WHO Cell Substrate Study Group. 2010. Recommendations for the evaluation of animal cell cultures as substrates for the manufacture of biological medicinal products and for the characterization of cell banks. Proposed replacement of TRS 878, Annex 1. http://www. who. int/biologicals/BS2132_CS_Recommendations_CLEAN_19_July_2010. pdf.
[13] Doroshenko A, Halperin SA. 2009. Trivalent MDCK cell culturederived influenza vaccine Optaflu (Novartis Vaccines). Expert Rev Vaccines 8:679–688.
[14] Cox RJ, Madhun AS, Hauge S, Sjursen H, Major D, Kuhne M, Höschler K, Saville M, Vogel FR, Barclay W, Donatelli I, Zambon M, Wood J, Haaheim LR. 2009. A phase I clinical trial of a PER.C6 cell grown influenza H7 virus vaccine. Vaccine 27:1889–1897.
[15] Genzel Y, Reichl U. 2009. Continuous cell lines as a production system for influenza vaccines. Expert Rev Vaccines 8:1681–1692.
[16] Kuczewski M, Schirmer E, Lain B, Zarbis-Papastoitsis G. 2011. A single-use purification process for the production of a monoclonal antibody produced in a PER.C6 human cell line. Biotechnol J 6:56–65.
[17] Ross D, Brown T, Harper R, Pamarthi M, Nixon J, Bromirski J, Li CM, Ghali R, Xie H, Medvedeff G, Li H, Scuderi P, Arora V, Hunt J, Barnett T. 2012. Production and characterization of a novel human recombinant alpha-1-antitrypsin in PER.C6 cells. J Biotechnol 162:262–273.
[18] Sakhuja K, Reddy PS, Ganesh S, Cantaniag F, Pattison S, Limbach P, Kayda DB, Kadan MJ, Kaleko M, Connelly S. 2003. Optimization of the generation and propagation of gutless adenoviral vectors. Hum Gene Ther 14:243–254.
[19] European Medicines Agency. 2011. Reflection paper on design modifications of gene therapy medicinal products during development. EMA/CAT/GTWP/44236/2009 (14 December 2011). http://www. ema. europa. eu/docs/en_GB/document_library/Sci entific_ guideline/2012/02/WC500122743. pdf.
[20] Damle B, White R, Wang HF. 2015. Considerations for clinical pharmacology studies for biologics in emerging markets. J Clin Pharmacol 55(Suppl 3):S116–S122.
[21] Rosenberg SA, Restifo NP, Yang JC, Morgan RA, Dudley ME. 2008. Adoptive cell transfer: a clinical path to effective cancer immunotherapy. Nat Rev Cancer 8:299–308.
[22] Leen AM, Rooney CM, Foster AE. 2007. Improving T cell therapy for cancer. Annu Rev Immunol 25:243–265.
[23] Kershaw MH, Westwood JA, Darcy PK. 2013. Gene-engineered T cells for cancer therapy. Nat Rev Cancer 13:525–541.
[24] Gilham DE, Anderson J, Bridgeman JS, Hawkins RE, Exley MA, Stauss H, Maher J, Pule M, Sewell AK, Bendle G, Lee S, Qasim W, Thrasher A, Morris E. 2015. Adoptive T-cell therapy for cancer in the United kingdom: a review of activity for the British Society of Gene and Cell Therapy annual meeting 2015. Hum Gene Ther 26:276–285.
[25] Jackson HJ, Rafiq S, Brentjens RJ. 2016. Driving CAR T-cells forward. Nature Rev Clin Oncol 13:370–383.
[26] Miller AD. 1990. Retrovirus packaging cells. Hum Gene Ther 1:5–14.
[27] Stacey GN, Merten O-W. 2010. Host cells and cell banking, p 45–88. In Al-Rubeai M, Merten O-W (ed), Viral Vectors for Gene Therapy: Methods and Protocols. (Methods in Molecular Biology 1:737). Springer Science+Business Media LLC, New York, NY.
[28] Epstein S, U.S. Food and Drug Administration. 1996. Addendum to the points to consider in human somatic cell and gene therapy (1991). Hum Gene Ther 7:1181–1190.
[29] U.S. Food and Drug Administration. 2011. Guidance for Industry Potency Tests for Cellular and Gene Therapy Products. U.S. Department of Health and Human Services, Food and Drug Administration, Center for Biologics Evaluation and Research, Silver Spring, MD.
[30] European Medicines Agency. 2009. Committee for Medicinal Products for Human Use (CHMP), Doc.EMA/CHMP/GTWP /212377/2008. http://www. ema. europa. eu/docs/en_GB/docu ment_library/Scientific_guideline/2010/01/WC500059111. pdf.
[31] European Medicines Agency. 2001. Points to consider on the manufacture and quality control of hum somatic cell therapy medicinal products. CPMP/BMP/41450/98. https://www. old. health. gov. il/download/forms/a39_cimmittee. pdf.
[32] Esvelt KM, Wang HH. 2013. Genome-scale engineering for systems and synthetic biology. Mol Syst Biol 9:641.
[33] Horvath P, Barrangou R. 2010. CRISPR/Cas, the immune system of bacteria and archaea. Science 327:167–170.
[34] Isasi R, Kleiderman E, Knoppers BM. 2016. Editing policy to fit the genome? Framing genome editing policy requires setting thresholds

of acceptability. Science 351:337–339.

[35] Li MD, Atkins H, Bubela T. 2014. The global landscape of stem cell clinical trials. Regen Med 9:27–39.

[36] Green H, Kehinde O, Thomas J. 1979. Growth of cultured human epidermal cells into multiple epithelia suitable for grafting. Proc Natl Acad Sci USA 76:5665–5668.

[37] Navsaria HA, Myers SR, Leigh IM, McKay IA. 1995. Culturing skin in vitro for wound therapy. Trends Biotechnol 13:91–100.

[38] Wu J, Du Y, Watkins SC, Funderburgh JL, Wagner WR. 2011. The engineering of organized human corneal tissue through the spatial guidance of corneal stromal stem cells. Biomaterials 33:1343–1352.

[39] Ende N, Chen R. 2002. Parkinson's disease mice and human umbilical cord blood. J Med 33:173–180.

[40] Ende N, Chen R, Reddi AS. 2004. Transplantation of human umbilical cord blood cells improves glycemia and glomerular hypertrophy in type 2 diabetic mice. Biochem Biophys Res Commun 321:168–171.

[41] Barker RA, Mason SL, Harrower TP, Swain RA, Ho AK, Sahakian BJ, Mathur R, Elneil S, Thornton S, Hurrelbrink C, Armstrong RJ, Tyers P, Smith E, Carpenter A, Piccini P, Tai YF, Brooks DJ, Pavese N, Watts C, Pickard JD, Rosser AE, Dunnett SB, Simpson S, Moore J, Morrison P, Esmonde T, Chada N, Craufurd D, Snowdon J, Thompson J, Harper P, Glew R, Harper R, NEST-UK Collaboration. 2013. The long-term safety and efficacy of bilateral transplantation of human fetal striatal tissue in patients with mild to moderate Huntington's disease. J Neurol Neurosurg Psychiatry 84:657–665.

[42] Rocha V, Wagner JE Jr, Sobocinski KA, Klein JP, Zhang MJ, Horowitz MM, Gluckman E. 2000. Graft-versus-host disease in children who have received a cord-blood or bone marrow transplant from an HLA-identical sibling. Eurocord and International Bone Marrow Transplant Registry Working Committee on Alternative Donor and Stem Cell Sources. N Engl J Med 342:1846–1854.

[43] Garcia J. 2010. Allogeneic unrelated cord blood banking worldwide: an update. Transfus Apheresis Sci 42:257–263.

[44] Rubinstein P. 2009. Cord blood banking for clinical transplantation. Bone Marrow Transplant 44:635–642.

[45] Hofmeister CCJ, Zhang J, Knight KL, Le P, Stiff PJ. 2007. Ex vivo expansion of umbilical cord blood stem cells for transplantation: growing knowledge from the hematopoietic niche. Bone Marrow Transplant 39:11–23.

[46] Ge J, Cai H, Tan WS. 2011. Chromosomal stability during ex vivo expansion of UCB CD34(+) cells. Cell Prolif 44:550–557.

[47] Corselli M, Parodi A, Mogni M, Sessarego N, Kunkl A, Dagna-Bricarelli F, Ibatici A, Pozzi S, Bacigalupo A, Frassoni F, Piaggio G. 2008. Clinical scale ex vivo expansion of cord blood-derived outgrowth endothelial progenitor cells is associated with high incidence of karyotype aberrations. Exp Hematol 36:340–349.

[48] Crow J, Youens K, Michalowski S, Perrine G, Emhart C, Johnson F, Gerling A, Kurtzberg J, Goodman BK, Sebastian S, Rehder CW, Datto MB. 2010. Donor cell leukemia in umbilical cord blood transplant patients. A case study and literature review highlighting the importance of molecular engraftment analysis. J Mol Diagn 12:530–537.

[49] Kassem M, Kristiansen M, Abdallah BM. 2004. Mesenchymal stem cells: cell biology and potential use in therapy. Basic Clin Pharmacol Toxicol 95:209–214.

[50] Calloni R, Cordero EA, Henriques JA, Bonatto D. 2013. Reviewing and updating the major molecular markers for stem cells. Stem Cells Devel 22:1455–1476.

[51] Nombela-Arrieta C, Ritz J, Silberstein LE. 2011. The elusive nature and function of mesenchymal stem cells. Nat Rev Mol Cell Biol 12:126–131.

[52] Horwitz EM, Gordon PL, Koo WK, Marx JC, Neel MD, McNall RY, Muul L, Hofmann T. 2002. Isolated allogeneic bone marrowderived mesenchymal cells engraft and stimulate growth in children with osteogenesis imperfecta: implications for cell therapy of bone. Proc Natl Acad Sci USA 99:8932–8937.

[53] Ishikane S, Ohnishi S, Yamahara K, Sada M, Harada K, Mishima K, Iwasaki K, Fujiwara M, Kitamura S, Nagaya N, Ikeda T. 2008. Allogeneic injection of fetal membrane-derived mesenchymal stem cells induces therapeutic angiogenesis in a rat model of hind limb ischemia. Stem Cells 26:2625–2633.

[54] Nakajima H, Uchida K, Guerrero AR, Watanabe S, Sugita D, Takeura N, Yoshida A, Long G, Wright KT, Johnson WE, Baba H. 2012. Transplantation of mesenchymal stem cells promotes the alternative pathway of macrophage activation and functional recovery after spinal cord injury. J Neurotrauma 29:1614–1625.

[55] Puglisi MA, Tesori V, Lattanzi W, Piscaglia AC, Gasbarrini GB, D'Ugo DM, Gasbarrini A. 2011. Therapeutic implications of mesenchymal stem cells in liver injury. J Biomed Biotechnol 2011: 860578.

[56] Biancone L, Bruno S, Deregibus MC, Tetta C, Camussi G. 2012. Therapeutic potential of mesenchymal stem cell-derived microvesicles. Nephrol Dial Transplant 27:3037–3042.

[57] Evans MJ, Kaufman MH. 1981. Establishment in culture of pluripotential cells from mouse embryos. Nature 292:154–156.

[58] Thomson JA, Itskovitz-Eldor J, Shapiro SS, Waknitz MA, Swiergiel JJ, Marshall VS, Jones JM. 1998. Embryonic stem cell lines derived

from human blastocysts. Science 282: 1145–1147.
[59] Taylor CJ, Bolton EM, Bradley JA. 2011. Immunological considerations for embryonic and induced pluripotent stem cell banking. Philos Trans R Soc Lond B Biol Sci 366:2312–2322.
[60] Barry J, Hyllner J, Stacey G, Taylor CJ, Turner M. 2015. Setting up a haplobank: issues and solutions. Curr Stem Cell Rep 1: 110–117.
[61] Fairchild PJ. 2010. The challenge of immunogenicity in the quest for induced pluripotency. Nat Rev Immunol 10:868–875.
[62] Takahashi K, Tanabe K, Ohnuki M, Narita M, Ichisaka T, Tomoda K, Yamanaka S. 2007. Induction of pluripotent stem cells from adult human fibroblasts by defined factors. Cell 131: 861–872.
[63] Gore A, Li Z, Fung HL, Young JE, Agarwal S, Antosiewicz-Bourget J, Canto I, Giorgetti A, Israel MA, Kiskinis E, Lee JH. 2011. Somatic coding mutations in human induced pluripotent stem cells. Nature 471:63–67.
[64] Lund RJ, Närvä E, Lahesmaa R. 2012. Genetic and epigenetic stability of human pluripotent stem cells. Nat Rev Genet 13: 732–744.
[65] Zhao T, Zhang ZN, Rong Z, Xu Y. 2011. Immunogenicity of induced pluripotent stem cells. Nature 474:212–215.
[66] Guha P, Morgan JW, Mostoslavsky G, Rodrigues NP, Boyd AS. 2013. Lack of immune response to differentiated cells derived from syngeneic induced pluripotent stem cells. Cell Stem Cell 12:407–412.
[67] International Stem Cell Initiative. 2011. Screening ethnically diverse human embryonic stem cells identifies a chromosome 20 minimal amplicon conferring growth advantage. Nat Biotechnol 29:1132–1144.
[68] Baker DE, Harrison NJ, Maltby E, Smith K, Moore HD, Shaw PJ, Heath PR, Holden H, Andrews PW. 2007. Adaptation to culture of human embryonic stem cells and oncogenesis in vivo. Nat. Biotechnol 25:207–221.
[69] U.S. Food and Drug Administration. 2007. Guidance for Industry: Regulation of Human Cells, Tissues, and Cellular and Tissue-Based Products (HCT/Ps)—Small Entity Compliance Guide. U.S. Department of Health and Human Services, Food and Drug Administration, Center for Biologics Evaluation and Research, Silver Spring, MD. http://www. fda. gov/BiologicsBloodVaccines /GuidanceCompliance RegulatoryInformation/Guidances/Tissue /ucm073366. htm.
[70] EUTCD. 2004. Directive 2004/23/EC of the European Parliament and of the Council of 31 March 2004: Setting standards of quality and safety for the donation, procurement, testing, processing, preservation, storage and distribution of human tissue and cells. L102/48, Official Journal of the European Union, 7.4.2004.
[71] Global Programme for Vaccines and Immunization. 1997. The WHO Guide to Good Manufacturing Practice (cGMP) Requirements. World Health Organization, Geneva, Switzerland.
[72] Keirstead HS, Nistor G, Bernal G, Totoiu M, Cloutier F, Sharp K, Steward O. 2005. Human embryonic stem cell-derived oligodendrocyte progenitor cell transplants remyelinate and restore locomotion after spinal cord injury. J Neurosci 25: 4694–4705.
[73] Hayakawa T, Aoi T, Bravery C, Hoogendoorn K, Knezevic I, Koga J, Maeda D, Matsuyama A, McBlane J, Morio T, Petricciani J, Rao M, Ridgway A, Sato S, Sato Y, Stacey G, Trouvin J-H, Umezawa A, Yamato M, Yano K, Yokote H, Yoshimatsu K, Zorzi-More P. 2015. Report of the international conference on regulatory endeavors towards the sound development of human cell therapy products. Biologicals 43:283–297.
[74] British Standards Institute Regenerative Medicines Committee. 2011. PAS 93:2011: Characterization of Human Cells for Clinical Applications. Guide. British Standards Institute, London, United Kingdom.
[75] Sheridan B, Stacey G, Wilson A, Ginty P, Bravery C, Marshall D. 2012. Standards can help bring products to market. Bioprocess Int 10:18–20.
[76] Williams DJ, Archer R, Archibald P, Bantounas I, Baptista R, Barker R, Barry J, Bietrix F, Blair N, Braybrook J, Campbell J. 2016. Comparability: manufacturing, characterization and controls, report of a UK Regenerative Medicine Platform Pluripotent Stem Cell Platform Workshop, Trinity Hall, Cambridge, 14–15 September 2015. Regenerative Med 11:483–492.
[77] U.S. Food and Drug Administration. 1998. Guidance for Industry Guidance for Human Somatic Cell Therapy and Gene Therapy. U.S. Department of Health and Human Services, Food and Drug Administration, Center for Biologics Evaluation and Research, Silver Spring, MD. http://www. fda. gov/BiologicsBlood Vaccines/GuidanceComplianceRegulatoryInformation/Guidances /CellularandGeneTherapy/ ucm072987. htm.
[78] Wobus AM, Löser P. 2011. Present state and future perspectives of using pluripotent stem cells in toxicology research. Arch Toxicol 85:79–117.
[79] Stacey GN, Coecke S, Price A, Healy L, Jennings P, Wilmes A, Pinset C, Sundstrom M, Myatt G. 2016. Ensuring the quality of stem cell derived models for toxicity testing, p 259–297. In Eskes C, Whelan M (ed), Validation of Alternative Methods for Toxicity Testing. Springer, New York, NY.
[80] Pamies D, Bal-Price A, Simeonov A, Tagle D, Allen D, Gerhold D, Yin D, Pistollato F, Inutsuka T, Sullivan K, Stacey G. 2016. Good Cell Culture Practice for stem cells and stem-cell-derived models. ALTEX Online August 23, 2016, version 2. http://dx. doi. org /10.

14573/altex. 1607121.
[81] Frommer W, Archer L, Boon B, Brunius G, Collins CH, Crooy P, Doblhoff-Dier O, Donikian R, Economidis J, Frontali C, Gaal T, Hamp S, Haymerle H, Houwink EH, Küenzi MT, Krämer P, Lelieveld HLM, Logtenberg MT, Lupker J, Lund S, Mahler JL, Mosgaard C, Normand-Plessier F, Rudan F, Simon R, Tuijenburg Muijs G, Vranch SP, Werner RG. 1993. Safe biotechnology (5). Recommendations for safe work with animal and human cell cultures concerning potential human pathogens. Appl Microbiol Biotechnol 39:141–147.
[82] Jank B, Haymerle H, Doblhoff-Dier O. 1996. Zurich hazard analysis in biotechnology. Nat Biotechnol 14:894–896.
[83] Geraghty RJ, Capes-Davis A, Davis JM, Downward J, Freshney RI, Knezevic I, Lovell-Badge R, Masters JRW, Meredith J, Stacey GN, Thraves P, Vias M, Cancer Research UK. 2014. Guidelines for the use of cell lines in biomedical research. Br J Cancer 111:1021–1046.
[84] Roberts PL. 2007. Virus safety of cell-derived biological products, p 371–392. In Stacey G, Davis J (ed), Medicines from Animal Cells. John Wiley & Sons, Chichester, United Kingdom.
[85] Andrews PW, et al. 2015. Points to consider in the development of seed stocks of pluripotent stem cells for clinical applications: International Stem Cell Banking Initiative (ISCBI). Regen Med 10(Suppl):1–44.
[86] Davidson WL, Hummeler K. 1960. B virus infection in man. Ann N Y Acad Sci 85:970–979.
[87] National Research Council. 1989. Prudent Practices for the Handling and Disposal of Infectious Material, p 13–33. National Academy Press, Washington, DC.
[88] Chesterton N. 2007. System and process validation, p 285–302. In Stacey G, Davis J (ed), Medicines from Animal Cells. John Wiley & Sons, Chichester, United Kingdom.
[89] Urnovitz HB, Murphy WH. 1996. Human endogenous retroviruses: nature, occurrence, and clinical implications in human disease. Clin Microbiol Rev 9:72–99.
[90] Patzke S, Lindeskog M, Munthe E, Aasheim HC. 2002. Characterization of a novel human endogenous retrovirus, HERV-H/F, expressed in human leukemia cell lines. Virology 303:164–173.
[91] Weiss RA. 2001. Adventitious viral genomes in vaccines but not in vaccinees. Emerg Infect Dis 7:153–154.
[92] Adamson SR. 1998. Experiences of virus, retrovirus and retrovirus-like particles in Chinese hamster ovary (CHO) and hybridoma cells used for production of protein therapeutics. Dev Biol Stand 93:89–96.
[93] Weissmahr RN, Schüpbach J, Böni J. 1997. Reverse transcriptase activity in chicken embryo fibroblast culture supernatants is associated with particles containing endogenous avian retrovirus EAV-0 RNA. J Virol 71:3005–3012.
[94] Ma H, Khan AS. 2011. Detection of latent retroviruses in vaccinerelated cell substrates: investigation of RT activity produced by chemical induction of Vero cells. PDA J Pharm Sci Technol 65:685–689.
[95] Lloyd G, Jones N. 1986. Infection of laboratory workers with hantavirus acquired from immunocytomas propagated in laboratory rats. J Infect 12:117–125.
[96] Saïb A, Périès J, de Thé H. 1995. Recent insights into the biology of the human foamy virus. Trends Microbiol 3:173–178.
[97] Schweizer M, Falcone V, Gänge J, Turek R, Neumann-Haefelin D. 1997. Simian foamy virus isolated from an accidentally infected human individual. J Virol 71:4821–4824.
[98] Huang F, Wang H, Jing S, Zeng W. 2012. Simian foamy virus prevalence in Macaca mulatta and zookeepers. AIDS Res Hum Retrovir 28:591–593.
[99] Khan AS. 2009. Simian foamy virus infection in humans: prevalence and management. Expert Rev Anti Infect Ther 7:569–580.
[100] Locatelli S, Peeters M. 2012. Cross-species transmission of simian retroviruses: how and why they could lead to the emergence of new diseases in the human population. AIDS 26:659–673.
[101] Kusne S, Vilchez RA, Zanwar P, Quiroz J, Mazur MJ, Heilman RL, Mulligan D, Butel JS. 2012. Polyomavirus JC urinary shedding in kidney and liver transplant recipients associated with reduced creatinine clearance. J Infect Dis 206:875–880.
[102] Sood P, Senanayake S, Sujeet K, Medipalli R, Zhu YR, Johnson CP, Hariharan S. 2012. Management and outcome of BK viremia in renal transplant recipients: a prospective single-center study. Transplantation 94:814–821.
[103] van Aalderen MC, Heutinck KM, Huisman C, ten Berge IJ. 2012. BK virus infection in transplant recipients: clinical manifestations, treatment options and the immune response. Neth J Med 70:172–183.
[104] Löwer J. 1995. Acceptability of continuous cell lines for the production of biologicals. Cytotechnology 18:15–20.
[105] Lelong-Rebel IH, Piemont Y, Fabre M, Rebel G. 2009. Mycobacterium avium-intracellulare contamination of mammalian cell cultures. In Vitro Cell Dev Biol Anim 45:75–90.
[106] Kajander EO, Ciftçioglu N. 1998. Nanobacteria: an alternative mechanism for pathogenic intra-and extracellular calcification and stone formation. Proc Natl Acad Sci USA 95:8274–8279.
[107] Shiekh FA. 2012. Do calcifying nanoparticles really contain 16S rDNA? Int J Nanomedicine 7:5051–5052.

[108] Kumon H, Matsumoto A, Uehara S, Abarzua F, Araki M, Tsutsui K, Tomochika K. 2011. Detection and isolation of nanobacteria-like particles from urinary stones: long-withheld data. Int J Urol 18:458–465.

[109] Gray JS, Birmingham JM, Fenton JI. 2009. Got black swimming dots in your cell culture? Identification of Achromobacter as a novel cell culture contaminant. Biologicals 38:273–277.

[110] Shannon M, Capes-Davis A, Eggington E, Georghiou R, Huschtscha LI, Moy E, Power M, Reddel RR, Arthur JW. 2016. Is cell culture a risky business? Risk analysis based on scientist survey data. Int J Cancer 138:664–670.

[111] Rottem S, Naot Y. 1998. Subversion and exploitation of host cells by mycoplasmas. Trends Microbiol 6:436–440.

[112] Uphoff CC, Drexler HG. 2014. Detection of mycoplasma contamination in cell cultures. Curr Protoc Mol Biol 106:1–14.

[113] Uphoff CC, Denkmann SA, Drexler HG. 2012. Treatment of mycoplasma contamination in cell cultures with Plasmocin. J Biomed Biotechnol 2012:267678.

[114] Alper T, Cramp WA, Haig DA, Clarke MC. 1967. Does the agent of scrapie replicate withoutnucleic acid? Nature 214:764–766.

[115] Griffith JS. 1967. Self-replication and scrapie. Nature 215:1043– 1044.

[116] Prusiner SB. 1982. Novel proteinaceous infectious particles cause scrapie. Science 216:136–144.

[117] Aguzzi A, Heikenwalder M. 2006. Pathogenesis of prion diseases: current status and future outlook. Nat Rev Microbiol 4:765–775.

[118] Prusiner SB, Collinge J, Powell J, Anderton B (ed). 1992. Prion Diseases of Humans and Animals. Ellis Horwood, London, United Kingdom.

[119] Sigurdson CJ, Miller MW. 2003. Other animal prion diseases. Br Med Bull 66:199–212.

[120] Kovacs GG, Budka H. 2008. Prion diseases: from protein to cell pathology. Am J Pathol 172:555–565.

[121] European Commission. 2011. European Medicines Agency guidance document. Note for guidance on minimising the risk of transmitting animal spongiform encephalopathy agents via human and veterinary medicinal products (EMA/410/01 rev.3). J European Union http://www. emea. europa. eu/docs/en_GB/doc ument_li brary/Scientific_guideline/2009/09/WC500003700. pdf.

[122] World Health Organization. 2010. WHO Guidelines on Tissue Infectivity Distribution in Transmissible Spongiform Encephalop athies. World Health Organization, Geneva, Switzerland. http://www. who. int/bloodproducts/tse/WHO%20TSE%20Guide lines%20 FINAL-22%20JuneupdatedNL. pdf.

[123] United Kingdom Department of Health. 2014. Donation of starting material for cell-based advanced therapies: a SaBTO review. U.K. Department of Health. https://www. gov. uk/government/pub lications/donation-of-starting-material-for-advanced-cell-based-therapies.

[124] Gugel EA, Sanders ME. 1986. Needle-stick transmission of human colonic adenocarcinoma. N Engl J Med 315:1487.

[125] Centers for Disease Control and Prevention and National Institutes of Health. 1999. Biosafety in Microbiological and Biomedical Laboratories, 4th ed. U.S. Government Printing Office, Washington, DC.

[126] Human Medicines Evaluation Unit. 1997. ICH Topic Q 5 D—Quality of Biotechnological Products: Derivation and Characterisation of Cell Substrates used for Production of Biotechnological/Biological Products. European Agency for the Evaluation of Medicinal Products, ICH Technical Co-ordination, London, United Kingdom.

[127] Sheng-Fowler L, Cai F, Fu H, Zhu Y, Orrison B, Foseh G, Blair DG, Hughes SH, Coffin JM, Lewis AM Jr, Peden K. 2010. Tumors induced in mice by direct inoculation of plasmid DNA expressing both activated H-ras and c-myc. Int J Biol Sci 6:151–162.

[128] Garnick RL. 1998. Raw materials as a source of contamination in large-scale cell culture. Dev Biol Stand 93:21–29.

[129] Erickson GA, Bolin SR, Landgraf JG. 1991. Viral contamination of fetal bovine serum used for tissue culture: risks and concerns. Dev Biol Stand 75:173–175.

[130] Yanagi M, Bukh J, Emerson SU, Purcell RH. 1996. Contamination of commercially available fetal bovine sera with bovine viral diarrhea virus genomes: implications for the study of hepatitis C virus in cell cultures. J Infect Dis 174:1324–1327.

[131] Xia H, Vijayaraghavan B, Belák S, Liu L. 2011. Detection and identification of the atypical bovine pestiviruses in commercial foetal bovine serum batches. PLoS One 6:e28553.

[132] Onyekaba C, Fahrmann J, Bueon L, King P, Goyal SM. 1987. Comparison of five cell lines for the propagation of bovine viral diarrhea and infectious bovine rhinotracheitis viruses. Microbiologica 10:311–315.

[133] Nakamura S, Shimazaki T, Sakamoto K, Fukusho A, Inoue Y, Ogawa N. 1995. Enhanced replication of orbiviruses in bovine testicle cells infected with bovine viral diarrhoea virus. J Vet Med Sci 57:677–681.

[134] Nicklas W, Kraft V, Meyer B. 1993. Contamination of transplantable tumors, cell lines, and monoclonal antibodies with rodent viruses. Lab Anim Sci 43:296–300.

[135] Zhang W, Li L, Deng X, Blümel J, Nübling CM, Hunfeld A, Baylis SA, Delwart E. 2016. Viral nucleic acids in human plasma pools. Transfusion 56:2248–2255.

[136] Jones PA, Wolkowicz MJ, Rideout WM III, Gonzales FA, Marziasz CM, Coetzee GA, Tapscott SJ. 1990. De novo methylation of the MyoD1 CpG island during the establishment of immortal cell lines. Proc Natl Acad Sci USA 87:6117–6121.

[137] Antequera F, Boyes J, Bird A. 1990. High levels of de novo methylation and altered chromatin structure at CpG islands in cell lines. Cell 62:503–514.
[138] Wilson VL, Jones PA. 1983. DNA methylation decreases in aging but not in immortal cells. Science 220:1055–1057.
[139] Nestor CE, Ottaviano R, Reinhardt D, Cruickshanks HA, Mjoseng HK, McPherson RC, Lentini A, Thomson JP, Dunican DS, Pennings S, Anderton SM, Benson M, Meehan RR. 2015. Rapid reprogramming of epigenetic and transcriptional profiles in mammalian culture systems. Genome Biol 16:11.
[140] Coecke S, Balls M, Bowe G, Davis J, Gstraunthaler G, Hartung T, Hay R, Merten O-W, Price A, Shechtman L, Stacey GN, Stokes W. 2005. Guidance on Good Cell Culture Practice. A report of the second ECVAM Task Force on Good Cell Culture Practice. ATLA 33:1–27. http://www.atla.org.uk/guidance-on-good-cell-culture-practice.
[141] Stacey GN. 2010. Cell culture contamination, p 77–91. In Cree IA (ed), Cancer Cell Culture: Methods and Protocols. Springer Science+Business media LLC, New York, NY.
[142] Meager A. 2007. Gene transfer vectors for clinical applications, p 125–142. In Stacey G, Davis J (ed), Medicines from Animal Cells. John Wiley & Sons, Chichester, United Kingdom.
[143] Kotterman MA, Chalberg TW, Schaffer DV. 2015. Viral vectors for gene therapy: translational and clinical outlook. Annu Rev Biomed Eng 17:63–89.
[144] Edelstein ML, Abedi MR, Wixon J. 2007. Gene therapy clinical trials worldwide to 2007—an update. J Gene Med 9:833–842.
[145] Calvez V, Rixe O, Wang P, Mouawad R, Soubrane C, Ghoumari A, Verola O, Khayat D, Colbère-Garapin F. 1996. Virusfree transfer of the herpes simplex virus thymidine kinase gene followed by ganciclovir treatment induces tumor cell death. Clin Cancer Res 2:47–51.
[146] Lo HW, Day CP, Hung MC. 2005. Cancer-specific gene therapy. Adv Genet 54:235–255.
[147] OECD Expert Group on Good Laboratory Practice. 1982. Good Laboratory Practice in the Testing of Chemicals. Organisation of Economic Co-operation and Development, Paris, France.
[148] OECD. 1998. OECD series on principles of good laboratory practice and compliance monitoring. Number 1. OECD principles on good laboratory practice. ENV/MC/CHEM(98)17. Guideline 33: 1–172.
[149] CBER. 2010. Characterization and Qualification of Cell Substrates and Other Biological Materials Used in the Production of Viral Vaccines for Infectious Disease Indications. Food and Drug Administration, Bethesda, MD. http://www. fda. gov/Biologics BloodVaccines/GuidanceComplianceRegulatoryInformation /Guidances/Vaccines/default. htm.
[150] Stoll TS. 2007. Services and associated equipment for upstream processing, p 245–285. In Stacey G, Davis J (ed), Medicines from Animal Cells. John Wiley & Sons, Chichester, United Kingdom.
[151] Dragunsky E, Chumakov K, Norwood L, Parker M, Lu Z, Ran Y. 1993. Live polio vaccine reversion: impact of cell density. In Vitro 3:123A.
[152] Shukla AA, Hubbard B, Tressel T, Guhan S, Low D. 2007. Downstream processing of monoclonal antibodies— application of platform approaches. J Chromatogr B Analyt Technol Biomed Life Sci 848:28–39.
[153] Committee for Proprietary Medicinal Products Ad Hoc Working Party on Biotechnology/Pharmacy Working Party on Safety Medicines, Committee for Proprietary Medicin. 1991. EEC regulatory document. Note for guidance: validation of virus removal and inactivation procedures. Biologicals 19:247–251.
[154] Wood DJ, Minor PD. 1990. Meeting report: use of diploid cells in production. Biologicals 18:143–146.
[155] Nims RW, Shoemaker AP, Bauernschub MA, Rec LJ, Harbell JW. 1998. Sensitivity of isoenzyme analysis for the detection of interspecies cell line cross-contamination. In Vitro Cell Dev Biol Anim 34:35–39.
[156] Hebert PDN, Ratnasingham S, deWaard JR. 2003. Barcoding animal life: cytochrome c oxidase subunit 1 divergences among closely related species. Proc Biol Sci 270(Suppl 1):S96–S99.
[157] Hebert PDN, Cywinska A, Ball SL, deWaard JR. 2003. Biological identifications through DNA barcodes. Proc Biol Sci 270: 313–321.
[158] Chen TC. 1998. Identity testing, authentication, karyology, p. 9A:1.1–9A:1.20. In Doyle A, Griffiths JB, Newell DG (ed.), Cell & Tissue Culture: Laboratory Procedures. John Wiley & Sons, Ltd., Chichester, United Kingdom.
[159] Vassart G, Georges M, Monsieur R, Brocas H, Lequarre AS, Christophe D. 1987. A sequence in M13 phage detects hypervariable minisatellites in human and animal DNA. Science 235: 683–684.
[160] Jeffreys AJ, Wilson V, Thein SL. 1985. Hypervariable 'minisatellite' regions in human DNA. Nature 314:67–73.
[161] Jeffreys AJ, Wilson V, Thein SL. 1985. Individual-specific 'fingerprints' of human DNA. Nature 316:76–79.
[162] Stacey GN, Bolton BJ, Doyle A. 1991. The quality control of cell banks using DNA fingerprinting. EXS 58:361–370.
[163] Webb MB, Debenham PG. 1992. Cell line characterisation by DNA fingerprinting; a review. Dev Biol Stand 76:39–42.
[164] Gilbert DA, Reid YA, Gail MH, Pee D, White C, Hay RJ, O'Brien SJ. 1990. Application of DNA fingerprints for cell-line individualization. Am J Hum Genet 47:499–514.

[165] Lessa EP, Applebaum G. 1993. Screening techniques for detecting allelic variation in DNA sequences. Mol Ecol 2:119–129.

[166] Stacey GN, Hoelzl H, Stephenson JR, Doyle A. 1997. Authentication of animal cell cultures by direct visualization of repetitive DNA, aldolase gene PCR and isoenzyme analysis. Biologicals 25:75–85.

[167] Tarelli E. 2007. Glycosylation of medicinal products, p 479–490. In Stacey G, Davis J (ed), Medicines from Animal Cells. John Wiley & Sons, Chichester, United Kingdom.

[168] Ghaderi D, Zhang M, Hurtado-Ziola N, Varki A. 2012. Production platforms for biotherapeutic glycoproteins. Occurrence, impact, and challenges of non-human sialylation. Biotechnol Genet Eng Rev 28:147–175.

[169] International Conference on Harmonisation. 1999. ICH harmonised tripartite guideline: viral safety evaluation of biotechnology products derived from cell lines of human or animal origin Q5A(R1) Current Step 4 version dated 23 September. http://www.ich.org / products/guidelines/quality/article/quality-guide lines.html.

[170] Moda F, Gambetti P, Notari S, Concha-Marambio L, Catania M, Park K-W, Maderna E, Suardi S, Haïk S, Brandel J-P, Ironside J, Knight R, Tagliavini F, Soto C. 2014. Prions in the urine of patients with variant Creutzfeldt-Jakob disease. N Engl J Med 371:530–539.

[171] Uryvaev LV, Dedova AV, Dedova LV, Ionova KS, Parasjuk NA, Selivanova TK, Bunkova NI, Gushina EA, Grebennikova TV, Podchernjaeva RJ. 2012. Contamination of cell cultures with bovine viral diarrhea virus (BVDV). Bull Exp Biol Med 153:77–81.

[172] Vilček S, Herring AJ, Herring JA, Nettleton PF, Lowings JP, Paton DJ. 1994. Pestiviruses isolated from pigs, cattle and sheep can be allocated into at least three genogroups using polymerase chain reaction and restriction endonuclease analysis. Arch Virol 136:309–323.

[173] Marcus-Sekura C, Richardson JC, Harston RK, Sane N, Sheets RL. 2011. Evaluation of the human host range of bovine and porcine viruses that may contaminate bovine serum and porcine trypsin used in the manufacture of biological products. Biologicals 39:359–369.

[174] Pyra H, Böni J, Schüpbach J. 1994. Ultrasensitive retrovirus detection by a reverse transcriptase assay based on product enhancement. Proc Natl Acad Sci USA 91:1544–1548.

[175] Lovatt A, Black J, Galbraith D, Doherty I, Moran MW, Shepherd AJ, Griffen A, Bailey A, Wilson N, Smith KT. 1999. High throughput detection of retrovirus-associated reverse transcriptase using an improved fluorescent product enhanced reverse transcriptase assay and its comparison to conventional detection methods. J Virol Methods 82:185–200.

[176] Victoria JG, Wang C, Jones MS, Jaing C, McLoughlin K, Gardner S, Delwart EL. 2010. Viral nucleic acids in live-attenuated vaccines: detection of minority variants and an adventitious virus. J Virol 84:6033–6040.

[177] Poiley JA, Bierley ST, Hillesund T, Nelson RE, Monticello TM, Raineri R. 1994. Methods for estimating retroviral burden. Biopharm Manuf 7:32–35.

[178] Goldsmith CS, Miller SE. 2009. Modern uses of electron microscopy for detection of viruses. Clin Microbiol Rev 22:552–563.

[179] Hendricks LC, Jordan J, Yang TY, Driesprong P, Haan GJ, Viebahn M, Mikosch T, Van Drunen H, Lubiniecki AS. 2010. Apparent virus contamination in biopharmaceutical product at centocor. PDA J Pharm Sci Technol 64:471–480.

[180] Sheu J, Klassen H, Bauer G. 2014. Cellular manufacturing for clinical applications. Dev Ophthalmol 53:178–188.

[181] U.S. Food and Drug Administration. 2008. Guidance for FDA Reviewers and Sponsors: Content and Review of Chemistry, Manufacturing, and Control (CMC): Information for Human Somatic Cell Therapy Investigational New Drug Applications (INDs). http://www. fda. gov/BiologicsBloodVaccines/GuidanceComplian ceRegulatoryInformation/Guidances/Xenotransplant.

[182] Griffiths B. 1991. Products from animal cells, p 207–235. In Butler M (ed), Mammalian Cell Biotechnology: A Practical Approach. IRL Press, Oxford, United Kingdom.

[183] Butler M. 1991. The characteristics and growth of cultured cells, p 1–25. In Butler M (ed), Mammalian Cell Biotechnology: A Practical Approach. IRL Press, Oxford, United Kingdom.

[184] Widholm JM. 1972. The use of fluorescein diacetate and phenosafranine for determining viability of cultured plant cells. Stain Technol 47:189–194.

[185] Mosmann T. 1983. Rapid colorimetric assay for cellular growth and survival: application to proliferation and cytotoxicity assays. J Immunol Methods 65:55–63.

[186] Bulychev A, Trouet A, Tulkens P. 1978. Uptake and intracellular distribution of neutral red in cultured fibroblasts. Exp Cell Res 115:343–355.

[187] European Parliament and Council of the European Union. 2007. Regulation (EC) No 1394/2007 of the European Parliament and of the Council of 13 November 2007 on advanced therapy medicinal products and amending. Directive 2001/83/EC and regulation (EC) no 726/2004 (text with EEA relevance). J European Union 324:121–137. http://eur-lex. europa. eu/LexUriServ /LexUriServ. do? uri=OJ:L :2007:324:0121:0137:en:PDF.

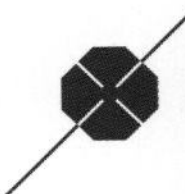

[188] Stacey GN. 2007. Risk assessment of cell culture procedures, p 569–588. In Stacey GN, Davis JM (ed), Medicines from Animal Cells. J Wiley & Sons, Chichester, United Kingdom.

[189] European Pharmacopoeia. 2014. 5.2.12 Raw materials for the production of cell-based and gene therapy medicinal products (PA/PH/Exp. RCG/T (14) 5 ANP). Pharmeuropa 2014, 26.4 (October 1, 2014).

[190] Ministry of Health, Labour and Welfare. 2014. Notification No. 375 Standard for biological ingredients. http://www.pmda.go.jp/operations/shonin/info/saisei-iryou/pdf/H260926-kijun.pdf.

[191] U.S. Pharmacopeia. 2014. Chapter 1043: Ancillary materials for cell, gene and tissue-engineered products. http://www.pharmacopeia.cn/v29240/usp29nf24s0_c1043.html.

15

动物过敏原和生物系统

WANDA PHIPATANAKUL AND ROBERT A. WOOD

引言

由实验室动物引起的过敏是一种重要的职业危害，其通常会对从事饲养和实验室动物研究的人员产生健康影响。在美国研究或工业机构中，直接接触动物的人员至少有90 000人，也有人估计为40 000～12.50 000人[1，2]。经常接触皮毛动物的人员往往对这些动物很敏感，这种敏感导致实验室动物过敏（laboratory animal allergy，LAA）在从事动物相关工作的人员中高发。横断面研究显示，与实验室动物接触的人员中高达44%出现与工作相关的症状[3，4]，兽医也是出现这种过敏症的高风险人群[5]。在这些有症状的人员中，多达25%的人最终可能会患上职业性哮喘，并且即使停止动物暴露，症状也会持续存在[6]。这种高患病率主要产生医学和经济两方面影响，一方面，当员工患上LAA时，往往会致病，严重者甚至会被迫改变职业。另一方面，还可能导致生产力降低，增加其他人员的工作量，同时增加雇主在医疗和补偿方面的支出。研究表明，由于对动物过敏及其防护意识增强和监管力度的加大，实际上在过去25年里，职业性哮喘的发病率有所下降[7]，但近期的研究表明仍有必要加强相关方面的重视[8]。人们对于LAA的临床特点、病因学、病理生理学、治疗方法和相应预防措施的认知，对降低这种重要职业危害在健康和经济方面的影响均有着至关重要的作用。

发病机制、临床症状和诊断

与大多数环境过敏反应一样，LAA的症状因过敏原接触皮肤或呼吸道黏膜而引发，随着过敏原反复暴露，敏感的个体会产生针对特定过敏原的免疫球蛋白E（IgE）抗体，当再次接触过敏原时就会导致表面带有IgE的肥大细胞和嗜碱性粒细胞脱颗粒并释放多种化学介质，如组胺、白三烯和激肽，这些介质引起黏液产生、水肿和炎症，进而导致过敏临床症状的产生。患者出现上述症状并对特定过敏原产生IgE的现象被称作过变态反应或过敏症。

变态反应通常发生在动物机构工作的前3年内，危险因素包括个人或家族性过敏史、预存过敏、高频率职业性过敏原暴露和环境烟草烟雾暴露[1]。LAA发生过程中最重要的危险因素是实验动物过敏原的暴露水平。现已开发出定量评估过敏原暴露水平的方法[9-12]，用这些方法进行的研究表明，过敏原暴露水平与症状的发生和严重程度呈正相关[13，14]。目前存在的问题是，对实验室外过敏原过敏的个体是否更容易患上LAA？大多数已报道的研究表明，其确实是一个重要的危险因素[2，15，16]。通过对个体易感性的细致检查和多种客观方法的应用，可对工作环境的风险进行预测。

LAA的表现可以从轻微的皮疹到严重的哮喘等，但总体而言，最常见的症状是过敏性鼻炎，症状包括鼻塞、流鼻涕、打喷嚏和眼睛发痒、流泪。据报道，多达80%的LAA患者有这些症状，大约40%的患者会出现皮肤反应，包括接触性荨麻疹或慢性瘙痒性湿疹。最终，某些个体会在接触这些过敏原时出现与哮喘相关的呼吸道症状，如喘息、咳嗽和胸闷，敏感个体中哮喘的发生率达20%～30%，有时甚至引起更严重致命性的过敏性休克。与其他形式的暴露相比，动物咬伤造成过敏性休克的风险最大，尽管这种情况并不常见[2，16，17]。

对疑似LAA可通过皮肤试验或放射变应原吸附剂试验（radioallergosorbenttests，RASTs）检测特异性过敏原的IgE抗体进行确诊。皮肤试验法通常采用点刺的方法，即将过敏原提取物（如动物皮毛）滴于皮肤表面，再用点刺针或者其他装置刺入皮肤表层，如果患者对该物质过敏，皮肤肥大细胞表面的IgE抗体会与过敏原结合并导致介质释放，造成小型皮疹和周围泛红的风疹形成。10～15 min后，测量皮疹或风疹的大小，并与组胺阳性对照和盐水阴性对照进行比较，确定过敏程度。ImmunoCAP检测是体外检测过敏原特异性IgE的一种方法，其通常与皮肤测试结果相匹配。皮肤试验和过敏原特异性ImmunoCAP测试可单独使用，也可联合应用。此外，医生还可以利用诸如肺功能测试或乙酰甲胆碱激发试验等测试来评估是否患有哮喘。如需要干预，还有其他检测方法可供参考，如鼻灌洗、痰诱导、鼻声反射测量等[18]。通过查看临床病史并结合适当的检测，可以确定哪些人可能已经患有LAA，或者将来患LAA的风险较高。

病因

过敏原

大多数实验室动物过敏原已被鉴别和定性（表15-1）[6]。最常引起LAA的动物是大鼠和小鼠，主要是因为这些动物比其他动物在实验中使用得更频繁，而不是因为其他动物不易致敏。

目前已经鉴别出3种小鼠过敏原：小鼠尿蛋白1（Mus m1或MUP）、Mus m2和白蛋白。Mus m1分子量为19 kDa，在肝细胞中产生，存在于毛囊、皮屑和尿液中，由于此过敏原的基因表达依赖于睾酮，因此雄性小鼠的含量比雌性高4倍。Mus m2是一种分子量为16 kDa的糖蛋白，存在于头发和皮屑中，但不存在于尿液中。第三种过敏原是白蛋白，约30%对鼠敏感的个体对其过敏[19-22]。此外，最近的研究发现，在小鼠的研究设施中存在小鼠和内毒素共同暴露的情况[23，24]，这表明过敏原多重暴露对LAA的诱发可能很重要。

大鼠尿液、唾液和毛皮中已经鉴别出两种过敏原Rat n 1A和Rat n 1B，分子量分别为20～21 kDa和16～17 kDa。两者均为α2u-球蛋白的突变体，并且存在于毛发、皮屑、尿液和唾液中。Rat n 1B在肝脏中产生，且具有雄激素依赖性，其也可以在唾液腺、乳腺和其他外分泌腺中产生[12]。与小鼠一样，大约24%的大鼠敏感个体对大鼠白蛋白过敏[10，25-27]。最近有人提出对大鼠和小鼠过敏原双重致敏可能与分子之间的交叉反应有关[28]。

在豚鼠的尿液、毛发和皮屑中发现了两种过敏原，分别称为Cav p1和Cav p2[29]。尽管兔子的过敏原特征尚未得到很好的研究，但有两种已被确认，即Ory c1和Ory c2。Ory c1分子量为17～18

kDa，存在于唾液、尿液和皮屑中，Ory c2存在于头发、皮屑和尿液中[30]。最近研究发现，这些过敏原属于载脂蛋白，与小鼠和大鼠过敏原属于相同的蛋白质家族[26]。

表格 15-1 实验室动物过敏原

动物	过敏原	分子量（kDa）	来源
小鼠（小家鼠）	Mus m1（白蛋白前体）	19	头发、皮屑、尿液
Lipocalin 家族	Mus m2	16	头发、皮屑
	白蛋白		血清
大鼠（褐家鼠）	大鼠 n 1A / 大鼠 n 1 B	16 ~ 21	头发、皮屑、尿液，唾液
Lipocalin 家族	（α2u- 球蛋白）		
豚鼠（Cavia porcellus）	Cav p1		头发、皮屑、尿液
Lipocalin 家族	Cav p2		头发、皮屑、尿液
兔（穴兔）	Ory c1	17 ~ 18	尿、皮屑、唾液
Lipocalin 家族	Ory c2		头发、皮屑、尿液
猫（家猫）	Fel d1	38	头发、皮屑、唾液
	白蛋白		血清
狗（犬科）	Can f1	25	头发、皮屑、唾液
	白蛋白		血清
牛（家牛）	Bos d2		头发、皮屑、唾液
马（）	Equ c1	22	头发、皮屑、唾液
	Equ c2	16	
	Equ c4	18.7	
	Equ c5	16.7	

虽然猫和狗更常被当作家养宠物而不是实验室动物，但它们也常被用作实验室动物[31]。目前已经鉴定出12种猫致敏蛋白，其中最常见过敏原为Fel d1[32, 33]，是一种分子量为38 kDa的四聚体多肽。它存在于猫的皮肤和唾液中，雄性比雌性产生更多的这种过敏原[33]。狗最重要的过敏原是Can f1，存在于毛发、皮屑和唾液中，分子量为25 kDa。狗白蛋白也被认为是一种独特的过敏原[34]。

实验室使用的其他动物，还包括沙鼠、仓鼠、兔子、牛和绵羊，也可偶尔引起变态反应。一些来自这些物种的主要过敏原，如牛过敏原（Bos d2），已被鉴定为脂质运载蛋白（lipocalin）家族的成员[35, 36]，马的主要过敏原Equ c1也被认为来自该蛋白家族[37]。物种特异性数据表明，暴露于兔子后过敏症状的发生率较高，因为兔子会脱落更多皮毛且有喷洒尿液的习性[3, 38]。

尽管灵长类动物被用于研究，但很少有过敏病例的记录，曾有对灌丛婴猴（婴猴）和棉顶绒猴过敏的报道，发现在皮屑中存在过敏原[39]。

环境分布

许多过敏原的空气动力学和环境特性已经研究得很清楚。啮齿类动物过敏原的颗粒大小范围很广，大小颗粒都可以在整个建筑中迁移。例如，先前的研究已证实在动物设施的公共区域存在过敏原，并发现与动物设施连接但室内并没有小鼠的房间也可检测到相同的过敏原，过敏原颗粒大小范围为0.4 ~ 3.3 μm[40]。有独立的通风但不与小鼠饲养设施连接的区域，如自助餐厅内，过敏原大部分都大于10 μm[40, 41]，表明动物过敏原可以从动物设施中被携带到相当远的距离。

空气传播的大鼠过敏原依附在1 ~ 20 μm的颗粒上，大部分颗粒小于7 μm，这些过敏原可在空气中停留60 min或更长时间。对不同情况下过敏原水平的研究显示，暴露水平主要取决于人为活动，暴露最多的是从事笼具更换、房间清洁和动物饲养的人员[13]，而且随着动物密度的增加和相对湿度的降低，过敏原水平也会增加[25，42，43]。

对于其他实验室动物过敏原知之甚少。有研究用RAST抑制实验检测豚鼠的过敏原，发现在直径小于0.8 μm的颗粒上过敏原含量比较高，并在空气中停留的时间较长[11，44]。

猫和狗过敏原在家庭环境中得到充分证实，猫过敏原已经被很好地表征，并显示主要存在于直径为1～20 μm的颗粒上，其中15%的过敏原存在于直径小于5 μm的颗粒上[45]。相对于猫过敏原，对狗过敏原知之甚少，但它似乎与猫过敏原的分布很相似，约有20%的空气传播过敏原由小颗粒携带[31，46]。

目前尚不清楚暴露到何种程度才会引起症状，有关空气传播过敏原水平的临床相关性也仅有大鼠和猫的数据。一项研究显示，引起鼻部症状的大鼠过敏原浓度范围为1.5～310 ng/m^3[47]。在后续研究中进一步发现存在一定的剂量反应关系，即暴露剂量水平越高，表现出的症状越严重。尽管反应差别很大，但是仍然无法确定“安全”的暴露水平[13]。同样，目前仍无法确定猫过敏原能够引起临床症状的最低剂量[48-50]。

危险因素的预防和干预

个体易感性

预防的第一步是确定哪些人员可能更容易受到LAA的影响，通过简单的问卷调查等筛查评估，有助于识别LAA或哮喘的高风险的人群，那些暴露于实验室动物之前已患过敏或哮喘的，毫无疑问有LAA的高风险[4，51]。研究还表明，LAA具有基因易感性，有哮喘或过敏家族史的人群是LAA高风险人群[52，53]，对家养宠物和烟草烟雾过敏也是重要的危险因素[12，52]。这些初步评估不能作为依据拒绝就业录用，但有助于岗位分配，例如，尽量安排与实验室动物过敏原接触较少的工作。附录A列举了一个可行的筛查问卷[17]。

对问卷评估筛查出的高危人群，可以通过检测动物或其他过敏原特定IgE抗体来进一步确认，测试结果也可以作为潜在LAA高危人群的基线数据。通过临床病史和客观检测确定的易感个体，可以通过适当的培训和干预来实施相关预防策略。作为医疗监护的一部分，可以每年或每半年进行一次问卷调查（附录A），如果工人开始出现LAA的症状和体征，则需要进一步评估[4]。

暴露等级

流行病学研究表明，动物过敏原暴露越多，越有可能变得敏感，进而出现与之相关的病症[55，56]。与那些不直接接触动物的人相比，动物饲养员和实验动物研究人员更容易出现过敏症状[14，27]。因此，在评估风险和实施预防措施时，确定高暴露量的人群非常重要。

不同岗位的暴露于动物过敏原的程度有很大不同，暴露最多的通常发生在负责笼具清洁和动物喂养的人员，其次是实验动物的使用者，一般为进行日常操作技术人员、学生和研究人员，这些人的暴露是间歇性的，因此暴露程度相对较低。而秘书和行政人员几乎没有暴露的机会，他们与动物没有直接接触。就具体的工作内容来看，清洁笼具或管理活跃动物这类工作，过敏原的暴露量要高[57]。研究表明，敏感人员的炎症反应与空气中的过敏原浓度有关，而清理有活动物的笼具比清理空笼具更容易出现病症[13，47]。

另一个有趣的观察结果是，即使那些没有与动物直接接触的人也会出现与动物过敏有关的症状。一项研究显示，在与动物没有直接接触的人员中有56%的出现了相关的症状[13，47，58，59]。并

且，尽管直接职业性暴露表现出过敏症状比间接暴露更严重，但最近的几项研究表明，间接暴露引起的变态反应（过敏反应）与直接暴露导致变态反应的风险相同[60-62]。这表明在动物环境中，不管何种形式的暴露都可能诱发疾病。

近年来，开展了免疫标记物与职业性动物过敏症发病机制的研究，发现在大鼠职业性过敏者中，发生变态反应时，细胞会释放白细胞介素4（interleukin-4，IL-4），但非特异性的IL-10和γ-干扰素（IFN-γ）未显示出保护性作用[63]。另有文献表明小鼠过敏原免疫球蛋白G（IgG，非IgE）抗体可作为临床耐受性的标记[64]。此外，随着日后人们对过敏原暴露和免疫监视的深入的了解，某些基因–环境标志物可能帮助我们判断哪些人群具有患病风险，以及哪些干预措施可以预防和减少过敏症的发生。

监督和监测

在通过初步筛查和检测确定高发病风险的人员，以及通过岗位分析确定高暴露风险人群后，每年还要做例行的监督和监测，这可以通过包括年度调查问卷、记录员工异常疾病、向职业健康人员报告过敏症状等多种方法来实施，如果有必要的话，还可以进一步进行皮肤试验、过敏原特异性IgE检测和肺功能测试进行辅助诊断。多重过敏原监测的新技术，可以通过批量试验确定与实验室动物过敏有关的常见暴露过敏原的敏感性，进而改善预测过敏原的能力[66]。

健康监测可以保护人员的健康，有助对控制措施的评估。可以参照欧盟的指南[67]，建立一套基于风险的减少过敏原暴露的方法，其中自我症状报告可作为基本措施[3，68]。为了提高问卷调查有效性，目前正在对更新更复杂的诊断模式进行评估。早期发现就可以尽早实施预防措施，其中包括缩短暴露时间、暂停高危岗位的工作、使用呼吸保护装置和其他个人防护设备、尽可能使用安全柜等，增加定期监测，以评估保护措施的有效性，监测疾病的进展，并定期评估以确定是否适合继续从事该工作[4，70，71]。

设施设计及设备

重视馆舍的建筑设计和设备配置有助于减少LAA的发生。过敏原载量取决于过敏原的产生和空气中去除的速率，这些均受到动物密度和通风的影响。为了在实验室动物密集的区域大幅减少过敏原暴露，就必须减少工作人员与过敏原的接触。可以通过使用有效的呼吸保护装置，合理的建筑和通风设计、适当的工作流程和穿戴个人防护装备等方法实现这一目标。

在设计方面，将实验室动物室与研究设施的其余部分进行物理隔离有可能减少过敏原的暴露和扩散，然而如上所述，由于过敏原的空气传播特性和隔离设计的实际局限性，使得这种设计实行起来非常困难甚至不可能。不过通过合理的建筑通风设计同样也可减少空气中的过敏原，尽管这种方法的临床相关性尚需研究证实。通风系统应允许足够的新风，并对气流进行过滤，以保持过敏原水平尽可能低，走廊的负压对于降低过敏原也有帮助[52]。当工人不直接操作动物时，也应该注意减少过敏原暴露，相关工作区域应提供充足的清洗和淋浴设施。此外，更衣室应配置通风储物柜以减少个人衣物的污染，在直接接触动物时，经常更换衣服可有助于减少过敏原的暴露[72]。最近的研究还建议使用笼具帘控制动物室中的过敏原，以防止过敏原从笼具中向外传播[73]。

个人防护可分为两类：一类为个人卫生的一般防护，如洗手和淋浴；另一类为特定设备，如口罩、工作服、手套和鞋套。许多单位要求工作人员在接触动物时穿戴特殊的服装以防止微生物污染，防护服包括隔离衣帽、面罩、手套和鞋套。此外，衣物应进行适当的消洗处理，或使用一次性防护服，以避免进一步污染其他衣物[72]。保护装置还包括通风面罩和头盔，但头盔庞大笨重，而一次性口罩只要质量足够好，是减少空气传播过敏原暴露更实用的方法[74]。

最后，应该规划好工作流程以便将过敏原污染保持在最低限度，目的在于防止过敏原扩散到邻近区域，如走廊，办公室和饮食区。笼具清空应在具有专用设备的单独清洁区域进行。

在转运污染的笼具前，应该打扫干净并用布或者塑料覆盖。此外，动物室应通过除尘和经常清洗来保持洁净，笼具里脏污的垫料和废弃物处置容器应该清空并且认真清洗。最近一项评价10年LAA预防计划的研究显示，通过这些措施的实施，原发性LAA的年发病率在前5年从3.6%降至0%，后5年的发病率也没有超过1.2%[75]。这表明，监测和预防策略可以非常有效地减少LAA的发生率。表15-2总结了这些预防和干预措施，并讨论了每种措施的优缺点[17]。

表 15-2 预防和干预措施

方法	用途	优点	缺点
Ⅰ. 筛查和监督程序			
1. 问卷调查	确定有无与非工作相关的过敏性疾病 确定先前存在实验室动物致敏	便宜	自我报告的准确性低
2. 针对实验室动物和其他过敏原的特定 IgE 抗体的皮肤试验或血清学检测	确定是否存在非工作相关的致敏； 判断是否存在实验室动物过敏	能够确定致敏或症状与职业的关系；早期确认过敏	费用高；适用性差；侵袭性
3. 肺功能测试［呼气高峰流量（PEFR），肺活量测定］	评估气道功能 检测可逆性气道阻塞（哮喘）的存在 正在使用有效呼吸防护设备的患者	早期诊断哮喘	费用高；适用性差
Ⅱ. 设施设计和设备			
1. 通风系统（HEPA 过滤器）	减少空气中的含量	有效，但不能预防或减轻症状	费用昂贵
2. 通风笼 / 支架系统	降低空气中的过敏原水平	有效，但不能预防或减轻症状	较昂贵
3. 增加室内湿度	降低空气中的过敏原水平	便宜；但不能预防或减轻症状	人和动物可能无法耐受
4. 笼具杂物清理工作站	降低空气中的过敏原水平	相对便宜	可能无法完全消除高水平暴露
Ⅲ. 工作实践			
1. 培训计划	提高工作人员风险意识	费用低	耗时
2. 工作分配	减少高危人群的暴露	费用低	有效性待证实
Ⅳ. 个人呼吸防护设备			
1. 呼吸防护装备	减少空气中的过敏原暴露	高效呼吸器可以有效减轻症状	需要工作人员积极佩戴；需要医疗监督
Ⅴ. 动物过敏工人的评估			
1. 安排内科医生诊治	正确诊断和治疗过敏个体	改善员工健康	需要经验丰富的内科医生
Ⅵ. 应急措施			
1. 自我注射肾上腺素	防止严重变态反应	可能挽救生命	

预防

根据监督和监测的要求，预防措施是关键。最近的一项关于提高认识和预防相关的监测研究显示，因工作资历不同，工作人员对实验动物的敏感性不同，总体介于11.8%和14.8%之间。其中16人（5%）患有哮喘，25人（7.9%）患有鼻炎[76]。研究还显示，在采取了减少动物暴露的预防措施后，对实验室动物的致敏程度和过敏症状均有所改善，但仍需要改进预防措施，以完全避免学生和工作人员出现LAA。对于暴露少于5年的人员，佩戴防护性呼吸设备的策略可以降低过敏发生率，这表明早期识别风险和减少接触有助于预防过敏[77]。

动物过敏原

当工作人员被怀疑对动物过敏时，应及时给予干预，包括咨询相关专家，以便能够做出准确诊断并进行适当的治疗。对于疑似动物过敏的诊断，主要依据暴露史和相关的临床症状，但确诊往往需要通过特定的测试，如皮肤测试或过敏原特异性ImmunoCAP测试，以确定患者是否具有针对过敏原的IgE抗体。

用于LAA诊断的这些检测方法还存在一定的局限性，这就是缺乏标准化过敏原提取物。虽然有许多标准化的过敏原提取物，但迄今为止，唯一标准化的动物提取物是针对猫。然而，最近的研究表明，确定实验室工作人员对小鼠是否过敏，可采用皮肤针刺试验和特异性IgE检测，并取得令人鼓舞的结果[78]。因此，对实验人员的LAA的准确诊断，需结合临床病史、皮肤测试和RAST。当对实验动物过敏原进行皮肤测试时，无论受试者是否意识到暴露于何种动物，合理的做法是用几种不同动物的提取物进行测试，如大鼠、小鼠、豚鼠、仓鼠、沙鼠和兔子的提取物。

如果怀疑是LAA导致的哮喘，在工作场所内外通过连续尖峰呼吸流速表或肺活量测定仪测试肺功能，可能有助于确定病和进行症状管理。也可以测定工作人员连续呼出的一氧化氮（用于评估哮喘研究的炎症指标）来帮助判定[79]。最近的研究也一直在评估极高暴露的作用，以及IgG和IgG_4抗体在耐受者中的变化情况。结果提示，高剂量免疫治疗可能有助于在最高暴露级别时降低风险[80]，尽管其机制研究的结果并非完全一致[81]。

理想情况下，LAA的医疗管理应该从减少暴露开始，使用适当的过敏和哮喘药物控制症状。然而，即使降低了对过敏原暴露水平，高度敏感个体的症状仍然持续存在，因此，对于高过敏个体而言，可能需要绝对完全地避免动物过敏原暴露。

免疫疗法，或称脱敏疗法，是通过皮下注射过敏原致使对过敏原耐受性增加的一种治疗方法。这种治疗方法已经在猫、狗等动物身上进行了研究并取得了不同程度的成功，但其似乎更适用于间歇性暴露而非长期暴露的实验室人员。虽然偶尔采用免疫疗法控制症状，但实际上这种方法的疗效尚没有充分证据[2]。另外，如果出现持续性过敏反应甚至进展性肺功能损害，不管是否存在过敏，都要引起足够的重视[82]。

应急措施

有时，由于动物咬伤或者由动物过敏原污染的针刺伤而引起的过敏反应可能会危及生命[83]，由于这些反应的迅速发展和潜在的致命后果，医生可能会建议工作人员携带一种名为肾上腺素的药物（如Epi-Pen或Ana-Kit），紧急情况下可以挽救生命。在这种情况下，同事们学会心肺复苏之类的急救措施非常重要。

结论

本章介绍的LAA是一种常见而重要的职业危害，LAA的症状轻重不一，从轻微的皮疹到严重的哮喘。大部分过敏原已经被鉴别和纯化，致敏的风险常发生在从事动物相关工作的前3年。危险因素包括个人或家族性过敏史、其他非工作相关的过敏史和过度暴露。过敏原可以依附于空气中的小颗粒并能在空气中长时间停留。最常见的暴露途径是吸入，其次是皮肤和眼睛暴露。某些工作岗位的暴露水平较高，这可能使易感个体产生变态反应并出现症状。开展岗前筛查、持续监测和干预，对于控制这种职业危害非常重要，减少暴露是预防和治疗的主要方法。一旦出现症状时，必须进行适当的干预和管理，有时可能需要将患病的工作人员调离暴露岗位，并由职业卫生专业人员进行治疗和管理。希望通过本章对LAA的病因、病理生理、预防和管理的了解，能有助于必要干预措施的落实，从而控制和预防该病。

原著参考文献

[1] Acton D, McCauley L. 2007. Laboratory animal allergy: an occupational hazard. AAOHN J 55:241–244.
[2] Bush RK. 2001. Mechanism and epidemiology of laboratory animal allergy. ILAR J 42:4–11.
[3] Elliott L, Heederik D, Marshall S, Peden D, Loomis D. 2005. Progression of self-reported symptoms in laboratory animal allergy. J Allergy Clin Immunol 116:127–132.
[4] Seward JP. 2001. Medical surveillance of allergy in laboratory animal handlers. ILAR J 42:47–54. Review. 29 refs.
[5] Moghtaderi M, Farjadian S, Abbaszadeh Hasiri M. 2014. Animal allergen sensitization in veterinarians and laboratory animal workers. Occup Med (Lond) 64:516–520.
[6] Bush RK, Stave GM. 2003. Laboratory animal allergy: an update. ILAR J 44:28–51.
[7] Folletti I, Forcina A, Marabini A, Bussetti A, Siracusa A. 2008. Have the prevalence and incidence of occupational asthma and rhinitis because of laboratory animals declined in the last 25 years? Allergy 63:834–841.
[8] Muzembo BA, Eitoku M, Inaoka Y, Oogiku M, Kawakubo M, Tai R, Takechi M, Hirabayashi K, Yoshida N, Ngatu NR, Hirota R, Sandjaya B, Suganuma N. 2014. Prevalence of occupational allergy in medical researchers exposed to laboratory animals. Ind Health 52:256–261.
[9] Edwards RG, Beeson MF, Dewdney JM. 1983. Laboratory animal allergy: the measurement of airborne urinary allergens and the effects of different environmental conditions. Lab Anim 17:235–239.
[10] Cullinan P, Cook A, Gordon S, Nieuwenhuijsen MJ, Tee RD, Venables KM, McDonald JC, Newman Taylor AJ. 1999. Allergen exposure, atopy and smoking as determinants of allergy to rats in a cohort of laboratory employees. Eur Respir J 13:1139–1143.
[11] Harrison DJ. 2001. Controlling exposure to laboratory animal allergens. ILAR J 42:17–36.
[12] Gordon S. 2001. Laboratory animal allergy: a British perspective on a global problem. ILAR J 42:37–46.
[13] Eggleston PA, Ansari AA, Adkinson NF Jr, Wood RA. 1995. Environmental challenge studies in laboratory animal allergy. Effect of different airborne allergen concentrations. Am J Respir Crit Care Med 151:640–646.
[14] Hollander A, Van Run P, Spithoven J, Heederik D, Doekes G. 1997. Exposure of laboratory animal workers to airborne rat and mouse urinary allergens. Clin Exp Allergy 27:617–626.
[15] Wolfle TL, Bush RK. 2001. The science and pervasiveness of laboratory animal allergy. ILAR J 42:1–3.
[16] Bush RK. 2001. Assessment and treatment of laboratory animal allergy. ILAR J 42:55–64.
[17] Bush RK, Wood RA, Eggleston PA. 1998. Laboratory animal allergy. J Allergy Clin Immunol 102:99–112.
[18] Nguyen SB, Castano R, Labrecque M. 2012. Integrated approach to diagnosis of associated occupational asthma and rhinitis. Can Respir J 19:385–387.
[19] Schumacher MJ. 1980. Characterization of allergens from urine and pelts of laboratory mice. Mol Immunol 17:1087–1095.
[20] Schumacher MJ. 1987. Clinically relevant allergens from laboratory and domestic small animals. N Engl Reg Allergy Proc 8: 225–231.
[21] Longbottom JL, Price JA. 1987. Allergy to laboratory animals: characterization and source of two major mouse allergens, Ag 1 and Ag 3. Int Arch Allergy Appl Immunol 82:450–452.
[22] Phipatanakul W. 2002. Rodent allergens. Curr Allergy Asthma Rep 2:412–416.

[23] Pacheco KA, McCammon C, Thorne PS, O'Neill ME, Liu AH, Martyny JW, Vandyke M, Newman LS, Rose CS. 2006. Characterization of endotoxin and mouse allergen exposures in mouse facilities and research laboratories. Ann Occup Hyg 50:563–572.

[24] Park JH, Gold DR, Spiegelman DL, Burge HA, Milton DK. 2001. House dust endotoxin and wheeze in the first year of life. Am J Respir Crit Care Med 163:322–328. comment.

[25] Gordon S, Fisher SW, Raymond RH. 2001. Elimination of mouse allergens in the working environment: assessment of individually ventilated cage systems and ventilated cabinets in the containment of mouse allergens. J Allergy Clin Immunol 108:288–294.

[26] Baker J, Berry A, Boscato LM, Gordon S, Walsh BJ, Stuart MC. 2001. Identification of some rabbit allergens as lipocalins. Clin Exp Allergy 31:303–312.

[27] Hollander A, Heederik D, Doekes G. 1997. Respiratory allergy to rats: exposure-response relationships in laboratory animal workers. Am J Respir Crit Care Med 155:562–567.

[28] Jeal H, Harris J, Draper A, Newman Taylor A, Cullinan P, Jones M. 2009. Dual sensitization to rat and mouse urinary allergens reflects cross-reactive molecules rather than atopy. Allergy 64:855–861.

[29] Walls AF, Newman Taylor AJ, Longbottom JL. 1985. Allergy to guinea pigs: II Identification of specific allergens in guinea pig dust by crossed radio-immunoelectrophoresis and investigation of the possible origin. Clin Allergy 15:535–546.

[30] Warner JA, Longbottom JL. 1991. Allergy to rabbits. III. Further identification and characterisation of rabbit allergens. Allergy 46:481–491.

[31] Phipatanakul W. 2001. Animal allergens and their control. Curr Allergy Asthma Rep 1:461–465.

[32] Chapman MD, Aalberse RC, Brown MJ, Platts-Mills TA. 1988. Monoclonal antibodies to the major feline allergen Fel d I. II. Single step affi nity purification of Fel d I, N-terminal sequence analysis, and development of a sensitive two-site immunoassay to assess Fel d I exposure. J Immunol 140:812–818.

[33] Anderson MC, Baer H, Ohman JL Jr. 1985. A comparative study of the allergens of cat urine, serum, saliva, and pelt. J Allergy Clin Immunol 76:563–569.

[34] Spitzauer S, Schweiger C, Anrather J, Ebner C, Scheiner O, Kraft D, Rumpold H. 1993. Characterisation of dog allergens by means of immunoblotting. Int Arch Allergy Immunol 100:60–67.

[35] Rautiainen J, Auriola S, Konttinen A, Virtanen T, Rytkönen-Nissinen M, Zeiler T, Mäntyjärvi R. 2001. Two new variants of the lipocalin allergen Bos d 2. J Chromatogr B Biomed Sci Appl 763:91–98.

[36] Ruoppi P, Virtanen T, Zeiler T, Rytkönen-Nissinen M, Rautiainen J, Nuutinen J, Taivainen A. 2001. In vitro and in vivo responses to the recombinant bovine dander allergen Bos d 2 and its fragments. Clin Exp Allergy 31:915–919.

[37] Goubran Botros H, Poncet P, Rabillon J, Fontaine T, Laval JM, David B. 2001. Biochemical characterization and surfactant properties of horse allergens. Eur J Biochem 268:3126–3136.

[38] Ooms TG, Artwohl JE, Conroy LM, Schoonover TM, Fortman JD. 2008. Concentration and emission of airborne contaminants in a laboratory animal facility housing rabbits. J Am Assoc Lab Anim Sci 47:39–48.

[39] Petry RW, Voss MJ, Kroutil LA, Crowley W, Bush RK, Busse WW. 1985. Monkey dander asthma. J Allergy Clin Immunol 75:268–271.

[40] Ohman JL Jr, Hagberg K, MacDonald MR, Jones RR Jr, Paigen BJ, Kacergis JB. 1994. Distribution of airborne mouse allergen in a major mouse breeding facility. J Allergy Clin Immunol 94:810–817.

[41] Gordon S, Kiernan LA, Nieuwenhuijsen MJ, Cook AD, Tee RD, Newman Taylor AJ. 1997. Measurement of exposure to mouse urinary proteins in an epidemiological study. Occup Environ Med 54:135–140.

[42] Gordon S, Tee RD, Newman Taylor AJ. 1996. Analysis of the allergenic composition of rat dust. Clin Exp Allergy 26:533–541.

[43] Gordon S, Tee RD, Stuart MC, Newman Taylor AJ. 2001. Analysis of allergens in rat fur and saliva. Allergy 56:563–567.

[44] Swanson MC, Agarwal MK, Reed CE. 1985. An immunochemical approach to indoor aeroallergen quantitation with a new volumetric air sampler: studies with mite, roach, cat, mouse, and guinea pig antigens. J Allergy Clin Immunol 76:724–729.

[45] Wood RA, Laheri AN, Eggleston PA. 1993. The aerodynamic characteristics of cat allergen. Clin Exp Allergy 23:733–739.

[46] Custovic A, Simpson A, Woodcock A. 1998. Importance of indoor allergens in the induction of allergy and elicitation of allergic disease. J Allergy Clin Immunol 53(48 Suppl):115–120.

[47] Eggleston PA, Ansari AA, Ziemann B, Adkinson NF Jr, Corn M. 1990. Occupational challenge studies with laboratory workers allergic to rats. J Allergy Clin Immunol 86:63–72.

[48] Gulbahar O, Sin A, Mete N, Kokuludag A, Kirmaz C, Sebik F. 2003. Sensitization to cat allergens in non-cat owner patients with respiratory allergy. Ann Allergy Asthma Immunol 90:635– 639.

[49] Platts-Mills TA. 2003. Allergen avoidance in the treatment of asthma and rhinitis. N Engl J Med 349:207–208.

[50] Platts-Mills TA, Blumenthal K, Perzanowski M, Woodfolk JA. 2000. Determinants of clinical allergic disease. The relevance of indoor

allergens to the increase in asthma. Am J Respir Crit Care Med 162(supplement_2):S128–S133.

[51] Suarthana E, Malo JL, Heederik D, Ghezzo H, L'Archevêque J, Gautrin D. 2009. Which tools best predict the incidence of work-related sensitisation and symptoms. Occup Environ Med 66:111–117.

[52] Gordon S, Preece R. 2003. Prevention of laboratory animal allergy. Occup Med (Lond) 53:371–377. Review. 49 refs.

[53] Oxelius VA, Sjöstedt L, Willers S, Löw B. 1996. Development of allergy to laboratory animals is associated with particular Gm and HLA genes. Int Arch Allergy Immunol 110:73–78.

[54] Krakowiak A, Wiszniewska M, Krawczyk P, Szulc B, Wittczak T, Walusiak J, Pałczynski C. 2007. Risk factors associated with airway allergic diseases from exposure to laboratory animal allergens among veterinarians. Int Arch Occup Environ Health 80:465–475.

[55] Aoyama K, Ueda A, Manda F, Matsushita T, Ueda T, Yamauchi C. 1992. Allergy to laboratory animals: an epidemiological study. Br J Ind Med 49:41–47.

[56] Fuortes LJ, Weih L, Jones ML, Burmeister LF, Thorne PS, Pollen S, Merchant JA. 1996. Epidemiologic assessment of laboratory animal allergy among university employees. Am J Ind Med 29:67–74.

[57] Gordon S, Wallace J, Cook A, Tee RD, Newman Taylor AJ. 1997. Reduction of exposure to laboratory animal allergens in the workplace. Clin Exp Allergy 27:744–751.

[58] Venables KM, Tee RD, Hawkins ER, Gordon DJ, Wale CJ, Farrer NM, Lam TH, Baxter PJ, Newman Taylor AJ. 1988. Laboratory animal allergy in a pharmaceutical company. Br J Ind Med 45:660–666.

[59] Krakowiak A, Szulc B, Pałczyński C, Górski P. 1996. [Laboratory animals as a cause of occupational allergy]. Med Pr 47:523–531.

[60] Jang JH, Kim DW, Kim SW, Kim DY, Seong WK, Son TJ, Rhee CS. 2009. Allergic rhinitis in laboratory animal workers and its risk factors. Ann Allergy Asthma Immunol 102:373–377.

[61] Curtin-Brosnan J, Paigen B, Hagberg KA, Langley S, O'Neil EA, Krevans M, Eggleston PA, Matsui EC. 2010. Occupational mouse allergen exposure among non-mouse handlers. J Occup Environ Hyg 7:726–734.

[62] Krop EJ, Doekes G, Stone MJ, Aalberse RC, van der Zee JS. 2007. Spreading of occupational allergens: laboratory animal allergens on hair-covering caps and in mattress dust of laboratory animal workers. Occup Environ Med 64:267–272.

[63] Krop EJ, van de Pol MA, Lutter R, Heederik DJ, Aalberse RC, van der Zee JS. 2010. Dynamics in cytokine responses during the development of occupational sensitization to rats. Allergy 65: 1227–1233.

[64] Matsui EC, Diette GB, Krop EJ, Aalberse RC, Smith AL, Curtin-Brosnan J, Eggleston PA. 2005. Mouse allergen-specific immunoglobulin G and immunoglobulin G4 and allergic symptoms in immunoglobulin E-sensitized laboratory animal workers. Clin Exp Allergy 35:1347–1353.

[65] Pacheco KA, Rose CS, Silveira LJ, Van Dyke MV, Goelz K, MacPhail K, Maier LA. 2010. Gene-environment interactions influence airways function in laboratory animal workers. J Allergy Clin Immunol 126:232–240.

[66] Caballero ML, Ordaz E, Bermejo M, Rodriguez-Perez R, Alday E, Maqueda J, Moneo I. 2012. Characterization of occupational sensitization by multiallergen immunoblotting in workers exposed to laboratory animals. Ann Allergy Asthma Immunol 108:178–181.

[67] Westall L, Graham IR, Bussell J. 2015. A risk-based approach to reducing exposure of staff to laboratory animal allergens. Lab Anim (NY) 44:32–38.

[68] Nicholson PJ, Mayho GV, Roomes D, Swann AB, Blackburn BS. 2010. Health surveillance of workers exposed to laboratory animal allergens. Occup Med (Lond) 60:591–597.

[69] Suarthana E, Meijer E, Heederik D, Ghezzo H, Malo JL, Gautrin D. 2009. The Dutch diagnostic model for laboratory animal allergen sensitization was generalizable in Canadian apprentices. J Clin Epidemiol 62:542–549.

[70] Schmid K, Jüngert B, Hager M, Drexler H. 2009. Is there a need for special preventive medical check-ups in employees exposed to experimental animal dust? Int Arch Occup Environ Health 82:319–327.

[71] Tarlo SM, Liss GM. 2001. Can medical surveillance measures improve the outcome of occupational asthma? J Allergy Clin Immunol 107:583–585. comment.

[72] Fisher R, Saunders WB, Murray SJ, Stave GM. 1998. Prevention of laboratory animal allergy. J Occup Environ Med 40:609– 613.

[73] Krohn TC, Itter G, Fosse R, Hansen AK. 2006. Controlling allergens in animal rooms by using curtains. J Am Assoc Lab Anim Sci 45:51–53.

[74] Perfetti L, Cartier A, Ghezzo H, Gautrin D, Malo JL. 1998. Follow-up of occupational asthma after removal from or diminution of exposure to the responsible agent: relevance of the length of the interval from cessation of exposure. Chest 114: 398–403.

[75] Goodno LE, Stave GM. 2002. Primary and secondary allergies to laboratory animals. J Occup Environ Med 44:1143–1152.

[76] Cauz P, Bovenzi M, Filon FL. 2014. [Laboratory animal allergy: follow-up in a research centre]. Med Lav 105:30–36.

[77] Jones M, Schofield S, Jeal H, Cullinan P. 2014. Respiratory protective equipment reduces occurrence of sensitization to laboratory

animals. Occup Med (Lond) 64:104–108.
[78] Sharma HP, Wood RA, Bravo AR, Matsui EC. 2008. A comparison of skin prick tests, intradermal skin tests, and specific IgE in the diagnosis of mouse allergy. J Allergy Clin Immunol 121: 933–939.
[79] Hewitt RS, Smith AD, Cowan JO, Schofield JC, Herbison GP, Taylor DR. 2008. Serial exhaled nitric oxide measurements in the assessment of laboratory animal allergy. J Asthma 45: 101–107.
[80] Jones M, Jeal H, Schofield S, Harris JM, Shamji MH, Francis JN, Durham SR, Cullinan P. 2014. Rat-specific IgG and IgG4 antibodies associated with inhibition of IgE-allergen complex binding in laboratory animal workers. Occup Environ Med 71: 619–623.
[81] Krop EJ, Doekes G, Heederik DJ, Aalberse RC, van der Zee JS. 2011. IgG4 antibodies against rodents in laboratory animal workers do not protect against allergic sensitization. Allergy 66: 517–522.
[82] Palmberg L, Sundblad BM, Lindberg A, Kupczyk M, Sahlander K, Larsson K. 2015. Long term effect and allergic sensitization in newly employed workers in laboratory animal facilities. Respir Med 109:1164–1173.
[83] Watt AD, McSharry CP. 1996. Laboratory animal allergy: anaphylaxis from a needle injury. Occup Environ Med 53:573–574.

第15章附录　实验室动物过敏人员调查

日期

姓名：
负责人：
部门：
年龄：
性别：□男　　□女

工作经历　回答有关你现在职业的问题：

1.职务：
2.在本单位工作时间：　　年
3.在现岗位工作时间（月/年）：
4.职责描述（简要）：
5.你是否从事实验室动物工作？□是　　□否
如果回答是，请回答下列问题。

动物种类	是	否	大概接触时间（h/日）
大鼠	□	□	
小鼠	□	□	
兔	□	□	
豚鼠	□	□	
猴	□	□	
牛	□	□	
犬	□	□	
猫	□	□	
其他	□	□	

6.你是否对以上某种动物过敏？□是　　□否
□大鼠　□小鼠　□兔　□犬　□其他　□猫
□猴　□牛　□豚鼠
7.你在该单位工作之前是否从事过实验室动物工作？□是　　□否
如果是，多长时间？________年。何种动物？________。
8.你从事动物工作时使用或穿戴下列何种设备？

防护镜	□是	□否
面罩/呼吸防护器	□是	□否
实验服	□是	□否
手套	□是	□否

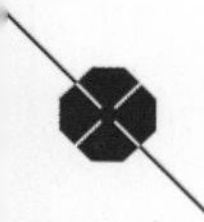

家庭环境信息

9.你是否喂养室内宠物？ □是 □否

如果是，何种动物及喂养时间？

动物种类	1～2年	2～3年	3～4年	4年以上
犬	□	□	□	□
猫	□	□	□	□
其他种类	□	□	□	□
	□	□	□	□

10.你是否规律出现以下症状？ □是 □否

请指明存在的症状和出现年份，并选择症状发生地点或时期。

症状出现地点

症状	有	始发年	工作	在家	休假时	无差别
咳嗽	□	________	□	□	□	□
有痰	□	________	□	□	□	□
气短	□	________	□	□	□	□
喘息	□	________	□	□	□	□
胸闷	□	________	□	□	□	□
哮喘	□	________	□	□	□	□
鼻塞	□	________	□	□	□	□
流涕	□	________	□	□	□	□
喷嚏	□	________	□	□	□	□
眼睛发痒	□	________	□	□	□	□
鼻窦炎	□	________	□	□	□	□
花粉热	□	________	□	□	□	□
恶寒	□	________	□	□	□	□
荨麻疹	□	________	□	□	□	□
皮疹	□	________	□	□	□	□
眼或唇肿胀	□	________	□	□	□	□
湿疹	□	________	□	□	□	□
吞咽困难	□	________	□	□	□	□

11.是否有医生对你说过你患有过敏症？ □是 □否

12.你是否做过皮肤过敏试验？ □是 □否

如果是，你对下列何种物质过敏？

□打猪草 □草 □树 □真菌 □灰尘

□猫 □犬 □小鼠 □其他

13.你是否接受过过敏治疗（脱敏/免疫治疗）？ □是 □否

14.医生是否说过你患有哮喘？ □是 □否

如果是，何时开始？ ____________（年）

你目前是否正在服用药物（非处方药或处方药）控制哮喘？ □是 □否

15.是否有医生对你说过你的健康状况是由你的工作环境引起的？ □是 □否

16.与你有血缘关系的亲属（祖父母、父母、兄弟姐妹）是否患有过敏或哮喘？

□是 □否

17.你是否因其他疾病正在接受治疗？ □是 □否

如果是，请列出病名：__________

18.你是否服用降压药？ □是 □否

19.你是否经常使用“非处方”滴鼻剂或喷雾剂，如Afrin，Neosunephrine等？

□是 □否

20.你是否吸烟？ □是 □否

如果是，每天吸多少支？吸烟史有几年？

如果现在不吸烟，你是否曾吸过烟？ □是 □否

如果是，你是在什么时候停止吸烟的？__________（年）

有几年吸烟史？__________年

评语：

调查人员：

日期：

16

生物医学实验室和专用生物安全防护设施的设计

JONATHAN T. CRANE AND JONATHAN Y. RICHMOND

随着时代发展，过去简单、小型化的生物安全防护设施变得更庞大、复杂，难以做出设计决策。世上并没有一个放之四海而皆准的“唯一”的实验室设计方法。因此，本章内容主要用于帮助用户和设计师对具体实验室项目量体裁衣，科学决策。如果在设计过程中建筑师和工程师的决策没有采纳现场设计信息和知情同意，则其设计效果肯定无法令人满意。生物医学研究实验室，尤其是生物安全实验室的设计，往往需要在各种互相冲突的想法与需求之间权衡选择。如果设计过程中设计团队经验丰富且有不可或缺的潜在用户积极参与，则所设计的设施更有可能既满足当前需求，也具有足够的前瞻性。在这一设计过程中，必须有可靠的专业协助。

本章主要介绍BSL-2的基础生物医学和临床实验室，并着重于介绍BSL-3防护实验室及其增强版。此外，本章还介绍了BSL-4实验室以及决策和BSL-4设计团队所面临的一些问题。有关BSL-3和BSL-4设施的更多信息，可参阅文献[1-3]。此外，NIH指南[4]中还提供了涉及重组DNA研究的生物安全防护标准。本章还涉及一些特殊防护设施，如BSL-3尸体解剖室和负压隔离病房（PBU）。

方法和流程

实验室是供安全开展危险材料临床、研发工作的专门场所。对每个实验室进行风险预评估是设计过程的一个必要部分。对使用危险材料的风险评估必须来自实验室用户。识别出工作风险是实验室设计思路的一个主要组成部分。大多数成功的实验室设计都基于简单、常规的解决方案来应对技术难题，实验室设计团队面临的最大挑战是保持设计简单，不要过度设计导致系统过于复杂而无法工作[5]。由于建筑师和工程师的天性就是寻求新的和创造性的解决方案，并结合现有的最新、最复杂的技术进行设计，因此设计团队在设计过程中还必须注意避免单纯的为了创新而创新，急于采用新的、未经测试的技术，毕竟每个人都想设计出“最先进的实验室”。实验室设计的改进通常是从对基本需求的认识发展而来的，并且符合可验证的原则。假如同等问题仅采用简单技术方案即可解决，则应认真考虑是否采用高科技解决方案的必要性。

在设计之前，设计和使用双方必须就系统性能满足水平达成共识。除了在攸关生命的环境下（BSL-4需要最高的性能），很少有系统为满足100%性能水平而设计。例如，标准的空调设计对舒适性满意度的目标通常为80%。如要求提供一个让所有人都舒适的系统，则必须提前对设计师进行明确，且用户必须为这一水平的设计准备承担（可能是非常）高的额外成本。即使按目标满意度100%进行设计，也未必能保证每个人都无可挑剔。现实中比较灵活的处理办法是让感觉冷的人多穿点，感觉热的人少穿点。一些实验室由于需要经常穿着防护服或正压防护服，所以需要比常规实验室更凉爽的舒适气流。

设计过程中还应考虑系统的复杂程度。复杂系统可能更加节能、易控且快速反应。然而，系统越复杂，其设计、建造及运行维护的成本就越高，建设和调试的周期也越长。在实验室项目中经常犯的一个错误就是在设计阶段按复杂系统进行了设计，在实施阶段由于成本因素降低了控制和监测的配置。世间鲜见控制不精准还能运行良好的复杂系统。一般来说，随着对系统可靠性需求的增加，应降低复杂性。

不断发展的需求

随着使用人员、技术和项目的改变，生物医学实验室设施也在不断地变化和发展。在建设上应充分考虑广泛适用性。应持续评估用户需求，并根据需要对建筑物进行改造。实验室的设计应预先考虑未来改造的便利性，平衡短期需求和长期目标。通常情况下，实验室的设计不应只满足特定的短期需求；它还应具有更广泛的通用性，以满足长期需求。

实验室工作存在稳定性需求，以确保准确的诊断结果或长期研究项目的成功。因此实验室设施必须是可靠的。可靠性可以通过多种方式实现：简化系统以便于维护和操作；备用或冗余系统的设置以确保关键环节的连续运行，并根据需要对出现故障的组件进行更换，尤其是更高的防护级别；累进设置一级和二级防护，对其可靠性进行叠加。此外，设计应着重于最大限度地减少系统中对生命或财产存在威胁的环节上出现故障。显然，生物安全实验室随着BSL-1～BSL-4级别的增加，可靠性也势必相应提高，有时还需要备份设备，如风机和冰柜。

建议对项目的计划进度和投资预算均考虑一定的“余量”，因为理论设计和实际施工之间一定存在差距。比如在建筑设计上，总是需要给设备周围留有一定可调整的空间。就生物安全柜而言，由于其实际外部尺寸往往大于说明书所给的表面尺寸，一定的空间余量则显得尤为重要。这也意味着房间大小应比必要空间适当宽裕：在设计上不要试图将一个8英寸宽的生物安全柜放置在8英寸宽的房间内（如在可接受的施工公差下，房间最终尺寸可能为7英尺×11英尺3/4英寸）。同样在设备专业设计上，排风机选型也应考虑余量，应可调节至设计风量之上以满足实际施工过程中由于现场空间条件、实际过滤器阻力及不同供货商设备操作之间的差异所带来的管道系统阻力的增加。这也将提供更多的对系统平衡进行微调的灵活性。设计应考虑一定前瞻性，能够简单应对将来可能发生的问题；能够满足额外增加设备所需的额外送排风量。

实验室功能，无论是当前还是未来，都是实验室设计的基础。工程设计应基于实验室的操作系统开展[6]。确定进出实验室进出的人流、物流及其在各房间之间的路径。详细说明物品如何进入、被使用和被作为废弃物处理的步骤。在此过程中，存储和处理要求是什么？有什么备选方案？需要分析实验室在当前使用需求及未来的发展。正如温斯顿·丘吉尔曾经说过的，“我们塑造我们的建

筑，然后它们塑造我们”。实验室设施不应该限定操作方法。

环境友好（绿色）设计

关注生物医学实验室设施的能耗是非常重要的。美国国家环境保护局制订了“21世纪实验室”计划，重点是能源效益和可再生资源的利用，以鼓励和评价可减少国家对能源依赖的设计，并为建筑业主降低运营成本。由于实验室本质上也是能耗大户，需负担高负荷设备用电、明亮的照明和全天24 h运行的100%排风系统，其运行成本也很高。选择高度精密、节能的设备是长期降低成本的手段之一。然而，一些实验室的系统在初始安装后，由于节能效果不佳和运行成本偏高，即需要进行大幅整改。一些实验室无法实现维持压力梯度和安全气流模式（这些都是一个新建生物安全防护设施的初始目标）。还有一些实验室，需要比通常实验室更多的专业维护人员。

在决定开发成本高昂、复杂的节能系统之前，应首先尽可能采用所有成熟、通用的节能设计。能耗对房间体积敏感时，应尽量减少房间体积。应提供合适的保温层和遮阳以减少空调空间的热量损失或增加。条件允许的情况下尽量利用自然光来辅助人工照明。其他的例子还包括降低化学处理量小的实验室的换气次数，因为此时换气量对生物安全影响很小[7]；在低危害实验室使用热回收系统；以及选用操作中自身能耗较低的材料。此外，目前绝大多数建筑和工程公司都将环境友好技术作为其工程实施的标配。在考虑实验室，特别是BSL-3和BSL-4实验室采用环境友好技术时，必须将实验室功能和系统性能放在首位。

照明在实验室能耗中也占有较大比例。除了人员、设备和工艺操作外，照明也为调来额外热负荷，需要对空间照明产热进行额外冷却，增加系统制冷容量。LED照明系统可以提供相同的照明质量和强度，显著降低能耗。另一个额外的好处是明显延长光源的寿命，减少更换光源对操作的影响。

可视化技术

在审查建筑规划设计时，很难想象实验室的外观和感觉。在实验室设施设计规划的起始阶段，可以通过使用以下技术，使整个设计团队能够对项目最终情况有个可视化的直观感觉，并评估实验室的需求。

即使目前在用设施并非完美，也应进行考察，作为设计团队的参考信息来源。讨论布局、规模、工作环境、照明和噪声的优缺点。讨论当前运行和计划运行需求。确定要移动到新实验室的仪器设备。确定目前处理危险的方式，并决定是否应在新设施中采用不同的处理方式。

项目团队的主要成员应考察同类设施，快速了解最新技术，让大家的认知达到同一高度，交流起来能有共同语言。这也可以让设计团队理解实验室设计中的一些选择。

拟用或替代设计的实体模型对于设施设计的优化非常有价值。这些是可以简单实现的，例如，用胶带勾勒出房间的大小和形状，用纸板剪出的部分代表家具和设备。这使所有各相关方都能看到房间的布局，确保设备位置合适，并确定房间大小是否舒适。使用实际构造模拟最终项目的更复杂的模型可能会很昂贵，但这是确保设计对最小细节都能正确的最佳方法。设计团队可以模拟模型中的各种操作，以识别设计中的任何不足。这也可以帮助验证暖通空调（HVAC）系统。可以通过烟雾测试以确保合理的气流。当规划多个同类房间（如动物房和实验室或隔离区单元）时，这种方法是非常有成本效益的。

建立比例物理模型来显示建筑物或详细构件，也是一种有效方式。不过，这种方式已经在很大程度上被建筑信息模型（BIM）系统所取代，BIM现今已被建筑工程设计公司广泛应用于实验室项目。这种计算机建模可以准确地显示建筑、实验室和实验室系统的空间和系统的三维可视模型。这些模型可以包括实验室中的设备和实验台柜，例如，包括实验室台柜中抽屉和橱柜的细节。设备可按实际比例放置，以验证布置是否合适。可以查看暖通空调和管道系统，以确保易于维护。在设计阶段对图纸进行审核而调整阀门位置，自然要比实际安装后由于现场条件限制导致无法维护、整改要好得多。这种类型的建模还允许在项目的早期规划阶段轻松探索设施布局中的各种选项。

问题

整个设计过程就是一个寻找答案，并质疑这些答案，直到团队满意为止的过程。这些问题包括：客户的真正需求是什么？还有什么客户未识别的必要因素？本设计会有效吗？时效能有多久？之前是否有成功经验？目前的运行方法是最好的吗？设计是否符合程序和准则？对这个项目的结论是什么？

前期规划

流程

空间需求应在实验室设计开始之前进行确定。以下实验室要求是本章的重点：

基础防护实验室

基础防护实验室应该是通用和明确的，仅需通过微小调整即可满足各类实验要求。BSL-2生物安全设施的基础实验室设计要求见《微生物和生物医学实验室生物安全》（BMBL）[8, 9]。实验室设计的关键要素如下：

· 存放管制生物因子的房间必须配有门锁。

· 新建实验室应远离公共区域。

· 每个实验室都应配备洗手池。建议使用脚踏、膝动和自动操作的洗手池。洗手池应位于程序规定摘手套的位置。

· 实验室的设计应便于清洁。实验室不适宜铺设地毯。

· 实验台应防水、耐热，以及耐工作表面和设备消毒用的有机溶剂、酸、碱和化学品。

· 实验室台柜的选用应有余量。实验台柜和设备之间的空隙应便于清洁。实验室工作中使用的椅子和其他家具表面应采用于易消毒的非纤维类材料。

· 生物安全柜的安装必须确保房间送排风波动的影响不会导致其在超出防护参数范围。生物安全柜的放置应远离门、可开窗户、人员走动频繁等区域，以及远离其他潜在破坏生物安全柜防护参数的设备，以保证生物安全柜的正常运行，参见第18章。

· 洗眼台必须随时可用。

· 照明应适合所有活动，并应避免可能妨碍视力的反光和眩光。

· 可开窗应配有防蚊蝇纱窗。

尽管对BSL-2没有特殊的通风要求，但新建项目的设计应考虑机械通风系统，向内形成单向流，不会内循环而应排至实验室外空间。美国CDC和NIH都建议[8、9]在BSL-2实验室设置向内的定向气流以控制有害烟雾和生物气溶胶的扩散。

高等级防护实验室

尽管高等级防护实验室是为了满足在防护环境中进行操作这一特殊需求而设计的，但它们也应尽可能地在其使用周期内仅通过微小改动即可满足更多项目需求。BMBL中描述的BSL-3防护实验室的设施设计要求包括：

· 实验室区域与建筑内对不受限人员流开放的区域相隔离。进入实验室应受控。人员从外走廊先后通过两道可自动关闭的门进入实验室区域是基本要求。门是可锁的。通道内可设有更衣间。

· 每个实验室都有一个非手动或自动操作的用于洗手的洗手池，洗手池应位于实验室出口门附近。洗手池应位于操作程序规定摘下手套的位置。

· 实验室墙壁、地板和天花板的内表面设计易于清洁和消毒。如有接缝应密封。墙壁、天花板和地板应光滑、不透水，并能适用于实验室通常使用的化学品和消毒剂。地板应整体防滑。地面覆盖物应被特别关注。地板、墙壁和天花板表面的贯穿件都是密封的。管道周围的开口以及门和框架之间的空间都能够密封，以便于消毒。

· 实验室台与BSL-2相同。

· 实验室家具与BSL-2相同。

· 实验室的所有窗户都是关闭且密封的。

· 实验室内应有有效的实验室废物消毒措施（高压灭菌器、化学消毒、焚烧或其他经批准的消毒灭菌方法），应考虑设置专用气锁用于设备消毒。

· 生物安全柜是必备的，应远离实验室门、房间送风口及人员走动频繁区域。

· 应设置管道排风系统，在房间内形成从“清洁区”到“污染区”的定向气流。排风不再循环至建筑物内任何其他区域。不需对排风进行过滤或其他处理，但可以根据现场要求和特定病原体的操作与使用条件予以考虑。外部排风必须远离人群密集区和进风口，否则排风必须经过高效过滤器处理。实验室人员必须验证气流方向是否正确（进入实验室时），即通过提供一个监测显示装置，在实验室入口处指示并确认流向实验室的气流。应考虑为暖通空调系统加装控制系统，以防止实验室出现持续正压。应考虑声音报警，以通知人员暖通空调系统故障。

· 如果至少每年进行检测与认证，Ⅱ级生物安全柜的排风经高效过滤后可循环至室内。当Ⅱ级生物安全柜的排风通过建筑排风系统排至室外时，安全柜与建筑物排风系统的连接必须避免对两者风量平衡造成任何干扰（如安全柜排风与管道排风之间的风量差）。使用Ⅲ级生物安全柜时，应直接连接到排风系统。如果Ⅲ级生物安全柜与送风系统相连，应防止安全柜出现正压。

· 真空管线应用液体消毒水封和高效过滤器或其等效设备进行保护。过滤器必须可根据需要进行更换，也可采用便携式真空泵（同样必须水封和高效过滤器保护）代替。

· 与BSL-2相同须设洗眼台。

· 与BSL-2相同照明应充足。

· 必须记录BSL-3设施的设计和运行特点。必须在运行前对设施进行检测，以验证其是否满足设计和运行参数。设施必须至少每年对那些根据运行经验修改的程序进行再校正。

· 如果生物因子摘要文件建议，或根据风险评估、现场条件或适用的联邦、州或地方法规确定，则应考虑额外的环境保护（如人员淋浴、排气高效过滤器、其他管道系统防护以及污水消毒）。

最高等级防护实验室

BSL-4实验室价格昂贵，不仅在建设成本上，而且在运行、维护、培训、监督和社区关系成本上都是极大的投入。此外，这些实验室进出非常耗时，而且工作极不方便，导致工作效率下降。设计和建造一个BSL-4实验室需慎重考虑。有些病原体和工作程序必须通过BSL-4实验室防护，因此我们还是需要建设BSL-4实验室。强烈建议相关人员考察现有的BSL-4实验室，与有经验的人讨论问题和困难。

BSL-4实验室有两种不同的类型，但不论是哪种类型，抑或是两种的混合型，均应按同样严格标准设计[8，9]。对于生物安全柜型BSL-4实验室而言，主要是通过提升初级防护屏障在Ⅲ级生物安全柜内操作生物因子。在正压服型BSL-4实验室中，生物因子通常在Ⅱ级生物安全柜类型的初级防护屏障内进行操作，人员穿着带有生命支持系统的正压防护服。该类实验室的二级屏障物理防护实际上通常要经过严格的设计和建造。对于BSL-4的常规诊断或抗原生产，生物安全柜型BSL-4实验室是最佳选择，因为这样的实验室建造、操作和维护成本较低。对于需要一定数量动物进行研究或涉及灵长类动物的复杂研究，正压服型BSL-4实验室无疑是该领域专家的首选。有关BS-L4实验室设计和运行的更多详细信息，请参阅Richmond[10]。

临床实验室

临床或诊断实验室应设计用于处理来自人类、动物或环境的生物样本。人体标本采集可在野外、实验室附近、医生办公室或病床边进行。与处理人体血液或其他体液有关的活动的风险评估通常导致将设施按BSL-2进行设计[11]。某些处理气溶胶传播生物因子的实验室（如结核病实验室）通常需要在BSL-3中进行[12]。临床实验室应具有以下一个或多个功能：血液学、免疫学、临床化学、尿液分析、微生物学（细菌、病毒、真菌、真菌或寄生虫）、病理解剖学、细胞学和血库。《医院和医疗设施建设和设备指南》[13]概述的临床实验室的主要要求如下：

·实验室工作台可为显微镜和其他设备提供放置空间。

·工作区应设有可洗手和处理无毒物料的水池。根据需要配备负压真空、天然气及必要的电源系统。

·用于输血的冷冻血液储存设施应配有温度监测和报警功能。

·应设置包括冷库在内的用于试剂、标准品、备品、染色样品及显微镜载玻片等的储存设施。

·应有样本（血液、尿液和粪便）收集区，但可设置于实验室外。采血区设采血工作台、患者座位和洗手设备。尿液和粪便收集室配有一个抽水马桶和盥洗室，可位于实验室套房外。

·安全规定包括紧急淋浴、洗眼装置和相应药剂和化学危险物，如易燃液体的贮藏库。

·应设置对污染物运输前进行最终灭菌（高压灭菌柜或电烤箱）的设施设备（现场焚烧的样品不需进行最终灭菌）。

·应复核验证上级主管部门的各项要求。

·应设置行政管理区，包括办公、文秘、档案室等空间。

·休息室、储物柜和厕所设施的设置应方便男女实验室工作人员的使用，可设于实验室外，并与其他部门共用。

·当无法将设备放置在生物安全柜或通风橱，或无法在其中操作时，可根据现场实际情况设置局部（捕集）排风系统，以保护工作人员免受生物危险因子或危险化学品的影响[14，15]。

小型临床实验室

医生办公楼内的许多临床实验室送、排风系统都难以尽如人意，因为大楼内的暖通空调系统通常为循环风系统，且风量偏低。尽管这些实验室通常都是在BSL-2要求条件下工作，且几乎只处理人体组织和体液，但临床实验室设计的许多建议都适用。在使用、放置和操作易产生气溶胶或化学烟气的设备时应特别小心，以确保气溶胶不会进入工作区域或进入建筑物内循环的空气中。应对所

需样本及包括尖锐容器在内的生物医学废物储存进行有效的防护。

预算或成本控制

每个项目都应编制切实可行的预算；限价设计应在设计早期阶段引入价格因素。实验室越复杂、越特殊，成本就越高。专用系统，如应急发电机、集中纯水系统或活毒废水处理系统，将对预算产生重大影响。图16-1显示了新建实验室大楼各项主要建设成本的百分比。需要注意，通常情况下机械和电气系统的成本百分比很高。影响成本范围的因素包括建设项目的复杂性、规模及地理位置。实验室的美观对实验室设施的总体成本影响最小。高质量的设计费通常不到实验室设施建设成本的5%。许多高质量设计赋予的精神层面的愉悦在运行中转化为实际效益。

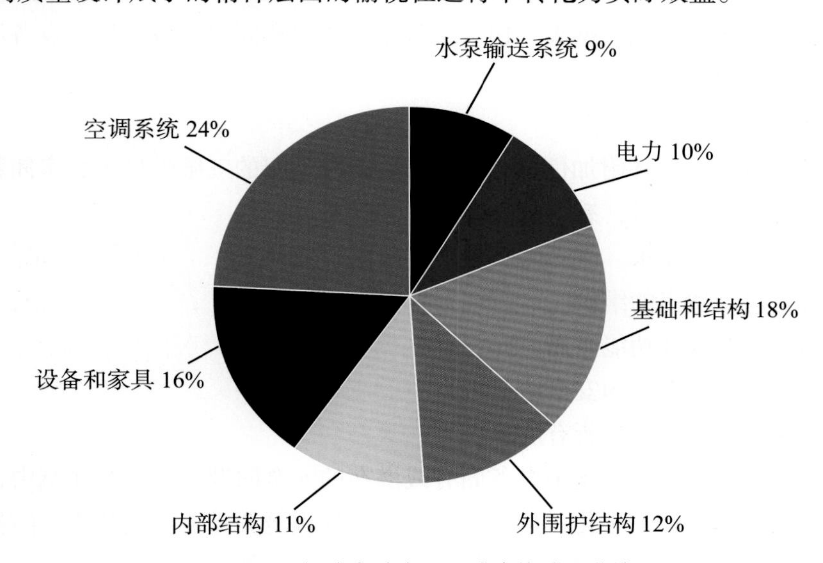

图 16-1 新建实验室不同成本构成百分比

进度安排或时间控制

与大多数其他设施相比，实验室需要更多的时间来规划、设计和建造。设计和施工过程需要按照规定的时间表进行，但要注意不要牺牲长期设施的主要需求，以满足短期时间表的要求。各类工程设计和施工的大致时间框架如下：小规模维修3～6个月；大规模维修1～2年；小型新建项目1～2年；大型新建项目3～5年。

运行问题

应确定长期和短期的业务目标和制约因素。运行规程可能影响实验室设计，应制定常规实验室支持服务；清洁、维护和废物处理操作；以及可能预期的紧急情况应对程序。

维护

必须评估业主的维护能力，以保障设施的设计与支持能力相匹配。不能出现由于预算或人为因素而导致设计和安装系统无法维护的情况。设计之前，应评估某些产品的组织经验、供货和零部件的可用性、员工培训和运维预算。

总之，行之有效的预案可以为实验室设施设计发展打下坚实的基础。它减少了由于项目范围或方案的改变而出现的延误和费用增加的可能性。在预案结束时，整个设计团队应该了解项目目标和局限性。在开始设计之前，应明确界定和平衡项目的范围和质量（将要建造的东西）、项目进度

（将要建造的速度）以及项目预算（可用于建造的资金）。

设计：开发安全运行系统

设计团队应为设施中的每个房间开发空间验证文件包，须包含以下文件：

· 适用规范和标准的评价。

· 开发分析危险物质的应用数据。

· 开发分析编程数据。

· 规范分类。

· 设计建议与评价。

· 开发用于记录需求的房间数据表，包含实验室操作台和固定设备信息、设备清单及数据、功能布局及示意图。

· 与其他房间的邻近关系示意图。

BI可能会更新，以包含上述附加信息，从而可以结合空间的三维模型查看房间数据。这样便可提供一个综合的分析及需求记录，有以下的优点：

· 房间满足规范和标准要求。

· 设备适用且可得到适当的维护。

· 了解每个房间的要求及功能布局。

· 确定危险材料并规划合适的安全防范措施。

· 通过质量控制评价确认满足所有需求。

生物医学实验室设计应解决设施中设备固有或潜在的安全问题。在整个建筑中，将实验室污染向其他区域潜在扩散概率应该最小化。建筑物内的空气处理至关重要（实验室、防护区、动物饲养设施不应向其他区域排风）。

工程控制可将实验室范围内的危害最小化。合适的气流和初级防护设备可以保证研究人员的操作安全，并可以减少污染。选择合适的方法处理排至环境中的排气、废弃物和危害产物，可为操作人员和社区提供足够的安全保障。系统应便于维护人员维护并具有安全性。

初级屏障是为防护或控制生物因子扩散而专门设计的产品，如生物安全柜、化学通风橱（CFHS）及动物笼具清洗设备（第15～17章）。生物安全实验室采用适当的气流形式将初级和二级屏障相结合，为人员及环境职业安全健康提供保障。

二级屏障为本章重点，是与设施相关的设计特点，可将实验室区域与非实验室区域或与外部环境隔离。从本质上讲，二级屏障很多是物理性质的（如墙壁和门），其他的则是依赖机械设备，如空气处理系统。

实验室的建筑和工程特性提供了二级屏障系统，是初级屏障的补充。这些系统设计使危害远离实验室人员，若有处理危害的需要，将危害控制在特定区域内，并且允许在防护区内易于清除危害。

保障实验室安全的主要途径是实验室操作人员的准则及程序。若在项目初步规划阶段向设计团队提供这些设施的使用、清除及维护方式，将对实验室设计提供极大的促进作用。应注意使用切实可行的方法制订实验室设计的方案，这些方案会影响实验室设计。实验室的要求过高或过低均不适宜。设计团队也应考虑实验室的工作准则及程序，以确保能够提供必要的支持设施。相反，需要采取与最终实践相关的现实方法，以便工程设计不会太复杂。只有遵循程序，程序才有效。如果建筑物很难遵循程序，或者是围绕着不必要的程序设计的，则不太可能遵循程序。

尽管本书着重生物危害，设计团队应解决存在于生物实验室中以下危害：

· 化学危害，如易燃物、致癌物、毒素和压缩气体。
· 生物危害，已知的传染性因子和可能存在传染性因子的材料。
· 放射性物质，包含放射性核素和可产生电离辐射的设备。
· 物理危害，激光、磁性物质、高压、紫外线、高噪声及过冷或过热。

如何控制这些危害对实验室设计至关重要。因此，每种危害均需分别评估。储存、操作、处理所有的化学、生物及放射性物质的方式应得当。这些危险物质对于生命和财产的威胁，推动了对于规范、标准和技术措施的发展，减小了潜在风险。物理防护、房间通道连锁设置和降噪措施均应落实。处理该危害的方法见参考文献[16]和[17]。

实验室设计所依据的标准、规范和技术措施主要分为两个领域：在当地使用和管理的建筑和生命安全规范；实验室安全规范，包含当地、州、联邦的或者私人协会规范。由于不同版本的要求会有很大的区别，可通过政府当局已有的管辖和控制权确定标准版本。某些情况下，地标可能比州标和联邦标准的要求更为严格。

美国许多州和联邦政府设施设计标准已经采纳允许残疾人访问和使用的条款。在这些标准中，有类似以下的要求：轮椅的转弯半径要求门有足够的宽度，残疾人可使用的工作台面，障碍物可去除。这些条款很大程度地影响了实验室区域的尺寸和布局，要提供充足的通道宽度（走廊、通道中到洗眼器及紧急淋浴的通道宽度）。为容纳残疾人的空间而进行的改造的费用很高，然而，此多为法律要求。

办公、会议及行政区域

在每个建筑或楼层的主要入口附近，应规划一个与实验室工作风险因素进行物理隔离的行政区域。该区域可为实验室提供行政支持，同时控制实验室区域人员的进出。

科研人员的办公室应该尽可能靠近各自的实验区域。科研人员办公区的面积通常从100 ~ 160平方英尺不等；因此应设计详细的平面布局图，以保证书架、电脑、办公桌、归档文件及宾客座椅拥有足够的空间。理想情况下，每个实验室或办公室都应设置窗户，以允许实验室使用人员可通过该窗户观察走廊或实验室或者室外环境。科研人员相互之间共享想法交流知识，该种形式产生的影响越来越重要，尤其是跨学科的环境中。非正式区域（如走廊设置标记板的墙壁和沿通道设置的座位区）能够增强这种作用，应在设施设计中予以考虑。

实验室区应设置公用走廊，该走廊也可能是具有两个疏散口的防火疏散走廊，人员可从走廊任一疏散口疏散。安全淋浴和泄漏控制中心应位于此走廊中。如果走廊宽度为最低的防火要求和设备通道要求，那么该走廊不可用作实验室辅助区域、储藏区域或者办公及休息区域。若走廊宽度超出最小要求宽度，将不可避免地发生此种问题。

基础研究实验室

一个标准的实验室模块应考虑发展的灵活性[5]。实验室的空间通过对工作站工作效率的分析获得，通常通过可用工作台的进尺和可用的设备空间来衡量。典型的实验室模块宽度为9英尺6英寸 ~ 11英尺6英寸。尽管最常用的宽度是10 ~ 11英尺，但从10英尺增加至11英尺将增加5%的建设成本。模块进深一般为20 ~ 30英尺。一个简单的胶纸带模型可以为这一关键决策提供参考。

若要设为实验室预期可能增加的设备提供通道，实验室门的尺寸应不低于3英尺4英寸。宽度较宽的门或4英尺宽的双扇门应设置3英尺宽的可活动门和1英尺宽的固定门扇。所有活动门扇都应设闭门器。大多数门应从实验室向外开，但是通往出口走廊的门应该嵌入墙内。防火墙上的门、窗应按照规范进行设置。

基础实验室中的地板可为片状乙烯地板或与标准橡胶或乙烯基复合乙烯地板。墙面可为涂漆墙面。实验室的天花板可为贴顶吸声的材质以减少噪声，并可方便通向吊顶上部的系统组件等。图16-2为某典型的开放式BSL-2实验室。

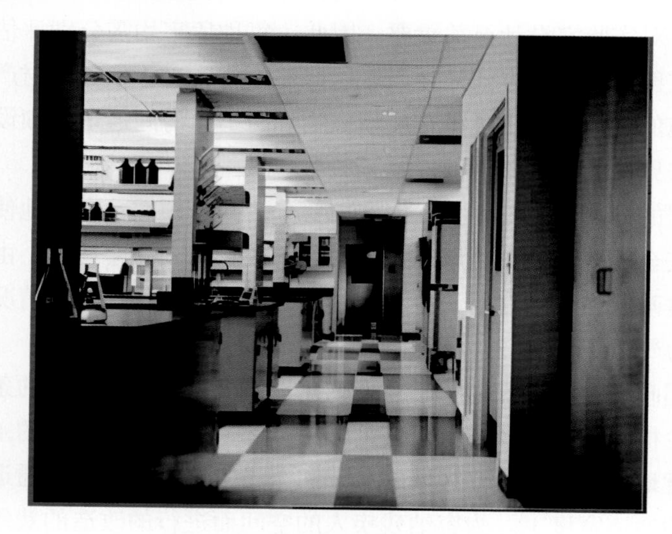

图 16-2 典型的开放式 BSL-2 实验室

基础临床实验室

临床实验室应能够处理大量标本，标本从收集、传输、接收到处理、分析、完成报告及以正确的方法储存。现在临床实验室中很多工作均为自动化的，设计时需注意为设备的运行及维护留有空间。设备布局时需要考虑的最主要问题是热负荷和数据连接。工作流程过程中应将数据记录保存站设置于适当的位置。虽然本质上说临床实验室是由很多模块组合而成，但是每个独立区域均应根据其独特要求进行设计。已有很多描述临床实验室的文献，包含实验室尺寸或详细设计[18]。

基础动物设施

关于动物设施设计应考虑的主要问题和内容在《实验动物护理和使用指南》[19]中描述下：

· 动物设施应与人员工作生活区域隔离。

· 物种隔离。

· 项目隔离（依据程序要求）。

· 动物接收、检疫、隔离区域。

· 饲养区。

· 专用实验室或个独特区域应与动物饲养区相邻或相近，以方便手术、特殊护理、解剖、放射性造影、特殊食物的准备、实验操作、治疗及诊断等实验室程序。

· 存在生物危害、物理危害、化学因子危害时应使用防护设施或设备。

· 应有食物、垫料、药品及生物制剂和备品给的接收和储存空间。

· 应有行政管理、监管和设施指导的空间。

· 应有人员使用的淋浴、洗手池、储物柜及卫生间。

· 应有与动物房隔离的餐饮区。

·应有清洗消毒设备和备品的空间、并依据工作量设置笼具、饮水瓶、玻璃器皿、笼架和废弃物桶清洗机器；通用水槽；用于对设备、饲料及垫料进行高压灭菌的灭菌柜；存放污染和清洁设备的区域。

·应有修理笼具和设备的区域。

·应有供废弃物焚烧或移除前存放的区域。

对于建设的其他特定的要求详见“实验动物护理和使用指南”[19]和BMBL[8, 9]。

动物房设施布局中起决定因素的通常为交通流向，需考虑进出控制、功能便利性、环境控制及便于笼具、废弃物和人员的移动。应根据饲养物种、功能需求及所选饲养单元类型来确定是否采取标准走廊、清洁走廊/污染走廊或屏障系统的设计方式。无论是基于生物危害防护还是基于动物保护（如联合免疫缺陷小鼠）的动物隔离均可通过隔离笼具，或配有气流组织的笼架，或在设有通风过滤的正压饲养间实现。笼具和笼架便捷进出笼具清洗区和储存空间对于设施顺利运行非常重要。同一设施中，当不同种动物需要不同类型笼具时，储存空间就更为重要。对每个主要动物种群均应考虑标准化护理模块。标准化保证了气流均匀性的要求和模块内气流的一致性，以及对房间内暖通空调系统的维护。房间大小应基于笼架布局、预期的灵活性和动物饲养类型。过大或过小的房间均会造成效率低下或浪费能源。房间、地板、墙壁材料的选择重要的是要符合美国农业部的认证和持续性检查[19]。对于啮齿动物来说，IVC已经成为一种通用的饲养准则。这种笼架–笼盒系统主要在笼具层面控制洁净度和生物危害，从而可减少房间暖通空调系统的换气次数。

BSL-3防护设施

防护设施的布局要求取决于其规模和用途。图16-3、图16-4、图16-5是小型BSL-3的布局示例，一个典型的组织培养室和BSL-3设施的照片。为满足BMBL进入BSL-3实验室“双门串联”的要求应该设置一个缓冲间。BSL-3设施中的门通常允许空气通过门侧和门下的缝隙流入实验室的。缓冲间应有足够用于穿脱衣，以及存放和处理衣服、口罩、手套等的空间。如果要求使用正压防护头罩（PAPR），则应有充足空间并配备电源插座，以对这些呼吸防护装备进行消毒和充电。必须在规定取下手套的地方设置洗手设施。防护设施内的空间应充足以满足项目开展和人员使用，若防护设施内过于拥挤可能会导致安全事故。

防护实验室地板应完整无缝铺设。例如，呈弧形踢脚的经过抛光的环氧树脂或无缝的乙烯基地板。如果实验室包含湿养动物，最好选择环氧树脂；也可选择接缝少的乙烯基地板，因为乙烯基地板有更好的工作舒适性。实验室区域的墙壁和天花板通常是石膏板，应涂上易于清洁的涂料，如环氧树脂。应减少或避免放置需要在这些天花板上方进行操作的机械部件，以最大限度地减少使用防护区内的维修通道和天花板上的检修板。BSL-3实验室不可以使用标准铺设的隔音砖天花板。

BSL-3实验室应密封，以便用气体或蒸汽进行消毒；但是，BSL-3设施不需要进行压力衰减测试。

在消毒时，密封任何开口，如送风口和排风口。如果经常进行空间消毒，考虑在这些系统上使用可远程操作的生物密闭阀。

增强型 BSL-3 防护设施

BSL-3工作的风险评估有可能要求增加二级防护措施，以保护实验室外环境。其中一些增强功能现已在许多BSL-3设施中体现；但是，需要注意的是，除非风险评估认为这是必需的防护，否则没有必要。

BMBL提出如果可以采取适当的措施把BSL-3的废弃物安全地运输到高压灭菌器的位置，就可以把高压灭菌器设置在防护区内而不是设置在BSL-3的核心工作间内。如果风险评估表明对病原体有更高环境防护要求时，可考虑在实验室的防护屏障处设置双扉高压灭菌器。为了防止可能受污染的材料在没有开始消毒就通过腔室，需要设置互锁门。高压灭菌器主体应设置在防护屏障的外侧，以便进行维护，并且高压灭菌柜与防护屏障相连接的处应密封。

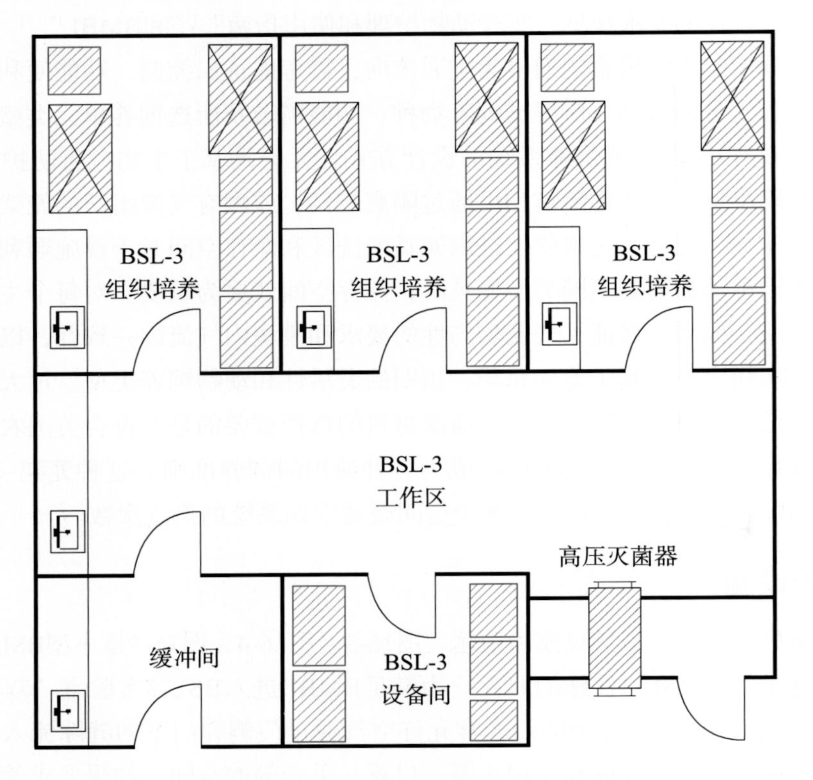

图 16-3 小型 BSL-3 套间的布局示例

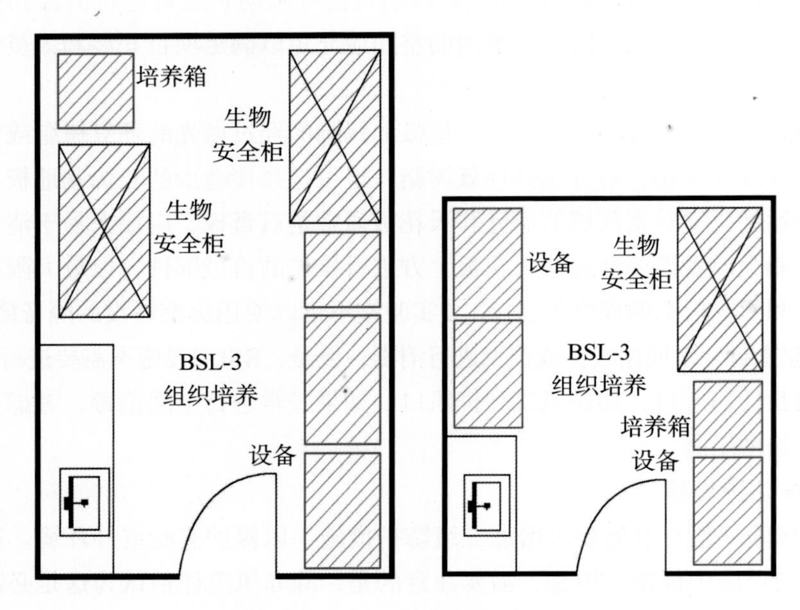

图 16-4 典型 BSL-3 组织培养间的布局示例

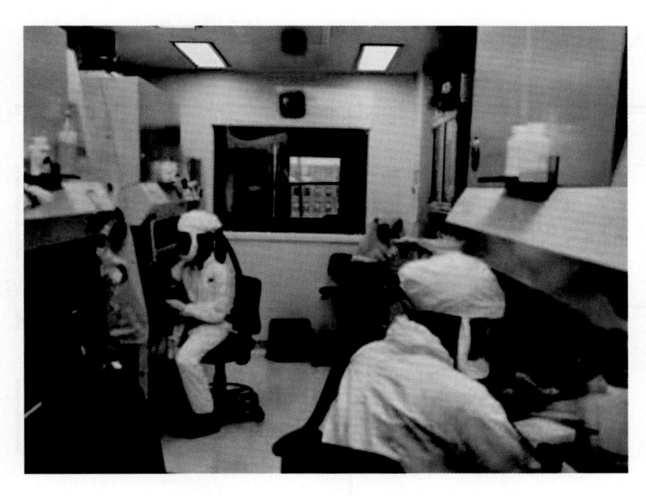

图 16-5 典型 BSL-3 实验室

人员在脱去防护服之后应进行全身淋浴，再穿上自己衣服并离开设施。理想情况下，淋浴间应在设施出口处，并应位于内、外更衣间之间，以避免污染衣物与洁净衣物的交叉污染。

在排风系统上设置HEPA过滤以防止病原体排放至环境中。过滤器单元的设置应便于维护，并可在安装后对过滤器进行原位消毒和检漏。BSL-3可以使用BIBO过滤器。HEPA过滤器应尽可能靠近防护屏障，可减少受污染管道的长度，以降低成本。应在过高效过滤单元两侧的排风管道中设置生物密闭阀，以便于消毒。

即便送风使用HEPA过滤，如果未设置密闭门，仍会对防护区洁净度的保证大打折扣。如在负压情况下，室外空气将通过门下方的缝隙流入，使得送风HEPA过滤失效。必须设置送风系统和排风系统互锁，以便在发生排风故障时关闭送风系统以防止防护区空间变为正压，出现压力逆转。

对于一些高环境风险的病原体，需要对防护设施内的排水进行消毒。因为污水消毒系统的安装及维护成本很高，使其难以在小型BSL-3设施中应用。通过有效的初级防护和精心设计的程序来消除废水，可以减少或消除对废水消毒的需求。污水消毒系统历来使用热处理方法，虽然处理量很小时也可以考虑化学处理系统。如果对淋浴废水进行消毒处理，则必须仔细考虑需要淋浴的人员数量，淋浴时间和水流量。每天4～6名人员可以产生大量需要消毒的废水，需要配置大的热处理罐系统或者大量化学药品。

动物 BSL-3 设施

饲养动物的动物BSL-3（ABSL-3）设施要求与BSL-3设施的要求相似。典型的小型设施布局如图16-6所示。用于饲养中小型动物设施的建筑材料与一般的普通动物设施相同。作为初级防护的笼盒具系统是ABSL-3设施风险评估和设计过程中的重点考虑因素。对于某些农业范畴的大动物重要病原微生物，应遵守大动物三级生物安全实验室（BSL-3-Ag）标准，此时房间本身已成为初级防护屏障（参见第32章）。

辅助工作区

大多数实验室包括防护设施都需要辅助用房，在实验室中共享的大型昂贵设备（如超速离心机和闪烁计数器）需要共用设备间。对于防护实验室，将设备隔离在一个单独的房间内，可以提高在其发生故障时实验室的安全性，如转子故障。设备间还可以将产生噪声的设备远离工作实验室。应设置独立的冷库和超低温冷库，减少实验室的噪声和消除设备运行产生的热量。设置独立样本存储区域可提高安保水平和人员控制。

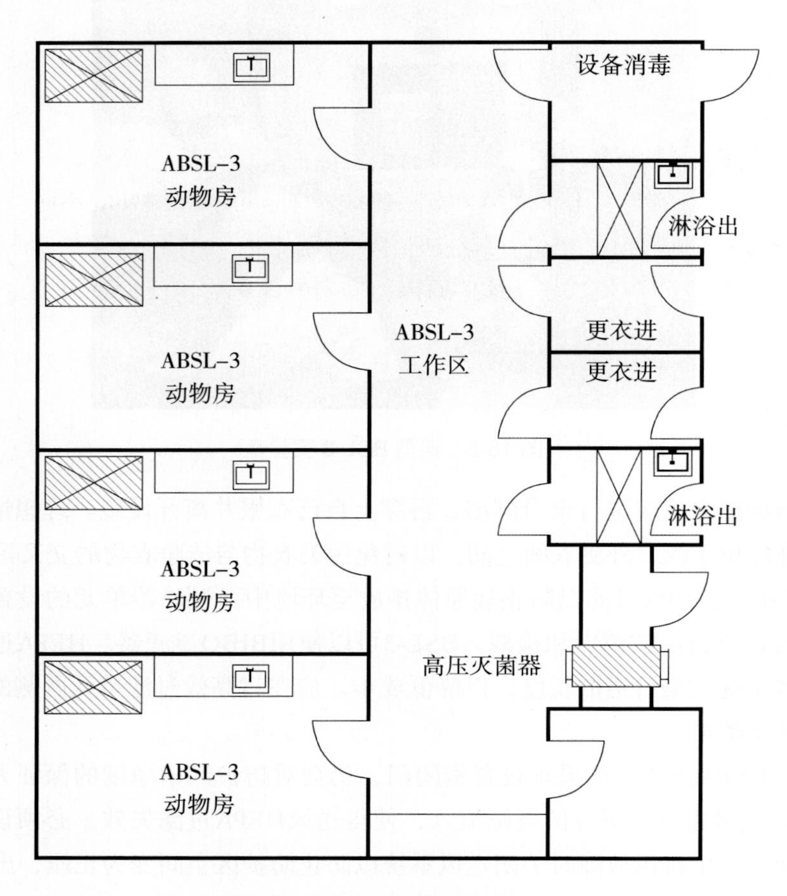

图 16-6 ABSL-3 设施布局示例

许多实验室都设有从–20℃（冷冻室）到4℃（冷藏室）及37℃（温室）的环境室用于储藏和工作。工作间必须设置通风系统。环境室系统复杂，必须根据具体的项目要求进行设计。由于对温度和相对湿度所需的控制精度不同，其成本差别较大。如果环境室未嵌入结构主体，则应考虑设置坡道。由于环境室需要高度的维护，在将其放入防护设施之前，应仔细考虑。一种行之有效的替代方法是使用更小的冷藏箱，如色谱柜或冷藏柜。这些设备在需要维护时可以消毒后从防护区内移出。

需要根据评估要求，在防护区外面设置培养基准备和储存需要。有气味的房间应设机械排风排尽气味。如初级防护涉及培养基的制备，建议应使用生物安全柜而不是层流工作台。

在实验区外，需设置清洗和干燥玻璃器皿的房间，用于制冰机、干冰储存和放置高压灭菌器的房间，这些在实验室外产生噪声和热量的房间应设置有效的通风系统。对于高防护级别实验室，依据程序，出入实验室比较烦琐，应考虑将制冰机和干冰存储置于防护区内。在高压灭菌器、玻璃器皿清洗和干燥设备的门上方应设置排风用于散热、除湿以及气味。设备还需要足够的维护空间以降低维护成本。应特别关注这些区域的地板及地漏，尽量减少因设备故障导致泄漏而产生的危害。

特殊生物安全设施

一些特殊的设施对于生物安全的要求有别于典型的BSL-3实验室。下面以BSL-3解剖间和隔离病房为例，介绍如何设计这些设施。

防护型解剖设施

在20世纪90年代，气溶胶传播的新发及再发高致病性传染病，使得人们再次思考用于存放和处理那些感染尸体的太平间和解剖室。这促进了这些设施的设计和操作准则的发展。除了在大多数生物安全设施存在的风险外，对人体解剖还具有特殊的生物污染风险。①病原微生物存在潜在的未知风险。例如，车祸造成的死亡原因可能是一种高致病性传染病的潜在感染，其风险高于那些表面化的风险。即使在导致死亡的传染病病例中，实际的病原体也可能和预期的不同，可能比通常病原体的毒力更强，或者是一种耐药株。②初级防护不适用于尸体。此外，打开身体的过程，如切开骨头和软骨，可能产生传染性气溶胶。基于这些原因，安全的做法是设计一个设施，能够使解剖人员、病理学家、技术人员和其他可能在设施内外工作中的人员避免意外感染。

解剖设施设计和操作方法

如上所述，与其他生物安全防护设施一样，生物安全的防护方法包括初级防护、二级防护和个人防护设备。由于上述初级防护在使用上的局限性，个人防护设备和二级防护的设计和操作的考虑就显得更加重要。其他相关信息可参考本书之前版本[20]和其他出版物[21]。

重点关应注通过工艺流程和房间布局设计，最大限度地减少潜在污染区域的空间。解剖单元应可作为尸体进入和处理后消毒转出的通路，目的是形成一个自带缓冲间的防护单元，可供工作人员进出和尸体转运，并具有污物处理能力，包括处理废水和过滤排风中的感染性气溶胶的能力。图16-7给出了一个典型BSL-3解剖间的平面布置图。

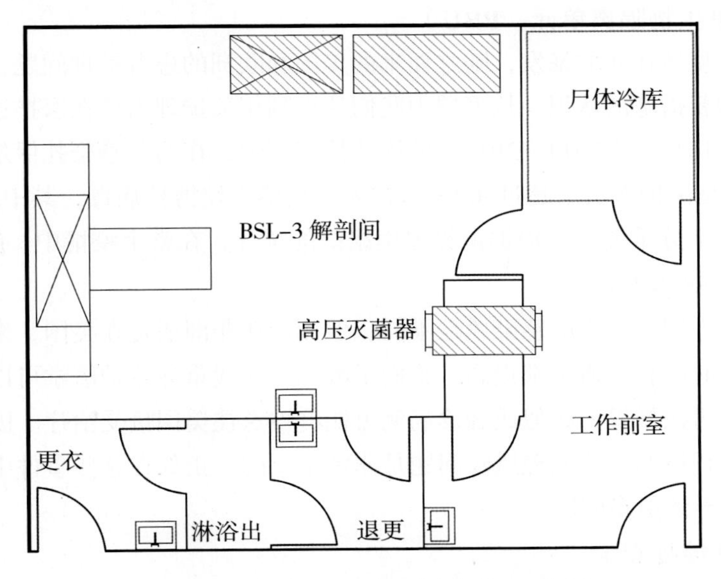

图 16-7 典型 BSL-3 解剖间的平面布置图

人体工程学和照明是减少工作人员发生事故的重要影响因素。设备和标本的空间布局应充足。应采用生物安全柜处理需要进一步解剖的样品和标本。可以为生物安全柜提供一个单独的房间，可以从缓冲间进入，也可通过解剖间进入，以尽量减少人员不必要地暴露在解剖间的气溶胶中。

使用带排风的解剖台可有效减少在解剖过程中气溶胶的散发，然而，带排风的解剖台不能像生物安全柜那样有效地控制气溶胶。应在解剖过程中和房间清洁消毒过程中穿着相应的个人防护装备。房间应具备用VHP或其他化学消毒剂消毒的条件。房间在消毒过程中应密闭。

空间要求

设施中应设置人员储物柜和更衣室。可设置在BSL-3解剖间外面并远离解剖间。应设置人员进入的缓冲间，并作为防止空气流出设施的防护屏障。缓冲间应足够大，能够满足用于解剖间及其他活动所需个人防护装备的存放要求。人员完成解剖离开解剖间前应淋浴。布局应考虑人员的单向流。

解剖间应足够大，以适应所有规划的实验设备，并且有足够的地面空间供尸体的转运。房间应有清洗和消毒设备及备品的存放空间。设置双扉高压灭菌器，对移出解剖间的材料、设备和备品等进行消毒。在解剖间穿过的衣物和个人防护装备，在脱除后必须进行消毒处理。

应设置独立缓冲间，可将尸体和备品运至解剖间内。缓冲间应足够大，保证手推车能够轻松将尸体运送到解剖间。缓冲间应有尸体冷库和双扉高压灭菌器卸载空间。最后，考虑在防护区合适位置设置观察窗，人员不需要进入解剖间即可观察解剖间内部情况。缓冲间应可直接通向解剖间。

BSL-3 解剖间空气和废水的处理

与其他BSL-3空间一样，BSL-3解剖间应有向内的定向气流，以最大限度地减少微生物通过空气从设施泄漏到建筑物其他区域的可能性。解剖间作为生物安全风险最高等级区域，除了通过控制排气产生直接的向内气流外，不应该有其他空气流出的地方。可以考虑在解剖池上方降低排风口位置，而提高控制房间内气溶胶的能力。解剖间的排风应经过可原位消毒的高效过滤器排放。

在解剖和清洁过程会中产生废水。解剖间的废水在排放到当地市政下水道系统之前，应经过废水消毒系统消毒处理。

负压病房（病患生物隔离单元，PBU）

2014年，埃博拉疫情在西非暴发，随之而来的美国和欧洲的患者护理问题，提高了对高致病性传染病患者安全护理新措施的认识。从疫情中我们认识到相关护理人员在医护过程中冒着极大的健康危险。截至2014年10月，在2014—2015年的埃博拉疫情中，在西非感染扎伊尔型埃博拉病毒的死亡人员中有3% ~ 5%是医护人员。超过800名医护人员被感染埃博拉病毒，其中500多人死亡。因此对于感染者的医护是十分重要的，根据世界卫生组织的统计，在整个疫情中，超过2.70 000人感染病毒，并有超过1.10 000人死亡。

虽然在非洲和西方国家工作的感染风险不同，但无论在非洲还是在美国，来自欧美国家的人员在看护这些非洲患者时的感染概率都很高。我们了解到，现代重症监护医学可以对降低死亡率产生重大影响。如果未来再次暴发，疑似或确诊病例可能将被送往美国接受治疗。因此我们提前认识、评估并计划以合理和积极的方式处理风险问题是非常重要的。正如在这些事件中得到的教训：没有准备、消极应对将会导致更多问题。

准备越充分，环境越安全

并非所有医院和卫生系统都希望拥有或已经具备治疗高致病性传染病患者的条件，如埃博拉病毒病等疾病；然而，正如得克萨斯州达拉斯Health Presbyterian医院的经验所示，所有医院都应该能够安全地接收、容留和看护疑似病例患者，直到患者转移到其他设施。在机构不需要PBU的情况下，应考虑在急诊室采取适当措施，允许在转移前容留并处置病患。

虽然在2014年埃博拉疫情中，美国和欧洲的卫生健康系统实际上护理相关患者数量十分有限，但是我们应对新发、再发甚至是人为制造的传染病防治这一重大问题的认识却大幅提高。从设计的角度来看，对于计划将PBU用于高致病性传染疾病防控的相关机构而言，仅仅一种单元方案是不够的。例如，一些机构可能面临来自代表护理或维护人员的工会的压力，这些工会可能会要求高度工程化的设计解决方案；另一些机构则会有员工想要以实施操作程序为主的解决方案。建设于新建建筑中的一些PBU可通过设计实现该意图。而对于既有建筑，PBU可能放置于顶层改造空间内，在现有框架结构下如果水管穿过建筑时，可能会引发泄漏，从而增加设施风险。实际工程中可能有很多类似的问题，每位业主都需要根据其自身情况和实际需求量身定制个性化方案。

尽管存在这些差异，但仍可以总结出一套规划和设计准则，该准则以患者护理机构的经验教训为基础，结合医疗保健和研究用生物防护设施的经验，可以为这些设施的设计提供指导。这些准则概述如下。

准则 1：患者生物防护特殊风险

事实上，患者护理设施中医护人员的感染风险远高于实验室里使用动物疾病模型的工作人员。大多数PBU在最佳情况下防护级别也只能等同于BSL-3设施。BSL-3实验室知道他们正在使用的病原体是什么，然而医院通常处理的是未知的风险及病原体。在实验设施，包括大部分操作动物模型的实验，初级防护措施可保护环境和工作人员，但是在医院相关设施中，将患者用初级防护隔离器隔离起来治疗已经被证明是非常困难的，因而这种方式很少能用到。

这意味着与患者在同一房间内的医护人员，可能暴露在充满传染性物质的空气中，并且病房的各个表面都有可能附着传染性物质。这种暴露需要医护人员穿戴复杂的个人防护装备，包括连体防护服、手套以及穿脱麻烦的呼吸保护装置。在实验室中，由于使用生物安全柜、个人防护装备（除手套和袖套外）等初级防护装备，工作人员一般不会直接暴露于传染性物质之中。当从事高致病性传染原（比如埃博拉病毒）相关工作时，实验室生物安全等级必须为四级（生物安全实验最高安全等级）。在生物安全四级实验室中，飞溅物需要立即消毒，即使没有飞溅发生，防护服也必须在脱下之前进行充分的化学淋浴以达到消毒效果。而在患者护理区域，医护人员的防护服则可能暴露于气溶胶产生的过程中——这些过程一般都存在大量感染性废弃物，有时还伴随许多不受控排泄事件，比如患者的剧烈呕吐和腹泻。在这种情况下，医护人员必须在不暴露的情况下脱掉个人防护服并对其进行消毒。

准则 2：计划和准备应对意外事件

医疗看护对于潜在的患者控制能力较低。随着疾病的突发、再发和演变，以及越来越多的耐药性和未知病原可能产生更高风险，医院永远不知道谁可能需要护理。患者（尤其是那些疑似病例），可能需要高于普通传染病平均医疗水平的医疗护理。因此在做相关设计时要考虑到提供计划外的意外医疗的能力。一个实验室可以选择是否以及何时处理传染源。但是医院可能就无法控制以一种意想不到的方式出现的同一种疾病。进行设施设计的时候要记得加入对意外事件的处理，并制订主动的操作计划和应急措施。

准则 3：提供灵活的患者护理空间

在2014年埃博拉疫情暴发期间，美国在患者护理方面吸取的四大教训是：

①患者比典型的传染病患者病情更严重（疾病的敏感度更高），而典型的传染病患者需要一个前所未有的传染病重症护理水平；某些肾衰竭患者需要类似透析之类的高风险治疗；②每个患者从可疑病例到危重患者再到恢复到健康状态的住院时间各不相同；③患者被要求在PBU中停留的时间比预期要长得多；④当时的PBU没有考虑所有可能发生的事件及潜在护理需求。

患者护理活动包括诊断、治疗、分娩和接产等。不论是确诊病例还是疑似病例都要给予适当的医疗护理。设计时要考虑规划一个既能同时容纳这两类患者，又能最大限度地保护患者和医护人员安全的设施。患者可能存在需要特殊诊断和治疗的基础疾病或状况。

当患者是孕妇时，在护理过程中可能需要进行分娩和母婴护理。在这些过程中，对于设备的需求将会发生变化。这就要求我们在设计时要考虑设备易于消毒，且便于进出病房，需要有不将患者转移出防护区就能提供足够的护理能力。

准则 4：工程控制优先与程序控制

很多意外事故都是由于操作程序过于复杂导致操作者无法保证每次都能正确的操作，或是其他人为失误而造成的。鉴于绝大部分的实验室事故都是人为事故，而医院的操作程序比实验室更加复杂，故而医院在将误差降低到可接受程度是尤为困难的。工程系统的设计可以适应故障状况。事实表明，人类犯错误的可能性要比设计良好的系统发生故障的可能性大得多。

在生物防护和生物安全相关设计时，设计者应当在可行的情况下使用工程控制取代医院操作流程。如选择使用双扉高压灭菌器而不是选择传统的通过装袋打包废弃物，对包装袋进行消毒，再将其从设施中转移至高压灭菌器。随着风险增加，工程控制力度应该随之增加，把程序需求降至最低。

准则 5：设施设计与操作程序的整合

设施的设计必须与规划的操作模块充分整合，最大限度地减小事故发生的可能性。当设施设计与操作程序不匹配时，事故发生的可能性显著增加，必须采取相应的解决办法。因此要根据各种已规划的操作模式对设施进行设计。

准则 6：通过隔离控制污染

将污染区与非污染区分开将最大限度地降低患者、护理人员和外部环境的风险。设计师应首先思考如何将可能被污染的空间数量减少到操作所需的绝对最小值。在可能的情况下，通过初级防护实现隔离。仔细研究如何消除洁净和污染的交叉流。这包括消除服务于确诊和可疑患者以及不同疾病患者的空间之间交叉污染的可能性。

准则 7：消除传染性病原体的空气传播

虽然人们普遍认为埃博拉病毒通过气溶胶途径传播的可能性有限，但这一传播途径对于未来暴发的疾病并非不可能。设施设计时要增加一定灵活性以应对那些可能通过气溶胶传播的高风险疾病。即使对于埃博拉这样的病毒，这也同样能防止病毒通过气溶胶传播至室内某些表面从而导致通过皮肤接触引发的意外感染。为保证工作人员安全及防护区外免受气溶胶污染物的传播，应设置缓冲间、高效过滤及定向流气流是十分重要的考虑因素。排风和通气口设置高效空气过滤器；提供从低风险区流向高风险区的定向气流；同时也要认识到定向气流的局限性，可设置物理屏障，如缓冲间。设置缓冲间后，气流必须至少连续穿过两道门，这样可以提供更好的空气防护边界。

准则 8：房间内表面及装饰材料应易于消毒

在实验室里，传染源是在初级防护中操作的如生物安全柜，因此极少需要进行房间消毒，而房间消毒所用的化学物质会降解房间表面材料。由于缺乏初级防护，在PBU中使用表面消毒剂的情况比实验室更加频繁。当内表面损坏而进行维修时，PBU是无法使用的；更重要的是，对未经特殊耐腐蚀处理的内表面维修将大幅增加这些设施的维护和停机时间，而它们引发的严重后果，恰恰是在2014年埃博拉疫情暴发期间设施使用方面的沉痛教训。

准则 9：冗余、可靠性和系统隔离是关键考虑因素

当实验室发生系统故障时，可以停止运行。但是在病房里，所有系统必须正常运行以确保患者的安全。当有患者入住的病房送风或排风系统发生故障需要维护时，你仍然需要在病房内护理患者。当实验室风量损失严重时，系统可以关闭，但由于病房必须坚持工作，则给医护工作者和不同患者之间都带来了极大的风险。因此要做好系统的设计，使其尽量不要发生故障。如果系统发生故障，则通过过滤隔离部件将降低维修人员暴漏的可能性。

准则 10：定义界定防护成功

因新设施类型定义较少，所以很难设计、建造和运行。没有什么比完成生物防护设施的设计和建造后，发现在设计或运行参数上存在分歧更令人沮丧的了。同样，过多的警报触发条件也会使操作者分心。如果不能提前明确什么是必须实现的，什么是必须避免的，则团队在设计过程中将不可避免地出现问题和分歧，设计出来的防护设施肯定也无法让人满意。

负压病房模型（患者生物防护单元模型，PBU 模型）

2014年疫情后，人们结合BSL-3和BSL-4与早期PBU设计中的经验教训，不断总结创新，研究出新的PBU模型（图16-8）。这些模型的特点可能包括限制交叉污染的单向流、实验室测试和病房套间内废弃物的消毒，以减少对程序的依赖，以及患者从严格受控的走廊进入病房套间。

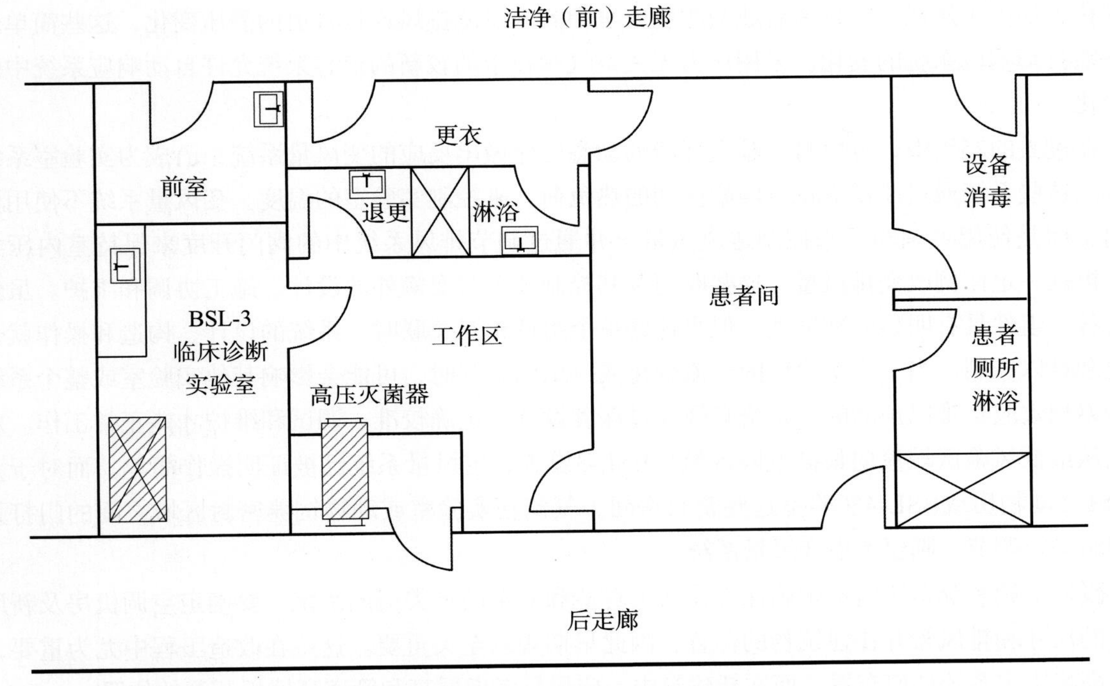

图 16-8　一个新 PBU 模型的平面布局

在这个开发中的新模型中，护理活动利用洁净的支持区和走廊，在病房的前侧开展患者护理活动，并在病房的后部设置一个潜在但非常规的污染走廊。该区域通过BSL-3进出缓冲间与患者病房隔开，保持清洁，废弃物在单元内消毒，患者从病房另一侧的非清洁走廊进出。护理人员换好防护服从上面洁净走道进入病房对患者进行护理工作。离开病房后，工作人员先处理废弃物，然后脱防护服，然后通过淋浴进入设施的洁净侧。专设设备消毒间作为设备进入病房的通道和用于设备移出防护区前的消毒。

进出实验室通过洁净走廊缓冲间。分析样本时使用生物安全柜确保工作人员的安全以及样本不被污染。实验室工作人员也可选择通过淋浴区和更衣离开实验室。

这一新模式使PBU规划设计的十大准则得以实现。同时有助于改善患者护理工作，提高患者、工作人员和周边环境的安全性。

特殊生物防护设施的总结

以上两个范例提供了对规划和设计新型生物防护设施时所涉及问题的过程和评估的理解。在设计中，必须考虑生物防护的原则如何应用于所涉及的操作，还要考虑操作和要求如何改变生物防护考虑的因素。

特殊实验室系统设计

暖通空调

在过去，实验室的静态暖通空调系统相当简单。房间送风恒定，排风为固定比例（定风量系统）。通过改变进入房间的空气的温度来调节房间的温度（再加热系统）。压力由供给和排出空气的比例来维持。一旦达到平衡，这些部件较少的系统就很容易维护。而大多数问题来自系统中的动态变化，如由于送风管、排风管或与生物安全柜高效过滤排风连接管道的静压变化，这些简单的系统不能自动响应系统的变化。采用压力无关空气阀技术的较新的定容系统允许自动响应系统中的动态变化。

在过去的25年中，可以对实验室环境的动态变化做出反应的变风量系统，已成为实验室系统的主流。这些系统通过风量变化以匹配房间的热负荷，来控制实验室的温度。变风量系统不使用固定阀门，而是使用可调阀门来控制送风风量。并通过调节排风系统中的阀门开度来保持室内压力关系，根据一定比例改变排风量。这些阀门及其控制装置需要额外的设计、施工协调和维护。虽然系统的各个组件具有明显的准确性，但当这些单个组件相互关联时，系统的设计、构造和操作就会变得复杂难以控制。当一个实验室的气流变化或一扇门打开时，可能会影响其他实验室或整个系统，这些累积效应是难以预测的。系统必须经过深度设计，正确校准、调试和维护才能正常工作。对于气流从最低风险区域流向最高危险区域的BSL-3设施，定风量系统已被证明操作简单。而对于大动物BSL-3动物房或BSL-4实验室这些密封房间，气流在实验室或动物饲养密封区域之间的门打开和关闭时进行调节，则要考虑变风量系统。

暖通空调系统是实验室中确保工作人员舒适和安全的最关键的系统。要确定空调机房及新风百叶窗的尺寸和排风管井在建筑物的位置，因此早期规划至关重要。这些在改造工程中尤为重要，因为层高将决定系统如何布置。而在新建筑中，应尽早考虑层高和管道穿楼板开洞的位置。

建筑和工程在实验室项目中的相互协调与整合对于项目的成本、进度和质量控制至关重要。在空气处理系统设计中，最小换气次数是控制因素时，实验室的模块宽度至关重要。例如，与10英尺模块相比，11英尺模块增加了10%的空气处理需求。这一附加要求对空气处理系统、送排风管尺寸、冷机大小、结构和建筑系统的成本以及建筑物全寿命周期间的运营成本都有影响。

是否要设置吊顶，以及吊顶高都必须尽早决定，因为这将影响房间的体积。当风量是主控因素时，不设天花板会使暖通空调系统的运行规模和成本增加约33%。层高对于正常运行暖通空调系统至关重要。如果规划得当，3 ~ 3.3 m的梁下高度通常足以放下管道系统而且偏移最小。偏移增加了管道中气流阻力并增加能耗。在既有建筑中，层高已定，则整个系统须根据已有条件进行风管走向

的设计。

房间大小尽早确定可以最大限度地使空调系统和房间进行匹配，消除通风橱排气和房间排气等系统的重复。

动物设施通风

通风和气流是减少气溶胶微生物传播，从而保护动物和人员的最关键因素。空气流动对于控制动物设施中的气味也是必要的。送排风系统应是独立的，并应采用不回风全新风系统形式。系统设计应具有高度的可靠性，保证恒定范围的温度、湿度和换气次数。这些要求因饲养的动物种类而异。应始终保持污染区和清洁区之间的压力梯度。

设计整合

系统新风口应设在建筑表面，排风应设于屋顶。新风不得吸入装卸区的车辆烟气或建筑物排气管的排风。动物房系统送排风量巨大，因此建筑空间与暖通空调系统的协调和整合是设计的重要组成部分。

设计参数

空调系统的设计参数包括定向气流、换气次数、压力关系、温度和湿度的控制[22]。这里介绍了基本的指导方针，但是每个实验室的条件不同，应该按照其特定的要求进行设计。

大多数BSL-2及以上的生物安全研究设施没有采用回风设计，实验室的空气被直接排放到室外，这最大限度地减少了有害气体或生物气溶胶传播的可能性，并减少了实验室间交叉污染的可能性。空气通常从实验室入口或实验工作区附近引入，在充分置换污染物散发区域后被排风排出。这减少了实验室暴露在有害气溶胶中的面积，也是将实验台置于实验室前段的另一个理由。应注意使用的散流器类型，以尽量减少气流对于实验室和安全设备平衡设置的影响，尤其是当空气进入通风橱或生物安全柜区域时，这一点尤为重要。层流扩散器是一种大的穿孔板，可以允许空气以最低速度进入实验室，从而可能减少气流对通风橱、生物安全柜和实验室工作台的影响。

换气次数取决于具体需求、暖通空调系统类型、各实验室排风设备数量及房间的负荷要求。典型的传染病实验室可能每小时换气6～10次，动物设施每小时换气15次或更多。如上所述，在动物设施中使用独立通风笼具可以降低所在房间的换气次数，因为笼内换气次数很高。

空气从走廊（或风险较低的房间）流向高风险房间，最终排至建筑物外，房间压力得以平衡。为了使空气从低风险区流动到高风险区，高风险区应与低风险区保持相对负压。房间之间的压力关系从5%～15%不等，数值取决于具体的系统要求。

低压差下的气流很难控制，特别是对于变风量系统，其精度可能为±5%，这可能会在最不利情况下使室内压力逆转。压差越大，门就越难以开启或迅猛开启，这取决于推动它们的气流方向。空气会从任何未密封的开口（如电源插座盒、门框或窗户）渗入房间。实验室的机械系统设计和建筑完整性水平必须认真平衡。高负压也可能导致外界空气通过窗缝高渗透而带来孢子、花粉、真菌和其他污染物或异味。尤其是在实验室中使用与污染物类似的样本时，这些都可能干扰实验，或导致组织培养污染，或工作人员问题（过敏）。

生物医学研究实验室的设定温度应该低一些，以便为穿着实验室外套和手套的工作人员提供舒适环境。实验室用电设备产生大量负荷，想要保持舒适度就要提供足够的冷量来抵消。湿度控制也非常重要，因为湿度过高时会引起壁板结露，湿度过低时会引发静电。

噪声控制

实验室的噪声考虑包括振动和噪声。振动会影响敏感设备，如天平、显微镜、切片机和电子显微镜；噪声会损害使用者的舒适和健康。实验室建筑中的大多数振动要么来自建筑物下面的地面，要么来自建筑物中带有活动部件的机械设备，如冷水机组、风机和空气处理机组。良好的设计可以最大限度地减少振动传递，设备的局部阻尼（如平衡台）使大多数实验室的振动问题控制到最小。然而噪声是一场持久战，设备噪声和大量空气流动必然产生的噪声是难以控制的。通风橱、冷冻机、生物安全柜、离心机、搅拌机和真空泵都会产生噪声。如果可能的话，长期持续产生噪声的设备，如冰箱和离心机，应位于平时很少使用的单独房间内。通过适当的系统设计，可以将通风橱的噪声降到最低。尽管大多数实验室在8 h内都能满足职业安全与健康管理局85 dB（A）的噪声级要求，但它们可能无法为工作人员提供听觉舒适。塞斯勒和胡佛[24]建议，在进行电话交流和创造性思维的研究实验室，噪声水平不应超过55 dB（A）。然而，这些水平在实验室可能很难达到；实际水平为50～60 dB（A）。在设计过程中及早考虑噪声将减少潜在问题。

排水系统

卫生和实验室排水系统与通风系统

实验室通常有两种排水系统–卫生排水和实验室废水。卫生排水系统处理厕所、饮水机和其他非实验室来源的液体废物。实验室废水排水系统具有耐酸性，用于实验室和通风橱中的水池，这些水池可能因处理不当或溢出而被化学品污染。虽然相关法规将可合法排入排水系统的废弃物量降至最低，但在CFH处可能会发生泄漏，所以实验室废弃物排水系统通常配有酸稀释罐。必须注意确保任何进入排水系统的废弃物符合当地规范。废水系统需要配备通风管道以排出下水道废气。

生活和实验室供水系统

实验室设施中的饮用水和实验室用水系统应该分开设置。实验室用水侧需要设置止回阀或真空断路器，以防止污染饮用水系统。主实验室水池应配备洗眼器。安全淋浴应放置在规范要求的走廊内，最好放置在每个包含通风橱的实验室内。安全淋浴器也应配备相应的洗眼器。应结合设计需求和地方规范决定如何确定实验室或生活用水系统。

实验用水可能需要工艺用水系统（如蒸馏水、去离子水或微滤水）。这些用水可集中供给，也可在实用点分散设置。

真空和压缩空气系统

真空和压缩空气应设置集中供给系统。生物安全区的真空系统在进入真空管路之前，应在管路上安装消毒水封和高效过滤器，以防止管路和收集系统受到污染，并防止生物危害气体排放到大气中。必要时，设置直列式空气过滤器，以防止油污染设备和实验过程，当然也可通过使用无油压缩机来解决这一问题。

实验室气体

实验室经常用到气体有天然气、二氧化碳、低温气体和其他特殊气体。所有在用或储存中的气瓶必须加以固定。此外，一些危险的特殊气体，如氟化氢，可能需要额外的安全措施，如淋浴或泄漏检测系统。通常大量实验室用气体通过中央系统输送。将气体输送到BSL-3实验室也应谨慎。气瓶也应远离敏感区域（如组织培养室），以尽量减少因输送气体导致的污染。必须为空瓶和满瓶气

瓶提供足够的储存区域和固定装置。气瓶应安放在BSL-3和BSL-4实验室外，以尽量减少进入这些实验室，并避免对空气瓶进行消毒。气体可以从气瓶存放区通过管道输送至实验室内。

防火

灭火器

灭火器必须安装在生命安全规范要求的位置以及其他危险位置。常用为ABC型灭火器，特别需要下也可设置其他类型（如二氧化碳或泡沫）灭火器。

喷淋装置

实验室设施可能不用必须为满足国家防火规范而设置自动喷淋系统。但设计时仍应考虑喷淋系统。在发生火灾的情况下，喷淋装置将有以下优点：提高生命安全性、减少实验数据的损失、减少防护屏障破坏的可能性以及减少特殊设施的损失。但在增强型BSL-3、BSL-3-Ag和BSL-4设施中，喷淋系统的使用可能是一个问题。

其他防火系统

特殊电子设备或高容量化学品转移区域可能需要除喷水灭火系统以外的消防系统。二氧化碳、泡沫和其他灭火系统可用于特殊需要，但一般不用于实验室。

设计火灾报警系统，以对火灾或其他生命安全问题进行预警。这些系统的要求通常由当地规范控制。必须为听力障碍者和高噪声区或限制进入实验室（BSL-3）的人提供视觉报警系统，因为这些人可能听不到建筑物声音警报系统。

溢出控制和消防站

应在危险区附近设立溢出控制和消防站，以便在紧急情况下快速进入和响应。用于处理实验室危害的中和、吸收和消毒剂材料应与灭火毯、灭火器和急救用品一起存放。限制进入实验室（BSL-3）应备有足够的适当应急材料。

电气

常规供配电

实验室已成为用电大户，并且用电量还可能会继续增加。所有实验室均应电力保障充足，且有多个供电回路。此外，在设计阶段必须明确出具有特殊电源要求的设备，以便配备满足要求的电源。线路及接线盒应有预留，以便将来实验室用电设备的增加。从变压器到各个实验室配电箱，实验室电源系统的所有环节均应有前瞻性冗余考虑。

备用电源

应考虑安装备用发电机，以便在失去正常电源的情况下为涉及生命安全设备、空气处理、排风、生物安全系统、冰箱和培养箱提供电力。设置应急发电机供电系统以保障电力。不间断电源系统可以为在备用发电机启动过程中因瞬时断电而无法工作的设备提供连续电源。

照明

实验室照明应按工作需求进行设计。灯具应排列在工作台上方，须尽量减少眩光和阴影，并应具有足够的照度来照亮护理人员及实验室内的工作表面。同时考虑在实验台面上方的架子下布置灯具，为实验台提供工作照明。

仪器接地

实验室设备可能对来自建筑系统和电机的“电气噪声”敏感，这些电机可能分布在建筑接地系统上。应注意通过在电子噪声发生器和可能受噪声影响的设备之间提供系统隔离来尽量减少此问题。可以开发接地系统来减少这一问题。

出入控制、安保与监控系统

出入控制在生物安全防护设施中已变得越来越重要。各方都有兴趣知道该设施是否按设计运行。应安装计算机监控系统，以持续监控设施内的状况。以下为实验室和动物设施开发的监控系统，在设计时可根据情况选择：

· 门禁系统。

· 关键设备的操作（如暖通空调、应急发电机、生物安全柜、化学通风橱、高压灭菌器、冷库、冰箱）。

· 气流、换气次数和压力系统。

· 环境条件（温湿度、照度）。

· 24 h自动报警系统。

· 闭路电视图像监控安保系统。

监控可以是针对整个设施内部、可以是针对部分区域或者只是维修区域。设置监控系统的好处如下：

· 控制进出防护区的生物、化学和放射性材料。

· 系统故障预警。

· 记录进出设施的人员，包括记录企图不当进入。

· 监测培养箱和冰箱的状况，以防止研究样本的潜在损失。

· 可进行空间条件记录，作为实验结果验证的备份文件。

· 更高水平的公共设施舒适度。

通信

电话和数据连接应作为所有实验室空间规划的组成部分。在天花板上方提供电缆槽，用于通信和计算机布线。该布线应延伸至实验室所有区域，并有一个中心点连接至整个建筑系统。还应为数据系统机架和调制解调器提供连接外部网络的空间。BSL-3和BSL-4中的通信设备应为非手动操作。

实验室信息管理系统

计算机的使用是实验室工作不可或缺的一部分。实验室使用计算机系统进行会计核算、数据分析、数据采集、设备操作、暖通空调系统操作、质量控制和系统监控。实验室信息管理系统中独立且网络化的程序正在被开发应用，能够收集和分析实验室内的各种数据来源。大多数新建实验室的设备在一定程度上是计算机化的——它们的数据都上传到网络中。目前，许多这类设备都有专属的个人计算机和打印机。一个典型的实验室可能有3～4个专用于设备的计算机和打印机组合。目前正在为通过网络进行通信的系统开发标准，允许一台计算机在每个实验室处理多个功能。这可以减少每个实验室1.8～3 m的实验台所需空间。

系统配置

暖通空调、给排水和电气输送系统的分配必须便于操作和维护。风管、水管、导管和电缆槽的路线必须尽量减少转弯（否则会降低效率）、交叉（这会占用层高）和通道位置（可能需要检修面板或排水管）。所有管路必须预留足够的维护维修空间。这些系统在实验室建设中的成本最高，所以分配方案好坏将决定系统是经济的还是浪费的。应合理评估电路主线和支线之间的最佳切换点。另外，建筑布局应符合常识，最大限度减少最昂贵部件的使用。BSL-3和BSL-4实验室内的相关设备应在防护区外部预留足够维修通道。

应设置维修空间，例如，维修层刚好位于实验室楼板上方，以及需要高效过滤器的防护区域上方——这使得支撑管线可以从上方直接进入实验室，让高效过滤器就近布置于其服务的房间。设备层为维修和改造提供了大量通道，非常灵活，并尽量减少实验室维修所需的占地面积。

设备选择

实验台

在任何实验室的设计中，实验台类型、材料、适用性和成本都是需要考虑的重要决定性因素。必须考虑建设的初始投资和长期运行成本。与公用设施相关的实验台类型和固定装置是设计的关键点。可供选择的实验台材料有以下几种：生物医学实验室最常用的材料是不锈钢（易于清洗和高耐溶解性）、环氧树脂（耐冲击、高耐溶解性和高耐酸腐蚀）和塑料层压板（高耐化学性和低耐冲击力）。在使用和存储易燃和具有酸腐蚀的化学物品的实验室中应使用以上材料的实验台。

在预计需求变化较大的实验室中应考虑使用独立（灵活）的实验台系统。灵活实验台在临床实验室中的使用是最成功的地方之一。

实验台的设计应考虑到与柜橱和抽屉适当集合，以达到预期的使用目的。应提供适当的膝盖空间以便使工作人员在舒适的环境中坐着工作。应有干燥区域使得工作人员能利用计算机和纸张进行工作。在实验台工艺平面设计中最常见的错误是将太多的实验台放入一间实验室中。应为不可预见的大型设备留出运输和放置空间。实验台可以增加，但一般很少移动。

害虫和啮齿动物控制

害虫和啮齿动物往往在生物医学设施，特别是对动物设施和生物安全防护设施造成滋扰和危害。所有穿墙、小孔、开口和裂缝处应该密封良好。材料和系统的选择应尽量减少害虫的藏身面积。接待室、储藏室和休息区域应该远离实验室区域以减少以上问题的发生。应考虑使用BMBL[8, 9]中所述的综合害虫防治计划。

废弃物处理和清除

储存废物、易燃物、溶剂的空间以及储存动物尸体的冷藏室或冷冻室在实验室建设中不可缺少。在设计过程中，一定要制定危险物品与非危险物品的废弃物处理和存储规定。医疗单位和监管机构越来越重视废弃物管理。如果要进行化学物品回收，则必须考虑化学物品回收设备的空间。

应为一般废弃物、生物废弃物和非感染性动物垫料提供适当的收集空间。此外，还应为具有放射性废弃物提供存放空间，并由有关机构处理。应设置用于存放放射性动物尸体的冷库。

在生物废弃物数量较大，处理费用偏高且当地法规允许的情况下，可考虑为生物废弃物提供焚化炉。其他废物处理方法（如粉碎和降解）也应被考虑。

消毒

如何对设施进行消毒也是设计工作的一部分内容。相关规定允许为房间单独设置送排风系统。根据危险程度等级[8, 9]，进入房间的开口应密封或应具有密封的能力。所有危险操作实验室应设置可操作的喷洒控制、清洗和消毒中心。

标识和信息系统

实验室项目应考虑五个级别的标识——方向、信息、生命安全、危险识别和系统识别。实验室中，方向的标识应引导人员前往不同的地点，还应包括实验室区域访问限制信息。

危险识别标识分为四类。“注意”规定了人员安全或财产保护有关的政策，但不适用于对身体危害的情况。“警示”表示潜在的危险情况，如果不避免，可能导致轻伤或中度伤害。“警告”表示潜在的危险情况，如果不避免，将导致死亡或重伤。“危险”表示紧急危险情况，如果不避免，将导致死亡或重伤。每种类别的危险识别标志都有特定的尺寸、形状、颜色、信息和文字要求。

试运行和验收

实验室建设后，确保其能够按照设计要求运行是非常重要的。为实现这一目的而进行的测试过程被称作试运行。理想情况下，试运行将在设计期间开始，以便测试人员可以与设计人员、施工人员、运行人员进行交流，并完全了解设计意图。这种早期参与调试的行为提高了试运行顺利进行的可能性，并满足所有业主的期望。

试运行分3个层级：对单个系统中各组件的测试、对系统进行测试、对所有系统的全面综合测试。一个全面综合调测试的案例是调试系统关机、断电后重启电源、启动应急发电机并恢复正常供电时送排风系统的连锁反应。也包括在此过程中各种警报和提示的发生方式。

对于生物安全防护实验室，试运行一般包括对生物安全防护实验室围护屏障进行常规水平的密封测试，对生物安全柜和其他一些初级防护设备的密封性测试和认证，对灭菌系统的测试（高压灭菌器、污水消毒处理系统，以及集成气体和蒸汽熏蒸消毒系统），以及对机械、电气、管道系统的测试。

生物安全防护实验室的验证应包括验证书面操作规程是否与已建成的设施相匹配，以及对在该设施工作时的风险评估。

结论

生物医学研究实验室及其专用设施尤其是诸如动物解剖和PBU之类的生物安全防护设施的设计，需要大量的思考和抉择。实验室用户、管理人员和实验室设计人员必须充分交流，分享信息，以便在设计过程中及时做出正确的决定。最后，这将最大限度地减少在必须重新讨论问题时所损失的时间和增加的成本。各方之间良好的沟通是成功设计一个生物医学实验室及其配套专用设施的关键。每个实验室都是独一无二的；没有足够的时间、精力和思考，任何设计方法都无法提供一个尽善尽美的实验室设施。最成功的实验室设施既满足其独特的要求，也满足每个实验室所需的通用要素。这样的实验室设施才能既满足现有特定功能需求，也能适用于将来的需求。

原著参考文献

[1] Crane JT, Riley JF. 1999. Design of BSL3 laboratories, p 111– 119. In Richmond JY (ed.), Anthology of Biosafety, vol. 1. Perspectives on Laboratory Design. American Biological Safety Association, Mundelein, IL.

[2] Crane JT, Bullock FC, Richmond JY. 1999. Designing the BSL4 laboratory. In Richmond JY (ed.), Anthology of Biosafety, vol. 1. Perspectives on Laboratory Design. American Biological Safety Association, Mundelein, IL.

[3] Kuehne RW. 1973. Biological containment facility for studying infectious disease. Appl Microbiol 26:239–243.

[4] National Institutes of Health. 2013. NIH Guidelines for Research Involving Recombinant or Synthetic Nucleic Acid Molecules (NIH Guidelines), November 2013. http://osp. od. nih. gov /sites/default/files/NIH_Guidelines_0. pdf.

[5] Dolan DC. 1981. Design for biomedical research facilities: architectural features of biomedical design, p 75–86. In Fox DG (ed), Design of Biomedical Research Facilities: Proceedings of a Cancer Research Safety Symposium, 1979. NIH publication 81-2305. Frederick Cancer Research Center, National Institutes of Health, Bethesda, MD.

[6] West DL, Chatigny MA. 1986. Design of microbiological and biomedical research facilities, p 124–137. In Miller BM (ed), Laboratory Safety: Principles and Practices. American Society for Microbiology, Washington, DC.

[7] Chatigny MA, West DL. 1976. Laboratory ventilation rates: theoretical and practical considerations, p 71–100. In Proceedings of the Symposium on Laboratory Ventilation for Hazard Control. NIH Publication No. 82-1293. Frederick Cancer Research Center, Frederick, MD.

[8] Centers for Disease Control and Prevention and National Institutes of Health. 1999. Biosafety in Microbiological and Biomedical Laboratories, 4th ed. U.S. Government Printing Office, Washington, DC.

[9] U.S. Department of Health and Human Services, Public Health Service, Centers for Disease Control and Prevention, National Institutes of Health. 2009. Biosafety in Microbiological and Biomedical Laboratories, 5th ed. HHS Publication no. (CDC) 21-112. http://www. cdc. gov/biosafety/publications/bmbl5 /BMBL. pdf.

[10] Richmond JY (ed). 2002. Anthology of Biosafety, vol. 5. BSL-4 Laboratories. American Biological Safety Association, Mundelein, IL.

[11] Department of Labor. 1999. 29 CFR Part 1910.1030, Bloodborne Pathogens, Final Rule. Occupational Safety and Health Administration. U.S. Government Printing Office, Washington, DC.

[12] Centers for Disease Control and Prevention. 1997. Goals for working safely with Mycobacterium tuberculosis in clinical, public health, and research laboratories. http://www. cdc. gov/od/ohs /tb/tbdoc2. htm.

[13] American Institute of Architects, Committee on Architecture for Health. 2001. Guidelines for Construction and Equipment of Hospital and Medical Facilities. American Institute of Architects Press, Washington, DC.

[14] Department of Labor. 1999. 29 CFR Part 1910.1450, Occupational Exposures to Hazardous Chemicals in Laboratories, Final Rule. Occupational Safety and Health Administration. U.S. Government Printing Office, Washington, DC.

[15] Department of Labor. 1999. 29 CFR Part 1990, Identification, Classification, and Regulation of Potential Occupational Carcinogens. Occupational Safety and Health Administration. U.S. Government Printing Office, Washington, DC.

[16] Crane JT, Riley JF. 1997. Design issues in the comprehensive BSL-2 and BSL-3 laboratory, p 63–114. In Richmond JY (ed), Designing a Modern Microbiological/Biomedical Laboratory. American Public Health Association, Washington, DC.

[17] Riley JF, Bullock FC, Crane JT. 1999. Facility guidelines for BSL-2 and BSL-3 biological laboratories, p 99–109. In Richmond JY (ed.), Anthology of Biosafety, vol. 1. Perspectives on Laboratory Design. American Biological Safety Association, Mundelein, IL.

[18] College of American Pathologists. 1985. Medical Laboratory Planning and Design. College of American Pathologists, Skokie, IL.

[19] National Research Council. 1996. Guide for the Care and Use of Laboratory Animals. National Academies Press, Washington, DC.

[20] Nolte KB, Taylor DG, Richmond JY. 2001. Autopsy biosafety, p 1–50, In Richmond JY (ed), Anthology of Biosafety, IV. Issues in Public Health. American Biological Safety Association (ABSA), Chicago, IL.

[21] Nolte KB, Taylor DG, Richmond JY. 2002. Biosafety considerations for autopsy. Am J Forensic Med Pathol 23:107–122.

[22] ASHRAE Technical Committee. 1999. Industrial applications, laboratories, p 13.1–13.19. In ASHRAE Handbook, Applications. American Society of Heating, Refrigerating and Air-Conditioning Engineers, Inc., New York.

[23] National Fire Protection Association. 2004. NFPA 45 Fire Protection for Laboratories Using Chemicals. National Fire Protection Agency, Quincy, MA.

[24] Sessler SM, Hoover RM. 1983. Laboratory Fume Hood Noise, Heating Piping and Air Conditioning. Penton/PC Reinhold, Cleveland, OH.

17

初级屏障及设备相关风险

Elizabeth Gilman Duane，Richard C. Fink

初级屏障是防止生物材料逸散的技术和设备的总称，也可以称为初级防护。一般来说，它们在人和（或）环境与危险材料之间提供物理屏障。初级屏障的范围从基本的实验室白大衣到生物安全柜。本章介绍一些常见的初级防护设备和个人防护装备以及各种设备相关的风险。其他章节将介绍包括呼吸保护、工作准则、生物安全柜等更具体的初级防护范例。

实验室获得性疾病的历史经验充分证明了初级防护的重要性，而如何选择适当的初级防护以及如何正确使用它们也同样重要。关于这一点，文献中的例子不胜枚举。而关于实验室获得性感染的信息，将会在其他章节介绍。

初级防护设备和相关风险

动物房

除了撕咬以外，动物对人的危害主要来自动物尿液、粪便气溶胶化[1]。因此在动物排泄物里存在各种病原和病毒载体的动物实验中，动物笼具保护工作人员免受气溶胶的影响是十分重要的。1972—1973年，美国罗切斯特大学医学中心的研究人员和来访者中暴发了淋巴细胞性脉络丛脑膜炎病毒，这为气溶胶污染的重要性提供了一个生动的案例。在这一事件中，48人感染，其中17人与感染动物并没有直接接触。感染不仅发生在与受染仓鼠接触过的人身上，而且还有那些仅短时间进入了动物房的人[2]。

多种动物笼装方法可最大限度地减少人员暴露于动物产生的气溶胶。相比大动物，小动物有更多可选择的饲养方法：小动物可选择过滤罩（filter bonnets）或层流室饲养。过滤罩在捕获动物运动产生的气溶胶方面是有效的；但是，一旦出于动物护理或研究目的需要移除过滤罩，保护就会失效。带过滤罩的笼具会增加湿度、二氧化碳和氨。为了解决这些问题，还需设置有高效过滤通风的笼盒和笼架。一些笼架仅为防止交叉污染，因此会将未过滤的空气排放到房间中。而有些笼架设计则使空气进出笼盒都经过高效空气过滤器（图17-1）。当从笼架上取下笼盒并打开时，人员保护自然失效。因此，我们建议在生物安全柜中打开笼盒。

笼架也可以放置在有高效过滤的层流隔离室内。这些房间可以是永久性设施、模块化隔间或便携式洁净室外壳，正负压皆可。其中一些单元可向外排风，相当于I级生物安全柜。

图 17-1　Super Mouse 750（92140AR）高密度笼架，配备环保型送排风机组 (Lab Products 公司)

离心机安全

使用离心机时，很可能会产生气溶胶。离心杯或离心管的装卸也会产生气溶胶。因此，为了保护人员安全，这些过程需要在生物安全柜中进行。当离心杯或离心管在离心过程中破裂时，产生的气溶胶量可能非常大[3]。离心机已知与数百种实验室获得性感染相关，其中包括布鲁菌、柯克斯体、沙比亚病毒、艾滋病毒、鼻疽杆菌和其他病原体[4-9]。

1994年，耶鲁大学的一位病毒学家暴露在沙比亚病毒的气溶胶中：当时一个离心杯产生了一个裂缝，含有病毒的组织培养上清液泄漏到高速运转的离心机中。病毒学家在BSL-3实验室工作，他穿着连体服、外科口罩和手套对逸出的物质和离心机进行了清洁。随后，他出现了疾病症状，通过从血液中分离出病毒，确诊为沙比亚病毒感染。虽然这位病毒学家随后康复了[6]，但是这种实验室获得性疾病不仅表明，当时没有使用合适的个人防护装备，即呼吸保护无效，而且离心机也能够产生感染性气溶胶。

离心安全杯为离心提供了一种密封方法。容器的范围从密封管到更大的螺旋盖桶和密封转子。由于离心过程压力极大，密封件的质量非常重要。可能会使用几种常见的装置，如垫圈密封件，应定期检查并在受损时更换。在处理传染源时，为了人员安全，离心机转子必须在生物安全柜中装卸。

实验室中会发生过转子爆炸，因此应考虑离心传染性病原体时发生重大事故的可能性。在其中一个案例中，爆炸是由于拆除了超速安全销[10]，结果整个转子和离心机损毁（图17-2和图17-3）。设备的使用应始终按照设计使用的方式进行，不得超过设计参数。适当的预防性维护应该是整个实验室安全程序的一部分。

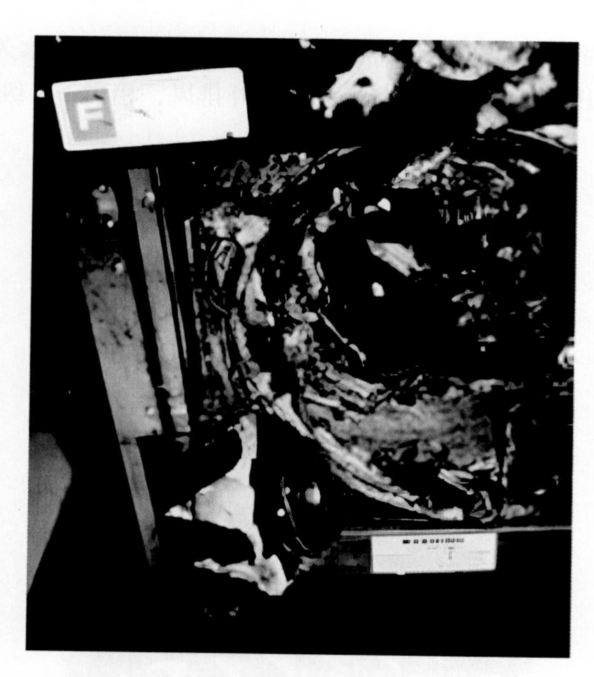

图 17-2　高速离心机爆炸后的转子（麻省理工学院生物安全办公室）

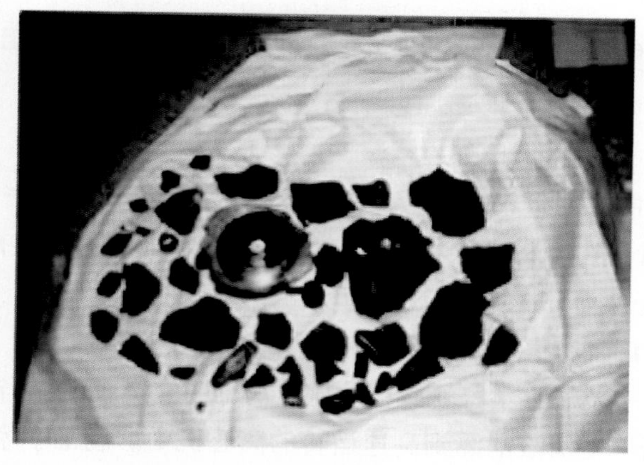

图 17-3　高速离心机爆炸后的转子碎片（麻省理工学院生物安全办公室）

出于保护人员和环境的考虑，使用大量或滴度高的病原可能需要将整个离心机放置在特别设计的相当于Ⅰ级生物安全柜的通风柜内，或放置离心机于改造后Ⅱ级或Ⅲ级生物安全柜内[11]。生物安全柜保护使用者免受从离心机中可能产生并逸出气溶胶的影响。

搅拌器、超声波仪、匀浆器、混合器以及其他气溶胶产生设备

众所周知，搅拌器和相关的混合设备可产生气溶胶。在操作过程中，有盖搅拌器空气样本中平均可产生8.7 ~ 119.6 CFU/立方英尺沙雷菌气溶胶[12]。混合后立即移除顶盖空气中可形成1500 CFU/立方英尺的超级气溶胶[3, 12]。

以下两个例子说明危险的搅拌器可能造成实验室获得性感染。一名实验员取下了搅拌器盖子对已感染普氏立克次体的蛋黄囊进行搅拌。该操作后不久，该实验员罹患了斑疹伤寒[13]；第二个例子发生在20世纪70年代初，当时一名实验室工作人员用厨房用搅拌器搅匀11只狂犬病山羊的大脑。因

为搅拌器塑料盖非常松，此人随后患上了致命的狂犬病[14]。

市售的可高压消毒安全搅拌器盖中含有搅拌操作产生的气溶胶。必须小心控制开盖时产生的气溶胶，该流程应在生物安全柜内中操作。

探头超声波发生器（超声波振荡器）可产生空气样本中6.3 CFU黏质沙雷菌/立方英尺[12]。因此在没有安全设备的情况下，也能够将感染性气溶胶释放到实验室环境中。除了必须放置在被超声处理材料内的探针式超声波发生器外，还有喇叭式超声波发生器。喇叭式超声发生器放置在将进行超声操作的容器外部。只要容器处于密封隔离状态，就不会释放气溶胶。

其他混合设备（如匀浆机）也可能会产生感染性气溶胶，如果产品没有安全设备，则必须放置在另一种初级防护设施如生物安全柜中。如今市场销售的一些均浆机，可隔绝搅拌过程中产生的气溶胶逸散。使用塑料袋来盛装内含物并防止气溶胶逸出的浆机也应被视为一种初级防护设备。这些设备通常被称为消化器（stomacher），尽管这实际上也是一个搅拌机品牌名。当将这种类型的匀浆机作为初级防护装置进行操作时，必须在生物安全柜中套装和卸除塑料袋——这与其他类型的搅拌机和匀浆机会产生大量不受控制的气溶胶相比，形成了鲜明对比。

用于细胞分离的设备可产生气溶胶。国际细胞计数器发展协会发布了细胞分选机生物安全标准，为防护水平和标准操作规程制订提供指导[15]。该指南在对未固定的细胞（如人类细胞或含有已知传染性病原体的细胞）进行分类时尤其重要。当细胞悬浮液通过振动喷嘴时，就会产生气溶胶，由此产生的液滴落在高压板之间。高速分选机在更大的压力下运行，与低速运行的旧设备相比，它能够产生更多的小液滴。一些细胞分选机设计专为在提供防护的生物安全柜中运行。一些分选机设有整合的气溶胶管理系统，用于捕获这些设备产生的气溶胶[16]。

样品传递容器

由聚碳酸酯制成的封闭式传递系统是一种初级防护设备，其设计目的是方便安全有效地运输含有传染性物质的试管和样品。有市售用于生物危害物的运输箱，包括聚砜夹，安全地保持运输箱关闭，并提供防漏密封。其他合适的二级容器包括：正确贴上生物危害标志的带固定盖子的塑料冷藏箱。二级容器可应用于建筑物或校园内的实验室内以及实验室间运输。对于需要在公共道路和（或）航空运输的具有传染性的生物样本运输，必须遵守适用的国家特定法规，以及国际航空运输协会（IATA）危险品法规规定的要求，这些法规对样本运输容器的标准做出了要求。

真空保护器和真空水封

在实验室中抽真空可能会导致微生物的气溶胶化和随之产生的真空管路、泵和环境污染。为了防止这种污染，可以插入任何数量的真空保护器。有许多市售在线高效微粒空气过滤器和微生物级孔隙过滤器。如果使用高效过滤器，应在其前面放置疏水过滤器，以防止高效过滤器受潮。使用带有消毒剂的真空瓶真空水封也可用于保护真空系统。

正压防护服

在感染源可能无法充分得到控制的高等级防护区域，如二级生物安全柜，人员必须穿正压防护服进入。正压防护服将人员隔离在一件通风的全身正压防护服中，由呼吸支持系统供给新鲜空气。在一个BSL-4实验室中，全身正压防护服通过生命支持系统进行通风，可与Ⅱ级生物安全柜结合使用。防护服相对于周围的实验室是正压。若不使用正压防护服，BSL-4实验室的所有活动则必须在Ⅲ级生物安全柜中进行。

发酵罐

不管是一个简单的摇瓶还是一个几千升的不锈钢罐，合理设计的发酵罐都可以满足初级防护的标准。而要使摇瓶满足初级防护，必须在摇瓶的口上加一个紧密配合的塞子。罐体的塞子可以是棉花、塑料泡沫、聚氟碳纤维封盖、透气膜或微生物级过滤器——每种瓶塞都可以减少或防止气溶胶逸出。

一个大型发酵罐可能有多个逸出点；因此，它必须有多个保护点才能满足于初级防护。转子轴是最关键的区域之一。如果轴位于底部，密封件泄漏可能导致安全壳破裂。为了防止这种破坏，许多发酵罐使用双机械密封或顶部安装的搅拌器。其他可能的破裂点是排气口和取样口。废气可以通过高效过滤器或烧灼处理，取样口可以安装在一个封闭的取样系统上，以避免产生气溶胶。后者要求对人员进行使用取样口的培训，以防止在连接和断开过程中气溶胶的产生。笔者在1500 L发酵罐采样过程中采集的空气样本表明，采样器可以检测到微生物的释放（空气采样器位于距采样口几英尺的地方）。

个人防护装备

个人防护装备包括所有服装和其他附属设备，其设计目的是预防工作场所风险。一些常见的个人防护装备包括诸如手套、头套和鞋套、护目镜和面屏，以及呼吸系统保护装备等。个人防护装备必须经适当的工程学、操作规程和管理控制评价后方可使用。雇主和雇员都必须意识到，仅使用个人防护装备并不能消除风险！如果初级防护失效或防护不足，个人防护装备通常会成为防止暴露的重要屏障。因此在所有工作场所风险评估中都应包括对保护工作场不受危险影响所需的个人防护装备的广泛评估。2014年，为了应对西非埃博拉病毒的暴发以及埃博拉病毒感染者在美国医院寻求治疗的可能性，美国劳工部职业安全与健康管理局发布了一份包含个人防护装备选择矩阵的情况说明书[17]。该矩阵详细说明了各种工作任务和推荐的个人防护设备要素，以及可能需要特定级别防护设备的人员示例。这包括卫生保健人员、维护和后勤人员以及研究和临床实验室人员。

2012年，加利福尼亚一名实验室工作人员因感染脑膜炎奈瑟菌而死亡，这凸显了初级防护和个人防护装备的必要性[18]。调查显示，该实验室人员多处违反了生物安全操作规定，在开放的工作台上开展脑膜炎奈瑟菌操作而不是在生物安全柜中，同时使用了未经常规消毒的实验室服并且没有采取眼部保护。

美国职业安全与健康管理局发布了一系列个人防护装备要求的标准。对于实验室环境，这些包括：

· 一般个人防护装备29 C.F.R. 1910.132到1910.138[19]。

· 呼吸保护标准29 C.F.R. 1910.134[19]。

· 危险传播标准29 C.F.R. 1910.1200[20]。

· 血源性病原体标准29 C.F.R. 1910.1030[21]。

· 实验室标准29 C.F.R. 1910.1450[22]。

BMBL（*Biosafety in Microbiological and Biomedical Laboratories*）[23]详细给出了BSL-1 ~ BSL-4实验室的推荐个人防护装备。表17-1说明了4种BSL类别及其对应的初级防护。

表 17-1 生物安全级别及其对应的初级防护

BSL	基本防护
1	无要求
2	Ⅰ级或Ⅱ级 BSC，或其他可防止操作导致的病原体的飞溅、传染性气溶胶的物理防护；实验服、手套以及依需使用面屏
3	Ⅰ级或Ⅱ级 BSC，或其他物理防护装置可防止开放操作中的病原体；实验服、手套以及依需使用呼吸保护器
4	Ⅲ级 BSC，若使用Ⅰ或Ⅱ级 BSC 必须穿有供气系统的全身正压防护服

BSL：生物安全级别；BSC：生物安全柜。

OSHA标准要求雇主向工作人员免费供提相应当的个人防护装备，雇员应在有潜在伤害或患病风险时使用相应的个人防护装备。这些标准还概述了各种个人防护装备的具体规定。个人防护装备必须正确穿戴，并随时保持清洁和可用状态。

实验室服装

市场上有各种不同款式和尺寸的实验服，这种服装有多种面料可供选择，如棉、涤纶、尼龙、烯烃、聚氯乙烯、橡胶和特种面料，如纺制烯烃的Tyvek。选择款式和质地应基于需执行的工作任务以及穿戴者可能暴露的材料或风险状况。例如，临床实验室工作人员处理疑似或确诊埃博拉病毒感染患者的样本时，应依据OSHA的个人防护设备矩阵穿着防水罩衫[17]。

实验服、工作服、罩衫、围裙和全身防护工作服

实验服和罩衫保护工作人员不受有害物质如传染性液体的侵害。它们还可以保护材料或样品免受工作人员污染。实验服根据使用的材料提供不同程度的保护。例如，如果实验室工作人员被大量液体（如化学溶剂）溅到身上，那么棉质实验服可能不是合适的防护。

在BSL-1和BSL-2实验室中，可使用前置纽扣实验服。在BSL-3实验室中，必须使用全包（wraparound）或正面一体罩衫（solid front gown）或全身防护工作服（coveralls）。OSHA血源性病原体标准[21]规定，所使用的罩衫必须有效防止血液、血清等浸入工作人员日常服装或皮肤。

有数据表明，手术服的结构（机织物与非织造物）、排斥性和孔径与手术服的微生物屏障有效性有关[24, 25]。实验室服装中使用的材料类型也会极大地影响其化学和防火性能。在选择实验室服装时，重要的是要平衡工作人员的舒适度与化学和生物渗透以及耐火性带来的风险。即使是最好的实验室工作服，如果穿得不得体、不连贯，也不能起到有效保护作用。另一个需要考虑的因素是针织袖口与宽松剪裁（无袖口）。针织袖口使手套更容易套在袖子上，从而尽量减少松垮的袖口打翻或接触危险材料的可能。

因为实验室的工作服保护工作人员免受污染，所以我们必须意识到工作服可能会受到污染。人们认为在1900—1914年一次炭疽暴发中，羊毛厂工人的衣服将炭疽孢子传播给了他们的妻子[26]。在向美国国会提交的一份报告中，大量的化学物质暴露与受污染的工作服有关。此外，在另一个案例中，人们认为12例Q热病例是由受污染的工作服引起的[27]。谨慎的措施都会规定，无论一个人穿哪种实验室工作服，不管是工作服还是防护服，都不应将可能受到污染的工作服带回家。同样，此类服装不应穿在非工作区，如洗手间、自助餐厅和办公场所等。

手套

1987年，有4人因感染1型猕猴疱疹病毒（也称为B病毒）而患病入院。其中3名是彭萨科拉海军

航空站海军航空航天医学研究实验室的猴子研究者，第4名是其中一名工作人员的妻子。还不确定3名处理人员中是否有2人在被咬或抓伤时戴着手套。第3个处理者在抱猴子的时候只戴着外科手术手套。其中一名受感染处理者的妻子将松乳膏涂在丈夫的皮肤损伤处，随后将松乳膏涂在她自己手上的接触性皮炎部位，从而将感染传播到自己身上[28]。在这些情况下，防护手套会提供初级防护。

有各种一次性和非一次性的手套可广泛使用。其中包括一次性使用的乙烯基、乳胶和丁腈手套，以及专为冷热环境设计的手套，以及提供不同程度抗化学和抗穿刺的手套。随着1991年OSHA血源性病原体标准的出台，处理或接触人体血液或体液时必须使用一次性手套。许多卫生保健工作者考虑使用完整性良好的乙烯基和乳胶手套作为屏障来防止血液传播的病原体，如人类免疫缺陷病毒和肝炎病毒。将乙烯基和乳胶检查手套作为屏障进行评估的实验发现，在与常规患者护理相关的操作过程中，可以形成小孔[29]。在本研究的条件下，乳胶手套比乙烯手套更不容易穿孔；此外，噬菌体试验证实乙烯手套比乳胶手套更容易泄漏。当然，经常洗手，尤其是摘下手套后，是实验室里必不可少的工作准则。

由不锈钢网和凯夫拉制成的防割手套在预防割伤时很有用，但它们不能提供防针刺伤害保护。这种手套适用于低温切割的工作——从一块冰上切下组织，或者切下组织过程中防止小动物的咬伤和抓伤。根据美国材料试验学会（ASTM）防护服材料抗皮下针刺穿性标准试验方法[30]，新的制造工艺需要测试手套对于对针刺的抵抗力。

头部防护

在制药行业，或当预期操作可能使液体溅到头部时，常用Tyvek、聚丙烯头罩和蓬松帽当头部防护产品。其他应用包括进入饲养灵长类动物房间中工作时使用，或作为动力空气净化呼吸器（PAPR）的一个组成部分使用。

鞋套

在生物医学实验室常规实验室程序中通常不需要鞋套；但是，在需要鞋套保护的情况下，如清洁生物或化学溢出物时，鞋套是有用的。在制药厂和其他产品保护很重要的工作区域，可以使用聚丙烯或Tyvek鞋套。不建议将露趾鞋和凉鞋作为实验室用鞋，因为它们不能提供足够的保护防止有害物质进入。在有大量水的工作区域，如笼盒清洗室，可能需要使用橡胶或类似材料制成的靴子。靴子应能够防滑，以减少在潮湿地面上滑动和跌倒的可能性。

眼部和脸部保护

有关于实验室工作人员因面部暴露传染因子而感染的病例在文献记载中数不胜数。例如，一名实验室技术人员将含有新城疫病毒的尿囊液溅到脸的右侧，导致她罹患新城疫角膜炎。事故发生时，她正在打开感染的鸡蛋顶部收集尿囊液[31]。而记录并未表明她在执行这项任务时佩戴眼睛保护装置。

在另一个案例中，一名技术人员将在国家质量保证演习期间收到的直肠湿拭子掉落在实验台上，她感到水滴落在她的衣服和脸上。在将拭子放回输送介质中后，她脱下罩衫，接连用水、hibiclens（氯己定）和savlon（氯己定+西曲明）清洗脸和手。大约54 h后，她出现发热、不适和痢疾，需要去看医生。粪便样本培养产生了副痢疾杆菌，这被证实与从调查样本中分离出的菌株具有相同的血清型和耐药谱[32]。

1998年，耶尔克斯地区灵长类研究中心的一名技术人员因所处理一只体内含有B型疱疹病毒的猴子，猴子体液溅到眼睛上而死亡。B型疱疹病毒存在于猕猴的血液、分泌物和组织中，可导致危

及生命的中枢神经系统感染。美国职业安全与健康管理局援引该中心的话称，该中心没有为员工提供适当的眼部和面部保护以防止猴子体液飞溅，在将猴子从转运箱移到笼子的过程中，技术人员没有佩戴眼部保护设备[33]。

结论

选择和使用适当的初级防护只是整个实验室安全计划的一个重要组成部分。实验室获得性感染是由于缺少或误用了初级防护装置和个人防护装备，因此应务必细心选择并正确使用个人防护装备。

原著参考文献

[1] Wedum AG, Barkley WE, Hellman A. 1972. Handling of infectious agents. J Am Vet Med Assoc 161:1557–1567.

[2] Hinman AR, Fraser DW, Douglas RG, Bowen GS, Kraus AL, Winkler WG, Rhodes WW. 1975. Outbreak of lymphocytic choriomeningitis virus infections in medical center personnel. Am J Epidemiol 101:103–110.

[3] Reitman M, Wedum AG. 1956. Microbiological safety. Public Health Rep 71:659–665.

[4] Wedum AG. 1964. Laboratory safety in research with infectious aerosols. Public Health Rep 79:619–633.

[5] Pike RM. 1978. Past and present hazards of working with infectious agents. Arch Pathol Lab Med 102:333–336.

[6] Barry M, Russi M, Armstrong L, Geller D, Tesh R, Dembry L, Gonzalez JP, Khan AS, Peters CJ. 1995. Brief report: treatment of a laboratory-acquired Sabiá virus infection. N Engl J Med 333: 294–296.

[7] Ippolito G, Puro V, Heptonstall J, Jagger J, De Carli G, Petrosillo N. 1999. Occupational human immunodeficiency virus infection in health care workers: worldwide cases through September 1997. Clin Infect Dis 28:365–383.

[8] Centers for Disease Control. 1988. Agent summary statement for human immunodeficiency virus and laboratory acquired infection with human immunodeficiency virus. MMWR Morb Mortal Wkly Rep 37:1–22.

[9] Centers for Disease Control and Prevention. 1994. Bolivian hemorrhagic fever— El Beni Department, Bolivia, 1994. MMWR Morb Mortal Wkly Rep 43:943–946.

[10] Schaefer F, Liberman D, Fink R. 1980. Decontamination of a centrifuge after a rotor explosion. Public Health Rep 95:357–361.

[11] Chatigny MA, Dunn S, Ishimaru K, Eagleson JA, Prusiner SB. 1979. Evaluation of a class III biological safety cabinet for enclosure of an ultracentrifuge. Appl Environ Microbiol 38: 934–939.

[12] Kenny MT, Sabel FL. 1968. Particle size distribution of Serratia marcescens aerosols created during common laboratory procedures and simulated laboratory accidents. Appl Microbiol 16: 1146–1150.

[13] Wright LJ, Barker LF, Mickenberg ID, Wolff SM. 1968. Laboratory-acquired typhus fevers. Ann Intern Med 69: 731– 738. 14. Winkler WG, Fashinell TR, Leffingwell L, Howard P, Conomy P. 1973. Airborne rabies transmission in a laboratory worker. JAMA 226:1219–1221.

[14] Holmes KL, Fontes B, Hogarth P, Konz R, Monard S, Pletcher CH Jr, Wadley RB, Schmid I, Perfetto SP. 2014. International Society for the Advancement of Cytometry cell sorter biosafety standards. Cytometry A 85:434–453.

[15] Byers KB. 2008. Biosafety tips. Appl Biosafl 3:57–59.

[16] Occupational Safety and Health Administration, U.S. Department of Labor. 2014. OSHA fact sheet. PPE selection matrix for occupational exposure to Ebola virus. https://www. osha. gov /Publications/OSHA3761. pdf.

[17] Centers for Disease Control and Prevention. 2014. Fatal meningococcal disease in a laboratory worker— California, 2012. MMWR Morb Mortal Wkly Rep 63:770–772.

[18] Occupational Safety and Health Administration, U.S. Department of Labor. Personal protective equipment. Title 29 CFR Subtitle B Ch. XVII Part 1910.132~138. https://www. osha. gov/pls /oshaweb/owadisp. show_document? p_table=STANDARDS& p_id=9777.

[19] Occupational Safety and Health Administration, U.S. Department of Labor. Hazard communication. 29 CFR Subtitle B Ch. XVII Part 1910.1200. https://www.osha.gov/pls /os ha web /owadisp.show_document?p_table=standards&p_id = 10099.

[20] Occupational Safety and Health Administration, U.S. Department of Labor. Occupational exposure to bloodborne pathogens. 29 CFR Subtitle B Ch. XVII Part 1910.1030. https://www.osha. gov/pls/oshaweb/owadisp. show_document? p_table =STANDARDS& p_id=10051.

[21] Occupational Safety and Health Administration, U.S. Department of Labor. Occupational exposure to hazardous chemicals in

laboratories. 29 CFR Subtitle B Ch. XVII Part 1910.1450. https://www. osha. gov/pls/oshaweb/owadisp. show_document?p_table =STANDARDS& p_id=10106.

[22] U.S. Department of Health and Human Services, Public Health Service, Centers for Disease Control and Prevention, National Institutes of Health. 2009. Biosafety in Microbiological and Biomedical Laboratories, 5th ed. HHS Publication no. (CDC) 21~112. http://www. cdc. gov/biosafety/publications/bmbl5 /BMBL. pdf.

[23] Leonas KK, Jinkins RS. 1997. The relationship of selected fabric characteristics and the barrier effectiveness of surgical gown fabrics. Am J Infect Control 25:16–23.

[24] McCullough EA. 1993. Methods for determining the barrier efficacy of surgical gowns. Am J Infect Control 21:368–374.

[25] Carter T. 2004. The dissemination of anthrax from imported wool: Kidderminster 1900–14. Occup Environ Med 61:103–107.

[26] U.S. Department of Health and Human Services, Public Health Service, Centers for Disease Control and Prevention, National Institute for Occupational Safety and Health. 1995. Report to Congress on Workers' Home Contamination Study Conducted Under the Workers' Family Protection Act (29 U.S.C. 671A). DHHS (NIOSH) Publication no. 95–123.

[27] Griffen DG, Sutton EW, Goodman PL, Zimmern WA, Bernstein ND, Bean TW, Ball MR, Schindler CM, Houghton JO, Brady JA, Rupert AH, Ward GS, Wilder MH, Hilliard JK, Buck RL, Trump DH. 1987. Leads from the MMWR. B-virus infection in humans—Pensacola, Florida. JAMA 257:3192–3193, 3198.

[28] Korniewicz DM, Laughon BE, Cyr WH, Lytle CD, Larson E. 1990. Leakage of virus through used vinyl and latex examination gloves. J Clin Microbiol 28:787–788.

[29] ASTM International. 2010. ASTM F2878-10, Standard test method for protective clothing material resistance to hypodermic needle puncture. ASTM International, West Conshohocken, PA. http://www. astm. org/cgi-bin/resolver. cgi? F2878-10.

[30] Taylor HR, Turner AJ. 1977. A case report of fowl plague keratoconjunctivitis. Br J Ophthalmol 61:86–88.

[31] Ghosh HK. 1982. Laboratory-acquired shigellosis. Br Med J (Clin Res Ed) 285:695–696.

[32] U.S. Department of Labor, Occupational Safety and Health Administration. 1998. Death of a technician at Georgia research center prompts OSHA citations and fines totaling $105,300. News release USDL 98–175.

18

初级屏障：生物安全柜、通风橱和手套箱

DAVID C. EAGLESON, KARA F. HELD, LANCE GAUDETTE,
CHARLES W. QUINT, JR. AND DAVID G. STUART

传染性病原体引发的致命性疾病在世界各地的频繁暴发，如人类免疫缺陷病毒、乙型肝炎病毒、严重急性呼吸系统综合征病毒、中东呼吸综合征病毒、马来西亚尼帕病毒、澳大利亚亨德拉病毒、美国汉坦病毒以及最近非洲埃博拉病毒。此外，新的实验室技术使得感染性病原体的使用在常规操作中更为常见。世界各地的研究实验室中经常使用慢病毒、腺病毒、牛痘病毒、大肠埃希菌以及人类癌细胞。随着暴露于这些生物病原体机会的增加，实验室获得性感染的风险也随之增加。既往的研究共统计了1930—2004年发生的5527例实验室获得性感染，其中死亡204例[2-4]。最近的一项研究发现，1976—2010年有197例因暴露特定重组DNA材料导致的感染者报告给了美国国立卫生研究院[5]。不幸的是，大多数（82%）实验室获得性感染都无法被追溯到单一的意外事件来确定被感染的原因[3，5-7]。虽然，良好的消毒和无菌技术非常重要，但实际上实验室几乎每一项操作都会产生气溶胶[8-10]。而这些气溶胶含有传染性病原体，再加上接触传播[11]，在出现症状之前就可以引发流行。以上事件突出说明了，病原微生物防护措施是非常有必要的，如正确使用无菌技术，个人防护装备，以及相应的初级屏障。

初级屏障提供了一个可以防护感染性材料的空间。屏障里面的气流可将扩散源散发的气溶胶和一些蒸汽给净化掉。高效过滤器、密封柜和工作窗口的气流可以有效防止污染物从屏障中逸出，除非通过接触而带出来。借助一些特定技术可以实现有效隔离，比如在完成工作之前所有物品都要放在防护屏障里的容器内，在将容器从屏障中取出之前进行消毒，然后在离开屏障之前脱掉外层手套，并妥善处理所有使用的材料。

关键是要理解，根据定义，高效过滤器必须对粒径为0.3 μm粒子的过滤效率要达到99.97%（生物安全柜应达到99.99%[12]）。因为0.3 μm是高效过滤器名义上最易穿透的粒径（最难过滤的），粒径大于或者小于0.3 μm的颗粒都能够更高效地被截留下来[13]。这包括许多小于0.3 μm的病毒。同样地，我们也要认识到气体和蒸汽也是很容易通过高效过滤器的。

使用初级屏障进行化学反应可追溯到几个世纪前。在17世纪荷兰艺术家的作品里，一种常见流

派就是炼金术士在密闭的高炉前工作[14]。阿德里安·范·奥斯泰德（Adriaen Van Ostade）的画《炼金术士》[1661]就是一个典型的例子。无菌动物饲养装置早在19世纪就开始使用[15]。虽然无菌隔离器已经被广泛用作无菌检测，然而人们最近才意识到可以将它们应用于药品无菌灌装系统。

早期应用于生物安全的初级屏障是在马里兰州德特里克堡（Fort Detrick，MD）的阿诺德·威登（Arnold G. Wedum）的生物安全项目中，此次运用取得了相当大的成功[16]。最大的手套箱屏障，现在称为Ⅲ级生物安全柜，是在1940年代开发的[17]。具有局部防护功能的通风橱类似Ⅰ级生物安全柜，出现在1950年代中期[18]。

现在的Ⅱ级生物安全柜的前身可以追溯到1964年一家制药公司所设计的一个安全柜。该柜利用HEPA过滤器技术和一台风机为工作区提供洁净空气和防护粉剂。基于此概念，贝克公司与新泽西州卡姆登医学研究所（Institute for Medical Research in Camden，NJ）的路易斯·科里尔（Lewis Coriell）一起探讨了生物安全柜的需求。与此同时，贝克公司代表与美国国立卫生研究院（NIH）讨论了类似的观点，才有了Ⅱ级生物安全柜的雏形（当时称为1型柜）。此后不久，贝克公司与美国国家癌症研究所生物安全部门合作，并且在埃米特·巴克利（Emmett Barkley）的指导下，与陶氏化学公司（Dow Chemical Company）的皮特曼·摩尔部门合作开发了一个安全柜项目。最终，在1967年开发出并向美国国家癌症研究所交付了一个被现在称为Ⅱ级B1型生物安全柜。1968年，出版了第一部关于最初被称为“层流生物安全柜”的微生物性能检测的论著[19，20]。

初级屏障是指“由良好的微生物技术和适用的安全设备提供”的能够“保护人员和所在实验室暴露于传染性病原体”的概念[21]。实验室工作人员必须理解和认识到，初级屏障不是能够保护他们的魔法盒，也不能取代良好的实验室技术和操作。

尽管各种初级屏障之间存在许多相似之处，但也存在一些非常重要的差异。初级屏障可以提供人员保护（防护）、产品保护（几乎无颗粒物的工作区域，用以帮助减少微生物或其他产品的污染）、环境保护（有助于防止实验室，建筑物和社区的污染）或综合保护。为了能够成功地选择和使用初级屏障，人们必须了解它们是什么，它们是如何运作的，它们有什么性能，以及它们的局限性是什么，以免混淆不同的屏障。因此，为每种具体的操作选择合适的初级屏障是非常重要的。

初级屏障的选择和使用：风险评估

初级屏障的选择和使用必须遵循本书中其他部分所述的全面风险评估。简言之，人们在使用之前，应该清楚所有潜在的危险因素，确定危害的性质（化学、放射、生物、物理或这些的组合体），确定每种危害的等级［生物安全等级（BSL）和化学安全等级（CSL）］，并结合实验室的BSL和CSL的总体风险[21，22]。还需要考虑是否需要产品保护以及保护的等级。人们应该分析在这个防护等级上处理这些物质的程序和方法，评估在这种情况下可能的暴露风险，并考虑每个物质的剂量反应。通过确定每个初级屏障的防护性能水平，人们可以选择最适合实验室的设备，此设备综合了对危险因素的考虑，对产品的保护，以及特定实验室的计划操作规程。

但必须注意的是，在生物安全柜中操作的危险化学品可能会挥发。因为气体和蒸汽可以通过HEPA过滤器，它们将在某些类型的生物安全柜中循环。因此，在生物安柜中使用的挥发性化学物质的量必须进行限制。易燃蒸汽不能让它达到其爆炸下限，并且在生物安全柜中要禁止使用这些材料。

当生物安全柜中操作有化学致癌物和其他有毒或有害物质时，如放射性核素，如果它们在室温下会挥发，那么它们的量必须进行限制。标准NSF/ANSI 49（以下简称为NSF）规定，只有“作为微生物研究辅料的挥发性化学物质和放射性核素”可用于某些特定类型的生物安全柜[12]。术语“辅料”是指在研究期间稀释剂的实际使用。不应在生物安全柜中进行称量和稀释这些材料。这些操作应在相应的设备中进行，如通风橱或手套箱。由于每个具体应用所需的实际材料数量会有所不同，因此被视为“辅料”的量不能用特定单位来定义。例如，对于放射性核素，“辅料”水平是通过微生物中的生化途径来追踪标记底物所需的稀释放射性物质的量。

表18-1列出了不同类型生物安全柜与危险材料使用之间的关系。安全专业人员应决定这些问题。

表 18-1 初级屏障在不同生物安全实验室及处理挥发性材料的应用概况 [a]

初级屏障	生物安全等级（BSL）[12，21]	是否可用于挥发性放射性核素 / 化学品 [12]
通风橱	非生物危害	是
生物安全柜		
Ⅰ级	1，2，3（4 级防护服型实验室）	只能在排风排至室外且操作少量的情况下可用
Ⅱ级 A1 型	1，2，3（4 级防护服型实验室）	不允许使用挥发性危险材料
Ⅱ级 A2 型	1，2，3（4 级防护服型实验室）	当排风排到室内时，不允许使用挥发性危险材料
外排风式Ⅱ级 A2 型	1，2，3（4 级防护服型实验室）	只能使用很小的量用于处理微生物，且要保证所用的材料在下游空气循环时不会造成伤害
Ⅱ级 B1 型	1，2，3（4 级防护服型实验室）	只能使用很小的量用于处理微生物，且只有在工作区后部操作可直接排出，或者所用的材料在下游空气循环时不会造成伤害
Ⅱ级 B2 型	1，2，3（4 级防护服型实验室）	可根据微生物工作需要进行操作
Ⅲ级 [b]	1，2，3，4	可根据微生物工作需要进行操作
制药手套箱（隔离器）	非生物危害	在具备适当的高效空气过滤、负压和直排到室外情况下可用 [48]

a 由于表中的信息必须非常简短，请务必查阅原始资料。
b BSL-2或BSL-3微生物可根据微生物浓度和（或）气溶胶生成可能性升级到Ⅲ级安全柜内操作。

通风橱和Ⅰ级生物安全柜

大多数实验室工作人员都熟悉通风橱。但不幸的是，生物安全柜通常也被称为“通风橱”。此外，Ⅰ级生物安全柜的功能与通风橱非常相似。因此，将两者混为一谈并不少见。

通风橱

为使化学品维持可接受的水平，通常将局部通风直接排到室外。通风橱使用此原理为操作危险化学品提供初级防护[23]。当操作员采取适当的技术手段时，通风橱还有助于防止污染物的接触传播。

图18-1是设计有通风旁路的通风橱结构示意图。污染空气在视窗平面处与未受污染的室内空气分离。即使在视窗关闭时，底部开口的翼型面也可以使空气平稳地流过工作表面。当视窗打开到预定位置并进行使用时，翼型面还改善了进入通风橱的气流。凹型的工作表面可以容纳液体溢出物。在一些通风橱中，旁路将新鲜空气引导到视窗内部以稀释工作区域内气流中的污染物，并且当视窗关闭时允许更多的空气流入旁路以将面风速保持在可接受的范围内。标准通风橱没有设计旁路来帮助在视窗上下移动时调节面风速的变化。后通风孔和通风橱内的插槽控制了工作区域的风速。在许多通风橱中，这些通风孔和插槽是可调节的。

最新型号的通风橱都有组合式视窗。组合式视窗在垂直滑动视窗内设有水平滑动视窗。当组合窗关闭时，水平滑动的窗扇使得人们可以通过窗扇的任一侧将手臂伸入通风橱内，从而为使用者的身体提供物理屏障。使用水平滑动的窗扇另一个优点是最大视窗开口尺寸小于完全打开的垂直视窗的尺寸，从而使保持可接受的面速度所需的气流最小化。

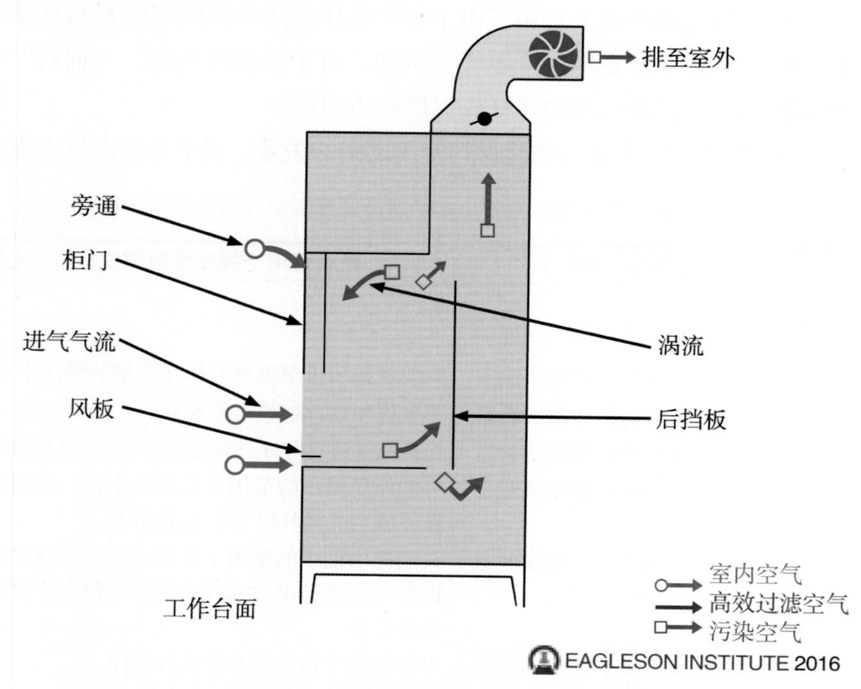

图 18-1 通风橱的基本设计和气流原理

通风橱的出风口必须与建筑物屋顶上的排风机连接，才能正常工作。通过可调速风机或排风管内联动的调节阀来控制排风量。房间里通过通风橱排出的空气量将影响到向房间提供的空气量、房间内的压差以及其他设备的工作，如向室外排风的生物安全柜[24]。4英尺的通风橱视窗打开时，为保证其100 ft/min（fpm）（约为0.3 m/s）的面风速需要接近1000 ft^3/min（cfm）（约1680 m^3/h），负压约为0.5英寸水柱（−130 Pa）。

排风系统在恒定流量下将空气吸入通风橱，同时通风橱将外面相同量的空气吸进房间。为了减少排向室外的经过空气调节的空气量，应该使用变风量排风系统。当视窗被上下移动时，变风量排风系统通过调节排出的风量保持设定的面风速（常数），风量与柜门高度呈特定函数关系[25]。

通过实施实验室排气多样化，可进一步节省初始排气系统设备成本。在一栋建筑物里所有通风橱同时使用并都保持在最大排风量是基本不可能的。多样性是实际使用的总可用排气量的百分比[26]。因此，通过设计实验室排气多样性，可以减小排气系统的尺寸和总空气流量。

空气流入通风橱的面风速的平均值经测量后设定，通风橱在特定的范围内持续工作。通常，推荐设定范围为80 ~ 120 fpm[25]；然而，最近在60 ~ 80 fpm的范围内运行的高性能设计已经非常普遍[27]。通过使用烟雾可视化通风罩表面的气流表现也可表明其运行正常。通风橱实际的性能可采用ASHRAE（American Society of Heating，Refrigeration and Air-Conditioning Engineers）协会标准110六氟化硫示踪气体试验进行测试[23, 28, 29]。通风橱屏障有效的行业共识标准是在ASHRAE标准110测试的条件下，其泄漏率平均值不超过0.1 ppm[28]。这些测试通常由制造商和一些领域的通风橱认证机构开展。

专用通风橱

专用通风橱必须满足常用通风橱的操作和性能要求。下面是一些例子。

放射性同位素通风橱具有由连续的无孔材料制成的工作表面，易于清洗和消毒[30]。工作表面应强化以支持铅屏蔽。通风橱上应该贴上放射性工作标识。

高氯酸通风橱的排风管和风扇应由耐酸材料制造。通风橱有一个水密性工作表面和一个喷雾系统，用来清洗整个排风系统和通风橱，以防止爆炸性沉淀物的沉积。通风橱必须贴上相应的标识[31]。

当所需的设备太大而不能将其限制在常规的通风橱内时，可使用步入式通风橱。步入式通风橱被设计成放置在地板上，并且根据需要安装门或视窗以满足设备进入，并且仍然提供一个密闭的物理屏障[25]。

在微生物或生物医学实验室也可以找到再循环（无风道）的通风橱。这类通风橱通过过滤器使空气循环起来在一定程度上去除气体和蒸汽。这类通风橱使用时应该进行严密监测，因为过滤器泄漏或饱和会导致气体释放到实验室。因此，这些“无风管”通风橱只有在风管不适用和只使用低风险化学品时才会被采用。其他的目的主要是控制气味。

I 级生物安全柜

I 级生物安全柜的目的是为操作BSL-1、BSL-2、BSL-3病原微生物提供初级屏障（人员和环境保护）。因为不为工作区提供洁净空气，所以没有产品保护功能。I 级生物安全柜的功能跟通风橱很像，空气通过工作窗口进入并穿过工作区域。与通风橱不同的是空气是通过一个排风HEPA过滤器，然后排到户外。完整的定义可以在NSF标准中找到[12]。一些装置在生物安全柜上方安装了风机，并且从生物安全柜中过滤出来的空气重新回到了房间。采用这种安装方式时，不可使用有毒气体或蒸汽。

图18-2描述了 I 级生物安全柜的结构设计和气流原理。通过柜门面板将生物安全柜内的污染空气与室内空气分离。在工作窗口底部的翼片不允许空气在它下面流动，就像在通风橱里一样。这是因为生物安全柜工作窗口设计和测试高度是在8英寸或10英寸，不允许工作窗口的高度超出设计高度以外使用。BSC设计不考虑窗口高度从关闭到半开或更高的操作，就像通风橱设计一样。当BSC的窗口在一个设计高度上使用时，进气流速不会随窗口高度而变化，因此没有旁路。在后面的挡板上没有可调的槽，因为这个安全柜只能在一个窗口高度上使用。安全柜顶部的高效过滤器过滤出颗粒污染物，如微生物。如果排风至房间，高效过滤器便可为环境或实验室提供保护。有时使用不戴手套的手臂端口面板来提高防护性能。

尽管4英尺 I 级生物安全柜排风系统处理的风量低于4英尺生物安全柜（分别为220 cfm，1000 cfm），但是气流的负压要比通风橱大（分别为1.5英寸水柱，0.5英寸水柱）。这是为了使空气通过安全柜中的负载高效过滤器。在选择排风机时，必须考虑安全柜静压要求和排气系统静压要求。

NSF标准详细描述了如何建立和维护 I 级生物安全柜的正常运行。它是通过测量进气口风速（至少75 fpm）和可见烟雾的气流模型实现的。此外，高效过滤器必须进行泄漏测试（不超过上游气溶胶浓度的0.01%）。生物安全柜人员防护性能是通过微生物气溶胶示踪剂测试的（在安全柜外6个全玻璃撞击式空气采样器中发现的细菌芽孢不超过10个，测试浓度为$1 \times 10^8 \sim 8 \times 10^8$个芽孢）。这种 I 级生物安全柜微生物测试可由安全柜制造商开展，而不是在现场进行。

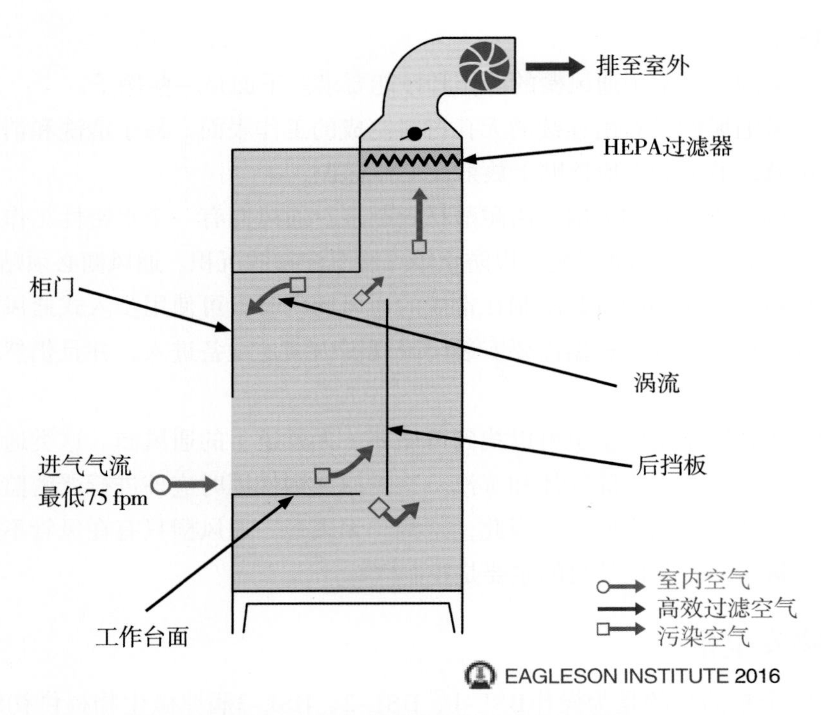

图 18-2 Ⅰ级生物安全柜结构设计和气流原理

Ⅱ级生物安全柜

共同特征

Ⅱ级生物安全柜提供了人员保护、产品保护和环境保护。Ⅱ级生物安全柜利用空气垂直单向流的方式来降低工作区内出现交叉污染的概率。

所有Ⅱ级生物安全柜共有的特征如图18-3所示。有两个高效过滤器，一个用于送风，另一个用于排风。洁净的空气夹带着气溶胶下降到工作区域，在临近工作区表面时分开，一部分空气穿过前隔栅的后半部分，其余空气穿过安全柜的后隔栅。进气被吸入和向下（与通风橱的直通流大不相同）通过工作通道开口，只填充前隔栅的前半部。经高效过滤的下降气流直接进入前格栅的后半部分，防止室内空气中的污染物进入工作区。同时，进气吸进隔栅的前半部有助于防止安全柜内产生的气溶胶扩散至实验室。离开工作区的所有空气都由送风过滤器或排风过滤器过滤。排风过滤器通过防止气溶胶通过排风管道逸出以保护环境。防渗漏结构，以及使用负压通风系统，可防止污染物通过连接缝、焊接缝或柜体结构而逸出。显然，进气和下降气流之间的适当平衡对于Ⅱ级生物安全柜的运行是必不可少的。

通过测量进气和下流空气速度，以确保适当的气流设定点和平衡、烟雾模式测试和高效过滤器泄漏测试，验证Ⅱ级BSC的正常运行[12]。安全柜完整性测试，连同其他测试，通常很少做，将在后面的初级屏障认证一节讨论。关于生物安全柜的深入讨论，请参阅Eagleson[32]。有关与实验室通风系统有关的初级屏障的问题，请参阅Ghidoni[33]。

Ⅱ级生物安全柜的性能

Ⅱ级生物安全柜的性能检测是通过进行NSF标准描述的微生物气溶胶追踪试验来确定的[12]。这个测试最理想的条件是标准化和可重复，而不是试图模拟生物安全柜内的现场操作情况。Barkley制定了一个10^5的“防护因子”作为设计标准，这相当于在试验条件下将有100 000个生物气溶胶因子分散在生物安全柜内[34]。这本质上是NSF使用的控制操作标准。还描述了用于产品保护和生物安全柜内交叉污染的微生物气溶胶追踪试验。一个生物安全柜必须通过3种微生物测试的3次重复运行中的每一次，及其他许多测试，才能被NSF认证为Ⅱ级生物安全柜。

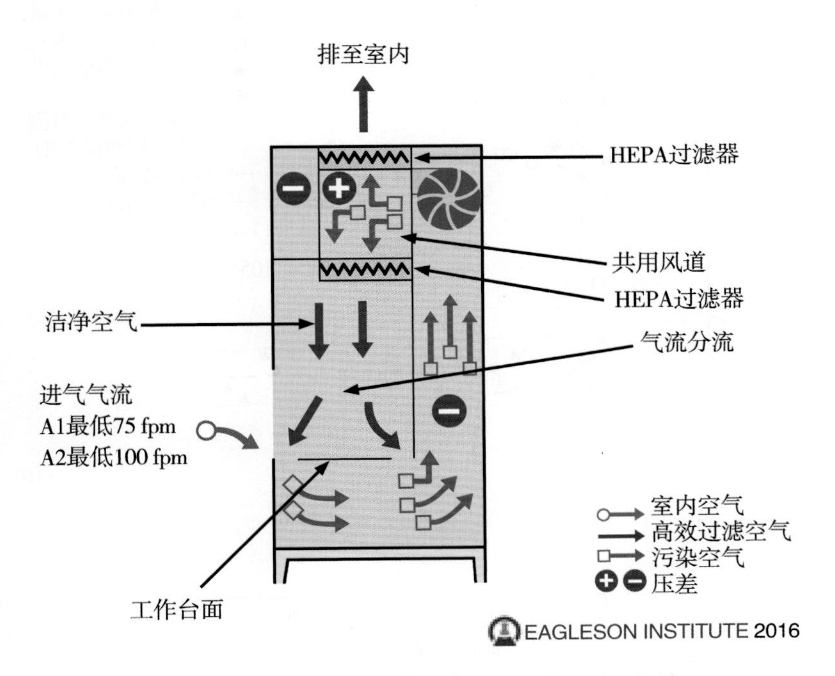

图 18-3 Ⅱ级 A1/A2 型生物安全柜结构设计和气流

进气气流与下降气流必须在安全柜达到一定平衡，才能通过人员和产品保护的微生物学测试。实际上，Ⅱ级生物安全柜具有特定的构造、型号和柜子尺寸的性能曲线[35]。如图18-4所示，进气气流流速与下降气流流速的平衡必须在生物安全柜通过微生物学测试所需性能的包络线内。应该注意的是，当气流设置向性能曲线的边缘移动时，生物安全柜的性能将急剧下降。一个设置在包络线内的安全柜可通过人员和产品保护测试，而当设置接近曲线的边缘时，会发现既有通过项又有不合格项。当气流设置在曲线外时，只能看到不合格项。因此，安全柜设计师选择一个完全包含在性能包络线内的设定点非常重要。

在曲线内的生物安全柜可通过微生物测试性能

NSF要求给定的Ⅱ级生物安全柜的气流流速应在设定点 ± 5 fpm以内，设定点是在NSF认证人员指导下通过微生物气溶胶示踪剂测试的安全柜上设定的，给定的安全柜要与通过测试的安全柜具有相同的构造、型号和尺寸。除了在标称设定点上对人员、产品和交叉污染保护进行微生物学测试外，NSF测试机构还要求在设定点 ± 10 fpm的扩展范围内开展人员和产品保护测试。NSF测试范围如图18-4所示。所提供的数据表明，安全柜要通过该微生物学测试的范围比认证者允许设置的范围要广（如图18-4在 ± 5 fpm标称设定点的线所示）。下面关于认证的部分讨论了用于确保安全柜在现场正常工作的测试方法。

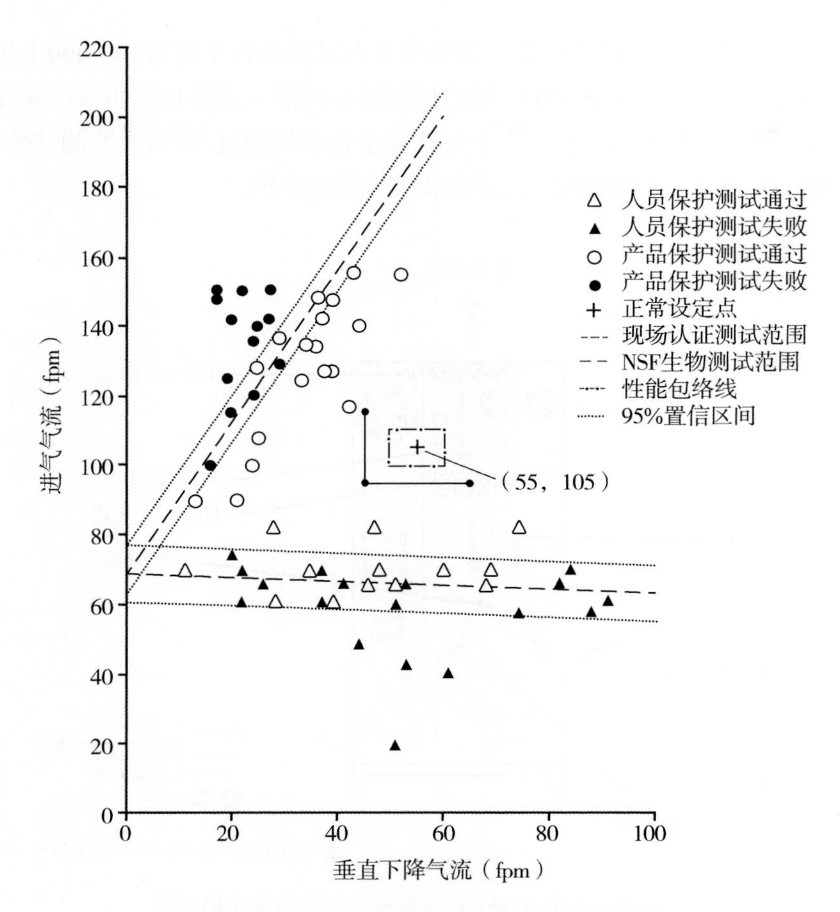

图 18-4 Ⅱ级 A2 型生物安全柜型典型性能曲线

Ⅱ级 A1 型生物安全柜（之前称为 A 型）

Ⅱ级A1型生物安全柜主要为人员、产品和环境提供保护，避免实验操作时受到BSL-1、BSL-2、BSL-3微生物的危害。A1型生物安全柜（图18-3）会重复循环一定比例的（通常为60%~70%）的总气流（进气气流与垂直下降气流的总和）。该型安全柜允许操作微生物，因为高效过滤器可过滤掉微生物。然而，A1型生物安全柜不能操作具有挥发性的危险化学品，即使排风排至室外。

进气气流流速必须不小于75 fpm。送风和排风混合在同一个风道内。如图18-5所示，最初的设计中，部分受到生物污染的管道相对于房间为正压。如果发生泄漏，污染物就会流入房间。为了确保密封，在管道内使用示踪气体加压到的2英寸水柱，要求泄漏量小于5×10^7 mL/s。最初的设计已不受欢迎，因为正压的污染风道可能会泄漏；NSF现在要求A1型生物安全柜内的生物污染管道相对实验室应呈负压，或被负压管道包围，如图18-3所示[12]。因此，自2008年这一变化以来，NSF批准的所有安全柜中，A1型生物安全柜与A2型生物安全柜的唯一不同之处在于A2型生物安全柜的进气速度更高。

A1型生物安全柜通常运行时将风排至房间，不会对实验室通风系统造成任何影响。这种空气再循环模式节省了将风排至室外的费用，并降低了复杂性。同时，它还具有净化房间空气的优点，因为它通过生物安全柜的HEPA过滤器进行循环。A1型生物安全柜的排风也可以排至室外，将在下一节进行描述。

A1型生物安全柜可满足或超过微生物学测试的要求，但它们不适合用于操作挥发性危险化学品[12]，因为A1型生物安全柜较低的进气流量稀释挥发性化学物质能力较弱，污染物更容易从前面的工作窗口逸出。

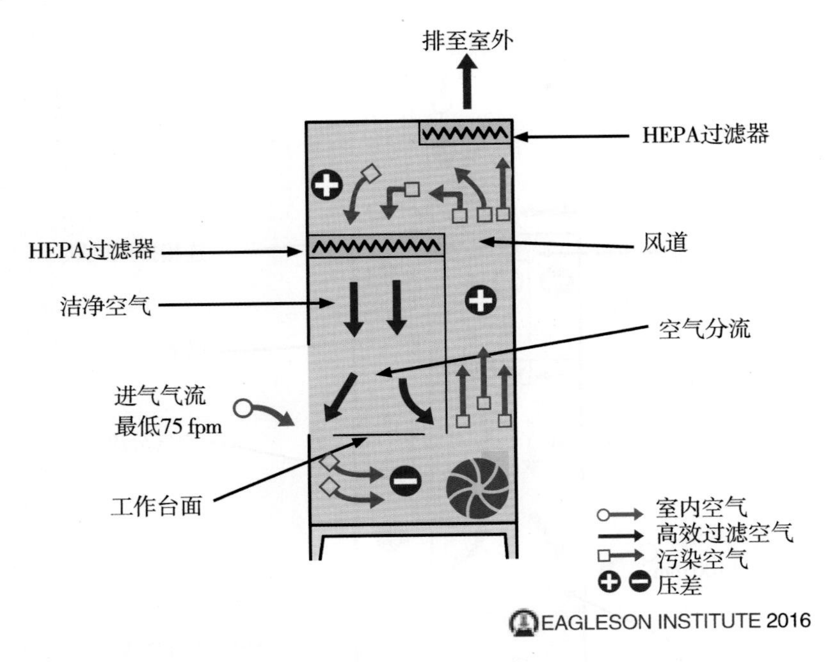

图 18-5 Ⅱ级 A1 型（原 A 型）生物安全柜箱体基本设计及气流组织示意

Ⅱ级 A2 型生物安全柜（之前称为“A/B3 型”）

Ⅱ级A2型生物安全柜的典型区别是，进气气流流速为100 fpm以及排风管道相对于房间呈负压（图18-3）。这种设计的目的是确保安全柜结构的潜在泄漏将向内而不是向外进入房间，并通过将最低进气气流流速从75 fpm提高到100 fpm以增强防护性能。这种型号生物安全柜现在被NSF定义为Ⅱ级A2型生物安全柜，是最常用的生物安全柜类型。A2型生物安全柜可用于操作作为微生物研究的辅助材料的挥发性化学物质和放射性核素，但是排风必须排至室外[12]。在标准NSF/ANSI 49的2002修订版颁布之前，排风至室外的A2型生物安全柜被称为B3型。

外排风式Ⅱ级 A2 型生物安全柜

Ⅱ级A2型生物安全柜向室外排风（以前称为B3型，如图18-6所示）的目的是允许使用非常少量的有毒化学物质，这些有毒化学物质可能作为微生物工作的辅助物挥发。外排风式Ⅱ级A2型生物安全柜的蒸汽处理性能与B1型生物安全柜（如下文Ⅱ级B1型生物安全柜所述）在工作区域前部进行工作时的性能相似（图18-7）。

如图18-6所示，A1型或A2型生物安全柜向室外排风时[12]，需要通过一种伞形排风罩进行连接，但这需要精心设计的安全柜排风罩与建筑排风管道之间的间隙。如果伞形排风罩设计得当，外排风式A2型生物安全柜的运行几乎可以不受建筑物排风系统中气流的影响[36]。

当建筑物的排风系统吸入的空气多于安全柜排出的空气时，额外的空气就会从顶部排风罩的间隙进入，并且吸入安全柜排出的空气。传统的顶部排风罩排风量高于安全柜排风量20%以上；然而，最新设计通常需要5%或更少的额外空气[37]。排风罩设计应使用示踪剂气体进行测试，以确保排风罩与建筑物排风管道之间的间隙没有泄漏。如果建筑物的排风系统被完全堵塞，若排风罩设计合理，则安全柜继续以降低的进气速度运行，安全柜排出的空气经过高效过滤器过滤后通过顶部排风罩间隙排至房间[12]。但是，如果柜体风机发生故障，则可能给建筑物的排风系统增加静压，降低柜体内的产品保护能力。

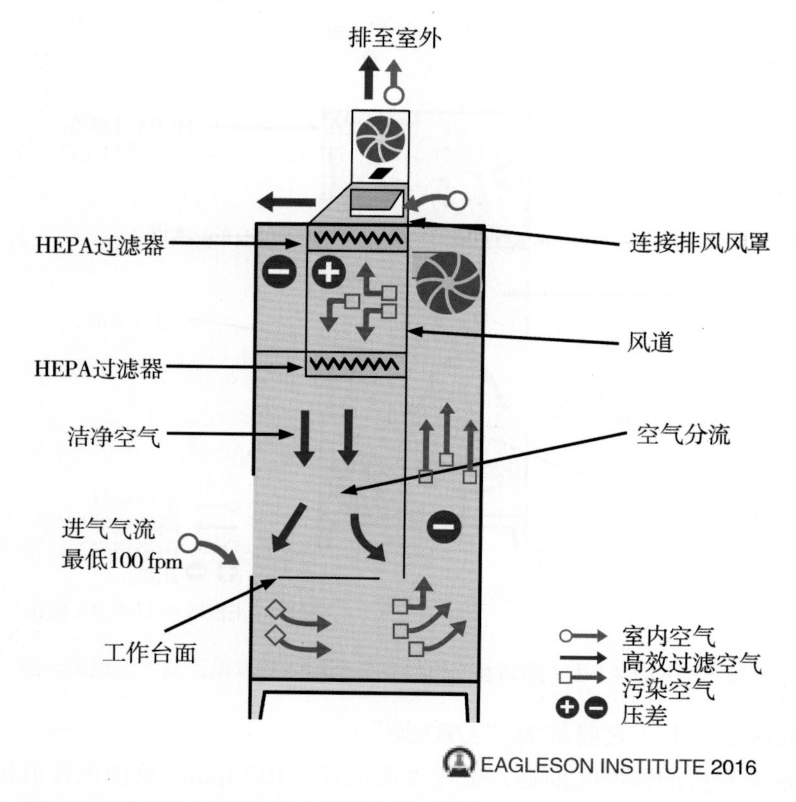

图 18-6 外排风式Ⅱ级 A2 型生物安全柜箱体基本设计及气流组织示意

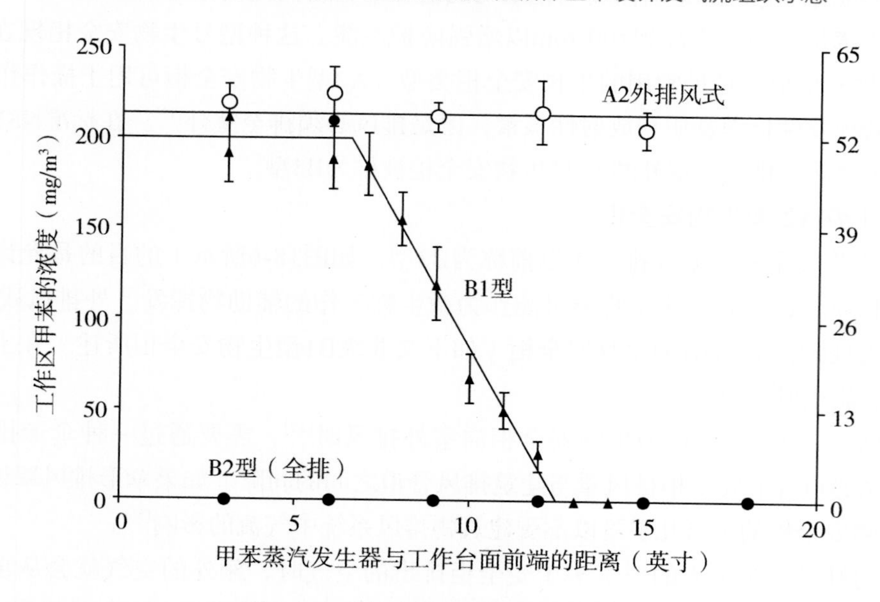

图 18-7 Ⅱ级生物安全柜蒸汽处理特性

在过去，许多A型安全柜（A1排气型和A2排气型）都是通过硬管道连接到建筑排风系统，而没有排风罩间隙。由于安装了硬管道，A型安全柜的操作对建筑物排风气流变化很敏感。如果排风系统在这种情况下发生故障，则会阻碍安全柜的排风气流，安全柜风机提供总风量不变。这就导致在垂直向下气流风速增加的同时，工作窗口进风风速下降，从而有可能在工作时造成工作窗口气流外溢。由于这个原因，NSF标准现在已经禁止在A型生物安全柜中使用硬连接[12]。

4英尺型外排风式Ⅱ级A2型生物安全柜的排风量变化范围从300～400 cfm（安全柜排风取决于设定点和间隙所需的额外流量），此时管道内负压约在0.1英寸水柱。外排风式Ⅱ级A2型生物安全柜需配备报警装置，以在排风系统发生故障时提醒使用者[12]。

在微生物测试中，外排风式Ⅱ级A2型生物安全柜性能与A2型安全柜相似。外排风式Ⅱ级A2型生物安全柜和B1型生物安全柜在其工作区域的前部处理蒸汽的方式类似。然而，与B1型安全柜不同的是，在工作面上执行的工作位置对A2型安全柜的蒸汽处理性能没有影响（图18-7）。

Ⅱ级 B1 型生物安全柜（在原型 NCI B 型机设计之后）

Ⅱ级B1型生物安全柜的目的是提供人员、产品和环境保护，避免受到BSL-1、BSL-2或BSL-3生物物质和少量挥发性有害物质的影响。B1型生物安全柜能有效地排出蒸汽。事实上，B1型在Ⅱ级生物安全柜中是独一无二的，因为它是唯一的100%的下降气流穿过工作区域的安全柜。它还通过保持最低100 fpm的工作窗口进风速度和室外排风将蒸汽外溢房间的可能性降到最低[12]。

与A1型或A2型生物安全柜在设计上的一些差异可在图18-8中看出。在通过工作区域的全部安全柜气流中，约有2/3是通过工作平面后部的格栅排出的，并通过专用的排气管道直接排到室外。进入工作区域前部的1/3的下降气流与工作窗口进入气流相混合（以弥补后部排出的2/3的空气），然后安全柜的总气流经过工作表面下方的高效过滤器过滤。此过滤器仅在最初的B型设计版本上提供，经过高效过滤的空气通过内部管道和增压室（化学蒸汽在通过高效过滤器时，最终将循环并排放到室外），可防止安全柜内部的生物和化学气溶胶污染。这一点很重要，因为在处理危险化学品时，它们不会因安全柜的气体净化而被中和。

计算结果与实测浓度进行了比较。在给定预计的安全柜内挥发气体产生速率以及安全柜内测出的空气流量的前提下，通过该模型可以计算出安全柜内下降气流中的化学气体的挥发性浓度。

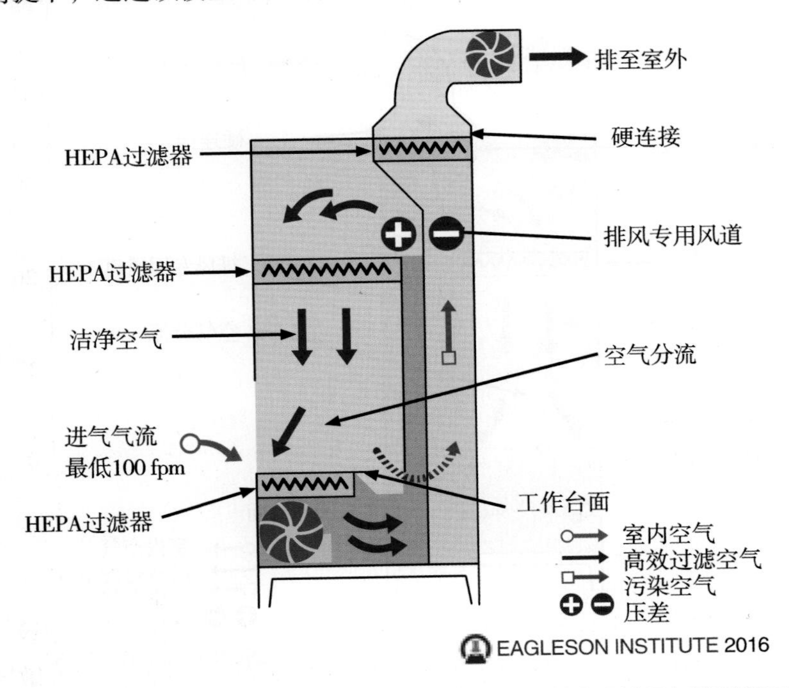

图 18-8 Ⅱ级 B1 型（原 B 型）生物安全柜箱体基本设计及气流组织示意

Ⅱ级B1型生物安全柜必须通过一个排风系统硬管道连接到室外，使气流速度保持在设定值±5%以内。为了安全起见，如果排风系统的风量下降到认证的总流量的80%以下，则必须有一个联锁装置来关闭安全柜的送风机，并在15 s内发出警报[12]。由于安全柜送风机只对安全柜内的空气进行再循环，所以排风机必须先将空气从安全柜后面的缝隙中抽出，再通过安全柜排风道和排风高效过滤器将空气抽出，最后将空气从建筑排风道中排出。对于一个4英尺的安全柜，这意味着需要将约270 cfm的空气排出安全柜外，并克服大约0.9英寸水柱的阻力（假设加载了过滤器）。此时，必须为房间提供所需的进风量，并且必须考虑到可能与其他通风设备的相互作用。

Ⅱ级B1型生物安全柜符合或超过微生物性能测试的要求。当蒸汽从工作区域的后方释放时，它们会立即通过高效空气过滤器排到室外（图18-8）。然而，在工作区域前部释放的蒸汽会通过前面的格栅从工作区域中带走。与进气口的空气混合稀释后，蒸汽再循环回到工作区域。应尽可能在安全柜后侧放置材料和进行操作工作，这可以充分利用B1型生物安全柜的性能[38]。

Ⅱ级 B1 型生物安全柜 (NSF 定义)

NSF关于Ⅱ级B1型生物安全柜的定义包含原始的NCI B型柜设计，但不要求在工作表面以下直接安装高效过滤器。因此，一些Ⅱ级B1型生物安全柜在工作表面以下缺少高效过滤器。在这些安全柜中，安全柜风机很可能位于安全柜顶部（图18-9）。在这些安全柜中处理化学气溶胶时，应保持谨慎。气溶胶是一种非气态粒子的空中悬浮物，这些粒子非常小，几乎不会因重力而沉降（胶体）。这些颗粒可能是固体，如在烟中，也可能是液滴，如在雾中。高效过滤器可以过滤这种非气态颗粒。如果在柜体的工作区域内产生固体或液体化学物质的气溶胶，则应在箱体的工作平面（如B型原型机设计）下部直接安装高效过滤器以阻止这些气溶胶并且防止其扩散到安全柜内部。然而，从柜内使用的化学品中产生的蒸汽将穿过高效过滤器，并随着气流继续流动，直到它们被排至室外。因此，工作表面以下的高效过滤器可以防止安全柜内部化学和生物污染，但并不是所有类型的B1型安全柜中都安装这种过滤器。

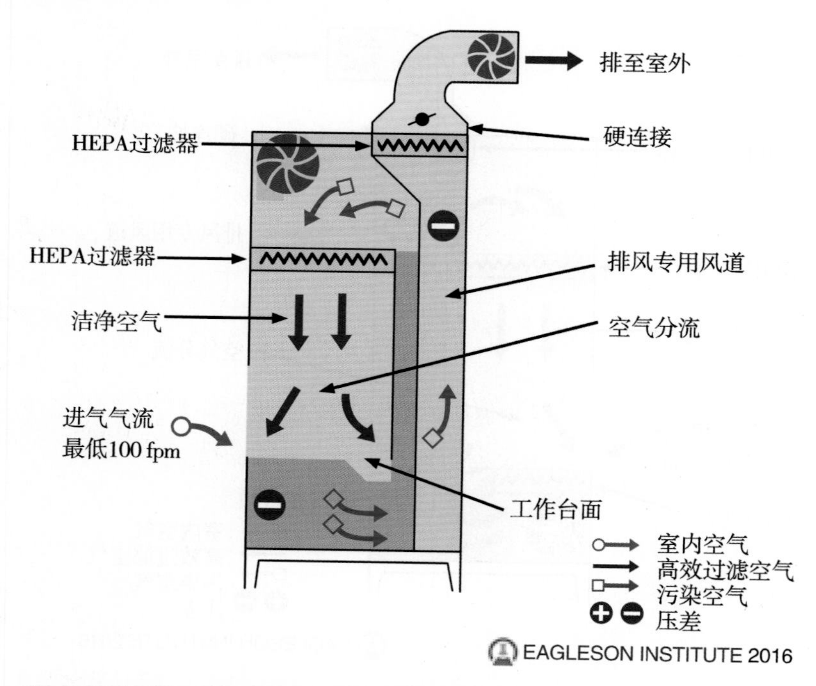

图 18-9 Ⅱ级 B1 型 (NSF 定义) 生物安全柜箱体基本结构及气流组织示意

Ⅱ级 B2 型 (100% 排气) 生物安全柜

Ⅱ级B2型生物安全柜的目的是提供人员、产品和环境保护，避免受到BSL-1、BSL-2或BSL-3生物危害，并提高蒸汽处理能力。Ⅱ级B2型生物安全柜最小进风流量为100 fpm，无再循环空气，除送风静压箱（只输送室内空气）外，所有静压箱相对于室内均呈负压，同时排风至室外[12]。

图18-10为Ⅱ级B2型生物安全柜气流型的简易原理图。房间的空气被推入送风过滤器，向下穿过工作区域。为了安全起见，当排风系统的气流下降超过20%时，必须有一个联锁装置来关闭送风机并在15 s内向使用者发出警报[12]。建筑排风机将进气口空气吸入安全柜，安全柜内的所有气流通过排风高效过滤器过滤后从排风管排至室外。

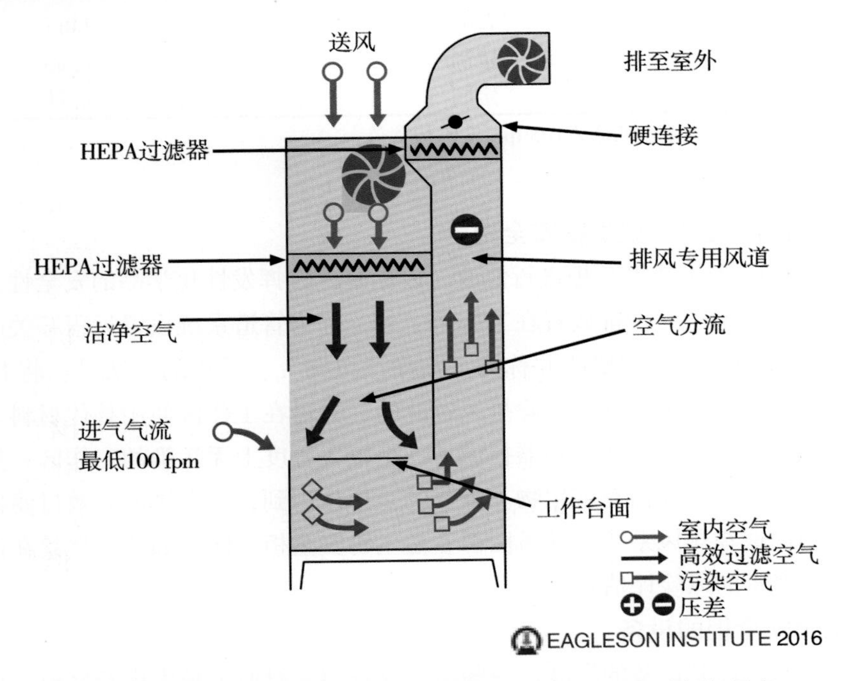

图 18-10 Ⅱ级 B2 型生物安全柜箱体基本结构及气流组织示意

Ⅱ级B2型生物安全柜必须通过硬管道连接到室外，建筑排风系统必须具备处理安全柜排风量和静压的能力（表18-2）。Ⅱ级B2型生物安全柜必须满足或超过微生物性能测试的要求。四种不同类型的Ⅱ级生物安全柜的区别不在于它们的生物安全性能，而在于它们的蒸汽处理性能。毫无疑问，B2型生物安全柜是Ⅱ级生物安全柜中处理蒸汽效果最好的，因为安全柜的所有空气会立即从工作区域完全排放到室外（图18-7）。然而，这并不能使生物安全柜成为一个通风橱。与通风橱相比，生物安全柜具有较低的通过工作区的空气流量，并且可能有空气在工作区内循环（B2型除外）。此外，工作区内的电源插座和固定装置以及易损的高效过滤器也可能因使用某些化学品而损坏。生物安全柜必须在指定的工作窗口高度使用，这可能与通风橱所需的高度不同。

从NSF的使用声明中可以清楚地看出，其目的是要求在生物安全柜中只使用少量稀释的挥发性有毒化学品作为生物工作的辅助物，而不是对安全柜内的有害和（或）挥发性化学品进行称重和稀释[12]。生物安全柜是用来提供生物安全的，必须非常小心，不要因为试图使用生物安全柜进行非预想的工作而破坏气流或损坏高效空气过滤器。生物安全柜应在有资格的人员进行全面风险评估之后使用。

表 18-2 不同类型 4 英尺一级屏障的建筑排气速率与负静压值要求的比较

屏障类型	排气速率（cfm）	负静压值（压差，水柱）
通风橱	1000	0.5
生物安全柜		
Ⅰ级	220[a]	1.5
Ⅱ级 A1 型	0[b]	0
Ⅱ级 A2 型	0[b]	0
Ⅱ级 A1-ex 型	320[a]	0.1
Ⅱ级 B1 型	280[a]	0.8
Ⅱ级 B2 型	750[a]	2.0
Ⅲ级	定制	定制
手套箱 / 隔离器	定制	定制

a cfm是生物安全柜为8英寸，进风风速为105 fpm下的标称值。
b 采用A1型和A2型排风至房间时。

为适用于通风橱而改造 B2 型生物安全柜

在某些情况下，对B2型生物安全柜进行修改，以提高操作挥发性化学品的安全性。有一种类型的生物安全柜就是将所有电子元件都放置在工作区之外，并为管道系统设置远程开关阀。更进一步说，在某些情况下，生物安全柜被修改并称为“洁净通风橱”。采用的方法是，将Ⅱ级B2型生物安全柜所有电气元件置于工作区之外，移除排风过滤器，并可在工作区使用替代材料（如在不锈钢上增加保护涂层）。因此，送风高效过滤器提供了一个很大程度上无污染的工作区；然而，严禁将这种“洁净通风橱”用于操作任何有害生物。重要的是要认识到，没有排风高效过滤器对环境的保护，无论是在安全柜内或在排风系统，通风橱都不是生物安全柜。即便如此，严禁在该设备内进行化学作业，除非经过严密的风险评估表明该设备是安全的。

警告：类似生物安全柜的设备

随着研究需要和污染控制设备的发展，一些洁净设备乍一看似乎是生物安全柜。垂直流洁净工作台（VFCB）就是一个很好的例子。垂直流洁净工作台是专门为产品保护而设计的。它们不提供人员保护，因为根据设计，一定数量的空气将从工作区流向使用者，而且垂直流洁净工作台排风没有高效过滤器（图18-11）。为了确定使用垂直流洁净工作台是否安全，完成详细的风险评估非常重要。垂直流洁净工作台具有生物安全柜的许多特性：不锈钢工作区、工作区中清洁空气的单向向下流动、部分再循环空气、铰链式视窗、带孔的前格栅和用于进行作业的操作口。然而，在仔细观察气流图和说明书后，可以看出垂直流洁净工作台并不是生物安全柜。

手套箱和Ⅲ级生物安全柜

手套箱

手套箱的用途是提供一个封闭的工作区和受控环境，并作为一个初级屏障在里面处理有害物质，为人员、环境和（或）产品提供保护[40]。这是通过物理密封围护结构实现的。如果空气要穿过围护结构，进气口和排气口都要采用适当的空气净化装置。该围护结构在负压条件下进行防护或在正压条件下进行产品保护。

手套箱有很多用途。图18-12显示了一个动物气溶胶暴露系统的案例。特定的Ⅲ级手套箱系统在动物气溶胶暴露实验中保护操作人员和实验环境。大量传染性病原体有目的地气溶胶化，违反了基本的工业卫生原则，但需要研究这些病原体的效应，特别是在疫苗研究领域。在容纳气溶胶发生装置的密封室中，提高空气净化速率将有助于在正常运行和意外泄漏情况下清除气溶胶。这些双面操作箱室将气溶胶暴露设备密封并整合成一体。由于操作潜在的高危险性材料的心理负担，需要充分考虑进行实验和消毒作业所需的人体工学要求。系统的另一个基本组件是独立的防护可移动的动物转运车。动物通常被转运到远离暴露房间的地方。转运车包括呼吸通风、穿墙连接和互锁门等组件，并且其设计满足在气溶胶室及动物饲养间进行动物转运和消毒的人体工学规定。

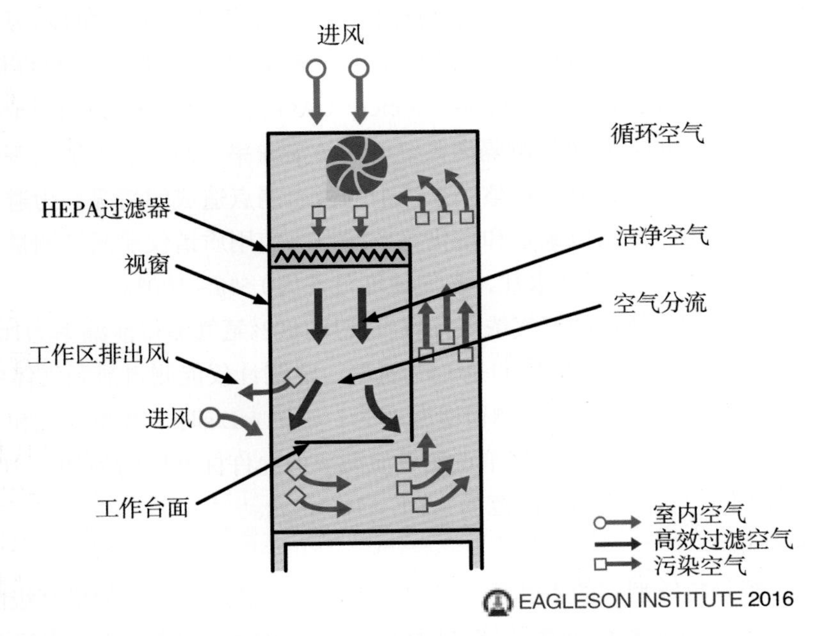

图 18-11 某 VFCB 的基本结构和气流组织示意，显示排风未经过滤

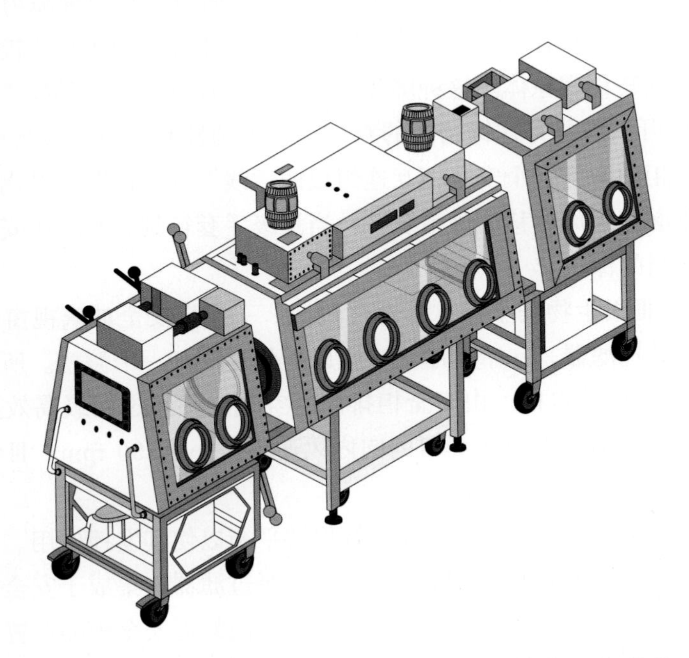

图 18-12 进行动物气溶胶感染暴露操作的手套箱系统的基本结构示意

在推荐的化学安全四级实验室[22，41]内处置高危化学品所使用的手套箱，是一种在负压条件下操作并具有通风条件的气密性不锈钢箱体。进风采用一级HEPA过滤，而排风通过两级HEPA过滤。手套箱具有电气接地和内部灭火装置。其内所有内部供电与排风互锁，以保证在排风失效的情况下切断供电。这些手套箱可设置危险气体在线监测仪以对有毒或易燃的烟雾或气体进行报警[41]。为防止排风中的化学物质损害排风HEPA过滤器，在排风HEPA过滤器前应先处理化学物质。另外，应考虑设置传递通道用于手套箱向内或向外传递物品时保证隔离屏障不受破坏。这种手套箱设备对排风有特殊的要求，从无通风的手套箱到适合特殊应用的复杂系统，要求各不相同。

手套箱的性能一般通过压力衰减测试进行评估[40]，可采用正压或是负压，压力范围为1.5 ~ 10英寸水柱，根据涉及的危险程度确定。行业指南中泄漏率/压力衰减率的允许标准是每小时泄漏不超过箱内容积的0.5%（American Glovebox Society（AGS）. 2007. Guideline for Gloveboxes，3rd ed.）[40]。压力衰减法测量的是整个被测隔离系统的总体泄漏率。测试时可能出现总体泄漏主要是由少数相对较大漏点造成的而不是分布在整个系统中的微小漏点造成的情况，为避免上述情况，在压力条件下使用示踪气体进行测试以确定和量化每个漏点。使用质谱仪泄漏计测量氦气泄漏是一种常见方法，手套箱的压力不小于2英寸水柱，氦气浓度范围为0.5% ~ 100%。

泄漏率的值必须根据所使用的氦气浓度计算。使用100%氦气测得泄漏率为10^4 mL/s时，整体的泄漏率也是10^4 mL/s。但是，如果使用的是0.5%氦气，泄漏计仅能测得泄漏气体中0.5%的氦气而忽略99.5%的空气。因此，使用0.5%氦气测得泄漏率为1×10^4 mL/s时，考虑空气和氦气的浓度后手套箱的实际泄漏率为2×10^2 mL/s[42，43]。当单点测量泄漏率的允许标准区间为$10^4 \sim 10^7$ mL/s时，根据所用示踪气体浓度的不同，实际泄漏率的范围为$10^2 \sim 10^7$ mL/s。

Ⅲ级生物安全柜

Ⅲ级生物安全柜是特殊型式的手套箱，其目的是提供对高危微生物的最高级防护以保护人员和环境。通过在实验室人员和被处理病原体之间设置一道密闭性物理屏障，达到近乎绝对隔离的目的。物理屏障运行时负压不低于0.5英寸水柱的，以保证任何泄漏是向屏障内部的。另外，如果某种病原体非常危险以至于必须在Ⅲ级生物安全柜中操作，则操作人员不仅不能打开屏障的门、移除病原体，也不能在房间内转移病原体。这种屏障必须包含可控的、安全的操作端口，以防止使用时污染实验室。这种端口可以是具有连锁功能的双扉高压灭菌器和（或）具备灭菌/消毒功能的传递通道。因此，Ⅲ级安全柜通常将多个安全柜互连组成的“线”或“链”，其内部安装有开展工作所需的全部设备，从而不必将病原体移出该系统[44]。当Ⅲ级手套箱具有与二级安全柜相似的大换气流量时，可为产品提供适当的保护。

图18-13所示为一个Ⅲ级生物安全柜，其部件包括：一个带安全玻璃视窗的不锈钢手套箱，重型手套，送风和排风高效过滤器，一个自净化（通风）传递窗和一个渡槽。所有部件集成后是密闭的，运行时负压不小于0.5英寸水柱。由安全柜排出的空气必须经过两级高效过滤，或者高效过滤与焚烧结合。摘掉一个手套时，经过手套口的向内风速不得小于100 fpm。Ⅲ级生物安全柜通常为特定应用进行定制。

Ⅲ级系统要求建筑物排风系统与室内送风系统保持平衡以使其发挥作用。排风经过两级高效过滤排出，两级高效过滤器的设置方式有两种：一种是两级过滤器均集成于安全柜内；另一种是一级过滤器集成于安全柜内，而第二级设置于建筑物排风系统内靠近安全柜的位置。不同的Ⅲ级安全柜之间对空气流量及压力的要求也不尽相同。

Ⅲ级生物安全柜系统的性能取决于其气密性、空气净化，以及用于系统维护和操作的专业周密的规程和操作，这些规程和操作可预防任何泄漏。关于Ⅲ级生物安全柜的更详细信息可参阅参考文献[43-45]。

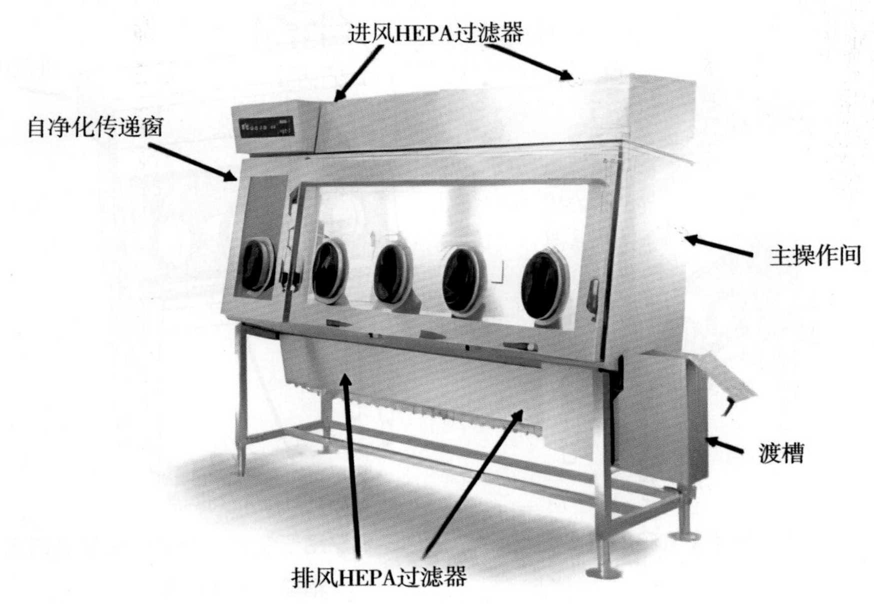

图 18-13 Ⅲ级生物安全柜基本设计示意（渡槽、传递窗）

注意：类似Ⅲ级安全柜的设备

手套箱被用于许多场合，但不是所有的手套箱都是Ⅲ级生物安全柜。虽然手套箱内部与实验室间的物理隔离可能给人的印象是保护用户免受危害，但是情况可能并非如此。

一些系统可能被设计成专用手套箱，或是一系列相互连接的手套箱组。这些手套箱组经过某些改良，可形成一个可在近乎无菌的条件下进行特定操作的工作区。这些手套箱可循环过滤空气，并包含一个空气处理器提供特定条件的空气，而且具备原位灭菌的能力，如使用汽化过氧化氢灭菌。Trexler隔离器就是上述这种手套箱，被用来培养无菌（GF）和无特定病原体（SPF）小鼠[14]。

手套箱也越来越多地被用于临床医学中为患者制备药物。一些制药业手套箱（隔离器）利用在正压下操作以隔离产品并降低工作人员或室内空气污染产品的风险[46]。然而，这些设备的排风可能不经过过滤（图18-14）。其他制药业手套箱（隔离器）（图18-15）工作于负压条件下，用来提供隔离防护以保护制药人员不会暴露于危险药物中[47]。重要的是，这些手套箱的设计并不满足Ⅲ级生物安全柜的性能要求。

在选择和使用手套箱之前，应该进行专家咨询并开展针对特定应用的风险评估。

初级屏障的认证

在使用任何初级屏障前，必须正确摆放和安装。设备的操作完整性（包括风机皮带和阀门等维护问题）必须在安装时进行演示和记录，之后应至少每年进行一次[21, 25]。这项工作应由有资质人员开展，所使用的仪器应校准并可溯源至美国国家标准与技术研究院[21, 12]。如果使用屏障设备操作过感染性材料，工作区域表面应在测试前进行消毒，并且在打开生物安全柜污染区域前应对其内部进行空气消毒[48]。初级屏障的测试主要包括运行测试和防护性能测试。运行测试主要检测设备的运行性能，例如，气流流向是否正确。防护性能测试主要检测设备是否能够为人员、环境和（或）产品提供应有的保护。

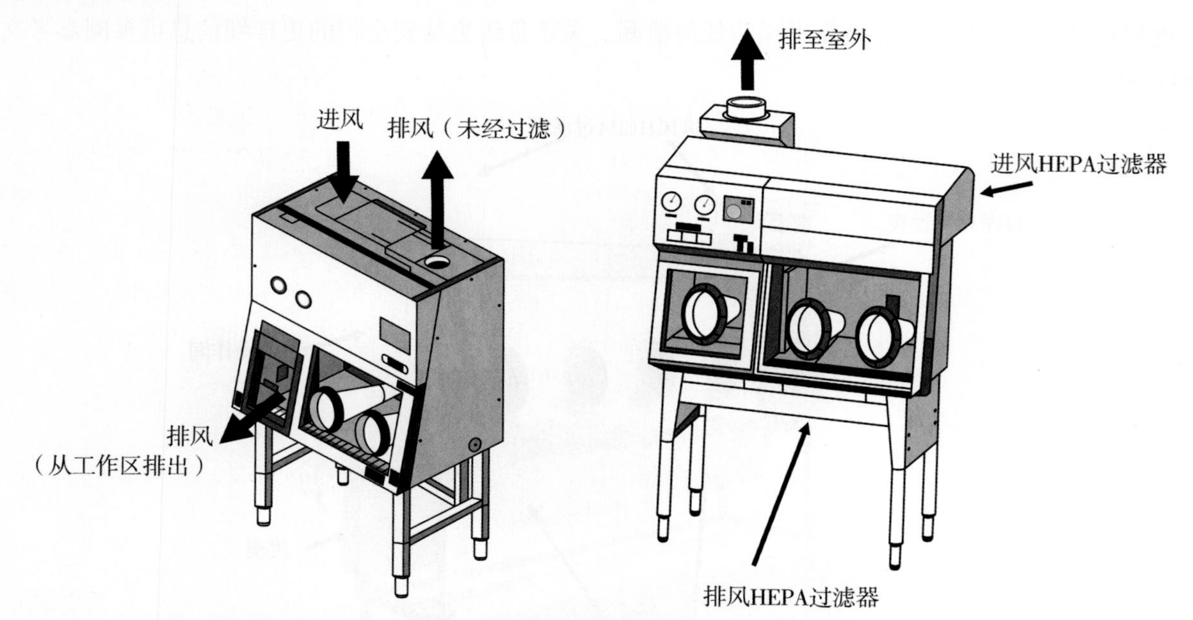

图 18-14　一种无菌药物制剂用手套箱的基本设计示意

图 18-15　用于制备含有危险化学品的无菌药物的手套箱基本设计示意

通风橱与Ⅰ级生物安全柜

运行测试

运行测试包括管道泄漏测试、空气流量（如果可能应测试排风管道）、气流面风速以及气流烟雾模式测试，同时检查和记录所有传感器的校准和报警[25，27]。Ⅰ级生物安全柜还要增加一项高效过滤器泄漏测试[12]。

性能测试

通风橱的防护性能测试主要采用标准ASHRAE 110[28]。在标准工况下，向通风橱内工作区域注入流量为4 L/min的SF6示踪气体。首先将模拟假人放置在通风橱前面标准位置，然后将SF6探测器的探头放置在假人的呼吸区域。测试持续时间5 min，记录数据并判定性能等级。该测试可用于出厂检测（AM）、安装检测（AI）或使用检测（AU）。性能等级标注的格式为“AM yyy、AI yyy或AU yyy”，SF6测试流量为4 L/min，yyy代表假人呼吸区域SF6的平均百万分比浓度（ppm）。ASHRAE没有给出不合格的判定标准。用户现场的工业卫生人员依据所测试的性能等级和测试条件判断可接受的通风橱防护性能。Ⅰ级生物安全柜采用NFS人员防护测试其防护性能，也可以使用ASHRAE 110进行测试[28]。

Ⅱ级生物安全柜

运行测试

运行测试包括箱体完整性泄漏测试、管道泄漏测试、高效过滤器泄漏测试、进入气流流速、垂直气流流速，以及气流烟雾模式测试。还需要进行现场评估测试验证安装位置是否合适、检测是否存在有害交叉气流和确定报警功能是否正常。测试有助于降低工作人员不适感，反之，也有助于防止事故、溢洒、发生失误破坏安全防护或损害产品。测试还包括电气测试（电极、泄漏电流和接地电阻）、噪声、照度和振动[12]。

性能测试

在实验室使用的生物安全柜性能的附加验证可能也是需要的，特别是当大型仪器放置在生物安全柜工作区域时。生物安全柜的供应商应可以根据特定的柜体和仪器组合进行相关测试。但是，前面提到的生物气溶胶示踪测试并不适合用于工作实验室内的生物安全柜防护性能测试，因为示踪剂是由芽孢制成的。这些微生物芽孢可以作为潜在的污染物在实验室内存活很多年。下面将讲述防护性能测试的替代方法（超出运行测试范畴）。

生物安全柜现场防护性能测试的一种方法名为碘化钾测试法（KI-discus test）[49，50]，它是通过使用放置在工作台面的旋转涡流盘喷出的碘化钾液滴来完成的。喷出的液滴朝向工作窗口，使用一种膜过滤器采集工作窗口外部的空气，随后，就可以使用放大镜读取过滤器上的棕色斑点了。可接受的标准是防护因子不低于10^5。这个测试方法始于英国并被广泛应用。

在美国，一种"生物模拟测试"法用于测试生物安全柜的防护性能[51]。人员防护和产品防护测试所采用的生物模拟测试可以非常接近生物测试法，但是使用了替代品以替代雾化的芽孢悬液。一种示踪气体（SF6）用于测试人员防护，而矿物油则用于测试产品防护。通过测试结果计算防护因子。这两种测试方法的结果可以取得与生物测试非常一致的结果。

最近，一种采用PCR扩增的方法被用于现场评估生物安全柜的性能。PCR方法虽然还没有被广泛采用，但却是代表了一种更实用的现场测试方法的进步。

手套箱

运行测试

运行包括箱体泄漏测试、管道泄漏测试、内部压差、体积流量和内部气流流速以及空气净化装置的完整性测试[40]。Ⅲ级生物安全柜的测试，需要增加高效过滤器泄漏测试；生物清洁系统采用超低渗透空气过滤器泄漏试验[53]。制药手套箱（隔离器）应进行高效过滤器泄漏测试和气流测试[46]。

性能测试

对内环境没有特殊要求的手套箱主要依靠系统泄漏测试来检测防护性能[40]。测量手套箱在以氮气为主的大气环境下维持内部低含氧浓度的能力，也是特殊环境手套箱的一种性能测试。确定空气洁净度的粒子计数，表面和空气微生物采样，灌装培养基则是生物洁净隔离器[14]和制药手套箱（隔离器）[46]性能测试方法。

初级屏障的特殊设计与改进

如果风险评估结果显示现有标准模式的初级屏障设备无法满足所需条件，则要通过改进原有设计或专门设计来解决这些问题。下面将给出一些案例。

通风橱

设计了三联通风橱，由两个工艺模块和一个保障模块组成，可以在专用的动物吸入暴露实验过程中保护人员避免暴露气溶胶和相关蒸汽[54]。

生物安全柜

Ⅱ级生物安全柜已通过改进满足了许多不同的使用要求。用于放置显微镜、离心机、水浴锅、细胞收获设备和垫料处理[55]。在安全柜内专门处理废弃物也是一种常见的改进[56]。Ⅲ级生物安全柜则经常专门设计为互联线路，如佐治亚州立大学的系列Ⅲ级生物安全柜[45]。

手套箱和隔离器

对于手套箱和隔离器而言，为了特殊应用而修改也是极为常见的。图18-16展示了某种手套箱系统，专门用于接受和分析具有潜在危险的未知样本。由于危险物的属性不确定，所以需要使用Ⅲ级生物安全柜系统进行操作。有些系统是独立的，单独存放在隔离的实验室内。根据初始分析的结果，有些系统则可通过穿墙密封连接到实验室，可将材料从BSL-3实验室传递至BSL-4实验室开展进一步的操作。手套箱则可设计成为超速离心机的防护屏障，如同药品封装线。

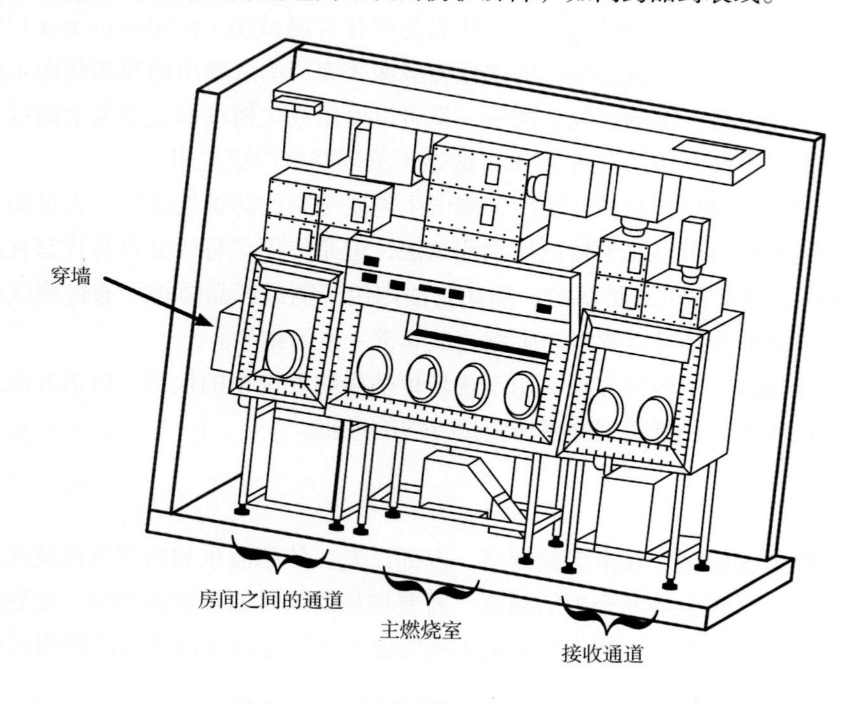

图 18-16　某手套箱系统示意图

特殊用途初级屏障

随着用户需求的不同，出现了针对特殊用途的初级屏障。这种特殊用途的初级屏障的选择代表了在实验室使用中的一些常见应用。

低风量通风橱

随着越来越多的人关注能源利用，导致开始寻求可在较低排风量运行的通风橱（统称为“低流量”或“高性能”的通风橱）。这可以通过引入能够在较低的面风速下实现防护性能的设计和（或）通过减少通风橱前面的开口面积来实现[25]。对于低风量通风橱，没有公认的面风速标准；但是，一些设计声称它们的通风橱在60 fpm（约为0.3 m/s）或更低的面风速下通过了ASHRAE 110的出厂性能测试[27]。在考虑使用低风量通风橱之前，重要的是咨询安全和工业卫生人员，并进行完整的风险评估。此外，在实验室的整体暖通空调系统中，应考虑到低风量设备的优点，因为可能需要某些最小排风量来满足房间的空气平衡和空气交换要求。

大型通风橱

为了容纳大型工艺设备，如在制药生产中试工厂，标准的台式通风橱可能并不适合。为了满足这些特殊要求，研发了较大的“步入式”通风橱或“岛式”通风橱。这些通风橱直接放在地板上，可以设置嵌入式排水盘（或）地板格栅。这种通风橱设置有大的开关门，允许用户将设备移入和移出通风橱。

满足动物研究需要

标准的生物安全柜和其他初级屏障装置有时会被修改以适应涉及动物实验对象的工艺流程。较大的操作口使操作人员可以在不升起前面板的情况下将动物笼具移入和移出屏障装置，同时也为更换笼子或其他程序提供了更好的人体工学。可添加预过滤器［非HEPA/超高效（ULPA）］，以防止动物排出的较大颗粒沉积在安全柜通风系统或风机中。后过滤器（通常是活性炭过滤器）可以放置在安全柜排风过滤器的下游进行除味。生物安全柜也可以满足尸体解剖要求，包括设置冲洗水管和倾斜到排水沟的工作表面。此外，还可对柜体进行改造，以便将废弃的垫料直接转移到屏障装置的废物贮器中。

自动化设备防护屏障

近年来，机器人和其他自动化设备的使用，如自动移液器、细胞培养饲喂器、细胞分选/计数器和生物打印机等，已成为实验室中的普遍现象。这是由于人们希望提高工作效率、准确性和减少实验室人员的重复性劳损所致。与设备取代的人工操作实验室程序的应用一样，这项工作可能需要设置屏障保护产品和（或）实验室人员。

特殊的防护屏障被用于容纳自动化设备和相关的支持服务（维护通道、控制和公用设施）。有些防护屏障的功能类似一个更大的通风橱，具备排风和（可能）过滤功能；其他的屏障装备，如图18-17所示，则采用与Ⅱ级生物安全柜相似的功能设计，旨在通过提供产品、人员和环境保护。然而，一些机器人的屏障装备则设计简单，仅仅是为了向工作区域提供清洁空气以保护产品。

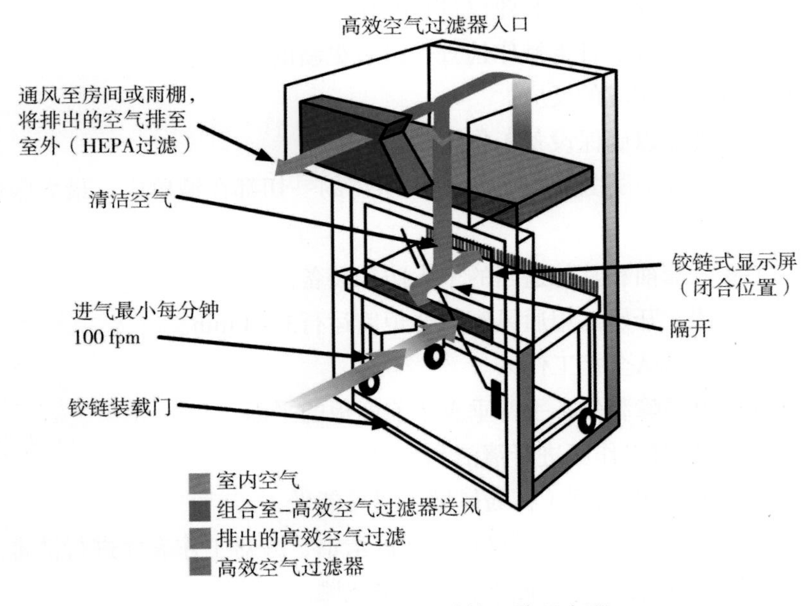

图 18-17　特殊防护屏障示意图

虽然这些屏障装备在实验室和设备之间设置了物理屏障，但它们会将未经过滤的空气排回房间，不能用于操作任何具有潜在危险的物质。流式细胞仪的应用已引起了广泛关注，最佳操作指南呼吁对用于分选不固定细胞的仪器进行初级防护[59]。细胞分选器（以及放置在初级屏障内的任何仪器）的大小足以使屏障装备内的气流模式受到破坏。此外，激光和其他高能量组件产生的热量会产生对流效应，从而改变屏障装备的防护性能。出于这些原因，所有经过特别设计的防护屏障必须

要验证在仪器放置到位情况下可以提供必要的性能（防护和（或）产品保护），这是至关重要的。

移动实验室用设备

小型生物安全柜和通风橱则专为小型实验室设计和制造，这些实验室通常安装在卡车、面包车或集装箱内。可以将样品传递到实验室模块中，然后在适当的初级屏障中进行研究。这些实验室的一个常见应用是应对恐怖主义，在Ⅲ级生物安全柜内安全处理未知样品［可疑核材料、生物材料和（或）化学材料］。这些实验室还被用来在偏远地区提供现代科学能力。

初级屏障的使用

为了实现和维护生物安全，在了解初级屏障的用途、设计和性能的基础上进行选择和使用是非常重要的。结合风险评估，使用适当的设备来开展特定的工作。应根据设备的性能和使用条件，安装房间内的初级屏障并制订操作规范。

位置

通风橱和生物安全柜应安装在房间内，以便为操作人员提供舒适的使用环境，并供认证人员测试和维修设备。半开放式通风橱和安全柜对气流截流很敏感[29，55]，必须安装在低密度活动区，距离门口10英尺以上，交叉气流不超过面风速/入口气流流速的一半[25]。NIH设计手册为Ⅱ级生物安全柜相对于门口的放置、其他生物安全柜和人员活动提供了具体的指导原则[60]。

手套箱对安装位置没有特殊要求，但必须有足够的空间才能舒适地戴着手套进行工作；手套箱不应放置于高活动区域[25]。

半开放式初级屏障的通用操作准则

1.阅读操作手册并按照制造商的说明和建议进行操作。

2.确保屏障装备的认证和（或）日常操作检查是最新更新的。

3.对所有的警告和报警做出相应的反应。

4.检查仪表和（或）监视器以确保设备工作正常。

5.准备一份书面的检查清单，并遵循它，以确保所需的一切都在清单内，最大限度地减少手臂进出屏障装备。

6.穿戴实验外套、手套、套袖和其他适当的个人防护装备。

7.如果不是持续运行，请在开始使用通风橱/A全柜前运行3～4 min。

8.不要让你的头进入通风橱/A全柜工作区。

9.平稳地、有意识地进出屏障装备，手臂垂直于前面板的平面。

10.在每次使用前和使用后对工作区进行清洁和消毒。

11.工作时将面板保持在指定的高度（在通风橱上尽可能低）。

12.在升起或移动面板进行调整之前，请确保工作区清洁，并对工作表面进行消毒。

13.将塑料背衬吸收性材料放在工作表面上，以减少飞溅。

14.将材料和设备放置在工作区内，以免阻塞气流槽或格栅。

15.在工作区域内只放置和保留可高效使用的材料。

16.在经送风HEPA过滤器过滤的畅通无阻的清洁气流（有时称为“第一空气”）内进行操作。

17.制定具有可操作性的溢洒紧急处置流程。

18.安全处理所有废物和受污染的个人防护设备。

19.如果有紫外线灯，人员应避免暴露在紫外线下。

这些是初级屏障的通用操作规程。每个独立的实验室都应编写针对所用设备和所涉活动的具体操作规程。关于操作规范的更具体信息可通过疾病预防控制中心[20]和美国工业卫生协会（AIHA）[25]的出版物获得。

结论

在微生物和生物医学实验室开展的工作存在各种各样的危险。有许多不同类型的初级屏障可最大限度地减少操作这些危险物质的工作风险。基于完整风险评估确定的安全要求匹配初级屏障（基于对其用途、设计和性能的理解），以针对特定情况提供所需的人员、环境和（或）产品保护。当详细制订了操作规程（基于对风险评估和所选初级屏障的完全了解）并实施和遵循时，就可以实现生物安全。

原著参考文献

[1] Choffnes ER, Mack A. 2015. Emerging viral diseases— the one health connection: workshop Summary (2015). Appl Biosaf 20:61.

[2] Collins CH, Kennedy DA (ed). 1999. Laboratory-Acquired Infections: History, Incidences, Causes and Preventions. Butterworth-Heinemann, Oxford, U.K.

[3] Harding L, Byers K. 2006. Epidemiology of laboratoryassociated infections, p 53–77. In Fleming DO, Hunt, DL (ed)., Biological Safety: Principles and Practices, 4th ed. ASM Press, Washington, DC.

[4] Pike RM. 1978. Past and present hazards of working with infectious agents. Arch Pathol Lab Med 102:333–336.

[5] Campbell MJ. 2015. Characterizing accidents, exposures, and laboratory-acquired infections reported to the National Institutes of Health's Office of Biotechnology Activities (NIH/OBA) Division Under the NIH Guidelines for Work with Recombinant DNA Materials from 1976–2010. Appl Biosaf 20:12–26.

[6] Pike RM. 1976. Laboratory-associated infections: summary and analysis of 3921 cases. Health Lab Sci 13:105–114.

[7] Pike RM. 1979. Laboratory-associated infections: incidence, fatalities, causes, and prevention. Annu Rev Microbiol 33: 41–66.

[8] Bennett A, Parks S. 2006. Microbial aerosol generation during laboratory accidents and subsequent risk assessment. J Appl Microbiol 100:658–663.

[9] Chatigny MA, Clinger DI. 1969. Contamination control in aerobiology, p 194–263. In Dimmick RL, Akers AB (ed), An Introduction to Experimental Aerobiology. John Wiley & Sons, Inc, New York.

[10] Pottage T, Jhutty A, Parks SR, Walker JT, Bennett AM. 2014. Quantification of microbial aerosol generation during standard laboratory procedures. Appl Biosaf 19:124–131.

[11] Sansone EB, Losikoff AM. 1977. A note on the chemical contamination resulting from the transfer of solid and liquid materials in hoods. Am Ind Hyg Assoc J 38:489–491.

[12] NSF International. 2014. Class II (Laminar Flow) Biosafety Cabinetry. NSF/ANSI standard 49-2014. NSF International, Ann Arbor, MI.

[13] First MW. 1998. HEPA filters. J Am Biol Saf Assoc 3:33–42.

[14] Corbett JR. 2006. Convention and change, p 249–271. In Wamberg J (ed), Art & Alchemy. Museum Tusculanum Press, Copenhagen, Denmark.

[15] Wagner CM, Akers JE (ed). 1995. Isolator Technology. Interpharm Press, Inc, Buffalo Grove, Ill.

[16] Wedum AG. 1957. Biological safety program at Camp Detrick— 1 July 1953 to 30 June 1954. Technical report ABL-S-261. Army Biological Laboratories, Frederick, MD. Abstract at BiblioLine http://www. nisc. com.

[17] Barbeito MS. 2002. The evolution of biosafety from the U.S. biological warfare program (1941–1972), p 1–28. In Richmond JY (ed), Anthology of Biosafety V. BSL-4 Laboratories. American Biological Safety Association, Mundelein, Ill.

[18] Kruse RH, Puckett WH, Richardson JH. 1991. Biological safety cabinetry. Clin Microbiol Rev 4:207–241.

[19] McDade JJ, Sabel FL, Akers RL, Walker RJ. 1968. Microbiological studies on the performance of a laminar airflow biological cabinet. Appl Microbiol 16:1086–1092.

[20] Coriell LL, McGarrity GJ. 1968. Biohazard hood to prevent infection during microbiological procedures. Appl Microbiol 16:1895–1900.

[21] Centers for Disease Control and Prevention and National Institutes of Health (CDC/NIH). 2009. Biosafety in Microbiological and Biomedical Laboratories, 5th ed. U.S. Government Printing Office, Washington, D.C.

[22] American Chemical Society (ACS). 2013. Identifying and Evaluating Hazards in Research Laboratories. American Chemical Society, Washington, D.C.

[23] Maupins K, Hitchings DT. 1998. Reducing employee exposure potential using the ANSI/ASHRAE 110 Method of Testing Performance of Laboratory Fume Hoods as a diagnostic tool. Am Ind Hyg Assoc J 59:133–138.

[24] Ghidoni, D. A., and R. L. Jones, Jr. 1994. Methods of exhausting a biological safety cabinet (BSC) to an exhaust system containing a VAV component. ASHRAE Trans 100(part 1):1275–1281.

[25] American Industrial Hygiene Association (AIHA). 2003. American National Standard for Laboratory Ventilation. ANSI/AIHA standard Z9.5-2003. American Industrial Hygiene Association, Fairfax, VA.

[26] Hitchings DT, Shull RS. 1993. Measuring and calculating laboratory exhaust diversity— three case studies. ASHRAE Trans 99 (Part 2):1059–1071.

[27] Scientific Equipment & Furniture Association (SEFA). 2014. Laboratory Fume Hoods, Recommended Practices. SEFA I-2010. Scientific Equipment & Furniture Association, Garden City, NY.

[28] American Society of Heating, Refrigeration and Air-Conditioning Engineers (ASHRAE). 1995. American National Standard: Method of Testing Performance of Laboratory Fume Hoods. ANSI/ASHRAE standard 110. American Society of Heating, Refrigeration and Air-Conditioning Engineers, Atlanta, GA.

[29] Altemose BA, Flynn MR, Sprankle J. 1998. Application of a tracer gas challenge with a human subject to investigate factors affecting the performance of laboratory fume hoods. Am Ind Hyg Assoc J 59:321–327.

[30] National Fire Protection Association (NFPA). 2014. Recommended Fire Protection Practice for Facilities Handling Radioactive Materials. NFPA 801. National Fire Protection Association, Quincy, Mass.

[31] National Fire Protection Association (NFPA). 2015. Standard on Fire Protection for Laboratories Using Chemicals. NFPA 45. National Fire Protection Association, Quincy, Mass. 32. Eagleson D. 1990. Biological safety cabinets, p 303–331. In Ruys T (ed), Handbook of Facilities Planning, vol. I. Laboratory Facilities. Van Nostrand, New York.

[33] Ghidoni DA. 1999. HVAC issues in secondary biocontainment, p 63–72. In Richmond JY (ed), Anthology of Biosafety I. Perspectives on Laboratory Design. American Biological Safety Association, Mundelein, Ill.

[34] Barkley WE. 1972. Evaluation and development of controlled airflow systems for environmental safety in biomedical research. Ph.D. thesis. University of Minnesota, Minneapolis.

[35] Jones RL Jr, Stuart DG, Eagleson D, Greenier TJ, Eagleson JM Jr. 1990. The effects of changing intake and supply airflow on biological safety cabinet performance. Appl Occup Environ Hyg 5:370–377.

[36] Jones RL Jr, Tepper B, Greenier T, Stuart D, Large S, Eagleson D. 1989. Abstr 32nd Biol Safety Conf, p28–29.

[37] Lloyd R, Eagleson D, Eagleson DC. 2012. Biological safety canopy exhaust connection saves energy and improves overall safety performance. Acumen 10 (3). The Baker Co., Inc., Sanford, ME.

[38] Stuart DG, First MW, Jones RL Jr, Eagleson JM Jr. 1983. Comparison of chemical vapor handling by three types of class II biological safety cabinets. Particul Microb Control 2:18–24.

[39] Hinds WC. 1999. Aerosol Technology: Properties, Behavior, and Measurement of Airborne Particles, 2nd ed. John Wiley & Sons, New York.

[40] American Glovebox Society (AGS). 2007. Guideline for Gloveboxes, 3rd ed. American Glovebox Society, Denver, CO.

[41] Hill RH Jr, Gaunce JA, Whitehead P. 1999. Chemical safety levels (CSLs): a proposal for chemical safety practices in microbiological and biomedical laboratories. Chem Health Saf 6: 6–14.

[42] Stuart D, Ghidoni D, Eagleson D. 1997. Helium as a replacement for dichlorodifluoromethane in class II biological safety cabinet integrity testing. J Am Biol Saf Assoc 2:22–29.

[43] Stuart DG, Eagleson DC, Lloyd R, Hersey C, Eagleson D. 2012. Analysis of the Class III Biological Safety Cabinet Integrity Test. Appl Biosaf 17:128–131.

[44] Stuart DG, Kiley MP, Ghidoni DA, Zarembo M. 2004. The class III biological safety cabinet, p 57–72. In Richmond JY (ed), Anthology of Biosafety VII. Biosafety Level 3. American Biological Safety Association, Mundelein, IL.

[45] Stuart D, Hilliard J, Henkel R, Kelley J, Richmond J. 1999. Role of the class III cabinet in achieving BSL-4, p 149–160. In Richmond JY (ed), Anthology of Biosafety I. Perspectives on Laboratory Design. American Biological Safety Association, Mundelein, IL.

[46] United States Pharmacopeial Convention (USP). 2015. Pharmaceutical compounding sterile preparations, p 2350–2370. In USP 39-NF 34. United States Pharmacopeial Convention, Rockville, MD.

[47] National Institute for Occupational Safety and Health (NIOSH). 2004. Preventing Occupational Exposures to Antineoplastic and Other Hazardous Drugs in Healthcare Settings. National Institute for Occupational Safety and Health, Cincinnati, OH.

[48] Fink R, Liberman DF, Murphy K, Lupo D, Israeli E. 1988. Biological safety cabinets, decontamination or sterilization with paraformaldehyde. Am Ind Hyg Assoc J 49:277–279.

[49] Osborne R, Durkin T, Shannon H, Dornan E, Hughes C. 1999. Performance of open-fronted microbiological safety cabinets: the value of operator protection tests during routine servicing. J Appl Microbiol 86:962–970.

[50] CEN (European Committee for Standardization). 2000. Performance criteria for microbiological safety cabinets. Central Secretariat, Brussels.

[51] Jones RL Jr, Ghidoni DA, Eagleson D.1997. The bio-analog test for field validation of biosafety cabinet performance. Acumen 4(1). The Baker Co., Inc., Sanford, ME.

[52] Fontaine CP, Ryan T, Coschigano PW, Colvin RA. 2010. Novel testing of a biological safety cabinet using PCR. Appl Biosaf 15: 186–196.

[53] Institute of Environmental Sciences and Technology (IEST). 2009. HEPA and ULPA Filter Leak Tests. IEST-RPCC034.3. Institute of Environmental Sciences and Technology, Arlington Heights, IL.

[54] Colby CL, Stuart DG. 2000. Primary containment devices for toxicological research and chemical process laboratories, p 114–128. In Richmond JY (ed), Anthology of Biosafety II. Facility Design Considerations. American Biological Safety Association, Mundelein, Ill.

[55] Rake BW. 1979. Microbiological evaluation of a biological safety cabinet modified for bedding disposal. Lab Anim Sci 29:625–632.

[56] Stimpfel TM, Gershey EL. 1991. Design modifications of a class II biological safety cabinet and user guidelines for enhancing safety. Am Ind Hyg Assoc J 52:1–5.

[57] Chatigny MA, Dunn S, Ishimaru K, Eagleson JA Jr, Prusiner SB. 1979. Evaluation of a class III biological safety cabinet for enclosure of an ultracentrifuge. Appl Environ Microbiol 38:934–939.

[58] Stuart D. 1999. Primary containment devices, p 45–61. In Richmond JY (ed), Anthology of Biosafety I. Perspectives on Laboratory Design. American Biological Safety Association, Mundelein, IL.

[59] Holmes KL, Fontes B, Hogarth P, Konz R, Monard S, Pletcher CH Jr, Wadley RB, Schmid I, Perfetto SP, International Society for Advancement of Cytometry (ISAC). 2014. International Society for the Advancement of Cytometry cell sorter biosafety standards. Cytometry A 85:434–453.

[60] National Institutes of Health (NIH). 2008. Office of Research Facilities Design Requirements Manual. National Institutes of Health, Bethesda, MD.

19

节肢动物媒介的生物防护

DANA L. VANLANDINGHAM, STEPHEN HIGGS,
AND YAN-JANG S. HUANG

引言

最近新发并再发了由蚊子传播的节肢动物传播的病毒（虫媒病毒），如基孔肯雅病毒和寨卡病毒，这突出表明需要加强对这些病原体和参与传播周期的载体进行研究的能力。在过去的20年中，数种虫媒病毒入侵美国，凸显需要更多的设施和研究人员来研究这些病毒。1999年西尼罗病毒（West Nile virus，WNV）入侵美国后发现，整个国家缺少受过相应培训能够进行关键的监测操作和野外调查的昆虫学家/病毒学家，这对于有效地开展节肢动物控制活动至关重要[1-4]。这也提示与公共卫生有关的昆虫学培训和教育材料非常少[5]。随着WNV的入侵，一些地区的监测和研究能力有所提高；然而，有必要继续实施这些控制方案，以便快速控制虫媒病的新的入侵。

随着与各种节肢动物相关疾病的继续传播，世界各地都需要适合研究节肢动物的新型生物防护设施。近年来寨卡病毒入侵太平洋岛屿[6，7]，最近又入侵南美洲、中美洲、北美洲和加勒比海群岛[8]，凸显需要提高节肢动物研究能力。其他病毒如WNV，继续传播到新的地区（如欧洲），那里具有传播周期所需的节肢动物[9]。这些虫媒传染病的新发和再发很大程度上是由国际旅行造成的，例如，当游客到虫媒病毒正流行的国家旅游时，被感染后回国。导致病原体传播的其他因素包括亚洲虎蚊、白纹伊蚊等节肢动物进入新的区域[10，11]，改变了节肢动物传播病毒突变[12]，此外，气候变化也影响病原体出现。做好这些病原体新的入侵准备的基本要求包括建立基础物理设施，拥有一批能在维持用于研究的野外采集的节肢动物以及维持节肢动物种群的设施中进行高效研究的训练有素的科学家。

关于本章

在本章中，我们将介绍为培育、饲养和研究节肢动物而设计的设施，以及这些节肢动物可感染和传播的病原体实验所需要的实验室或昆虫饲养室。尽管通常使用术语“昆虫”，但实际上，一些在这些设施中饲养和使用的节肢动物（如蜱），并不是昆虫。在节肢动物防护实验室中饲养飞虫（如蚊子、蠓和白蛉）的要求与饲养蜱的要求不同，但是，本章中的一般准则可用于这两种情况，除非特别指出适合某一特定群体。

此外，基于本章的目的，我们将重点研究具有医学意义的节肢动物，尤其是能够传播人类和动物病原体的节肢动物媒介，因此需要不同程度的生物防护。我们不考虑研究如果蝇这样的昆虫，它通常被用于教室环境或是由业余昆虫学家饲养。另外，本章作为一般性介绍，指导研究人员和其他人了解与节肢动物防护实验室的安全和安全操作相关的资源，以及节肢动物在其传播的病原体研究中的作用。由于不同类型的节肢动物具有不同的生物学特性，在实验室条件下成功维持特殊物种的要求以及它们传播的病原体的多样性，所以不可能涵盖所有不同的场景来进行节肢动物媒介的研究。我们指导读者阅读已出版的文献，以便获得满足他们特定需求的信息。

设施设计

适宜的培育、饲养和感染节肢动物的设施对于开展虫媒病毒和蜱传病原体的研究是至关重要的。合理的设施设计不仅仅包括节肢动物防护实验室的房间的设计，例如，物理空间包括建筑设计和位置、单个房间、设备选择、工作台面的放置、存储空间以及如何设计房间来防护节肢动物。在开始昆虫饲养室设计之前，应对设施的工作范围和用途进行评估。

确定节肢动物防护实验室的目的和用途是至关重要的第一步。需要研究的关键问题是：将饲养什么类型的节肢动物？设施的用途（即饲养、感染或分析）？使用规模有多大？前两个问题的答案将定义操作的生物安全级别（BSL-1、BSL-2、BSL-3或BS-L4）。所需的生物安全级别将决定节肢动物防护实验室的设计和运行参数。表19-1列出了针对不同情况推荐的节肢动物防护级别。

表 19-1 节肢动物防护级别概述 [a]

决定因素	节肢动物防护级别			
	1	2	3	4
节肢动物分布，逃脱后的命运	外来的、不能生存的或短暂存活	本土的	外来种的建立	本土的，转基因的
感染状态	未被感染或感染非病原体	接近 BSL-2 级	接近 BSL-3 级	BSL-4 级
启动 VBD 循环	不相关	不相关	不相关	不相关
操作	ACL1 级标准	ACL1 级加上更严格的处理，警示标语和限制进入	ACL2 级以及更加严格的限制进入、培训和保存记录	ACL3 级以及更高级别的限制进入，大量的培训和完全隔离
初级屏障	适合于物种的容器	适合于物种的容器	防止节肢动物逃逸的容器，手套箱，生物安全柜	防止节肢动物逃逸的容器，在生物安全柜或正压防护服的实验室操作
二级屏障	NA	与实验室隔离，两道门，密封的电气 / 管道开口；繁殖容器和栖息地最小化	BSL-3 级	BSL-4 级

a BSL：生物安全级别；VBD：媒介传播疾病：ACL：节肢动物防护级别；NA：不适用；BSC：生物安全柜。

如果准备使用节肢动物进行感染实验，微生物和生物医学实验室生物安全（BMBL）[13] 中明确规定的不同病原体生物安全级别将有助于确定可建立和操作昆虫的最低标准。在BSL-2实验

室中使用的如辛德毕斯病毒等病原体的感染研究表明，必须至少建立符合BSL-2标准的昆虫饲养室。使用基孔肯雅病毒等病原体进行的感染实验至少需要在BSL-3昆虫饲养室内进行（见下文“生物安全，法规和昆虫饲养室设计”章节）。

一旦确定了节肢动物的类型、要进行的研究以及所需的生物安全级别，就必须检查计划研究的使用范围。应该检查的一些问题可能包括：将使用几个物种？每次需要这种物种的多少数量？在同一个设施里会有几种不同的节肢动物吗？计划研究的范围将决定昆虫饲养室的总体规模和设计。例如，如果存在蚊子和蜱虫，则需要针对不同物种的不同的防护问题修改各个房间的设计。

通用昆虫饲养室的设计标准

在许多方面，昆虫饲养室可以被看作一个具有非常特殊功能的实验室。除了满足BMBL和Richmond[14]等一般来源提供的完善的设计标准外，该昆虫饲养室还必须满足安全饲养和维护未受感染和可能已经受感染的节肢动物所需的附加标准。为了实现后一种特殊功能，节肢动物防护实验室应该在主入口门和饲养/实验室空间之间有一个缓冲间。对于ACL2，该缓冲间可以通过布或纱帘与主房间隔开，但最好是自动关闭实心门。对于ACL3，强制要求两个带适当锁的自动关闭门（见BMBL）。在昆虫饲养室使用的SOPs主要是为了防止昆虫逃逸，但是，SOPs和设施设计还应能够快速监测逃逸的节肢动物，以便能够安全地捕获或杀死它们。根据所使用的节肢动物的类型，昆虫饲养室的表面，包括地板、墙壁、长椅和储藏柜，应该使用有足够对比度的颜色，以便很容易能发现逃逸的节肢动物，通常使用白色或浅色。应尽量减少设施中的设备和开放式货架上的物品的存放，以使逃逸的节肢动物无法躲藏。如果可能的话，天花板应该低一些，像成蚊这样的昆虫就不会飞得太远，并且天花板不应该有空隙，否则就可能无法找到蚊子。天花板高度可由建筑规范规定，而且还必须考虑到诸如生物安全柜等设备的高度。通往室外的通风口和其他管道，包括灯具，应根据需要进行改造，可通过使用昆虫防护屏障防止昆虫逃逸。同样，可通过设计特性采取措施以防止昆虫进入下水道。

一旦昆虫饲养室的总体设计确定后，就应该仔细检查特定物种的需求，以确保设计符合研究人员的需要。成功维持人工饲养节肢动物具有高度的物种特异性。适用于蜱、虱、三叉虫、跳蚤、蚊子、蠓、黑蝇、沙蝇和采采蝇的程序在《疾病媒介生物学》第七部分生物学中用于病原体媒介的特殊方法[15]的不同章节中进行了详细描述。通常，用于饲养未受感染的节肢动物防护实验室可使用两种与节肢动物生物学有关的基本方法，这两种方法通常需要相对温暖和潮湿的条件。一种方法是将整个房间的环境控制到有利于节肢动物发育的条件。虽然这种方法已经成功地应用于大规模饲养蚊子，但维持这些条件是有困难的。首先，当冷空气进入房间时，人员的进出会引起波动，特别是当房间有负压气流存在时。其次，湿度很难维持，特别是在需要高的空气交换率的情况下，如在BSL-3实验室，而且高湿度还可能与霉菌生长和电气设备的损坏有关。另一种方法是使用环境舱。根据空间的不同，它们可以用来饲养数量相对较大的节肢动物，并提供机会使用不同的环境，在同一房间内对不同物种进行最佳饲养。在决定房间的设计和设置多少个环境舱时，不仅要确定空气流量，还要确定电力需求，因为和冰箱一样，环境舱在运行过程中会产生大量的热量。建议使用应急电源和监视器，以避免局部电源故障导致温度波动，从而导致节肢动物种群的损失。一些环境舱还具有精细控制光线的功能，这对于人工繁殖某些节肢动物来说是至关重要的。关于饲养蜱，主动饲喂通常可以在环境舱的干燥舱中完成[15]。因此，蜱种群的维持可能不像其他节肢动物那样需要很多

的空间。

昆虫饲养室设计资源

在设计昆虫饲养室时，无论是新设施还是对现有房间的改造，从概念到操作都有很多有价值的资源可以提供指导。该出版物提供了对风险评估程序的全面评价，以确定针对不同情况推荐的ACL级别，并详细介绍了每种ACL（ACL1、ACL2、ACL3和ACL4）的相关程序、特殊准则、安全设备（初级屏障）和设施（二级屏障）。此外，还讨论了关于节肢动物运输的信息，以指导研究人员在不同设施之间获取和分配节肢动物。

根据用户的使用需求，各种节肢动物防护实验室的设计可以从简单到复杂。在本章的最后，我们还讨论了如何建立一个基础的昆虫饲养室来放置未受感染的蚊子。昆虫饲养室的基本设计特征在1980年[18]被描述过，至今仍然适用。节肢动物实验室安全小组委员会（SALS）的建议指出，“用于媒介效能研究的节肢动物在昆虫饲养室内饲养，昆虫饲养室至少有一堵实心墙和四扇向内打开并自动关闭的屏蔽门或实心门。门与门之间的空间必须足够容纳一个人进入，这样每扇门在另一扇门打开之前都是关闭的。如果能有效记录饲养的节肢动物，可以用气帘或布代替一扇门。” Duthu等人[19]讨论了如何选择昆虫饲养室的位置、通道、墙体、天花板、地板、门和门框的建筑材料、供暖、通风和空调（HVAC）、机电系统、照明和管道。这些不同系统的集成显然是至关重要的。除了这些基本的设计特征，Duthu等还讨论了在选择房间设备时的考虑因素，例如，房间加湿、储藏柜和实验室设备，以及昆虫饲养室的图像处理。Higgs等[20]提供了节肢动物防护的概述，包括节肢动物防护指南的图片。Crane和Mottet[21]描述了BSL-3节肢动物防护实验室的设计。图19-1和图19-2分别展示了ACL2级和ACL3级昆虫饲养室的基本特征。

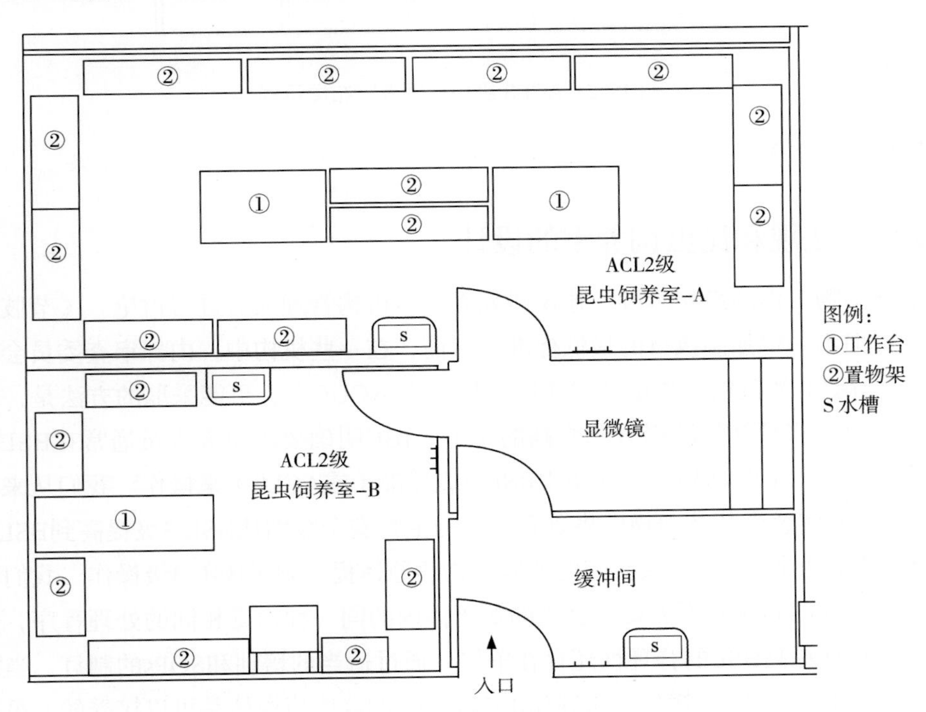

图 19-1 ACL2 级昆虫饲养室布局示例

经Duthu等许可稍作修改[19]。

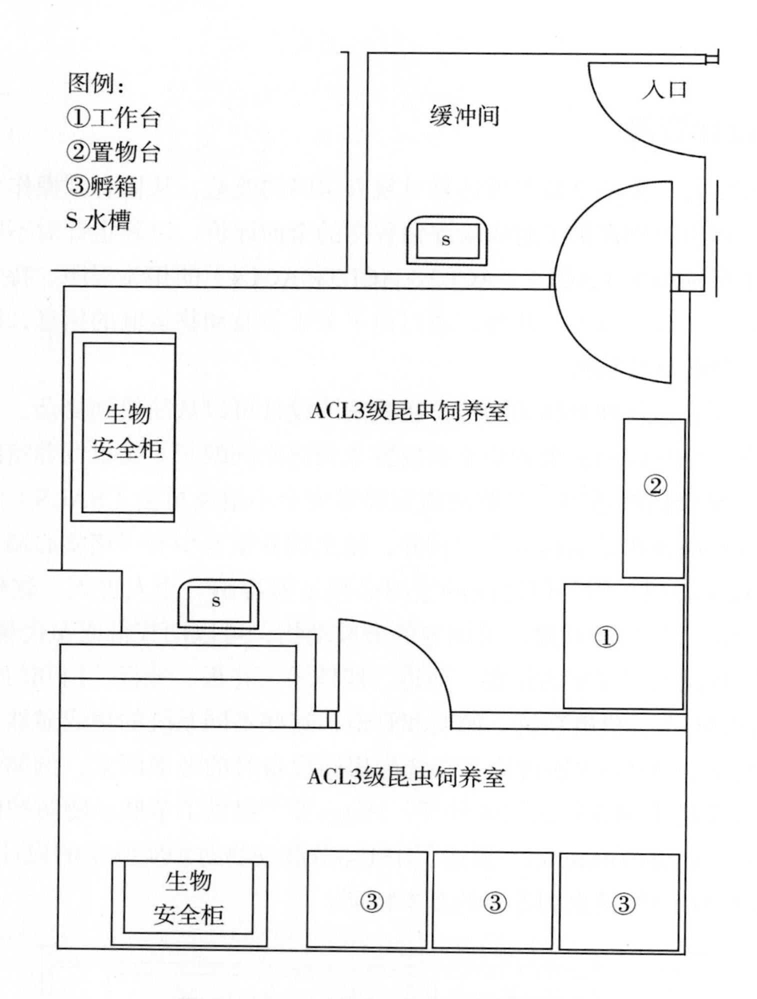

图 19-2 ACL3 级昆虫饲养室布局示例

经Duthu等许可稍作修改[19]。

生物安全、法规和昆虫饲养室的设计

在规划节肢动物工作的最初阶段，建议研究人员与机构管理人员进行讨论。《节肢动物防护指南》定义了推荐但不一定强制执行的最低标准。然而，在一些机构中，内部审查委员会，如机构生物安全委员会（IBC）和机构动物伦理和使用委员会（IACUC），可能采取的方法是，节肢动物中病原体的存在会自动将预知风险提升到更高的水平。IBC明确要求研究人员通常在BSL-2级设施中操作的病原体一旦进入节肢动物体内将使用BSL-3级标准（或ACL3）来操作。我们从来没有听说过某一个IBC要求病原体感染节肢动物后将研究所需的生物安全级别从BSL-3级提高到BSL-4级，但是有几个例子IBC要求通常在BSL-2级研究的节肢动物病原体提高到了BSL-3级操作。我们不能否认，密闭的细胞瓶中培养的病毒并不需要与会飞的蚊子体内的同一种病毒相同的处理程序，然而，这些差异是否能证明自动提高BSL的合理性还存在争议。通过适当的培训和SOPs的制订，当病原体感染节肢动物后，在BSL-2/ACL2级操作正常在BSL-2级操作的这些病原体是可以接受的。虽然这应该建立在研究人员和相应的审查委员会讨论的基础上，但研究人员必须意识到他们可能突然处于这样一种情况，即当病原体脱离节肢动物之后，他们无法按原计划执行在相同的BSL级别进行节肢动物实验。

在处理未受感染的节肢动物时，昆虫饲养室的设计在很大程度上基于节肢动物的种类，并考虑昆虫饲养室的地理位置。使用未感染的节肢动物不能被视为低风险，并且可能需要使用高于最基本的ACL1级的防护水平。如表19-1所示，一种外来的节肢动物，即不是某个地区的原生物种，如果它从昆虫饲养室中逃逸则可能在该地区建立种群，所以至少应该符合ACL2级标准。

感染病原体的节肢动物需要进一步规划，以确保实验室的设计特征满足所需的防护条件。根据病原体的BSL级别，可以初步确定防护条件和SOPs。之后，昆虫饲养室的设计必须考虑并满足所有与这些病原体有关的所有要求。这些要求可能因国家而异，并且可能因在不同BSL级别中研究的病原体而进一步复杂化。例如，在美国，如果研究的病原体是"管制生物因子"，将与涉及诸如储存、记录保存和人员资质等方面的法规相关联。与生物安全工作人员和研究管理人员进行咨询的重要性不容小觑，这种咨询必须在研究规划的最初阶段进行。

在规划阶段的早期，应考虑昆虫饲养室中是否需要使用生物安全柜用于研究。在典型的研究实验室中，即使在BSL-2实验室中，所有具有感染性的病原体的操作均在生物安全柜中进行，这种现象越来越普遍，甚至超过了预期。这些安全柜作为病原体的二级防护具有非常重要的保护功能，既保护工作人员免受气溶胶的危害，还有助于保持相对无菌的环境，如在细胞培养中，可以将污染降到最低。然而，对于节肢动物的研究，生物安全柜可能会带来一定的风险，要同时评估病原体和节肢动物的风险。任何在生物安全柜中操作过蚊子的人都可能经历过当放置这些很轻的蚊子时旁边有相对强的气流干扰。但是当在一个主容器（如顶部有紧密网孔的纸箱）中操作时，放置蚊子不会受到影响。然而，如果在低温台上计数冷麻醉的节肢动物时（这是操作节肢动物时常用的方法），生物安全柜的气流能吹动低温台上的节肢动物，是使它们逃逸的主要风险。出于这个原因，不使用生物安全柜而是使用一个专门设计的手套箱来进行操作，或者在工作台上操作，这样做可能更安全，也不存在节肢动物逃逸的风险。通过适当的培训和所掌握的节肢动物的知识，可以制订SOPs，可有效地将逃逸风险降至最低，并且仍然能够保护工作人员免受感染。这里使用术语"最小值"来承认零风险可能无法实现，但风险可以降低到很低。能达到这种程度的一个重要因素是培训工作人员使用未感染的节肢动物进行每一项操作，以便在操作病原体之前培养必要的技能。必须使用非感染性材料来实施操作，如胸腔内接种、通过人工膜饲喂、通过脊椎动物饲喂以及解剖节肢动物。应制订和实施昆虫饲养人员培训计划，在批准使用外来物种与感染性物质之前，应有可衡量的标准与准则。

必须强调的是，对于某些病原体必须在生物安全柜中操作。研究人员应参考相关文件，如BMBL，并在必要时咨询监管机构。最近有许多例子表明，即使可能由于对库存跟踪或灭活等程序的有效性缺乏了解，未能遵守规定也会对个人和机构造成严厉的惩罚。

针对昆虫饲养室设计的其他考虑因素

在进行昆虫饲养室设计时，了解计划的工作范围是很重要的。关于如何操作受感染的节肢动物，《生物安全选集》系列丛书的第4版是很好的资源，该丛书专门研究节肢动物传播的疾病，并包括几个章节，讨论了操作受感染节肢动物过程中所需注意的细节，包括被感染的蚊子[22]和蜱[23，24]。

转基因节肢动物

在设计昆虫饲养室和确定所需的生物安全级别时可能需要进一步考虑的另一个研究领域是对转基因节肢动物的研究。2003年，当《基因工程节肢动物指南》一书出版时，节肢动物的基因操作是可以实现的，但实现起来并不容易。尽管如此，考虑到对蚊子进行基因改造以降低媒介传播效能这样的情况，这些指南中包括了关于控制转基因节肢动物的讨论。建议转基因蚊子应该至少需要ACL2级别的操作，并根据情况，可能需要更高级别的保护。本书提供了一系列问题，以帮助决定应该使用哪个级别。

《基因工程节肢动物指南》排除了关于实地调查和使用人体受试者用于研究节肢动物的讨论。最近Achee等[25]已经填补了这一遗漏。在实验室/昆虫饲养室环境中，该文件的相关内容涉及通过蚊子吸食人血，或通过蚊子吸食被感染的人血来感染传播媒介，利用人来建立或维持蚊子种群的可能性。这两种方案都是合理和允许的，但是，这些方案需要获得诸如学术IBC等相关部门的批准。在美国，对人类研究对象的保护主要是受共同规则（common rule）[26]的约束。

与媒介的基因操作有关的是，已经确定的具有医学重要性的主要蚊种（冈比亚按蚊、埃及伊蚊、白纹伊蚊、淡色库蚊）的全基因组序列。这些蚊子传播引起人类重大疾病（疟疾、基孔肯雅热、登革热、黄热病、寨卡病毒病、日本脑炎）的病原体。迄今为止，这些基因组序列的信息还没有转化为载体能力的影响。然而，技术进步意味着现在可以对蚊子进行基因操作，目前已经在好几个国家释放了基因修饰的蚊子。

许多出版物中描述了为埃及伊蚊种群抑制设计和开发的所谓的释放显性致死因子（RIDL）的蚊子的技术[27]，并已经过评估和批准，用于降低蚊媒病毒的发病率，特别是基孔肯尼雅热、登革热和寨卡病毒病。2013年，Higgs研究了控制登革热和基孔肯尼雅热的替代方法，并将转基因的RIDL蚊子与非转基因蚊子感染沃尔巴克体进行了比较[28]。

近期基于CRISPR/Cas9技术[29-31]的基因工程发展迅猛，已经转化成广泛可用的商业化试剂盒，这些试剂盒在节肢动物等短世代生物中具有巨大的应用潜力。事实上，CRISPR基因工程蚊子已经被制造出来[32，33]，最近发表了一篇关于基因驱动技术及其在节肢动物中的应用的报告[34]。该报告使用了几个案例研究，包括在夏威夷利用埃及伊蚊和白纹伊蚊控制登革热，利用冈比亚按蚊控制人类疟疾以及利用致倦库蚊控制鸟类疟疾。本章“分阶段测试和减少基因驱动潜在危害的科学方法”，包括关于防护、限制和缓解策略的讨论。另一章，“控制基因驱动研究和应用”，包括对生物安全考虑的讨论。建议为了减少无意释放转基因节肢动物（特别是蚊子）的危害，至少应该在ACL2级别进行实验。针对基因修饰的节肢动物的ACL2级的操作包括在与其他蚊子分开的房间内或生物安全柜中进行实验，在房间中有适当的定向气流，使用适当的处理技术，如高压或冷冻，以及使用适当的个人防护装备。这些问题在《节肢动物防护指南》和Akbari等的研究中有更详细的讨论[17，20，35]。

对于转基因节肢动物，IBC是学术环境中审批和监督过程的关键部分。在美国，如果这项研究是由NIH资助的，这些IBC是负责任的，并且必须遵循NIH的《重组或合成核酸分子研究指南》[36]。对于某些植物害虫，研究可能受到美国农业部动植物健康检疫局生物技术监管服务部门的监管。此外，昆虫的转运可能需要通过适当的机构获得运输许可证。目前，转基因节肢动物似乎不受美国FDA的监管；然而，FDA已经参与了转基因RIDL蚊子的讨论，可能是因为一种药物被用作其中的一部分。国家科学院的结论是，在提出的案例研究中，尚不清楚哪一个机构在美国境内拥有管辖权。根据具体情况，美国FDA、美国农业部和美国环境保护局可能会参与其中，在某个案例中，与濒危物种法相关的立法可能会适用。

沃尔巴克体感染的蚊子

虽然没有经过基因改造，但感染沃尔巴克体的蚊子现在也被大规模饲养并释放，以减少某些疾病的发生，这不仅是因为有可能通过细胞质不相容现象抑制种群，还因为沃尔巴克体的存在，可以降低蚊子对某些虫媒病毒的易感性，从而减少疾病的传播。在使用基因修饰过的节肢动物进行实验时，应考虑确定合适的ACL级别和SOPs，以确保昆虫饲养室的设计满足研究人员的需要。

使用活脊椎动物饲养节肢动物

在仍处于项目规划阶段时另一个应考虑的昆虫饲养室设计的因素是使用血饲。血饲对于节肢动物媒介的繁殖是必不可少的，并且可以在昆虫饲养室中增加一种非典型研究实验室的特定需求。许多出版物[15, 37]都描述了感染、饲养和分析节肢动物的方法。这些方法包括相对自然的方法，如通过受感染的脊椎动物饲喂和使用人工血饲喂，到通过胸腔内接种和灌肠法感染病原体。根据所维持的节肢动物的数量，可以在专用设备（如Hemotek饲喂设备）中将血提供给节肢动物。如果使用活体动物，大规模饲养可能更加有效，并且对于某些节肢动物（如蜱）来说，使用活的脊椎动物是必不可少的，没有可行的替代方案。如果决定需要活的脊椎动物来维持节肢动物，则应考虑再建造相应的动物房，使昆虫饲养室易于使用。与IACUC成员和其他相应的有资质的人员（如兽医）进行协商是至关重要的，以便在采购节肢动物之前制定动物房方案和SOPs并获得批准。昆虫饲养室设计时和SOPs里需要考虑如何向节肢动物提供血饲，特别是当必须使用活脊椎动物并将其饲养在昆虫饲养室内或附近时。

在开始之前要考虑的要点

规划和设计昆虫饲养室

为了更清楚地了解在建造昆虫饲养室时应解决的生物防护问题，我们讨论了当建造一个用于容纳未受感染的蚊子的昆虫饲养室时应考虑的具体设计参数。在这个例子中，我们讨论了如何改造现有的实验室，以创建一个能够工作的饲养室。在这种情况下，我们将假设该建筑的位置和设计符合未受感染的节肢动物（BSL-1或BSL-2）所需的防护级别。当选择一个房间改造成一个饲养室时，相应的管道（洗手池、制冰机排水、无开放水源），电力供应（有足够的电力供应饲养室、离心机、冰箱、冰柜、高压灭菌器），外门的位置和距离，房间的整体空间都应该被考虑进来。其他的考虑因素是房间容纳节肢动物的能力，即如果有逃逸，房间里的通风口、裂缝和其他孔隙是否能够被覆盖或密封，使蚊子无法离开房间？是否有足够的空间建造一个进出昆虫饲养室的缓冲间？天花板是否可以降低，以便如果有逃逸，饲养室工作人员可以在需要时够到天花板？

在改造之前要解决的下一个问题是：将使用什么类型的节肢动物以及用于何种目的？在这个例子中，我们假设这个昆虫饲养室是为了饲养在其他更高级别防护的饲养室内进行实验的蚊子而建造的。任意一次饲养的蚊子数量将给出所需的设备类型和整个房间的设计构想。对于规模相对较小的饲养室，我们发现使用生长舱来养殖蚊子效果很好。但是，如果每次需要的蚊子数量很多，那么房间本身可能需要进行改造来达到适当的温度、照明和湿度从而使蚊子能够在架子上饲养。对房间进行改造，使其温度和湿度高于正常水平，会带来额外的复杂性。例如，如果蚊子逃逸，使用加湿器可能给了蚊子一个很好的产卵场所，而油漆和设备需要承受更热和更加潮湿的环境。此外，在饲养过程中仅有初级防护，是否会比将节肢动物安置在生长舱中更频繁地导致节肢动物逃逸？在这个例子中，我们假设使用饲养舱来提供合适的温度、湿度和光照周期来饲养蚊子。生长舱的另一个优点是与直接放置在房间架子上的饲养盘或饲养笼相比，它提供了一层额外的防护。

在设计饲养室时，还需要考虑储藏柜和工作台面，它们应该是最小的，并且是浅色的，这样任何逃脱的节肢动物都有最小的藏身之处，而且在浅色的表面上很容易被发现。存储也是一个重要的考虑因素，只留下必需的物品以减少杂乱，并使任何节肢动物很容易被发现。设计的房间的主要功能是有助于控制节肢动物。

一旦解决了房间的设计和研究内容的问题之后，进一步有助于确保节肢动物得到控制的是制定SOPs、监管机构的批准、人员培训计划以及模拟演练，以评估对SOPs的理解和技术能力。

感染和感染节肢动物的操作

尽管研究的节肢动物物种在不同的实验室之间有很大的差异，但节肢动物防护设施的重要目的之一是利用人、动物或人兽共患病病原体感染节肢动物，以确定特定种类节肢动物的媒介效能并描述与节肢动物、病原体和脊椎动物宿主之间的相互作用的特征。因此，设施、设备和程序的设计可高度针对具体的项目，但有几个共同的原则：无论使用何种病原体，设施和设备的设计必须能够防止节肢动物的意外释放；无论感染状况如何，科学家都必须将每种节肢动物视为能感染并能够传播病原体。使用多层安全屏障是防止节肢动物逃逸的常用方法。必须牢记，对节肢动物物种增加防护措施不应改变或取代现有的良好微生物准则、个人防护装备和针对特定病原体指定的消毒/灭活程序。然而，由于不同地区的流行状况以及疫苗和预防性治疗的差异，病原体的生物安全水平可能因设施而异。例如，美国对流行性乙型脑炎病毒（Japanese encephalitis virus，JEV）毒株的研究定为BSL-3级，操作受JEV感染的节肢动物需要在ACL3级实验室。由于亚洲一些国家实施了疫苗接种计划，在该地区进行的类似研究在BSL-2级和ACL2级实验室进行。

节肢动物的感染需要在指定的生物安全级别和节肢动物防护水平上使用病原体和节肢动物物种。在BSL-2级或以上级别进行操作的病原体通常需要使用生物安全柜。节肢动物防护实验室的设计中包含生物安全柜是非常常见和优先选择的。如果没有生物安全柜，含传染性病毒的血饲或接种物的制备应在相应的防护实验室进行，并用安全的容器运输到节肢动物防护实验室。除了在处理病原体的过程中提供保护外，科学工作者们还可以给放置于顶部有紧密网孔的纸箱中的节肢动物喂食血饲。然而，由于强气流的存在可能会增加在操作过程中丢失节肢动物的机会，因此通常不鼓励在生物安全柜中使用冷麻醉和解剖节肢动物。另一种创建屏障以防止节肢动物逃逸的方法是使用塑料手套箱或用网状物或类似材料做成的样本处理笼。

可以在生命周期的不同阶段使用不同的技术方法进行感染。但是，我们必须考虑所采取的方法是否科学合理。例如，为了确定某种节肢动物对特定病原体的媒介传播效能，使用胸腔内接种的方法被认为是非自然的和不合适的，因为该方法破坏了被检测的节肢动物物种的解剖屏障，增加了病原体感染和传播的概率。最常用的方法是通过经口摄入病毒血饲，或通过叮咬受感染的脊椎动物宿主或吸食混有病原体的血液制品，这与自然界的感染过程类似。

由于空间的限制以及以最少的设备和用品设计实验室的一般原则，脊椎动物宿主在感染病原体

之前和之后的饲养通常不在节肢动物防护实验室内。脊椎动物宿主应在暴露于节肢动物之前使用经严格计算的适当剂量的药物麻醉，节肢动物可以在安全的容器中通过网孔饱餐。接种病原体滴度的预期变化通常存在于受感染的动物中。尽管使用受感染的脊椎动物宿主可能为节肢动物饱食提供了必要的气味和热量线索，但由于血液中病原体滴度的变化，控制经口摄入的病原体的量在技术上具有挑战性。另一种更好地控制节肢动物个体摄取量的方法是通过其他人工加热设备提供血饲。虽然一些节肢动物，如一些库蚊种类，可以通过棉质吸血来感染，但气味和热量等化学和物理因素的存在通常会提高吸血的效率。通常情况下，可以通过使用适宜动物的皮肤来提供充饥的气味线索。血饲的温度也可以通过加热设备或加热液体（如水）来维持。

研究人员开发了一种装有温水的水套的玻璃喂食器，通过口饲感染吸血节肢动物。含有特定病原体的感染性血液保存在被水套结构包围的储存结构中。一层动物的皮肤或其他膜状结构被固定起来，以供节肢动物进食。由于使用温水来维持血饲，通常需要一个可在高温下设置的循环水浴。由于一些对人类和兽医学公共卫生具有重要意义的节肢动物会在水体中自然产卵，因此，在无意释放了饱食的节肢动物的最坏情况下，应设置适当的屏障以限制它们进入水体。应该解决的另一个问题是玻璃器皿的使用，尤其是在密闭的设施中。实验室应提供处理破碎玻璃器皿的程序以及所需的工具和防护设备。

一种改进的喂食方式是通过一个加热装置来提供血饲，该加热装置连接到由金属容器制成的喂食器，该喂食器取代了玻璃喂食器。类似的原理是通过在金属喂食器的蓄水池上安装动物皮肤或膜结构，以吸引吸血动物来达到吸食感染性血液的目的。玻璃饲喂器的显著改进包括在节肢动物防护实验室中没有玻璃器皿和水体。

如果实验目的是必须获得高感染率的节肢动物，则可用接种进行感染。病原体通常可以通过用玻璃毛细管针接种来感染，就像蚊子的胸腔内接种一样。为了确保实验室人员的安全，必须制定操作规程和防护装备，以减轻接种过程中病原体气溶胶化带来的相关风险。

在接种之前，节肢动物的固定必须通过冷麻醉来进行。此外，还需要一个冷麻醉程序来分离进食后充血的节肢动物，并处理实验过程中收集的节肢动物。冷却台和冰通常产生制冷温度。与塑料器皿相比，玻璃培养皿或其他类似的玻璃器皿通常具有光滑的表面和优异的导电性以保持低温。

在感染完成后，下一个关键步骤是饲养节肢动物物种以使病原体复制和传播。饲养被感染的节肢动物与饲养成年节肢动物的一般要求相同，并且需要一个二级屏障。在节肢动物防护实验室中，一个常见的挑战是由高频率的空气交换产生的干燥。因此，温度、湿度和光照的维持必须通过环境舱或培养箱来实现。安置受感染的节肢动物的关键是在初级容器中设置若干屏障，以防止任何受损结构造成节肢动物的逃逸。虽然设计的用于容纳受感染节肢动物的结构精良的纸箱可以充分防止节肢动物逃逸，但通常建议将纸箱放在透明的二级容器中，以防止纸箱意外泄漏，同时不中断节肢动物的空气供应。这种容器预期能够抵抗机械外力引起的破损并且足够透明，可以看到任何可能从初级容器中逃逸的节肢动物。

纸箱中感染病原体的节肢动物的取样应采用机械抽吸法。有几家供应商提供了几种型号的采用手电筒或其他电气设备改装的机械吸引器。类似于建立屏障以防止节肢动物逃逸的原理，节肢动物的机械抽吸和随后在手套箱或样本处理笼中的操作可以显著降低逃逸的可能性。将节肢动物吸入安全的容器后，可以将它们暂时置于冰上或在冷藏温度下进行冷麻醉。随后可以在冰上或冷却台上处理固定的节肢动物。

培训

人员培训和制定标准操作程序

在分析了将要进行的研究类型、BSL的要求以及应该参与早期规划的监管机构之后，下一步是制订SOPs和培训全体工作人员。安全和保障应考虑到实验室工作人员、设施和环境的安全。实验室工作人员应接受良好的培训，以遵循针对设施、正在使用的节肢动物和病原体而制订的标准操作程序。制订SOPs是确保工作人员遵守程序的第一步，这些程序将确保昆虫不会从昆虫容器中逃脱，因此也不会从昆虫饲养室逃脱。

在昆虫饲养室的设计、建造和开展研究的首要任务是确保节肢动物不会逃逸。这不仅对感染病原体的节肢动物很重要，对于未感染的节肢动物也同样重要。对逃逸应采取零容忍的态度，即使是那些在昆虫饲养室所在地区的本土物种。这些节肢动物的逃逸仍然可能改变病原体传播的可能性或增加该地区的滋扰。零容忍政策也表明了饲养室工作人员和当地研究所的专业态度。感染了人或动物病原体的外来节肢动物的逃逸是完全不可接受的，因为它对一般人群和环境构成明显的威胁，因为该物种可能在某些地区建立起来。昆虫饲养室的操作程序必须基于这样的前提：所有节肢动物都被当作被感染的、有危险性的并试图逃跑的动物来对待。应该假设节肢动物具有在环境中建立种群的潜在能力并能导致病原体的传播。通过采取这种方法，由于错误的想法即“某些物种即使逃脱也不会造成任何伤害”而导致的节肢动物意外释放的风险应该很小。工作人员的“在任何情况下都不允许逃脱”的理念将解决人为失误所带来的节肢动物逃逸的主要风险。

与节肢动物防护有关的另一个潜在错误观点是，应该把精力主要放在成虫阶段。正因为成虫阶段在逃脱的潜力方面似乎更具多样性，所以在培训工作人员、制订方案和设计昆虫饲养室时必须考虑所有阶段。如果门被打开，显然成蚊可以飞得更快，隐藏在角落里，并飞出饲养室。然而，卵和幼虫也具有很高的逃逸潜力。库蚊的卵对干燥具有高度耐受性，可以存活数月，而且体积小，颜色深，如果没有制订合适的SOPs并严格遵守，它们可能会被丢弃在垃圾中或排入下水道中而逃脱。当节肢动物用于实验时，从实验开始到实验结束的整个过程中，记录数量是非常重要的；然而，在饲养室内，很少能够准确地知道存在于不同阶段的节肢动物的数量，计算产了多少卵，器皿里有多少幼虫，甚至计算在一个种群笼子里有多少成虫都是不切实际的。在实验中，人们必须连续记录节肢动物的数量，与实验情况不同的是，在饲养室内，人们不知道产了多少卵，因此不可能通过检查现有数量与初始数量来发现逃逸。

结论

关于媒介节肢动物的生物防护实验室的设计和操作，大多数节肢动物的饲养，以及能够对大多数节肢动物和大多数节肢动物传播病原体进行安全、可靠和负责任的研究程序和方案，有大量的信息资源。基于这些信息，可以制订特定情况的SOPs、员工教育和培训，以提高我们对节肢动物及其传播病原体之间复杂相互作用的理解。掌握这些知识，培养和维持具有节肢动物工作技能的工作队伍，对于节肢动物传染病预防控制至关重要。

原著参考文献

[1] Campbell GL, Marfn AA, Lanciotti RS, Gubler DJ. 2002. West Nile virus. Lancet Infect Dis 2:519–529.

[2] Granwehr BP, Lillibridge KM, Higgs S, Mason PW, Aronson JF, Campbell GA, Barrett ADT. 2004. West Nile virus: where are we now? Lancet Infect Dis 4:547–556.

[3] Nash D, Mostashari F, Fine A, Miller J, O'Leary D, Murray K, Huang A, Rosenberg A, Greenberg A, Sherman M, Wong S, Campbell GL, Roehrig JT, Gubler DJ, Shieh W-J, Zaki S, Smith P, Layton M, for the West Nile Outbreak Response Working G, 1999 West Nile Outbreak Response Working Group. 2001. The outbreak of West Nile virus infection in the New York City area in 1999. N Engl J Med 344:1807–1814.

[4] O'Leary DR, Marfn AA, Montgomery SP, Kipp AM, Lehman JA, Biggerstaff BJ, Elko VL, Collins PD, Jones JE, Campbell GL. 2004. The epidemic of West Nile virus in the United States, 2002. Vector Borne Zoonotic Dis 4:61–70.

[5] Spielman A, Pollack RJ, Kiszewski AE, Telford SR Ⅲ . 2001. Issues in public health entomology. Vector Borne Zoonotic Dis 1:3–19.

[6] Duffy MR, Chen TH, Hancock WT, Powers AM, Kool JL, Lanciotti RS, Pretrick M, Marfel M, Holzbauer S, Dubray C, Guillaumot L, Griggs A, Bel M, Lambert AJ, Laven J, Kosoy O, Panella A, Biggerstaff BJ, Fischer M, Hayes EB. 2009. Zika virus outbreak on Yap Island, Federated States of Micronesia. N Engl J Med 360:2536–2543.

[7] Musso D, Nilles EJ, Cao-Lormeau VM. 2014. Rapid spread of emerging Zika virus in the Pacifc area. Clin Microbiol Infect 20: O595–O596.

[8] BogochII, Brady OJ, Kraemer MU, German M, Creatore MI, Kulkarni MA, Brownstein JS, Mekaru SR, Hay SI, Groot E, Watts A, Khan K. 2016. Anticipating the international spread of Zika virus from Brazil. Lancet 387:335–336.

[9] Hubálek Z, Halouzka J. 1999. West Nile fever—a reemerging mosquito-borne viral disease in Europe. Emerg Infect Dis 5: 643–650.

[10] Benedict MQ, Levine RS, Hawley WA, Lounibos LP. 2007. Spread of the tiger: global risk of invasion by the mosquito Aedes albopictus. Vector Borne Zoonotic Dis 7:76–85.

[11] Vanlandingham DL, Higgs S, Huang YS. 2016. Aedes albopictus (Diptera: Culicidae) and mosquito-borne viruses in the United States. J Med Entomol2016:tjw025.

[12] Tsetsarkin KA, Vanlandingham DL, McGee CE, Higgs S. 2007. A single mutation in chikungunya virus affects vector specifcity and epidemic potential. PLoS Pathog 3:e201.

[13] U.S. Department of Health and Human Services, Public Health Service, Centers for Disease Control and Prevention, National Institutes of Health. 2009. Biosafety in Microbiological and Biomedical Laboratories, 5th ed. HHS Publication no. (CDC) 21–112. http://www.cdc.gov/biosafety/publications/bmbl5 /BMBL.pdf.

[14] Richmond JY. 1997. Designing a Modern Microbiological/Biomedical Laboratory. American Public Health Association, Washington, DC.

[15] Marquardt WC, Black WC, Freier JE, Hagedorn H, Moore C, Hemingway J, Higgs S, James A, Kondratieff B (ed). 2004. Biology of Disease Vectors, 2nd ed. Elsevier Academic Press.

[16] Bouchard KR, Wikel SK. 2004. Care, maintenance, and exper imental infestation of ticks in the laboratory setting, p 705–711. In Marquardt WC, Kondratieff B, Moore CG, Freier J, Hagedorn HH, Black W Ⅲ , James AA, Hemingway J, Higgs S (ed), Biology of Disease Vectors, 2nd ed. Elsevier Academic Press.

[17] Benedict MQ, Tabachnick WJ, Higgs S, American Committee of Medical Entomology, American Society of Tropical Medicine and Hygiene. 2003. Arthropod containment guidelines. A project of the American Committee of Medical Entomology and American Society of Tropical Medicine and Hygiene. Vector Borne Zoonotic Dis 3:61–98.

[18] The.Subcommittee on Arbovirus Laboratory Safety of the American Committee on Arthropod-Borne Viruses. 1980. Laboratory safety for arboviruses and certain other viruses of vertebrates. Am J Trop Med Hyg 29:1359–1381.

[19] Duthu DB, Higgs S, Beets RL Jr, McGlade TJ. 2001. Design issues for insectaries, p 227–244. In Richmond JY (ed), Anthology of Biosafety IV: Issues in Public Health. American Biological Safety Association, Mundelein, IL.

[20] Higgs S, Benedict MQ, Tabachnick WJ. 2003. Arthropod containment guidelines, p 73–84. In Richmond JY (ed), Anthology of Biosafety: VI Arthropod Borne Diseases. American Biological Safety Association, Mundelein, IL.

[21] Crane J, Mottet M. 2004. BSL-3 Insectary Facilities, p 29–34. In Richmond JY (ed), Anthology of BiosafetyVII: Biosafety Level 3. American Biological Safety Association, Mundelein, IL.

[22] Olson K, Larson RE, Ellis RP. 2003. Biosafety issues and solutions for working with infected mosquitoes, p. 25–38. In Richmond JY (ed), Anthology of Biosafety VI: Arthropod Borne Diseases. American Biological Safety Association. Mundelein, IL.

[23] Hunt GJ, Schmidtmann ET. 2003. Safe and secure handling of virus-exposed biting midges within a BSL-3-AG containment facility, p 85–98. In Richmond JY (ed), Anthology of BiosafetyVI: Arthropod Borne Diseases. American Biological Safety Association,

Mundelein, IL.

[24] Drolet B, Campbell C, Mecham J. 2003. Protect yourself and your sample: processing arbovirus-infected biting midges for viral detection assays and differential expression studies, p. 53–62. In Richmond JY (ed), Anthology of Biosafety VI: Arthropod Borne Diseases. American Biological Safety Association, Mundelein, IL.

[25] Achee NL, Youngblood L, Bangs MJ, Lavery JV, James S. 2015. Considerations for the use of human participants in vector biology research: a tool for investigators and regulators. Vector Borne Zoonotic Dis 15:89–102.

[26] Department of Health and Human Services. 2009. CFR 45 Public welfare, Part 46: Protection of human subjects. Washington, DC. http://www.hhs.gov/ohrp/regulations-and-policy /regulations/45-cfr-46.

[27] Alphey L, Benedict M, Bellini R, Clark GG, Dame DA, Service MW, Dobson SL. 2010. Sterile-insect methods for control of mosquito-borne diseases: an analysis. Vector Borne Zoonotic Dis 10:295–311.

[28] Higgs S. 2013. Alternative approaches to control dengue and chikungunya: transgenic mosquitoes. Public Health 24:35–42.

[29] Barrangou R, Fremaux C, Deveau H, Richards M, Boyaval P, Moineau S, Romero DA, Horvath P. 2007. CRISPR provides acquired resistance against viruses in prokaryotes. Science 315: 1709–1712.

[30] Hale CR, Zhao P, Olson S, Duff MO, Graveley BR, Wells L, Terns RM, Terns MP. 2009. RNA-guided RNA cleavage by a CRISPR RNA-Cas protein complex. Cell 139:945–956.

[31] Sternberg SH, Doudna JA. 2015. Expanding the biologist's toolkit with CRISPR-Cas9. Mol Cell 58:568–574.

[32] Gantz VM, Jasinskiene N, Tatarenkova O, Fazekas A, Macias VM, Bier E, James AA. 2015. Highly effcient Cas9-mediated gene drive for population modifcation of the malaria vector mosquito Anopheles stephensi. Proc Natl Acad Sci 112:E6736–E6743.

[33] Hammond A, Galizi R, Kyrou K, Simoni A, Siniscalchi C, Katsanos D, Gribble M, Baker D, Marois E, Russell S, Burt A, Windbichler N, Crisanti A, Nolan T. 2016. A CRISPR-Cas9 gene drive system targeting female reproduction in the malaria mosquito vector Anopheles gambiae. Nat Biotechnol 34:78–83.

[34] Committee on Gene Drive Research in Non-Human Organisms: Recommendations for Responsible Conduct; Board on Life Sciences; Division on Earth and Life Studies; National Academies of Sciences, Engineering, and Medicine. 2016. Gene Drives on the Horizon: Advancing Science, Navigating Uncertainty, and Aligning Research with Public Values. National Academies Press, Washington, DC.

[35] Akbari OS, Bellen HJ, Bier E, Bullock SL, Burt A, Church GM, Cook KR, Duchek P, Edwards OR, Esvelt KM, Gantz VM, Golic KG, Gratz SJ, Harrison MM, Hayes KR, James AA, Kaufman TC, Knoblich J, Malik HS, Matthews KA, O'ConnorGiles KM, Parks AL, Perrimon N, Port F, Russell S, Ueda R, Wildonger J. 2015. Safeguarding gene drive experiments in the laboratory. Science 349:927–929.

[36] Offce of Science Policy, National Institutes of Health. 2016. NIH Guidelines for Research Involving Recombinant or Synthetic Nucleic Acid Molecules (NIH Guidelines).http://osp.od.nih.gov/offce-biotechnology-activities/biosafety/nih-guidelines.

[37] Higgs S, Olson KE, KamrudKI, Powers AM, Beaty BJ. 1997. Viral expression systems and viral infections in insects, p 459–483. In Crampton JM, Beard CB, Louis C (ed), The Molecular Biology of Disease Vectors: A Methods Manual. Chapman and Hall, UK.

20

微生物实验室中的气溶胶

CLARE SHIEBER, SIMON PARKS, AND ALLAN BENNETT

控制微生物气溶胶是微生物防护实验室设计的主要驱动力。负压实验室设有高效过滤器的排风系统目的是阻止感染性气溶胶从设施逃逸。前开口生物安全柜定向气流设计用来阻止气溶胶从安全柜的操作区释放。Ⅲ级生物安全柜以及隔离系统在操作人员和活动之间提供物理屏障，同时保持负压和高气流，高效过滤器可阻止气溶胶逸出。作为最后的手段，呼吸保护用来防止已暴露的工作人员吸入感染性病原体。然而，一般的微生物学家对实验室产生气溶胶的过程了解有限，而且可能对预防设备和过程的有效性知之甚少。实验室获得性感染的历史表明了通过气溶胶途径传播的发生，也可以影响实验室内许多工作人员，并且在某些情况下会影响到实验室外的工作人员。然而，许多特征清楚的事件发生在安全柜使用之前，以及负压实验室，密封离心机转子和移液辅助设备成为标准实践之前。因此，气溶胶在实验室获得性感染中的当前作用尚不清楚。实验室中的某些程序被认为是产生气溶胶的，但是证据可能不充分，并且可能缺乏气溶胶物理学知识。现代微生物学是否阻止了实验室内气溶胶传播的感染?

本章的目的是对空气生物学，即对微生物气溶胶的研究进行简要介绍，之后探讨气溶胶在实验室感染中的潜在作用及如何将其限制在实验室内。最后，提供给出风险评估框架，以对微生物实验室操作过程的危害程度进行评估，目的是评价使用的防护措施是否充分，并评估发生事故时工作人员发生暴露的可能性。

空气生物学介绍

掌握这门科学的基本知识可以在实验室里识别气溶胶危害，识别合适的控制措施，并评估剩余的气溶胶暴露风险。这些因素可分为基本的气溶胶物理学和微生物因素，前者决定了所有气溶胶粒子的行为，后者依赖于微生物气溶胶的特征。

气溶胶物理学

气溶胶是悬浮在气体中的液体或者固体。本章中的气溶胶定义为直径小于10 μm的粒子。如此定义的原因将在下面解释。大一些的粒子被定义为液滴或飞溅物。气溶胶粒子的行为完全可以用物理定律描述，它们的运动可以绘制并测量。近年来，大功率计算机的获得使计算机流体动力学能够精确地进行测量，但这种建模高度依赖于对系统的全面理解和实际工作实践。

气溶胶的产生

微生物实验室中，气溶胶的主要来源是真菌孢子、液体培养基和冻干培养基。对带有真菌孢子的气溶胶化的风险十分清楚，而且真菌孢子也是病原体自然循环的一部分。但是，带有细菌或病毒的气溶胶，情况并非如此。为了从液体产生气溶胶，必须施加能量以破坏将流体保持在一起的力，以形成小的气溶胶颗粒。当有意发生气溶胶时，可以使用高压空气流、振动盘、旋转盘和其他高能过程来提供这种能量[1]。在实验室中，正如我们稍后将看到的，气溶胶可以通过向液体施加高能量（离心机，均质器）、事故（烧瓶掉落）和人工操作（移液和铺板）来生产。如果没有能量施加于液体，则不会产生气溶胶。对于冻干材料，由于材料的状态，需要较低的能量来产生气溶胶。

蒸发

当液体产生气溶胶时，它就会暴露于实验室的空气中。这会导致立即发生干燥过程。这个过程的快速程度取决于实验室的相对湿度，但时间不到1 s。干燥过程形成所谓的“液滴核”，比原来的液滴小，主要由固体组成。

在微生物实验室内，这些颗粒含有微生物和悬浮液的干燥残余物（肉汤、缓冲液、血液等）。除非微生物从纯水或溶剂悬浮液气溶胶化，没有其他杂质，否则气溶胶颗粒大小不等于微生物大小。对于病毒，颗粒大小主要取决于液体当中的固体成分而不是病原体本身，认清这一点很重要。同样重要的是要认识到气溶胶粒子可能含有一种以上的微生物，且气溶胶颗粒越大，由于体积增大，它可能含有的微生物就越多。如一个直径2 μm颗粒内的病原体比直径1 μm颗粒内的多8倍的微生物。

颗粒大小

粒子大小是产生的气溶胶的关键特征。它决定了保持气溶胶状态时间的长短、在人体呼吸道沉降的位置、一个颗粒中有可能存在多少微生物以及微生物在气溶胶化过程中是否可能存活。

沉降

空气中气溶胶的沉降由斯托克斯定律（Stokes’Law）定义，公式如下：

$$u=\frac{\rho dp^2 g}{18\mu}$$

u为沉降速度（cm/s），ρ为颗粒密度（g/cm^3），μ为空气黏度（$g/cm\cdot s^{-1}$），g为重力（cm/s^2），dp为粒子直径（cm）。

因为g和μ是常数，沉降速度与颗粒密度（微生物和干燥的悬浮液密度）成正比。更重要的是，沉降速度与颗粒直径的平方成正比。比例关系如图20-1所示。

因此，一个2 μm大小的颗粒在静止空气中以0.012 cm/s的速度沉降，而一个20 μm大小的颗粒在静止空气中的沉降速度为1.2 cm/s。正因为如此，小颗粒由于在空气中存留时间较长表现出较高的吸入危害。因为这些小的空气传播颗粒形状不规则，所以用空气动力学粒径这一术语描述颗粒的大小。这一概念将颗粒表示为一个单位密度的完美球体，这是通过对空气样品的尺寸细分测量而得到，并用于定义吸入标准，这将在本节后面讨论。

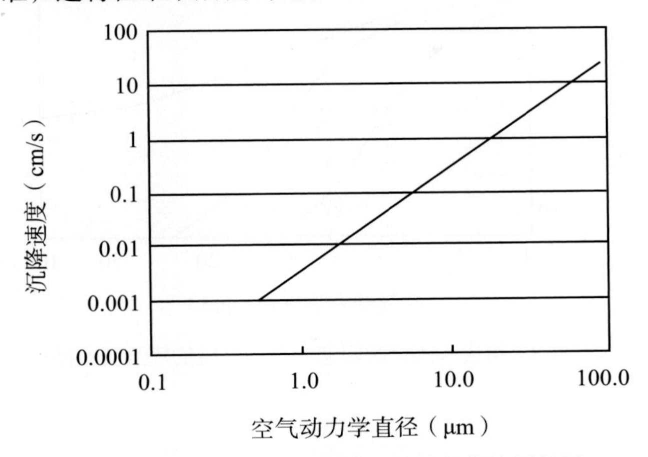

图 20-1 沉降速度和空气动力学粒径的比例关系

呼吸道

颗粒能够进入的呼吸道部分取决于颗粒大小。可以进入呼吸道的不同部分的粒度范围可以分成三个部分：可呼吸（红色），可达胸腔（蓝色）和可吸入（绿色），如图20-2所示。

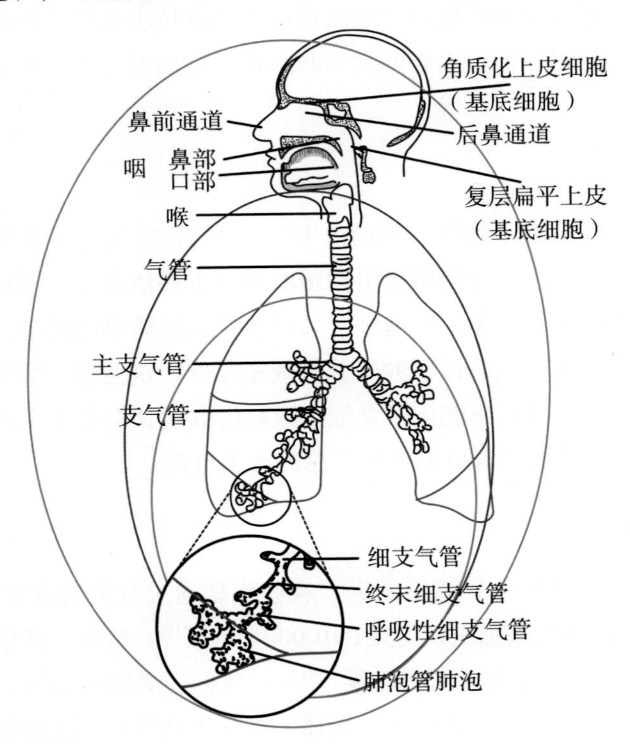

图 20-2 展示人体呼吸道内不同区域的颗粒大小和可达性

改自人呼吸道模型[34]。

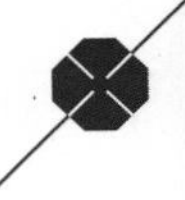

与这些区域相对应的颗粒大小如图20-3所示。因此，可以看出只有10 μm（及以下）的颗粒才能进入肺部。然而，30 μm以下的颗粒可以进入上呼吸道，任何大小的颗粒都到达鼻腔和口腔。

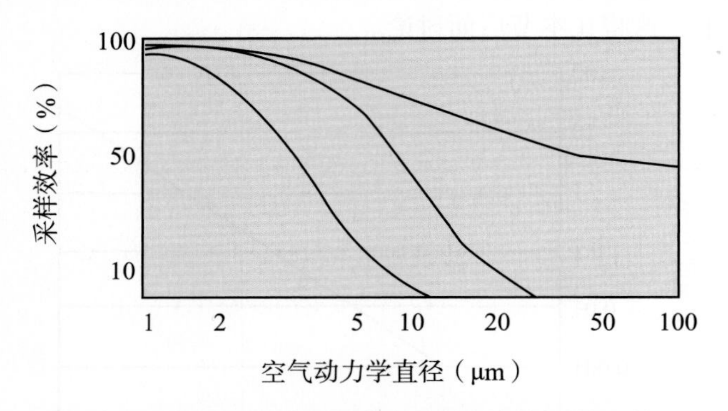

图 20-3 可进入人体呼吸道内不同区域的气溶胶粒径

数据来自文献[35]

空气中微生物存活

当微生物被气溶胶化时，它会受到许多压力，包括快速干燥、快速冷却、自由基的形成以及暴露于紫外线辐射；这些压力会永久灭活微生物，从而消除人体暴露的任何风险。一些微生物对气溶胶化的压力有极强的抵抗力，由这些微生物引起的疾病在自然界中通过气溶胶途径传播（结核、口蹄疫、麻疹）。然而，其他微生物可能对气溶胶化压力的抵抗力较低。因此，虽然关于微生物气溶胶稳定性的信息通常无法获得，但可以查阅到一些综述，它们对可能影响几种微生物的生存和稳定性的因素进行了研究[2-4]。

空气采样

有许多设备可以用来监测微生物气溶胶的浓度[5]。它们将空气传播微生物捕获到琼脂平板上、滤膜上或者液体中。空气采样可通过使用微生物示踪剂用于评估在某个操作过程中气溶胶产生的可能性或评估防护措施的有效性。首先，生物空气采样器看似是简单的设备，但其有效性可能是高度可变的，许多商用手持式采样器2 μm以下粒子采样效率很低，这使得一些采样器不适合于评估实验室操作过程。此外，冲击式采样器只能记录含细菌颗粒的数量，但如上文所述，颗粒中可能含有一种以上的活菌。因此，冲击式取样器可能低估了总的细菌负荷。

感染剂量

并非每次微生物被吸入时都会有感染发生。有些疾病通过气溶胶途径感染需要很高的感染剂量。例如，炭疽杆菌50%的感染剂量被认为是1.10 000个孢子[6]。然而，其他病原体感染剂量被认为非常低，甚至接近1（结核分枝杆菌、麻疹病毒[7, 8]）。我们还必须认识到，在自然情况下不是通过气溶胶传播的病原体在实验室中可以这种方式传播（如狂犬病[9]）。高滴度和产生气溶胶的设备使用相结合可以创造非自然的传播途径。

微生物实验室气溶胶的产生

历史背景

Sulkin和Pike1951年发表的综述是最早的实验室获得性感染综述之一。它的特点是有很多案例与实验室内病原体气溶胶的产生有关[10]。报告的实验室获得性感染包括一个94例布鲁菌病与密歇根州一所兽医学院的楼梯间内羊种布鲁菌离心分离有关。其他事件与规模化疫苗生产有关，如在开放匀浆过程中产生的贝纳柯克斯体气溶胶。涉及动物故意气溶胶感染的实验也导致了实验室获得性感染。这些观察结果发表了几项研究，这些研究通过量化由特定微生物操作程序释放的传染性颗粒的数量，回顾了气溶胶产生的可能性。此外，实验室动物气溶胶的产生对实验控制和人体暴露都是一个值得关切的事情，因此研究人员进行了测量，以确定实验室工作人员感染途径和暴露的可能性。结果，提出了在控制和实践方面的重大进展[11]。

普通微生物操作过程气溶胶定量

1964年，Wedum发表的数据探索了空气传播在实验室获得性感染发展中的重要性，并测定了按照标准实验室技术时气溶胶产生水平[12]。该研究得出结论，感染颗粒暴露最常发生在开放式工作台上并进行常规微生物程序时，因此事故和事件并不是绝大多数感染的原因。受这项工作影响，越来越多的微生物安全柜被用来操作病原体。

1968年，Kenny和Sabel使用黏质沙雷菌作为示踪剂[13]和Andersen采样器[14]测量了当时常见的实验室实践产生的气溶胶，该采样器允许在一套操作过后或事故后测定粒度分布。Kenny和Sabel发现，实验室操作产生的颗粒大多数小于5 μm，在可呼吸范围内。20世纪70年代初，Dimmick等对实验室事故产生的气溶胶进行了进一步的量化研究[15]，发现产生的大部分气溶胶在2.5 ~ 3.5 μm范围内。Dimmick还介绍了喷雾系数的概念，即气溶胶微生物浓度与悬浮液浓度的比值[16]。这一关键步骤使得将模拟事故的实验数据用于风险评估，并确定暴露于气溶胶的可能性。这些早期研究虽然有价值，但因为所监测的技术在现代实验室中不常见，或者所使用的设备不具有代表性，因此与当前实验室工作的相关性有限。

然而，为了便于说明和与最近的研究进行比较，表20-1列出了Kenny和Sabel论文中的一些发现，并根据已发表的数据计算了喷雾系数。

表 20-1 不同微生物学操作后气溶胶化活性微生物数

操作过程（悬液浓度）	活性微生物数 / 立方米采样空气	喷雾系数（mL/m³）
加样枪混合培养物（1.2×10^9）	233	1.9×10^7
加样枪洒出培养物（1.2×10^9）	95	7.9×10^8
混匀器混匀后管口上开（3.5×10^9）	52972	1.51×10^5
超声振荡器（3.6×10^9）	67.1	1.86×10^8
含有 200ml 培养物的培养瓶跌落（7.1×10^9）	54.773	7.71×10^6

数据来自Kenny和Sabel[13]。

这些工作大部分是在小型测试舱或改装后的安全柜内进行的。在这些设施中，所产生的任何气溶胶都会以很高的比例被捕获。因此，如表20-2所示，Dimmick论文中的暴露评估因素包括房间容积、空气更新率和与气溶胶来源的距离。虽然这种方法初步看起来似乎可行，但由于房间的容积或与气溶胶来源的距离，稀释因子的应用假定在一个空间内混合完美，因此可能低估了暴露可能性。因此，本节后面描述的风险评估方法基于一个更简单的模型，即查看暴露可能性的最大化。

表 20-2　气溶胶产生和相关喷雾系数研究用于风险定量的案例

操作过程	喷雾系数（ft^{-3}）
用加样枪混合液体培养物	6.0×10^{5}
使用超声匀质器	5.0×10^{7}
液体培养物单个液滴滴落	1.0×10^{7}
跌落液体培养物培养瓶	8.0×10^{6}

数据来自Dimmick等[15]。

在20世纪70和80年代，在改进防止气溶胶逸出的实验室设备（离心机、分析仪和匀浆机）的设计方面取得了很大进展。Harper[17, 18]和Druett[19]等的一系列论文表明，只要有良好的设计原则，就可以制造出防护气溶胶的设备。Harper对离心机转子所做的工作已发展成一种标准测试方法，这是IEC标准（$10^{10}\sim20^{20}$）所规定的目前用于密封离心机转子的测试方法的基础。这些发展使得这些设备可以在初级防护之外使用，并大大降低了污染的可能性。但是，正如下面讨论的，这严重依赖于操作者的正确使用。鉴于这些工作大部分与标准的实验室操作有关，Ashcroft和Pomeroy（1983）进行了研究，研究与小规模发酵系统相关的气溶胶风险，并证明了事故和误用可能产生大量气溶胶[20]。

Bennett和Parks[21]对Dimmick的研究进行了更新，他们测量了一系列实验室操作和事故中气溶胶的产生。这些测试主要在一个更接近小型实验室的测试舱中进行，涵盖了一系列可能发生的事故。结果如表20-3所示。此外，利用一系列萎缩芽孢杆菌的孢子悬浮液，他们还评估了源浓度对气溶胶影响的可能性。这些试验表明，悬浮液浓度与假定事故产生的气溶胶之间存在直接的线性关系。这表明不管滴度如何，喷雾系数可以被认为是一个恒定常数，这使得喷雾系数在风险评估中可以扩展使用。在风险评估章节部分给出了如何在风险评估中应用喷雾系数的例子。

表 20-3　Bennett 和 Parks 模拟实验室事故产生气溶胶情况

操作过程	喷雾系数（mL/m^{3}）
打碎 / 跌落小容量培养瓶（50 mL）	5.2×10^{7}
打碎 / 跌落大容量培养瓶（300 mL，玻璃培养瓶）	6.85×10^{6}
从操作台到地面撒出 15 mL（从 0.9 m 高处）	1.04×10^{6}
跌落三个 50 mL 培养瓶，每个含有 15 mL 悬液	1.99×10^{6}
蠕动泵管路堵塞引起接头崩开	2.59×10^{6}
注射式滤器堵塞（压力导致滤器连接断开）	8.85×10^{6}
离心机转子，移除密封件后的内部泄漏	4.6×10^{6}
离心机吊桶，移除密封件后的内部泄漏	1.7×10^{7}

上述离心机数据与密封转子和吊桶有关，这些转子和吊桶已被证明气溶胶密封，但初级O形环已被移除。去除这一简单的组件会导致大量的气溶胶产生，这说明不遵守操作教程会导致严重的风险。

新技术的引进可能会产生新的危害，而随着被操作病原体致病性的增加，这些危害可能变得更加严重。新技术可能产生气溶胶，流式细胞仪（FACS）是的一个很好的例子。1997年制订了使用

FACS的初步准则，并于2007年进行更新[22]。科研数据支持了这些标准中提供的信息。这些科研使用各种示踪剂，包括生物示踪剂和放射示踪剂进行研究，用于确定设备在正常工作模式和故障模式下产生的气溶胶[23，24]。这些研究证明，显著的气溶胶风险可能存在，尤其是如果仪器处于故障模式。这些研究促成了在初级防护和二级防护来保护操作人员。

培训和经验对气溶胶产生的影响

正如第五版《微生物和生物医学实验室的生物安全》所述，操作人员的技术也会影响操作过程中气溶胶的生成水平[25]。在最近的一项研究中，Pottage等测量了在基本实验室操作过程中产生的气溶胶，比如对悬浮液进行系列稀释和涂板，并将经验丰富的员工与经验较少的员工进行了比较[26]。此外，那些接受过高防护等级（BSL-3及以上）工作培训的人员也与那些工作仅限于低防护等级微生物的人员进行了比较。高等级专家培训的核心部分是充分认识与不良工作操作有关的风险，目的是提高参与者对工作方法的认识。虽然研究表明，与没有经验的员工相比，有经验的员工在进行系列稀释时产生的气溶胶量明显较低，但两组员工在平板接种过程中没有显著差异。当对表面和个人污染水平进行评估时，两组间的差异也很小。然而，无论他们的实验室工作时间长短，接受过高防护训练的人产生的气溶胶都比没有接受过高防护训练的人少得多。这表明，经验本身并不是性能表现指标，但对风险明确的工作知识同样重要。

研究还发现，即使使用了高滴度悬浮液（1×10^9 CFU/mL），进行系列稀释研究，在5 min的采样周期内，气溶胶产生量最多达到203个颗粒，平均产生9.9 CFU/m^3，而稀释悬浮涂平板计数时平均产生40.1 CFU/m^3。这使得系列稀释和涂平板计数的喷雾系数分别按照9.9×10^9和4.01×10^8计算。

现代微生物实验室中的气溶胶和实验室获得性感染

吸入感染是许多微生物的主要感染途径，这些都有大量文献记载。然而，由于在所使用的程序中进行的操作，实验室用户需要考虑通过非常规途径感染的可能性。由微生物引起的感染，通常通过食入、皮肤或通过黏膜等途径传播。如果由于在实验室中操作时微生物在高浓度下气溶胶化，则可以通过吸入途径发生感染。此外，由非吸入途径引起的实验室感染有可能被错误分类为气溶胶传播。除了通过非自然途径传播外，还可能导致疾病病理改变，从而对诊断产生不利影响。布鲁菌病是在实验室中通常由气溶胶传播的疾病的典型例子，而在自然界中，其主要传播方式是胃肠道。

气溶胶传播的感染很难得到证实。在1979年对实验室获得性感染的综述中，Pike报告3921例实验室感染中约13.3%来源于气溶胶[27]。然而，这似乎被用来解释所有未识别的来源。Pike还指出，因为一些实验室获得性感染可能被错误分类并归入其他来源类别之一，实验室获得性感染总数可能更高。在这13.3%中，很大一部分感染是1945年以前生物武器项目大规模生产病原菌时产生的气溶胶引起，其中包括导致94例布鲁菌病的离心机事故（Pike报告占所有感染者的2.4%）。该综述发表于广泛使用安全柜、密封离心机转子、自动移液管等设备之前，如果广泛使用的话，这些设备可能会降低气溶胶感染风险。

最近的对实验室获得性感染调查是由Harding和Byers进行的，但没有详细说明气溶胶对实验室相关感染的影响[28]。尽管还没有实现将所有这些数据汇集到一个综合数据库中[29]，但许多国家正在考虑建立一个由监管机构监督的报告系统。这将使人们更好地认识到气溶胶传播现在所起的作用。

微生物实验室的气溶胶控制

通过对良好微生物操作简单和基本的培训，可以减少微生物实验室中气溶胶的生成。应教导培训学员如何使用良好的技术，以减少传染性物质气溶胶的产生。有许多简单的方法可以将气溶胶的产生减到最少，例如，用移液管柔和移液，从而取代通过摇动液体培养基来确保微生物均匀分布的做法。然而，在某些情况下，单靠遵守一种方法不能完全控制气溶胶的产生，到了这一步，额外的控制手段就被引入以保护实验室工作人员。

如图20-4所示，第一个要考虑的目标是能否可以将危害根除；由于微生物实验室工作的性质，根除危害几乎是不可能的，因此必须进一步加强控制。替代可能是适当的，例如，用低危险组的微生物替代致病性较高的微生物。在控制体系中的下一步是使用工程控制。这些技术得到了广泛的推广，因为它们常常在感染工作和操作者之间形成一道屏障。此外，工程控制可以为在实验室工作的所有人提供保护，而不仅仅是操作者。正如BMBL所述，“一个操作程序有可能将微生物以气溶胶液滴释放到空气中是最重要的操作风险因素，这种操作风险因素支持了防护设备和保护设施的需求”[25]。

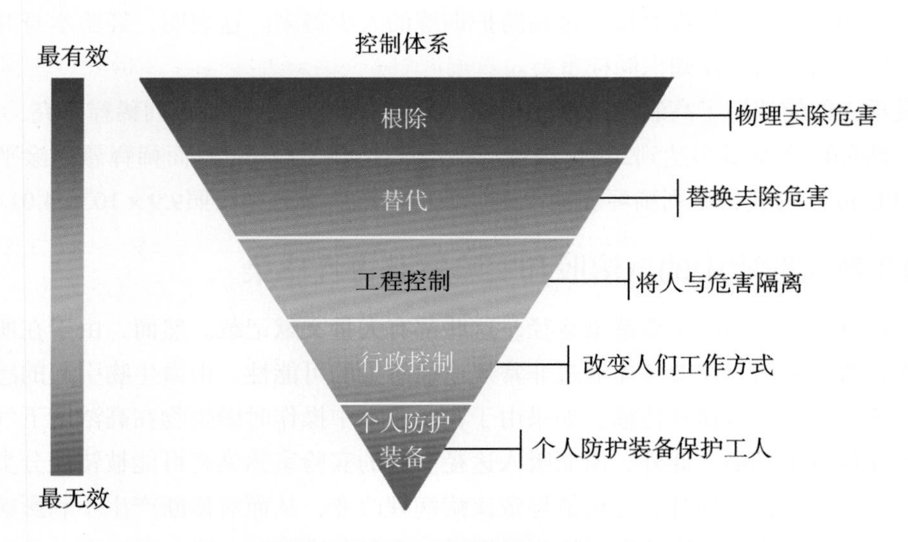

图 20-4 用于保护员工措施的控制层级

来自参考文献[36]。

防护准则

通过一系列机制，如物理隔离和定向气流，可以实现防护；这些机制通常可以结合在一起，以提供更高的保证水平。但是，必须在好的工作实践和有效消除污染的更广泛背景下看待防护策略。

防护策略和系统可以看作两个等级，一级和二级。这通常被视为“初级屏障和个人防护设备”（初级防护）和“设施设计/施工”（二级防护）。但是，在英国的指南中，初级防护不仅是指物理设备，而且也是良好的微生物实践和安全柜等防护装置的使用结合起来。本指南认识到，只有通过良好的工作实践，才能实现初级防护对工作人员和最接近的实验室环境的保护作用；也就是说，工程控制本身不能提供全面保护，员工培训和良好实践操作仍然发挥着不可或缺的作用。

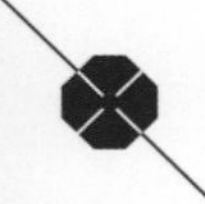

此外，二级防护，即保护实验室外的人和环境，也应视为物理实验室设计和其操作实践的结合，如进入控制、空气调节和废弃物控制。

在大多数实验室中，主要的防护方法是生物安全柜。一些设备内置了初级防护装备，如离心机（密封转子和吊桶）和现代匀浆机等，其他简单的控制也将发挥重要作用。下文将讨论微生物实验室内可用于防止气溶胶的工程控制示例。

高效过滤器

大多数防护系统，无论是生物安全柜、隔离系统还是高压灭菌器，都依赖过滤器来保护实验室工作人员和环境免受感染性气溶胶的影响。

在防护系统中，过滤可分为两种类型，膜过滤器和高效过滤器。膜过滤器的工作原理主要是孔的大小，像一个筛子。这种过滤器通常用于发酵罐和高压灭菌器通气。高级膜过滤器适用于湿度非常高的应用，因为它们不受湿度的影响，然而，它们不太适合需要高空气流速（安全柜）或低阻力的应用，如呼吸器过滤器。

对于大多数实验室应用，高效过滤器是首选，也是生物安全柜的基础。在美国和国际标准（例如，DOE标准3020～2005和EN1822:2009）中，对高效过滤器有多个定义，但是，基本的操作模式在总体上是相同的。人们普遍错误地认为，高效过滤器的行为类似于筛子。但其性能是各种因素的组合，这些因素结合在一起，可对包括亚微米颗粒在内的各种粒径范围内提供非常高的过滤效率。

高效过滤器内的过滤材料由许多密集排列的纤维随机组合而成。当一个颗粒通过该材料时，有三种可能的过滤机制在起作用。第一种是截留，在截留过程中，气流中携带的颗粒附着在过滤纤维上。在纤维半径以内大小的颗粒才能被捕获。较大的颗粒通常被第二种机制——惯性碰撞捕获。由于它们的质量，这些颗粒不能适应材料内部气流模式的突然变化，并嵌入纤维中。

最后一种机制是由布朗运动而引起的扩散。由于周围分子的作用，小颗粒（$<0.1\ \mu m$）以随机模式移动并与周围分子相互作用。这个运动减慢了颗粒通过高效的路径，并增加了颗粒被拦截或碰撞捕获的概率[30]。

这种过滤机制的组合使得高效过滤器对非常大和非常小的颗粒都非常有效，并且，当组合这些因素时，已经证明0.2～0.3 μm范围内的颗粒可能是最具穿透性，也就是说，是最不可能捕获的大小范围。因此，高效过滤器的效能被定义为针对最具穿透性的颗粒大小的性能，对比较大或较小的颗粒效能应该更高。

高效过滤器的标准不同国家中不同。BMBL和NSF标准要求高效过滤器的效率为99.99%（美国国家标准协会[ANSI]Z9.14）（2014年）。欧洲使用效率为99.995%（EN1822）的过滤器作为生物防护的标准。

由于涉及的机制复杂，规定的效率不仅与测试所用的粒径有关，而且与试验条件有关；流速对标称的结果有影响。实际上，微生物悬浮液产生的颗粒大小通常比最穿透的颗粒大小高出一个数量级，因此实际的过滤效率将远远大于测试结果所提示的。

过滤的一个重要方面很容易被忽视，就是有效和万无一失的过滤器封装。通常，过滤系统中的弱点不是过滤介质，而是密封件和外壳。如果不合适，可能导致气溶胶绕过过滤器，从而降低过滤器的整体性能。

生物安全柜

生物安全柜的设计目的是为操作人员提供保护，使他们免受工作过程中以及实验室设备可能产生的气溶胶的影响。生物安全柜的设计经过多年的发展，在NSF49、EN12469等国际标准中有明确的定义。设计可分为3个主要组别：前开口式的Ⅰ级和Ⅱ级生物安全柜，和主要用于高防护工作全封闭的Ⅲ级生物安全柜。

虽然Ⅰ级和Ⅱ级生物安全柜都能提供高水平的操作人员防护，使其免受传染性气溶胶的污染，但这些生物安全柜无法对其他方式，如飞溅和溢出，提供防护。前开口式生物安全柜也会受到外部气流和实验室内其他活动的影响，从而导致性能下降或故障。生物安全柜不应被认为具有100%的保护，它需要有经验的工程师仔细安装，以确保最佳性能。此外，还必须仔细考虑开放式生物安全柜内的设备类型和工作活动。产生强气流的设备，如离心机，会破坏柜内的气流，影响所提供的防护。在Ⅰ级或Ⅱ级生物安全柜内安装非常大的设备也会影响性能，因此需要注意确保保持有效的气流，并在生物安全柜工作区内为操作人员提供足够的空间来执行其任务。

Ⅰ级生物安全柜

Ⅰ级生物安全柜（图20-5）仅对操作人员提供保护。空气通过前开口吸入，通过工作区域，并通过高效过滤器排放到大气中。定向气流可以防止气溶胶的释放，但不能防止操作员的手和袖子受到污染。Ⅰ级柜不能提供一个洁净的工作环境，但它提供了一种简单而且强大的防护形式，在诊断实验室中仍被广泛使用。

Ⅱ级生物安全柜

如图20.6所示，Ⅱ级生物安全柜与Ⅰ级生物安全柜一样是前开口式，但其内部增加了一个HEPA过滤装置，在工作区提供向下流动的清洁空气，从而为操作人员和产品提供保护，使其免受外部污染，但代价是柜体和安装更复杂。Ⅱ级生物安全柜是使用最广泛的类型。考虑不同的用户要求和安装需要，分为若干亚组，并在大量出版物中进行了描述，如BMBL第5版。但是，就其使用和所提供的操作人员的保护而言，上述注意事项同样适用，并且必须考虑前开放式柜的使用限制。

欧洲生物安全柜标准描述了一项测试，用7 μm[31]的碘化钾气溶胶测定安全柜对操作人员的防护或将气溶胶保留在柜内的能力。该测试通常在英国用于Ⅰ级和Ⅱ级生物安全柜的现场试验。通过该测试提供操作人员保护系数，即产生的气溶胶与从柜中逸出的气溶胶的比率。一个正常运行的生物安全柜的操作人员保护系数大于10^5，且通常可高达10^6。然而，此项测试反复表明，通过标准测试能够正常运行的安全柜，如果摆放位置不好，其保护系数可能要低得多，需要额外调整才能达到可接受的性能。这种性能下降，通常是由于安装考虑不周或其他气流（如房间通风）的影响，这些可能发生在世界各地的Ⅱ级生物安全柜上，但如果没有详细的现场测试，这些问题则不可能总是被认识到。因此，需要更多训练有素、完全了解设备的运行和安装环境对其的影响的服务人员。

Ⅲ级生物安全柜

图20-7概述了Ⅲ级柜，通常称为手套箱，是全密封的安全柜。空气通过高效过滤器吸入密封柜，在柜内产生湍流，然后通过第二组HEPA过滤器排出。使用机械连接到柜体上的手套进行工

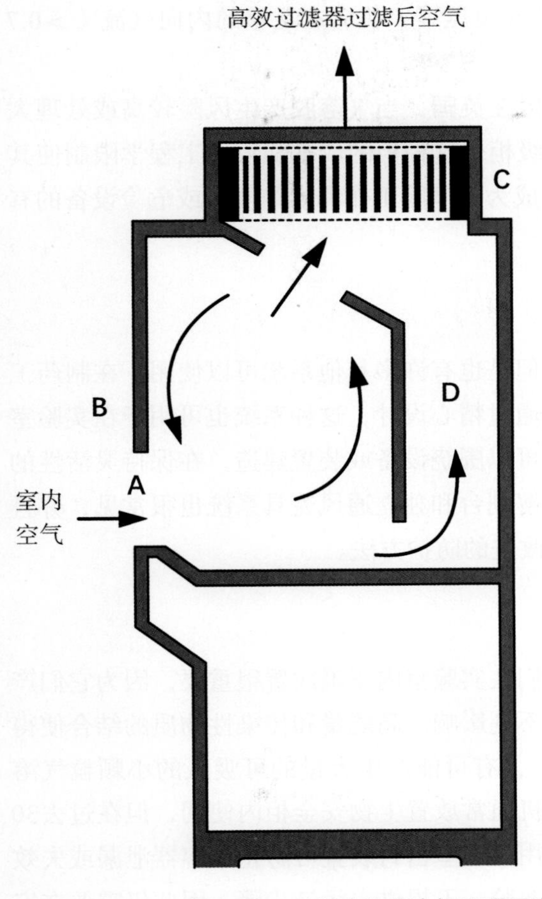

图 20-5 Ⅰ级生物安全柜原理示意

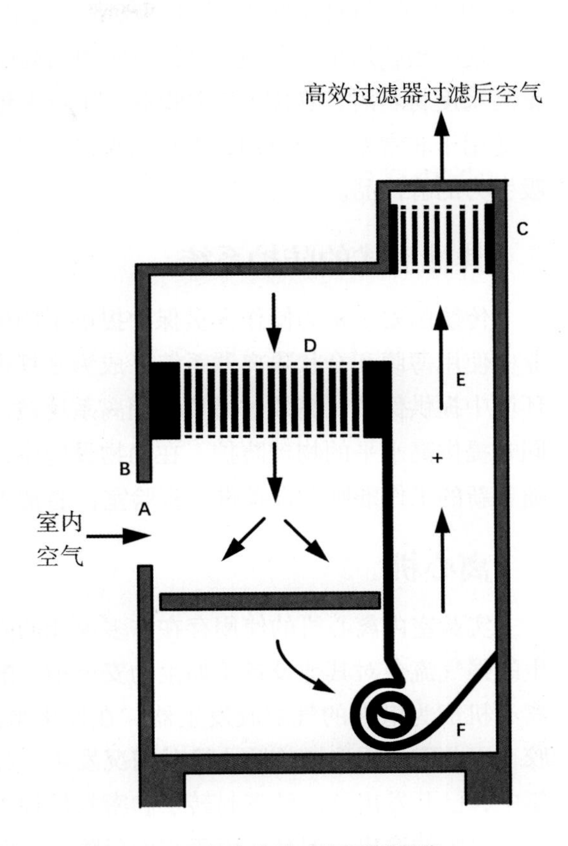

图 20-6 Ⅱ级生物安全柜原理示意

来自参考文献[25]。

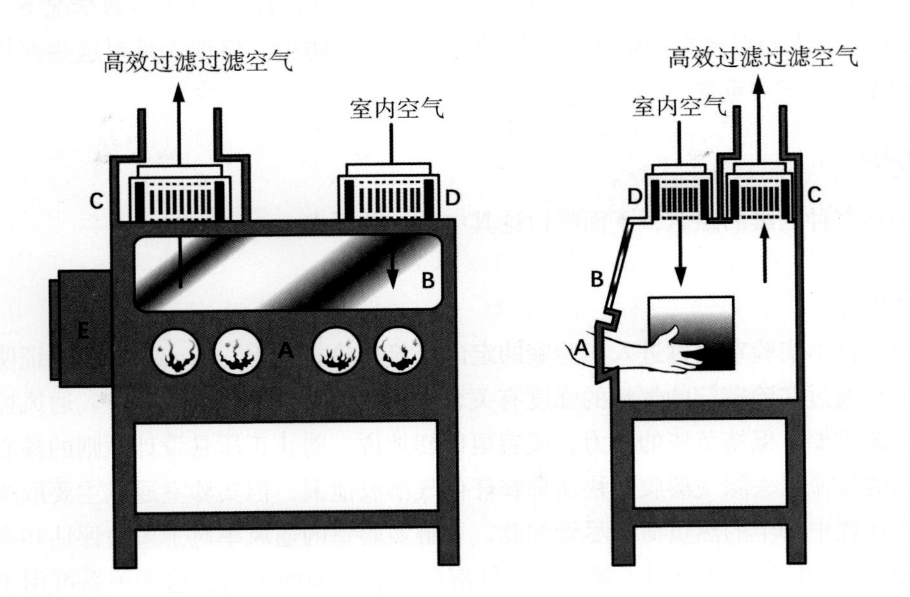

图 20-7 Ⅲ类生物安全柜原理示意图

来自参考文献[25]。

作，样品通过传递窗或渡槽传入或传出。柜体始终保持在负压下，且应有足够的内向气流（>0.7 m/s）确保手套破裂时可防止任何气溶胶逸出。

这类柜在历史上一直是BSL-4使用的高防护设备，但在英国，当气溶胶产生风险较高或处理大量高滴度材料时，在BSL-3实验室工作越来越多使用Ⅲ级柜。这种柜的成本和人体工程学限制使其仅适用于非常专业的应用，但作为保险的极高性能使其成为高危险工作和容纳复杂或危险设备的有吸引力的替代品。

其他形式的防护系统

传统的安全柜为操作人员保护提供了明确的选择，但是也有许多其他系统可以使用。在制药工业中使用薄膜和脊状隔离器系统已成为常规做法，并且通过精心设计，这种系统也可用于在实验室环境中提供保护。高效过滤负压隔离系统被广泛使用，可以围绕设备或装置建造，在保持灵活性的同时提供高水平的物理防护。在动物设施中，使用通风解剖台和独立通风笼具系统也很常见，并且随着新的工作准则和设备进入实验室，通常需要新的或改进的防护方法。

离心机

实验室内离心机的使用存在许多可能的问题。把它们在实验室内正确放置很重要，因为它们产生的强气流会对其他设备（如生物安全柜）的气流产生不利影响。高能量和传染性物质的结合使得离心机成为潜在的气溶胶发生器。在发生事故的情况下，有可能产生大量的可吸入的小颗粒气溶胶，因此需要采取措施防止这种情况发生。过去，离心机通常放置生物安全柜内使用，但在过去30年中，已开发出气溶胶密封转子和密封吊桶供实验室使用。这些密封装置可防止主容器泄漏或失效时气溶胶的逸出。但是，由于它们只防护任何泄漏和气溶胶，不提供去污染步骤，因此仍需要在安全柜内打开它们以防止可能的暴露。密封转子和密封吊桶的设计已经得到不断发展，目前正在生产的设计可以防止任何撞击整体密封发生泄漏。但是，必须注意的是，在大多数情况下，密封仍然由一个O形环提供。如果O形密封圈损坏或被拆除，将不再有防护。培训人员对这些部件进行维护和检查，对其安全运行至关重要。

二级防护

二级防护是多种因素的组合，下面将讨论其中的一些因素。

定向气流

高防护微生物学实验室通过进入实验室的定向气流来建立负压。Bennett等已经证明，实验室提供的保护水平与通过实验室门的气流的强度有关，而不是与负压的程度有关[31]。通风控制对实验室的正确运行至关重要，保持负压的能力，或者更确切地说，防止正压是设计原则的核心。尽管安全柜设计有很高的气流以去除气溶胶并快速稀释任何气溶胶泄漏，但实验室通风主要取决于操作人员舒适度和工作环境中产生的热负荷。尽管如此，了解实验室的通风率对于风险评估和事故响应仍然有用。英国ACDP指南[32]详细介绍了换气率与气溶胶扩散之间的关系，这个关系可用于气溶胶逸出的事件。相关信息如表20-4所示。

表 20-4 换气率决定去除空气污染物所需要的时间

每小时换气率	空气污染物去除百分率（%）		
	90	99	99.99
6	23	46	115
12	12	23	58
20	7	14	35
40	3	7	17

缓冲间

缓冲间可以将高危险工作与低危险工作分开。缓冲间常见于进入BSL-3实验室之前，在BSL-4实验室是强制性的。缓冲间在工作区和实验室外部环境之间提供了一个额外的防护层。缓冲间通常被用来提供一个负压下的级联，负压向高防护实验室方向增加。Bennett等证明了缓冲间可将负压实验室提供的保护升高100倍[31]。

新设备

当新设备引入实验室时，评估微生物气溶胶产生的可能性是很重要的。制造商可以提供有关测试的信息，以确保任何气溶胶都被防护在内。尽管如此，设备通常用于低风险生物因子，使用病原因子时可能需要额外的防护措施。

封闭系统

许多新的诊断或研究仪器采用封闭系统，旨在保护操作者和测试样品免受潜在污染。自动诊断和研究技术通常允许用户将密封的样品放置在机器或机器人中，此时在设备内进行测试，然后在样品离开之前进行去污染处理。除了由于外部污染风险降低而质量控制得到提升之外，该系统还可以防止在通常导致能量转移的操作期间气溶胶的逸出。

风险评估

气溶胶产生步骤这一术语通常用于微生物实验室，指的是危险的操作或过程。然而，由于设备的改进和防护装置的使用，一些步骤不产生气溶胶，而其他步骤仅产生低浓度的气溶胶。虽然生物安全风险评估通常侧重于病原体类别，但病原体滴度是衡量气溶胶产生潜力的一个极其重要的因素，气溶胶产生则可能导致感染。如果使用低滴度悬液，那么个体暴露的可能性极小。风险评估模型现在已经和喷雾系数概念整合在一起。该模型可用于评估生物防护实践中是否可以防止过程或事故中的气溶胶风险，还可用于评估产生气溶胶的事故中人员的潜在暴露。

风险评估模型

为了模拟暴露于气溶胶化微生物的风险，需要计算暴露者的潜在吸入剂量。通过输入某一过程的喷雾系数、使用中悬液的滴度、暴露时间和人的呼吸速率可以得到暴露者的潜在吸入剂量。

气溶胶浓度

如前所述，喷雾系数（SF，mL/m^3）等于气溶胶浓度（AC，CFU/m^3）除以悬液浓度

（SC，CFU/mL）。因此，事故/过程产生的气溶胶浓度（AC）等于悬浮液的浓度乘以喷雾系数（SF × SC）。虽然这种气溶胶浓度通常由于沉降、通气稀释和病原体灭活而随时间降低，但为了简便，假设在最坏情况下，可以用浓度计算暴露。

呼吸量

一个人的暴露取决于其呼吸的污染空气的体积（V，L），这是根据其呼吸率（BR）乘以其暴露时间（T，min）计算出来的。进行正常实验室操作的人的典型呼吸速率约为0.015 m^3/min[33]。

暴露

暴露量（CFU）是呼吸空气量乘以气溶胶浓度。

无防护暴露=BR × T ×（SF × SC）

如果使用防护或呼吸保护设备，保护系数（PF）就会让暴露减少，即

暴露=BR × T ×（SF × SC）/PF。

模型计算

一名实验室工作人员，呼吸速率为0.015 m^3/min，10^9病原体悬液，喷雾系数为10^6的无防护过程中暴露15 min时间，暴露于225个生物体。如果滴度为10^6，则暴露量为0.225。如果使用原始悬浮液，但工作是在PF为10^5的安全柜中进行，则暴露量为0.00225。这个简单的计算可用于评估在开始操作之前的潜在暴露或事故之后的潜在暴露。表20-5中提供了示例。

此类计算有两个主要发现。首先，使用性能良好的生物安全柜可以保护人员在微生物实验室中远离任何可预见的气溶胶来源。其次，如果正在处理低滴度生物体，那么气溶胶暴露将是非常低的，唯一的关注就是最易通过气溶胶途径进行传染的病原体。

表 20-5 在风险评估计算中使用喷雾系数例子

过程	喷雾系数（mL/m^3）	滴度	暴露时间（min）	使用的防护（系数）	剂量
离心机泄漏	4.6×10^6	10^9	10	None	690
		10^6	10	None	0.69
离心机泄漏	4.6×10^6	10^9	10	安全柜 [105]	0.007
		10^9	10	P95[95]	34.5
使用加样枪	9.9×10^9	10^9	30	None	297
		10^6	30	None	0.297
使用加样枪	9.9×10^9	10^9	30	安全柜 [105]	0.003
		10^9	30	P95[95]	14.9

结论

微生物气溶胶的产生是微生物实验室暴露人群中实验室获得性感染的潜在来源，并且可能是外部环境暴露人群实验室获得性感染的潜在来源。然而，在现代微生物学实验室中，防护装置的使用将极大降低气溶胶暴露的风险。通过对气溶胶产生机制的充分理解，可以改善工作实践，并且可以提高对看到和看不到的风险的认识。随着对实验室内气溶胶作用的进一步了解，将这些信息传播给那些工作和管理这些领域的人员至关重要。可以从空气生物学中获取对风险评估、设备设计和定位

以及员工培训的影响。

原著参考文献

[1] Furr AK. 2000. Laboratory facilities— design and equipment, p 195. In CRC Handbook of Laboratory Safety, 5th ed. CRC Press LLC, Boca Raton, FL.

[2] Cox CS. 1995. Stability of airborne microbes and allergens, p 77–79. In Cox CS, Wathes CM (ed), Bioaerosols Handbook. CRC Press, Inc., Boca Raton, FL.

[3] Mitscherlich E. 1984. Special influences of the environment, p 725–727. In Mitscherlich E, Marth EH (ed), Microbial Survival in the Environment: Bacteria and Rickettsiae Important in Human and Animal Health. Springer-Verlag, Berlin, Germany.

[4] Sinclair R, Boone SA, Greenberg D, Keim P, Gerba CP. 2008. Persistence of category A select agents in the environment. Appl Environ Microbiol 74:555–563.

[5] Griffiths WD, DeCosemo GAL. 1994. The assessment of bioaerosols: a critical review. J Aerosol Sci 25:1425–1458.

[6] Toth DJA, Gundlapalli AV, Schell WA, Bulmahn K, Walton TE, Woods CW, Coghill C, Gallegos F, Samore MH, Adler FR. 2013. Quantitative models of the dose-response and time course of inhalational anthrax in humans. PLoS Pathog 9:e1003555.

[7] Pfyffer GE. 2007. Mycobacterium: general characteristics, laboratory detection, and staining procedures, p 543–572. In Murray PR et al (ed), Manual of Clinical Microbiology, 9th ed. ASM Press, Washington, DC.

[8] Knudsen RC. 2001. Risk assessment for working with infectious agents in the biological laboratory. Appl Biosaf 6:19–26.

[9] Winkler WG, Fashinell TR, Leffingwell L, Howard P, Conomy P. 1973. Airborne rabies transmission in a laboratory worker. JAMA 226:1219–1221.

[10] Sulkin SE, Pike RM. 1951. Laboratory-acquired infections. J Am Med Assoc 147:1740–1745.

[11] Phillips GB, Jemski JV. 1963. Biological safety in the animal laboratory. Lab Anim Care 13:13–20.

[12] Wedum AG. 1964. Airborne infection in the laboratory. Am J Public Health Nations Health 54:1669–1673.

[13] Kenny MT, Sabel FL. 1968. Particle size distribution of Serratia marcescens aerosols created during common laboratory procedures and simulated laboratory accidents. Appl Microbiol 16: 1146–1150.

[14] Andersen AA. 1958. New sampler for the collection, sizing, and enumeration of viable airborne particles. J Bacteriol 76:471–484.

[15] Dimmick RL, Vogl WF, Chatigny MA. 1973. Potential for accidental microbial aerosol transmission in the biological laboratory, p 246–266. In Hellman A, Oxman MN, Pollack R (ed), Biohazards in Biological Research. Cold Spring Harbor Laboratory, Cold Spring Harbor, NY.

[16] Dimmick RL. 1974. Laboratory hazards from accidentally produced airborne microbes. Dev Ind Microbiol 15:44–47.

[17] Harper GJ. 1984. Evaluation of sealed containers for use in centrifuges by a dynamic microbiological test method. J Clin Pathol 37:1134–1139.

[18] Harper GJ. 1984. An assessment of environmental contamination arising from the use of some automated equipment in microbiology. J Clin Pathol 37:800–804.

[19] Druett HA, May KR. 1952. A wind tunnel for the study of airborne infections. J Hyg (Lond) 50:69–81.

[20] Ashcroft J, Pomeroy NP. 1983. The generation of aerosols by accidents which may occur during plant-scale production of microorganisms. J Hyg (Lond) 91:81–91.

[21] Bennett A, Parks S. 2006. Microbial aerosol generation during laboratory accidents and subsequent risk assessment. J Appl Microbiol 100:658–663.

[22] Schmid IC, Lambert D, Ambrozak D, Perfetto SP. 2007. Standard safety practices for sorting of unfixed cells, supplement 39. In Current Protocols in Cytometry, Section 3.6.1–3.6.20. John Wiley and Sons Inc., Hoboken, NJ.

[23] Xie M, Waring MT. 2015. Evaluation of cell sorting aerosols and containment by an optical airborne particle counter. Cytometry A 87:784–789.

[24] Wallace RG, Aguila HL, Fomenko J, Price KW. 2010. A method to assess leakage from aerosol containment systems: testing a fluorescence-activated cell sorter (FACS) containment system using the radionuclide technetium-99m. Appl Biosaf 15:77–85.

[25] US Department for Health and Human Services, Public Health Service, Centers for Disease Control and Prevention, National Institutes of Health. 2009. Biosafety in Microbiological and Biomedical Laboratories, 5th ed. http://www. cdc. gov /biosafety/publications/bmbl5/ bmbl. pdf.

[26] Pottage T, Jhutty A, Parks S, Walker J, Bennett A. 2014. Quantification of microbial aerosol generation during standard laboratory procedures. Appl Biosaf 19:124–131.

[27] Pike RM. 1979. Laboratory-associated infections: incidence, fatalities, causes, and prevention. Annu Rev Microbiol 33: 41–66.

[28] Harding AL, Byers KB. 2006. Epidemiology of laboratoryassociated infections, p 53–77. In Fleming DO, Hunt DL (ed), Biological Safety: Principles and Practices, 4th ed. ASM Press, Washington, DC.

[29] Singh K. 2011. It's time for a centralized registry of laboratoryacquired infections. Nat Med 17:919.

[30] First MW. 1998. HEPA filters. Appl Biosaf 3:33–42.

[31] Bennett AM, Parks SR, Benbough JE. 2005. Development of particle tracer techniques to measure the effectiveness of high containment laboratories. Appl Biosaf 10:139–150.

[32] Health and Safety Executive. 2001. The management, design and operation of microbiological containment laboratories. HSE Books, Surrey, United Kingdom. http://www. hse. gov. uk/pubns /priced/microbiologyiac. pdf.

[33] Heinsohn RJ. 1991. Industrial Ventilation: Principles and Practice. Wiley, New York, NY.

[34] International Commission on Radiological Protection. 1994. Human Respiratory Tract Model for Radiological Protection: A Report of a Task Group of the International Commission on Radiological Protection. Pergamon Press, Oxford, United Kingdom.

[35] Soderholm SC. 1989. Proposed international conventions for particle size-selective sampling. Ann Occup Hyg 33:301–320.

[36] Centers for Disease Control and Prevention, National Institute for Occupational Safety and Health (NIOSH). 2015. Hierarchy of Controls. NIOSH, Washington, DC. http://www. cdc. gov /niosh/topics/hierarchy/.

21

人员呼吸防护

NICOLE VARS McCULLOUGH

人员呼吸防护

呼吸防护装备是在工作场所为缺氧环境或者环境中污染物水平超过安全阈值时使用的人员防护设备。呼吸器作为最终手段或暂时的控制方法，可在工作场所内避免人员暴露于污染物，或者提供充足的氧气供呼吸。根据工业卫生控制等级，在考虑使用个人呼吸防护控制前，应实施有效的机械控制和管理控制。必要时，在美国只能使用经国家职业安全与健康研究所（National Institute for Occupational Safety and Health，NIOSH）认证的呼吸器。职业安全与健康管理局规定，在工作场所使用任何呼吸器时，都必须有经过培训的人员执行完整的呼吸防护计划。必要的呼吸保护项目可确保使用者安全和正确地使用，避免误用造成使用者伤害或死亡。项目的重要组成部分包括书面标准操作规程、医学评估、用户培训、呼吸器维护程序、使用者对呼吸器的适合性检测。该计划须有一个指定的知识丰富的接受过职业健康和安全领域培训的管理员执行。

本章的目的是向微生物领域的人员介绍呼吸防护的相关内容。它不应该被作为唯一的呼吸保护计划管理者的培训资料。负责此项职责的人员应参加正式培训并认真了解更多的最新规章制度和指南。

呼吸器的类型

呼吸器通常被分为两个类型：供气式呼吸器和空气净化式呼吸器。供气式呼吸器的空气是来源于空气瓶或压缩空气机的干净、可呼吸的空气。过滤式呼吸器是将污染空气先通过过滤器或化学滤毒盒进行过滤，再送至佩戴者。

供气式呼吸器

供气式呼吸器有两种类型：自给式呼吸器（self-contained breathing apparatuses，SCBAs）和空气管道呼吸器。SCBAs类似于自给式水下呼吸器（self-contained underwater breathing apparatuses，SCUBA），提供一个背在背上可供呼吸的气瓶。SCBAs是在正压（称为压力需求）下工作的，可用于空气中含有可能立即对生命或健康有危险的污染物浓度（immediately dangerous to life or health，IDLH）的环境，也可用于缺氧环境（如消防）。

空气管道呼吸器通常称为供气式呼吸器（suppliedair respirators，SARs），通过软管与气瓶或空气压缩机连接，为使用者提供洁净空气。SARs有几种类型，但最常用的类型是压力需求型，它为面罩提供空气，使其维持正压，所使用的空气量仅限于呼吸时所需的空气量。SARs可以与过滤元件结合使用，以便在人员进出受污染的环境而未能与供气管道连接，或者在更换供气管道时保护人员安全。它们还可以与一个辅助气瓶（称为逃生SCBA）连接，如果空气管道失效，可以使用该辅助气瓶从危险环境中逃生。只有与逃生SCBA相结合的供气式呼吸器才能在IDLH或缺氧环境中使用。

一种特殊类型的空气管道呼吸器被用于BSL-4实验室的供气式防护[1]，这种类型的防护服是由全身防渗透的屏障和提供空气的空气管道构成的，能够与工作环境完全隔离（图21-1）。这些防护服相对于房间环境为正压，所以防护服如有任何泄漏，空气都会从防护服中排出。NIOSH没有此类防护服测试和认证标准，因此它们没有得到NIOSH的批准（在这种情况下，没有NIOSH批准的防护服也可以接受使用）。但洛斯阿拉莫斯（Los Alamos）国家实验室和能源部已经制订相应指南，在使用此类防护服前应加以考虑[2]。

空气净化呼吸器

空气净化呼吸器通过空气净化装置，如微粒过滤器或化学滤盒，将空气中的污染物浓度降低到可接受的暴露水平。空气净化呼吸器还可进一步分为两种：无动力和动力空气净化呼吸器（PAPR）。无动力空气净化呼吸器依靠佩戴者将空气从空气过滤元件吸入面罩；PAPR采用一个小型电机来驱动空气通过过滤元件进入面罩。

呼吸器可以根据使用的面罩类型进一步分类。呼吸器面罩与脸部紧密贴合形成一个密封空间，面罩可以一半或全部覆盖在脸上。半面罩式呼吸器覆盖鼻子和嘴，但不覆盖眼睛，它们与下巴、双侧脸颊、鼻梁形成密封空间。半面罩呼吸器中有一种是面罩完全由过滤材料制成的呼吸器，称为过滤面罩呼吸器（图21-2A和图21-2B）。全面罩呼吸器覆盖鼻子、嘴和眼睛，下巴、脸颊和前额都是密封空间（图21-2C）。头罩、头盔和宽松的面罩不与面部紧密结合，头罩覆盖整个头部和颈部，包括一个清晰的护面，形成一个有弹性的围绕颈部松散的密封（图21-2D）。头盔也覆盖头部和颈部，但包括一个硬面头盔，以提供头部保护。松散型呼吸器通常只覆盖面部，但不会在面部和呼吸器之间形成紧密的密封空间（图21-2E）。表21-1列出了常用呼吸器的典型部件、面罩和洁净空气源。

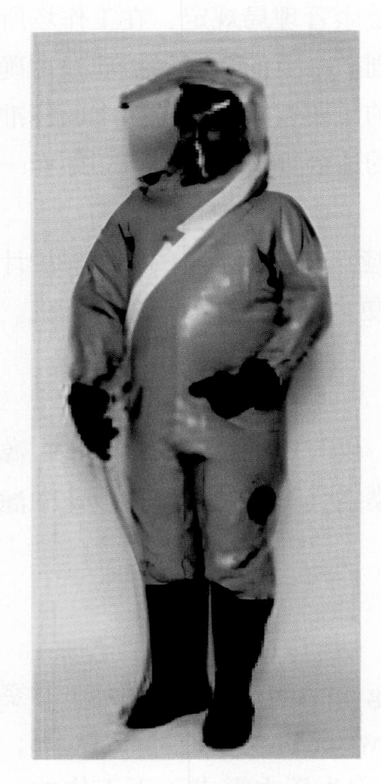

图 21-1 供气型防护服

呼吸器的设计决定了它所能提供的防护程度。对不同类型的呼吸器所提供的呼吸器防护系数将在下面进行讨论。

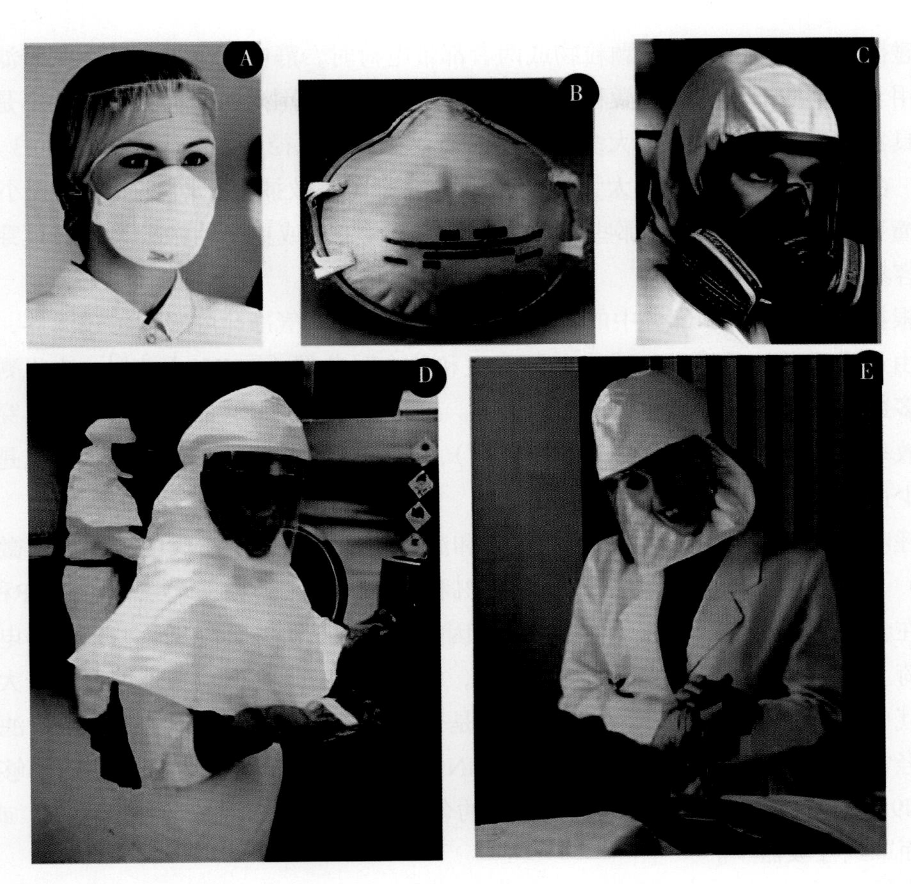

图 21-2 (A) N95 型过滤面罩呼吸器。(B) 组合过滤面罩式呼吸器，N95 型和外科口罩。(C) 全面罩呼吸器。(D) 动力空气净化式呼吸器。(E) 松散型面罩的 PAPR(由明尼苏达州圣保罗 3M 公司提供)

表 21-1 常用呼吸器的典型部件、面罩和洁净空气源

呼吸器类型	组成	面具	洁净空气源
无动力空气净化呼吸器	面具和滤膜，滤盒或滤毒罐	半面罩包括过滤面罩，全面罩	气体和蒸汽滤盒和滤毒罐，微粒滤器或滤盒滤器组合
动力空气净化呼吸器（PAPR）	面罩和过滤器、滤盒或滤毒罐；电池组；呼吸管；风机和电机装置；背带	半面罩、全面罩、头罩、头盔（宽松型）	气体和蒸气滤盒和滤罐，高效过滤器，或滤盒和过滤器的组合
供气式呼吸器（SAR）	面罩，呼吸管，阀门，软管，安全背带	半面罩、全面罩、头罩、头盔（宽松型）	空气瓶或空气压缩机
自给式呼吸器（SCBA）	面罩，呼吸管，气瓶，气门，安全背带	全面罩	空气瓶

a 所有部件必须由同一制造商提供，并经国家职业安全与健康研究所作为系统批准。HEPA，高效空气粒子。
b 自吸式、无动力空气净化呼吸器的滤器分类见表21-2。

微粒过滤和气体去除

空气净化呼吸器过滤被气体、蒸汽和颗粒污染的空气，并将这些净化空气输送到佩戴者的呼吸系统。了解净化机制的基本工作原理对选择呼吸器和评估产品非常有用。

微粒可能通过机械或者静电吸附作用被滤膜捕获。四种机械性捕获微粒的原理是截留、扩散、

重力和惯性碰撞。当滤材的纤维、颗粒物或两者都带电荷时，静电吸附也可能在某些滤材截留微粒时起重要作用。每个滤器都有截留微粒的大小范围，在这个范围内四个捕获机制都不是非常有效，这被称为最具穿透性的粒径。对于大多数滤器，最具穿透性粒径大小范围从0.02 ~ 0.3 μm，其过滤效果最差[3]，在这个范围内，微粒太大无法通过扩散原理有效捕获，同时微粒又太小不能通过拦截、惯性碰撞和重力有效捕获[4]。那些比最具穿透性粒径更大或更小的微粒，和最具穿透性的微粒相比，都更容易被捕获。

NIOSH根据42 C.F.R.第84部分中的试验程序批准了微粒空气净化呼吸器的过滤器，其中规定了试验气溶胶由最具穿透性的微粒组成［美国卫生和公众服务部（DHHS）］[5]。这些测试的目的是使滤器在大多数工作环境下都能达到认证的效率。因此，如果一个滤器被证明对最具穿透性的微粒具有一定的效率，那么它在同等条件下（如流速），将至少对其他粒径的微粒，无论是更大还是更小，都会至少达到那个效率。

无动力呼吸器有9类。这是基于滤器的效率和滤器是否可以用于空气中含有油性微粒的工作环境（表21-2）。滤器有三个效率级别（95%、99%和99.97%），还有三个系列（N、P和R）表示滤器是否可以在含油环境中使用。这一点很重要，因为油性微粒可能会降低一些依靠静电吸附的呼吸器滤膜的电荷。一些工业工作场所，如机械车间，空气中含有油性微粒。然而，由于大多数微生物实验室的空气中没有油性微粒，N系列滤器通常是合适的。虽然表21-2中的术语仅指滤器，但过滤面罩呼吸器经常被错误地引用滤器的等级，例如N95呼吸器。N95呼吸器这个术语不够具体，它可以指任何有N95滤器的呼吸器。这种呼吸器正确的名称是“N95型过滤面罩呼吸器”，或者“带N95过滤器的半面罩式呼吸器”。

表 21-2　无动力空气净化呼吸器微粒滤器等级

在含油性微粒的空气中使用	滤器等级和标识效率			
	系列	95%	99%	99.97%
可使用多个班次	P	P95	P99	P100
仅使用 1 个班次	R	R95	R99	R100
不可重复使用	N	N95	N99	N100

对于PAPR，目前只有一种微粒滤器可用，即高效过滤器。高效过滤器是通过类似于P100滤器的测试程序认证的，在含有各种气溶胶，甚至油性环境中过滤效率被认证为99.97%。

微粒过滤器不能去除气体和蒸汽。受污染的空气通过化学滤毒罐或滤毒盒来去除气体和蒸汽，该滤毒罐或滤毒盒由吸附介质组成，通过物理吸附或化学吸附空气中的气体和蒸汽。活性炭或树脂的吸附介质经过处理，可以捕获特定的化学物质或增加给定化学物质的捕获。目前还没有一种吸附介质可以捕获所有的气体和蒸汽，因此NIOSH已经确定了一套化学试剂，可以对滤毒盒进行测试和认证。在某些情况下，滤毒盒是用单一化学物质进行测试的，如氯或氨等。在其他情况下，滤毒盒是用一类化学品的代表进行测试的。例如，被称作“有机蒸汽”的一类化学品的认证测试是使用单一有机化学品进行的。由于工作场所使用的化学物质比NIOSH批准的要多得多，因此选择正确的化学滤毒盒非常重要。如果有任何问题，关于滤毒盒是否适合特定的污染物，应联系工业卫生专家或呼吸器制造商。除非配上微粒过滤器，否则化学滤毒盒不会清除微粒。

外科口罩

卫生保健工作者经常使用外科口罩作为其个体防护装备的一部分。外科口罩最初是为了保护病人免受口罩佩戴者喷出的液滴的伤害，并不是为了保护佩戴者避免吸入由感染患者产生的空气微粒而设计的，然而它们被一些医院为了这个目的而错误使用。外科口罩不能提供足够的保护防止吸入感染性气溶胶，这个时候应使用个人呼吸防护用品。不建议将外科口罩用于防范结核分枝杆菌、中东呼吸综合征冠状病毒或其他生物因子。

外科口罩只设计用于保护患者免受佩戴者或佩戴者排出的大颗粒液体飞溅伤害，它既没有很高的收集（滤过）效率，也没有足够的面部适合性。与呼吸器不同，医用口罩不需要经过标准的过滤认证测试。每个制造商都有责任评估其使用范围。此外，不要求外科口罩贴合面部，也不要求在个人身上测试适合性。

就非常小的颗粒而言，外科口罩的整体效率与口罩的适合性同样重要。口罩的设计初衷是为了捕捉非常大的水滴，它可以用来阻挡佩戴者的鼻和嘴的分泌物，也可以用来阻挡液体飞溅。因此，紧密贴合不是优先考虑的。空气会以阻力最小的路径通过口罩和脸部之间的缝隙。小颗粒（如细菌和病毒）可以跟随气流进入口罩内部。研究表明，面部密封泄漏是降低外科口罩过滤效率的一个重要因素。研究发现，当用小于1 μm的气溶胶测试时，外科口罩的过滤介质展现出较大的有效性差异[6-9]。一些外科口罩的过滤效率低于50%，而另一些外科口罩的过滤效率超过95%，然而，当缺乏贴合性时可能导致明显的微粒泄漏，这种有效性就丝毫不重要了[6, 9]。

外科手术呼吸器是NIOSH批准的呼吸保护设备，并获得FDA的许可作为医疗设备出售。使用这些外科手术口罩/呼吸器联合使用必须有完整的呼吸保护计划，包括医疗许可和适合性测试。这是唯一可以为佩戴者提供呼吸保护的外科口罩。如图21-2B所示，外科口罩/NIOSH批准的呼吸器联合使用，将满足防范结核分枝杆菌的要求。

呼吸防护系数

某种类型的呼吸器提供的防护水平称为防护系数，指定防护系数（assigned protection factors，APFs）由呼吸器类型决定。APFs的定义是“最低工作场所预期的呼吸防护水平，这个防护水平由一个或一类功能正常的呼吸器提供给一定比例的经过适合性测试和使用培训的使用者”[10]。简单地说，APF是正确选择和适配的呼吸器减少污染物暴露的系数。如果APF是10，那么到达佩戴者肺部的污染物浓度将降低为1/10。包括美国国家标准协会（ANSI）和NIOSH在内的几个组织已经确定了APFs，然而，只有被OSHA指定的ARFs才在美国具有法律意义[11-14]。2006年，OSHA发布了对29 C.F.R. 1910.134的修订，其中包括关于APFs的最终规则。该规则明确了NIOSH批准的呼吸器的APFs[15]。常用呼吸器类型的OSHA APFs见表21-3。APFs仅适用于根据29 C.F.R. 1910.134呼吸防护计划中正确选择和使用呼吸器的情况。APFs用于选择能够在特定环境下提供保护的呼吸器。职业暴露限值（OEL）和污染物浓度（C_0）是通过计算危险比（HR）来确定防止过度暴露所需的呼吸器的类型（$C_0/OEL=HR$）。应选择APFs等于或大于HR的呼吸器。如果HR介于APFs之间，应选择最保守（较高APFs）的呼吸器。较低的APFs可能导致佩戴者过度暴露。

表 21-3 常用呼吸器的 OSHA APFs [a]

呼吸器类型	OSHA APF（OSHA, 2006）(43)
空气净化，无动力	
半面罩	10
全面罩	50
PAPR	
半面罩	50
全面罩	1000
宽松型面具	25
头罩或头盔	25/1000[b]
管道供气式呼吸器	
连续流	25/1000[b]
全面罩	
头罩或头盔	
SCBA, 如果使用定量适合性检测，则有压力需求	10000

a OSHA：职业安全与健康管理局；APF，指定防护系数；PAPR动力空气净化呼吸器；SCBA自给式呼吸器；WPF，工作场所保护系数；SWPF，模拟工作场所保护系数；SAR，供气式呼吸器。

b 雇主必须有呼吸器制造商提供的证据，证明对这些呼吸器的测试表明防护等级为1000或更高，才能获得1000的APF。这种水平的性能可以通过执行WPF或SWPF研究或等效测试得到最好的证明。如果没有这样的测试，其他戴头盔/头罩的PAPR和SAR将被视为宽松的面罩式呼吸器，APF为25。

职业暴露限值

OEL是指工作人员在一个典型的工作周内，在一个典型的工作年限内，可以暴露到的不会对健康造成不利影响的气体、蒸汽或微粒的浓度。几个组织在美国设定了OEL了。美国政府工业卫生师协会（The American Conference of Governmental Industrial Hygienists，ACGIH）每年都会发布一份OELs称为“阈值限制值”（threshold limit values，TLVs）[13]。在确定这些值时，他们考虑流行病学数据和毒理学研究。1970年，OSHA采用了许多1968年空气传播物质的阈值限值，并将它们重新命名为允许暴露限值（permissible exposure limit，PEL）。此后，这些文件获得定期评估和更新，可见于29 C.F.R. 1910.1000（表Z-2），由法律强制执行。

生物气溶胶的OEL尚未设定，也没有公认的安全暴露水平。因此，呼吸防护只能减少暴露生物气溶胶，但不能完全消除感染风险。

关于使用呼吸器的规定

在美国，有两个机构负责规范工作场所使用呼吸器。NIOSH批准在工作场所使用呼吸器。此前这一责任一直由矿务局和矿山安全与健康管理局共同承担，直到1998年，除用于采矿的逃生呼吸器外，这一责任移交给NIOSH。市场上销售的用于外科场合的呼吸器，或者被设计为外科口罩，可以认为是医疗设备。在这种情况下，呼吸器必须经FDA批准才能使用。OSHA有责任在包括工业、实验室、医院和其他医疗设施在内的工作场所强制执行正确的呼吸器使用。

呼吸器的批准

在美国，所有在工作场所用于保护个人免受空气污染的呼吸器都必须经过NIOSH认证。呼吸器被认证为整个系统，而不是单个部件。呼吸器的所有组件必须通过制造商作为一个系统使用（组件见表21-1），并由NIOSH一起批准。唯一的例外是，对于管道供气式呼吸器，空压机或气瓶不需要经过批准，但是从压缩机或气瓶到呼吸器上的进气阀的空气软管必须经过NIOSH批准，与该呼吸器系统一起使用。

30 C.F.R.第11[16]部分首次对现代呼吸器的性能要求进行详细说明，对无动力、空气净化以及微粒呼吸器认证有4种类别：粉尘，雾，烟，高效滤器。PAPR有两种认证类别，粉尘/雾和高效滤器。经本标准认证的空气洁净呼吸器仍可使用，但制造商已被禁止生产。

1995年，NIOSH通过了C.F.R.48第84部分。本标准包括新的无动力、空气净化、微粒呼吸器认证程序[14]，如前所述，本标准创建了9类微粒过滤器（适用于无动力和空气净化呼吸器）（表21-2）。本标准还取消了PAPR滤器中粉尘/雾的类别.

OSHA 29 C.F.R. 1910.134:通用呼吸防护标准

1971年，OSHA通过了29 C.F.R. 1910.134通用呼吸防护标准。修订后的标准版本于1998年4月生效。本标准描述了在所有工作场所（包括暴露结核杆菌、埃博拉病毒等生物气溶胶的工作场所）使用呼吸防护的要求。呼吸保护被作为控制空气传播污染物暴露的临时或最后手段。因此，29 C.F.R. 1910.134要求，如果工程控制是可用的和可行的，就必须首先使用。必要时，雇主应提供呼吸防护，并负责建立呼吸器程序。员工必须按照培训和说明使用呼吸器。

雇主必须建立书面呼吸器防护程序，并根据需要进行维护和更新，有需求时员工可以得到。该程序必须详细说明在该工作场所使用呼吸器的8个步骤：

- 针对特定工作场所和危害品选择呼吸器。
- 签发呼吸防护证书前对工作人员进行医疗评估［附录C（29 C.F.R. 1910.134）包括一份问卷，须由认证的医疗专业人员审查，并由雇主保留］。
- 在日常和紧急情况下，在工作场所正确使用呼吸器，包括更换滤毒盒和滤毒罐的时间表。
- 密合型面罩呼吸器的初次使用和年度应进行适合度测试。
- 呼吸器的清洁、储存和维护。
- 确保提供空气的呼吸器有足够的呼吸空气，所提供的空气至少满足1类D级呼吸空气的要求以及氧气、碳氢化合物、一氧化碳和气味的要求。
- 提供危害和正确使用的培训，包括选择、紧急使用和标准的通用要求。
- 根据需要评估程序的有效性，包括适用性、选择、使用和维护。

必须指定一个程序管理员。这个人必须通过与程序的复杂性相称的培训或经验来胜任这个职位。管理者监督或管理程序，并对程序有效性进行评估。通过NIOSH教育和资源中心、OSHA培训机构、美国工业卫生协会（American Industrial Hygiene Association，AIHA）和ACGIH等组织、大学和呼吸器制造商提供的课程，可以获得成为合格程序管理员所需的培训。

虽然上述各段强调了呼吸保护程序的重要部分，但在工作场所实施呼吸保护程序前，应彻底检查29 C.F.R. 1910.134部分。本章末列出了可能有用的其他资源，可在必要时参考。

呼吸器适合性及适合性测试

一般来说，呼吸器的设计是为了覆盖佩戴者的鼻子和嘴，并为呼吸系统提供干净的空气。呼吸器与佩戴者面部的密封性或贴合程度是确保经过滤或可呼吸的空气进入呼吸系统的主要因素。有多种类型的面罩可以在头、面部形成不同类型的密闭空间。两个主要的大类是密合型面罩和那些与脸部不密合的松散型，如头盔和头罩。密合型呼吸器必须紧贴面部，并在呼吸器边缘与佩戴者面部之间形成密闭空间。这种密封是减少空气污染物进入佩戴者呼吸系统的主要因素。气体、蒸汽和非常小的颗粒会泄漏到不合适的口罩中，大大降低了口罩的防护能力。甚至少量的男性面部毛发也被证明会降低呼吸器的防护能力[17]。

人们已经认识到，合适的面罩对呼吸器的成功运行至关重要。有几个适合性检测方法可以帮助用户确保获得一个合适的呼吸器。这些要求对于所有密合型面罩的呼吸器适用，包括每次使用新型号的呼吸器前（适合性测试），并且至少每年进行一次适合性检测。每次戴口罩前检查呼吸器状况，戴口罩后检查密闭性（使用者密闭性检查）。

适合性检测是一种确定呼吸器能否与佩戴者的面部实现足够密封的方法。经NIOSH批准的密合型呼吸防护口罩在工作场所使用前，所有员工必须进行适合性测试。在发放呼吸器之前，工作人员必须成功通过适合性测试，或者必须试用其他呼吸器品牌、型号或尺寸，直到通过适合测试。首次使用前必须进行适合性测试，无论何时使用不同型号的呼吸器，至少每年使用一次。如雇员的身体状况有任何改变（体重变化、疤痕或整容手术），可能会影响密合性，就必须更经常地进行适合性测试。唯一不需要进行合适测试的呼吸器是那些有送风头罩、头盔或松散型面罩的呼吸器。

在适合性测试前和每次使用呼吸器前，必须将在呼吸器与面部密封区域的胡须刮干净（在过去24 h内）。使用密合型呼吸器时，唯一可以接受的面部毛发是不直接位于面部和呼吸器边缘之间的毛发，而且不会影响阀门的性能。如果皮肤和呼吸器密封面之间有毛发生长，包括胡茬、胡须、小胡子或鬓角，则禁止适合性测试和呼吸器使用。此外，面部毛发，如长胡须，可能会干扰呼吸器的适合性或功能，不允许与带送风头罩、头盔或松散型面罩呼吸器配合使用。

有两种呼吸器适合性检测方法：定量适合性检测和定性适合性检测。定量适合性检测采用探头插入呼吸器内，对呼吸器内外微粒计数。定性适合性检测使用一种物质，喷在呼吸器周围，这种物质具有独特的味道或气味，如果密封不充分，佩戴者可以识别出来。两种最常见的用于定性适合性检测的物质是甜味（糖精）和苦味（苦味剂）。这些方法的描述见29 C.F.R. 1910.134。适合性检测记录必须包括雇员的身份证明，适合性检测类型，呼吸器的制造商、型号、式样和尺寸，测试日期和测试结果。这些记录必须保留到下一次进行适合性检测为止。

呼吸器的选择

NIOSH开发了一种程序，通过该程序可以选择适合于危害物和环境的适当呼吸器。这被称为NIOSH呼吸器确定策略，是为选择暴露于带有OELs的工业制剂的呼吸器而开发的。它包括系统地消除不合适的呼吸器，直到能够选择合适的呼吸器。选择过程由一系列步骤组成，要求用户根据环境的性质、污染物的浓度和将开展的工作做出选择。以下部分概述了确定过程的五个步骤。

第一步包括确定空气的性质和将开展的工作。如果佩戴呼吸器的环境缺氧（$<19.5\%\ O_2$），或者工作涉及消防，则需要使用最具防护性的呼吸器，即压力需求式SCBA。

第二步是确定污染物的浓度是否为IDLH。确定一个工作场所是否为IDLH取决于对污染物浓度的了解，在大多数情况下，污染物浓度可以直接测量，也可以通过查阅有关类似工作场所和流程的研究文献，或调查工作场所的历史空气监测记录来预测污染物浓度。最准确的污染物浓度估计通常是通过直接测量。如果雇主不能合理估计暴露量，则应考虑为IDLH。如果存在IDLH条件，则应选择使用可运行30 min的全面罩压力需求式SCBA，或使用带有辅助型独立供气的全面罩压力需求式SAR组合。

第三步是确定污染物（气体、蒸汽、微粒或混合物）的物理性质。

第四步是选择适合特定工作环境的呼吸器。这是通过确定前面描述的过的HR这一表示工作场所浓度的函数和OEL进行选择APF≥HR的呼吸器。除了APFs外，在选择特定的呼吸器时，还要考虑污染物、工作和工作人员因素。这些因素包括员工的整体健康状况、对眼睛的刺激性、对工作习惯的干扰、舒适度、佩戴时间和电池寿命。

第五步是如果选择空气净化呼吸器，呼吸器必须配备合适的空气过滤元件。过滤器用以消除微粒，滤毒罐和滤毒盒用以消除气体和蒸汽，现在也有两者结合的产品。如前所述，微粒滤器的分类是根据过滤效率和使用的工作场所空气中是否含有油性物质决定的。首先选择必要的效率级别。如果OSHA要求对特定物质使用99.97%的滤器（或高效滤器），则应使用100级滤器。如果没有具体的物质推荐，如同大多数生物危害一样，可以使用95或99级滤器。如果有特定物质标准，就应该按照标准中的建议选择呼吸器。接下来必须确定环境中是否含有油性物质。如果没有，则可以使用任何过滤器；如果有，那么必须使用R或P系列滤器。过滤器是有时间使用限制的，在设置过滤器更换时间表时，应查看制造商的说明。

在选择用于捕获气体和蒸汽的化学滤毒罐或滤毒盒时，应选择NIOSH批准的化学滤毒罐或滤毒盒、滤毒罐与过滤器、或滤毒盒与过滤器的组合，其设计用于去除该化学物质或该类化学物质。如果不清楚给定的滤毒罐或滤毒盒是否能去除特定的化学物质，应咨询制造商。有几家制造商提供了选择化学滤毒盒的指南，在撰写本文时，OSHA通过其网站提供了一个程序（呼吸保护顾问），通过网站指导用户正确选择呼吸保护以及制定更换气体/蒸汽滤毒盒的时间表。

根据前一标准（1998年以前），当使用者开始尝到或闻到该化学品，或感觉受到刺激时，须更换气体及蒸气的滤毒盒（及滤毒罐）。但是OSHA已否定了这一做法。在当前版本的29 C.F.R. 1910.134中，呼吸保护程序的强制性部分之一是开发一种不基于佩戴者感官信息的滤盒更换时间表。OSHA条例规定，更换气体和蒸气滤毒盒的时间表必须以客观资料和数据为依据，以确保滤毒盒在使用寿命结束前得到更换。确定使用寿命的一种方法是使用数学模型，其中有几个可供公众使用的方法，由OSHA呼吸保护顾问和其他制造商提供。非常短的换气时间表明，对于特定的气体和蒸汽暴露，供气式呼吸器或工程控制可能比过滤式呼吸器更好。

加州OSHA气溶胶传播疾病标准

2009年，加州OSHA发布了第一个专门用于工作场所暴露于气溶胶传播疾病（aerosol-transmissible diseases，ATDs）的美国标准[18]。本标准适用于多种环境，包括卫生保健机构、急救人员和可能处理气溶胶传播病原体的实验室。可气溶胶传播的病原体包括《微生物和生物医学实验室生物安全》[1]中提及的或者现场生物安全官员推荐的BSL-3病原体，也包括标准附录D中提及的病原体。该标准内容全面，在加州的每一个与有潜在气溶胶传播病原体或ATDs患者工作的个人都应该仔细审查这个标准。尽管该标准在加州以外的地方不是强制执行的，但在美国被认为是最好的做法，任何在该领域工作的人都可以使用。

关于呼吸保护，标准要求首先实施工程和管理控制。该标准规定，雇主应在实施其他控制方法后仍有潜在暴露存在时，需要提供包括呼吸保护在内的PPE。它规定的控制方法应与BMBL一致。

在对疑似或确诊的空气传播传染病病例或尸体进行护理和处置时，除非生物安全官员认为需要使用更高级别的防护呼吸器，否则必须使用至少与NIOSH批准的N95呼吸器（APFs=10）具有同等防护作用的呼吸器。2010年，该标准进行了更新，明确规定，对于那些对疑似或确诊的空气传播传染病病例或尸体进行高风险操作的员工，除非雇主确定这种类型的呼吸器会干扰工作任务，否则必须使用带有HE过滤器的PAPR。某些情况也有例外（如直升机上的医疗服务）。应审查全部标准，以便编制一份全面的清单。

所有在加州OSHA ATD标准中使用的呼吸器必须符合该标准的全部要求，这些要求一般符合联邦OSHA呼吸防护标准29 C.F.R. 1910.134。

有关微生物实验室的建议

第五版BMBL（1）认为气溶胶是实验室获得性感染的一个来源。移液、搅拌、离心、涡旋混合和超声等实验室活动是气溶胶的已知来源。良好的操作和工程控制应该始终是帮助减少气溶胶产生以及工作人员暴露的“第一道防线”。

呼吸保护被认为是BSL-2和BSL-3实验室的初级安全设备。在BSL-2、BSL-3和BSL-4实验室含有受感染动物的房间（由风险评估决定）也要使用呼吸器。所有使用呼吸保护的工作人员都必须参加适当的呼吸保护程序。

在BSL-3实验室的生物安全柜外工作时，应酌情考虑将呼吸器列入安全设备清单。当工作人员在受感染动物的房间内时，特别需要进行呼吸保护。当在脊椎动物BSL-2（ABSL-2）实验室工作时，只要有可能产生高潜在气溶胶的活动时（即进行离心、研磨、混合、剧烈摇动或混合、声波破坏、剖检、鼻腔接种和收集受感染组织）应该考虑穿戴呼吸保护装置。在ABSL-3实验室，因为不是所有工作都能在一级屏障内完成，所以BMBL要求所有进入动物房间的人员都要穿戴呼吸保护装置。BMBL并没有提及呼吸器选择指南。

在BSL-4或ABSL-4实验室工作的人员可以配备一套全身正压防护服，这套正压防护服由高效过滤保护的生命支持系统进行通风[1]。生命支持系统应该包括冗余的呼吸空气压缩机、警报和备用的呼吸气瓶。供气应满足D级空气[19]的要求。任何使用这些防护服的人都应该被纳入全面呼吸保护程序，并给予足够的时间适应系统的工作。

2012年，美国CDC召集了一个特别小组审查实验室的生物安全。他们为呼吸保护提供了几项参考资料。他们建议在分枝杆菌和病毒学实验室的工作人员佩戴经过适合性检测的N95呼吸器或其他适当的呼吸防护设备。应进行风险评估，以确定适当的呼吸保护水平和其他额外保障措施[20]。

对空气传播微生物暴露的特别建议

很少有关于使用呼吸保护的建议来控制暴露于特定空气传播的微生物，有时也被称为生物气溶胶。这些建议通常非常少，而且只包括最低可接受的呼吸器，没有选择过程的解释。各机构和学术机构普遍接受的一个前提是，气溶胶化的微生物是微粒，能被过滤去除，其效率至少与非生物微粒相同。因此，如果选择了空气净化呼吸器，微粒过滤器将至少应认证其将微生物去除的效率（如95%的N95过滤器）[21, 22]尽管正确使用和佩戴呼吸器有助于减少暴露于空气传播微生物，但它们并不能根除所有风险，也可能无法预防疾病或者死亡。

表21-4总结了许多现有呼吸器对生物气溶胶使用的建议。下面详细讨论其中的七项建议。本章仅就呼吸器提出建议，因此，在对这些微生物开始工作之前，还应该参考其他PPE（如眼睛、面部和皮肤保护）的建议和特殊程序。由于这些建议大部分都不是在管理文件中提出的，所以读者应该知道这些建议可能会更改，也可能在没有任何宣传的情况下发布新的建议。因此建议定期查阅当前的文献。

表 21-4　有关在生物安全应用中使用呼吸器的建议

参考	病原体	工作或活动类型	最低防护口罩的建议
CDC/NIH, 2009[1]	微生物实验室使用的病原体	在 BSL-3 实验室的 BSC 外工作时， 在 ABSL-2 实验室（脊椎动物）工作时，从事具有高度潜在产生气溶胶的活动 在 ABSL-3 实验室（脊椎动物）工作时，在进入动物房间并在初级屏障外工作时	一般呼吸防护（没有特定的呼吸器）
CDC/NIH, 2009[1]	虫媒病毒和沙粒病毒	当需要在增强型 BSL-3 实验室工作时，如有必要应给 BSL-3 实验室的工作人员使用	“适当的呼吸防护”
CDC, 2001[44]	炭疽杆菌	与能够产生气溶胶微粒的机器（如电子邮件分拣机）或在可能存在这种粒子的其他工作地点工作或接近这些机器	NIOSH 批准的呼吸器至少与 N95 呼吸器一样具有保护作用
NIOSH, 2001[45]	炭疽杆菌	开展环境抽样	带有高效过滤器的 PAPR
CDC, 1999[46]	皮炎芽生菌	土拨鼠迁移过程中对土壤的扰动	带 N95 过滤器的半面罩式呼吸器
CDC, 1997[43,47] CDC/NIH, 2009[20]	鹦鹉热衣原体	有接触鹦鹉热衣原体风险的工作（处理受感染的禽鸟、进行尸检、清洁笼具）	带 N95 过滤器的半面罩式呼吸器
美国陆军环境卫生署，1992[48]	新型隐球菌，荚膜组织胞浆菌	清理和清除鸟和蝙蝠的粪便	带高效过滤器（100 级过滤器也合适）的全面罩式呼吸器或全面罩式空气管路呼吸器
CDC, 2015[35] CDC[36]	埃博拉病毒	实验室在Ⅰ级或Ⅱ级 BSC 级内检测 员工收集患者样本	呼吸防护可选 呼吸保护包括 N95 或 PAPR
CDC, 2015[35] CDC[36]	汉坦病毒	处理现场，从可能感染汉坦病毒的啮齿动物身上摘除器官或获取血液，实验室操作病原体 在实验室清洁汉坦病毒感染者的家或啮齿类动物严重感染的建筑物内	半面罩式呼吸器（未识别过滤器）或 PAPR 遵循 BMBL 指南，半面罩式呼吸器配有高效能过滤器（100 级过滤器也适用）或 PAPR 配有高效能过滤器
CDC, NIOSH, NCID（1997）[51]	荚膜组织胞浆菌 新型隐球菌	从封闭的地方，如阁楼上清除积聚的蝙蝠或鸟的粪便 在尘土飞扬的环境中 在鸟类栖息地调查、收集土壤样本或维修运土设备的过滤器时存在孢子 清洁烟囱，在阁楼和禽舍工作 一些与荚膜组织胞浆菌相关活动	一种 NOISH 批准的带有 HEPA 过滤器或任何 42 C.F.R. 第 84 部分微粒过滤器的呼吸器 NOISH 认可的全面罩呼吸器 一次性或弹性半面罩式呼吸器 高于 APFs 的呼吸器 一些 PPE 与荚膜组织胞浆菌相同

续表

参考	病原体	工作或活动类型	最低防护口罩的建议
CDC [1] CDC [34]	新型流感病：1818 株或甲型 HPAI 流感（H7N9）	任何工作 在 BSL-3 实验室工作，并随时可能产生气溶胶；处理样本和（或）进行非基于培养的诊断测试	带高效过滤器（100 级）的负压呼吸器 呼吸保护，如 N95 或 PAPR
威斯康星卫生和社会服务部，1987 [52]	军团菌	清洗冷却塔及相关设备	全面罩式或半面罩式空气净化呼吸器，如果使用高效过滤器和氯的化学滤盒（100 级过滤器也合适）
CDC, 2015 [37]	MERS	实验室工作人员正在处理可能具有传染性的 MERS-CoV 标本	NIOSH 认证的呼吸器
CDC, 1994 [27]	结核分枝杆菌	工作人员在医疗机构、教养院、长期护理、无家可归和戒毒所中照顾已知或疑似结核病患者	带 N95 过滤器的半面罩过滤式呼吸器
CDC/NIH, 1997 [28]	结核分枝杆菌复合体	在 BSL-3 实验室中，工作人员在操作结核分枝杆菌培养物时，从没有被封闭在隔间中的病人身上采集痰标本	带 N95 过滤器的半面罩式过滤式呼吸器或带 N95 过滤器的 PAPR 半面罩式过滤式呼吸器
CDC/NIH, 2009 [1]	朊病毒	在对疑似朊病毒病患者的尸检中	适当的呼吸保护；以 PAPR 为例
CDC, 2004 [23]	SARS-CoV	不能 BSC 中进行的关于 SARS-CoV 的实验室步骤	NIOSH 批准的呼吸器
CDC, 2003 [24]	SARS-CoV	医护人员照顾 SARS 患者	NIOSH 认证发证的呼吸器
纽约市卫生局，1993[53]	葡萄穗霉属	低浓度污染物（< 30 ft^2）的修复高浓度污染物（< 30 ft^2）或空调通风系统的修复	半面罩式呼吸器（无过滤器识别）全面罩式呼吸器，带有 HEPA 过滤器或 PAPR

* BSC：生物安全柜；BSL：生物安全水平；ABSL：动物生物安全水平；NIOSH：国家职业安全与健康研究所；PAPR：动力空气净化呼吸器；NCID：国家传染病中心；NIOSH：国家职业安全与健康研究所；HEPA：高效微粒空气；APF：指定保护系数；PPE：个人防护装备；HPAI：高致病性禽流感；MERS-CoV：中东呼吸综合征冠状病毒；SARS-CoV：严重急性呼吸综合征冠状病毒；HVAC：暖通空调。

在美国，雇主要求工作人员佩戴呼吸器时，OSHA通用呼吸防护标准（29 C.F.R. 1910.134）的所有内容都必须遵守。因此，以下建议必须在一个完整的呼吸保护程序中实施。

严重急性呼吸综合征

曾经有报道几例严重急性呼吸综合征冠状病毒（SARS-CoV）研究实验室的工作人员罹患“非典”。美国CDC发布了《社区预防和应对严重急性呼吸综合征（SARS）公共卫生指南》第2版[23]。在呼吸保护方面，美国CDC目前建议对如操作样品为呼吸道分泌物、粪便或组织等标本应在BSL-2实验室和Ⅱ级生物安全柜中进行。他们建议在BSL-3设施中进行SARS-CoV的细胞培养繁殖和对病毒特性的初步分离鉴定。如果该实验活动不能在生物安全柜中进行，则应穿戴包括呼吸保护的PPE。美国CDC列出了可接受的呼吸防护方法，包括经过适合性检测，NIOSH认证的过滤式呼吸器（N95或更高）或配备高效过滤器的PAPR[24]。因此，最低可接受的呼吸防护水平是NIOSH批准的带有微粒过滤器的半面罩式呼吸器。但是应考虑适当提高呼吸保护水平（如PAPR）。

美国CDC的指南也提到了对其他工作人员的呼吸保护，包括对医护人员的保护。此外，新的实验室指南可随时推出或修订。因此，任何需要在有SARS-CoV的环境中工作的人员，在正式工作之前，都应该阅读CDC和其他相关机构的最新指南。

炭疽杆菌

2001年发生了通过美国邮政故意散播炭疽杆菌芽胞或疑似炭疽杆菌芽胞的事件，增强了人们对在实验室环境中处理这种细菌时可能需要呼吸保护的意识。在这些事件发生之前，美国CDC已经发布了关于"推定鉴定炭疽杆菌的基本实验室程序"[25]。文件指出，在生物安全柜外操作确定具有潜在危险的材料或进行分析程序时，应考虑呼吸保护。此外，参与清理有可能产生气溶胶的溢洒事件人员应考虑呼吸保护。

2002年4月，CDC发布了《炭疽杆菌培养环境样品采集综合程序》[26]。除了规定样品分析所必需的实验室设施的类型外，本文件还强调，实验室人员的安全是至关重要的，必须遵循相应的程序，如BMBL第4版所概述的程序，以减少分析过程中的暴露。关于炭疽杆菌，BMBL第4版声明BSL-2实验室适用于临床材料和培养物的诊断，ABSL-2实验室适用于啮齿动物感染的实验，BSL-3实验室应用于涉及生产数量或培养物浓度的工作以及具有高潜在气溶胶产生的实验活动。

结核分枝杆菌

1994年，CDC发布了《在医疗设施中预防结核分枝杆菌传播指南》[27]。该指南指出，进入已知或怀疑感染结核病患者隔离房间、在可能引起咳嗽或产生气溶胶的实验活动的人员，以及在其他控制方法可能不够充分的环境中出现的人员，应采取呼吸保护措施。这一规定还包括患者转运或外科或牙科治疗。该指南概述了可接受的呼吸保护的最低标准。呼吸器必须进行可靠的定性或定量适合性检测，面部密合的泄漏不超过10%，适合不同面部特征和尺寸的工作人员，并按照OSHA标准检查适合性。此外，呼吸器必须配备一个滤器，该滤器在未负载状态，气流量为50 L/min时，可以捕获1 μm微粒，其效率≥95%[28]。所有符合42 C.F.R.第84部分NIOSH认证步骤批准的微粒呼吸器和所有供气式呼吸器都符合这些标准[14]。然而，在需要无菌的活动中，CDC建议不要使用带呼气阀的呼吸器和可能处于正压下的呼吸器（虽然NIOSH并没有将任何类型的呼吸器指定为正压呼吸器，但通常所指的呼吸器是压力需求型SARs、连续流SARs、PAPR和压力需求型SCBA）。

1994年，美国CDC的指南列出了一些情况，在这些情况下，呼吸防护水平超过最低标准可能是适当的。这些情况包括但不限于对怀疑或已知有结核病的患者进行支气管镜检查和对怀疑或已知患有结核病的死者进行尸检。

1997年，美国CDC公布了在实验室中处理结核分枝杆菌的建议指南[28]。本文件的目的是为实验室中从事与结核分枝杆菌相关实验室活动的人员提供健康和安全信息，并与BMBL一起使用。这份文件是一份提案，收集了公众的意见，但是没有发表订正或最后方案。关于呼吸保护，CDC建议，在开放实验室收集痰标本时，工作人员应佩戴带N100或高效滤器的空气净化呼吸器（然而，如果病人被置于负压室里，其排出废气经过高效过滤，那么呼吸保护就没有必要了）。此外，指南还建议BSL-3实验室中所有与结核分枝杆菌打交道的人员都要佩戴带N95滤器的空气净化呼吸器。

1996年2月，OSHA公布了关于职业结核病暴露强制程序[29]。本文件指出，将对雇员的投诉、死亡和灾难事件，或结核感染发生率高于一般公众的工作场所进行检查。这些工作场所包括卫生保健机构、惩教机构、老年人长期护理设施、无家可归者收容所和药物治疗中心。关于呼吸保护，必须根据29 C.F.R. 1910.134实施书面计划，并要符合1994年CDC指南中概述的关于呼吸保护性能标准。

1997年11月17日，OSHA公布了一项关于职业性暴露结核病的建议规则[30]。1998年修订了29 C.F.R. 1910.134，并开始生效。原来的标准被重新命名为29 C.F.R. 1910.139，暂时适用于结核分枝杆菌职业暴露。2003年12月31日，OSHA废止了结核分枝杆菌呼吸防护临时标准（29 C.F.R. 1910.139），并撤回职业暴露于结核分枝杆菌的建议标准。目前，对暴露于结核分枝杆菌和所有经空气传播污染物的呼吸保护依据29 C.F.R. 1910.134规定。

汉坦病毒

CDC已经发布了针对实验室操作汉坦病毒肺综合征相关病原的指南。在操作受感染的野生或实验室啮齿动物的人员中曾发生过实验室获得性感染[31]。据信这些感染通过吸入含有病毒的动物废料而发生。该指南建议，可能导致汉坦病毒传播的实验室工作应在BSL-3设施中进行。对于不在实验室进行的工作，CDC建议操作啮齿动物的人员（诱捕或处理啮齿动物或进行尸检）佩戴NIOSH批准的半面罩呼吸器或PAPR[32]。该建议适用于清洁汉坦病毒确诊患者住宅的工作人员、清洁受严重鼠患侵扰建筑物的工作人员，以及经常与啮齿动物接触的工作人员。

流感病毒

BMBL[1]的第5版有一个关于流感病毒的重要章节，所有可能操作这些毒株的实验室都应该查阅此章节。流感可通过包括空气传播的多种途径传播，并在历史上造成重大疫情。因此，操作新型的和确定的高致病性毒株时应非常小心，并考虑呼吸保护。

BMBL建议，任何针对1818株流感或高致病性禽流感病毒的工作都应具备许多控制方法，包括严格遵守使用带有高效滤器的负压呼吸器或PAPR。然而，应该指出的是，高效滤器或者PAPR滤器已不再适用于负压呼吸器。目前经NIOSH批准的呼吸器最接近的替代品是N100或P100滤器。

当新的流感病毒株如甲型流感（H7N9）病毒出现时，CDC对实验室工作人员和其他可能暴露的工作人员可能提出特殊的呼吸保护建议，比如《H7N9病毒工作风险评估和生物安全等级暂定建议》[34]。在BSL-3实验室的所有活动，以及任何可能形成气溶胶的情况下，都需要呼吸保护。应根据正在进行的活动类型选择呼吸器。建议佩戴的呼吸器包括带高效滤器的PAPR或带N95或高效滤器的全面罩呼吸器。"接下来证明了以下措施是胜任的，就是穿戴高效过滤的PAPR或具有高效或N95微粒保护的通过适合性测试的全面罩呼吸器。选择合适的呼吸器取决于实验室预期的活动类型。有效使用呼吸器的培训是强制性的，需要您所在机构的职业健康与安全项目每年进行一次认证"[34]。他们建议工作人员在BSL-2实验室处理样本和（或）对疑似感染甲型流感（H7N9）病毒的患者和动物的临床样本进行非培养性诊断测试时，佩戴N95呼吸器、眼部保护或面罩或PAPR。

埃博拉病毒

在《美国实验室管理和检测常规临床标本当担心有埃博拉病毒疾病时的指南》中，CDC中阐明了选择和正确使用个人防护用品的考虑因素。他们强调，应根据风险评估、工作任务和用户能力来选择PPE。

CDC建议对所有实验室工作人员进行穿戴和脱下PPE的全面培训，并始终严格遵守程序，并全程受到监督。在进行实验室检测时，应使用经认证的Ⅰ级或Ⅱ级生物安全柜，并配以手套、防护服、护目镜和外科口罩。如果选择呼吸防护替代外科口罩，员工必须接受医疗评估、适合性检测和

培训，包括穿戴和脱下口罩的培训。建议员工在接触埃博拉病毒样本前，先用所有PPE进行练习。

从患者身上采集样本的员工应穿戴与医护工作者建议相同的PPE[36]。CDC建议，所有进入埃博拉患者房间的医护人员都要戴上呼吸防护装置，以便在产生气溶胶的操作中保护自己。建议范围从N95过滤式微粒面罩到PAPR。CDC关于培训、穿戴、脱下等方面的建议非常全面。参与样本采集的人员应熟悉各项建议，并接受广泛的培训。

中东呼吸综合征冠状病毒

在CDC《处理与中东呼吸综合征冠状病毒（MERS-CoV）相关样本的实验室生物安全暂定指南》第2版（最后更新于2015年6月18日）[37]中，建议正在处理可能具有传染性的MERS-CoV样本的实验室工作人员应穿戴PPE。建议的PPE包括一次性手套、实验室外套/防护服、眼睛保护装置和呼吸器。NIOSH认证的呼吸器是可以接受的，包括过滤面罩呼吸器（最低N95滤器）或带高效滤器的PAPR。

暴露于气溶胶微生物的呼吸器选择

选择呼吸器的标准程序基于一个决策过程，该过程允许系统地筛选NIOSH认证的呼吸器，直到找到合适的呼吸器为止[12, 38]。本程序使用环境空气浓度和污染物最大使用浓度OEL和HR来确定，然后选择APF≥最小APF的呼吸器类别。如果选择了空气净化呼吸器，则选择程序的最后一步是选择适合于污染物的过滤器或化学滤毒盒。

要使用NIOSH决策逻辑，必须提供关于气溶胶污染物的信息，包括气溶胶特性、可能的空气浓度和OEL。目前，这类资料一般无法用于生物气溶胶。例如，目前可用的采样和分析技术在评估许多生物气溶胶的空气浓度方面没有取得成功。这种气溶胶不存在OEL，而且也不可能总是识别出成为一系列健康后果原因的特定生物因子。

第一个高度宣传的选择呼吸保护来控制气溶胶化微生物暴露的案例是为了帮助减少医护工作者暴露结核病。CDC已建议采取呼吸保护措施来控制结核分枝杆菌的暴露，然而由于上述限制，CDC无法遵循NIOSH决策逻辑。这些建议并没有彻底解决暴露于不同浓度的结核分枝杆菌的问题。该指南仅规定了最高允许面具密闭泄漏（10%=APF为10）和最低允许过滤性能（对1μm微粒95%高效）[27]。

从历史上看，只有少数几种方法被用来选择控制经空气传播微生物暴露所需的呼吸保护水平。Nicas开发了一种数学方法，通过预测结核病感染的可能性来估计特定工作人员的暴露[39]。该方法利用如下参数：在房间里肺结核患者人数（I），结核病人每小时排出的细菌数量（致病单位）（q），工作人员呼吸容积呼吸率（b），工作人员累计在病房的时间（t），吸入的细菌沉积在肺泡地区（f），和房间的换气率（QR）。感染概率=1−exp［−（$Iqbtf$/QR）］。虽然这些变量在确定感染概率时很重要，但其中一些变量的值得不到，如每小时释放的细菌数量和沉积在肺泡区域的吸入数量的比例。其他变量，如工作人员的容积呼吸率，可能很难评估每种情况。

一种基于NIOSH呼吸器决策逻辑的定性方法被提出来用于感染性气溶胶环境防护的呼吸器选择[40]。这种方法对传统的呼吸器选择方法进行了改进，以适应缺少危险级别和空气浓度信息的情况。作者建议使用几个基于包括CDC、NIH、加拿大疾病控制实验中心、欧盟和欧洲生物技术联合会等在内的机构的风险排名来评估风险。要估计空气中的浓度，对活动或步骤的性质进行评估，并结合有关房间容积和房间内气流的知识，以获得经空气中传播浓度的等级。所有这些信息都用于确

定与呼吸器类别相对应的最小APF。

近年来，加拿大开发了两种新方法，促进了生物气溶胶呼吸器选择的科学研究。2011年，加拿大标准协会（CSA）发布了CAN/CSA Z94.4-11《呼吸器的选择、使用和维护》（2011年更新），其中包括一种用于选择暴露于生物气溶胶的呼吸器方法[41]。为了解决生物气溶胶缺乏OEL的问题，该标准采用控制条带作为选择方法。它是对McCullough和Brosseau提出的概念的扩展和更详细化。该标准相当全面，应该详细复习。该标准提供了在两种工作场所选择呼吸器的方法：卫生保健机构和其他工作场所。要使用选择工具，雇主或生物安全官员必须确定病原的风险类别、气溶胶的产生和可用的控制方法。风险类别（1-4）是根据病原的传播力、传染性和健康影响来划分的。气溶胶产生比例取决于病人的活动（如咳嗽、打喷嚏）或产生气溶胶的活动。控制水平是基于通风或风的水平。基于APFs有6个级别的呼吸保护，范围从0（不需要呼吸保护）到6（10000 APF，一个自给式呼吸器）。

最近的研究方法是由Lavoie等[42]在加拿大魁北克省的罗伯特-桑特和安全生产研究所（Institut de recherche Robert Sauvéen santé et en sécurité dutravail，IRSST）开发的。该方法是在McCullough和Brosseau[40]以及CAN/CSA Z94.4-11[41]的工作基础上发展起来的。IRSST方法使用相同的病原风险类别、生成和控制水平的基本因素，但定义略有不同。5个频带用于控制级别和生成比例，每个频带对应一个分数。这些分数加在一起提供了一个暴露水平的分数。使用微生物风险类别和暴露水平评分，可以确定相关的最小APF。该模型在多个场景得到了验证。

与任何PPE的选择一样，一旦确定了保护的最低限度，就必须考虑许多其他因素来选择适合特定情况的适当设备。几个重要的须考虑的因素包括传播方式、清洁和消毒的需要、工作人员的健康状况和正在执行的任务。例如，如果认为APF为10的呼吸器是合适的，可以选择半面罩；如果有眼部传播的风险，可以选择全面罩式呼吸器来保护眼睛。考虑到清洁问题，可以选择一次性呼吸器，也可以选择容易清洗的呼吸器。有潜在健康问题的工人可能需要一个更有效的保护系统。

为了帮助确定设备是否与任务兼容，总是鼓励工作人员在一个干净的区域穿戴全套PPE，并执行或模拟任务。建议在没有交叉污染的情况下练习穿戴和脱下PPE。

虽然加拿大标准和IRSST方法是最佳实践，但在加拿大以外的区域，每个生物安全官员将需要审查目前可用的选择方法，并跟上有关机构提供的指南。呼吸器的选择将基于最佳实践、最新知识和专业判断，并再次强调在可能的情况下需要采用工程和管理控制。

原著参考文献

[1] U.S. Department of Health and Human Services, Public Health Service, Centers for Disease Control and revention, National Institutes of Health. 2009. Biosafety in Microbiological and Biomedical Laboratories, 5th ed. HHS Publication no.(CDC) 21-112. http://www. cdc. gov/biosafety/publications/bmbl5/BMBL. pdf.

[2] Birkner JS. 1991. Supplied-air suits, p 65–66. In Colton CE,Birkner LR, Brosseau LM (ed), Respiratory Protection: A Manual and Guideline, 2nd ed. American Industrial Hygiene Association, Fairfax, VA.

[3] Moyer ES. 1986. Respirator filtration efficiency testing,p 167–180. In Raber RR (ed), Fluid Filtration: Gas. ASTM, Philadelphia, Pa.

[4] Hinds WC. 1982. Filtration, p 164–186. In Aerosol Technology.John Wiley and Sons, New York, N.Y.

[5] U.S. Department of Health and Human Services, National Institute for Occupational Safety and Health. 1996. Approval of respiratory protective devices,p. 528–593. CFR Title 42, Part 84. U.S. Government Printing Office, Washington,DC.

[6] Pippin DJ, Verderame RA, Weber KK. 1987. Efficacy of face masks in preventing inhalation of airborne contaminants.J Oral Maxillofac Surg 45:319–323.

[7] Chen S-K, Vesley D, Brosseau LM, Vincent JH. 1994. Evaluation of singleuse masks and respirators for protection of health care workers

against mycobacterial aerosols. Am J Infect Control 22:65–74.
[8] Brosseau LM, McCullough NV, Vesley D. 1997. Mycobacterial aerosol collection efficiency by respirator and surgical mask filters under varying conditions of flow and humidity. Appl Occup Environ Hyg12:435–445.440 | HAZARD CONTROL.
[9] Oberg T, Brosseau LM. 2008. Surgical mask filter and fit performance.Am J Infect Control 36:276–282.
[10] American Industrial Hygiene Association. 1991. Glossary,p 123–125. In Colton CE, Birkner LR, Brosseau LM (ed), Respiratory Protection: a Manual and Guideline, 2nd ed. American Industrial Hygiene Association, Fairfax,VA.
[11] American National Standards Institute. 1992. American National Standard for Respirator Protection (ANSI Z88.2). American National Standards Institute, New York, NY.
[12] National Institute for Occupational Safety and Health.1987.NIOSH Respirator Decision Logic. DHHS (NIOSH) publication no. 87-108. National Institute for Occupational Safety and Health, Cincinnati, OH.
[13] American Conference of Governmental Industrial Hygienists. 2015. 2015 TLVs and BEIs. American Conference of Governmental Industrial Hygienists, Cincinnati, OH.
[14] National Institute for Occupational Safety and Health. 1996. NIOSH Guide to the Selection and Use of Particulate Respirators Certified Under 42 CFR 84. DHHS (NIOSH) publication no.96-101. National Institute for Occupational Safety and Health,Cincinnati, OH.
[15] Occupational Safety and Health Administration. 2006. Assigned protection factors.Fed Regist71:50122–50192. https://www.osha.gov/pls/oshaweb/owadisp.show_document?p_table=FEDERAL_REGISTER&p_id=18846.
[16] U.S. Department of Health and Human Services, National Institute for Occupational Safety and Health. 1993. Respiratory protective devices; tests for permissibility; fees, p. 47–111.In CFR Title 30, Part 11. U.S. Government Printing Office, Washington, DC.
[17] Ivarsson R, Nilsson H, Santesson J (ed). 1992. Protective equipment, p58–64. In Ivarsson R, NilssonH, Santesson J (ed), A FOA Briefing Book on Chemical Weapons: Threat, Effects, and Protection. Fsvarets Forskningsanstalt, Sundbyberg, Sweden.
[18] California Occupational Safety and Health Administration.2009. California Code of Regulations, Title 8, §5199. Aerosol Transmissible Diseases. http://www. dir. ca. gov/title8/5199. HTML.
[19] Compressed Gas Association. 1989. Commodity Specification for Air (ANSI/CGA G-7.1). Compressed Gas Association, Arlington,VA.
[20] Miller MJ, Astles R, Baszler T, Chapin K, Carey R, Garcia L, Gray L, Larone D, Pentella M, Shapiro DS, Weirich E. 2012.Guidelines for safe work practices in human and animal medical diagnostic laboratories. MMWR SurveillSumm. 6:1–102.
[21] Qian Y, Willeke K, Grinshpun SA, Donnelly J, Coffey CC.1998. Performance of N95 respirators:filtration efficiency for airborne microbial and inert particles. Am Ind Hyg Assoc J 59:128–132.
[22] Eninger RM, Honda T, Adhikari A, Heinonen-Tanski H,Reponen T, Grinshpun SA. 2008. Filter performance of N99 and N95 facepiece respirators against viruses and ultrafine particles. Ann Occup Hyg52:385–396.
[23] Centers for Disease Control and Prevention. 2004. Public health guidance for community-level preparedness and response to severe acute respiratory syndrome (SARS) version 2. Supplement F: laboratory guidance.Appendix F5—laboratory biosafety guidelines for handling and processing specimens associated with SARS-CoV. May 21, 2004. http://www. cdc. gov/ncidod/sars/guidance/f/pdf/f. pdf.
[24] Centers for Disease Control and Prevention. 2004. Interim domestic guidance on the use of respirators to prevent transmission of SARS. May 6, 2003. http://www. cdc. gov/ncidod/sars /pdf/respirators-sars. pdf.
[25] Centers for Disease Control and Prevention. 2001. Basic laboratory protocols for the presumptive identification of Bacillus anthracis. 4/18/01. http://www. bt. cdc. gov/Agent/Anthrax/Anthra cis20010417. pdf.
[26] Centers for Disease Control and Prevention. 2002. Comprehensive procedures for collecting environmental samples for culturing Bacillus anthracis. Revised April 2002. http://www. bt. cdc. gov/agent/anthrax/environmental-sampling-apr2002. asp.
[27] Centers for Disease Control and Prevention. 1994. Guidelines for preventing the transmission of Mycobacterium tuberculosis in health-care facilities,1994. MMWR Recomm Rep 43(RR-13):1–132.
[28] Centers for Disease Control and Prevention and National Institutes of Health. 1997. Proposed Guidelines for Goals for Working Safely with M. tuberculosis in Clinical, Public Health,and Research Laboratories. U.S. Department of Health and Human Services, Public Health Service, Atlanta,GA.
[29] Occupational Safety and Health Administration. 1996. CPL 2.106 Enforcement Procedures and Scheduling for Occupational Exposure to Tuberculosis. Occupational Safety and Health Administration,Washington, DC.
[30] Occupational Safety and Health Administration. 1997. Occupational exposure to tuberculosis;proposed rule. Fed Regist 62:54159–54309.
[31] Centers for Disease Control and Prevention.1998. Hantavirus:laboratory information.http://www. cdc. gov/ncidod/diseases/hanta/labguide. htm#part2.
[32] Centers for Disease Control and Prevention. 1995. Safety, p7–13. In Mills JN, Childs JE, Ksiazek TG, Peters CJ, Velleca WM(ed),

Methods for Trapping and Sampling Small Mammals for Virologic Testing. Centers for Disease Control and Prevention,Atlanta,GA.

[33] National Institute for Occupational Safety and Health. 1993.Martin County Courthouse and Constitutional Office Building,Stuart Florida.HETA 93-1110-2575. NIOSH Publications Office, Cincinnati, OH.

[34] Centers for Disease Control and Prevention. 2016. Interim Risk Assessment and Biosafety Level Recommendations for Working With Influenza A(H7N9) Viruses (page last updated January 26, 2016). http://www. cdc. gov/flu/avianflu/h7n9/risk-assessment. htm.

[35] Centers for Disease Control and Prevention. 2015. Guidance for U.S. Laboratories for Managing and Testing Routine Clinical Specimens When There is a Concern About Ebola Virus Disease.Page last reviewed October 8, 2015. http://www. cdc. gov/vhf/ebola/healthcare-us/laboratories/safe-specimen-management. html.

[36] Centers for Disease Control and Prevention. 2015. Guidance on Personal Protective Equipment (PPE) To Be Used By Healthcare Workers during Management of Patients with Confirmed Ebola or Persons under Investigation (PUIs) for Ebola who are Clinically Unstable or Have Bleeding, Vomiting, or Diarrhea in U.S. Hospitals, Including Procedures for Donning and Doffing PPE. Page last updated and reviewed November 17, 2015. http://www. cdc. gov/vhf/ebola/healthcare-us/ppe/guidance. html.

[37] Centers for Disease Control and Prevention. 2015. Interim Laboratory Biosafety Guidelines for Handling and Processing Specimens Associated with Middle East Respiratory Syndrome Coronavirus (MERS-CoV)—Version 2, last updated May 15,2015. http://www. cdc. gov/coronavirus/mers/guidelines-lab-biosafety. html.

[38] Johnston AR. 1991. Introduction to selection and use, p25–35.In Colton CE, Birkner LR, Brosseau LM (ed), Respiratory Protection:a Manual and Guideline, 2nd ed. American Industrial Hygiene Association, Fairfax,VA.

[39] Nicas M. 1995. Respiratory protection and the risk of Mycobacterium tuberculosis infection.Am J Ind Med 27:317–333.

[40] McCullough NV, Brosseau LM. 1999. Selecting respirators for exposures to infectious aerosols.Infect Control Hosp Epidemiol 20:136–144.CHAPTER 21: PERSONAL RESPIRATORY PROTECTION | 441.

[41] Canadian Standards Association (CSA). 2012. Selection, Use and Care of Respirators. CAN/CSA-Z94.4-11, A National Standard of Canada.

[42] Lavoie J, Neesham-Grenon E, Debia M, Cloutier Y, Marchand G. 2013. Development of a Control Banding Method for Selecting Respiratory Protection Against Bioaerosols, Report R-804.ISSRT, Montréal, Québec. http://www. irsst. qc. ca/media/documents/PubIRSST/R-804. pdf.

[43] Centers for Disease Control and Prevention. 1997. Compendium of psittacosis (chlamydiosis) control,1997. MMWR Recomm Rep 46(RR-13):1–13.

[44] Centers for Disease Control and Prevention. 2001. Interim recommendations for protecting workers from exposure to Bacillus anthracis in work sites where mail is handled or processed.10/31/01. [http://www. bt. cdc. gov/documentsapp/anthrax/10312001/han51. asp.

[45] National Institute for Occupational Safety and Health. 2001.Protecting investigators peforming environmental sampling for Bacillus anthracis: personal protective equipment.http://www. cdc. gov/niosh/unp-anthrax-ppe. html.

[46] Centers for Disease Control and Prevention (CDC). 1999.Blastomycosis acquired occupationally during prairie dog relocation—Colorado,1998. MMWR Morb Mortal Wkly Rep 48:98–100.

[47] Centers for Disease Control and Prevention. 1997. Guidelines for prevention of nosocomial pneumonia.MMWR Morb Mortal Wkly Rep 46(RR-1):1–79. http://www. cdc. gov/mmwr/pdf/rr/rr4601. pdf.

[48] United States Army Environmental Hygiene Agency. 1992.Managing health hazards associated with bird and bat excrement.USAEHA technical guideline no. 142. http://chppm-www. apgea. army. mil/ento/tg142. htm.

[49] Childs JE, Kaufmann AF, Peters CJ, Ehrenberg RL, Centers for Disease Control and Prevention. 1993. Hantavirus infection—southwestern United States: interim recommendations for risk reduction.MMWR Recomm Rep 42(RR-11):1–13.

[50] Centers for Disease Control and Prevention. 1993. Update:hantavirus pulmonary syndrome—United States, 1993. MMWR Morb Mortal Wkly Rep 42:816–820.

[51] Lenhart SW, Schafer MP, Hajjeh RA. 1997. Histoplasmosis:Protecting Workers at Risk. Centers for Disease Control and Prevention,National Institute for Occupational Safety and Health,National Center for Infectious Diseases. DHHS (NIOSH) Publication no. 97–146.

[52] Wisconsin Department of Health and Social Services. 1987.Control of Legionella in Cooling Towers: Summary Guidelines. Wisconsin Department of Health, Madison,WI.

[53] New York City Department of Health. 1993. Guidelines on Assessment and Remediation of Stachybotrys atra in Indoor Environments. New York City Human Resources Administration,New York.

附录资料

OSHA's Respiratory Protection Advisor: http://www. osha-slc. gov/SLTC/respiratory_advisor/mainpage. html

NIOSH's Respirator Information Website: http://www. cdc. gov/niosh/topics/respirators/

NIOSH Education and Research Centers: http://www. cdc. gov/niosh/oep/centers. html

OHSA training information:http://www. oshaslc. gov/Training/

American Industrial Hygiene Association: 703-849-8888; http://www. aiha. org/

American Conference of Governmental Industrial Hygienists:513-742-2020; http://www. acgih. org/

22

人体体液、组织和细胞操作标准注意事项

DEBRA L. HUNT

在人体感染的不同阶段，血液中可以发现多种传染性病原体。大多数病原在短暂的时间内（即败血症阶段）以高水平存在，但很少通过血液传播，因此通常不被归类为“血源传播”病原体。有些病原，尤其那些可以诱导潜伏期或长期携带状态的病毒，可通过血液或体液接触传播给其他人。人类艾滋病病毒（HIV-1）、乙型肝炎病毒（hepatitis B virus，HBV）和丙型肝炎病毒（hepatitis C virus，HCV）是在长期携带者中存在的三种最常见的病毒，这些病毒常以无症状感染状态存在。这些血源性病原体的职业性感染已在全球范围内被报道，当含有这些病原体的血液或体液直接转移给工作人员时，例如，通过针刺暴露于受污染的针头，或者血液或体液与黏膜或有破口的皮肤接触时，可能会发生职业性感染。对这些感染如何发生的研究，为血液中可能存在的其他血液传播病原体，如疟原虫（疟疾）、西尼罗病毒、梅毒螺旋体（梅毒）或病毒性出血热病毒（如埃博拉病毒）等，提供了相关风险的认识。

职业传播的风险是动态的，过去20年工作场所感染的趋势就证明了这一点。

疫苗的供应、暴露后治疗方案和强制性预防措施，有助于减少记载的最常见血液传播病原体的职业性感染的数量。最近，世界各地的医护工作者（health care workers，HCWs）都经历了埃博拉病毒的职业感染，从而使人们更加重视血液传播病原体的预防措施。本章试图对血源性病原体相关的风险进行综述，这些风险在处理人体体液，组织或细胞的工作场所是主要关心的问题，本章还为减少感染暴露和传播而研发的预防方法的进展和效果进行综述。

职业风险评估

自1949年报道了一名实验室工作人员在血库中感染了“血清性肝炎”以来[1]，血液传播病原体获得性的职业感染已经被人们认识。随着对血液传播病原体（如HBV、HIV-1和HCV）诊断检测的发展，许多研究证实了血源性病原体职业性感染的发生。在前瞻性员工暴露研究、血清流行病学研究和文献描述性病例更好地确定了这些病原体传播的风险。为了制订预防性预防措施，了解职业感染是如何发生的是至关重要的。

肝炎病毒

20世纪70年代初，血清学检查开始用于诊断甲型肝炎病毒和HBV感染。血清阳性率研究能够证实这两种病毒的独特流行病学以及向医护人员传播的程度。例如，Skinhoj和Soeby[2]报道了实验室获得性乙型肝炎的发病率增加，并发现实验室工作人员的乙型肝炎发病率比普通人群高出7倍。

医护工作者感染乙肝病毒的风险比一般人群高[3, 4]。据报道，在乙型肝炎疫苗应用之前（即1982年之前），医护工作者中的乙型肝炎临床病例发生率在（50 ~ 120）/100 000[5, 6]，远高于的普通人群（<10/100 000）[7]。风险水平的增加与若干因素有关，包括接触血液、体液或血液污染的锐器的频率，也包括在血液暴露普遍的高风险职业中的就业时间，还包括在患者人群中潜在HBV感染的流行率。在与急诊科、实验室、血库、静脉注射小组和手术室有关的职业中发现了高感染率[8]。

职业暴露后血液传播病原体的概率与材料中的病毒浓度、转移材料的量（即“剂量”）和暴露途径有关。HBV在血液中的滴度极高（10^9/mL）[9]，22号注射针头发生针刺事故时，可有多达100个感染剂量的乙肝病毒。乙型肝炎e抗原（HBeAg）阳性状态表明高滴度（10^7 ~ 10^9 /mL）[10]。没有暴露后预防措施的情况下，未免疫过的医护工作者在HBeAg阴性来源的标本针刺后感染HBV的风险约为6%，如果类似暴露来自于HBeAg阳性患者，感染风险可高达30%[11-13]。

自1982年以来，标准（通用）预防措施的实施以及向高危工作人员提供乙肝疫苗无疑是职业乙型肝炎感染数量从1985年的12000例[14]下降到2013年不到100例[15]的重要原因。医护工作者中乙型肝炎的血清阳性率至少比美国人口低5倍，这可能是由于职业安全与健康管理局要求对医护工作者进行乙型肝炎疫苗接种[16, 17]。

虽然职业性HCV传播很少发生，但对医护工作者的影响是巨大的。医护工作者的血清学患病率仅略高于相应的普通人群。一般来说，大多数研究都记录的HCV血清学患病率在0.5% ~ 2%，而献血者的这一比率为0.3% ~ 1.5%（社区比率）[18-20]。最近对1989—2014年44项关于医护工作者中丙型肝炎的研究进行的荟萃分析表明，与对照人群相比，HCW中丙型肝炎感染的优势比（*OR*）增加。

此外，根据研究区域进行分层，综述文章发现HCV感染率较低的国家（欧洲和美国）的医护工作者的*OR*（2.1）增加，而血液接触风险高的专业人员的*OR*为2.7[21]。

对确证的经皮暴露后血清阳转率的前瞻性研究表明，当使用PCR方法测定HCV-RNA时，医护工作者单次暴露于HCV血清阳性来源后HCV感染的风险在0.75%[22] ~ 10%[23]。较大的感染风险范围反映了研究设计、使用的诊断测试、随访病例数、患者状况和社区患病率的差异。一般而言，已知HCV抗体阳性来源经皮损伤（PI）[19]后，感染的平均发病率报道为1.8%（范围0 ~ 7%）。来自14项前瞻性研究的信息表明，在11000多名暴露的医护工作者的传播率较低，仅为0.5%[24]。

至少有两例HCV传播病例在职业环境中传播是由于血液溅到眼睛[25, 26]。另一个病例（经基因分析证实）表明，医护工作者是暴露于护理养老院患者的皲裂和磨损的双手、腹泻大便、尿液和呕吐物而感染了HCV（除了HIV）[27]。由于HCV的感染剂量浓度尚未确定，感染标志物尚未明确，而且医护工作者的血清阳性率数据和感染率各不相同，需要更多的研究来进一步确定HCV职业传播的风险率。

人类免疫缺陷病毒

在工作场所传播HIV已经非常明确，这主要是得力于国家收集信息的努力，如暴露于HIV的医护工作者的前瞻性研究、血清流行率调查，以及报告艾滋病和HIV的美国监测数据系统。此外，职业获得性HIV感染的全国监测分析了所有报告（已发表的报告，医生提供的信息等），表明暴露可以导致HIV感染。

基于全国医护人员群组的HIV流行率研究提供了间接证据，证明在医疗卫生机构传播HIV-1的风险很小。这些研究调查了美国和欧洲7595名被报告HIV暴露的医护工作者，发现在没有确定社区风险[18, 28-39]的工作者中有9名阳性个体（0.12%）。医护工作者中的感染率似乎没有比一般人群中的感染率高出多少。

美国疾病控制与预防中心血清调查研究小组[40]对美国21家中、高HIV发病率地区的医院外科医生进行的一项血清学调查显示，HIV传播与医疗卫生机构没有明显的相关性。这项研究还发现0.14%的低患病率（740名未发现社区风险的外科医生中有一名血清阳性）。在扎伊尔金沙萨的流行病学研究中也证实了同样的低职业风险[41, 42]，在该研究中，那里的HIV社区流行率很高（6～8%），感染控制措施有限，针头和注射器通常经手洗并消毒，然后重复使用。未发现医院工作人员中血清阳性率较高，在医务、行政和体力工作者中也无显著差异（分别为6.5%、6.4%和6%）。这些发现表明HIV职业传播的风险明显较低。

艾滋病病例的全国调查报告数据也表明，在医疗卫生机构或实验室工作的风险不高。截至2001年12月，在报告的艾滋病病例（469850例）中，其中23951例（5%）工作史已知，自1978年以来，曾在医疗卫生机构或实验室工作过。大多数工作人员（91%）对HIV感染（即静脉吸毒、性接触、输血）具有非职业风险。一些患者（2050或8.6%）出于各种原因（如死亡或拒绝参加）没有进行随访。只有199例（0.8%）被确定为暴露后确认或可能有职业感染，或没有感染的社会风险。

美国1985—2013年职业获得性HIV感染国家监测的数据表明，共有58例职业获得性HIV感染的确认病例（即暴露于阳性来源后确认血清转化），自1999年以来，仅报告了1例记录的感染[43]。也有150名医护工作者可能发生有获得性HIV感染。在国际上，有344例职业血清阳转被证实，或被认为是职业感染的可能来源（44例）。为了强调与人体标本工作时的适当预防措施，必须详细审查那些确认的病例。

在美国，大多数（49%或84%）的职业感染工作人员暴露于血液，1人曾暴露在明显可见的血性液体中，4人暴露在未指明的体液中，2人在生产或研究实验室与浓缩的HIV接触。经皮肤暴露的有50例，经皮肤黏膜暴露有5例，2例工作人员同时有经皮肤和经皮肤黏膜暴露，2例工作人员有未知的暴露。表22-1列出了与经皮肤损伤相关的设备类型，表明52个经皮肤损伤中有45个（87%）与空心针相关。超过一半的损伤发生在采血或抽血过程中[43, 44]。经皮肤黏膜暴露与8例确认的病例相关（包括两名工作人员同时发生经皮肤黏膜暴露）。其中5个涉及将血液暴露于干裂或磨损的手、脸或耳朵；3个涉及溅到眼睛、鼻子或口腔。

表 22-1 尖锐装置或物体等造成 52 例经皮肤损伤医护工作者中确认的 50 名职业获得性 HIV 感染 [a]

尖锐装置或物体		受伤人数
空心针（n=45）		
用于采血（n=22）	真空管装置针	9
	皮下注射针头	6
	动脉血气试剂针	3
	翼钢（蝴蝶）针	2

续表

尖锐装置或物体		受伤人数
真空抽血（$n=11$）	未指定 / 未知的针头	2
	静脉注射针头	7
	用于更换中心线导管皮下针	2
	透析针	1
	套管针	1
对于血管线连接（$n=1$）	肝素锁连接器针	
用于抽取组织 / 病变抽吸物（$n=2$）	活检针	1
	皮下注射针头	1
其他用途（$n=9$）	实验室机器上的样品取样针	1
	清除实验室设备中碎片的针	1
	皮下注射针（肌内注射）	1
	未知用途	6
其他利器或物体（$n=6$）	采血管上的碎玻璃	2
	手术刀	2
	未知锐器	2

a 截至2001年12月疾控中心报告（改编自参考文献[43]）。

在美国记录的58例病例中，16例（28%）是临床实验室技术人员，4例（6.9%）是非临床实验室技术人员。表22-2列出了世界范围内实验室工作人员中大多数血清阳转的情况。一名实验室工作人员感染了HIV的实验室株[31，46]的报告认为，暴露的来源是“带手套的手接触H9/HTLV-ⅢB培养的上清液，没有明显的和可检测到的皮肤直接接触”。当事人对浓缩的HIV进行研究，并报告说按常规穿着防护服和手套。当事人承认，手套上出现了针孔或撕裂，应提前更换。当事人还叙述了病毒阳性培养液从设备中泄漏的情况，以及随后用刷子开始的消毒。当事人还回忆了手臂上的发生非特异性皮炎，然而，防护服一直覆盖着手臂。发现同样从事浓缩HIV的98名其他实验室工作人员的血清呈阴性。据计算，长期在实验室暴露于浓缩病毒的，其暴露率为0.48/100人年，与那些经历针刺HIV暴露的医护工作者的感染风险大致相同[31]。

表 22-2 文献报道的实验室人员或采血员职业暴露后确认 HIV 血清阳转 [a]

国家	年份	职业	来源状态	暴露描述	进行 PEP？	参考文献
1. 美国	1985	研究实验室工作者	浓缩 HIV	未知途径不明显暴露；确认为实验室毒株	无	46
2. 美国	1986	静脉造血术者	HIV（+）	静脉穿刺时真空管意外，溅到面部	无	81
3. 美国	1986	医学技术人员	HIV（+）	血浆分离置换仪事故，手 / 臂上有血	无	81
4. 美国	1986	临床实验室工作者	AIDS	被装血的破瓶割破，穿过手套	未报道	47
5. 美国	1987	医护工作者，未知	AIDS	针头刺伤，21 号针重新盖针帽	无	80
6. 美国	1988	研究实验室工作者	病毒培养	清洗淘洗器时被浓缩病毒针头刺伤	无	31
7. 美国	1988	医护工作者，未知	AIDS	针头刺伤，在静脉穿刺后填充真空管时	无	82

续表

国家	年份	职业	来源状态	暴露描述	进行 PEP？	参考文献
8. 澳大利亚	1990	医护工作者，未知	AIDS	采血后深度针头刺伤	有	121
9. 美国	1990	医护工作者，未知	HIV（+）	深度针头刺伤，进行静脉穿刺，也感染了 HCV	无	122
10. 美国	1990	实验室工作者	浓缩 HIV	皮肤 / 黏膜暴露于浓缩病毒；分子相匹配	未报道	123
11. 美国	1990	采血员	AIDS	深度针头刺伤，静脉穿刺	无	124
12. 美国	1991	采血员	HIV（+）	针头刺伤，22 号针管静脉穿刺	有	125
13. 英国	1992	采血员	HIV（+）	针头刺伤，23 号针管，静脉穿刺	无	126
14. 美国	1992	临床实验室工作者	AIDS	针头刺伤，21 号针管，静脉穿刺	有	125
15. 澳大利亚	1992	医护工作者，未知	HIV（+）	针头刺伤，21 号针管“蝴蝶”针静脉穿刺	无	127
16. 英国	1992	医护工作者，未知	AIDS	针头刺伤，21 号针管，静脉穿刺	无	126
17. 美国	1993	医护工作者，未知	HIV（+）	被碎玻璃、真空管割伤	有	128
18. 澳大利亚	1994	医护工作者，未知	HIV（+）	针头刺伤，静脉穿刺	无	127
19. 德国	2000	临床实验室工作者	AIDS	血清溅到眼睛上	未报道	129
20. 美国	2003	临床实验室工作者	多实验样本	脸暴露在故障的实验室机器溅出的血中	有	130
21. 澳大利亚	2003	采血员	AIDS	针头刺伤，24 号针管，静脉穿刺	有	131

a 改编自参考文献[44]和[64]。PEP：暴露后预防。

发病率和流行病学研究表明，职业性HIV感染并不经常发生；然而，由于暴露而确认的HIV血清转换证明存在HIV传播的职业风险。可能导致该风险程度的因素包括损伤的类型/程度、涉及的体液、接种物的“剂量”、环境因素和受体易感性。这些因素对每一个实验室工作者的相互作用和累积效应是复杂且未知的。但是，一些数据可以帮助进一步确定与若干步骤或情况相关的风险（表22-3）。

表 22-3　医护工作者的职业 HIV 感染风险

暴露类型	记录[43,44]（#2013 年 12 月）	单个 HIV（+）暴露风险[64,132]
经皮肤	50 确定的风险因素[61] 大口径空心针 深部暴露 装置上可见血迹 血管通路 疾病终末期患者源性（即 AID）	0.3
经皮肤黏膜	6	0.03
包括经皮肤和经皮肤黏膜	2	
完整的皮肤	0	＜ 0.03

前瞻性队列研究记录了HIV暴露事件，并对暴露的医护工作者进行了后续血清学监测，这是HIV传播风险的最直接的指标。在报告的6202例医护工作者经皮肤暴露的23项前瞻性研究中，20例血清转化被确认，每名感染HIV的患者的总传播风险为0.32%[3，47-60]，各种类型经皮肤暴露于HIV感染不同阶段的患者血液后的风险平均值为0.3%。

某些因素造成的病毒暴露能使感染风险高于0.3%。1995年，一项病例对照研究描述了美国、法国、意大利和英国国家监测系统报告的病例中经皮肤暴露后职业性HIV感染相关的风险因素[61]。研究结果表明，如果经皮肤暴露涉及大量血液（如明显被患者血液污染的装置），或涉及大口径空心针（尤其是用于血管通路的大口径空心针），特别是如果用于采血，则经皮肤暴露后的职业感染风险增加。这种增加的风险可能与血液暴露量直接相关，并且与实验室研究一致，该研究表明缝合针（实心）输送的血液少于相似直径的静脉采血针（空心）[62，63]。CDC病例对照研究鉴别出与风险增加相关的其他因素，包括来源于终末期患者以及缺乏对医护工作者进行齐多夫定预防性治疗。

21项关于黏膜暴露的前瞻性研究的总结表明，在2910次暴露中，只有一次血清转化[64]。因此，通过黏膜传播HIV的风险为0.03%（95%置信区间，0.006～0.19%），远低于经皮肤损伤，即每次暴露<0.3%。

通过呼吸消化道或虫媒暴露途径传播HIV的病例迄今还没有被案例证实。一些人质疑呼吸道传播HIV的可能性[65]，尤其是没有经皮暴露的记录的研究实验室获得性感染[31]。众所周知，使用搅拌器和离心机的常见实验室步骤会产生感染性气溶胶。在美国CDC和NIH关于实验室生物防护的建议之前，不会通过社区或临床环境中气溶胶传播的病原体如狂犬病毒等[66]，已被文献证实，当通过混合或纯化步骤使浓缩的制剂病原体气溶胶化时，在实验室条件下引起感染。然而，由NIH主任召集的一个专家安全审查小组讨论了HIV实验室的“未知暴露”问题，他们认为直接接触传播的可能性远远大于气溶胶传播的可能性[46]。产生气溶胶的步骤是在生物安全柜中进行的。研究小组列举了在实验室和生产设施中明显气溶胶暴露的其他事例，这些事例涉及浓缩的HIV，但没有导致暴露的工作人员血清阳转[67]。然而，由于未知暴露而发生的感染突出了实验室工作人员必须严格遵守公布的安全指南的需要。

埃博拉病毒

埃博拉病毒是另一种血液传播的病原体，与任何其他血源性病原体一样，通过与受感染的血液或体液及通过锐器暴露传播。虽然极为罕见，但2014年西非暴发的疫情是历史上最大的一次，导致28637例疑似和确诊病例，11315例死亡[68]。

世界卫生组织的一份报告总结了2014年1月1日至2015年3月31日期间埃博拉疫情对几内亚、利比里亚和塞拉利昂医护人员[69]的影响。在所有确诊和可能的病例中，医护人员占3.9%（815/20955）。根据他们在医疗卫生方面的职业，医护人员感染的可能性是普通成年人群的21～32倍。超过一半的被感染的医护人员是护士或护士的助手。实验室工作人员占感染者的7%。与非医护人员相比，实验室技术人员感染的可能性高29.3倍（发病率为40.4‰）。本研究无法确定医护人员感染是职业获得性还是社区获得性。然而，世界卫生组织发现，在医护人员从业的地方，实施的感染预防措施与正常标准存在严重差距。其中包括个人防护装备的不当使用或缺乏、缺乏标准预防措施、埃博拉病患者缺乏筛选分类、感染患者的隔离区不足、由于缺乏带肥皂和自来水的手部卫生站而导致的不良卫生、医护人员在穿戴PPE时接触黏膜、安全管理和埋葬死者方面能力有限或训练不足。

病毒性出血热（viral hemorrhagic fever，VHF）患者在过去10年中在美国和西欧诊断前已得到照顾。对有感染风险的医护人员（包括实验室工作人员）的广泛跟踪表明没有感染传播[70-72]。自2014年3月10日以来，4名埃博拉患者在西非被确诊后在美国接受治疗。另1名患者在抵达利比里亚后出现症状后在美国接受治疗。尽管在患者护理期间使用PPE并且未报告任何明显暴露，直接照顾第5名患者的2名护士被感染，并被诊断为埃博拉。在对这些病例进行调查期间，美国疾病预防控制中心制订了直接护理埃博拉患者新的加强型指南[73]。

实验室获得性埃博拉病毒感染的文献中，唯一的病例是在实施标准预防措施、提供更安全锐器装置[74]之前发生的感染，或者是在动物尸检和其他动物实验过程中获得的感染[75]。在2014年疫情期间，没有任何实验室工作人员感染任何输入的埃博拉病例。2014年，实验室工作人员从欧洲、加拿大、美国（CDC）和其他国际合作伙伴团体被派遣到西非，去帮助处理流行病。虽然这些实验室工作人员每天处理200～300个样本，但这些工作人员没有实验室获得性埃博拉感染的记录[76]。西非实验室当地工作人员有实验室获得性感染的报告，这些处理人体血液的工作人员在爆发早期没有戴手套或相应的PPE。然而，佩戴正确PPE并坚持相应预防措施的人员未报告感染[76]。

埃博拉病毒是血液传播的，具有高致病性和低感染剂量。临床和研究样本可能含有大量病毒颗粒，感染可导致严重疾病[77]。美国疾病预防控制中心和世界卫生组织进行的风险评估表明，埃博拉职业感染的最高风险是参与直接患者护理的医护人员，他们可能缺乏PPE或没有合适的PPE，并且不遵守严格的标准预防措施。处理埃博拉病毒的患者标本的临床或研究实验室的工作人员，穿戴相应的PPE并遵循生物安全预防措施的临床或研究实验室的工作人员，被认为是感染风险较低（但不是零）的风险类别[78]。

标准预防措施

在认识到艾滋病以及对受感染患者及其标本管理的关注之前，实验室工作人员经由血液或体液的主要传染性职业威胁是HBV。当时流行的理念是，可能感染乙型肝炎的患者很容易被识别，并且可以采取特殊的预防措施。关于这些预防措施，卫生保健机构依靠美国疾病预防控制中心提出的建议。在首次确认的新定义疾病病例——感染艾滋病的1年内，美国疾病预防控制中心发布了临床和实验室工作人员关于处理艾滋病患者标本的相应预防措施的指南[79]。之后，美国疾病预防控制中心再次强调了先前推荐的用于处理感染乙型肝炎患者标本的预防措施，即尽量减少经皮肤和黏膜传播以及皮肤途径感染的风险[80]。

美国疾病预防控制中心于1987年5月发布报告，记录了实验室工作人员和其他临床工作人员通过不完整皮肤和黏膜暴露于血液而感染HIV[81]。由于患者来源的HIV血清状况在暴露时是未知的，并且暴露是非注射的，因此美国疾病控制与预防中心在1987年末发布了“通用血液和体液预防措施”建议[82]。主要前提是把所有人体血液和特定的体液都当成被HIV-1、HBV或其他血源性病原体所污染，小心处理所有人体血液和特定的体液。这种“通用预防措施”概念构成了美国疾病控制与预防中心随后提出的所有建议的基础[14，83]。

实验室情况下的通用预防措施，包含了《微生物和生物医学实验室生物安全》（BMBL）中概述的生物安全二级（BSL-2）设施和实践[84]。BSL-2预防措施最适用于临床环境或预期会暴露于人体血液、原代人体组织或细胞培养物。BMBL第5版澄清了除了人体血液、体液或原代细胞外，在

BSL-2条件下处理的实验室特定材料。本版增加了附录H（“与人类、非人类灵长类动物以及其他哺乳动物细胞和组织的工作”），以解决其他人类病毒和致癌性人类细胞的危害。标准微生物学实践构成了BSL-2的基础，并酌情提供了从PPE和BSC得到的额外保护。

世界各地，英国[85]、加拿大[86，87]、欧洲地区[88，89]和远东地区[90]也采取了通用预防措施。世界卫生组织发布了反映这一理念的指南[91]。

1996年，美国疾病预防控制中心和医院感染控制实践咨询委员会（HICPAC）扩大了通用预防措施建议，包括不仅要对人体血液和其他“流行病学意义上重要的”体液采取预防措施，还要对任何湿性身体物质采取预防措施[92]，并将这些建议称为“标准预防措施”。虽然通用预防措施将强调使用“已知”或“高危”患者的预防措施重点转移到对所有血液和体液，流行病学上与血液传播的病原体传播有关。标准预防措施扩大了这一理念，以预防所有人体体液（包括尿液、粪便、唾液等），以减少其他院内感染。

在报告了与HIV有关的研究实验室相关感染后，美国疾病预防控制中心于1986年发布了关于和该病毒工作的第一份病原摘要声明[67]。该声明包括实验室相关感染与HTLV-Ⅲ（HIV）有关的摘要、在实验室中遇到的危害以及关于实验室应采取的安全预防措施的建议。

美国CDC和NIH[84]提出的建议是，涉及病毒研究规模的实验室活动时，必须采用（至少是）BSL-2设施并采用BSL-3的准则和防护设备。当所有工作涉及工业规模、大体积病毒浓度时，必须采取BSL-3设施、准则和设备（表22-4）。此外，在这些实验室工作之前，实验室工作人员必须表现出对病原微生物的熟练处理能力。

表 22-4 CDC/NIH 推荐的 HIV-1 实验室工作预防措施[46]

设施	实践和规程	涉及的活动
BL2	BL2	临床标本 体液 感染 HIV 的人 / 动物组织
BL2	BL3	在研究实验室培养 HIV 规模生长 HIV 生产细胞系 使用浓缩的 HIV 制剂 液滴 / 气溶胶产生
BL3	BL3	工业规模的 HIV 体积大或浓度高 生产和操纵

除了美国疾病预防控制中心指南的咨询性质外，职业安全与健康管理局在1991年还颁布了一项标准，以规范血源性病原体的职业暴露[93]。该血源性病原体标准建立在通用（或标准）预防措施的实施基础之上，指明了对控制方法、培训、合规性和记录保存的需求。

职业安全与健康管理局颁布了血源性病原体标准作为“行为”标准。换言之，雇主有权制订暴露控制计划以提供安全的工作环境，但允许一定的灵活性以完成这项任务。职业安全与健康管理局采用CDC通用预防措施的基本理念，并将其与工程控制、工作实践和PPE的组合结合，以实现标准的目的。表22-5概述了职业安全与健康管理局血源性病原体标准的基本要求。

表 22-5 OSHA 血源性病原体标准的基本要求[93]

Ⅰ. 暴露控制计划（ECP）：为贯彻与控制传染病危害有关的规程，建立书面或口头政策
Ⅱ. ECP 的组成部分包括：
A. 确定所有员工的暴露风险
B. 控制方法
1. 通用预防措施：一种感染控制方法，其中所有人源血液和潜在感染性物质都被视为已知具有传染性 HIV 或 HBV
2. 工程控制：使用现有技术和设备隔离或消除工作人员的危险（安全锐器装置，抗刺破锐器容器等）
3. 工作实践控制：改变执行任务的方式，以减少工作人员暴露的可能性（实验室标准微生物实践，处理针头时不重新盖帽、不折断针头等）
4. 个人防护装备：工作人员用来保护自己免受暴露的专用衣服或设备（手套、长袍、实验室外套、防水围裙、面罩、口罩、护目镜和头部和脚部覆盖物）
5.HIV-1 和 HBV 研究实验室和生产设施的附加要求
C. 内务管理做法
D. 洗衣业务实践
E. 受管制的废弃物处理
F. 标签，标记和包
G. 培训和教育计划
H. 乙型肝炎疫苗接种
I. 暴露后评估和随访
J. 记录保存：包括医疗记录，培训记录和维护记录的可用性
Ⅲ. 行政控制：开发 ECP；提供对 ECP 的支持并提供控制方法的可访问性，监控合规性和有效性调查，并调查预防未来事件的风险

工程控制

职业安全与健康管理局认识到，与机械控制相比，人类行为的可靠性较低，因此提倡使用现有技术和设备来隔离或转移工作人员的危险。这些控制措施与预防与锐器相关的伤害特别相关。虽然通用（标准）预防措施是一项重要的理念，可以减少对工作人员的暴露，但主要建议的重点是保护皮肤和黏膜的屏障（手套、手术服、面部保护）。这些个人防护屏障不能防止锐器损伤。OSHA承认，60%的针头损伤不会受到改进工作实践和个人防护装备[93]的影响。1991年之前，预防针扎的建议主要集中在适当的设计和放置防刺穿的锐器处理容器，对HCW进行风险教育，以及避免再次盖上、弯曲或折断针头[14, 79, 80, 83]。现在很明显，需要更好的锐器伤害预防策略。

锐器预防措施

目前没有全国性的关于实验室和其他医护人员每年发生针刺相关的精确数据。然而，Panlilio等[20]依据15家国家卫生保健工作者监测系统（NaSH）医院和45家暴露预防信息网（EPINeT）医院的数据，根据数据进行调整，估计医院每年的此类暴露量为384325（置信区间：311091～463922）。

正如先前讨论过的前瞻性研究、病例/对照研究和有记录的职业传播病例所示，经皮损伤的血源性病原体传播的风险最高。认识到针头和锐器暴露的固有风险，国会颁布了《2000年针刺安全和预防法》（公共法律第106-430号，第114，1901，2000），修正了OSHA血源性病原体标准，要求在工作场所评估和实施更安全的针头装置。修订后的血源性病原体标准[94]于2001年1月18日发布，并增加了若干新规定（表22-6），明确强调了审查、评估和跟踪工作场所报告的锐器伤害的必要性，并实施适当的更安全的锐器装置。

为符合这些要求，临床和实验室安全计划应限制在实验室使用针头和其他锋利的仪器，只有在没有其他选择的情况下才能使用。对于实验室程序，应考虑采用其他方法来完成工作，如使用钝器插管、小孔管或塑料移液管。如果必须使用针头，如静脉采血，实验室工作人员必须优先考虑、评估和实施安全的工程采血设备（即高风险空心针）。

表 22-6 2001 年修订的 OSHA 血源性病原体标准的新规定[94]

· 扩展“工程控制”的定义，以包括更安全的医疗设备（“具有工程锐器伤害保护的锐器”或“SESIP”）
· 征求非管理卫生保健工作者的意见，以确定、评估和选择安全设计的锐器设备，并将此过程记录在暴露控制计划中
· 至少每年评估和更新暴露控制计划，并附上锐器安全设备的评估和实施文档
· 维护锐器损伤日志，记录员工报告的经皮损伤的具体信息

针对实验室中另一种类型的尖锐物，1999年，OSHA、FDA和NIOSH发布了一份联合咨询通知，对玻璃毛细管破裂造成的伤害和感染风险提出了警告[95]。这些机构现在建议使用不易破裂的装置，如不可破裂的毛细管或涂有塑料的毛细管，如聚酯薄膜。

美国医院协会（AHA）和NIOSH发布了指导方针，以帮助医疗保健或实验室设施制订锐器伤害预防计划[96, 97]。美国疾病预防控制中心的医疗保健质量促进部门在2009年[20]之前接受了一项消除医护人员可预防的针刺的挑战，并提供了“设计、实施和评估锐器伤害预防计划的工作手册”。这些文件强调了减少锐器伤害的必要性，并为选择和评估安全装置提供指导。重要的推荐计划要素包括：

· 分析工作场所中与锐器相关的伤害，以识别危险和趋势。

· 通过审查有关锐器伤害和成功干预措施的风险因素的当地和国家数据，确定预防策略的优先顺序。

· 培训员工安全使用和处理锐器。

· 修改造成锐器伤害危险的工作实践，使其更安全。

· 提高工作环境中的安全意识。

· 建立所有与锐器相关的伤害的程序，并鼓励报告和及时跟进。

· 评估预防措施效果并提供绩效的反馈

自1984年以来，已经为包含安全功能的设备发布了1000多项专利[98]。为减少实验室采血或操作血液或组织导致的经皮损伤风险而设计的安全产品类型包括：

· 用于真空管静脉采血的屏蔽、自钝化或回缩式针头。

· 塑料真空/耐破损样品管。

· 带屏蔽的、自钝回缩式带状钢针。

· 带铰链式针头回收装置的血气注射器。

· 回缩式指尖/脚跟刺血针。

· 不易破碎的塑料毛细管，用于血细胞比容判定。

· 聚酯薄膜包裹的塑料毛细管。

· 圆形尖端、回缩式或屏蔽式手术刀片。

· 一次性手术刀或快速释放手术刀刀柄。

· 可安全移除塞子的真空血液管装置。

位于弗吉尼亚大学的国际医务人员工作者安全中心网站有这些安全产品和制造商的示例清单。这个清单并非详尽无遗，因为正在开发新设备。这个清单也不是对这些产品的背书。建议读者联系制造商以获取有关安全产品的最新信息。

安全工程锐器设备的有效性

几项研究发现，安全工程锐器装置减少了伤害的数量[20，99-103]。美国疾病预防控制中心进行的一项关于静脉采血装置有效性的多中心研究报告称，使用自钝针的真空管静脉采血装置的损伤率降低了76%，使用带有保护性滑动护罩的翼状钢针与传统的带翼钢针相比降低了26%，使用带铰链式针头回收装置的真空管采血针针刺伤率降低了66%[99]。在另一项研究中，Sohn等[102]将干预前经皮损伤数据（1998—2000年）与在2001年2月开始实施若干安全设计的锐器之后收集的经皮损伤数据进行比较，包括安全静脉内药物输送、采血、静脉注射以及肌肉和皮下注射。在这项研究中，与空心针相关的经皮损伤率降低了70.6%，从每1000名全职雇员（FTE）的26.33经皮损伤降至每1000名FTE的7.73经皮损伤。“高风险”伤害［由用于血管通路和（或）血液采样的空心针引起的伤害］降低了52.6%，目标是使医护人员更容易感染血液传播病原体的伤害。

如上所述，许多装置可以减少针头或锐器伤害的频率，但不会完全消除风险。在大多数情况下，只有从患者身上取下针或尖锐物（即“主动”装置）之后才能激活安全功能。有些设备可以在使用中被激活而无须用户激活（即“被动”装置）。在上述研究中[102]，发生在干预后27%的皮肤损伤是由安全工程装置引起的。这些装置中的大多数都是需要激活的（主动装置），安全机制要么没有激活，要么激活不当。Tosini等[103]发现，与主动装置相比，被动装置的锐器伤害降低显著。减少锐器的程序必须包括强化教育程序，以便正确操作和激活新安装的装置。无论是教育的需求还是寻求更好的安全工程装置，都必须评价经皮损伤的详细描述以对问题领域有针对性。

若干来源描述了安全装置的理想特性（表22-7）。这些特性应在每个实验室中进行适用性评估，并作为装置设计和选择的指南。

表 22-7　锐器装置安全功能的所需特征[96，97，98，99]

1. 装置无针头
2. 安全特性是该装置的一个组成部分
3. 该装置是被动工作的（不需要用户主动执行步骤）
4. 如果装置需要用户激活，安全功能可以使用单手技术完成
5. 使用者的手保持在锐器的后面
6. 用户可以很容易地判断是否激活了安全功能
7. 安全功能不能被失效，并通过处理保持保护效果
8. 该装置性能可靠
9. 该装置使用方便、实用
10. 该装置对患者的护理是安全有效的

设施实施安全装置使用时，可以使用几种评估方法[104-106]。例如，由创新控制技术项目开发培训（TDICT）制订的评估表提供了医护人员、产品设计工程师和工业卫生师为评估特定安全装置而制定的书面标准[106]。每个装置评估表根据评估者与装置所需标准的一致性提供定量评分。TDICT网站上提供了评估许多锐器装置以及防护设备（如眼睛防护、安全眼镜和安全手套）的表格。

锐器处理容器是在锐器伤害预防计划中要考虑的另一个重要的工程控制，并且遵循性能标准以确保其安全和有效使用。OSHA血源性病原体标准规定锐器处理容器为[93]：

1.可关闭。

2.抗穿刺。

3.侧面和底部防漏。

4.根据标准的具体情况进行标记或颜色编码。

5.方便使用并尽可能靠近使用锐器区域。

6.在整个使用过程中保持直立。

7.定期更换，不得装得太满。

除了上述OSHA要求之外，NIOSH还根据现场特定的危害分析发布了选择锐器处理容器的指南[107]。NIOSH开发的决策逻辑如图22-1所示，包括工作场所危险评估、处理锐器的大小和类型、每个使用点的锐器体积、清空容器的频率、安全性等组成部分。NIOSH指南还规定了标准，例如需要高度在52～56英寸（译者注：即1.3～1.4 m）安装容器开口，以便为95%的成年女性工人提供符合人体工程学的正确位置。最后，该指南提供了评估工具，以帮助为设施选择最合适的容器。

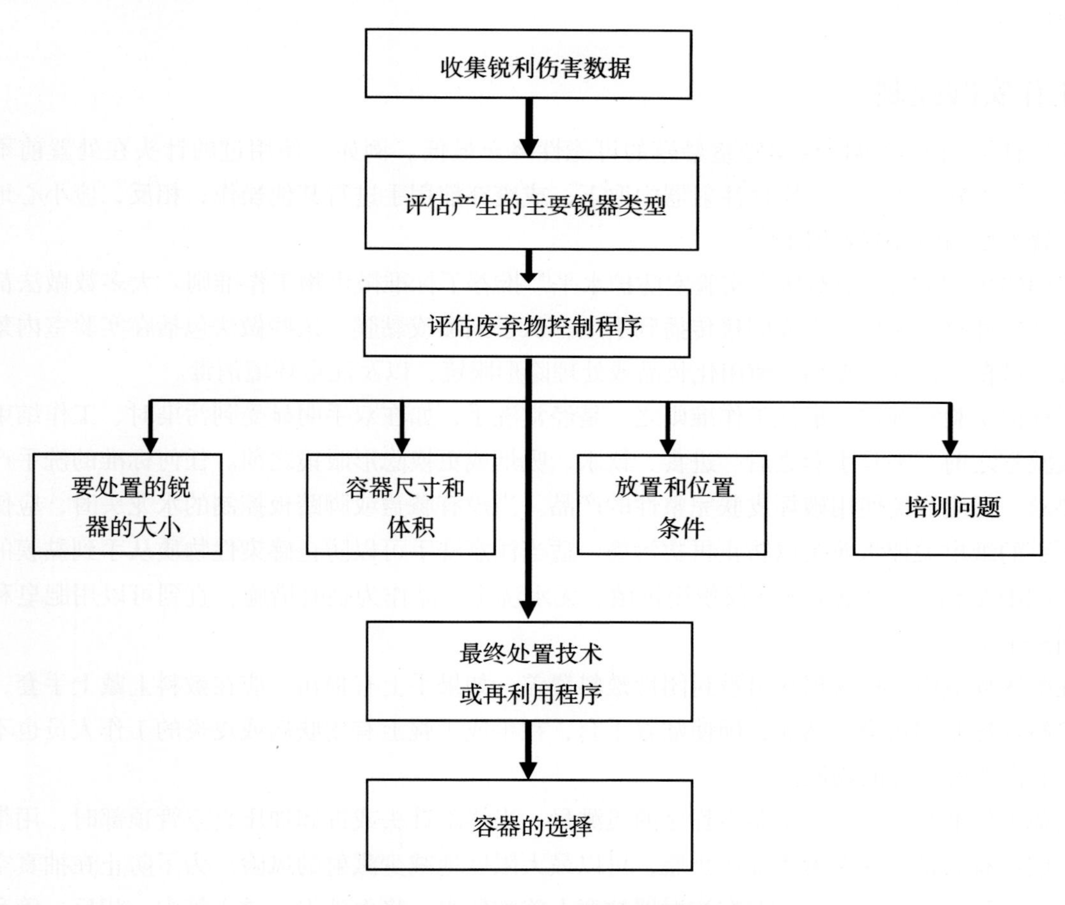

图 22-1 NIOSH 开发的决策逻辑

改编自NIOSH[107]。

除了针头的处理外，实验室中遇到的所有一次性尖锐物，包括移液管、切片机刀片、微量移液器的枪头、毛细管和载玻片等，都应小心放置在方便放置的抗刺穿的锐利处理容器中。绝不能用手直接处理破碎的玻璃器皿，必须用机械方法（如刷子、簸箕、钳子或镊子）去除。棉签可用于取回

小的玻璃碴。不可处置的尖锐物应放置在硬壁容器中，以便运输到加工区域，并且在取回进行清洁时不应用手操作。

实验室中的另一个工程控制是使用相应维护的BSC，将可能产生气溶胶或液滴的工作封闭起来，即混合及超声处理过程、受感染动物的尸检、动物的鼻内接种或打开有压力的冻干小瓶。根据BSL-3实验室工作准则要求，所有在HIV研究实验室使用感染性物质的工作都应在BSC或其他物理防护装置中进行。在处理人体血液、体液或人体细胞的实验室中，BSC对柜内程序产生的液滴提供出色的防飞溅保护，如移除真空管上的橡皮塞。塑料屏蔽（即沙拉塑料膜屏蔽）也可用于减少荧光激活细胞分选器或可能产生临床材料液滴的其他自动化实验室设备的飞溅或液滴的暴露。同样，用于逆转录酶测定的树脂玻璃辐射屏蔽可防止溅射。但是，如果在BSC中使用，屏蔽的倾斜顶部可能会使机柜中的气流转向，必须将其移除以提供BSC的最佳保护。

可能含有传染性物质气溶胶的高速搅拌器和研磨机需要在搅拌和研磨后在BSC中打开。封闭式微型电焚烧装置比开放式本生灯更适合用于消毒细菌接种环，以防止飞溅，并且可以在BSC内部或外部使用。

工作实践控制

执行任务的方式可以将实验室暴露的可能性降至最低。例如，使用过的针头在处置前不得弯曲、断裂、重新盖帽、从一次性注射器中取下，或废弃前用手进行其他操作；相反，应小心地将其放到位置方便的防穿刺容器中[83]。

美国CDC和NIH指南对所有实验室防护水平[84]推荐了标准微生物工作准则。大多数做法都是为了防止感染性物质从环境表面间接传播到手上，从手到嘴或黏膜。这些做法包括在实验室内禁止用嘴吸液、进食、饮酒、吸烟、使用化妆品或处理隐形眼镜，以及注意环境消毒。

对任何实验室规定，最佳工作准则之一是经常洗手，如在双手明显受到污染时、工作结束后、离开实验室之前、去除手套之后、进食、饮水、吸烟或更换隐形眼镜之前。任何标准的洗手产品都满足要求，但应避免使用破坏皮肤完整性的产品。当没有膝盖或脚踏板控制的水龙头时，应使用用于擦干手的纸巾关掉水龙头以防止再次污染。适当注意洗手可以防止感染性物质从手到黏膜的无意转移（OSHA允许在紧急情况下仅使用抗菌、无水洗手产品作为临时措施，直到可以用肥皂和自来水适当洗手）。

在临床环境中，皮肤损伤可被封闭性敷料覆盖，如果手上有损伤，应在敷料上戴上手套，以防止非接触性皮肤的污染。然而，即使戴着手套，在手或手腕上有皮肤病或皮炎的工作人员也不应该操作具有潜在感染性的物质。

其他工作准则可以减少实验室程序的飞溅量。当移除针头或拆卸加压真空管顶部时，用带有塑料背衬或浸有酒精的纱布覆盖加压小瓶，可以最大限度地减少溅射的风险。为了防止在抽真空的管子或小瓶上弹出塞子，绝不应对在注射器柱塞上施加压力，将血液强行进入管内；相反，管和小瓶只能用内部真空来填充。在处理加压系统时应特别小心，例如连续流动的离心机或血液分离或透析设备。使用不透水的吸附材料（“实验室尿布”）可以减少实验室工作表面上的飞溅量，当液体在实验室程序中意外泄漏或掉落时，可以帮助实验室清理。

在实验室内或其他区域安全运输样本或感染性物质，可以最大限度地减少意外泄漏或伤害的可能性。样品应包含在封闭的防漏初级容器中，并放置在第二容器（即塑料袋）中，以防止运输过程中出现泄漏。如果仅在设施内处理样本，OSHA法规不要求对样本进行标记或颜色编码标本，实施“通用预防措施”的政策是有效的，并且容器可被识别为人体标本。散装样品可在一个可密封塑料容器中安全地运输，如改进的“工具箱（译者注：指有盖子并且可以把盖子和箱子扣住的箱子）”。如果内容物不能作为样本清晰可见，则可能需要用生物危害标志或颜色编码对盒子进行标记。应使用鲁尔帽运输注射器（用镊子或止血钳取出针头，或者在一些锐器容器的顶部“松开”，并妥善处理）或用单手技术仔细地重新盖上针头。毛细管应装在坚固的二次容器中运输，例如螺旋式试管。可以将培养物或血细胞计数器放在托盘上，以限制绊倒和溢出的机会，从而便于实验室内BSC的培养物或血细胞计数器的运输。

指定实验室或BSC内的“清洁”与“污染”区域有助于防止无意中的污染。工作应该计划从清洁区转移到污染区。

必须在程序完成后和每班工作结束时对工作台表面进行常规清洁，并根据溢出物的需要进行额外的消毒。常规清洁可使用多种消毒剂完成，包括注册为硬表面消毒剂的碘伏、酚类化合物和70%乙醇［要考虑消毒干燥病毒培养物时需要更长的接触时间[108]］。醛，如戊二醛和甲醛，由于其潜在毒性，不建议常规表面清洁。

稀释漂白剂已被最广泛地用于常规消毒［10%漂白剂（0.5%次氯酸钠）用于多孔表面和1%漂白剂（0.05%次氯酸钠）用于清洁坚硬和光滑的表面］。Weber等[109]证明溢出中血液的存在干扰消毒剂破坏2型单纯疱疹病毒（亲脂性病毒原型，如HIV）的能力。对于大量溢出，在血液存在下，1∶10漂白剂溶液，1∶10苯酚和1∶10或1∶128季铵盐对病毒有效，作者建议处理大量血液溢出最初用次氯酸盐的稀释度应该达到至少1∶10。该处理可能需要使用未稀释的漂白剂以在大量溢出物内达到有效浓度。

感染性物质溢出后，及时消毒很重要。在临床环境中进行相应的血液或体液溢出清理应包括以下步骤：

1.用毛巾或“实验室吸水布”吸收溢出物，以去除外来的有机物质。

2.用肥皂和水清洁。

3.用相应的消毒剂消毒（美国疾病预防控制中心建议环境保护署注册的“医院消毒剂”也是“杀结核菌”或1%～10%的漂白剂溶液[83]。美国环保署在其网站保存了一份消毒剂清单，批准用于消毒血液溢出）。

培养或浓缩的病原体的大量溢出可通过额外步骤安全处理：

1.用相应的消毒剂浸泡溢出物，或用浸有消毒剂的颗粒材料吸收溢出物。

2.用吸水材料（纸巾等）小心地吸收液体物质，或将颗粒状吸附材料堆在溢出物上，按废物处理政策处理。

3.用肥皂和水清洁该区域。

4.用新鲜消毒剂消毒。

实验室设备（分析仪、离心机、移液器）应定期检查是否有污染，并进行适当的消毒。送去维修的任何设备在离开实验室前也必须进行消毒，或贴上有关生物危害的标签。

由于OSHA血源性病原体标准的目的是保护工作人员，因此相应的废物处理规则强调适当的包装。如前所述，锐器处理容器必须是穿刺和防漏的，并且方便使用。其他“感染性”或“医疗”废物必须放在防漏容器或袋中，颜色编码为红色或橙色，或标有“生物危害”或通用生物危害标志。

所有处理容器在装满之前应予以更换。

如果当地卫生法规允许，血液或体液可以小心地倒进卫生下水道进行处理，但不能倒进洗手池。液体和固体培养材料，无论如何，在处置前必须消毒，最主要的方法是蒸汽灭菌（高压灭菌）。组织、身体部位和受感染的动物尸体通常被高温焚化。所有来自HIV、HBV或HCV研究规模的实验室或生产设施和动物实验室的实验室废弃物必须在处置前进行消毒（BSL-3准则）。当地可能存在附加的“医疗”或“传染性”废物定义和要求，必须征求有关部门的意见，以便制定适当的处置政策。

个人防护装备

另一个减少工作人员暴露有害物质的策略是使用符合实验室程序和预期的暴露类型和程度的PPE，包括各种手套、罩袍、围裙、脸、鞋和头部保护。PPE可与工程控制和（或）工作准则结合使用，以最大限度地保护工作人员。

当手接触血液、其他潜在传染性物质、黏膜或不完整的皮肤时，OSHA要求戴手套。联邦法规还要求，在处理或接触受到污染的物品或表面时，以及执行接触到血管的程序时，必须戴手套。在实验室处理临床标本、受感染动物或污染的设备、执行研究实验室的所有实验室程序、清理溢出物和处理废物时，手套在实验室中是合适的。

在常规程序中，如果使用得当，乙烯基、丁腈或乳胶手套可防止皮肤暴露于传染性物质。手套不能防止针头或锐器造成的刺伤。然而，有证据表明，手套具有“擦拭”功能，当针头穿透手套或手套组合时，可以减少血液或传染性物质的暴露量。Johnson等[110]发现，2～3层乳胶手套显示可以减少手术针头将HIV-1转移到细胞培养物中的频率。他们还发现，两层乳胶手套之间中间层的凯夫拉手套（未经处理）、凯夫拉手套（用杀病毒化合物，壬醇-9处理过）和壬醇-9处理过的棉质手套，与单一乳胶手套屏障相比，显著减少了HIV-1的转移量。Gerberding等[111]报道，当外科医生戴双层手套时，内层手套的穿刺率比戴单层手套穿刺率低3倍。

其他可提供穿刺“阻力”的手套，包括不锈钢网（锁子甲）手套，以防止刀片等大刀刃伤害。丁腈手套（合成橡胶）具有一定程度的抗穿刺性，可以消除戒指或指甲的问题，同时保持执行实验室程序所需的灵活性。薄的皮手套，如园艺手套，可以戴在乳胶手套下，以防止割伤或动物咬伤。即使是特别厚重的实用手套（洗碗手套）也能提供额外的保护，在清洁受污染的设备或溢出物时应佩戴。

手套应经常检查和更换，以防止通过检测不到的孔和泄漏造成污染。尽管制造商之间的可接受的质量限制（AQL）差别很大，FDA对缺陷发布了AQL，外科医生手套为2.5%，乳胶检查手套为4.0%[112]。对于非无菌乳胶手套的孔，所报告的缺陷百分比范围为0～32%，对于非无菌乙烯基手套的缺陷百分比为0～42%。显然，对于高风险情况，如手套被血液、含血液的体液，或高浓度的HIV-1的严重污染，双层手套的使用将降低手部受到未检测到的手套缺陷渗漏的风险。虽然丁腈手套更耐刺穿，但当任何压力被施加到手套上的一个洞时，它们都会被撕裂，因此任何不符合手套要求的情况都会被检测出来。

手套绝对不能清洗或消毒再使用。洗涤剂可能会导致液体通过未检测到的小孔渗透，造成“毛细”效应[14]。70%乙醇等消毒剂也能增强聚乙烯、聚氯乙烯和乳胶手套屏障的穿透性，并促进手套的退化[113]。

当手套明显受到污染、撕裂、有缺陷或任务完成时，必须更换手套。由于手可能无意中被实验室表面的污染，在处理电话、门把手或“清洁”设备之前，应摘下手套。或者，“污染”设备可指定并标记为只能用戴手套的手处理。实验室工作人员应练习手套去除的无菌技术，即将手套从内到外去除，使被污染的一面留在里面，以保护工作人员免受皮肤污染。手套取下后必须洗手。

如果预计会弄脏衣服，建议穿上实验室工作服，长袍或围裙。然而，当存在飞溅或喷射的可能性时，前面没有纽扣或者拉链的不透液体的罩袍是合适的。如果预期的暴露涉及浸泡，则要求穿前面没有纽扣或者拉链的不透液体的罩袍、头罩/帽子、面部保护和鞋套。不应在实验室外穿戴实验室外套或罩袍。

在BSC工作时，应佩戴带有紧密贴合手腕或弹性袖的长袍。或者，在手套和实验室外套之间提供屏障的防水“长手套”可用于减少手腕和手臂的皮肤暴露。

当预期可能将血液或感染性物质溅入面部黏膜时，必须使用口罩和护目镜或面罩。涉及这种程度暴露的大多数实验室程序应在发货设备内进行（如BSC或防溅罩后面）。在BSC外进行的活动可能需要面部保护（如进行动脉穿刺），从液氮中移除低温样品，或在某些动物饲养区域。口罩和护目镜或面罩也具有被动功能，防止在工作过程中被污染的戴手套的手与眼睛、鼻子和嘴意外接触。

员工培训与监督

实验室暴露控制计划最重要的组成部分之一是正式的培训计划。“在职”培训不能作为实验室的充分安全培训。美国CDC[83]强调实验室工作人员教育的建议被纳入OSHA血源性病原体标准[93]。

必须在初次聘用时进行互动式培训，并由了解血源性病原体标准的人员进行年度更新。必须对员工进行有关其风险和机构控制这些风险的计划的教育。培训必须在工作时间免费提供，并使所有员工应理解培训内容。表22-8列出了OSHA血源性病原体标准所涵盖员工培训计划的必要条件。

表 22-8 OSHA 血源性病原体培训计划的必要条件[93]

- OSHA 血源性病原体标准 / 机构暴露控制计划的可及性
- 血源性病原体信息（流行病学、传播、症状）
- 通用（或标准）预防措施
- 控制方法的选择、使用和限制（工程设计、工作实践、PPE）
- 应急和暴露后管理
- HBV 疫苗接种程序
- 危险沟通

雇主必须确保与OSHA标准合规。CDC[83]建议生物安全专家通过实验室审核定期监控工作场所的实践。审核还应检查实验室设施和设备，标准操作规范以及书面安全规程是否足够。如有必要，应采取纠正措施。如果发现违反操作规程，应对员工进行重新培训，并在必要时进行纪律处分。

医疗护理

OSHA血源性病原体标准包含预防性和暴露后医疗护理评估的具体要求，这些要求大多数直接取自美国公共卫生服务局的建议。该标准包括要求雇主制定乙型肝炎疫苗接种方案，并在暴露事件后提供足够的医疗随访，即任何检测、咨询或适当的预防措施，如抗逆转录病毒药物，以降低感染或传播的风险[14]。美国公共卫生服务局针对HIV暴露后治疗的具体建议根据现有药物、患者使用的

HIV药物、患者艾滋病病毒感染状况和接受HIV药物以及潜在的药物毒性定期更新[114]。

标准（通用）预防措施的有效性

符合标准（通用）预防措施的最终指标是减少工作场所暴露和血液传播病原体感染。正如本章前面提到的，一些研究已经表明了用于防止污染的针刺的安全装置的有效性。美国各地的数据表明，自20世纪80年代末实施普遍预防措施和OSHA血源性病原体标准[115-117]要求实施安全工程设备以来，工作场所报告的药物注射性的损伤已大幅下降。

几项研究表明，与以前的做法相比，实施普遍预防措施，再加上培训，也减少了皮肤暴露血液和体液的风险[118，119]。虽然这些研究没有显示危险的血液暴露减少，但这些数据表明，屏障使用的增加阻止了与血液和体液的直接接触，并且可能阻止了不完整皮肤和黏膜暴露。

最重要的是，职业获得性血源性病原体的发生率在过去20年中有所下降。自1982年疫苗问世以来，美国医护人员的乙肝感染一直在稳步下降[15]。如图22-2所示，在实施OSHA血源性病原体标准和发布《HIV阳性源暴露后预防指南》后，向CDC报告的职业获得性HIV感染数量[15]有所下降[43，44]。

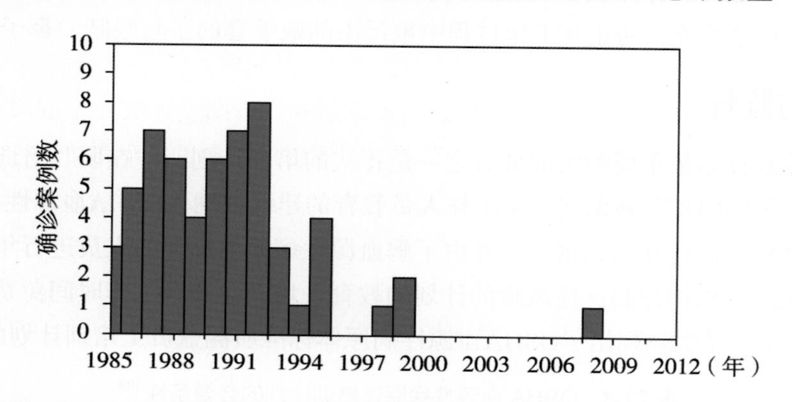

图 22-2 截至 2013 年 12 月，按暴露或受伤年份记录的职业性感染 HIV-1 感染人数

改编自参考文献[44]。

经皮肤暴露和血源性病原体职业感染的减少令人鼓舞。有几个因素可能影响报告的职业性获得性血源性病原体感染的罕见性，如漏报、广泛治疗降低患者HIV病毒载量的有效性从而减少暴露期间的病毒“剂量”、暴露后治疗的可能有效性、改进的安全工程装置和工作人员培训[44]。然而，在医疗机构中，针刺和其他锐器伤害仍然以每天约1000起的比率发生[20]，这一事实提醒我们，要定期对员工的血液和体液暴露进行详细评估，并实施已确定的纠正措施。

加强对埃博拉病毒的预防

所有处理人体血液或体液的美国实验室都必须遵守OSHA血源性病原体标准。严格遵守这些预防措施应该是向处理感染任何血源性病原体（包括埃博拉病毒）的实验室工作人员提供保护的第一步。由于美国对2014年埃博拉病毒暴发期间埃博拉病毒和记录的职业性感染病例的高度关注，CDC发布了一份新的指导文件，专门用于治疗埃博拉病人的标本[120]。血源性病原体标准涵盖了大部分建议；但是，指导文件为进一步降低人员风险的其他措施提供了建议。这些措施包括将样本转移到指定的公共卫生实验室进行处理，如果可能的话，根据预期程序的风险评估制定控制措施，限制从事检测的人员数量，评估和隔离用于检测的设备，以及在专用空间进行检测。

OSHA还为最有可能遇到感染埃博拉病毒的人或受污染的设备或标本的职业制定了暂定一般指导文件[77]。OSHA认识到，雇主可能会受益于OSHA标准和CDC指导文件的规定，来实施一项综合计划，以最大限度地减少工作人员暴露。

工程控制

之前讨论的更安全的锐器预防措施是减少埃博拉病毒实验室获得性感染风险的主要工程控制措施。除此之外，OSHA和CDC指导文件都建议在操作埃博拉患者的临床材料时使用BSC来保护工作人员并防止BSC外表面的污染[7, 120]。这些指导文件规定，处理标本的临床或研究实验室应指定为BSL-2实验室，并采用BSL-3预防措施[77]。CDC还指出，某些实验室设备可能不适合检测埃博拉病毒感染血液样本，因为这些设备可能会产生气溶胶，或者推荐的灭活埃博拉病毒的消毒剂可能会影响仪器的性能，或者使制造商的维修保证失效[120]。设备使用的一些考虑因素可能包括：

・使用带有封闭管系统的设备，如自动血液学分析仪，在测试期间标本容器保持封盖。在运行样品前对样品外部进行消毒。

・如果需要离心，使用密封桶或密封转子。在BSC中打开密封的桶或转子。

・如果使用小型仪器，应将它们放在BSC内或屏障后面，以防止可能产生的飞溅或气溶胶。

・确保所有使用的设备都能抵抗已知可杀死无囊膜病毒的消毒剂的消毒。

・请勿使用气动管道系统（自动或真空样品输送系统）来运输样品。应该手工送到实验室。

工作实践控制

大多数基于标准预防措施的实验室中常规使用的工作准则控制也适用于处理埃博拉样本。CDC注意到针对埃博拉[120]的一些具体建议，包括：

・使用推荐的消毒剂，这些消毒剂已知可杀死非囊膜病毒。可在EPA网站的列表L中找到。

・任何受埃博拉病毒污染的废物，如患者标本、锐器、衣物、PPE和清洁材料，均应根据运输部（DOT）规定作为A类感染性物质处理；这种废料受DOT危险材料法规（HMR，49 C.F.R.，第171～180部分）的管制。法规可能要求对废物进行有效处理，如蒸汽灭菌（高压灭菌），然后作为实验室监管的医疗废物处理。如果没有高压灭菌器或其他方法可供处理，可在获得适当许可后与许可废物承包商进行处置安排。由于法规复杂，并且由于存在州和地方管辖权差异，因此可能需要联系州的医疗废物管理项目以寻求指导。

・使用埃博拉样本的工作必须由受过适当培训的实验室工作人员进行，特别是在严格遵守程序和穿脱相应个人防护装备方面。应考虑使用伙伴（双人）制度，以确保遵守安全的穿脱程序。

个人防护装备

美国CDC在最新指南文件[120]中的建议增强了标准预防措施所要求的PPE。CDC建议对可能暴露埃博拉病毒的程序进行风险评估，并制订出一种结合工程控制、工作准则和个人防护装备的程序，以保护嘴、鼻子、眼睛和裸露的皮肤免受接触埃博拉病毒材料。例如，美国CDC建议，除了在BSC工作外，工作人员还可以使用一次性手套，防水或不渗透液体的前面没有纽扣或拉链的罩袍，覆盖鼻子和嘴巴全部区域的外科口罩和护目镜，如全面罩或带侧护板的护目镜/安全眼镜。额外的PPE，如使用N-95呼吸器，应以风险评估为基础。无论确定需要什么特定的PPE，实验室必须提供有关使用以及防护装备穿脱程序的充分培训和实践。要求应保持一致，以防止由于不熟悉或缺乏培训而导致安全实践中的意外违规。

OSHA指导文件[77]还包含一些针对实验室处理埃博拉标本时PPE的具体建议。OSHA建议在BSC中工作并使用专用的工作服，如PPE下的外科手术服、专用可洗鞋、双层一次性手套、面部和眼部保护以及至少延伸至小腿的一次性防水服。当预计暴露风险较高时（即不能使用BSC或产生生物气溶胶），工作人员可能需要防水的连体服而不是罩袍，防水头部和颈部覆盖物，足够高的鞋/靴套以覆盖小腿和呼吸保护（N-95或更好的呼吸器）。OSHA开发了一个“针对埃博拉病毒职业暴露的PPE选择矩阵”，它提供了一个基于任务的指导，帮助雇主为可能暴露于埃博拉病毒的工作人员选择合适的PPE。表22-9列出并比较了CDC和OSHA的埃博拉标本指南。CDC和OSHA都同意，在病房取回标本或进行护理点测试的实验室工作人员必须遵守医院对PPE的要求，以便直接护理患者。无论使用何种PPE组合，CDC都强调所有工作人员必须接受反复培训，并证明在使用埃博拉样本之前能够穿脱相应的PPE。

表 22-9 CDC[120] 和 OSHA[77] 推荐用于埃博拉病毒的实验室 PPE [a]

PPE（基于风险评估的示例）	CDC 关于实验室处理埃博拉临床样本的指南	OSHA 指南：对疑似或确诊埃博拉患者的样本进行临床实验室研究	OSHA 指南：研究实验室研究怀疑含有或已知含有埃博拉病毒的样本
正常工作任务的典型预防措施	标准预防措施	根据生物安全水平；建议BSL-2 实验室用 BSL-3 准则	根据生物安全水平；推荐BSL-4 实验室
专用 PPE		√	√
双层手套（丁腈）	没有指定双层手套	√	√
面部和眼部保护	√	√	√
头颈发货	未标明	*（防水）	√（不透水）
长袍	√（防水或不透水）	√（防水）	√（不透水）
工作服	未标明	*（防水）	*（不透水）
靴套	未标明	√（防水）	√（不透水）
一次性 N95 呼吸器	*（基于风险评估）		√
呼吸器（PAPR）	*（基于风险评估）		
全身，空气供应	—	—	√（如果不使用Ⅲ级 BSC 工作）

a 改编自实验室职业暴露于埃博拉病毒的OSHA PPE选择矩阵。符号√：在最低限度内使用。*存在高风险暴露时使用（暴露于生物气溶胶或不能使用BSC）。

结论

根据风险评估和业已证明的缓解策略，制定并实施了当前的标准预防措施，以最大限度地减少工作人员暴露于人体血液和体液的风险。

基于锐器预防措施、黏膜和开放性皮肤暴露的风险，对美国最常见的血源性病原体（HBV、HCV和HIV）的预防措施进行了很好的描述表征。自1991年以来，标准预防措施已被纳入OSHA血源性病原体标准，并已证明有效地减少暴露。同样的预防措施也适用于保护工作人员免于暴露另一种血源性病原体埃博拉病毒。然而，2014年西非埃博拉疫情和随后在美国对埃博拉患者的护理引起了人们的高度关注，人们注意到需要严格注意预防措施，以及需要提供适当的个人防护装备和培训工作人员，以增强标准预防措施的概念。对实验室获得性埃博拉病毒感染的全球统计表明，缺乏适当的个人防护装备和安全措施可能会导致实验室工作人员暴露的风险。近年来，在实行标准预防措施的实验室中没有实验室获得性埃博拉感染，证明了这些基本预防措施的有效性。

原著参考文献

[1] Leibowitz S, Greenwald L, Cohen I, Litwins J. 1949. Serum hepatitis in a blood bank worker. J Am Med Assoc 140:1331–1333.

[2] Skinhøj P, Søeby M. 1981. Viral hepatitis in Danish health care personnel, 1974–78. J Clin Pathol 34:408–411.

[3] Lewis TL, Alter HJ, Chalmers TC, Holland PV, Purcell RH, Alling DW, Young D, Frenkel LD, Lee SL, Lamson ME. 1973. A comparison of the frequency of hepatitis-B antigen and antibody in hospital and nonhospital personnel. N Engl J Med 289:647–651.

[4] Maynard JE. 1978. Viral hepatitis as an occupational hazard in the health care professional, p 321. In Vyas GN, Cohen SN, Schmid R (ed), Viral Hepatitis: A Contemporary Assessment of Etiology, Epidemiology, Pathogenesis and Prevention. Franklin Institute Press, Philadelphia.

[5] Schneider WJ. 1979. Hepatitis B: an occupational hazard of health care facilities. J Occup Med 21:807–810.

[6] Hansen JP, Falconer JA, Hamilton JD, Herpok FJ. 1981. Hepatitis B in a medical center. J Occup Med 23:338–342.

[7] Centers for Disease Control. 1991. Hepatitis B virus: a comprehensive strategy for eliminating transmission in the United States through universal childhood vaccination. Recommendations of the Immunization Practices Advisory Committee (ACIP). MMWR Recomm Rep 40(RR-13):1–25.

[8] Dienstag JL, Ryan DM. 1982. Occupational exposure to hepatitis B virus in hospital personnel: infection or immunization? Am J Epidemiol 115:26–39.

[9] Hoofnagle JH. 1995. Hepatitis B, p 2062–2063. In Haubrich WS, Schaffner F, Berk JE (ed), Gastroenterology, 5th ed. W. B. Saunders and Co, Philadelphia, PA.

[10] Shikata T, Karasawa T, Abe K, Uzawa T, Suzuki H, Oda T, Imai M, Mayumi M, Moritsugu Y. 1977. Hepatitis B e antigen and infectivity of hepatitis B virus. J Infect Dis 136:571–576.

[11] Grady GF. 1976. Relation of e antigen to infectivity of hBsAgpositive inoculations among medical personnel. Lancet 1: 492–494.

[12] Grady GF, Lee VA, Prince AM, Gitnick GL, Fawaz KA, Vyas GN, Levitt MD, Senior JR, Galambos JT, Bynum TE, Singleton JW, Clowdus BF, Akdamar K, Aach RD, Winkelman EI, Schiff GM, Hersh T. 1978. Hepatitis B immune globulin for accidental exposures among medical personnel: final report of a multicenter controlled trial. J Infect Dis 138:625–638.

[13] Werner BG, Grady GF. 1982. Accidental hepatitis-B-surfaceantigen-positive inoculations. Use of e antigen to estimate infectivity. Ann Intern Med 97:367–369.

[14] Centers for Disease Control. 1989. Guidelines for Prevention of transmission of human immunodeficiency virus and hepatitis B virus to health-care and public-safety workers. Morb Mortal Wkly Rep 38:1–37.

[15] Centers for Disease Control and Prevention. 2013. Surveillance for viral hepatitis-United States. www. cdc. gov/hepatitis / statistics/2013surveillance/index. htm. Accessed 12/21/2015.

[16] Beltrami EM, Williams IT, Shapiro CN, Chamberland ME. 2000. Risk and management of blood-borne infections in health care workers. Clin Microbiol Rev 13:385–407.

[17] Mahoney FJ, Stewart K, Hu H, Coleman P, Alter MJ. 1997. Progress toward the elimination of hepatitis B virus transmission among health care workers in the United States. Arch Intern Med 157:2601–2605.

[18] Gerberding JL. 1994. Incidence and prevalence of human immunodeficiency virus, hepatitis B virus, hepatitis C virus, and cytomegalovirus among health care personnel at risk for blood exposure: final report from a longitudinal study. J Infect Dis 170: 1410–1417.

[19] Centers for Disease Control and Prevention (CDC). 1997. Notice to Readers Recommendations for follow-up of health-care workers after occupational exposure to hepatitis C virus. MMWR Wkly Rep 46:603–606.

[20] Panlilio AL, Orelien JG, Srivastava PU, Jagger J, Cohn RD, Cardo DM; NaSH Surveillance Group; EPINet Data Sharing Network. 2004. Estimate of the annual number of percutaneous injuries among hospital-based healthcare workers in the United States, 1997–1998. Infect Control Hosp Epidemiol 25: 556–562.

[21] Westermann C, Peters C, Lisiak B, Lamberti M, Nienhaus A. 2015. The prevalence of hepatitis C among healthcare workers: a systematic review and meta-analysis. Occup Environ Med 72: 880–888.

[22] Puro V, Petrosillo N, Ippolito G, Jagger J, Lanphear BP, Linnemann CC Jr. 1995. Hepatitis C virus infection in healthcare workers. Infect

Control Hosp Epidemiol 16:324–326.

[23] Mitsui T, Iwano K, Masuko K, Yamazaki C, Okamoto H, Tsuda F, Tanaka T, Mishiro S. 1992. Hepatitis C virus infection in medical personnel after needlestick accident. Hepatology 16:1109– 1114.

[24] Jagger J, Puro V, De Carli G. 2002. Occupational transmission of hepatitis C virus. JAMA 288:1469, author reply 1469–1471.

[25] Sartori M, La Terra G, Aglietta M, Manzin A, Navino C, Verzetti G. 1993. Transmission of hepatitis C via blood splash into conjunctiva. Scand J Infect Dis 25:270–271.

[26] Ippolito G, Puro V, Petrosillo N, De Carli G, Micheloni G, Magliano E. 1998. Simultaneous infection with HIV and hepatitis C virus following occupational conjunctival blood exposure. JAMA 280:28. Letter.

[27] Beltrami EM, Kozak A, Williams IT, Saekhou AM, Kalish ML, Nainan OV, Stramer SL, Fucci MC, Frederickson D, Cardo DM. 2003. Transmission of HIV and hepatitis C virus from a nursing home patient to a health care worker. Am J Infect Control 31:168–175.

[28] Hirsch MS, Wormser GP, Schooley RT, Ho DD, Felsenstein D, Hopkins CC, Joline C, Duncanson F, Sarngadharan MG, Saxinger C, Gallo RC. 1985. Risk of nosocomial infection with human T-cell lymphotropic virus III (HTLV-III). N Engl J Med 312:1–4.

[29] Shanson DC, Evans R, Lai L. 1985. Incidence and risk of transmission of HTLV III infections to staff at a London hospital, 1982–85. J Hosp Infect 6(Suppl C):15–22.

[30] Weiss SH, et al. 1985. HTLV-III infection among health care workers. Association with needle-stick injuries. JAMA 254: 2089–2093.

[31] Weiss SH, Goedert JJ, Gartner S, Popovic M, Waters D, Markham P, di Marzo Veronese F, Gail MH, Barkley WE, Gibbons J, Gill FA, Leuther M, Shaw GM, Gallo RC, Blattner WA. 1988. Risk of human immunodeficiency virus (HIV-1) infection among laboratory workers. Science 239:68–71.

[32] Boland M, Keresztes J, Evans P, Oleske J, Connor E. 1986. HIV seroprevalence among nurses caring for children with AIDS/ARC. (Abstract THP.212) Presented at the 3rd International Conference on AIDS, Washington, D.C.

[33] Ebbesen P, Scheutz F, Bodner AJ, Biggar RJ. 1986. Lack of antibodies to HTLV-III/LAV in Danish dentists. JAMA 256:2199. letter.

[34] Gilmore N, Ballachey ML, O'Shaughnessy M. 1986. HTLV-III/LAV serologic survey of health care workers in a Canadian teaching hospital. (Abstract 200), Presented at the 2nd International Conference on AIDS, Paris, France.

[35] Harper S, Flynn N, VanHorne J, Jain S, Carlson J, Pollet S. 1986. Absence of HIV antibody among dental professionals, surgeons, and household contacts exposed to persons with HIV infection. (Abstract THP215). Presented at the 3rd International Conference on AIDS, Washington, D.C.

[36] Lubick HA, Schaeffer LD, Kleinman SH. 1986. Occupational risk of dental personnel survey. J Am Dent Assoc 113:10. letter.

[37] Gerberding JL, Bryant-LeBlanc CE, Nelson K, Moss AR, Osmond D, Chambers HF, Carlson JR, Drew WL, Levy JA, Sande MA. 1987. Risk of transmitting the human immunodeficiency virus, cytomegalovirus, and hepatitis B virus to health care workers exposed to patients with AIDS and AIDS-related conditions. J Infect Dis 156:1–8.

[38] Klein RS, Phelan JA, Freeman K, Schable C, Friedland GH, Trieger N, Steigbigel NH. 1988. Low occupational risk of human immunodeficiency virus infection among dental professionals. N Engl J Med 318:86–90.

[39] Marcus R. 1988. The cooperative needlestick surveillance group: CDC's health care workers surveillance project: an update. Abstr. 9015. IV Int. Conf. AIDS. Stockholm, Sweden.

[40] Panlilio AL, et al, Serosurvey Study Group. 1995. Serosurvey of human immunodeficiency virus, hepatitis B virus, and hepatitis C virus infection among hospital-based surgeons. J Am Coll Surg 180:16–24.

[41] Mann JM, Francis H, Quinn TC, Bila K, Asila PK, Bosenge N, Nzilambi N, Jansegers L, Piot P, Ruti K, Curran JW. 1986. HIV seroprevalence among hospital workers in Kinshasa, Zaire. Lack of association with occupational exposure. JAMA 256:3099–3102.

[42] N'Galy B, Ryder RW, Bila K, Mwandagalirwa K, Colebunders RL, Francis H, Mann JM, Quinn TC. 1988. Human immunodeficiency virus infection among employees in an African hospital. N Engl J Med 319:1123–1127.

[43] Do AN, Ciesielski CA, Metler RP, Hammett TA, Li J, Fleming PL. 2003. Occupationally acquired human immunodeficiency virus (HIV) infection: national case surveillance data during 20 years of the HIV epidemic in the United States. Infect Control Hosp Epidemiol 24:86–96.

[44] Joyce MP, Kuhar D, Brooks JT, Centers for Disease Control and Prevention. 2015. Notes from the field: occupationally acquired HIV infection among health care workers— United States, 1985–2013. MMWR Morb Mortal Wkly Rep 63:1245–1246.

[45] Health Protection Agency Centre for Infections. 2005. Occupational transmission of HIV. Summary of published papers. Health Protection Agency. London, UK. http://www. hpa. org. uk /infections/topics-az/bbv/pdf/intl_HIV-tables_2005. pdf. Accessed September 30, 2015.

[46] Centers for Disease Control. 1988. Occupationally-acquired human immunodeficiency virus infections in laboratories producing virus concentrates in large quantities: Conclusions and recommendations of an expert team convened by the Director of the National Institutes

of Health (NIH). Morbid. Mortal. Weekly 37:19–22.
[47] Henderson DK, Fahey BJ, Willy M, Schmitt JM, Carey K, Koziol DE, Lane HC, Fedio J, Saah AJ. 1990. Risk for occupational transmission of human immunodeficiency virus type I (HIV-1) associated with clinical exposures. A perspective evaluation. Ann Intern Med 113:740–746.
[48] Elmslie K, O'Shaughnessy JV. 1987. National surveillance program on occupational exposure to HIV among health care workers in Canada. Can. Dis. Week. Rep 13:163–166.
[49] Francavilla E, Cadrobbi P, Scaggiante P, DiSilvestro G, Bortolotti F, Bertaggia A. 1989. Surveillance on occupational exposure to HIV among health care workers in Italy (Abstract D623) V International Conference on AIDS, Montreal, Quebec, Canada: 795.
[50] Heptonstall J, Porter KP, Gill ON. 1995. Occupational transmission of HIV: summary of published reports to July 1995. Public Health Laboratory Service, London.
[51] Hernandez E, Gatell JM, Puyuelo T, Mariscal D, Barrera JM, Sanchez C. 1988. Risk of transmitting the human immunodeficiency virus to health care workers exposed to HIV infected body fluids (Abstract 9003). Presented at the IV International Conference on AIDS, Stockholm, Sweden: 476.
[52] Ippolito G, Cadrobbi P, Carosi G. 1989. Risk of occupational exposure to HIV-infected body fluids and transmission of HIV among health care workers: a multicenter study (Abstract MDP72). V International Conference on AIDS, Montreal, Quebec, Canada: 722.
[53] Jorbeck H, Marland M, Steinkeller E. 1989. Accidental exposures to HIV-positive blood among health care workers in 2 Swedish hospitals. (Abstract A517). V International Conference on AIDS, Montreal, Quebec, Canada: 163.
[54] Kuhls TL, Viker S, Parris NB, Garakian A, Sullivan-Bolyai J, Cherry JD. 1987. Occupational risk of HIV, HBV and HSV-2 infections in health care personnel caring for AIDS patients. Am J Public Health 77:1306–1309.
[55] McEvoy M, Porter K, Mortimer P, Simmons N, Shanson D. 1987. Prospective study of clinical, laboratory, and ancillary staff with accidental exposures to blood or body fluids from patients infected with HIV. Br Med J (Clin Res Ed) 294:1595–1597.
[56] Ramsey KM, Smith EN, Reinarz JA. 1988. Prospective evaluation of 44 health care workers exposed to human immunodeficiency virus-1, with one seroconversion. Clin Res 36:1a. Abstract.
[57] Rastrelli M, Ferrazzi D, Vigo B, Giannelli F. 1989. Risk of HIV transmission to health care workers and comparison with the viral hepatitidies. (Abstract A503). Presented at the V International Conference on AIDS, Montreal, Quebec, Canada: 161.
[58] Tokars JI, Marcus R, The Cooperative Needlestick Surveillance Group. 1990. Surveillance of health care workers exposed to blood from patients infected with the human immunodeficiency virus. (abstract 490). 30th Interscience Conference on Antimicrobial Agents and Chemotherapy, Atlanta, Ga.
[59] Wormser GP, Joline C, Sivak SL, Arlin ZA. 1988. Human immunodeficiency virus infections: considerations for health care workers. Bull N Y Acad Med 64:203–215.
[60] Pizzocolo G, Stellini G, Cadeo P, Casari S, Zampini PL. 1988. Risk of HIV and HBV infection after accidental needlestick. Abstr. 9012. IV Int. Conf. AIDS. Stockholm, Sweden.
[61] Centers for Disease Control and Prevention (CDC). 1995. Case-control study of HIV seroconversion in health-care workers after percutaneous exposure to HIV-infected blood—France, United Kingdom, and United States, January 1988-August 1994. MMWR Morb Mortal Wkly Rep 44:929–933.
[62] Mast ST, Gerberding JL. 1991. Factors predicting infectivity following needlestick exposure to HIV: an in vitro model. Clin Res 39:58A.
[63] Bennett NT, Howard RJ. 1994. Quantity of blood inoculated in a needlestick injury from suture needles. J Am Coll Surg 178:107–110.
[64] Public Health Laboratory Service (PHLS) AIDS & STD Centre at the Communicable Disease Surveillance Centre. 1999. Occupational Transmission of HIV, Summary of Published Reports. London, UK. (http://www. phls. co. uk).
[65] Johnson GK, Robinson WS. 1991. Human immunodeficiency virus-1 (HIV-1) in the vapors of surgical power instruments. J Med Virol 33:47–50.
[66] Winkler WG, Fashinell TR, Leffingwell L, Howard P, Conomy P. 1973. Airborne rabies transmission in a laboratory worker. JAMA 226:1219–1221.
[67] Centers for Disease Control. 1986. HTLV III/LAV: agent summary statement. MMWR Morb Mortal Wkly Rep 35:540–549.
[68] Centers for Disease Control and Prevention. 2015. Ebola Outbreak in West Africa. Accessed on 12/29/2015. http://www. cdc.gov/vhf/ebola/outbreaks/2014-west-africa/index. html.
[69] World Health Organization. 2015. Health worker Ebola infections in Guinea, Liberia and Sierra Leone. A Preliminary Report: May 21, 2015. Accessed 12/30/2015. http://apps. who. int/csr/re sources/publications/ebola/health-worker-infections/en/index.html.
[70] Centers for Disease Control and Prevention (CDC). 2009. Imported case of Marburg hemorrhagic fever— Colorado, 2008. MMWR Morb Mortal Wkly Rep 58:1377–1381.

[71] Timen A, Koopmans MPG, Vossen ACTM, van Doornum GJ, Günther S, van den Berkmortel F, Verduin KM, Dittrich S, Emmerich P, Osterhaus AD, van Dissel JT, Coutinho RA. 2009. Response to imported case of Marburg hemorrhagic fever, the Netherland. Emerg Infect Dis 15:1171–1175.

[72] Amorosa V, MacNeil A, McConnell R, Patel A, Dillon KE, Hamilton K, Erickson BR, Campbell S, Knust B, Cannon D, Miller D, Manning C, Rollin PE, Nichol ST. 2010. Imported Lassa fever, Pennsylvania, USA, 2010. Emerg Infect Dis 16: 1598–1600.

[73] Centers for Disease Control and Prevention. 2014. Ebola virus disease cluster in the United States-Dallas County, Texas, 2014. Morbid. Mortal. Weekly Rep. 63: 1087–1088. http://www. cdc. gov/mmwr/ebola_reports. html.

[74] Emond RTD, Evans B, Bowen ETW, Lloyd G. 1977. A case of Ebola virus infection. BMJ 2:541–544.

[75] Formenty P, Hatz C, Le Guenno B, Stoll A, Rogenmoser P, Widmer A. 1999. Human infection due to Ebola virus, subtype Côte d'Ivoire: clinical and biologic presentation. J Infect Dis 179 (Suppl 1):S48–S53.

[76] New York State Department of Health. 2014. Revised NYS/NYC laboratory guidelines for handling specimens from patients with suspected or confirmed Ebola virus disease. Accessed 12/30/2015. http://www. health. ny. gov/diseases/communicable/ebola /docs/lab_ guidelines. pdf.

[77] Occupational Safety and Health Administration. 2015. Ebola Safety and Health Topics. Control and Prevention. Accessed 12/30/2015. https://www. osha. gov/SLTC/ebola/control_prevention.html.

[78] Centers for Disease Control and Prevention. 2015. Interim US guidance for monitoring and movement of persons with potential ebola virus exposure. Updated 2015. Accessed 12/30/2015. http://www. cdc. gov/vhf/ebola/exposure/monitoring-and-move ment-of-persons-with-exposure. html.

[79] Centers for Disease Control. 1982. Current trends acquired immunodeficiency syndrome (AIDS): precautions for clinical and laboratory staffs. MMWR Morb Mortal Wkly Rep 31:577–580.

[80] Centers for Disease Control. 1987. Recommendations for prevention of HIV transmission in health care settings. MMWR Morb Mortal Wkly Rep 36(suppl 2):3S–18S.

[81] Centers for Disease Control (CDC). 1987. Update: human immunodeficiency virus infections in health-care workers exposed to blood of infected patients. MMWR Morb Mortal Wkly Rep 36:285–289.

[82] Centers for Disease Control (CDC). 1988. Update: acquired immunodeficiency syndrome and human immunodeficiency virus infection among health-care workers. MMWR Morb Mortal Wkly Rep 37:229–234, 239.

[83] Centers for Disease Control (CDC). 1988. Update: universal precautions for prevention of transmission of human immunodeficiency virus, hepatitis B virus, and other blood-borne pathogens in health-care settings. MMWR Morb Mortal Wkly Rep 37:377– 382, 387–388.

[84] U.S. Department of Health and Human Services, Public Health Service, Centers for Disease Control and Prevention, National Institutes of Health. 2009. Biosafety in Microbiological and Biomedical Laboratories. 5th ed. HHS Publication no. (CDC) 21-112. http://www. cdc. gov/biosafety/publications/bmbl5 /bmbl. pdf.

[85] Advisory Committee on Dangerous Pathogens. 1995. Protection against blood-borne viruses in the workplace: hiv and hepatitis. HMSO, London.

[86] Righter J. 1991. Removal of warning labels from patient specimens. Can J Infect Control 6:109.

[87] Osterman JW. 1995. Beyond universal precautions. CMAJ 152:1051–1055.

[88] Whitby M, McLaws ML, Slater K. 2008. Needlestick injuries in a major teaching hospital: the worthwhile effect of hospital-wide replacement of conventional hollow-bore needles. Am J Infect Control 36:180–186.

[89] Nelsing S, Nielsen TL, Nielsen JO. 1993. Occupational blood exposure among health care workers: II. Exposure mechanisms and universal precautions. Scand J Infect Dis 25:199–205.

[90] The Hospital Infection Control Group of Thailand. 1995. Guidelines for implementation of universal precautions. J Med Assoc Thai 78(Suppl 2):S133–S134.

[91] Hu DJ, Kane MA, Heymann DL, World Health Organization. 1991. Transmission of HIV, hepatitis B virus, and other bloodborne pathogens in health care settings: a review of risk factors and guidelines for prevention. Bull World Health Organ 69:623– 630.

[92] Garner JS, The Hospital Infection Control Advisory Committee. 1996. Guideline for isolation precautions in hospitals. Part I. Evolution of isolation practices.. Am J Infect Control 24:24–31.

[93] Occupational Safety and Health Administration (OSHA). 1991. Occupational Exposure to Bloodborne Pathogens; Final Rule..Fed Regist 56:64175–64182.

[94] Occupational Safety and Health Administration (OSHA). 2001. 29 CFR Part 1910.1030. 2001. Occupational exposure to bloodborne pathogens; needlesticks and other sharp injuries; final rule. Fed Regist 66:5317–5325.

[95] Occupational Safety and Health Administration (OSHA), Food and Drug Administration (FDA), and National Institute for Occupational Safety and Health (NIOSH). 1999. Joint safety advisory about potential risk from glass capillary tubes. Feb. 22, 1999. (www. osha-slc. gov/SLTC/needlestick).
[96] Pugliese G, Salahuddin M. 1999. Sharps Injury Prevention Program: A Step-by-Step Guide. Am. Hosp. Assoc. Cat. No. 196311. Chicago, IL.
[97] National Institute for Occupational Safety and Health (NIOSH). 1999. NIOSH Alert: preventing needlestick injuries in health care settings. Department of Health and Human Services (NIOSH) Pub. No. 2000-108. November, 1999. http://www. cdc. gov/niosh/ docs/2000-108/.
[98] Kelly D. 1996. Trends in US patents for needlestick prevention technology. Adv Expos Prev 2:7–8.
[99] Centers for Disease Control and Prevention (CDC). 1997. Evaluation of safety devices for preventing percutaneous injuries among health-care workers during phlebotomy procedures— Minneapolis-St. Paul, New York City, and San Francisco, 1993– 1995. MMWR Morb Mortal Wkly Rep 46:21–25.
[100] Tan L, Hawk JC III, Sterling ML. 2001. Report of the Council on Scientific Affairs: preventing needlestick injuries in health care settings. Arch Intern Med 161:929–936.
[101] Jagger J, Perry J. 2003. Comparison of EpiNET data for 1993 and 2001 show marked decline in needlestick injury rates. Adv Expos Prev 6:25–27.
[102] Sohn S, Eagan J, Sepkowitz KA, Zuccotti G. 2004. Effect of implementing safety-engineered devices on percutaneous injury epidemiology. Infect Control Hosp Epidemiol 25:536–542.
[103] Tosini W, Ciotti C, Goyer F, Lolom I, L'Hériteau F, Abiteboul D, Pellissier G, Bouvet E. 2010. Needlestick injury rates according to different types of safety-engineered devices: results of a French multicenter study. Infect Control Hosp Epidemiol 31: 402–407.
[104] Chiarello LA. 1995. Selection of needlestick prevention devices: a conceptual framework for approaching product evaluation. Am J Infect Control 23:386–395.
[105] Jagger J, Hunt EH, Brand-Elnaggar J, Pearson RD. 1988. Rates of needle-stick injury caused by various devices in a university hospital. N Engl J Med 319:284–288.
[106] Fisher J. 1999. Training for development of innovative control technology project (TDICT). San Francisco General Hospital, San Francisco, Ca.
[107] National Institute for Occupational Safety and Health (NIOSH). 1998. Selecting, Evaluating, and Using Sharps Disposal Containers. US Department of Health and Human Services (NIOSH) Pub. No. 97-111. January, 1998.
[108] Hanson PJV, Gor D, Jeffries DJ, Collins JV. 1989. Chemical inactivation of HIV on surfaces. BMJ 298:862–864.
[109] Weber DJ, Barbee SL, Sobsey MD, Rutala WA. 1999. The effect of blood on the antiviral activity of sodium hypochlorite, a phenolic, and a quaternary ammonium compound. Infect Control Hosp Epidemiol 20:821–827.
[110] Johnson GK, Nolan T, Wuh HC, Robinson WS. 1991. Efficacy of glove combinations in reducing cell culture infection after glove puncture with needles contaminated with human immunodeficiency virus type 1. Infect Control Hosp Epidemiol 12: 435–438.
[111] Gerberding JL, Littell C, Tarkington A, Brown A, Schecter WP. 1990. Risk of exposure of surgical personnel to patients' blood during surgery at San Francisco General Hospital. N Engl J Med 322:1788–1793.
[112] U.S. Food and Drug Administration (FDA). 1990. Medical devices; patient examination and surgeons' gloves; adulteration— FDA. Final rule. Fed Regist 55:51254–51258.
[113] Klein RC, Party E, Gershey EL. 1989. Safety in the laboratory. Nature 341:288.
[114] Kuhar DT, Henderson DK, Struble KA, Heneine W, Thomas V, Cheever LW, Gomaa A, Panlilio AL, US Public Health Service Working Group. 2013. Updated US public health service guidelines for the management of occupational exposures to HIV and recommendations for postexposure prophylaxis. Infect Control Hosp Epidemiol 34:875–892.
[115] Beekmann SE, Vlahov D, Koziol DE, McShalley ED, Schmitt JM, Henderson DK. 1994. Temporal association between implementation of universal precautions and a sustained, progressive decrease in percutaneous exposures to blood. Clin Infect Dis 18:562–569.
[116] Jagger J, Bentley M. 1995. Substantial nationwide drop in percutaneous injury rates detected for 1995. Adv Expos Prev 2:2.
[117] Dement JM, Epling C, Ostbye T, Pompeii LA, Hunt DL. 2004. Blood and body fluid exposure risks among health care workers: results from the Duke Health and Safety Surveillance System. Am J Ind Med 46:637–648.
[118] Fahey BJ, Koziol DE, Banks SM, Henderson DK. 1991. Frequency of nonparenteral occupational exposures to blood and body fluids before and after universal precautions training. Am J Med 90:145–153.
[119] Wong ES, Stotka JL, Chinchilli VM, Williams DS, Stuart CG, Markowitz SM. 1991. Are universal precautions effective in reducing the number of occupational exposures among health care workers? A prospective study of physicians on a medical service. JAMA

265:1123–1128.
[120] Centers for Disease Control and Prevention. 2014. Guidance for U.S. laboratories for managing and testing routine clinical specimens when there is a concern about Ebola virus disease. Accessed 12/30/2015. http://www. cdc. gov/vhf/ebola/healthcare-us/laboratories/safe-specimen-management. html.
[121] Looke DFM, Grove DI. 1990. Failed prophylactic zidovudine after needlestick injury. Lancet 335:1280.
[122] Ridzon R, Gallagher K, Ciesielski C, Ginsberg MB, Robertson BJ, Luo CC, DeMaria A Jr. 1997. Simultaneous transmission of human immunodeficiency virus and hepatitis C virus from a needle-stick injury. N Engl J Med 336:919–922.
[123] Pincus SH, Messer KG, Nara PL, Blattner WA, Colclough G, Reitz M. 1994. Temporal analysis of the antibody response to HIV envelope protein in HIV-infected laboratory workers. J Clin Invest 93:2505–2513.
[124] Ridzon R, Kenyon T, Luskin-Hawk R, Schultz C, Valway S, Onorato IM. 1997b. Nosocomial transmission of human immunodeficiency virus and subsequent transmission of multidrugresistant tuberculosis in a healthcare worker. Infect Control Hosp Epidemiol 18:422–423.
[125] Tokars JI, Marcus R, Culver DH, Schable CA, McKibben PS, Bandea CI, Bell DM, The CDC Cooperative Needlestick Surveillance Group. 1993. Surveillance of HIV infection and zidovudine use among health care workers after occupational exposure to HIV-infected blood. Ann Intern Med 118:913–919.
[126] Heptonstall J, Gill ON, Porter K, Black MB, Gilbart VL. 1993. Health care workers and HIV: surveillance of occupationally acquired infection in the United Kingdom. Commun Dis Rep CDR Rev 3:R147–R153.
[127] National Centre in HIV Epidemiology and Clinical Research (NCHECR). 1995. Australian HIV Surveillance Report. 11:1, 3–7.
[128] Jochimsen EM. 1997. Failures of zidovudine postexposure prophylaxis. Am J Med 102(5B):52–55, discussion 56–57.
[129] Eberle J, Habermann J, Gürtler LG. 2000. HIV-1 infection transmitted by serum droplets into the eye: a case report. AIDS 14:206–207.
[130] Perry J, Jagger J. 2005. Occupational co-infection with HIV and HCV in clinical lab via blood splash. Adv. Expos. Prev. 7: 37–47.
[131] McDonald A.2002. National Centre in HIV Epidemiology and Clinical Research, Australia. Cited in Health Protection Agency Centre for Infections, Occupational Transmission of HIV, March 2005 Edition, London, UK. http://www. hpa. org. uk/infections /topics-az/bbv/pdf/intl_HIV-tables_2005. pdf. Accessed September 30, 2015.
[132] Gerberding JL. 1995. Management of occupational exposures to blood-borne viruses. N Engl J Med 332:444–451.

23

微生物实验室去污染

MATTHEW J. ARDUINO

为了保护实验室工作人员、公众和环境，以及避免将传染性病原释放到环境中，实验室采用工作实践和工程控制相结合的方法，包括对实验室内工作表面、物品和空间的去污染策略，以减轻这种风险。“去污染”（decontamination）是一个通用术语，通常指使物品可安全操作或空间足够安全使用的过程，这包括从用肥皂和水简单清洁到灭菌的过程。本章讨论了发生环境介导感染传播的必要因素和去污染方法（包括清洁、消毒和灭菌）。重点阐述了常见的去污方法，而不是具体的程序和方法。在实验室使用的去污染步骤的背景下，对灭菌和消毒的原理进行了讨论和比较。

环境介导的感染传播

当与环境有关的实验室感染发生时，病原可直接或间接从环境（如空气、污染媒介和实验室仪器、气溶胶）传染给实验室工作人员。幸运的是，由于相对可控的实验室环境和常规安全措施，实验室获得性感染的发生还是较为罕见的[1, 2]。此外，对于因环境传播引起的实验室获得性感染，还需满足一些条件才能发生[3]。这些条件，通常称为“感染链”，包括存在具有足够毒力的病原体、相对较高的浓度（即感染剂量）、病原体从环境向宿主传播的机制、病原进入宿主的正确入口和易感宿主。实现从环境来源的成功传播，这些感染链的所有要求必须全部存在。因为缺乏感染链条件中的任意一条都将使环境传播可能性降至最低，所以对这些条件的控制构成了防止传播的环境控制方法的目标。除此以外，病原还必须能够应对环境压力，以保持其生存能力、毒力和在宿主中引起感染的能力。在实验室环境中，高浓度的病原体很常见。即使通过传统的清洁程序（用肥皂和水或清洁消毒剂）减少环境中微生物污染，通常也足以中断环境介导传播的可能性，但过度杀灭法通常被使用来消除任何感染传播的可能性。过度杀灭法通常比杀灭物品中的生物负载或对物品进行灭菌所需的时间更长。

灭菌和消毒的原则

了解去污、清洁、消毒和灭菌的原则对于实施实验室生物安全计划的实施很重要。防腐（antisepsis）（皮肤和组织消毒）、去污（decontamination）、消毒（disinfection）和灭菌

（sterilization）的定义有时会被混淆和误用。本章对每个灭活步骤的定义和其所指的性能都进行讨论，重点讨论微生物减少的每一个阶段的实现，以及在某些情况下的监测。本章不涉及防腐。要了解这些概念在实验室生物安全中的应用，首先需要了解它们在卫生保健中对患者安全的应用。

灭菌

当任何物品、装置或溶液完全没有活的微生物和病毒时，或由于不可能证明为阴性，其被污染的可能性低于严格标准时，则认为该物品、装置或溶液是无菌的。这个定义是绝对的（即一个物品要么是无菌的，要么不是）。灭菌可以通过加热、气体物质如环氧乙烷、二氧化氯（CD）、过氧化氢气体、臭氧或辐射（如γ射线、电子束等）[4-16]来完成。其中许多方法都用于工业或卫生保健机构。从操作的角度来看，灭菌程序是不能明确定义的。相反，该程序被定义为一个过程，在此过程之后，接受灭菌程序的物品上的微生物存活概率小于百万分之一（10^{-6}）。这被称为“无菌保证水平”[17, 18]。

消毒

一般来说，消毒过程没有灭菌过程有效。需要注意的是，通过消毒过程获得的过度杀灭幅度小于灭菌。消毒可以消除几乎所有公认的致病微生物，但不一定消除物品上所有微生物的形式（如细菌孢子、朊病毒）。消毒效果受多种因素的影响，每种因素对最终结果都有显著影响。其中包括：①污染微生物的性质和数量（尤其是细菌孢子的存在）；②存在的有机物质（如土壤、粪便、血液，甚至实验室中的培养基）的数量；③要消毒的仪器、装置和材料的类型和条件；④温度。

消毒是一种降低微生物污染水平的过程，但是该过程包括的范围广泛，从一个极端（无菌）延伸到另一个极端（微生物污染数量最大限度减少）。从定义上讲，高级别化学消毒不同于化学灭菌，因为它缺乏对细菌芽胞的杀灭。事实上，有一些化学杀菌剂用作消毒剂，尽管可能需要高浓度和数小时的暴露时间，但确实可以杀死大量的孢子。非孢子消毒剂在完成消毒或去污的能力上可能有所不同。有些杀菌剂只会快速杀死普通的细菌繁殖体，如葡萄球菌和链球菌，一些真菌和含脂病毒（如囊膜病毒），而其他的杀菌剂则能有效地对付诸如牛型结核分枝杆菌等相对耐药的生物，无脂病毒（无囊膜病毒），以及大多数真菌。

斯伯尔丁分类

1972年，Earl Spaulding[19]提出了一种液体化学杀菌剂和无生命表面分类系统，该系统随后被美国CDC、FDA和专家使用。该系统适用于设备表面，根据使用时表面受到污染的理论感染风险，可分为3类。从卫生保健的角度来看，这些类别如下：

- 关键的：暴露于通常无菌的身体部位并需要消毒的仪器或设备。
- 中度关键的：接触黏膜并可被灭菌或消毒处理的仪器或设备。
- 低度关键的：接触皮肤或只与人间接接触的仪器或设备。可以先清洗，然后用中级消毒剂、低级消毒剂消毒，或仅用肥皂和水简单清洗（这一步骤很可能是唯一与实验室安全相关的内容）。

1991年，CDC的微生物学家提出了一个附加类别——不与人的皮肤直接接触的环境表面（如地板、墙壁和其他“内务表面”）[20, 21]。以上这4个类别为去污提供了合理的基础，有助于防止不必要的过度杀灭和费用。Spaulding还将化学杀菌剂按活性级别分为以下工艺类别。

①高级别消毒：使用消毒剂杀死微生物繁殖体和灭活病毒，但不一定杀死大量细菌孢子。它们

能够在长时间接触（如6～10 h）后达到灭菌级别。作为高级别消毒剂，它们的使用时间相对较短（如10～30 min）。这些化学杀菌剂是非常有效的杀孢子剂，在美国，FDA将其分类为灭菌剂/消毒剂，环保署将其分类为灭菌剂。它们被配制用于医疗器械消毒，但不用于实验室工作台或地板等环境表面[20]。

②中级别消毒：可杀死微生物繁殖体，包括结核分枝杆菌和所有真菌，并使大多数病毒失活。本过程中使用的化学杀菌剂通常与EPA注册的“医院消毒剂”相对应，后者也是“结核类杀菌剂”。它们通常用于实验室工作台的消毒，是日常清洁用的清洁消毒剂。

③低级别消毒：可杀死除结核分枝杆菌和一些真菌以外的大多数细菌繁殖体，并使一些病毒失活。本过程中使用的化学杀菌剂在美国由环境保护局批准为“医院消毒剂”或“卫生消毒剂”。

消毒层级

由于物理状态和生化、生物物理结构不同，微生物也表现出对化学和物理灭活方法的不同程度的抵抗力。其中细菌孢子是最具抵抗力的（需要灭菌制剂）。最外层的结构是一个蜡状的细胞壁，它的构成增加了分枝杆菌对杀菌剂的抵抗力。相比亲脂性病毒，缺少脂质外壳的病毒具有亲水性，对某些杀菌剂具有更强的抵抗力。微生物之间的这些结构差异导致了所谓的消毒层级（图23-1）[6, 22, 23]。消毒层级有一些例外，如立克次体、衣原体和支原体。由于它们消毒剂的有效性信息有限，因此通常不会置于层级结构中，但由于它们含有脂类，且结构与其他细菌相似，因此人们期待消毒剂能够有效地消灭病毒和细菌[23]。有一个例外是贝纳柯克斯体对消毒剂的已知耐性[24]。

此列表中有一些例外。假单胞菌对高浓度消毒剂敏感，但如果它们在水中生长并在表面形成生物膜，受保护的细胞对同一消毒剂的抗性可以达到接近细菌孢子的抗性。一些非结核性分枝杆菌、一些微球菌和球毛壳菌的真菌子囊孢子以及粉红色甲基细菌对戊二醛的抗性也是如此。朊病毒对大多数液体化学杀菌剂也有抵抗力，本章最后一部分将对其进行讨论。

微生物实验室去污染

微生物实验室的去污染需要极其小心。一方面，为了确保操作安全，需要对工作表面消毒或对设备进行去污。另一方面，BSL-3或BSL-4实验室中移除感染性废物之前需要灭菌。无论采用何种方法，微生物实验室的去污染目的都是保护实验室工作人员、进入实验室的人员或在实验室外进行处理实验室物品的人员，并保护环境。另外，去污染也能减少实验室的交叉污染。

去污染和清洁

去污染指的是使区域、装置、物品或材料足够安全，就是适度地摆脱疾病传播的风险。去污染过程的主要目标是降低微生物污染水平，从而将感染传播的风险降至最低。该过程可能与用普通肥皂和水清洁仪器、设备或区域一样简单。在实验室环境中，物品、使用过的实验室耗材和受管制的实验室废物的去污染通常通过蒸汽高压灭菌等灭菌程序完成，这可能是最具成本效益的方法。然而，灭菌方法几乎总是极端保守的，构成了过度杀灭。尤其是对于新出现的传染病和导致严重致命疾病的病原。在这些情况下，人们常常错误地认为，更严重的或新出现的传染源对标准的微生物灭活方法有更高的抵抗力。除此之外，还有另一个错误的假设，即所有的环境污染物都是作为人类疾病的病原，将被传染给易感宿主。

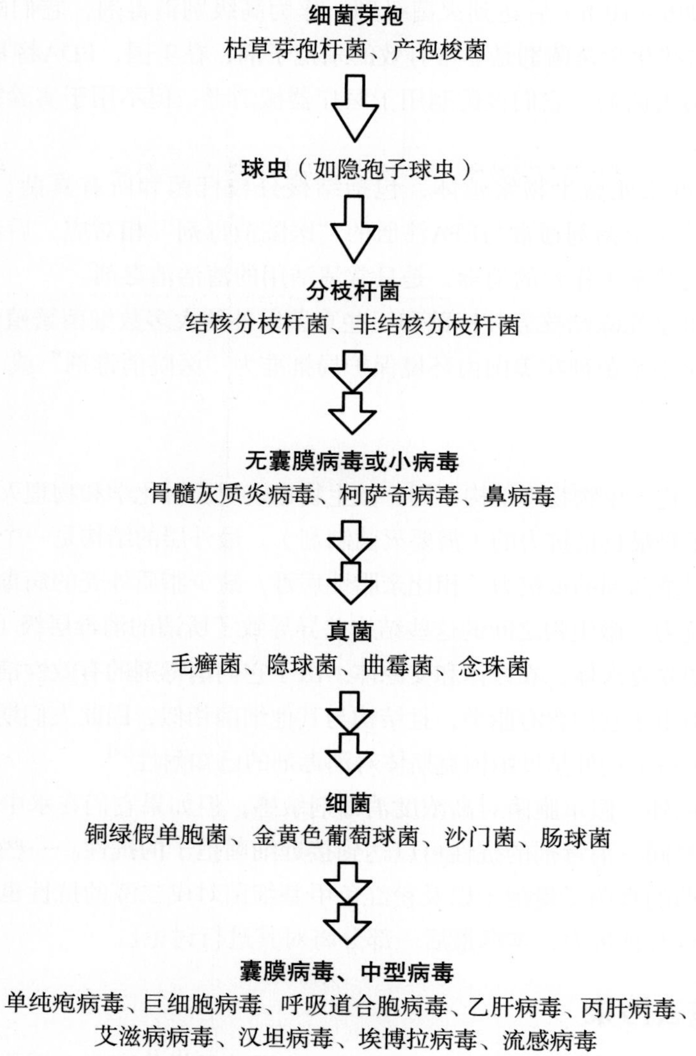

细菌芽孢

枯草芽孢杆菌、产孢梭菌

球虫（如隐孢子球虫）

分枝杆菌

结核分枝杆菌、非结核分枝杆菌

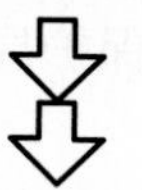

无囊膜病毒或小病毒

骨髓灰质炎病毒、柯萨奇病毒、鼻病毒

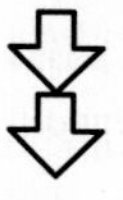

真菌

毛癣菌、隐球菌、曲霉菌、念珠菌

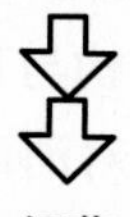

细菌

铜绿假单胞菌、金黄色葡萄球菌、沙门菌、肠球菌

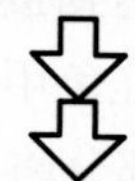

囊膜病毒、中型病毒

单纯疱病毒、巨细胞病毒、呼吸道合胞病毒、乙肝病毒、丙肝病毒、艾滋病病毒、汉坦病毒、埃博拉病毒、流感病毒

图 23-1　对消毒的抗性层级 [20,23]

任何有机物的存在都会干扰消毒，如果物品或区域没有预先清洁，则需要更长的接触时间。与消毒不同，灭菌周期取决于许多因素，包括包装的类型和尺寸、体积、负载大小和放置、有机污物的数量（无论物品是预清洁的还是被污染的材料）等。例如，用于灭菌已经预清洁的物品的蒸汽灭菌循环为在121°C温度下20 min。当蒸汽灭菌用于去污生物负载高或包装大且没有预清洗（即感染性废物）的物品时，周期时间则要长得多。实验室环境中的去污染通常需要更长的周期和暴露时间，因为有机材料、空气空间或包装都可能保护病原微生物接触不到去污染试剂。灭菌周期的验证涉及将生物指示剂（biological indicator，BI）放置在高压灭菌器的最差位置，并获得阴性结果。

用于去污染的化学杀菌剂的活性范围从高级别消毒剂（即高浓度次氯酸钠或家用漂白剂）到低级别消毒剂或卫生消毒剂（即稀释的漂白剂溶液）不等，其中高级别消毒剂可用于对研究或临床实验室中培养的或浓缩的感染性溢洒物进行去污；而低级别消毒剂可用于一般家政服务或卫生保健机构环境表面去污，如表23-1所示。如果实验室中含有危险和高度传染性的物质，那么对溢洒物、实验室设备、生物安全柜或传染性废物的去污染方法非常重要，可能包括在处置前延长高压灭菌器循

环时间或焚化，以确保额外的安全边际。经处理后，这些物质不再被认为是传染性物质，根据国家和地方规定，废物可进入废物流（固体废物、生活污水管等）。

表 23-1 化学消毒剂的种类（按活性）[22, 23]

级别	细菌孢子	无囊膜病毒和小病毒	分枝杆菌（结核杆菌）	真菌[a]	细菌	囊膜病毒
高	±[b]	+	+	+	+	+
中	±[c]	±[d]	+	+	+	+
低	–	–	–	±	+	+

a 包括无性孢子；可能不包括衣原体孢子或有性孢子。

b 加号表示在遵循产品标签说明时可以预计会有杀灭；减号表示没有活性。随着接触时间的延长，一些高级别消毒剂（HLD）能够灭菌。FDA批准这些物质为化学灭菌剂，并由EPA登记为化学灭菌剂。大多数HLD是用于缩短接触时间的消毒剂。

c 一些中级别消毒剂（ILD）产品可能对某些细菌孢子有活性。

d 一些ILD产品对非囊膜病毒有活性。

大空间去污染

另一类去污染是区域或空间去污染（如生物安全柜、用于气溶胶研究的大型生物气溶胶或环境室、实验室、动物设施、医院房间等）。该活动应由经过培训的专业人员使用相应的防护设备和工艺措施进行[25, 26]。最常见的方法是使用甲醛、二氧化氯或过氧化氢[27, 28]。BSL-3和BSL-4实验室的设计应考虑空间的去污染要求影响[29]。BSL-3实验室的内表面必须防水，以便于清洁和去污染。这些表面有穿透的地方应密封或能够密封以便进行去污染处理。

因此，在BSL-3实验室，液体去污染被认为是规范操作（对于工作和经常接触的表面），而熏蒸不被认为是空间去污染的主要手段。实验室的熏蒸通常是在故意或意外释放感染性物质导致表面和设备广泛污染后进行的。生物安全柜的熏蒸通常在更换高效过滤器或需要内部维修时进行[29]。应注意，墙壁、地板和天花板中的穿透（如电气、管道、网络端口、电话/传真插孔等）应保持在最低限度，并且进行“可视密封”。除第35章中描述的农业BSL-3（BSL-3-Ag）实验室外，大多数BSL-3实验室通常不需要密封的验证。在某些情况下，为了确保在处理过程中达到适当的浓度并确保人员的安全，去污染区域的内部和外部都要对空气中的化学消毒剂进行监测，并在处理结束后进行中和或通风。BSL-4实验室设计要求内表面防水并密封，以便于熏蒸。密封需要测试和验证其满足隔离屏障要求。BSL-4实验室设计要同时适用液体消毒和熏蒸两种方法。BSL-4实验室需要定期熏蒸，以便对设备进行日常维护和认证。大空间（如房间或步入式培养箱）的去污染程序因所涉及的病原类型、空间结构特征和空间中存在的材料而不同，并受到显著影响。空间去污染的主要方法如下。

甲醛和多聚甲醛

历史上，水性甲醛被用于淹没需要去污染的区域[30-32]。这种方法虽然能有效地杀死微生物病原体，但很难控制，并会产生对人和动物有毒的烟气。此外，甲醛已被国际癌症研究机构确定为一类致癌物[33]。在使用甲醛或多聚甲醛之前，州或联邦机构必须申请第18节的紧急豁免（FederalInsecticide，Fungicide，and Rodenticide Act，40C.F.R. Part 166；7 USC §136 et seq.）。

为了达到去污的目的，建议4%～8%甲醛的接触时间为30 min，以达到最低的高级别消毒。甲醛气体浓度为每立方尺0.3 g，持续4 h，通常用于空间去污染。在锅中加热片状多聚甲醛（每立方尺

0.3 g）可产生气态甲醛，从而将其转化为甲醛气体。过程中必须控制湿度以防止爆炸；系统在80%相对湿度（RH）下工作最佳。与液态甲醛应用一样，气体法在杀灭微生物方面是有效的，但需要关注毒性问题[1，34]，以及清除甲醛中和残余物要求的深度清洁[28，35]。

过氧化氢蒸汽

过氧化氢可以蒸发并用于手套箱、步入式培养箱和小房间或区域的消毒。2002年，气态过氧化氢（vapor-phase hydrogenperoxide，VHP）也在炭疽净化过程中使用，并成功用于美国司法部邮件设施的修复[36]。VHP在0.5 ~ 10 mg/L的浓度范围是一种有效的杀孢子剂。该药剂的最佳浓度约为2.4 mg/L，接触时间至少为1 h。该系统的一个优点是其终产物（即水和氧气）无毒。必须使用低相对湿度（不大于30%）来防止冷凝，并确保空气中含有有效浓度的VHP[37-42]。

二氧化氯气体

二氧化氯气体可用于实验室、设备、手套箱和培养箱[27，28，36，43]的去污染。去污染处的二氧化氯浓度约为10 mg/L，接触时间为1 ~ 2 h。二氧化氯具有氯的杀菌、杀病毒和杀孢子特性，但与氯不同，它不会导致三卤甲烷的形成或与氨结合形成氯化有机产品（氯胺）。二氧化氯气体不能被压缩并储存在高压钢瓶中，但它可以根据需要，用基于柱子的固相生成系统制备。气体稀释到使用浓度，通常在10 ~ 30 mg/L之间。在合理的范围内，气体生成系统不受气体最终目的地的大小或位置的影响。然而，需要控制相对湿度；最佳的相对湿度为50%或更高。二氧化氯气体以适当的正压和流速离开气体发生器，因此，气流目的地外壳需要密封（如隔离器、手套箱、密封生物安全柜或房间）以防止气体逸出[44]。

生物指示剂

在进行熏蒸时，应采用过程监测措施以确保有效性；这通常是通过在所处理空间内的选定区域放置生物指示剂来实现的。所用的消毒剂种类决定了应用哪种生物指示剂作为相应的过程措施。传统上，萎缩芽胞杆菌芽胞作为多聚甲醛[45]的生物指示剂使用。在某些情况下，萎缩芽胞杆菌和嗜热脂肪芽胞杆菌指示物都被用于二氧化氯气体[46]的生物指示剂。VHP对芽胞的比较有效性的研究表明，嗜热脂肪芽胞杆菌通常比炭疽杆菌或萎缩性芽胞杆菌[47，48]更具抗性。VHP系统制造商建议在使用其技术时使用嗜热脂肪芽胞杆菌指示剂。

生物指示剂的位置也很重要。美国国家卫生基金会（NSF）对生物安全柜和生物指示剂有通用指南[49，50]。NSF建议使用六对指示剂布置位置：一对放在靠近中心的高效过滤器下游（清洁）侧中心位置近褶皱处；另两对放在过滤器的对角处；一对放在可能受到污染的正压通风室内；另一对放在生物安全柜工作区下方的通风室内；最后一对放置在下游高效过滤器[50]上游（污染）侧中心附近的褶皱之间。当对较大空间进行去污时，可使用多个生物指示剂。生物指示剂将放置在不同的位置，包括房间的角落、墙面上的不同位置、水平表面的下方，以及不同的高度[51]。当指示剂经培养后显示为阴性时，认为去污染是成功的。

表面去污染

作为消毒剂配制的液体，化学杀菌剂用于污染物质溢洒物的去污染以及大空间去污染。通常的程序是用消毒剂浸没该区域长至数小时（其中一些消毒剂可以用作泡沫/凝胶）。这种方法会导致去污染区域凌乱不堪；而且使用这种方法，一些消毒剂可能会对实验室工作人员造成毒性危害，因而很少在实验室进行。例如，美国市场上的大多数高级别消毒剂都是用于仪器和医疗设备，而不是用于环境表面（见表23-1）。中、低级别消毒剂的配方适用于环境表面，但缺乏高级别消毒剂的效力。在大多数情况下，只要严格遵守制造商的使用说明[21, 52]，就可以安全地使用中、低级别消毒剂。过去用于去污染的消毒剂包括：浓度为500 ~ 6000 ppm的次氯酸钠溶液；氧化消毒剂，如过氧化氢和过氧乙酸；酚类消毒剂；碘附消毒剂。浓度和暴露时间取决于配方和制造商的使用说明[17, 18, 20, 21, 52]。表23-2列出了化学杀菌剂及其活性水平。

表 23-2　化学体杀菌剂的活性水平 a

程序 / 产品	浓度	活性水平
灭菌		
戊二醛	不定	
过氧化氢	3% ~ 30%	
甲醛	6% ~ 8%b	
二氧化氯	不定	
过氧乙酸	不定	
消毒		
戊二醛	不定	中 – 高
邻苯二甲醛	0.5%	高
过氧化氢	3% ~ 6%	中 – 高
甲醛	1% ~ 8%	低 – 高
二氧化氯	不定	高
过氧乙酸	不定	高
氯化物 c	500 ~ 5000 mg/L 游离的 / 有效的氯	中
醇类（乙基、异丙基）d	70%	中
酚类化合物	0.5% ~ 3%	低 – 中
碘附复合酶 e	30 ~ 50 mg/L 的游离碘 10 000 mg/L 的有效碘	低 – 中
季胺类化合物	0.1% ~ 0.2%	低

a 这张化学杀菌剂清单的中心是通用配方。基于这些通用赔付的大量商品可以考虑使用。使用者应确保商业配方已在EPA注册或获得FDA批准。

b 由于甲醛作为潜在职业致癌物的作用一直存在争议，因此甲醛的使用仅限于在严格控制条件下的特定情况下使用，如用于消毒某些血液透析设备。FDA没有批准的含有甲醛的液体化学消毒剂。

c 含有氯的通用消毒剂有液体或固体形式，如次氯酸钠或次氯酸钙。尽管所示浓度具有快速作用和广谱（杀结核菌剂、杀菌剂、杀真菌剂和杀病毒剂），但没有任何专有的次氯酸盐配方在EPA正式注册或由FDA批准。普通家用漂白剂是一种优质廉价的次氯酸钠来源。浓度在500 ~ 1000 mg/L的氯适合需要中等杀菌活性的绝大多数用途。较高浓度对人员具有极强的腐蚀性和刺激性，其使用应限于有机物质过多或微生物浓度异常高的情况（如实验室培养物溢出）。

d 醇类作为中间级杀菌剂的有效性受到限制，因为它们蒸发很快，导致接触时间很短，也缺乏穿透残留有机物质的能力。它们是快速的杀结核菌剂、杀菌剂和杀菌剂，但在病毒活性谱上可能有所不同（见正文）。用酒精消毒的物品应仔细预清洁，然后完全浸入酒精中适当的作用时间（如10 min）。

e 仅应使用在EPA注册为硬表面消毒剂的碘附，并应严格遵守制造商关于适当稀释和产品稳定性的说明。防腐碘附不适用于医疗器械或设备或环境表面的消毒。

必须有溢洒控制计划，并说明如何处理实验室中任何病原的溢洒。该计划应包括选择消毒剂的理由、使用消毒剂的方法、作用时间和其他参数。BSL-3和BSL-4实验室中病原溢洒对工作人员构成高风险，必须由训练有素且装备精良的专业人员处理浓缩生物有害物质的泄漏。

特殊传染病病原问题和生物恐怖主义

尽管讨论多年，但生物恐怖主义问题直到2001年秋季才受到公众的直接关注。炭疽杆菌病是生物恐怖症病原体中非常独特的一种，因为这个病原是一种比其他病原体更具抵抗力的细菌芽胞（表23-1）。所有其他被认为是生物战潜在武器的病原都是细菌繁殖体或病毒，它们都容易受到医院或家中常用的化学杀菌剂的影响。例如，天花病毒感染具有很强的传染性，但任何低到高级别的消毒剂都能杀死天花病毒。

然而，在2001年秋天，炭疽芽胞被故意通过美国的邮件发送给不同的政府官员和新闻机构，导致22例确诊的炭疽杆菌感染病例、11例皮肤感染病例和11例吸入性炭疽病例（5例死亡）[53]。之所以讨论这个话题，是因为新闻界和公众似乎对在这种情况下应用灭菌和去污染原则存在误解。传统的消毒和灭菌程序足以杀死这些新出现的威胁和潜在的生物恐怖主义的病原。

美国的炭疽问题就是一个很好的例子。对被炭疽杆菌芽胞污染的物品和区域的去污染建议基于两个历史来源。第一个是处理动物皮毛的工业环境。第二个是实验室环境——在这里制定了生物安全规章制度，以解决实验室意外释放高浓度炭疽芽胞的去污染问题。在这两种情况下，建议采用已知的杀菌程序。它们包括焚化、蒸汽高压灭菌和暴露于甲醛、多聚甲醛、过氧乙酸、调整了酸碱度的次氯酸钠、β-丙二醇酮、环氧乙烷，以及最近的二氧化氯。

历史上，炭疽的大多数灭活策略和环境微生物学原理（即经空气传播研究）都是基于作为炭疽芽胞替代品的枯草芽胞杆菌尼日尔亚种芽胞（萎缩芽胞杆菌）。干热、环氧乙烷和VHP灭菌系统的标准生物指示剂均使用萎缩芽胞杆菌。因此，有数据证明杀灭过程有效。萎缩芽胞杆菌和炭疽芽胞对物理和化学药剂的抵抗力不强[54]。任何灭菌过程都会很快杀死它们。灭菌系统（如高压灭菌器、环氧乙烷灭菌器、辐射系统、低温等离子体等）包括经FDA批准在美国销售的任何系统（如清洗消毒器）。所采用化学试剂（如消毒剂）则在EPA注册批准。

延长灭菌器的常规周期是没有科学根据的。例如，一方面，标准蒸汽高压灭菌器对于预清洗材料可在121°C下灭菌15 min；另一方面，废物通常用较长的灭菌周期或更高的温度下进行灭菌处理。但是，循环时间可能会受到所处理材料的影响[55]。杀死炭疽孢子的灭菌系统包括：

- 蒸汽灭菌。
- 环氧乙烷（ETO）灭菌器。
- 过氧化氢气体等离子灭菌。
- 干热灭菌。
- 辐射灭菌——钴（γ）和电子束。
- 二氧化氯气体灭菌。

按照制造商的说明使用，液体化学杀菌剂配制成消毒剂/高级别消毒剂也可以杀死炭疽芽胞。在临床环境中，如对于内窥镜，正常的感染控制预防措施足以处理患有临床炭疽的患者。这些患者的血液、组织或粪便中没有炭疽杆菌的芽胞，但更确切地说，炭疽杆菌的繁殖体（非芽胞）非常容易受到常规消毒程序的影响。例如，对用于治疗被诊断为三种炭疽病的患者的仪器，不需要更改内窥镜清洁和使用传统高级别消毒剂的高水平消毒方案。

预期对炭疽芽胞无效或无支持数据的方法包括：

· 紫外线（UV）辐射。
· 煮沸。
· 暴露于酒精、低级别消毒剂（即酚类和季胺类化合物）和液体化学杀菌剂（氯己定、碘附等）。
· 超氧化水。
· 微波炉。
· 熨烫。

抗生素耐药微生物和新出现的病原体

由新发现的微生物或对抗生素产生耐药性的微生物引起的疾病暴发通常伴随着疾病控制策略，而这些策略的错误导致病原对常用的灭菌和消毒程序呈现出异常的抗性。如冠状病毒相关的严重急性呼吸综合征、艾滋病病毒、乙型肝炎病毒、埃博拉病毒、汉坦病毒、多重耐药结核分枝杆菌、耐万古霉素肠球菌和耐甲氧西林金黄色葡萄球菌。微生物对用于治疗的抗生素的耐药与其对化学杀菌剂或灭菌的天然抗性之间没有关系。当前实验室使用的准则也相对保守，当它们用于处理暴露于新的或耐药微生物的设备或环境表面时无须更改。

传染性海绵状脑病病原（朊病毒）

在之前关于微生物灭活和去污染的讨论中，主要例外的是克–雅病或其他相关朊病毒的病原体，这些朊病毒导致人类和动物（如朊病毒）中枢神经系统的某些致命性退化性疾病[29、56、57]。我们必须记住，迄今还没有职业性传播朊病毒的报告[29]。研究表明的朊病毒对热和化学杀菌剂有抗性，基于这一点，我们给出对暴露于朊病毒病患者的仪器和医疗器械的灭菌建议。然而，这些使用朊病毒进行的研究是庞大的和不现实的，因为用于灭活过程的材料是匀浆和组织碎片。而且，在几乎所有报道的研究中，活性朊病毒的处理后恢复是通过将处理后的物质直接注射到易感动物模型的大脑中来完成的。在这些研究中，实验性的入口部位可能无法准确反映神经外科器械以外的任何表面的下游传播风险。此外，由于在这些研究中没有考虑仪器清洗的经验原则，大多数建议都非常保守。很明显，CJD感染的致命结果影响了目前许多建议的极端保守性[23, 56-59]。

CJD病原的传染性已被证明，方法是通过在实验室动物中通过感染性物质（即脑组织或脑脊液）的脑内接种，而不是通过简单的直接接触诱发疾病。CJD的传播与环境污染或媒介无关（神经外科仪器和脑电图深度电极除外）。尚没有记录证实人与人之间通过皮肤接触的传播。常规环境表面预计与向实验室工作人员传播CJD没有关系。内科病房、尸检室和实验室的地板、墙壁、工作台面或其他内务表面，如果没有受到脑组织和中枢神经系统组织等高风险组织的污染，则应使用相应的常规消毒剂进行清洁。对于含有高风险组织（如脑脊液、大脑和中枢神经系统组织）的溢洒物，应使用一次性吸收材料小心清除大部分组织残留物，并将其作为实验室垃圾进行焚化。在清洁前，使用1 mol/L NaOH溶液或含有10000 ~ 20000 ppm的次氯酸钠稀释液，对溢洒现场/受污染表面进行现场去污[23]。

处理朊病毒感染组织实验室的去污染操作程序与标准实验室并无不同，这些程序足以防止传染给工作人员和污染环境。例外情况是：溢洒发生后如果表面被高风险组织（来自患有朊病毒疾病的个体）污染，在这种情况下，仍应遵循上述溢洒处理程序。暴露于高风险组织且难以或无法清洁的物品或实验室仪器应通过在132 ~ 134°C下在预真空高压灭菌器中高压灭菌18 min，或在121°C下在重力置换高压灭菌器中高压灭菌1 h，或在灭菌前在1 mol/L NaOH中浸泡1 h来进行去污染处理。任何情况下都不要将物品放置在1 mol/L NaOH溶液容器中浸泡然后进行高压灭菌。该程序对实验室工作人员具有危害性并且会导致高压灭菌器损坏[23]。

在美国，基于证据的指南文件包括：

· 微生物和生物医学实验室的生物安全（BMBL），第5版[29]。

· 卫生保健设施中蒸汽灭菌和无菌保证综合指南[60]。

· 卫生保健设施中消毒和灭菌指南，2008[23]。

· 保护实验室工作人员免受职业性感染指南，第三版[61]。

涉及朊病毒病原的实验室研究，如引起羊痒病或CJD的病原体，可在BSL-2实验室环境中进行。从事牛海绵状脑病和变异CJD病原的实验室工作可以在BSL-2实验室采取BSL-3实验室准则或在BSL-3设施[29]中进行。然而，实验室处理感染组织的去污染方案与在临床环境中处理这些材料的建议[23，29]并无显著差异。这些准则足以避免工作人员感染和环境污染，但前提是处理含有朊病毒的组织和匀浆要小心处理，以避免溢洒和工作表面不必要的污染。最近有几项研究表明，单独使用碱性清洁剂或与某些杀菌剂或过氧化氢气体等离子灭菌结合使用，可以显著减少或消除高剂量的朊病毒污染[62-67]。

为了安全地使用生物危害物质进行工作，需要使用相应的材料和方法进行去污染、消毒和灭菌。更多信息见Vesley等[1]，Favero和Bond[20]，Hawley和Kozlovac[40]，Rutula[68]的报告。

感谢我的前主管和共同作者Martin S. Favero博士，感谢他在消毒和灭菌方面的指导和贡献，以及他在卫生保健部门中环境感染控制方面的工作。

免责声明

本章作者的结论、发现和意见不一定反映美国卫生和公众服务部、公共卫生署、疾病预防控制中心或作者所属机构的官方立场。

原著参考文献

[1] Vesley D, Lauer JL, Hawley RJ. 2000. Decontamination, sterilization, disinfection, and antisepsis, p 383–402. In Fleming DO, Hunt DL (ed), Biological Safety: Principles and Practices, 3rd ed. ASM Press, Washington, DC.

[2] Harding AL, Byers KB. Epidemiology of laboratory-associated infections, p53–77. In Fleming DO, Hunt DL (ed), Biological Safety: Principles and Practices, 4th ed. ASM Press, Washington, DC.

[3] Rhame FS. 1998. The inanimate environment, p299–324. In Bennett JV, Brachmann PS (ed), Hospital Infections, 4th ed. Lippincott-Raven, Philadelphia, PA.

[4] Halls N. 1992. The microbiology of irradiation sterilization. Med Device Technol 3:37–45.

[5] Griffiths N. 1993. Low-temperature sterilization using gas plasmas. Med Device Technol 4:37–40.

[6] Favero MS. 1994. Forum: disinfection & sterilization procedures used in hospitals in the U.S. Asepsis 16:16–19.

[7] Crow S, Smith JH III. 1995. Gas plasma sterilization— application of space-age technology. Infect Control Hosp Epidemiol 16: 483–487.

[8] Rutala WA, Weber DJ. 2001. New disinfection and sterilization methods. Emerg Infect Dis 7:348–353.

[9] Mendes GC, Brand TR, Silva CL. 2007. Ethylene oxide sterilization of medical devices: a review. Am J Infect Control 35: 574–581.

[10] Murphy L. 2006. Ozone—the latest advance in sterilization of medical devices. Can Oper Room Nurs 24:28, 30–32, 37–38.

[11] Hasanain F, Guenther K, Mullett WM, Craven E. 2014. Gamma sterilization of pharmaceuticals— a review of the irradiation of

excipients, active pharmaceutical ingredients, and final drug product formulations. PDA J Pharm Sci Technol 68:113–137.
[12] Wallace CA. 2016. New developments in disinfection and sterilization. Am J Infect Control 44(Suppl):e23–e27.
[13] Aydogan A, Gurol MD. 2006. Application of gaseous ozone for inactivation of Bacillus subtilis spores. J Air Waste Manag Assoc 56:179–185.
[14] Iwamura T, Nagano K, Nogami T, Matsuki N, Kosaka N, Shintani H, Katoh M. 2013. Confirmation of the sterilization effect using a high concentration of ozone gas for the bio-clean room. Biocontrol Sci 18:9–20.
[15] Bertoldi S, Farè S, Haugen HJ, Tanzi MC. 2015. Exploiting novel sterilization techniques for porous polyurethane scaffolds. J Mater Sci Mater Med 26:182.
[16] Rediguieri CF, Pinto TdeJ, Bou-Chacra NA, Galante R, de Araújo GL, PedrosaTdoN, Maria-Engler SS, De Bank PA. 2016. Ozone gas as a benign sterilization treatment for PLGA nanofiber scaffolds. Tissue Eng Part C Methods 22:338–347.
[17] Favero M. 1998. Developing indicators for sterilization, p119– 132. In Rutala WA (ed), Disinfection, Sterilization and Antisepsis in Health Care. Association for Professionals in Infection Control and Epidemiology, Inc, Champlain, NY.
[18] Favero M. 2001. Sterility assurance: concepts for patient safety, p110–119. In Rutala WA (ed), Disinfection, Sterilization and Antisepsis: Principles and Practices in Healthcare Facilities. Association for Professionals in Infection Control and Epidemiology, Inc, Washington, DC.
[19] Spaulding EH. 1972. Chemical disinfection and antisepsis in the hospital. J Hous Res 9:5–31.
[20] Favero M, Bond W. 2001. Chemical disinfection of medical surgical material, p881–917. In Block SS (ed), Disinfection, Sterilization, and Preservation, 5th ed. Lippincott, Williams and Wilkins, Philadelphia, PA.
[21] Centers for Disease Control and Prevention. 2003. Guidelines for environmental infection control in health-care facilities. Recommendations of CDC and the Healthcare Infection Control Practices Advisory Committee (HICPAC). MorbMorta. Wkly Rep 52(RR-10):1–48. http://www. cdc. gov/ncidod/dh8p/pdf/guidelines /Enviro_guide_03. pdf.
[22] Spalding EH. 1968. Chemical disinfection of medical and surgical materials, p517–531. In Lawrence C, Block SS (ed), Disinfection Sterilization and Preservation. Lea & Febiger, Philadelphia, PA.
[23] Rutala WA, Weber DJ, Healthcare Infection Control Practices Advisory Committee. 2008. Guideline for disinfection and sterilization in healthcare facilities, 2008. Centers for Disease Control and Prevention, Atlanta, GA. http://www. cdc. gov/hicpac/pdf /guidelines/ Disinfection_Nov_2008. pdf.
[24] Scott GH, Williams JC. 1990. Susceptibility of Coxiella burnetii to chemical disinfectants. Ann N Y Acad Sci 590(1 Rickettsiolog): 291–296.
[25] Tearle P. 2003. Decontamination by fumigation. Commun Dis Public Health 6:166–168.
[26] Environmental Protection Agency. 2005. Compilation of available data on building decontamination alternatives. EPA /600 /R-05/036 EPA. National Homeland Security Research Center, Washington, DC.
[27] Beswick AJ, Farrant J, Makison C, Gawn C, Frost G, Crook B, Pride J. 2011. Comparison of multiple systems for laboratory whole room fumigation. Appl Biosaf16:139–157.
[28] Gordon D, Carruthers B-A, Theriault S. 2012. Gaseous decontamination methods in high-containment laboratories. Appl Biosaf 17:31–39.
[29] Centers for Disease Control and Prevention and National Institutes of Health. 2006. Section VIII-H: Prion Diseases, p 282–289. In Chosewood LC, Wilson DE (ed), Biosafety in Microbiological and Biomedical Laboratories, 5th ed. U.S. Department of Health and Human Services, Washington, DC.
[30] Trujillo R, David TJ. 1972. Sporostatic and sporocidal properties of aqueous formaldehyde. Appl Microbiol 23:618–622.
[31] Meyer HH, Gottlieb R, Halsey JT. 1914. General antiseptics, pp 506–509. In Pharmacology, Clinical and Experimental, A Groundwork of Medical Treatment, Being a Text-book for Students and Physicians. JB Lippincott, Philadelphia, PA.
[32] Rayburn SR. 1990. Principles of decontamination and sterilization, p44–65. In The Foundations of Laboratory Safety: A Guide for the Biomedical Laboratory. Springer-Verlag, NY.
[33] International Agency for Research on Cancer. 2006. Formaldehyde, IARC Monographs—100F. IARC, Lyon, France. http://monographs. iarc. fr/ENG/Monographs/vol100F.
[34] Fink R, Liberman DF, Murphy K, Lupo D, Israeli E. 1988. Biological safety cabinets, decontamination or sterilization with paraformaldehyde. Am Ind Hyg Assoc J 49:277–279.
[35] Luftman HS. 2005. Neutralization of formaldehyde gas by ammonium bicarbonate and ammonium carbonate. Appl Biosaf10: 101–106.
[36] Canter DA, Gunning D, Rodgers P, O'connor L, Traunero C, Kempter CJ. 2005. Remediation of Bacillus anthracis contamination in the U.S. Department of Justice mail facility. Biosecur Bioterror3:119–127.

[37] Klapes NA, Vesley D. 1990. Vapor-phase hydrogen peroxide as a surface decontaminant and sterilant. Appl Environ Microbiol 56: 503–506.

[38] Graham GS, Rickloff JR. 1992. Development of VHP sterilization technology. J Healthc Mater Manage 10:54, 56–58.

[39] Johnson JW, Arnold JF, Nail SL, Renzi E. 1992. Vaporized hydrogen peroxide sterilization of freeze dryers. J Parenter Sci Technol 46:215–225.

[40] Hawley RJ, Kozlovac JP. 2004. Decontamination, p 333–348. In Lindler L, Lebeda F, Korch G (ed), Biological Weapons Defense: Infectious Diseases and Counterbioterrorism. Humana Press, Totowa, NJ.

[41] Heckert RA, Best M, Jordan LT, Dulac GC, Eddington DL, Sterritt WG. 1997. Efficacy of vaporized hydrogen peroxide against exotic animal viruses. Appl Environ Microbiol 63:3916– 3918.

[42] Krause J, McDonnell G, Riedesel H. 2001. Biodecontamination of animal rooms and heat-sensitive equipment with vaporized hydrogen peroxide. Contemp Top Lab Anim Sci 40:18–21.

[43] Czarneski MA, Lorcheim K. 2011. A discussion of biological safety cabinet decontamination methods: formaldehyde, chlorine dioxide, and vapor phase peroxide. Appl Biosaf16:26–33.

[44] Knapp JE, Battisti DL. 2001. Chlorine dioxide, p 215–227. In Block SS (ed), Disinfection, Sterilization, and Preservation, 5th ed. Lippincott, Williams and Wilkins, Philadelphia, PA.

[45] Taylor LA, Barbeito MS, Gremillion GG. 1969. Paraformaldehyde for surface sterilization and detoxification. Appl Microbiol 17:614–618.

[46] Luftman HS, Regits MA. 2008. B. atrophaeus and G, stearothermophilus biological indicators for chlorine dioxide gas decontamination. Appl Biosaf13:143–157.

[47] Rogers JV, Choi YW, Richter WR, Rudnicki DC, Joseph DW, Sabourin CL, Taylor ML, Chang JC. 2007. Formaldehyde gas inactivation of Bacillus anthracis, Bacillus subtilis, and Geobacillus stearothermophilus spores on indoor surface materials. J Appl Microbiol 103:1104–1112.

[48] Krause J, McDonnell G, Riedesel H. 2001. Biodecontamination of animal rooms and heat-sensitive equipment with vaporized hydrogen peroxide. Contemp Top Lab Anim Sci 40:18–21.

[49] National Sanitation Foundation International. 2014. Biosafety cabinetry: design, construction, performance, and field certification. NSF/ANSI 49-2014, Ann Arbor, MI.

[50] National Sanitation Foundation International. 2008. Protocol for the validation of a gas decontamination process for biological safety cabinets. NSF International, Ann Arbor, MI. http://standards. nsf. org/apps/group_public/download. php/2726/NSF%20 General%20 Decon%20revision%203-24-08. pdf.

[51] Environmental Protection Agency. 2015. Protocol for room sterilization by fogger application. Environmental Protection Agency, Washington, DC. https://www. epa. gov/sites/production /files/2015-09/documents/room-sterilization. pdf.

[52] Weber DJ, Rutala WA. 1998. Occupational risks associated with the use of selected disinfectants and sterilants, p211–226. In Rutala WA (ed), Disinfection, Sterilization and Antisepsis in Health Care. Polyscience Publications, Champlain, NY.

[53] Jernigan DB, Raghunathan PL, Bell BP, Brechner R, Bresnitz EA, Butler JC, Cetron M, Cohen M, Doyle T, Fischer M, Greene C, Griffith KS, Guarner J, Hadler JL, Hayslett JA, Meyer R, Petersen LR, Phillips M, Pinner R, Popovic T, Quinn CP, Reefhuis J, Reissman D, Rosenstein N, Schuchat A, Shieh WJ, Siegal L, Swerdlow DL, Tenover FC, Traeger M, Ward JW, Weisfuse I, Wiersma S, Yeskey K, Zaki S, Ashford DA, Perkins BA, Ostroff S, Hughes J, Fleming D, Koplan JP, Gerberding JL, National Anthrax Epidemiologic Investigation Team. 2002. Investigation of bioterrorism-related anthrax, United States, 2001: epidemiologic findings. Emerg Infect Dis 8:1019–1028.

[54] Whitney EAS, Beatty ME, Taylor TH Jr, Weyant R, Sobel J, Arduino MJ, Ashford DA. 2003. Inactivation of Bacillus anthracis spores. Emerg Infect Dis 9:623–627.

[55] Lemieux P, Sieber R, Osborne A, Woodard A. 2006. Destruction of spores on building decontamination residue in a commercial autoclave. Appl Environ Microbiol 72:7687–7693.

[56] World Health Organization. 2000. WHO infection control guidelines for transmissible spongiform encephalopathies. Report of a WHO consultation, Geneva, Switzerland, 23–26 March 1999. http://www. who. int/csr/resources/publications/bse/WHO_CDS_C SR_APH_2000_3/en/.

[57] Baron H, Prusiner SB. 2006. Biosafety of prion diseases, p 461–485. In Fleming DO, Hunt DL (ed), Biological Safety: Principles and Practices, 4th ed. ASM Press, Washington, DC.

[58] Weinstein RA, Rutala WA, Weber DJ. 2001. Creutzfeldt-Jakob disease: recommendations for disinfection and sterilization. Clin Infect Dis 32:1348–1356.

[59] Taylor DM. 2003. Preventing accidental transmission of human transmissible spongifomencephalopathies. Br Med Bull 66: 293–303.

[60] Association for Advancement of Medical Instrumentation. Comprehensive Guide to Steam Sterilization and Sterility Assurance in Health Care Facilities, in press. Association for Advancement of Medical Instrumentation, Arlington, VA.

[61] Clinical and Laboratory Standards Institute. 2014. Protection of Laboratory Workers from Occupationally Acquired Infections. Approved Guideline, 4th ed. CLSI M29-A4. Clinical and Laboratory Standards Institute, Wayne, PA.

[62] Baier M, Schwarz A, Mielke M. 2004. Activity of an alkaline 'cleaner' in the inactivation of the scrapie agent. J Hosp Infect 57: 80–84.

[63] Fichet G, Comoy E, Duval C, Antloga K, Dehen C, Charbonnier A, McDonnell G, Brown P, Lasmézas CI, Deslys J-P. 2004. Novel methods for disinfection of prion-contaminated medical devices. Lancet 364:521–526.

[64] Jackson GS, McKintosh E, Flechsig E, Prodromidou K, Hirsch P, Linehan J, Brandner S, Clarke AR, Weissmann C, Collinge J. 2005. An enzyme-detergent method for effective prion decontamination of surgical steel. J Gen Virol 86:869– 878.

[65] Lemmer K, Mielke M, Pauli G, Beekes M. 2004. Decontamination of surgical instruments from prion proteins: in vitro studies on the detachment, destabilization and degradation of PrPScbound to steel surfaces. J Gen Virol 85:3805–3816.

[66] Race RE, Raymond GJ. 2004. Inactivation of transmissible spongiform encephalopathy (prion) agents by environ LpH. J Virol 78:2164–2165.

[67] Yan ZX, Stitz L, Heeg P, Pfaff E, Roth K. 2004. Infectivity of prion protein bound to stainless steel wires: a model for testing decontamination procedures for transmissible spongiform encephalopathies. Infect Control Hosp Epidemiol 25:280–283.

[68] Rutala WA (ed). 2004. Disinfection, Sterilization, and Antisepsis: Principles, Practices, Challenges, and New Research. Association for Professionals in Infection Control and Epidemiology, Washington, DC.

24

生物材料的包装和运输

RYAN F. RELICH AND JAMES W. SNYDER

管理机构及规章

一般来说，负责装运危险物品、诊断样本及感染性物质的实验室人员，特别是通过商业陆运或航空公司来运输的，被要求遵循一套复杂且常常令人困惑的国家和国际的规章和要求。这些规章和要求的目的是保护公众、应急响应人员、实验室工作人员和从事运输行业的人员免受意外暴露于包装的内容物[1-3]。

统计数据表明，这些规章在保护包装的内容物以及保护处理包装的人员方面是有效的。到目前为止，还没有因运输过程中释放诊断标本或感染性物质而导致疾病的报告病例。此外，在2003年运往世界各地实验室和其他场所的4 920 000个主要容器中，只有106个（0.002%）在运输过程中发生破损。在每一个106次报告的破损中，事先准备好的包装中的吸收材料都吸收了泄漏物，没有任何二级包装或外部包装材料被损坏[4]。

一个重要的与安全无关的好处是，通过遵守这些规章和要求，可以尽量减少运输过程中包装内容物损坏的可能性，并减少托运人承担与危险货物运输不当有关的刑事和民事责任风险。运输规章和要求由许多机构制定和公布，其中最值得注意的见表24-1[1-3]。

世界上大多数关于航空运输危险品的规章都是由联合国专家委员会作出的决定（称为示范规章）而产生的。国际民航组织（ICAO）利用这些决定为国际航空运输制定正式、具有法律约束力和标准化的规章[4]。这些具体的ICAO规章（《危险物品航空安全运输技术细则》）是国际航空危险品运输的标准。国际航空运输协会（IATA）使用ICAO的这些《技术细则》制定了《危险物品规章》，这些规章主要用于所有涉及危险品运输的商业航空公司[1, 2, 5]。作为包装和运输方面的指南，IATA的《危险物品规章》已在世界范围内被更广泛地认知、拷贝和使用。大多数国家和国际规章［交通运输部（DOT）发布的除外］都是基于或至少与IATA的要求达成实质性协议或协调一致。世界上个别的国家经常专门针对向本国运送危险品颁布额外的（通常是更严格的）国家规章。

表 24-1 危险品运输管理机构

管理机构	机构名称	规章（参考）
联合国	ICAO[a]	《危险物品航空安全运输技术细则》
商业航空公司	IATA[b]	《危险物品规章》
美国	DOT[c]	《美国有害物质规章》
美国	USPS[d]	《国内邮件手册出版物 52：有害物质、管制品与易腐物质邮件》
加拿大	加拿大运输	《危险品运输规章》
其他国家		各国的规章

a 国际民用航空组织。
b 国际航空运输协会。
c 交通运输部。
d 美国邮政局。

在美国，DOT对航空和地面运输危险品的商业运输进行监管。正如IATA的要求来自ICAO，DOT的规章也来自ICAO[6-8]。在2002年和2004年，DOT修改了它的关于诊断标本和感染性物质的运输规章，以便与IATA的规定达成实质性的协议[1, 6, 7]。2005年5月，为了保持联邦法规与IATA的法规一致，DOT发布了另一个拟定的规则制定的通知[4]。出于实用目的，诊断标本和感染性物质运输的托运人可以考虑符合IATA要求，以符合DOT规定。值得注意的是，如果样本由私人或合同承运人用专门用于运输诊断样本或生物制品的机动车辆运输，则诊断样本的运输不受DOT法规的约束[6]。这种豁免的一个例子是，在本地医院和实验室之间，或与本地核心实验室之间，通过私人快递车运输诊断标本。美国邮政局（USPS）在其《国内邮件手册》[9]中公布了自己的规定，对于有害物质的运输，一般遵守DOT规则。在某些情况下（如较低的允许体积限制），USPS的规定比DOT或IATA的规定更为严格，而且USPS不运输A类感染性物质。本章没有涉及USPS的规定，但可以在USPS的出版物52——有害物质、管制品与易腐物质邮件中找到[10]。

IATA要求和DOT法规规定了包装和运输诊断标本以及可能对人类、动物或环境构成威胁的传染性物质的最低要求。这些物质的安全和合法运输基于以下授权活动：

· 运输材料的分类和名称。

· 选择的包装如果破损可以保护内容物，能够在包装损坏时保护承运人员。

· 正确包装货物。

· 在外包装上应用适当的标记和标签，提醒承运人注意包装内的危险内容物，并在发生事故时识别联系人。请务必检查这些标签所需的尺寸和使用位置的规定。

· 每个包装件及其内容无的相关文件。

· 对人员进行培训，了解诊断标本和感染性物质的包装和运输要求，以及随后的认证并记录所有必要的培训，包括OSHA和安保培训。

上述每一项活动都将在本章中详细介绍。

物质的分类

分类是一个强制性的用来界定由商业承运人运输的危险物品的四步程序[1-3]。分类有两个目的：①它允许托运人选择适当的包装说明（PI）来使用；②如果该物质是A类感染性物质，它提供了完成托运人申报所必需的重要信息。

第一，材料必须被划分为美国联邦政府规定的危险品危险分类（第1类至第9类）之一（表24-2）。感染性和有毒物质为第6类危险品；干冰是第9类危险品。只有第6类和第9类物质通常是临床微生物学家运送的危险物品；然而，有些标本防腐剂可能被归入不同的危害类别。

表 24-2 IATA 定义的危险物品分类

分类	物质
1	爆炸物
2	气体
3	易燃液体
4	易燃固体
5	氧化剂和有机过氧化物
6	有毒和感染性物质
	第 6.1 部分：有毒物质
	第 6.2 部分：感染性物质
7	放射性物品
8	腐蚀性物品
9	其他危险物品（如干冰）[a]

a 本章会详细介绍；DOT将此称为“有害物质”。

第二，第6类物质必须分为第6.1部分（有毒物质）或第6.2部分（感染性物质）。

第三，第6.2部分感染性物质必须被划分为七个IATA指定的组别之一（表24-3）[2]：

- A类感染性物质。
- B类感染性物质。
- 生物制品。
- 基因修饰微生物和生物。
- 医疗或临床废物（本章未深入讨论）。
- 感染动物（本章未深入讨论）。
- 患者样本。

表 24-3 IATA 第 6.2 部分感染性物质的类型、专用名称、UN 编号以及包装说明 (2)

感染性物质	运输专用名称	UN 编号[a]	包装说明
A 类	感染性物质，可感染人	UN2814[b]	620
	感染性物质，只感染动物	UN2900[c]	
B 类	生物物质，B 类	UN3373	650
生物制品		UN2814,UN2900 或 3373[d]	620 或 650
基因修饰微生物和生物	感染性物质，可感染人	UN2814	620
符合 A 类标准	感染性物质，只感染动物	UN2900	620
符合 B 类标准	生物物质，B 类	UN3373	650
既不符合 A 也不符合 B	基因修饰生物	UN3245	959
医疗或临床废弃物	生物医学废弃物，未作说明；临床废弃物；未指定的，未作说明；医疗废弃物，未作说明；或管制医疗废弃物，未作说明	UN3291[e]	622

续表

感染性物质	运输专用名称	UN 编号[a]	包装说明
感染动物		UN2814 或 UN2900	620
病人标本			
符合 A 类标准	感染性物质，可感染人	UN2814	620
	感染性物质，只感染动物	UN2900	620
符合 B 类标准	生物物质，B 类	UN3373	650

a 如果感染性物质的包装内含有干冰，则属于UN1845，贴上第9类标签。包装说明954适用于含有干冰的运输件。

b 编号UN2814的感染性物质，属于那些可感染人类和动物的（如，埃博拉病毒）。

c 编号UN2900的感染性物质，属于那些只感染动物的（如，口蹄疫病毒）。

d 已知或合理地认为那些含有符合A类标准或B类标准感染性物质的生物制品，必须使用相应的UN编号。

e 含有A类感染性物质的医疗或临床废弃物须使用联合国编号UN2814或UN2900，含有B类感染性物质的医疗或临床废弃物须使用联合国编号UN3373。

第四，如果确定该物质属于上述A类或B类以外的任何一类，托运人必须确定该物质是否含有A类或B类感染性物质。如果材料中含有A类或B类物质，则要求发送方遵守有关该材料运输的相应规定。例如，如果已知一医疗废物含有埃博拉病毒（A类感染性物质），那么该医疗废物就要符合A类包装运输标准。第四步所做的决定可能主观而困难，然而，这些决定将确定物质必须如何被包装和运输。尽管在这一分类过程中的决定是困难的，但发货人不能将所有的物品任意地归类为感染性或诊断（或临床）标本，以避免做出重要的不正确的运输决定，使包装更容易或更便宜。这种漫不经心的分类是不合法的，而且可能会过于昂贵[1, 3]。

A类感染性物质

A类感染性物质（病原体或制剂）被IATA定义为“以某种形式运输的感染性物质，当与之发生暴露时，能够导致人类或动物永久性残疾，构成威胁生命或致死性疾病”[2]。A类感染性物质是专门被指定和列入可同时危害个人和公共卫生安全的病原体清单（据IATA）（表24-4）。这个列表并不包罗万象，在将一种物质归入A类感染性物质之前，必须进行彻底的风险评估。这些病原体本质上和以前所称的“禁止物质”相同。A类病原体，以及可能含有A类病原体的物质，必须归类于联合国编号UN2814（感染性物质，可感染人类）或UN2900（感染性物质，只感染动物）。划分为UN2814的制剂是那些能够在人和动物中引起疾病的病原，而划分为UN2900的病原已知只能在动物中引起疾病。

IATA的要求允许托运人在决定是否符合A类标准时根据他们的专业判断。IATA的《危险物品规章》规定：

· 关于判断——“划分为UN2814或UN2900，必须基于来源于人或动物的已知病史和症状、当地流行情况、或关于来源人或动物的个别情况的专业判断。”

· 关于感染性因子的划分，在托运人看来符合A类标准，但没有明确列为A类的制剂——“……感染性物质……没有出现在表格中但符合相同标准的必须划分为A类。”这种因子的一个例子是一种新型出血热病毒的分离物，这种病毒已知容易在人与人之间传播，并造成严重的发病率和死亡率。

表 24-4 以任何形式存在的 A 类感染性物质示例，除非另作说明 [a]

UN 编号和运输专用名称	微生物
UN2814 感染性物质，可感染人	炭疽杆菌（仅培养物） 流产布鲁菌（仅培养物） 牛羊布鲁菌（仅培养物） 布鲁菌（仅培养物） 鼻疽伯克霍尔德菌（仅培养物） 类鼻疽伯克霍尔德菌（仅培养物） 鹦鹉热衣原体（鸟类；仅培养物） 肉毒杆菌（仅培养物） 厌酷球孢子菌（仅培养物） 伯氏考克斯体（仅培养物） 克里米亚－刚果出血热病毒 登革热病毒（仅培养物） 东方马脑炎病毒（仅培养物） 埃希氏大肠埃希菌（仅培养物） 埃博拉病毒 Flexal 病毒 土拉热弗朗西丝菌（仅培养物） 委内瑞拉出血热病毒 汉坦病毒 引起肺综合征的汉坦病毒（仅培养物） 亨德拉病毒 乙肝病毒（仅培养物） B 型疱疹病毒（仅培养物） 人类免疫缺陷病毒（仅培养物） 鸩宁病毒 卡萨诺尔森林病病毒 拉沙热病毒 马秋波病毒 马尔堡病毒 猴痘病毒 结核分枝杆菌（仅培养物） 尼帕病毒 鄂木斯克出血热病毒 脊髓灰质炎病毒（仅培养物） 狂犬病毒 斑疹伤寒普氏立克次体（仅培养物） 斑疹伤寒立氏立克次体（仅培养物） 裂谷热病毒 俄罗斯春夏脑炎病毒（仅培养物） Sabia 病毒 I 型痢疾志贺菌（仅培养物） 蜱传脑炎病毒（仅培养物） 天花病毒 委内瑞拉马脑炎病毒 西尼罗病毒（仅培养物） 黄热病毒（仅培养物） 鼠疫杆菌（仅培养物）

续表

UN 编号和运输专用名称	微生物
UN2900 感染物质，只感染动物	非洲猪瘟病毒（仅培养物） I 型禽副黏病毒－强毒新城疫病毒（仅培养物） 猪瘟病毒（仅培养物） 口蹄疫病毒（仅培养物） 结节性皮肤病病毒（仅培养物） 丝状支原体传染性牛胸膜肺炎（仅培养物） 小反刍兽疫病毒（仅培养物） 牛瘟病毒（仅培养物） 绵羊痘病毒（仅培养物） 猪水疱病病毒（仅培养物） 水疱性口炎病毒（仅培养物）

a 改编自文献[2]。请注意，此列表并不包括所有内容，并且是可调整的；请参阅“联邦管制病原计划”网站更新详细内容。

· 关于A类标准的不确定性——“……如果对物质是否符合A类标准有疑惑，则该物质必须归为A类[2]。”

某些A类病原体已被指定为生物恐怖因子，被称为管制因子（附录B）。美国联邦法规要求托运人针对持有、转运和接收这些因子拥有特别的许可[11，12]。自2015年7月17日起，联邦快递已经不再运送管制因子。然而，该公司继续运输A类非管制因子的感染性物质。目前（2016年2月）在生物医学样本运输的快递公司名单中，许多快递公司仍然运输管制因子，可以通过医疗快递链接找到。

B类感染性物质

IATA将B类物质定义为“不符合纳入A类标准的感染性物质”[2]。在作者看来，B类物质的例子如下：

· 典型的临床或患者标本（如血液、活检、拭子标本、排泄物、分泌物、体液、组织等），其不应被归为A类，或患者标本的“危害”没有小到足以归入“豁免”或“非主题”类别。有关任何形式的A类病原体的清单，请参考IATA规定。

· 非A类微生物（如金黄色葡萄球菌）的培养（物通常在固体培养基上）。请参阅IATA规章列表上在培养形式上属于A类的病原体。

B类物质的UN编号为UN3733，正确的装运名称为B类生物物质（表24-3）。

IATA已经确定了一些例外情况，它们不受《危险物品规章》的约束，除非它们属于另一个类别或部分。已知不含感染性物质的物质包括：

· 含有非致病性微生物的物质。

· 含有已灭活或已中和的病原体的物质。

· 不构成重大感染风险的环境样本，包括食品和水。

· 干燥血斑和粪便潜血筛查样本。

· 用于输血或移植的血液、血液成分和组织。

其他物质可受“豁免的人（或动物）标本”条文规管，包括含病原体可能性极小的病人标本。“豁免人类样本”的一个例子就是从健康个体中抽取的筛选样本。

对于这些物质的包装有以下标准：①物质必须放置在一个防泄漏的初级容器内；②初级容器必须密封在一个防漏的二级容器里面，二级容器内含有足够的吸附材料，可以吸收掉全部的因初级容器破损而泄漏的物质；③二级包装必须使用一个足够结实的外包装来维持物质在运输过程中的重量，且必须至少有一个尺寸至少为10 cm × 10 cm的表面[2]。请注意，上述分类有越来越多的限制性包装要求。有关更多信息，请参考最新的《IATA危险物品规章》。

生物制品

实际上，IATA所定义的所有商用生物制品（见附录B中的定义）都不受本章介绍的包装和运输规则的约束。但是，如果生物制品被确定符合上述感染病物质之一（A类、B类、豁免的人或动物标本等）的标准，则必须按上述标准包装和运输（表24-3）[2]。

基因修饰微生物和生物

基因修饰微生物和生物通常符合上述任何一种感染性物质的标准（A类[UN2814或UN2900]或B类[UN3373]）。如果不是这种情况，则将该物质或生物划分为UN3245，并按此包装和装运（表24-3）[2]。

医疗或临床废弃物

含有A类或B类感染性物质的医疗废弃物必须按照所划分的UN2814、UN2900、或UN3373来包装和运输（表24-3）[2]，一般认为医疗废弃物含有感染性物质的概率很低，它们必须按照医疗废弃物、未有特殊说明（UN3291）来包装和运输[2]。其他医疗或临床废物的运输专用名称是“生物医学废弃物、未有特殊说明”，“临床废弃物、未指明、未有特殊说明”，以及“管制医疗废弃物、未有特殊说明”。

感染动物

有意使其感染和已知或合理预计带有感染性物质的活体动物，不得空运，除非所含的感染性物质不能以其他任何方式运输。如果需要运输活的或死的感染性动物，建议咨询个体商业航空公司。

患者标本

IATA将“患者标本”定义为直接取自人类或动物的用于诊断、治疗、预防、调查或研究目的的材料[2]。所有标本（和培养物）应根据IATA分类流程图进行分类，以确定其包装方式。

患者标本符合A类或B类标准应当按照A类感染性物质（UN2814或UN2900）或B类感染性物质（UN3373）来分类、包装、和运输（表24-3）。患者标本不符合A类和B类标准应该作为豁免的人（或动物）的标本，或者他们不受《危险物品规章》条款的约束。

命名一种物质

在对该物质进行分类后，托运人必须为该物质指定一个运输专用名称（官方名字），以确定A类和B类物质。IATA已经明确列出并在国际上公布了运输专用名称及其相关UN编号，以便世界各地的大多数航空公司都能识别它们所处理的一般或某种感染性制剂或危险物品。这个列表为每一

个运输专用名称提供了11个信息项（表24-5）。这11个信息项很方便的对应着托运人用来完成申报单的相应信息。幸运的是，3000个运输专用名称中只有5个用于大多数的临床实验室：一个名称为可感染人的A类感染性物质（液体或固体），一个名称为仅感染动物的A类感染性物质（液体或固体），一个名称为B类诊断（或临床）物质，一个名称为基因修饰微生物或生物，两个名称代表干冰（表24-6）。

表 24-5 IATA 危险物品清单中提供的信息和适用于完成危险品托运人申报单的信息

栏目[a]	信息
A	运输专用名称 / 描述的联合国 ID 编号
B	运输专用名称 / 描述
C	危险品分类
D	N/A[b]
E	外包装要求张贴危险标签
F	N/A
G	N/A
H	N/A
I	用于客运和货运的包装说明
J	客机和货机允许的最大运输量
K	仅用于货机的包装说明
L	仅用于货机所允许的最大运输量
M	适用的特殊规定和豁免
N	紧急响应代码

a 参考IATA危险物品清单的14栏规定。
b 不适用于感染性物质。

表 24-6 从 IATA 的危险物品清单中选定的危险物品的示例[a]

					客机和货机均可								
UN					Ltd 质量					仅用于货机			
ID#	运输专用名称 / 描述	分类	SR	危害标签	Pk gp	Pk inst	Max net qt/pk	Pack inst	Max net qt/pk	Pk inst	Max net qt/pk	Spec prov	ERC
A	B	C	D	E	F	G	H	I	J	K	L	M	N
2814	感染性物质，可感染人	6.2	—	IS	—	—	—	620	50 mL/ 50g	620	4 L/4 kg	A81 A140	11Y
2900	感染性物质，仅感染动物	6.2	—	IS	—	—	—	620	50 mL/ 50g	620	4 L/4 kg	A81 A140	11Y
3373	生物物质，B 类	6.2	—	3373	—	—	—	650	4 L/4 kg	650	4 L/4 kg	—	6L
1845	干冰，二氧化碳，固态	9	—	Misc	—	—	—	954	200 kg	954	200 kg	A48 A151 A805	9L

a SR，辅助分类；Ltd，有限的；Pk gp，包装组；Maxnet qt/pk，每个包装件的最大净重；Pack inst，包装说明；Spec prov,特别规定；ERC，紧急响应代码（以前称为紧急响应指南）。

包装说明和包装材料

DOT规章、USPS规章、IATA要求和IATA包装说明（PI）描述了各种生物材料安全运输的最低标准。托运人有法律责任遵守这些规定，遵守预先写好的包装说明，正确地包装物质，以确保所有处理包装的人员的安全，包括在装运前、期间和之后，直到收货人接受包装为止。在确定了用来运输物质的性质和类别后，托运人必须选择最合适的包装说明和包装指示去使用（图24-1和表24-3）。通常，临床实验室使用的包装说明与以下这些物质有关：装运A类感染性物质（PI620）；B类感染病物质（PI 650）；诊断、临床或生物物质、B类物质（PI 650）、干冰（PI 954）。没有明确的PI编号的用于分类为豁免的人或动物标本；然而，IATA提供了必须遵循的具体指示。包装说明和包装指示的详细内容比较见表24-7。

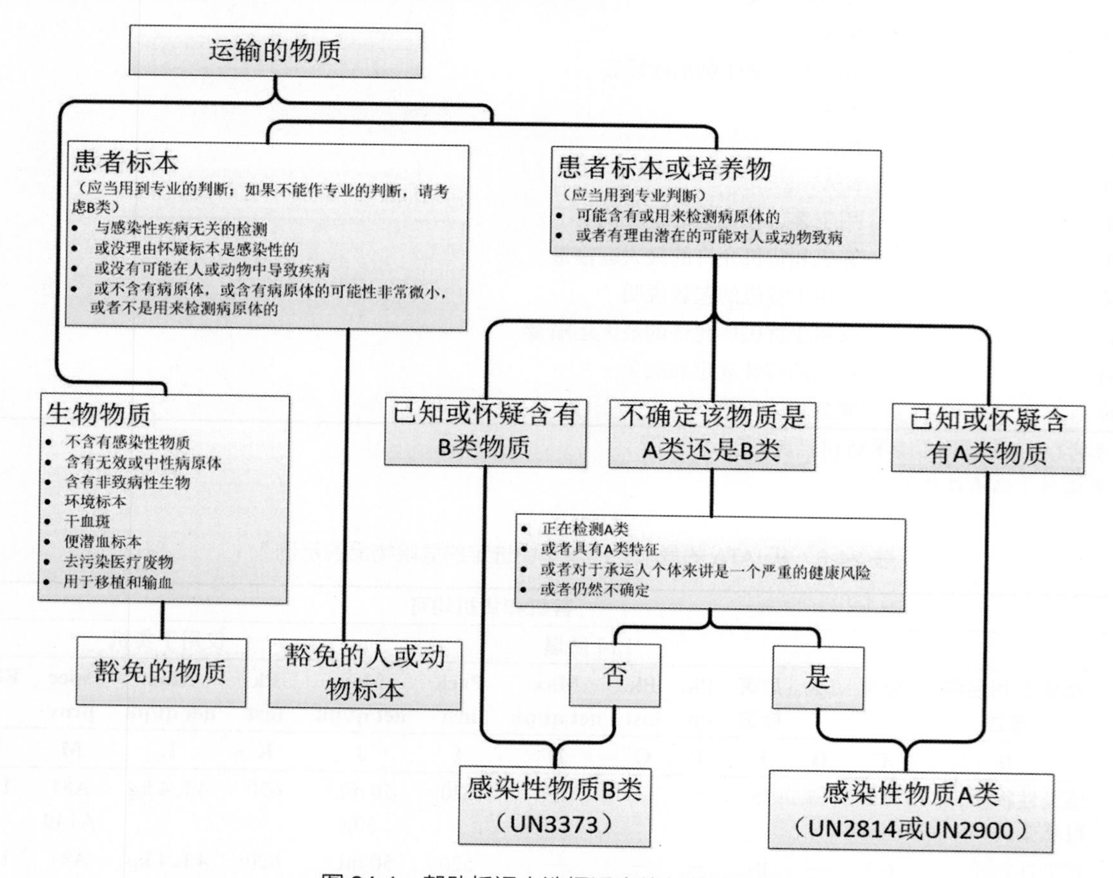

图 24-1 帮助托运人选择适当的包装说明的算法

该算法代表了作者对IATA和DOT规则的解释。

PI 620和PI 650提供了几个类似的说明，其中最值得注意的是要求对诊断标本和感染性物质使用三重包装（表24-7）。PI 620和PI 650最主要的不同就是和那些文件、标记和在外包装上贴标签有关的。PI 620和PI 650之间的相似性和不同处如表24-7所示。PI 620和PI 650要求的三层包装包括一个初级容器、一个二级容器、吸收材料、内容物清单和一个外包装（表24-7）。

· 由玻璃、金属或塑料制成的防漏的初级容器，如果它包含A类感染性物质，则用绝对密封（如热密封、金属卷边或螺纹盖帽）。无论采用客机还是货机运输诊断标本和感染性物质，A类及

B类感染性物质初级容器的最大体积分别不得超过50 mL（50g）及1L（4 kg）。

·吸附材料，用于在初级容器破裂时吸收初级容器内的所有液体；吸附材料放置在初级容器和二级容器之间。如果运输的材料是固体，则不需要吸附材料。吸附材料应与以冷冻状态运输的冷冻液体一起使用。

·一个密封的包含初级容器的二级容器。

·当运输包装分类为A类的液体或固体，或包装分类为B类的液体，初级容器或二级容器必须能够承受内部压力至少95 kPa（每平方英寸13.8磅），因为这些包装件可能会放在飞行在高海拔地区的非承压货机来运输。

·初级容器的内容和数量清单必须附在二级容器的外部。

·坚固耐用的外包装具有足够的强度以满足其预期用途，由纸板、木材或同等强度的材料制成，且有至少一个10 cm × 10 cm的表面。对于A类感染性物质，这些外包装必须符合联合国的制造和检测规格（见下文）。相比之下，含有B类感染物质的包装必须能够经受住IATA跌落试验。

用于豁免的人或动物标本的包装要求没有上述包装说明650和620中的要求严格。但是，包装必须由4个要素组成：防泄漏的初级容器；防泄漏的二级容器；对于液体物质，可以吸收全部液体的足够数量吸附材料，放置在初级容器与二级容器之间；以支撑足够强度的容量、质量和预期用途的外包装（表24-7）[2]。

表 24-7 IATA 中 650 和 620 的包装说明，以及豁免的人的标本的包装方向之间的比较

要求	豁免的人的标本 [a]	650[b]	620[c]
初级 [10] 容器与二级 [20] 容器防泄漏	是	是	是
1^0 容器或 2^0 容器的耐压	—[d]	是	是
1^0 容器与 2^0 容器之间的吸收	是	是	是
在 2^0 容器与外包装之间有内容物清单	—	是	是
刚性外包装	—	是	是
对 1^0 容器进行绝对密封	—	否	是
外包装上可以找到名字、地址与责任人电话号码	—	是	是
危险品托运人申报单	—	否	是
外包装			
标记标签	—	少一些	多一些
严格的制造规范	—	否	是
客机和货机的质量限制			
1^0 容器的最大限制	—	1 L（4 kg）	50 mL（50 g）
外包装的全部的最大限制	—	4 L（4 kg）	50 mL（50 g）[f]
包装的材料与人力的成本	最少	更多	最多

a 包括在人和动物中引起疾病的可能性极小的物质，与不可能含有病原体的物质（看文字）。
b 生物物质，B类的包装说明。
c A类感染性物质的包装说明。
d IATA没有特殊要求。
e 对固体物质没有要求，例如，组织和固体琼脂培养基培养物或斜面。
f 适用于客机。

包装的标记与标签

标记是在外包装上写明或打印信息的行为。贴标签是在外包装表面张贴有相应信息的标签或贴纸的行为。按照DOT与IATA的要求，托运人有责任在运输件的外表面标记与张贴适合的标签[1-3，6]。外包装的标记与贴标签可以传达关于运输托运人与收货人、包装件内容物的性质与重量、物质的潜在危害、物质如何包装以及发生突发状况时需要使用的信息等重要信息。外包装必须显示与特殊运输件相适合的标记与张贴标签。一些标记及标签的内容可以在IATA的《危险物品规章》里面查到[2]。这些标记及标签包括以下内容：

· 托运人和收货人的姓名和地址。

· 如果运输的物质是A类感染性物质，则“责任人”（摘自IATA）的姓名和联系电话必须显示在包装件外表面，这个责任人须了解运输件的内容，并且能够提供紧急信息，以防包装件破损、其内容物泄漏在包装件以外。这个紧急联系人必须在任何时候都可以联系上。如果所装运的物质是B类感染性物质，该信息可以在航空运单上体现，也可以在外包装上体现，责任人必须在正常工作时间内可以联系上。

· 如果该物质是A类感染性物质：

（a）张贴第6类菱形“感染性物质，如有泄漏……”的标签，完成国际生物危害的标识，和（b）一个标签显示合适的运输名称，UN编号，和物质的重量（图24-2）。请注意，这些标签一定不要带有“在美国，请通知CDC主任，亚特兰大，佐治亚州1-800-232-0124”这些词语。

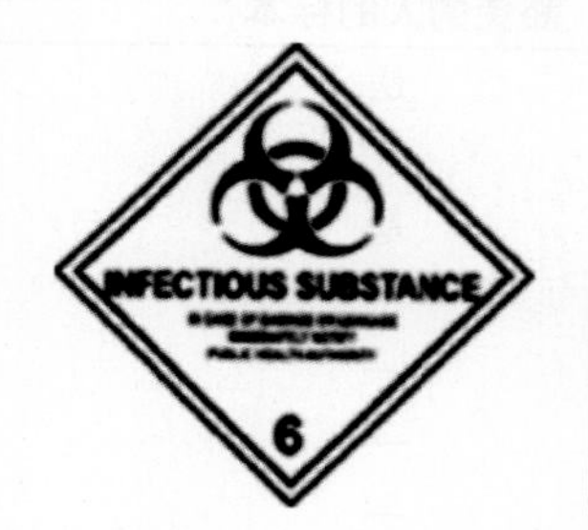

感染性物质，可感染人
UN2814
4 mL

图 24-2　标签显示了一个感染性物质（6 类），运输专用名称，UN 编号及物质的质量

依据DOT的规定，已经不再允许在感染性物质的包装件上张贴带有“在美国。请通知CDC主任,亚特兰大，佐治亚州1-800-232-0124”文字的第6类感染性物质的标签了。

· 如果该物质是B类物质：（a）“生物物质，B类”和（b）标记或贴标签“UN3373”（图24-3）。

· 如果使用干冰：第9类“其他危险品”标签和干冰重量（图24-4）。

· 包装方向标签（图24-5）。所有含有＞50 mL感染性物质的包装，其包装方向标签（箭头）必须放在包装相对的两侧，以指示包装的正确方向。

· 如果该物质（由于其重量）只能通过货机运输（图24-6），则使用“仅限货机”标签。如果每个外包装的感染性物质含量超过50 mL（5 g），但小于4 L（4 kg），则使用此标签。

· 一个包装内有多个货物时使用“复合包装件”标签（图24-7）。

· 分类为“符合‘豁免的人（或动物）标本’规定”的患者标本必须明确标注为“豁免人体标本”或“豁免动物标本”（图24-8）。

图 24-3 显示生物物质，B 类和适合的 UN 编号的标记

干冰 2 kg

图 24-4 标签显示第 9 类杂项危险品 (2kg 干冰)。

图 24-5 标签显示包装件在运输中正确的摆放方向

图 24-6 标签显示物质只能用货机运输（不能用客机）

OVERPACK

图 24-7 标记显示使用了一个复合包装件，且内部包装符合规定

Exempt
Guman
Specimen

图 24-8 标签显示运输一个“豁免的人标本”(如血液), 用来做常规诊断测试 (如胆固醇)

· 所有用于运输A类感染性物质的外部包装以及托运人认为对运输人员健康具有感染性风险的物质必须符合联合国制定的规范，并且必须由制造商标明（表24-3）。包装符合联合国标准的，在一个圆圈中有一个“UN”和一系列的字母和数字，这些内容表明了包装件的类型、材质、物质的分类、制造日期、授权机构和制造商（图24-9）。标记代码中的“第6.2类”表明该包装件已被证明适用于装运感染性物质。这些包装件在有市售，并已预先印上适当的UN标记。在装运B类物质时，不需要严格的联合国外包装规格。用于运送诊断或临床标本的外包装盒只需要足够坚硬和坚固，以达到预期的目的。

· 所有对应的标签应放置在一起，所有标签不应以任何方式重叠、遮挡或涂污。

· 任何不必要或不适用的标签应移走或覆盖。

图24-10、图24-11和图24-12显示了完全贴有标签和标记的外包装箱，它们分别表示了一个豁免的人的标本、一个B类感染性物质和一个A类感染性物质。图24-11和图24-12中的包装还含有干冰。为了方便和降低成本，一个或多个符合IATA规定的三层包装可以在一个不符合联合国规格的复合包装件内运输。然而，复合包装件必须被标记为“复合包装件”，并且必须完全按照适用的IATA规章进行标记（图24-7）。

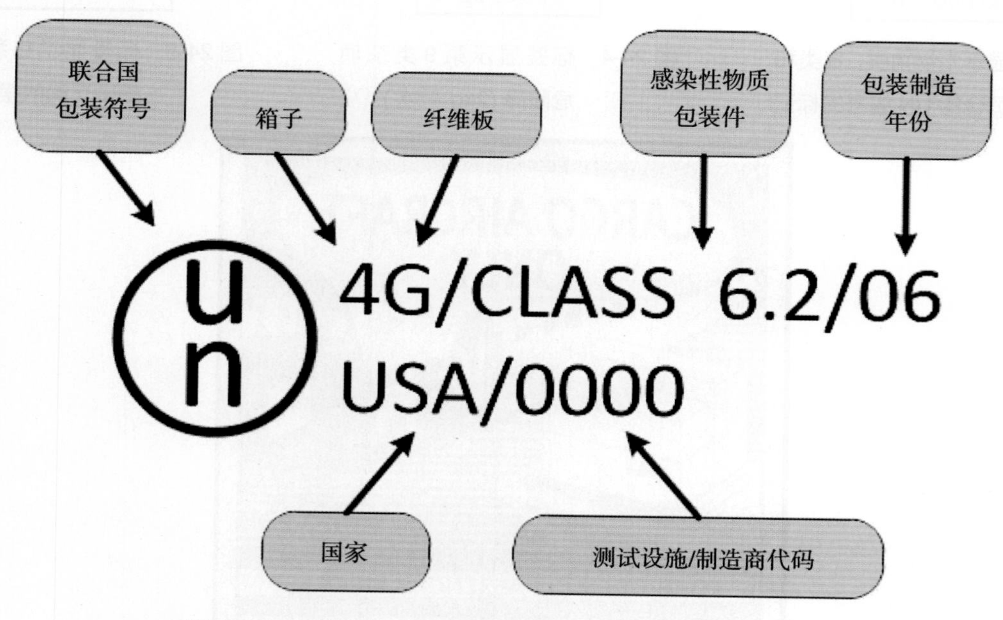

图 24-9　标签上表明最外层包装符合 IATA 规定的制造标准

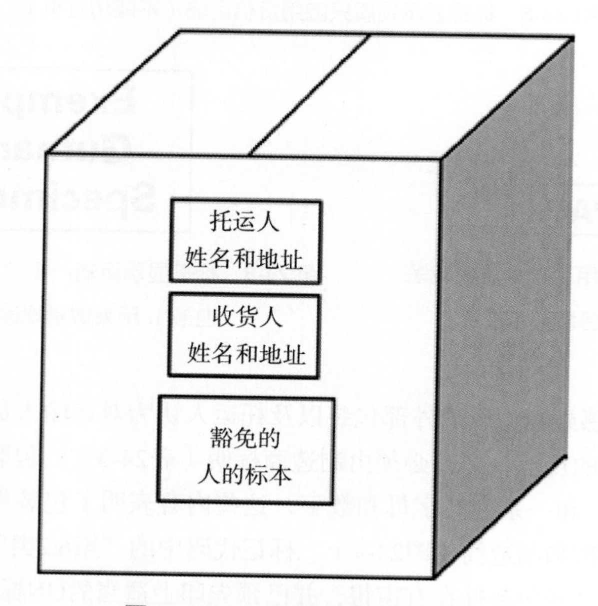

图 24-10　一个完整的外包装标签

在包装件里面的主容器容纳了豁免的人的标本，并按IATA的规定进行包装。

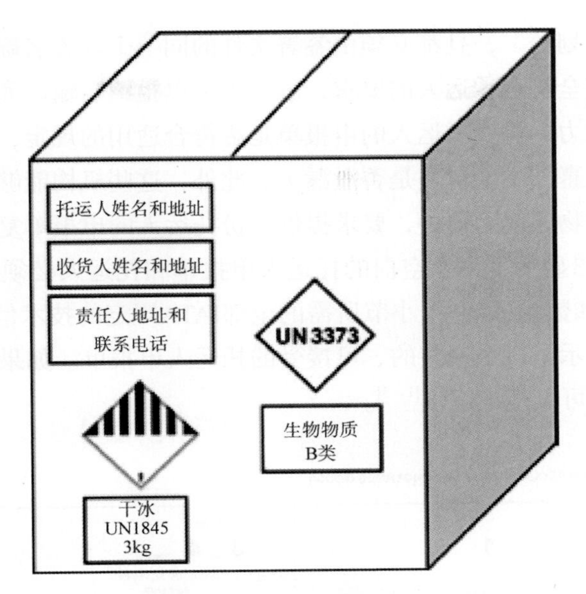

图 24-11 一个贴好标签的 B 类感染性物质包装件的外表面

包装件的主容器里面含有B类感染性物质（诊断或临床标本），并且已经按照PI 650打包完毕。

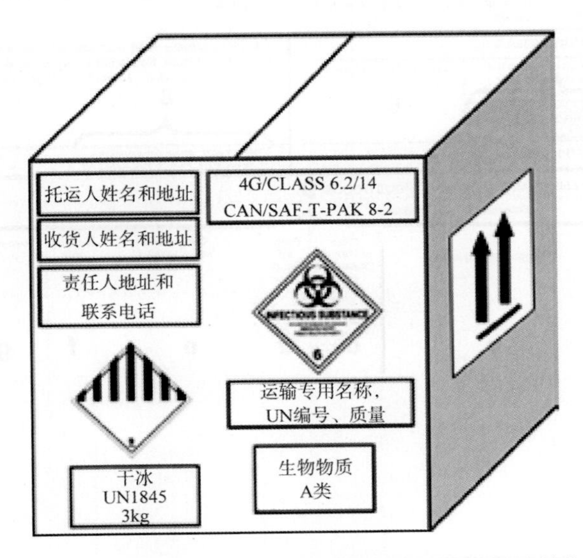

图 24-12 一个贴好标签的 A 类感染性物质包装件的外表面

包装件的主容器里面含有A类感染性物质，并且已经按照PI 620打包完毕。

证明文件

所有A类感染性物料，不论以何种运输方法（即空运或地面），都要求有运输申报单。托运人申报单是托运人与承运人之间的一份法律合同，要求载运的所有危险货物必须有文件证明，证明文件必须准确，并且必须清楚易读，否则承运人可能会拒收运输包裹。有些承运人要求托运人的申报单打印出来；有些需要多份复印件，有些需要彩色复印件。提交给承运人的原始托运人申报单必须在文件的左右边缘有红白相间的条纹。托运人必须至少为其记录保留一份副本至少两年。所有的修改形式都必须是整齐地“划掉”，且都必须由签署文件的同一个人签名确认。如果托运人的申报单上的有一项内容都没有完全符合承运人的要求，承运人可以拒绝运输。商业航空公司和联邦航空管理局经常在机场行使其权力，检查托运人的申报单是否符合适用的规定，并打开和检查任何含有或怀疑含有感染性物质的包裹（不论包裹是否泄漏）。此外，这些机构能够并确实检查包装完好的货物的证明文件，到这些货物的起运地去，要求提供一份托运人的申报单复印件以及对雇员进行足够培训的证明文件。图24-13显示了一个空白的托运人申报单和托运人必须完成的13个部分。完成文件第9条（危险品的性质和数量）的7个小节所需的全部IATA规定的技术信息可以在表24-6和参考文献4[2]中找到。图24-14显示了一个完整的、可接受的托运人申报单。如果托运人的声明不正确，不能使承运人满意，承运人可以拒绝运输[1, 3]。

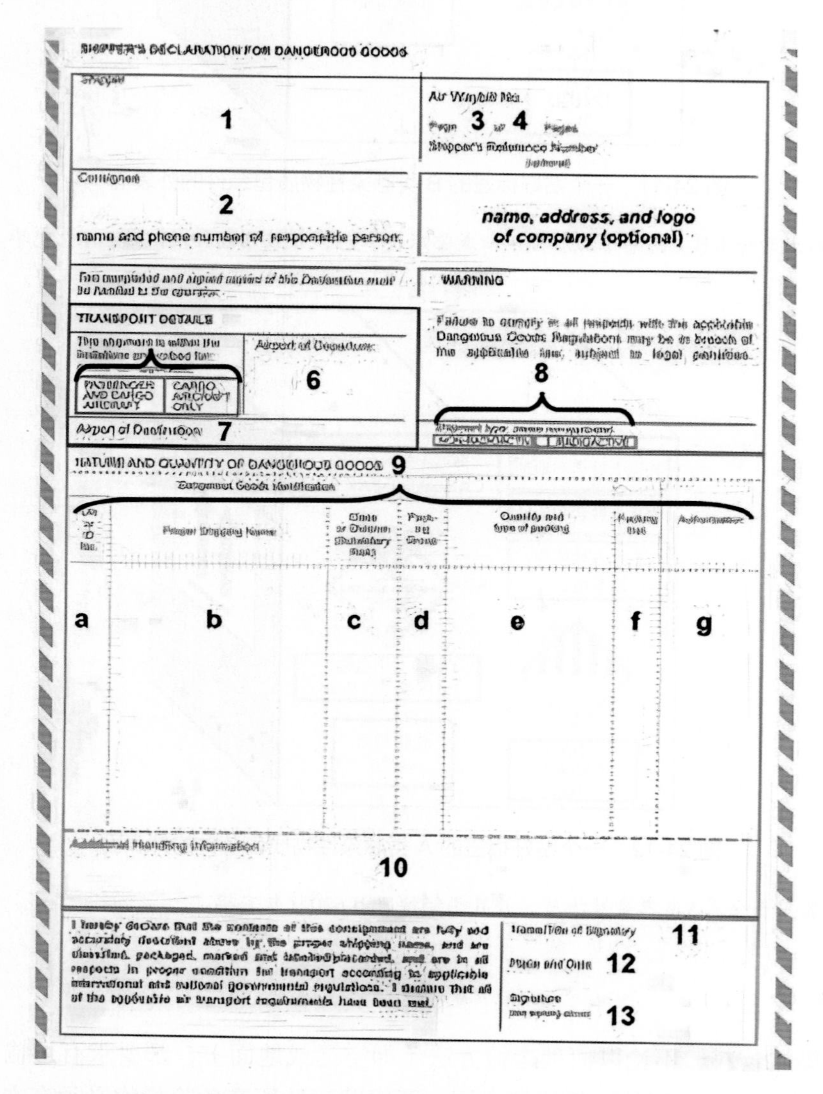

图 24-13 《危险品托运人申报单》和 13 条规定，这些规定必须由托运人完成

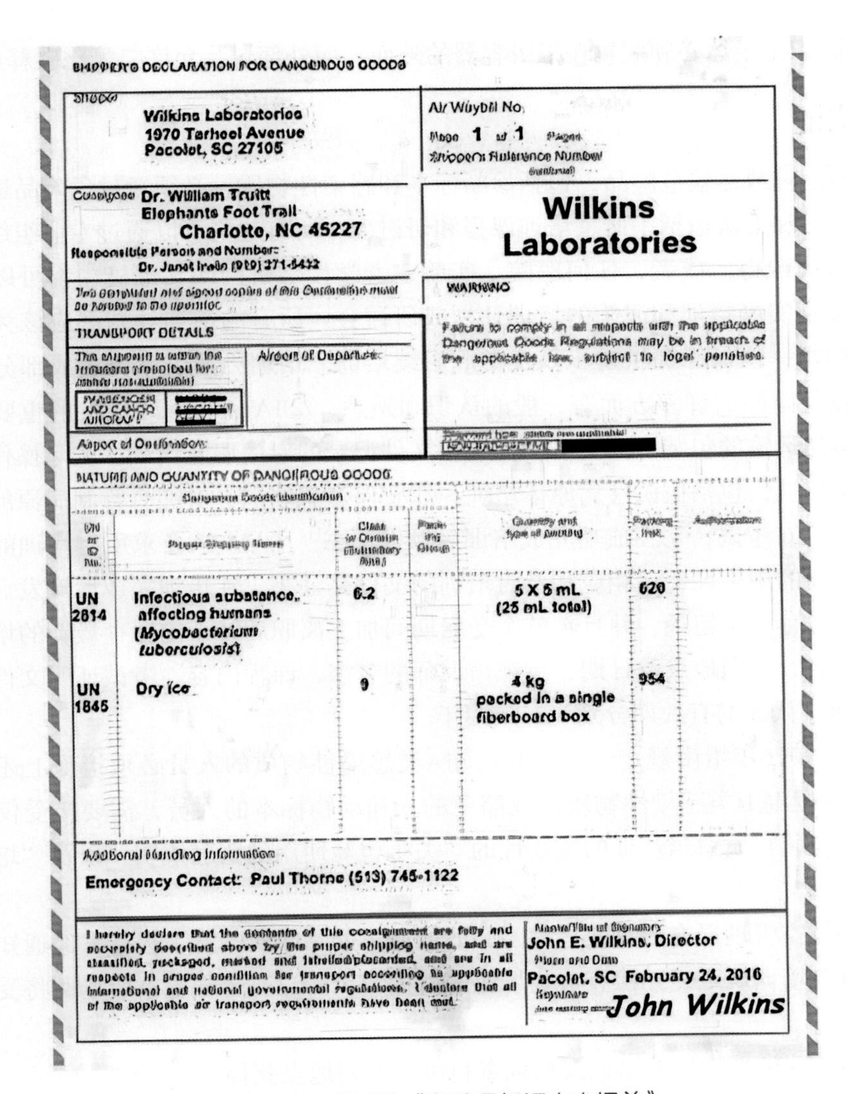

SHIPPER'S DECLARATION FOR DANGEROUS GOODS

Shipper
Wilkins Laboratories
1970 Tarheel Avenue
Pacolet, SC 27105

Air Waybill No.
Page 1 of 1 Pages
Shipper's Reference Number
(optional)

Consignee Dr. William Truitt
Elephants Foot Trail
Charlotte, NC 45227
Responsible Person and Number:
Dr. Janet Irwin (919) 371-5432

Wilkins
Laboratories

Two completed and signed copies of this Declaration must be handed to the operator.

WARNING

Failure to comply in all respects with the applicable Dangerous Goods Regulations may be in breach of the applicable law, subject to legal penalties.

TRANSPORT DETAILS

This shipment is within the limitations prescribed for: (delete non-applicable)

PASSENGER AND CARGO AIRCRAFT / CARGO AIRCRAFT ONLY

Airport of Departure:

Airport of Destination:

Shipment type: (delete non-applicable)

NATURE AND QUANTITY OF DANGEROUS GOODS

Dangerous Goods Identification

UN or ID No.	Proper Shipping Name	Class or Division (Subsidiary Risk)	Packing Group	Quantity and type of packing	Packing Inst.	Authorization
UN 2814	Infectious substance, affecting humans (*Mycobacterium tuberculosis*)	6.2		5 X 5 mL (25 mL total)	620	
UN 1845	Dry ice	9		4 kg packed in a single fiberboard box	954	

Additional Handling Information

Emergency Contact: Paul Thorne (513) 745-1122

I hereby declare that the contents of this consignment are fully and accurately described above by the proper shipping name, and are classified, packaged, marked and labelled/placarded, and are in all respects in proper condition for transport according to applicable international and national governmental regulations. I declare that all of the applicable air transport requirements have been met.

Name/Title of Signatory
John E. Wilkins, Director
Place and Date
Pacolet, SC February 24, 2016
Signature
(see warning above) John Wilkins

图 24-14 完成的《危险品托运人申报单》

DOT规定，在运输A类感染性物质时，必须在托运人申报单上附上“紧急响应电话号码”（图24-14）[2]。电话号码必须由一名知悉以下情况的人士随时监控：①所运送材料的危害；②紧急响应及缓解事故的信息，以供处理人员联络已发放的包装件；③适当的急救信息。或者，紧急响应电话号码可以是一个人的电话号码，这个人可以立即联系到知道这种知识和信息的人。如果托运人能够确保代理、机构或公司能够及时提供上述紧急情况所需的信息，可以使用代理、机构或商业公司的名称和编号来代替上述人员。

制冷剂

运输诊断标本和感染性物质的两种常用的制冷剂是干冰和湿冰。DOT要求，当使用湿冰时，包装件必须是防漏的。干冰属于第9类危险品，必须按照PI 954进行包装，当干冰是唯一被装运的危险品时，不需要托运人的申报单。二级容器必须固定好，防止因干冰升华而变得松动。外包装上必须张贴杂项第9类的菱形标签、UN编号和运输专用名称，并记录在托运人的申报单上（图24-4、图24-11和图24-12）。每件外包装干冰的最大允许净重为200 kg。注意：干冰绝对不能放在密封的容器中（有爆炸危险！）干冰必须放置在二级容器的外面，而外部包装允许二氧化碳释放出来！

培训和认证

任何人参与运输或运输危险品，包括诊断标本和感染性物质，必须经过危险品运输培训[1-3，6]。可接受的培训材料和方法包括手册、培训课程和研讨会，所有这些可以通过专业组织和危险品包装材料的商业供应商购得。或者，任何医院、实验室、学校、机构或其他机构都可以在认证培训师的指导下开展包含实操培训和演练的培训计划或研讨会。所有的培训计划都应该为负责运输和包装感染性物质的每一位员工提供初步以及常规后续培训。培训方案的重要组成部分必须包括以下内容：①对运输危险品的许多方面有一般的认识和熟悉；②IATA和DOT规定的重要性、性质和内容；③关于危险品运输的包装、标记、贴标签和文件记录的专门职能培训（实际操作和（或）示范演练）；④安全培训，包括血源性病原体培训；⑤安保意识培训，对拥有管制病原的实体进行深入的安保意识培训；⑥考试；⑦在成功完成培训后颁发证书[1，2]。IATA要求所有培训的所有方面都要形成文件。最重要的用来证明适相应和及时培训的文件是证书，在培训完成后颁发。雇主须为每名接受培训的雇员备存一份纪录，并且在整个受雇期间加上离职后90天内保存最新的培训纪录。记录应包括雇员的姓名、受训地点及日期、持证培训师的名字、课程内容、考试证明文件、培训证书复印件。IATA和DOT认证的有效期分别为2年和3年。

WHO2015—2016年指南规定，包装和运输A类感染性物质的人员必须接受上述正式培训和认证[4]。对于包装和运输B类感染性物质以及豁免的人和动物标本的人员，需要接受仅仅是一般的实用性的培训，如包装物质适当认证的重要性的“关于包装使用的明确说明”以及“培训与意识”方面的培训[4]。

DOT和联邦航空管理局有权对装运危险品的场所（如临床实验室）进行未经通知的检查，检查这些场所是否符合培训规定，并检查这些场所的培训记录。没有遵守规章的场所将受到数量可观的罚款。

运输危险品及感染性物质的培训及培训资料可从下列地点获得：

- 美国微生物学会。
- 国际航空运输协会（培训手册）。
- 区域和全国临床微生物学会议（研讨会和介绍）。
- 大多数主要的大学和医疗中心。
- 许多州的卫生部门和公共卫生部门。
- SafTPak（培训课程和光盘）。
- CARGOpak（为期一天的研讨会）。
- 国际危险品组织。
- ICC合规中心。
- 世界快递培训课程。
- 包装科学。

结论

有几个简单但极其重要的要点，必须定期和着重地强调给每个包装和运输诊断标本以及有害物质的人员。①正确包装和运输的目的是保护非科学家的承运人员。这些人员是在帮助托运人；然而，他们通常不知道所运物质是否有危险。②托运人必须接受培训，并保持最新和准确的培训证明文件。③规定每2年或3年进行一次复训，视管理机构或认可机构而定，并视规章的修订而定。④托运人应定期仔细检查新的和经修订的规章。通过互联网搜索以及对IATA和包装材料制造商网站的监控，可以让人们了解运输规章的变化。IATA的规章每年都在变化，每年一月份都会得到更新。本章付印之际，WHO已经发布了一份关于感染性物质运输条例的指导文件。⑤托运人必须正确和非常小心地准备每一个包裹。当有疑问的时候，向专业人士询问意见。⑥从托运人的发送地到收件人的接收地，托运人对包装件的完整性负全部责任。包装和运输的所有方面都由托运人负责。

附录A 与包装和运输有关的术语和定义

生物制品：一种源于生物体（包括人类和其他哺乳动物）的物质，并按照联邦政府规定的法规和许可要求生产和销售；并可适当的划分为感染性物质或诊断（或临床）标本。生物制品可以是完成的或未完成的，用于预防、治疗或诊断人类或动物的疾病，并用于研究、实验或开发目的。生物制品包括常见的物品，如临床微生物学试剂和试剂盒、血清学试剂、诊断试剂和疫苗。在世界的某些地区，一些有许可的生物制品被认为是有生物危害的，它们要么符合感染性物质规定的标准，要么必须遵守该国政府规定的其他限制。

B类生物物质：任何不符合A类物质标准的感染性物质。见诊断（或临床）标本。

承运人（运营商）：从事商业货物运输业务的个体或组织（如DHL，联邦快递，联合包裹服务，西北航空）。

A类物质：感染性物质或微生物，是以一种当接触到它时，能够在其他健康的人类或动物身上导致永久的残疾或危及生命或致命疾病形式传播的物质。A类物质由IATA单独指定和具体列出。

B类物质：不符合A类标准的感染性物质，B类情况一般被认为如下：①患者或临床标本中合理估计含有或正在培养的或者检测一种病原体；②没有明确列入A类的微生物。

联邦法规（CFR）：在联邦登记册上公布的美国法律。

收货人：转运接收人（如一个参考实验室）。

培养物：是指有意繁殖病原体而进行的操作过程的结果。这个定义参考了典型实验室的生长于肉汤或者是固态培养基的微生物的培养物，并且参考或适用于本章定义的标本。典型的临床培养物依据生物相关性，及托运人专业的判断，划分为A类物质或B类物质[4]。

危险品：如果没有对其进行正确的处理和含有，能够给健康、安全、财产以及环境带来风险的材料，这些材料可以在IATA的《危险物品规则》的危险品清单上查到。

《危险物品规章》（DGR）：一本市售的关于IATA要求的书籍。这本书基于并且包括ICAO的规定，提供关于危险品包装与运输的要求（如，诊断标本和感染性物质）；是被全球所接受和认知的一本书。

诊断标本（或者是临床标本）：一种B类感染性物质；不符合A类标准的感染性物质；通常认为是临床标本，如拭子、组织、体液这些在临床实验室很常见的标本，并且被培养或者用来检测是否含有病原体。

基因修饰微生物（GMO）：通过基因工程以不会自然发生的方式故意修改或改变其遗传物质的微生物；必须按照与任何潜在感染性物质或诊断标本（临床标本）相同的方式和程度进行分类

（表24-3）。

危害材料规则：49联邦法规（CFR）171～177部分。

国际航空运输协会（IATA）：商业航空业的贸易组织；管理国际航空业；为方便包装、装运、运输、和处理危险品的使用，发布了《危险物品规章》。

国际民航组织（ICAO）一个联合国专门机构；管理国际航空业；规范所有的国际民用航空营运商的危险品运输；是IATA要求与DOT规章的来源。

感染性物质：是一种已知或有理由认为含有病原体的物质（能够引起人或动物疾病的微生物）；已知含有，或有理由怀疑含有A类或B类病原体或物质；划分为6.2类危险品，或在IATA中被定义为危险品的一个种类（A类或者B类）。

复合包装件：最外面的包装，用于封装一个以上的完整包装件，其中每个包装件都包含危险品；通常用于方便和缩减成本。

包装件：包装过程的最终产品。

包装材料：用于容纳运输物质的所有的材料，并且为运输做准备的物质；容器及其相关组件（如试管、容器、吸附材料、箱子和标签），用于容纳和包装物质，并确保符合包装要求。

打包：包装材料用于保护物品或物质以便运输的一种具体动作或方法。

包装说明：IATA定义的托运人说明，运输包括诊断标本和感染性物质的危险品的托运人必须遵守这一说明去选择、组装、标记、贴标签以及包装过程的文件准备；包括包装材料的制造商、测试，以及性能具体说明。

病原体：一种已知或有理由认为能够在人类或动物中引起疾病的微生物［细菌、真菌、原虫、蛋白质类感染性颗粒（朊病毒）、病毒、蠕虫等］。

病人标本：从人或动物身上采集的材料，但不限于以研究、诊断、研究活动、疾病治疗和预防等为运输目的的排泄物、分泌物、血液及其成分、组织、体液、身体器官和组分，以及人体材料拭子。

初级标本容器：最里面的包装包含诊断标本或感染性物质；由玻璃、金属或塑料组成；必须防漏；如果含有感染性物质则必须绝对密封。

运输专用名称：IATA清单上超过3000个中的任何一个和国际公认的危险品名称。

二级标本容器：包含一级标本容器的容器。

托运人：任何通过商业承运人（通常是一个公司或者是医疗机构的雇员［如，实验室工作人员］）运输货物的人；向IATA成员提供运输货物的；任何填写并签署托运人申报单的人。在托运人申报单上签字的人是对文件上的信息的准确性负责的人。

托运人危险品申报单（托运人申报单）：每批危险品装运时必须附有IATA定义及强制执行的表格；包含描述危险品的信息；对处理货物的人员有帮助；必须由托运人填写。

联合国认证的包装：包装材料（通常是硬纸板箱）已通过联合国认证测试（以及IATA的结构和测试标准），并被制造商标记为用于某些危险品运输。

美国交通部（DOT）：联邦机构，通过《联邦公报》中公布的条例，管理所有危险品在美国境内的运输；公布的规章是以ICAO规章为基础并与之达成实质性协议的规章。

附录B　管制因子

管制因子是微生物、生物制剂或生物毒素，美国政府认为这些因子是对公众健康和安全的主要威胁，因为它们可能被用作生物恐怖主义的制剂。管制因子的示例包括大多数出血热病毒（如克里米亚-刚果出血热病毒、埃博拉病毒、马尔堡病毒等）、炭疽杆菌、鼠疫耶尔森菌、流产布鲁菌、土拉弗朗西比菌、天花病毒、肉毒杆菌神经毒素，以及所有生物恐怖主义制剂，包括人兽共患病病原和重大动物疾病的病原[11，12]。如果一个管制因子或标本或某种物质怀疑含有管制因子，而且这个因子必须从一个场所运送或以其他方式从一个场所运送到另一个场所，托运人必须在运送前联系相关的州和联邦当局以获得指导和指示。此外，托运人必须确认收件人已被批准接收管制因子。

原著参考文献

[1] Denys GA, Gray LD, Snyder JW. 2004. Cumitech 40, Packing and shipping diagnostic specimens and infectious substances. Sewell DL (ed). ASM Press, Washington, DC.

[2] International Air Transport Association. 2015. Dangerous Goods Regulations, 56th ed. International Air Transport Association, Montreal, Canada.

[3] Snyder JW. 2002. Packaging and shipping of infectious substances. Clin Microbiol Newsl 24:89–93.

[4] World Health Organization. 2015. Guidance on regulations for the transport of infectious substances 2015 – 2016. World Health Organization, Geneva (http://apps. who. int/iris/bitstream/10665 /149288/1/WHO_HSE_GCR_2015. 2_eng. pdf).

[5] McKay J, Fleming DO. 2000. Packaging and shipping biological materials, p 411–423. In Fleming DO, Hunt DL (ed), Biological Safety: Principles and Practices, 3rd ed. American Society for Microbiology, Washington, D.C.

[6] United States Department of Transportation, Research and Special Programs Administration. 2002. Hazardous materials: revision to standards for infectious substances and genetically modified organisms; final rule. Fed Regist 67:53118–53144.

[7] United States Department of Transportation, Research and Special Programs Administration. 2004. Harmonization with the United Nations Recommendations, International Maritime Dangerous Goods Code, and International Civil Aviation Organization's Technical Instructions; final rule. Fed Regist 69:76043–76187.

[8] United States Department of Transportation, Pipeline and Hazardous Materials Safety Administration. 2005. Hazardous materials: infectious substances; harmonization with the United Nations recommendations; proposed rule. Fed Regist 96:29170–29187.

[9] United States Postal Service. 2016. Mailing standards of the United States postal service, domestic mail manual. (http://about. usps. com/manuals/welcome. htm).

[10] United States Postal Service. 2015. Publication 52: Hazardous, restricted, and perishable mail. (http://pe. usps. com/text/pub52 / welcome. htm).

[11] Animal and Plant Health Inspection Service, United States Department of Agriculture. 2016. Agricultural bioterrorism protection act of 2002: Possession, use, and transfer of biological agents and toxins; final rule (7 CFR Part 331; 9 CFR Part 121). Fed Regist 70:13242–13292 http://www. selectagents. gov/.

[12] Centers of Disease Control and Prevention and the Office of the Inspector General, United States Department of Health and Human Services. 2016. Possession, use, and transfer of select agents and toxins; final rule (42 CFR Part 73). Fed. Regist. 70:13316–13325. http://www. selectagents. gov/.

25

制订支持生物风险管理文化的生物风险管理程序

LOUANN C. BURNETT

在过去的几十年里，不同行业对安全和安保风险管理方法的演变是一致的。美国国家科学院的一个小组回顾了化学实验室的安全文化[1]，在他们对这一演变的回顾中，根据安全科学文献，总结出应对事故所产生的3个“时代”：技术，系统，文化。

· 技术是应用工程或其他技术措施来控制危害和防止伤害。这种方法假定一连串的事件导致事故。

· 系统利用对人员、任务、技术和环境之间相互作用的理解来实现降低风险的目标。事故起因于复杂的相互作用。

· 文化以机构的共同价值观为目标，作为对工作场所安全的追求和相对重要性的概括；管理层的承诺和参与突出了这一点。这种方法认识到，坏结果的产生很少能归结于极个别人的责任。

所有这些方法对降低风险都相关而关键。然而，这种演变注意到，要使技术和系统方法取得成功，就必须得到一机构文化的支持，这种文化把安全作为其任务的一个不可或缺的组成部分。

生物安全和生物安保的方法也遵循这一演变。生命科学已经见证了技术变革的加速、新型危害、非生命科学家可以得到材料以及增加的复杂性。这些额外的压力使生物安全和生物安保方法的发展变得更加重要。本章提出了一些促进基于技术的“生物安全程序”转型的思路，以支持更广泛和更包容的“生物风险管理文化”。

有效的生物风险管理程序通过自下而上的技术驱动方法来调节自上而下的生物风险管理文化方法，其好处不仅包括减少或消除生物风险，而且还包括提高效率和降低成本，将生物风险管理更多地整合到整个机构中，更好地应对意料之外的问题，并增强了社区和监督机构的好感。

不断发展的生物风险管理方法

技术

“生物安全程序”的概念历来特别关注于机构的努力工作，主要是实验室工作人员和生物安全专业人员，目的是将有潜在危害的生物因子防护在储存、操作或处置的实验室或者工作区域，并防止意外释放（“生物安全”）。WHO将生物安全定义为“为预防非故意暴露于生物因子和毒素或其意外释放而实施的防护原则、技术和实践”[37]。

自2001年以来，预防故意误用（“实验室生物安保”）也被包括在许多“生物安全程序”中，WHO将其定义为“实验室内对生物因子和毒素的保护、控制和问责，以防止其丢失、盗窃、误用、转用、未经许可的获取或故意未经许可的释放”[37]。在美国，聚焦于环境、设备和操作，以实验室为中心的技术指南的例子包括：

美国CDC和NIH联合出版的《微生物和生物医学实验室中生物安全》（BMBL）指南[2]、NIH《重组或合成核酸分子研究指南》[3]、职业安全和健康管理署（OSHA）《血液传播病原标准》[4]以及《联邦政府管制因子和毒素程序》[5]。

这种方法依赖于使用风险组和生物安全级别来确定潜在危险生物因子的控制措施。在使用这些类别时，暗含了这样的含义，“风险评估已经由专家完成，他们已将生物因子归为风险组，并为每一种生物安全水平建立了具体的控制措施”[6]，最高管理层通常将此责任委托给“生物安全官”和“机构生物安全委员会”。他们所在的单位通常依赖“生物安全官”和“机构生物安全委员会”，以确保这些分类所规定的措施已经到位。只有在出现问题时，管理层才会介入。

以技术为基础的方法的另一个特点是特别强调科学专业知识（和自我管理），而不是将专业知识包含在治理、风险管理和组织行为中。Palmer等认为，“领导层偏向于那些从事相关工作的人，这会促进一种不屑于外部批评的文化，并鼓励一种轻视一切的文化”[7]。

管理系统

出版于2006年的本书第4版[8]的这一章介绍了将生物安全程序集成到管理系统的方法。这与美国环境保护署要求采用环境管理系统（ISO 14001）来管理美国大学的危险废弃物有许多相似之处。其中许多大学还利用管理体系来定义和运营其他环境健康和安全程序，如生物安全。与此同时，一项关于开发生物风险管理系统方法的国际工作正在进行中，结果是于2008年和2012年分别导致欧洲标准化委员会（European Committee for Standardization，CEN）研讨会协议（Workshop Agreement，CWA）15793：2008年（实验室生物风险管理）[11]及16393：2012（实验室生物风险管理——实施CWA 15793：2008的指南）[38]。（注意CWA是在CEN研讨会上制定和批准的协议；后者让任何对该协议的开发感兴趣的人都可以直接参与。

这些努力是跟在其他行业，如化学工业、核电站、海上钻井、航空和医疗保健等行业之后，并从这些行业得到了信息。这些努力是由重大事件（被认为是可以预防的）推动的，目的是开发和实施管理系统，以促进安全和安保[1, 6, 9, 10]。

由此产生的安全和安保管理系统往往结构相似，使用类似的关键步骤[8]：

1.制定政策。

2.计划支持政策的行动。

3.实现这个计划。

4.监测和衡量实施的表现。

5.建立纠正和预防措施，以解决需要改进的方面。

6.对整个系统定期进行程序和管理复审。

生物风险管理系统

根据CWA 15793，生物风险管理系统方法使机构能够“有效地识别、监测和控制实验室生物安全和生物安保方面的活动”[11]。因此，生物风险管理有实验室生物安全和生物安保两方面，是一种综合方法，以减少因涉及生物材料的非故意和故意的意外事件而产生的风险。管理系统方法强调了机构中许多参与者的责任，这些参与者对系统的成功做出了贡献，包括最高管理层的直接参与。CWA 15793的引言部分指出，建立和实施成功的生物风险管理系统的关键因素包括：

“高级管理人员致力于：

· 为生物安全和生物安保政策提供充足的资源、优先次序和沟通。

· 整合整个机构的生物风险管理。

· 查明改进和预防的机会，确定根本原因和防止复发。”

正如Brodsky和Mueller-Doblies[12]所指出的，系统方法的采用，以及CWA 15793，一直进展缓慢，特别是在美国，以实验室为中心的指南，如BMBL和NIH指南，传统上为生物安全项目的实施和监督提供了基础。然而，兴趣正在以更加系统化的视角增长，这或许是由持续不断的事故所驱动，这些事故即使是在最有经验和资源最丰富的实验室也能看到。将CWA文件转变为ISO技术文件的决定正在进行中，表明了国际生物风险管理界保留甚至扩展生物风险管理体系方法的意图和兴趣。

安全及安保文化

最近，对2011年福岛核事故和多个化学实验室致命事故等事件的调查，特别指出在所有其他原因中，缺乏“安全文化”是这些情况下失败的一个重要原因。［2011年3月11日发生在日本福岛核电站的核泄漏事故最初是由日本东北地震引发的海啸。海啸造成的破坏导致了设备故障，这些设备故障后，就发生了冷却剂损失事故，导致从2011年3月12日开始的三次核熔毁和放射性物质的释放。1997年，在学术实验室发生的事故中，达特茅斯学院（Dartmouth College）的一名化学教授因戴手套的手暴露于二甲基汞而死于急性汞中毒。2008年，加州大学洛杉矶分校的一名研究助理死于自燃试剂引发的火灾。2010年，德克萨斯理工的一名学生在高氯酸肼镍的实验中受了重伤。］

“安全文化”一词并不新鲜。第一次出现这个词是1985年，指1984年的博帕尔灾难[10]，后来在切尔诺贝利事件的后续行动中被广泛使用。［博帕尔灾难，也被称为博帕尔天然气事故，是1984年发生在印度的异氰酸甲酯气体泄漏事件，被认为是世界上最严重的工业事故。切尔诺贝利事件是1986年4月26日发生在乌克兰普里皮亚季（当时的苏联）切尔诺贝利核电站的灾难性核事故。一次爆炸和火灾向大气中释放了大量的放射性粒子，这些粒子扩散到苏联西部和欧洲的大部分地区。］

度量和指标可以被颠覆，但是文化不能[10]。在福岛，调查指出，在运营层面，程序得到了普遍遵守，而且是适当的，但组织层面没有考虑到“一切如常”之外的问题，导致工人们没有准备好应对新出现的意外事件。在一个有着强烈安全文化的机构中，机构的本职工作是重要的，但是如果出了问题，安全优先。

生命科学界经历的灾难性事件比上面所列的要少，但即使是无意或有意释放少量特定病原体，其后果也可能比上面化学和核工业所描述的更具破坏性。文件已经证实以下病原体曾被从实验室生物防护条件下非故意暴露或者释放：严重急性呼吸综合征冠状病毒[13]、炭疽杆菌[14]、H5N1流感[15]、鼠疫耶尔森菌[16]和土拉热弗朗西丝菌[17]等[18，19]。

与这些意外事件相关的“失败”与其他行业的“失败”往往相似：

· 生产优先于安全。
· 职责和问责不明确。
· 只遵守最低标准，不考虑是否有必要采取额外措施来应对风险。
· 缺乏对危害和风险的认识。
· 决策中未考虑安全。
· 纠正措施针对的是症状，而不是原因。
· 未能整合和应用经验教训。
· 缺乏有效的培训程序。
· 对意外事件或有惊无险事件缺乏非惩罚性的报告。
· 忽视安全和安保专业知识。

虽然目前许多行业正在讨论，但对安全（或安保）文化尚未形成一致的定义，但是定义安全文化的关键特征是[1，10]：

· 强大的安全领导力和管理——“言出必行”。
· 权力和责任界限清晰。
· 双向沟通，自由交流。
· 通过激励信息流动和自我批评，不断学习安全知识。
· 坚定的安全态度、意识和道德规范。
· 从意外事件中吸取教训，把重点放在解决问题而不是追责。
· 合作建立安全文化；共同承担成功的责任。
· 促进和宣传安全。
· 机构为安全提供资金支持。
· 在决策时优先考虑专业知识，而不是资历。

在一篇反映生命科学最近失误的评论中，Trevan[20]呼吁采用高可靠性机构（highreliability organizations，HROs）的最佳实践来提高生物安全。HRO是一个成功地避免灾难的机构，在这种环境中，由于风险因素和复杂性，可以预期正常的事故，防止失败，而不是最大限度地提高产出。HROs的基本组成部分包括一个列表，与上面列出的安全文化非常相似。Palmer等评论说，美国政府的建议旨在解决有关传染性病原体的失误，“发现重要的差距和建设性的步骤，但将建议归结到体制结构不健全的问题上，未能解决潜在的系统性需求”。

本章不打算放弃由各学科的基础技术文件所规定的生物安全和生物安保的核心和基本原则，也不打算更广泛地执行诸如CWA 15793及其后续的管理制度。相反，它试图将这些概念与实用的和可实现的组织实践相结合，共同促进有效和可持续的生物风险管理文化。请注意，本章引用的许多参考文献都是关于“安全”或“安全文化”的。安保文化的文献还没有得到充分的发展，但这里提供的信息旨在应用于安全与安保，以及由无意或有意行为导致的生物风险。

图25-1说明了防护的核心原则在以下方面相互依赖：①影响防护的人的能力和批判性思维能力；②机构能够有效地减少或消除生物风险的情况下应用的物质、财务和人的能力等可靠的资源；③机构采取行动减少或消除不可接受的生物风险的承诺和意图，不考虑其他优先事项，也不考虑将这种承诺纳入本机构的职能和使命。此外，必须在所有这些要素之间有效地畅通无阻地进行交流。当然，还有其他的元素可以被调用；该模型包含了作者对安全文化所需要的特征的分类，如文献中总结的和上面列出的。

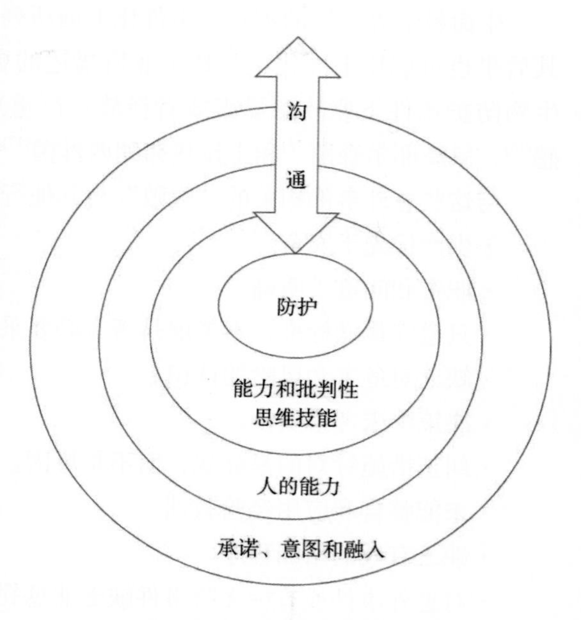

图 25-1　影响生物风险管理文化的因素

这种生物风险管理文化的概念是可扩展的——它可以应用于单个实验室、部门、机构、国家部门或机构、国家或地区。同样，它也适用于机构的不同职能部门——病患护理（动物或人）、诊断、研究和现地（动物或人类疾病调查或监测、农业）。无论大小或职能如何，这些要素都是必不可少的。一个健全的生物风险管理系统需要在遇到新的和完善的输入和响应时持续协作。

合规与文化

传统上，机构内部建立生物安全程序的基础是需要遵守各种指南、合同要求和规章。负责生物安全程序的人员通常被称为“生物安全官”，他们的任务是确保合规。在这种配置下，生物安全程序面临的主要风险是不遵守规定的风险和相关后果（罚款、传票、失去经费和信誉等）。虽然这些都不是微不足道的风险和后果，但仅为这一目标而关注和支持的生物安全程序将很容易忽略在活跃的监管环境中预期不到的其他生物风险。负责解决合规性问题的生物安全专业人员常常被夹在这些最低要求和那些可能真正解决风险的要求之间，例如，在不断发展的技术或方法超出监管视线的情况下。在上述事件中，一个经常被引用的失败是，人们认为，除了法律要求中所述的（或暗示的）之外，没有必要评估风险或减轻风险。

规章制度本身不能确保安全实践；机构必须支持规范，使人们即使在没有人注意或行动超出最低要求时也能采取正常行动[9]。建立生物风险管理文化扩大了生物安全程序的作用，提供生物风险评估、缓解措施和能力方面的关键专业知识。然而，下面的讨论将很快表明，确保生物风险管理系统和文化中包含的机构预期远远超出了“生物安全官”甚至环境、健康和安全办公室的能力和合理预期。确保一个有效的生物风险管理系统和文化需要从高层管理人员到下层的持续参与和协作。然而，生物风险管理决策不能仅仅依赖于任何一个角色，甚至也不取决于领导。所有角色都必须期望“做正确的事情”以减少生物风险，即使面对系统故障或未预料到的情况也是如此。这就要求所有的工作人员、领导，包括那些负责生物风险管理程序的人员，都要有足够的知识和背景知识，足以在缺乏明确方向或正常操作的情况指导和告知他们的行动。

评估生物风险管理系统的能力

系统方法的标志之一是测量系统各组成部分的能力。诚实的系统方法承认，如果不进行维护，整个系统将会自然地微妙地退化或趋向故障。事实上，如果没有经过设计的持续评估和改进，系统方法就与上面描述的技术时代并没有明显不同。

通常，生物安全或生物安保的性能指标是基于故障数据，如事故或不合格行为[21]。在这些情况下，系统已经发生故障。在系统方法中，必须建立能力指标和度量，以提供针对故障的预警。虽然传统上生物安全程序的重点是实施生物风险控制措施，但本章认为，在生物风险管理程序中，应针对性地加强能力评估。评估生物风险管理行动的实际功能和结果将为系统和文化提供信息，并确保其连续性。

目前存在许多建立能力指标的模型。经济合作与发展组织（Organisation for Economic Co-operation and Development，OECD）环境理事会关于化工企业安全能力指标的出版物是开始关注表现的一个有益参考[22]。尽管该出版物针对的是化学品制造商，但测量到的许多功能与生物风险管理相似[21]。如本文件所述，能力指标（对于任何目标）都是从设置期望的结果（结果指标）开始，然后确定影响结果完成的必须采取的行动（活动指标）。在这种情况下，指标是“提供概念见解的可观察度量”[22]。

指标是用来衡量活动或结果到位（发生）的程度。这里的指标是数据编写和报告的方式。如描述性指标（总和、百分比、组合）、阈值指标或公差（指标是否超过给定值？）、趋势–性指标（描述性指标随时间的变化）等。指标也可以是二元的，比如对一个问题可以回答“是”或“否”[22]（图25-2）。这对指标解决了测量系统性能的困难之一。在最简单的技术驱动方法中，假定失败与线性因果关系有关（“x”动作导致“y”结果）。然而，这对于系统方法来说过于简单了。作为认识到能力受多种因素影响而不是线性影响的开始，活动指标衡量的是必须到位的系统组件，以确保取得积极成果。这可以通过对一些事件的调查来证明，在这些事件中，一线工作人员所犯的错误（主动失误）可以直接受到机构高层正在（或没有）采取的行动或决定的影响（潜在失误）[1]。一个简单的例子，检查发现一个工作人员未穿戴“合适”的个人保护装备，忽略该个人防护设备是否实际提供或者可获得，如果使用风险评估来定义什么是“适当的”个人防护用品，或者工作人员是否接受过关于如何、何时以及为什么使用个人防护用品的培训。纠正措施——要求实验室确保工作人员穿戴适当的个人防护用品，实际上可能需要机构层面的行动，而单个实验室的影响力很小，也没有权威。使用成对的指标和量度允许同时检查实验室级别和机构系统。

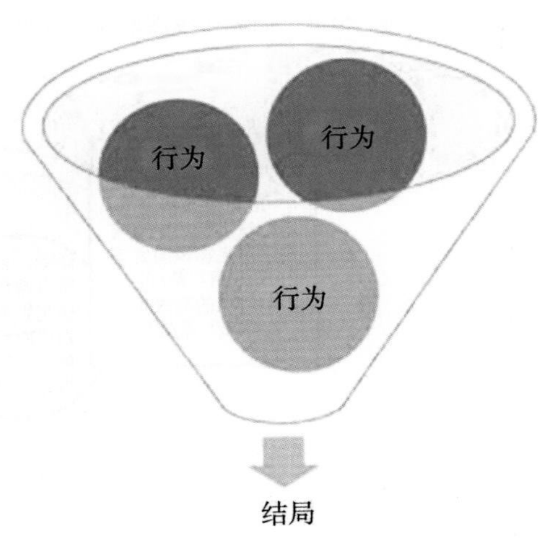

图 25-2 演示绩效指标（行动）如何聚集以实现预期结果的模型

图25-3和图25-4提供了配对指标的两个例子。图25-3展示了使用生物安全柜时所熟悉的谨慎做法的指标和量度——检查通过高效过滤器的气流是否在指示过滤器和BSC正常工作的范围内。这组性能指标和衡量标准围绕着实验室中工作人员所期望的特定个人行为的结果。但是，通过使用活动

指标，机构必须将多个额外的活动安排到位，以便工作人员完成所需的行为。如果工作人员没有检查生物安全柜的功能，这些其他活动也可能不存在。注意“是/否”度量的使用——度量不必是一个数字，而是一种收集数据的方法，可以随着时间的推移进行分析或与其他数据进行比较。

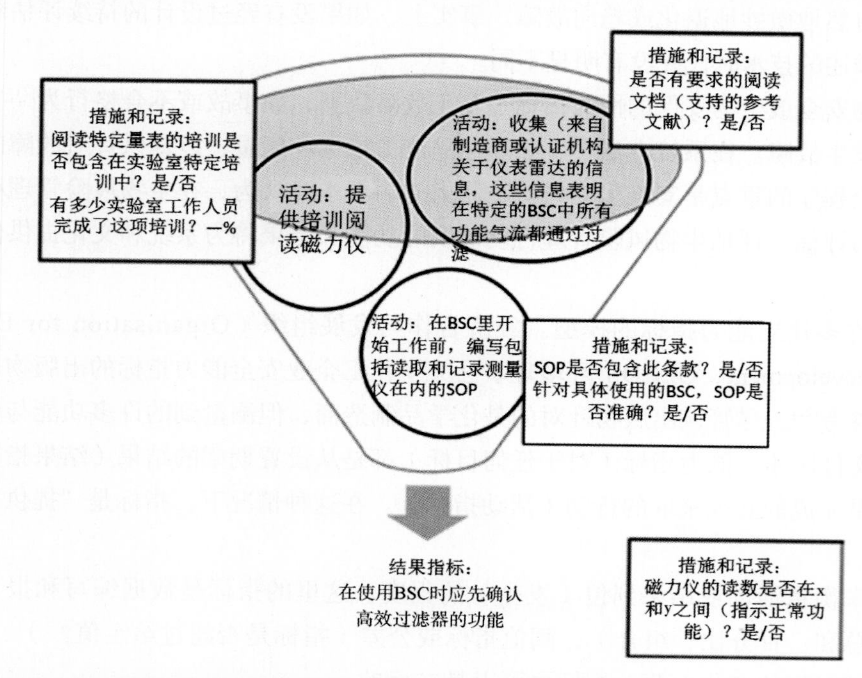

图 25-3 指标和量度的实验室示例：检查通过高效过滤器的气流是否安全、适合生物安全柜

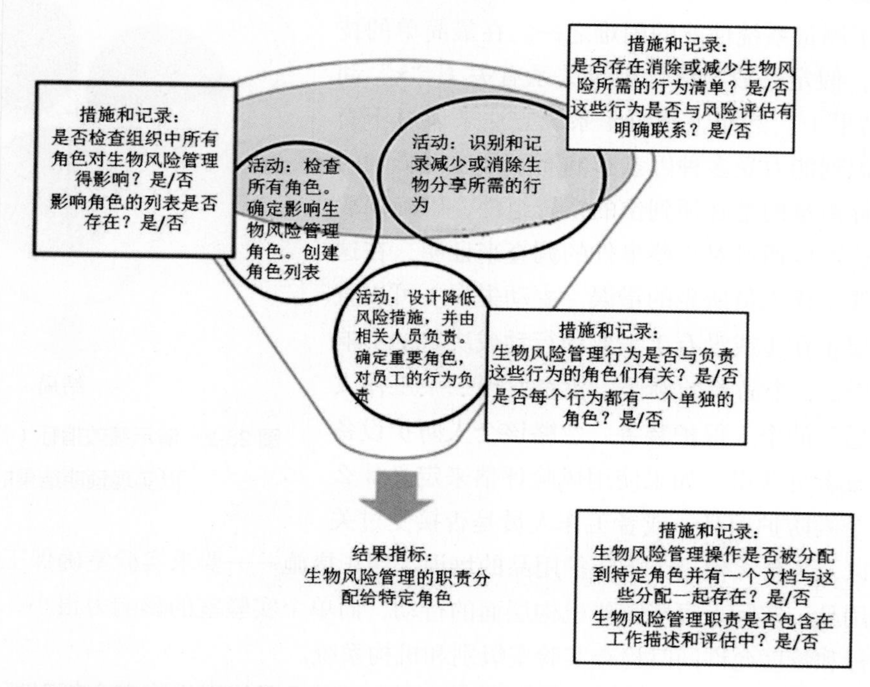

图 25-4 指标和量度的管理示例：制定、评估并将生物风险管理中的明确职责分配给特定的角色

图25-4着重于更多的机构的活动，为指定的角色分配明确的职责。期望的结果是将生物风险管理职责文件化、分配和沟通到特定的机构角色。影响这一结果的活动必须包括确定影响或影响生物风险管理的角色、减少或消除生物风险所需的行动，以及将角色与行动联系起来的分析。这些活动的缺乏或部分执行将直接影响结果。

在制定政策、目标和目的的同时，规划出目标和活动及其伴随的指标和量度，这增加了成功措施和不成功措施在事件发生前得到识别、支持或补救的可能性。基于可靠的风险评估和综合能力测量与评估的项目，更有可能把重点放在改进上，从而为单个机构带来明显的差异。在对具有健全安全文化的机构的调查中发现，整合良好的风险评估和能力评估将指导资源配置。主动的基于风险的资源分配可以极大地减少意外事件的影响。

生物风险管理——评估、缓解和执行（AMP）模型

生物风险管理程序的功能是定义和评估风险（评估），如图25-5所示，在其核心控制任务中，分配控制以减少或消除已识别的不可接受的风险（缓解），并确保评估是准确的，缓解策略按照计划进行（能力）。表25-1提供了在评估、缓解和能力的职能范围内控制和目标示例的例子。

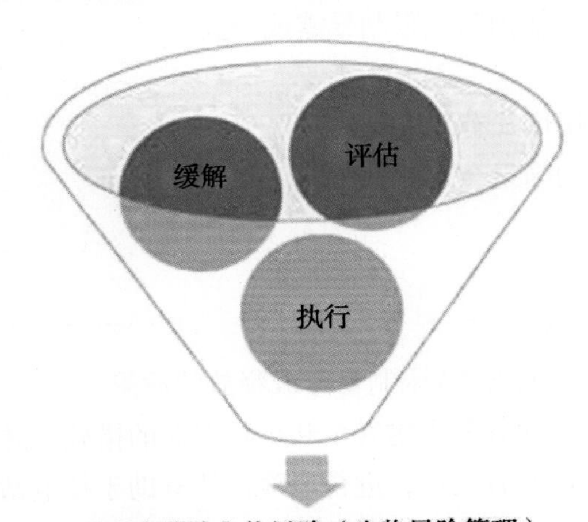

图 25-5　生物风险管理的评估、缓解和执行 (AMP) 模型

表 25-1　防护（为减少或消除生物风险而采取的技术措施）

评估	缓解	执行
识别风险、威胁、操作和已有的控制措施 定义要评估的生物风险 依据发生的概率及发生的后果确定风险的特征（如：高、中、低） 评价风险的可接受性 确定将已有风险降低为可接受风险的额外的缓解措施	实施降低生物风险的控制措施： 消除 / 替代 工程学控制 管理控制 工作实践 个人防护装备	结果指标： 确定危害的范围 风险范围评估可用于确定减少生物危险的控制措施 报告事件的范围 活动指标： 是否有系统的程序进行危险识别和风险评估 实施的控制措施是否与记录的风险评估结果相关联

评估

首先，必须识别和鉴定生物风险。如果生物风险不存在或被确定为可接受的低风险，那么程序就不需要处理这种风险。这种识别和定性通常被称为生物风险评估[23]。风险评估（特征描述）包括以正式的、有文件记录的方式，对涉及生物材料的每一项活动（以及支持涉及生物材料的活动）提出一系列问题：

1.会出现什么问题？

定义潜在的生物风险。生物风险相关的例子包括：实验室工作人员感染；将实验室的未防护或活性生物材料释放到社区和环境中，导致社区中的人、动物或植物受到感染；外人偷窃；内部人偷窃。

2.出问题的可能性有多大？我们能预见到这种可能性有多大？

a.涉及生物材料的哪些活动可能（无意或有意）导致暴露或释放？

b.该活动引起暴露或释放的可能性有多大？

c.可能导致故意盗窃、误用和（或）释放的漏洞和威胁有哪些？

d.现有的哪些控制措施可能预防或限制暴露或释放？

3.其后果是什么？

a.生物材料的浓度和使用形式有多危险？

b.暴露或释放生物物质的结果会是什么？

i.对工作人员？

ii.对实验室外的社区？

iii.对环境（动物、植物等）？

c.现有的哪些控制措施可以预防或限制暴露或释放的后果？

生物风险评估的结果指导选择有关生物安全和生物安保的措施，并允许将资源优先用于风险最大的活动。核电站的所有者和经营者发现，进行风险评估有助于核电站更经济有效地运行，因为评估突出了最重要的保护内容。同样的业主和经营者报告说，采用风险评估可以有效和建设性地撤销根据活动或设施的风险概况不必要的控制和监督[10]。风险评估也是预先规划的一个例子，如果危机继续发展，这将是显而易见的，也是有益的。

缓解

一旦确定了风险，确定了风险的特征，并确定需要减少或消除风险，就采取适合于减少或消除特定风险的控制措施。这被称为生物风险缓解。表25-2列出了用于实验室防护的常用生物风险缓解策略的例子。描述这些策略的具体参考文献非常丰富，因此这里没有深入讨论。减少或消除生物风险的生物风险缓解策略的成功取决于目标风险和准确的风险评估。例如，使用气溶胶预防装置在防止暴露血液传播的病原体方面可能取得有限的成功，而血液传播的病原体很少通过气溶胶传播。与风险评估相关的风险缓解措施对于确保合理使用有限资源和有效减少或消除生物风险至关重要。这是对大量和不加区别地使用由生物安全级别决定整个缓解措施的限制。并非所有的风险都能在一个给定的生物安全水平上所采取的措施有效地降低。同样，在生物安全水平上的一些控制措施可能不必要地过度缓解某些风险。

表 25-2 常用生物风险缓解策略

缓解策略的种类	缓解措施的例子[a]
消除	选择不操作给定的病原体
替代	使用危险性较低的病原体
工程控制	实验室空间，包括门、墙壁等
	门锁、门禁系统
	通风系统
	生物安全柜
	锐器和废弃物容器
	更安全的锐器
	密封的离心机转子或离心杯
管理控制	标识和标签（危险品沟通）
	培训及辅导程序
	指定访问权限
	指定材料控制和责任
	危险品清单
	职位描述及评估政策
	书面说明和责任
	程序文件
	标准操作程序
	策略及操作计划
工作实践	遵循标准操作程序
	洗手
	无菌操作技术
	废弃物处理
个人防护装备	手套
	实验室工作服（如实验服）
	口罩或呼吸器
	护目镜
	面罩

a 请注意这些例子远非详尽。

执行

最后，仅仅存在风险评估和风险缓解策略并不能保证减少或消除风险，也不能保证最初的评估或缓解任务是准确的或仍然有效的。检查是必要的，以确保这些早期的行动确实得到了实施，是有效的，并且正在朝着降低风险的目标努力[21]。这些检查可以称为生物风险管理执行，以上更详细地强调了这一点。

AMP模型

总的来说，这3个步骤构成了生物风险管理的AMP模型——评估、缓解和执行。生物风险管理计划的期望结果是减少或消除生物风险，实现这一结果所需的活动需要执行和维护这3项功能（图25-5）。尽管每个活动都可以按顺序执行（评估、缓解、执行），现实情况是，这些功能必须重叠，每一个都是另一个成功和支持生物风险管理的总体目标所必需的。这个概念可以想象为一个三条腿的凳子，每条腿都是合适的才能使凳子保持直立。如果忽略或没有有效地处理任何组成部分，系统至少是不稳定的，最坏的情况是完全失败[24]。

应用生物风险防护的AMP模型影响生物风险管理文化因素

上述描述了AMP模型在常见的实验室防护技术方面的应用。以下部分将AMP的概念扩大到更早期的要素模型，这些要素影响生物风险管理文化（图25-1）。每个目标——承诺，能力，权限和批判性思维及沟通——都有关于评估、缓解（解决现有和期望状态之间的差距）和执行的独特目标。提出此讨论是为维护生物风险管理程序的人员提供了一个步骤，目的是审查机构聚焦防护和合规的时机。

生物风险管理能力和批判性思维

能力是指一个工作人员具有成功完成指定任务的技巧和知识。经验进一步表明，要真正胜任工作，员工还必须具备运用这些技能和知识的意愿（和许可）。

最近发表了几个关于生物安全和生物安保能力的研究成果。2011年，CDC和公共卫生实验室协会（Association of Public Health Laboratories，APHL）出版了《生物安全实验室能力指南》[25]。他们将能力定义为“可评价的，不仅包括知识、技能和能力，还包括判断和自我批评。”最近，CDC和APHL发布了公共卫生实验室专业人员的能力指南[25]。虽然没有特别针对生物安全或生物安保，这些最近的指南中有一节是关于安全能力的。另一个CWA（16335：2011）是与欧洲生物安全协会（European Biosafety Association，EBSA）合作开发的，用于定义生物安全专业能力[26]。值得注意的是，所有这些文件都是在一大批主题问题专家的协商和审查下拟订的。这些指导南可能不都直接适用于所有的设置，但它们为有效地发展基于角色的能力提供了坚实的起点。

尽管上述出版物的作者们努力工作，但实验室的生物风险管理技能往往只等同于正确执行SOPs的能力。尽管这是维护防护的一个重要部分，但是在有限范围内规定正确行为的积极努力经常导致系统故障[10]，因为工作人员没有被赋予处理意外问题的能力或灵活性。定义HRO的因素包括确保员工不只是盲目地遵循SOPs，而且他们还充分了解指导流程的抽象原则，以便在出现新情况时将有效地学习转化为新情况。仅仅学习在单一的环境中执行程序（如特定的实验室设置）并不能提高这种灵活性。有效的转化，也就是所谓的批判思维，来自于具体事例和一般原则的平衡，而不仅仅是其中之一。转化学习的能力增加或创造了在压力下做出复杂决定的能力。

当员工意识到他们应该知道什么，做什么，他们知道支持这些知识和行为的原则时，他们倾向于随着时间的推移参与自我评估。这反过来又促使了对进一步改进、学习或实践的渴望和行动[10, 27]。支持这类学习并因此产生改进愿望的机构，他们的员工不仅对新情况有更好的准备，而且往往更满意，更容易被留住。研究还表明，在不确定性和专业化程度越高的环境中，被赋予更高自主权的员工会表现出更积极的安全行为[28]。

尽管生物风险管理技能和知识对于减少或消除生物风险以及能够将这些知识应用于意想不到的工作中非常重要，但大多数针对处理潜在危险生物因子的工作人员的工作说明都没有对生物风险管理能力提出任何要求。因此，招聘、雇用和工作能力评估不包括对生物风险管理能力、行动和行为的持续监测和预期。表25-3概述了使用AMP方法处理技能和批判性思维的目标，包括在招聘和绩效评估过程中添加生物风险管理预期。

提高生物风险管理能力不仅意味着建立或改进生物风险管理培训计划（尽管有效的培训是必要

的），而且还意味着探索和发展诸如指导、同行评审和观察、外部专业发展等备选方案。

表 25-3 能力和批判性思维（知识、技能和才能，既能进行正常的操作，也能在预料之外的情况下采取合理的行动）

评估	缓解	执行
确定现有劳动力中每个角色的教育、经验和技能 为每个角色确定所需的生物风险管理（BRM）操作和行为 确定每个角色所需的教育、经验和技能 分析每个角色现有能力和期望能力之间的差距	在招聘、雇佣和评估员工的工作描述中包括所需的BRM能力、行动和行为 为符合BRM能力的每个岗位招聘新员工 执行专业发展计划，提高现有员工的BRM能力和批判性思维	结果指标： 招聘、聘用和评估文件及流程包括生物风险管理能力的程度 在多大程度上向员工提供并参加提高生物风险管理能力和批判性思维的项目 员工在多大程度上表现出期望生物风险管理的行为 员工在面对意想不到的情况时表现出批判性思维以减少生物风险的程度 活动指标： 是否有机制确保培训项目的范围、内容和质量足以满足工人在生物风险管理中的具体作用 是否有机制证明培训或其他能力建设活动会产生预期的操作行为

生物风险管理能力

任何机构都必须优先考虑资源，以最有效地执行其职责。重要的是，进行生物风险评估可以指导资源的配置——人员、物理基础设施（设施、设备等）和资金投向这些资源在降低或消除生物风险方面最有效的工作。在风险大于要利用的资源的情况下，机构领导层可能不得不做出一项艰难的决定，推迟或取消所涉及的活动，或缩小规模或取消其他活动，以将资源分配到风险较高的领域。表25-4提出了一些开发和改进生物风险管理能力的选择。

表 25-4 能力（资源分配以降低生物风险）

评估	缓解	执行
确定针对生物风险管理的现有人力、物力和财力资源 确定用于生物风险管理的所需的人力、物力和财力资源，这些资源适合于所识别或预期的生物风险 分析现有资源和预期资源之间的差距	确保现有的人力、物力和财力资源优先用于当前具有最高生物风险的活动 在将降低生物风险的环境中实施改善基础设施的计划 探索可能与现有资源更兼容的控制生物风险的非传统选择 为生物风险最高的地区雇佣更多的员工或重新分配员工 如果资源不足，无法降低风险，则停止或限制存在生物风险的操作	结果指标： 风险评估与人力、物力和财力分配的联系程度 资源用于高风险操作的程度 如果没有足够的资源来降低风险，则限制或取消活动的程度 活动指标： 是否有一种机制来确定不同机构运作之间的相对生物风险 是否有一种机制，使员工能够确定在哪些情况下没有足够的资源用于降低生物风险 是否有一种机制来停止或限制那些资源不足、无法将生物风险降低到可接受水平的操作

确定在既定活动中降低或消除生物风险所需的人力、物力和财力资源，需要机构中许多角色之间的密切协作。生物风险管理程序的领导和直接负责生物风险活动的管理人员必须与高层管理人员以及业务、财务、人力资源、设施管理部门进行接触，以确保所有参与方都了解所涉及的生物风险以及降低或消除生物风险所需的资源。此外，可能需要法律顾问确定是否有影响资源分配的法律要求。最终，如果无法管理生物风险，高层管理人员必须对资源分配的程度、活动是否将被推迟或能

否被取消等问题负责。在生物风险管理优先于，甚至高于其他优先级的文化中，唯一的选择是要么分配资源以便有效地降低或消除生物风险，要么更改、推迟或取消活动。

也就是说，生物风险管理程序负责人和合作者应该探索非传统的方法来降低或消除与现有资源更兼容的生物风险。这种方法越来越多地用于资源较少但生物风险相同或较大的国家。生物风险缓解策略是分层和冗余的，以防止如果一个策略失败导致的暴露或释放[29]。不同层次的策略可以有效地降低风险[30]。例如，当考虑到在野外而不是实验室中进行收集和操作样本的策略层次时，替代缓解策略想法是显而易见的。实验室中的防护措施如锁、门、墙和通风设备在现场是无法提供的。降低野外风险的控制更多地依赖于便携式或管理措施，如个人防护装备、材料保管链、人员责任和密封防护，如用于运输的三层包装。替代缓解策略的使用必须伴随着一个记录在案的生物风险评估，该评估可用于沟通预期生物风险的同等或更大的减少。在使用替代缓解策略的同时，必须同时交流生物风险评估，该评估可用于同等或更大程度的减少预期生物风险。

生物风险管理的承诺、意图和整合

如前所述，必须由最高领导人发起和维持对生物风险管理和生物风险管理文化的切实承诺。然而，这项决议必须不仅仅是一项书面政策，声明本机构致力于减少或消除生物风险。这被称为“满足”——机构开发文档只是为了满足监管或业务期望，而不是作为真正的机构策略[10]。

机构还必须清楚地表明管理生物风险的意向，以确保这些声明超出了书面的范围，并实际贯彻到机构的行动中，特别是领导层的行动中。这种可见性可以通过领导的参与和积极参与支持生物风险管理的日常活动来证明。安全科学文献提供的许多研究表明，当安全是机构中管理者的中心目标时，当管理者和员工之间存在良好的社会关系时，该机构的成员不太可能卷入事故或不安全行为[31]。

尽管承诺声明看起来是令人沮丧的，模糊的，但是不管发生什么，一个可见的、受支持的声明为机构行为设定了基调和期望。在巴西核电公司Electronuclear的政策中可以找到一个承诺声明的例子，该声明对安全预期没有任何疑问。“核安全是一项优先事项，优先于生产力和经济效益，不因任何理由而受到损害”[10]。一个强有力的承诺声明，可避免在事情出错或者没有预料或无法预料事件发生时，可能出现瘫痪或者犹豫不决。每个员工都知道，正确决策是把安全置于生产力或经济效益之上，并鼓励和支持他们在必要时超越自己的职责。如果机构真正支持这一承诺，那么不管影响如何，员工的决策都将得到高层管理人员的支持。

在一个又一个案例中，“正确的”承诺和意图实际上并没有整合到机构的工作中。员工可以阅读一项政策并签署他们理解了这项政策，但并不真正了解或接受要求他们采取的行动。如前所述，包含减少或消除生物风险行动预期的工作描述和评估可以在机构的每个级别支持对生物风险管理的总体承诺。从本质上说，这些行动包括“职责”，并且机构中的所有或几乎所有角色都对系统的行动和结果负有直接责任，这是管理系统的基础。

书面责任必须是具体的和可执行的。确保这一点的一种常见方法是SMART，即具体的（specific，S）、可度量的（measurable，M）、可实现的（achievable，A）、合理的（reasonable，R）和及时的（timely，T）。责任也必须针对某一角色，角色不是头衔。角色的定义是“一个……的人”。例如，生物风险管理顾问（biorisk management advisor）或生物安全官（biosafety officer）可以定义为“向机构提供生物风险管理建议和专业知识的人”。一个机构中的一些员工将在生物风险管理方面扮演多个角色，从而承担多个责任。围绕能力、批判性思维和能力的部分工作必须确保工作人员能够胜任分配给他们的所有任务。一个不成功设计的系统将不可避免地失败。即使是最好的系统，在没有关注和维护的情况下也会退化。

弥合政策和实际行动之间经常被忽视的差距是工作人员对制度的看法。一般来说，"感知"的概念被认为是消极的—感知往往意味着可能有偏见的观点，这种观点可能有也可能没有现实基础。然而，衡量"安全氛围"的主要工具是对员工感知的调查。安全科学的研究表明，尽管工作人员的感知具有主观性，但它是最接近反映实际系统性能的指标[32]。安全政策和计划、公开交流和机构支持已被证明是工作人员积极的安全观念的最大贡献者[33]。此外，能够切实认识到工作风险的员工更有可能采取安全行为[34]。

表25-5列出了机构内支持生物风险管理的强烈承诺、意向和整合的行动示例。

表 25-5 承诺、意向和整合（优先重视减少生物风险并将其纳入机构职能和任务）

评估	缓解	执行
识别现有的高层和本地管理层对 BRM 承诺和意向的可见性和意识 为 BRM 确定现有的有记录角色和职责 确定现有的方法，将 BRM 的期望传达给整个工作人员和机构外部的利益相关者 确定员工对 BRM 状态的看法 分析对 BRM 的现状和期望之间的差距	为 BRM 建立一个全机构范围的、有记录的承诺、意向、角色和职责 让高层和当地管理层负责展示承诺和意向 确保 BRM 承诺和意向的可见度和沟通 监控 BRM 承诺和意向的采纳情况 确保任何员工表现出的承诺和意愿得到支持（如如果没有解决生物风险问题，则允许员工停止工作，确定员工对生物风险管理承诺和持续意向的看法	结果指标： 员工对生物风险管理的承诺和意图的熟悉程度 管理层和员工对生物风险管理角色和职责的期望和支持程度 最高和地方管理层对生物风险管理的承诺和意向的展示程度 收集员工对机构生物风险管理的承诺和意向的感知程度 活动指标： 是否有适当的过程来制定和（或）审查生物风险管理政策，阐明机构的承诺和意向 是否有适当的机制来制定、审查和沟通与生物风险管理有关的机构角色和职责 是否有机制将生物风险管理的职责纳入到职务说明和评估过程中 是否有持续的机制来调查员工对机构承诺和对生物风险管理的意向的看法

BRM，生物风险管理

生物风险管理沟通

如图25-1所示，沟通是贯穿影响和作用生物风险管理文化的所有组件的主线。一个机构可以在承诺、能力、竞争和发挥措施上勤奋工作，但如果这些措施不能传递给员工并转化为行为，那么效果将是有限的。同样，如果没有一个有效的反馈循环，使得任何级别的工作人员都可以自由地向系统提供意见——识别不安全的情况、提供改进建议、协作解决问题——自上而下的举措永远不会完全融入机构。开放的沟通经常被认为是积极的员工感知和安全文化的重要因素[1, 10, 28, 33]。

表25-6概述了改善生物风险管理沟通的行动实例。提高有效沟通的关键因素包括确保整个机构的代表参与形成生物风险管理沟通，这不能只是一个自上向下的活动。如果生物风险管理真正融入机构的使命中，任何主题的沟通都不会与减少或消除生物风险的意向发生冲突。在本讨论中有意排除的是与公众（机构直接雇用之外的任何人）就生物风险管理进行沟通的关键作用。尽管这种排除并不意味着这一重点不是必需的，但本节的目标是内部沟通。

表 25-6 改善生物风险管理沟通的行动实例

评估	缓解	执行
确定要传递的关键生物风险管理信息 确定各种目标角色接收沟通（媒体）的机制 通过对安全氛围（员工的感知）的调查、员工建议、反馈、监察员等确定沟通方面的任何差距	让那些将在制订和传递过程中接收关键信息的代表参与进来 确保并测试目标角色（如果不是所有员工）对所有关键的生物风险管理沟通的访问 使用多种传递方法来强调重要性，并帮助确保传递 定期检查沟通工具，并根据需要进行修改，以确保其相关性	结果指标： 员工了解并熟悉针对他们的生物风险管理信息的程度 员工认为信息准确并与其工作相关的程度 员工在多大程度上参与关键生物风险管理信息的规划、制订和传递 员工参与调查、论坛和其他反馈机制的程度 员工按照传达的生物风险管理预期采取行动的程度 活动指标： 以清晰简洁的语言编写的沟通工具是否容易被目标角色理解 沟通工具是否与目标角色的工作相关 所要求的行动是否与减少生物风险有关

因为在默认情况下，生物风险管理的沟通是关于风险的沟通，而且由于有效处理生物风险的文化所需要的因素之一是，工作人员必须将这些风险视为可信的，并对其采取行动，因此需对沟通进行特殊考虑。为了方便起见，在前面的小节中讨论的许多工具，如防护、胜任、能力和承诺，都是可以促进沟通的工具。其中最主要的是生物风险评估，它至少对潜在风险、危害的性质、影响事件发生可能性的活动、希望为恶意目的获取危害的行为者以及目前正在实施的缓解战略进行分类和定性。要得到信任，这些评估必须以公正、可靠和可重复的方式进行，使用来自机构内外各种角色的专业知识[35]。

可用于协助双向生物风险管理沟通的工具包括：

· 机构承诺和意图（政策状态）。
· 生物风险管理的角色和职责。
· 生物风险评估。
· 减少生物污染的缓解策略。
· 标准操作程序。
· 警示标志。
· 培训和其他能力及批判性思维发展方法。
· 感知调查。
· 审核和审核结果。
· 意见箱。
· 委员会会议议程和会议记录。

一个必要的沟通工具是以一种公开的、非惩罚性的方式报告和调查事件。本章研究中使用的所有故障调查都已确定需要进行有意义的报告和调查。对于涉及生物材料的事件，关于最佳模型的争论仍未解决。这种规则上的不明确并没有消除机构寻求从事件和未遂事件中吸取教训的义务。

摘要和结论

依赖于对遵守实验室技术要求，可以说是比建立一种遍及整个机构的生物风险管理文化更容易的途径，但包括生命科学在内的许多行业的经验和事件都清楚地表明，仅仅关注技术不足以降低风险。今天的生物风险管理程序必须更全面地融入机构中，而不是作为一个独立的组成部分。

应用AMP的方法不仅是为了防护，而且要应用于风险管理能力和批判性思维、能力、承诺和意向，以及双向沟通，应该加强这种机构整合，将生物风险管理提升为首要任务。这种专注和注意力在第一阶段可能会令人觉得不舒服和不明智，但如果继续强调和坚持，随着时间的推移，生物风险管理文化将成为一种本能。当领导层和员工意识到并明确指出风险，承认事情可能出错，错误可能在各级发生，但通过全体员工的努力和承诺，机构将致力于从这些错误中吸取教训，并采取全机构的行动防止再次发生，这将是一种明显的改进文化[36]。

这一责任再也不能仅仅委托给生物风险管理专业人员或办公室。必须高度重视生物风险管理专业人员的专业知识和经验，并将其作为改善生物风险管理的关键合作伙伴。然而，最高管理者必须跟随其他行业的领导，认识到并承担起他们的责任，树立氛围、期望和榜样，有效的生物风险管理对机构的成功至关重要。

原著参考文献

[1] Committee on Establishing and Promoting a Culture ofSafety in Academic Laboratory Research; Board on Chemical Sciences and Technology; Division on Earth and LifeStudies; Board on Human-Systems Integration; Division ofBehavioral and Social Sciences and Education; National Research Council. 2014. Committee on Establishing and Promoting a Culture of Safety in Academic Laboratory Research. SafeScience: Promoting a Culture of Safety in Academic ChemicalResearch. National Academies Press, Washington, D.C.

[2] U.S. Department of Health and Human Services, PublicHealth Service, Centers for Disease Control and Prevention,National Institutes of Health. 2009. Biosafety in Microbiological and Biomedical Laboratories, 5th ed. HHS Publication No.(CDC) 21-1112. http://www.cdc.gov/biosafety/publications/bmbl5/BMBL.pdf.

[3] National Institutes of Health. 2013. Guidelines for Research Involving Recombinant or Synthetic Nucleic Acid Molecules.U.S. Department of Health and Human Services, Washington, DC.

[4] U.S. Code of Federal Regulations. 29 CFR 1910. 1030-Bloodborne Pathogens Standard.

[5] U.S. Code of Federal Regulations. 7 CFR 331, 9 CFR 121, 42CFR 73-Federal Select Agent Program.

[6] Salerno RM, Gaudioso J. 2015. Introduction: the case forbiorisk management, p1–29. In Salerno RM, Gaudioso J (ed),Laboratory Biorisk Management: Biosafety and Biosecurity.CRC Press, BocaRaton, FL.

[7] Palmer MJ, Fukuyama F, Relman DA. 2015. A more systematicapproach to biological risk. Science 350:1471–1473.

[8] Burnett LC. 2006. Biological safety program management,p 405–415. In Fleming DO, Hunt DL (ed), Biological Safety: Principles and Practices, 4th ed. ASM Press, Washington, DC.

[9] Committee on the Effectiveness of Safety and Environmental Management. 2012. Evaluating the Effectiveness of OffshoreSafety and Environmental Management Systems.TransportationResearch Board Special Report 309. National Academies Press,Washington, DC.

[10] Rusek B, Lowenthal M. 2015. Brazil-U.S. Workshop on Strengthening the Culture of Nuclear Safety and Security: Summary of aWorkshop. National Academies Press, Washington, DC.

[11] European Committee on Standardization (CEN). 2011. CENWorkshop Agreement (CWA) 15793:2011-Laboratory BioriskManagement. European Committee on Standardization. http://www.eubarnet.eu/?post_type=library&p=493.

[12] Brodsky B, Müeller-Doblies U. 2015. Future development ofbiorisk management: challenges and opportunities, p 205–228.In Salerno RM, Gaudioso J (ed), Laboratory Biorisk Management:Biosafety and Biosecurity. CRC Press, BocaRaton, FL.

[13] Lim PL, Kurup A, Gopalakrishna G, Chan KP, Wong CW, Ng LC, Se-Thoe SY, Oon L, Bai X, Stanton LW, Ruan Y, Miller LD,Vega VB, James L, Ooi PL, Kai CS, Olsen SJ, Ang B, Leo YS.2004. Laboratory-acquired severe acute respiratory syndrome. N Engl J Med 350:1740–1745.

[14] Centers for Disease Control and Prevention. 2014. Report onthe Potential Exposure to Anthrax. Centers for Disease Controland Prevention, Atlanta, GA.

[15] Centers for Disease Control and Prevention. 2014. Report onthe Inadvertent Cross-Contamination and Shipment of a Laboratory Specimen with Influenza Virus H5N1. CDC Lab SafetyRelated Reports and Findings. http://www.cdc.gov/about/lab-safety/reports-updates.html.

[16] Centers for Disease Control and Prevention. 2011. Fatallaboratory-acquired infection with an attentuated yersinia pestisstrain-Chicago, Illinois, 2009. MMWR 60:201–205.

[17] Barry MA. 2005. Report of Pneumonic Tularemia in Three Boston University Researchers. Boston Public Health Commission,Boston, MA.

[18] Gaudioso J, Caskey SA, Burnett L, Heegaard E, Owens J,Stroot P. 2009. Strengthening Risk Governance in BioscienceLaboratories. Sandia Report: SAND2009-8070. Sandia NationalLaboratories, Albuquerque, NM.

[19] Salerno RM. 2015. Three recent case studies: the role of bioriskmanagement, p191–204. In Salerno RM, Gaudioso J (ed), Laboratory Biorisk Management: Biosafety and Biosecurity. CRCPress, BocaRaton, FL.

[20] Trevan T. 2015. Rethink biosafety. Nature 527:155–158.21. Burnett L, Olinger P. 2015. Evaluating biorisk management performance, p145–168. In Salerno RM, Gaudioso J (ed), Laboratory Biorisk Management: Biosafety and Biosecurity. CRC Press,BocaRaton, FL.

[21] Organisation for Economic Co-operation and Development (OECD) Environment Directorate. 2008. Guidance onDeveloping Safety Performance Standards related to Chemical Accident Prevention, Preparedness and Response, vol 19,p 137. OECD Environment, Health, and Safety Publications,Paris.

[22] Caskey S, Sevilla-Reyes EE. 2015. Risk assessment, p45–64. InSalerno RM, Gaudioso J (ed), Laboratory Biorisk Management:Biosafety and Biosecurity. CRC Press, BocaRaton, FL.

[23] Gribble LA, Tria ES, Wallis L. 2015. The AMP model, p31–44. InSalerno RM, Gaudioso J (ed), Laboratory Biorisk Management:Biosafety and Biosecurity. CRC Press, BocaRaton, FL.

[24] Ned-Sykes R, Johnson C, Ridderhof JC, Perlman E, Pollock A,DeBoy JM, Centers for Disease Control and Prevention. 2015. Competency guidelines for public health laboratory professionals. MMWR SurveillSumm 64:1–81.

[25] European Committee for Standardization (CEN). 2011. Biosafety Professional Competence, CWA 16335:2011.

[26] Committee on Developments in the Science of Learning.2000. How People Learn: Brain, Mind, Experience, andSchool: Expanded Edition. National Academies Press, Washington, D.C.

[27] Martínez-Córcoles M, Gracia F, Tomás I, Peiró JM. 2011. Leadership and employees' perceived safety behaviours in a nuclear power plant: a structural equation model. Safety Sci 49:1118–1129.

[28] Gaudioso J, Boggs S, Griffth NK, Haddad H, Jones L,Khaemba E, Miguel S, Williams CV. 2015. Rethinking mitigation measures, p 87–99. In Salerno RM, Gaudioso J (ed), Laboratory Biorisk Management: Biosafety and Biosecurity. CRCPress, BocaRaton, FL.

[29] Richmond JY, Jackman J. 2015. Anthology of Biosafety XIV: Sustainability. American Biological Safety Association, Mundelein, IL.

[30] Luria G. 2010. The social aspects of safety management: Trustand safety climate. Accid Anal Prev 42:1288–1295.

[31] Choudry R, Fang D, Mohamed S. 2007. Developing a model ofconstruction safety culture. J Manag Eng 23:207–212.

[32] DeJoy DM, Schaffer BS, Wilson MG, Vandenberg RJ, Butts MM. 2004. Creating safer workplaces: assessing the determinants and role of safety climate. J Safety Res 35:81–90.

[33] Arezes PM, Miguel AS. 2008. Risk perception and safety behaviour: A study in an occupational environment. Safety Sci46:900–907.

[34] Makvandi M, Shigematsu M. 2015. Communication for bioriskmanagement, p 169–190. In Salerno RM, Gaudioso J (ed), Laboratory Biorisk Management: Biosafety and Biosecurity. CRC Press, BocaRaton, FL.

[35] Allen S, Chiarella M, Homer CSE. 2010. Lessons learned frommeasuring safety culture: an Australian case study. Midwifery 26:497–503.

[36] World Health Organization. 2006. Biorisk Management: Laboratory Biosecurity Guidance, WHO/CDS/EPR/2006.6. WorldHealth Organization, Geneva.

[37] European Committee on Standardization (CEN). 2012. CENWorkshop Agreement (CWA) 16393:2012—Guidelines for theImplementation of CWA 15793:2008. European Committee onStandardization, CWA 16393:2012.

26

生物医学实验研究领域中的职业医学

JAMES M. SCHMITT

职业医学计划的目的是通过提供与工作相关的医疗服务，促进工作场所的安全和健康。在涉及生物危害材料的生物医学研究环境中，这些服务应该包括录用前医学评估，针对具体工作的咨询和免疫接种，以及应对疑似的工作场所健康危害的职业暴露以及工伤护理的切实可行的计划。在讨论这些职业医学计划的核心要素前，我们先按顺序综述了这些服务的先决条件。

职业医学卫生保健工作者为机构职业健康与安全团队的重要组成部分，并且熟悉适应用指南。在许多机构中，职业医疗的职能与员工健康和保健服务以及学生健康服务协调一致。虽然这种方法可能令人满意，但必须谨慎行事，避免职业医疗在责任重点上打折或削弱与机构安全专家的必要联系。作为机构健康和安全团队的活跃成员，卫生保健工作者应了解工作场所存在的潜在健康危害。机构的卫生保健工作者提供的服务应根据机构的需要进行调整，并基于详细的、基于程序的风险评估。评估必须对项目独特的方面进行强调，如感染因子的性质和使用的动物模型，以及如何处理感染因子（参见第5章风险评估）。职业医疗服务应由卫生保健工作者设计，并需同安全程序代表和主要研究人员进行商议。这种方法增加了正确处理工作场所健康危害的可能性，并使项目的最终参与最大化。由此产生的医疗服务应向所有人员提供，不论其就业情况如何。对于有多个雇主的工作场所来说，实现这一目标可能会具有挑战性。合约职工、学生、外来务工人员等，应享受与所在单位为本单位职工提供的同等医疗待遇。制度政策、协议和合同中的语言应反映这一需要。

录用前医疗评估

建议对在工作中有暴露于人类病原体（包括人兽共患病病原体）风险的个人进行录用前医学评估。评估可包括一份调查问卷或一次医学访谈，以确定当前和以往的医疗状况，当前药物治疗和过敏，以及之前的免疫接种。需佩戴呼吸器的个人必须填写呼吸器使用的初步调查问卷[3]。无论采用何种机制来收集员工的病史，卫生保健人员在评估个人总体健康状况和以往免疫接种情况时，都应考虑到员工拟议的工作职责。一般而言，职前医学评估不应包括体检。一个实际的体检通常不保证提供职前医学评估的任何实用价值。对于将在BSL-3和BSL-4实验室工作的个人，进行行为健康筛查也许是明智的。美国国立卫生研究院已经实施了这种方法，希望此举能建立一种可促进信任、尊重和可靠性的安全文化。

实验室检测通常不是人员录用前医学评估的必要组成部分。这一常规规则的例外情况包括：对将与非人类灵长类动物接触的工作人员进行既往感染结核分枝杆菌的检测，对麻疹的免疫保护，以及对将在工作中接触猫的有生育能力的妇女进行既往感染弓形虫的检测[5]。乙肝表面抗原抗体的检测需要在完成疫苗系列接种后的2个月内进行[6]。不需要将肺功能测试作为呼吸器使用体检合格证的一部分，而且几乎不需要将临床适应证检测作为医学评估的一部分。同样，也没有健全的职业医学基础来例行检查职位申请人的化学值、血液计数或对工作场所不存在的传染因子的保护的血清学证据。

实验室检查寻求人员对动物蛋白的过敏数据是没有临床意义的，同样，不建议常规性的在入职医学评估时储存血清[9]。

如有可能，并经临床提示，应提供工作场所所接触病原体的免疫接种，包括对可能接触临床人体体液的人进行乙肝免疫接种。除了为工作场所可能遇到感染源的工作人员进行免疫外，为从事高致病性流感病毒株研究的工作人员提供流感免疫也是可取的。在某些情况下，可以提供一种非商业的研究性新药疫苗；不接受正在研究的新药疫苗[10]。

职前医学评估中提供的咨询是医疗诊察中最有价值的部分。观念上讲，这种咨询是针对工作区域潜在的健康危害量身定做的。这些危险可能包括在实验室中研究的传染病病原、与研究中使用的动物有关的人兽共患病、对动物蛋白过敏以及特定的化学危害。卫生保健工作者应描述提示实验室获得性感染和对动物蛋白过敏的最早迹象和症状。咨询应该强调员工必须及时报告所有工作相关伤害和疑似疾病，并应包括一次经验证的暴露事件中员工应采取步骤的详细描述，无论事故发生在何时，应包括相应的急救措施和及时的就医流程。理想情况下，卫生保健工作者应该用印刷的讲义或电子文件补充咨询，以备将来参考。

由于工作性质和BSL-3和BSL-4实验室的访问限制，被允许在实验室工作的个人不应该有任何不健康状况，可导致意识状态的改变，判断力或注意力受损，或无法使用个人防护装备或无法达到执行职位所要求的身体条件。当问及员工是否有能力满足这一要求时，卫生保健工作者应保留体检合格证直到员工能够提供医疗记录，证明医疗状况得到充分控制，才允许其进入工作区域。

定期例行医疗评估

一般来说，员工不需要定期返回职业医疗机构。例如，呼吸器使用间隔医疗问卷可由提供培训和呼吸器适配性测试的人员管理。只有那些对问卷上的七个问题之一有肯定回答的员工，才需要由卫生保健工作者进行评估。有一些例外常规的医疗评估是不需要的。与非人灵长类动物有过接触且此前未感染结核分枝杆菌的工作人员，应每年定期召回职业医疗机构进行皮肤或血清学检查，以确认他们在此期间没有被感染。这种做法旨在保护非人类灵长类动物免受MTB的意外感染[11]。对于进入BSL-3和BSL-4实验室接触处理过传染病病原或毒素的职工，也建议每年进行召回。诊察还提供了一个机会，以评价在入职前医学评估期间提供的咨询，并询问上一年发生的伤害和疾病[1，12，13]。

卫生保健工作者应该有一个有效的机制来召回员工，以完成并增强以工作场所健康危害为依据的免疫接种。此外，卫生保健工作者应定期提醒员工注意其工作环境中的潜在健康危害（如致敏动物蛋白）、急救措施以及职业伤害紧急医疗援助所需的步骤。

职业伤害及疾病的医疗护理

雇主应坚持要求雇员向指定的职业医疗机构报告工伤和任何疑似的职业暴露或职业病情况。卫生保健人员不仅必须了解工作场所的潜在健康危害，而且必须详细了解生物危害感染的各种临床表现，并对工作获得性感染的细微证据保持警惕。由于在生物医学研究环境中暴露于生物危害的机制可能与自然环境暴露的机制不同，因此感染的临床体征和症状可能不同寻常。为了正确处理这些具有挑战性的病例，临床医生必须立即联系相应科目的专家和传染病顾问。

工作人员应能够在疑似职业暴露后立即接触指定的卫生保健人员，以便其及时提供评估和治疗。机构应审查医疗支助服务提供的情况，以促进对患者的评价和进行治疗，并减少障碍。这些障碍可能包括有限的门诊时间和人手限制、运输问题、药品供应使用权以及缺乏综合的安全和医疗方法。应事先确定急救措施，并应向可能需要对潜在暴露做出反应的雇员广泛传播相关信息。应酌情在工作现场提供急救材料。对于疑似暴露于生物医学研究设施中遇到的一些健康危害，应立即进行化学预防。这类危险的例子包括神经毒素MPTP（1-甲基-4-苯基-1,2,3,6-四氢吡啶）、氢氟酸、苯酚和恒河猴疱疹病毒1（以前称为猕猴疱疹病毒1，B病毒）[14, 15]。应对此类暴露的策略必须在事件发生之前设计好，与工作团队共享，并加以实践。在提供现场急救后，员工应直接前往卫生保健工作者处进行进一步评估。治疗设施，可以是职业医疗诊所或指定的当地卫生保健设施，应准备好提供明确的适合暴露事件或疾病的医疗护理。

在评估涉及感染源事件的重要性时，卫生保健工作者应分别考虑暴露风险（risk of exposure，RoE）和随后的疾病风险（risk of disease，RoD）。这种方法有助于机构评估并明确相关沟通信息。

RoE是对员工持续暴露传染性病原体的可能性的估计。必须符合两个条件，员工才有暴露于传染性病原体的危险。①必须存在一种具有生物活性的传染性病原体。②必须破坏员工的个人防护装备或先天保护（如完好无损的皮肤）。员工、安全专家、PI和卫生保健工作者相互合作确定RoE。表26-1对RoE进行了划分，并提供了更多的细节。

表 26-1 确定 RoE[a] 的条件

风险暴露水平	描述
无风险 RoE=0	1. 要么不存在传染性病原体；或者 2. 没有合理的暴露途径，如员工的个人防护装备或皮肤完好没有破损，怀疑员工可能持续暴露受污染的液体 / 材料是不合理的
风险可忽略不计 RoE=1	1. 传染性病原体可能已经存在；并且 2. 员工的 PPE 被破坏了 3. 风险太小，无法量化，但不能排除
最低风险 RoE=2	1. 传染性病原体可能已经存在；以及 2. 员工的 PPE 被破坏了，并且可能已经有了持续的暴露 3. 风险在理论上是可能的，但实际上不太可能
中度或高风险 RoE=3 或 4	1. 传染性病原体；并且 2. 员工的 PPE 被破坏了，员工持续性暴露于传染性病原体的可能性较大

a 估计的RoE是基于存在一种具有生物活性的传染性病原体的可能性，并且员工的PPE或先天防护在事件中受损。

偶然情况下，在事故的情况下应评估一个以上传染性病原体的RoE。例如，在解剖已知感染了B病毒和实验传染性病原体的猕猴神经组织时发生的经皮损伤，将保证对B病毒和传染性病原体分别进行RoE的估计。同样地，在对实验感染了传染性病原体的动物咬伤进行评估时，则需要保证对动物口腔生物群的RoE进行评估，并对传染性病原体的RoE进行第二次评估。RoD是对在事件发生后的预期时间内，暴露于该病原体将导致疾病或可测量的免疫生物学反应概率的估计。这一估计，是由卫生保健工作者在咨询传染性疾病专家和专科专家后作出的。评估结果与受伤员工共享，但不与安全专家或其他机构官员共享。这种风险的划分方式类似RoE（即无风险，风险可忽略不计，最低风险，中度或高风险）。RoD常常和RoE一样；然而，根据以下因素，估计值可能或高或低（附加细节见表26-2）。

表 26-2 影响 RoD 的因素

毒力	这种生物因子是已知的人类病原体吗（如猴免疫缺陷病毒，它是 HIV-2 的近亲，已知可感染人类但不致病）？它在人类中引起疾病的可能性有多大（如只有 10% 的结核感染的潜在患者会发展成结核病患者）？它造成严重健康后果的可能性有多大（如流感毒株的病死率差异显著）？是否对传染性病原体进行了修饰，以增强或降低亲本株的致病性的潜力（如炭疽杆菌的无毒 Sterne 株）
体积和浓度	估计的暴露剂量是多少（如果针头先穿过手套，接种量会减小，针头的整个斜面没有穿透员工，或者在受伤时注射柱塞没有被压下）？暴露到多少活的病原体（如源材料在事件发生前是否在化学上或物理上失活的）？该病原体在健康的宿主体内的最小感染剂量是多少
暴露途径	一次事件（如泄漏和飞溅）有多大可能导致合理的暴露？是否有该病原体的吸入或黏膜暴露或非完整的皮肤暴露
急救	从暴露到开始清洗受影响的身体部位经过多少时间（立即清洗该物质可减低患病风险）？急救是否恰当（如时间、技术和使用合适的消毒剂）
暴露前保护	个人是否接种了抗该传染性病原体的疫苗？个体是否有保护性抗体效价？疫苗的效果如何（提前疫苗接种可以降低疾病风险）
员工的医疗和治疗条件	工作人员是否患有疾病或服用了可增加患病风险的药物（免疫抑制的医疗和药物状态）或并发症（心血管疾病和贝纳柯克斯体）
暴露后医疗对策	可用的药物或免疫制剂是否是可有效抵抗已知生物因子（如抗生素、抗病毒药物或特定的 IgG 治疗）？是否有任何正在研究的药物治疗可用（如疫苗，疾病幸存者血清）

· 传染性病原体的毒力。
· 传染性病原体在液体中的体积（接种量）和浓度。
· 暴露途径。
· 急救的充分性（如及时性、技术、持续时间、使用的药剂）。
· 对传染性病原体提前免疫或既往感染对员工的保护。
· 员工的医疗护理和治疗条件。
· 暴露后药物预防措施的充分性（如及时性、有效性）。

是否提供治疗的决定可能与RoD，假定治疗是有效的，并且没有明显的临床禁忌证。当风险为“没有”或“微不足道”（低到无法计算）时，不提供治疗。如果风险被认为是“最小的”，治疗决定将根据具体情况分析作出。当风险被认为是“中等”或“高”时，鼓励在可获得的情况下进行治疗。如有需要，应及时提供治疗，并应制订一个商定的计划来监测患者的临床病程。

正在进行的临床评估可能需要额外的实验室检测。在某些情况下，使用非商业性的检测可能是合适的。如果要使用非商业或未经许可的检测来评估潜在的暴露，卫生保健工作者应将患者的标本和相应的阴性内参对照物提交检测实验室进行单盲检测。提供检测服务的实验室也应进行阳性和阴性对照样本的检测，并将所有样本的结果报告给要求提供检测服务的卫生保健工作者。卫生保健工作者在解释非商业性的、未经许可的实验室检测结果时必须谨慎，因为在许多情况下，他或她可能没有关于所用检测的预测值或所用检测的敏感性和（或）特异性的信息。

如果伤害涉及BSL-3或BSL-4实验室的传染性病原体应保证更高级的医疗护理，卫生保健工作者必须有一策略安全运输员工到相应的设施，并将受伤或生病的员工临床责任转交给传染病专家[16、17]。如需要相应的PPE，要求通知到运输团队和接收设施的有关人员，并为其简要介绍。卫生保健工作者需要使员工充分了解正在采取的步骤，以确保安全运输和护理，并对员工的需要作出反应（如通知家庭成员，安排放学后接走孩子等）。

职业医疗支持服务的其他方面

培训和演习

卫生保健工作者及其工作人员应定期评价操作规程中的病原微生物。应定期评价并修订应急预案。对于在BSL-3和BSL-4级实验室操作的病原微生物，应每年更新程序。此外，医疗应急预案，应每年进行评价和演习。理想情况下，培训和演习将包括所有可能参与事件响应的各方。暴露演习和模拟事件反应活动，有助于确保在发生员工暴露事件时，提供适当而及时的医疗服务[2]。此类演习中最常见的结果是可以改善人员沟通。最后，各机构应收集事故、伤害和暴露数据；至少要每年评价有关数据；并包括对所提供的医疗支助服务适当性的评价。

沟通

职业医学的实践是独特的，因为从业者对雇员和雇主都负有责任。这种做法可以合理地认为是在工作环境中提供公共卫生服务，包括病人的护理责任。尽管卫生保健工作者的首要责任是保障员工的健康和安全，但他或她也有责任将在工作场所对他人造成重大伤害的机会最小化。从卫生保健工作者到雇主的沟通，被这些经常相互矛盾的需求所限制。通常情况下，临床医生通过限制沟通来描述工作人员的职能约束及其预计工期来达到平衡。这种方法为雇主提供了可采取行政行动的信息，同时又不损害员工对其医疗状况保密的权利。这一方法用于职前医疗评估，以及随后因与工作有关的医疗问题和涉及个人医疗问题重返工作的诊察。

当工作人员未经医学许可在BSL-3或BSL-4实验室工作，或有暴露于传染性病原体的潜在可能，或出现疑似实验室获得性感染的症状时，卫生保健工作者必须制订明确的计划，以便与负责官员进行沟通。卫生保健工作者必须定义紧急呼叫的RoE水平，明确谁将收到通知以及将共享哪些信息。通常情况下，对于暴露于医疗保健提供者必须定义促成呼叫的RoE水平、谁将收到通知以及将共享哪些信息风险可忽略不计（RoE=1）的伤害，只与安全专家和PI共享。RoE大于1的事件通常会立即通知首席安全专家、实验室主任、负责公共通信的办公室和县公共卫生官员。这些官员共享以下信息：事件情况、暴露途径、事故发生时的PPE使用，所提供急救的及时性和性质，传染病顾问对于该潜在暴露风险将导致的公共卫生风险的一致评估，以及缓解给他人带来风险的计划，如隔离和监控或运输到一相应的卫生保健设施。

医疗记录和工伤赔偿

就像在传统医疗业务中保存记录一样，雇主有责任保存雇员与工作有关的医疗记录。病历应充分反映所提供的所有医疗服务，包括医生取得的病史、体检和诊断测试的结果、临床医生对该信息的评估以及推荐和提供的治疗。职业安全与健康管理局要求包含暴露信息的医疗记录保留时长为工作年限再加30年。应咨询OSHA关于血源性病原体的标准[18]以及从业员工暴露和医疗记录权限[19]，以充分讨论记录保存要求及其适用的情况。此外，所有记录了可报告的伤害与疾病的OSHA 300日志必须保存5年，在此期间，必须更新以包括新发现的信息[20]。

血清存储

在当确认或怀疑员工在工作场所暴露于一影响重大的人类病原体后，卫生保健工作者可能希望储存员工的血清。储存员工血清的目的，是使卫生保健工作者能够对配对的急性和康复期血清样本进行血清学检测，以确定员工是否已感染。如果卫生保健工作者提供这项服务，血清应储存在–20°C或更低温度的非自融霜冷冻室中。应该严格限制血清的访问权限，以维护员工的隐私权。任何对血清的检测，只要员工能被识别，都应该得到员工的书面同意。检测方法和结果应记录在员工的医疗记录中。

涉及动物的研究

在实验室环境中与动物打交道的人员应该意识到动物蛋白可能带来的健康风险，以及与研究中使用的动物相关的人兽共患病风险[21]。据估计，有20%～30%与实验动物打交道的人会出现过敏症状。每20名对动物蛋白过敏的工作人员中，就有1人会因为与实验动物接触而患上哮喘。与这些变态反应相关的蛋白存在于动物的尿液、唾液和皮屑中。大多数研究用动物已被确定为员工过敏症状的来源。因为小鼠和大鼠是实验研究中最常用的动物，对啮齿类动物过敏的报告要多于其他实验动物的过敏报告。对其他动物（通常是猫和狗）的个人过敏史是预测谁会对实验室研究动物产生过敏症的最佳指标。与实验室动物过敏反应相关的其他因素包括：接触动物蛋白的强度、频率和暴露途径（参见本书的第15章：动物过敏原）。处理动物和清洁笼子等活动可能会增加暴露于动物蛋白的风险，从而使工作人员更易发生变态反应。就这一点而言，吸入暴露特别危险。

变态反应的最早症状包括鼻塞、流鼻涕、打喷嚏、眼睛发红疼痛，以及荨麻疹。哮喘的症状包括咳嗽、喘息和呼吸急促。有过敏症状的员工在被动物咬伤后很少会有变态反应。大多数对实验动物产生变态反应的工作人员会在与实验动物一起工作的头12个月内出现变态反应。很少情况下，与动物一起工作仅数年后才会发生反应。最初，这些症状出现在工作人员暴露于动物的几分钟内。大约有一半的过敏工人最初的症状会消退，然后在暴露后3～4 h复发。

消除或尽量减少与动物蛋白的接触是减少工人发生变态反应的可能性或一旦发生变态反应就加以控制的最佳方法[22]。注射脱敏药并不特别有效。药物可以控制过敏症状；然而，我们的目标应该是消除员工吸入或皮肤接触这些蛋白的机会。除了使用精心设计的空气处理和废物管理系统（如化学通风橱、生物安全柜或下吸式工作台）外，员工还应日常使用相应的个人防护装备，如防尘/防雾口罩、手套和罩袍，以降低暴露风险。

用于研究的动物可能含有多种人兽共患病的生物危害，其中包括病毒、立克次体和细菌。除了自然发生的感染外，作为研究或测试方案的一部分，这些动物可能有意地暴露于其他传染性病原体。尽管这些人兽共患病原体在研究实验室的传播并不常见，但一些实验室获得性感染，如B病毒（猕猴疱疹病毒1型）、淋巴细胞性脉络丛脑膜炎病毒以及伯纳特立克次体，可能对实验室工作人员造成灾难性的后果。因此，该机构的卫生保健工作者必须熟悉工作场所可能存在的任何人兽共患病危害，并了解实验室获得性感染的微妙临床表现。对这些健康危害的综述超出了本章的范围，但可见于其他参考文献。

原著参考文献

[1] Centers for Disease Control and Prevention and National Institutes of Health. 2009. Biosafety in Microbiological and Biomedical Laboratories, 5th ed. U.S. Government Printing Office, Washington, D.C.

[2] Centers for Disease Control and Prevention (CDC) Division of Select Agents and Toxins and Animal and Plant Health Inspection Service (APHIS) Agriculture Select Agent Program. 2013. Occupational Health Program Guidance Document for Working with Tier 1 Select Agents and Toxins. 7 CFR Part 331, 9 CFR Part 121, 42 CFR Part 73.

[3] Department of Labor. Occupational Safety and Health Administration (OSHA).Respiratory Protection Standard 1998. 29 CFR 1910.134 https://www.osha.gov/pls/oshaweb/owadisp.show_document? p_table=STANDARDS&p_id=12716.

[4] Skvorc C, Wilson DE. 2011. Developing a behavioral health screening program for BSL-4 laboratory workers at the National Institutes of Health. BiosecurBioterror 9:23–29.

[5] Institute for Laboratory Animal Research. 2003. Occupational Safety in the Care and Use of Nonhuman Primates. National Research Council, National Academy Press, Washington, D.C.

[6] Schillie S, Murphy TV, Sawyer M, Ly K, Hughes E, Jiles R, de Perio MA, Reilly M, Byrd K, Ward JK. Centers for Disease Control and Prevention. 2013. Guidance for Evaluating Health-Care Personnel for Hepatitis B Virus Protection and for Administering Postexposureanagement—Recommendations and Report, December 20. MMWR Morb Mortal Wkly Rep 62 (RR-10):1–19.

[7] Nicholson PJ, Mayho GV, Roomes D, Swann AB, Blackburn BS. 2010. Health surveillance of workers exposed to laboratory animal allergens. Occup Med 60:591–597.

[8] Ferraz E, Arruda LK, Bagatin E, Martinez EZ, Cetlin AA, Simoneti CS, Freitas AS, Martinez JAB, Borges MC, Vianna EO. 2013. Laboratory animals and respiratory allergies: the prevalence of allergies among laboratory animal workers and the need for prophylaxis. Clinics (Sao Paulo) 68:750–759.

[9] Lehner NDM, Huerkamp MJ, Dillehay DL. 1994. Reference serum revisited. Contemp Top Lab Anim Sci 33:61–63.

[10] Rusnak JM, Kortepeter MG, Hawley RJ, Boudreau E, Aldis J, Pittman PR. 2004. Management guidelines for laboratory exposures to agents of bioterrorism. J Occup Environ Med 46:791–800.

[11] Centers for Disease Control and Prevention (CDC). 1993. Tuberculosis in imported nonhuman primates—United States, June 1990-May 1993. MMWR Morb Mortal Wkly Rep 42: 572–576.

[12] Stave GM, Darcey DJ. 2012. Prevention of laboratory animal allergy in the United States: a national survey. J Occup Environ Med 54:558–563.

[13] Bush RK, Stave GM. 2003. Laboratory animal allergy: an update. ILAR J 44:28–51.

[14] Gupta A, Dhir A, Kumar A, Kulkarni SK. 2009. Protective effect of cyclooxygenase (COX)-inhibitors against drug-induced catatonia and MPTP-induced striatal lesions in rats. Pharmacol Biochem Behav94:219–226.

[15] Cohen JI, Davenport DS, Stewart JA, Deitchman S, Hilliard JK, Chapman LE, B Virus Working Group. 2002. Recommendations for prevention of and therapy for exposure to B virus (cercopithecine herpesvirus 1). Clin Infect Dis 35:1191–1203.

[16] Rusnak JM, Kortepeter MG, Aldis J, Boudreau E. 2004. Experience in the medical management of potential laboratory exposures to agents of bioterrorism on the basis of risk assessment at the United States Army Medical Research Institute of Infectious Diseases (USAMRIID). J Occup Environ Med 46:801–811.

[17] Henkel RD, Miller T, Weyant RS. 2012. Monitoring select agent theft, loss and release reports in the United States—2004–2010. Appl Biosaf17:171–180.

[18] Code of Federal Regulations. 1992. Title 29. Labor. Chapter XVII. Occupational Safety and Health Administration. Subpart Z. Toxic and hazardous substances. Bloodborne pathogens. 29 CFR 1910.1030. http://www. ecfr. gov/cgi-bin/text-idx? SID=b9621763e037d7871af053893e122319&mc=true&node=se29. 6. 1910_11030&rgn=div8.

[19] Code of Federal Regulations. Title 29. Labor. Chapter XVII. Occupational Safety and Health Administration. 1996. Subpart Z. Toxic and hazardous substances. Part 1910. Access to employee exposure and medical records. 29 CFR 1910.1020. http://www.ecfr.gov/cgi-bin/text-idx?SID=b9621763e037d7871af053893e122319&mc=true&node=se29.6.1910_11020&rgn=div8.

[20] Code of Federal Regulations. Title 29. Labor. Chapter XVII. Occupational Safety and Health Administration. 2001. Recording and reporting occupational injuries and illnesses.29 CFR 1904. http://www.ecfr.gov/cgi-bin/retrieveECFR?gp=&SID=2ada6b8d00ee27d013de97cfb51d4ac0&r=PART&n=29y5. 1. 1. 1. 4.

[21] Institute for Laboratory Animal Research. 1997. Occupational Safety in the Care and Use of Research Animals. National Research Council, National Academy Press, Washington, D.C.

[22] Gordon S, Preece R. 2003. Prevention of laboratory animalallergy.Occup Med (Lond) 53:371–377.

生物安全计划的有效性评价

JANET S. PETERSON AND MELISSA A. MORLAND

生物安全计划的组成

一个完善的生物安全计划由多个要素组成，主要由研究机构所开展的实验研究决定的，也包括管理制度以及指南等。一个生物安全计划包括对血源性病原体、感染性材料研究、重组或合成DNA（rDNA）、生物安全柜的认证、高等级生物安全实验室和管制因子的监管。很多机构不具备所有的要素，需要一种办法来衡量现有因素的有效性。

血源性病原体

使用血液和未处理的人体样本的实验室，必须严格遵守职业安全及健康管理局《血源性病原体标准》规定。只有按照OSHA的标准要求的实验室才可以对其生物安全计划进行评价。可以通过每年的现场评审来评估生物安全二级实验室的符合性。用于评估生物安全二级实验室的检查清单可见附录A。生物安全负责人通过查验记录来确保实验室符合管理要求。包括查验防止血源性病原体职业传播的年度培训记录。记录已向暴露测定表中确定的所有工作类别的个人提供了关于防止血液传播病原体职业传播的年度培训，以及为这些人提供乙肝疫苗系列的文件。此外，还应该对设施的暴露控制计划进行年度审查和更新。

野生型传染性病原体

对于使用未经基因修饰（基因修饰的传染性病原体按照国立卫生研究院《重组或合成核酸分子研究指南》进行）传染性病原体的实验室，可在工作开始时进行现场评估生物安全计划的有效性，此后每年进行一次。现场评审可评估实验室是否符合防护水平。在附录A中可见评估生物安全二级实验室的检查示例。与血源性病原体的情况一样，生物安全专家必须通过程序审核及现场考察。系统的审核包括对培训记录的审核，以确保所有的实验人员均已受过生物安全方面的知识培训。而系统审核最重要的方面之一就是确认研究满足了该机构生物安全委员会（IBC）或生物安全负责人监督的要求。

生物安全委员会

可以使用NIH生物技术活动办公室（Office of Biotechnology Activities，OBA）提供的自我评估工具对IBC的有效性进行深入评价。虽然NIH的OBA也对这些IBC进行实地考察，但他们无法对所有注册在案的IBC进行定期的考察，因此需要一个在线的评估工具来进行辅助。所以，使用NIH的OBA提供的自我评估工具可以来对生IBC制度的有效性进行深入的评价。评估IBC的标准之一就是确认已向IBC成员提供了适当的定期培训，尤其是具有代表性的人群。应每年对IBC成员名册进行一次审查，以确保名册反映委员会目前的成员情况，并提供足够的专门知识。此外，IBC必须使用NIH的OBA的在线管理系统进行注册，而且每年进行实时更新。只要委员会成员有增减，名单都需要更新。最后，IBC章程应每年进行审查和更新，以检查其是否充分处理了委员会的职责，批准、拒绝或暂停工作的程序，以及潜在的成员问题，如利益冲突。

rDNA实验室应该评估是否符合NIH发布的《重组或合成核酸分子的研究指南》要求。NIH在指南中指出，该机构负责定期审查进行中的重组或合成核酸研究，以确保符合指南要求［第Ⅳ-B-2-b-(5)节］。对实验室进行现场评审在评估IBC系统的有效性起了重要作用。现场评审确保生物安全团队能够准确核实是否正确使用标准。现场评审员必须熟识评审流程，这样才能准确判断实验室是否严格符合设施设备的防护等级和实验活动要求。现场评审还可以通过评审员与实验室工作人员进行深入交流，确保所涉及的所有载体、相关基因和生物材料均获得批准。该评审允许生物安全团队确保每个参与项目的人都知道项目的风险，知道在紧急情况下应该做什么，并且知道需要报告暴露或泄漏到防护屏障外的情况。最后，现场评审可用于跟踪过去的设施评审，并确认纠正措施到位。批准后监控检查表的示例见附录B。

此外，可以对NIH指南的遵守情况进行管理评审，以评审所有重组DNA的研究是否经过实验室IBC评审。应对培训记录进行评审，以评估是否向所有实验室研究人员提供了关于NIH指南要求的培训。详细内容见NIH指南附录G。

生物安全柜认证

如果生物安全柜在过去的一年中获得了认证，评审期间，应对生物安全柜的证书标签进行检查。因此，现场评审清单上应明确表明生物安全柜的上一次认证日期，这一信息也可以通过审查生物安全柜的认证记录来获得，通常这些记录是由生物安全办公室留存。生物安全计划的有效性可通过比较已经通过年度认证的生物安全柜的数量和实验室设施设备总数来衡量。

职业健康

职业健康医师与生物安全团队之间的协调是一个成功的生物安全系统的重要组成部分。作为一个生物安全负责人，通常有责任告诉职业医师本实验室所操作的病原微生物。这使得职业医师可以提前对暴露风险进行准备，特别是在无法提供常规诊断或治疗的疾病上（非该地流行的）。此外，所有从事实验室生物材料工作的研究人员都应该接受应急反应和及时提交报告流程的培训，因为及时有效的后续处理对传染性病原体暴露的管理至关重要。当与高风险的病原体一同工作时，应该建立一个医疗监测程序。此程序的基本元素应包含疾病症状的监测（如温度记录）、体检和（或）传染性病原体警报卡。

评估生物安全系统中职业健康部分的有效性，可以包括对工作场所事故或未遂事故数量的评审。通过评估分析事故发生的根本原因将有利于改进生物安全计划。此外，可通过与职业健康诊所的定期协调来衡量方案的有效性，以确保该机构及时更新使用的传染性病原体清单。

高级别生物安全实验室

高级别生物安全实验室（BSL-3实验室）的设施应包括这些实验室，以评估其生物安全计划的有效性。新的BSL-3实验室需要在运行前对BSL-3设施的设计和运行参数进行验证。这些参数必须每年复核，以确保设施的安全特性继续按原先设计的方式运行。本章后面将讨论年度重新验证问题（初始认证要求见第14章）。本章未讨论对最高级别生物安全实验室（BSL-4）的要求。

管制因子方案

“管制因子程序（SAP）条例”[3, 4]要求进行多种类型的程序评估，这些评估可用于评估程序的有效性。负责人负责确保每年去管制因子实验室设施进行现场评审。还需要进行年度演习或训练，以评估安保、生物安全和事故响应计划的有效性。除了进行年度培训和现场评审外，还包括保存库存记录、进出和培训记录，以及必要时的职业健康许可。除了授权给该设施的程序评估外，SAP还在签发登记证之前进行现场评审，此后至少每3年进行一次。这些机构现场评审的结果很好地衡量了SAP的有效性。本章其他部分将更详细地介绍机构检查。

评价机制

用于评估生物安全计划有效性的机制可分为两大类：直接观察（现场评审）和方案审查（审查记录）。两者都出现在上面讨论的每个组成元素中。由于现场评审和记录评审在衡量程序有效性方面发挥着重要作用，下面将对每一项内容进行更详细的描述。关于可用于评估生物安全计划组成部分有效性的评估机制的概述详见表27-1。

表 27-1 衡量生物安全计划组成部分有效性的评估机制概述

元素组成	评估机制			
血源性病原体	每年进行培训	培训包括暴露控制计划中确定的所有职务分类	每年审查暴露次数	对使用人体材料的实验室进行年度评审
野生型病原体	IBC或其他机制对传染性病原体的使用情况进行了审查	所有使用的传染性病原体（IA）都被覆盖	涉及IA的研究是在相应的防护级别上进行的	每年进行现场评审
IBC/rDNA	使用OBA的IBC自我评估工具	应用OBA网站现场评审建议（如果有的话）进行评审	年度现场评审由工作人员进行	IBC会议是现场或通过电话会议进行的
BSC管理	所有的BSC每年都有认证。	如果不每年进行认证，BSC就会被标记为用于传染病病原体不安全	如果BSC没有通过认证，就会立即维修	BSC的认证在每年的现场评审中进行检查
高级生物安全实验室	年度评审	每年都再验证	有特定地点的实验室手册	每年对人员进行培训

续表

元素组成	评估机制			
管制因子程序	审查和执行内部审计结果（如生物安全和安全）以及监管检查报告	实验室每年由生物安全小组审核	每年为人员提供培训	每年进行台面演习

BBPs，血液传播病原体；IBC，机构生物安全委员会；rDNA，重组DNA或合成核酸分子；OBA，生物技术活动办公室；BSC，生物安全柜。

实验室现场评审

现场评审是评估生物安全程序有效性的最常用方法。在现场评审期间，会对实验活动、程序和实验室设施进行审查。现场评审还可以提供关于新设备位置或增加新人员的信息，或者发现需要IBC审查的新的研究领域。现场评审可以由生物安全管理人员、监管机构、外部顾问或自查进行。还可以通过现场评审来核实一个新的实验室是否符合设计标准。

现场评审的标准检查表应在访问前提供给PI或实验室负责人。确保实验室工作人员能够熟悉评估标准，并且能在评审前进行必要的更改。此外，一些设施发现提供一份简短的逐点文档非常有用，该文档详细解释了所需的信息，尽管这是个人喜好的问题。检查表可能包含基于法规和最佳实践的标准。

对于生物安全专业人员来说，强调安全实验室实践并帮助他们实现这些实践，而不是严格遵守法规，这一点正变得越来越普遍。生物安全管理人员的工作必须区分何时灵活，何时灵活会有潜在的高风险水平。实验室提供的现场培训记录、疫苗接种记录（如强制为处理人类血液的员工接种乙肝疫苗）和设备记录（如Ⅱ级BSCs的年度认证）也应在现场评审时进行检查。评审员应就优势和需要改进的领域发表意见；消极导向的现场评审通常不会带来建设性的补救措施。最重要的是，如果在现场评审期间发现了缺陷，重要的是进行后续追踪，以确认不符合项已经得到纠正。一个有效的实验室现场评审计划，不仅仅找出差距，而且需要及时跟进，确保整改有效。因此，关键是要对已查明的问题的纠正，下一年的评审可以用来确定这些变化仍然有效。

评审人员类型

无论在实验室进行的生物研究还是现场评审都可以通过多种方式进行，这取决于是谁进行了评审。表27-2比较各类评审员的优缺点。

表 27-2　比较各类评审员的优缺点

评审员	优点	缺点
生物安全负责人	熟悉病原体、程序的技术知识	耗费时间 多个实验室可能需要同步评审
自查	信息缺陷易于及时纠正	缺乏纠正缺陷的知识，记录保存可能不严格，检查可能会出现问题
安全专家	及时向其他安全专家传播信息	缺乏深入的知识可能会错过不足之处
外部咨询	客观性技术知识	成本高 不熟悉机构的程序

生物安全负责人

生物安全负责人可以查阅IBC/研究记录，熟悉条例和指南，以及设施内生物因子的保存位置和使用情况，这是进行内部现场评审以评估生物安全计划有效性的通常方式。

自查

实验室负责人的定期自查是有用的，因为立即纠正和对设施的熟悉可以避免实验室事故发生的可能性。在这类评审中，清单通常由生物安全管理人员提供，并尽可能地包含实验室安全的其他领域，如化学和辐射安全。在自查之后，实验室负责人将填妥的表格交还给生物安全负责人，如果发现任何区域不安全，也有可能会继续跟进。

安全专家

安全办公室的代表可以替代生物安全经理定期进行评审。评审组中生物安全工作人员的各个成员开展常规性的安全评审工作。其中一部分人员致力于生物安全，这些人员经常替代生物安全负责人评审实验室。生物安全负责人专注于技术和管理方面的工作。同时进行多方面的评审能更有效的利用研究人员的时间，通常被他们认为比多次单独评审更可取。

外部咨询

可以聘请一名外部顾问来审查和评估生物安全计划的有效性。可以通过雇用外部人员代表IBC和生物安全负责人在设施内进行现场评审。外部供应商/顾问/承包商经常被要求提供一种“验证”类型的检查，例如，调试一个新的BSL-3设施，可能需要工程师和其他专家以及生物安全专家作为外部检查团队的一部分。

同行评审

生物安全计划负责人可能偶尔会要求来自类似机构的生物安全专家对他们的计划进行深入的同行评审。专家事先应获得机构的专业介绍，在现场评审期间将与研究人员交谈，检查程序记录，并评估工作人员和资金的充足性。虽然这种类型的评审是耗时的，但它可以提供一个新的和客观的观点。

监管机构

当监管机构访问该机构审查其生物安全计划时，提供了一种不同类型的计划评估。随着管制因子相关法规的实施，这种由疾病预防控制中心或动植物卫生检验局（Animal Plant Health Inspection Service，APHIS）进行的评估变得越来越普遍。监管机构的现场评审可以提供一个机会，从最合规的角度对程序进行评估。生物安全负责人可以利用这个机会来评估和改进生物安全计划。后面章节将对如何为监管机构的检查做好准备并从中受益进行深入讨论。

设施类型

根据实验室所在的设施类型，评估方案将有所不同。

学术界

一项学术型的生物安全计划必须评估教学实验室和研究实验室。大多数本科教学实验室用特征良好的微生物进行实验，以说明关键技术或重要步骤（如教学实验室可能使用枯草芽胞杆菌进行实验，以证明孢子染色）。在现场评审期间，教学实验室的评价应主要集中于生物因子的储存、使用和处置。如果要考虑使用新的生物因子进行课堂教学，教师必须完成一些正式的生物安全培训，并通知生物安全负责人（关于教学实验室的更多信息，见第29章）。研究实验室通常与更复杂的生物系统一起工作，这比教学实验室的风险更高。对于研究实验室的评审要求评审员熟悉实验室进行的实验研究以及它所带来的风险。学术型的科学家习惯于更独立地工作，自由安排研究。因此，需要一个机智的评审员与这些研究人员一起工作去支持这些研究，同时帮助研究人员安全地从事研究工作。

企业

企业的生物安全计划可能存在不同的问题，特别是与大量培养有关的风险。更大规模的培养可能需要大规模的防护水平和额外的安全措施，以减少无意中向环境释放生物材料的风险，如NIH指南（2）附录K中所指出的。本书第30章和第31章更详细地讨论了大规模生物安全问题。产业生物安全计划的另一个因素是在一个公司内存在多个地点，因此评估过程可能在时间和资源上成倍增加。其他需要考虑的问题包括质量保证和良好的工作实践（如ISO 14000）和加强政府监督，如针对制药公司的FDA。然而，在工业环境中会有许多实验室不培养大量或高浓度的生物因子，这些实验室可能会像学术设施一样受到评审。

政府监管

联邦政府设施不受与私营企业同等程度的监视，因为这些设施不受州或地方监管机构的管辖。因此，内部评审过程可能需要更加频繁，以确保安全和健康的环境。在军事方面的一些实验室设施可能需要额外的军事规章，特别是在出入控制和安保方面。国家实验室设施（以及私营企业）必须符合当地的指南，国家安全标准通常由市或县一级的监管机构执行。

对内部评估方案的强调应集中在将在地方一级强制执行的标准上，因为地方检查员可以很容易地前往实地进行不事先通知的检查。

医院和保健设施

医院和医疗保健设施的临床实验室需要生物安全现场评审。在这些设施中，生物安全管理人员可以联系感染控制办公室，这可能会提供一种合作，使工作人员和患者都受益。良好的生物安全工作实践对临床实验室和医院环境下处理医疗废物至关重要。消毒剂的选择也可能是一个问题，因为强烈的消毒剂可能会对病人和员工造成不利影响。这些生物安全问题应该定期在整个医院进行检查。有关临床实验室的更多信息，请参阅本书第37章。

评审频率

评审过程的频率将根据具体情况和评审人员的不同而有所不同。如果有迹象表明安全工作做法不足，生物安全管理人员可以每年或更频繁地进行正式的现场评审。此外，作为批准IBC的先决条件，生物安全负责人应访问新申请者的设施，以确保这些设施符合IBC的标准和机构的生物安全政策。

外部组织进行现场评审之前，应对生物安全标准操作程序进行内部评审。访问实验室设施的外部机构包括卫生保健机构认证联合委员会、CDC和美国农业部的APHIS，将进行管制因子检查。

在发生重大健康和安全事故或事件（如人员曝光或生物因子泄漏）之后，快速评估也可能是适当的。公众对任何有意外释放生物因子设施的可信度持谨慎态度，不利的宣传需要时间来克服。环境安全、公共安全或其他可能对事故作出反应的团体应采取调解行动，调查这一事件，并采取补救行动，以防止再次发生事故。

行政复核

评估生物安全计划的组成部分的一个逻辑方法是通过审查记录和文件，而不是现场评审。这通常适用于审查机构的rDNA程序和管理BSC的认证程序，其中可对rDNA注册和BSC认证的记录进行审查。

重组和合成DNA

根据NIH《重组或合成核酸分子的研究指南》[2]，IBC负责审查和批准大多数涉及构建和使用基因修饰生物的实验。为了评估IBC或生物安全团队是否正在审查所有rDNA研究，生物安全负责人可以审查研究登记文件，以确认所有登记表都已获得批准。此外，还可以审查记录，以确认该机构遵守研究注册更新和修订程序。许多机构要求在规定的时间内及时更新研究登记注册时间，例如，为期3年的注册期间进行每年审查，以确定实验或人员是否发生了变化。附录C提供了一个修改表格的示例，该表格可用于通知生物安全办公室/IBC实验已发生的变化。另一个是可供行政审查的生物安全事件记录，以确认所有涉及rDNA的事件都已及时向NIH OBA报告。涉及重组DNA的事件必须在30天内向OBA报告，如果事故发生在BSL-2或BSL-3设施内，则必须立即报告。每年审查提交给NIH的所有事故报告，以确定是否有必要改变行政政策或程序。

BSC认证程序

NIH指南（连同《国家卫生基金会49号标准（NSF49）》和《微生物和生物医学实验室中的生物安全标准（BMBL）》要求每年对所有Ⅱ级生物安全柜进行认证。在许多机构中，生物安全计划管理BSC认证程序。对认证记录的定期审查将强调该计划是否有效，即所有安全柜在过去一年中均已通过认证。应考虑的认证记录的其他方面是，所有不符合认证标准的BSC是否已经修理或贴上不能使用的显著标识。

管制因子审查

“关于拥有、使用和转让管制因子的最终规则”于2005年3月18日公布，并于2005年4月17日生效[3，4]。拥有管制因子的设施（见第29章）在获得其注册证书之前，预计将由其牵头机构（CDC或APHIS）进行检查，此后至少每3年一次，作为其设施注册3年更新周期的一部分。此外，大多数设施都会经历进行定期基础上的不定期和突击检查。根据机构程序规模和要求的变化，一些设施平均每年大约有一次监管。条例还要求规则办公室或一名代表对使用管制因子的实验室进行年度审计[3、4]。

监管/外部评审

虽然管制因子的检查通常是预先安排的，政府机构最近已开始进行未经通知的检查。因此，重要的是被查实验室随时准备好所有记录供核查。那些已公布的检查通常提供了几个选择日期，以便在双方方便的情况下安排检查。规则办公室是该机构的联络处，而不是从事管制因子和毒素工作的科学家。

派往一个机构的核查员人数各不相同，取决于进行检查机构以及实验室的规模和复杂性。一方面，在过去，APHIS传统上派一名检查员，通常是来自实验室所在的地理区域的兽医师；另一方面，美国CDC通常会派出2人、3人或更多人去核查。

检查准备

因为任何时候都有可能进行检查，所以设施应该随时做好准备。必须更新和整理记录。此外，在内部评审过程中发现的任何缺陷都应迅速纠正，以便随时对设施、安全和库存进行评审。记录审查包括：

· 生物安全、安保和事故应对计划。

· 年度计划审查和演练/演习信息。

· 安保风险评估（SRA）培训课程和培训记录–经批准的个人以及实验室来访者（根据第15条的要求）。

· 在计划更新后刷新培训记录。

· 所有进入登记空间的电子和（或）手工访问记录。

· 库存记录。

· 实体内转移记录和保管链记录（如果进行了实体内转移）。

· 表格2S（转让）、表格3S（盗窃、遗失及释放）、表格4S（管制因子/毒素识别通知书）、表格5S（豁免申请）（如适用）。所有表单都可以见管制因子网页。

· [根据42 CFR 73（16）（L）（1）条的规定] 在转移毒素时使用的尽职调查记录（如适用）。

· 年度内部检查记录，确保符合“管制因子程序条例”的所有部分。

· BSC年度认证记录。

· 实验室排风高效过滤器、通风笼具系统、生物气密阀等年度认证记录。

· BSL-3年度设计和运行再验证记录。

· 职业健康程序（医疗监察计划）。

· OSHA 300职业暴露记录（如适用）。

· IBC申请/会议记录/批准（如适用）。

· IACUC申请/会议记录/批准（如适用）。

对于定期评审，规则办公室可以与评审员沟通，以确定评审的议程。一种常见的情况是，首先是由实验室主任简要介绍他们的管制因子研究，然后是参观该设施、记录审查和一次对外简报。另外，评审员通常会要求与辅助人员（如暖通空调技术人员、应急管理人）面谈。由于这是一项具有重大后果的检查，所以从该机构的专家那里得到帮助是很有用的。然而，同样重要的是，限制那些能够准确回答检查过程中可能出现的问题的专家出席会议。除了科学家、规则办公室和候补规则办公室之外，一份合理的与会者名单可能包括以下各方的代表：

- 信息技术讨论网络安全。
- 公众安全讨论事故应对。
- 建筑安保讨论物理安保。
- 人力资源讨论人员可靠性。
- 实验室人员讨论库存控制。

这些人应根据他们对被评审设施的专门知识进行甄选。对于定期评审，最好与可能被要求面谈的个人会面，以审查与"选择因子"程序相关的要求及其职责。

准备工作的另一个重要方面是在评审日期之前对设施进行几次检查。研究人员们必须在核查现场，对出现的问题立即提供答案。主要检查以下方面：

- 检查安保计划中的建议是否已执行。
- 测试安保系统，以减少检查过程中出现故障的可能性（请注意，自关闭、自锁门有故障的倾向）。
- 找出问题，并在可能的情况下提供现场补救（如寻找因建筑物沉降而产生的油漆裂缝）。

在准备评审时，在到达设施前，预先为评审人员准备一本"简要手册"。这本书应该包含预评审清单（如果有的话）；生物安全、事故反应和安保计划；以及库存、培训、转移和访问记录。将所有文件集中在一个地方，将节省检查时间。

核查清单

管制因子出现使用的核对表可在其网站上查阅。这些都为检查前的准备工作提供了宝贵的工具。

核查

在开幕会议上，通常的工作顺序是由院长或其他高层管理人员进行欢迎和介绍。然后，每个项目负责人对设施计划中的或正在进行的研究进行简短的（15 min）的介绍。然后核查人员主持。根据核查机构和核查人员的不同，每次核查有所不同。在某一点上，将对该设施进行一次全面细致检查。便于核查过程中的管理，应限制参与核查过程中的人数。一种情况是只包括科学家、规则办公室和核查人员。

在闭幕式会议上，核查员陈述急切关注的环节。在闭幕式简报中应陈述已经关注的应采取行动进行纠正所有主要事项。在审核过程中，审核结果将发送给规则办公室和候补规则办公室。一旦收到核查报告，记录纠正措施的反应报告将在15 ~ 30天完成。

自查

如之前的内容所述，管制因子程序规则要求规则办公室或代表对每个实验室进行年度核查，以确保遵守法规的所有条款。这就要求开展实验活动核查、安保核查、库存核查和记录/计划核查。使用监管机构相同的核查表可以满足条例和文件程序评价。这些审核必须有文件记录，并必须包括所有调查结果和后续跟进/纠正措施。2011年，管制因子程序就其初始和年度核查要求提供了指南。

对BSL-3实验室的年度再核查

除了新建成或改造的BSL-3实验室的设施使用前需要检测，BMBL（第五版）还要求每年对这些设施进行再核查。

BSL-3设施的设计、运行参数和程序必须在运行前得到验证和记录。设施必须每年至少进行一次核查和记录[5]。

该设施的再核查包括：①生物安全管理人员对实验室设施的审查；②工程师对暖通空调系统运行情况的审查和测试；③为防止正压而设计的暖通空调安全特性测试，如冗余排风机和应急电源的测试。另一种办法是，不参与设施最初建造和设计的顾问或外部实体可在安全和设施人员的协助下独立评估设施。

准备工作

生物安全负责人应与BSL-3设施的项目负责人见面，审查所有现有的标准操作程序、生物安全手册以及该设施的任何其他书面安全程序。这些文件应在必要时加以更新，以包括下列变化：

- 注册工作地点。
- IBC批准。
- 生物因子库存。
- 动物护理及使用委员会批准。
- 实验室标准操作程序。
- 高压灭菌器验证记录。

应仔细评估BSL-3设施在过去一年中可能发生的事故或伤害，以确定是否修改了导致事故的过程或程序，例如，在发生涉及碎玻璃的伤害后，应修改程序确保使用塑料器皿替代玻璃器皿。任何变化都应反映在标准操作规程的文件中，以准确反映设施内的活动情况。

培训记录以确保所有员工都在必要时接受安全培训和年度更新培训（如血液传播病原体培训）。核查人员应核实是否存在新进的实验室工作人员，并检查这些记录。如果设施员工或维修承包商等非实验室人员正在BSL-3设施内执行维护程序，生物安全管理人员应确保他们在进入该区域之前接受安全培训和呼吸器适配性测试（必要时）。

设施再验证

年度再验证应提前安排，以便停止实验室实验。一些BSL-3设施选择在再验证之前对实验室整个空间进行去污染处理。也可以遵循实验室制订的维护程序进行，其中可包括：

- 生物废物高压蒸汽灭菌。
- 培养物保存在培养箱或冰箱。
- 表面消毒。
- 充足的换气时间。

实验工作暂停，这是一个实验室日常维护最方便的时期，使得实验室设施得以进一步维护。

生物安全管理人员的现场评审（清单见附录D）应包括对以下方面的审查：

- 墙壁、天花板或地板上的裂缝或开口。

·漏水的证据，如变色或可观察到的水分。
·墙壁或天花板上环氧密封漆开裂或剥落。
·管道、电线或其他密封开口周围磨损的橡胶密封垫圈。
·受损的壁面，特别是压缩气瓶储存区周围。
·警报器和定向气流表用电池。

如果发现了任何破坏防护结构的情况，应发出通知，立即修复。

其他应由生物安全管理人员检查和核实的项目包括：

·洗眼功能及定期测试。
·按计划测试灭火器。
·验证定向气流（如使用发烟管来确定实验室是否处于负压）。
·自动关闭门的正确运行。
·安保设备功能正常，如按键读卡器、运动探测器和摄像头。
·Ⅱ级生物安全柜的认证及化学通风橱的测试。
·生物危害警告标识和标签的张贴和准确性，核实紧急情况下所需的准确联络点信息。
·溢出处理工具包供应充足。
·紧急淋浴（如适用）测试。
·张贴停用程序。
·可提供去污染材料和溢出工具包。

暖通空调再验证

设施和维修人员将检查设施内的以下内容：

·通风系统平衡。
·冗余风机的持续运行和维护。
·校准磁力计、仪表、监视器和其他报警系统。
·应急电源和发电机的功能。
·供排气联锁功能。
·警报在紧急情况下的作用，包括排风机的停机和故障。

BSL-3设施外公用设施的检查

将检查的BSL-3设施以外的关键领域包括：

·真空管路系统，如果在入口点有高效过滤器或消毒水封的话。
·应急发电机。
·喷淋灭火系统及火灾警报器。
·排气高效过滤器年度认证（如适用）。

每个设施都是不同的，因此有必要评价提供给实验室的所有主要设备。

最后，应每年对BSL-3设施进行再核查，以确保其持续符合BMBL中的BSL-3设施标准。作为本评估的一部分，还应检查和更新管理程序和控制，设施工作人员应检查公用系统（如暖通空调系统和电气系统），以确保其正常运行和维护。

结论

生物安全计划必须有一个机制来评估其是否有效运行。这一评估至关重要，因为生物安全计划提供了关于机构使用生物危害因子开展实验活动的准确信息，并使该机构能够对不断变化的条例和准则作出适当反应。对正在使用或拟将使用的感染因子的了解，可以确定在使用新的和外来因子时是否需要新的设施或额外的培训。

评估可以是非正式的，例如，由实验室主任填写并交给生物安全负责人的自我检查清单；或者正式的评估（如生物安全负责人的定期核查），其中包括对实验室设施的检查，以及对记录或其他管理文件的检查。其他安全和管理人员可作为这一核查过程的一部分予以协助。在进行任何检查和评审之前，必须在《生物安全手册》、机构政策中明确说明进行生物危害工作的程序，或在检查表上明确描述对实验室人员的期望。

任何评估计划的成功都取决于实验室主任、生物安全负责人、IBC和高级管理人员之间的沟通。当生物安全管理人员与研究人员建立伙伴关系，了解研究团体的目标及其工作时，研究的安全监督就容易得多。

原著参考文献

[1] Occupational Safety and Health Administration. 1991. Occupational ex po sure to bloodborne path o gens, fi nal rule (29 CFR 1910.1030). Fed Regist 56:64175–64182.

[2] National Institutes of Health. 2013. NIH Guidelines for Research Involving Recombinant or Synthetic Nucleic Acid Molecules (NIH Guidelines), as amend ed. http://osp.od.nih.gov/office-biotechnology-activities/biosafety/nih-guidelines.

[3] Animal and Plant Health Inspection Service. 2012. Agricultural Bioterrorism Protection Act of 2002; Possession, Use and Transfer of Biological Agents and Toxins; fi nal rule (7 CFR Part 331 and 9 CFR Part 121). Fed Regist 70:13278–13292.

[4] Centers for Disease Control and Prevention. 2012. Possession, Use, and Transfer of Select Agents and Toxins; fi nal rule. (42 CFR Part 73). Fed Regist 70:13316–13325.

[5] U.S. Department of Health and Human Services, Public Health Service, Centers for Disease Control and Prevention, National Institutes of Health. 2009. Biosafety in Microbiological and Biomedical Laboratories, 5th ed. HHS Publication No. (CDC) 21-1112. U.S. Government Printing Office, Wash ing ton, DC. http://www.cdc.gov/biosafety/publications/bmbl5/bmbl.pdf.

附录A　生物安全二级实验室检查清单示例

项目负责人（PI）：	批准日期：
IBC：	检查机构：
程序标题：	检查日期：
实验室 / 办公室：	实验人员：

第一部分：设施				
问题	是	否	不适用	说明
1.1）实验室里有洗手池	☐	☐	☐	
1.2）有可以随时使用的洗眼器	☐	☐	☐	
1.3）室内设有Ⅱ级生物安全柜	☐	☐	☐	
第二部分：进出政策				
问题	是	否	不适用	说明
2.1）当操作传染性病原体时限制进入实验室	☐	☐	☐	
2.2）实验室入口处张贴生物危险标识	☐	☐	☐	
2.3）在进入实验室前应告知所有员工潜在的危险	☐	☐	☐	
第三部分：材料操作程序				
问题	是	否	不适用	说明
3.1）对任何被污染的锐器采取预防措施	☐	☐	☐	
3.2）将培养物、组织、体液标本或潜在传染性废弃物放置在有盖的容器中，以防止收集、处理、储存、转运或运输过程中的泄漏	☐	☐	☐	
3.3）在传染性材料工作结束后，对实验室设备和工作表面的溢出、洒或污染进行消毒	☐	☐	☐	
3.4）Ⅱ级生物安全柜用于可能产生传染性气溶胶的操作程序或涉及高浓度或大量传染病病原体的操作程序	☐	☐	☐	
3.5）PPE用于伴随危害的病原体和程序。PPE包括手套、面部防护和（或）防护服	☐	☐	☐	
第四部分：培训				
问题	是	否	不适用	说明
4.1）员工每年接受实验室安全培训，并有培训记录	☐	☐	☐	
4.2）告知员工与所涉工作相关的潜在危害、防止暴露的必要预防措施以及暴露评估程序	☐	☐	☐	

PI证明他/她将：①确保只有合格的科学家才能在相应的设施中使用这些材料；②遵守与这些材料或其操作、储存、使用、运输有关的所有适用的联邦、州或地方法律和条例；③在工作完成后，按照销毁微生物培养物的公认做法销毁所有材料。

是	否
☐	☐

附言：

附录B 批准后监测清单样本

项目负责人（PI）：	批准日期：
IBC：	检查机构：
程序标题：	检查日期：
实验室 / 办公室：	实验人员：

第一部分：PI 的一般责任				
问题	是	否	不适用	说明
1.1）是否存在任何重大问题、违反 NIH 指南或与研究相关的重大事故？	☐	☐	☐	
1.1a）涉及人身伤害或失去防护的事件？	☐	☐	☐	
1.1b）意外针刺？	☐	☐	☐	
1.1c）逃逸或不当处置用于研究的动物？				
1.1d）高风险重组材料溢出生物安全柜？				
1.2）PI 是否有程序的最新版本？				
1.3）程序中是否列出了所有适当的人员？				
1.4 所有在实验室工作的人是否接受必要的培训？				
1.4 a）实验室安全？				
1.4b）血源性病原体？				
1.4c）DOT 传染病和生物材料运输？				
1.5）自获得批准以来，在实验室进行的研究是否有任何修改或改变？				
1.6）PI 是否了解他 / 她的责任？				
第二部分：PI 对实验室工作人员的责任				
问题	是	否	不适用	说明
2.1）PI 是否向所有实验室工作人员提供了描述潜在生物危害和应采取的预防措施的程序？	☐	☐	☐	

	是	否	不适用	说明
2.2）PI 是否已告知实验室工作人员任何预防医疗准则的建议和要求（如疫苗接种或血清采集）?	□	□	□	
2.3）PI 是否就确保安全所需的实践和技术以及处理事故的程序向实验室工作人员提供指导和培训？你有签名的风险沟通表吗?	□	□	□	
第三部分：研究				
问题	**是**	**否**	**不适用**	**说明**
3.1）正在使用的程序是否符合批准的程序?	□	□	□	
3.2）是否需要采取任何纠正措施来减少重组材料释放的风险?	□	□	□	
3.3）是否有偏离批准的程序?	□	□	□	
3.4）工作是否在批准的生物安全水平下使用批准的设施进行?	□	□	□	
3.5）是否按要求提供和使用 PPE？	□	□	□	
3.6）机构生物安全委员会的批准是否具有任何约束力?	□	□	□	
如果是，是否遵循这些措施?	□	□	□	
3.7）机构生物安全委员会是否批准了处理意外泄漏和污染的应急计划?	□	□	□	
3.8）正在使用的生物安全柜是否有当前的认证日期?	□	□	□	
第四部分：遵守				
问题	**是**	**否**	**不适用**	**说明**
4.1）上次评审日期：______				
4.2）上次评审是否有任何未解决的问题?	□	□	□	
4.3）是否有令人关切的事项?	□	□	□	

附言：

以往评审结果：

日期	档案号	房间号	评审员	观察员	备注	PI

附录C 申请修订先前批准的涉及使用生物危险因子或重组或合成核酸分子的研究注册的修订表格样本

项目负责人（PI）	部门：
建筑物 / 实验室：	电话：
电子邮箱：	日期：
原研究项目标题：	
IBC 项目批准号：	
已获审批的实验室生物安全水平：	
国立卫生研究院指南节选：	
原来使用生物危害因子：	

要求修正的理由：

□添加/删除重组DNA（如果添加了重组DNA分子，请完成以下模板）：

宿主：
载体：
插入序列的性质：
插入序列的来源：
操作类型：
外源基因的表达意图：
蛋白质产生：
防护：
指南章节：

□添加/删除生物因子

□修订涉及生物危害因子使用的工作范围或程序

□增加/删除实验室、工作区位置（填写表格背面）

□增加/删除实验室人员（填写表格背面）

□增加/删除使用人体血液或其他人体材料

□添加/删除管制因子的使用

□添加/删除使用动物和rDNA及/或生物危害因子

□项目完成；不再需要IBC批准

更改/工作范围摘要（必要时包括动物程序）：

____

____

署名： **日期：**

附录D 生物安全三级实验室年度核查表样本

建筑物 / 房间：	部门：
设施联系人 :#	实验室主管：
检查员姓名：	日期：

生物安全三级实验室	是	否	不适用	说明
实验室设备				
II 或 III 级生物安全柜（BSC）每年认证，位置于远离送风和门，并通过烟感测试				
双扉高压灭菌器便于动物房使用。有最新的压力容器的国家认证。门互锁功能				
洗眼站和淋浴可以随时使用。这些装置已在过去 12 个月内进行测试				
化学通风橱在过去 12 个月内进行了测试，并通过了烟感测试				
实验室设施				
设施经双重系列的自动关闭和自锁门与建筑物内不受限制的人员流动开放的区域之间相隔离				
安保功能正常运行。门不能通过拉或推来打开				
设施的设计、建造和维护易于清洁和管理。室内表面（墙壁、地板和天花板）是防水的。地板、墙壁和天花板表面的穿透是密封的，管道周围的开口以及门和框架之间的空间能够被密封以便于去污染				
在套间内每个实验室的缓冲间和出口门附近都设有一个非手动洗手池。冷热水阀门按设计运行				
内装设施灯具、风管和公用管道，尽量减少水平表面面积				
所有的窗户都关闭并密封				
对所有的活动光照充足，避免反光和眩光会妨碍视力				
液体消毒剂水封和高效过滤器保护生物安全真空管道				
采用高效过滤器保护中央真空管道				
暖通空调系统				
一个专用的管道排气系统提供定向气流，将空气从“清洁”区吸引到实验室，并流向“污染”区				
如果实验室的废气被高效过滤器隔离，高效过滤器已经在过去的 12 个月内得到了认证				
当一个风机发生故障时，冗余风机保持定向气流				
在完全排气故障时，供气阀关闭，套间与走廊保持零压				

生物安全三级实验室	是	否	不适用	说明
当实验室排气故障时，可视警报器启动				
压差指示器正常工作				
可视定向气流指示器正常工作				
电气系统				
断路器面板和控制装置有标签				
电源插座接地良好				
进出系统和应急门释放功能正常				
备用发电机正常工作				
火灾报警系统功能正常				

附言：

28

"整体安全"的措施：持续性安全培训计划

SEANG. KAUFMAN

"整体安全"的措施

培训使人们养成良好的行为习惯，良好的行为习惯将计划与预期结果联系起来。降低生物风险的4个阶段是：风险识别，风险评估，风险管理，风险沟通。在风险识别过程中，对病原体和操作病原体过程进行评估以确定风险，主要通过制订标准操作规程来对其进行评估和管理。然而，经常被忽略的最大风险是那些每天与病原体接触的人员。这些人如何感知实验室风险——他们的经历、教育水平、心态、技能，以及他们工作所在机构的文化都会影响他们的安全意识和行为。SOPs提供了实现预期结果的过程，培训确保了许多在教育和经验方面存在巨大差异的个体之间行为的一致性。

生物安全程序取决于四项主要控制措施的整合：工程学、个人防护装备、标准SOPs，以及培训。数百万美元用于设施工程控制，用机械设备以确保病原微生物防护在实验室环境中。数千美元被用于个人防护装备，以确保病原微生物无法侵入人体，而避免实验室工作人员生病。需要花数百个小时来编写SOPs，来保证不同的人在做同一项工作时行为的一致性，从而确保安全结果的一致性。然而，一名缺乏培训的工作人员可以在瞬间抵消这些控制，导致潜在的生命威胁、疾病、损害机构声誉、增加管理难度、减少科研经费支持。

任何培训计划中都必须包含成熟的学习理论、严谨的学习目标和培训评估，本章将不讨论这些问题。相反，本章将侧重于我们为什么要培训？我们培训谁？我们什么时候培训？以及我们如何培训才能保护实验室工作人员。我们还将讨论人类危险因素、多种现有文化的融合、学习机会和人员准备战略。培训是一种工具，它可以使所有实验室工作人员形成"整体安全"的文化。

我们为什么培训？

培训有3个目标：提高对实验室风险的认识；提高实验室工作人员的技能和能力；加强生物安全实践和程序的应用。仅仅确定培训目标是不够的。从事生物验证工作的实验室工作人员应了解他们所面临的风险，具有自我保护的技能，并能对意外事件作出适当反应。

现在的实验室里都是来自不同层次和不同教育背景的工作人员，他们的培训需求根据实验室经验的差异而不同，在这里定义为初学者、实验工作人员或专家。一般来说，对初学者的培训应该强调对风险的理解。对工作人员的培训应侧重于技能和能力。对专家的培训要求他们有传授、分享“经验教训”的能力，并激励他们的同事。我们不应该把初学者当作专家来培训，也不应该把专家当作初学者来培训。原因很简单，改变专家的行为是非常困难的。专家们有足够的经验，知道通过使用各种技术可以获得成功。专家们已经取得了成功，因此他们把工作过程中的差异看作对他们偏好的挑战，而不把遵守SOPs看作一种专业责任。然而，大多数实验人员只要获得了一点点成功，他们就认为自己的操作过程是取得成功的唯一途径。专家们已经建立了声誉，但实验工作人员正在树立自己的职业声誉，他们可能不愿意接受已经被证明成功的操作过程变化。实验人员由于缺乏经验而导致对过程改变的抵御，即使这种改变是一种安全的操作，并不会对研究产生不利影响。简言之，一种方法并不能满足机构内的所有培训需求。实验室工作人员根据以往的工作经验和教育程度，对风险有不同的认识。这些风险观念的认知直接影响着他们对安全的态度和行为。例如，第一次进入实验室的人与在实验室工作多年的人相比，对风险的看法就截然不同。这些差异会产生不同的感知，最终导致不同的行为。这是人类的本性，可以通过认知和行为验证的标准作业程序加以控制。此外，培训控制了许多其他的人员危险因素，因为人员本身就是一个风险因素。

在工作人员被机器人取代之前，了解人员风险因素对于理解为什么需要培训至关重要。人员风险因素有很多，但本章将集中讨论最需要培训的3个因素。

人员风险因素

人类本身没有错，但是期望人类不犯错误是不现实的。当某些事情出了差错，令人印象深刻的原因是人为失误——飞机失事（70%）、车祸（90%）和工作场所事故（90%）[1]。当责任落在人为错误上时，就可以避免对机构内部的系统问题（根本原因）进行更深入的审查。现在管理人员应该关心的问题是，“我们在控制人员危险因素方面做得足够了吗？”

高估、自满和倦怠被认为是最危险的人员风险因素。在一个使用生物因子的机构中，如果不能控制这3种人员风险因素，可能会导致严重的问题。

高估

技能和能力的高估是最严重的人员风险因素。研究发现，在执行困难的任务时，人们往往高估了自己的实际能力[2]。实验室的工作人员认为他们操控策略方面比实际能做到的更好。这种对技能和能力的高估使他们以及与他们一起工作的人面临更大的风险。

当习惯开始形成时，就会产生掌控感。通常对于初学者来说，尤其在学习一种新行为的第一年内，实验室工作人员相信他们的技能，随着技能成为习惯的过程，对细节的关注（这是掌握一种行为的关键部分）会降低。正是由于缺乏对细节的关注，才导致了事故、意外事件或未遂事件，从而使工作人员回到了增强意识的状态，在这种状态下，他们再次更加关注那些保证他们安全的细节。

自满

经过很长一段时间，习惯就形成了，工作方式也就形成了。高度的自信源自自己。这是由于长时间没有发生事故、意外事件或未遂事件的结果。工作人员开始错误地相信他们是安全的，即使他们周围的人缺乏经验和培训。虽然实验室工作人员有时确实无法观察到潜在的危险，但对监测行为的研究表明，“即使是最优秀的工作人员也不能监测出所有的异常事件。这一分析强调了报警系统的重要性，而不是监测对高度可靠系统的有效监督控制的重要性”[3]。随着新技术的发展，未来可能出现一个监测体温、呼吸和心率的系统。监测这些变量可以在生物实验室工作前进行发热筛查，同时辨认实验室人员在工作中出现心跳和呼吸频率增加的意外事件。

自满会产生关于个人安全和保障的错误理念。风险不再被看作一个公共的问题，而是被视为个人的问题。例如，如果实验室工作人员不遵守SOPs，管理人员应该问实验室工作人员一个非常简单的问题：不遵守SOPs的风险是什么？大多数实验室工作人员会回答个人所面临的特有的风险。然而，答案远不止有对自己的风险。自满会威胁到他人的健康和安全、威胁着机构的声誉，甚至威胁到实验室工作人员的亲人。

倦怠

倦怠在行为上最显著的特征是缺乏对刺激的反应，表现为缺乏自我启动的行动[4]，换句话说，因无法改变风险而接受和容忍风险。当实验室工作人员开始关注他人的行为或实验室活动，并报告他们的行为，却被忽视并要求继续工作而不加以处理时，就会产生倦怠。

倦怠开始时缓慢，但像泡沫一样增长迅速（大多数机构都是这样）。实验室工作人员意识到自己的无能、对标准操作程序的低遵守性以及严重的违规行为，但他们仍然保持沉默，就好像他们接受了不可接受的事实。虽然大多数人为造成的事件和事故都是由高估和自满造成的，但倦怠是对健康、安全和安保的最大风险。倦怠助长了一种环境，在这种环境中，许多无法接受的事情成为机构内所有人的正常行为。

培训不是为了满足管理要求而采取的“一劳永逸”的方法。培训是一种战略方法，旨在提高对细节的认识，传授安全行为的技能以及培养在意外事件发生时应用应急策略的能力，将人的风险因素降到最低。

如果我们知道新的实验室工作人员经历了感知到的精通，那么提供一个培训计划，以一个意想不到的事件来挑战他们新形成的习惯，难道不是一个好主意吗？一个再发事故、意外事件和未遂事件的培训计划，难道不会降低最有经验的实验室工作人员的自满情绪吗？培训不能取代好的领导者。培训为员工做好准备，领导是员工的保障。领导者要倾听并处理已查明的风险，而不是忽视这些风险。好的领导能防止机构的倦怠。

我们培训谁?

正如科学和安全必须结合起来一样，一个机构的领导者和工作人员也必须结合在一起，才能形成有效的安全文化。领导者为机构文化定下基调。就像一个家庭中的父母一样，领导者影响着一个机构中可接受的理念和行为。文化是一种信念、价值观和行为（包括显性的和隐性的），它们支撑着一个团队，为行动和决策提供基础，并被巧妙地概括为“我们在这里的工作方式”[5]。只有当领导和员工融合在一起时，才会形成一种安全文化。

领导像家长一样，希望员工能够报告问题。员工就像孩子一样，期望领导能够保护、支持和帮助他们。如果领导因报告问题而对员工进行处罚，那么员工就不会再报告其他问题。领导能力和员工队伍的融合意味着两者都受到了培训。正是在这一培训过程中，建立了信任，明确了角色。领导和员工必须在机构内有明确的角色和期望。培训将这些角色具体化，并将领导和员工联系起来，同时加强安全理念和行为（安全文化）的关系。

领导培训

领导有权要求员工做指定的工作；然而，员工有权期望领导为他们做好准备、保护和提升他们[6]。领导者通过提供资源和培训来为员工做好准备。他们保护那些犯了错误但遵守SOPs的实验室工作人员，并批评那些不服从且选择违背SOPs的工作人员。当团队人员向领导展示他们的成功，机构会提拔他们，不仅是个人，而是整个团队。

员工准备

人员培训准备的第一个问题是时间。花多少时间来培训人员呢？例如，如果一组员工一年工作46周，他们平均每周工作5天，每天工作8 h。这意味着他们每年工作1840 h（每周8 h × 5天 × 46周）。假设该团队每年培训3天，即每年只有24 h的安全培训。这足够吗？

现在想象一下，陪审团正在倾听一个官司，某公司一名工作人员意外感染了丙型肝炎病毒。这名员工正在起诉贵公司，要求获得巨额赔偿。一名专家证人被传唤。在这段证词中，你发现这名员工在该公司工作的5年中，平均只接受过1%时长的在职安全培训。没错，整整3天（24 h）的培训仅相当于在职培训的1%。事实上，这位专家证人表示，高风险工作的行业标准培训时间需要3%～5%，每年至少需要60 h的培训时间才能达到行业标准。在可能让健康人士（包括他们的家人）患病的公司工作，将被视为是一项高风险工作。1%的培训投资可能被认为是玩忽职守，大多数陪审团也同意这一观点。

从事危险生物因子工作的实验室工作人员需要高水平的技能。高水平的技能被定义为需要超过100 h的培训，相当数量的人员无法达到熟练程度，而且专家与初学者的表现有质的区别[7]。用上面的比喻，每年工作1840 h的人接受100 h的培训相当于在职培训的5%。

领导者必须确定他们愿意投入多少时间进行培训，并确保工作人员接受足够的培训，以便做好充分的准备。预先准备不仅意味着提供资源，还意味着如何合理地使用这些资源制定计划，并按计划提供要学习、实践和掌握行为所需的时间。领导者必须提供足够的时间来为员工做准备。

即使操作人员被机器人取代，也需要维护。操作人员也需要维护。领导者应该认同员工需要持续的培训（人力维护）。简言之，领导者应该意识到员工需要频繁的培训，就像他们从来没有做好准备，而一直在准备状态一样。

人员保护

领导培训是将领导过程与管理过程分开。领导者和管理者之间的区别很简单。当失败发生时，管理者会签署责任书，并为成功承担责任。领导者将不同的哲学思想联系起来，提倡责任文化，而不是指责文化。

指责文化助长了这样一种感觉：只要有人负责就可以了，如果出了问题，我们就责备某人，如果我们开除那个导致问题的人，我们就会恢复到正常[8]。领导者所能做出的最大贡献是鼓励从指责文化过渡到责任文化。与其关注谁错了，不如把注意力集中在哪里出问题了，这些问题教训能应用于整个团队。不幸的是，许多科学家面临着巨大的风险，不是因为他们工作中操作的病原体，而是因为机构内部缺乏领导力，以及系统性缺陷和指责文化。

领导保护员工有两种方式。首先，领导者明白员工是人，错误不可避免。领导不能阻止错误的发生，但他们可以营造一种鼓励人们发现错误的环境。当领导者被培训为去支持那些犯错误的人，保护他们免受审查甚至解雇时，这种环境就产生了。如果员工尽最大努力遵循流程，这可能是一个机构的文化问题。领导者将是第一个看到这一点的人，因为当失败发生时，他们首先会审视自己。此外，保护员工意味着领导者关注的是发生了什么，而不是谁做的。

其次，领导者必须处理不服从规定行为的员工。上面提到的员工和那些故意违反安全规定和程序的员工是有着巨大区别的。安全的好坏取决于最不安全的员工。任何对不服从规定行为的容忍或接受，都会对实验室当前和未来的安全水平产生深远影响。

容忍不遵守SOPs会使实验室工作人员处于危险之中，并向团队成员表明不服从SOPs是一种公认的做法。领导必须将这一教训告诫实验室人员，并意识到他们的团队只有在公认的最不安全的行为被认可时才是安全的。领导不是头衔或职位，而是一种需要培训出来的哲学和实践。

督促工作人员

领导必须接受培训，以认识到团队的作用并促进团队成功。科学家很少凭一己之力能取得成功。动物必须被照料，机械设备必须被维护，经费必须写好，实验室人员必须得到保护。一个成功的项目是一个团队的努力，领导者必须确保整个团队的提升，而不是一个人的成功。

培训领导，以促进全体员工的成功，不仅提高了员工的原有水平，而且开始培养一种尊重、欣赏员工对工作所作努力的意识。

安全是通过领导和员工的共同努力实现的。要实现这种融合，员工必须信任领导。领导必须经过培训，具有能够提高员工对领导尊重、信任和欣赏的行为能力。如果员工不重新审视、信任或欣赏领导的能力，那么隐患和裂隙就会越来越多，滋生出一个充满系统性安全风险的机构。培训必须从领导开始，包括员工。

工作人员培训

一个社区类似于一个拥有多个实验室的机构。社区有规矩，社区的每户人家也有规矩。为了所有居住在社区的居民和住在每户人家的家庭成员的利益，必须遵守这两套规则。

当一群人为了共同的事业而拥有共同的意愿和行为时，安全文化就存在了。这需要在两个不同层次上的培训来巩固安全文化。首先，员工聚集在一起，并接受公司所期望的培训。这些期望是安全文化的黏合剂。这一培训的目的是提高认识，并确保所有工作人员在团队工作时了解团队对他们的期望。

首先，每个家庭之间是不同的，因此有不同的家庭规则（就像每个实验室之间也不同）。其次，员工必须接受实验室特有的培训。这些特有培训保护他们免受实验室环境中发现的直接风险。这种培训的目的是提高安全计划和准则的技能、能力和应用。这种培训通过确保安全平等巩固了实验室的安全文化（工作人员之间），无论实验室工作人员教育程度的高低或经验多少。

机构期望将所有实验室连接在一起，使机构内所有实验室间的期望保持一致。每个实验室都存在期望，但不能超过或凌驾于整个机构之上。必须在这两个层次上对员工进行培训。

机构预期

以下是由于过去的安全失误而产生的一系列预期。教训将不断地出现，直到他们学会了。由于实验室内反复出现的安全事故而导致的死亡或疾病是不可接受的。机构必须传达预期，并提供坚持这些预期所需的培训。参考以下机构预期清单，以尽量减少在过去生物实验室中导致死亡或伤害的事件[6]。

1.尽我所能地遵循所有的SOPs。SOPs是标准化的行为，确保在教育和经验水平上有很大差异的个体间的行为和结果的一致性。单靠计划并不能产生成功遵守SOPs所需的技能和信心。实验室工作人员必须接受培训，并有时间进行实践，然后才能证明其熟练程度，并允许在实验室中独立工作。

2.确保其他人尽可能地遵循所有的SOPs。实验室是一个公共环境，一个人的行为关系到其他人的健康和安全。这强调了工作人员保持对其他实验室工作人员行为的高度认识的重要性。实验室工作人员必须接受培训，当有人不遵守SOPs时，要毫无避讳地说出来。处理不符合SOPs的问题将在实验室内的同行中建立一种期望的社会规范，同时确保服从更高水平的实验室SOPs。

3.报告所有的事故、意外事件和未遂事件。这似乎是一个简单的要求，但实验室工作人员必须接受识别事故、意外事件和未遂事件的培训。机构对这些情况有不同的定义，并有特殊的流程来报告和应对每一种情况。必须明确事件、事故和未遂事件之间的区别，以及每一事件的报告流程。

4.报告出现与实验室中病原体匹配的临床症状。存放放射性和化学试剂的实验室应设有警报和指示器，一旦环境受到污染，这些警报和指示器会通知实验室工作人员。这种污染对实验室工作人员来说是一种风险，而知道何时发生污染是保护实验室工作人员的一个关键因素。不幸的是，生物实验室并没有这样的警报。在怀疑实验室环境受到污染之前，没有部署任何警报。因此，实验室工作人员必须接受病原体针对性的特殊培训，且每个工作人员都可以正确地描述他们所使用的生物因子会出现的临床症状，以及症状出现时能按SOPs要求报告疾病。

5.报告任何新的医疗状况。随着实验室工作人员年龄的增长，新的医疗状况也随之出现。妊娠、糖尿病、新药物和未诊断的情况可能会对实验室工作人员的健康和安全造成威胁。应对工作人员进行培训，使其了解风险不是一成不变的；随着新情况的出现，风险会发生变化，因此需要报告健康方面的变化。这些变化可能需要额外的风险评估和管理策略。医疗状况不是隐私问题，而是一个风险问题，为了保护机构声誉和实验室工作人员，应该这样处理。

发展“整体安全”文化

文化可以定义为一群有着共同的愿景和相似的行为意愿的人们。如今，在一个机构中，有4个子文化：领导、员工、科学和安全。发展“整体安全”的文化需要在一个机构中融合这4个子文化。今天所看到的斗争不是机构内缺乏文化的问题，而是无法融合机构内存在的各种子文化。欧洲标准委员会（The European Committee for Standardization，CEN）的工作协议、国际标准化组织（International Organization for Standardization，ISO）的标准、NIH/CDC的BMBL，以及许多其他生物安全指南试图连接所有子文化。如果没有协调一致的努力，子文化就不会融合在一起。

想象一个四口之家围着桌子吃晚饭。母亲是领导者，父亲是员工，女儿代表安全，儿子代表科学。他们在一起吃饭，但同时他们又在各自玩手机。他们在一起，但他们又没有在一起。“整体安全”的文化要求科学和安全领域的领导和工作人员一起做安全工作（图28-1）。

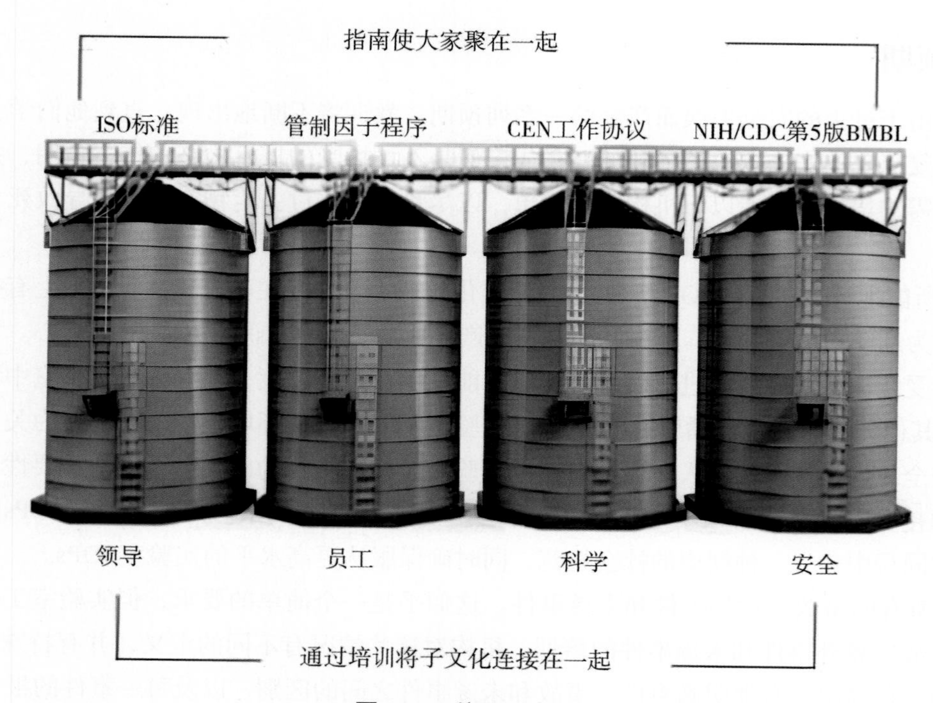

图 28-1 协调子文化

员工必须信任领导。两者之间的信任增加了劳动力的赋权[9]。只有提供保护和准备，才能获得信任。安全不能以增加对安全负责人的依赖而进行；相反，安全必须以一种提高实验室工作人员自身安全能力和授权的方式来实施。将安全与科学相结合意味着安全官员与科学家一起并由科学家来做生物安全工作，而不是为科学家做。安全官员必须领导而不是管理；服务而不是指挥。

将子文化融合成“整体安全”的文化意味着一起进行培训。在安全和科学领域的领导和工作人员必须共同努力取得成功，这提供了一种混合的培训经验。在确定了我们需要培训的原因和需要培训的人员之后，下一个挑战就是决定什么时候需要培训。

我们什么时候培训?

“我们什么时候培训？”这个问题的简单答案是在任何预期行为发生之前。简言之，培训必须通过展示员工在“培训”之前所期望的行为来实现。“有人接受过培训吗？或者他/她处于一种持续的培训状态吗?”机构“一劳永逸”的培训方法可能无法解决人类的危险因素（本章前面所述），这些因素在任何一年或职业生涯中都会周期性地突然发生。行为进化概念展示了关于行为的发展图以及培训的最佳时间。

行为进化概念

由于我们的头在进化过程中变小，因此我们的大脑变得更小、更有效率。大脑里存在着负责形成习惯的基底神经节。每当新的行为发生时，大脑就会受到刺激，并意识到这一行为中的细节[10]。行为进化图的概念描述了个体如何学习和掌握特定的行为。这一概念可应用于实验室工作人员。

当学习了一种新的行为并充分关注和意识到这种行为时，行为进化就开始了。不幸的是，在很短的一段时间内，个人就开始养成习惯，并掌握了自己的行为。意识的下降和对细节重视程度的下降会导致事故、意外事件或未遂事件的发生。如果发生了意外事故，个体进化，行为就会发生变化。这种行为上的改变导致了新行为的产生，而使人们回到一种增强意识的状态。然而，由于个人已经获得了宝贵的经验（在事件发生之前），他明显比以前的掌握程度更好，而达到了一个新的水平。不幸的是，随着时间的推移，人们会变得自满或者对细节关注度的下降。这将再次导致事故、意外事件或未遂事件的发生，从而使行为发生变化并处于一个无限的进化过程。行为进化提供了证据，证明有些人从来没有受过“训练”，并表明个人非常需要在实验室的整个职业生涯中保持一个恒定的训练状态[11]（图28-2）。例如，当一个人第一次学习开车时，收音机可能是一个巨大的干扰。随着时间的推移，通过基底神经节的作用使人们养成习惯，在同一时间做多件事也无须过多思考。

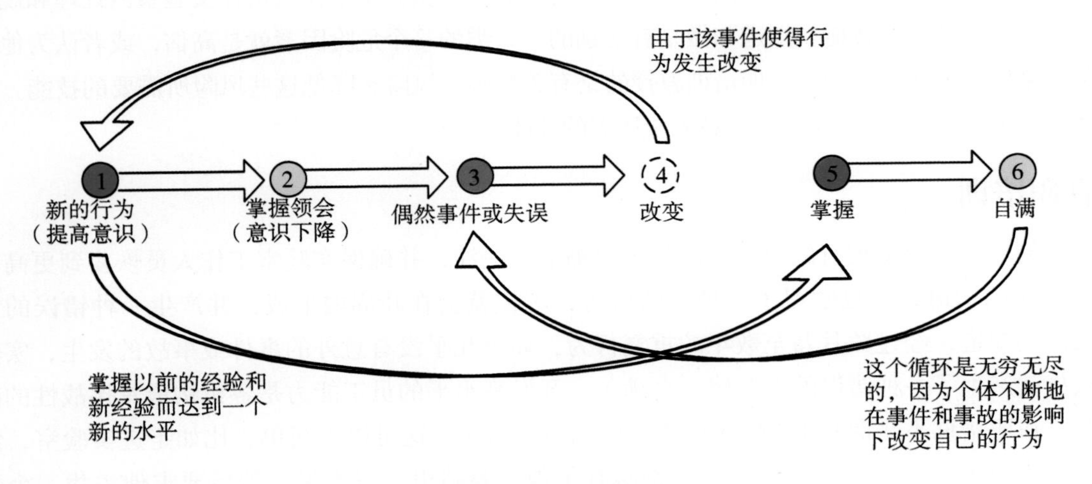

图 28-2　行为进化

当一个人养成了一种行为技能并不断取得成功时，一种信念和心态就形成了。“我已经开车好几个月了，而且没有发生任何事故，我学会了。”由于基底神经节接替，行为开始发生变化。一个电话不停地响起，伴随着收音机一起唱歌，还要发短信，然后意外就容易发生。当与实验室的初学者（对预期行为不熟悉的人）一起工作时，刚开始他们会对细节有强烈的关注。根据行为的频率，习惯可以在几周内形成。这些习惯的形成和仅有的成功会变成一种自满的状态。

掌握了行为后，对细节关注度的下降使实验室工作人员变得更加依赖于已形成的习惯。这种对细节关注的减少会增加发生事故或事件的风险。德国哲学家Friedrich Nietzsche说过：“那些不会杀死我们的东西，会让我们变得更强大。”当事故发生时，人们的行为会发生变化，而这些变化会导致新的行为习惯，从而使实验室的工作人员更加安全。

从错误中吸取教训的实验室工作人员不会回到他们刚学习行为时的水平。随着他们阅历增多，养成的习惯，以及从事件中学到的教训，他们的注意力水平会随着他们进入一个新的水平。这增加了对习惯的关注和微调，将风险降到最低。随着实验室工作人员继续安全的工作，新的习惯开始形成，一种错误的安全感也开始形成（自满）。

自满容易对细节关注程度降低，导致事故和事件的风险更高。如行为进化图（图28-2）所示，在实验室工作人员的整个职业生涯中，这种循环是无限的、连续的。每一次事故和事件都是一个让你学习、提高、改进行为习惯的机会。了解这个周期可以为实验室工作人员何时需要培训提供很好的见解。它还表明需要采取一种持续的培训办法，而不是“一劳永逸”的办法。

持续培训是一项战略性的、有计划的活动。为了确保所有实验室人员都做好了安全工作的准备，实验室人员应该接受以下培训：初期培训、在职培训、事件后培训。

初期培训

无论教育程度或工作经验如何，对机构或实验室环境不熟悉的实验室工作人员必须接受初期培训，而且在开始工作前还必须考核对安全期望的掌握程度。每个机构可以在不同的地域、州或地区开展业务，并可以遵循不同的指南、政策或法律。在初期培训的过程中，要进行特定病原体操作和穿脱PPE、实验室应急反应、废弃物管理和实验室设备培训。

技能和能力的考核必须在培训的初期阶段进行。必须求实验室工作人员在实验室内处理和规避风险之前展示一套特定的技能。知道和做是有区别的。人类的一个危险因素就是高估，或者认为他们知道如何做某事，但却做不到。初期培训教授的是有关实验室风险和降低这些风险所需要的技能。初期培训还确保实验室安全人员能证实保持安全所需的技能。

在职培训

有效的培训改变了现有的习惯，增加了对细节的关注，并确保实验室工作人员恢复到更高的意识状态。我们知道，一旦学习了一种新的行为，习惯就会在几周内形成，并产生一种错误的掌控感。我们还知道，经过数月乃至数年的重复行为，如果几乎没有意外的事件或事故的发生，实验室工作人员就产生了一种错误的安全感（自满）。开发高水平的员工能力是各机构最具挑战性的问题之一[12]。在职培训不是课堂上PPT演示或计算机驱动模块。这可以很简单，比如走进实验室，蒙住一名工作人员的眼睛，告诉他刚刚把试剂溅到了他的眼睛里，看不见，然后要求他去找一个洗眼器。这个5 min的模拟练习不仅对被蒙住眼睛的人有着深远的影响，而且对其他观察者也有深远的影响。加强对实验室环境的关注，使实验室工作人员恢复了高度的意识状态。

另一个例子是简单地要求实验室工作人员在任意时间演示安全行为。溢洒和其他实验室紧急情况并不是预定计划内的事件。如果频繁培训，也会形成习惯。在意想不到的时候，让一位工作人员对溢洒事故作出反应，可以让他学到很多经验教训。

在职培训监测员工的高频率行为，以确保遵守现有的标准操作程序，并确保没有出现高风险的不良习惯。然而，低频率的行为也要在监控范围内，并且应该得到更多的关注。低频率行为是指每年需要一到两次响应的情况。如果是这样的话，即使这些情况不会经常发生，但发生的可能性很高，需要特别注意细节和行为控制。有意识地进行高频率和低频率的行为练习，会大大提高学习者早期获得程序化的技能[13]。然而，提供给学习者的反馈越多，效果就会更好、更顺畅。在职培训为实验室员工提供了改进和调整安全行为的机会。

在职培训与初期培训不同。初期培训的重点是教授实验室工作人员实验室的风险，遵循标准操作程序的益处和所需的技能。在职培训确保实验室工作人员能够在需要的情况下在实验室环境中完成预期的行为。在职培训的重点是员工之间、技能和实验室环境的交互作用。员工、技能和实验室环境之间的完美配合能有效减少实验室事件和事故的发生。

事件后培训

当事件发生时，机构应该考虑确定是“什么”出了问题而不是“谁”出了问题。采用这一理念将为机构的发展提供巨大的机会。当一个机构关注的是“谁”而不是“什么”的时候，它就变成了一种能力问题。此外，通过将责任交给个人来管理事件，而不是作为一个机构来管理事件。

个人可能会养成坏习惯，不遵守标准操作程序。然而，这是一个领导层接受不良做法，未能通过处理不服从行为来保护员工的问题。这与“谁”无关，而是“什么”的问题。一个机构可能知道它不领导，而事实上，管理者将机构的失败归咎于个人。

事件后培训的重点是让员工清楚地明白他们为什么在事件中采取了这些行动。这让领导者能够判断员工的表现是否与行业预期相似。开放式提问法是一种常见的、易于使用的培训方法。事件后的场景应用于表述清晰的培训应该具有足够的挑战性，要求人员应用所学的技能，描述实际可能发生的事件。

事件后培训用真实的事件向机构内的实验室工作人员提供培训。可以重现事件现场，要求工作人员参与并演示在事件发生后将做什么。机构将探索最佳的实践方法，设定期望的情境，并塑造实验室工作人员的行为反应，以确保不再发生同样的事件。

通过从是“谁”转向是“什么”的理念，经过获得信任并从学习机会中获利。当事件发生时，实验室工作人员不会受到惩罚或审查。相反，通过吸取经验教训，人们有一种对改进机构作出贡献的感觉。

培训发生在员工开始工作前（初期），工作中（在职），以及在事故、意外事件或未遂事件发生后（事件后）。培训应该是一种持续的、战略性的、有计划的准备工作。实验室工作人员是否做好充足的准备来操作可能让他们、他们的家人或普通公众患病的生物因子了吗?

我们如何培训?

培训是当今最被误解的机会之一。培训计划在机构中是如何被促进和执行将决定它的成败。在每个机构中都存在着培训层级。不同层级有其独有的培训需求，因此“一刀切”的培训方法应该被制止。须通过提高认知、行为技能和情境反应等模块来提供培训。培训必须利用成人的学习原则，并在多个维度上进行评估。

培养阶段

机构与家庭非常相似。就像家庭一样，机构也需要政策、程序和哲学来引导特定文化的发展。家庭也有几代人——孩子们需要知道他们为什么要做某事，父母需要知道如何做某事，祖父母需要知道如何参与和指导父母和孩子，并让他们从经历中获得教训。机构中的不同年龄段都有其特定的培训需求（表28-1）。

表 28-1 培训阶段

初学者	专业人员	专家
我刚开始学，还不能自己完成	我可以在实验室独立工作—我不需要任何帮助	我可以自己做，也可以用多种方式来解释如何成功地做事情
对培训持开放特定	对培训有抵抗	对培训不感兴趣
接受改变	最初抗拒改变	抗拒改变
我尽可能快地吸收更多的东西	我用我的经验来指导和教导别人	我用我的经验来解决公司的问题
希望遵守 SOPs 并报告那些不遵守的	期望监督那些不遵循 SOPs - 准备劳动力	期望提高 SOPs 的合规性——保护员工

初学者:为什么这很重要?

初学者是实验室环境的新手。他们的培训从解释他们为什么采用特定的行为操作开始。虽然解释说明与短期服从关系不大（因为法规遵从性程序和文化具有更大的影响），但是为打牢基础和提供判断这些被约定的行为提供了合乎常理的解释。这种推理增加了行为遵从性和安全习惯发展的可能性。初学者必须了解原因，并且他们的大部分培训可以在教室或网上进行。新手往往是最容易培训和改变的群体。

专业人员:我怎样做才安全呢?

专业人员要么是新手，要么在实验室工作了很长时间。对他们的培训内容包括技能发展、能力验证和标准操作程序。他们养成的习惯和经验限制了成功的程度。与初学者相比，专业人员是最难培训的群体，因为他们害怕改变任何会影响他们成功的行为。这种恐惧让他们对任何改变都极度抗拒。简而言之，初学者“学会”让自己出名，而专业人员“坚持”让自己出名。

专家:我如何分享我的知识?

专家们不仅在实验室环境中工作超过15年，而且他们在大多数科学工作中都取得了成功。新手要学习，专业人员要坚持，专家要坚持重要的经验教训，为自己赢得声誉。他们明白科学上的成功可以通过多种方式实现，这使得他们最难改变（而不是培训）。专家们了解员工的偏好，并对培训持非常开放的态度。然而，改变多年来决定成功的习惯是完全不同的。专家培训包括解决机构内部的安全问题，指导专业人员和初学者。这是一个分享多年经验教训的过程，也为专家们提供了一个调整他们解决问题的技能和领导能力，同时学习新的行为和养成更安全习惯的机会。当谈到我们如何培训时，我们必须理解，在一个机构中，不同的培训级别有着不同的培训需求。了解不同培训对象（初学者、专业人员和专家）间的差异，意味着可能需要不同的培训方法。像培训新手那样培训一个专家，或者像培训专家那样培训一个新手，会引起学习者明显的挫折感和脱节。两类人都需要专有的培训经历。虽然各层级之间的培训可能有些重叠，但分层培训好处是巨大的。

认知意识

确定和评估实验室风险。对于实验室工作人员来说，在处理和围绕实验室危害工作时，风险通常是通过遵循战略计划来管理的。这些计划需要标准化的行为，而持续的行为需要几件事。实验室工作人员必须了解那些他们所面临被机构识别的风险。这里需要注意的是，这是由机构而不是实验室工作人员识别的风险。风险不能由个别实验室工作人员识别，因为个体对风险的感知会影响个体在面临危险时的行为。感知上的差异将导致行为上的差异，这些差异将导致安全结果上的差异。实验室工作人员必须通过机构而不是个人的观念来理解风险。

在讨论风险后，实验室人员应了解他们通过遵循标准操作程序所获得的益处。益处不仅包括个人，也包括机构。当要求持续的行为发生时，了解机构为什么发出要求以及要求的结果将会得到什么是至关重要的。大多数实验室工作人员将在很少或没有监督的情况下独立工作。仅这一事实就加强了所有实验室员工了解他们所面临的风险和遵循所有标准操作程序所获得益处的必要性。

认知意识可以在课堂和网络环境中提高。建立认知意识的主要目标是确保机构内的感知和意愿的一致性（安全文化的开端）。课堂和在线教学可以帮助培养三类人群对风险的一致认知。一旦了解了机构对风险的认识，实验室工作人员必须继续下一步的认知意识培训—意愿。意愿将员工如何看待风险（感知）和他们在实验室环境中如何对待风险（行为）联系起来。

意愿是通过理解遵循标准操作程序所获得的好处而形成的。一些机构通过惩罚来影响意愿——专注于停止而不是开始行为。惩罚会滋生怨恨，隐藏真实的行为，也不会教导新的行为。负强化可能比惩罚更有力、更有效地影响意愿。负强化典型案例是陪伴制度。如果实验室里有人不遵守操作规程，禁止他进入实验室并对他进行更多的培训是无用功。领导者希望考虑开发一种陪伴制度，在这种制度体系下，不遵守SOPs的人由能够确保遵守SOPs的人监督；这是影响围绕安全程序遵从性的所有意愿的一种强有力的方式。

虽然认知培训可以让几类人一起培训，但将不同人分开进行意愿培训是必要的。必须对新手进行培训，使他们明白不仅要遵守标准操作程序，而且要报告不遵守标准操作程序的实验室工作人员。专业人员必须接受培训，为那些不遵守SOPs的人做陪伴，因为他们没有必要接受遵守标准作业程序的培训。必须培训专家，以便与不遵循SOPs的人员进行讨论，从而提高整个机构遵守SOPs意愿。

一致的观念和意愿是安全文化的前两个组成部分。当实验室工作人员（不分层级）从提供一致的机构风险清单和从符合标准操作程序中获益时，认知意识得到验证。认知意识培训为确保对风险的一致看法和赞同遵循所有与风险感知、员工态度和行为相关的SOPs奠定了基调（表28-2）。

表 28-2 实验室培训

认知意识	行为准备	情景反应
实验室工作人员风险意识和遵从态度的一致性	实验室人员的技能和能力的一致性	实验室人员对安全实践应用的一致性
风险是公共的，而不是个人的	一致的安全结果需要行为一致性	在情况发生时作出反应的能力
了解实验室的风险	列出所需的资源和 SOPs 的步骤	对位置和现有资源的了解
了解实验室所需要的标准操作规程	技能的演示和验证	当环境条件阻碍计划反应时的适应能力
在教室和（或）网上在线学习	在模拟或培训实验室中进行	在实验室环境中学习

行为准备

一旦实验室工作人员的认知和意愿一致，就应该进行行为准备培训。行为准备培训包括4个阶段：列出所需资源的清单，列出计划的步骤，演示技能，验证技能掌握情况。

1.列出所需资源的清单。没有必要的资源，实验室工作人员无法完成特定的SOPs。因此，重要的是，所有实验室工作人员不仅能够列出遵守SOPs所需的资源，而且能够讨论如果缺少一项资源他们将做什么，以及他们将到哪里去获得开展工作所需的资源。在实验室工作人员学习标准操作程序之前，他们应该能够列出遵循标准操作程序所需的所有资源。

2.列出计划的步骤。一旦实验室工作人员能够列出遵循SOPs所需的所有资源，应要求工作人员按时间顺序列出步骤。当实验室工作人员能够正确地按顺序列出SOPs的步骤时，他们就有了知道怎么遵循SOPs的认知。然而，“知道”和“做”是两码事，如果不能将两者分开，会导致SOPs合规性的严重失误。

3.演示技能。如上所述，列出SOPs的步骤与演示SOPs非常不同。将认知“专业知识”与行为技能结合起来，对于实验室人员的准备培训是绝对关键的。首先，培训师应该从演示技能开始。其次，培训师应要求实验室工作人员遵循他们完成这个过程。一旦实验室工作人员完美接受了培训师指导，培训师就要求实验室工作人员演示3次。在实验操作演示过程中，培训师监视并微调实验室人员的行为。一旦实验人员演示了3次，培训师就会单独观察他们，直到他们完美地演示了操作。

4.验证技能掌握情况。能够列出SOPs的步骤并按照预期演示SOPs每个步骤的实验室人员已经可以开始工作。为了确保形成正确的习惯，培训师通知实验室工作人员，从他们开始工作之日起3个月将进行一次观察性检查，以验证对特定技能的掌握情况。经过3个月的SOPs实践，培训师要求实验室人员演示SOPs。这个验证过程确保了良好的安全习惯的形成，并在他们成为固定习惯之前捕捉到工作行为的变化。

在行为准备阶段将所有层级的人聚集在一起，培养专家、专业人员和初学者的团结和反省意识。安全不是由一个人实现的，而是作为一个整体的工作而实现。行为准备允许实验室工作人员一起学习，一起工作，一起成功。到目前为止，实验室成员已经接受了认知意识培训，这确保了大家的感知和能力是一致的。完成行为准备增加了所有员工行为的一致性，即形成“整体安全”的文化——一组实验室工作人员，在一个机构内具有一致的风险观念、意愿和行为。

情景反应

环境是最被低估影响行为成功的因素之一。实验室工作人员可能知道SOPs，并具有遵守SOPs所需的技能，但实验室中的某些情况会阻止SOPs的执行。情景反应培训是在实验室环境中进行的，在随机和意外的时间段进行，目的是了解环境如何影响实验室工作人员执行SOPs。例如，如果缺少一项PPE，实验室工作人员将如何表现？当防溢洒的工具缺失时，如何演示处理溢洒情况。当你看不见的时候，怎么把眼睛洗干净。可能会发生几种现场情况，要求实验室人员掌握额外的技能，以便在可能导致高风险情况的关键时刻做出决定。

情景反应培训是循环培训的组成要素。培训人们在停车场开车能让人们更好地停车。但这就是我们的目标吗？在教室里培训实验室工作人员可能会使他们在教室环境中表现得更好，但真正的危险存在于实验室环境中，这是情景反应培训必须在情景中进行。对实验室工作人员进行认知、行为和情景培训是一种全面的培训方法，确保需要安全工作的实验室工作人员对风险的认知、对SOPs遵从性的态度和行为技能水平保持一致。

结论

培训是对生物安全的管理控制，它将风险管理的书面过程转化为人类行为。人类危险因素仍然是实验室环境中对安全的最大挑战，应对这些挑战需要一个持续培训的过程。培训最大限度地降低与高估、自满和倦怠相关的风险。

不幸的是，许多机构中已经形成了多个壁垒，阻碍了“整体安全”文化的发展。如今，机构中不存在这一文化。事实上，机构中存在有许多文化，包括领导，工作人员，科学和安全。培训是机构可以用来融合现有文化的战略，在整个工作队伍和领导中形成对科学和安全的一致方法。现有的文化必须从“存在”走向“融合”，而培训是文化融合的工具。

风险不是一成不变的。降低风险是一个连续的过程，需要一个连续的培训方法。实验室工作人员需要初期、在职和事故后的培训计划。提供标准操作程序不足以降低实验室风险。持续的、战略性的、分阶段的提供培训能确保实验室工作人员为降低所有实验室风险做好准备。

机构内存在多个层级培训。初学者、专业人员和专家之间的差异需要不同的培训方法。所有的培训层级都需要认知意识、行为准备和情景反应培训。对任何机构来说，最重要目标都应该是对工作人员的准备和保护。领导必须支持持续的培训措施，以充分保护工作人员。

原著参考文献

[1] Hallinan JT. 2009. Why We Make Mistakes. Broadway Books, New York.

[2] Moore DA, Healy PJ. 2008. The trouble with overconfidence. Psychol Rev 115:502–517.

[3] Moray N. 2003. Monitoring, complacency, scepticism and eu tactic behaviour. Int J Ind Ergon 31:175–178.

[4] Stuss DT, Van Reekum RJMK, Murphy KJ. 2000. Differentia tion of states and causes of apathy, p340–363. In Borod JC (ed), The neuropsychology of emotion. Oxford University Press, New York, NY.

[5] Lumby J, Foskett N. 2008. Leadership and Culture, p 43–60. In Crow J, Petros G, Lumby P (ed), International handbook on the preparation and development of school leaders. Routledge, New York, NY.

[6] Kaufman SG. 2014. Bioerror and safety culture: the leadership commitment to the preparedness, protection, and promotion of scientists. Cultures 1:38–45.

[7] Schneider W. 1985. Training high-performance skills: fallacies and guidelines. Hum Factors 27:285–300.

[8] Bogue EG. 2010. The Leadership Choice: Designing Climates of Blame Or Responsibility. WestBow Press, New York, NY.

[9] Gómez C, Rosen B. 2001. The leadermember exchange as a link between managerial trust and employee empowerment. Group Organ Manage 26:53–69.

[10] Duhigg C. 2002. The power of habit: Why we do what we do in life and business. Random House, New York, NY.

[11] Kaufman SG. 2013. BSL-4 workforce preparedness in hemorrhagic fever outbreaks, p 149–158. In Singh SK, Ruzek D (ed), Viral Hemorrhagic Fevers. CRC Press, BocaRaton, FL.

[12] Jacob RL. 2003. Structured on-the-job training: Unleashing employee expertise in the workplace, 2nd ed. BerrettKoehler Publishers, San Francisco, CA.

[13] Bosse HM, Mohr J, Buss B, Krautter M, Weyrich P, Her-zog W, Jünger J, Nikendei C. 2015. The benefit of repetitive skills training and frequency of expert feedback in the early acquisition of procedural skills. BMC Med Educ 15:22.

29

生物安全与生物安保：监管影响

ROBERT J. HAWLEY AND THERESA D. BELL TOMS

数千年来，生物因子被用作战争和恐怖袭击（生物恐怖主义）的工具，在易受攻击的和易感的人群中造成恐惧和伤害。使用这些生物因子的人最终目的是对选定的个体或普通人群以及动植物造成伤害[1，2]。联邦调查局（The Federal Bureau of Investigation，FBI）将恐怖主义定义为"非法使用武力威胁或胁迫政府、平民或其任何部分的人身安全和财产安全，以促成其政治或社会目标"[3]。本质上来说，生物恐怖主义是生物战争的一种形式。生物战争则是指故意使用病原体，如病毒、细菌、真菌或来自活体的生物毒素，在人类、动物或植物中造成死亡或疾病[4]。病原体是导致或可能导致人类疾病的活微生物或其毒素，包括美国卫生和公众服务部（DHHS）条例42 C.F.R.72.3中所列的病原体和任何具有与这些病原体具有类似危险程度的生物体[5]。毒素也是其中的一种，被定义为"从母代生物体中分离出的生物源性有毒物质，包括从植物、动物或微生物体内分离出的有毒物质"[6]。可能用于生物恐怖事件的潜在病原体能够引起炭疽（炭疽杆菌）、鼠疫（鼠疫耶尔森菌）、土拉热（土拉弗朗西斯菌）、马脑炎（委内瑞拉马脑炎病毒和东部马脑炎病毒）、出血热（沙粒病毒、丝状病毒、黄病毒和布里亚病毒）和天花（天花病毒）。可用于生物恐怖事件的一些毒素则主要包括肉毒梭菌的肉毒梭菌毒素；蓖麻的蓖麻毒素；镰刀菌、木霉菌、葡萄球菌和其他丝状真菌以及肉豆蔻的三氯甲烷真菌毒素；金黄色葡萄球菌的葡萄球菌肠毒素；海洋生物（如甲藻、贝类和蓝藻）的毒素。潜在病原体的列表非常广泛[7]。然而，通过气溶胶暴露途径可能造成大量人员伤亡的病原体清单要少很多[8-17]。

生物战争和生物恐怖主义的历史记载

自古以来就有关于生物战的报道。在14世纪的围攻卡法（Caffa）的战争中，袭击鞑靼人的部队使用投石车将病死士兵的尸体投入城中，引发瘟疫流行[18]。南美部落成员的祖先—古代的当地原住民使用毒镖来制服他们的敌人。毒镖上的有些毒素是从植物中获得的；另外一些则来自动物，如毒箭蛙。在法国和印第安人的战争（1754—1763年）中，英国人故意使用天花病毒对抗美洲原住民部落。1763年6月24日，在庞蒂亚克叛乱期间，被宾夕法尼亚州皮特堡暴发的天花病毒污染的两条毯子和一块手帕被送给了免疫缺乏的特拉华印第安人[15, 19]。表29-1提供了关于生物战争的一些其他历史记录的简要年表[2, 20]。

表 28-1 有关生物战争和恐怖主义的记录年表

时间和地点	意图或行动	病原体或活动
“一战”；德国[9]	污染动物饲料，将感染的牲畜出口到盟军，并将感染的罗马尼亚羊贩卖到俄罗斯	炭疽杆菌（炭疽），伯克霍尔德菌（马鼻疽）
“一战”；德国[9]	特种行动人员计划在法国接种骡子并感染法国骑兵的马匹	伯克霍尔德菌（马鼻疽）
“一战”；德国[9]	阿根廷出口到盟军的牲畜受到感染，导致 200 多头骡子死亡	炭疽杆菌（炭疽），伯克霍尔德菌（马鼻疽）
1932—1945 日本 731 部队；中国哈尔滨市平房[19,87,88,89]	对囚犯的生物战实验；中国的城市受到攻击（从飞机上喷洒病原体和实验室产生的可能受感染的跳蚤）；供水和食物污染	炭疽杆菌，脑膜炎奈瑟菌，志贺菌，伯克霍尔德菌，伤寒沙门菌，霍乱弧菌，鼠疫耶尔森菌和天花病毒； 鼠疫和其他生物战病原菌； 炭疽杆菌，志贺菌属，沙门菌属，霍乱弧菌和鼠疫菌
“二战”；德国[82]	感染纳粹集中营的囚犯，用于研究疫苗和药物治疗	普氏立克次体，莫塞尔立克次体，甲型肝炎病毒和疟原虫
“二战”（1945 年 3 月）；德国[90]	污染了波希米亚西北部的一个大型水库	污水
1941—1942；大不列颠；格林亚德岛[91]	用武器化的病原菌进行炸弹实验	炭疽杆菌
1941 年；科赫基金会实验室，巴黎，法国[92]	与德国专家一同通过飞机集装箱运输毒素	肉毒杆菌毒素
1943 年；美国马里兰州的德特里克堡，密西西比州霍恩岛，蒙大拿州格拉尼特峰[93]	进攻性和防御性生物战计划	炭疽杆菌和布鲁菌
1950—1953 年；美国阿肯色州派恩布拉夫[21,94]	建成生产设施	
1955 年；美国马里兰州的德特里克堡[95]	气溶胶研究（100 万升球形气溶胶室）和正在开发的疫苗，预防和治疗的功效研究； 研究气溶胶化方法，生产和储存的技术，大范围的地理区域气溶胶研究，以及太阳辐射和气候条件对气溶胶的影响	土拉弗朗西斯菌和伯纳特立克次体； 使用的研究对象是烟曲霉、枯草芽胞杆菌和黏质沙雷菌

历史上还有多次出于生物恐怖的目的使用或者尝试使用其他类型的生物因子的记录。一个企图使用生物毒素但最终失败的例子是1978年在法国巴黎暗杀保加利亚流亡者弗拉基米尔·科斯托夫。含有蓖麻毒素的颗粒从伞状枪中射入他的背部。10天后，另一名保加利亚流亡者乔治·马可夫在英国伦敦被一颗蓖麻毒素填充的聚碳酸酯子弹暗杀[21]。在他在公共汽车站等候时，由克格勃开发并由保加利亚特勤局拥有的一把伞枪将针头大小的毒素颗粒射入流亡者的腿部皮下组织。尽管在住院期间接受了护理，但是3天后，他还是因为毒素导致的多器官衰竭而死亡[9]。

邪教组织——奥姆真理教的领导者麻原彰晃寻求在日本建立一个神权国家[22]。该邪教组织于1995年的在东京地铁系统中传播化学毒剂沙林（一种神经毒剂，抑制乙酰胆碱酯酶，导致神经冲动传递中断）。这一事件导致12人死亡和5000多人身心受到伤害，同时可能导致数十万名的信教者相信邪教更加有效。医院的医生和救治人员在救援的过程中伤亡惨重。不为人知的是，在1993—1995年的10次事件中，邪教组织在东京市中心试图散播各种炭疽或肉毒杆菌毒素的尝试都没有成功[19]。邪教组织在1993年试图从扎伊尔获得埃博拉病毒，并于1994年讨论了使用埃博拉病毒作为生物武器的可能性。同时他们还培养和试验了炭疽，Q热，霍乱和肉毒杆菌毒素等生物因子作为生物武器的可能性[23，24]。

印度人巴格旺·什雷·拉杰尼什的追随者也在美国发动了类似的生物恐怖主义行为。拉杰尼什邪教组织是一个印度宗教团体，于1984年在俄勒冈州使用沙门菌肠炎沙门氏菌污染了当地的餐馆沙拉吧。这次袭击造成750多例肠炎；45人住院治疗。邪教的这次生物攻击的目的是使当地的选民失去选举能力，以便他们能够赢得当地选举并夺取对沃斯科县的政治控制权（实际上，他们还引入了2000多名无家可归者参加这次选举投票）。值得注意的是，直到1985年邪教成员承认污染事件时，人们才发现这一次事件属于生物攻击[19]。拉里·韦恩·哈里斯是一个与基督教身份和雅利安民族（一个白人至上主义组织）有联系的基督教徒，他想提醒美国人注意伊拉克战争中生物战争的威胁，并为美国的白人寻求一个独立的家园。哈里斯代表右翼“爱国者”团体对美国联邦官员进行了模糊的威胁。他通过邮件从国家保管机构订购，获得了炭疽芽胞杆菌疫苗株和鼠疫菌，并研究了用作物喷粉机和其他方法传播生物战剂的可能性。1995年，他因藏有鼠疫菌而在俄亥俄州被捕并被拘留，但只能被判犯有邮件欺诈罪。因为当时没有法律明令禁止拥有这种类型的危险生物。在对美国官员发表威胁性言论并公开谈论生物恐怖主义和生物战争之后，哈里斯于1998年再次被捕[24]。在此之后，他再次在内华达州拉斯维加斯因藏有炭疽杆菌而被捕，尽管调查发现该菌株是疫苗株[25]。

2001年10月在佛罗里达州博卡拉顿出现了炭疽病相关恐怖主义事件，美国媒体公司聘请的报纸图片编辑罗伯特·史蒂文斯在入住当地医院1天后，也就是10月5日因为炭疽病不治身亡。他的病因后来被确定是他接触通过公司邮件收发系统的炭疽芽胞杆菌孢子而导致[26]。2001年10月15日，美国参议员办公室收到一封证实为炭疽病检测阳性的信件。10月20日，在华盛顿特区国会大厦附近的众议院办公大楼的邮件收发系统中发现了炭疽芽胞杆菌的痕迹。10月21日，两个邮件系统的基础设施的2000多名邮政员工接受了可能接触炭疽芽胞杆菌的测试和治疗。一名在位于弗吉尼亚州费尔法克斯的布伦特伍德邮件工厂工作的邮政工人于10月21日被诊断为患有吸入性炭疽。布伦特伍德邮件设施处理几乎所有到哥伦比亚特区邮件。10月22日，在布伦特伍德邮件设施工作的四名邮政工作人员中，有2名被诊断患有吸入性炭疽病，因炭疽杆菌感染而死亡[27]。新泽西州和纽约州的6人随后被诊断出患有皮肤炭疽症状，据称是由于受到炭疽芽胞杆菌孢子污染的原发性或继发性感染[28]。这一系列针对媒体和国会的信件事件最终导致22人受到感染，5人死亡[29]。

继2001年10月首次通过邮件邮寄炭疽芽胞杆菌孢子的事件发生之后，美国联邦调查局开展了2001年炭疽袭击事件调查，并将其案件名称命名为Amerithrax。据联邦调查局称，随后的调查成为“执法史上规模最大、过程最复杂的调查之一”[30]。2002年8月，史蒂文·杰伊·哈特菲尔博士被引起注意，1997—1999年，在美国陆军传染病医学研究所担任研究员期间，哈特菲尔博士可以无限制地获得了炭疽芽胞杆菌的Ames菌株，这与2001年邮件中使用的菌株相同。在调查过程中，科学突破（基因测序）使研究人员得出结论，RMR-1029培养瓶中保存的炭疽杆菌是邮件中使用的炭疽粉的母体材料。但是联邦调查局随后确定，哈特菲尔博士不可能是邮寄者，因为他从未进入过存有RMR-1029培养瓶美国陆军传染病医学研究所（USAMRIID）生物防护实验室。美国联邦调查局对袭击中使用的生物进行了基因分析，最终调查人员将他排除在嫌疑人之外[30]。哈特菲尔博士否认他与炭疽病信件有任何关系，并表示基于政府泄密的不合理的新闻媒体报道摧毁了他的声誉[31]。哈特菲尔博士最终以5800 000美元的价格与司法部达成和解（包括一笔2800 000美元的一次性现金支付和连续20年每年支付150 000美元的赔偿金）[32]。在8年的调查期间，司法部进行了一系列范围广泛，技术复杂且昂贵的调查，并最终将邮件确定为美国陆军传染病医学研究所的微生物学家布鲁斯·爱德华兹·艾文斯博士。根据他们的证据，对2001年炭疽信件攻击的调查于2010年2月19日结束[30]。然而，直到今天，针对艾文斯博士参与炭疽信件攻击，仍然存在许多问题和未解之谜[32-40]。因为艾文斯博士突然在2008年7月自杀，他从未受到司法部门的指控和审判。

美国联邦政府在2001—2011年花费了600多亿美元用于生物防御工作[41]。需要考虑的问题是：美国是否比以前在应对生物恐怖事件时更安全？如此耗资是否值得？对于第一个问题，答案是肯定的，但是还是存在一些不安全的因素。但是对于第二个问题，目前的研究结果还没有定论，而期望每一美元投入产生预期的有希望的结果也是不切实际的[42]。然而，对生物安全的这些投资确实产生了许多有益的结果。尽管投入巨大，但在Amerithrax事件之后还是发生了一些生物恐怖事件。例如，美国至少发生了8起涉及蓖麻毒素的事件[43]。

值得注意的是，在2010—2011年，55%的地方卫生部门减少或取消了保护和保证美国人安全的计划，包括应急准备和免疫接种。这一现象揭示了经济危机对卫生部门的重大挑战和影响。在州和地方卫生部门消失或减少的工作主要包括卫生工作者（如公共卫生医师和护士），实验室专家和流行病学家[44，45]。虽然减少或取消工作是一件令人悲伤的事情，但这可能是因为不需要这些医护人员提供的服务。最近由联邦调查局和疾病控制和预防中心编写了一本手册，这本手册旨在充分利用各种社会资源，最大限度地发挥执法者和公共卫生官员之间的沟通和互动作用，这种共同努力将有助于在对生物威胁作出反应之前和期间尽量减少潜在的阻碍。该手册增强了对联邦调查局以及疾病预防控制中心的专业知识的理解和应用，讨论了应对生物威胁所涉及的程序和方法，提供了可能适应于各种机构和司法管辖区需求的潜在解决方案，并促进了执法部门与公共卫生官员之间的有效合作[46]。

美国打击生物恐怖主义的计划

管制生物因子程序

在拉里·韦恩·哈里斯事件发生后，国会通过了1996年的一项针对打击和威慑恐怖主义的死刑法案，以控制危险生物因子的运输和接收。该法案要求美国卫生和公众服务部和疾病预防控制中心制定新的监管要求，规范接收和转移病原体被分类管制因子[47]。管制因子是指美国卫生和公众服务部或美国农业部宣布“有可能对公共健康和安全构成严重威胁”的生物因子[48]。联邦法规标题42的第72部分最初的规则于1997年4月15日发布，并于2002年更新为联邦法规标题42的第73部分的临时规则[49]。这一部分的监管要求主要包括对管制因子的拥有、使用和转让。同样，美国农业部也发布了类似的临时规则，以控制对动物或植物构成严重威胁的管制因子的使用、拥有、接收和转让[50]。美国卫生和公众服务部和美国农业部于2005年3月18日公布了最终规则，解决了公众对临时规则的要求，并统一了美国卫生和公众服务部和美国农业部法规[51，52]。由这一最终规则监管的管制病原体和毒素列于表29-2中[53]。志贺样核糖体失活蛋白和某些基因修饰微生物也受管制因子相关规则的监管。

表 29-2 管制病原体和毒素

监管机构	病毒	细菌	真菌	毒素
美国卫生和公众服务部	克里米亚 - 刚果出血热病毒；东部马脑炎病毒；埃博拉病毒；拉沙热病毒；lujo病毒；马尔堡病毒；猴痘病毒；重组1918年大流行的流感病毒；SARS冠状病毒；南美出血热病毒（Chapare、瓜纳瑞托、鸠宁、马秋波、沙比亚）；蜱传脑炎病毒（远东和西伯利亚亚型）；科萨努尔森林病病毒；鄂木斯克出血热病毒；天花病毒和类天花病毒	贝纳特立克次体（Q热病的致病因子）；土拉弗朗西斯菌；普氏立克次体；葡萄球菌肠毒素（A，B，C，D，E亚型）；鼠疫耶尔森菌；肉毒杆菌；肉毒芽胞梭菌；蜡状芽胞杆菌	蛇形菌素	相思豆毒素；芋螺毒素；蓖麻毒素；石房蛤毒素；T-2毒素；河豚毒素
美国卫生和公众服务部、美国农业部	亨德拉病毒；尼帕病毒；裂谷热病毒；委内瑞拉马脑炎病毒	炭疽杆菌；炭疽杆菌巴斯德菌株；流产布鲁菌；马尔他布鲁杆菌；猪布鲁杆菌；鼻疽伯克霍尔德菌；类鼻疽伯克霍尔德菌		
美国农业部	非洲马瘟病毒；非洲猪瘟病毒；禽流感病毒；猪瘟病毒；口蹄疫病毒；山羊痘病毒；皮肤结节病病毒；新城病毒；小反刍动物病毒；牛瘟病毒；绵羊痘病毒；猪水疱病病毒	山羊支原体；蕈状支原体		

自1997年管制因子程序和法规开始实施以来，实验室水平的成本增加，部分原因是昂贵的准备检查、设施修理和安全程序变更。人们最开始的想法是，增加的成本往往会对研究设施及其计划的最终产品产生负面影响——就生产产品的成本和提供产品所涉及的时间而言。还有人建议，在管制因子程序注册的实体联合起来协调培训活动，共同支付费用，同时分享经验教训，以全面改善科研设施和运营方式[54]。上述问题需要进一步深入分析，我们也鼓励大家就管制因子相关问题作进一步讨论[55]。

除了上述监管的微生物和毒素外，还有一些其他的监管项目是“重叠管制病原体和毒素”。重叠管制病原体和毒素是美国农业部和美国卫生和公众服务部共同监管的生物因子，对人类和动物都构成风险[50]。重叠生物因子和毒素也罗列于表29-2中。同样，这些重叠生物因子和毒素还包括基因修饰微生物和核酸。

然而，在收到排除请求和仔细审查研究材料后，美国农业部和美国卫生和公众服务部已确定某些减菌毒株不受联邦法规标题42的第73部分和标题9的第121部分的管制因子法条的限制。2012年10月5日公布的最终规则排除了在天然环境中低致病性的菌毒株，管制病原体或毒素，以及接种或暴露于美国卫生和公众服务部管制毒素的动物[56]。管制病原体和毒素受到管制因子规则的监管，直到“菌毒株、亚型或致病性水平”的测试记录通过，才能将该管制因子排除出监管的范围。排除的菌毒株列于表29-3中。

2016年1月，美国卫生和公众服务部在联邦公报中发布了一项初步拟定的监管规则，主要目的为修订目前的美国卫生和公众服务部管制因子名录。该提案提议取消六种生物因子的监管，同时包括处理灭活管制因子的规定。建议排除的生物因子列于表29-2[57，58]。

美国卫生和公众服务部是负责实施管制因子程序的主要机构。管制因子法规的监管范围非常广泛，它适用于拥有，使用，转移或存储管制病原体和（或）毒素的监管。联邦管制因子程序与联邦调查局刑事司法部门进行了信息服务的密切合作，共同实施美国联邦法规第7A节，根据该条款，每个申请的实体必须由联邦管制因子程序［疾病预防控制中心和（或）美国农业部］颁发注册证书[59]。申请过程需要申请机构指定一名负责官员和其他可作为替代的负责官员，以及任何可以接触法规所涵盖的管制因子的所有人员提供声明。同时他们必须和美国联邦调查局与司法部门合作，对每个有接触权的人进行安全风险评估，其中包括背景安全检查，分配唯一的司法部识别号码和提交指纹。在申请机构注册的时间段内，疾病预防控制中心和（或）美国农业部可以强制性地检查注册机构的全部安全设施。除生物安全的要求外，该法规还特别规定了现场威胁评估、检查、访问、培训、注册、转移、记录、物理安全管理的要求，同时还包括了对丢失、被盗或泄漏管制因子的事故报告的详细要求。例行检查可以确保生物因子的管理满足最终法规的所有要求，并根据BMBL第5版的要求来建造和管理相关机构[60]。由美国疾病预防控制中心和美国国立卫生研究院共同编写的BMBL包含了生物安全指南和研究微生物因子等方面的建议。

表 29-3 美国卫生和公众服务部确定的不受监管限制的减毒生物因子和毒素

监管机构	病毒	细菌	真菌	毒素
美国卫生和公众服务部	东部马脑炎病毒；埃博拉病毒；鸠宁病毒；拉沙热病毒；猴痘病毒；SARS 冠状病毒	肉毒杆菌；贝纳特立克次体（Q 热病的致病因子）；土拉弗朗西斯菌；葡萄球菌肠毒素；鼠疫耶尔森杆菌		芋螺毒素；河豚毒素
美国卫生和公众服务部和美国农业部	裂谷热病毒；委内瑞拉马脑炎病毒	炭疽杆菌；流产布鲁菌；马尔他布鲁杆菌；鼻疽伯克霍尔德菌；类鼻疽伯克霍尔德菌		
美国农业部	高致病性禽流感病毒			

安保要求

现有指南被更改为制订和实施生物安保计划，以制订和实施风险评估、安保计划和事故响应计划[61, 62]。为了满足新的联邦法规要求，那些使用、存储和接收特定生物因子（病原体）的机构设施必须严格执行风险评估以识别内部和外部威胁，并提供降低风险的计划，以解决安保问题和保护特殊病原体[51]。必须识别内部威胁（不满的员工、经济动机或个人威胁）和外部威胁（入侵者，如恐怖分子或其他具有操纵病原体手段的人）。生物安保风险评估必须包括针对病原体使用动机的风险评估，然后制订并实施突发事件应急行动计划[63]。此外，必须确定主要风险（病原体等生物因子本身）和次要风险（可能有助于对手获取主要资产的任何事项），以确定安保风险的等级。对于那些使用最高监管级别生物因子（那些可能对公共健康和安全，动物健康或动物产品构成严重威胁的生物因子）的人[64]，在授予高等级病原微生物使用权限之前，相应的风险评估是必须的。对于那些涉及最大风险的病原微生物实验活动，应给予最高级别的生物安保措施。

安保计划不仅需要提供防止未经授权接触、盗窃、丢失或释放管制病原体和毒素的方法，还必须包括驱逐可疑人员的程序。应急计划还需要针对由于气候相关事件、库存差异、工作场所暴力、炸弹、可疑包裹、公用设施中断等紧急情况以及其他自然或人为事件可能导致的病原体盗窃、丢失、释放等突发情况做出相应的应急反应。根据具体的病原体种类和特性，安保计划还应该包括24 h实时摄像监控系统和带有监控系统的入侵检测系统。

在事件应急计划中，如何解决物理安保问题和防范未经授权的入侵是两个最重要的问题。其他需要解决的问题还包括处理管制因子的潜在紧急情况，如意外释放或被盗，以及监管负责的人员，

具有接触权限的人员以及根据维护、使用和库存日志来确定管制因子和相关责任人员的位置。除此之外，还应该管理具有应急反应培训经验的个人，并将其列在其所在区域内的紧急联系人列表中，以便于及时协助其他人员处理那些突发的生物事件（溢出、污染或员工出现医疗紧急情况）。年度演习包括在资产安保受到损害的最坏情况下进行演习，这是谨慎的，以确保程序是全面的，并应让当地应急人员参与，以获得投入和指导[65]。人员的培训应该确保在进入任何可能存在病原体的环境之前，穿戴相应的个人防护装备并保证这些装备能够正常运作，这些防护设备可能包括手套、工作服、可灭菌的鞋或靴子、防护眼镜、面罩，以及基于当前生物安全管理水平的负压或正压呼吸器。

除了管制因子所要求的安保风险评估之外，生物安全保障计划是另一种可用于确保管制因子安全的方法[66, 67]。人员可靠性计划旨在确定员工的个人诚信，并强调必须由雇主执行严格的背景安全调查和人员筛选。人员可靠性计划限制不被允许进入存储和使用管制因子的员工的访问。通常，使用针对个人的身份证明或生物识别标识来区分这些员工，因为这些身份证明或生物识别标识可用于授予访问权限。另外，管理机构还必须实施访问者访问程序，包括发放访客身份证明，随时陪同访客，以及立即向负责保护网络的人员报告任何可疑活动的员工。生物安保包括物理安全，管制因子责任制和人员可靠性，来防止未经授权接触病原体和毒素[68]。

特定的地点也需要进行风险评估，来保障信息系统的安保控制程序[69]。安保程序的建立不仅需要满足一般系统访问的要求（出入登记等操作），还需要满足安保系统的要求（如服务器和软件的安保）。

管制病原体和毒素的库存

管制因子库存的安保要求随着时代不断发展，同时也对包括长期存储生物因子提出了更严格的要求。自管制因子管理法案开始实施以来，在实验室中确定“工作”状态的活的管制因子数量一直是一个巨大的挑战[70]。联邦管制因子程序已发布“管制病原体和毒素库存要求指南”[71]，以细化设施库存和报告程序的要求。

管制病原体和毒素的转移

管制因子程序中的规定允许在无须获得进口许可的情况下进行输入和州际运输。美国疾病预防控制中心（42 C.F.R. 73.16）和农业部（9 C.F.R. 121.16b）允许无须获得进口许可转运管制病原体和毒素。相关的机构和个人必须建立程序来进行管制病原体和毒素等货物的出境和入境，以及如何处理出现意外的包裹，还必须有解决如何检查包裹以及进行转运的详细操作指南，包括包装、标签、标记、包裹随附的运输文件，并最终由授权和指定的人员交付[72]。

员工医疗监督

管制因子可能导致职业健康危害，因此BMBL这本书建议建立完善的医疗监督计划。虽然管制因子法规没有要求，但大多数使用管制因子的员工可能会在雇用时进行药物筛查。在进入相关机构时，就获得并保留员工的原始血液样本和血清以供参考，并注册合适的免疫计划。为了保证在受到与工作有关的伤害或疾病发生时能够通知相应人员，必须建立报告机制。同时，对医疗事故应急响应和紧急联系的实施标准操作规程进行必要的培训。在防护设施内的适当位置还可以提供必要医疗用品的临时医疗措施。还需要进一步强化管理暴露后预防方案的能力，这对于解决非工作时间暴露、诊断测试和专家医学评估是必不可少的[73]。监管部门需要指定相应的医疗机构，并将与管制因子工作相关的所有内容传达给医疗人员以及当地卫生部门。如果由于所涉及的生物因子而不适合将暴露受害者从危险环境中撤出，则还需要建立和完善可以作为替代方式的其他医疗方法。最终的管制因子法规特别增加了一项至少每年进行一次生物安保、生物安全和事故响应计划的演练或演习的要求[51, 52]。

其他法规要求

除了管制因子程序之外，还有其他一些监管要求、建议和指南可以补充和强化DHHS的要求。监察长办公室的DHHS条例标题42 C.F.R.第1003部分的规定是[51]，根据评估对不合规的行为进行罚款。标题42 C.F.R.第71.54[74]部分提供了适用于管制因子运输入境的要求。标题40 C.F.R.第300部分，国家石油和有害物质污染应急计划，提供美国环境保护署[75]颁布的针对意外释放的监管要求。NIH指南中规定了对重组微生物的风险评估和生物防护要求[76]。美国指南和法规[60, 77, 78]则适用于广泛的病原体和细菌毒素，包括管制因子。陆军条例385-10包含国防部关于操作毒素的规定[79]，陆军部法规385-69生物防御安全计划[80]涉及生物防护实验室中病原体和毒素工作的技术安全要求。美国运输部标题49 C.F.R.第171～180部分，特别是第173.134部分6.2（传染性物质）[81]，适用于通过陆路运输向美国运输传染性物质，包括管制因子。国际航空运输协会（The International Air Transport Association，IATA）通过航空管理国内和国际管制因子的运输[82]。这些法规规定了所有管制因子的运输和运输过程中的正确包装、标签、标记和托运人声明文件的各项要求。美国农业部部门手册9610-1[83]还为农业致病病原体制定了安保政策和生物安全程序的相关规定。美国农业部部门手册进一步确定了新的农业生物安全三级实验室应用大型动物从事管制因子的相关工作。例如，美国农业部需要BSL-3-Ag实验室环境需要额外增强安全性，包括送排风的过滤、污水消毒、淋浴退出和设施完整性测试[83]。最后，白宫政府发布了一份联合备忘录，旨在加强传染病实验室的生物安全和生物安保，将审查和建议纳入具体计划和时间表，以解决每项建议的落实情况，并对计划实施的进展情况进行半年一次的审查[84]。

随着监管要求，指南和建议的环境参数和其他条件发生变化，设施审查委员会（如机构生物安全委员会）的及时更新是必要的，以不断适应这些变化。美国运输部和IATA的运输法规以及BMBL将不断更新，以适应联邦规则的任何重大变化。增加的内容包括根据联合国建议修订的危险货物清单，关于危险货物安保的全新培训要求，经修订的托运人声明和感染性物质和标本诊断的新标准。BMBL内容还提供了了加强生物安全和生物安保、消毒方法，安保风险管理方法，职业医学建议以及新的管制因子总结声明等内容[60]。

结论

许多国家拥有和使用生物武器的可能性[85]以及自古以来记录的生物恐怖主义事件导致人们越来越意识到多种病原微生物所构成的威胁。人们的生物安全和生物安保意识水平的提高导致了许多积极的变化，这些变化影响了全世界数百万人的日常生活。这些变化包括在高级人员流动和聚集领域以及在研究和开发机构、医院和制药设施的生物因子的安保方面的物理安保的增强。参与基础医学研究的人员目前正在愈发关注生物安保责任制的影响。目前，已经出台了许多法规、指南和政策来保护美国公众、环境和合作国家。虽然有时会引起担忧或引起不方便，但这些要求大多数对于降低生物因子等威胁的使用是必要的。生物安保的方法必须以科学和风险识别为基础[86]。这要求学者和组织继续参与监管过程，以确保法规能够对这一棘手和复杂的问题采取合理的方法。

原著参考文献

[1] Hawley RJ, Kozlovac JP. 2013. A perspective of biosecurity: past to present, p 27–34. In Burnette R (ed), Biosecurity: Understanding, Assessing, and Preventing the Threat. John Wiley & Sons, Hoboken, NJ.

[2] Carus WS. 2015. The history of biological weapons use: what we know and what we don't. Health Secur 13:219–255. http://www.swissbiosafety. ch/wp-content/uploads/2015/09/The-His tory-of-Biological-Weapons. pdf.

[3] National Institute of Justice. 2011. Terrorism. http://www.nij.gov /topics /crime/terrorism/pages/welcome.aspx.

[4] Stern J. 1999. Definitions, p 20. In Stern J (ed), The Ultimate Terrorists. Harvard University Press, Cambridge, MA.

[5] Headquarters, Department of the Army. 2013. Army Regulation 385–10, Safety, The Army Safety Program. Section II, Terms, p. 129. Washington, DC. The current version can be accessed at http://www. apd. army. mil/pdffiles/r385_10. pdf.

[6] Headquarters, Department of the Army. 2013. Army Regulation 385–10, Safety, The Army Safety Program. Section II, Terms, p. 145. Washington, DC. The current version can be accessed at http://www. apd. army. mil/pdffiles/r385_10. pdf.

[7] Stern J. 1999. Antipersonnel biological warfare agents, p 164– 165. In Stern J (ed), The Ultimate Terrorists. Harvard University Press, Cambridge, MA.

[8] Franz DR. 1997. Defense against toxin weapons, p 603–619. In Sidell FR, Takafuji ET, Franz DR (ed), Medical Aspects of Chemical and Biological Warfare. (TMM series. Part I; warfare, weaponry, and the casualty.). Border Institute, Walter Reed Army Medical Center, Washington, DC.

[9] Eitzen EM, Takafuji ET. 1997. Historical overview of biological warfare, p 415–423. In Sidell FR, Takafuji ET, Franz DR (ed), Medical Aspects of Chemical and Biological Warfare. (TMM series. Part I, warfare, weaponry, and the casualty.). Borden Institute, Walter Reed Army Medical Center, Washington, DC.

[10] Eitzen E, Pavlin J, Cieslak T, Christopher G, Culpepper R. 1998. Medical Management of Biological Casualties Handbook. U.S. Army Medical Research Institute of Infectious Diseases, Fort Detrick, MD.

[11] NATO Handbook on the Medical Aspects of NBC Defensive Operations AMedP-6(B), Part II—Biological. 1996. Medical classification of potential biological warfare agents, p. A-3–A-4. Departments of the Army, the Navy, and the Air Force, Annex A. See https://fas. org/irp/doddir/army/fm8-9. pdf.

[12] Anonymous. 1998. What are aerosols and sprays and how are they used to deliver biological weapons? p. 39. In Chem-Bio: Frequently Asked Questions—Guide to Better Understanding Chem-Bio, version 1.0. Tempest Publishing, Alexandria, VA.

[13] Burrows WD, Renner SE. 1998. Biological warfare agents as potable water threats, p 1–5. In Burrows WD, Renner SE (ed), Medical Issues Information Paper No. IP-31–017. U.S. Army Center for Health Promotion and Preventive Medicine, Aberdeen Proving Ground, MD.

[14] Peters CJ, Dalrymple JM. 1990. Alphaviruses, p 713–761. In Fields BN, Knipe DM (ed), Virology, 2nd ed. Raven Press, Ltd, New York, NY.

[15] Christopher GW, Cieslak TJ, Pavlin JA, Eitzen EM Jr. 1997. Biological warfare. A historical perspective. JAMA 278:412–417.

[16] Christopher GW, Eitzen EM Jr. 1999. Air evacuation under high-level biosafety containment: the aeromedical isolation team. Emerg Infect Dis 5:241–246.

[17] Heymann DL. 2015. Arboviral Hemorrhagic Fevers, p 43–54. In Heymann DL (ed), Control of Communicable Diseases Manual, 20th ed. American Public Health Association, Washington, DC.

[18] Wheelis M. 2002. Biological warfare at the 1346 siege of Caffa. Emerg Infect Dis 8:971–975.

[19] Langford RE. 2004. Brief history of biological weapons, p 139– 150. In Langford RE (ed), Introduction to Weapons of Mass Destruction. John Wiley & Sons, Inc, Hoboken, NJ.

[20] Thalassinou E, Tsiamis C, Poulakou-Rebelakou E, Hatzakis A. 2015. Biological warfare plan in the 17th century— the siege of Candia, 1648–1669. Emerg Infect Dis 21:2148–2153.http://wwwnc. cdc. gov/eid/article/21/12/13-0822_article.

[21] Mangold T, Goldberg J. 1999. Truth and reconciliation, p 261– 262. In Mangold T, Goldberg J (ed), Plague Wars: a True Story of Biological Warfare. Macmillan Publishers Ltd, London.

[22] Stern J. 1999. Getting and using the weapons, p 60–65. In Stern J (ed), The Ultimate Terrorists. Harvard University Press, Cambridge, MA.

[23] Olson KB. 1999. Aum Shinrikyo: once and future threat? Emerg Infect Dis 5:513–516.

[24] Tucker JB. 1999. Historical trends related to bioterrorism: an empirical analysis. Emerg Infect Dis 5:498–504.
[25] Snyder JW, Check W. 2001. Bioterrorism Threats to Our Future. The Role of the Clinical Microbiology Laboratory in Detection, Identification, and Confirmation of Biological Agents. American Academy of Microbiology, Washington, DC.
[26] Traeger MS, Wiersma ST, Rosenstein NE, Malecki JM, Shepard CW, Raghunathan PL, Pillai SP, Popovic T, Quinn CP, Meyer RF, Zaki SR, Kumar S, Bruce SM, Sejvar JJ, Dull PM, Tierney BC, Jones JD, Perkins BA, Florida Investigation Team. 2002. First case of bioterrorism-related inhalational anthrax in the United States, Palm Beach County, Florida, 2001. Emerg Infect Dis 8:1029–1034.
[27] Dewan PK, Fry AM, Laserson K, Tierney BC, Quinn CP, Hayslett JA, Broyles LN, Shane A, Winthrop KL, Walks I, Siegel L, Hales T, Semenova VA, Romero-Steiner S, Elie C, Khabbaz R, Khan AS, Hajjeh RA, Schuchat A, and members of the Washington, D.C., Anthrax Response Team. 2002. Inhalational anthrax outbreak among postal workers, Washington, D.C., 2001. Emerg Infect Dis 8:1066–1072.
[28] Morse SA. 2002. Bioterrorism: the role of the clinical laboratory. BD Newsletter 13:1–10.
[29] Saathoff G, DeFrancisco G. 2011. Report of the Expert Behavioral Analysis Panel. Research Strategies Network, Vienna, VA. http://www. dcd. uscourts. gov/dcd/sites/dcd/files/unsealed Doc031011. pdf.
[30] United States Department of Justice (USDOJ). 2010. Amerithrax Investigative Summary. http://www. justice. gov/archive /amerithrax/docs/amx-investigative-summary. pdf.
[31] Lichtblau E. 2008. Scientist officially exonerated in anthrax attacks, The New York Times, August 8, 2008. http://www. nytimes. com/2008/08/09/washington/09anthrax. html.
[32] Johnson C. 2008. U.S. settles with scientist named in anthrax cases. The Washington Post, June 28, 2008. http://www. washington post. com/wp-dyn/content/story/2008/06/27 /ST 2008062702767. html.
[33] Shachtman N. 2011. Anthrax redux did the feds nab the wrong guy? Wired Magazine, March 24, 2011. http://www. wired. com /2011/03/ff_anthrax_fbi/.
[34] Garrett L. 2011. The Anthrax Letters. Council on Foreign Relations. http://www. cfr. org/terrorist-attacks/anthrax-letters/p26175.
[35] National Academy of Sciences. 2011. Review of the Scientific Approaches Used During the FBI's Investigation of the 2001 Anthrax Letters. National Academy of Sciences, The National Academies Press, Washington, DC. http://www. nap. edu/download. php? record_id=13098.
[36] Engelberg S, McClatchy G, Gilmore J, Wiser M. 2011. Probublica. New evidence adds doubt to FBI's case against anthrax suspect. http://www. propublica. org/article/new-evidence-disputes-case-against-bruce-e-ivins.
[37] Gordon G, Wiser M. 2014. Frontline. New report casts doubt on fbi anthrax investigation. http://www. pbs. org/wgbh/pages/front line/criminal-justice/anthrax-files/new-report-casts-doubt-on-fbi-anthrax-investigation/.
[38] WashingtonsBlog. 2015. HEAD of the FBI's anthrax investigation says the whole thing was a SHAM. http://www. washington sblog. com/2015/04/head-fbis-anthrax-investigation-calls-b-s. html.
[39] Dillon KJ. 2015. FBI v. Bruce Ivins: The Missing Pieces. Scientia Press. http://www. scientiapress. com/fbi-ivins.
[40] Willman D. 2011. Epilogue, p 323–337. In Willman D (ed), The Mirage Man: Bruce Ivins, the anthrax attacks, and America's rush to war. Bantam Books, New York.
[41] Check Hayden EC. 2011. Biodefence since 9/11: the price of protection. Nature 477:150–152.http://www. nature. com/news/2011 /110907/pdf/477150a. pdf.
[42] Cole LA. 2012. Bioterrorism: still a threat to the United States. CTC Sentinel 5:8–12. https://www. ctc. usma. edu/posts/bio ter rorism-still-a-threat-to-the-united-states.
[43] Roxas-Duncan VI, Smith LA. 2012. Ricin Perspective in Bioterrorism, p 133–158. In Morse SA (ed), Bioterrorism. InTech, Rijeka, Croatia. http://library. umac. mo/ebooks/b28113433. pdf.
[44] National Association of County and City Health Officials. 2011. More than half of local health departments cut services in first half of 2011. http://archived. naccho. org/press/releases /100411. cfm.
[45] Khan AS. 2011. Public health preparedness and response in the USA since 9/11: a national health security imperative. Lancet 378:953–956. and http://www. cdc. gov/phpr/documents/Lancet_Article_Sept2011. pdf.
[46] Centers for Disease Control and Prevention and the Federal Bureau of Investigation. 2015. Joint Criminal and Epidemiological Investigations Handbook. FBI (WMD Directorate, Biological Countermeasures Unit) and the CDC (National Center for Emerging and Zoonotic Infectious Diseases, Division of Preparedness and Emerging Infections). https://www. fbi. gov/about-us/investigate/terrorism/wmd/criminal-and-epidemiological-investigation-handbook.
[47] Ferguson JR. 1997. Biological weapons and US law. JAMA 278: 357–360.
[48] U.S. Department of Health and Human Services (DHHS), and Centers for Disease Control and Prevention. 1997. Additional Requirements for Facilities Transferring or Receiving Select Agents, Title 42 CFR Part 72 and Appendix A; 15 April 1997. https://grants.

nih. gov/grants/policy/select_agent/42CFR_Additional_Requirements. pdf.

[49] U.S. Department of Health and Human Services (DHHS). 2002. Part IV Title 42 CFR Part 73, Office of the Inspector General, Title 42 CFR Part 1003. Possession, Use and Transfer of Select Agents and Toxins; interim final rule. Fed Regist 67: 76886–76905. http://www. gpo. gov/fdsys/pkg/FR-2002-12-13/html /02-31370. htm.

[50] U.S. Department of Agriculture, Animal and Plant Health Inspection Service USDA-APHIS). 2002. Title 7 CFR Part 331 and Title 9 CFR Part 121. Agricultural Bioterrorism Protection Act of 2002; Possession, Use, and Transfer of Biological Agents and Toxins; interim final rule. Fed Regist 67:76908–76938. http://www. gpo. gov/fdsys/pkg/FR-2002-12-13/pdf/02-31373. pdf.

[51] U.S. Department of Health and Human Services. 2005. Part III. Title 42 CFR 72 and 73, Office of the Inspector General 42 CFR Part 1003. Possession, Use, and Transfer of Select Agents and Toxins; final rule. Fed Regist 70:13294–13325. http://www. gpo. gov/fdsys/pkg/FR-2005-03-18/html/05-5216. htm.

[52] U.S. Department of Agriculture-Animal and Plant Health Inspection Service (USDA-APHIS). 2005. Part II. Title 7 CFR Part 331 and Title 9 CFR Part 121. Agricultural Bioterrorism Protection Act of 2002; Possession, Use, and Transfer of Biological Agents and Toxins; final rule. Fed Regist 70:13242–13292. http://www. gpo. gov/fdsys/pkg/FR-2005-03-18/pdf/FR-2005-03-18. pdf.

[53] Federal Select Agent Program. 2014. Select Agents and Toxins List. http://www. selectagents. gov/SelectAgentsandToxinsList. html.

[54] Centers for Disease Control and Prevention, Animal and Plant Health Inspection Service. 2013. Training required, p 5. In Guidance for Meeting the Training Requirements of the Select Agent Regulations. http://www. selectagents. gov/resources /Guidance_for_Training_Requirements_v3-English. pdf.

[55] Franz DR. 2015. Implementing the Select Agent Legislation: Perfect Record or Wrong Metric? Health Secur 13:290–294. http://online. liebertpub. com/doi/abs/10. 1089/hs. 2015. 0029? journalCode=hs.

[56] Federal Select Agent Program. 2012. Select Agents and Toxins Exclusions. http://www. selectagents. gov/SelectAgentsand Toxins Exclusions. html.

[57] U.S. Department of Health and Human Services (DHHS). 2016. Proposed Rule: Possession, Use, and Transfer of Select Agents and Toxins; Biennial Review of the List of Select Agents and Toxins and Enhanced Biosafety Requirements. Fed Regist 81:2805–2818. http://www. gpo. gov/fdsys/pkg/FR-2016-01-19/html /2016-00758. htm.

[58] U.S. Department of Agriculture (USDA)/Animal and Plant Health Inspection Service (APHIS) and U.S. Department of Health and Human Services (HHS)/Centers for Disease Control and Prevention (CDC). 2015. Exclusion Guidance Document. http://www. selectagents.g ov/resources/Guidance_for_Exclusion_version 1. pdf.

[59] Federal Select Agent Program. 2014. FSAP Policy Statement: Registration of Select Agents and Toxins. http://www. select agents. gov/regpolicystatement. html.

[60] Wilson DE, Chosewood LC. 2009. Biosafety in Microbiological and Biomedical Laboratories, 5th ed., HHS Publication no. (CDC) 21-1112. http://www. cdc. gov/biosafety/publications/bmbl5/bmbl. pdf.

[61] Richmond JY, Nesby-O'Dell SL, Centers for Disease Control and Prevention. 2002. Laboratory security and emergency response guidance for laboratories working with select agents. MMWR Recomm Rep 51(RR-19):1–6.

[62] Blaine J. 2014. Incident response plan, p. 46. In Blaine J (ed), Responsible Official Resource Manual. Centers for Disease Control and Prevention Atlanta, Georgia and Animal and Plant Health and Inspection Service. http://www. selectagents. gov /resources/RO_Manual_2014. pdf.

[63] Salerno R, Gaudioso J.2015. Laboratory Biorisk Management Biosafety and Biosecurity. CRC Press, Taylor & Francis Group, Boca Raton, FL.

[64] Executive Order 13546. 2010. Optimizing the Security of Biological Select Agents and Toxins in the United States. https://www. gpo. gov/fdsys/pkg/FR-2010-07-08/pdf/2010-16864. pdf.

[65] Wilson DE, Chosewood LC.2009. Elements of a biosecurity program, p 112. In Biosafety in Microbiological and Biomedical Laboratories, 5th ed, HHS Publication no. (CDC) 21-1112. http://www. cdc. gov/biosafety/publications/bmbl5/bmbl. pdf.

[66] Crow R. 2004. Personnel Reliability Programs. Project Performance Corporation, McLean, Virginia. http://www. ppc. com /assets /pdf/white-papers/Personnel-Reliability-Programs. pdf.

[67] Defense Science Board. 2009. Department of Defense Biological Safety and Security Program. Office of the Undersecretary of Defense for Acquisition, Technology and Logistics, Washington, DC. http://www. acq. osd. mil/dsb/reports/ADA 499977. pdf.

[68] Burnette RN, Hess JE, Kozlovac JP, Richmond JY. 2013. Defining biosecurity and related concepts, p 1–16. In Burnette R (ed), Biosecurity: Understanding, Assessing, and Preventing the Threat. John Wiley & Sons, Hoboken, NJ.

[69] Animal and Plant Health Inspection Service (APHIS) Agricultural Select Agent Services and Centers for Disease Control and Prevention (CDC) Division of Select Agents. 2014. Risk management and computer security incident management, p 20. In Information Systems

Security Control Guidance Document. http://www. selectagents. gov/resources/Information Sys tems Security_Control_Guidance_ version_3_English. pdf.

[70] Wilson DE, Chosewood LC. 2009. Elements of a biosecurity program, p 110. In Biosafety in Microbiological and Biomedical Laboratories, 5th ed, HHS Publication no. (CDC) 21-1112. http://www. cdc. gov/biosafety/publications/bmbl5/bmbl. pdf.

[71] U.S. Department of Agriculture (USDA)/Animal and Plant Health Inspection Service (APHIS) and U.S. Department of Health and Human Services (HHS)/Centers for Disease Control and Prevention (CDC). 2015. Guidance on the Inventory of Select Agents and Toxins. http://www. selectagents. gov /resources /Long_Term Storage_version_5. pdf.

[72] Federal Select Agent Program. 2015. FSAP Policy Statement: When APHIS and CDC Import Permits Not Required for the Importation or Interstate Transportation of Select Agents. http://www. selectagents. gov/regpermits. html.

[73] Wilson DE, Chosewood LC. 2009. Occupational health support service elements, p. 117. In Biosafety in Microbiological and Biomedical Laboratories, 5th ed, HHS Publication no. (CDC) 21-1112. http://www. cdc. gov/biosafety/publications/bmbl5 /bmbl. pdf.

[74] U. S. Public Health Service (USPHS). 2007. Title 42 CFR Part 71. Foreign Quarantine. Subpart F: Importations, Section 71.54, Etiological agents, hosts, and vectors. http://www. gpo. gov/fdsys /pkg/CFR-2007-title42-vol1/pdf/CFR-2007-title42-vol1-sec71-54.pdf.

[75] U. S. Environmental Protection Agency (USEPA). 2011. Title 40 CFR Part 300. National oil and hazardous substances pollution contingency plan. http://www. gpo. gov/fdsys/pkg /CFR-2011-title 40-vol28/pdf/CFR-2011-title40-vol28-part300. pdf.

[76] National Institutes of Health. 2013. The NIH Guidelines for Research Involving Recombinant or Synthetic Nucleic Acid Molecules (NIH Guidelines). The current amended version of the NIH Guidelines can be accessed at http://osp. od. nih. gov/sites/default /files/NIH_ Guidelines_0. pdf.

[77] U. S. Department of Labor (USDOL). 2011. Title 29 CFR Part 1910. Occupational Safety and Health Standards. Subpart Z: Toxic and Hazardous Substances. Section 1910.1450 Occupational exposure to hazardous chemicals in laboratories, p. 484–499. http://www. gpo. gov/fdsys/pkg/CFR-2011-title29-vol6/pdf /CFR-2011-title29-vol6-sec1910-1450. pdf.

[78] U. S. Department of Labor. 2016. Title 29 CFR Part 1910. Occupational Safety and Health Standards. Subpart Z: Toxic and Hazardous Substances. Section 1910.1030. http://www.ecfr.gov /cgi-bin/text-idx?SID=4f5383c3668a88224102236d19d5f0c0& mc=true&node=se2 9.6.1910_11030&rgn=div8.

[79] Headquarters, Department of the Army. 2013. Army Regulation 385–10, Safety, The Army Safety Program. Chapter 20. Infectious Agents and Toxins, p 87. Washington, DC. The current version can be accessed at http://www. apd. army. mil/pdffiles /r385_10. pdf.

[80] Headquarters, Department of the Army. 2013. Department of the Army Pamphlet 385–69, Safety. Safety Standards for Microbiological and Biomedical Laboratories. Washington, DC. http://www. apd. army. mil/pdffiles/p385_69. pdf.

[81] U.S. Department of Transportation (USDOT). 2011. Title 49 C.F.R. Part 173.134, Class 6, Division 6.2-Definitions and exceptions. p 539–543. http://www. gpo. gov/fdsys/pkg/CFR-2011-title 49-vol2/pdf/CFR-2011-title49-vol2-sec173–134. pdf.

[82] International Air Transport Association. 2016. Dangerous Goods Regulations, 57th ed, International Air Transport Association, Montreal-Geneva. http://www. iata. org/publications/dgr /Pages /manuals. aspx.

[83] U. S. Department of Agriculture-Agricultural Research Service. 2002. USDA Security Policies and Procedures for Biosafety Level 3 Facilities. USDA Department Manual 9610–1. http://www. ocio. usda. gov/sites/default/files/docs/2012 /DM9610-001 0. pdf.

[84] Monaco LO, Holdren JP. 2015. A National Biosafety and Biosecurity System in the United States. https://www. whitehouse. gov/ blog/2015/10/29/national-biosafety-and-biosecurity-system-united-states.

[85] Biological Weapons Convention. 1925. Convention on the Prohibition of the Development, Production and Stockpiling of Bacteriological (Biological) and Toxin Weapons and on their Destruction. http://www. state. gov/www/global/arms/treaties/bwc1. html.

[86] Inglesby TV, Relman DA. 2015. How likely is it that biological agents will be used deliberately to cause widespread harm? EMBO Rep, published online December 18, 2015. http://online library. wiley. com/doi/10. 15252/embr. 201541674/abstract.

[87] Williams P, Wallace D. 1989. The secret of secrets, p 31–50. In Williams P, Wallace D (ed), Unit 731: Japan's Secret Biological Warfare in World War II. MacMillan, Inc, New York.

[88] Williams P, Wallace D. 1989. Waging germ warfare, p 68–70. In Williams P, Wallace D (ed), Unit 731: Japan's Secret Biological Warfare in World War II. MacMillan, Inc, New York.

[89] Harris SH. 1995. Human experiments: "secrets of secrets," p 59–66. In Harris SH (ed), Factories of Death, Japanese Biological Warfare 1932–45 and the American Cover-up. Routledge, New York.

[90] Mitscherlich A, Mielke F. 1983. Medizin ohne Menschlichkeit: Documente des Nurnberger Arztepoozesses. Fischer Taschenbuchverlag, Frankfurt am Main, Germany.

[91] Manchee RJ, Stewart WDP. 1988. The decontamination of Gruinard Island. Chem Br 24:690–691.

[92] Harris SH. 1995. The United States BW Program, p 149–159. In Harris SH (ed), Factories of Death, Japanese Biological Warfare 1932–

45 and the American Cover-up. Routledge, New York.

[93] Endicott S, Hagerman E. 1998. World War II origins, p 31–35. In Endicott S, Hagerman E (ed), The United States and Biological Warfare: Secrets from the Early Cold War and Korea. Indiana University Press, Bloomington.

[94] Mangold T, Goldberg J. 1999. Arms race, p 34–36. In Mangold T, Goldberg J (ed), Plague Wars: a True Story of Biological Warfare. Macmillan Publishers Ltd, London.

[95] Franz DR, Parrott CD, Takafuji ET. 1997. The U.S. Biological Warfare and Biological Defense Programs, p 428. In Sidell FR, Takafuji ET, Franz DR (ed), Medical Aspects of Chemical and Biological Warfare. (TMM series. Part I, warfare, weaponry, and the casualty.). Borden Institute, Walter Reed Army Medical Center, Washington, DC. http://www.au.af.mil/au/awc/awcgate /medaspec/Ch-19electrv699.pdf.

[96] Health and Human Services Department. 2016. Possession, use, and transfer of Select Agents and Toxins—addition of Bacillus cereus biovar anthracis to the HHS List of Select Agents and.

30

教学实验室的生物安全与生物安保

CHRISTOPHER J. WOOLVERTON AND ABBEY K. WOOLVERTON

简介

任何关于本科基础科学和临床教学实验室生物安全的讨论都应该以几个重要注意事项为前提。

第一，所有科学实验室实验的基础应该包括对安全的扎实理解。实践安全教导人们尊重生命财产并对其负责。除了特殊的体制条件和监督机构，坚持公共安全和生物安全实践，向学生、家长、教职员、行政人员，甚至是认证机构展示了一个诚信的堡垒，受到学术实验室用户的重视。此外，根据记录，大多数安全措施不断发展，因此有助于减轻危险的发生。重要的是，教学实验室应该是学生学习微生物科学的环境，而不是害怕被感染的地方。此外，随着微生物科学的不断发展，经得起时间检验的生物安全操作将作为微生物学的宝贵遗产流传给后来的微生物学家。

第二，虽然联邦条例能为确立最佳做法和通用标准提供很好的建议，但是"一刀切"的生物安全指令是不可行的，尤其是州和地方法规产生了与单一的国家指南文件矛盾的特殊要求。虽然许多推动生物安全的科研、医院和工业环境的实验室操作已被编成法典，但学术教学实验室历来自我监督。然而，由于人们对风险二类（相当于我国的第三类）病原微生物从本科生实验室"逃逸"到社区和持续加强的预防滥用微生物造成犯罪和恐怖主义的关切，加大了对微生物学教学实验室的审查。虽然一些针对非教学实验室立法的生物安全法规很容易应用到教学实验室，但它们可能会影响传统的微生物学教学。图30-1展示了美国学术环境中典型的生安全监督的层次结构；但并不能都适用于每一种类型的学术机构。虽然较大的高等教育机构聘用安全官（他们并不等同于生物安全官），承担与遵守法规相关的大部分责任，但是制定相关制度时还需要获得微生物学教员的意见或建议。这对那些来自小型机构的微生物学家来说，可能是一个更大的负担，因为这些小型机构没有经过正规培训的安全官。

第三，高等教育机构实质上是世界的缩影，它能反映出人类免疫能力的差异。微生物实验室的一些使用者（包括学生、工作人员和教员）实际上可能由于药物、怀孕或艾滋病毒/艾滋病造成免疫抑制。这种免疫抑制增加了人们对感染因子的易感性。因此，今天的教育工作者在规划实验室活动时需要考虑更多因素；他们应该正确地选择微生物和教学方式，以满足教学目标，同时也保护这些（通常是不明身份的）免疫抑制人群。最后，实验室获得性感染应被视为一种罕见的、可预防的职业危害。我们应当保持良好的安全操作。

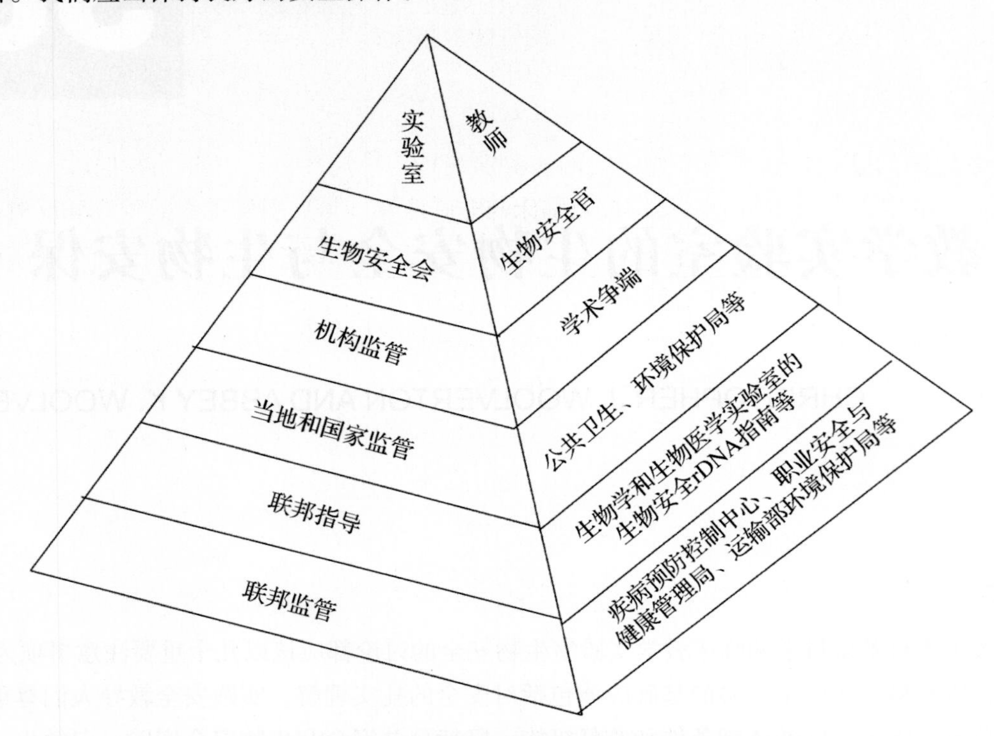

图 30-1 美国学术环境中典型的生物安全监督模式

请注意，教师最接近日常实验室活动，对确保环境安全负有最高责任（改编自参考文献［32］）。

教学实验室需要提高生物安全操作

生物安全是一项原则吗？如何教授生物安全？如何衡量生物安全文化？也许询问实验室获得性感染的发生率，并以此作为生物安全缺陷的一个指标的做法更为简单，但是也存在另一个难以解决的问题，因为没有向公共卫生当局报告所有实验室获得性感染的要求，而且亚临床感染很少被发现。此外，除非被感染与其实验室活动密切相关，否则可能被确定为群体获得性感染（如肺炎链球菌或肠道沙门菌，例如伤寒沙门菌）。尽管如此，1949—1978年，Sulkin和Pike的许多报告描述了实验室获得性感染的类型及其影响[1-6]。这些研究发现，1930—1978年有4079例（已报道）实验室获得性感染，最频繁的5种实验室感染是由布鲁菌（507例）、贝纳柯克斯体（456例）、结核分枝杆菌（417例）、肝炎病毒（380例）和沙门菌（324例）引起的，其中共有168人死亡。有些人可能认为这些感染并不都发生在教学实验室，更重要的一点是，感染发生在可能在本科阶段接受过生物安全方面培训的微生物学家身上。

随后的一项研究调查了1997—2004年发表的270份报告，证实了1448例（症状性）实验室获得性感染发生在临床、公共卫生、研究和教学实验室中，其中36例死亡，17例继发感染。当感染的分布与工作的主要目的相关时，发现1448例实验室获得性感染中有14例发生在教学实验室[7]。

当然，当地新闻媒体报道实验室事件时，生物安全实践的失误也被注意到。然而，2010—2011

学年和2013—2014学年在微生物学教育工作者及其学生中暴发的鼠伤寒沙门菌没有被广泛报道。共有105例与本科教学实验室有关的沙门菌病例被报道（2010年8月—2011年4月，38个州为109例，2013年11月—2014年5月为41例），共有23人住院，其中1人死亡，感染是由常用的沙门菌“实验室菌株”引起的[8]。有人想知道这些感染是如何发生的，以免在生物安全实践中再次造成失误。

与教学实验室有关的监管监督

各种各样的问题，举几个例子如过时的实验室设计、可用的修缮资金、教学目标、多用途空间、“雇员”的定义、私人与公共机构以及临床与非临床环境等，引发了无数赞成和反对遵守各种生物安全标准和准则的辩论。然而，微生物学界必须认同，最重要的一点问题是那些使用微生物实验室的人的安全。美国的各种法规和指南文件可能被认为并不能对教学实验室进行治理，尽管其中包含了通用标准，可以作为在高校中灌输安全文化的方法（图30-1及图30-2）。例如，1970年的“职业安全和健康法”规定，必须遵守某些预防措施，以保护在职雇员的安全和健康[9]。雇员包括所有受雇于各州私立和公立学校系统的教师，这些学校的职业安全和健康计划已被职业安全和健康委员会接受。监督文件的范围是指导机构生物安全和推广安全文化。

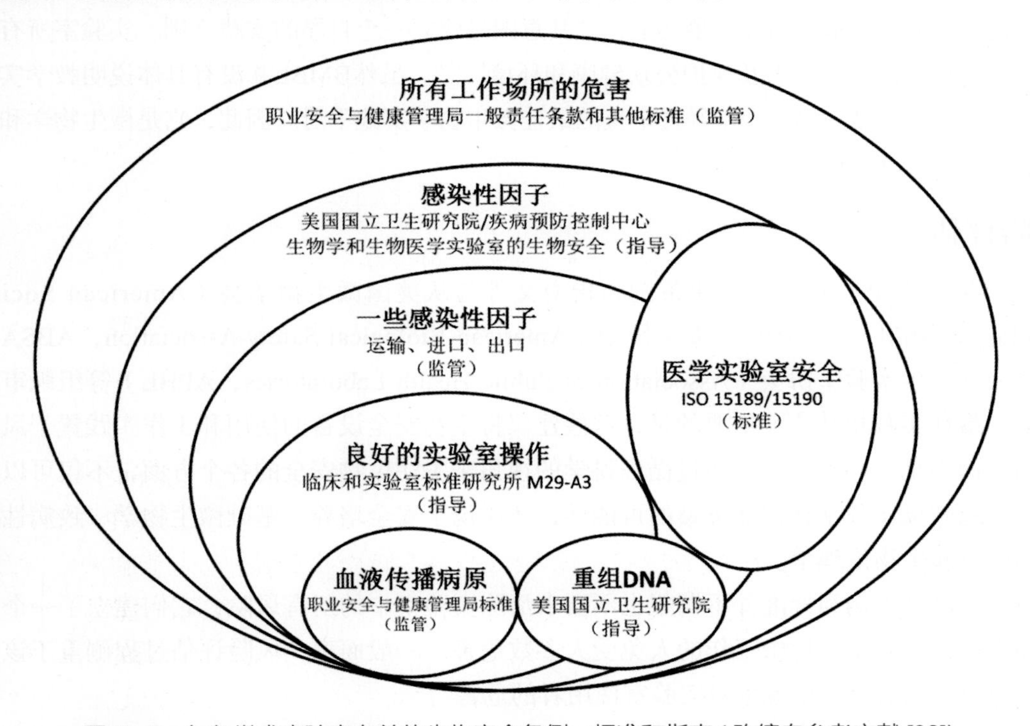

图 30-2 与各学术实验室有关的生物安全条例、标准和指南 (改编自参考文献 [32])

1991年的《血源性病原体法》进一步保护了工作人员，因为它需要工程控制、工作实践和个人防护装备，以保护工作人员免受感染材料的伤害[10]。临床和实验室标准协会（Clinical and Laboratory Standards Institute，CLSI）出版了《实验室员工职业获得性感染的保护》，以促进良好的实验室实践，并提供关于传染性病原体在实验室环境中的传播风险的指导，并确定了防止通过气溶胶、液滴、血液和身体物质传播传染病的特殊预防措施[11，12]。此外，国际标准化组织于2003年制定并于2007年修订了两项标准，以确保高素质和有能力的实验室工作人员[13]在医疗实验室的安全操作[14]，包括实验室所有人员的一般安全职责、实验室检查（以减少危害）、更新安全手册、及初步制定每年的安全培训，这些标准共同建立健全的做法，防止实验室获得性感染。因此，它们为每个微生物学实验室提供了坚实的理论框架。然而，上述标准并不总是适用于所有教学环境。

公共卫生部门的指导

预防实验室感染和事故的可靠建议是通过美国卫生和公众服务部编写的安全指南文件提供的。它起源于预防实验室获得性感染的教学最佳实践。1974年，美国CDC发布了根据危险程度的病原学分类[15]，作为防止传播微生物危害特性的一种手段，需要提高的物理防护水平。文件中包括Arnold G. Wedum博士（前陆军生物研究实验室工业健康与安全主任，德特里克堡，马里兰）建立的具有开拓性的生物安全技术。多年的危害识别和风险降低工作，使Wedum在德特里克堡开发了包括世界上一些最致命的传染性疾病的工作实践、设备、工程控制和培训，然后武装美国生物防御计划[16]。随后公布的研究致癌病毒的安全标准[17]和使用重组DNA的指南[18]，进一步巩固了建立起更高水平的物理防护和专门针对防止人类暴露传染性病原体工作实践的标准。这些早期的文件很快演变为成文的“生物安全指南手册”，并且于1984年作为BMBL出版。BMBL随后于1988年出版第二版，第三版于1993年出版，第四版于1999年出版，目前的第五版于2007年出版，并于2009年修订[19]。遗憾的是，BMBL常常被误认为仅仅是对研究实验室的指导。事实上，“其意图是建立一个自愿的实践守则，实验室所有成员一起遵守，以保护自己及其同事及保护公众健康和环境”[19]。虽然BMBL并没有具体说明教学实验室的预防措施和做法，但是它仍是一本经过审查的最佳微生物学实践手册。因此，它是微生物学和分子生物学教学实验室的重要资源。

风险评估

实验室生物安全原则是将上述条例和指南文件与从美国微生物学会（American Society for Microbiology，ASM）、美国生物安全协会（American Biological Safety Association，ABSA）、疾控中心和公共卫生实验室协会（Association of Public Health Laboratories，APHL）等组织审查的建议中收集的最佳实践相结合。重要的是，这些建议将生物安全设备的使用和工作实践置于风险评估的范围内，而不是“一刀切”，通过循证科学的视角来关注生物安全的各个方面，不仅可以降低微生物学实验室教员实验室获得性感染的可能性，还讨论了安全培养、基础微生物学、致病性和寄生性、两用因子和生物伦理学。

实际上，监督条例和标准并不期望也不要求消除实验室中的所有风险，它们建立了一个合理的预期，即保护在实验室环境中工作的人免受大多数危害。一般而言，风险评估过程侧重于该过程的五个离散部分，从而有助于减少对实验室使用者的危害。

首先，应通过对所使用的设施、设备、微生物和程序进行彻底分析来确定实验室危害，检查应包括实验室的所有使用者，其洞察力通常会识别危害或至少感知到的危害，这个过程不需要过多的花费，也不需要有资质的安全官。所有类型的教育机构的教员应能识别和减轻最明显的安全违规情况。此外，每天的实验工作监测可用于查明无法识别或被忽略的潜在实践危险。

其次，应确定风险个体，以最大限度地降低风险。由于使用人类病原体或各种设备而造成的风险可以减轻，通常对教学活动的影响不大。例如，可以为免疫受损的实验室使用者提供合理的住宿条件，大多数高等教育机构都有帮助有特殊需要的学生的部门。在不违反1996年“健康保险便携性和责任法”的情况下，可以提供合理的便利[20]。通常可以通过模拟或在实验室之外使用类数据等替代活动来实现教学目标。

再次，应确定缓解或消除危险的方法，如应确定实验室特定培训或专用个人防护装备。这也常常给学者们提供了讨论的素材，OSHA 对行业的指导是提供 PPE，为员工提供住宿。并没有要求学术机构为学生购买 PPE，但是有合理的方法来提供。PPE 可以从课程费用中购买，PPE 供应商可以捐赠产品以获得税收优惠。教员也有可能修改实验室实验以降低风险。

又次，应记录所使用的方法及其效果，以论证减少风险的尝试。一个常见的过程是使用已发表的指导实验室活动的实验手册或指南。技术、试剂和安全建议通常在发布或分发之前进行评估，因此，该手册是其他使用者评估过的教学技术标准操作程序的集合。重要的是，许多已出版的实验室手册都有安全规范甚至是协议，可以要求学生遵守。

最后，应对风险评估过程进行定期审查，以便根据需要修改实验室活动[21]。

微生物学实验室内的风险评估本质上是一个解决问题的过程，将危险暴露的概率与其后果的严重性进行比较。因此，人们可以根据微生物的传染性来评估实验室获得性感染的可能性（风险组和宿主易感性），实验室内的传播能力，特殊的程序和设备，这些都可能增加对该致病因子的暴露以及由感染引起的疾病的严重程度，这不仅仅是对使用者造成损害的可能性进行评估，还包括环境污染的可能性。疾病控制和预防中心提供了宝贵的风险评估资源，以协助确定使用特定微生物进行某一特定程序所必需的适当的生物安全水平。表格附于本章（附录 A），可在美国 CDC 网站上索取。因此，风险评估是根据潜在的发生频率来确定一个人对负面结果的容忍度的一种方法。然而，微生物学教学实验室的风险评估过程可以作为揭示降低感染风险或其他安全结果的特殊策略的学习。

风险评估应用得当，可以揭示潜在的问题，制订应对灾害的计划，瞄准必要的人力和物力资源，并为专业人员操作提供可靠的证据。例如，解释实验室风险评估的结果可以确定是否存在相应的保障措施，以尽量减少与使用特殊病原有关的潜在负面后果。在特殊空间中，使用专用设备以及工作实践。换言之，风险评估应使人们了解所有必要的信息，以预测实验室获得性感染及其后果的严重性，尽管如此，预测实验室获得性感染所需的事先知识可能并不足以预防感染的发生。这是 Bazerman 和 Watkins 定义的“意料之中的惊喜”概念[22]。风险评估过程应使实验室使用者作好准备，对潜在的实验室危险作出迅速反应，并管理或降低这些危险。风险评估可能并不总是消除危害，但是，即使实际发生的时间未知，但可以让那些使用实验室的人做好准备。

风险评估在教学实验室中的应用

微生物学教学实验室的风险评估可以在第一次学生互动之前开始。第一，一般而言，对环境进行调查，以确定实验室设计（气流、洗手池、消毒程序）、生物安全柜（如果使用），以及任何明显的物理危害（如功能不良的设备、跳闸危险、暴露的电线等），以便对危害进行补救或将危害通知正在进入的使用者。第二，教师可以预先准备一份与所有实验相关的潜在风险评估，包括后续数据收集（如对浓缩微生物的操作）。这部分风险评估包括：①仅依靠可靠来源提供的风险组信息，确定病原因子的正确风险组；如果没有关于微生物来源的书面文件，应予以销毁；微生物体传代可能会发生基因改变，从而改变风险组的划分；②对每个病原因子使用的程序进行彻底的评估，以确定可能产生风险的操作（产生气溶胶或涉及“锐器”的任何过程）；③对所有实验室使用者的技能水平和一般健康的了解（如免疫低下的可能性）（图30-3）。

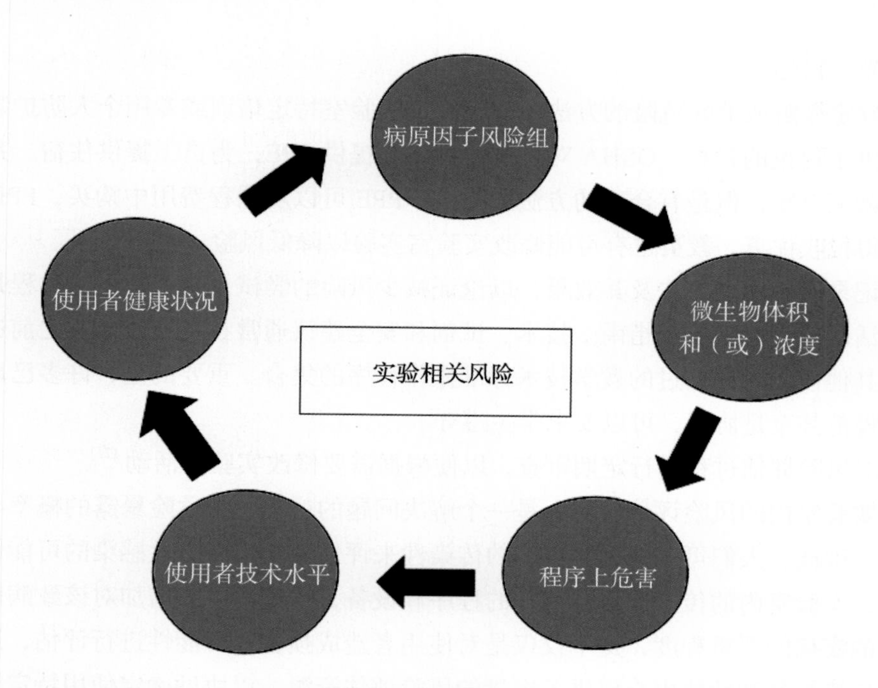

图 30-3 用于评估每个实验室实验相关风险的迭代过程示例

必须指出的是，国际上没有公认的微生物危险组名单。每个国家根据该国家可接受的风险给微生物分类。如乳酸杆菌属，在美国被列为的风险1组，但在英国被列为风险2组。一般来说，微生物的危险组的确定取决于它的致病性或传染性和毒性（50%的致死剂量是一种衡量标准）、宿主范围，传播途径，疫苗的可用性，以及对抗菌药物的敏感性。大多数国家将微生物分为4个危险类别。在表30-1中列出了美国和世界卫生组织界定的风险组分类。然而，应当强调的是，任何微生物的风险组可以随着遗传物质［天然和（或）重组DNA］的插入而改变。例如，属于风险1组的生物可以通过添加风险2组和（或）风险3组微生物的基因而成为风险2组（所谓的"功能增益"），当转移的基因编码抗药性时，这就特别成问题了。

表 30-1 美国和世界卫生组织界定的风险组分类 [a]

风险组分类	美国国立卫生研究院	世界卫生组织
风险 1 组	与健康成年人的疾病无关	无或较低的个人和社区风险
风险 2 组	与人类疾病有关，几乎不严重，通常有预防方法和治疗方法	中度个人风险，低社区风险
风险 3 组	与严重或致命的人类疾病相关，可以提供预防方法和治疗方法	高个人风险，低社区风险
风险 4 组	可能导致严重或致命的人类疾病，通常无法提供预防方法和治疗方法	高个人和社区风险

a 改编自《美国卫生和公共服务》，美国公共和公众服务部，2009 年：第二部分，表 1。

为便于获取与风险评估有关的信息，BMBL包含许多微生物（细菌、真菌、寄生虫、立克次体和病毒）感染因子总结表，它们定义了特性和致病性，职业性感染，自然感染方式，实验室安全，防护建议，和特殊问题（如疫苗和因子转移）。ABSA拥有一个风险组数据库，它总结了不同国家的病原因子风险分组，并且作为"病原体安全数据表"的门户（类似于材料安全数据表单）由加拿大公共卫生局（Public Health Agency of Canada，PHAC）制作。

PHAC报告了更多的微生物，包括细菌，病毒，真菌和寄生虫的范围，这些"病原体数据表"可作为重要信息的快速参考，以协助风险评估进程。这些资料分为九部分：同义词和一般特征，健康危害（致病性、流行病学、宿主范围、传播等），传播（媒介和宿主等），生存能力（药物和消毒剂的敏感性、耐药性、宿主外的生存能力等），医疗（紧急援助、监视、防疫等），实验室危害（实验室获得性感染、来源及样本等），建议的预防措施（防护及防护服建议等），处理信息（泄漏、处置及贮存），以及各种各样的信息。无论是BMBL还是PHAC，都没有包含所有可能用于教学实验室的风险1组和2组病原因子的清单。然而，有关特定微生物的信息通常可从类型收集［例如，美国典型培养物保藏中心（American Type Culture Collection，ATCC）］、科学供应商或同事处获得。

风险组和生物安全水平

如上所述，风险组是根据微生物的致病性、传播方式、保护性疫苗和化学药物的可用性，本地基因型的改变等进行分类的，这四个风险组涵盖危险范围（表 30-1）。然而，本科生微生物学和生物学教学实验室往往限制学生接触风险 2 组微生物，在可能的情况下，用具有相同形态、生化和（或）遗传原理的风险 1 组微生物替代它们。风险 1 组的病原因子通常被认为可以证明各种表型特征，包括革兰氏反应、培养特性和生化反应。风险 2 组致病因子有时是必要的，用以教授特殊的微生物学原理，而不能由风险 1 组的致病因子代替，而且经常需要额外的生物安全预防措施。表 30-2 给出了生物安全预防措施在 BSL-1 和 BSL-2 环境之间的转换，以处理各自级别的微生物。由于教学实验室不太可能研究高风险组的微生物，本章的其余部分将只侧重于风险 1 和 2 组。表 30-3 列出了一些在基础科学和临床教学实验室中经常使用的微生物。

教学中使用的微生物应慎重选择。一旦确定了教学目标，就应该选择尽可能低的风险组水平，达到预期的学习结果，作为一项警告，请记住，当微生物中导入其他微生物的遗传物质时，风险组可能会发生变化，例如，当抗生素耐药基因被用来证明细菌转化时。通常，微生物的选择应符合以下标准（从最低致病到最高致病）：无毒力，显示出引起人类疾病的可能性最小（通常为风险 1 组微生物）；减毒，削弱了引起人类疾病的能力；机会致病性，需要缺乏宿主免疫反应才能致病；有毒力，能够在特殊情况下引起人类疾病。减毒的、机会致病性的和有毒力的微生物进一步被列为风险 2 ~ 4 组。风险 3 组（和 4 组）微生物不应用于培养微生物学入门学生。

表 30-2 BSL-1 和 BSL-2 微生物实验室生物安全预防措施[a]

生物安全等级	病原因子	工作准则	安全设备	设施
1	不知道在健康的成年人中是否会导致持续的疾病 低社区风险	标准微生物学准则	不需要初级屏障 PPE：实验室外套、手套、眼睛和面部防护，视需要而定	需要实验室台和洗手池
2	与人类疾病有关的致病因子 传播途径包括经皮损伤、摄入、黏膜暴露	BSL-1 准则加上限制进入实验室 生物危害警告标志 “锐器”预防措施 生物安全手册，界定任何需要的废弃物消毒或医疗监测政策	BSC 或其他物理防护装置，用于对所有引起感染物质飞溅或气溶胶产生的因子的操纵 PPE：实验室外套、手套、面部和眼睛防护，视需要而定	BSL-1 设施加高压灭菌器

a 改编自《美国卫生和公共服务》，公共卫生服务部，2009年：第四部分，表1.BSL，生物安全级别；PPE，个人防护装备；BSC，生物安全柜。

表 30-3 教学实验室中经常使用的微生物实例

风险 1 组		风险 2 组	
蛇水提物	费氏弧菌	粪产碱杆菌	灵杆菌
弧形茎菌	T 偶噬菌体	弗氏柠檬酸菌	福氏志贺菌
嗜热脂肪芽胞杆菌	杆状病毒	大肠埃希菌（非 K-12）	索氏志贺菌
枯草亚胞杆菌	青霉素	肺炎克雷伯菌	葡萄球菌
酪酸梭状芽胞杆菌	酿酒酵母	包皮垢分枝杆菌	肺炎链球菌
结膜干燥棒状杆菌	腐生葡萄球菌	黏膜炎莫拉菌	腺病毒属
阴沟肠杆菌	藤黄微球菌	普通变形杆菌	尼日曲霉[a]
大肠埃希菌 K-12	乳链球菌	铜绿假单胞菌	新型隐球菌[a]
乳酸杆菌	灰链球菌	鼠伤寒沙门菌	毛癣菌

a 真菌培养物应密封并固定，以进一步减少暴露。

到目前为止，讨论只集中在风险组的确定，而不是生物安全等级。这两者经常被混淆或被认为是相同的，风险组是对微生物的评价，而生物安全等级则要考虑：该微生物引起疾病的能力；疾病的严重程度、预防或治疗疾病的能力；防护设施；程序；安全设备。换句话说，风险评估将决定生物安全等级，并且生物安全等级将规定通过设施类型、安全设备和最小化暴露于微生物所需的特定工作准则（图 30-4）。生物安全等级为一套特殊的工程控制、安全设备，以及在特定的实验室的工作准则，以实现降低危害。BSL-1 和 BSL-2 实验室设计将在下面的补充材料部分中进行更详细的讨论。

风险评估将指导进入和在微生物实验室工作的所有其他要求。记住，防范传染性危险应反映控制等级所界定的其他减少风险的做法；这可以分为 3 个层次，第一层是标准的微生物操作（准则和技巧），由实验室用户控制，这是降低危害的最直接的方法；第二层是安全设备（机械设备和 PPE），作为感染危险和实验室使用者之间的第一个物理屏障；第三层是反映工程控制的设施设计（图 30-5）。

图 30-4 生物安全等级要素

图 30-5 为减少生物危害的三个层次，其特征成分是通过风险评估确定的

生物安保

在当今恐怖主义意识的环境下，任何关于实验室安全和风险评估的讨论，如果不对生物安保问

题作出评论，都是一种失职。虽然几乎没有证据怀疑风险1组和风险2组微生物会导致生物恐怖主义散播，但是有大量关于误用风险2组微生物的历史记载。例如，微生物学史学家经常提到俄勒冈州达勒斯的拉杰尼希异教徒。在1984年，他们将沙门菌加入餐厅沙拉中，希望瓦斯科县的选民在选举日丧失能力，这样他们自己的候选人就会被选中。受污染的沙拉导致751例沙门菌中毒，其中45例住院治疗[23]。此外，在1996年得克萨斯州达拉斯一家医院实验室发生了臭名昭著的事件，休息室的食品被2型志贺菌故意污染。45名实验室人员中有12人得了志贺菌病，其中4人住院治疗[23]。这些事件以及在2001年发生的美国炭疽袭击事件促成了限制性立法，对风险3组和风险4组微生物的购买、使用、拥有和运输进行了管制[24，25]。虽然没有对风险1组和风险2组微生物进行广泛的监督管理，但有几个国家限制接触一些风险2组微生物。值得注意的是，美国的科学供应商加强了对风险2组微生物体采购的审查。在某些情况下，需要签署确认实验室设施、访问政策、程序和培训是否满足BMBL标准，以便安全使用风险2组病原体。

生物安保在研究型大学里是一个相对较新且带有争论性的概念。学术机构通常作为自由进入的殿堂，传播有利于学习的信息和材料。生物安保意味着受限制地进入和控制。总的来说，直到2007年弗吉尼亚理工大学和2012年康涅狄格州纽敦大学发生大屠杀，教职员工们才意识到有必要建立一个以安全为中心的校园。然而，目前正围绕知识、开放获取与防止滥用之间的平衡展开内部讨论。当然，应该采取保护实验室培养物的程序，建立可追溯的审计跟踪，说明所有从实验室移出或引入实验室的微生物，储存培养物应远离一般的实验室用品，最好有“需要使用”的途径，废弃物应尽快消毒清除，应实施和严格执行实验室和（或）机构政策，防止人员在未经明确许可的情况下，故意将微生物从机构中带走。

安全教学

微生物学教学实验室应是安全地进行教学的场所。因此，微生物学实验室教员应接受专门的微生物学培训。不定期担任微生物学课程的教员、研究生或助理教授可能不愿承担教学安全的责任和（或）不认为他们有权执行生物安全规定和政策。

实验室教员应该给出一般的安全指示，以便在专门的实验室空间内完成特定的工作，这些指示应有对实验室内的微生物、化学和物理危害因素的风险评估结果，其他指示通常包括对紧急程序以及实验室安全手册的位置（如果有的话）的简要检查。应该为学生提供一个在没有危险材料的情况下的初步学习的机会，这样如果学生失败了，就可以“安全失败”。换句话说，一旦学生在没有危险的情况下熟练地掌握了某个程序或技术，就可以引入无危险的替代品、更高风险组微生物和（或）有害化学品等更难的技术。这允许学生在引入潜在危害之前能熟练操作这些技术。有关正确消毒和污染物废弃物处理也可以用此类方法对学生进行教育。

课程设计

实验室指导提供解决问题、获得技能和自我评估的教学机会，在规定了在微生物学实验室内工作标准之后，风险评估过程将揭示标准和专业操作、安全设备和设施设计的特殊组合，以尽量减少实验室获得性感染的机会。将微生物学课程的知识和技能与生物安全能力领域的知识和技能结合起来，学生可以从“菜单”练习转向批判性思维和自我批评建议，以提高教育效果[26，27]。

重要的是，实验室练习的教学目标和学习成果必须与安全挂钩。鉴于初级的生物安全实验室的能力，设计以学生为中心的实验室经验是非常容易实现的 [28]。例如，一次指导学生回答问题的初步练习，“你在这个实验室安全吗？”可将注意力集中在基本风险评估和减少风险上。通过将风险评估作为实验室练习的一部分，教师可以创造一种基于问题的学习经验，灌输一种安全的文化。这些练习可以在进入实验室之前完成，并用来为以前探索的方法提出更新 / 更好的解决方案。

例如，人们可能会问一些引导性的问题：“你如何（重新）设计拟进行的实验，以防止实验室、实验室伙伴和自身的意外污染？”或者，“在 Ziehl-Neelsen 染色技术中，可以使用什么技术 / 方法来帮助防止细菌的气溶胶化？”这两个问题都意味着风险增加，带来负面后果。无论是否经过重新实验设计，对潜在结果的探索，都可以带来富有成效的讨论，比如微生物学家为什么采用标准技术、穿着个人防护装备，在防水工作台上工作。因此，实验室准则背后的原有教学方法可以通过在实验室工作之前或在实验过程中解决的开放式安全问题而得到加强。绘制一份“概念图”，将与生物安全、减少风险和常见实验室危害相关的术语联系起来，同样可以展示概念联系和组织技能。此外，重复“你在这个实验室安全吗？”这个问题，激发更高层次的思考，如分析（“区分典型的样本”），评估（“识别工作空间半径 5 英尺范围内的危险”）和创建（“提出减少使用涡旋时产生气溶胶风险的策略”）——可以加深学生的理解 [29]。

一个假设的例子：准备在实验室使用鼠伤寒沙门菌

下面是一个将生物安全与实验室准则相结合的案例研究。要求学生进行练习，并提供病原体安全数据表（图 30-6），并要求其说明如下：

1. 收集关于（a）微生物、（b）程序和（c）实验室设施的信息。

a. 确定鼠伤寒沙门菌风险组。（图 30-6）。

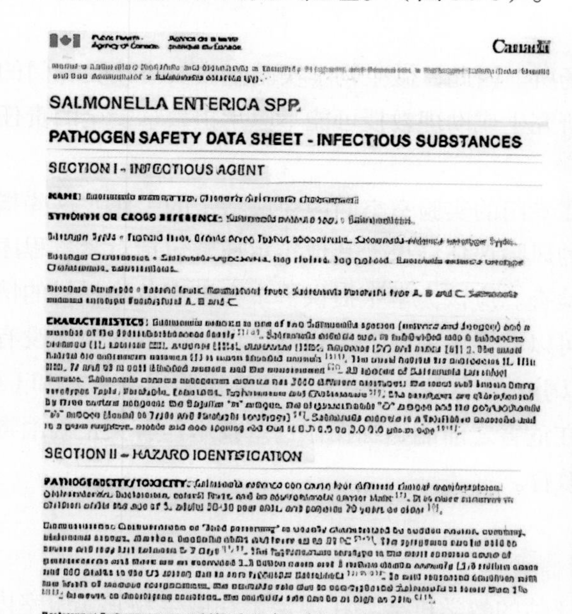
Canada

[illegible]

SALMONELLA ENTERICA SPP.

PATHOGEN SAFETY DATA SHEET - INFECTIOUS SUBSTANCES

SECTION I - INFECTIOUS AGENT

NAME: [illegible]

SYNONYM OR CROSS REFERENCE: [illegible]

[illegible]

CHARACTERISTICS: [illegible]

SECTION II - HAZARD IDENTIFICATION

PATHOGENICITY/TOXICITY: [illegible]

[illegible]

IMMUNIZATION: [illegible]

PROPHYLAXIS: [illegible]

SECTION VI - LABORATORY HAZARDS

LABORATORY-ACQUIRED INFECTIONS: [illegible]

SOURCES/SPECIMENS: [illegible]

PRIMARY HAZARDS: [illegible]

SPECIAL HAZARDS: [illegible]

SECTION VII - EXPOSURE CONTROLS / PERSONAL PROTECTION

RISK GROUP CLASSIFICATION: [illegible]

CONTAINMENT REQUIREMENTS: [illegible]

PROTECTIVE CLOTHING: [illegible]

OTHER PRECAUTIONS: [illegible]

SECTION VIII - HANDLING AND STORAGE

SPILLS: [illegible]

DISPOSAL: [illegible]

图 30-6　肠道沙门菌病原体安全数据表

加拿大公共卫生局获得的部分屏幕截图。

b. 评价革兰氏染色、培养扩增和种属确认生化检测的程序。

c. 专用的微生物学实验室，建于 1975 年，有两个洗手池、高压灭菌器、生物安全柜（去年获得认证）、台式离心机、玻璃和塑料器皿以及手动移液器。

2. 进行风险评估（见附录 A）。

a. 风险 2 组微生物，通过摄食和肠外接种传播。

b. 有些试剂是易燃的，有些是低毒的，适用于低风险和低后果的标准程序。

c. 适用标准微生物程序；避免摄入微生物的特殊程序；PPE 包括实验服、护目镜、适用于开放式工作台防护面罩；生物安全柜适用于所有与放大培养相关的工作；任何产生气溶胶的程序，包括开始涂片准备（直到固定完成）。

3. 确定生物安全级别（作为 BSL-2）并实施审批过程（如果需要）和实验室设置，在门上添加标牌。

4. 编写和（或）审查所有程序，包括废弃物处理程序。

5. BSL-2 实验室进行沙门菌活动之前，对实验室工作人员和学生进行示范和练习培训；能力评估。

6. 准备所有的材料和备品，PPE 和废弃物容器（确认相应的设备功能并验证）。

7.消毒生物安全柜，将所有用于初始培养、转移和染色程序的材料放入生物安全柜并使其平衡（表30-4）。

表 30-4　生物安全柜使用指南

可以	不可以
使用前让安全柜平衡 4 min	堵塞格栅
将窗框设置为腋下高度	内部使用明火
把所有需要的东西放在里面，离前面格栅 4 英寸，平衡步骤之前	把严重污染的物品放在生物安全柜内
建立“洁净到污染”的梯度	把任何物品放在生物安全柜上部
一人使用安全柜	横向或上下移动
使用缓慢的垂直移动	工作结束后把东西留在 / 存放在柜内
使用完后消毒生物安全柜和格栅	将漂白剂留在金属上，用无菌水冲洗
当工作完成后，让生物安全柜运转	当房间有人时使用紫外线

8.按照程序完成培养转移和染色涂片。

9.将塑料制品放入灭菌袋中进行高压灭菌。

10.选择相应的化学消毒剂，70%乙醇或5%过氧乙酸可以杀灭风险2组病原体，对所有拿出生物安全柜的材料以及生物安全柜表明进行消毒。

11.孵育培养物和染色玻片。

12.高压废弃物。

13.记录和分析数据。

14.检查成功的、近乎失败的和失败的安全程序。

教学实验室生物安全指南

然而，教学实验室面临的挑战是创造和维护一种实验室文化，形成奖励安全，防止放松规则和安全保障措施。虽然严谨的批判性思维是一种受欢迎的学习成果，表明内容的熟悉和对技能的掌握，但在考虑生物安全准则时，必须注意防止这些积极成果助长过度自信。

与生物安全等级无关，（基础科学或临床）微生物学教学实验室的使用者应始终遵循微生物学准则标准[19]和一些常识指南：

1.头发长度保持在肩膀以上或者把头发系在后面工作。

2.穿紧跟鞋（不穿帆布鞋或凉鞋）。

3.保护眼睛不受溢洒和飞溅的影响。

4.洗手，特别是在摘下手套和离开实验室之前。

5.微生物溢洒的消毒和清除（消毒策略需要验证；一般来说，易失活程度按脂质病毒，生长的细菌，真菌，裸病毒，分枝杆菌和芽胞顺序排列）。

6.防止出口、通道和应急设备的阻塞。

7.如果曾暴露过传染性因子，特别是当免疫力低下时，要去寻求专业建议。

8.如果你将单独在实验室，需要通知另一个人，特别是在工作外时间。

9.如果不理解程序、指令或书面信息，可以咨询。

10.保持手和其他潜在污染的表面远离你的脸。

教学实验室应注意的生物安全问题

一个最流行的，如果不是传统的，基于实验室的批判性思维练习之一是解决“未知”。潜在的学习成果无疑证明了这一由来已久的经验是正确的。然而，由于大多数美国基础科学微生物学实验室缺乏专门的BSL-2实验室培训、个人防护装备和生物安全柜，有一件事非常清楚，当人体被用作“未知”来源时，来自人类病原体的实验室获得性感染的可能性就会增加。虽然对文献的研究只发现了一份同行审查的“未知”的实验室获得性感染的出版物[30]，Harding和Byers[7]的数据，以及与作者分享的传闻证据表明，来自“未知”的感染（虽然罕见）可能比报道的更频繁。在一次未知的练习中提出一份鉴定实验室感染的摘要，由于对沙门菌的错误标记（如枸橼酸杆菌），进一步证实了这些传闻[31]。对未知活动的风险评估应考虑到身份不明的学生感染的可能性增加，以及越来越多的人携带甲氧苯青霉素金黄色葡萄球菌、万古霉素耐药肠球菌、碳青霉烯类耐药肠杆菌科和难治梭状芽胞杆菌。从人体产生的细菌的培养和扩增应由训练有素的BSL-2实验室操作人员进行监测。即使如此，也会发生来自人体部位的感染[1-7]。此外，教学实验室相关的2010年和2014年沙门菌暴发[8]可以作为一个教训，即使是风险2组微生物的“实验室菌株”弱毒也可能是人类的致病菌。

不使用“人体未知”分离物，“环境未知因素（来自气流、浴室、键盘、笔等）的分离通常被视为风险较小的替代方案。由于环境样本大多含有可研究的第一类危险生物，谨慎的做法是把环境样本当作含有较高风险组微生物，直到事实证明并非如此。如果环境取样的教学目标是证明微生物的普遍性，那么任何培养系统（平板、试管等）都可以密封起来，以防止人类接触而不影响观察［市售纤维素带可以在封闭的培养皿（或试管）周围收缩并密封，以防止脱水和减少暴露］。如果目标是扩增和鉴定环境分离物，可使用明确定义的选择培养基和技术筛选风险1组微生物。然而，值得注意的是，一个微生物只需让学生“未知”；为了满足教学目标，刺激学生思考，可以“设计”样本。因此，所有微生物学教育工作者的教训是仔细权衡所有学生练习的教学目标和潜在的风险。只要有可能，当风险1组病原体能够达到与使用高风险组病原体相同（或类似）的学习目标时，就应该使用它。当然应该指出，在必要时，应利用风险2组病原体对学生进行其特殊的培训。不过，应利用风险评估来降低被感染的风险。

教学实验室额外资源

2011年5月，由ASM教育委员会委托的本科微生物学教育课程指南特别工作组于2010年提交的报告，重申了其1997年关于教授安全技能和能力重要性的实验室核心课程建议，增加"学生的能力发展将具有超越教室和实验室的持久价值"[27]。此外，ASM还制定了一些教学策略，以教授实验室安全技能和能力。如前所述，大多数微生物实验室手册都有概述标准微生物技术的序言材料。在引用特殊的实验室活动时，微生物学教科书整合了关于风险组、BSL和安全程序的评论。通过互联网提供的安全手册和安全视频剪辑也越来越多。重要的是，ASM的建议是教授具有终身价值的安全技能和能力。

针对跨联邦工作队[32]和美国CDC蓝带小组[33]的报告，CDC和APHL建立了一系列生物安全实验室能力和技能领域，以此为基础制定教育目标、培训标准、安全评估、专业发展和认证。能力和技能领域反映了BMBL的目标，因为它们通过风险评估促进危害减少，但它们不是要完成或检查的任务。这些领域将工作责任、风险和使用者体验联系起来［即入门级（生命科学方面的一些培训），中级（有经验的实验室用户）和高级（主管或主任）］。这些领域的重点是：潜在危害；危害控制；行政控制；应急准备和反应。它们可用于编写课程材料，以衡量实验室工作所需的基本技能、知识、能力、判断和自我批评，包括潜在传染性物质[28]。同样，受ASM教育委员会2011年委托编写的2012年6月教学实验室生物安全指南工作团队的报告，为微生物学教员和学生提供指导文件，强调最佳教学实践，从而促进实验室安全[34]。此外，CDC还制作了有助于教学实验室安全的教育材料。

补充材料

为协助在教学实验室发展安全文化，有关标准微生物操作、安全设备、BSL-1及BSL-2实验室设计及生物安全手册等课题均在下面的章节中进行讨论。此外，本节还列出了一系列"常见问题"，以帮助微生物学教育工作者。

标准微生物操作规程或技术

与其他条件符合BSL要求和建议无关，微生物学家都普遍采用"标准微生物学技术"作为减少危害的第一手段［有时与血液传播病原体立法所界定的类似的"普遍预防措施"相混淆[10]。这些已被视为使实验室获得性感染最小化的一种手段，并且是在所有微生物实验室工作所需的最低条件。建议将这些标准技术和专门的工作方法纳入实验室方案，以提醒学生（和教员）其在减少实验室工作相关的风险中的重要作用］。标准微生物技术[19]包括：

1.监督人员必须执行控制进入实验室的机构政策。

2.人员必须在使用具有潜在危险的材料工作后以及离开实验室之前洗手。

3.不得在实验室内进食、饮酒、吸烟、使用隐形眼镜、使用化妆品和储存食物供人食用。

4.禁止用嘴吸移液，必须使用机械移液装置。

5.必须制订和执行安全处理的办法（如针头、手术刀、吸管和碎玻璃器皿）。

6.执行所有程序，以最大限度地减少飞溅和（或）气溶胶的产生。

7.在工作完成后，以及在任何可能具有传染性的物质溅出或溢出后，应使用相应的消毒剂对工作表面进行消毒。

8.在使用有效方法处理之前，对所有培养物、库存和其他潜在的传染性物质进行消毒。

9.当存在传染性病原体时，必须在实验室入口处张贴通用生物危害标识。该标识可包括生物安全等级、正在使用的病原因子名称、实验室主管或其他负责人员的姓名和电话号码，应根据机构政策发布信息。

10.需要有一个有效的综合虫害管理计划。

11.实验室主管必须确保实验室人员接受关于他们的职责、防止暴露的必要预防措施和暴露评估程序的相应培训。当程序或策略发生变化时，人员必须接受年度更新或额外培训。

安全设备(初级屏障)

除了实验室使用者可以立即控制以实现安全的特定程序或技术外，降低危害的下一级被称为初级屏障。专家屏障作为将实验室用户与危险隔离开来的第一层物理保护，用于保护实验室使用者不被实验室中的病原体污染或感染，由专门的“设备”组成。相应的安全设备由风险评估决定，而不是任意分配或使用。设备必须对使用者无害，功能齐全、运行良好，使用者可以接受，并随时可在实验室或附近获得。重要的是，安全设备必须特定于不同任务。

安全设备通常是指专用的实验室设备（如清洁实验台、生物安全柜、机械移液器、可移动离心机转子和可密封离心杯）、身体上穿戴的个人防护装备（实验室外套或工作服、眼睛或面部防护、手套等）。清洁实验台、机械移液装置和安全杯和转子是不言自明的，以下是对BSC和PPE的更深入讨论。

生物安全柜

BSC是一种防漏容器，能够控制气流，包括防护在样本操作期间可能在机柜内产生的感染性颗粒。在退出生物安全柜之前，在柜内循环的粒子将被收集在高效过滤器上。一般情况下，生物安全柜应远离外部气流源（实验室门、冰箱门、通风散流器等）（表30-4）。DC指定的BSC有三个“级别”，对使用者、样本或培养物的保护能力逐渐增强。每一级生物安全柜都必须经过年度认证，以确保遵守NSF/ANSI 49中规定的标准[35]。不同类级别生物安全柜的全面审查将在本书的其他章节介绍，本节将不再赘述。大多数BSL-1和BSL-2实验室通常分别使用Ⅰ级或Ⅱ级生物安全柜。

个人防护装备

除了实验室用户可以立即控制以确保安全的特定程序或技术外，下一级的危害降低措施被称为初级屏障。初级屏障是将实验室人员与危险隔离的第一层物理保护，由特定的“设备”组成，用于保护实验室人员不受实验室内微生物的污染或感染。风险评估将确定身体防护的数量和类型，根据所操作的病原体和程序评估特定的需求。风险评估，通过设计对工作所需的PPE进行说明，有助于防止过多的PPE浪费。PPE的选择和使用由实验室老师负责，并综合使用者的意见（是否过敏、适合等）。正确使用PPE可以降低暴露风险，然而，PPE的有效性取决于适当的培训和使用，OSHA的法规要求雇主提供PPE，并让员工接受有关其护理和使用的培训[10]。

PPE包括：防护服、反穿衣或制服；防护眼镜（通常覆盖侧面，以及眼睛的前部）；手套（配提供乳胶替代品）。根据风险评估结果，可能需要额外的PPE（如面罩、呼吸保护等）。在穿着前要仔细检查所有的PPE，以确保它的完整性和对使用者的保护。

防护服被穿在常服外，以防止潜在的传染性物质（不知情的情况下）离开实验室。避免常服暴露于微生物有许多选择（图30-7）。典型的选择是长袖实验室服，纽扣在前面（图30-7A），较新版本的实验室外套包括塑料衬里、弹性袖口和高纽扣领（图30-7B），实验室用防水材料制成的“工作服”（如Tyvek）可保护常服方，但可以保持热量（图30-7C），后者很少用于在BSL-1/BSL-2教学实验室工作。实验室使用者也会在常服外穿着“外科手术服”，甚至在没有常服的情况下，这也是司空见惯的事。重要的是要记住这个防护服的作用是阻止微生物被运出实验室，因此，不应将防护服穿出在实验室。

在实验室里保护眼睛是必不可少的。在进行可能产生溢洒或飞溅的操作时，戴上防护眼镜，可以防止潜在传染因子和危险物质通过使用者的眼睛传播。护目镜包裹在太阳穴周围，在飞溅和溢洒时可以提供适当的正面和侧面保护（图30-8）。安全眼镜，即使有侧面护罩，在防止飞溅和溢洒方面往往是不可靠的（图30-8），然而，有覆盖眼睛总比没有覆盖眼睛好。抗冲击（防碎）塑料材料优于破碎材料。使用防碎塑料制成的面罩或护目镜，特别用于保护那些有处方眼镜的人。和实验室的外套、工作服一样，防护眼镜不应戴到实验室外。有关更多信息，请参阅ANSI Z87.1-2003，美国职业和教育眼睛和面部防护设备国家标准[36]。

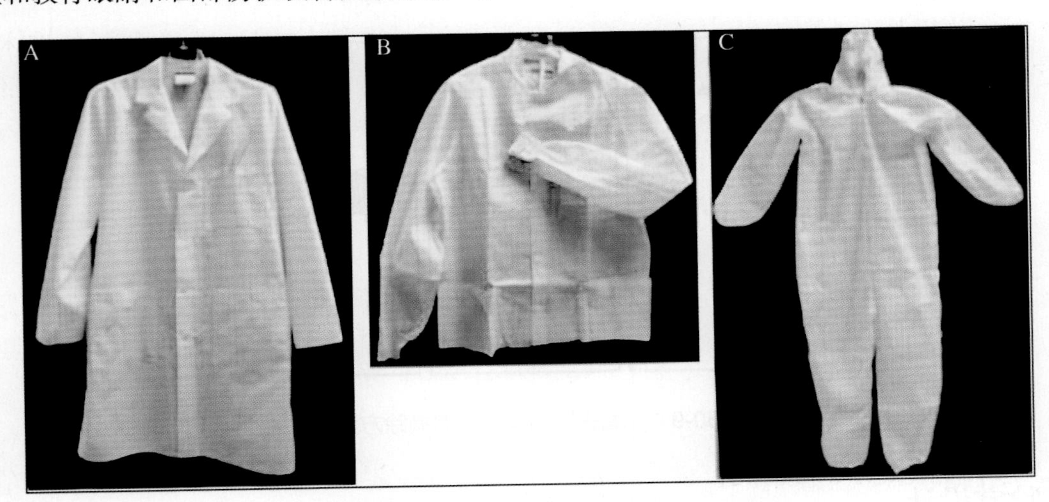

图 30-7 在实验室工作时常服外穿着实验服的材料和设计的实例

（A）标准棉质实验室外套；（B）弹性袖口和高纽扣领与防水夹克结合；（C）防水工作服。

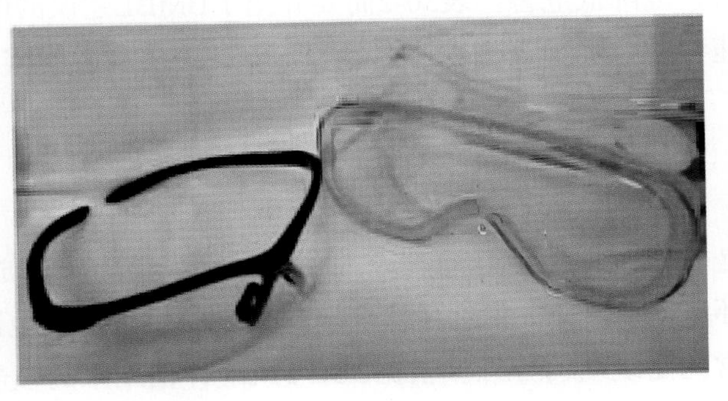

图 30-8 安全眼镜（左）和安全护目镜（右）的实例

戴手套是为了保护双手不接触有害物质，特别是当皮肤有破损时；手套不是洗手的替代品，也不应清洗后重复使用，除非有特殊目的。多种不同的材料（乳胶、乙烯基、腈、丁基橡胶、氯丁橡胶等）用来制造手套，更常见的材料是一次性乳胶。然而，对乳胶过敏的人数似乎在增加，连续使用乳胶手套的人更容易患乳胶过敏，油基润肤液不应与乳胶手套一起使用，因为它会增加变质的概率。因此，乳胶手套的替代品，如乙烯基和腈，在实验室是必要的。

丁腈手术手套是乳胶的适当替代物，因为它们似乎不会引起变态反应，而且除了微生物外，还可以与苛刻的化学物质一起使用。风险评估将决定手套的需求和不同手套的使用条件，大多数实验室工作都涉及生物因子和化学品，因此应该考虑到哪种手套可以防止这两种危险。手套的等级根据其渗透性、穿透时间和降解情况而定（更多信息见ANSI/Ise105-2005，美国手保护选择标准）[37]。一些手套制造商提供了手套的耐化学性指南，在选择手套时应考虑到这些信息。

在实验室内使用后，不应将手套戴到室外。在任何情况下，一旦手套被移除，就应该立即洗手。为避免手部污染，手套的摘除方法如图30-9所示。手套的无菌脱除首先是用另一只戴手套的手小心地将一只手的手套从手腕向手指方向脱下（图30-9A）。取下的手套用戴手套的手握住，用裸手的一根手指小心地滑入剩余手套的腕口下（图30-9B），向前滑动手套，将手套翻转到手指上，抓住另一只手套（图30-9C）。然后将手套作为受污染的废物妥善处理。

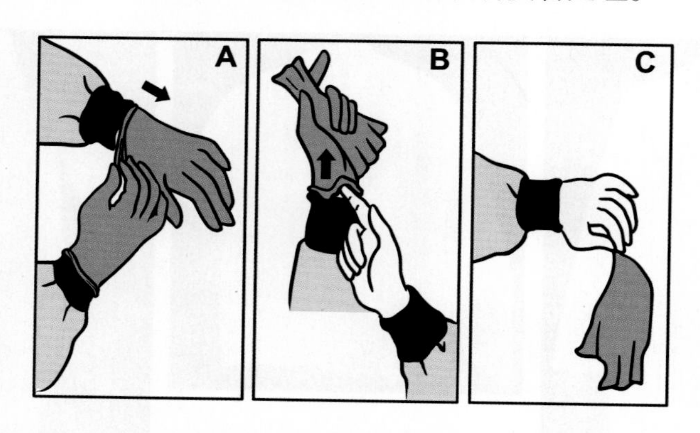

图 30-9 无菌去除污染手套的摘除方法[19]

实验室设计

BSL标志旨在为实验室用户提供意识，这因为它表明指定实验室中预期有一套特定的工程控制、安全设备和工作实践，以降低危害。表30-2简要介绍了BMBL建议的BSL-1和BSL-2安全设备和设施设计规范，作为快速参考。表30-3列出了可能在BSL-1或BSL-2教学实验室操作的病原。具体建议如下：

BSL-1环境

BSL-1环境的定义是操作“特性良好的病原因子，在免疫能力强的成年人中一般不会导致疾病，并对实验室人员和环境存在最小的潜在危害。”这些空间可以与其他以实验室为基础的科学教学共享，而不一定与正常的建筑结构分开。根据BSL-1风险评估结果的性质，因为大多数工作可以在开放式实验台使用标准微生物学技术处理，这一领域的工作不需要生物安全柜。特定设施和程序的风险评估将确定特殊应用所需的任何特殊设备或设施设计。重要的是，实验室使用者必须由受过微生物学或相关科学培训的教员监督[19]。

BSL-1实验室设计的一个模型见图30-10[38]。请注意，实验室设计包括一个门和洗手池，是所必需的元素。地板上覆盖着一种便于清理泄漏物的材料。实验室要保持整洁，实验室使用者需穿着实验室外套以保护常服，并佩戴安全护目镜（特别是隐形眼镜佩戴者）。戴手套可以防止手部受伤。对于BSL-1实验室来说，最重要的是标准微生物技术的刻苦实践。

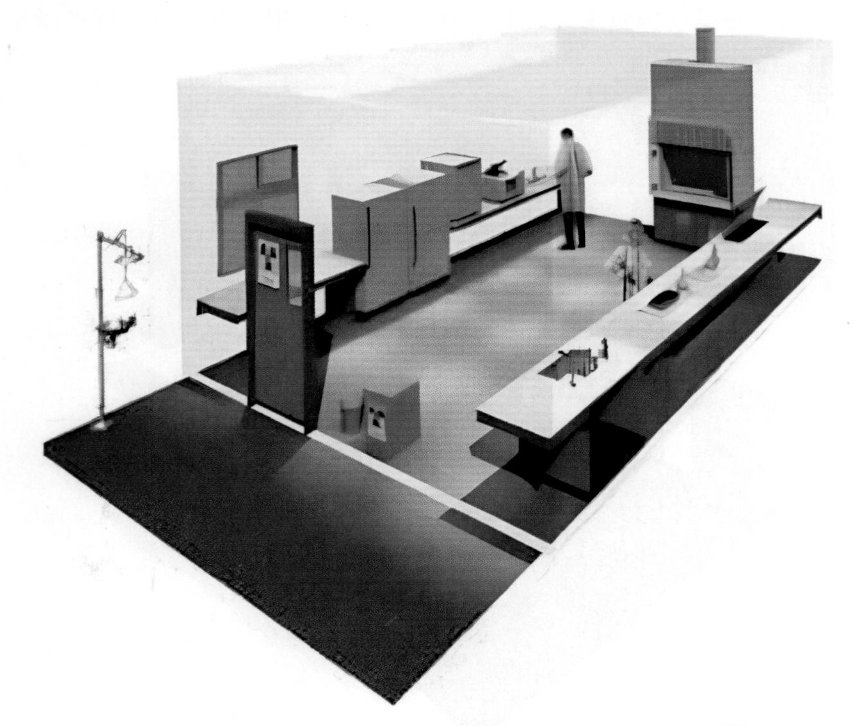

图 30-10　可用于教学实验室共享的 BSL-1 实验室空间 [38]

BSL-2-环境

BSL-2环境被定义为操作与人类疾病相关的因子，其传播途径包括摄入、黏膜暴露和经皮损伤。这些病原体对实验室人员和环境构成中度威胁。因此，BSL-2实验室空间建立在BSL-1设计的基础上（图30-11），并且有一些显著的增强[38]。它是有意与正常建筑隔离的，实验室应该有自动关闭的门，以限制在操作风险2组病原体时进入实验室。门上应标有通用生物安全标志、生物安全等级、进出要求、应急联系信息以及根据制度政策上锁。洗手池应在出口门附近，以便于离开实验室前洗手，必须提供随时可用紧急洗眼器和高压灭菌器，生物安全手册应作为一项政策予以采纳[19]。

由于风险评估，BSL-2安全设备也得到了加强和整合。可能产生气溶胶的程序应该在生物安全柜内操作，或使用其他适当的防护装置和PPE。生物安全柜必须安装在远离实验室人员活动频繁处和门、窗户及通风口的位置。生物安全柜必须每年认证，实验室废弃物必须采用可验证的消毒方法。需要离心的大量或高浓度的病原体都是使用密封的转头或离心机安全杯。离开实验室空间之前脱去防护服，并由机构销毁或清洗（不能带回家），在机构没有洗衣设施的情况下，应将防护服保存在实验室供今后使用，或直至消毒。［实验室外套/围裙/工作服等可以将脏的一面相互折叠，然后再折叠以缩小尺寸。然后，可以放在拉链塑料袋和（或）实验室抽屉里，或者储物架上］。非织物（即纸/塑料）防护服是另一种替代方法，当污染或弄脏时，可添加到预处理废弃物流中。当在生物安全柜以外操作病原因子时，可能导致溢出或飞溅，必须使用眼睛/面部保护。操作感染动物必须戴上眼睛、面部和呼吸保护装备。所有使用实验室的人，除了接受有能力处理潜在的传染性物质的科学家的监督外，还必须接受处理病原体和去除污染的专门培训。废弃物清除应获得公共政策和环境管理局的批准。同样，BSL-2实验室中最重要也是标准微生物技术的刻苦实践[19]。

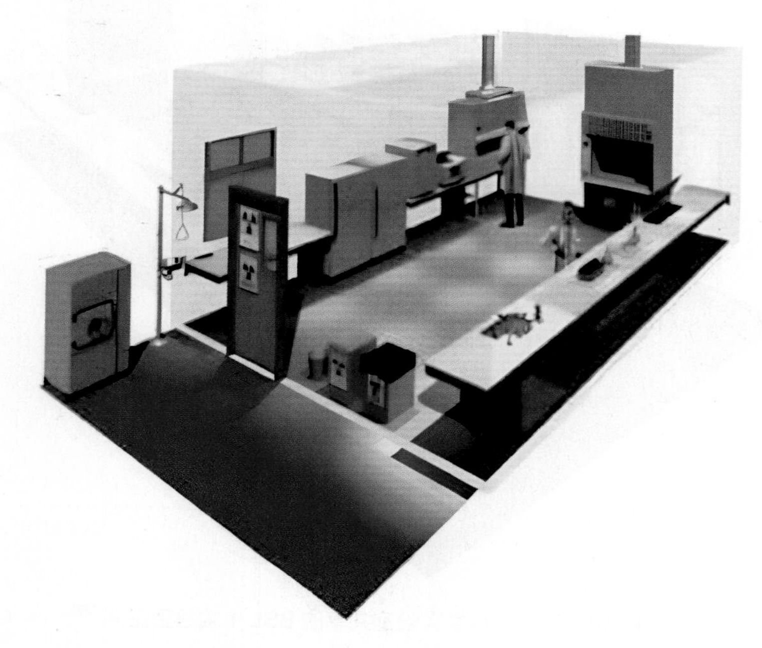

图 30-11　BSL-2 实验室设计 (改编自参考文献 [38])

生物安全手册

除了根据风险评估确定标准微生物学准则、安全设备和设施设计之外，还强烈建议所有实验室编写和维持最新的生物安全手册（临床实验室认证可能需要一份生物安全手册）。生物安全手册可以是实验室的微生物、程序、设备和负责人的快照。它还可以表明：特殊的微生物准则；个人防护设备，包括使用说明；有关维护和使用生物安全柜和高压灭菌器的信息；实验室所需和允许的安全能力和培训。

"生物安全手册"的一般内容不需要详尽无遗，而是一个"现成的参考"，可以根据需要向读者提供其他更专业的信息［如所有化学材料数据的单独活页夹（MSDS）或实验室的标准操作程序］。表30-5给出了可作为实验室生物安全手册的目录的专题（并非与每个实验室都相关）。然后，该手册可作为一份当地指导文件，在生物安全等级的基础上迅速指导实验室活动。重要的是，它可以而且应该用来培训新的实验室用户和应急人员关于实验室风险的知识。因此，其位置应在实验室入口附近以方便使用，特别是从实验室外进入的应急人员。

表 30-5 典型实验室生物安全手册目录[a]

第 1 章介绍和概述 定义	**第 4 章 BSL-2 实验室程序** 通用安全和生物安全程序 个人防护装备的护理和使用 标准及专门的微生物操作规程 移液器的使用 锐器的处理 减少气溶胶的产生 生物安全柜的使用 消毒方法
第 2 章一般信息和结构 报告机制和责任 研究病原体清单 实验室准入和安保 人员培训 设施和工程控制 张贴和标签要求 生物危害材料的储存 危险材料到储存区的运输	**第 5 章设备和设施管理** 设备的维护和使用（显微镜、高压灭菌器、离心机等） 其他物理和化学危害 清洁和消毒
第 3 章 BSL-1 实验室程序 通用安全和生物安全程序 个人防护装备的护理和使用 标准微生物操作规程 移液器的使用 锐器的使用和处置 减少气溶胶的产生 消毒方法	**第 6 章应急管理** 应急程序 事故和感染因子的意外暴露 生物安全柜内溢洒和外溢 急救 报告和记录保存 **附录** 紧急呼叫列表 实验室原理图 实验室内传染性病原体的病原体安全数据表单 事故报告表 重组 DNA 登记表 标准操作程序模板

a 对于不使用BSL-2条件的实验室，可以删除第4章。BSL，生物安全水平；PSDS，病原体安全数据表单。

常见问题

1.染色剂、微生物等能用洗手池冲洗吗？

取决于当地和州的规定。请与您的国家卫生部门或环境保护局联系，了解指导意见。

2.芽胞可被染色剂中所用的化学物质灭活吗？

芽胞灭活是在一段有效的时间内使用相应的消毒剂的结果。经EPA注册的杀芽胞消毒剂应按照标签规定的浓度和接触时间使用。因此，典型的芽胞染色程序不会使芽胞失活。

3.将微生物“固定”到涂片上是否会使其失活？

当代谢和（或）生殖功能被阻止时，微生物就会失活。热固定通常会使微生物失活，化学固定技术灭活微生物取决于试剂的功能和作用时间。

4.是否必须戴护目镜还是仅佩戴安全眼镜？

在科学实验室工作时，应始终戴着安全眼镜。风险评估将确定何时需要护目镜，如稀释漂白剂时。一般情况下，护目镜会防止侧面接触眼睛，而安全眼镜则不会。

5.是否戴手套？

手套应用于遮盖开放性伤口，并防止皮肤暴露在潜在的传染性物质中。其他用途是根据风险评估确定的。

6.实验室允许什么物品进入？哪些物品可以离开实验室？

这是争论最多的问题之一（在手套使用之后）。从技术上讲，任何能将微生物运出实验室的东西都不应该离开实验室，除非经过消毒，包括钢笔和记号笔（指定给实验室使用）、手机、iPad、教科书、实验室记事本等。然而，这可能是不切实际的期望。针对这一问题提出了新的解决方案，问题本身被用作实验室学生的批判性思维练习。实验数据当然可以从实验室的计算机上通过电子邮件发送，用笔记本电脑摄像头照相，收集在防水笔记簿中，在离开实验室前进行消毒，等等。

7.废弃物消毒的方法是什么？

除了对微生物废物进行高压灭菌外，还有多种化学消毒方法。有许可医疗废弃物处理商亦可将包装妥善的传染病废弃物移走进行消毒及处置。大多数地方和州司法机关都制定了废弃物消毒和处置条例。请与您的机构和国家环境保护部门联系以获得指导。

8.如何验证消毒效果？

最可靠的方法是生物验证。苯酚灭活试验可用于验证化学消毒方法，芽胞灭活试验可用于验证热（高压灭菌器）消毒方法。应向当地和州废弃物监管机构寻求指导，以确定建议的方法。

原著参考文献

[1] Sulkin SE, Pike RM. 1949. Viral infections contracted in the laboratory. N Engl J Med 241:205–213.

[2] Sulkin SE, Pike RM. 1951. Survey of laboratory-acquired infections. Am J Public Health Nations Health 41:769–781.

[3] Pike RM, Sulkin SE, Schulze ML. 1965. Continuing importance of laboratory-acquired infections. Am J Public Health Nations Health 55:190–199.

[4] Pike RM. 1976. Laboratory-associated infections: summary and analysis of 3921 cases. Health Lab Sci 13:105–114.

[5] Pike RM. 1978. Past and present hazards of working with infectious agents. Arch Pathol Lab Med 102:333–336.

[6] Pike RM. 1979. Laboratory-associated infections: incidence, fatalities, causes, and prevention. Annu Rev Microbiol 33:41–66.

[7] Harding AL, Byers KB. 2006. Epidemiology of laboratoryassociated infections, p 53–77. In Fleming DO, Hunt DL (ed), Biological Safety, 4th ed. ASM Press, Washington, DC.

[8] Centers for Disease Control and Prevention. 2011. Investigation announcement: Multistate outbreak of human Salmonella Typhimurium infections associated with exposure to clinical and teaching microbiology laboratories. April 28, 2011. Available at http://www.cdc.gov/salmonella/typhimurium-laboratory/042711, accessed May 19, 2011.

[9] Occupational and Safety Health Administration. 1970. Occupational Health and Safety Act, 29 CFR Section 654. U. S. Department of Labor. Public Law 91-596, Dec 29, 1970.

[10] Occupational and Safety Health Administration. 1991. Occupational exposure to bloodborne pathogens; final rule. 29 CFR 1910. U.S. Department of Labor. Fed Regist 56:64003–64182.

[11] Clinical and Laboratory Standards Institute (CLSI). 2005. Protection of Laboratory Workers from Occupationally Acquired Infections; Approved Guideline, 3rd ed. Clinical and Laboratory Standards Institute. CLSI document M29-A3.

[12] Clinical and Laboratory Standards Institute (CLSI). 2010. Protection of Laboratory Workers from Occupationally Acquired Infections; Approved Guideline, 4th ed. Clinical and Laboratory Standards Institute. CLSI document M29-A4.

[13] International Organization for Standardization (ISO). 2007. Medical laboratories— Particular requirements for quality and competence. Geneva. ISO 15189, 2007.

[14] International Organization for Standardization (ISO). 2007. Medical laboratories— Particular requirements for quality and competence. Geneva. ISO 15190, 2007.

[15] Centers for Disease Control. 1974. Classification of Etiological Agents on the Basis of Hazard, 4th ed. Centers for Disease Control, Atlanta, GA.

[16] Wedum AG. 1964. Laboratory safety in research with infectious aerosols. Public Health Rep 79:619–633.

[17] National Cancer Institute. 1974. Safety Standards for Research involving Oncogenic Viruses. (DHEW pub; 75-790). The National Cancer Institute, Bethesda, MD.

[18] U.S. National Institutes of Health. 1976. Recombinant DNA Research Guidelines. Fed Regist 41:27902–27943.

[19] U.S. Department of Health and Human Services. Public Health Service, Centers for Disease Control and Prevention, National Institutes of Health. 2009. Biosafety in Microbiological and Biomedical Laboratories, 5th ed. Wilson DE, Chosewood LC (ed). HHS Publication no. (CDC) 21-1112. U.S. Government Printing Office, Washington, DC.

[20] Civic Impulse. 2016. H.R. 3103—104th Congress: Health Insurance Portability and Accountability Act of 1996. https://www.gov track. us/congress/bills/104/hr3103, accessed Jan. 7, 2016.

[21] Health and Safety Executive. 2006. Five Steps to Risk Assessment. HSE Books, Suffolk, United Kingdom.

[22] Bazerman M, Watkins M. 2008. Predictable Surprises: the Disasters You Should Have Seen Coming and How To Prevent Them. Harvard Business Press, Boston, MA.

[23] Carus S. 2002. Bioterrorism and Biocrimes: The Illicit Use of Biological Agents since 1900. Fredonia Books, Amsterdam, The Netherlands.

[24] Centers for Disease Control and Prevention. 2002. Public Health Security and Bioterrorism Response Act. 42 CFR 73 (42 USC 262 and PL107-188). U.S. Department of Health and Human Services. U.S. Government Printing Office, Boulder, CO.

[25] Centers for Disease Control and Prevention. 2005. Possession, use, and transfer of select agents and toxins. Final rule. 42 CFR Parts 72 and 73. U.S. Department of Health and Human Services. Fed Regist 70:13293–13325.

[26] Association for the Advancement of Science. 2011. Vision and Change in Undergraduate Biology Education: A Call to Action. Association for the Advancement of Science, Washington, DC.

[27] American Society for Microbiology. May 2011. Report from the Task Force on Curriculum Guidelines for Undergraduate Microbiology Education. Washington, DC. http://www.asm.org/images /Education/website%20may%202011%20final.pdf, accessed May 30, 2011.

[28] Delany JR, Pentella MA, Rodriguez JA, Shah KV, Baxley KP, Holmes DE, Centers for Disease Control and Prevention. 2011. Guidelines for biosafety laboratory competency. MMWR Suppl 60:1–23. http://www.cdc.gov/mmwr/preview/mmwrhtml /su6002a1. htm?s_cid=su6002a1_w, accessed 19 May 2011.

[29] Forehand M. 2005. Bloom's taxonomy: original and revised. In Orey M (ed), Emerging Perspectives on Learning, Teaching, and Technology. http://projects.coe.uga.edu/epltt/, accessed June 7, 2011.

[30] Boyer B, DeBenedictis KJ, Master R, Jones RS. 1998. The microbiology "unknown" misadventure. Am J Infect Control 26: 355–358.

[31] Said MA, Smyth S, Wright-Andoh J, Myers R, Razeq J, Blythe D. 2013. Salmonella enterica serotype Typhimurium gastrointestinal illness associated with a university microbiology course—Maryland, 2011. 2013 EIS Conference Abstracts, p. 103.

[32] US Department of Health and Human Services, US Department of Agriculture. 2009. Report of the Trans-Federal Task Force on Optimizing Biosafety and Biocontainment Oversight. Agriculture Research Service, Washington, DC. http://www.ars.usda.gov/is/br/ bbotaskforce/biosafety-FINAL-REPORT-092009.pdf, accessed May 19, 2011.

[33] Miller JM. 2011. Guidelines for Safe Work Practices in Human and Animal Clinical Diagnostic Laboratories. Report of the CDC Blue Ribbon Panel. Available at http://www.asm.org/images/pdf /CDCCompleteSafetyDocument.pdf, accessed May 19, 2011.

[34] Emmert EAB, ASM Task Committee on Laboratory Biosafety. 2013. Biosafety guidelines for handling microorganisms in the teaching laboratory: development and rationale. J Microbiol Biol Educ 14:78–83.

[35] International NSF. 2010. NSF/ANSI 2010, NSF Standard 49, Class II (laminar flow). Biohazard Cabinetry. NSF International, Michigan.

[36] American National Standards Institute. 2003. Industrial Eyewear Impact Standard. Occupational and Educational Eye and Face Protection Devices. ANSI Z87.1-2003.

[37] American National Standards Institute/International Safety Equipment Association. 2005. Hand Protection Standard. American National Standard for Hand Protection Selection Criteria. ANSI/ISEA 105-2005.

[38] World Health Organization. 2004. Laboratory Biosafety Manual, 3rd ed. World Health Organization, Geneva, Switzerland.

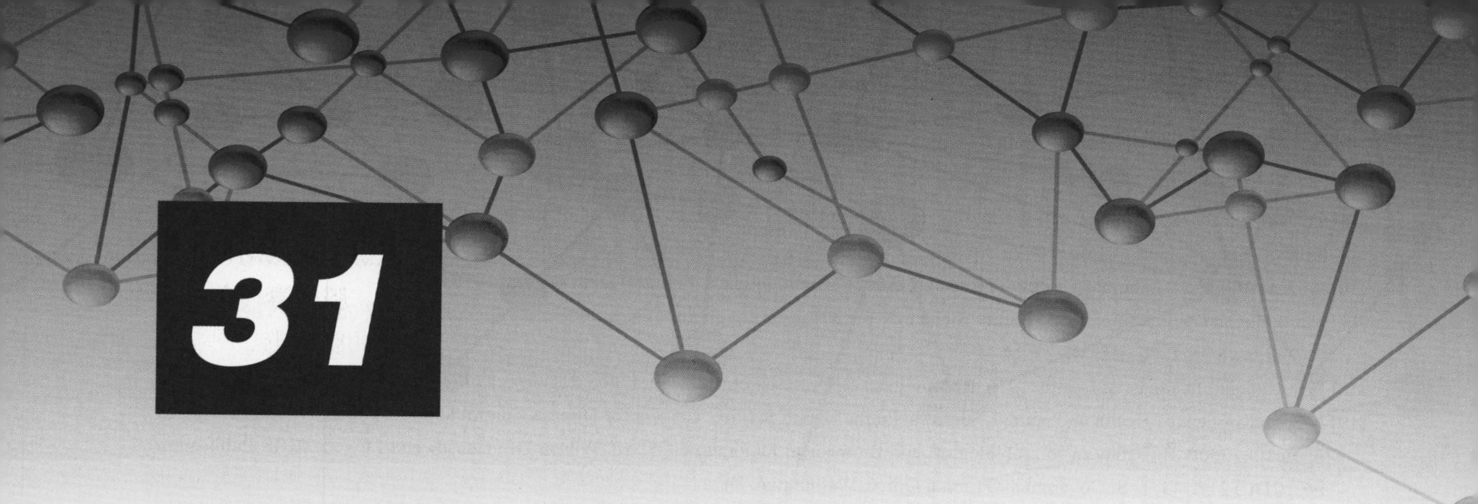

制药行业的生物安全

BRIAN R. PETUCH

引言

制药公司有时需要使用致病微生物来生产疫苗，因此需建立广泛的生物安全措施确保员工及产品的安全。在药物开发阶段，特别是从自然资源中筛选药物的过程中，实验室不得不培养无数微生物，其中许多微生物最初都是未知的。所以在规模化生产过程中，所采用的生物安全措施应与国际准则一致，以确保生产过程可在其他国家实施、产品可在其他国家销售。由于制药研究实验室所经历的生物安全问题与前几章所讨论的问题非常相似，在此不再重复。本章将简要介绍在培养重组和致病微生物过程中常见的生物安全挑战，还将讨论使用哺乳动物细胞产生治疗性蛋白质和病毒的问题。

微生物

制药公司使用的微生物包含了病毒、细菌和真菌，将其在药物研究和开发方面的应用总结如下。

病毒

减毒和重组病毒均是目前或未来计划制造疫苗的原料。产生疫苗的经典“詹纳”方法是通过使用在人类宿主中不允许使用的抗原相关病毒（如使用牛痘，后来的痘苗病毒，对天花进行免疫）。对许多人源病毒来说可使用减毒方法，在其他脊椎动物或脊椎动物胚胎中传代直至使它们无法在人类细胞中成功复制（如口服脊髓灰质炎疫苗）或复制能力减弱（如水痘疫苗株）。

重组病毒制剂已成为基因治疗和疫苗生产的重要原料。目前，列入考虑的病毒有许多，包括逆转录病毒和慢病毒（如马传染性贫血病毒和艾滋病病毒）、腺病毒和腺联病毒（AAV）、痘病毒（如牛痘）。即使这些病毒要么是复制缺陷，要么是非致病性的，大规模生产过程中仍然出现了新的问题。尽管逆转录病毒能够在不分裂的细胞中感染并产生它们的基因产物，但是实现稳定转染仍然需要将病毒基因整合到宿主基因组中。而在此过程中可能引入插入突变，插入突变可导致受试者原癌基因激活或抑癌基因失活[1]。因此，需要仔细考虑如何恰当抑制包含治疗基因的有缺陷逆转录病毒。

腺病毒和AAV具有非核复制的优势，不与宿主基因组整合，但效果短暂。重复使用会对腺病毒载体产生免疫反应，效果较差。此外，腺病毒中的早期基因*E1*或*E1*和*E3*被删除。腺病毒转化的人胚胎肾细胞（HEK-293）的生长需要弥补这种突变，但它也导致了具有复制能力的腺病毒，污染了产生的病毒株[2]。在一些额外的情况下，如腺病毒在浓度在10^{10} ~ 10^{12}/ml条件下可以通过气溶胶途径感染，感染剂量未知，如何控制载体的防护水平可能存在问题。当疫苗候选基因也用于临床试验检验疾病所处状态之时（如来自HIV的gp 120/160基因用于正在进行的临床试验，并在商业HIV酶联免疫吸附试验中进行筛选），防护已不是通过简单阅读适当的法规或指南来解决。生物安全方面的程序必须是一个咨询现有的指南，以及认真考虑生物因子的生物学问题的结果。

到目前为止，杆状病毒在制药工业中还不是很重要。然而，昆虫细胞在室温下生长、加工内含子RNA、添加碳水化合物合成新生蛋白质及折叠和排到胞外的能力，使药物研究人员对杆状病毒/鳞翅目细胞系统非常感兴趣。认为杆状病毒不能感染人类细胞，其生物安全等级被广泛划分为BSL-1防护。然而，最近的研究表明，杆状病毒能够转染人类细胞，包括原代和转化株[3]。在美国联邦层面上尚未观察到这项研究对杆状病毒感染昆虫细胞大规模生长的影响。

细菌

细菌常被用作生产药物、药物前体以及疫苗。用于疫苗的致病性微生物包括肺炎链球菌、脑膜炎奈瑟菌、流感嗜血杆菌、破伤风梭菌、白喉棒状杆菌、百日咳博德菌和炭疽杆菌。疫苗要么使用灭活的生物因子，要么使用“分泌”型细胞材料。正如预期的那样，微生物在加工前必须以不影响免疫原性的方式失活。任何一项操作的失败都会使工作人员暴露于高致病性病原体，生产的疫苗也会被污染。这些微生物的大规模培养已被划分为BSL-2级大规模防护（BSL-2LS）[4]。参与培养这些微生物的人员的非正式基准表明，在生产区符合或超过了适用的准则。

细菌也被用来产生具有药理活性的代谢物，这些代谢物经常被化学修饰以产生最终的候选药物。例如，阿维菌素链霉菌产生一系列有效的抗蠕虫药物，伊维菌素（人类使用的化学改性阿维菌素是Mectizan）[5]。虽然这种微生物不会给人类带来生物安全问题，但它会产生一种对水生生物有毒的化合物，对于发酵液要使用BSL-2防护。

重组菌常被用于生产药物蛋白、酶和质粒DNA。常用的两种细菌是大肠埃希菌和枯草杆菌。目前，在生物技术产业组织网站已列出79种生物技术药物。18种被批准的药物已经在大肠埃希菌中生产出来。使用重组菌的优点是产物易制备，防护等级低（易于规模化生产［GLSP］或BSL-1，取决于表达的基因），浓度高（10^8/mL）。缺点是大多数蛋白质不能被细菌分泌或分解[6]。

然而，当遇到不完全符合已公布的风险组的菌株时，重组指南可能会有问题。一个例子是常用的大肠埃希菌菌株BL21。美国国立卫生研究院针对重组DNA分子的指南指出，大肠埃希菌菌株是“……肠致病、肠毒素、肠侵袭性和携带K1抗原的菌株”，被划分为风险2组，而缺乏转导噬菌体的K-12衍生菌株则不是（如果缺乏携带毒素的质粒或其他基因插入物会增加风险）。由于大多数B组和C组菌株并没有运用分子技术在体内专门检测其致病性，但是多年来仍被大规模使用，这使得风险分类只能按地点或国家来进行。最近，发表了一篇探索K-12和一系列B和C组菌株中是否存在“致病性岛”的论文[7]。及时、有效地解决风险评估问题还需要对分子发病机制进行国际统一和认可。

真菌

酿酒酵母作为制备重组DNA疫苗（如在Recombivax[8]和Engerix-B[9]中克隆的乙型肝炎表面抗原）和重组药物（如胰岛素、粒细胞/巨噬细胞集落刺激因子[10]和血小板衍生生长因子[11]）的生产菌株在制药工业中发挥着重要作用。由于这种微生物具有规模化培养、高密度、低生物风险的优点使其研究更具吸引力。用酿酒酵母生产的缺点是许多异种蛋白不分泌，需要破坏细胞才能获得产物。另外，对酵母过敏的人可能无法耐受酵母所产蛋白，尤其是不纯的蛋白。

酵母属毕赤酵母的使用频率比大肠埃希菌更高，因为它能产生二硫键和糖基化。毕赤酵母是一种甲基营养体，这意味着它可以使用甲醇作为唯一的能源，并且它的繁殖能力非常强，在理想的条件下，可达到细胞悬浮体几乎是一种糊状物的程度[12]。以Albrec（Bipha公司生产，日本北海道）为例，它是由人血清白蛋白（HSA）表达质粒整合到毕赤酵母染色体表达的。重组（r）HAS的高表达需要修饰酒精氧化酶2（AOX2）启动子区，随后在甲醇的诱导下rHSA基因即被表达并分泌到培养基中[13]。在2006年，一个研究小组通过将真菌糖基化酶替换为哺乳动物同源酶从而成功培育出一种能够产生正常糖基化形式的促红细胞生成素的菌株[14]。表31-1列出了目前使用毕赤酵母属生产的一些产品。

表 31-1　目前使用毕赤酵母属生产的一些产品 a

产品	公司	使用
Kalbitor（DX-88 ecallantide，重组激肽释放酶抑制蛋白）	Dyax（马萨诸塞州剑桥市）	遗传性血管神经性水肿治疗
Insugen（重组人胰岛素）	Biocon（印度）	糖尿病治疗
Medway（重组人血清白蛋白）	三菱田边制药（日本）	血容量扩张
Shanvac（重组乙型肝炎疫苗）	Shantha / Sanofi（印度）	预防乙型肝炎
Shanferon（重组干扰素 -α2b）	Shantha / Sanofi（印度）	丙型肝炎和癌症治疗
Ocriplasmin（重组微纤溶酶）	ThromboGenics（比利时）	玻璃体视网膜粘连（VMA）治疗
纳米抗体 ALX-0061（重组抗白细胞介素 -6 受体单结构域抗体片段）	Ablynx（比利时）	类风湿性关节炎的治疗
纳米抗体 ALX00171（重组抗呼吸道合胞病毒（RSV）单结构域抗体片段）	Ablynx（比利时）	RSV 感染治疗
肝素结合表皮生长因子（EGF）样生长因子（HB-EGF）	延龄草（加拿大）	治疗间质性膀胱炎 / 膀胱疼痛综合征（IC / BPS）治疗
Purifine（重组磷脂酶 C）	Verenium / DSM（加利福尼亚州圣地亚哥 / 荷兰）	高磷油脱胶
重组胰蛋白酶	罗氏应用科学（德国）	蛋白质的消化
重组胶原蛋白	Fibrogen（旧金山，加利福尼亚州）	医学研究试剂 / 皮肤填充剂
Aquavac IPN（重组传染性胰腺坏死病毒衣壳蛋白）	默克 / 先灵葆雅动物健康（新泽西州会议）	传染性鲑鱼胰腺坏死疫苗
重组植酸酶	Phytex，LLC（瑞士谢里登）	动物饲料添加剂
优良的储备重组硝酸盐还原酶	硝酸盐消除公司（密歇根湖林登）	用于水测试和水处理的基于酶的产品
重组人胱抑素 C	Scipac（英国）	研究试剂

a 来自http://www.pichia.com/science-center/commercialized-products/。

其他真菌（许多是丝状的）也因为能够生产有药理活性的化合物而被筛选出来。他汀类药物是从曲霉菌中分离出来的具有显著降低血清胆固醇水平的拥有数十亿美元市场的药物[15, 16]。同样地，山地明（环孢素），是从真菌白僵菌中提取的一种预防移植器官排斥反应的标准药物[17]。菌株的筛选过程通常需要在BSL-2防护条件下培养未知微生物，在微生物被完全鉴定出来之前，应一直保持这种防护水平。

哺乳动物细胞

哺乳动物细胞通常可直接通过重组DNA技术用于生产药物蛋白。生物技术行业网站显示，至1999年春季美国FDA批准的79种“生物技术药物”中有12种是由中国仓鼠卵巢（CHO）细胞生产的DNA重组药物，其有7种在其他哺乳动物细胞系中产生。迄今为止，单克隆抗体只有通过哺乳动物细胞生产才被允许上市。

哺乳动物细胞也经常作为大量生产人类疫苗的病毒宿主。狂犬病、风疹、水痘、甲肝及脊髓灰质炎疫苗株是目前在哺乳动物细胞中培养的病毒疫苗。根据美国典型培养物（ATCC）收藏网站记录，大多数生长在人类正常成纤维细胞如MRC5和WI38细胞中的病毒，只需要BSL-1防护水平。实际上，人类携带的环境因子对这些细胞株的污染风险要大于这些细胞株或病毒对工作人员造成的感染风险。传统上，利用哺乳动物细胞系生产病毒需要较低密度感染并使用含有胎牛血清的复合培养基，最后需要破坏细胞来释放疫苗病毒。由于考虑到大多数生产人员在处理这些细胞时所处的“舒适水平”以及国家有关药品制定的“重大过程变化”的规定使得现有疫苗不太可能显著提高效率。关于哺乳动物细胞培养的更多信息可见本书的其他章节，读者也可以参考文献[18]了解更多关于哺乳动物细胞生长的具体信息。

早期的脊髓灰质炎疫苗被来自猴肾细胞的SV40污染。这种情况以及包括禽类和猪类在内的各种生物中发现的内源性逆转录病毒元件的趋势，已呼吁确定疫苗和来自这些生物体的潜在异种移植对人类的风险[19]。

昆虫细胞

目前只有一种来自感染H5昆虫细胞系的重组蛋白生物制药产品被批准。这个产品就是Cervarix，由重组乳头瘤病毒羧基末端切割的主要衣壳蛋白L1型16和18组成[20]。尽管如此，该表达系统在结构研究中仍然得到了广泛的应用，因为正确折叠的真核蛋白可以在无血清培养基中以分泌形式获得，这极大地简化了蛋白的纯化[21]。

药品和动物疫苗大规模生产时需要精选合适的细胞。肉毒杆菌被用于大规模生产肉毒杆菌毒素A型和B型，主要用于治疗上运动神经元综合征、局灶性多汗症、眼睑痉挛、斜视、慢性偏头痛和磨牙症，也作为保妥适注射液被广泛用于美容治疗[22]。用于预防东部马脑炎和委内瑞拉马脑炎的动物疫苗（Encevac T，Encevac T+VEE）也被大规模生产[23]。管制因子采用NIH rDNA指南，附录K为BSL-2-LS级和BSL-3-LS级规模化操作的合规性检查表[24]。

工业放大

一旦一个候选产品有进一步研究的价值，接下来就会努力大量制造以支持研究和开发。通常，实验室最初制备候选产品的方法是在10 ~ 70 L的生物反应器中扩大。随后，该过程通常在试点工厂迅速扩大，以满足安全评估和临床研究的需要。工艺与制备同步进行，并用于进一步的研究和开发，为工厂化奠定了基础。由于附录K中NIH的指南的是大规模培养体积在10 L或规模更大的活的微生物，以上描述大规模生产是在遵守生物安全准则下进行的。这些指南解决的只是与微生物有关的生物危害，而不是大规模培养可能带来的其他危害（如化学、物理和机械相关的工艺危害）。

当规模化培养有害微生物时，现行的制造规范（cGMP）或国家同类规则必须与良好的生物安全规范一起考虑[25]。实施良好的生物安全措施，确保人和环境免受不可控微生物的危害。反过来，也要坚持cGMP原则确保产品不受环境污染。在实际操作中，无菌操作的要求与cGMP的要求是重叠和互补的。在整个扩大规模的过程中，由研究和生产成员组成的生物安全委员会可以为生物安全实践提供一致的指导。本节的目的是讨论从实验室规模，到临床小规模生产，再到工业生产的转变过程中一系列生物安全问题。

生物活性分子的生产，如单克隆抗体、干扰素和毒素/类毒素，在分离和纯化过程中会产生与安全处理相关的独特问题。很多时候，用于生产的微生物在GLSP或BSL-1-LS处理时，生物活性分子在纯化和浓缩时需要高水平控制。控制分级是保障员工安全的常用方法[26]。这是一个将生物分子划分危险类别的过程，该类别对应于一系列空气传播浓度，以及确保安全处理所需的工程控制，管理控制和个人防护装备。在许多情况下，因为处理系统关闭并且最终产品仍然是液体使得控制分级比较低。如果该过程涉及冻干，则可以增加控制级数。另外，在生产的下游过程产生气溶胶的问题也需要注意。

技术转让

一旦选择了候选产品进行制造，试验工厂开发的用于制作该候选产品的过程就在该厂中进行。在研究和开发期间所了解到的信息，包括微生物的安全处理过程，必须以易懂和简洁的形式表达。无论是通过书面形式编写并将其广泛分发给人员，还是将其固定在内部网络页面都是可以的。在这种环境中的生物安全信息需要广泛共享，以便同时保护专有信息。每个制药公司都必须处理这些问题，包括不同国家的信息和许可要求，以及与合资企业或其他非正式组织的其他团体共享信息。还需要确定要共享的信息类型：培训、制造标准操作规程，病原体风险评估和设施设计是一些常规生成并且可以共享的材料。每个制药公司各自施行自己的信息共享方式，该领域的最佳实践没有广泛的共识。

用于制药的重组病原体的构建和使用是生物安全一种独特的情况。在用减毒微生物生产疫苗时，可能会有一个合理的点来降低防护，这可能发生在转移到放大或Ⅰ期临床试验后。相反，产生的生物安全信息可能表明防护的严格程度增加。在任何一种情况下，这些情况都应包括企业生物安全委员会成员在实施变更之前的审查。该委员会的关键作用之一是帮助解释国家和国际的指南和法规。经过适当审查后，选择的生物安全方法将成为技术转让方案的一部分。

这项技术转让包括有关微生物的致病性，消毒和灭活程序的信息，以及从医疗专业人员获得的医学监测计划或治疗方案的链接，以及小规模实验的“经验教训”的总结。如果该药物被鉴定为疫苗产生的病原体，或者是疫苗株，则生物安全指南和法律问题变得更加困难。美国国立卫生研究院指南和CDC/NIH的BMBL都建议对操作人类病原体的工作人员进行疫苗接种[27]。此外，世界卫生组织指南[28]也被纳入许多国家法规，要求疫苗种子区域（病原体或宿主，如果使用的话）的工作人员接种疫苗，以防止野生型菌毒株被共培养。然而，美国最高法院在1991年的汽车工人v. Johnson

控制草案中规定，[499 US 187[1991]]禁止美国雇主以潜在的健康风险为由禁止工作人员进入该地区。在这种具体情况下，它禁止雇主基于性别的禁止措施，这些禁令是为了保护女工的胎儿。许多美国制药公司认为这一裁决限制了他们在没有特定法律授权的情况下强制接种疫苗的权力。因此，他们可能推荐（或强烈推荐）在研究和生产的适当区域接种疫苗。例外情况是使用血源性病原体，雇主需要提供乙肝疫苗接种，以及在FDA或世卫组织要求许可的生产区[29]。

培养物鉴定

在实验室发酵罐开始规模化生产之前，应该对感兴趣的微生物进行适当的鉴定和表征，如果其中有致病性的微生物，要特别关注其致病水平。这些信息将表示是否需要隔离及紧急急救设施，以确保人员安全。谨慎的做法是将有关微生物和生物危害状况的知识通过正式报告记录并转移。

建立抗生素敏感谱在企业医疗服务中治疗意外暴露于细菌制剂引起的感染非常有价值。如果该微生物难以识别并难以确定其致病性，则可以扩大到实验室发酵罐在较高的防护水平上进行，同时获得适当的表征。如果该制剂可能引起过敏或无法通过疫苗预防，则可能需要进行其他卫生监测（如结核杆菌）。

消毒及灭活程序

安全处理微生物的一个关键因素是在意外和可控释放情况下如何失活，尤其为病原体的时候。通常，使用有效的消毒剂来处理意外释放。控制释放，包括从所包含的生物反应器中去除致病微生物以进行下游处理，在释放前通过使培养物失活来安全进行。这种失活通常是通过将微生物暴露于一种失活剂中，在特定的条件下控制一定的时间（由预先确定的失活动力学决定）来实现的。作为一项安全措施，暴露期通常远远超过失活所需的时间。根据当地的环境法规，非病原体通常在被释放到环境中之前要经过巴氏杀菌（65℃，5～10 min）[30，31]。

转换程序

多用途设施最初用于实验室和中试工厂规模的药物开发[32]，允许在同一设备中开发不同的工艺。从生物安全的角度来看，这些设施的成功运行需要使用标准操作程序，以确保在不同过程中使用的微生物不会被释放和交叉污染。在实验室，这些标准操作程序遵循良好的实验室程序。

意外泄漏

不管工艺设备和周围建筑的设计有多好，都有可能发生意外泄漏。同样，NIH的指南在附录K-Ⅶ中提供了一些有用的定义来定义和描述泄漏。

与某些环境法规[如美国核管理委员会（USNRC）关于环境释放的法规]相反，NIH将最低限度泄漏定义为不会导致人类、植物或动物患病。泄漏的体积没有特别的要求，泄漏的结果才是决定它是最小值还是显著值的关键。性能标准的使用使风险分析对于确定防护需求更加关键。防护要求的适当性将在很大程度上取决于分析人员的经验和专业培训。

加强二级防护，即使是最少量的材料，也防止泄漏到环境中，（如，采用高效过滤器对BSL-2-LS室内空气进行过滤，以及能够容纳超过整个发酵罐负荷和消毒剂的密封堤坝）。为参与人员提供生物安全培训和建立应急标准操作程序，使工作人员能够安全应对与生物安全有关的紧急情况。保证卫生服务和应急小组适当地了解设施中存在的生物安全问题也同样重要。工作人员的定期培训练习和所有应急小组的年度演习使所有参与者都能够在事件发生时熟悉他们的职责。

存贮培养物的安保

为了将灾难性损失的风险降到最低，通常将储备培养物存储在多个位置。在每个地点，储用培养物都保存在安全的容器中，保存完整的记录，包括关于培养物存储位置、取出和转移的数据。生物安全等级规定了处理微生物的设施和方法。

启动/资质

员工培训和培训认证

启动团队的每个成员必须清楚地理解与过程相关的潜在危险的重要性。培训必须对操作进行彻底的评价，由生物安全和GMP合规团队进行。评价应包括：在这一过程中使用的微生物的特性、正确操作微生物，包括可能的暴露源、要求的工作准则、工程控制、在发生事故或意外泄漏时应遵循的紧急程序、妥善处理生物废弃物以及表面消毒。这种培训的认证可以通过实际考试来实现，使工作人员有机会对生物安全问题和处理这些问题的建议方法有全面的了解。全面的培训并不能消除生物安全风险，但可以大大降低风险。在对病原体进行初步处理之前，必须对现有团队的新成员进行彻底的培训。使用一种指导系统时，允许有经验的人员监督新的工作人员，可以尽量减少新的、没有经验的人员给自己和他人带来的危险。

确认现有设备的故障

经过培训，团队成员将需要检查设施和设备是否符合生物安全指南。在启动程序开始之前，必须适当地处理发现的所有故障。说明书可以确保设备准备就绪，并要日常对设备进行预防性维修。

规模化过程中的灭活验证

虽然有效消毒剂和培养失活动力学最初是在实验室规模开发的，但需要在大规模培养的目标设施和设备中核实这一信息。为了控制泄漏，液体生物废弃物通常在细胞培养阶段结束时，采用建立的大规模培养物失活动力学方法，在主容器设备中灭活。固体生物废弃物被放置在相应的生物安全容器中，密封、贴上标签，并最终通过验证过程使其不具传染性（如焚烧、高压或辐射）。工艺设备的设计必须允许对初级防护装置进行有效的消毒，包括发酵或细胞培养反应器、回收设备、工艺管道；冷凝管路、至消毒容器管道和灭活容器。通常，上游工艺设备采用原位消毒（SIP）措施，特别是用于生物危险处理的回收装置操作。无菌处理通常不是下游处理设备的主要设计特性[33]。

在工艺转移过程中需要注意的一个关键是在常规操作中处理生物污染材料的泄漏。化学消毒剂处理程序和人员培训应在任何大规模处理开始前进行。重要的是，用于杀菌的处理方法必须在实际条件下进行试验。灭活剂的性质、表面、温度和环境因素也能影响灭活速率和灭活程度。

封闭处理

封闭处理的关键是始终对微生物或有害生物制剂进行防护。所有用于菌毒种研发、生产罐接

种、培养纯度测试等的培养转移均在相应的生物安全柜中或通过直接容器间转移进行。其中，防护指的是物理防护。与其他领域一样，在制药行业也使用了“生物防护”一词，尽管主要是在有限的分区中。NIH指南（附录E和I）可以找到生物防护措施。对制药公司实施物理防护，既要初级防护，也要二级防护。NIH指南（附录K，表1）对四种不同风险水平的病原体的最低防护要求进行了出色的总结。

加工过程中的液体转移可通过SIP管道或连接至无菌容器的无菌焊接管进行。在生物反应器中，仅采用防护式采样来跟踪培养性能。过滤或焚化用于防止废气中的微生物释放。

日常运行

在生物因子的中试规模或制造领域，采用了各种标准做法来维持环境控制。这些实践包括设施设计和控制、设备转换、清洁程序、人员控制、标准化制造过程、特殊标准操作程序、预防性维护计划和质量控制程序。

经过实验验证的原位消毒和原位清洁程序可为工艺设备提供足够的生物消毒措施。这些实验必须写成标准操作规程。在设施启动期间，必须建立过滤器灭菌程序的验证。系统完整性检查和过滤器使用后的完整性验证是常规无菌处理操作的重要特征，用于验证系统的密封性。每年必须重新验证，以确保容器特性没有受到损伤[34]。

国际法规

在国际上，与生产基于生物过程的药物有关的生物安全问题受到各种各样的法规的管制。发达国家（美国、加拿大和欧洲联盟）的这些规定非常具体，涉及保护工作人员和环境。

控制微生物实验室和工业规模使用的生物安全法规的数量和范围在世界各地差别很大。许多国家没有专门的规定，但微生物的使用要在一般工作场所规定的范围内。许多其他国家正在开发生物安全系统。其中一些国家的体系在模仿美国、加拿大和欧洲。最终目标将是实现生物安全指南的国际统一，目前进展顺利。

新技术

随着生物治疗分子，特别是抗体的出现，对新型生物反应器技术的需求越来越大。过去由细菌、酵母菌和哺乳动物细胞表达蛋白质，使用设备在商业上普遍昂贵、可重复使用，并需要广泛地清洗和再杀菌。这种历史做法严重依赖标准操作规程，必然需要高昂的成本和大量的人员培训。

在提高工艺可靠性和提高经济效益的角度上，一次性工具和系统越来越受到青睐。目前，许多蛋白质分子生物技术生产商正在评估一次性模块，这些模块要经过消毒并符合GMP要求。一次性工具很容易获得，它们的实用性体现在可快速、廉价地切换细胞系生产平台和目标蛋白。

综合一次性生物反应器系统

生物反应器已经从手工操作的模型发展到可由计算机控制，在办公室或家里就可以实现。今天先进的技术允许微生物在受控的条件下培养，这样它们的细胞或代谢产物就可以被收获用于制药。许多制造商已经开发了一次性的生物反应器，以满足生物制药行业的监管要求。

例如，一家制造商开发了一次性生物反应器和混合容器传感器，这是一个完全一次性处理平台的开始步骤。该工艺平台包括一次性氧气、pH和二氧化碳传感器。该设备使用固定的pH、二氧化碳、氧气、反应性染料；发酵参数的测量则由发光二极管和光电探测器测量。

传感器很便宜，因此，它们可以被整合到生物反应器的一次性组件中。它们是预先校准的，不需要进一步校准。在开发新产品时，低成本的传感器对于标准化过程至关重要，因为需要许多生产批次。在没有一次性传感器技术的情况下，选择原位清洁、可重复使用的传感器，如果不使用传感器，就不能进行过程监视和控制。

许多新的发酵系统采用一次性塑料袋，通过摇动混合，或者结合一次性混合技术，包括气体喷射系统、挡板、叶轮和轴承组件。一些设计可使用重复利用的轴和叶轮，使用标准的化学品和程序进行清洗和消毒。有多种尺寸选择，最多可容纳1000 L。

迄今为止，一次性生物反应器主要用于细胞培养。要改变它们在微生物或酵母系统中的使用，需要重大技术的进步。需要改进现有模型的混合、喷射、加热和冷却技术。为了满足高滴度过程的要求，特别是体积较大时，这些是必不可少的。一次性生物反应器将成为生物制造领域的主导技术，主要的两个发展趋势是降低制造成本和发展高滴度工艺。

在进行一次性使用的同时，这些技术在风险评估过程中也带来了一些问题，比如如何处理带有传染性微生物的袋子，如何使用喷雾和覆盖气体压力控制来防止袋子破裂，以及在发生破裂时如何制订出控制计划。

2010年，荷兰转基因生物管理局（Dutch Office Genetically Modified Organisms，GMO）委托开展了一项关于一次性生物反应器风险的研究[35]。虽然一次性生物反应器的使用降低了一些风险，但与传统的生物反应器相比，也引入了新的潜在风险。GMO的文件是进行风险评估的极好参考。

微型生物反应器系统

微型系统被设计来模拟传统的生物反应器，同时允许高通量的细胞培养和工艺优化。其中一个系统采用微板24孔生物反应器，所配套的机器人设备可在24种独立反应条件下自动加载、取样和饲喂细胞。

第二个系统使用了专门设计的，用于小型生物反应器的50 mL试管。制造商表示，通过使用带有半渗透帽的管道进行二氧化碳交换，他们能够实现高通量，并能模拟间歇和补料间歇过程。虽然这项技术使用了多个微型生物反应器，但总体占地面积仍然很大。如果与BSL-2微生物一起使用，则需要考虑该装置是否会在标准生物安全柜中使用，或者是否需要定制设计生物安全柜。

一次性试管和无菌取样

取样似乎是一个简单的过程——打开生物反应器容器的手动取样阀，收集所需的发酵液，然后关闭阀门。这种采样方式，很容易发生污染，员工也将暴露在喷雾或气溶胶中。取样系统的设计必须考虑到这两方面的问题。目前存在几种取样设计，高压灭菌可重复使用的生物反应器采用安装在发酵罐头板上的金属取样管，另一端有一个固定的金属罩与瓶内螺丝。柔性管连接金属管和夹钳以防止液体流动（图31-1）。金属罩上有一个固定的茎状物，用来产生真空并将样品吸入小瓶。整个装置连同生物反应器容器一起消毒，直到取样前都保持无菌状态。开始取样时，夹钳保持关闭状态，当小瓶松开时，茎状物被挤压。将小瓶扭紧封口，松开夹钳将介质拉入小瓶。将小瓶取出并无菌更换。该方法的缺点是样本量有限，易批量污染，易泄漏感染性物质，造成员工暴露接触。

图 31-1 简易发酵罐取样装置

许多在原位消毒的生物反应器采用三阀门组件，允许收集样品，然后使用蒸汽对样品进行消毒（图31-2）。阀门组件在发酵罐中安装时就进行了消毒，当介质被消毒时，蒸汽通过阀门。在取样过程中，在阀门的一个端口上安装一个滤过通风的无菌玻璃瓶或塑料瓶。打开内部发酵阀，将样品倒进瓶中。装满后，阀门关闭，换瓶。阀门充满蒸汽后，将剩余的液体排出。但缺点是泄漏样品会产生飞溅或气溶胶。此外，如果处理过程中涉及感染因子，那么在处理前必须对剩余的样本进行相应的灭活。

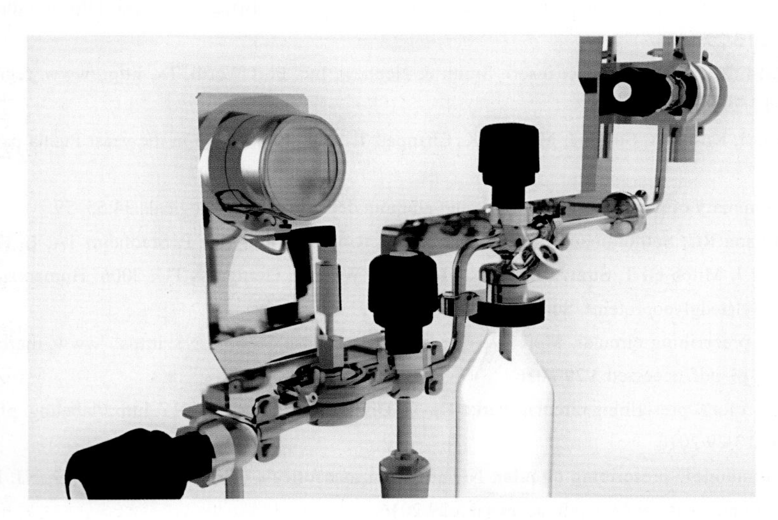

图 31-2 蒸汽灭菌取样装置

一次性工艺设备需要可靠、快速的无菌连接设备。使用一次性工艺技术的两个重要问题是确保液体可以快速、安全、无菌地转移，以及在每次转移后都需要断开连接。早期一次性管的材料是硅胶。硅胶软管不能与热熔机配套使用，因为硅胶缺少热合特性。今天的热管熔断技术是满足这些要求的最安全、最可靠的方法之一，它采用了著名的热杀菌技术。由于现有的热塑性管可用于连接预消毒组件，它也避免了昂贵的额外无菌连接器和紧固程序。热塑性软管材料符合这些要求，已被成功地应用，并具有悠久的生物相容性历史。重要的焊接参数是温度、压力和温度接触时间。

其中一个防止污染的主要问题是，在热刀片穿过的地方，热塑管被完全压缩，热刀片必须熔化通过压缩部分，然后在两侧密封。这也防止了软管中的培养基与热刀片接触，并在熔化的软管侧面造成培养基或气体（微粒）燃烧。众所周知，干热对灭菌是有效的。除热原过程通常需要在250℃下30 s或在320℃下3 s的时间。使用超过350℃的时间1 s的时间可满足此要求。

原著参考文献

[1] Strauss BE, Costanzi-Strauss E. 2007. Combating oncogene activation associated with retrovirus-mediated gene therapy of X-linked severe combined immunodeficiency. Braz J Med BiolRes 40:601–613.

[2] Zhu J, Grace M, Casale J, Bordens R, Greenberg R, Schaefer E, Chang AT-I, Musco ML, Indelicato SR. 1999. Characterizationof replication-competent adenovirusisolatesfrom large-scaleproductionof a recombinantadenoviralvector. Hum Gene Ther10:113–121.

[3] Condreay JP, Witherspoon SM, Clay WC, Kost TA. 1999. Transient and stable gene expression in mammalian with a recombinant baculovirus vector. Proc Natl Acad SciUSA 96:127–132.

[4] National Institutes of Health. 2013. Guidelines for research involving recombinant DNA mol e cules (NIH Guidelines). http://osp. od. nih. gov/sites/default/files/NIH_Guidelines_0. pdf, accessed 3/29/2016.

[5] Camp bell WC (ed). 1989. Ivermectin and Abamectin. Springer-Verlag, New York.

[6] Bent R. 1997.Protein expression, p 16.0.1–16.0.3. In Ausubel FM, Brent R, Kings ton RE, Moore DD, Seidman JG, Smith JA, Struhl K (ed). Current Protocols in Molecular Biology, vol. 3. John Wiley & Sons, Inc., New York, NY.

[7] Kuhnert P, Hacker J, Mühldorfer I, Burnens AP, Ni co let J, Frey J. 1997. Detection system for Escherichia coli-specific virulence genes: absence of virulence determinants in B and C strains. Appl Environ Microbiol 63:703–709.

[8] Merck. 2014. Recombivax HB® pre scribing circular. Merck & Co. Inc., Whitehouse Station, NJ. https://www. merck. com/product /usa/pi_circulars/r/recombivax_hb/recombivax_pi. pdf, accessed 3/29/2016.

[9] GlaxoSmithKline. 2015. Engerix-B® prescribing circular. GlaxoSmithKline Research Triangle Park, NC. https://www. gsk source. com/pharma/content/dam/GlaxoSmithKline/US/en /Prescribing_Information/Engerix-B/pdf/ENGERIX-B. PDF, accessed 3/29/2015.

[10] Sanofi-Aventis. 2015. Leukine® prescribing circular. sanofi-aventis U.S. LLC Bridgewater, NJ. http://products. sanofi. us /Leukine / Leukine. html, accessed 3/29/2016.

[11] Smith & Nephew. 2014. Regranex® product insert. Smith & Nephew, Inc. Fort Worth, Tx. http://www. regranex. com /pdf/PI_Full_Version. pdf, accessed 3/29/2016.

[12] Cregg JM, Tolstorukov I, Kusari A, Sunga J, Madden K, Chappell T. 2009. Expression in the yeast Pichia pastoris. Methods Enzymol 463:169–189.

[13] Kobayashi K. 2006. Summary of recombinant human serum albumin development. Biologicals 34:55–59.

[14] Hamilton SR, Da vid son RC, Sethuraman N, Nett JH, Jiang Y, Rios S, Bobrowicz P, Stadheim TA, Li H, Choi BK, Hopkins D, Wischnewski H, Roser J, Mitch ell T, Strawbridge RR, Hoopes J, Wildt S, Gerngross TU. 2006. Humanization of yeast to produce complex terminally sialylatedglycoproteins. Science 313:1441–1443.

[15] Merck. 2015. Zocor® prescribing circular. Merck & Co. Inc., Whitehouse Station, NJ. https://www. merck. com/product/usa /pi_circulars/z/zocor/zocor_pi. pdf, accessed 3/29/2016.

[16] Parke-Davis. 2015. Lip i tor® prescribing circular. Parke-Davis, Division of Pfizer, NY, NY. http://labeling. pfizer. com/ShowLabeling. aspx? id=587, ac cessed 3/29/2016.

[17] Novartis. 1998. Sandimmune® prescribing circular. Novartis Pharmaceuticals Corp., East Han o ver, NJ. https://www. pharma.us. novartis. com/product/pi/pdf/sandimmune. pdf, accessed 3/29/2016.

[18] Freshney RI. 2016. Culture of Animal Cells: A Manual of Basic Technique and Specialized Applications, 10th ed. John Wiley and Sons, New York, NY.

[19] Food and Drug Administration. 1999. Evolving scientific and regulatory perspectives on cell substrates for vaccine development. US Food and Drug Administration Workshop Report, Rock ville, MD.

[20] GlaxoSmithKlein. 2015. Cervarix® Highlights of Prescribing Information GSK, Research Triangle Park, NC. http://us. gsk. com / products/assets/us_cervarix. pdf, accessed 3/29/2016.

[21] Ferrer-Miralles N, Do min go-Espín J, Corchero JL, Vázquez E, Villaverde A. 2009. Microbial factories for recombinant pharmaceuticals. Microb Cell Fact 8:17–25.

[22] Allergan. 2015. BOTOX® pre scribing information. Allergan, Inc., Irvine, CA. https://www. botoxchronicmigraine.com/? cid=sem_

goo_43700007526995097, accessed 3/29/2016.

[23] Merck. 2015. ENCEVAC® TC-4 with HAVLOGEN® technical information. Merck Animal Health, Mad i son, NJ. http://www. merck-animal-health-usa. com/products/130_120671/productdetails_130_121133. aspx, accessed 3/29/2016.

[24] US Federal Select Agent Program. 2014. Inspection check lists. http://www. selectagents. gov/resources/Checklist-NIH-BL2-LS. pdf, http://www. selectagents. gov/resources/Checklist-NIH-BL3-LS. pdf, accessed 3/29/2016.

[25] Food and Drug Administration. 2015. 21CFR Part 211. Current Good Manufacturing Practices for finished pharmaceuticals. US Code of Federal Regulations. https://www. accessdata. fda. gov /scripts/cdrh/cfdocs/cfCFR/CFRSearch. cfm? CFRPart=211, accessed 3/29/2015.

[26] Naumann BD, Sar gent EV, Starkman BS, Fra ser WJ, Beck er GT, Kirk GD. 1996. Performance-based exposure control limits for pharmaceutical active ingredients. Am Ind Hyg Assoc J 57: 33–42.

[27] Centers for Disease Control and Prevention. 2009. Biosafety in Microbiological and Biomedical Laboratories. Government Printing Office, Wash ing ton, DC.

[28] World Health Organization. 2014. Expert Committee on Specifications for Pharmaceutical Preparations, 49th Report. WHO, New York, NY.

[29] Occupational Safety and Health Administration. 1999. (29 CFR 1910.1030). Bloodborne Pathogen Standard. US Code ofFederal Regulations.

[30] Liberman DL. 1993. Biowaste management in bioprocessing, pp. 769–787. In Stephanopolos G (ed). Biotechnology, 2nd ed. vol. 3. VCH Verlagsgesellschaft mbH, Wienheim, Germany.

[31] Lieberman DL, Fink R, Schaefer F. 1999. Biosafety and biotechnology, p 300–308. In Demain AL, Da vies JE (ed). Manual of Industrial Microbiology and Biotechnology, 2nd ed. American Society for Microbiology, Washington, D.C.

[32] Barta J, Blum A, Inloes D, Lind say J, Nash A, Olson M, Staub L, Walcroft J. 1998. Environmental control and monitoring in bulk manufacturingfacilities for biological products. Pharm Technol 22:40–46.

[33] Sin clair A, Ash ley MHJ. 1995. Sterilization and Containment, p 553–588. In Asenjo JA, Merchuk JC (ed). Bioreactor System Design. Marcel Dekker, Inc., New York, New York.

[34] Vesley D. 1986. Decontamination, sterilization, disinfection, and antisepsis in the microbiology laboratory, p 182–198. In Miller BM (ed in chief). Laboratory Safety: Principles and Practices. American Society for Microbiology, Washington, D.C.

[35] Neeleman R. 2010. GMO containment risks evaluation of single-use bioreactors. Xendo Process 2010:1–28.

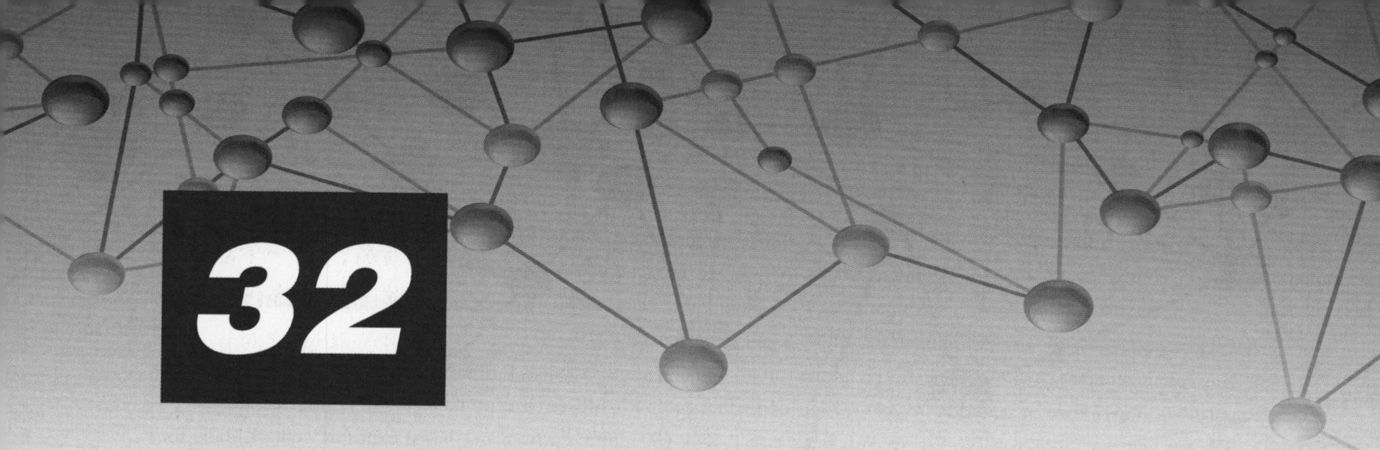

大规模工序的生物安全考虑

MARY L. CIPRIANO, MARIAN DOWNING, AND BRIAN PETUCH

大规模的定义

加大规模或大规模生产微生物的概念目前与重组DNA（rDNA）技术相关联，但实际上大规模生产多年来一直是常见的做法。几个世纪以来，微生物加大规模生产已经用于食品和饮料的制造。在过去的100年中，抗生素，疫苗和生物制品的大规模生产已经变得司空见惯。来自于生产环境的实验室获得性感染的相对数量极低，约为记录总数的3.4%[1]。这些数量较少的部分原因可能是培养生物的毒力降低，但它们最有可能是由于广泛使用初级和二级安全防护屏障，即通常需要的安全防护设备和设施，以维持产品的完整性。

有许多关于生物安全要求的指南文件：危险病原体咨询委员会，1995年[2]和1998年[3]；加拿大公共卫生署，2015[4]；NIH，2013[5]；经济合作与发展组织（OECD），2000年[6]和2009年[7]；CDC/NIH的BMBL，2009[8]；世界卫生组织，2003[10]和2004[11]。但是，这些指南都没有详细说明大规模的操作。指南要求根据所使用的微生物、操作程序、设备和设施进行风险评估。一些指南建议咨询生物安全专业人员。许多生物安全专业人员了解生物因子特性并能够进行风险评估，但是，他们对大规模工艺的经验可能有限，并且不熟悉所使用的设备、工艺和设施。

本章的目的是提供在选择和设计设备和设施时需要考虑的问题点，以营造安全的工作环境。几乎没有绝对可以全面应用的指南，因为要做出的决定取决于对微生物的风险评估和使用的工艺流程。幸运的是，目前使用的设备和设施设计标准是类似的，因此有一些常见生物安全原则可以采用，这些原则会在本文中讨论。

在讨论大规模工艺时，必须先定义“大规模”一词。根据NIH rDNA指南，超过10 L则构成“大规模”。加拿大生物安全标准和指南建议在与加拿大公共卫生署协商后确定实验室和大规模体积之间的临界值。在日本，厚生省已指定20 L以上为大规模。在英国，危险病原体咨询委员会则指出，决定规模的不是数量，而是工作的意图。

早期版本的CDC/NIH出版物，将大规模定义为传染性微生物的体积或浓度的“产品数量”“远远超过用于鉴定和分类的数量”。书中表示没有有限的体积或可以普遍引用的浓度，实验室主任必须根据所使用的微生物、操作过程、设备和设施进行风险评估。当然，在一个理想的世界里，这是最好的解决方案。遗憾的是，并非所有的实验室主任都具有足够的知识来评估所需的相应的生物防护措施和（或）获得生物安全专业的投入。希望这里讨论的想法和建议对做出这些决策的人有所帮助。

生物因子的考虑因素

基于对生物因子的风险评估是任何大规模生产的起点。生产的规模可以影响风险评估。例如，处理40 mL产生细胞外毒素的非致病性微生物可能不会造成问题，但是当处理10000 L时可能产生重大问题。即使没有“真正的”健康风险，意外释放或暴露事件所导致的负面性曝光也是一个主要问题。由于媒体关注最近暴发的埃博拉、严重急性呼吸系统综合征、诺瓦克病毒、疯牛病、炭疽污染的信件，生物恐怖主义的新威胁等，公众对传染性为生物的敏感度提高了。有许多人对重组为生物对人类和环境的潜在负面影响深感担忧。虽然可能有一些科学数据和坚实的风险评估表明可能产生的不利影响是有限的，但这些观点可能无法缓解民众产生的恐慌。因此，机构应考虑大规模设施的附加防护特征，将这种事件发生的可能性降到最低。

需要考虑的三个范畴是生物因子、工艺和外部环境。这些考虑因素可能不会在每次评估中发挥作用，但应进行评估以确定其与具体情况的相关性。在进行风险评估时，需要回答一些关于将在设施中所使用的微生物的问题。这些问题包括但不限于以下内容：

· 在设施中使用的病原因子的活动所需的最高生物安全水平是多少?

· 病原因子传播方式?

· 病原因子感染剂量?

· 病原因子的传染性如何?

· 该病原因子是否为一种条件致病性病原体，可以感染免疫功能低下的个体?

· 微生物是否为管制因子，或者它是否具有需要加强安保和监督的特征?

· 微生物引起的疾病是否已被彻底根除，以至于它的泄漏可能通过重新引入公众群体而引起严重的公共卫生威胁?如脊髓灰质炎，天花等。

· 该病原因子是否会产生任何毒素、生物活性物质或过敏性化合物?

· 是否有疫苗、预防或治疗措施可用于预防或影响感染?

· 病原因子是否在该地区流行?

· 病原因子在没有培养系统情况下的生存能力如何?

· 微生物能否在环境中将遗传特性转移到其他微生物?

· 病原因子是否通过媒介传播，如昆虫，污染物等?

对工艺的考量

一旦收集了上述信息，就必须将工艺相关一些特定的信息汇总到一起。表32-1提供了一些标准工艺和使用的典型程序。

· 设施是专用于一个病原因子，还是会应用多个病原因子?

· 设施中将有多大体积的具有活性的病原因子?

表 32-1 一些标准工艺和使用的典型程序

单元过程	程序
细菌和酵母工艺（包涵体产品）	
细胞生产	发酵
细胞分离	过滤 / 离心
细胞裂解和去除	匀浆 / 离心
蛋白质浓度与复性	超滤 / 沉淀
缓冲液交换 / 调整	超滤
提纯	色谱 – 两相萃取
产品配方	缓冲液配方，冷冻干燥，包装
哺乳动物和毕赤酵母（分泌产品）	
细胞生产	发酵
细胞去除	过滤
	离心作用
上清液浓度	超滤
缓冲液交换 / 调整	超滤
	沉淀
提纯	色谱 – 两相萃取
产品配方	缓冲液配方
	冷冻干燥
	包装

- 工艺是连续的还是分批的?
- 设备是静止的，可移动的还是一次性的?
- 将使用什么类型的设备?
- 需要执行哪些类型的操作?
- 是否有任何设备或任何操作产生气溶胶?
- 是否要求设施遵守权威当局的药物或设备法规，如NIH rDNA指南或其他政府法规?
- 需要什么类型的清洁，消毒，灭菌设备等?

对环境的考量

最后一类可以粗略地称为环境注意事项。这些包括有关设施外部当地环境的问题：

- 该地区的气候条件怎样，如温度、湿度等?
- 工作地点的地理位置是怎样的?
- 当地原生动植物种群情况如何?
- 供气进排气口是否靠近其他设施?
- 工作设施离私人财产有多近？是什么财产？如是工业区、学校还是住房等?
- 现场物理安保措施是否足以应对所操作的微生物类型?

对大规模工作的一般性生物安全建议

虽然不打算在此评价每个指定的生物安全级别工作的详尽程序要求，但重要的是要对基本概念

要加以评估，以理解选择设备和设施方案的标准。本章附有大规模工作生物安全指南的副本。

· 良好的大规模准则（good large scale practice，GLSP）用于特征明确、无致病性、不产生毒性、过敏性或生物活性的微生物[12]。包括风险1组病原因子中符合上述标准的，在相当一段时间内可以安全使用，或者被认为是安全的，并且按照NIH和OECD要求不会在环境中存活或引起副作用的微生物。GLSP不要求有特殊的生物安全防护措施。程序应以不会对工作人员的健康和安全产生不利影响的方式进行；例如，将飞溅，喷洒和产生气溶胶风险控制在最低。

· 生物安全一级–大规模（BSL-1-LS）用于非致病微生物，但也可包括引起致敏的微生物或条件致病性病原体。它们包括风险1组中不符合GLSP的工作标准的病原因子。处于该水平工作的安全目标是将有活性的微生物释放风险最小化。

· 生物安全二级–大规模（BSL-2-LS）用于在一个区域天然存在的有中度风险的病原体，即风险2组的病原因子。运行设计应保证防止泄漏和避免工作人员在喷溅和溢洒事件中暴露。

· 生物安全三级–大规模（BSL-3-LS）用于可通过气溶胶传播或能够通过昆虫媒介传播的风险3组病原因子。这些病原因子在人或动物中引起严重的，可能致命的疾病。用于此级别的设备和设施的设计必须保证防止员工暴露和在设施内避免病原体气溶胶的泄漏，以及防止病原体泄漏到设施外。

本章未涉及大规模生产风险4组病原因子的要求，因为这要求高度专业化且使用有限。

初级防护

特殊准则

初级防护由所使用的设备和相应的生物安全措施、管理措施和个人防护装备提供。一般而言，BMBL中确定的所有标准和特殊准则和安全设备，以及NIH rDNA指南中的建议，都适用于大规模过程。但是，应根据所使用的病原因子和所涉及的工艺流程考虑其他要求。这一问题在本章附录的大规模生物安全指南中有所描述。它们包括以下内容：

· 能够防护所使用的微生物的呼吸器。

· 适当时进行身体、健康检查和免疫接种。

· 该工艺流程的书面程序，如标准操作规程。

· 应急应对计划。

· 为提供足够的安全性和保持产品完整性所必需的额外的防护外套，如鞋套、发套、防护服等。

一级防护的最关键组成部分是工作人员采取的行动。工作人员必须接受相应的培训，并了解与他们所从事的工作相关的风险。处理传染性微生物的工作人员必须接受有关如何安全执行设施中使用的特定技术和程序的特定培训。

书面程序和遵守这些要求是建立安全、受控的工作环境的关键因素。这些程序需要涵盖安全要求、操作要求、应急应对措施以及安保问题（如适用）。

设备选择和使用

所使用的大型设备满足大部分的防护需求，因为材料需要保护免受外部污染。如果防护措施不

足以应对与使用的病原因子相关的风险，则可能需要使用额外的屏障。

大多数大型工业运行都拥有生产工艺流程安全专家的有利条件，他们可以协助进行设备和程序的安全评估[13]。

发酵罐和细胞培养容器

用于微生物生长的生物反应器（此处称为发酵罐）和用于细胞培养的生物反应器具有许多共同属性。为了保持培养物的完整性，培养容器必须提供适当水平的隔离防护空间。容器的构造[14]必须能够承受严苛的清洁和消毒程序。图32-1为可灭菌的生物反应器的实例。它必须是保温的并具有加热和冷却能力以保持适当的生长温度并且能够保护内容物免受污染。尽管玻璃和塑料系统可用于较小的体积，但是大多数大规模操作的设备元件是由金属（通常是食品级的不锈钢）构成。不锈钢可最大限度地减少腐蚀，避免金属离子对培养物的不利影响，并且大多数主管部门都认为它适合直接接触食品和药物，事实上大多数这些工艺流程都是使用不锈钢的。为了便于清洁和消毒，罐体内部应设计成光滑的，没有死角，暗沿或难以接近的区域。容器可能还需要满足对锅炉/压力容器要求，因为它可能需要在轻微的正压力下操作或在灭菌循环期间加压。

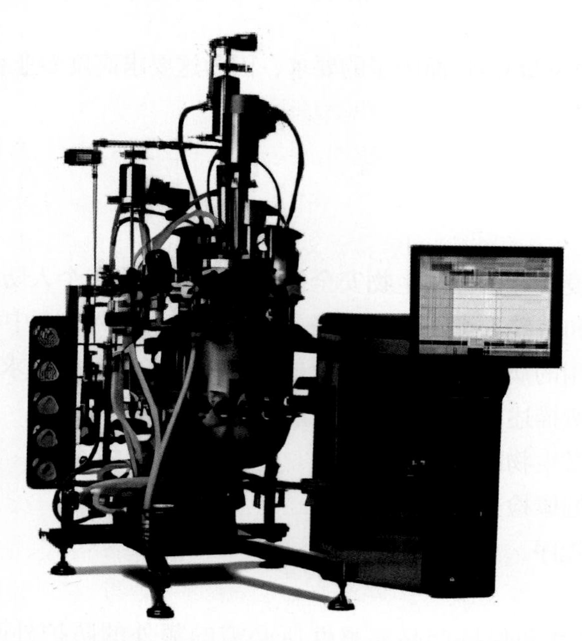

图 32-1　可灭菌的生物反应器（由新不伦瑞克科学公司提供）

随着对生物治疗分子，特别是单克隆抗体的需求的增加，创新的生物反应器技术已经变得普遍。由细菌、酵母和哺乳动物细胞表达的蛋白质要使用标准发酵技术生产商业级别的产量需要采用昂贵的、可重复利用的硬件设备，需要全面的清洁工作和重复灭菌。这种长期的方法对标准操作规程提出了很高的要求，并且不可避免地需要高成本和强化的人员培训。

为提高工艺可靠性和经济优势，一次性部件和系统越来越受到青睐。图32-2所示为一次性使用搅拌容器生物反应器的示例。许多蛋白质分子的生物技术生产商正在转向一次性模块或部件，这些部件都是按照监管部门要求事先做过灭菌处理和合格鉴定，并且它们的随时可用性，使得在生产过程中快速且廉价地更换细胞系和靶向蛋白质变得非常容易。

图 32-2 一次性使用，搅拌容器生物反应器（由新不伦瑞克科学公司提供）

GLSP系统通常不能保证处理或过滤从培养系统产生的废气。超过这一水平，必须过滤或处理废气。使用的过滤器需要能够去除存在的微生物、过敏原、毒素或生物活性化合物。需要处理的废气最好在过滤之前通过冷凝器、分离器或预热系统进行一下预处理，特别是如果必须使用HEPA级过滤器的情况下。需要注意的是，一些指南规定了无论培养的微生物的大小如何，所有这一类的操作都必须使用HEPA级过滤器。在没有规定使用HEPA过滤器的情况下，通常的做法是使用单个0.2 μm的消毒级通气过滤器来降低活微生物逃逸的可能性（BSL-1-LS的要求），若为了防止活微生物的逃逸，可连续使用两个这样的过滤器（对BSL-2-LS和BSL-3-LS的要求）。大多数发酵罐使用搅拌系统，搅拌系统通过旋转密封连接到容器。对于高于BSL-2-LS的更高水平的密封结构，通常需要双层机械密封。关于双密封是否会比单密封（增加可靠性还存在一些问题[15, 16]）。对于传染性病原体，必须设计密封以防止生物反应器泄漏。当工艺涉及有毒或有生物活性的材料，或者所涉及的病原因子需要额外的隔离措施时，液体或蒸汽可用作密封件之间的润滑剂。润滑剂流可以送到生物废弃物灭活系统。驱动器的位置是另一个问题，即安装在底部还是顶部。底部安装系统便于单元的维护，并且在可以使用磁耦合搅拌器系统的情况下，提供更好的防护。然而，在对混合要求苛刻的情况下，或者是由于细胞的性质，或者是由于材料的黏度较高，则需要考虑顶部驱动的单元，特别是对BSL-2-LS和BSL-3-LS的操作。

用于细胞培养的生物反应器的类型取决于细胞是否依赖于固定。那些不依赖于固定的细胞可以在与发酵罐非常相似的容器中生长。这些容器可能使用叶轮来确保细胞和营养素的适当混合，但它们必须经过精心设计以防止叶轮剪切细胞。其他细胞培养系统使用气泡柱或气泡柱和通气管，也称为空气流反应器，以实现培养物的适当混合和曝气。使用空气灌注系统或磁力耦合器驱动的搅拌器有利于容器的防护；然而，它们的应用可能受到材料的尺寸和（或）黏度的限制。

如果细胞依赖于固定，则必须放在转瓶、细胞工厂、微载体或中空纤维系统中培养。这些系统中的大多数设计有足够的整体密封以维持无菌生长环境，当然也应根据所涉及的体积和微生物来考虑防止这些系统的意外泄漏。

由于发泡和产品污染等明显问题，在负压条件下操作发酵罐或细胞培养容器通常是不可行的。有些工艺流程必须防止系统泄漏，该装置应配备监测腔室内压力的装置，并在超过设定水平时发出警报。

压力容器必须配备一个泄压装置（pressure relief device，PRD），它由一个防爆片和（或）一个弹簧加载的减压阀组成。在处理风险2组病原因子时，最好定位PRD，以便这些因子释放到工作区域以外。根据使用的病原因子的不同，对BSL-2-LS还应考虑某种类型的防护罩。对于BSL-3-LS，PRD应确保废气排放到废弃物消毒罐或其他防护系统。另一种选择是使用压力传感器，当设备超过正常工作压力时自动关闭空气供应。

使用的取样装置应既保持培养物的完整性，又满足防护的要求。对于GLSP和BSL-1-LS，应使用蒸汽消毒的取样阀，因为其目的是尽量减少释放。针头的使用需要根据使用中的每个病原因子进行评估，以确保它不会产生潜在的员工暴露问题。为达到防止泄漏的目标，使用病原体时，应使用可提供防护的取样装置。在一些情况下，使用采样装置需要二级防护。如图32-3和图32-4显示为采样装置的示例。可以使用各种管道焊接机/密封件用于无菌连接和断离。所有与罐体的连接都应牢固，以防止泄漏或释放。可以指明使用硬管道，这取决于病原因子和（或）容器尺寸。所有连接必须设计成便于清洁和消毒，例如，平滑安装、可蒸汽消毒等。如果对于某些高风险材料没法在发酵器内设置足够程度的安全防护，则整个单元可以根据需要放在防护装置内。

一次性技术尽管有其优点，但其对控制或预防气溶胶的能力引起了新的担忧，特别是在生产病毒载体时。气体喷射或液位控制过程中的过压可能导致样品袋破裂。排气过滤器的设计并没有可原位灭菌的发酵罐那样坚固耐用。袋子不能原位消毒；必须将废液转移到其他容器中通过化学或加热方法灭活。袋子取样不使用蒸汽灭菌阀门；相反，无菌热熔接技术用于连接和移除样品袋。

图 32-3 生物反应器上的采样组件（由新不伦瑞克科学公司提供）

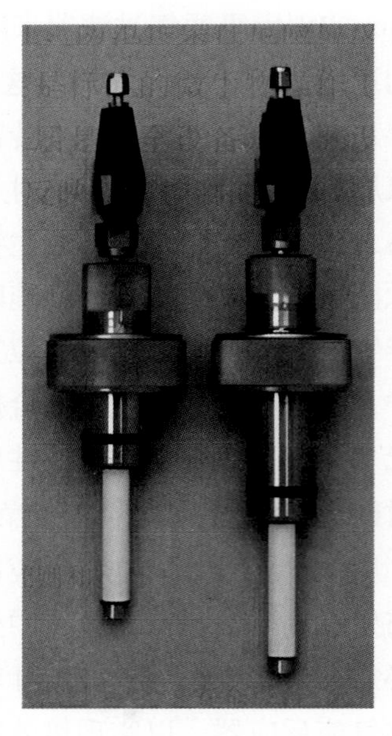

图 32-4 可消毒的原位采样探针

回收和纯化

在培养材料的后续加工中，材料需要防护以保护产品。如果微生物在培养系统中失活，并且不产生毒素、过敏原或有生物活性的产品（如 GLSP 工艺的情况），则不需要额外的防护措施。如果在进入加工流程之前没有杀灭微生物，BSL-1-LS 对处理活微生物设备的设计要求是要能够减少活生物体逃逸的可能性。在较高防护水平，对设备的设计要求则为要能防止泄漏。对微生物进行风险评估，包括对微生物的任何有害特征进行分析，这也是选择设备安全防护属性时最重要的考虑因素。

尽管一些设备可以同时用于多个用途，生产后续的工艺流程可以分为3个基本步骤：细胞分离、细胞破坏和纯化。部分设备包括以下内容：

- 细胞分离设备
  - 深度过滤
  - 离心机
  - 压滤
- 细胞破碎设备
  - 匀浆机
  - 超声波破碎仪
- 纯化设备
  - 超滤－缓冲液交换
  - 色谱柱
  - 冻干机
  - 深度过滤

本文不是分别对每种类型的设备进行论述，而是讨论了一般的防护设计方法以实现不同防护水平。这些方法可以基于所需的级别应用于各种设备。

对BSL-1-LS，防护目标是减少活微生物泄漏的可能性。从更实际的角度上说，这意味着所使用的设备的设计应保证防止材料的喷射、飞溅或明显的泄漏。如果在设备没有这方面的设计，就需要使用防护罩或在设备周围或可能发生泄漏的布点放置屏障以实现这种防护水平。如果设备产生气溶胶，则在气溶胶产生的位点附近放置具有排气口的防护罩，这样可以将气溶胶向工作区域的泄漏风险最小化。

对于较高的生物安全水平，需求往往是防止气溶胶泄漏。然而，对于通过呼吸途径传播的病原因子（通常为风险3组）而言，其操作理念是与通过污染的媒介物（如表面、设备等）传播的病原因子（通常为风险2组）不同的。在后一种情况下，如果员工可以接种疫苗并且病原因子不能通过气溶胶途径传播，则使用通气/防护罩/屏障可以提供充分的防护。

因为病原因子或者是产品的性质需要防止气溶胶逸出的情况下，都要求必须采用更严格的防护措施。满足这种需求的一种方法是将整个设备放置在防护装置或房间中。例如，离心时的气流会产生气溶胶，如果需要在密封的条件下进行，则整个离心设备可以放置在单独的房间内或隔离装置中。或者，也可以考虑负压隔离器。它们由柔性或者由刚性塑料或金属（通常是不锈钢）构成。生物安全柜可被用于不产生大量紊流的较小设备。在某些情况下，BSC制造商或其他专业设备组装商可以为特定设备制造专用的隔离装置。隔离装置可以由塑料护罩或具有高效过滤器和用以散热的排气口的柜式结构组成。隔离装置需要保证设备的正常操作、日常维护维修、材料装载和拆卸以及清洁。这些可能不可避免地需要使用操作面板、检修窗和手套。根据设备尺寸的大小，可能还需要在安装墙壁或门之前将其搬入设施。显然，所有这些问题都需要在装置设计时加以考虑，以便可以按照预期的方式使用。

关于BSC的事项和相应单元的选择将在本书的另一章和BMBL中讨论。对于药物和设备应用，所有与开放产品接触的空气必须为100级，这通常要求设备在工作表面外侧直接安装高效过滤器。

水平、层流、超净台的使用应仅限于培养基的准备。对于不能使用 BSC 但需要 100 级洁净空气条件的工作，可使用垂直层流装置，前提是使用额外的屏蔽、隔帘、低回流等来减少员工暴露。这对风险 2 组或以下的病原因子可以是选择项，也可能适用于一些风险 3 组不能通过呼吸途径传播的微生物，但这取决于所涉及的特定病原因子和正在进行的工作流程。

设备清洁和消毒机制

所有可重复使用的设备都需要进行清洁和消毒，以防止产品在运行之间受到污染，每次灭菌周期都要验证操作的微生物确实被杀死。一个更合适的术语是“去除污染”，因为人们并不总是需要消除所有活的微生物[17]。

用于细胞培养的设备，可能会使用牛源的原料，消毒循环必须能够满足 134 ~ 138°C 处理 18 min 的要求，或者按照主管部门的规定操作。

一些设施可能使用清洁剂和极端 pH 的原位清洁系统。在某些情况下，这种处理系统可能足以杀死使用中的为生物，但该灭菌过程必须得到验证。如果 CIP 系统不能杀死病原因子，则所有污染废水必须通过管道输送到灭菌罐罐中进行处理和废弃。许多设施还使用蒸汽 / 原位消毒系统，将蒸汽注入管道和使设备达到特定温度，在某些情况下为 121°C。系统达到的温度、蒸汽在系统中保持时间的长度，以及灭菌效果的测试和监测决定了该过程是否可以被称为灭菌过程。

也有某些设备，可以使用氯气、其他消毒剂或酸性或腐蚀性溶液进行净化处理。对于高于 GLSP 水平的生产过程，在设备打开之前必须把微生物灭活。

二级防护

设施的设计和构造提供二级防护，保护设施的其他部分和整个社区中在工作区域之外人员。如上文所述，工艺流程、病原因子和环境问题的确定将影响许多设计参数。在整个过程中始终牢记基本设施设计标准非常重要：GLSP，无特殊设施要求；BSL-1-LS，旨在防护生物大量溢出 / 泄漏的设施；BSL-2-LS，旨在防护所有微生物溢出 / 泄漏的设施；BSL-3-LS，设计用于防护所有微生物的溢出 / 泄漏，包括气溶胶。

最重要的问题之一是该设备是否将用于制造药物或装置，并且必须满足 GMP 要求。关于这个问题的一些其他考虑因素已经在第 31 章“制药行业的生物安全”中加以讨论。

有许多方法可以实现防护，并提供了各种设计问题的方法。这些防护概念通常不适用于 GLSP 设施，但某些方面可能是有用的，如废弃物处理。

建筑和装饰

设施内的所有表面应设计成能承受定期清洁和消毒。消毒通常采用消毒剂溶液的形式，但是，BSL-3-LS 设施通常要求设施能够承受熏蒸消毒。

地板应提供耐用、防滑、卫生的表面。如果大型设备需要在设施内移动，可以在混凝土地面加涂聚丙烯酸酯涂层或使用建筑环氧树脂。如果主要问题是担心病原体向环境泄漏，或环境需要满足 GMP 清洁性要求应该考虑片状乙烯基地板并用焊接填补接缝，也可以考虑另外加铺整块单层体系。设施必须有能力应对万一发生发酵罐的大量泄漏，或生物反应器的排放，能够有效防护。如果设备不可移动，可以在周围建立围堤。如果繁殖容器是可移动的，可以把它们放置在带有坡道的围堤中，

或者放置在可以收集任何泄漏材料的凹陷或地面有斜坡的区域中。如果没有液体生物废弃物处理要求，堤坝或凹陷区域必须具有足够的容积以容纳发酵罐的内容物和足够的消毒剂以消毒材料。同样，应将防护区域的水封加盖或升高，除非排水管是连接到生物废弃物处理系统的。

墙壁和天花板应光滑、无孔，并能够经受清洁和消毒。为防止大型设备在该区域周围移动时造成墙壁损坏，可能还需要额外的屏障，如防蹭栏或墙裙。天花板可以是环氧涂层硬质塑料，焊接乙烯基薄板系统，或其他可清洁和可密封的顶棚系统，但 BSL-1-LS 不要求天花板的密封性。如果 BSL-3 设施有从安全防护区域外部人员对照明、HVAC 和其他设备进行维修的情况。那么使用刚性材料，有可供人行走承重力的天花板可以为设施支持人员提供更高的安全性。

应尽量减少穿透地板、墙壁和天花板，这样更便于清洁并防止通过地板泄漏。进入 BSL-3 设施的所有通透部分都必须进行密封，以防止气溶胶逸出并允许对设施实施熏蒸。对于电缆和电缆桥架的穿透应在内部密封。

工作表面必须防水并且对化学品具有抵抗力，特别是能抵御消毒剂的腐蚀。工作表面应边缘光滑，以尽量减少对员工的伤害。设施中使用的家具必须坚固，能够清洁和消毒，并且最好放在便于清洁的区域。

门应采用平整设计和光滑，无孔洞的材料，能够经受反复清洁和消毒剂处理。门应该能自动关闭并且开启方向应是向进入危险空间的一侧。窗户应密封在框架上。倾斜的门槛有助于提高清洁能力。

暖通空调（HVAC）

由负压差产生的定向气流用于在生产区域和邻接区域之间产生空气屏障。虽然这对 BSL-1-LS 来说已经足够了，但操作病原体需要额外的防护。这可以通过多种方式实现。有两种最常用的基本设计 [18]。一个是包覆系统，其内部产品区域保持在正压力下，并且完全被负压走廊包围，以防止病原因子 / 产品从设施中迁移。该设计对于更易受污染的操作可能是有优势的，为此必须防止产品交叉污染和（或）必须满足严格的 GMP 要求。在大多数情况下，通过在生产区域中使用负压梯度和压力气泡气锁可以满足这些相同的标准；即空气被加压以在生产区域对危险材料实施防护。对于必须满足更严格的密封要求和（或）需要从 GMP 角度防止产品交叉污染的 BSL-3-LS 区域，可以使用两个相邻的气锁。第一个应该是压力气泡气锁阻断与走廊的联系，而与第二个气锁相邻，也就是连接到工作区的级联负压流气锁。在某些情况下，走廊可以作为第一道气锁。对于具有多个房间的设施，在危险最大的区域（通常是发酵罐 / 生物反应器）中，房间负压值应该是最大的。培养起始区域根据所涉及的技术或工艺可能需要相似的密封水平。通常，在这些培养起始区域中使用开放产品的工作需要在 BSC 进行以防止污染培养物。

每小时换气次数（air changes per hour，ACH）显著影响空气质量。在必须达到 100000 级条件的设施中，20 次 /h 的 ACH 并不罕见。对于 BSL-1-LS 以上的设施，应定位 10 ~ 15 次 /h 的 ACH。房间的通风设计应尽量使房间内的空气交换最大化，通常是上送和下回。

HVAC 系统应能够消除设备产生的热负荷，并为穿着个人防护装备的员工提供舒适的环境。

BSL-1-LS 设施不需要任何专门的送排风功能。而以下大部分功能对 BSL-3-LS 设施至关重要，也可考虑用于 BSL-2-LS：

- 需要专用的送风以促进系统控制和平衡。

· 如果送风需要与其他区域共用，则房间送风口设置高效过滤器或使用气密阀以防止送风系统的污染。

· 如果在设施中再循环，送风应进行高效过滤。

· 如果使用高效过滤器，应使用适当的预过滤器来延长高效过滤器的使用寿命。

· 应在过滤器外壳提供端口，以便定期测试过滤器。

· 应根据病原因子和环境问题考虑对排气进行高效过滤。

· 应制订规则保证测试和消毒高效过滤器或使用袋进/出组件。

· 如果从房间排出的空气在排出前未被过滤，则排气管道系统应焊接/密封到高效过滤器。

· 来自BSC和其他防护装置的废气应在排放前进行高效过滤，最好是在设施外部进行。通过室内排气系统排出这些设备产生的废气会在空气平衡[19]和设备的防护功能方面产生问题。Ⅱ级A2型生物安全柜不应直接连接到排气装置；ANSI/NSF认证标准要求在罩状连接有气流警报器。如果房间排风系统发生故障，将Ⅱ级B型生物安全柜放置在单独的排风系统上可以用于维持设施中的负压气流。

· 送排风系统应互锁，以防止设施持续正压。

公用设施和维护问题

所有支持该设施的关键设备和系统都应放在预防性维护计划中。控制面板和需要定期维护的设备应在允许可能的情况下放置在设施外进行修理和调整。应预备关键更换部件，特别是对于长时间运行设备，以防止设施运行过程中停机。

应设计HVAC，高压灭菌器以及其他设备和公用设施支持系统，以便维护人员不必进入设施进行维修和定期维护，尤其是在操作传染性物质的设施中。

应为所有活动提供足够的照明，努力减少反光和眩光。BSL-3-LS设施的照明灯表面应覆盖一层可清洁的防护罩。

液体和气体公用上送，如果不是专用设施，应使用防回流装置或其他装置进行保护以防止污染，例如，蒸汽蒸馏水系统的缓冲罐，液体消毒剂水封和真空系统使用点的高效或同等过滤器等。对于任何BSL-2-LS或BSL-3-LS设施，应考虑单独的真空系统。如果没有专用系统，必须使用液体消毒水封保护真空管路，并在使用时进行相应的过滤。

设施布局和支持系统

理想情况下，设施的设计应使材料和人员能够单向流动。但在许多情况下，这是不可能的，因为需要隔离进出，或“洁净”与“污染”的走廊。这是令人困惑的术语，并且所强调的区域在生物安全和GMP指导原则里通常有分歧。从生物安全的角度来看，“污染”是指微生物浓度最高的区域，而在GMP意义上，“污染”表示产品的最原始形式，即原料。当材料和人员流动是单向流动时，可以满足大多数生物安全和GMP标准。用于同时制造多种药剂的设施将需要额外的特色以防止潜在的交叉污染。达到此目的的一种方式是使用进-出走廊系统，其中每个房间/套房中都各具有入口和出口气锁，或者使用上述双气锁系统。当没有“清洁/污染”走廊系统时，需要采取操作程序以防止相邻生产区域的污染和潜在的交叉污染。

必须为更衣室、原材料储存区、设备用品、清洁/消毒设备，厕所和淋浴设施、冷冻/冰箱空

间、供气设备/服务等提供足够的空间。一般来说，大型设施通常采用特制的工作服，因此入口气锁通常设计为更衣室。办公区域应位于大型设施之外。在大规模生产区域设置必要的案头工作区域和计算机终端是可以理解的；然而，办公区域应该通过全高墙壁和门与生产区域分开。

大型设施应与人流量大的区域分开，以辅助进出限制和便于清洁。对于GSLP级以上的所有设施，应考虑进出控制系统以保护产品。在更高的防护层次上，进出受控有助于防止外部人员因闲游而误入该区域并造成意外的暴露，并且还有助于防止未经授权而暴露传染性材料。该系统的范围可以从电子卡进入系统到组合锁或钥匙开启系统。如果设施物理安保需要这种级别的保护，则可能需要更严格的系统，例如生物识别系统。

每个设施都需要包含所有必需的安全设备。必须提供洗手设施、洗眼器和紧急淋浴。洗手池通常应该是自动的或能够通过脚，膝盖或肘部操作。在某些设施中，GMP可能要求生产区域不允许放置洗手池。在这些情况下，应在生产区域提供洗手液，并且应在更衣室提供洗手池。洗手池可以排放到卫生下水道，只要它们不用于处理活的生物材料。

应当规定在工作区配备电话、计算机终端、传真机等，以便于在设施外部进行信息和数据传输，并尽量减少离开该区域的人员和文书工作的需要。如果需要将数据从使用病原体的区域转移，可以使用快速干燥的真空循环对数据包进行高压灭菌，

应为该设施制定综合虫害管理程序。幸运的是，专注于可清洁性的设计标准有助于实现这一目标。

所有关键系统和设备都应该配有报警。这包括送风系统故障，排风系统损失和防护装置排气故障。这些报警应该无论在设施内部和外部均可视听到，因此如果安全防护被破坏，人们将不会毫无准备地进入设施。在BSL-3-LS注意到防护发生泄漏时，关键过程设备必须报警。

设施建设完成后必须经过验收。验收过程记录所建设的设施符合所建立的设计标准。其他具有相似含义的术语包括认可、防护验证和资格认证。无论使用哪个术语，验收过程中必须包含的项目包括一套图纸，设施规定的使用范畴和设施的用途，对设备的要求和测试结果。测试必须涵盖HVAC系统，包括控制装置；BSC、通风橱和其他防护装置；警报和故障模式测试；以及液体废弃物处理系统和高压灭菌器。其他对防护至关重要的控制措施，如监测发酵罐压力的控制措施，也必须进行测试。

从生物安全的角度来看，“认证”一词具有不同的含义。根据世界卫生组织的定义，它是对实验室内所有安全功能和过程的系统检查（工程控制、个人防护装备和行政控制）。还要评价生物安全准则和规程。实验室认证是一项持续的质量和安全保证活动，应定期进行。这被认为是启动设施之前的最后一步。大多数指南都要求每年对关键的防护参数进行重新验证。

废弃物处理

GLSP设施的指南没有要求对活的GLSP微生物的排放进行消毒处理，但是，一些地方当局可能会要求这样做。许多州和地方法规和生物安全指南可能要求对备用种进行消毒。可能还有另外的当地法规来管理特定的废弃物参数，如生物需氧量和固体水平，这可能需要在废弃处置之前做进一步处理。因为这些微生物被认为是“安全的”，所以来自这些操作的废弃物通常不需再处理，甚至实际上可以考虑做进一步使用，如肥料。

所有从BSL-1-LS到BSL-3-LS重组工艺的活微生物和废弃物的排放都要求遵守OECD和美国NIH

rDNA指南在处理之前进行消毒。如果微生物含有编码不希望的性状的可移动/可转座基因，如赋予抗生素抗性，则需要评估在环境中转移性状的可能性。对于目前用于大规模生产目的的大多数系统，这不应该是一个问题。但是，如果将其鉴定为潜在风险，则灭活过程应能够降解DNA[20]。

对于传染性微生物的大规模工作，应使用高压灭菌器或其他消毒方法来处理受污染的物质。对于BSL-3-LS，高压灭菌器应放置于设施内。由于材料所涉及的浓度和体积通常具有较高的风险。推荐使用穿过防护设施内外部屏障双扉高压灭菌器。

如果不能在发酵罐或生物处理器中灭活生产过程中产生的任何微生物体，则可能需要灭菌罐或液体废弃物处理系统。废弃物罐通常放置在围堤、沟槽或其他具有足够容纳罐内容物容量的物理防护装置内，直到废弃物被处理或再循环到另一个罐进行处理。

消毒方法通常是对材料进行加热或使用化学试剂。通常，需要在罐中使用某种类型的搅拌或喷雾系统以提供更好的热量或化学分布并减少处理时间。这些废弃物罐可用于消毒清洗过设备的溶液、生产过程冲洗的残液、溢出物料等。在确定这些罐的尺寸时应考虑所有这些因素。

重要的是在处理过程中建立程序保护措施，以防止在灭活操作之前将活微生物释放到卫生下水道中。对于传染性病原体，必须将实施灭活程序和操作方式。

处理过的材料在释放之前，必须评估其pH，生产过程中涉及的有害化学物质、材料是否可以被认为是药物废弃物、生物需氧量、固体等，以确保符合当地/联邦法规。

生物安保/生物风险管理

相应的安保措施对于保护产品和防止意外泄漏非常重要。虽然可能会考虑到大规模生的生物恐怖主义，但它可能是一个最小的风险。诸如未经授权地访问、丢失、盗窃、故意释放，种子库/主细胞库造假等事件的风险的可能性更大。然而，风险最高的可能是自然灾害，即洪水、飓风、火灾、海啸和地震。根据地点的不同，设施的设计可能需要考虑自然风险[21]。

所需的生物安保措施应基于特定地点的风险评估，该风险评估考虑了所处理的病原因子和操作类型，如制造昂贵的生物产品或疫苗的设施。

当涉及管制因子或其他高风险因子时，注册机构会建立特定的安保要求。这些要求非常广泛，本章未对其进行介绍。其他信息可见“CDC Select Agent”网站，该网站提供安保信息文档和安保计划模板，以帮助制订书面安保计划。

然而，基本生物安保措施的实施有助于最大限度地减少无论是否有意的产品篡改的可能性。应该考虑一些措施限制那些在大规模生物安全操作和要求方面接受过适当培训的员工的准入区域，并锁定细胞库或贮备培养物冰柜并进一步限制获取这些材料的权限。还应考虑在多个地点维护细胞/种子库。

结论

由于所用生物因子的体积和浓度，大规模方法可能增加暴露风险。但是，相应的准则、设备和设施设计可以显著降低风险。

没有一种“正确”的方法可以达到可接受的防护水平。根据所操作的病原因子和产品，可以使用许多技术。希望这里提出的概念有助于这些决定。

我感谢Jon Ryan，Jay Jackson，Danielle Caucheteux和Robert Hawley对这项工作的帮助。

附录：大规模生产指南

美国CDC、NIH和WHO已经建立了使用少量感染因子工作的生物安全指南，即通常用于诊断、鉴定或基础研究量级。另外，在NIH关于rDNA分子的研究指南中对用于小体积和大体积的rDNA分子研究工作都有指导。但是，尚未制订针对不含rDNA分子的微生物进行大规模工作的具体生物安全指南。本文件的制订包括将安全的大规模工作的其他设备和做法纳入现有准则。它旨在收集最佳操作实例以最大限度地提高大规模工作的安全性，并可由机构生物安全委员会和（或）生物安全官员用于开展生物安全程序，并与风险评估结合运用以便完成相关工作。

毋庸置疑，微生物、数量和生产高压对于进行的工作选择合适的生物安全水平具有显著影响。对于微生物因子没有限定多大体积才构成“大规模”。某些CDC/NIH指南将“大规模”指定为超过用于鉴定、分型、分析性能或测试的体积。风险分析必须包括评估病原因子的感染性、传播途径、感染的严重程度、预防的可用性、生产工艺和使用的设备所提供的防护水平等，而不仅仅是正在处理的材料的体积。同样，几乎没有科学证据支持只有10 L以上的产品才能满足大规模的要求。当然，BSL-2和BSL-3微生物另当别论。CDC/NIH指南对许多BSL-2微生物建议提高培养和纯化的生物安全水平；然而，这只是为了生物安全官和科学家在建立相应保护水平时提供考虑事项。NIH的rDNA指南为大规模使用重组微生物工作提供环境保护的指导，但没有充分阐述保护使用传染因子的人员所必需的防护水平。

这些指南将涵盖大规模工作的四个不同层面：GLSP、BSL-1-LS、BSL-2-LS和BSL-3-LS。生物安全四级大规模的防护条件在此没有定义，但应根据具体情况确定。

这里只讨论了微生物的生物危害。其他危害，如所生产产品的毒性或生物活性，应单独考虑。这些指南并未特别阐述动物或植物病原体，但是，防护原则和做法可能对其中的某些病原因子有用。

所有从事大规模研究或生产微生物的机构都应指定一名生物安全官（BSO）来监督所使用的程序、设施和设备。BSO的服务对于BSL-2-LS及以上的工作是至关重要的，需要有处理病原微生物、生物安全准则、防护设备和设计标准的知识和经验。

Ⅰ. GLSP

GLSP水平被推荐用于某些风险1组的微生物，这些微生物在健康成人中不会引起疾病、无毒性、具有良好特征、和（或）具有安全大规模工作的悠久历史。这些微生物体不能将抗生素抗性转移到其他微生物。这些微生物的实例包括酿酒酵母（*Saccharomyces cerevisiae*）和大肠埃希菌K-12。如果泄漏到环境中，这些微生物具有有限的存活力和（或）没有已知的不良后果。

A. 标准微生物准则

1.处理活的材料后，操作人要洗手。如果不容易使用洗手池，则可以使用手消毒剂作为对策。

2.工作区域内禁止进食、饮水、吸烟、操作隐形眼镜和化妆品。

3.禁止用嘴移液，仅使用机械移液装置。

4.工作台面能够清洁和消毒。

5.需要有效的综合虫害管理计划。

B. 特殊准则

1.从事大规模工作的机构应为其员工制订健康和安全计划。

2.为在GLSP条件下工作的人员提供书面指示和培训。

3.生产过程、取样、转移和处理活的微生物等活动要以将员工暴露和气溶胶产生降低到最低程度的方式进行。

4.含有活微生物的排放物按照适用的地方，州和联邦要求进行处置。

5.工厂应制订应急响应计划，包括处理泄漏和事故处理。

C. 安全设备

1.提供防护服，如制服、实验室外套等，将个人衣物的污染的可能性降到最低。

2.设施内佩戴安全眼镜。

D. 设施

每个设施都有一个洗手池，或者有手消毒剂。洗手池应位于出口附近。工作区或容易接近的地方应提供洗眼台和紧急淋浴。

Ⅱ. BSL-1-LS

BSL-1-LS被推荐用于大规模培养风险1组的微生物，这些微生物不会导致健康成年人患病，对人员和环境的危害非常小，但不符合GLSP水平。

A. 标准微生物准则

1.工作正在进行时，项目负责人可自行决定限制进入工作区。应在门上放置一个警告标志，列出正在使用的病原因子，了解和负责设施的人员的姓名和电话号码，以及进入时的要求（如果有的话）。

2.在处理活的微生物后，工作人员需要在取下手套后，离开工作区域时洗手。如果不容易使用洗手池，则可以使用手消毒剂作为临时措施。

3.工作区域内禁止进食、饮水、吸烟、操作隐形眼镜和禁止在工作区化妆。

4.食品需要存放在工作区域外的柜子或冰箱中，且柜子和冰箱不能作为他用。

5.禁止用口移液，仅能使用机械移液装置。

6.常规基础上工作表面需要进行消毒处理，任何操作活的微生物发生泄漏后也要进行消毒。

7.执行程序时要仔细，保证气溶胶产生的风险降到最低。

8.应尽量减少利器的使用，并应采取安全处理的措施。

9.除非当地、州或联邦法规允许，所有活微生物的排放都应该在处置之前经过灭活。

10.所有微生物储存样品和培养物在废弃前要进行消毒处理。

11.需要有效的综合虫害管理方案。

B. 特殊准则

1.从事大规模工作的机构要为其员工制订健康和安全计划。

2.提供并记录基本微生物操作的书面程序和培训。在发生程序或政策变更时，人员必须接受最新培训。

3.如有要求，需要提供医疗评估、监督和治疗。例如，在从事条件致病性病原体工作时要确定雇员免疫系统的功能状态或能力等。

4.出现导致暴露于活微生物的泄漏和事故时要向设施主管/经理报告。酌情提供医疗评估、监测和治疗，并保存书面记录。

5.应急响应计划应包括处理泄漏和员工暴露的方法和程序。

6.活的微生物的培养物应在封闭系统或其他初级防护设备中操作，如BSC是为降低活微生物释放的可能性而设计的。

7.样品收集、向封闭系统添加材料以及将培养材料从一个封闭系统转移到另一个封闭系统时，要保证员工暴露、活微生物释放和气溶胶产生的风险降到最低。

8.从封闭系统或其他初级防护系统中废弃培养液，也要保证员工暴露、活微生物释放和气溶胶产生的风险降到最低。

9.通过使用相应的过滤器或程序，从封闭系统或其他初级防护系统中去除废气可最大限度地减少活微生物体向环境的释放。注意：某些国家特定的指南要求使用高效或等效过滤。在没有该要求的情况下，过滤器必须能够最大限度地减少微生物的释放。

10.含有活微生物菌的封闭系统或其他初级防护设备在没有消毒之前不得打开进行维护或进行其他目的的操作。

C. 安全设备

1.提供防护服，如制服、实验服等，以防止个人服装受到污染。

2.必须戴安全防护眼镜。

3.任何接触工艺材料的操作都建议使用手套。如果手上的皮肤破损、发炎或不完整，必须戴手套。必须提供乳胶手套的替代品。使用的手套必须对使用的任何化学品都能提供足够的保护。

D. 设施

1.每个设施包含洗手池或提供洗手液。洗手池应位于出口附近。应在工作区域内提供洗眼器和紧急淋浴器，或洗眼器和紧急淋浴器很方便找到。

2.工作区域有门，在进行大规模工作时可以关闭。

3.工作区设计应便于清洁。

4.地板能在有活微生物溢出的情况下进行清洁和消毒。不允许使用地毯。

5.工作表面不透水，耐酸、碱、有机溶剂和中温。

6.工作区内的家具坚固耐用，放置位置应使所有区域易于清洁，并应能经常进行清洁和消毒。

7.如果工作区域有打开的窗户，则应安装纱窗。

8.设施的设计应能容纳设施内出现大量溢出的材料，直至适当消毒处理。这可以通过使用围堤或倾斜或降低工艺容器所在的地势来实现，以完全容纳容器和所需数量的消毒剂。设施的设计应尽量减少活微生物直接排放到生活污水系统中。

Ⅲ. BSL-2-LS

进行风险2组感染性微生物的扩增和培养，建议使用BSL-2-LS规范。针对处理大量此类材料的设施，制订了以下指南。

A. 标准微生物学准则

1.仅限于符合进入要求的人员进入工作区。门是按照机构政策应时常上锁。

2.人员在处理活微生物、摘下手套后和离开工作区域前要洗手。

3.设施内不允许进食、饮酒、吸烟、佩戴隐形眼镜和使用化妆品。

4.食品储存在设施外的指定柜或冰箱内，且柜子和冰箱不做他用。

5.禁止用嘴吸移液，仅使用机械式移液装置。

6.工作表面应定期以及在任何活微生物泄漏后进行消毒处理。工作台面上使用的吸水性毛巾/覆盖物在使用后将被丢弃并消毒。

7.以防止产生气溶胶和（或）飞溅的方式谨慎执行程序。

8.在将所有受污染的材料移出工厂、重新使用或处置之前，应采用经批准的方法对其进行消毒。废弃物必须按照适用的法规进行处理、包装和运输。

9.所有活微生物的排放都通过一个经过验证的过程灭活，也就是说，一个已被证明能有效灭活该微生物的过程，或者一个已知对所用物理或化学方法有更强抵抗力的指示性生物。

10.需要一个有效的害虫综合管理方案。

B. 特殊准则

1.从事大规模工作的机构要为其员工制订健康和安全计划。

2.正在进行工作时，工作区域的门保持关闭状态。

3.进入工作区仅限于需要在场并且符合进入要求的人员，即是否接受过免疫接种。对疫苗不能接受或不接种的人、在暴露事件中不能采取所建议的预防措施、感染风险增加或已证明一旦感染可能导致异常的人员不得进入工作区域，直到他们的情况已经由相应的医务人员评价过。工作人员被告知潜在的风险，并可能被要求与他们的医生一起讨论该问题，以确保他们理解并接受潜在的风险。

4.工作人员需能够证明其BSL-2标准微生物准则和程序以及人类病原体处理的熟练程度。这可以包括先前的经验和（或）训练。提供并记录了与所涉及的生物相关的危害以及特定于大规模工作区的准则和操作的培训。

5.按要求提供相应的免疫接种、医学评估监测和治疗，即免疫接种，免疫状态调查等。

6.危险警告标志，包含通用的生物危害标志、识别传染性病原体，并列出熟知和负责工作区域的人员的姓名和电话号码以及进入该工作区域的任何特殊进入要求。标志须张贴在工作区的入口处。

7.基础背景血清样品通常不是必需的，但可以根据所操作的病原因子和（或）制成的产品来考虑。

8.随时可以获得书面设施和过程特定的生物安全政策/程序，详细说明操作传染性物质、泄漏清理、事故处理、应急程序和其他适当安全信息所需的安全操作规程。

9.避免使用锐器。必须制定和实施安全处理尖锐物的规则，如针、手术刀、移液器和破碎的玻璃器皿。如果需要，使用额外的更安全的工程设备或工作实践控制和（或）个人防护设备来防止意外暴露。尽可能用塑料实验室器皿代替玻璃器皿。如果使用玻璃器皿，则将其包覆或用防护罩以将破裂的可能性降低到最小化。

10.将活的微生物收置在容器中，以防止在收集、处理、提供和运输过程中泄漏。

11.活的微生物在封闭系统或其他初级防护设备中操作，以防止它们释放到环境中。

12.样本收集、对封闭系统的材料添加以及培养材料从一个封闭系统到另一个封闭系统的转移时要防止员工暴露和从封闭系统重新释放有活性的材料。

13.不得从封闭系统中除去培养液（项目12中允许的除外），除非有活力的微生物已通过验证的程序灭活或微生物/病毒载体是所需产品。

14.从封闭系统或其他初级安全防护系统中排出的废气经过过滤或以其他方式处理，以防止有生命的微生物释放到环境中。注意：某些国家特定的指南要求使用高效或等效过滤。在没有该要求的情况下，过滤器必须能够防止微生物的释放。

15.容纳活的生物的封闭系统除非经过净化处理，否则不得打开进行维护或其他目的。

16.与用于活微生物体增殖的封闭系统直接相关的旋转密封件和其他机械装置设计成防泄漏，或完全封闭在通风的外壳中，外壳通过过滤器或其他方式处理以防止活微生物释放到环境中。

17.对用于繁殖活微生物的封闭系统和其他初级防护设备在使用之前以及在对系统进行任何可能影响设备密封特性的任何改变/修改之后，要进行安全防护特性的完整性测试。这些系统配备了一个传感装置，可在使用时监控安全防护的完整性。在使用过程中无法验证或监测其完整性的密封设备被封装在通风的外壳中，这些外壳通过过滤器排气或以其他方式处理以防止活微生物的释放。

18.用于繁殖有生命的微生物或其他初级防护设备的封闭系统要时常配备标识。该标识用于有关验证、测试、操作和维护的所有记录。

19.在污染清理等之后，污染的设备和工作表面在常规的基础上用相应的消毒剂进行消毒。在维护或运输之前，对污染的设备进行消毒处理。工作表面上用于收集液滴和最小化气溶胶的吸水性毛巾/覆盖物应在使用后进行消毒和废弃。

20.工作人员在发生暴露事件后应立即就医。导致暴露于传染性物质的泄漏和事故要立即报告给设施主管/经理和生物安全官。提供适当的医疗、医疗评估和监督，并保持书面记录。

21.应急响应计划包括所有处理员工暴露和消毒和清除活的生物材料的溢出/释放的规定，包括正确使用个人防护装备。

22.与正在进行的工作无关的动物或植物不得进入工作区域。

C. 安全设备

1.进入设施的人员要更换衣物或要将衣服完全覆盖，如反穿衣或环绕式连体服、工作服等。如果皮肤接触微生物会造成暴露风险，则防护服必须是防水的。应该提供头套和鞋套或防护鞋。在离开设施时应脱去防护服，并在废弃或洗涤前进行消毒处理。

2.工作区域需始终佩戴防护眼镜。对于任何可能涉及喷溅或喷涂的程序，都要佩戴防护面罩，即面罩或护目镜和面罩/呼吸器。如果可重复使用，应在重新使用前对保护目镜/面罩进行消毒。

3.正在进行工作时，工作区域需始终佩戴防渗手套。如果工作人员在延长的时间段内工作或者可能需要与感染性物质直接接触，则需要戴双层手套。手套在离开工作区时要废弃。必须提供乳胶手套的替代品。使用的手套还必须提供足够的保护，不受使用任何化学品的侵蚀。

4.呼吸器/面罩的选择是根据病原因子的可传播性进行的。如果病原因子通过呼吸途径传播，则需使用过滤效率能够保护个体免受微生物影响的呼吸器，如用于病毒的高效过滤器，用于结核分枝杆菌的N95口罩等。如果病原因子通过黏膜接触传播，则应首选防止液滴渗透的面罩，即具有防水性。工作人员要接受呼吸器/面罩的使用培训，培训程序应包括涉及气溶胶产生和涉及在工作区域活微生物泄漏的紧急情况。

5.如果从封闭系统中取出活的生物材料，需要使用Ⅱ级或Ⅲ级BSC或其他通风防护装置来防护这一过程。

a. BSC必须安装在室内送排风的波动不会干扰其正常运行的位置。

b. BSC应远离门、有频繁人员流动的工作区域以及其他可能有气流干扰的位置。

c. Ⅱ级BSC的高效过滤废气如果要可以安全地再循环回工作区域环境，则需要安全柜至少每年进行一次测试和认证，并按照制造商的建议进行操作。

d.BSC还可以通过伞装连接，或者通过硬性连接直接设施污染的排气系统将BSC的排气排放到外部。

e.确保BSC性能和空气系统运行正常的规定必须通过验证。

6.只能使用带有密封转子的离心机或可以在BSC中打开的安全杯，或者将离心机放置在可以提供足够密封装置的防护装置中。

7.连续流动式离心机或其他能够产生气溶胶的设备必须放置在通过过滤器排气的装置中或以其他方式处理以防止活微生物释放。

8.真空管道采用液体消毒水封和高效过滤器或等效设备进行保护，并根据需要进行常规维护和更换。

D. 设施

1.该设施是与建筑物内对无限制交通流开放的区域隔离开。该设施有一个双重门入口区，如气锁或通道。更衣室可能是入口区的一部分。

2.每个主要工作区域包括用于洗手的洗手池，但不应是手动操作的，而是自动操作的或者是脚或肘操作的。

3.该设施应提供洗眼台和紧急淋浴。

4.该设施应易于清洁和消毒。家具和固定设备密封在地板上，可升起或放在轮子上，以便对设施进行清洁和消毒。

5.工作表面不透水、耐酸、碱、有机溶剂和中等热量。

6.地板、墙壁和天花板由光滑，防水的材料制成，并且可以抵抗通常使用的化学品和消毒剂。地板应该是一整块的、防滑的，并有覆盖层。灯具是密封的，或者是凹陷的并且覆盖有可清洁的表面。

7.对防护设施的穿透保持在最低限度并密封，以保持设施的完整性。

8.设施的窗户应保持关闭和密封。

9.液体和气体供应专用于设施，并可防回流。防火喷淋系统不需要防回流装置。

10.设施的通风系统旨在控制空气流动。

a.送排风口的位置设计宗旨在于使该区域的空气交换最大化，即送排风口放置在房间的相对两端，如上送下排等。

b.一般实验室型工作区域被设计为每小时至少有六次换气。对于大型设施，每小时换气次数将取决于该区域的大小、所要处理的化学品和病原因子、工作程序、所用设备、热负荷以及该地区的微生物/颗粒物要求。

c.该设施相对于周围区域或走廊处于负气压。该系统应产生定向气流，将空气从设施的“清洁”区域吸入“污染”区域。如果存在多个污染区域，则潜在污染最高的区域是负压最低的。

d.来自设施的废气不再循环到设施中的任何其他区域，而是通过高效过滤器或防止活微生物泄漏的其他处理方式被排放到外部。

e.该设施有一个专用的供气系统。如果供应系统不专用于设施，它应包含高效过滤器或气密阀，可以在系统发生故障时保护系统免受潜在的回流。

f.高效过滤器壳体应具有气密阀，消毒端口和（或）袋进/袋出能力。外壳应允许每个过滤器的泄漏测试和组装。过滤器和外壳应至少每年进行一次认证。

g.设施的送排风系统设计应保证在发生电力或设备故障时防止室内压力变为正值。

h.警报系统用以警示系统故障或所需气流发生变化。在设施入口处应设置标示和确认定向气流的视觉监控装置，以便于工作人员验证气流是否适当。应提供视听觉警报，以通知人员任何HVAC系统故障。

11.在设施中应备有消毒所有废物的方法，即高压灭菌器、化学消毒、焚烧或其他有效方法。

12.设施的设计应能容纳设施内出现大量溢出的活微生物，直至适当消毒处理。这可以通过将设备放置在围堤区域中或者倾斜区域中或降低地板来实现，以允许足够的容量来容纳活微生物和消毒剂。

13.设施的排水设计旨在防止活微生物直接排放到卫生下水道，例如，地板水封应该加盖，抬高或装配有液体密封垫圈，以防止未经处理的微生物体的释放。可以考虑液体废弃物消毒系统，这取决于所处理的病原因子、工作流程和体积。

14.应对设施和设备进行测试，以确认它们符合所建立的设计标准。该测试应包括高效过滤器和过滤器外壳、HVAC系统和控制器、BSC和其他防护装置、封闭式培养或工艺设备、警报器、高压灭菌器和废弃物处理系统。应至少每年进行一次测试，并在对可能影响其运行的设备或设施进行任何更改后进行验证。

15.应进一步考虑是否需要：

a.计算机网络/电话等，以及设施内的其他通信和数据传输系统。

b.区域消毒系统，用于清除大型设备和（或）房间的污染。

c.用于清洁设备的缓冲间。

d.更衣室，保障更衣后进入，淋浴后离开。

e.高级访问控制设备（如生物识别）。

f.门和通风口周围的空间可以密封，以便对设施进行气体熏蒸消毒。

16.根据风险评估，可能需要制订设施安全计划。至少，进入设施应限于受过培训的员工。如有访客参观，必须由训练有素的员工陪同。应考虑对存储培养物的冷冻库进行额外的访问控制。

该指南由前ASM生物安全实验室安全工作组小组委员会编写：M.Cipriano，D.Fleming，R.Hawley，J.Richmond，J.Cogggins，B.Fontes，C.Thompson和S.瓦格纳。特别感谢M. Downing，B.Petuch，R.Hawley，P.Meecham，J.Gyuris，R.Rebar，D.Caucheteux，ME Kennedy，H.Sheely，S.Gendel，C.Carlson和R. Fink他们的意见和建议。

原著参考文献

[1] Harding AL, Byers KB. 2006. Epidemiology of laboratory-associated infections, p 53–77. In Fleming DO, Hunt DL (ed), Laboratory Safety: Principles and Practices, 4th ed. ASM Press, Washington, D.C.

[2] Advisory Committee on Dangerous Pathogens. 1995. Categorization of Biological Agents According to Hazards and Categories of Containment, 4th ed. Her Majesty's Stationery Office, London, United Kingdom.

[3] Advisory Committee on Dangerous Pathogens. 1998. The Large Scale Contained Use of Biological Agents. Her Majesty's Stationery Office, London, England.

[4] Public Health Agency of Canada. 2015. Canadian Biosafety Standards and Guidelines, 2nd ed. Health and Welfare Canada, Ottawa, Canada.
[5] National Institutes of Health. 2013. NIH Guidelines for Research Involving Recombinant DNA Molecules (NIH Guidelines), as amended.
[6] Organisation for Economic Co-operation and Development. 2000. Directive 2000/54/EC of the European Parliament and of the Council of 18 September 2000 on the protection of workers from risks related to exposure to biological agents at work. OECD Publications, Paris, France.
[7] Organisation for Economic Co-operation and Development. 2009. Directive 2009/41/EC of the European Parliament and of the Council of 6 May 2009 on the contained use of genetically modified micro-organisms. Off J Eur Union L 125:75–97.
[8] U.S. Department of Health and Human Services, Public Health Service, Centers for Disease Control and Prevention, National Institutes of Health. 2009. Biosafety in Microbiological and Biomedical Laboratories, 5th ed. HHS Publication No. (CDC) 21-1112. U.S. Government Printing Office, Washington, DC.
[9] Prime Minister. 1991. Guidelines for Recombinant DNA Experiments. Ministry of Health, Tokyo, Japan.
[10] World Health Organization. 2004. Laboratory Biosafety Manual, 3rd ed. World Health Organization, Geneva, Switzerland.
[11] World Health Organization. 2003. Guidelines for the Safe Production and Quality Control of IPV Manufactured from Wild Polio Virus. World Health Organization, Geneva, Switzerland.
[12] McGarrity GJ, Hoerner CL. 1995. Biological safety in the biotechnology industry, p 119–129. In Fleming DO, Richardson JH, Tulis JJ, Vesley D (ed), Laboratory Safety: Principles and Practices, 2nd ed. ASM Press, Washington, D.C.
[13] American Institute of Chemical Engineers (AICE). 2011. Guidelines for Process Safety in Bioprocess Manufacturing Facilities. John Wiley & Sons, Inc, Hoboken, New Jersey.
[14] Bailey JE, Ollis DF. 1977. Biochemical Engineering Fundamentals. McGraw Hill, New York, N.Y.
[15] Hambleton P, Melling J, Salusbury TT (ed). 1994. Biosafety in Industrial Biotechnology. Blackie, Glasgow, Scotland.
[16] Liberman DF, Fink R, Schaefer F. 1986. Biosafety in biotechnology, p 402–408. In Solomon AL, Demain NA (ed), Industrial Microbiology and Biotechnology. American Society for Microbiology, Washington, D.C.
[17] National Research Council. 1989. Biosafety in the Laboratory. National Academy Press, Washington, D.C.
[18] Odum J. 1995. Fundamental guidelines for biotech multiuse facilities. Pharm. Eng. 15:8–20.
[19] Ghidoni DA. 1999. HVAC issues in secondary containment, p 63–72. In Richmond JY (ed), Anthology of Biosafety. American Biological Safety Association, Mundelein, Ill.
[20] Safety in Biotechnology Working Party of the European Federation of Biotechnology. 2000. Safe biotechnology 10: DNA content of biotechnological process waste. Trends Biotechnol 18:141–146.
[21] World Health Organization. 2006. Biorisk Management. Laboratory Biosecurity Guidance. World Health Organization, Geneva, Switzerland.

33

兽医诊断实验室与剖检

TIMOTHY BASZLER AND TANYA GRAHAM

前言

与人类临床微生物学实验室类似，兽医诊断实验室的工作同样对实验室工作人员具有潜在的风险。根据2008年美国兽医医疗协会“一个健康倡议”特别工作组报告，60%的人类传染性疾病是由多宿主病原体跨物种传播而引起[1]的。在过去的30年中，75%的新发人类病原体（如西尼罗热，禽流感和莱姆病）均为人兽共患传染病（在动物和人类之间传播）[2]。因此，处于来源于多物种宿主病原体的兽医诊断实验室工作人员具有实验室获得性感染的风险。

根据定义，人类诊断标本中的潜在感染因素是人类病原体。所有提交给兽医诊断实验室的宿主物种中的感染因子并不都是人类病原体（如人兽共患病病原体）。控制兽医诊断实验室生物安全风险的关键包括良好的常规生物安全培训、安全设施以及诊断样本是否包括人兽共患病病原体的实际风险分析。在兽医实验室和动物设施环境中，可能对动物和人类群体构成生物风险的生物材料将不可避免地出现和处理。在诊断实验室检测期间，控制潜在病原体的主要目的是预防人类的实验室获得性感染和防止病原体释放到环境中，潜在地感染动物和人类。因此，实验室设施管理者确保其设施中的生物风险得到明确识别、理解、控制并传达给利益相关者至关重要。

本文其他章节中列出的许多生物安全准则指南以及第5版[3]的BMBL足以满足兽医诊断实验室的要求。2007年发布的BMBL第5版（最新）对与生物安全二级实验室有关的实践操作进行了重要的修改和阐述。

另一个非常出色的参考资料是CDC出版的《临床诊断实验室安全工作实践指南》，专门针对处理未知传染源风险诊断样本的临床实验室（诊断“未知”）[4]。综合性生物安全指南，如BMBL、动物研究服务（ARS）设施设计标准[5]和NIH设计政策指南[6]，①强调使用工程控制，如定向气流、适当设计的实验室设施和生物安全柜；②管理控制，如标识系统、概述安全工作准则的标准操作规程和勤洗手要求；③个人防护装备使用指南。

由于BMBL主要是为研究实验室编写的，并且它是一部在操作已知的病原体时所使用的“病原体特异性”的生物安全指南，为了尽量减少生物安全危害，因此本章编写的目的是为与兽医诊断标本，即临床材料相关的工作提供实用指南和工作准则，这些临床材料可能包含一些未知材料，它们被病原体感染，并可能对人类有害，并对动物种群构成威胁。一般来说，兽医诊断实验室应使用BSL-2准则和设施进行常规临床/诊断工作。诊断人应在每次接收样品时进行实际风险评估，以确定是否有必要使用低级别（BSL-1）或高级别（BSL-3）生物安全设施、程序和准则来处理样本。

生物风险分类与评估

风险分类

表33-1分别列出了世界动物卫生组织［WOAH，正式称谓是（OIE）］[7]和CDC/NIH[3]所规定的风险组别（G1～G4）和生物安全等级分类（BSL-1～BSL-4）。表33-2列出了每个风险组内操作微生物推荐的实验室准则、设备和设施。在OIE和CDC/NIH分类系统中，风险水平的增加（如数量的增加）意味着与职业暴露于某一病原因子的生物安全和生物防护风险更大。随着风险水平的增加，在设计用于鉴定、分离或增殖样本中的病原因子的过程中，都需要额外的、更严格的防护措施。

表 33-1 分类：WOAH（OIE）风险分类（G1 ～ G4）和 CDC/NIH 风险组（RG1 ～ RG4）[a]

特征
OIE 动物病原微生物的危害等级
1. 具有地方流行性但不受官方控制的致病性病原微生物
2. 无论是外来的还是地方性的致病性病原微生物，受官方控制并且从实验室传播的风险较低
3. 无论是外来的还是地方性的致病性病原微生物，受官方控制并且具有从实验室传播的中等风险
4. 无论是外来的还是地方性的致病性病原微生物，受官方控制并且具有从实验室和在国家动物种群中传播的高风险
CDC/NIH 风险组
1. 与健康成年人疾病无关的病原微生物
2. 与人类疾病有关的病原微生物，但很少引起严重疾病，而且通常可以采取预防或治疗措施
3. 与严重或致死性人类疾病有关的病原微生物，可能采取预防或治疗措施（个体风险高，但群体风险较低）
4. 可能导致严重或致命人类疾病的病原微生物，但通常没有预防或治疗措施（高个人风险和高群体风险）

a 数据来源于参考文献[3]和[7]。

表 33-2 CDC/NIH BSL-1 ～ BSL-4: 准则与设备[a]

BSL	标准	准则[b]	安全设备和设施
1	无在健康成年人中引起疾病报告	标准预防措施	实验台和洗手池 PPE：实验服和手套。按要求进行眼部和面部防护
2	与人类疾病相关病原体 传播途径：经损伤皮肤，摄入和黏膜暴露	BSL-1 准则以及 实行门禁 张贴生物危害标识 锐器使用防护措施 经过病原体操作培训的人员 有安全手册	BSL-1 实验室加： 用生物安全柜处理样品和工作中可能产生气溶胶或发生溢洒的 有高压灭菌器

续表

BSL	标准	准则[b]	安全设备和设施
3	已知可导致严重或致命的人类疾病 已知有通过气溶胶传播的风险 生物因子可能是本地或外来的，或 生物因子是“高等级防护农业病原微生物”	BSL-2 准则以及实行门禁 所有废弃物消毒处理 实验室服装在洗涤前消毒处理	BSL-2 实验室设施设备 生物安全柜用于处理样品和培养物 按要求装备 PPE（防护服和面罩） 负压气流 自动关闭的双重门 排风不再循环利用 进入实验室需经过气锁门或缓冲间 与进入走廊有物理隔离 实验室出口处设置洗手池
4	已知可导致严重或致命的人类疾病 通过气溶胶传播 生物因子是当地或外来的 无可用的疫苗或治疗方法	BSL-3 准则加： 进入前更换衣服 退出时淋浴 所有转移到实验室外的废弃物需消毒处理	BSL-3 实验室 所有操作程序中使用Ⅲ级生物安全柜，或Ⅰ级或Ⅱ级生物安全柜但配备全身、空气供应的正压防护服 独立建筑或隔离区域 专用通风和消毒系统

a PPE（personal protective equipment，个人防护装备）；BSL（biosafety level，生物安全等级）；BSC, biosafety cabinet，生物安全柜；参考文献[3]和[43]的数据。

b 标准预防措施基于以下准则、所有血液，体液（除汗液外）、排泄物、受损皮肤和黏膜均可能含有可传染的生物因子[20]。

表33-1和表33-2有助于评估来自不同微生物的风险，并为操作这些微生物推荐相应的安全措施。OIE表33-1中的风险分类是基于与实验室中有害病原体生物污染相关的风险水平，而CDC/NIH中的风险分类依据是与生物安全相关，即有效治疗和预防人类感染的实用性。表33-2中的CDC/NIH指南提出了四个生物安全水平，以及针对已知引起实验室获得性感染的病原微生物的相应控制措施的建议。风险分类（RG1～RG4）和实验室生物安全分类（BSL-1～BSL-4）不得互换使用。风险分类（RG1～RG4或G1～G4）通常根据违反生物安全和（或）生物安全的后果的严重程度得出。因此，风险分类可能不等同于生物安全水平（BSL-1～BSL-4），因为它们可能不考虑相同的风险消减因素（如工程控制、管理控制和PPE）或程序。这两种分类都没有考虑到由于先前存在疾病（如免疫系统受损或怀孕）而增加感染易感性的人。有关更多信息和参考资料，请参阅Sauri关于生物医学研究设施中的医学监测的特邀评论[8]。

兽医诊断实验室的常规工作应假定临床标本含有RG2因子，除非风险评估另有指示，否则标本的处理应按照BSL-2惯例和程序进行。尽管标本的传染性可能未知，但诊断标本可能含有多种未知因素，其中一些可能对人类健康造成极大危害或对动物种群构成重大威胁。在样本被定性为非感染性或风险评估表明相关生物污染和风险控制之前，兽医实验室应采取预防措施，使用标准BSL-2准则和屏障防止暴露（表33-2）。一旦实验室确定了一种特定的病原体或毒素，进一步的工作就要按相关传染性病原体要求的生物防护和风险控制措施开展。有时，兽医诊断实验室可以使用BSL-3操作准则和程序。只有在特殊情况下，兽医诊断标本才会含有本章不包括的RG4病原体。表33-3列出了兽医诊断实验室中常见的一些RG2和RG3病原体；该列表并不包括所有病原体。有更多在线资源，其中列出了对动物重要的病原体，如“OIE列出的疾病和其他对国际贸易重要的疾病”[9]，以及可搜索的微生物及其危险组数据库，并建议了基于致病性、传播方式和宿主范围、现有预防措施、有效治疗和其他因素［美国生物安全协会（ABSA）[10]的生物安全最佳准则。］

表 33-3 提交给兽医诊断实验室的标本中可能存在的常见风险 2 组和风险 3 组的人兽共患病原体的示例[a]

风险 2 组
病毒：A、B、C 型流感病毒；新城疫病毒；副痘病毒（Orf）；西尼罗病毒
细菌：产碱杆菌属、亚利桑那菌、弯曲杆菌属、鹦鹉热衣原体（非鸟类），破伤风梭状芽胞杆菌、肉毒梭状芽胞杆菌属、棒状杆菌、猪丹毒杆菌、大肠埃希菌、嗜血杆菌属、螺旋体属、李斯特菌属、莫拉菌属、鸟分枝杆菌、多杀性巴氏杆菌属、变形杆菌属，假单胞菌属、沙门菌、葡萄球菌属、耶尔森菌、假结核耶尔森菌
真菌：烟曲霉、小孢子菌、毛癣菌属、皮肤芽胞杆菌、球孢子菌、新型隐球菌、荚膜组织胞浆菌、申克孢子丝菌
风险 3 组
病毒：狂犬病毒、马脑脊髓炎病毒（东部、西部、委内瑞拉）、日本脑炎病毒、跳跃病病毒
细菌：炭疽杆菌、鼻疽伯克霍尔德菌、布鲁菌属、鹦鹉热衣原体（禽类菌株）、贝纳柯克斯体、牛分枝杆菌
真菌：皮炎芽生菌孢子（仅培养物）、球虫病孢子（仅培养物）、组织浆包囊孢子（仅培养物）

a 数据来源于参考文献[44]。

风险评估

在本章中，风险评估一般被定义为生物风险的评估或估计，并没有提出具体的方法。在进行风险评估时，兽医诊断实验室必须考虑可能存在的“高风险家畜病原体”。由美国农业部动植物卫生检验局和美国卫生和公众服务部CDC共同管理的联邦管制病原程序（The Federal Select Agent Program）定义了高致病性家畜病原体。美国卫生和公众服务部（42 C.F.R.第73部分）和美国农业部（9 C.F.R.第121部分和7 C.F.R.第331部分）在《美国联邦公报》上公布了《管制病原体和毒素条例》。被确定为属于“高致病性”类别的家畜病原体是根据对农业动物健康或动物产品有潜在的严重有害影响、该病原的毒力和传播性、有效治疗方法的可用性以及经济等因素。尽管不一定是人兽共患病，“高风险家畜病原体”需要使用BSL-3设施和（或）准则进行操作，以防止病原体意外或故意释放/扩散到环境中。表33-4显示了截至2016年来源于联邦管制病原体登记处的管制病原体和毒素清单。该清单结合了当前分类为对人类或动物健康构成严重威胁的管制病原体，包括美国农业部病原体（动物健康威胁）、健康和人类服务病原体（人类健康威胁）以及“重叠”病原体（动物和人类健康威胁）[11]。

生物风险评估应包括生物安全和生物安保的评估。传统上，“生物安保”一词指的是农业生物安保，其目标是防止疾病进入畜群。2008年，《生物武器公约》指出：“生物安全使人们远离危险的微生物，而生物安保则使微生物远离危险的人”。更具体地说，WHO将生物安全定义为“为了防护无意识暴露或意外释放而实施的控制原则、技术和实践”。生物安保被定义为“旨在防止病原体和毒素丢失、盗窃、误用、转移或故意释放的机构和个人安全措施”[12]。

风险评估可以通过多种方式制定。没有一种官方或标准化的方法来进行风险评估，但有几种可用的策略。这包括使用风险优先级矩阵、进行作业危害分析或模拟列出在执行程序/任务/活动时可能发生错误的潜在情况[13]。WHO建议在处理临床标本时采用常识性方法，因为实验室人员不知道可能存在或可能不存在哪些因子。处理和运输未知物时至少应遵循BSL-2规范和程序。试样应始终在实验室内（内部）用经批准的防漏容器运输。当将样本转移或运输到其他设施时，必须遵守所有转移和运输规定[14]。

表 33-4 HHS 和 USDA 管制病原体和毒素

HHS 管制病原体和毒素	**两个机构重叠管制病原体和毒素**
相思豆毒素	炭疽杆菌*
肉毒杆菌神经毒素*	炭疽杆菌巴斯德菌株
产生肉毒杆菌神经毒素的梭菌属*	流产布鲁菌
芋螺毒素（含有氨基酸序列 $X_1CCX_2PACGX_3X_4X_5X_6CX_7$ 的短链，麻痹性 α 芋螺毒素）	羊布鲁菌
贝纳柯克斯体	猪布鲁菌
克里米亚 - 刚果出血热病毒	鼻疽伯克霍尔德菌*
二乙酰氧基喜树酚	类鼻疽伯克霍尔德菌*
东部马脑炎病毒	亨德拉病毒
埃博拉病毒*	尼帕病毒
土拉杆菌*	裂谷热病毒
拉沙热病毒	委内瑞拉马脑炎病毒
鲁乔病毒	**USDA 管制病原体和毒素**
马尔堡病毒*	非洲马瘟病毒
猴痘病毒	非洲猪瘟病毒
重构的有复制能力的 1918 年大流行性流感病毒，其中包含所有 8 个基因段的编码区域的任何部分（重构 1918 年流感病毒）	禽流感病毒
蓖麻毒素	猪瘟病毒
普氏立克次氏体	口蹄疫病毒*
严重急性呼吸综合征相关冠状病毒	山羊痘病毒
蛤蚌毒素	皮肤结节病病毒
南美出血热病毒：	山羊支原体
查帕雷	丝状支原体
瓜纳瑞托	新城疫病毒
鸠宁	小反刍兽疫病毒
马丘波	牛瘟病毒*
沙比亚	绵羊痘病毒
葡萄球菌肠毒素 A、B、C、D、E 亚型	猪水疱病病毒
T-2 毒素	**USDA 植物保护和检疫局（PPQ）管制病原体和毒素**
河豚毒素	菲律宾霜指霉（甘蔗指霜霉）
蜱传播脑炎病毒（黄病毒）群：	大豆生茎点霉（旧称大豆棘壳孢）
远东亚型	青枯菌
西伯利亚亚型	产毒拉氏杆菌
基萨诺尔森林病病毒	玉米褐条霜霉病菌
鄂木斯克出血热病毒	马铃薯癌肿病菌
重型天花病毒（天花病毒）*	稻黄单胞菌
类天花病毒*	水稻白叶枯病
鼠疫杆菌*	

a *表示1级病原因子。数据来源于文献[45]。

风险可以定义为不良事件发生的可能性和由此产生的不良后果。不良事件发生的可能性是基于：当前有关病原因子的科学知识，实验室设施的性质，要执行的程序，以及相应的缓解因素。每种缓解因素的设计都旨在降低不良事件发生的可能性。从最有效的因素开始，有效缓解因素的例子包括工程和行政控制、实验室安全政策和程序以及PPE的使用。

缓解因素可以用来减少发生LAI的可能性。一旦发生不良事件，其后果即LAI的严重程度并不容易减轻。实验室人员暴露前免疫是少数几种可以改变不良事件（在本例中为LAI）严重程度的方法之一[15]。图33-1提供了一个例子，说明当员工接受暴露前预防性疫苗接种时，与LAI相关的风险是如何降低的。

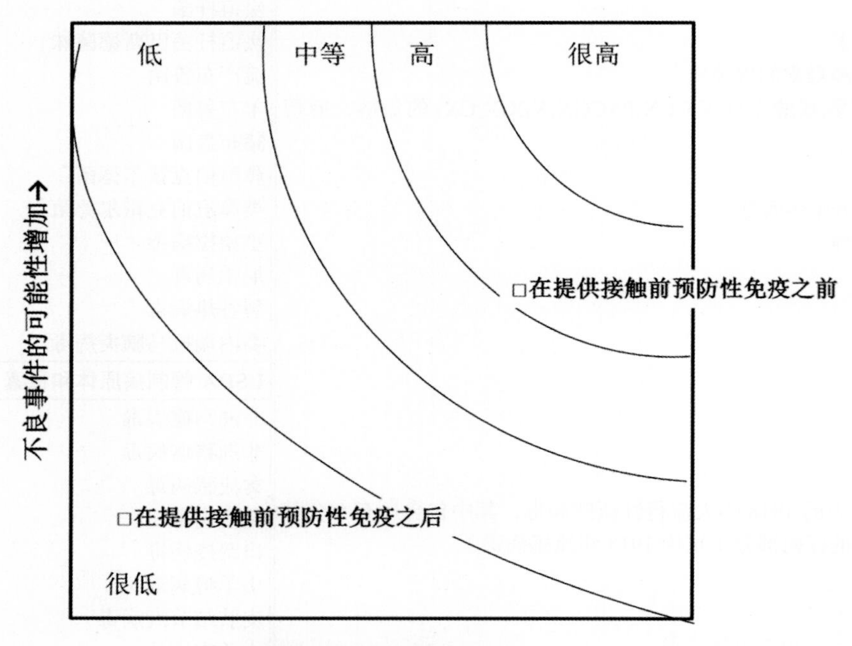

图 33-1　使用生物风险评估模型 (BioRAM)

通过提供缓解因素降低实验室获得性狂犬病毒感染风险的效果。在本例中，对处理可疑脑组织样品的实验室工作人员进行暴露前狂犬病毒免疫。演示BioRAM用户如何在他们的实验室中模拟变化各种缓解因素（在本例中，为处理脑组织的实验室人员提供预暴露狂犬病病毒免疫），以评估哪些更改在降低风险方面最有效。在这个特殊的例子中，风险的降低是惊人的，这并不令人意外，因为预防性免疫的存在可能意味着狂犬病病毒暴露时的生死差别。如果缓解因素不影响后果，这种变化就不会那么显著。改编自文献[15]。

风险评估的目的是确定在特定危害和（或）威胁的情况下哪些缓解策略是必要的[15]。表33-5列出了准备和进行风险评估的信息。每当引入新病原因子和（或）设施构造发生变化时，都应执行新的风险评估。对于处理未知病原体的兽医诊断实验室，可以完成一系列风险评估，以预测通常从提交给实验室的标本中分离出的病原因子。风险评估完成后，可使用SOPs或其他文件对实验室人员进行培训，了解在执行特定程序之前应采取的缓解因素。例如，关于如何处理疑似狂犬病病例的实验室SOPs应包括在处理动物/样本时需要哪些PPE的信息。

Sandia国家实验室的国际生物威胁降低部门开发了一个基于性能的生物风险评估方法程序（BioRAM），允许用户评估与在实验室环境中处理/操作、存储和处置病原体和毒素相关的生物安全和生物安保风险。通过回答一组简单的多项选择题或判断题，以消除人为偏差，因为软件的数字引擎会将答案转换为每个问题的特定分数。这种风险评估工具在评估新出现的疾病、为新程序执行生物安全规程或设施发生变化时特别有用（图33-1为BioRAM结果的示例）。只要有关于病原体或毒素的新信息，这个生物风险评估程序对于更新生物风险评估也非常有用[13]。

表 33-5 实验室风险评估所需信息

一般性
病原因子的属性及其环境
在实验室进行的活动
实验室基础设施的细节
实验室人员的培训和能力
特殊性
病原因子特性：病原体的致病性、浓度和感染剂量是多少？自然感染的途径是什么？潜伏期的时间范围？疾病的主要症状是什么？病原体在环境中稳定吗？环境中是否有合适的宿主？宿主是否有预防/治疗措施？ 所涉及的病原体的量和浓度（即体内与体外）？生物衰减率是多少（例如，该病原体在易感宿主或培养基之外的环境中存活多久）？
实验室活动：病原体的操作方式是什么（离心、气溶胶和其他）？实验室活动是否会使病原体更有可能或更少地感染到正常或潜在扩大的宿主范围？实验室将采取什么缓解措施来减少发生不良事件的可能性？被操作的样品和（或）病原体的体积是多少？（通常，量越大，相关风险越大。）
实验室基础设施：设施内目前有哪些环境控制措施？
人力投入：实验室人员的培训、经验和技术水平，例如，良好的实验室实践如何？工作人员的免疫状况如何？工作人员是否有诱发条件（即心脏瓣膜置换等）或种族因素是否使他们更容易受到感染？
缓解措施：设施内有哪些工程和管理措施？ 将使用哪些政策、程序和个人防护设备？
环境/社区因素：病原因子通常是否存在于环境中？ 环境中是否有合适的宿主或载体？ 病原因子的生命周期是否需要连续多个宿主？如果病原因子是经过基因改造的，环境中是否存在合适的宿主或载体？群体的免疫状况如何？有什么有效的预防措施？有治疗方法吗？

BioRAM方法旨在"……根据（实验室）的程序和工作惯例以及假定感染疾病的后果，（确定）病原体感染的可能性和通过感染途径暴露的可能性"[15]。生物风险评估工具的开发需要全球性的个人和组织合作，包括美国生物安全协会、加拿大的公共卫生机构、科罗拉多州立大学、亚太生物安全协会、欧洲生物安全专家组织、Speiz实验室；WHO、比利时生物安全协会、国家卫生研究院研究员、美国国家疾病预防控制中心和美国国土安全部工作人员、芝加哥大学、爱荷华大学、肯塔基大学、宾夕法尼亚大学、范德比尔特大学、瓦赫宁根大学和研究中心、埃默里大学等等。BioRAM程序作为全球性创作，所有实验室都可以免费使用，下载到任何一台计算机上只需几分钟[15]。

使用BioRAM的另一个好处是，用户能够操纵特定的缓解标准，并观察发生不良事件发生的可能性的变化。BioRAM允许用户在实施之前考虑对实验室政策和流程的更改，以确定哪种更改最能降低风险。例如，要求使用生物安全柜执行某些操作，为雇员提供免疫接种，更改废弃物管理政策，等等。在图33-1所示的例子中，该模型表明用户（即实验室管理者）为实验室工作人员注射狂犬病疫苗，降低了LAI的可能性和后果。

在兽医诊断实验室环境中进行风险评估时，必须考虑到临床标本中存在各种未知微生物的可能性，以及常规处理标本可能使实验室工作人员暴露于感染源的可能性。典型的风险评估应考虑宿主的种类、已知的发病个体的医疗状况和临床病史、其他畜群/鸡群以前接种过疫苗和（或）接受过治疗情况和临床症状，以及动物居住或最近居住的地理区域流行的地方病。当地地方性人兽共患病的例子包括美国西部灰松鼠的土拉菌病和美国中北部地区牛的炭疽病。

风险评估可能表明生物安全措施较常规BSL-2措施有所减少。提交血清学实验室的动物血液样本就是一个例子。不像人类血液样本可以携带血源性人类病原体，如人类免疫缺陷病毒或肝炎病毒，动物血清（通常）不包含人兽共患病血源性病原体（非人类灵长类动物显然是个例外）。在进行风险评估的基础上，提交血清学分析的血液样本可以使用BSL-1规范进行处理。

对临床病史和实验室提交表格上的描述的评估取决于专业判断，应由熟悉人兽共患病和管制病原体（如表33-3和表33-4中列出的病原体和在线来源）的有资格兽医进行或审核[9，10]。了解这些病原体引起的疾病的典型临床症状、宿主范围、基本流行病学和地理分布至关重要。如在个案登记入册过程中出现问题，而且未能在提交表格中得到澄清，请致电向递交表格的兽医查询详情。

兽医诊断实验室进行的大多数规程应遵循普遍的预防措施。实验室环境中的普遍预防措施包括始终如一地使用BMBL[3]中列明的BSL-2准则和程序。1996年，美国CDC结合通用预防措施和隔离措施的主要特点，制定了标准预防措施。标准预防措施是基于以下原则：人体血液、所有非血液体液（汗除外）、排泄物、不完整的皮肤和黏膜可能含有传染性病原体。使用标准预防措施处理临床/诊断实验室病人/标本。这些预防措施被认为是预防感染性病原体传播的基础，应该始终遵守。

并非所有提交到兽医诊断实验室中的样品中都含有人兽共患病病原体，因此必须对每一个新提交的样品进行风险组/生物安全级别进行评估。在大多数情况下，兽医诊断实验室的诊断人员在制定鉴别诊断时已经对每个病例进行了这些风险评估，并且通常遵循了普遍预防措施（使用BSL-2准则和规程）。例如，当一匹有中枢神经系统症状的马提交尸检时，鉴别诊断可能包括狂犬病病毒、西尼罗病毒、马疱疹病毒和马原虫性脑脊髓炎。如果马感染了狂犬病病毒，诊断人员可在进行尸检前要求进行狂犬病病毒测试，以降低发生LAI的风险。同样，在北美野牛的尸体被移动/操作之前，对可能存在炭疽感染需要进行检测。

无论规定程序的风险组和生物安全级别准则如何，都不可能完全消除临床诊断实验室中的所有风险，这非常重要。因此，无论何时发生LAI，都应该进行彻底的根源分析和纠正措施。仅仅假定缓解措施一定失败或人为错误是唯一的因素是不够的。动物及（或）样本由卸货码头运送，直至废弃物管理流程的最后处理，均须进行事后检讨。在审查期间，风险评估小组的所有成员都应参与确定不良事件发生（或几乎发生）的原因以及今后如何预防。

兽医诊断实验室的通用生物安全指南

生物安全意味降低处理生物材料、操作基因组、制造合成微生物或生物恐怖主义相关的风险。在实验室环境中，所有员工必须始终致力于安全文化。除了安全的显见组成部分，如工程控制、管理政策/规程和个人防护装备外，实验室人员还必须了解他们可能操作的病原体。为员工开发一整套所需的技能（适合他们个人的教育、培训和经验），反过来将允许管理层在开发内部培训计划时将他们的生物安全指南用作资源工具。2011年发病率和死亡率周报《生物安全实验室能力指南》[16]列出了一整套出色的推荐技能（适用于每个生物安全级别）。

设施还必须通过使用相应的培训、标识、政策和（或）标准操作程序以及员工反馈，向所有员工提供一种有效的沟通潜在风险的方法。员工在任何时候都不应感觉组织以惩罚性的方式行事，或不愿意完全解决他们的安全问题。传达所有实验室危险的已知和未知信息的目标必须是持续不断的培训计划的一部分，旨在促进实验室内有意义的安全文化。

在最初的病例登记入册（“注册”）过程中，所有样本容器在收到时都应被视为受污染并具有潜在传染性。应使用相应的PPE（通常是实验室外套和手套）和BSL-2/标准预防措施处理这些样本，直到容器得到相应清洁和消毒[4]。

实验室的所有接收区域应被认为是“脏的”或受污染的。接收到的所有容器的外观都应检查是否有泄漏。如果容器打碎、破裂或接收时盖子松动，应将观察情况记录在案。泄漏的主要容器应放

置在另一个干净的容器内，然后移出接收区域，进入实验室的其他区域。如果容器的内容物不能使用，应该联系提交者，并要求提交一个新的样品。如果经常收到损坏的样本，化验室可能需要重新考虑其提交和接收样本的政策。或者，实验室可能需要与提交人[4]讨论改进样本收集和运输程序。

作为检测程序的一部分，在将样品放入自动化设备、摇床或离心机之前，应再次检查所有受污染的样品容器是否有泄漏。实验室操作应尽可能保证样品、员工和程序单向流动，以最大限度地提高工程控制的有效性（即始终从“清洁”环境转移到“污染”环境，以避免污染“干净”检测区域）[4]。设备手册、仪器日志、SOPs等文件应整齐有序地摆放在工作台上。如果工作站上有电脑键盘，应随时使用易于清洁和消毒的保护罩。医疗废弃物容器及锐器容器应放在每个工作站上容易取得的地方。干净整洁的工作台应该是实验室的“标准”。实验室工作台的清洁和消毒说明应包括在适当的政策或程序文件中，并应张贴在实验室工作台，以便查阅。应定期提醒员工不要携带公文包、背包、钱包、书籍、电子阅读器、ipods或其他个人物品进入实验室，因为这些物品很难消毒，在某些情况下甚至是不可能消毒的。应在员工离开实验室时为他们提供一个存放个人物品的地方。

在执行实验室规程之前，员工必须确定执行规程所需的PPE。此决定应基于风险评估、相应的实验室SOPs和政策文件。如需要加强呼吸防护的微生物必须在生物安全柜以外操作，则应使用相应的呼吸防护设备（即应佩戴经密封检查/适配测试的N95呼吸器或动力空气净化呼吸器，作为所需的PPE[4]的一部分）。

通常导致病原体气溶胶的实验室程序包括但不限于移液、打开旋盖的容器、用线环接种、用含有细菌菌落的热线探针/环接触培养基、接种鸡胚或小鼠（注射）、冻干、混合、涡旋混合、离心、使用超声波仪（超声波装置）、从真空瓶中取出材料，在某些情况下，还有故障设备[4, 17, 18]。这些程序可以产生可吸入的颗粒，这些颗粒可能会在很长一段时间内保持空气传播[4]。有效的经验法则如下：低能量输入程序产生含有大颗粒的气溶胶，高能量程序产生含有小颗粒气溶胶。

由于任何能量输入都有可能引起气溶胶，因此大多数实验室规程应在BSC内进行。2012年发病率和死亡率周报《临床诊断实验室安全工作准则指南》[4]中提供了一个关于如何在使用实验室设备时防止气溶胶生成的详细信息来源。所有实验室人员应特别关注在使用常规实验室设备期间提供的有关气溶胶生成的信息。

在实验室中，潜在的暴露途径是有限的。这些包括吸入含有感染因子的可吸入液滴、摄入大滴液感染性物质，以及通过锐器伤或皮肤及黏膜吸收的经皮传播。1989年，国家研究委员会（National Research Council，NRC）实验室危险生物物质委员会建议了8项基本的审慎生物安全措施，旨在尽量减少通过这些途径暴露传染性病原体的可能性。表33-6列出了构成通用实验室生物安全基础的这8项基本措施。NRC的建议被确定为必不可少的生物安全工作措施，在确定特定生物危害相关的风险等级基础上，根据需要应辅以额外的工程和行政控制，标准操作规程和安全设备（包括PPE）。这些生物安全工作措施同样适用于诊断标本和用于质量控制和能力验证的样本[19, 20]。

对LAI的常见解释包括：未能接受相应的培训、假设微生物不再存活、工作速度太快、工作时没有条理，以及使用有缺陷的设备[4]。LAI可能是由针刺/锐器、手接触黏膜（眼睛、鼻子或嘴）或无防护产生气溶胶引起的。表33-6和表33-7显示了持续的生物安全培训和遵守相应的政策和程序如何有效地减少锐器或被污染的手造成LAI的可能性[17]。例如，实验室政策和程序文件（如SOPs）应将针头的使用限制在不存在替代方案的情况下。因为在重新给用过的注射器针头戴护套时最常发生针刺伤，因此应禁止这种做法。相反，针和注射器应直接放置在相应的锐器容器中进行消毒和处理[4]。2012年发病率和死亡率周报《临床诊断实验室安全工作实践指南》提供了有关如何在常规实验室程序中减少气溶胶生成的极佳信息[4]。

表 33-6 处理生物有害物质设施的审慎生物安全措施

审慎措施和（或）使用的屏障保护	被生物安全措施阻断的暴露途径
不要用嘴吸移液	A,I,C
小心操作感染液体，防止气溶胶产生。	A,C
限制使用锐器（针头、注射器）	P,A
使用相应的个人防护设备（PPE）	C,A,I
经常洗手	C,I
消毒工作表面	C,I
防止将污染的液滴进入口腔、眼睛或鼻子中	C,I
禁止在实验室内饮食、储存食物、吸烟、使用化妆品或隐形眼镜	C,I

包括诊断样本和质量控制/能力测试样本。数据参考文献[19]。A空气传播，C接触传播（皮肤、黏膜），I摄取传播，P通过皮肤传播。

表 33-7 实验室员工什么时候洗手?

在明显污染或手套撕裂、刺穿或以其他方式破损后
摘下手套后立即洗手，将实验室内非工作空间表面或设备的污染风险降至最低
在离开实验室前
在接触受损皮肤、眼睛或黏膜前
使用卫生间等设施前后

参考文献[20]中的数据。

洗手

大多数实验室工作都会产生气溶胶，通常实验室人员的手和附近工作区域的任何表面（或个人）的气溶胶污染最大。处理诸如电话、计算机键盘和书写用具等办公设备时，手也会受到污染[4]。表33-7列出了实验室员工洗手的情况。洗手是减少暴露传染源时间和防止传染源传播的最重要方法。实验室的工作人员应该用湿手用力搓洗20 s来洗手。“覆盖手和手指的所有表面。用水冲洗双手，用一次性毛巾彻底擦干。用毛巾旋转关闭水龙头”[21，22]。

角质层的细胞间脂质形成了一个天然的皮肤屏障（前提是皮肤是完整的）。洗手时使用的洗涤剂会使细胞间脂质消失持续6小时到几天，洗手也能去除手上暂时的细菌群。在使用非抗菌肥皂洗手的情况下，频繁洗手造成的皮肤刺激和干燥可能会导致皮肤上短暂细菌数量的反常增加。使用含有润湿剂、脂肪和油的手洗剂或霜，每天至少两次，已被证明可代替耗尽的脂质，从而有助于恢复皮肤的正常屏障功能[4]。

由于用肥皂和水洗手会导致皮肤上的暂时性细菌增多，因此当手没有明显污染时，以乙醇为基础的洗手用品（冲洗剂、凝胶或泡沫）可能是一种可接受的替代品。CDC指出，这些基于乙醇的洗手用品是“对于（卫生保健工作者）的标准洗手或手部消毒比肥皂或抗菌肥皂更有效”[21]。然而，最近的研究表明，乙醇洗手液在一天中反复使用会降低其功效，而且三氯生（许多抗菌肥皂的一种抑菌成分）被发现会削弱心脏和骨骼肌的收缩力[23]。因此，传统的洗手应使用杀菌剂或非抗菌肥皂，并在一天中定期进行，在肥皂和洗手水之间使用乙醇洗手产品[24]。

使用含乙醇的用品时，应将手搓在一起，直到所有乙醇蒸发。如果手在摩擦后10 ~ 15 s变干，说明是使用了不足量的用品；通常需要3 mL或更多的用品才能有效。含60%～95%乙醇的洗手产品在体外对植物性革兰氏阳性和革兰氏阴性细菌（包括耐甲氧西林金黄色葡萄球菌和耐万古霉素肠球菌）和结核分枝杆菌以及数种真菌和包膜病毒具有良好的杀菌活性。基于酒精的用品可能对无囊膜（非亲脂性）病毒无效[21，24]。由于用于消毒洗手或消毒擦手制剂的药剂（乙醇、氯己定、六氯酚、碘附等）均不具有可靠的对梭菌属或芽胞杆菌属的杀菌作用，因此用肥皂和水洗手以去除这些微生物是很重要的[21]。

个人防护装备

职业安全与健康管理局将PPE定义为适合手头任务的PPE，前提是PPE“不允许血液或其他潜在感染性物质在正常使用条件下通过或到达员工的便服、内衣、皮肤、眼睛、口腔或其他黏膜”[4]。

兽医诊断和临床实验室的日常工作必须在实验室工作区提供、使用和维护适合任务的PPE（通常是BSL-2准则和程序）。OSHA鼓励雇主（或在某些州要求）确保雇员知道何时使用个人防护设备，以及哪些个人防护设备适合已知的危险。员工还必须接受以下方面的培训：正确穿戴（即穿上）和脱下PPE；正确维护、使用和处置PPE；了解PPE的局限性，包括特定项目的使用寿命[4]。兽医诊断实验室工作中使用的PPE应足以满足识别风险所需的生物安全实践水平，并且至少应包括手套、防护服和防护鞋或鞋套。当可以合理预期血液或体液会飞溅时，也鼓励使用眼部和面部保护，作为防止黏膜污染的机制（表33-8）。

表 33-8 在生物安全柜外进行尸体剖检时建议使用的个人防护装备 [a]

BSL-2 级尸体剖检
套有长袖外衣或长袖连体服的手术服
不透水围裙（如果外衣或连体服不具备防水功能）
不透水鞋套
不透水手套（最好是双层手套）
面部防护（当有产生细微气溶胶的风险时）：面罩或护目镜 [b] 和防液体面罩
BSL-3 级尸体剖检（需要主动呼吸保护程序）
BSL-3 级尸检（需要主动呼吸保护计划）
套有长袖外衣或长袖连体服的手术服
不透水围裙（如果外衣或连体服不具备防水功能）
不透水鞋套
双层手套（最好包括一副耐用手套）[c]
防护面具（N95 面罩）和护目镜，对佩戴者的面部形成保护性密封；或动力空气净化呼吸器

a 参考文献[28]和[32]中的数据。

b 如果佩戴护目镜，使用者还必须戴上防液体面罩（以降低液滴污染黏膜的风险）。

c 外手套应该盖住袖子的袖口。可能需要用胶带将外手套固定在袖子的袖口上。当切割或使用锯、凿子或骨切刀时，应在非操作的手上佩戴不锈钢网手套。

一次性医用乳胶/乙烯基/丁腈手套可防止佩戴者接触潜在的感染性物质，应该经常更换。一次性医用手套不应清洗和重复使用；清洗会降低一次性手套的保护功能。非一次性使用/家用清洁手套用于杂务时，可以消毒和重复使用。手套在任何时候出现裂缝、撕裂或褪色，无论它的预期用途如何，都应丢弃[20]。实验室人员应在戴手套和脱手套时练习无菌技术，并努力避免污染其工作站和（或）实验室的“洁净区域”。在处理或操作样品和废弃物处理过程中，工作人员应戴手套[20]。

实验室生物安全负责人或安全小组成员应要求手套制造商提供手套符合预期危险所需标准的文

件，包括产品退化前手套可戴多久的信息[4]。根据所使用的化学物质、实验室不同区域的人员可能需要以不同的间隔更换手套，以防止产品退化。

与到腕部长度/检查用长度的手套相比，长手套/外科手术手套能更好地保护使用者的手和袖口之间的皮肤。在尸检过程中，大约8%的手套被刺穿，其中1/3的刺穿（生物安全故障）直到摘下手套后才被检测到[4]。当可预期血液或尸体其他部分有严重污染的可能性时，应考虑使用双层手套，部分原因是使用双层手套时观察到的皮肤污染较少[20]。如果使用双层手套，请使用两种不同颜色的手套，这样就可以更容易地看到是否发生了刺穿/泄漏。

应始终在实验室内穿戴适合工作任务的防护服，避免穿露趾鞋，以免意外溅到裸露的皮肤上。防护服应包括可完全闭合的长袖外套或延长到工作台下方的长衣。在实验室工作时，必须闭合前开襟的实验室工作服。带紧袖的后开襟的长外衣比前部闭合式外套能提供更好的防喷雾和飞溅保护；在某些情况下，可能需要一件后开襟的实验室外套（如在操作管制因子的过程中）[4]。如果有可能溅出或喷洒，则应穿着后开襟、防液体的长外衣或实验室外套。如果有可能浸湿衣物，则应穿戴防液体材料的衣服，如塑料围裙或带塑料衬里的外科手术服。如果明显被血液或身体物质污染，应立即更换防护服，以防血液渗入织物（和内衣）或皮肤。不得在实验室外穿防护服或带回家清洁或洗涤。

为了保护眼睛、鼻和口腔黏膜，在实验室操作或清洁过程中，如果可以预期血液或体液会溅出或飞溅，则应佩戴护面罩。如果护面罩不可用，应使用防液体口罩和护目镜（或防溅罩）。

呼吸防护装置应作为生物安全准则的一部分，以防止吸入潜在感染性气溶胶。使用呼吸防护的决定可能来自于识别特定临床样本固有风险的风险评估（如怀疑存在RG3传染源），或来自产生气溶胶的实验室操作，可能需要使用呼吸防护，如适当适配性的N95呼吸器或者PARP。临床和诊断实验室应制定书面的呼吸保护程序，特别是与气溶胶感染因子有关的呼吸保护程序。在美国，呼吸保护标准公布在《联邦公报》（OSHA 29 C.F.R.1910.134）中，由OSHA管理。基本要素包括：①适用于密闭式呼吸器的适配性测试程序；②要求使用呼吸器的员工的医疗评估；③正确使用呼吸器的程序（如N95）；④维护呼吸器的程序（如清洁、消毒、储存PAPR）；⑤使用呼吸器的培训（建议每年或每两年进行一次再培训）；⑥记录保存，尤其是适配性测试和医疗评估[25]。美国CDC国家个人防护技术实验室（National Personal Protective Technology Laboratory，NPPTL）–国家职业安全与健康研究所（National Institute of Occupational Safety and Health，NIOSH）为呼吸器用户提供了在线关键资源。

N95一次性微粒呼吸器是诊断实验室最常用的呼吸器。该呼吸器经NIOSH认证在正确佩戴后，可保护佩戴者免受95%的气溶胶化试验物质的侵害，通常气溶胶颗粒直径在1～100 μm范围内，并且在10～100 L空气/min（气流）的范围内。如果佩戴不当（如面部毛发/胡须），或适配性不好，大部分微粒都会通过不充分的面密封进入口罩。不良的适配性可能是由于最近的体重减轻/增加、皮肤老化时出现皱纹、疤痕，或者仅仅是个人面部结构的口罩类型错误。因此，Grinshpun等[26]建议（从生物安全的角度）改善呼吸器的适配性比使用最有效的过滤器对佩戴者更重要。换言之，与适配性不佳的N100相比，适配性良好的N95呼吸器可以提供更好的保护。雇主应该为员工提供多种型号的N95呼吸器，因为单一型号的呼吸器不适合所有人。

生物安全柜

每一个诊断微生物学或病理学实验室都应该有生物安全柜作为一种初级防护手段，以安全地处理传染性病原微生物。BSC有3种基本类型，分别被指定为Ⅰ级、Ⅱ级和Ⅲ级，其功能和组成部分在最新的CDC临床诊断实验室生物安全指南文件[4]中进行了全面综述。Ⅱ级A1型或A2型BSC最适合并推荐用于临床诊断实验室。经过培训的专业人员必须至少每年和BSC被移动的任何时候，对所有BSC进行认证。移动BSC会损坏胶接处的过滤器，导致危险性泄漏，因此每次移动后必须测试过滤器的完整性。

Ⅱ级BSC设计为完全防护的工作区域，防止实验人员暴露于感染性气溶胶，并保护BSC工作区域内的材料免受环境污染。BSC基于层流气流、相对负压和送排风高效过滤的原理。层流气流利用成片流动的空气将微粒物质带离用户并进入去污区域。负压确保空气被吸入柜内，从而阻止传染源流出。高效过滤用于去除柜内工作区域气流中的环境颗粒，是控制柜内产生感染性颗粒的常用方法。

BMBL中描述了BSC的正确加载和实验室人员的正确使用，表33-9列出了BSC使用的一些基本规则。例如，当使用6英尺宽的BSC时，只有经过仔细的风险评估，两名员工才能安全地并肩工作。这种风险评估将评估是否可以防止影响所执行工作结果的交叉污染（如从事相同实验活动的实验室人员），并尽量减少“气幕”的渗透，以确保不超过生物安全下降气流排气量（cfm）提供的保护。使用4英尺宽的BSC时，应只有一名员工在BSC工作[4]。其他员工应避免在BSC的后面或BSC范围内工作，这可能会干扰BSC内部创建一致的气幕。关于更多信息，读者可以参考实验室生物安全指南，其中有一个关于各种生物安全柜的精彩章节，以及有关生物安全柜内气流方向的详细信息[27]。

表 33-9 在生物安全柜内安全工作[a]

可做	不可做
安装 BSC 时，应远离通行区域、门和风扇。	如果不使用时会影响室内空气平衡，请勿关闭 BSC
打开后，请允许 BSC 至少预热 4 min。允许 BSC 清除悬浮颗粒	在将手臂放入 BSC 后的第一分钟内，不要开始操作。允许重新建立气幕
使用前后对 BSC 进行消毒。在设备运行时消毒	
一定要限制 BSC 内部的备品和设备	请勿将物品堆放在 BSC 内或用作存储空间
尽可能将物品放置在工作表面的后边缘，并远离前格栅	在未对员工安全和火灾危险进行仔细风险评估的情况下，不得使用大量挥发性化学品。高效过滤器提供颗粒物保护，而非挥发性化学品，生物安全柜电机不防爆
一定要使用吸收垫，使用后可以焚烧或在处理前高压灭菌	不要用吸收性材料、纸张、丢弃的包装、设备或用户手臂堵塞 BSC 前后的格栅
一定要缓慢进出 BSC，并垂直于操作窗开口	不要用手臂或身体靠在 BSC 的前面
在离前格栅 / 操作窗开口内侧至少 4 英寸处操作	不要做手臂快速移动或横扫的动作
在将手从 BSC 中抽出之前，一定要摘下外手套	在物品消毒前，不要将其带出 BSC
在 BSC 内部操作遵循从清洁区到污染区	不要在生物安全柜内使用明火。热气流对流破坏了空气流动
在 BSC 内的高速和超速离心机上打开密封转子或安全杯	
每年都要重新认证生物安全柜。可能需要进行调整，以保持人员安全并保护材料免受环境污染	
在维护之前，务必使用甲醛气体、过氧化氢蒸汽或二氧化氯气体对 BSC 进行消毒	

a 根据MMWR《人和动物临床诊断实验室安全工作实践指南[4]和《微生物和生物医学实验室生物安全》（第5版）[3]。

员工培训

建立一个安全的工作环境的关键是对实验室员工进行定期、持续的生物安全培训。在新员工进入实验室之前，应进行初步培训，无论他们受雇于何种职位（即实验室人员、研究生、访问科学家、维护人员等）。培训也应在员工转入新部门或执行新任务之前进行。所有培训必须在正常工作时间内进行，并免费提供。生物安全培训计划的规模将随着各个实验室部门和整个实验室安全计划的需要而变化[28]。表33-10中列出的项目可能适合纳入实验室培训计划。

表 33-10 生物安全培训程序的主要内容 a

对标准程序的基本了解
PPE 的选择、使用和局限性
生物危害废弃物的管理
暴露后事件报告和事故调查
血源性病原体信息
风险组 / 风险评估基本知识
如何实施风险评估
生物危害溢出清理程序
呼吸防护器培训（要求使用呼吸防护的员工）

a 数据来源于参考文献[3]和[46]。

应至少每年提供一次生物安全培训，并应说明有关病原体（如有）的新信息，以及为什么以及如何实施新的生物安全设备或程序（如适用）。每年的生物安全培训应更新实验室内现有的生物安全程序和政策。所有培训应与员工的教育背景、文化程度和语言相适应[20]。培训记录（培训日期和内容）应保存在员工培训记录中，并至少保存3年[28]。实验室人员的生物安全培训应包括使用BSC。

应定期评估实验室安全培训的有效性。安全评估可包括安全评审、外部机构的检查或评审、事故或事件报告的评审以及员工的观察和建议[28]。表33-11列出了建议纳入安全审计的信息。

表 33-11 实验室生物安全程序评审中应包含的信息 a

培训程序的使用和效果
培训师的能力
设施和设备的是否充分
用于安全相关活动的文件和记录保存系统是否充分
是否遵守和理解 SOPs 和安全政策
是否遵守访客政策要求

a 数据源自参考文献[28]。

生物溢出管理

临床实验室的生物溢出管理必须考虑特定的传染源（如已知）、溢出的传染物的量、溢出的任何化学品以及潜在气溶胶的存在。在溢出期间和（或）溢出后以及清理过程中可能会产生气溶胶。对于涉及RG3因子的事故，人员应立即停止屏住呼吸并撤离该区域。人员离开该区域时，关闭所有门。30 ~ 60 min不要重新进入该区域。对于标准的BSL-2或BSL-3实验室，每小时换气10次或更多，99%的气溶胶将在28 min或更短时间内被去除[28]。同样，当离心机内发生破裂（本质上会产生气溶胶）时，设备（带密封安全盖的密封转子或离心桶）应放置在BSC内，并在开始对单个罐进行去污前保持关闭30 min。

用于处理生物溢出的PPE应包括防刺穿手套、防液体渗透的鞋套、外套或长外衣，以及面部保护。PPE的选择应基于泄漏因子的典型暴露路径（如已知）。实验室员工也可能希望在开始清理程序之前查阅材料安全数据表（MSDS）信息，了解有关相应消毒方法和暴露时间的详细信息。对于RG3因子，必须使用PAPR或高效过滤式呼吸器（即N95呼吸器）和护目镜。（注：如果泄漏可能包含生物和化学成分，则必须使用PAPR。）表33-12列出了一个典型的涉及可能的RG3/气溶胶剂的生物溢出清理程序。

表 33-12 典型的生物溢出清理程序，涉及可能的气溶胶因子 [a]

屏住呼吸（不要吸入以准备屏住呼吸）。通知区域内的人员并疏散
关闭门，30 ~ 60 min 不要再进入该区域。张贴禁止进入该地区的标志
通知实验室主管（实验室主管将通知实验室主任、生物安全官以及机构政策要求的其他人员）
穿戴适合溢出类型的个人防护装备，例如，长外衣、手套、眼睛 / 面部防护和呼吸器
检查确保 PAPR 上的高效过滤器设计用于生物和化学过滤，以防溢出物中含有这两种成分
用浸有消毒剂的毛巾慢慢覆盖溢出物。按照消毒剂说明的作用时间
移走并丢弃碎玻璃或其他物体。不要用手直接接触物体；使用扫帚或镊子。丢弃在锐器盒中
将受污染的材料丢弃在生物危险废物容器中
用相应的消毒剂（见材料数据安全表［MSDS］）再次对该区域消毒处理。按照建议的作用时间将消毒剂保留在该区域
用水冲洗溢出部位，使其干燥
复制受污染的实验室表格并丢弃到生物危害废物容器中
将所有一次性污染清洁材料放入生物危害袋中，并作为传染性废物处理。
摘下手套并洗手
准备溢出 / 事故报告，确定泄溢出原因，并确定补救措施
更换 / 补充溢出清理套件

a 来自参考文献[28]的数据。

对于BSC之外的生物溢出，在进行清理时，三个人应该作为一个团队一起工作。有三个防护区：中央污染区、中间消毒区，以及外部清洁区（图33-2）。清理溢洒的人员被认为是在污染区，因此需要穿相应的PPE。该污染区员工首先使用溢出工具中的扫帚或钳子移除破碎的玻璃、设备或其他固体材料。污染区的工作人员然后用纸巾覆盖溢洒物，慢慢地往纸巾上倒消毒剂，从外缘开始，向内移动至溢出物的中心，例如，“低而慢”倾倒消毒剂。消毒剂必须接触与溢出有关的所有物质，并必须保持适当的接触时间。

另一名雇员（也穿着相应的PPE）在消毒区工作，为污染区的人员提供支持，但不参与实际的清理工作。消毒区员工（第2人）的任务可能是传递信息和（或）要求仅在清洁区域工作且不穿戴PPE的第3名员工提供额外的用品或设备。清洁区员工在必要时充当差使/供应人员，负责记录用于清理溢出的程序。当溢出被成功清理干净后，污染区员工将转移到消毒区。在进入清洁区之前，污染区和消毒区的员工都要对自己进行消毒，并在消毒区脱下PPE。最后，有关人士应填写意外/事故报告，并补充化验室溢洒工具箱。由于PPE（和一些消毒剂）会随着时间的推移而降解，因此应每年检查溢洒工具箱的备品，并根据需要更换备品。

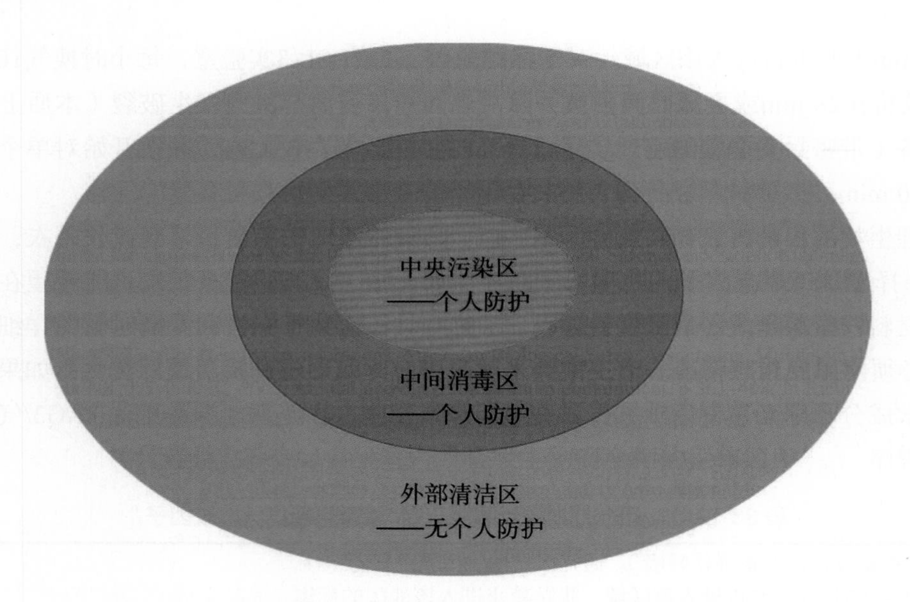

图 33-2　使用三人团队进行生物溢出的防护区域

每个人都留在指定的区域，直到清理完成。污染区和消毒区的两个人都穿着个人防护装备。清洁区中的个人不穿PPE。一旦清理完成，污染区中的个体移动到消毒区域，两个人都进行消毒，然后去除PPE。

如果溢出发生在BSC内，不要关闭柜内风机。BSC中的少量溢出物可以用BSC中已有的吸水纸吸收。如果吸附剂垫不足以容纳溢出物，则用纸巾盖住溢出物。慢慢地将适当的消毒剂倒在溢出物的外缘并向中心移动；再一次，“低而慢”倾倒消毒剂［为了尽量减少溢出物的飞溅和（或）气溶胶化，避免将消毒剂直接倒在溢出物上］。用消毒剂彻底浸泡毛巾。用消毒剂喷洒柜壁，工作台面和BSC窗框内部。柜内的所有物品应喷洒或抹上消毒剂。如果传染性物质流入通风格栅，应关闭排水阀并将消毒剂倒在表面上并通过格栅进入排水盘。与消毒剂保持30 min的接触时间。拆卸BSC的通风格栅和顶部工作表面（在另一个人的帮助下）并清洁工作表面的两侧。从BSC上移除顶部工作表面并使用清洁布清洁工作表面下的压力通风系统。妥善处理废物。如果PPE被污染，请以适当的作用时间喷洒或用消毒剂擦拭。去除PPE（在与消毒剂接触适当的时间后）并洗手。BSC运行至少10 min，然后恢复实验活动。

如果样品管在离心机中的塑料螺旋盖罐内破裂，请按照表33-13中列出的程序进行操作。

预防接种

根据医疗保健人员疫苗接种建议，使用人类病原体的实验室人员应接种乙型肝炎、流感、麻疹、腮腺炎、风疹、水痘（鸡痘）、脑膜炎双球菌、破伤风、白喉和百日咳[4]的疫苗。除了非人灵长类动物外，这些人类病原体中通常不存在于动物诊断标本中。兽医诊断实验室的实验室人员应考虑对狂犬病毒进行免疫接种，特别是如果人员经常处理符合狂犬病的神经系统疾病的动物中枢神经系统组织或脑脊液。美国CDC发布了狂犬病暴露前预防指南[4，29]。实验室主任还应考虑为动物处理人员提供破伤风疫苗，如果操作非人灵长类动物，还应考虑麻疹、腮腺炎和风疹。由于禽流感病毒株和猪流感病毒株经常具有人兽共患性，员工应每年进行流感免疫。

表 33-13　当样品管在离心机的塑料螺旋盖管内破裂时的清理程序[a]

关掉电机
立即拆下离心杯，置于生物安全柜内
通知在该区域的高级主管和其他同事
穿着防护服，打开 BSC 内的离心杯
将 1∶10 稀释的漂白剂或非腐蚀性消毒剂倒入离心杯内，对所有表面进行消毒，让离心杯在漂白剂或消毒剂溶液中浸泡 10min 或适当的时间
从离心杯里取出碎玻璃。不要用戴手套的手拿起碎玻璃。使用镊子或夹在镊子、夹具或止血钳中的棉花，并将其放入生物安全锐器容器中
将所有非锐利的污染物质从罐中丢弃到一个生物危险的袋子中，用于生物危险废物的处理
未破裂的样品管应用同样的消毒剂擦拭，然后再擦拭，用水冲洗，然后干燥
彻底清洗离心杯
在清理过程中使用的所有材料必须作为传染性废弃物进行消毒（在非一次性材料的情况下），或作为生物危险废弃物处理（用于一次性材料）

a 注意：如果样品管在没有单独离心杯的离心机中断裂，但有生物危害盖和密封转子，请遵循制造商的清洁和去污说明。参考文献[4]中的数据。

BMBL（第5版）规定：“如果感染的潜在后果很大，并证明免疫的保护性益处，接受这种免疫接种可能是就业的一个条件。无论何时接种疫苗，都必须提供适用的疫苗信息声明。每个员工的免疫史应在就业时评估其接种疫苗数量和状态，并在分配给个人新的有生物危险的工作时重新评估。”[3]如果雇员选择不接受提供的非强制性疫苗，则应将这方面的文件（如签署的声明）与雇员的人事档案一起保存。签署文件的副本应交给员工。员工应该意识到，他们可以改变主意，在未来的任何时候接受疫苗。实验室主任应考虑与雇员一起审查疫苗接种政策，该雇员曾在个人被指派承担新的和（或）不同的工作任务时拒绝接种疫苗，不论所涉生物危险是否有变化。

血清库是从有可能发生急性LAI风险的实验室人员收集并储存冷冻血清。血清库的目的是比较最近暴露获得的血清和血清库的血清（如在暴露前获得的血清）。比较暴露前和暴露后的滴度有助于确定LAI的原因。只有当有明确的获取标本的原因和作为风险评估策略的一部分分析数据的计划时，才应该进行血清存储。一般来说，血清库只推荐在研究环境中：①暴露的风险是已知的；②可能暴露的涉及有限数量的传染性因子；③对这些特定传染性因子的血清学检测是可行的。一般不推荐兽医诊断实验室的工作人员使用血清库，因为从临床标本中暴露的风险可能是未知的，用于验证人类血清学检测可能可行也可能不可行。

在兽医诊断实验室启动血清库的决定过程应包括：①评估生物危险物质或生物因子暴露的风险；②评估可对库存血清进行的诊断试验的潜在效用；③考虑隐私风险和益处。如果储存的血清可用于评估潜在的LAI，则只有在宿主（本例中为实验室工作人员）经过一定时间对潜在LAI所涉及的病原体产生抗体反应之后，才应收集目前暴露的血清样本。另外，如果暴露导致疾病，则可在暴露时获得“背景”血清样本。如果可以的话，疾病的血清学标志物可能在初次暴露后“重新出现”，或者在二次暴露后上升到更高的浓度，这取决于个体的免疫学“历史”。

尸检和外科病理学

在BSL-1～BSL-4实验室进行尸检的设施要求在其他地方有详细介绍，本章将不涉及[3]。以下信息涉及BSL-2或BSL-3兽医诊断实验室的建议政策和程序。

在典型的兽医诊断实验室中，在野外或遥远地点采集的标本，按照相应的包装和运输潜在感染物质的程序，连夜运送到诊断实验室。美国微生物学会和世卫组织出版了关于包装和运输传染物质的综合指南[30，31]。它们基于国际航空运输协会（IATA）和美国运输部（DOT）发布的指南。Miller等根据IATA、世卫组织和美国微生物学会指南[4]，为临床实验室的临床样品包装和运输提供了极好的指南。有助于兽医诊断实验室为实验室客户提供在线包装和装运说明，以确保按照相应的政府法规处理和接收诊断样本。随样本提交的表格和其他文件可能严重污染血液、体液和（或）排泄物到达实验室。如果被污染，提交表格和（或）其他文件应放在生物危害袋内。如有可能，应复制这些受污染文件（数字扫描或影印），并将原始受污染文件作为生物危险废弃物丢弃。

尸检地点

兽医诊断实验室与处理人类标本的实验室有一个明显不同的区域，就是接收动物尸体或活体进行尸检的区域（特别是直接来自主人处所的农业动物）。应设置界限清楚的物理分隔（如外墙/门口/通道），以便将尸检区与装卸区域分隔开来。非受雇于化验室的人士应被警告留在卸载区的“公众”区域内，不得进入该分隔区域以外。如果该区域无法实际分隔，则应提供足够的标识，以确保所有各方都能识别该公共区域的起点和终点。应要求诊断实验室工作人员在实验室和卸载区的公共区域之间移动时，对其鞋类和任何明显脏了的衣服或个人防护用品进行消毒，并洗手。为促进这一转变，实验室与公众地方之间的行人往来，应要求实验室职员在进出公众地方之前，必须先经过足浴或其他消毒系统。足浴设备应定期清洗，使用的消毒剂必须对诊断实验室常见的微生物有效。消毒剂应根据产品的有效“保质期”[32]进行更换。

尸检层面的损伤风险

无论是操作自然感染或实验感染的动物（或未感染的动物），剖检程序都存在固有的风险。大多数实验室还设有活体动物收容区和限制区，以便在尸检前实施人道安乐死（特别是农业动物）。在这些过程中，操作活体动物时可能会发生意外的自体感染。动物操作者应该了解被驯养动物的具体行为和特征。动物可以咬人、踢人、抓人或压人。即使是尸体，如果太大，也会造成挤压伤，就像挤压滑道等保定设备一样。工作人员须小心处理动物，并接受有关动物的适当保定方法训练，有助降低雇员及动物所受的伤害[32]。

损伤也可能由电气设备、化学品（即固定剂和消毒剂）、切割或锯切用设备、骨折骨头的尖端、电气设备和光滑地板引起。只有经过相应培训的员工才能进入尸检室，这样可以将事故和伤害降到最低。这些人员必须接受使用所有设备（包括手持和固定物品，如尸检台或链式起重机）的培训。在尸检室工作的人员还必须知道如何正确清洁和消毒尸检室。尸检区出入规程、标本和残体移动规程、PPE维护和使用规程、对每个个体操作的特殊性以及紧急情况应对规程应纳入实验室的政策和程序[32]。

当操作某些物种（如活猪）时，实验室人员应考虑佩戴听力保护装置。如果工作人员每天在平均噪声水平超过85 dB（A）的环境中工作[33]，NIOSH建议雇主应要求工作人员进行听力保护。

皮肤过敏和相对较少的呼吸过敏是常见的，在经常与啮齿动物唾液、皮毛、垫料或废物接触的实验室工作人员中，高达1/5的人发生呼吸道过敏[34]。可以想象，实验室工作人员在长期常规性暴露于提交诊断性尸检的哨兵实验室啮齿动物的情况下，也会出现类似的过敏风险。因此，当不能在BSC内进行啮齿动物尸体剖检时，建议使用呼吸保护器[32]。

在BSC中执行的程序

如以风险评估为基础，在BSC内进行样本处理、组织收集或剖检等程序，则样本应在原始容器内安全运送至BSC（如适用）。试样放入BSC后，应留出足够的时间，以便重新建立气帘；建议时间4～10 min[4，27]。

在BSC内工作时，必须遵守正确的程序（表33-9）。当使用6英尺宽的BSC时，只有在仔细评估风险后，才应安排两名员工并排工作。这种风险评估将评估是否防止了交叉污染对工作结果的影响（如从事相同工作的实验室人员），并将"气帘"的穿透程度降到最低，以确保不超过生物安全下降流排气量提供的保护。当使用4英尺宽的BSC时，应只有一名员工在BSC内工作[4]。其他员工应避免在BSC后面或在BSC区域工作，因为这可能会妨碍BSC内部形成一致的"气帘"。要了解更多信息，请参考实验室生物安全指南，其中有一个很好的章节介绍了各种类型的BSC以及BSC内气流方向的细节[27]。

BSC的例行消毒应在BSC内部程序完成前后进行。不应使用乙醇，因为酒精对无囊膜病毒的影响很小，而且乙醇蒸发太快[4]。稀释漂白剂（1：100）或碘附（0.5%浓度）可用于消毒工作表面、内墙和窗户/窗框内。残留的氯会腐蚀不锈钢；如果使用稀释漂白剂，消毒后必须用无菌水擦拭以去除氯，然后用70%乙醇擦拭。碘附稀释液没有腐蚀性，但可能会在表面留下棕色的膜。消毒后可用无菌水擦拭即可。除日常清洁外，每月或每两个月应将操作板和前格栅移走进行日常清洁。操作板下的静压箱也应该消毒。

尸体剖检的PPE

大多数在兽医诊断实验室进行的尸检可以在BSL-2条件下进行。解剖人员（即诊断人员、技术人员、学生或其他协助进行剖检的人）和观察员应穿戴（表33-8）所列相应的PPE。如果风险评估确定剖检需要BSL-3条件，且不能在BSC内进行（如尸体太大的情况），解剖人员必须使用呼吸器（即N95面罩和护目镜，构成对佩戴者面部防护密封或PAPR），此外还必须穿戴BSL-2条件所述的PPE。只要在尸检之前、期间和（或）之后（即清理期间）有气溶胶化的风险，在BSL-2设施中应使用BSL-3的防护措施。如果BSL-2尸检室由一个带有单一暖通空调系统的空间组成，那么重要的是要记住，如果在这个尸检空间进行多个尸检，那么房间内所有个人使用的PPE水平都应该对具有最大生物风险的可疑/确认的微生物进行保护。例如，如果一例涉及怀疑的RG2生物，另一例涉及怀疑的RG3有机体，那么在该空间内的所有人都应该在整个尸检和清理过程中为防护RG3微生物穿戴PPE。虽然对大气生物学和传染性病原体传播的研究表明，感染因子的气溶胶传播是多方面的和"具体情况而异"的（取决于液滴大小、液滴速度、环境条件、暖通空调系统、病原体"环境"抵抗力等），但对LAI的研究表明，在临床实验室中，感染因子的气溶胶传播是LAI的一个重要来源[4]。2007年，Weiss等指出，在1910年的文献中，喷雾距离≥3英尺的液滴所宣称的"安全距离"是错误的，没有科学证据支持"3英尺"的说法[35]。相反，早在1900年的文献报道就发现，说话的人可以向20英尺远的地方喷洒活性细菌，而咳嗽或打喷嚏可以向40英尺甚至更远的地方喷洒细菌。因此，在尸检实验室环境中，应谨慎采取适当的最佳预防措施，防止传染性病原体的气溶胶传播。

潜在的传染性气溶胶可从尸体或其组织和液体中产生。根据定义，气溶胶化是“……液滴或粒子产物，5 μm直径或更小，可以吸入和停留在肺部”。一般情况下，细菌和孢子大小为0.3～10 μm，真菌孢子的大小为2.0～5.0 μm，病毒的大小为0.02～0.30 μm。尸体和（或）邻近的血迹地板、锯切、吸入液体、清理过程中刮干表面的血液或体液，以及清洗过程中使用高压软管，可在剖检和外科病理室中产生传染性物质的气溶胶化[4]。

在BSC外进行尸检

如果一名员工在尸检过程中作为传递员（如“清洁人员”），该人员应穿戴防护服，包括长衣或实验室外套、呼吸PPE（如适用）、防水防滑鞋和手套（在某些实验室情况下），作为参与尸检的所有人员所需PPE的一部分（表33-8）。传递员协助解剖人员收集标本和培养物、拍照、打电话、记录尸检期间的书面沟通、预订测试以及执行其他任务，以尽量减少尸检桌上或解剖人员手上设备的污染。如果传递员的防护服或手弄脏了，在穿上新的防护服之前，应立即分别更换或清洗。

即使尸检是在BSC内进行，也建议分别对鸟类和小型实验动物的羽毛或毛皮进行润湿，因为羽毛和毛皮很容易与皮肤分离，成为气溶胶化、传染性物质的现成来源[32]。切割骨组织前应用水湿润骨表面，以使骨尘的散布最小化[28]。

无论尸体有多大，每次都应该只允许一个人（专业人士）用刀切割。其他人可以帮助提升或握住身体的特定部位（如胸廓、肢体或拔毛），但不应用刀切割。解剖人员应避免盲目切割（即凭感觉），如果另一个人正在协助或持有部分尸体决不应盲目切割。在“盲”切除组织/器官时，非切割手应戴不锈钢网手套。乳胶手套可覆盖网眼手套，以提供对液体和防滑性的保护[28]。

如果在尸检过程中用针和注射器采集标本（即心脏穿刺采集血液），不要将针（和附在一起的注射器）留在尸检台上；使用后立即丢弃在合适的尖锐容器中。当样品被放入试管/小瓶时，收集管和小瓶不应握在解剖人员或传递员的手中。（收集管和小瓶应放置在管架或二级容器中）。一旦收集完毕，将试管或小瓶密封，并立即消毒并从尸检台上取出。所有其他受污染的非利器，如固定容器、无菌采样袋等，应与未被移置的组织/器官一起放在尸体剖检台上，以供进一步处理或焚化。当尸体剖检完成后，这些容器和（或）袋子应在从尸体剖检台取出前消毒。

所有未固定的组织（即未经福尔马林固定的组织）、标本管或小瓶、拭子和类似物品应作为含有一种或多种传染源的污染物质处理。所有未固定、残留的材料应正确识别为生物危害性材料，尸体残余部分和尸检过程中使用的容器外部应被视为具有传染性[32]。焚烧、消解、炼制、高压灭菌、辐射或其他处理该生物有害废弃物的方法应按照当地和国家规定进行。所用技术必须证明对样本中可能存在的病原体类型有效[32]。

尸体处理

尸检后，尸体应按照实验室政策、风险评估和当地法律要求进行处理。常见的处理方法包括炼制、焚烧、碱性水解、高压灭菌、堆肥和在批准的市政垃圾填埋场处置。实验室必须熟悉并遵守联邦、州和地方对处理特定动物物种的要求（如在炼制容器中不得有小反刍动物尸体或组织）。

含有放射性同位素或抗肿瘤药物的尸体需要在尸检和后续处置过程中执行特殊程序，本章不讨论。有关废弃物管理和放射性废弃物处置的更多详细信息，请参阅美国国家科学院实验室的谨慎做法：化学危险品处理和管理，更新版（2011年）。需注意，环境保护署将责任交给诊断实验室，以确定废弃物是否有害。如果废弃物是有害的，诊断实验室还必须确定哪种废弃物分类最合适。必须分别遵守运输和处置危险废弃物的DOT和EPA法规。在处理生物医学废弃物之前，鼓励兽医诊断实验室与其环境卫生服务人员（或化学卫生官员）联系。

尸体剖检清理

在进行尸检或手术病理标本切片（或任何时候有泄漏）后，所有使用的仪器、设备和表面都应进行清洁和消毒，使用符合EPA指南的经过验证的消毒剂。尸检和（或）外科病理学SOPs应包括对实验室工作区域的消毒说明，清洁时应穿戴什么PPE，如何清洁相关表面，使用什么消毒剂，以及如何处理清洁材料[4, 32]。

用于清洁的消毒剂的选择取决于许多因素，如所需的微生物杀灭程度、清洁和消毒物品的成分以及成本、安全性和易用性[32]。乙醇和醇基溶液不能用于表面消毒，因为它们蒸发得太快[4]。消毒剂应根据特定制造商关于有机物质浓度和接触时间的建议使用（如湿的或干的血液、组织、体液、粪便等）。可以使用低压水源和通用消毒剂或清洁剂进行初步清洗，然后使用相应的消毒剂进行消毒[32]。尸检室通常使用1∶10或1∶100稀释的家用漂白剂（使用10 min）或其他化学杀菌剂（使用制造商建议的接触时间）。不管使用的消毒剂是什么，重要的是不要从表面过度刮擦干燥的血液或体液，因为刮擦会产生气溶胶[4]。

实验室应制定尸检废水消毒的书面政策或程序。除污液体的排放必须符合所有适用的市政和（或）区域和州法规。这些规定通常涉及化学和（或）金属含量、可疑固体的体积以及生化需氧量[32]。

在清理过程中，尸检现场的所有人员都应穿戴相应的PPE，正如之前在风险评估过程中确定的那样。在清理期间，病原体气溶胶的产生可能性最大，特别是在高压清洗的情况下。不可清洗的物品，如照相机、计算机键盘和电话，应视为被污染，并应始终戴手套处理。在清洁过程中，每次使用后应使用10%漂白剂溶液擦拭这些物品[4]。

尸检室清理程序完成后，应将污染的一次性PPE物品放在生物危害袋中，以备将来焚化。非一次性衣物，如擦洗布和工作服，应取出并放在适当的容器中进行洗衣或高压灭菌。为了防止血液或粪便污点被高压灭菌器“固定”，在放入高压灭菌容器之前，应清洗/清洁容器区域内的重度污染部位[32]。

非一次性、不可清洗的物品，如塑料围裙，应首先清除物品，然后将其浸入相应的消毒剂中进行清洁和消毒。用手清洗这些物品（仍戴手套），直到肉眼可见的脏污区域干净为止。根据制造商的建议，物品应在适当的接触时间内与消毒剂保持接触。

如果尸检是在怀疑含有RG3病原体或特定因子的尸体上进行的，则进行尸检的员工应在离开尸检房间时淋浴（如全身，包括洗头和胡须）。必须在安全屏障处对眼镜进行消毒[32]。

在兽医诊断实验室处理疑似朊病毒病动物的诊断样本

痒病、慢性消耗性疾病（chronic wasting disease，CWD）、水貂传染性脑病（transmissible mink encephalopathy，TME）、牛海绵状脑病（bovine spongiform encephalopathy，BSE）属于传染性海绵状脑病（transmissible spongiform encephalopathy，TSE）家族。痒病是一种世界范围

内的绵羊、山羊和欧洲盘羊（*Ovis musimon*）的疾病。CWD会自然情况下影响美国和加拿大的骡鹿（*Odocoileus hemionus*）、白尾鹿（*Odocoileus virginianus*）和落基山麋鹿（*Cervus elaphus nelsoni*）。TME是一种罕见的牧场水貂病（*Mustela vison*）。疯牛病自然情况下影响家养牛、圈养的非家养牛、家养和非家养猫科动物以及实验室灵长类动物。操作痒病、CWD和TME的病原体需要BSL-2的准则和程序[3]。BMBL指出，"最谨慎的方法是利用BSL-3准则，在BSL-2设施的最低限度内研究BSE朊病毒"。兽医诊断实验室的BSE生物安全指南先前已出版，并可在线获得[32]。

兽医实验室是确保确定受感染尸体的关键要素，以便州野生动物机构能够准确地绘制疾病的位置，以便于管理。同时，为了动物健康实验室的利益，向监管机构和公众证明他们采取了有效的、负责任的措施，以确保他们不会将TSE病原集中和循环释放到环境中。尽管动物传染性海绵状脑病家族是RG2因子，但朊病毒独特的生物学特性值得特别建议，以协助兽医诊断实验室在减少TSE病原对实验室人员的暴露以及处理和灭活受TSE污染的废弃物的过程中提供帮助。

最常用于处理朊病毒感染标本的兽医诊断实验室区域是收集受感染尸体标本的尸检房间，以及处理和分析福尔马林固定组织的组织学和（或）免疫组织化学实验室，以及快速酶联免疫吸附实验（ELISA）的实验室部分。ELISA用于鉴定朊病毒感染的新鲜组织。这些实验室区域中的每个区域都应使用标准的BSL-2安全预防措施来防止痒病、CWD和TME，如限制进入实验室、防护服、面部防护、使用锐器的特殊保护以及避免气溶胶[3]。只要有皮肤暴露到朊病毒可疑标本的感染组织和体液的机会，在实验室处理朊病毒的所有技术人员应穿戴BSL-2级PPE，包括双层不透水的手术手套。如果发生皮肤意外污染，应使用1：10稀释漂白剂或1 mol/L氢氧化钠擦拭该区域1～5 min，然后用大量水冲洗[3]。一些实验室在组织学处理前，将福尔马林组织"块体"浸泡在96%到100%的甲酸中30～60 min，使疑似朊病毒病患者的朊病毒失活[3, 36]。表33-14列出了处理可能被朊病毒污染的实验室表面和废弃物时的各种消毒/灭活方法。尽可能使用一次性用品和专用设备/专用实验室区域[37]。

组织固定

甲醛（3.7%～4.0%）是兽医诊断实验室最常用的固定剂。最常用的是10%中性缓冲甲醛（相当于3.7%～4.0%甲醛），这种化学物质停止蛋白变性（即固定），因此，当以组织体积的10倍使用时，可防止死后继续自溶。这种化学物质易挥发；挥发物会刺激黏膜、眼睛和皮肤，使用挥发物会增加患各种癌症的风险。如果可以通过气味检测到甲醛，暴露的浓度可能超过OSHA可接受的限值0.75 ppm（8 h时间加权平均值），短期（15 min）暴露为2.0 ppm[4]。为尽量减少与甲醛的接触，处理组织的员工应尽量将所有含10%NBF容器的容器盖向上放置，并在通风出或下吸式工作台内修整组织（初修）。应戴上手套和相应的PPE，以避免皮肤接触。使用甲醛时不应戴隐形眼镜。实验室人员可能希望定期监测诊断实验室中甲醛暴露的区域，如尸检室和组织学实验室。一些商业公司可以向终端用户免费提供一个化学监测胸卡，以便在白天佩戴。在规定的使用期限后，佩戴者将胸卡密封在铝箔纸信封中，并将胸卡返还给监控公司。公司提供的结果可作为员工个人和实验室生物安全保证程序的文件。

大多数实验室的组织修块都设在通风橱内，而不是BSC。因此，如果在修块时（如在任何锯切或高能操作过程中）有可能使病原体气溶胶化，则应穿戴适合风险评估的PPE。如果担心甲醛（或其他化学物质）可能溅出或溢出，应在操作时佩戴一次性面罩（或护目镜和抗流体面罩）[4]。含有体液、抽吸物或渗出物的试管和小瓶应使用一次性移液管（而不是倒出）进行分装，以避免溅洒或溢出[4]。

表 33-14 朊病毒污染材料、设备和实验室的灭活和处理

组织、尸体和废弃物（包括切片和废弃物处理）
1000℃ 焚烧
150℃ 碱解 6 h
按照市政和州法规进行填埋
设备
1∶1 稀释漂白粉 a 浸泡 1 h，水洗后 121℃ 高压灭菌 1 h
1mol/L NaOH 浸泡 1 h，水洗后 121℃ 高压灭菌 1 h
134℃ 高压灭菌（重力置换型高压灭菌器）1 h
高压灭菌器（预真空脉动蒸汽高压灭菌器），在 30 磅 / 平方英寸压力下循环 18 min
高压灭菌器（预真空脉动蒸汽高压灭菌器），在 30 磅 / 平方英寸压力下 6 次 3 min 循环
1% 苯酚水溶液浸泡 16 hb
10% 苯酚水溶液浸泡 30 ～ 60 min
实验室表面和解剖台
焚烧组织和尸体
碱水解后处置残留的组织和尸体
收集在一个 4 L 的废弃物瓶中，其中含有 600 mL 6 mol/L 氢氧化钠，然后根据市、州和联邦法规对 pH 值进行化学中和并处理液体
1∶1 稀释漂白粉（游离氯 2% 或 20000 ppm）a 浸泡 30 ～ 60 min，消毒表面要保持湿润
BSC
当 BSC 必须进行维护、认证和移动时，焚烧高效过滤器后用汽化过氧化氢进行熏蒸消毒，这是比较新的灭活方法，详见参考文献

a 游离氯:2%或20000 ppm，家用漂白粉：2%游离氯为2份漂白粉加3份水。市售漂白粉：2%游离氯为1份漂白粉加4份水。

b 斯特里斯环境有限公司。

焚烧法是处理甲醛固定样本的首选方法。当10%的NBF被冲下排水沟时，实验室必须遵守有关在给定时间段内可能倾倒的甲醛量的所有市政法规[4]。如果在尸检/外科病理期间收集的组织和其他物品不会被固定（即异物、结石、牙齿、未使用的血清或血液管等），它们应予双重装袋，并标记为具有生物危害性，并在适当的实验室编号系统下冷藏或冷冻[4]。

组织学实验室

手术病理风险与操作来自未知和（或）潜在感染源的大量新鲜组织有关。当必须在一个大体解剖台上观看如同“面包快”的新鲜器官和或切成足够薄的切片以进行固定时，这些操作可能会导致穿刺、割伤以及血液和体液的飞溅。其他风险包括使用冷冻切片设备或冷冻喷雾（在冷冻切片时产生感染性空气溶胶）和暴露于大量甲醛。操作/处理手术标本时，这些标本应被视为具有潜在感染性，并应使用相应的PPE进行操作，直到用杀菌剂或染色剂完全固定或用盖玻片覆盖（如果是冷冻切片）。

细胞学接收大体积和小体积的体液、骨髓样本或穿刺样本，其中大部分以固定的状态接收。大量体液或固定剂的分装或倒出可能导致飞溅和溢出和（或）气溶胶化的可能性；因此，这些程序应在生物安全柜内进行。诸如离心和细胞离心图片处理等程序也可以产生气溶胶，如果容器没有密封，则应在生物安全柜内完成。细胞学标本PPE取决于标本种类和准备程序。实验室人员应穿着防水的

实验室服、围裙和双层手套，直到切片固定和染色。应在生物安全柜或使用防溅罩或面罩打开小体积的体液或穿刺物，并应使用一次性移液管进行校准，而不是倾倒液体，以避免溅洒和溢出。空气干燥、未染色的切片也应被视为具有传染性，细胞学标本所用的染色剂也应被视为具有传染性[4]。

在新鲜的、未固定的组织上进行冷冻切片，是一种暴露传染源的高风险程序。冷冻组织不会杀死微生物，使用冷冻切片机的切割刀片会产生潜在的危险性气溶胶。冷冻切片的真正临床必要性应与外科小组讨论。冷冻装置不使用负压气流，只有一些型号具有下吸功能。因此，无论何时使用冷冻，超薄组织切片（及其病原体）都有可能朝向操作员的面部和房间，向上和向外形成气溶胶。因此，冷冻喷射剂不应在低温恒温器中使用[4，28]。

CLSI2014年[28]出版的《保护实验室工作人员免受职业性感染：公认指南》第4版：要求低温恒温器操作员即使当前病例不涉及RG3病原体也要戴手套和N95呼吸器。冷冻柜包含自上次正确解冻、清洁和消毒（在所用消毒剂的适当温度下）以来所有切片样本中的潜在病原体。因此，应定期对低温恒温器进行除霜和消毒。据报道[38]，肺结核分枝杆菌能够从动物组织中意外导致感染人兽共患病，建议在处理人体组织[4]和动物组织的设施中，每天用70%乙醇除霜消毒，每周用杀菌消毒剂消毒。更换刀片时应戴不锈钢网手套。

寄生虫学

与动物直接接触的人员应考虑使用方法尽量减少暴露于可能存在的外部寄生虫或内部寄生虫[32]。建议穿上防护服，涂上防蜱虫和跳蚤药物，并进行自我检查，以识别任何附着的寄生虫[39]。Herwaldt对涉及寄生虫的实验室获得性感染进行了极好的综述。据信，超过44%的实验室事故（确定了可能的传播途径）是通过针刺或其他尖锐物体穿刺皮肤而导致的[39]。请注意，本章不包括有关特定诊断试验、是否用于职业暴露的疫苗和治疗方式的详细信息。鼓励个人联系其的医疗保健提供者，以获取有关检测和（或）治疗人兽共患病和非人兽共患病寄生虫病的具体信息。

初级容器应在搬运前进行清洁和消毒。当样品中存在甲醛或二甲苯，甲醛或二甲苯的使用是程序的一部分时，应在通风橱内操作样品和试剂，以减少对甲醛或二甲苯的暴露。涉及培养物、组织、血液和其他体液、胃肠道标本、尿液和脑脊液（包含寄生生物及其自身的寄生虫）的程序或操作可能需要在BSC中结合BSL-2级PPE（实验室外套、手套和防止喷溅的面罩）进行操作[3，4]，在处理新鲜标本或培养物进行寄生虫分离的过程中，应使用BSC[4]。关于寄生虫学实验室使用的试剂（即着色剂）的更多信息，读者可参考“人类和动物医学诊断实验室安全工作实践指南”，CDC颁布的“生物安全蓝带小组的建议”[4]。

真菌学

在兽医诊断实验室，真菌活动应在一个单独的、可关闭的房间内进行，负压气流从主要微生物学实验室进入真菌室/区域[4]。

所有细胞培养板和斜面培养瓶在打开前都应进行观察。细菌培养板应使用收缩封条，尤其是当微生物开始生长时，以防止意外打开和传播真菌成分。培养生长酵母样菌落的培养物（除了怀疑是新生隐球菌）可以在BSL-2实验室的开放式工作台上观察。对疑似隐球菌的“观察”和操作应始终在生物安全柜内进行[4]。

不应该嗅闻真菌培养物以确定是否存在潜在气味。真菌孢子的意外释放是实验室获得性真菌感染最常见的原因。这既包括原发性病原体感染免疫能力强的实验室员工，也包括偶发性真菌病原体感染免疫系统受损的个人[3]。BMBL建议在处理任何不明真菌、处理任何临床土壤或动物组织样本或处理任何含有二形性真菌的培养物时严格使用生物安全柜，遵循BSL-2-级的操作规范。当处理、繁殖或处理已知含有深部或全身性真菌（如皮炎芽生菌、球虫属和荚膜变种组织胞浆菌）的培养物，以及已知或怀疑含有感染性（骨关节）分生孢子[3]的任何样品时，需要采用BSL-3级规程、防护设备和设施[3]。

本章不包括有关特定诊断试验、职业接触疫苗的可用性和治疗方式的详细信息。鼓励个人联系他们的医疗保健提供者，以获取有关检测和（或）治疗原发性和机会性真菌性疾病的具体信息。

皮肤真菌病

皮肤真菌感染涉及皮肤、头发或指甲。在兽医实验室，最常见的实验室获得性皮肤真菌感染包括表皮寄生菌（“癣”）。皮肤癣菌微球菌和毛癣菌是在提交给兽医诊断实验室的犬毛和猫毛样本中最常见的病原菌。

皮下真菌病

皮下感染需要破坏皮肤的完整性（通常是由诸如碎片或刺等创伤引起）。引起真菌病和孢子丝酵母菌病的真菌是真皮“断裂”后皮肤下感染的最常见原因，然而，通过针刺经皮肤暴露可能导致LAI。由于猫组织感染了孢子丝酵母菌含有大量的微生物，它们被认为比受感染的狗组织更具传染性。大多数涉及孢子丝酵母菌的LAI都与飞溅（进入眼睛）、抓伤、咬伤或将感染性物质注入皮肤有关；因此，在处理猫或任何潜在感染的样本时，建议采用BSL-2级预防措施[3]。

肺或全身性真菌病

肺部或深部/全身性真菌病（从肺部开始并可能传播到其他器官）涉及新型隐球菌、皮炎隐球菌、球孢子虫属、囊孢子虫变种和曲霉属。如果培养物中有丝状物或怀疑球孢子虫感染，或样品被运送到另一个实验室，应使用带有“斜面”的螺旋盖培养管[4]。在进行载玻片培养之前，应进行培养真菌的湿制备，以检测高致病性、全身性或“深层”真菌的物理特征。如果怀疑培养分离物为荚膜组织胞浆菌、皮炎隐球菌、粗球孢子菌、巴西芽生菌、马尔尼菲青霉菌或斑替枝孢霉，不要建立玻片培养。霉菌培养物和可能含有传染性分生孢子的环境样本应使用BSL-3规程、防护设备和设施进行处理[4]。一般来说，原发性系统性真菌病是由二形性真菌引起的，包括新变型芽胞杆菌、皮炎芽胞杆菌、球孢子虫属和包囊变型芽胞杆菌，它们在室温下具有可传播的真菌形式，在体温下具有不可传播的酵母形式。酵母菌不具有传染性，因此从尸检剖切的这些全身性真菌中LAI的危险性极低。

关于真菌学实验室中使用的试剂（即染色剂）的更多信息，读者可参考“人类和动物医学诊断实验室安全工作实践指南”。美国CDC颁发了“生物安全蓝带小组的建议”[4]。

病毒学

动物组织和细胞中可能存在潜在的人兽共患病病毒，包括潜在和偶发的感染因子。因此，在操作标本和细胞培养物时，必须采取适当的生物安全措施。此外，BMBL建议使用BSL-2的操作、防护设备和设施来操作非人类灵长类细胞培养。从事非人类灵长类细胞和组织工作的个人应接受血液

传播病原体培训，并接受乙肝疫苗免疫接种。在某些情况下，背景血清取样可能是必要的。

在病毒学实验室中，细胞培养和试剂的制备区通常被称为“清洁”区。“清洁”区域内不允许有样本或受控材料。这样做是为了防止细胞培养污染，在测试过程中可能导致不准确/错误的结果。从生物安全的角度来看，这些区域与病毒学实验室的“污染”区域没有什么不同，仍然应采取相应的生物安全预防措施[4]。由于实验室对细胞培养物的操作可能会污染培养容器和（或）该区域内的其他容器的外部，因此应对所有容器进行处理，就像它们受到污染一样（表33-15）[4]。具有已知或潜在病毒污染物的细胞株应在适合于具有最高风险的污染因子的安全防护级别进行操作[27]。

表 33-15　病毒培养时的实验室程序 a

戴上手套，穿上实验服
合理预计会出现喷溅时，佩戴面罩或护目镜和防液体面罩（如 N95 呼吸器）
在生物安全柜内执行所有操作，包括：培养接种 / 喂养 / 传代；血液吸附和血凝集试验；病毒稀释和滴定；细胞固定；免疫荧光染色；制备对照样品 / 对照切片；以及打开含有标本或培养物的细胞离心机 / 密封离心机转头
在处理前，使用相应的化学消毒或高压灭菌，对所有接触细胞培养物的培养管和材料进行消毒处理

a 参考文献[3]和[4]中的数据。

所有细胞培养，无论是否接种标本，都具有潜在的传染性。这些细胞可能含有来自潜伏感染的原代组织、动物产品（如胎牛血清）或用于转化细胞系的逆转录病毒等试剂的未预料到的病毒因子[27]。或者，细胞系也可能感染细菌（包括支原体属）、真菌和朊病毒。重要的是要记住，这些病原因子中的许多不会产生细胞病变效应。

每次引入新的细胞系时都应进行风险评估。在细胞传代过程中，未预料到的病原体会反复传代。原代细胞系的风险最大，系统进化上与人类最接近的细胞系具有一样的风险。例如，具有最大的风险的是人类自体细胞系，其次是人类异源、非人类灵长类、哺乳动物、鸟类和无脊椎动物细胞系。对于杂交瘤，应将每一个单独成分细胞系的特征作为风险评估的一部分进行评估[27]。兽医诊断实验室不应测试任何异常或未经批准的样本，也不应接受环境样本，除非实验室有资格/经认证可以进行此类测试[4]。

有关在病毒学实验室使用液氮、着色剂、化学试剂和抗生素的生物安全相关问题的详细信息，读者可参阅“人类和动物医学诊断实验室安全工作实践指南”[4]。CDC颁布的“生物安全蓝带小组的建议”也是有关实验室电子显微镜相关程序的极好信息来源。

分子诊断和快速测试

完全灭活或提取后，核酸可在BSL-2实验室处理。然而，提取的核酸可能是无菌的，也可能不是。例如，正链RNA病毒（如脊髓灰质炎病毒）的基因组具有传染性，可以在细胞内复制，而不需要病毒复制所需的典型蛋白质。因此，建议将核酸当作具有传染性的物质来处理[4]。本文其他地方为在BSL-2设施中执行的操作规定的生物安全程序适用于兽医诊断实验室的分子诊断部分。

有关与分子诊断/PCR实验室相关的化学危害的详细信息，请参阅“人体和临床医学诊断实验室安全工作实践指南”。美国CDC颁布的“生物安全蓝带小组的建议”[4]。

微生物学

读者可参考本文的其他部分以及“人体和临床医学诊断实验室安全工作实践指南”。CDC颁布的“生物安全蓝丝带小组的建议”[4]。

储存、包装和运输

实验室人员有责任确保离开其设施的材料保护公共安全。与运输要求相关的规定非常详细，运送传染物质的实验室人员必须每年（空运）或每隔一年（其他运输形式）接受培训和认证[28, 29]。托运人可以重复使用包装，提供相应的消毒，去除或覆盖所有标记和标签。如果将包装退回托运人，必须对其进行消毒，以消除任何危险。必须去除或覆盖标明包装中含有传染性物质的标签或其他标记[7]。

雇主（而非培训师）有责任保证负责装运的实验室人员了解包装要求。对于未能满足国家和国际监管机构（即美国的DOT和IATA）的包装和运输要求的，可对个人和机构进行处罚。由于各个国家的规章制度各不相同，而且经常发生变化，读者可以参考培训机构清单了解更多信息。危险品安全办公室上提供了一份培训机构名单，运输安全研究所也提供了培训机构名单。

雇主和雇员的责任

实验室主任/雇主有责任确保每位新员工接受安全培训。此类培训应包括安全处理和运输操作、PPE的使用、BSC的正确使用、溢洒清理和消毒程序、消毒剂的正确使用和适用于员工工作的灭菌程序（即高温高压灭菌操作）、正确处理废弃物的信息、对潜在LAI的自我监控操作，以及向实验室管理层报告可能暴露和（或）疾病的信息，必要时还应向州和联邦动物卫生和公共卫生当局报告[3, 4]。此外，雇主有责任识别和指导员工实验室危害以及将这些危害最小化或消除的具体做法和程序。根据BMBL（第5版），“实验室主任专门和主要负责评估风险和应用相应的生物安全水平”[3]。

实验室主任还负责确保制定并为所有员工所用的实验室专用生物安全手册。雇主还需要确保所有人员都能熟练掌握执行任务所需的必要标准实践和技术。

关于PPE，OSHA鼓励雇主确保员工知道何时使用PPE以及哪些PPE项目适合指定的危险，在某些州，雇主被要求达到上述标准。还必须培训员工如何正确穿戴和脱下PPE，如何正确护理、使用和处置PPE，以及PPE的局限性，包括每项PPE的使用寿命[4]。

设施还必须提供一种有效的方法，通过使用适当的培训、标识、政策/标准操作程序和员工反馈，将潜在风险传达给所有员工。实验室工作人员的工作为安全工作环境提供了基础，因此，他们的投入和参与对实验室生物安全计划的有效性至关重要。员工在任何时候都不应认为机构是惩罚性的或不愿意解决他们的安全问题。

维护安全文化是雇主和雇员的责任。在缺乏明确诊断任务的诊断实验室，这一点尤为重要。安全文化“接受这样一种观点，即所有标本都可能含有危险的病原体，并且标本容器的危险程度可能与其内含物一样”[4]。这样，所有实验室工作人员都有责任确保产品的有效使用，以对材料、设备和防护区内的样品、实验室表面和房间以及感染性物质的溢出物进行消毒[27]。未充分消毒的设备和设施可能导致职业暴露感染因子和（或）无意将传染源释放到环境/社区[27]。阅读文献和参考当前的科学结果是很重要的；依靠制造商的声明是不够的，因为这些试验可能没有在类似于兽医诊断实验室的条件下进行。在某些情况下，可能需要对消毒剂功效进行内部测试，以确认所使用的消毒剂既适合又足以完成任务，因为制造商的原始测试可能不包括土壤负荷[27]。

生物安全教育和培训

将解决生物安全和生物安保问题作为认证要求的一部分，可能是确保生物安全教育和培训是实验室内正在进行的过程的一部分的最佳方式。在2012年美国兽医实验室诊断学家协会（American Association of Veterinary Laboratory Diagnosticians，AAVLD）对经认可的兽医医疗诊断实验室的要求中，生物安全（和生物安保）是设施的硬性要求。认证实验室也必须“确保建立和维护与当前和预期需求有关的安全、生物安全、生物防护和生物安保方案。该计划将提供员工培训，并解决所有必要的要素，以确保安全的工作环境”[40]。

实验室主任负责确保制定和使用实验室特定的生物安全手册。所有员工应每年审查生物安全手册，并根据需要进行更新。所有员工都应能方便地查阅生物安全手册，并应至少每年对所有进入该设施的员工进行一次进修培训。在年度生物安全培训和（或）生物安全检查期间应考虑的主题先前已出版[4]。生物安全手册的要求可能因机构不同而异，但大多数都包含表33-16中概述的共同信息。除了定期的生物安全培训外，组织领导层还必须使生物安全和感染控制成为实验室安全文化的一个组成部分。单一来源的干预策略，如张贴注意事项提醒每个人定期洗手，在永久改变员工行为方面是无效的[20]。

表 33-16　在年度生物安全手册审查和员工生物安全培训和（或）生物安全检查期间要考虑的主题

物理环境，包括安全设备的清洁度、化学品储存
机构和实验室安全政策和标准操作程序
管理人员、主管和技术人员的人事职责
法规和指南，包括区域、国家和国际要求（如适用）
实验室暴露途径
对生物安全操作和原则持续进行风险评估的需求
处理潜在感染性材料时的标准预防措施危害交流和生物危害标识
利用工程控制，包括高效过滤空气、气流路径、淋浴和房间设计
管理和工作实践控制，包括清洁和污染区域的隔离，标准操作程序
设施访问控制，谁可以去实验室内的哪些地方
使用个人防护装备，包括每年的适配性测试、穿脱防护服
当需要使用生物安全柜时，如何在生物安全柜内安全工作
邮寄和（或）运输生物危险品和危险品生物危险废弃物消毒和处置
安全、生物安全和生物安保 / 生物污染培训计划和文件
应急响应程序
医疗监督计划 / 免疫计划（如使用）
实验室暴露、评估程序
可能与实验室暴露有关的疾病，下班后如何应对
与监管机构的沟通

a 参考文献[4]和[27]中的数据。

同样重要的是记录设备维修人员、设施维护人员（如果这些人员不是经常受雇于现场）、管理人和其他类似职位的人员进入实验室前的生物安全和生物安保培训和能力。应严格遵守所有内部和外部监察要求，报告进出实验室人员的记录[4]。

兽医实验室的生物安全不限于传染源。在兽医实验室还可以使用各种不同的化学试剂。其中许多化学试剂可能致癌、致突变或有毒。一方面，一些化学物质可以被完好的皮肤吸收；另一方面，化学蒸汽可能是有害的。《世界卫生组织实验室生物安全手册》（第3版）包含有关兽医诊断实验室中使用的许多化学品的推荐安全预防措施的信息[12]。世界卫生组织/世界动物卫生组织要求保存一份危险化学品清单，并保存一份个人工作人员可能接触的化学品的档案记录。在美国，职业安全与健康管理局要求雇主保存一份雇员30年内接触物质的身份记录。如果未保存化学品安全技术说明书，必须记录每一次使用该化学试剂的位置和使用时间。由于材料安全数据表被视为可接受的替代记录，且不要求业主“何时何地”保存，因此鼓励实验室自行保存材料安全数据表记录[41]。

作为生物安全培训的一部分，应鼓励所有员工对其认为可能与涉及传染源的工作有关的症状进行医学评估，而不必担心受到指责或受到报复。由于职业获得性感染的传播方式和临床表现可能不同于自然获得性感染，员工必须保持警惕，以发现潜在风险[3]。应向员工提供其可能经常接触的潜在动物源性病原体的列表信息。这一资源应包含在发生疾病时对医生有用的信息，员工必须能够随时与医疗保健工作者共享此信息。对员工进行的任何特殊疫苗接种也应记录在案，并允许员工对包括接种日期的内容随时进行查询[7]。由于并非实验室中的所有危害都来源于传染病，实验室主管也可能希望员工经常接触的危险化学品记录在案。

LAI的管理

LAI的来源通常不确定；只是该人员“在实验室内或实验室周围工作或接触受感染动物”。在许多情况下，感染途径（吸入、直接接触、摄入或经皮）并不是标准（即预期）感染途径。例如，20%的虫媒病毒相关的LAI被认为是吸入暴露的结果，而不是传统的蚊子载体/注射器注射。

应记录员工对实验室事故管理方式的理解（如通过笔试或签字声明）。该文件应成为每个人的人事记录的一部分。所有职业伤害都应上报，实验室生物安全计划应包括员工在正常工作时间和正常工作时间后处理暴露和（或）症状发展的程序[3]。除了向员工提供关于如何报告事故和与谁联系的信息外，还必须确保当地医疗机构可能存在于兽医诊断实验室的潜在动物源性病原体有充分了解。

由于在某些情况下很难确定暴露的严重程度，可能需要医生根据对类似病原因子的了解、暴露周围的情况以及从事相关方面的专家处获得的信息做出决定。暴露后预防性治疗是病原体依赖性和暴露依赖性的。也可能是宿主因子依赖性的，甚至在某些情况下是禁忌的（由于过去的病史，如变态反应）。应解释临床风险和治疗决策过程，并使用相关信息和教育材料解决工作人员的所有问题[3]。表33-17列出了实验室暴露后应记录的项目清单，无论这种暴露是否最终导致感染。

在皮肤穿刺后任何涉及可能的传染源，患者应立即用肥皂和水清洗伤口，同时允许继续出血；然后，如果处理恰当，应包扎伤口。可能被污染的黏膜表面应该用大量的水清洗[28]。一旦进行了急救，员工应联系其直接主管，并遵循实验室生物安全手册中概述的程序执行后续操作。

如果暴露涉及在生物安全柜工作的员工，则实验室中在同一生物安全柜工作的所有其他人员都应接受检测和（或）监测，以确定是否有暴露于相关病原体的证据[4]。确认实验室暴露后，设备评估必须包括生物安全柜的检查和重新认证。雇主还应评估生物安全柜中技术的政策和程序，并在必要时为在本部门/实验室工作的员工提供再培训[4]。

表 33-17 记录实验室暴露：要包括的信息[a]

暴露员工的姓名和任何可识别身份的编号以及暴露的日期、时间和位置
暴露时实验室中其他人员的姓名，包括事件目击者
事件或暴露的细节
涉及的任何设备或仪器的品牌名称和序列号
暴露时暴露员工的相关健康信息 / 状态
暴露后立即采取的或补救措施，如急救；在相关设备上张贴“请勿使用”标志等
列出在暴露时向员工提出的所有建议，包括访问急诊科、进行药物预防、咨询医生等
与员工的医师讨论的结果监控 / 后续计划
监测和后续计划的结果（稍后完成）
适用的签名，至少包括员工和员工的直接主管

a 参考文献[4]中的数据。

作为LAI管理的一部分，应使用非报复性报告和共享学习和分析系统来提高实验室“修复需要修复的内容”的能力。任何报告系统的最终目标都应是帮助预防未来的LAI或将病原体释放到环境中。收集有关危险、事故和事件（包括“未遂事故”）的信息将有助于识别导致报告中所提及的情况的问题。此外，在全国范围内（以匿名方式）自愿共享这些信息将成为所有实验室人员的预防措施。所有的兽医诊断实验室都可以使用这样一个系统来持续改善其设施内的生物安全和生物安保[42]。

原著参考文献

[1] Torrey EF, Yolken RH. 2005. Beasts of the Earth: Animals, Humans, and Disease. Rutgers University Press, New Brunswick, NJ.

[2] Taylor LH, Latham SM, Woolhouse ME. 2001. Risk factors for human disease emergence. Philos Trans R Soc Lond B Biol Sci 356:983–989.

[3] U.S. Department of Health and Human Services PHS, Centers for Disease Control and Prevention, National Institutes of Health. 2009. Biosafety in Microbiological and Biomedical Laboratories, 5th ed. HHS Publication No. (CDC) 21-112. http://www. cdc. gov/biosafety/publications/bmbl5/BMBL. pdf.

[4] Miller JM, Astles R, Baszler T, Chapin K, Carey R, Garcia L, Gray L, Larone D, Pentella M, Pollock A, Shapiro DS, Weirich E, Wiedbrauk D, Biosafety Blue Ribbon Panel. 2012. Guidelines for safe work practices in human and animal medical diagnostic laboratories. Recommendations of a CDC-convened, Biosafety Blue Ribbon Panel. MMWR Suppl 61(Suppl):1–102.

[5] U.S. Department of Agriculture Agricultural Research Service. 2012. ARS Facilities Design Standards. ARS-242.1, Facilities Division, Facilities Engineering Branch AFM/ARS.

[6] U.S. Department of Health and Human Services NIoH, Office of Research Facilities. 2003. NIH Design Policy and Guidelines. U.S. Department of Health and Human Services, Washington, DC.

[7] World Organisation for Animal Health. 2012. Manual of Diagnostic Tests and Vaccines for Terrestrial Animals, Biosafety and Biosecurity in the Veterinary Diagnostic Laboratory and Animal Facilities, 7th ed, vol 1. World Organization for Animal Health, Paris, France.

[8] Sauri M. 2007. Medical surveillance in biomedical research. Appl Biosaf 12:214–216. World Organisation for Animal Health. 2015. Manual of Diagnostic Tests and Vaccines for Terrestrial Animals 2015. World Organization for Animal Health, Paris, France. http://www. oie. int /en /international-standard-setting/terrestrial-manual/access-on line/.

农业动物病原生物安全的特殊考虑

ROBERT A. HECKERT AND JOSEPH P. KOZLOVAC

一些国家的食品和农业产业往往是集中的、高度开放的、垂直一体化的、全球化的复杂系统，依赖于复杂的农业基础设施。这些特点使得农业系统高产、高效。然而，这些特性使农业产业易受外来/越境动物、新发和人兽共患病暴发的影响，这些疾病可能威胁到经济的稳定、食品安全和国家的公共卫生安全。因此，仍然需要大力支持农业生物安全和生物安保方面的基础研究和应用研究，以确保农业系统的生产效率、经济性以及最重要的安全（食品安全）。

兽医诊断和研究是每个国家兽医和公共卫生系统的关键和基本组成部分，开展这些重要行动的机构需要有一个健全的生物风险管理计划，以保证日常运作的安全和成功。为实现这一目标，本章将讨论具有农业意义的地方病和越境动物疾病相关兽医研究和诊断的特殊风险、运行和基础设施相关问题。

风险评估

世界各地的许多机构和组织必须考虑到拟研究的农业病原体带来的风险，并把这些病原体归入相应的生物安全类级别[1]。有许多风险评估和危害评估模式被用来评估对员工、社区、动物健康和环境的危害，这些方法有些是定量的有些是定性的。风险评估和管理方法与食品安全和食品保护相关，因此应用于农业动物和食品生产行业，包括操作风险管理，危害分析和关键控制点（hazard analysis and critical control points，HACCP），CARVER+冲击（对关键问题进行安全漏洞评估的六步方法）以及后果建模[2]。作为生物安全专业人士，我认为运行风险管理方法是最接近于各种生命科学研究实验室里关于包括生物危害的管理研究所使用的规程。运行风险管理是一个定性的过程，可以分为6个关键步骤：

1.识别危害；

2.风险分配；

3.分析风险控制；

4.进行控制决策；

5.针对风险实施选定的控制措施；

6.监督和审查过程。

由于上述风险管理办法适用于支持人类健康的生物医学研究和临床诊断操作，大多数生物安全专业人员对其熟悉。事实上，现有的描述可作为实验室设计、实验操作和工程控制的绝大多数生物安全行业标准和指导文件，都是为了在处理前控制生物危害和消毒实验室废弃物，以保护实验室工作人员和周围社区的居民。虽然这些管理办法在人类生物医学和临床操作中是成功的，但它们并没有完全解决病原体逃逸到环境中的意外风险和对农业经济的潜在不利因素（如农产品贸易损失、牲畜发病率和死亡率、长期环境污染等）。

美国公共卫生服务出版物BMBL生物安全指南主要是为了保护那些直接操作生物危害因子的人们以及周围社区[3]。直到第五版，BMBL才在附录D中对农业病原体的安全性进行了描述[3, 4]。然而，BMBL中的这一新附录并没有任何关于农业病原体在生物医学环境研究中的风险管理的指导。因此，本章明确了在动物健康相关的农业研究和诊断操作中需要考虑的各种风险和风险评估方法。

从事家畜病原体研究和诊断活动风险评估的生物安全专业人员和其他人员必须认识到农业标准理论和人类公共卫生标准及员工保护标准的差异。因为人类关注的病原体要么是人兽共患病的病原体，要么是人类疾病的病原体，所以在实验室里（员工风险）和外部（社区风险）总是有易受感染的宿主，而大多数农业病原体（人兽共患病除外），人类不是易感宿主。风险评估者或管理者有额外的风险管理选项，可用于控制对员工或公共健康不构成直接风险的农业风险。在农业环境中，应该考虑易受影响的农业商品和病原体之间的季节性隔离，包括气候和地理因素。研究环境之外是否有宿主或病毒媒介可能影响风险评估，也是确定相应生物防护水平的一个关键因素。

重要的是，生物安全专业人员必须了解农业研究的主要风险：对动植物发病率和死亡率的潜在经济影响，国家存在的疫病对国际贸易影响[1]。有许多动物病原体（表34-1）会感染农业物种（包括蜜蜂、软体动物、两栖动物和水生物种），可能会给一个地区、州和国家带来经济问题。2015年，世界动物卫生组织提供的名单中包括117种疾病[5]。美国和其他发达国家已投入大量人力和财力资源，来消除许多对经济危害大的疾病因子。然而，这些病原体中有许多仍然广泛分布在世界各地，并继续造成农业生产损失，并可能被重新引入美国[6]。此外，新出现影响家畜的病原体，如亨德拉病毒（马）、尼帕病毒（猪）和埃博拉雷斯顿病毒（猪），可能会导致农业损失[7, 8]。由于发生疫情时经济和贸易影响以及国家和地区之间疫病状况的差异，很难衡量农业病原体的全球风险排序[9]。一些国家制订了农业动物的生物防控指南，然而，越境动物疾病的风险排序和生物防控建议并不一致。

2009年跨联邦生物安全和生物防控监督工作队的报告证实了美国缺乏具体的农业生物防控指导[10]。特别工作组建议制定与BMBL相媲美的综合生物防控指南，涵盖对植物、牲畜、最高防护级别实验室，以及其他具有农业意义的害虫和病原体的研究（一种特定于农业的BMBL）。自2009年提出最初建议以来，美国农业部在编写这份文件方面取得了进展。美国农业部指导委员会为推进这一项目，成立了农业研究局（Agricultural Research Service，ARS）和动植物卫生检查局（Animal and Plant Health Inspection Service，APHIS）。美国农业部指导委员会制订了一份供公众评论的目录草稿，并对目录进行了修订。在过后几年里，整个文件将由专题专家小组编写。首次出现在第五版BMBL的附录D，将由美国农业部更新第六版。预计美国农业部生物防控指导文件将在第七版BMBL之前发布，附录D将不被纳入该版本。

表 34-1 世界农业动物健康和生产最关注的病原因子

多宿主疾病、感染和侵扰

炭疽
蓝舌病
布鲁菌病（流产布鲁杆菌）
布鲁菌病（马耳他布鲁杆菌）
布鲁菌病（猪布鲁杆菌）
克里米亚 - 刚果出血热
地方流行性流行生出血性病
马脑脊髓炎（东部）
口蹄疫
心水病
细粒棘球蚴感染
多房棘球蚴感染
狂犬病病毒感染
裂谷热病毒感染
牛瘟病毒感染
旋毛虫感染
日本脑炎
新大陆螺丝虫感染
旧大陆螺丝虫
副结核
Q 热
埃文西锥虫
土拉热
西尼罗热

绵羊和山羊的疾病和感染

山羊关节炎 / 脑炎
传染性无乳症
山羊传染性胸膜肺炎
流产衣原体感染（母羊非传染性流产、绵羊衣原体病）
小反刍兽疫病毒感染
梅迪 - 维斯纳
内罗毕羊病
绵羊附睾炎（沙门菌）
痒病
绵羊痘与山羊痘

猪的疾病及感染

非洲猪瘟
经典猪瘟病毒感染
尼帕病毒性脑炎
猪囊虫病
猪繁殖与呼吸综合征
传染性胃肠炎

兔的疾病及感染

多发黏液瘤病
兔病毒性出血症

其他疾病和感染

骆驼痘
利什曼病

鱼的疾病

异位造血坏死
侵袭阿法诺酵母菌感染（非传染性溃疡综合征）
Salaris 轮状肌动杆菌感染
感染高多态区（HPR）- 缺失或 HPR 0 感染
鲑鱼贫血病毒
沙门菌 α 病毒感染
传染性造血器官坏死病
锦鲤疱疹病毒病
红海鲤鱼虹膜病毒病
鲤鱼春季病毒血症
病毒性出血败血症

牛的疾病及感染

牛无浆体病
牛巴贝虫病
牛生殖道弯曲菌病
狂牛病
牛结核病
牛病毒性腹泻
地方流行性牛白血病
出血性败血病
传染性牛鼻气管炎 / 感染性脓疱性外阴阴道炎
支原体感染传染性牛胸膜肺炎
皮肤疙瘩瘤病
泰累尔梨浆虫病
毛滴虫症
锥虫病

马的疾病和感染

马传染性子宫炎
马媾疫
马脑脊髓炎（西部）
马传染性贫血
马流感
马焦虫病
马鼻疽
非洲马瘟病毒感染
马疱疹病毒 -1（EHV-1）感染
马动脉炎病毒感染
委内瑞拉马脑脊髓炎

禽的疾病及感染

禽衣原体病
禽传染性支气管炎
禽传染性喉气管炎
鸡支原体病
鸭病毒性肝炎
禽伤寒
禽流感病毒感染
高致病性禽流感
新城疫病毒感染
传染性法氏囊病
鸡白痢
火鸡鼻气管炎

蜜蜂疾病、感染和侵扰

蜜蜂感染梅里索球菌
蜜蜂感染绦虫幼虫
蜜蜂对无花果的侵染
小蜂对蜜蜂的侵染
华罗蜂侵染蜜蜂
小蜂窝甲虫侵扰

软体动物病

鲍鱼疱疹病毒感染
小金银花感染
牡蛎感染
毛滴虫感染
海绵状棘肌感染
帕金森感染
岩藻感染

甲壳类疾病

小龙虾瘟疫
黄体病毒感染
感染性皮下及造血坏死
感染性肌坏死
坏死性肝再循环炎
桃拉症
白点病
白尾病

对生物危险材料进行风险评估时，应始终从其本身及其特性入手，关于兽医相关的病原体，需要考虑的一些问题是：

1.该病原是否在该国或地区流行的还是外来病原？

2.包括人类在内所有易感物种中，病原引起的发病率和死亡率是否已知？

3.相关宿主物种的传染剂量、传播方式和流行学方面相关信息是否已知？

4.动物和人类是否有有效的预防、治疗方法或疫苗？

5.当地、国家或国际上，是否有积极的控制、根除疫情计划？

6.是否了解病原对环境的稳定性、数量和浓度？

7.如何在动物（大或小）和实验室中操作该病原？

8.病原的宿主范围如何？在该地区或国家是否正在进行病原监测？

《国际兽疫局陆地动物诊断试验和疫苗手册》第1.1.3章讨论了每个国家采取风险分析方法管理生物风险的必要性以及兽医实验室和动物设施的生物安全。这将为每个国家提供一种手段，根据其具体情况和优先事项，调整其实验室的相关国家动物卫生政策和程序[5]。本章指出：风险分析方法朝着以科学为基础、针对个别国家和实验室具体情况的全面生物风险管理的方向发展。这一过程可以适应将病原体分配给与该国有关的风险组，以及随后将相关工作限制在实验室设施上，这些实验室设施由根据所识别的风险类型控制水平定义，如其生物风险分析所识别的结果这符合某个国家的要求。

国际兽疫局认为进行动物疾病风险评估的重要因素包括：

1.生物因子的流行病学信息；传播途径，包括气溶胶、直接接触、污染物、媒介；感染性剂量、易感物种和可能传播范围。

2.宿主外致病因子的来源。

3.可能引起人类或动物疾病（严重危害实验室工作人员、公共卫生和动物健康）。

4.与动物种群发病率和死亡率有关的影响以及相关的经济损失（如贸易、粮食安全、疾病控制成本和移动控制、储量缩减，或疫苗接种），取决于病原是外来的，还是该国或地区特有的。

5.在实验室内进行实验操作的性质（如生物因子少量或大规模扩增、使用和储存）。

6.与生物因子或毒素有关动物的使用。

有关每个因素的更多细节，请参见附录1.1.3.2。评估和实施生物风险控制措施时应注意的问题[5]。

考虑到每个实验室和国家都需要制定自己的风险评估，国际兽疫局并没有明确说明每个风险组适合的实验室和动物设施的防护级别[5]，而是提供风险管理指导。如何做到这一点的两个例子详见“动物卫生组织陆地动物诊断试验和疫苗手册”准则3.5[5]。在该准则中，风险管理分为四大类：行政控制；业务控制；工程控制；个人防护装备。每种防护的更多细节可以在指南中找到。

此外，我们还必须考虑到进行兽医研究的设施与进行兽医诊断活动的设施之间的差异。在研究设施中，致病因子和活动风险是已知的，这些风险可以在拟研究工作的风险评估中解决，而诊断活动的性质要求人员处理情况未知的样本。兽医诊断实验室的生物安全原则和实践这一章[11]和美国疾控中心“人类和动物医学诊断实验室安全工作实践指南”[12]是两个可协助兽医诊断实验室风险评估和应急措施的参考。

农业生物安全与生物安保的定义

“生物安全”“生物安保”“生物防护”和“生物保证”等术语，对于不同的个体、不同的情况，可能意味着的不同事物。在国际动物卫生或公共卫生领域（或它们交叉的部分），重要的是要对这些词语背后的概念有一个清晰的理解。然而，无论使用何种术语，动物健康和公共卫生研究团体都有责任确保研究工作是认真有效的。生物安全和生物防护措施以及对生命科学设施研究活动的监督被认为是研究单位的重要组成部分。多年来，人们一直观察到，传染媒介不遵从人类的边界，疾病的出现是基于复杂的生态系统中动物、人类和病原体之间的相互作用。人们已认识到，许多影响公共卫生的新发疾病都是人兽共患病，是人类与牲畜或野生动物相互作用产生的。因此，参与动物或农业研究的人有责任确保适当的生物安全和生物防护措施，使操作这些病原、防止意外暴露以及意外释放到环境中、保护研究者和周围社区成为可能。所有生命科学研究所也有要确保到位的实验室安全措施，保证工作库存和档案管理不被偷窃或误用。

生物安全与生物防护

生物安全，或称生物学安全，是促进实验室安全操作和程序以及生命科学环境中的工作人员正确使用实验室设备和设施，防止职业性获得性感染或将微生物释放到环境中的概念。生物安全原理的发展与微生物学的发展并驾齐驱，并扩展到新的相关领域（组织培养、重组DNA、动物研究、生物技术和合成生物学）。一些国际和国家组织就这一具体的生物安全专题编写了指南文件，然而，很少有监管或指南文件涉及农业研究和诊断环境中与动物病原体有关的问题。因此，本章的重点是生物安全和生物防护，因为它们与保护环境和环境中易受影响的动物有关。

“生物防护”一词，最早于1985年发明（尽管其基本概念自20世纪40年代以来就已得到承认），被定义为防护致病性极强的微生物（如病毒），通常是在安全的设施中隔离，以防止它们意外地被释放到环境中，这种方法非常适用于农业环境[13]。

生物安保

生物安保在农业环境中具有特殊性，有许多不同的定义方式。根据情况、背景或结果情况，多年来一直使用不同的术语，现在经常混淆。最初在农业中使用生物安保是从农民在农场内部和农场之间防止疾病传播开始的，这种方法至今仍被使用，经常被称为“农业生物安全”。一个常见而简单的定义是“采取措施将疾病排除在目前不存在的种群、畜群或动物群之外或限制疾病的传播”。这一术语也被广泛农业生物安保的另一项研究引入了“生物排斥”一词。用于“无特定病原体”的实验室动物种群中，在研究环境中，外来疾病被排除在聚居区之外。Mee等将生物安保定义为有两个组成部分。生物排斥涉及预防措施（减少风险战略），旨在避免引入致病性感染（危害），而生物防护是限制农场内传染病传播蔓延到其他农场措施[14]。联合国粮食及农业组织以更广泛的方式定义生物安保，作为一种包含政策和监管框架的战略和综合办法（包括文书和活动）来分析和管理食品安全、动物生命和健康、植物生命和健康等部门的风险，包括相关的环境风险。生物安保包括植物害虫、动物病虫害和人兽共患病、转基因生物及其产品的引进和释放以及外来入侵物种和基因型的引入和管理。生物安保是一个直接关系到农业可持续性、粮食安全和环境保护，包括生物多样性的整体概念[15]。

在操作高度传染性动物病原体的研究实验室或动植物环境中，生物安保经常被用作和定义为"防止微生物因子免受丢失、盗窃、转移或故意误用"，这一定义与美国生物安全协会、世界卫生组织[16]以及美国政府[3]的定义一致，也与农业研究和诊断环境密切相关。

野外生物安全

在野外环境中开展大型动物工作，对于饲养牲畜的人来说，是一项平常而必要的任务。由于大型农业动物体积和圈养困难，通常开放饲养。人们通常需要捕获、控制它们并和它们密切接触，这种活动会产生额外的危险。与大型动物打交道是一种体力挑战，这些动物往往脾气暴躁，可能危及生命。

物理性损伤

开展大型动物工作时，通过护坡和门等物理保定来控制它们，以确保动物被保护和控制，它们不会对操作者或它们自己造成伤害。一旦动物被围住，操作者可以通过绳索、缰绳、圈套、挤压槽等物理手段，或通过如注射或吸入麻醉剂等化学手段，进一步抑制动物。然而，这些化学或物理的辅助材料本身也具有危险性，需要谨慎和有经验地加以处理。最重要的是要知道你所操作的动物的特性，这决定了它们的舒适区、对恐惧的反应以及所需的物理或化学保定类型。每个物种都有不同的舒适区和驯化程度（飞行区），在与它们互动时需要理解和尊重。操作者熟悉动物的飞行区域和平衡点，可以在减少危险，同时可以安全地移动动物。飞行区域的大小取决于牲畜的驯服性或野性，在同一种动物中也可能有很大的差异（图34-1）[17]。

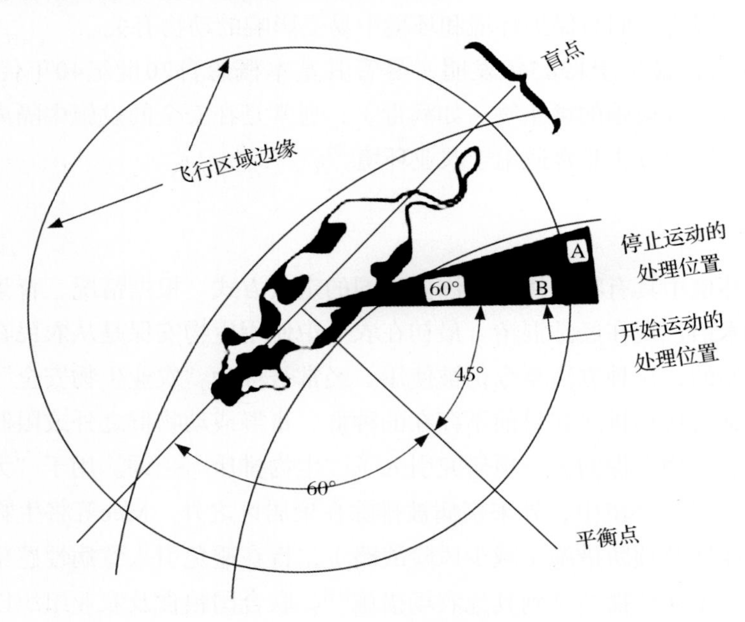

图 34-1 牲畜行为反应特征

转载自"专业动物科学杂志"[17]，经出版商许可。

有些动物需要很高的围栏，有些动物在护坡间需要狭小的空间，而另一些动物则需要"躲藏"起来（它们可以去的地方与人类没有直视），以便自己不受伤害。任何参加大型动物实验活动的人员都应该有一条逃生路线，包括人员通道（人们可以去但动物不能去的地方），以及在围栏后面或上方的逃生路线。不同物种对应的情况不同，这里无法提供单一的指导。然而，读者应该去寻找许多好的关于处理家畜和野生动物教科书和专著，包括“农业动物在研究和教学中饲养和使用指南”[18]。在野外开展动物工作的危害和注意事项的摘要已经发表[19]。该机构通过兽医应确保所有工作人员都受过足够的培训，才可以与处理的特定动物物种。最后，动物护理工作人员及其主管需要了解正在处理的动物种类，并采取必要的预防措施，作为风险评估的一部分。如果动物护理人员感到不舒服或对某些情况不确定，他们应该停止工作，并要求进一步的培训或专家指导。

预防人兽共患病暴露

除了在开展大型动物工作时可能发生身体伤害外，还存在着暴露人兽共患病的风险。对人类疾病致病因子进行分类的报告显示，在造成人类疾病的1415种致病因子中，有868种（61%）是人兽共患病[20，21]。由于兽医、研究人员、诊断人员和动物护理人员经常在临床和野外环境中与各种各样的动物接触，所有他们感染人兽共患病的风险特别高[22，23]。除了现有的和已知的人兽共患病之外，新的人兽共患病也在不断出现，这使得保护自己变得更加困难[24，25]。尽管存在这些事实，兽医领域和临床中的感染控制方法是多种多样的，但是往往不具备预防人兽共患病传播的能力[26]。因此，谨慎的兽医和动物护理工作人员在野外工作时应用类似于医院感染控制的程序标准的感染控制程序[27，28]。虽然在野外工作中消除人兽共患病的所有风险是不可能的，但本节将为尽量减少疾病和伤害提供一些指导。

2015年，国家公共卫生兽医协会（National Association of State Public Health Veterinarians，NASPHV）兽医感染控制委员会出版了一份关于兽医人员预防人兽共患病的标准预防措施简编[23]。本文件对在野外或兽医诊所开展动物工作时应采取的标准预防措施进行了出色的评估，并描述了感染控制计划。所有关于动物感染人兽共患病的工作都应该有一份书面的感染控制计划，该计划应该针对设施和疾病进行具体说明。我们可以从NASPHV网站获得感染控制计划示范的电子版[23]。

以下是该简编中的一些要点，并附有其他工作建议，具体介绍了该领域的大型农业物种。

手部卫生

彻底的手部卫生是兽医人员降低疾病传播风险的最重要措施。应在接触动物、血液、体液、分泌物、排泄物以及被它们污染的设备或物品之后洗手。当没有自来水时，可以使用抗菌浸渍的纸巾（如毛巾），然后再用酒精凝胶清洁。单独使用湿巾的效果不如酒精凝胶或用肥皂和自来水洗手，因此，在偏远的野外地区工作时，谨慎的做法是携带可靠的有效洗手用水。

使用防护手套和套袖

通过使用防护手套和套袖提供屏障保护来降低病原体传播的风险。在接触血液、体液、分泌物、排泄物、黏膜和不完整皮肤时应佩戴它们，然而，戴手套（包括袖子）并不能代替洗手。使用后应及时摘除手套，避免皮肤与手套外表面接触，一次性手套不应清洗和重复使用。摘下手套后应立即洗手。手套的材料多种多样，在野外与开展大型动物工作时，手套的强度应足以防止撕裂，需要比普通的乳胶检查手套或双层手套（外面的一副更结实）更厚的手套。

面部防护

面部保护可以防止眼睛、鼻子和嘴巴的黏膜暴露到感染性物质。任何可能发生溅出或喷雾的情况下都应该使用面部保护，包括护目镜或带有护目镜的面罩。外科口罩可以防止大多数不涉及潜在传染性气溶胶的过程中产生的非传染性微粒，然而，值得注意的是戴上这种额外的保护可以增加呼吸难度，眼镜可能容易起雾，面罩可以被敲掉，因此，应该仔细决定何时使用额外的保护能够减少风险，何时可能反而增加风险。

呼吸保护

呼吸保护的目的是保护呼吸道避免由于吸入传染性气溶胶传播人兽共患病生物因子的感染。在某些情况下可能是必要的，如在调查小反刍动物流产（Q热）、家禽死亡（禽流感）、生病的鹦鹉（禽衣原体）、可能含有炭疽芽胞的土壤，或其他与气溶胶传播有关的情况。N95级一次性微粒呼吸器是一种价格低廉、容易获得和易于使用的口罩，然而，这些环境要么非常热，要么很冷，或者需要大量的勇气，在现场环境下佩戴所需的呼吸器对工作人员来说也是一种挑战，开展大型动物工作往往需要过度的体力劳动，因此，在某些工作活动中，佩戴呼吸器可能会非常困难。行政控制，如限制个人穿着PPE工作的时间，以及将动物的迎风区域指定为工作人员休息的区域，可以是一种自然而简单的减少暴露潜在生物有害气溶胶的方法。在美国使用呼吸器时，要求符合职业安全和健康管理局的呼吸保护标准117（29 C.F.R.1910.134），包括对使用者进行医疗评估，每年对使用者进行呼吸器的适合性测试，以及适当使用的培训[29]。

防护外衣：实验室外套、长袍和连体型防护衣

防护外衣是为了保护休闲衣服或避免受到污染，但通常是不耐液体的，因此，这类服装不应用于可能具有传染性的液体溅出或浸泡的情况。在这一领域，连体型防护衣往往是最实用和最有效的外衣，保护整个身体，同时又不过分阻碍工作人员的活动范围。当衣服明显污染或被体液或粪便污染时，应立即更换衣服，这些衣服不应在工作区域以外穿，特别是使用后穿上车或回家。在野外使用后，应将其放置在高压灭菌袋中，并带至高压灭菌器进行消毒。

鞋类

鞋类应适合特定的工作条件（如用于农场工作的橡胶靴），并应保护兽医人员免受感染材料和外伤的影响。建议鞋或靴子厚底和封闭脚趾的部位不透水和易于清洗。应清洗鞋类，以防止传染物质从一种环境转移到另一种环境，如在农场访问期间和返回兽医设施或家之前。一次性塑料鞋套或短靴增加了额外的保护水平时，但可能存在少量的感染材料。

头套

一次性头套为头发和头皮提供了一个避免严重污染的屏障。一次性头套不应重复使用。

大型动物剖检

做一个完整的尸检或在实验室内收集样本是研究领域中一项常见的任务。然而，这一活动给做

手术的工作人员带来了额外的风险，因为在这个过程中增加了割伤和针刺的可能性，而且实验动物可能携带的病原体（共生或实验性的）暴露的可能性也增加了。在可能的情况下，建议为较小的物种（如鸡、老鼠、兔子、鱼类等）使用一种初级防护装置（通风防护屏障），然而，对于较大动物来说，这是不可能的，剖检大动物是在开放的桌子上或地板上。在这种情况下，人员需要采取额外的预防措施，以防止气溶胶经皮肤、黏膜或口腔暴露感染因子，应采取预防措施和减少暴露的一些建议如下：

1.气溶胶暴露：

a.尽量减少在尸检过程中产生气溶胶的操作，如打开气体膨胀器官、过度锯骨、喷水等。

b.如果可以的话，可以使用下降气流解剖台或其他类似的通风设备控制，以便将传染性气溶胶从面部和呼吸区抽走。

c.在某些产生气溶胶的过程中，使用呼吸器（如N95口罩、PAPR、带高效空气过滤器的半面或全面罩等）。

d.在可能产生感染性气溶胶的操作时（如切割骨），使用通风防护屏障（如柔性薄膜隔离器，带有定向气流的幕帘等）。

2.经皮切开或针刺暴露：

a.剖检时，使用刀和剪刀时要格外小心，以免受伤。

b.使用防护服，特别是手套，以帮助尽量减少轻微的割伤和刺入皮肤。

c.尽可能使用工程设计的安全锐器，如可伸缩的针头、带鞘的手术刀、钝尖剪刀等。

d.除非操作规程有必须求，否则不要重新盖上针头帽。如果有需要，则使用单手技术。

3.黏膜暴露：

使用面罩、护目镜、口罩或其他个人防护设备，尽可能多地覆盖黏膜（嘴、鼻和眼睛），以便在可能产生飞溅的过程中保护。

4.经口暴露：

a.用口罩遮住口腔和鼻子，确保没有东西进入口腔，也可以防止戴手套的手不小心碰触口腔和鼻子造成感染。

b.当重新盖上使用针头帽时，不要把针头帽放到嘴里。

由于物理操纵大型动物物种的难度很大，佩戴大量的个人防护装备更是一项挑战。工作人员可能会因为过热，试图移除多余的防护设备，或者由于接触其他重型设备（如起重机、吊链、手推车把手等），防护设备可能会被移除。根据动物尸体的大小和重量，通常需要重型起重设备和手推车来提升和移动尸体。在许多情况下，整个胴体太大，无法装进手推车、组织处理器的残体入口、冷冻机或门口，需要切割成较小的部分，从而给操作人员增加了更大的风险。

野外剖检

在野外工作时，尸检是最常见的操作之一。为了确定发病率或死亡率，需要进行饲养牲畜、尸检和样本取材以便进行诊断检测。在进行现场尸检时，必须牢记生物安全和生物安保（与实验室中的尸检一样），剖检时，应该假设具有潜在危险的人兽共患病，采取个人安全预防措施。如有可能，尽量减少尸体打开的程度和数量以及液体物质（血液、血清、脑脊液、羊水等）的释放。如果不需要打开尸体，那么对所需的组织或液体进行活检是最不具侵入性和最安全的方法。最低限度的防护措施包括工作服、手套、遮住鼻子和嘴的面罩以及橡胶靴。如果可能有传染性气溶胶，那么也应该使用呼吸器。处理患病动物时，应尽量减少对其他野生动物和家畜的接触。

在野外，最好解剖动物的地方是：

· 远离其他动物、食物储藏区和工作人员。

· 便于方便和安全地处置尸体。

· 容易彻底消毒的区域，最好是用消毒剂可以容易清洗混凝土垫。

· 如果没有混凝土垫可用，污染区将是下一个可能的选择。与混凝土不同，污染区不易消毒，因此，最好是选择阳光直晒的地方，因为热和光将有助于杀死许多病原体[30]。

残体处理

在野外或实验室，需要安全可靠地处理动物尸体。以下讨论的重点是工作人员的生物安全、病原体的灭活/杀菌以及残体处理中的环境安全。如本章开头所述，对相应的残体处置方法进行风险评估，将向生物安全专业人员告知工作人员相应的PPE。同样，NASPHV兽医感染控制委员会兽医标准预防措施汇编的建议以及当地的安全政策将有助于制订用于残体处理操作的安全计划[23]。

处理动物尸体的方法有很多，包括埋葬、堆肥、露天焚烧、空气幕焚化、病理性废物焚化或医疗废物焚烧炉，炼制和通过碱水解组织消化[31]。每一种方法都需要使用基本的个人防护设备（手套、工作服、眼睛、面部和黏膜屏障），以及程序控制等附加措施。在操作链式提升机时，尽量穿着耐热服装并减少夹点损伤的可能性。一个精心设计和健全的工作人员培训计划，在常规和疫病暴发时对于有效执行残体处理的生物安全措施至关重要。开放式空气处理方法和在封闭设施中进行的处理方法需要得到州和（或）联邦环境保护机构的操作许可，在某些情况下还需要得到国务院的农业许可证。动物尸体处理方法的选择受多种因素的影响，包括待处理动物的数量和大小、动物是否死于疾病等（或是实验性感染，或是自然发生的感染），以及安全执行所选方法所需的可靠资源，即用于埋葬的可靠土地、用于焚烧的适当的燃料，用于将尸体运离现场适当的车辆。工作人员是否有受过处理方法细微差别培训对任何残体处理作业的成功也是至关重要的。政府根据国家具体计划管理的疾病暴发导致大量尸体的处置，超出了本章的范围，可见其他文献[32, 33]。在研究或诊断环境中，我们将重点讨论实验感染的动物尸体的处理。

野外残体处理

在野外，最常见和最实际的选择是深埋。如果可能的话，应该在地下水位低的地方找到高地；然而，在大多数情况下，尸体被埋在靠近动物死亡地点的地方。如果怀疑有高度传染性和传染性疾病（如炭疽），尸体应涂上消毒剂，埋在4～6英尺深（如有可能），以防止被盗食[34]。

如果有可靠的燃料，而且残体很小，焚烧也可能是一种选择，但需要谨慎注意，以确保尸体完全燃烧，而且需要注意避免火灾的发生。此外，堆肥可能是一种选择，如果有可靠的材料，可以建立一个适当的堆肥堆，如果有需要人们可以转动堆肥。如前所述，必须同时进行场地评估和处置方法选择，以制订、沟通和实施有效的计划，从而保证操作安全和环境适合。

实验室残体处理

根据当地的法规、现有的基础设施、处理的动物种类和数量以及感染因子性质的不同，对动物

尸体的处理可以是简单的，也可以是复杂的。体积较小的农业动物（如鸡、鹌鹑、兔子、鱼类、幼崽等），生物量不大，处理也是可控的。大多数情况下，高压灭菌是在市政填埋场处理或者有执照的医疗废物焚烧炉处理之前对病原体最有效的消毒方式。然而，较大的动物或大量的残体很容易超过标准规模的实验室高压灭菌器的容量，因此需要暂时储存尸体，或者深埋、焚化、炼制、消解，或使用蒸汽和浸泡结合的方法。如果在高级别生物安全实验室（ABSL-3及以上），处理设备（炼制或碱解设备）的装药通常在生物防护实验室内，操作侧在生物防护实验室之外，这样便于维修。使用的灭菌方法必须得到验证，以证明尸体及其所含病原体已经灭活。此外，排放（空气和废液）必须得到地方当局（如公有处理厂）的允许，以便监测释放到环境中的排放参数（如温度、生物或化学需氧量、重金属浓度等）或在现场进一步处理。

炼制

炼制是一种环境友好型的多步骤过程，它可以处理残体和动物部分，回收用于制作动物饲料和脂肪、肉和骨粉。这些设施靠近屠宰场，保证残体和动物部分的稳定供应，以获得经济利益，一些高防护动物研究设施有现场炼制设备（也称为组织处理器），而那些操作非感染或低风险的农业制剂病原的人可以使用移动炼制设备。在所有的生物防护水平上，炼制都是可以接受的，但是需要对研究中的病原体进行完全灭活的验证。

碱解

组织的碱解消化是利用强碱溶液（氢氧化钠或氢氧化钾）的高温密封系统，以溶解和水解动物的组织，这一过程产生了氨基酸和糖的有效溶液，当温度冷却且pH满足系统要求时，可以通过市政下水道系统。不同的商业公司生产的这种设备大小不一。

焚化

环境保护局规定可以对两种类型的废物进行焚化处理：

1.病理性废弃物是指“仅由人体或动物遗骸、解剖部分和（或）组织、收集和运输废物的袋子容器以及动物垫料组成的废弃物”。

2.医疗废弃物是指感染性病原体的培养物和储存容器、人体病理废弃物（如组织、身体部分），人类血液和血液产品，使用的锐器（如用于动物或人类病人护理的皮下针和注射器），某些动物废弃物、某些隔离废弃物（如来自高度传染性疾病患者的废弃物）和未使用的锐器（如缝合针、手术刀刀片、皮下针）。

不管如何处理，动物尸体都是由国家环境保护机构或国家农业部管理的废弃物。除联邦法规外，生物安全专业人员还应研究并熟悉当地和州的法规，以确定其适用性。

生物防护研究设施

在农业研究和诊断环境中，对工作人员的保护是考虑的重点，同时强调减少研究中的生物因子逃逸到环境中的风险[5, 35, 36]。一些国家已经制订了自己的标准和操作规程，说明了它们如何在研究机构中控制高风险的农业病原体[36, 37]。在这里，我们介绍一下美国BSL-3-Ag的设施要求和工作准则。BSL-3-Ag是农业特有的，目的是当用大动物研究高风险病原体[9]或其他情况下，通常作为二级防护屏障的设施必须作为初级屏障的条件，以保护环境不受威胁。美国农业部ARS第一次定义BSL-3-Ag为防护级别，并提供了这些专门为牲畜设计和建造的高级别实验室详细信息[38]。最近，第5版BMBL介绍了农业问题对BSL设施设计的影响[3]。新版附录D“农业病原体生物安全”为美国提供了操作受关注的兽医病原体时对实验室特性要求的专门指导。在本章的后面，我们还将描述美国农业部APHIS要求的当操作受关注的农业病原因子时，需要的增强BSL-3功能。在美国，特殊条件适用于拥有和使用某些被称为管制病原体的高风险农业病原体。美国农业部APHIS提供操作这些特定的农业因子所需的防护条件，同时美国农业部APHIS批准并允许在同一时间在一个特定区域操作一种病原（见附录及表34-2）。

表 34-2 美国重要的兽医相关病原

病原和疾病	病原和疾病	病原和疾病
非洲马瘟[a,b]	口蹄疫病毒[a,b,c]	伪狂犬病毒[b]
非洲猪瘟病毒[a,b,c]	土拉热弗朗西丝菌[a,b,c]	裂谷热病毒[a,b,c]
赤羽病毒[a]	山羊痘[a,b]	牛瘟病毒[a,b,c]
禽流感病毒（高致病性）[a,b,c]	亨德拉病毒[a,b,d]	羊痘[a,b]
炭疽杆菌[a,b]	皮疽组织胞浆菌	鲤鱼春季病毒血症病毒
Besnoitia besnoiti	传染性鲑鱼贫血病毒	猪水泡病病毒[a,b]
蓝舌病毒[a,b]	日本脑炎病毒[a,b]	特斯秦病毒[b]
波纳病病毒	羊跳跃病病毒[b]	环状泰累尔梨浆虫
牛传染性瘀斑热因子	皮肤结节病病毒[a,b,c]	牛泰乐焦虫
牛海绵状脑病[a]	恶性卡他热病毒（外来株或狷羚疱疹病毒 1 型）[a]	羊泰累尔梨浆虫
流产布鲁杆菌[a,b]		劳氏泰累尔梨浆虫
羊布鲁杆菌[a,b]	梅南格病毒[a]	布氏锥虫
猪布鲁杆菌[a,b]	牛分枝杆菌	刚果锥虫
鼻疽伯克霍尔德菌[a,b]	无乳支原体	马类锥虫病
类鼻疽伯克霍尔德菌[a,b]	蕈状支原体亚种抗霉菌素（小菌落类型）[a,b,c]	伊氏锥虫
骆驼痘病毒[a]		活动锥虫
猪瘟[a,b,c]	霉浆菌[a,c]	委内瑞拉马脑脊髓炎[a,b]
粗球孢子菌[a]	内罗毕羊病病毒（甘贾姆病毒）	水疱性疱疹病毒
嗜人锥蝇（苍蝇幼虫）	新城疫病毒（强毒株）[a,b,c]	水泡性口炎（外来）[a,b]
反刍动物考德里体（心水症）[a]	尼帕病毒[a,b,d]	兔病毒性出血病
伯纳特立克次体（Q 热）[a,b]	小型反刍兽疫[a,b,c]	韦塞尔斯布朗病病毒
东方马脑炎[a,b]		
暂时热病毒		

* 表示第1级管制病原体。

a 2002年生物恐怖法规定为管制病原体的病原。保存这些病原要求在CDC或APHIS登记并且州际间的移动或进口要求要通过APHIS的批准。其中大部分要求BSL-3/ABSL-3或更高的防护。

b 美国商业部根据EAR/CCL一一列出的生物因子和毒素, 15C.F.R.774, Suppl.1(IC351, IC352, IC353, IC354)的规定要求出口许可。

c 根据USDA-APHIS风险评估,要求所有病原与房间散养动物有关的工作在BSL-3-Ag防护水平开展。

d 要求所有有关病原的工作在BSL-4防护水平开展。

BSL-3-Ag对房间内开放饲养动物的要求

在美国，对特定的高致病性的家畜病原的研究有特殊的生物防护措施要求，如在表34-2中的病原，根据动物种类或研究的不同，提供初级防护。为了支持这样的研究，制订了一个用于设施设计、建造和运转的被称作BSL-3-Ag的特殊标准。这种设施标准首先被定义于美国农业部ARS部门手册242.1M-ARS设施设计标准中，以标准的ABSL-3的防护措施为起点并且包含许多通常用于BSL-4设施的措施作为增强手段。

所有的BSL-3-Ag的防护空间必须按照初级防护屏障设计、建造和认证。BSL-3-Ag设施可以是一个单独的建筑，但是通常情况下，它是在一个较低生物安全水平的设施内部，且通常是BSL-3操作实验室的隔离区。基于“盒中盒”原理，这个隔离区有十分严格的进入控制和特殊的物理安保措施。BSL-3-Ag设施将与建筑物的其他部分分开，并有自己的外部通道，以帮助分隔空间。所有的BSL-3-Ag设施不能像典型的ABSL-3所要求的用初级防护屏障装置饲养动物，要按照以下BSL-4设施的特点进行强化（见图34-2）。

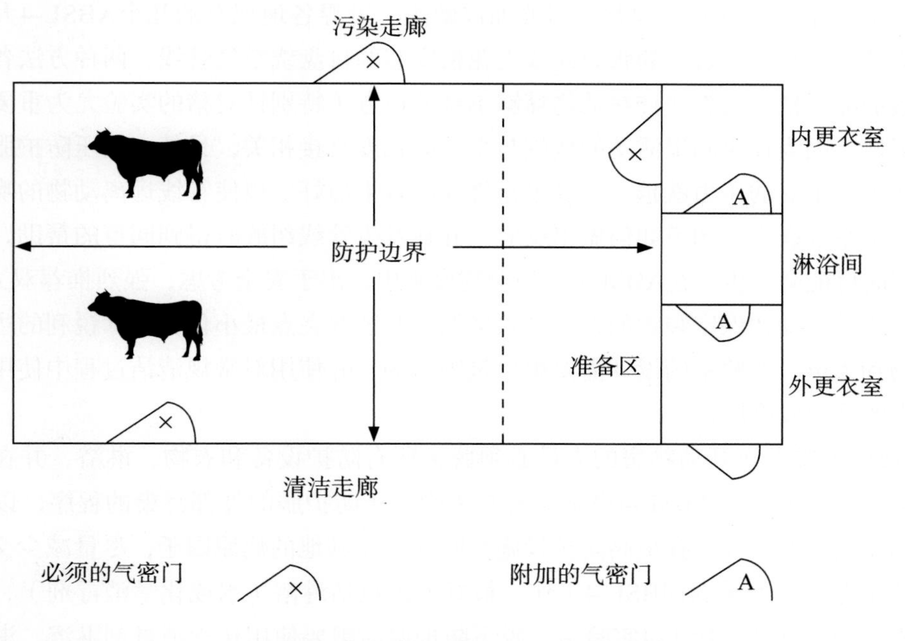

图 34-2 大型动物 BSL-3-Ag 实验室特点

BSL-3实验室和增强的ABSL-3实验室

上述BSL-3-Ag研究的说明和要求是根据在动物系统或其他农业研究类型使用的高风险微生物，其设施屏障通常作为二级屏障，但现在当作初级屏障。有这样的情况，某特定因子应在典型BSL-3-Ag实验室使用农业动物进行研究，但也有可能在一个增强的BSL-3实验室或ABSL-3实验室使用初级防护设备作小动物研究。在这种情况下，实验室不需要作为初级屏障，在不降低环境保护要求条件下，设计和测试要求能反映出两种情况的不同。当在实验室或小型动物实验室操作高致病性家畜病原时，所有致病材料的操作应使用适当工程控制、实验室设计和工作程序。必须满足BSL-3或ABSL-3所附加独特农业增强要求。因此，除了满足基础BSL-3或ABSL-3要求外，根据一个风险评估和APHIS许可要求，设施应有以下特征：

· 人员进出通过更衣间和淋浴室。

· 一个双扉高压灭菌器和（或）熏蒸消毒室。

· 送排风经HEPA过滤器过滤，所有用于BSL-3增强空间的导管应通过气密性和压力测试。

· 废水消毒系统（最好是中央加热灭菌）。

· 密封连接处且密封性能可允许气体或蒸气消毒（建筑材料应与最终使用目的和选择的灭菌方式相一致，然而，由于所有处理传染性材料操作在初级防护中进行，不必使用压力衰减测试验证房间）。

大型家畜及野生动物的ABSL-4

在BSL-3-Ag设施中使用的许多设施特性也适用于ABSL-4大型动物设施，主要区别在为正压防护服提供生命支持系统，并需要化学消毒系统。与BSL-4实验室设计一样，正压防护服和相关的空气线路在高级别大型动物设施中存在潜在危险。生命支持管道与围栏、门和其他保定装置或动物纠缠在一起的可能性是不可忽视的问题，需要加以解决。世界各地现有的几个ABSL-4大型动物实验室都是使用天花板吊装空气管线的张力绳或天花板安装的自盘绕空气管线，两种方法各有优缺点。一根适当松紧的绳子把空气管线挂在动物嘴够不到的地方（特别针对猪的实验尤为重要），这种方法确实有局限性，因为在房间里活动的范围与系绳的长度直接相关，另外，正压防护服穿着人员离附件越远，防护服承受的压力就越大。悬吊盘绕线的效果最好，以使管线远离动物的嘴，训练有素的员工利用这个系统操作，知道如何做出反应，并在发生管线纠缠时得到同事的帮助，这种情况在移动围栏和门时可能会发生。在ABSL-4大型动物设施中，出于安全考虑，强烈推荐双人操作。

围栏和门或其他动物保定装置的设计必须确保这些装置夹点最小化，消除锐利的边缘，以保护实验中的动物和人员。实验室的设计需要确保是密封的，并使用对常规清洁过程中使用的普通消毒剂具有抵抗力的饰面或涂层。

BSL-3-Ag设施要求离开动物房的人员必须脱去所有防护设备和衣物，淋浴，并在进入其他区域之前做到着装清洁衣物。ABSL-4设施需要有去除正压防护服的外部污染的程序，以减少动物产生的高风险因子的扩散，如果在最高防护设施套间内操作其他的病原因子，尽量减少交叉污染的可能性。由于这个原因，如果返回BSL-4工作，最好考虑包括淋浴（水或化学消毒剂），以消除大型动物房的严重污染。如离开BSL-4实验室，脱下防护服前需要使用化学消毒剂淋浴。淋浴筒（不论淋浴器类型）应该在淋浴出入口有互锁的气密门。

由于ABSL-4大型动物设施目前是以二级或设施屏障作为初级防护屏障的设施，作者建议将这些设施必须经通过类似BSL-3-Ag的压力衰减测试。与任何其他ABSL-4设施一样，设计和运行参数必须在运营前得到许可和验证，并且每年都受到认证。大型动物最高级别防护设施的建造和运营成本极高，因此，任何考虑建造这类动物实验室的机构都必须仔细审查其必要性和潜在利益，以及这些设施有关的风险和费用。

设施试运行

这部分提供了测试和设施的试运行要求，必须在工厂或在现场证实生物防护系统关键组件的防护完整性。为了确保施工符合设计要求，有一套在建的建筑图纸并制订和实施全面的调试计划是非常必要的。

生物安全柜的测试和验收

生物安全柜应在首次使用前进行测试，此后每年根据NSF/ANSI49生物安全柜标准：设计、建造、性能和现场认证的最新版本进行测试[39]。

高效过滤器装配测试和认证

工厂测试

滤器箱体压力界限应该根据ASME N510-1989接受的工厂测试，在10英寸的水柱（w.g.）压力下，每小时最大允许的泄漏率为箱体体积的0.2%。应按ASME N510-1989要求的方法对过滤器原件密封表面在工厂进行压力衰减测试。

高效过滤器原位粒子穿透测试

所有高效过滤器单元现地检验和书面认证使用聚α-烯烃（PAO）或其他可接受的邻苯二甲酸二辛酯作为穿透微粒子，在过滤器安装之后验证过滤器介质、过滤器框和过滤器介质结合处和过滤器框过滤器箱体之间的密封无泄漏。

过滤器的测试的完成要符合生物安全柜高效过滤器认证的工业标准。如美国农业部ARS设施设计标准所概述的那样，可以使用替代程序[38]。

防护房间的测试和试运行

一般测试

测试防护房间或防护层的目的是确定墙壁、地板、天花板、穿透和其他防护屏障特征是否足够完整以防止气体从防护空间泄漏。测定是通过在防护区域预先设定负压或正压的操作条件完成的，并且通过一段时间的测试监测防护区的压力。

测试和认证将会包括三个递进步骤：①预试粗大漏洞是通过提高或降低防护区空气压力大约1/2英寸水柱（125 Pa），然后观察并测听主要的漏洞；②肥皂泡预试；③最后用压力衰减测试认证是否符合USDA-ARS《设施设计标准》[38]。

预测试

承包商和转包商按要求安装符合计划规格的产品，保证防护空间的完整性并防止泄漏。工程质量保证和质量控制措施应该包括预测试到验收测试阶段的文件，即使承包商所做的区域或局部预测试也不能作为最终验收测试和认证的依据。

在测试之前，送排风口将是密封的，并且通过防护周界的所有门和开口都应处于它们正常的关闭状态。如果那些处于防护周界的门不是气密性的，那么它们将需要暂时做防漏处理或者以另外的方式密封以完成测试计划。测试计划应该注明开口是如何密封的。

穿过防护周界安装核准的数字压力计或指针压力计，最大限度地降低风和气流的干扰，正确表示内外空气压力差。气压计的显示数字易读并且可以精确到0.05英寸水柱（10 Pa），并且可以精确的读出3英寸水柱（750 Pa）。

对大泄漏预测试时，防护空间可以通过安装变速“送风门”或其他可行方式产生一个1/2英寸水柱（125 Pa）的穿过防护周界压差来增压或降压。建筑物表面、连接处、穿透处等都应按计划和规范检查是否泄漏或密封。

以下所有密封泄漏的鉴定都是在1/2英寸水柱（125 Pa）条件下用肥皂泡测试进行的预测试。根据防护屏障的位置和结构，肥皂泡测试也许在正压或负压差下完成。当肥皂泡在防护屏障内表面容易可见时，典型的测试是在负压下完成的（详见USDA-ARS设施设计标准的附录9B）[38]。

最终的压力衰减测试

关闭位于防护设施周界的开口并安装预测试时所描述的测试设备准备测试。风扇/风机设备能够在防护区产生2英寸水柱（500 Pa）的压差，并应在防护区管道内设置一个球阀，以便一旦达到测试压强差，房间或区域就会被密封。

测试将在外界风力、温度、气压和湿度基本稳定的条件下完成，测试时与周围环境相比为负压差条件下进行。数字或指针压力计应该位于不受风、气流或人员走动影响的空气压力测试端口/开口处。

压力衰减测试规程

打开风扇/风机设备5～10 min产生2英寸水柱（500 Pa）的压差，关闭风扇/风机和测试区之间的阀门，使防护区和与之相邻的区域产生2英寸水柱的负压来封闭防护区，记录20 min内每一分钟的压力差。缓慢打开封闭阀门使房间或防护区恢复到正常的压力。压力衰减测试可以20 min后重复一次，两次测试之间必须做目视检查和修补。如果不符合验收标准，那么在重新测试之前应该重复肥皂测试和修补。

验收标准

两个连续的压力衰减测试证实最初的2英寸水柱（500 Pa）负压经20 min后最少应保持1英寸水柱（250 Pa）的负压。

密封管道隔离阀系统的测试和认证

应该对所有的密封管道隔离阀系统和过滤器系统进行测试，这些部分可能从房间位于送风高效过滤器上游的各个隔离阀和位于排风高效过滤器的下游的各个隔离阀的区间暴露于防护区，应该进行原位正压测试和书面认证。所有焊接及管道连接处将在测试被完全认证之前保持完全暴露并易于检查和修复。

初步测试

在最终测试和验收之前，应该完成肥皂泡泄漏检测和氦气检测以修复泄漏。不能使用氟利昂或其他含氯氟烃气体。

认证测试

应使用氦气和检漏器完成认证测试。检漏仪采用工业类型，调整到10^{-7} cm³/s的检漏水平，用浓缩氦给管道或组件加压至4英寸水柱（1000 Pa）压力足以确保泄漏洞被检测出来。在离表面

1/4 ~ 1/2英寸的距离以大约每秒1英寸的速率扫描管道、接缝、连接、密封和其他可能泄漏的区域面，未检测出超过10^{-5} cm³/s的泄漏为合格。在许多情况下，下面描述的变压测试是比较常用的方法。

变压测试

如果温度和其他环境条件不会影响测试，那么也许会使用变压测试。关闭所有的阀门，对密封组件或特定压力标准的管道系统加压，监测压力损失来完成测试。在一小时内压力损失为零时视为合格。此外，最近美国关于建造和维护ABSL-3设施的法规对上述意见和建议包括以下内容。

ABSL-3初始暖通空调设计验证

初始暖通空调设计验证必须在运行前由具有暖通空调系统经验和专业知识的人员进行并记录在案。这种设计可以确保在故障情况下保持二级防护屏障，防止生物安全实验室外的人员暴露。暖通空调验证初步记录后，只要没有对暖通空调系统作重大改变或发现重大问题，就不需要重复测试。

在故障情况下，必须提供暖通空调设计功能的验证文件。验证的失败条件包括：

1.排风机或风机部件的机械故障：

a.如果有冗余风机，经过验证可以在不逆转空气从潜在污染的实验室空间到实验室周围“清洁”区域的情况下，切换到备用风机。

b.如果实验室暖通空调系统没有冗余，则气流持续向内进入实验室转变为“静态”状态，即没有空气从实验室流出，这也必须经过验证。

2.送排风机部件支撑电源同步断电：

a.如果实验室暖通空调系统有应急电源，就应该确认可以从正常电源过渡到备用电源，而不需要实验室的气流逆转。

b.如果没有备用电源，则应验证暖通空调系统向“静态”状态过渡的能力，而没有向外的气流。

c.从电力故障恢复到“正常”运行状态。

d.如果有紧急电源供应，应该确认可以从备用电源过渡到正常电源，实验室的气流不发生逆转。

e.如果没有备用电源，则应该确认暖通空调系统可以恢复到正常运行条件，没有从实验室空间到周围的清洁区域的气流逆转。

ABSL-3重复暖通空调系统验证

一旦ABSL-3重复暖通空调系统完成并获得批准，如果没有对暖通空调系统作出重大改变，也没有发现其性能方面的重大问题，不需要重复暖通空调故障状况测试。对于可能需要在故障情况下由具有系统专业知识的人重新验证暖通空调设计功能的暖通空调系统重大更改的例子，包括替换用于ABSL-3防护区的送排风机，更换为这些区域伺服的管道系统阀门或调节阀，更换或修理暖通空调系统控制线路、楼宇自动化系统逻辑编程变化、ABSL-3房间的结构变化，或增加或移除硬管道连接生物安全柜或通风橱。在暖通空调性能故障情况下，可能需要重新验证暖通空调设计功能例子包括：暖通空调系统经常发生故障，送排风连锁系统故障，发现正常情况下气流逆转，发现暖通报警器不工作，与暖通空调连接的生物安全柜不工作。

暖通空调检定验收标准

暖通空调检定验收标准所提供的文件必须证明，在排风机正常电源故障情况下，或在正常启动电源期间，ABSL-3 实验室内没有空气的逆流和泄漏，只要实验室内空气不离开设施的防护屏障，就可以认为设施通过了暖通空调验证测试。ABSL-3实验室缓冲间是在防护区内的，正压偏移不一定是气流反转；如果发现短暂的、微弱的、正压的偏移，则可以在关闭的实验室门的底部用气流指示器（如发烟棒或水容器中的干冰）对气流进行重复测试，来确认是否发生气流逆转。

ABSL-3设施初始验证和年度重新验证

除上述的暖通空调初始验证和重新验证外，以下是ABSL-3设施预期执行和记录的最低设施验证要求，至少每年一次。一些实验室可能会选择执行以下所列以外的额外设施验证：

1.确定检测气流的方法（“液面高度指示计”，磁力或数字计或宝林管），以准确地反映观察到的气流，建议（但不需要）每年校准数字或磁力仪。

2.通过实验室观察证实气流向内流动。

3.验证消毒系统（高压灭菌器、房间消毒系统、动物残体消解设备、污水处理系统等）的运行正常。

4.如果楼宇自动化系统（BAS）具有监测和记录性能测量的能力，例如，干扰压力，捕获和存储潜在故障事件操作等数据，就可以提供系统性能的验证。此外，应验证所有已编程的BAS警报，以确保其正常运行。

5.所有警报（火灾、气流、安保等）已经按照既定的规定进行了检查并正在运行。

6.如果实验室有暖通空调高效过滤器的话，每年都要经过认证。

7.完成排风电机检查，并进行例行监测和预防性维修。

8.已检查检查实验室是否存在未密封的贯穿件、裂缝、断裂等，如果有，确认已经修复。

9.在过去的12个月里，所有的生物安全柜都得到了认证。

10.离心机、Ⅲ级生物安全柜上的密封件、Ⅲ级生物安全柜上的手套等，如需要，应予以检查和更换。

11.确定淋浴器、洗眼站和非手动洗手池正常运行。

除了上述关于高级别实验室和动物实验室暖通空调验证和测试的指南外，读者还可参阅ANSI/ASSE Z9.14-2014，BSL-3和ABSL-3的通风系统的测试和性能验证方法[40]。

编写CDC/NIH《微生物学和生物医学实验室生物安全手册》（第5版）的农业分委会为本章的编写提供了指导。

附录

家畜、家禽和鱼类的某些病原体可能需要特殊的实验室设计、操作和防护特性，可能是BSL-3，增强型BSL-3，或BSL-4、ABSL-2、ABSL-3，增强型ABSL-3、ABSL-4，或BSL-3-Ag。表34-1所示的某些致病因子的进口、出口、拥有或使用受到法律或美国农业部规章或行政政策的禁止或限制，本表不包括对诊断样本的操作，但是，如果怀疑是外来动物疾病因子，样品应立即送到美国农业部诊断实验室（美国国家兽医服务实验室，动物疾病诊断实验室，梅岛，纽约）。

任何受美国农业部APHIS管制的动植物感染因子的获得，都需要美国农业部APHIS进口或州际运输许可证，进口任何牲畜或家禽产品，如血液、血清或其他组织也需要进口许可证。

活体动物

如果您对活动物、鸟类或胚胎的进出口有任何疑问或需要进一步的信息，请与国家进出口中心联系301-851-3300或电邮至VS.Live.Animal.Import.Export@aghis.usda.gov。

动物产品

如果您对动物产品或副产品的进口有任何疑问或需要进一步的信息，请联系国家进出口中心301-851-3300或电子邮件：AskNIES.Products@aphis.usda.gov。

植物及植物产品

电话：301-851-204；免费电话：1-877-770-5990；或电子邮件：plantProducts.permits@aphis.usda.gov。

害虫许可和有害杂草

电话：301-851-2046；免费电话：866-524-5421；或电子邮件：Pest.Pemits@aghis.usda.gov。

基因工程菌

电话：301-851-3877；或电子邮件：biotechquery@aghis.usda.gov。

原著参考文献

[1] Heckert RA, Kozlovac JP. 2007. Biosafety levels for animal agriculture pathogens. Appl Biosaf12:168–174.

[2] Buchanan RL, Appel B. 2010. Combining analysis tools and mathematical modeling to enhance and harmonize food safety and food defense regulatory requirements. Int J Food Microbiol 139(Suppl 1):S48–S56.

[3] U.S. Department of Health and Human Services, Public Health Service, Centers for Disease Control and Prevention, National Institutes of Health. 2009. Biosafety in Microbiological and Biomedical Laboratories, 5th ed. HHS Publication No. (CDC) 21-1112. U.S. Government Printing Office, Washington, D.C. http://www.cdc.gov/biosafety/publications/bmbl5/bmbl.pdf.

[4] Kray R. 2010. The BMBL 5th edition: a model of continuity and change. Animal Laboratory News Magazine, March 2010. http://www.alnmag.com/article/bmbl-5th-edition-model-continuity-and-change, accessed June 7, 2016.

[5] OIE Manual of Diagnostic Tests and Vaccines for Terrestrial Animals. 2015. http://www.oie.int/international-standard-setting/terrestrial-manual/access-online, accessed June 7, 2016.

[6] Knight-Jones TJD, Rushton J. 2013. The economic impacts of foot and mouth disease—what are they, how big are they and where do they occur? Prev Vet Med 112:161–173.

[7] Cutler SJ, Fooks AR, van der Poel WHM. 2010. Public health threat of new, reemerging, and neglected zoonoses in the industrialized world. Emerg Infect Dis 16:1–7.

[8] Arzt J, White WR, Thomsen BV, Brown CC. 2010. Agricultural diseases on the move early in the third millennium. Vet Pathol 47:15–27.

[9] Rusk JS. 2000. Biosafety classification of livestock and poultry animal pathogens, p 13–22. In Brown C, Bolin C (ed), Emerging Diseases of Animals. ASM Press, Washington, DC.

[10] Transfederal Taskforce on Biosafety and Biocontainment Oversight. 2009. HHS/USDA Transfederal Taskforce Report. http://www.ars.usda.gov/is/br/bbotaskforce/biosafety-FINAL-REPORT-092009.pdf, accessed June 7, 2016.

[11] Kozlovac JP, Schmitt B. 2015. Biosafety principles and practices for the veterinary diagnostic laboratory, p 31–41. In Cunha MV, Inácio J (eds), Veterinary Infection Biology: Molecular Diagnostics and High-Throughput Strategies, Methods in Molecular Biology, vol. 1247, Springer Science+Business Media, New York, NY.

[12] Miller JM, Astles R, Baszler T, Chapin K, Carey R, Garcia L, Gray L, Larone D, Pentella M, Pollock A, Shapiro DS, Weirich E, Wiedbrauk D. 2012. Guidelines for safe work practices in human and animal medical diagnostic laboratories. MMWR Surveill Summ61:1–103. http://www.cdc.gov/mmwr/preview/mmwrhtml/su6101a1.htm.

[13] Kozlovac JP, Thacker EL. 2012. Introduction to biocontainment and biosafety concepts as they relate to research with large livestock and wildlife species, p 9–19. In Richmond J (ed), ABSA anthologyⅫ. American Biological Safety Association, Mundelein, IL.

[14] Mee JF, Geraghty T, O'Neill R, More SJ. 2012. Bioexclusion of diseases from dairy and beef farms: risks of introducing infectious agents and risk reduction strategies. Vet J 194:143–150.

[15] Food and Agricultural Organization. Biosecurity. http://www.fao.org/biosecurity, accessed June 7, 2016.

[16] World Health Organization. 2006. Biorisk management, Laboratory biosecurity guidance. http://www.who.int/csr/resources/publications/biosafety/WHO_CDS_EPR_2006_6.pdf, accessed June 7, 2016.

[17] Grandin T. 1989. Behavioral Principles of Livestock Handling. Prof Anim Sci 5:1–11.

[18] Federation of Animal Science Societies. 2010. Guide for the Care and Use of Agricultural Animals in Research and Teaching, 3rd ed. http://www.fass.org/docs/agguide3rd/Ag_Guide_3rd_ed.pdf, accessed June 7, 2016.

[19] Laber K, Kennedy BW, Young L. 2007. Field studies and the IACUC: protocol review, oversight, and occupational health and safety considerations. Lab Anim (NY) 36:27–33.

[20] Taylor LH, Latham SM, Woolhouse MEJ. 2001. Risk factors for human disease emergence. Philos Trans R Soc Lond B Biol Sci 356:983–989.

[21] Jones KE, Patel NG, Levy MA, Storeygard A, Balk D, Gittleman JL, Daszak P. 2008. Global trends in emerging infectious diseases. Nature 451:990–993.

[22] Langley RL, Pryor WH Jr, O'Brien KF. 1995. Health hazards among veterinarians: a survey and review of the literature. J Agromed2:23–52.

[23] Williams CJ, Scheftel JM, Elchos BL, Hopkins SG, Levine JF. 2015. Compendium of veterinary standard precautions for zoonotic disease prevention in veterinary personnel: National Association of State Public Health Veterinarians: Veterinary Infection Control Committee 2015. J Am Vet Med Assoc 247:1252–1277.

[24] Chastel C. 2014. [Middle East respiratory syndrome (MERS): bats or dromedary, which of them is responsible?]. Bull Soc Pathol Exot107:69–73.

[25] Marano N, Pappaioanou M. 2004. Historical, new, and reemerging links between human and animal health. Emerg Infect Dis 10:2065–2066.

[26] Dowd K, Taylor M, Toribio JA, Hooker C, Dhand NK. 2013. Zoonotic disease risk perceptions and infection control practices 664 | SPECIAL ENVIRONMENTS of Australian veterinarians: call for change in work culture. Prev Vet Med 111:17–24.

[27] Garner JS, The Hospital Infection Control Practices Advisory Committee. 1996. Guideline for isolation precautions in hospitals. Infect Control Hosp Epidemiol 17:53–80.

[28] Wright JG, Jung S, Holman RC, Marano NN, McQuiston JH. 2008. Infection control practices and zoonotic disease risks among veterinarians in the United States. J Am Vet Med Assoc 232:1863–1872.

[29] Occupational Safety and Health Administration. Respiratory Protection Standard 29 CRF 1910.134. https://www.osha.gov/dte/library/respirators/major_requirements.html, accessed June 7, 2016.

[30] Severidt JA, Madden DJ, Mason G, Garry F, Gould D. 2002. Dairy cattle necropsy on the farm. Integrated Livestock Management, Colorado State University. http://www.cvmbs.colostate.edu /ilm/proinfo/cdn/2002/CDNnov02insert.pdf, accessed June 7, 2016.

[31] National Agricultural Biosecurity Center Consortium, Carcass Disposal Working Group for USDA APHIS. 2004. Carcass disposal: a comprehensive review. http://krex.k-state.edu/dspace /bitstream/handle/2097/662/Chapter17.pdf?sequence=1, accessed June 7, 2016.

[32] OIE Terrestrial Animal Health Code. 2015. Disposal of dead animals: Chapter 4.12. http://www.oie.int/index.php?id=169&L=0&htmfile=chapitre_disposal.htm, accessed June 7, 2016.

[33] US Department of Agriculture. 2016. Animal and Plant Health Inspection Service. Carcass Management During a Mass Animal Health Emergency, 81 FR 15678 Pages 15678-15679, Docket No. APHIS-2013-0044, Document Number: 2016-0665. https://federalregister.gov/a/2016-06657Publication.

[34] Munson L. Necropsy of wild animals. Wildlife Health Center School of Veterinary Medicine University of California, Davis. https://www.yumpu.com/en/document/view/11713447/munson-necropsy-uc-davis-school-of-veterinary-medicine-, accessed June 7, 2016.

[35] Barbeito MS, Abraham G, Best M, Cairns P, Langevin P, Sterritt WG, Barr D, Meulepas W, Sanchez-Vizcaíno JM, Saraza M, Requena E, Collado M, Mani P, Breeze R, Brunner H, Mebus CA, Morgan RL, Rusk S, Siegfried LM, Thompson LH. 1995. Recommended biocontainment features for research and diagnostic facilities where animal pathogens are used. First International Veterinary Biosafety

Workshop. Rev Sci Tech 14: 873–887.

[36] Public Health Agency of Canada. 2015. Canadian Biosafety Standards and Guidelines, 2nd ed. http://canadianbiosafetystan dards.collaboration.gc.ca/cbsg-nldcb/assets/pdf/cbsg-nldcb-eng.pdf, accessed June 7, 2016.

[37] AS/NZS 2243.3. 2010. Safety in laboratories—Microbiological safety and containment. Standards Australia. https://law.resource.org/pub/nz/ibr/as-nzs.2243.3.2010.pdf, accessed June 7, 2016.

[38] U.S. Department of Agriculture, Agricultural Research Service. 2002. ARS Facilities Design Standards. Manual 242. 1M-ARS. http://www.afm.ars.usda.gov/ppweb/pdf/242-01m.pdf, accessed June 7, 2016.

[39] International NSF. 2014. NSF/ANSI Standard No. 49-2014: Biosafety Cabinetry: Design, Construction, Performance, and Field Certification. NSF International Standard/American National Standard. NSF International, Ann Arbor, MI. http://www.techstreet.com/nsf/products/1893278, accessed June 7, 2016.

[40] American Society for Safety Engineers. 2014. ANSI/ASSE Z9.14-2014. Testing and Performance-Verification Methodologies for Ventilation Systems for Biosafety Level 3 (BSL-3) and Animal Biosafety Level 3 (ABSL-3) Facilities. American National Standards Institute, Washington, D.C. http://webstore.ansi.org/RecordDetail.aspx?sku=ANSI%2fASSE+Z9.14-2014, accessed June 7, 2016.

温室和其他专业遏制设施中植物研究的生物安全

DANN ADAIR, SUE TOLIN, ANNE K. VIDAVER, AND RUTH IRWIN

引言

植物研究的生物安全性评估需要仅对植物进行评估和分析，也需要对无论是天然的还是在实验中有意引入的植物以及与植物相关的生物，进行评估和分析。因此，术语“植物”既指植物也指与其相关的生物。本章讨论的植物研究是在允许植物生长和操作的专门设施中进行的，这里统称为防护设施。这些设施可以是温室、生长箱以及在可控条件下用于种植植物的改良实验室。其中一些设施专门用于隔离植物与环境中的生物风险，或者专门用于控制非生物或环境因素的波动。虽然某种特定植物可以存在于温度、光照、营养和其他必需的生长成分广泛变化的环境中，但环境条件必须得到控制以确保科学的可重复性。人们普遍认为，通过控制环境条件来降低可变性，可以获得更好的科学的可预测性。此外，这些调控能够使其他研究人员重复实验。

其他类型的设施是专门设计和运行，用来防止对涉农企业或环境会造成或可能造成危害的植物或相关生物的逃逸。如果植物可能成为入侵杂草或已被指定为有害杂草，则控制设施通常被设计为能够隔离植物及其繁殖体（如种子、孢子、花粉等）防护。现行法规要求有害杂草的研究在相应的防护设施中进行。由于进口植物具有被相关害虫污染的可能，即进口国可能不存在的外来昆虫和致病因子，因此必须对进口植物进行检疫。一旦发现植物没有相关的害虫，就让繁殖种群生长在一个防护设施中（见上文），以确保它们确实没有疾病或害虫。植物病理学家、昆虫学家和温室管理者已经制定了健康植物生产和维护的实践标准和诊断方法。这些做法包括病原体培养（有时在植物中进行）以及对植物的致病性测试过程中的生物安全注意事项。在使用重组DNA技术对转基因植物和相关微生物进行研究时，也建议使用防护遏制设施[1]。

因此，植物研究的生物安全可从两个角度来看：实验可重复性和减轻可能对农业或自然资源有害（不直接对人类有害）的生物意外释放的风险。意外释放造成的实际上的伤害或者相关影响的风险取决于所涉及的特定生物，即可能在防护设施之外存活的害虫、病原体和生物控制生物。Kahn[2]通过修改经典的"疾病权重三角"来说明病害或侵染对环境的潜在相对影响（图35-1）。当不同侧边（B、C、D）缩短时，三角形内的总面积减小，这表示当其中一个因素（环境，病原体或宿主）受限时影响降低。只有易感宿主、足量和可存活的接种物以及适合的环境条件这三种因素都存在时，才会发生病害或侵染。在防护设施中，可以增加人为干预作为第4个因素。

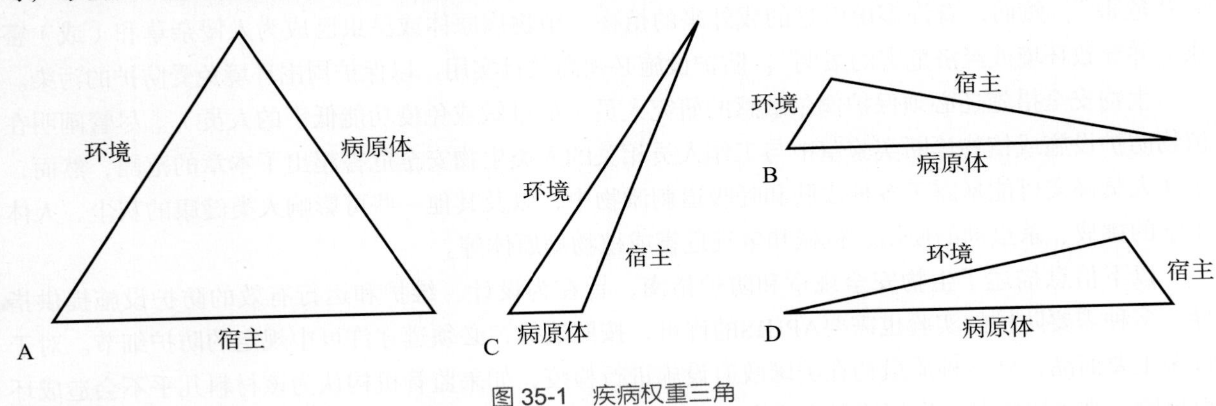

图 35-1　疾病权重三角

短边代表各因子对疾病的限制作用，用三角形面积表示。经出版商许可，转载自《外来植物病原体和害虫的防护设施和措施》[2]。

需要防护的植物研究项目包括但不限于以下情况。其中大多数都得到政府机构的认可，并通过法规或指南来解决。有关详细信息，读者可参考机构网站，当法规或指南改变时这些网站会更新。

· 已经被重组DNA基因修饰的植物和相关生物[1]。

· 受隶属于美国农业部的动植物卫生检疫局（Animal and Plant Health Inspection Service，APHIS）植物保护和检疫（Plant Protection and Quarantine，PPQ）项目监管的植物和植物害虫[3]。PPQ保护农业和自然资源免受于植物害虫和恶性杂草的传入、定殖和扩散相关的风险，以确保丰富、优质和多样化的食物供应。

· 跨国境进口的某些植物、植物病原体和植物害虫，即外来生物[3]。

· 在必须具备的许可下，跨州运输的病原体和害虫[3]。

· 真菌、细菌、病毒或其他国内微生物的致病性研究。

· 植食性的或作为病原载体的节肢动物和线虫。

· 无脊椎动物的寄生生物和捕食动物。

· 用于害虫生物防治的微生物、线虫和节肢动物。

· 处于USDA APHIS检疫期的拟种植的植物（苗木、种子等）[3]。

· 被认为对植物具有特别严重后果并可能被作为生物武器而故意引入植物的微生物病原体，即管制因子[3]。

· 测试适用于植物或相关微生物的潜在有用或有毒化学品[4]。

· 难以在研究环境中生长而需要保护设施的植物。

· 珍稀和濒危植物物种。

序列特异性核酸酶（SSN）技术提供了通常不涉及转基因的基因组工程的新方法。目前有4种主要类型的SSN：归巢核酸酶、锌指核酸酶（ZFNs）、转录激活因子样效应物核酸酶（TALENs）

和成簇的规律间隔的短回文重复序列（CRISPR）/ Cas9反应物[5]。除其他用途外，植物育种家还利用这些技术在植物种群中创造不常见的突变体。监管机构开始着手解决这些技术的使用问题，在某些情况下将免除对这些技术的监管。然而，一些研究机构将这些工程植物与转基因植物同等对待。

精心设计和运行的防护设施是非常有效的。其成功可归功于研究人员、设施管理人员以及基于相关生物学系统知识的设计。仅在一次事件中记录了一种被防护的植物病原体发生逃逸并造成了一些危害[6]。然而，有许多由引进的或外来的植物、植物病原体或昆虫已成为入侵杂草和（或）害虫，并导致环境或经济危害的案例[7]。防护设施必须高效且实用，以保护周围环境免受防护的污染。

生物安全措施还必须保护偶尔敏感的研究人员（如过敏或免疫功能低下的人员）。尽管阐明在植物防护设施或植物诊断实验室中与工作人员相关的人类生物安全危害超出了本章的范围，然而，工作人员确实可能暴露于各种皮肤和呼吸道刺激物中，以及其他一些可影响人类健康的灰尘、人体工学的挑战、杀虫剂的使用、机械和电气危害或植物病原体等。

以下信息描述了生物安全规章和防护指南，旨在为设计、维护和运行有效的防护设施提供指导。多种需要防护的实验也需要APHIS的许可，按照法律，必须遵守许可中规定的防护细节。对于许多主要商品，外国种质最初在美国政府设施进行检疫，如果监管机构认为该材料几乎不会造成环境风险，则可以将其分发用于研究或商业目的，否则材料就会被销毁。

指南与管理条例

与关于转基因植物的田间释放和植物有害生物的跨境转移相比，适用于防护设施中植物研究的指南、规则和管理条例在数量和范围上都是有限的。大多数国家赞同联合国粮食及农业组织制定的国际植物保护公约（International Plant Protection Convention，IPPC），IPPC颁布了国际植物检疫措施标准[8]，用于控制将有害生物或推断的有害生物引入新的生态系统。10个区域性植物检疫组织合作实施了IPPC。美国、加拿大和墨西哥是北美植物保护组织的成员[9]。在本章中，大多数参考资料适用于美国的管理机构，但这些原则及其应用在全球范围内都适用。

区分指南和管理条例是至关重要的。在美国，实验室、生长箱和温室中安全处理转基因植物材料的主要指南可参见美国国立卫生研究院指南中涉及重组或合成核酸分子的附录G和P[1]。本指南中的附录G描述了在四个风险级别中用于人类病原体研究的物理设施和微生物安全准则，但也可以应用于被种植于实验室工作台或生长室中的植物。附录P具体描述了温室种植植物，或其他类似于温室规模的实验中涉及的物理和生物方面的生物安全原则。

其他美国联邦研究资助机构正式遵守NIH关于所有重组DNA研究的指南，包括植物防护。《生物技术管理协调框架》（Coordinated Framework for Regulation of Biotechnology）[10]阐明了联邦机构对管理生物技术产品（包括转基因植物）的责任，违规行为可能导致其失去美国联邦的研究资助。NIH指南于30多年前首次颁布，成为全球生物技术的主要指南文件，并已被世界卫生组织采用。加拿大、英国[11]和许多其他国家目前也已采用了其他包含重组DNA研究的指南。

重组DNA研究的机构监督由当地生物安全机构委员会（institutional biosafety committees，IBCs）负责，这些委员会在NIH指南中有描述，并由NIH生物技术办公室（NIH Office of Biotechnology Activities）授权。如果接受美国联邦研究基金，研究机构要求维持IBCs。全球许多其他组织使用IBC监管在植物上进行的重组DNA及其他研究。NIH指南规定，如果该机构进行重组DNA植物研究，IBC将在委员会中任命至少一名植物专家[1]。当需要高级别防护或涉及许可材料时，生物安全官被IBC任命为技术支持联系人。经USDA检查过的高级别安全防护设施必须有指定的防护官员或检疫官员，这个人可以是BSO、首席研究员（PI）或温室管理员。通常情况下，PI对遵守所有必要的指南和管理条例负有最终责任。根据NIH指南，PI必须在其实验室开展涉及重组DNA研究的工作时向IBC提交书面通知，并且必须事先获得IBC的批准才能进行某些实验。

美国农业部APHIS的使命是保护和促进美国的农业安全，包括管理转基因生物的农业应用[12]。APHIS的生物技术管理服务处（Biotechnology Regulatory Services，BRS）管理可能对植物健康构成风险的转基因植物的进口、田间释放或“引入”[12]。PPQ是个致力于植物和相关生物的组织，由APHIS维护。PPQ提供涉及“与动物和植物害虫和有害杂草的传入、定殖或扩散相关的风险，以确保丰富、优质和多样化的食物供应”的保障并颁发许可[3]。他们的网站上有PPQ许可的工作的几种类型的具体防护设施指南[13]。根据“植物有害生物法”，几乎所有进口植物都受到监管。PPQ协调一系列作物生物安保和应急响应计划，并管理各种认可和认证服务[3]。加拿大食品检验局也制定了一套优秀的处理植物有害生物的防护标准[14]。

防护目标

参考标准BMBL将防护描述为“……减少或消除工作人员、其他人员和外部环境暴露于……潜在的有害因子”的方法，但仅涉及人类病原体和人兽共患病原体”[15]。NIH指南简要地将目标阐述为“避免无意中传播含有重组DNA的植物基因组……或释放重组DNA衍生生物……”并“……尽量减少对实验设施外的生物和生态系统产生意外有害影响的可能性……”[1]。因此，我们在此再次强调，保护农作物以及自然环境至关重要。转基因植物通常不会对人类或动物健康构成风险；生物安全风险主要是生态和经济风险。对人类或动物的潜在威胁是故意设计植物以产生影响这些物种的化合物，如药物或毒素。但是，由于植物病原真菌和细菌与人类疾病有关，如果使用这些生物，即使它们没有出现在人类病原体的风险分组中，也应在实验室和植物生长区采取预防措施以确保工作人员安全。所有风险和随后的防护措施只能通过所涉及的生物系统的工作知识进行评估。NIH指南的防护目标也适用于非工程植物，因为附录P，BSL-1-P和BSL-2-P与用于种植健康植物的生物安全水平基本相同，即防止有害节肢动物或微生物侵入设施。原则上，当目标是限制高风险植物相关生物时，使用更高级别的生物安全设施。

尽管防护目标和方法各不相同，但植物安全防护的主要要素与基本的实验室生物安全是相通的，主要包括：

· 基于行政或管理的控制。

· 基于工程或设计的物理防护。

· 遵守一定的标准或操作规程以尽可能减少逃逸。

为实现行政控制和良好的实验室实践，需要使用管理工具。PPE是实验室工作人员的普遍生物安全的标准配置。对于植物性工作，PPE有助于避免生物体意外转移到防护设施外。大多数科研工作都推荐使用常见的白色实验服。蓝色、黄色实验服，或平常服饰可能会吸引某些昆虫，无论它们是害虫还是研究对象。偶尔也会使用手套、护目镜和鞋套；不过，在生物医学或动物研究实验室中常见的面部保护和吸入过滤器在植物研究中并不常用。通过良好的设计和建筑方法可从工程的角度实现控制，但因为与人和动物病原体相比，植物和相关生物具有更广泛的多样性和传播机制，所以可能需要进行调整。正式的SOPs对于理解防护需求至关重要，并且作为一种机制来保障在防护过程中遵循既定的操作步骤。当我们使用这些控制措施时，我们仍然需对“疾病权重三角”的理解（图35-1），意识到如果没有所有三方面因素的参与，疾病、感染，抑或是更糟的流行病都不可能会发生。

防护最常由于与人、害虫、水和气流相关的运动而产生。气流可携带细菌和真菌病原体的孢子、昆虫和花粉，但生物从设施中逃逸的最可能的途径是附着在人的皮肤或衣服上[2]。有利的是，花粉通常是短命的，并且花粉和空气传播的繁殖体必须找到合适的环境和（或）宿主才能存活。下面介绍用于缓解这类风险的设备，当然，一些基本的管理措施，包括更换实验服、洗手和离开时的肉眼检查等，是非常有效且值得推荐的。

由于所涉及的生物体积很小，因此不能完全依赖工程控制来防止防护失效。设施的良好设计和适当的材料选择无疑可以最大限度地减少损失的可能性。图35-2显示了所考虑的颗粒的相对尺寸，一粒100 μm的花粉使病毒颗粒相形见绌，但微小的西花蓟马（*Frankliniella occidentalis*）是一种主要的温室害虫和特定病毒的载体，却比花粉粒大100倍。如下所述，使用筛网来限制极小型害虫的移动也带来了工程上的挑战。

合成生物学和纳米技术的出现可能会改变防控程序并对相应微生物的分类提出挑战[16]。

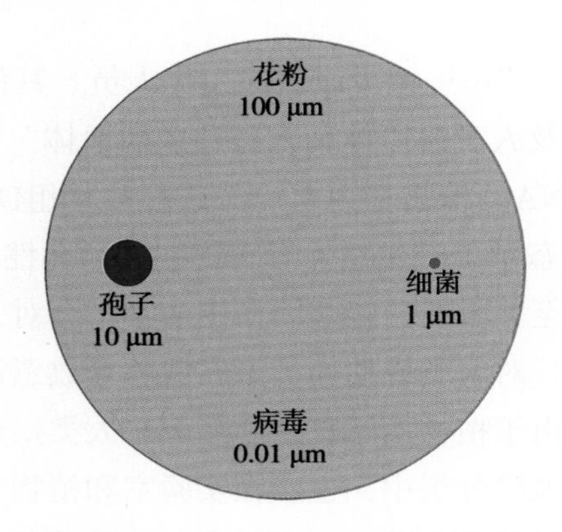

图 35-2 花粉粒、真菌孢子、细菌和病毒颗粒的相对大小

生物安全级别：BSL-1-PLANTS (P)、BSL-2-P、BSL-3-P和BSL-4-P

自1984年BMBL最初出版以来，生物安全级别的概念已成为相关指南的标准，用于涉及人类病原体和人兽共患病病原体的科研和临床诊断实验室[15]。BSL-1 ~ BSL-4描述了一系列的基本准则、设施性能和设备，用以保障在医学实验室进行风险增加的活动的安全工作条件。该出版物的前身是1969年首次汇编的《基于危害的病原物分类》。早期版本的BMBL及其前身没有提到植物材料。BMBL现在根据开展的研究以及对人员、环境和社区的风险，将传染因子划分到各生物安全级别，并包括对最常见的人类病原体和人兽共患病病原体的描述。

基于潜在风险与未修饰生物的风险级别相关的前提，1978年NIH指南在重组DNA的应用上，使用了疾病控制中心关于基因工程生物风险评估的指南。指南包括附录B“基于危险性的人类病原物分类”，并使用术语“风险组”来表示细菌、真菌、病毒和寄生虫病原体。BSL级别的划定与风险组分类相平行，但可以通过“生物防护”（附录I）进行修改。附录G对BSL-1 ~ BSL-4的实验室设施、设备和微生物实践进行了专门的具体描述。对某些生物和宿主载体系统的研究被认为是一种低风险研究，因此可以免除对BSL防护级别的要求（附录C）。

在通过重组DNA成功转化植物之后，NIH被要求将指南及其BSL描述扩展到微生物之外，以适应植物研究。经过与USDA 5年的合作，附录P于1990年被批准为指南的一部分。可以理解的是，附录P的形式与附录G的格式相匹配，根据管理和自然生态系统的潜在风险分为四个生物安全级别。Adair和Irwin[18]提供了更多的细节。

如果风险评估结论认为转基因生物在自然界中不可能存活和繁殖，或者释放不会造成任何类型的严重环境风险，则将其分类为免除或BL1-P。BL1-P研究可以在大多数现代研究温室、实验室以及任何人工生长箱或生长室进行。BL1-P只需要一个中等程度的防护就足以进行绝大多数的基因工程植物研究。在BL1-P设施中添加生物防护措施，可指定为BL1-P+生物学防护（BC），就可以允许进行风险稍高的实验。BC的一个实例是将“基因沉默”引入受试生物，这可以大大降低甚至消除诸如复制等功能。

BL2-P是一个更高级别的防护，但预测当防护失效的后果最小时，它仍然可以在标准设施中运行。BL2-P设施需要考虑的一个重要因素是其地点的设置。例如，在小麦产区附近的区域进行小麦抗病性研究需要特别注意，比如规定要么在更高的防护级别，要么在小麦的田间生长不活跃时进行试验。此外，还需要建立档案、标识以及授权进入设施。生长箱通常能满足BL2-P的要求。根据BL1-P+BC，BL2-P设施加上BC措施（BL2-P+BC），可以偶尔进行更高风险的实验。BL1-P或BL2-P均没有建议使用特殊服装或PPE，尽管实验服并不少见。

实现BL3-P和更高的防护需要高度专业化的设施。在BL3-P设施中进行的实验可能会对环境产生严重的有害影响。虽然植物本身可能不会造成威胁，但相关的病原体、害虫或基因表达的蛋白质，可能需要这种防护水平。除了几个附加的管理要求外，设施设计还将包括对带离设施的任何物品进行消毒、高效空气过滤器过滤空气、离开时彻底更换衣服并淋浴、负压、专用空调系统、彻底密封房间贯穿件，以及下文讨论的其他特性[18]。离开BL3-P或更高级别设施的材料需要经过高压灭菌或其他处理，以确保高风险生物不会存活。即使是在这些设施中穿着的衣服，也必须在清洗或处理之前进行高压灭菌。

BL4-P和BSL-3-Ag设施相似，需要在BL3-P设计中再添加一些功能。BSL-3-Ag是USDA农业研究局（Agricultural Research Service，ARS）创建的一个名称，但这类研究可能类似于其他机构在BL3-P或BL4-P所做的工作。不管怎样，这三种类型都被用于进行可能对环境造成严重风险的研究，或者在BL4-P或BSL-3-Ag的情况下，对研究人员自身具有潜在风险。APHIS将此类设施归为高级别安全防护设施（high security containment facilities，HCSFs），并负责签发针对重要外来病原体和（或）其昆虫媒介进行研究的许可。为满足这些标准而建造的设施很少，原因是其建造、运行和维护的成本很高。用作初级防护屏障的温室需要非常专业的施工技术（见下文）。安全设施内的生长箱和生长室很少作为初级防护屏障，高级别防护设施可能更倾向于使用温室，尤其是可用于管制病原程序的BSL-3-Ag。

ARS还发布了防护设施的设计标准[19]。ARS BSL-3-Ag的设计适用于植物和动物的高度安全性防护，其中设施的墙壁（如温室）是通向室外的初级防护屏障[19]。由APHIS和CDC共同管理的美国管制病原程序也使用BSL-3-Ag的设计。

APHIS不会将植物有害生物划归为到某个风险组，以及与防护措施相关的生物安全级别。反之，APHIS可以在颁发许可时规定防护措施，或在其指南中建议进行防护。APHIS可在签发许可之前对设施进行检查，并有权在许可证有效期间随时进行检查。防护设施指南包括施工标准以及满足

标准所需的建议措施清单[13]。这些指南是针对某些项目领域的，但没有颁发的许可证那样具体。

物理防护：设施的选择

温室可以定义为一种“利用免费能源——太阳来克服气候逆境的方法”[20]。另外，生长箱是一个受控的环境，必须人为地为植物生长提供所需的光能。关于生长箱的两个推荐出版物是《植物生长箱手册》（*Plant Growth Chamber Handbook*）[21]和早期的《生长箱指南》（*A Growth Chamber Manual*）[22]。必须进行评估以确定何时温室的自然光优于生长箱。尽管光能可以被认为是“免费的”，但温室内捕获的相关热量必须得到解决。决定是使用温室还是生长箱往往是以生长面积和性能的需求为基础，但能源方面的考虑逐渐突出。一个维护良好的生长箱可以提供在大多数温室或自然环境中都无法达到的稳定的环境条件。生长箱的每单位生长面积的初始成本、维护和能源输入等可能都比温室高。然而，如上所述，使用温室作为BL3-P的初级防护屏障具有工程方面的挑战。绝大多数APHIS许可的防护设施是通常用于操作和培养生物的实验室。一个实验室既可以容纳组织培养中生长的植物，也可以容纳相对少量的或在容器中生长的整个植株，但很少将实验室作为植物生长的主要场所。生长箱设备通常放置在方便进入实验室的位置。

设计

一个成功的植物生长设施设计团队包括建筑师和（或）温室设计师、工程师、试运转人员、研究人员和支撑人员。监管者也应随时了解情况，即使他们可能无法提供重要的投入。从早期设施设计到竣工和测试，该团队应一直坚守岗位。防护级别越高，所有参与者的经验和能力就越重要。

建议在设计防护设施之前制定SOPs。研究活动将确定其运输模式、所需设备、消毒需求和许多其他重要因素。我们可以将SOPs用于已知和未来的实验。BL1-P和BL2-P设施不太需要详细的SOPs，但高防护设施将因此大大受益。

温室的玻璃和结构

有很多种半透明材料可以用来覆盖温室。国家温室制造商协会提供了玻璃的相关性能数据[23]。与通常使用廉价塑料覆盖物的商业温室不同，用于研究的温室通常覆盖着刚性面板或玻璃。由聚碳酸酯或丙烯酸塑料制成的结构化面板可用于BL1-P和BL2-P的防护结构以及许多APHIS许可的实验。BL3-P和更高级别的设施以及APHIS HCSFs需要使用足以承受冰雹损坏的密封、夹层玻璃或绝缘玻璃组件。建议使用最清晰的玻璃，因为这样可以最大限度地增加自然光的量，这是使用温室的主要原因。玻璃也是最耐用的材料，但因为它比有机玻璃更重，所以它需要更坚固因而也更昂贵的结构。高级别的防护设施还必须有提醒管理人员玻璃破碎的警报，并有记录程序来更换玻璃。

所有研究温室首选钢或铝结构。高级别防护大多首选并要求其内表面光滑易清洁，并能耐受消毒剂。高级别防护温室可采用集成的结构和玻璃系统，即“幕墙”或“结构性硅树脂”系统。这些是专业的建筑方法，很少应用于温室。因此，它们需要更仔细地设计和安装才能成功。

地板和排水

不管这些实验材料是在实验台上、生长箱里还是温室里生长，生长区通常都会用消毒剂进行清洁。BL1-和BL2-P通常不需要液体径流收集和消毒，尽管这一要求是根据实验所用具体生物情况而定的。BL3-P及更高级别设施的地面必须不能渗透生物，能承受反复消毒处理，并能收集废弃物进行消毒。BL4-P和BSL-3-Ag需要对污水排气口进行高效过滤。一个密封严密的温室，特别是在寒冷的气候下，可能会受到大量的冷凝作用。对于BL3-P和更高的设施，这些冷凝液必须留在温室中，并在清理前与所有其他液体废弃物一起处理。为了尽量减少冷凝而最大限度地捕捉阳光，温室需要更加仔细设计；此外，还需要一个采集系统将其引至废水流。对于其他研究温室，通常允许冷凝水或任何进入室内的雨水直接排到室外。

填缝和密封

通常认为，防护温室或专门的生长箱可以在建成后，通过“气密”或密封使其不透水。事实上，温室和生长箱不是密闭的，但良好的设计和用适当的密封剂和填缝料密封的严丝合缝的建筑，可以显著加强防护水平和环境控制。高级别防护设施在防护区域和非防护区域之间适当密封所有房间贯穿件。硅胶和防火产品是常用的，尽管温室玻璃经常使用丁基垫圈和密封胶。

筛网和过滤器

BL1-P和BL2-P级别的防护指南建议，应在开口安装筛网，或使用其他限制方式，以排除“小型飞行动物（如节肢动物和鸟类）”，但不需要任何特殊屏障来排除花粉或微生物[1]。筛网和过滤器通常用于阻挡活动生物的进出，但它们可能会限制空气流动，这可能导致环境控制不佳。对于大多数温室或生长箱来说，在送风口上固定防虫网和松散的过滤材料可以很好地防止大多数害虫的进入。所防护的生物体不能离开生长区，因此需要限制其通过排气离开。西花蓟马能够通过非常细的网筛，因此已经制造出合适的限制性材料[24]。APHIS建议在一些节肢动物的限制屏障上使用80目的金属筛网，其细密度是普通家用纱窗筛网的两倍以上。必须仔细计算排气表面积，以确保在使用此类筛网时充分通风。图35-3描述了一些用于限制害虫进入的温室筛网的尺寸。

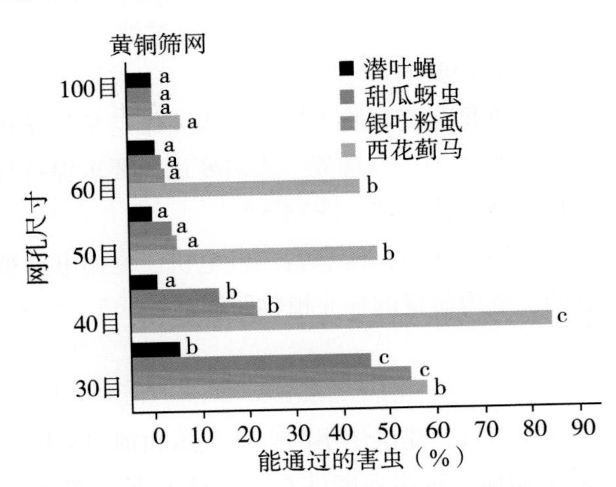

图 35-3 铜网对潜叶蝇、甜瓜蚜虫、银叶粉虱和西花蓟马的防除效果

对于一种特定的昆虫，具有相同字母的筛子在排除该昆虫的能力方面彼此没有显著差异（$P<0.05$方差分析和Ryan的多范围Q检验）。所有测试过的铜网都阻止了绿色桃蚜的通过。在出版商[25]许可下从CaliforniaAgriculture转载。

用于昆虫工作的网笼很常见，NIH规定，这些昆虫和“其他活动的大生物体”被安置在笼具中[1]。笼具在市场上可买到，但通常会现场组装。

花粉和孢子更容易被吸附到与生长箱或空调温室相连的送风和（或）排风系统中的高效或其他过滤系统。

图35-4显示了一个连接到专门制造的排水封上以防止小的种子通过排水离开设施的排水筐。

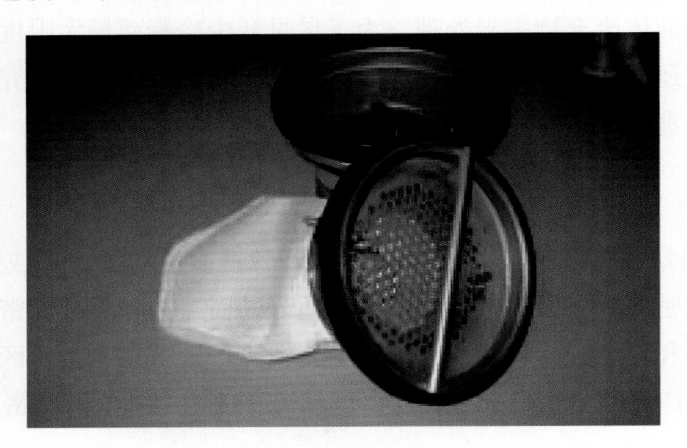

图 35-4　收集种子的排水筐

连接到排水口的织物“袜子”可控制从设施中释放的种子。（照片由谢菲尔德大学，达林·罗斯提供。）

暖通空调

精确的环境控制对防护是最不那么重要的，却是对植物研究最为关键的。光，不管是自然的还是人工的，通常都伴随着不需要的热量。因此，主要的工程任务是开发一种冷却设备的方法。设计一个良好的防护系统的另一个挑战是能够移除足够量的处理过的空气以维持适当的环境，同时控制病原体、害虫或植物繁殖体的逃逸。

最便宜的温室降温方法是使用遮阳材料和自然通风。这种方法不适用于高级别的BSL防护，因为设施必须密封以与外部环境隔离，而且空气必须在出口过滤。因此，必须采用机械冷却，即空调，以达到所需的温度设定值和防护要求。

在高级别防护的“最热”（亦即最高风险）区域内需要维持负气压状态，这也可用于较低级别防护的需求。维持负气压是一项重大的工程挑战。当需要进入要求保持气压（通常为负压）的空间时，可以在门附近安装压力指示器或读卡器（图35-5）。

特别敏感的实验和高级别的防护应包括应急备用发电机。专用电路被分配到备用发电机，这将排除大部分（如果不是所有的）电力昂贵的补充植物照明。

进入和离开

防护缺口最常发生于入口和出口。建议使用门自动关闭和锁门系统。人员安全始终是优先考虑的问题；因此，无论方案需求如何，都需要能够在紧急情况下合理地快速撤离的门。除合适的门外，还可能需要在入口和出口处进行特殊施工。APHIS通常建议安装和使用门厅、缓冲间或走廊。门厅允许穿戴和脱下个人防护装备，可能还包括鞋子冲刷器或黏性地板垫。它们还为洗手池提供了方便的位置，因为用普通肥皂和水简单地洗手可以消除植物病毒和许多其他生物。昆虫检疫设施也可受益于一个黑暗的门厅和诱集灯。注意图35-5中的空气冲洗装置，这对于从衣服上除去小物件很有用，然后这些小物件就可以在建筑物的过滤空气系统中被捕获。

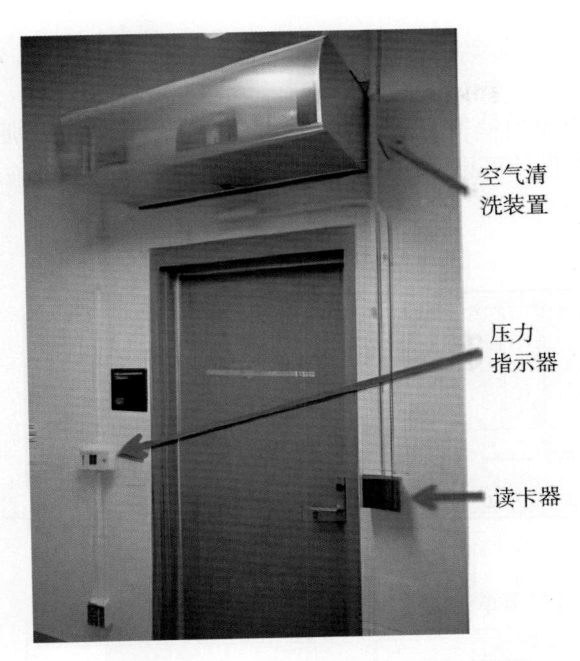

图 35-5 BL3-P 设施中屏障门的防护措施

箭头指示压力计/压力指示器的位置，使定向气流可视化；空气清洗装置可在人员进出门时直接将空气吹向其身上，从而降低带入昆虫的可能性；读卡器用以限制/记录人员进入。（照片由明尼苏达大学大卫汉森提供。）

读卡机已经变得司空见惯，以合理的成本提供人员登录和安保服务。标识也常用来指示转基因或经许可材料的存在。很遗憾的是，人们经常选择通用生物危害标志[26]。这个通用符号表明存在着对人类和研究对象的生物危害，这种情况在植物研究中极为罕见。在某些情况下，普遍的生物危害符号是完全合适的，如在植物上培养的人类病原体。针对符号的不当使用，一个新的植物防护符号被创建出来（图35-6）。正如通用生物危害符号迅速成为全球生物危害的标准一样，本章的作者预料这种新符号会得到广泛使用。可以在温室、生长箱或实验室的门上张贴这种新符号。建议在该符号下面增加文字“防护遏”（CONTAINMENT），以及某NIH生物安全级别（如BL2-P）的转基因材料、USDA APHIS PPQ许可材料等，或是标出其他特殊防护级别。新的标志可供公众免费使用。

图 35-6 植物防护符号

当植物材料需要防护时可使用新符号来标记。这可替代在标记转基因材料时广泛且不当使用的通用生物危害符号。由Spoon Creative Inc.和Adair Consulting创建。

布局

设计高效、安全的设施布局是至关重要的。图35-7说明了这种高级别防护设施的设计，并指出了防护和非防护区域。其他设计可见《外来植物病原体和害虫的防护设施和安保》一书[27]。

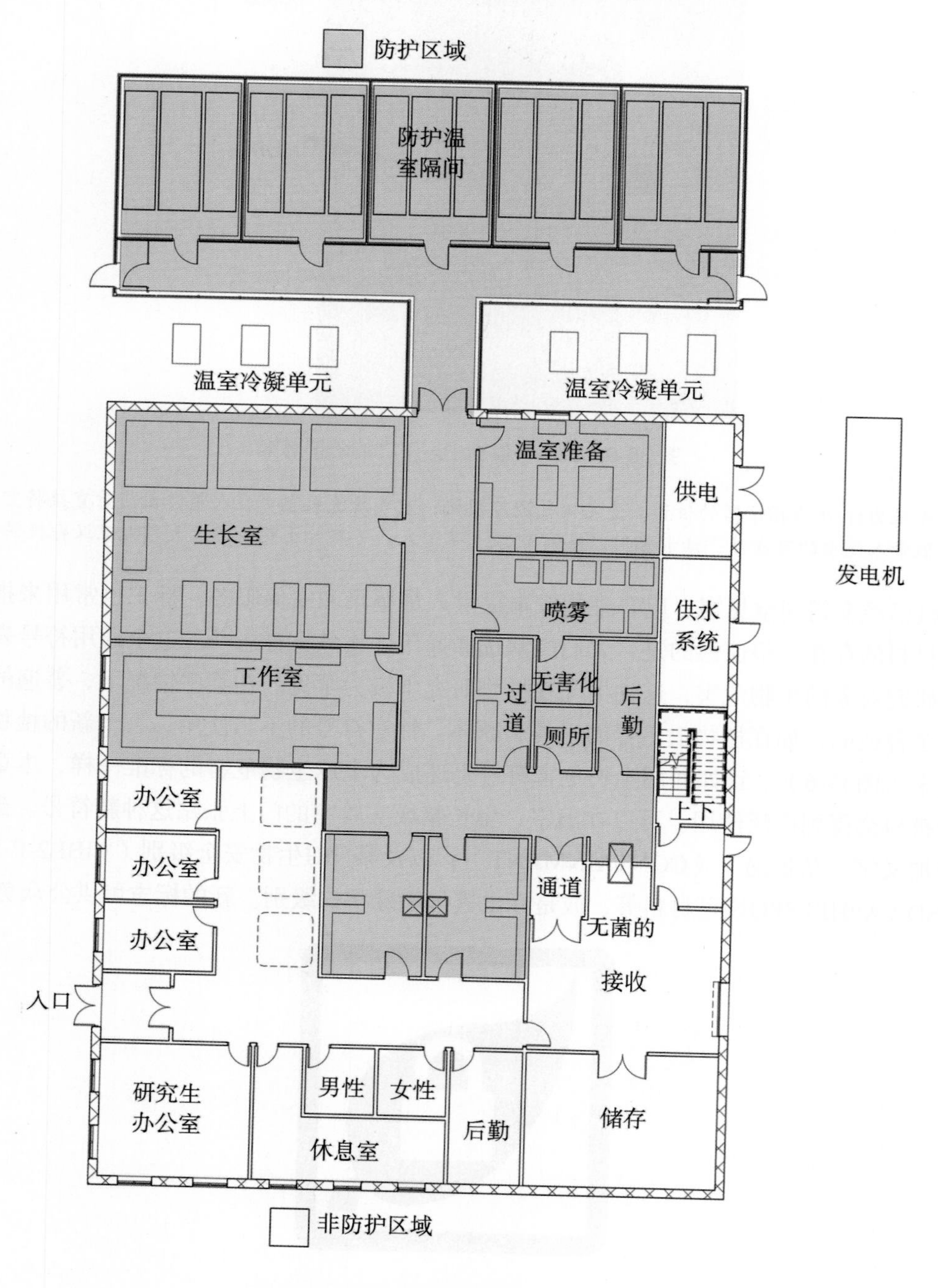

图 35-7　高级别防护设施的设计

经明尼苏达州明尼阿波利斯市RSP建筑师许可转载。

BL1和BL2-P级别的温室也将从此设计中受益（如上）。公共走廊连接单个房间的布局创建了由独立空调控制的、隔离的生长区域，允许在不同的环境条件下进行小规模实验并受到防护。“双负载”温室走廊设计（图35-8）是另一种有效的布局，因为它在走廊的两侧都设置了温室房间。

图 35-8 “双负载”温室走廊

经位于俄克拉何马州Ardmore的Samuel Roberts Noble基金会批准转载。

在温室设施选址时，良好的自然采光非常重要。研究人员容易到达及进入实验室也是一个主要考虑因素。APHIS建议并可能要求在对当地环境风险最小的地区建造温室。他们也不鼓励在屋顶建温室，因为那里的风比较大，排水也是一个问题。将设施置于非农业或城市中的自然环境中会产生一系列与安全、光污染或自然光获取相关的独特问题。设施不应位于农场或田地旁边。生长箱受这些因素影响较小，但需要安全保障并便于进入。

消毒和有害生物控制

NIH指南指出，应对植物材料的生物活性进行灭活，从而防止繁殖体在设施内和设施外的扩散。其目的是将植物通过截留水分或用除草剂或其他化学物质处理来杀死。BL2-P规章规定使用高压蒸汽灭菌器处理温室材料。更高级别的防护设施基本上必须有一个双扉高压灭菌器和其他灭菌设备。尽管从技术上讲，高压灭菌器可以替代，但它是最实用的。表面可以用汽化过氧化氢或其他类似的化学处理来消毒。表35-1提供了用于处理许多植物病原体的表面消毒剂的总结。

表 35-1 植物病原的表面消毒剂[a, b]

消毒剂	商品名	评价	接触时间（min）
醇类（乙基和异丙基）60% ~ 85%	Lysol	蒸发得很快，因此可能无法达到足够的接触时间。高浓度的有机物会降低效果。易燃	10 ~ 15
酚类（0.4% ~ 5%）	Pheno-cen	苯酚能穿透乳胶手套。是眼睛 / 皮肤的刺激物。接触有机土壤后保持活性；可能留下残留物	10 ~ 15

续表

消毒剂	商品名	评价	接触时间（min）
季铵（0.5% ~ 1.5%）	Consan Triple Action 20 Physan 20 Green-Shield 20	对无孔表面卫生（地板、墙壁、长椅、锅）有效。气味低，刺激性强。根据标签使用	10 ~ 15
氯（100% ~ 1000 ppm）	10% Clorox 10% Bleach	被一些有机物失活。次氯酸盐（clorox）的新鲜溶液应每 8 小时制备一次，如果暴露在阳光下，则应更频繁。对眼睛和皮肤有腐蚀性和刺激性。暴露在阳光下会进一步降低次氯酸盐的功效。在不透明容器中保存溶液	10 ~ 15

a 黑体字中的项目是有效的对抗当前严重的病原体——分枝疫霉，导致橡树猝死。

b 经USDA-APHIS-PPQ[28]许可方可转载。

温室研究项目通常因感染有害生物而失败。设施内有害生物的控制不仅有助于研究，而且是NIH对所有生物安全级别和APHIS许可证的要求。良好的卫生习惯既可以消毒测试生物体的设施，也可以降低或消除有害生物水平。

管理

在生物安全术语中，行政控制和良好的实验室管理是防护设施管理的“软”要素。涉及酌情决定的访问权和谁授权、所要求的服装类型、人员日志记录、记录保存以及手册的创建和更新。用户和维护人员还需要进行最初和定期的后续培训。更新和遵循标准操作规程不仅是良好的实验室管理的组成部分，可能也是获得许可证的要求。

必须制订应急计划并定期更新，包括需要时通知IBC或其他地方当局、APHIS或NIH的程序。在根据许可证开始工作之前，需要对APHIS监管的设施进行检查。APHIS有权不经通知而重新检查。建议有专业能力的地方委员会（如IBC或安全委员会）或个人（如BSO或检疫员）定期检查设施，以防止任何问题恶化。

当进行指定为管制病原的植物病原体[3，15]相关的工作时，安保工作是非常必要的。对于管制病原中可用作生物武器的植物病原体，除了在非常安全的BL3-P或更高级别的防护设施中操作外，还需要进行高水平的管理。USDA农业研究局提供在这种生物安全级别下操作的安保指南[29]。

结论

植物研究的生物安全包括对植物防护设施中植物、害虫、病原体和不良生物等细节的关注。这里介绍的细节是有效的，并且对人和环境都有很高的安全性记录。为进行植物研究而建立的防护设施需要仔细的规划、优质的建设和专门的维护。这些设施大多涉及在低至中等生物安全防护级别下进行的研究。除了高级别防护的需要，管理条例和指南的遵守并不具有特别的挑战性，设施的建造成本也不是很高。在保持良好防护的同时避免成本过高的关键是对所涉及的生物系统有一个透彻的了解，并使它们与现有的管理条例和指南相匹配。在设施设计之前创建标准操作规程并保持其更新是评估需求和管理期望的最直截了当的方式。灵活性是获得满足未来需求所需技能的关键。例如，气候变化正在改变许多物种的小生态环境，这些小生态环境总是包括可对其造成潜在危害的生物。

原著参考文献

[1] National Institutes of Health. 2013. Guidelines for Research Involving Recombinant or Synthetic Nucleic Acid Molecules.http://osp.od.nih.gov/sites/default/files/NIH Guidelines.html,accessed January 2016.

[2] Kahn RP. 1999. Biological concepts, p 8–16. In Kahn RP, Mathur SB (ed), Containment Facilities and Safeguards for Exotic PlantPathogens and Pests. American Phytopathology Society Press, St. Paul, MN.

[3] United States Department of Agriculture (USDA) Animal and Plant Health Inspection Service (APHIS). 2011. Plant Protection and Quarantine (PPQ). https://www.aphis.usda.gov/wps/portal/aphis/ourfocus/planthealth, accessed January 2016.

[4] Federal Insecticide, Fungicide, and Rodenticide Act, 7 U.S.C. §136 et seq, 1996.

[5] Voytas DF, Gao C. 2014. Precision genome engineering and agriculture: opportunities and regulatory challenges. PLoS Biol 12: e1001877.

[6] McKeen WE. 1989. Blue Mold of Tobacco. American Phytopathology Society Press, St. Paul, MN.

[7] Kahn RP. 1989. Plant Protection and Quarantine: Biological Concepts. CRC Press, BocaRaton, FL.

[8] International Standards for Phytosanitary Measures 1-24. 2005. Secretariat of the International Plant Protection Convention, FAO, Rome, 2006.

[9] North American Plant Protection Organization. 2011. http://www.nappo.org/files/2514/3781/8218/NAPPO_IAS_Discussion_Doc_03_12-07-2012-e.pdf, accessed January 2016.

[10] Office of Science and Technology Policy. 1986. Coordinated Framework for Regulation of Biotechnology. https://www.aphis.usda.gov/brs/fedregister/coordinated_framework.pdf, accessed January 2016.

[11] Health and Safety Executive. 2007. SACGM Compendium of Guidance. Revised 2014. http://www.hse.gov.uk/biosafety/gmo/acgm/acgmcompaccessed January 2016.

[12] United States Department of Agriculture (USDA) Animal and Plant Health Inspection Service (APHIS). Biotechnology Regulatory Services (BRS). https://www.aphis.usda.gov/wps/portal/aphis/ourfocus/biotechnology, accessed January 2016.

[13] USDA-APHIS-PPQ. 2012. Containment facility guidelines for noxious weeds and parasitic seed plants. https://www.aphis.usda.gov/plant_health/permits/downloads/noxiousweeds_containment_guidelines.pdf, accessed January 2016.

[14] Canadian Food Inspection Agency. 2007. Containment Standards for Facilities Handling Plant Pests. Updated 2014.http://www.inspection.gc.ca/plants/plant-pests-invasive-species/biocontainment/containment-standards/eng/1412353866032/1412354048442, accessed January 2016.

[15] U.S. Department of Health and Human Services. Public Health Service, Centers for Disease Control and Prevention, National Institutes of Health. 2009. Biosafety in Microbiological and Biomedical Laboratories, 5th ed. HHS Publication No. (CDC) 21-1112. http://www.cdc.gov/biosafety/publications/bmbl5/bmbl.pdf.

[16] Organization for Economic Cooperation and Development. 2010. Symposium on Opportunities and Challenges in the Emerging Field of Synthetic Biology, U.S. National Academies, the Organization for Economic Cooperation and Development, and The Royal Society. http://www.oecd.org/sti/biotech/45144066.pdf, accessed January 2016.

[17] Centers for Disease Control. Office of Biosafety. 1974. Classification of Etiologic Agents on the Basis of Hazard, 4th ed. U.S. Department of Health, Education and Welfare, Public Health Service, Centers for Disease Control, Washington, DC.

[18] Adair D, Irwin R. 2008. A Practical Guide to Containment: Plant Biosafety in Research Greenhouses, 2nd ed. Information Systems for Biotechnology, Blacksburg, VA.

[19] USDA-ARS. 2012. ARS Facility Design Standards 242.01. http://www.afm.ars.usda.gov/ppweb/pdf/242-01m.pdf, accessed January 2016.

[20] Hanan JJ. 1989. Greenhouses: Advanced Technology for Protected Horticulture. CRC Press, BocaRaton, FL.

[21] Langhans RW, Tibbitts T. 1997. Plant Growth Chamber Handbook. Iowa Agriculture and Home Economics Experiment Station, Ames, IA.

[22] Langhans RW. 1978. A Growth Chamber Manual: EnvironmentalControl for Plants. Cornell University Press, Ithaca, NY.

[23] National Greenhouse Manufacturers Association. 2012. https://www.ngma.com, accessed January 2016.

[24] Bell ML, Baker JR. 2000. Comparison of greenhouse screening materials for excluding whitefly (Homoptera: Aleyrodidae) and thrips (Thysanoptera: Thripidae). J Econ Entomol93:800–804.

[25] Bethke JA, Redak RA, Paine TD. 1994. Screens deny specific pests entry to greenhouses. Calif Agric 48:37–40.

[26] Baldwin CL, Runkle RS. 1967. Biohazards symbol: development of a biological hazards warning signal. Science 158: 264–265.

[27] Kahn RP, Mathur SB. 1999. Containment Facilities and Safeguards for Exotic Plant Pathogens and Pests. American Phytopathology

Society Press, St. Paul, MN.

[28] USDA-APHIS-PPQ. 2010. Official Regulatory Protocol for Wholesale and Production Nurseries Containing Plants Infected with Phytophthora ramorum, p 56. Revised 2014.https://www.aphis.usda.gov/plant_health/plant_pest_info/pram/downloads/pdf_files/ConfirmedNurseryProtocol.pdf, accessed January 2016.

[29] USDA.Agricultural Research Service (ARS). 2002. Security Policy and Procedures for BiosafetyLevel-3Facilities.http://www.ocio.usda.gov/sites/default/files/docs/2012/DM9610-001_0.htm,accessed January 2016.

36

野外操作小型哺乳动物的生物安全指南

DARIN S. CARROLL, DANIELLE TACK, AND CHARLES H. CALISHER

前言

关于实验室环境中的生物安全讨论可见许多文献，包括这本书的其他章节。现有的一些已发布的指南中，BMBL最为权威。目前有大量的关于实验室的生物安全指南，但能够考虑到进行野外工作的人员，针对在实验室外用含有或可能含有感染因子的材料进行工作的生物安全参考文献则屈指可数，并且对于无论是无意还是有意暴露到具有潜在致病性的人兽共患病因子的现场工作的人，均没有正式文本描述过形成体系的风险评估策略。本文将成为现有指南的参考，以及可用于帮助确定计划的野外活动处于哪个风险水平以及如何减轻这些风险的工具。如何保护野外工作人员应该是监管人员和工作人员自己的主要关注点。

在过去的20年里，发现了几种被称为“新发”的传染病。2001年，175种疾病归类为新发疾病，其中75%确定为人兽共患病[2]。因此，针对新出现的人兽共患病生态学的实地考察也有所增加。

1993年，美国西南部暴发了一种先前未被认识到的疾病，初始病例死亡率达到76%[3,4]。这种迄今没有被认识的疾病最终被描述为汉坦病毒肺综合征并且与Sin Nombre病毒（布尼亚病毒科，汉坦病毒属）相关联[5]。在随后的几年中，州和地方卫生部门、大学、疾病控制和预防中心等多家机构调查了该病的病因和与感染人类相关的风险。在进行这些研究的同时，多个地方公共卫生部门同时接受了培训，学习如何安全地捕获与疾病相关的啮齿动物并安全地采样。为了确保研究汉坦病毒的科学家的安全性和一致性，CDC人员于1995年发布了一套与啮齿动物工作相关的指南[6]，并提出了利用小型哺乳动物进行病毒检测的方法[7]。在没有其他指南的情况下，许多机构已将这些建议应用于涉及任何小型哺乳动物的研究，无论其是否具有携带汉坦病毒或具有任何其他人兽共患病因子。作为能对野外考察工作的生物安全因素作出考虑的为数不多的文献之一，这些指南通常也应用于其最初适用范围之外的项目。为了将疾病生态学研究与其他类型的野外生物学和不专门针对人兽共患病的生态研究区分开来，许多组织已经制订了用于小型哺乳动物生态学研究的指南。

这些指南都是基于其所进行的研究类型而适用的，但没有讨论更一般形式的生物安全的主题，诸如动物的物种，地理位置和罹患人兽共患病的风险等一般的野外活动所涉及的因素。一些科研院所或机构，如美国国家公园管理局，已经认识到对这种指南的需求，并且已经开发了风险评估工具，供员工用于识别潜在的危险，以及现场进行活动时可能遇到的生物危害。

指南推荐

目前关于人兽共患病生物安全的指南已经合并到一个由国际标准化组织（ISO 31000；http://www.iso.org/iso/home/standards/iso31000.htm）基于风险管理原则建立的框架中。风险管理包括以下步骤：

1.建立背景。

2.识别风险。

3.风险评估。

4.避免和减轻风险。

5.制订风险管理计划。

6.计划的实施。

本章中的指南提供了涉及与人兽共患病暴露的风险评估的框架。与实验室研究不同，野外研究是在受控制程度最低的环境中进行的。指南不可能包含所有风险或控制自然环境。因此，有必要进行慎重的规划以及准备并执行特定的安全措施以降低感染或伤害的可能性。规划包括进行风险评估，识别可能存在于环境中的危害或所进行的活动而可能产生的后果。一旦确定了这些危害，研究人员就会确保以健康和良好状态开展研究工作。然后，在野外执行这些安全预防措施以确保减轻所识别的风险。这需要向研究团队和相关志愿者充分告知已识别的风险，要采用的缓解策略，以及针对可能使用的专用装备以及要执行的特定活动做必要的培训。操作小型哺乳动物时用于预防人类伤害或疾病的方法会根据许多因素而有所差异，如物种、动物的年龄和性别、处理原因、处理者的经验水平以及是否存在人兽共患病等。操作设备和麻醉通常可以降低身体伤害的风险，但是，根据具体情况，也可能增加风险。因此，为了适当和安全地使用这些工具，需要对操作人员进行相应的培训，熟悉操作程序以及操作过程中遇到的风险。

通常，降低人兽共患病的风险需要在动物、动物样品或动物生物排泄物和分泌物与操作者之间使用相应的隔离措施。

其他方法包括：

· 意识到潜在的动物操作的风险。

· 制订动物操作规程。

· 咨询个人医生或接种预防性疫苗或依据风险水平接受药物治疗。

· 每日或短暂间隔的定期项目安全简报和操作后情况汇报。

· 相应的动物保定方法的培训。

· 正确使用个人防护装备的培训。

· 应急预案，即紧急联系信息和用于获得医疗建议或援助的联系信息。

· 手部卫生；在操作动物之后以及在进食或接触身体部位之前洗手（可以使用含酒精的消毒剂，特别是当没有自来水时，但不能成为用肥皂和水彻底洗手的替代性手段）。

· 对设备和样品进行相应的消毒和处理。

· 提供相应的急救箱。

· 指定可以饮食，饮酒和吸烟的“洁净”区域。

背景的建立

在任何情况下都会发生各种不同风险的伤害，因此，进行风险评估的第一步是确定正在进行的研究的背景。风险评估的目标是防范罹患人兽共患病。人兽共患病的传播涉及4个基本组成部分：生物因子，宿主，感染途径，环境。对于野外研究，我们必须考虑这些组成部分来发展我们的背景。因为这里特别提到人兽共患病，我们可以假设动物宿主，研究人员和研究助理都可能会罹患此病；我们再假设研究人员和助手是健康的，未经免疫的成人，但并非免疫缺陷。如果此假设不正确，可能需要对评估进行修改。生物因子通常在地理上或分类学上局限于特定位置和特定宿主。对于野外研究，通过确定所进行研究的地理位置内在的风险，确定操作研究相关的动物和任何其他可能偶尔接触的不相关动物其固有的风险，确定具体的研究活动以及开展这些活动的条件来建立背景。一旦建立了背景，就可以评估每个因素来确定与该因素相关的人兽共患病传播的风险。

风险识别

每种生物因子都能根据其暴露的程度呈现其内在的风险等级。为了确定人兽共患病传播给研究人员或研究辅助人员的风险，如果可能的话，应首先识别每种生物因子。遵从这一原则，还必须确定生物因子的传播途径以及暴露形式（取决于所从事的研究活动）和活动执行的条件。以下部分描述了在确定风险时可能需要考虑的一些变量因素。

生物因子

许多人兽共患微生物由于其宿主，生物载体和气候的自然缘故都局限于相对特定的地理位置。识别风险的第一步是确定所进行研究的区域中的现场研究人员可能暴露的已知的人兽共患病。如果所进行研究的地点无法获得信息（图36-1），则可默认为一般的环境条件。

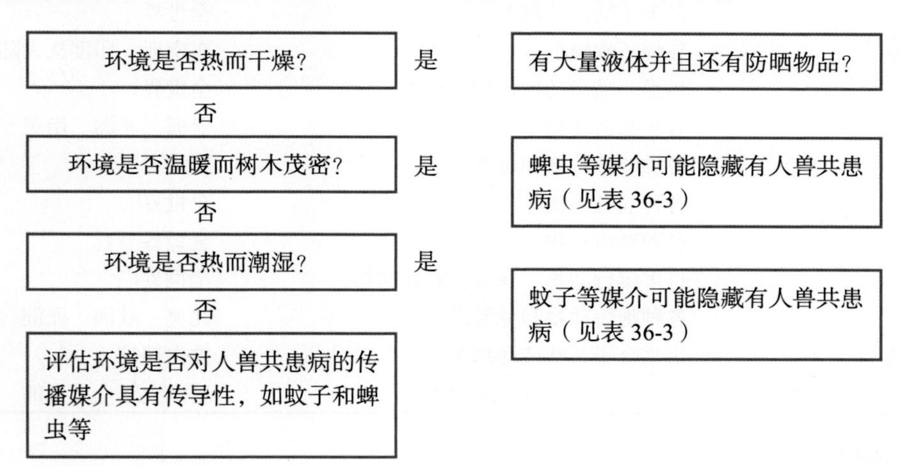

图 36-1　识别风险，认定环境中人兽共患病潜在风险的决策矩阵的范例

还须充分考虑潜在的动物宿主，以确定可能的需要防范的生物因子。罗列出与800种人兽共患病中的一种甚至几种相关的所有宿主[2]，抑或是列出“新发”人兽共患病的分值都是不切实际的，

以更快的速度发现新的生物因子和疾病，则更是难以实现[8]。然而，表36-1提供了最受关注的疾病和广泛类别的可能收到影响的哺乳动物名称；还提供了可能的宿主的地域范围。研究人员有责任从现有文献中提取最新的相关信息，并咨询该领域的其他专家。一旦确定了实际或潜在的致病因子，研究人员必须考虑这种致病因子进入人类宿主的传播方式。人兽共患病传播有四种主要途径：直接接触，间接接触，气溶胶，媒介传播。直接接触需要病源动物或其排泄物和分泌物被病原因子感染并通过黏膜、皮肤损伤或摄入而进入人类宿主；间接接触的传播是以同样的方式进入人类宿主中，但其中要通过被病原体污染的物体（生物或其他）；气溶胶传播是当吸入病原体时发生；而媒介传播是吸食的节肢动物将病原体从受感染的动物转移到人类宿主。并非所有遇到的动物都有感染性或被感染，但最安全的措施是假设所有潜在的宿主都被感染并且操作它们应该采取妥善方式[9, 10]。

表 36-1 一些可能会对野生生物学家在野外进行小型哺乳动物工作产生风险的人兽共患病、它们的自然宿主及其一般地理分布

疾病	宿主种属	分布
炭疽	许多哺乳动物	全世界
阿根廷出血热	旱地壮暮鼠	阿根廷中部
玻利维亚出血热	大壮暮宿鼠	玻利维亚北部
巴西出血热	未知	巴西南部
牛痘	田鼠、家猫、家畜	亚洲欧洲
埃博拉出血热	未知（疑似为蝙蝠）	非洲、菲律宾
出血热并发肾脏综合征	鼠形啮齿类	亚洲欧洲
汉坦病毒肺综合征	环状啮齿动物	北美洲、南美洲和中美洲
钩端螺旋体病	啮齿动物、有袋动物和其他哺乳动物	全世界
斯特菌病	各种哺乳动物和鸟类	全世界
淋巴细胞性脉络丛脑膜炎	家鼠（啮齿动物）	非洲、亚洲、美洲
马尔堡出血热	未知（可能是蝙蝠）	中、南部非洲
猴痘	未知哺乳动物（可能是啮齿动物）	非洲
鼠斑疹伤寒	鼠类（啮齿动物）	全世界
尼帕病毒性脑炎	狐蝠（蝙蝠）	东南亚、印度次大陆
巴氏杆菌病	鸟类、啮齿动物、食肉动物	全世界
鼠疫	各种啮齿动物	亚洲、非洲、南美、美国西部
Q 热	各种哺乳动物和鸟类	全世界
狂犬病	各种哺乳动物	全世界
鼠咬热	各种啮齿动物	全世界
沙门菌病	许多爬行动物、鸟类、哺乳动物	全世界
土拉菌病	各种啮齿动物和兔形目动物	北美、欧洲、亚洲
委内瑞拉出血热	短吻合子（啮齿动物）	委内瑞拉
寨卡病	未知（可能是脊椎动物）	基本上是全世界的

活动和条件

每个研究项目都是独特的，可能需要多项活动，每项活动都有不同程度的动物接触，具体取决于实验活动的特定规程条件。条件包括活动进行的地方，即在密闭空间还是露天活动；潜在的人兽共患宿主的健康状态，即健康还是患病；或周围人群的健康状态，即是否存在严重的流行病或疫

情。值得注意的是，并非所有受感染的宿主都生病或出现临床症状；事实上，这些所谓的储藏宿主通常不会生病。以上这些加上其他活动和条件将决定传播的风险大小。表36-2列出了常见的研究活动及其可能发生的条件。

表 36-2 与实地调查相关的研究活动及其可能发生的条件

活动	条件
移动至研究场地	开放区
观察	密闭或开放区域
标记并释放	健康或生病的动物
尸体的收集	为实验室研究收集的健康或患病动物
生物样品的采集	当前的流行病或人类爆发；排泄物、分泌物
生物样品的采集	侵入性的组织、血液；寄生虫

风险评估

在确定可能遇到的病原体（并考虑到可能存在未被识别的疾病因子），以及正在进行的活动以及活动发生的条件之后，可以依据世界卫生组织，美国国立卫生研究院和BMBL[1]等对已知和潜在传染性微生物的调查所提出的4个风险组，为每个生物因子确定其风险等级。这些风险组在实体群体三略有不同，但一般属性可以从三个来源合并为四种感染结果：风险1组（轻度后果）包括当前在健康人类中与人类疾病无关的生物因子，个人和群体风险均很低；风险2组由与轻度至中度人类疾病相关的生物因子组成，此类因子导致的疾病对个体具有中度风险但对群体风险较低，可广泛使用有效的方法进行治疗；风险3组包括已知的会导致严重疾病甚至致命的生物因子，这些疾病不易在人类之间传播但可提供的治疗方法也有限，因此对个体而言风险很高，但群体风险较低；风险4组包含可能导致严重或致命疾病的生物因子，这些疾病很容易在人与人之间传播，预防和治疗方法很少甚至不存在，因此存在非常高（灾难性）的个体和群体风险[1]。

针对每一种生物因子的活动，条件和传播途径，每种组合都有一个风险等级。图36-2中的排列组合是用来评估获取某一感染性因子的风险的一个示例。

暴露的可能性	暴露后的结果严重性（影响）			
	轻微	中度	严重	灾难性
不大可能				
偶尔发生				
有可能				
频繁				

暴露的可能性

不大可能	从未报道过，但有可能性或还不清楚
偶尔发生	有传播的报道但是罕见
有可能	有传播的报道或条件有益于传播
频繁	基于目前的条件有传播的报道

图 36-2 获得感染性因子的风险统计

后果的严重性

轻微	病程短暂并且通常不治而愈
中度	疾病可治疗，但需要专业医疗人员的护理
严重	疾病导致住院资料并且病程漫长（＞3个月）
灾难性	死亡

风险水平

	轻微
	中度
	严重

图 36-2 （续）

风险缓解

相应的规划，以及对所要进行工作的一般环境的认识和理解，对于任何成功的风险管理规程都是必不可少的一步。第一层保护包括手头有维持基本卫生习惯所需的用品，如洗手。较多地备用洗手液是有帮助的，但最好先用肥皂和清水（然后再使用洗手液）进行适当的清洗。其他考虑因素包括是否有饮用水净化系统、防晒霜和驱虫剂，以及是否根据所确定的任务地点适当接种疫苗或进行预防性药物治疗（抗疟疾药物等）。

针对人兽共患病风险的进一步缓解策略取决于具体的野外研究方案，可能涉及的人兽共患病因子以及感染因子的传播方式。因此，风险等级可用于指定针对具体的研究活动和条件穿戴什么样的PPE。现场对PPE的要求可以从只需穿戴适当的衣服到需要使用PAPR，这一点与实验室工作的要求是非常相似的。无论情况如何，使用相应的PPE可以显著降低任何致病因子引起的人兽共患病传播的风险。作为最低限度的PPE要求，一般建议采用基本的屏障预防措施（即相应的衣服和乳胶或丁腈手套），也可根据需要进行扩展。美国职业安全与健康管理局已经制订了在各种危险工作条件下使用PPE的指南，该指南在1910年联邦法规（C.F.R.）1910.120中有详细说明。附录B，将PPE分为A、B、C和D类。一般而言，A类包括最高水平的皮肤、呼吸系统和眼睛保护措施，包括完全密封的防护服和独立的空气供应（野外全身正压防护服）或PAPR和防护靴。B类同样包括最大程度的呼吸系统保护措施（全面部空气供应或正压高效微粒空气过滤），但不必使用完全封闭防护服，而是使用双层手套和防护服，如一次性连帽的Tyvek防护服或其他相关的防渗屏障（由所关注的性质决定），并有防护靴就足够了。C类适用于暴露风险为已知（生物因子和浓度）且可能需要保护整个面部呼吸系统的情况，因此，可以将半面部头罩与双层手套，一次性不透水防护服和防护靴一起使用，也可以使用面罩。D类包括防止“污染”的基本预防措施，包括相应的服装（即工作服），鞋套和单层手套。如果需要还可以使用面罩。

制订风险管理计划

任何参与野外活动的工作人员都可以参与风险评估和制订风险管理计划；但是，审核评估并签署计划是主要研究人员必须承担的责任。该计划应该是一份书面文件，其中包括所考虑的所有生物因子、如何确定风险等级，以及将使用什么样的PPE来降低风险。在某些情况下，推荐用于一种疾病的PPE可能会导致另一种疾病的风险增加。在这种情况下，可能需要对所推荐的PPE进行调整。

风险管理计划应反映这一点并提供解释。选择的PPE对于具有最高风险水平的因子应该是妥当的。如果无法做到这一点，则应考虑可替代的实验活动。表36-3中提供了风险排列的模板，以帮助制订书面计划。

表 36-3 风险排列的模板

研究地点	研究脊椎动物或偶然的致病性暴露						
风险因子（致病生物）	活动	条件	传播途径	暴露可能性	疾病严重性	风险水平	缓解措施（需要 PPE）
评估人：			研究主管：				
日期：							

计划的实施

任何计划在实际投入使用之前都是不完整的。一旦确定所制订的计划合适，研究人员应该将计划分发给野外团队，并确保团队可能遇到的所有问题都能得以解决。研究人员有责任提供风险分析中确定下来的相应PPE，并确保所有参与者都接受了如何正确使用所有PPE的培训。

结论

无论采取何种风险管理方法，所有可行方法背后的想法都是谨慎行事。不允许那些不积极参与安全计划的人参与危险的工作。此外，承认“低概率”并不等同于低风险[9]。

原著参考文献

[1] U.S. Department of Health and Human Services, Public Health Service, Centers for Disease Control and Prevention, National Institutes of Health. 2009. Biosafety in Microbiological and Biomedical Laboratories, 5th ed. HHS Publication No. (CDC) 21-1112. http://www. cdc. gov/biosafety/publications/bmbl5/BMBL. pdf.

[2] Taylor LH, Latham SM, Woolhouse ME. 2001. Risk factors for human disease emergence. Philos Trans R Soc Lond B Biol Sci 356:983–989.

[3] Hughes JM, Peters CJ, Cohen ML, Mahy BW. 1993. Hantavirus pulmonary syndrome: an emerging infectious disease. Science 262:850–851.

[4] Duchin JS, Koster FT, Peters CJ, Simpson GL, Tempest B, Zaki SR, Ksiazek TG, Rollin PE, Nichol S, Umland ET, Moolenaar RL, Reef SE, Nolte KB, Gallaher MM, Butler JC, Breiman RF, The Hantavirus Study Group. 1994. Hantavirus pulmonary syndrome: a clinical description of 17 patients with a newly recognized disease. N Engl J Med 330: 949–955.

[5] Nichol ST, Spiropoulou CF, Morzunov S, Rollin PE, Ksiazek TG, Feldmann H, Sanchez A, Childs J, Zaki S, Peters CJ. 1993. Genetic identification of a hantavirus associated with an outbreak of acute respiratory illness. Science 262: 914–917.

[6] Mills JN, Yates TL, Childs JE, Parmenter PR, Ksiazek TG, Rollin PE, Peters CJ. 1995. Guidelines for working with rodents potentially infected with hantavirus. J Mammal 76: 716–722.

[7] Mills JN, Childs JE, Ksiazek TG, Peters CJ, Velleca WM. 1995. Methods for Trapping and Sampling Small Mammals for Virologic Testing. U.S. Department of Health and Human Services, Atlanta, GA.

[8] Jones KE, Patel NG, Levy MA, Storeygard A, Balk D, Gittleman JL, Daszak P. 2008. Global trends in emerging infectious diseases. Nature 451:990–993.

[9] Calisher CH. 2015. Rabies: low probability, not low risk. Bat Res. News. 56:15–17.

[10] Johnson B. 2001. Understanding, assessing, and communicating topics related to risk in biomedical research facilities, p 149– 166. In ABSA Anthology of Biosafety IV—Issues in Public Health. American Biological Safety Association, Mundelein, IL. http://www. absa. org/0100johnson. html.

[11] Mills JN, Carroll DS, Revelez MA, Amman BR, Gage KL, Henry S, Regnery RL. 2007. Minimizing the infectious disease risks in the field. Wildl Prof 1:30–35.

37

临床实验室生物安全计划的组成部分

MICHAEL A. PENTELLA

每个临床实验室都存在暴露于传染性因子的风险，然而，每个临床实验室的目标都应该尽量将风险降到最低并尽可能安全地开展实验活动。为实现这一目标，必须加强生物安全文化建设力度。生物安全文化取决于实验室所有工作人员的意见、信念、观点和感受。当建立强大的生物安全文化时，每个员工都要承担责任，并负责维护保障员工和合作者的生物安全活动。主要问题是如何建立强大的生物安全文化。管理层有责任建立和维持这种文化。本章将阐述所需的内容组成。

在美国，生物安全被定义为制定和实施行政政策、工作实践、设施设计和防护设备的开发和应用，以防止生物危害因子传播给工作人员、其他人员和环境当中[1]。一些机构，如职业安全和健康管理局，疾病控制和预防中心，美国病理学院，临床和实验室标准研究所以及医疗保健认证联合委员会组织（前身为JCAHO，现为联合委员会）为生物安全实践提供指导。每个实验室都有责任制订一份书面的描述生物安全防范的计划书。要在实验室建立强大的生物安全文化，需要采用系统的方法来建立支持实验室质量体系的生物安全程序。建立强大的生物安全文化的一个基本要素是工作人员必须接受安全操作培训，并且必须监督他们对这些规章的遵守情况。

实验室获得性感染

从根本上说，生物安全防护是临床实验室控制感染的关键。与所有感染控制问题一样，关键的预防步骤是打破感染链条。例如，在实验室工作人员中发生实验室获得性结核病的程度是未知的，因为实验室获得性感染存在不可预知的条件。缺乏预警机制使我们缺乏从这些经验中学习并确定最佳实践的机会。最近发生的生物安全相关问题的事件[2]表明，并非每个防护设施都准备好处理新出现的传染源或防止员工感染。完整感染链需要感染因子、易感宿主、进入位点、传播途径、传出位点和储藏宿主。链条上有几个要点需要干预以打破感染链条形成。

在实验室中建立安全文化可以从研究实验室获得性感染的实例中获得巨大帮助。例如，实验室获得性感染布鲁菌病的事件[3]可以作为一种优秀的学习案例，用于预防将来在实验室中获得性感染的发生。

实验室人员如何感染？据报道，针刺和锐器伤、食入、眼部或黏膜飞溅、吸入气溶胶（气溶胶可能感染相邻工作空间中的人员）或未知路径[4]均可导致实验室获得性感染。在1986年研究人员研究公共卫生实验室和明尼苏达州医院实验室的感染类型分布时[5]，他们发现的医院实验室感染中63%是由于针刺，其次21%是由于割伤或擦伤。通过吸入性，食入性或皮肤途径感染仅占1%。后来，Sewell[4]研究了在美国和英国实验室获得性感染中最常见的报道的病原，排在首位的是伤寒，其次是Q热、布鲁菌病和肺结核。

制订成功生物安全计划的步骤

在实验室中建立生物安全文化的基础需要完善的生物安全计划。由于关键的实验步骤无法中断，所以在繁忙的实验室活动中建立生物安全计划这一过程可能有些难度，但是，将计划设计为具有多个步骤的项目可以实现这一目标。建立生物安全计划的步骤如下：

1.进行风险评估。

2.根据风险评估选择防护装备。

3.培养生物安全能力。

4.提供安全指导和持续培训。

5.建立安全委员会，定期审核并监督执行情况。

6.与职业健康计划相结合。

7.培育生物安全文化。

进行风险评估

为了建立便利针对性的措施和实践，每个实验室必须进行风险评估，依靠实际信息来确定暴露于危险因子和各种情形下对工作人员健康产生的影响[6]。由于漏报，或由于实验室特殊设计，对生物实验室进行风险评估可能会受到限制，从而导致风险管理存在主观意图，其中包含发生危险概率和严重程度，以及为确保环境安全提供的建议性措施。风险管理的过程是对生物因子、设施、防护设备和工作流程的全面了解[7]。定性风险评估包括在BMBL中建立的生物安全等级[2]制度。大多数临床实验室都处于BSL-2水平。在BSL-2环境中，主要应用通过皮肤和黏膜暴露引起传播的微生物来进行工作。BSL-2操作要求在生物安全柜中进行，特别是当存在喷洒、飞溅和气溶胶产生的风险时。血液培养瓶的继代培养是一个典型例子。一些临床实验室有一个BSL-3实验室，用于操作通过气溶胶传播途径在低浓度下导致感染的微生物。

风险评估是收集有关危险因子的所有可用信息并对其进行评估，以确定与暴露相关的可能风险的过程[8]，然后确定提供保护所需的对应防护措施。在实验室中进行新的实验，引进新仪器或开始施工和（或）翻新的设施改造之前，应完成相应风险评估[9]。当实验室中的工作人员有大量更替时，也应该执行风险评估。定期审查风险评估非常重要，以便更新规程和流程。风险评估过程没有统一的标准方法。有几种方式可以帮助实验室完成任务。风险永远不会为零，但可以减轻风险。执行风险评估的目标是预测、识别和降低风险。通过风险评估过程，实验室能够确定降低风险所需的预防措施。

风险评估是建立生物安全计划过程的第一步，因为风险评估过程中确定的信息和发现的问题可以为生物安全计划的其他步骤提供信息。风险评估应涵盖样本采集、运输、拆包装、离心、分装和从实验室转运等活动的事前分析。实验分析活动是通过手动或仪器进行的，实验分析后的活动包括实验室的清理以及样本和实验废弃物的处理。

被指派进行风险评估的人员应该是熟悉临床实验室使用方法，具有丰富经验的实验室人员，但不一定是每天都进行实验的人员。通过引入局外人的观点，实验室更有可能发现对于当前流程非常熟悉的人员来说可能忽视的问题。这并不是说每天进行实验的人员不应参与风险评估过程，他们毫无疑问为风险评估过程带来了宝贵的经验。工作人员必须充分参与，以便能够轻松实施程序的任何变更。将工作人员纳入风险评估过程的另一个好处是，可以确定培训需求。除了确定培训需求外，风险评估还可以评估程序变更，确保遵守监管机构条例，证实实验空间和设备需求合理，并评估应急计划。

完成风险评估重要的第一步是，确定在实验室中可能遇到的微生物因子产生的危害。这可能因实验室所在国家的地区或提交样本的地区而异。例如，如果实验室位于美国西南部地区，则可以合理地预测含有球孢子菌的痰标本可以在实验室中培养。这也可能在实验室中得到证实，该州的居民前往该国的该地区并返回家中，由于感染球孢子菌而被诊断为肺炎。确定实验室中可能遇到的微生物的一个良好开端是审查该地区的公共卫生部门最近报告的疾病。根据常见微生物清单，实验室可以识别可能遇到的潜在微生物，并进行初步风险评估。

一旦确定了微生物因子危害清单，实验室必须考虑实验室收集的样本种类和基于这些样本形成的检测方法。通过风险评估过程，经审查程序以确定样本病原体浓度和悬浮体积。如果对标本进行培养并且生物因子浓度进一步提高，则因子浓度显著变化，这将极大地影响评估过程中的风险。含有脑膜炎奈瑟球菌的脑脊液（CSF）是一个很好的例子。具有脑膜炎奈瑟球菌的CSF，对于进行革兰氏染色和细胞计数的实验室人员来说不是感染的重大风险因素。然而，一旦脑膜炎奈瑟球菌在固体培养基和肉汤培养基上培养，这些培养物对实验室人员来说是一个显著的风险，相关实验不应该在普通台面上进行，而应该在生物安全柜中进行。

在风险评估过程中，应审查每个程序，以确定产生气溶胶、液滴或液滴核的可能性，程序的复杂性和锐器的使用。风险评估员应根据微生物确定每个步骤中实验室获得感染的风险和需要执行的任务。

风险评估结果应以“永生化”书面形式报告，并由实验室领导审核，作为质量保证计划的一部分。拥有书面文件也有助于未来对风险评估的审查。员工和管理层应该一起审核风险评估报告。

在工作开始之前、当进行实验室迁移或翻新时、有新员工加入时、实验室要研究新的传染源或病原以及购买新设备时，都应进行风险评估。在生物因子、操作程序、工作人员或防护设施进行变更时，应重新进行风险评估。

完成风险评估的步骤如下：

1.创建风险评估矩阵，其中包括程序、病原、潜在危险程序、员工对疾病的易感性以及控制措施或必要的防护。

2.确定可能导致暴露病原或材料的活动。

3.确定风险防御策略。

4.评估员工的能力和安全防护装备的利用率。

5.普通员工和管理层共同审核评估报告。

风险评估方法的一个典型例子见表37-1。它归结为风险和工作绩效的双重责任。必须制定合理的安全措施以降低风险，同时允许实验室为患者诊断和治疗提供有效的准确数据。从根本上说，风险评估的主要好处是保证实验室人员、他们的家人和社会的安全。

表 37-1 风险评估方法

程序	潜在危险性	控制 / 防护	附加程序
生物样本接收后签收	包装泄露	把泄露包裹放入塑料袋中转移至生物安全柜里	在转移试验区域之前，将密封塑料袋外部消毒处理

降低风险方法的选择

从风险评估中，选择降低风险的途径以防止获得性实验室感染。例如，在危险和员工之间建立屏障是一种机械性控制方式，改变员工履行工作方式是工作实践控制方式。降低风险方法包括确定要进行试验的实验室的生物安全等级、工程控制、个人防护装备、实验室操作和医疗废弃物处理流程[10]。应将实验过程中用于降低危险的方法写入程序手册。

为了选择要进行工作的BSL，该过程应由风险评估确定。BSL代表安全处理病原的条件。BSL分为四个等级，需要考虑因素包括病原、操作、设备和设施。BSL-1是防护生物对健康成人不发生疾病的基本措施。如在BSL-1实验室环境中操作表皮葡萄球菌等微生物。这是预防的基本水平，遵循标准的微生物操作规程，不需要特殊的屏障设施。大多数临床实验室都是在BSL-2中进行，适用于中度风险因子操作，如金黄色葡萄球菌。BSL-2-实验室空间应有BSC、使用气溶胶防护措施，并佩戴PPE。PPE包括实验室外套、手套、护目镜和面罩。BSL-2实验室应该严格限制人员进入实验室。BSL-3实验室空间是用于操作导致严重或致命性疾病的微生物或外来病原。例如，结核分枝杆菌培养的工作需要在BSL-3实验室中进行。典型的BSL-3实验室有一个缓冲间，工作人员穿戴相应的PPE。在BSL-3实验室工作的员工佩戴N95呼吸器或PAPR，这是呼吸防护规程的一部分。在BSL-3实验室中，有定向气流进入房间并通过专用的高效空气过滤器排出。通常设置一个带有传递功能的双扉高压灭菌器。BSL-3实验室每年进行一次验证。BSL-3实验室的地板是一体的，便于去污。BSL-4实验室空间是最高水平的屏障环境，用于操作危险的外来病原以及导致生命危险的疾病病原，如埃博拉病毒。有两种主要类型的BSL-4，一种是生物安全柜型实验室，其中所有病原都在Ⅲ级BSC中操作，另一种是正压防护服型实验室，其中每人都穿着正压供应空气的防护服。

风险评估决定了防护装备的选择。应用主要工程控制的防护设备的示例包括BSC、锐器盒、锐器安全装置、密封转子离心机和防气溶胶移液管。用于工程控制二级防护装备的示例包括实验室空间内地面设计、用于洗手的水槽，以及自闭合门和互锁门。

在风险评估的基础上，可以确定实验室的PPE准则和相应执行的试验。选择过程包括手套（乳胶和丁腈）、实验室外套或大褂、是否可重复使用或单次使用一次性护目镜、面罩、鞋套、袖套和呼吸防护装备的选择。选择PPE时，必须考虑各机构提供的标准操作规程。ASTM提供了在WK38455“医护人员保护性制服新规范”中选择实验室服装的标准，以及在D6319“医疗应用的丁腈手套检查标准规范”中选择手套的标准。美国国家标准协会提供Z87.1关于“职业和教学中个人眼部和面部保护装置”。OSHA 1910.1030血源性病原体标准涵盖了29 C.F.R.1910.1030（d）[3]（i）中PPE的选择和29 C.F.R.1910.1030（d）[2]（v）中的手部卫生。

风险评估为实验室采用安全措施提供了依据。安全操作由许多因素决定，这些因素通常是实验室设计和布局所特有的。这些操作可在特定情况下使用PPE，如戴手套读取培养板；消毒操作，如BSC、计数器和离心机的日常消毒；使用带盖的离心管，防溅容器，紫外线灯和一次性接种环；载玻片在BSC中干燥；溢出物清理。

减少危害措施是生物安全手册一个重要组成部分。这应包括安全政策、岗位和责任、规章制度、暴露途径、风险评估过程、事件报告和生物安全操作。应至少每年和发生重大事件后审查和更新生物安全手册。每年工作期间以及每次更新时，所有在实验室工作的人员都应该精读生物安全手册。

建立生物安全能力要求

建立生物安全文化的一个重要步骤是将生物安全能力与所需技能联系起来。能力被定义为以行动为导向的陈述，描述为履行工作责任所需的基本知识、技能和能力。CDC[11]的能力要求是为BSL-2～BSL-4中的生物因子研究而设计的。无论是初级职位、经验丰富职位还是管理职位[12]，岗位都会在机构中按经验和岗位职责分配给工作人员。2015年，疾病预防控制中心和公共卫生实验室协会为实验室专业人员发布了一套全面的能力要求[13]。2011年和2015年出版物是与生物安全相关的配套文件。虽然2011年指南中具有任务级别详细信息，2015年指南包含相同的内容，但已经过修订和重排。

能力要求可用于评估当前技能、制订职业发展计划，以及规划特定培训内容以满足教育需求。提高生物安全能力的目的是确保实验室人员具有安全地使用生物材料和处理生物实验室常见的其他危害所需的基本能力，降低各级暴露的风险，并以一种固定模式提供岗位必要的基本信息，可用于开发岗位特定的能力要求。

与为执行实验室试验而开发的能力要求相类似，生物安全能力要求对于培养技能和提高员工素质是必要的。2011年发病率和死亡率周报（MMWR）指南中定义了实验室人员安全地使用生物材料和生物实验室常见的其他危害所需的基本能力。通过将能力要求纳入生物安全培训计划中，评估实验室可以降低各级暴露的风险，并为开发岗位特定能力的固定模式提供必要的基本信息。MMWR指南提供的能力要求将从业者分为三个专业级别。这些专业人员的头衔因机构而异。这三个级别分别是初级实验室科学家；中级科学家，即主要科学家或科学技术专家，实验室专家或实验室工作人员；高级科学家，即实验室主管，首席技师或医院和诊所主任。

在2011年的指南中，生物安全能力分为4个技能组合：技能领域Ⅰ，潜在危害；技能领域Ⅱ，危害控制；技能领域Ⅲ，行政控制；技能领域Ⅳ，应急准备和响应。在技能领域Ⅰ中，潜在的危险，重点是了解危害的能力要求。技能领域Ⅰ有4个子领域：生物材料、实验动物、化学材料和放射材料。在技能领域Ⅱ中，危害控制重点是使用初级和二级屏障来防止暴露。技能领域Ⅱ的子领域是PPE，工程控制–设备（初级屏障），工程控制–设施（二级屏障），以及污染物去除和废弃物控制管理。在技能领域Ⅲ，行政控制，重点是行政干预以减少暴露于危险材料持续时间、频率和或状态中的严重程度。技能领域Ⅲ的子领域是：危险交流和标识、指南和法律法规、安全计划管理、职业健康医疗监督和风险管理。在技能领域Ⅳ，应急准备和响应重点是紧急情况的管理。技能领域Ⅳ的子领域是紧急和突发事件响应、暴露预防和危害纾解，以及紧急事件的响应练习和演习。

要将生物安全能力建立纳入能力评估计划中，首先要检查能力要求，然后根据风险进行评估，从适用于实验室的每个领域中的能力要求进行评估。表37-2中的实验室生物安全能力要求评估表就是一个例子。

表 37-2 实验室生物安全能力要求评估表 – 入门级

姓名：　　　　　　　　日期：

技能领域 *	生物安全能力 - 缩写为生物安全实验室能力指南	能力水平等级	重要性	频率	评论
I Bio 3a	当使用生物材料时用 PPE 进行描述				
II PPE 1	列出进入普通实验室所需 PPE				
II PPE 2	描述用于每个程序的特定 PPE				
II PPE 4a	展示正确穿戴，脱下手套和大褂				
II PPE 4b	描述 PPE 限制性条件				
II Decon 3e	描述常规表面去污程序				
II Decon 1	描述废弃物分类程序				
II Decon 2a	描述正确处置不同类型的生物废弃物				
IIIOcc Health 4	描述暴露后的体征和症状				
III Risk Mgmt 3	描述风险评估过程				
IV EmerResp 2	描述紧急情况的报告要求				
IV Drills	参加演习和演练				

说明：

能力水平

入门级：实验室科学家或医学技师；中级：主席 / 首席科学家或医学技师，实验室专家或实验室主管；高级：实验室主管，首席技师，或医院或临床主任

能力水平等级

1 = 意识：您没有任何培训或经验

2 = 基础：您已经接受过基础训练

3 = 中级：您有重复的成功经验

4 = 高级：您可以在没有帮助的情况下执行与此技能相关的操作

5 = 专家：您可以培训其他人

岗位的重要性：

1 = 岗位重要能力要求

2 = 无关紧要

执行能力频率：

D= 每天　　W= 每周　　M= 每月　　R= 很少　　A = 按需要

提供安全指导和持续性培训

培训和教育是建立临床实验室安全文化——生物安全计划的基础。培训需求以监管要求，风险评估和能力需求为指导。每个机构都需要确定最能满足员工需求的培训方法。在某些情况下，最好确定可用的外部培训以及需要哪些特定的培训。培训的最佳方式取决于员工本身及其参与培训的适用性。最好有书面教材和考试。风险评估中发现的任何危险都是延续培训的良好起点。培训员工使用安全措施始终是非常重要的，即防护装备，PPE和实验室操作。如果风险评估过程导致程序发生变化，则必须求员工审查程序的更新。对工作人员生物安全操作的常规观察是确定工作人员知识水平的极好方法。制订实验室培训计划非常重要，并将生物安全主题纳入整体计划之中。

应该关注一个广泛的人群关于谁应该接受生物安全主题的培训。除了在机构工作的实验室和运输人员外，维护和清洁人员、外部急救人员、安保人员、研究员、学生和其他访客也很重要。培训应与员工的角色、职责和权限相称。

建立安全委员会，执行常规审查和监督合规性。

计划的一部分包括安全程序的练习和培训。生物安全计划应具备以下内容：通过内部审查和可

能的外部审查程序对计划进行审核；管理层必须监督员工操作和安全防护设备的性能；必须定期审查和修订生物安全计划；该计划必须包括对所有事件，事故和险情的强制报告。该计划应确定对事件，事故和险情的后续处理流程，这些事件应该用于计划的修订。目前，报告安全事故的唯一国家规定是规定范围内病原和毒素的持有，使用和转运（42 C.F.R.第73部分）。由于没有具体要求，实验室获得性感染的事件报告明显不足，这导致解决操作或防护设备发生变化所需的数据不足。

安全审核

实验室每个部门至少每年进行一次定期安全审核。这通常由安全委员会的成员执行，他们不在实验室部门内工作，以提供新的观点和实际操作问题。要进行审核时，采用生物安全检查表可为审核提供标准化流程。审核员可以观察不安全的操作和过程。让其他实验室部门的同事参与，可以提醒个人注意安全操作的重要性。

安全审核问题的例子如下：

1.执行风险评估的人员是否接受过培训并且是否具有风险评估经验？

2.是否有相应的穿脱PPE的书面程序，包括实验室外套、手套、防护眼镜、面罩、N95口罩和（或）PAPR？

3.生物安全实验室能力要求是否用于年度员工审核？

4.所有新员工在指定实验室开始工作之前是否接受过安全培训？

5.内部安全审核是否至少每年进行一次并且在发生重大安全事故后也进行审核？

6.生物危害标识是否粘贴在处理和检测传染性病原体的实验室入口以及标识其他区域？

安全委员会

实验室生物安全计划的一个重要组成部分是安全委员会，该委员会有责任对实验室部分进行审核，如果有事故趋势或模式，则从所有事故中重新查看已识别的事故，建议采取安全措施预防事故，并重新解决造成事故的主要原因。安全委员会的会员是生物安全原则和程序的有效培训人员。

与职业健康计划合作

在实验室环境中提供职业卫生服务对于促进安全和健康的工作场所至关重要。可以通过限制暴露机会，及时发现和治疗，以及利用从工伤中获得的信息来进一步加强安全预防措施来实现。免疫接种是职业健康计划的重要组成部分，应根据风险评估和监管要求（如乙肝疫苗）来决定。其他疫苗接种考虑实验室面临的危害作为风险评估的基础[14]，包括破伤风四倍体细胞百日咳疫苗（Tdap）、麻疹、腮腺炎、风疹（MMR）疫苗、脑膜炎球菌疫苗、伤寒疫苗、炭疽疫苗、天花疫苗，狂犬病疫苗。职业健康是职业卫生保健人员、实验室主任、实验室管理者、实验室主管和工作人员的共同责任。重要的是生物安全计划包括实验室演习暴发职业病和暴露病原后的医疗监督程序，预防措施和响应程序。

实验室应与职业卫生保健员一起协商，为实验室确定风险评估程序和纾解方法。

- 与职业健康服务机构交流，以进行风险评估。
- 实施暴露前预防活动，包括接种疫苗。
- 制订暴露后管理计划。

- 审查工作人员获得职业卫生服务的程序。
- 审查职业健康报告。
- 培训员工与职业健康联系起来。

培养生物安全文化

建立安全文化需要管理层和实验室领导的承诺。生物安全计划只有在员工认可的情况下才有效。每个人都需要参与改进生物安全实践。至关重要的是要提前识别出最小暴露的危害。每个实验室都应该创造一种开放和透明的安全文化氛围，鼓励提出问题，并愿意自我批评或自我反省。没有任何法规或准则可以确保安全万无一失；安全实践取决于个人和组织态度。每个人都必须致力于安全防护，注意风险，采取有效行动以增强安全性和适应性。为了建立生物安全文化，在定期举行的实验室会议上讨论生物安全问题。解决实验室工作人员的担忧，使这些问题不受新发病原体实验的影响。例如，为所有员工举行会议，并讨论与新发病原体相关的安全问题。务必认真对待每一个安全问题/关注点。APHL已经制订了生物安全检查表[15]，以评估实验室现有生物安全措施。

原著参考文献

[1] Centers for Disease Control and Prevention and National Institutes of Health. 2009. Biosafety in Microbiological and Biomedical Laboratories, 5th ed. HHS Publication no. (CDC) 21-112. http://www. cdc. gov/biosafety/publications/bmbl5/BMBL. pdf.

[2] Association of Public Health Laboratories. 2016. Lab matters: amp up your biosafety system. http://digital. aphl. org/publication/? i = 290925& p=20, accessed March 1, 2016.

[3] Centers for Disease Control and Prevention. 2008. Laboratoryacquired brucellosis— Indiana and Minnesota, 2006. MMWR 57:39–42. http://www. cdc. gov/mmwr/preview/mmwrhtml/mm 5702a3. htm.

[4] Sewell DL. 1995. Laboratory-associated infections and biosafety. Clin Microbiol Rev 8:389–405.

[5] Vesley D, Hartmann HM. 1988. Laboratory-acquired infections and injuries in clinical laboratories: a 1986 survey. Am J Public Health 78:1213–1215.

[6] Boa E, Lynch J, Lilliquist DR. 2000. Risk Assessment Resources. American Industrial Hygiene Association, Fairfax, Virginia.

[7] Ryan TJ. 2003. Biohazards in the work environment, p 363–393. In DiNardi SR (ed), The Occupational Environment: Its Evaluation, Control, and Management, 2nd ed. American Industrial Hygiene Association, Fairfax, VA.

[8] Dunn JJ, Sewell DL. 2014. Laboratory safety, p 515–544. In Garcia L (ed), Clinical Laboratory Management, 2nd ed. ASM Press, Washington, DC.

[9] Pentella MA. 2008. Overview of the biosafety risk assessment process, p 145–156. In Richmond JY (ed), Anthropology of Biosafety XI: Worker Safety Issues. American Biological Safety Association, Mundelein, IL.

[10] Miller JM, Astles R, Baszler T, Chapin K, Carey R, Garcia L, Gray L, Larone D, Pentella M, Pollock A, Shapiro DS, Weirich E, Wiedbrauk D, Biosafety Blue Ribbon Panel, Centers for Disease Control and Prevention (CDC). 2012. Guidelines for safe work practices in human and animal medical diagnostic laboratories. Recommendations of a CDC-convened, Biosafety Blue Ribbon Panel. MMWR Suppl 61:1–101.

[11] Delany J, Pentella MA, Rodriguez J, Shah KV, Baxley KP, Holmes DE. 2011. Guidelines for biosafety laboratory competency: CDC and the Association of Public Health Laboratories. MMWR Suppl 60(2):1–23. PMID:21490563.

[12] Shah K, Pentella MA. 2010. Laboratory biosafety competency development for the BSL-2, 3, and 4, p 67–74. In Richmond JY (ed), Anthropology of Biosafety XII: Worker Safety Issues. American Biological Safety Association, Mundelein, IL.

[13] Ned-Sykes R, Johnson C, Ridderhof JC, Perlman E, Pollock A, DeBoy JM, Centers for Disease Control and Prevention (CDC). 2015. Competency guidelines for public health laboratory professionals: CDC and the Association of Public Health Laboratories. MMWR Suppl 64:1–81. http://www. cdc. gov/mmwr/preview /ind2015_su. html.

[14] Centers for Disease Control and Prevention. Recommended adult immunization, United States. CDC. http://www. cdc. gov /vaccines/ schedules/hcp, accessed March 1, 2016.

[15] Association of Public Health Laboratories. 2015. A biosafety checklist: developing a culture of biosafety. http://www. aphl. org / AboutAPHL/publications/Documents/ID_BiosafetyChecklist_42015. pdf, accessed March 1, 2016.

高压灭菌器

只有那些经过高压灭菌器操作培训的人员才有权进行操作，而且要意识到高压灭菌器或者互锁功能障碍是实验室的潜在危害。工作人员必须接受在大的或小的高压灭菌器中装卸物品的培训，并且要意识到高压灭菌器的门在开和关的时候有可能造成的挤压危害。由于金属的废弃物良好的热传导效率，常通过高压灭菌处理，但是必须注意避免尖锐的和粗糙的边缘。高压灭菌器产生的热在接触的时候能够导致防护服的塑料物质的融化，并引起破洞，进而可能暴露于未过滤的潜在污染的空气中。

化学物质和制冷剂

用于组织固定的化学溶剂（如丙酮），在BSL-4实验室中由于防护服或Ⅲ级安全柜的保护不会存在吸入风险。但是，一旦出现溢洒，它们会对防护服或者手套材料产生损害。

液氮罐和超低温冰箱用于对工作人员有害的生物因子和样品的长期贮藏，应该对正确使用低温安全手套移动冷冻盒和试管进行培训。极端寒冷可能使防护服外部的手套变脆、破裂，造成潜在的暴露，与低温液体接触时，即使穿着防护服和手套也会冻伤双手和手臂。在实验室中，冷冻管道周围的冷凝液也可能有滑倒的风险。所有贮存于冰箱或冰柜中的传染性或毒性物质应该做好标记并储存在能够承受冻融热休克的容器中；玻璃不是合适的贮藏容器。

锐器操作

BSL-4实验室的工作人员必须针对锐器的操作和处理进行培训，应强调在任何可能的条件下用钝器代替锐器以及塑料物品代替玻璃物品的重要性。锐器的使用应严格控制，并仅限于实验室人员需要使用的区域。玻璃瓶、输血导管和管型瓶、针头、解剖刀以及其他的可能产生尖锐碎片的物质在使用和处理过程中必须谨慎（见参考文献[29]附件锐器注意事项）。

锐器盒应该放在实验室内容易够到的地方，并且在装满后应该妥善处理。在BSL-4实验室中进行组织培养，应该在实验室外准备好培养基，滤过灭菌，然后用塑料容器传送到实验室中。当没有其他选择时，小的玻璃试剂瓶可以用胶带进行包裹，可以在掉落时防止破碎。有塑料涂层的玻璃瓶在市面上有售，但在使用之前，应该加以测试。或者可以将玻璃试剂瓶放在二级塑料容器进行传送，只有BSL-4实验室主管的批准并遵守实验室操作规程的前提下，可以使用玻璃器具。如果在BSL-4实验室中不慎发生玻璃破碎事故，所有的玻璃碎片都应该用机械方法移到锐器盒中（如用刷子和簸箕，或者镊子），绝不能用手。如果实验室继续使用，必须告知实验室后续工作人员在发生事故的地方可能有潜在的残余锐器。

离心机

在BSL-4实验室和其他低级别的实验室里离心机存在的危险是一样的，这些安全问题可通过适当的操作、维护和对故障报警（包括金属劳损、提桶或转子裂口、O形环损坏或裂口）避免。受训人员应当在独立使用离心机前，熟练掌握台式、高速、超高速离心机的使用。同时培训人员也应强调如何正确操作实验室中可能产生气溶胶的设备，如超声处理器、组织绞碎机和移液器。

渡槽

BSL-4实验室人员应该进行从BSL-4实验室传出物品正确操作的培训，包括渡槽及其他的传递设备的操作和维护。化学渡槽其中充满化学消毒剂，可以对表面消毒而不影响到内部的物质，这种灭菌方式还可以给Ⅲ级安全柜或BSL-4实验室中不能高压灭菌的实验材料灭菌。渡槽中的消毒液应当保持一定的浓度才会发挥消毒作用。

BSL-4环境中的动物

当评估包括动物研究在内的BSL-4实验室的安全性时，必须认真进行风险分析和管理。起草关于BSL-4中实验动物日常管理规程，并附加在BSL-4实验室安全手册或动物饲养SOPs里。只有当实验人员关于处理感染动物的知识水平和操作能力达到BSL-4实验室的要求后，才能进行实验。即使是经验丰富的技术人员也应在防护区外用非感染动物模拟实验，并强制性的不间断学习操作规程。新实验人员的培训应由在动物处理技术和饲养操作方面经验丰富的专家进行。

风险管理标准也可用于以检测BSL-4实验室操作动物培训的基本需要。这些标准包括：

- 病原特性。
- 使用的实验动物模型。
- 实验动物的年龄和大小。
- 病原传播机制。
- 实验动物笼具的要求和维护。
- 组织采样方法。
- 死后、尸检或康复的要求。
- 麻醉和安乐死的要求。

BSL-4实验室的动物福利应当与《实验动物保护和使用指南》[44]所描述的相符，并能由经验丰富的实验动物饲养人员完成。非人灵长类实验动物在BSL-4实验室中应有特殊的操作规范，同时应由有经验的实验人员饲养。当操作这些实验动物时，必须有两名以上受过培训人员。

以下是BSL-4实验室实验动物的安全操作和饲养的必要实验技术（但不局限于此）：

- 特殊的实验动物的操作技术。
- 正确的接种手段和锐器处理方法。
- 喂养、垫料、笼具和动物房的要求。
- 组织和样品的获取方法（如静脉采血和剖检）。
- 隔离器和动物房内其他设备的维修和故障排除。
- 必要的文件。
- 药物麻醉程序。

使用感染性物质感染实验动物进行一对一的培训时，应注意锐器的处理方法。同样，在进行动物麻醉和剖检都应是在最高防护级别范围内[45]。通常在较低的防护水平下接种乳鼠的实验操作人员第一次并不能够在BSL-4实验室内接种新西兰白兔。为了达到接种的目的，实验动物必须利用药物方法或其他方法进行保定。在经验丰富的实验人员或是实验动物管理人员参与的情况下，一些实验中的某些常规性手术可以不用麻醉或是在极小限度地保定的状态下进行。动物的接种、剖检、采集病料和其他感染性物质的操作或者有产生气溶胶危险性的实验都应在生物安全柜中进行。实验人员应熟练掌握动物的笼养方式、特殊操作和饲养要求，适当的饲喂和操作动物程序，以及脱逃动物的处理。对大动物或特殊动物种类进行操作时所需要的特殊步骤，可见参考文献[45]和[46]。

在BSL-4实验室内进行剖检实验之前，应当在较低防护水平下，使用未感染动物，并且由BSL-4实验室有资质研究人员或是兽医师进行监护下进行剖检实验技术培训。为达到最有效的培训，模拟条件应当尽可能的相近。应实行备用防护措施的相关操作规程，如备用防护手套（防切割如凯夫拉或锁子甲手套），实验人员通过练习达到熟练操作（详见参考文献[45]和[47]）。

设备维修工作

如果设备不能消毒或是从核心区内移出，应当在实验室内进行修理。为了保障实验正常进行，应该对维护人员进行防护条件下的设备维修培训。他们应同BSL-4实验室其他工作人员接受同样标准的培训，特别是应急反应程序，认知正常运行参数和风险评估技术。在维修前要讨论是否包括锐器和工具，在防护条件进行维修时，所有维护和辅助人员甚至有BSL-4工作资质的人员都应陪同进行。实验室工作人员应定期接受基本的设备维护和维修程序培训。

废弃物处理

所有BSL-4实验室人员都应接受培训，了解废物的处理流程，包括处理、分检过程，普通实验室废弃物、锐器、混合垃圾、放射性垃圾和动物材料等废物的处理方法。所有感染性或有毒性材料和其他污染废弃物在最终由专业人员处理前都必须直接高压消毒灭菌或是其他消毒方法（消毒剂进行消毒）消毒。

BSL-4实验室的应急措施

Ⅲ级生物安全柜型实验室

进出Ⅲ级生物安全柜型实验室较为简单，但实验人员也应遵守特有的应急措施，包括基础救护技术和心肺复苏术（CPR）。工作人员应学会识别疲劳和疾病的征兆，这样可以避免自身或是同伴的危险。为减少Ⅲ级生物安全柜型实验室的事故，如感染因子的暴露、其他的医疗紧急事件、仪器故障、溢洒和火灾，应在实际条件下进行练习直到达到熟练的程度。

防护服型实验室

由于很难在防护服型BSL-4实验室中对威胁生命的医疗事故进行抢救，很难立即进入实验室对人员进行救护，实验室的固定工作人员应进行急救学、救生学和CPR等方面的培训。还应该针对实验人员走出核心区，直到第一反应人可以为其提供帮助进行训练和排练。当地急救人员与实验室的接触可能会有效地减少实际医疗紧急情况下的就医延误[48]。

两种类型的BSL-4实验室，对可能暴露的员工的管理都需要预先计划，需要在BSL-4实验室开始运行之前确定拥有相关医疗设备和治疗措施的医院，并且在实验室应安排预留医疗设备的运输通道[49，50]。

暴露的定义是风险评估过程的一部分，可以帮助识别和采取适当的措施和避免不必要的医疗措施和疑虑。实验室的工作人员一定要向实验室主管报告任何潜在的暴露，实验室主管应当安排医疗评价、处理以及必要的后继医疗监督。实验人员同时也应及时向主管汇报任何持续性发热疾病，或者任何可能与暴露符合的症状。医疗管理决定应基于可引起暴露的事件、实际暴露环节、当时实验室中使用的因子、暴露人员的社会情况以及暴露因子是否存在医疗处理方法。对于潜在的暴露，对应措施可能包括无须隔离、使用预防药物或其他可行的方式。

缺氧对于工作在防护服型BSL-4实验室的实验人员具有极大威胁性。有效治疗窒息的方法应当优先于对实验室中大量微生物威胁的考虑。发生意外事故时采取的特殊的措施取决于实验室的当时实际情况，但是所有合理的应急措施都应事前预先演习。如果发现明显的症状（如胸痛、呼吸短促和身体的其他部位重度疼痛），工作人员应立即求救，可以通知实验室中的同伴，通过电话向实验室外请求救援，或者按下警报铃经消毒淋浴然后离开。还可以考虑在BSL-4实验室内安装自动外部除颤（AED）装置，以便在特定的医疗情况下使用。

长时间穿着防护服工作人员容易出现脱水现象。靠除湿空气供应正常运行的防护服使得实验人员在工作几小时后出现明显的水分流失。这种缺水的状况在紧张的工作和在防护服中不能饮水的条件下会更加明显。工作人员需要知道脱水的信号，如口渴感增加、嘴唇干燥，以及很难集中注意力。为了减少脱水的潜在可能，应该指导他们在进实验室之前合理补充水分。限制防护服中工作的最长时间可以被认为是一种管理上的控制。

与安全柜型实验室相同，与危害交流和紧急情况、潜在暴露、医学突发情况、设备故障、溢洒、火灾等的相关培训，在防护服实验室必须定期进行并且在实际的条件下进行操作以保证熟练性。

紧急出口

在紧急情况下，必须立即通过警报系统或者其他任何可能的手段告知所有在BSL-4实验室中的工作人员。如果紧急情况要求立刻离开，两个以上的人可以在有呼吸空气管道的化学消毒淋浴一起淋浴后离开防护服实验室。SOPs或生物安全手册应该提供特定的规程，可根据这些规程紧急撤离。

通过BSL-4实验室设计降低风险

实验室的设计和建设应该考虑到限制进入、限制通信和操作的疾病病原特性等基本的BSL-4实验室防护要求。参与实验室设计和运转人员现地考察其他运行的BSL-4实验室应该作为设计过程的一部分[51，52]。

大的、单一房间的防护服型实验室易于进行设备和人员的移动、实验室清洁和消毒，但是除非计划相互独立的实验室，否则可能降低操作的灵活性。多重房间允许了操作的隔离并减少了交叉污染的可能性，但是它们可能会限制工作人员和设备的移动并且阻碍了交流以及视觉范围。实验室设计大的原则是，防护区应该开放并没有障碍物。当在实验室中移动大的或者笨重的设备的时候，狭窄的门等障碍物可能造成损伤（压、挤和戳破），因此过道和走廊必须足够宽。用于实验室的支撑房间空间的大小与实验室工作空间同样重要。例如，BSL-4实验室的防护服更换和储物间应该设计成足以存放辅助材料和防护服，至少允许两个人穿着防护服移动，以及有安放维修防护服的桌子和整体的测试的空间。在实验室内及其周围添加窗户和观察口，使实验室内工作人员和外部安全工作人员之间的视觉联系增加安全性。视觉通道也可以作为培训的工具，通过它受训的员工和访问者能够观察工作人员、操作规程和在BSL-4实验室中的操作。实验室设计的元素中（包括窗户和气密

门）的玻璃必须是防破碎的。窗户必须是密封的并且能够承受实验室正常运行中的压差（如果需要的话，包括压力衰减测试）。安装之前要测试化学消毒物质与玻璃材料的相容性。在BSL-4实验室中没有窗户的盲区安装闭路电视能够增加安全性。

BSL-4实验台柜和其他的长久使用的设备应该用耐用性的材料制作，如塑料复合物或者表面光滑和圆角的不锈钢，以减少磨损手套和防护服的潜在可能。由于软的、多孔的材料很难消毒而且是潜在甲醛气体吸收源，应该避免使用。实验台柜和其他设备应该被密封于墙上或者地上以限制扩散和外溢以及潜在的污染，或者安装可锁定的脚轮以方便移动。墙和天棚应该是光滑的，涂层应该是耐用的并且不渗透化学物质。

地板应该是有弹力的、整体的，有针对溢出管理和消毒的整体弧形踢角。建筑环氧树脂细纹少、防化学物质，能够将滑倒和摔倒的可能性降到最低。可移动的地板覆盖物可以应用于特殊地方，如在液氮罐周围，以防止受到溢出物的损坏。在实验室停用期间应该检查脚动的或者自动的洗手池是否正常运行以及渗漏。

由于贮存的局限性以及对于大量的潜在污染液体废弃物的处理时间，不推荐在防护服型实验室中使用地漏。然而，如果能够克服实际废物处理缺陷，地漏，特别是在动物实验室，可以减轻在动物实验室内的体力工作。如果使用地漏，应保持水封中充满适当的消毒剂。

实验室所有区域的光源要充足。灯固定架和灯泡应位于在防护屏障外，这样维修和更换时就不必进入实验室[53]。务必定期检查应急信号灯的运行状态。CO_2和其他特殊气体的压力罐应安放在防护屏障外。所有管道、液体供应和消毒系统贯穿处都应该密封并安装防回流系统。进入防护区的低温液体的供应管道不仅需要有防回流系统还要有附加的隔离系统和塑封装置以减少实验室和夹层内管道的表面凝霜和结冰。

系统功能失常的警报器应当具备视觉信号和听觉信号，以便可以引起在防护服中注意力集中工作的人员注意。实验室里有一个中心站，允许人员识别警报的准确性质。在防护服型实验室的关键性位置都应当安装有“求助”按钮，尤其应考虑多房间实验室计划。

BSL-4实验室仪器设备消毒问题

在翻新、定期维修、更改研究规程或解决应急措施方面问题前，整个BSL-4实验室应进行彻底消毒。日常消毒可能会每个月或者每年进行一次。去除单一仪器及周围的污染，可以将其从实验室中隔离开来（如气锁），放入一个特殊设计的房间中利用杀菌剂熏蒸，这样的操作可以经常进行。熏蒸舱中也应安装人员的紧急撤离消毒淋浴。

所有消毒的安全规程和风险评估应当包括高压灭菌器、熏蒸舱、蒸汽和气体灭菌消毒系统，以及辐射源。BSL-4实验室关闭和消毒规程中安全性检查和服务包括：

- 在消毒之前应确立和评价个人和实验室的职责。
- 评价BSL-4实验室消毒程序（包括实验室设备的关闭）。
- 评价应急反应程序。
- 确定维护修理关键生命维持系统的条目。
- 确定维护修理实验室设备和基础结构条目。
- 安排实验室清洁和废弃物（生物型、化学型和混合型）处理日程。
- 安排常规仪器认证（生物安全柜、高效过滤器和报警系统）日程。

·安排必要的生物安全和生物安保审查和检查日程。

BSL-4实验室关闭期间设备和系统需要特殊注意的问题如下：

·高压灭菌器（生物密封、气密性和门功能）。

·充气式气密门的垫圈和气密性。

·化学消毒淋浴支持设备、管道和喷嘴。

·空气供给软管和连接装置。

·警报和控制面板上的指示灯和开关。

·空气调节装置、管道、阀门和高效过滤器箱体。

·防护屏障的完整性。

·渡槽。

在实验室再次进入使用状态（防护“热”状态）前，所有的生命安全关键系统、基础结构、应急系统和备用系统都应确认其正常的运转参数。在引入传染性因子前，实验室应有几天在非防护“冷”状态下运行，以便排除故障和维修异常系统。由于现实的BSL-4实验室防护条件下进行培训的时间很有限，所以在消毒关闭后时间内，可以引导将要在BSL-4实验室里工作的人员来熟悉环境。实验人员可以获得在没有病原的条件下，穿着防护服正常操作的工作经验。同样的机会也可以用于给相关人员培训或提高对于社区卫生保健和当地的对BSL-4实验室紧急状况的应急反应的熟练度。

结论

由于研究新发的高发病率和高死亡率的疾病的需求以及对生物恐怖组织使用的外来疾病的生物武器的顾虑，促使BSL-4实验室的数量日益增长。目前最需要的是有经验和训练有素的BSL-4实验室的实验人员和具有BSL-4实验室原则、实践、设施和设备方面知识的生物安全专家。本章着重介绍BSL-4实验室的培训内容和BSL-4实验室相关人员的风险评估。要在BSL-4实验室中减轻或尽量减少日常操作风险，实验室设计和工程方面的考虑也是很重要的。具备了有能力的管理人员、训练有素的研究人员和辅助支撑人员，BSL-4实验室是所有微生物实验室中最安全的实验室。

感谢Gene Olinger博士对手稿的批判性评论。

原著参考文献

[1] McSweegan E. 1999. Hot times for hot labs. ASM News 65: 743–746.

[2] Defense Science Board. 2009. Department of Defense Biological Safety and Security Program. Office of the Under Secretary of Defense for Acquisition. Technology, and Logistics, Washington, DC.

[3] Fischer R, Judson S, Miazgowicz K, Bushmaker T, Prescott J, Munster VJ. 2015. Ebola virus stability on surfaces and in fluids in simulated outbreak environments. Emerg Infect Dis 21:1243.

[4] Varkey JB, Shantha JG, Crozier I, Kraft CS, Lyon GM, Mehta AK, Kumar G, Smith JR, Kainulainen MH, Whitmer S, Ströher U, Uyeki TM, Ribner BS, Yeh S. 2015. Persistence of Ebola virus in ocular fluid during convalescence. N Engl J Med 372:2423–2427.

[5] Mate SE, Kugelman JR, Nyenswah TG, Ladner JT, Wiley MR, Cordier-Lassalle T, Christie A, Schroth GP, Gross SM, Davies-Wayne GJ, Shinde SA, Murugan R, Sieh SB, Badio M, Fakoli L, Taweh F, de Wit E, van Doremalen N, Munster VJ, Pettitt J, Prieto K, Humrighouse BW, Ströher U, DiClaro JW, Hensley LE, Schoepp RJ, Safronetz D, Fair J, Kuhn JH, Blackley DJ, Laney AS, Williams DE, Lo T, Gasasira A, Nichol ST, Formenty P, Kateh FN, De Cock KM, Bolay F, Sanchez-Lockhart M, Palacios G. 2015. Molecular evidence of sexual transmission of Ebola virus. N Engl J Med 373:2448–2454.

[6] Tradeline Publications. 2005. Operating a BSL-4 laboratory in a university setting: Georgia State University lab studies deadly alpha herpes virus. Appl Biosaf 10:253–257.

[7] Wilhelmsen CL, Hawley RJ. 2007. Biosafety, p 515–541. In Dembek Z (ed), Medical Aspects of Biological Warfare. Defense Department of the Army, Office of the Surgeon General, Borden Institute, Walter Reed Medical Center, Washington, DC.

[8] Le Duc JW, Anderson K, Bloom ME, Estep JE, Feldmann H, Geisbert JB, Geisbert TW, Hensley L, Holbrook M, Jahrling PB, Ksiazek TG, Korch G, Patterson J, Skvorak JP, Weingartl H. 2008. Framework for leadership and training of Biosafety Level 4 laboratory workers. Emerg Infect Dis 14:1685– 1688.

[9] U.S. Department of Health and Human Services, Public Health Service, Centers for Disease Control and Prevention, National Institutes of Health. 2009. Biosafety in Microbiological and Biomedical Laboratories, 5th ed. HHS Publication No. (CDC) 21-1112. U.S. Government Printing Office, Washington, DC. http://www. cdc. gov/biosafety/publications/bmbl5/bmbl. pdf.

[10] Stuart D, Hilliard J, Henkel R, Kelley J, Richmond J. 1999. Role of the Class III biological safety cabinet in achieving biological safety level 4 containment, p 149–160. In Richmond JY (ed), Anthology of Biosafety I. Perspectives on Laboratory Design. American Biological Safety Association, Mundelein, Ill.

[11] International Society for Infectious Diseases. 2004. Ebola, lab accident death—Russia (Siberia), May 22, 2004. Archive no. 20040522.1377. http://www. promedmail. org/.

[12] Feldmann H. 2010. Are we any closer to combating Ebola infections? Lancet 375:1850–1852.

[13] Jahrling P, Rodak C, Bray M, Davey RT. 2009. Triage and management of accidental laboratory exposures to biosafety level-3 and-4 agents. Biosecur Bioterror 7:135–143.

[14] McCormick JB, King IJ, Webb PA, Scribner CL, Craven RB, Johnson KM, Elliott LH, Belmont-Williams R. 1986. Lassa fever. Effective therapy with ribavirin. N Engl J Med 314: 20–26.

[15] Jahrling PB, Peters CJ, Stephen EL. 1984. Enhanced treatment of Lassa fever by immune plasma combined with ribavirin in cynomolgus monkeys. J Infect Dis 149:420–427.

[16] Jahrling PB, Peters CJ. 1984. Passive antibody therapy of Lassa fever in cynomolgus monkeys: importance of neutralizing antibody and Lassa virus strain. Infect Immun 44:528–533.

[17] Fisher-Hoch SP, Hutwagner L, Brown B, McCormick JB. 2000. Effective vaccine for lassa fever. J Virol 74:6777–6783.

[18] Centers for Disease Control and Prevention. 1994. Laboratory management of agents associated with hantavirus pulmonary syndrome: interim biosafety guidelines. MMWR Recomm Rep 43(RR-7):1–7.

[19] Centers for Disease Control (CDC). 1989. Ebola virus infection in imported primates— Virginia, 1989. MMWR Morb Mortal Wkly Rep 38:831–832, 837–838.

[20] LeDuc JW, Jahrling PB. 2001. Strengthening national preparedness for smallpox: an update. Emerg Infect Dis 7:155–157.

[21] Wilson DE, Chosewood LC (ed). 2009. Biosafety Level 4, p 45. In Biosafety in Microbiological and Biomedical Laboratories. 5th ed. HHS Publication No. (CDC) 21-1112. U.S. Government Printing Office, Washington, DC.

[22] Headquarters, Department of the Army. 1998. Risk Management. Field Manual 100–14, p. 2-0–2-24.

[23] Heymann DL. 2015. Arboviral Hemorrhagic Fevers, p 43–54. In Heymann DL (ed), Control of Communicable Diseases Manual, 20th ed. American Public Health Association, Washington, DC.

[24] Barbeito MS, Kruse RH. 1997. A history of the American Biological Safety Association. Part I. The first ten biological safety conferences 1955–1965. J. Am. Biol. Saf Assoc. 2:7–19.

[25] Wilson DE, Chosewood LC (ed). 2009. Appendix A—Primary containment for biohazards: selection, installation and use of biological safety cabinets. In Biosafety in Microbiological and Biomedical Laboratories, 5th ed. HHS Publication No. (CDC) 21-1112. U.S. Government Printing Office, Washington, DC.

[26] Hawley RJ, Pittman PR, Nerges JA. 2000. Maximum containment for researchers exposed to biosafety level 4 agents, p 35–53. In Richmond JY (ed), Anthology of Biosafety II. Facility Design Considerations. American Biological Safety Association, Mundelein, Ill.

[27] U.S. Department of Labor. 2010. Occupational noise exposure. Title 29 Code of Federal Regulations Part 1910.95. Occupational Safety and Health Administration, Washington, DC.

[28] Hawley RJ, Pittman PR, Nerges JA. 2000. Maximum containment for researchers exposed to biosafety level 4 agents, p 35–53. In Richmond JY (ed), Anthology of Biosafety II. Facility Design Considerations. American Biological Safety Association, Mundelein, Ill.

[29] Wilson DE, Chosewood LC (ed). 2009. Biosafety level criteria. p 30–59. In Biosafety in Microbiological and Biomedical Laboratories, 5th ed., HHS Publication No. (CDC) 21-1112. U.S. Government Printing Office, Washington, DC.

[30] Crane JT. 2002. BSL-4 laboratory guidelines, p 253–271. In Richmond JY (ed), Anthology of Biosafety V. BSL-4 Laboratories. American Biological Safety Association, Mundelein, Ill.

[31] Centers for Disease Control and Prevention. 1997. Immunization of health-care workers: recommendations of the Advisory Committee on Immunization Practices (ACIP) and the Hospital Infection Control Practices Advisory Committee (HICPAC). MMWR Recomm Rep

46(RR-18):1–42.
[32] Centers for Disease Control (CDC). 1988. Management of patients with suspected viral hemorrhagic fever. MMWR Suppl 37(S-3):1–16.
[33] Centers for Disease Control and Prevention (CDC). 1995. Update: management of patients with suspected viral hemor rhagic fever—United States. MMWR Morb Mortal Wkly Rep 44: 475–479.
[34] Centers for Disease Control and Prevention and World Health Organization. 1998. Infection Control for Viral Haemorrhagic Fevers in the African Health Care Setting. Centers for Disease Control and Prevention, Atlanta, GA.
[35] Kortepeter MG, Martin JW, Rusnak JM, Cieslak TJ, Warfield KL, Anderson EL, Ranadive MV. 2008. Managing potential laboratory exposure to Ebola virus by using a patient biocontainment care unit. Emerg Infect Dis 14:881–887.
[36] Alderman L. 2000. Construction and commissioning guidelines for biosafety level 4 (BSL-4) facilities, p 82–87. In Richmond JY (ed), Anthology of Biosafety II. Facility Design Considerations. American Biological Safety Association, Mundelein, Ill.
[37] Wilhelmsen CL, Jaax NK, Davis K III. 2002. Animal necropsy in maximum containment, p 361–408. In Richmond JY (ed), Anthology of Biosafety V. BSL-4 Laboratories. American Biological Safety Association, Mundelein, Ill.
[38] Le Blanc Smith PM, Edwards SF. 2002. Working at biosafety level 4—contain the operator or contain the bug, p 209– 236. In Richmond JY (ed), Anthology of Biosafety V. BSL-4 Laboratories. American Biological Safety Association, Mundelein, Ill.
[39] Centers for Disease Control and Prevention and Office of the Inspector General, U.S. Department of Health and Human Services. 2005. Possession, Use and Transfer of Select Agents and Toxins; final rule (42 CFR Part 73). Fed Regist 70: 13316–13325.
[40] Animal and Plant Health Inspection Service, U.S. Department of Agriculture. 2005. Agricultural Bioterrorism Protection Act of 2002: Possession, Use and Transfer of Biological Agents and Toxins; final rule (7 CFR Part 331; 9 CFR Part 121). Fed Regist 70:13278–13292.
[41] Royse C, Johnson B. 2002. Security considerations for microbiological and biomedical facilities, p 131–148. In Richmond JY (ed), Anthology of Biosafety V. BSL-4 Laboratories. American Biological Safety Association, Mundelein, Ill.
[42] Centers for Disease Control and Prevention and Office of the Inspector General, U.S. Department of Health and Human Services. 2005. Possession, Use and Transfer of Select Agents and Toxins; final rule (42 CFR Part 73). Fed Regist 70:13316–13325.
[43] Hawley RJ, Pittman PR, Nerges JA. 2000. Maximum containment for researchers exposed to biosafety level 4 agents, p 35–53. In Richmond JY (ed), Anthology of Biosafety II. Facility Design Considerations. American Biological Safety Association, Mundelein, Ill.
[44] National Research Council. 2010. Guide for the Care and Use of Laboratory Animals, 8th ed. National Academy Press, Washington, D.C.
[45] Wilhelmsen CL, Jaax NK, Davis K III. 2002. Animal necropsy in maximum containment, p 361–408. In Richmond JY (ed), Anthology of Biosafety V. BSL-4 Laboratories. American Biological Safety Association, Mundelein, Ill.
[46] Abraham G, Muschialli J, Middleton D. 2002. Animal experimentation in level 4 facilities, p 343–359. In Richmond JY (ed), Anthology of Biosafety V. BSL-4 Laboratories. American Biological Safety Association, Mundelein, Ill.
[47] Copps J. 2005. Issues related to the use of animals in biocontainment research facilities. ILAR J 46:34–43.
[48] Kaufman SG, Alderman LM, Mathews HM, Augustine JJ, Berkelman RL. 2009. Review of the Emory University Applied Laboratory Emergency Response Training (ALERT) Program. J Am Biol Saf Assoc 14:22–32.
[49] Best M. 2002. Medical emergency planning for BSL-4 containment facilities, p 295–299. In Richmond JY (ed), Anthology of Biosafety V. BSL-4 Laboratories. American Biological Safety Association, Mundelein, Ill.
[50] Jahrling P, Rodak C, Bray M, Davey RT. 2009. Triage and management of accidental laboratory exposures to biosafety level-3 and-4 agents. Biosecur Bioterror 7:135–143.
[51] Kelley JA. 1999. Building a maximum containment laboratory, p 121–133. In Richmond JY (ed), Anthology of Biosafety I. Perspectives on Laboratory Design. American Biological Safety Association, Mundelein, Ill.
[52] Trans-Federal Task Force on Optimizing Biosafety and Biocontainment Oversight. 2009. Report of the Trans-Federal Task Force on Optimizing Biosafety and Biocontainment Oversight. http://www. ars. usda. gov/is/br/bbotaskforce/biosafety-FINAL-REPORT-092009. pdf.
[53] Crane JT, Bullock FC, Richmond JY. 1999. Designing the BSL4 laboratory, p 135–147. In Richmond JY (ed), Anthology of Biosafety I. Perspectives on Laboratory Design. American Biological Safety Association, Mundelein, Ill.